QUÍMICA
AMBIENTAL

M266q   Manahan, Stanley E.
                Química ambiental / Stanley E. Manahan ; tradução:
        Félix Nonnenmacher ; revisão técnica: Wilson de Figueiredo
        Jardim. – 9. ed. – Porto Alegre : Bookman, 2013.
        xxxii, 912 p. : il. ; 25 cm.

        ISBN 978-85-65837-06-4

        1. Química ambiental. I. Título.

                                                     CDU 54:502

Catalogação na publicação: Natascha Helena Franz Hoppen – CRB 10/2150

STANLEY E. MANAHAN
University of Missouri – Columbia

QUÍMICA AMBIENTAL

9ª EDIÇÃO

Tradução
Félix Nonnenmacher

Consultoria, supervisão e revisão técnica desta edição
Wilson de Figueiredo Jardim
Professor Titular do Instituto de Química da Unicamp
PhD em Ciências Ambientais pela University of Liverpool

2013

Obra originalmente publicada sob o título
Environmental Chemistry, 9th Edition.
ISBN 9781420059205

Copyright © 2010 by Taylor and Francis Group, LLC
CRC Press is an imprint of Taylor & Francis Group, an Informa business.
All Rights Reserved.
Authorized translation from English language edition published by
CRC Press, part of Taylor & Francis Group LLC.

Capa: *Márcio Monticelli,* arte sobre capa original

Projeto e editoração: *Techbooks*

Leitura final: *Monica Stefani*

Coordenadora editorial: *Denise Weber Nowaczyk*

Editora responsável por esta obra: *Verônica de Abreu Amaral*

A ilustração da capa mostra o caminho da energia solar assimilada pela fotossíntese para converter o dióxido do carbono atmosférico em biomassa, que pode ser utilizada como insumo para a produção termoquímica de metano. Esse produto sintético de gás natural, cuja síntese é mostrada na figura, gera a queima mais limpa de todos os combustíveis à base de carbono. O metano produzido pela biomassa é neutro com respeito à produção de gases de efeito estufa porque todo gás gerado pela combustão de gás natural obtido da biomassa foi removido da atmosfera pela fotossíntese que produziu esta biomassa. A produção de biocombustíveis e outras tecnologias sustentáveis de produção de energia são discutidas em detalhes no Capítulo 19, "Energia sustentável: a chave de tudo".

Reservados todos os direitos de publicação, em língua portuguesa, à
BOOKMAN EDITORA LTDA., uma empresa do GRUPO A EDUCAÇÃO S.A.
Av. Jerônimo de Ornelas, 670 – Santana
90040-340 – Porto Alegre – RS
Fone: (51) 3027-7000   Fax: (51) 3027-7070

É proibida a duplicação ou reprodução deste volume, no todo ou em parte, sob quaisquer formas ou por quaisquer meios (eletrônico, mecânico, gravação, fotocópia, distribuição na Web e outros), sem permissão expressa da Editora.

Unidade São Paulo
Av. Embaixador Macedo Soares, 10.735 – Pavilhão 5 – Cond. Espace Center
Vila Anastácio – 05095-035 – São Paulo – SP
Fone: (11) 3665-1100   Fax: (11) 3667-1333

SAC 0800 703-3444 – www.grupoa.com.br

IMPRESSO NO BRASIL
PRINTED IN BRAZIL

O autor

Stanley E. Manahan é professor emérito de química da University of Missouri-Columbia, onde faz parte do corpo docente desde 1965. Obteve seu diploma em química na Emporia State University, em 1960, e seu doutorado em química analítica na University of Kansas, em 1965.

Desde 1968, o foco de suas atividades de pesquisa e trabalho está na química ambiental, na química toxicológica e no tratamento de efluentes. Sua obra *Química Ambiental*, hoje um clássico, teve várias edições desde 1972, sendo o título que mais tempo permanece publicado em todo o mundo sobre o assunto. Seus outros livros incluem *Fundamentals of Environmental Chemistry*, 3ª edição (Taylor & Francis/CRC Press, 2009), *Fundamentals of Sustainable Chemistry Science* (Taylor & Francis/CRC Press, 2009), *Environmental Science and Technology*, 2ª edição (Taylor & Francis, 2006), *Green Chemistry and the Ten Commandments of Sustainability*, 2ª edição (ChemChar Research Inc., 2006), *Toxicological Chemistry and Biochemistry*, 3ª edição (CRC Press/Lewis Publishers, 2001), *Industrial Ecology: Environmental Chemistry and Hazardous Waste* (CRC Press/Lewis Publishers, 1999), *Environmental Science and Thechnology* (CRC Press/Lewis Publishers, 1997), *Hazardous Waste Chemistry, Toxicology and Treatment* (Lewis Publishers, 1992), *Quantitative Chemical Analysis* (Brooks/Cole, 1986) e *General Applied Chemistry*, 2ª edição (Williard Grant Press, 1982).

O Dr. Manahan leciona química ambiental, química toxicológica, tratamento de resíduos e química verde em todo o território dos Estados Unidos. Como palestrante da American Chemical Society Local Sector Tour, apresentou inúmeras palestras acerca desses tópicos em congressos internacionais em Porto Rico, na Universidade dos Andes em Mérida (Venezuela), na Universidade de Hokkaido (Japão), na Universidade Nacional Autônoma da Cidade do México, além de eventos na França e na Itália. Recebeu o Prêmio da Divisão de Química Ambiental da Sociedade Italiana de Química, edição ano 2000. Sua especialização em pesquisa é a gaseificação de resíduos perigosos.

Prefácio

Química Ambiental, 9ª edição, conserva muito da organização, do nível e da ênfase presentes nas edições anteriores, com atualizações seguindo o dinamismo da química ambiental como campo do conhecimento científico. Portanto, em vez de iniciar uma discussão sobre um determinado problema ambiental, como a catastrófica destruição da camada de ozônio, este livro desenvolve o conceito de química ambiental de modo sistemático para que, no momento em que os problemas de poluição são abordados, o leitor já tenha adquirido os conhecimentos básicos para compreendê-los. Os Capítulos 1 e 2 passaram por mudanças expressivas em comparação à oitava edição, a fim de fornecer uma perspectiva mais ampla sobre sustentabilidade, ciência ambiental, destino e transporte químicos, ciclos da matéria, natureza da química ambiental e química verde. O capítulo sobre terrorismo da edição anterior foi retirado, mas alguns aspectos específicos sobre o tópico, como o potencial papel das substâncias tóxicas em ataques terroristas, são discutidos em outros capítulos. Devido à importância da energia para o ambiente e a sustentabilidade, um capítulo que detalha o assunto foi introduzido neste livro.

Este livro contempla o ambiente composto por cinco esferas: (1) hidrosfera, (2) atmosfera, (3) geosfera, (4) biosfera e (5) antroposfera, com ênfase na antroposfera – a parte do ambiente formada e operada pelos seres humanos e suas tecnologias. Essa esfera ambiental tem tanta influência na Terra e nos sistemas ambientais do planeta que, de acordo com o Prêmio Nobel Paul Cruzen, a Terra está em um período de transição: do Holoceno, época em que a humanidade viveu no planeta até o presente, para o Antropoceno, uma nova época em que as influências humanas, como as emissões de gases que afetam consideravelmente o aquecimento global e as funções protetoras da atmosfera, determinarão as condições em que a humanidade existirá no planeta. Uma vez que a tecnologia será uma ferramenta nos esforços para manter o suporte à vida humana no planeta, é importante que a antroposfera seja projetada e operada a fim de ser compatível com a sustentabilidade e interagir de modo construtivo com as outras esferas ambientais. Nesse sentido, a química ambiental tem um papel crucial.

A química ambiental evoluiu significativamente desde a primeira edição deste livro, em 1972. (Uma observação interessante sobre essa evolução: a cada edição o cálculo do pH da água da chuva tem de ser revisado, devido aos níveis de dióxido de carbono na atmosfera, que, nos períodos entre edições, aumentam o bastante para afetar o valor.) Se no início da década de 1970 a química ambiental tratava sobretudo da poluição e de seus efeitos, hoje sua ênfase recai sobre a sustentabilidade. Ao longo da existência deste livro, a maioria dos problemas relativos aos pesticidas organoclorados e detergentes contendo fosfatos que promovem a eutrofização das águas foi desaparecendo, à medida que a produção e comercialização desses compostos praticamente acabaram. Em sua primeira edição, não se sabia ao certo o que acontecia às enormes quantidades de monóxido de carbono lançadas na atmosfera pelos veículos automotivos. Suspeitava-se que os microrganismos no solo metabolizassem esse poluente, mas hoje sabe-se que o radical hidroxila, presente em todo o ambiente, sequestra o CO da atmosfera. Em 1972, a probabilidade de destruição da camada de ozônio apenas surgia no horizonte como um problema importante, mas não se sabia que os clorofluorcarbonetos usados como fluido refrigerante (os freons) eram os principais responsáveis por essa ameaça. À medida que este livro evoluía em suas edições, a ameaça representada por esses materiais veio à tona; o buraco na camada de ozônio que surge no hemisfério sul durante a primavera e aumenta a cada ano foi revelado, promovendo a proibição da produção de clorofluorcarbonetos e conferindo a Molina, Rowland e Crutzen o merecido Prêmio Nobel, o primeiro na história da química ambiental, pelo trabalho desses cientistas na área. Foi demonstrado que as crescentes emissões de dióxido de carbono, metano e outros gases que capturam o infravermelho – e seu potencial de causar o aquecimento global – representam um grave problema para a Terra, que permanece sem solução. Em 1972, os termos química verde e ecologia industrial ainda não haviam sido cunhados, mas essas disciplinas surgiram como elementos essenciais da química ambiental na década de 1990.

O Capítulo 1 deste livro oferece uma visão geral e traça os princípios básicos da ciência do ambiente e da sustentabilidade. O capítulo inicia com uma breve discussão, "Do Sol aos Combustíveis Fósseis, e de Volta" sobre o tema central de nosso tempo – a energia. Este capítulo introduz os conceitos de destino e transporte químicos, terrorismo ambiental e direito ambiental.

O Capítulo 2 define a química ambiental e a química verde, discute a importância do conceito de ciclos da matéria e introduz a antroposfera, como ela se integra às outras esferas ambientais e seus efeitos na Terra. Os componentes da antroposfera que influenciam o ambiente são apresentados, com ênfase na infraestrutura, cujo papel é essencial e faz parte da antroposfera.

Os Capítulos 3 a 8 abordam a hidrosfera. O Capítulo 3 introduz as características especiais da água e de sua química ambiental. Os Capítulos 4 a 8 discutem aspectos específicos da química e bioquímica aquáticas, além da sustentabilidade e do tratamento da água.

Os Capítulos 9 a 14 abrangem a química atmosférica. O Capítulo 14 enfatiza o maior sucesso da química ambiental até hoje – o estudo dos clorofluorcarbonetos, destruidores da camada de ozônio – que trouxe o primeiro Prêmio Nobel para o campo da química ambiental, conforme apresentado anteriormente, além do efeito estufa, talvez a maior ameaça ao ambiente, tal como o conhecemos.

A geosfera é tratada nos Capítulos 15 e 16, este com realce na química dos solos e da agricultura. Esta discussão inclui a química agrícola e a importante e controversa área dos produtos transgênicos. O plantio direto, que utiliza quantidades reduzidas de herbicidas no cultivo, com mínima perturbação ao solo, também é mencionado.

O Capítulo 17 detalha a química verde e a área com que tem relação estreita: a ecologia industrial. O Capítulo 18 aborda recursos e materiais sustentáveis.

O Capítulo 19, sobre a energia, é novo. Intitulado "Energia Sustentável: A Chave de Tudo", trata de tópicos essenciais sobre a energia sustentável, como conservação e recursos renováveis. O capítulo termina com um sistema de ecologia industrial projetado para produzir metano a partir de biocombustíveis renováveis e hidrogênio gerado da eletrólise da água usando a energia renovável dos ventos ou do Sol.

A natureza e a química ambiental de resíduos perigosos são estudadas no Capítulo 20, e a ecologia da minimização, da utilização e do tratamento dessa classe de resíduo, no Capítulo 21.

Os Capítulos 22 e 23 tratam da biosfera. O Capítulo 22 apresenta uma visão geral da bioquímica, realçando aspectos ambientais. O Capítulo 23 introduz, em linhas gerais, a química toxicológica. O Capítulo 24 discute a química toxicológica de diversas classes de substâncias químicas.

Os Capítulos 25 a 28 estudam a análise química ambiental, incluindo a água, os resíduos, o ar e os xenobiontes presentes em materiais biológicos.

Comentários e sugestões dos leitores são bem-vindos. Os contatos para essa finalidade podem ser enviados para o e-mail manahans@missouri.edu.

Sumário

Capítulo 1   **O ambiente e a ciência da sustentabilidade** 1
- 1.1   Do Sol aos combustíveis fósseis, e de volta 1
  - 1.1.1   A breve e espetacular era dos combustíveis fósseis 2
  - 1.1.2   De volta ao Sol 3
- 1.2   A ciência da sustentabilidade 4
  - 1.2.1   A ciência ambiental 5
  - 1.2.2   A ciência verde e a tecnologia 5
- 1.3   A química e o ambiente 6
- 1.4   A água, o ar, a terra, a vida e a tecnologia 7
  - 1.4.1   A água e a hidrosfera 7
  - 1.4.2   O ar e a atmosfera 8
  - 1.4.3   A terra e a geosfera 9
  - 1.4.4   A vida, a biosfera 9
  - 1.4.5   A tecnologia e o ambiente 10
- 1.5   A ecologia, a ecotoxicologia e a biosfera 10
  - 1.5.1   A biosfera 10
  - 1.5.2   A ecologia 11
  - 1.5.3   A ecotoxicologia 12
- 1.6   A energia e os ciclos de energia 13
  - 1.6.1   A luz e a radiação eletromagnética 13
  - 1.6.2   O fluxo de energia e a fotossíntese nos sistemas vivos 14
  - 1.6.3   A utilização da energia 15
- 1.7   O impacto humano e a poluição 15
  - 1.7.1   Algumas definições pertinentes à poluição 15
  - 1.7.2   A poluição de diversas esferas do ambiente 16
- 1.8   O destino e o transporte químicos 16
  - 1.8.1   O transporte físico 17
  - 1.8.2   A reatividade 18
  - 1.8.3   A expressão do balanço de massa 18
  - 1.8.4   A distribuição entre fases 19
- 1.9   O destino e o transporte químicos na atmosfera, hidrosfera e geosfera 20
  - 1.9.1   Os poluentes na atmosfera 20
  - 1.9.2   Os poluentes na hidrosfera 21
  - 1.9.3   Os poluentes na atmosfera 21
- 1.10   O dano ambiental e o terrorismo 22
  - 1.10.1   A proteção da química e da engenharia verdes 22
- 1.11   O aspecto forense 23
- Literatura citada 24
- Leitura complementar 25
- Perguntas e problemas 25

Capítulo 2   A química e a antroposfera: a química ambiental e a química verde 28

- 2.1   A química ambiental 28
- 2.2   A matéria e seus ciclos 30
  - 2.2.1   O ciclo do carbono 31
  - 2.2.2   O ciclo do nitrogênio 32
  - 2.2.3   O ciclo do oxigênio 33
  - 2.2.4   O ciclo do fósforo 34
  - 2.2.5   O ciclo do enxofre 34
- 2.3   A antroposfera e a química ambiental 35
  - 2.3.1   Os componentes da atmosfera 37
- 2.4   A tecnologia e a antroposfera 38
  - 2.4.1   A engenharia 39
- 2.5   A infraestrutura 40
  - 2.5.1   A infraestrutura vulnerável 42
- 2.6   Os componentes da antroposfera que influenciam o ambiente ... 44
- 2.7   Os efeitos da antroposfera na Terra 45
- 2.8   A integração da antroposfera com todo o ambiente 47
  - 2.8.1   A antroposfera e a ecologia industrial 49
- 2.9   A química verde 49
  - 2.9.1   A química verde sintética 50
  - 2.9.2   A redução de riscos 50
  - 2.9.3   Os aspectos específicos da química verde 51
  - 2.9.4   Três características indesejáveis dos produtos químicos: a persistência, a bioacumulação e a toxicidade 52
  - 2.9.5   A química verde e a química ambiental 52
- Literatura citada 52
- Leitura complementar 53
- Perguntas e problemas 54

Capítulo 3   Os fundamentos da química aquática 56

- 3.1   A importância da água 56
- 3.2   A água: das moléculas aos oceanos 57
  - 3.2.1   As fontes e os usos da água: o ciclo hidrológico 57
  - 3.2.2   As propriedades da água, uma substância singular ... 59
  - 3.2.3   A molécula da água 59
- 3.3   As características dos corpos hídricos 61
- 3.4   A vida aquática 63
- 3.5   Introdução à química da água 64
- 3.6   Os gases na água 65
  - 3.6.1   O oxigênio na água 65
- 3.7   A acidez da água e o dióxido de carbono 66
  - 3.7.1   O dióxido de carbono na água 67

3.8	A alcalinidade		70
	3.8.1	Os contribuidores da alcalinidade em diferentes valores de pH	71
	3.8.2	O carbono inorgânico dissolvido e a alcalinidade	72
	3.8.3	A influência da alcalinidade na solubilidade do CO_2	73
3.9	O cálcio e outros metais na água		74
	3.9.1	Os íons metálicos hidratados na forma de ácidos	74
	3.9.2	O cálcio na água	75
	3.9.3	O dióxido de carbono dissolvido e os minerais de carbonato de cálcio	76
3.10	A complexação e a quelação		77
	3.10.1	A ocorrência e a importância dos agentes quelantes na água	79
3.11	As ligações e as estruturas dos complexos metálicos		80
	3.11.1	A seletividade e a especificidade na quelação	81
3.12	Os cálculos das concentrações das espécies		81
3.13	A complexação por ligantes desprotonados		82
3.14	A complexação por ligantes protonados		83
3.15	A solubilização do íon chumbo de sólidos pelo NTA		84
	3.15.1	A reação do NTA com carbonato metálico	86
	3.15.2	O efeito do íon cálcio na reação de agentes quelantes com sais ligeiramente solúveis	87
3.16	Os polifosfatos e os fosfonatos na água		89
	3.16.1	Os polifosfatos	89
	3.16.2	A hidrólise dos polifosfatos	89
	3.16.3	A complexação por polifosfatos	90
	3.16.4	Os fosfonatos	90
3.17	A complexação de substâncias húmicas		91
3.18	A complexação e os processos redox		93
Literatura citada			93
Leitura complementar			93
Perguntas e problemas			95

Capítulo 4   A oxidação-redução na química aquática 98

4.1	A importância da oxidação-redução	98
4.2	Elétron e as reações redox	100
4.3	A atividade de elétrons e o pE	102
4.4	A equação de Nernst	103
4.5	A tendência de reação: a reação global obtida a partir de semirreações	104
4.6	A equação de Nernst e o equilíbrio químico	106
4.7	A relação de pE com a energia livre	106
4.8	As reações em termos de um mol de elétrons	107
4.9	Os limites do pE na água	109
4.10	Os valores de pE em sistemas de águas naturais	110
4.11	Os diagramas pE-pH	111
4.12	As substâncias húmicas como redutores naturais	114

4.13 Os processos fotoquímicos na oxidação-redução 115
4.14 A corrosão.. 115
Literatura citada 117
Leitura complementar 117
Perguntas e problemas 118

Capítulo 5   As interações entre fases na química aquática 120

5.1 As interações químicas envolvendo sólidos, gases e a água 120
5.2 A importância e a formação de sedimentos 120
    5.2.1 A formação de sedimentos 121
    5.2.2 Os materiais sedimentares orgânicos e carbonáceos 122
5.3 As solubilidades 124
    5.3.1 As solubilidades dos sólidos 124
    5.3.2 As solubilidades dos gases 125
5.4 As partículas coloidais em água 127
    5.4.1 O transporte de contaminantes por coloides na água 127
    5.4.2 A ocorrência de coloides na água 127
    5.4.3 Os tipos de partículas coloidais 127
    5.4.4 A estabilidade dos coloides 129
5.5 As propriedades coloidais das argilas 131
5.6 A agregação de partículas 132
    5.6.1 A floculação de coloides por polieletrólitos 133
    5.6.2 A floculação de bactérias por materiais poliméricos 134
5.7 A sorção de superfície em sólidos 134
5.8 A troca de solutos nos sedimentos de fundo 136
    5.8.1 Os metais em nível traço na matéria em suspensão e
           nos sedimentos 137
    5.8.2 A troca de fósforo com sedimentos de fundo 138
    5.8.3 Os compostos orgânicos em sedimentos e
           na matéria em suspensão 139
    5.8.4 A biodisponibilidade dos contaminantes em sedimentos 141
5.9 A água intersticial 142
5.10 As interações de fase no destino e transporte químicos 143
    5.10.1 Os rios 143
    5.10.2 Os lagos e reservatórios 143
    5.10.3 As trocas com a atmosfera 144
    5.10.4 A troca com os sedimentos 144
Literatura citada 145
Leitura complementar 146
Perguntas e problemas 147

Capítulo 6   A bioquímica microbiana aquática 149

6.1 Os processos bioquímicos aquáticos 149
    6.1.1 Os microrganismos nas interfaces 150

6.2	As algas		151
6.3	Os fungos		153
6.4	Os protozoários		153
6.5	As bactérias		154
	6.5.1	As bactérias autotróficas e heterotróficas	155
	6.5.2	As bactérias aeróbias e anaeróbias	156
	6.5.3	As bactérias marinhas	156
6.6	A célula bacteriana procarionte		156
6.7	A cinética do crescimento bacteriano		158
6.8	O metabolismo bacteriano		159
	6.8.1	Os fatores que influenciam o metabolismo bacteriano	160
	6.8.2	A oxidação e a redução intermediadas por micróbios	162
6.9	A transformação microbiana do carbono		163
	6.9.1	As bactérias produtoras de carbono	164
	6.9.2	A utilização de hidrocarbonetos por bactérias	165
	6.9.3	A utilização de carbono por bactérias	165
6.10	A biodegradação da matéria orgânica		166
	6.10.1	A oxidação	166
	6.10.2	Outros processos bioquímicos na biodegradação de compostos orgânicos	167
6.11	As transformações microbianas do nitrogênio		168
	6.11.1	A fixação do nitrogênio	170
	6.11.2	A nitrificação	171
	6.11.3	A redução de nitratos	172
	6.11.4	A desnitrificação	172
	6.11.5	A oxidação competitiva de matéria orgânica pelo íon nitrato e outros agentes oxidantes	173
6.12	As transformações microbianas do fósforo e do enxofre		174
	6.12.1	Os compostos de fósforo	174
	6.12.2	Os compostos de enxofre	174
	6.12.3	A degradação de compostos de enxofre intermediada por microrganismos	175
6.13	As transformações microbianas de halogênios e organoalogenados		176
6.14	As transformações microbianas de metais e metaloides		178
	6.14.1	A drenagem ácida de minas	178
	6.14.2	As transições microbianas do selênio	180
	6.14.3	A corrosão microbiana	180
Literatura citada			181
Leitura complementar			181
Perguntas e problemas			182

Capítulo 7 Poluição da água.. 186

7.1	A natureza e os tipos de poluentes aquáticos		186
	7.1.1	Os indicadores de poluição aquática	186

7.2 Os poluentes elementares 187
7.3 Os metais 189
    7.3.1 O cádmio 189
    7.3.2 O chumbo 189
    7.3.3 O mercúrio 190
7.4 Os semimetais 192
7.5 Os metais e semimetais organicamente ligados 193
    7.5.1 Os compostos organoestânicos 194
7.6 As espécies inorgânicas 195
    7.6.1 O cianeto 195
    7.6.2 A amônia e outros poluentes inorgânicos 195
    7.6.3 O amianto na água 196
7.7 Os nutrientes algáceos e a eutrofização 196
7.8 A acidez, a alcalinidade e a salinidade 198
7.9 O oxigênio, os oxidantes e os redutores 199
7.10 Os poluentes orgânicos 200
    7.10.1 A bioacumulação de poluentes orgânicos 200
    7.10.2 O esgoto 201
    7.10.3 Os sabões, os detergentes e as bases para detergentes ... 202
    7.10.4 Os compostos clorados e bromados que ocorrem na natureza 205
    7.10.5 As toxinas microbianas 206
7.11 Os pesticidas na água 207
    7.11.1 Os inseticidas naturais, as piretrinas e os piretroides ... 209
    7.11.2 O DDT e os inseticidas organoclorados 209
    7.11.3 Os inseticidas organofosforados 211
    7.11.4 Os carbamatos 212
    7.11.5 Os fungicidas 212
    7.11.6 Os herbicidas 213
    7.11.7 Os subprodutos da fabricação de pesticidas 216
7.12 As bifenilas policloradas 217
7.13 Os novos poluentes, fármacos e resíduos domésticos 218
    7.13.1 Os bactericidas 221
    7.13.2 As substâncias estrógenas nos efluentes de águas residuárias 221
    7.13.3 Os poluentes orgânicos biorrefratários 221
7.14 Os radionuclídeos no ambiente aquático 224
Literatura citada 228
Leitura complementar 229
Perguntas e problemas 230

Capítulo 8   O tratamento da água 233

8.1 O tratamento e a utilização da água 233
8.2 O tratamento de águas municipais 233
8.3 O tratamento de água para uso industrial 234

8.4		O tratamento de esgotos	236
	8.4.1	O tratamento primário de esgotos	236
	8.4.2	O tratamento secundário de esgoto por processos biológicos	237
	8.4.3	O biorreator de membrana	241
	8.4.4	O tratamento terciário de efluentes	241
	8.4.5	O tratamento físico-químico de águas residuárias municipais	242
8.5		O tratamento de efluentes industriais	242
8.6		A remoção de sólidos	244
	8.6.1	A flotação por ar dissolvido	245
	8.6.2	Os processos de filtração a membrana	246
8.7		A remoção de cálcio e outros metais	247
	8.7.1	A remoção do ferro e do manganês	251
8.8		A remoção de compostos orgânicos dissolvidos	253
	8.8.1	A remoção de herbicidas	254
8.9		A remoção de compostos inorgânicos dissolvidos	255
	8.9.1	A troca iônica	255
	8.9.2	A eletrodiálise	256
	8.9.3	A osmose reversa	257
	8.9.4	A remoção do fósforo	257
	8.9.5	A remoção do nitrogênio	259
8.10		O lodo	260
8.11		A desinfecção da água	262
	8.11.1	O dióxido de cloro	263
	8.11.2	O ozônio e outros oxidantes	264
	8.11.3	A desinfecção com radiação ultravioleta	265
8.12		Os processos naturais de purificação da água	265
	8.12.1	O tratamento de águas residuárias industriais no solo	266
8.13		A água verde	267
	8.13.1	A reutilização e a reciclagem de águas residuárias	268
8.14		A conservação da água	271
8.15		A proteção de recursos hídricos contra ataques	273
		Literatura citada	274
		Leitura complementar	274
		Perguntas e problemas	275

Capítulo 9   A atmosfera e a química atmosférica 278

9.1		Introdução	278
	9.1.1	A fotoquímica e alguns termos importantes	278
	9.1.2	A composição atmosférica	279
	9.1.3	Óxidos gasosos na atmosfera	279
	9.1.4	O metano atmosférico	281
	9.1.5	Os hidrocarbonetos e o *smog* fotoquímico	281
	9.1.6	O material particulado	281
	9.1.7	Os poluentes primários e secundários	282

9.2	A importância da atmosfera	282
9.3	As características físicas da atmosfera	283
	9.3.1 A variação da pressão e da densidade com a altitude	283
	9.3.2 A estratificação da atmosfera	284
9.4	A transferência de energia na atmosfera	286
	9.4.1 O balanço de radiação da terra	288
9.5	A transferência de massa na atmosfera, a meteorologia e o tempo	289
	9.5.1 O papel da água atmosférica na transferência de energia e massa	289
	9.5.2 As massas de ar	291
	9.5.3 Os efeitos topográficos	292
	9.5.4 O movimento de massas de ar	292
	9.5.5 O tempo no globo	294
	9.5.6 As frentes climáticas e as tempestades	295
9.6	As inversões e a poluição do ar	296
9.7	O clima global e o microclima	297
	9.7.1 O dióxido de carbono atmosférico e as modificações no clima causadas pelo homem	297
	9.7.2 O microclima	298
	9.7.3 Os efeitos da urbanização no microclima	299
9.8	As reações químicas e fotoquímicas na atmosfera	299
	9.8.1 Os processos fotoquímicos	301
	9.8.2 Os íons e os radicais na atmosfera	303
	9.8.3 Os radicais hidroxila e hidroperoxila na atmosfera	305
	9.8.4 Os processos químicos e bioquímicos na evolução da atmosfera	307
9.9	As reações ácido-base na atmosfera	308
9.10	As reações do oxigênio atmosférico	309
9.11	As reações do nitrogênio atmosférico	310
9.12	A água atmosférica	311
9.13	A influência da antroposfera	312
9.14	O destino químico e o transporte na atmosfera	312
	Literatura citada	314
	Leitura complementar	314
	Perguntas e problemas	315

Capítulo 10 Os particulados na atmosfera **318**

10.1	Introdução	318
10.2	O comportamento físico dos particulados na atmosfera	320
	10.2.1 O tamanho e a deposição de particulados atmosféricos	321
10.3	Os processos físicos envolvidos na formação de particulados	322
10.4	Os processos químicos na formação de particulados	322
	10.4.1 Os particulados inorgânicos	323
	10.4.2 Os particulados orgânicos	324
	10.4.3 A síntese de hidrocarbonetos aromáticos policíclicos	324

10.5	A composição dos particulados inorgânicos 325	
	10.5.1 As cinzas volantes 327	
	10.5.2 O amianto (ou asbestos) 328	
10.6	Os metais tóxicos na atmosfera 329	
	10.6.1 O mercúrio atmosférico 329	
	10.6.2 O chumbo atmosférico 329	
	10.6.3 O berílio atmosférico 329	
10.7	Os particulados radioativos 330	
10.8	A composição dos particulados orgânicos 331	
	10.8.1 Os HAP 331	
	10.8.2 Os particulados carbonáceos de motores a diesel 332	
10.9	Os efeitos dos particulados 333	
	10.9.1 A distribuição de substâncias orgânicas semivoláteis entre o ar e os particulados 334	
10.10	A água como material particulado 334	
10.11	As reações químicas atmosféricas envolvendo partículas 335	
10.12	O controle das emissões de partículas 337	
	10.12.1 A remoção de partículas por sedimentação e inércia 337	
	10.12.2 A filtração de partículas 338	
	10.12.3 Os lavadores de gás 339	
	10.12.4 A remoção eletrostática 340	
Literatura citada 340		
Leitura complementar 341		
Perguntas e problemas 342		

Capítulo 11   Os poluentes gasosos inorgânicos do ar 344

11.1	Os gases poluentes inorgânicos 344	
11.2	A produção e o controle do monóxido de carbono 344	
	11.2.1 O controle de emissões de monóxido de carbono 345	
11.3	O destino do CO atmosférico 345	
11.4	As fontes de dióxido de enxofre e o ciclo do enxofre 346	
11.5	As reações do dióxido de enxofre na atmosfera 347	
	11.5.1 Os efeitos do dióxido de enxofre atmosférico 350	
	11.5.2 A remoção do dióxido de enxofre 351	
11.16	Os óxidos de nitrogênio na atmosfera 353	
	11.6.1 As reações atmosféricas do NO_x 355	
	11.6.2 Os efeitos nocivos dos óxidos de nitrogênio 357	
	11.6.3 O controle dos óxidos de nitrogênio 359	
11.7	A chuva ácida 361	
11.8	A amônia na atmosfera 361	
11.9	O flúor, o cloro e seus compostos gasosos 362	
	11.9.1 O cloro e o cloreto de hidrogênio 363	
11.10	Os gases de enxofre reduzidos 364	
Literatura citada 366		
Leitura complementar 367		
Perguntas e problemas 367		

Capítulo 12   Os poluentes atmosféricos orgânicos 370

12.1 Os compostos orgânicos na atmosfera.................................370
    12.1.1 A perda das substâncias orgânicas da atmosfera...............370
    12.1.2 A destilação e o fracionamento global dos poluentes orgânicos persistentes (POP)......................370
12.2 Os compostos orgânicos biogênicos..................................371
    12.2.1 A remoção dos compostos atmosféricos por plantas............374
12.3 Os hidrocarbonetos poluentes......................................374
    12.3.1 Os hidrocarbonetos aromáticos..........................377
    12.3.2 As reações dos hidrocarbonetos aromáticos atmosféricos........379
12.4 Os compostos de carbonila: os aldeídos e as cetonas....................380
12.5 Alguns compostos contendo oxigênio.................................382
    12.5.1 Os alcoóis..383
    12.5.2 Os fenóis...383
    12.5.3 Os ésteres..384
    12.5.4 Os óxidos...384
    12.5.5 Os ácidos carboxílicos................................385
12.6 Os compostos organonitrogenados..................................386
12.7 Os compostos organoalogenados...................................388
    12.7.1 Os clorofluorocarbonetos..............................390
    12.7.2 As reações atmosféricas dos hidrofluorocarbonetos e dos hidroclorofluorocarbonetos.............................391
    12.7.3 Os perfluorocarbonetos...............................392
    12.7.4 As fontes marinhas dos compostos organoalogenados..........393
    12.7.5 As dibenzo–*p*–dioxinas cloradas e os dibenzofuranos...........393
12.8 Os compostos organossulfurados....................................393
12.9 O material particulado orgânico.....................................395
12.10 Os poluentes orgânicos perigosos no ar...............................395
Literatura citada...398
Leitura complementar..399
Perguntas e problemas...399

Capítulo 13   O *smog* fotoquímico.................................401

13.1 Introdução..401
13.2 As emissões formadoras do *smog*..................................402
    13.2.1 O controle dos hidrocarbonetos no escape...................403
    13.2.2 Os padrões de emissões de automóveis.....................406
    13.2.3 As plantas verdes poluentes............................407
13.3 As reações formadoras de *smog* envolvendo compostos orgânicos na atmosfera..408
    13.3.1 As reações fotoquímicas do metano.......................408
13.4 Uma visão geral da formação do *smog*..............................410
13.5 Os mecanismos da formação do *smog*..............................411
    13.5.1 O radical nitrato....................................418
    13.5.2 Os compostos fotolisáveis na atmosfera....................418

13.6		A reatividade dos hidrocarbonetos.	419
13.7		Os produtos inorgânicos do *smog*	420
13.8		Os efeitos do *smog*	421

Literatura citada 424
Leitura complementar 424
Perguntas e problemas 425

Capítulo 14 A atmosfera global ameaçada 427

14.1	A mudança climática e os efeitos antropogênicos		427
	14.1.1	As mudanças climáticas	429
14.2	O aquecimento global		429
	14.2.1	O metano e os outros gases estufa	433
	14.2.2	Os particulados e o aquecimento global	434
	14.2.3	O cenário do aquecimento global e efeitos associados	434
14.3	A ciência verde e a tecnologia reduzem o aquecimento global		435
	14.3.1	A minimização	436
	14.3.2	As medidas de contenção	438
	14.3.3	A adaptação	439
14.4	A chuva ácida		440
14.5	A destruição do ozônio atmosférico		444
	14.5.1	O efeito protetor da camada de ozônio	445
	14.5.2	A destruição da camada de ozônio	445
	14.5.3	A química verde e suas soluções para a diminuição do ozônio estratosférico	448
14.6	As nuvens marrons na atmosfera		450
	14.6.1	A poeira amarela	452
14.7	O prejuízo do *smog* fotoquímico para a atmosfera		453
14.8	O inverno nuclear		455
	14.8.1	Os visitantes do espaço e o dia do juízo final	458
14.9	O que pode ser feito		458

Literatura citada 461
Leitura complementar 462
Perguntas e problemas 462

Capítulo 15 A geosfera e a geoquímica 464

15.1	Introdução		464
15.2	A natureza dos sólidos na geosfera		465
	15.2.1	A estrutura e as propriedades dos minerais	466
	15.2.2	Os tipos de minerais	466
	15.2.3	Os evaporitos	466
	15.2.4	Os sublimados vulcânicos	467
	15.2.5	As rochas ígneas, sedimentares e metamórficas	468
15.3	A forma física da geosfera		470
	15.3.1	As placas tectônicas e a deriva continental	470
	15.3.2	A geologia estrutural	471

15.4		Os processos internos	472
	15.4.1	Os terremotos	472
	15.4.2	Os vulcões	473
	15.4.3	Os processos de superfície	474
15.5		Os sedimentos	474
15.6		As argilas	475
15.7		A geoquímica	477
	15.7.1	Os aspectos físicos do intemperismo	477
	15.7.2	O intemperismo químico	478
	15.7.3	Os aspectos biológicos do intemperismo	479
15.8		As águas subterrâneas na geosfera	479
	15.8.1	Os poços	481
	15.8.2	Os *qanats*	482
15.9		Os aspectos ambientais da geosfera	482
	15.9.1	Os riscos naturais	484
	15.9.2	Os perigos antropogênicos	484
15.10		Os terremotos	485
15.11		Os vulcões	487
	15.11.1	Os vulcões de lama	488
15.12		O movimento superficial da Terra	488
15.13		Os fenômenos em cursos de água e rios	490
15.14		Os fenômenos na interface terra/oceano	493
	15.14.1	A ameaça da elevação no nível dos mares	494
15.15		Os fenômenos na interface terra/atmosfera	495
15.16		Os efeitos do gelo	496
15.17		Os efeitos das atividades humanas	497
	15.17.1	A extração de recursos geosféricos: a mineração de superfície	497
	15.17.2	Os efeitos da mineração e da extração de minerais no ambiente	498
15.18		A poluição do ar e a geosfera	499
15.19		A poluição da água e a geosfera	500
15.20		A disposição de resíduos e a geosfera	501
	15.20.1	O lixo urbano	501
Literatura citada			503
Leitura complementar			504
Perguntas e problemas			505

Capítulo 16 O solo e a química ambiental agrícola 507

16.1		O solo e a agricultura	507
	16.1.1	A agricultura	508
	16.1.2	Os pesticidas e a agricultura	509
16.2		A natureza e a composição do solo	510
	16.2.1	A água e o ar no solo	512
	16.2.2	Os componentes inorgânicos do solo	514
	16.2.3	A matéria orgânica no solo	514

		16.2.4	O húmus no solo 516

16.2.4	O húmus no solo	516

		16.2.4	O húmus no solo	516
		16.2.5	A solução de solo	517
	16.3		As reações ácido-base e de troca iônica nos solos	517
		16.3.1	O ajuste da acidez do solo	519
		16.3.2	Os equilíbrios de troca iônica no solo.	519
	16.4		Os macronutrientes no solo	520
	16.5		O nitrogênio, o fósforo e o potássio no solo	521
		16.5.1	O nitrogênio	521
		16.5.2	O fósforo	524
		16.5.3	O potássio	525
	16.6		Os micronutrientes no solo	525
	16.7		Os fertilizantes	526
		16.7.1	A poluição por fertilizantes	528
	16.8		Os poluentes da criação de rebanhos	529
	16.9		Os pesticidas e seus resíduos no solo	530
		16.9.1	Os fumigantes do solo	531
	16.10		Os resíduos e os poluentes do solo	532
		16.10.1	A biodegradação e a rizosfera	534
	16.11		A perda e a degradação do solo	535
		16.11.1	A sustentabilidade do solo e os recursos hídricos	536
	16.12		Salvando a terra	537
		16.12.1	O agroflorestamento	538
		16.12.2	A recuperação do solo	539
	16.13		A engenharia genética e a agricultura	539
	16.14		A química verde e a agricultura sustentável	541
	16.15		A agricultura e a saúde	545
		16.15.1	A contaminação de alimentos.	545
	16.16		Como proteger o abastecimento de alimentos contra ataques	546
	Literatura citada			547
	Leitura complementar			547
	Perguntas e problemas			549

Capítulo 17 A química verde e a ecologia industrial ... 551

	17.1		Mudando os maus hábitos antigos	551
	17.2		A química verde	552
		17.1.2	Os doze princípios da química verde	553
	17.3		A redução de riscos: perigo e exposição	555
		17.3.1	Os riscos de não correr riscos	557
	17.4		A prevenção da geração de resíduos e a química verde	558
	17.5		A química verde e a química sintética	559
		17.5.1	O rendimento e a economia de átomos	559
	17.6		Os insumos	561
		17.6.1	Os insumos biológicos	562
	17.7		Os reagentes	564

17.8	Os reagentes estequiométricos e catalíticos	566
17.9	Os meios e solventes	567
	17.9.1 A água, o mais verde dos solventes	568
	17.9.2 O dióxido de carbono na fase densa como solvente	569
	17.9.3 Os solventes expandidos em gás	570
17.10	As reações de melhoria	571
17.11	A ecologia industrial	573
17.12	Os cinco principais componentes de um ecossistema industrial	575
17.13	O metabolismo industrial	577
17.14	O fluxo de materiais e o reciclo em um ecossistema industrial	579
17.15	O ecossistema industrial Kalundborg	579
17.16	A consideração dos impactos ambientais no estudo da ecologia industrial	581
17.17	Os ciclos de vida: expandindo e fechando o ciclo dos materiais	582
	17.17.1 O acompanhamento do produto	584
	17.17.2 A utilidade incorporada	584
17.18	A avaliação do ciclo de vida	585
	17.18.1 O escopo da avaliação do ciclo de vida	586
17.19	Os bens de consumo, produtos recicláveis e de serviços (duráveis)	587
	17.19.1 As características desejáveis dos bens de consumo	587
	17.19.2 As características desejáveis dos produtos recicláveis	587
	17.19.3 As características desejáveis dos produtos duráveis	588
17.20	O projeto para o ambiente	589
	17.20.1 Produtos, processos e instalações	589
	17.20.2 Os principais fatores no projeto para o ambiente	590
	17.20.3 Os materiais perigosos no projeto para o ambiente	591
17.21	A segurança intrínseca	591
	17.21.1 Mais segurança com menor tamanho	592
17.22	A ecologia industrial e a engenharia ecológica	593
	Literatura citada	594
	Leitura complementar	594
	Perguntas e problemas	596

Capítulo 18 Os recursos e materiais sustentáveis ... **599**

18.1	De onde obter os recursos de que precisamos?	599
18.2	Os minerais na geosfera	600
	18.2.1 A avaliação de recursos minerais	601
18.3	A extração e a mineração	601
18.4	Os metais	604
18.5	Os recursos de metais e a ecologia industrial	606
	18.5.1 O alumínio	607
	18.5.2 O cromo	608
	18.5.3 O cobre	608
	18.5.4 O cobalto	609
	18.5.5 O chumbo	609

		18.5.6	O lítio.	610

            18.5.6   O lítio..610
            18.5.7   O potássio 610
            18.5.8   O zinco 611
    18.6   Os recursos minerais não metálicos.................................611
    18.7   Os fosfatos...613
    18.8   O enxofre 614
            18.8.1   A gipsita (ou gesso)......................................615
    18.9   A madeira: um importante recurso renovável.....................616
    18.10   A prática da ecologia industrial como forma de ampliar recursos..........616
            18.10.1   Os metais 617
            18.10.2   Os plásticos e a borracha 617
            18.10.3   Os óleos lubrificantes..................................619
Literatura citada 619
Leitura complementar..619
Perguntas e problemas 620

Capítulo 19 Energia sustentável: a chave de tudo......................622

    19.1   A questão energética..622
    19.2   A natureza da energia 623
    19.3   As fontes de energia utilizadas na antroposfera 624
    19.4   Os equipamentos para uso e conversão de energia 627
            19.4.1   As células de combustível............................631
    19.5   A tecnologia verde e a eficiência na conversão da energia...631
    19.6   A conservação de energia e os recursos energéticos renováveis............633
    19.7   O petróleo e o gás natural 636
    19.8   O carvão..638
            19.8.1   A conversão do carvão.................................638
    19.9   O sequestro de carbono na utilização de combustíveis fósseis.............639
    19.10   A ecologia industrial para a energia e os compostos químicos............642
    19.11   A energia nuclear 643
            19.11.1   A fusão nuclear..646
    19.12   A energia geotérmica...647
    19.13   O Sol: uma fonte ideal de energia renovável 647
    19.14   A energia do ar e da água em movimento 651
            19.14.1   O surpreendente sucesso da energia eólica...................651
            19.14.2   A energia da água em movimento.................653
            19.14.3   A energia hidráulica sem barragens 654
    19.15   A energia da biomassa...654
            19.15.1   O etanol combustível...................................655
            19.15.2   O combustível biodiesel...............................656
            19.15.3   O potencial não aproveitado dos combustíveis à base de lignocelulose..................657
            19.15.4   O biogás..660
    19.16   O hidrogênio como meio de armazenar e utilizar energia 661

19.17   Os ciclos combinados de energia 662
19.18   Um sistema de ecologia industrial para a produção de metano 663
Literatura citada 664
Leitura complementar 665
Perguntas e problemas 666

Capítulo 20   A natureza, os recursos e a química ambiental de resíduos perigosos 668

20.1   Introdução.. 668
       20.1.1   A história das substâncias perigosas 668
       20.1.2   A legislação 670
20.2   A classificação de resíduos e substâncias perigosas 671
       20.2.1   Os resíduos classificados e suas características 671
       20.2.2   Os resíduos perigosos................................. 672
20.3   As fontes de resíduos.. 673
       20.3.1   Os tipos de resíduos perigosos 674
       20.3.2   Os geradores de resíduos perigosos 674
20.4   As substâncias inflamáveis e combustíveis........................... 675
       20.4.1   A combustão de partículas finamente divididas 676
       20.4.2   Os oxidantes 677
       20.4.3   A ignição espontânea................................. 677
       20.4.4   Os produtos tóxicos da combustão....................... 678
20.5   As substâncias reativas....................................... 678
       20.5.1   A estrutura química e a reatividade....................... 679
20.6   As substâncias corrosivas..................................... 680
       20.6.1   O ácido sulfúrico 681
20.7   As substâncias tóxicas 682
       20.7.1   O TCLP... 682
20.8   As formas físicas e a segregação de resíduos 682
20.9   A química ambiental dos resíduos perigosos 683
20.10   As propriedades físicas e químicas dos resíduos perigosos................ 684
20.11   O transporte, os efeitos e o destino dos resíduos perigosos............... 685
       20.11.1   As propriedades físicas dos resíduos...................... 686
       20.11.2   Os fatores químicos 686
       20.11.3   Os efeitos dos resíduos perigosos 686
       20.11.4   O destino dos resíduos perigosos 687
20.12   Os resíduos perigosos e a antroposfera 687
20.13   Os resíduos perigosos na geosfera................................ 689
20.14   Os resíduos perigosos na hidrosfera............................... 691
20.15   Os resíduos perigosos na atmosfera............................... 693
20.16   Os resíduos perigosos na biosfera 695
       20.16.1   O metabolismo microbiano na degradação de resíduos 695
       20.16.2   A ecotoxicologia dos resíduos perigosos.................... 696

20.17	As substâncias perigosas e o terrorismo	697
20.17.1	A detecção de substâncias perigosas	699
20.17.2	A remoção de agentes perigosos	700

Literatura citada ... 700
Leitura complementar ... 701
Perguntas e problemas ... 702

Capítulo 21 A ecologia industrial da minimização, da utilização e do tratamento de resíduos ... 704

21.1 Introdução ... 704
21.2 A redução e a minimização de resíduos ... 704
21.3 A reciclagem ... 707
    21.3.1 Exemplos de reciclagem ... 707
    21.3.2 A utilização e a recuperação de resíduos de óleos ... 708
    21.3.3 A recuperação e a reciclagem de solventes residuais ... 709
    21.3.4 A recuperação da água de águas residuárias ... 710
21.4 Os métodos físicos de tratamento de resíduos ... 711
    21.4.1 Os métodos de tratamento físico ... 712
21.5 O tratamento químico: uma visão geral ... 715
    21.5.1 A neutralização ácido-base ... 715
    21.5.2 A precipitação química ... 716
    21.5.3 A oxidação-redução ... 718
    21.5.4 A eletrólise ... 719
    21.5.5 A hidrólise ... 720
    21.5.6 A extração química ou lixiviação ... 720
    21.5.7 A troca iônica ... 721
21.6 O tratamento verde de resíduos por fotólise e sonólise ... 721
21.7 Os métodos de tratamento térmico ... 723
    21.7.1 A incineração ... 723
    21.7.2 Os resíduos perigosos usados como combustíveis ... 724
    21.7.3 Os sistemas de incineração ... 724
    21.7.4 Os tipos de incineradores ... 725
    21.7.5 As condições de combustão ... 725
    21.7.6 A eficácia da incineração ... 726
    21.7.7 A oxidação com ar úmido ... 726
    21.7.8 A oxidação química assistida por UV ... 726
    21.7.9 A destruição de resíduos perigosos na produção de cimento ... 727
21.8 A biodegradação de resíduos ... 727
    21.8.1 A biodegradabilidade ... 727
    21.8.2 O tratamento aeróbio ... 728
    21.8.3 O tratamento anaeróbio ... 728
    21.8.4 A desalogenação redutiva ... 729
21.9 A fitorremediação ... 729

21.10 O tratamento no solo e a compostagem............................730
    21.10.1 O tratamento no solo 730
    21.10.2 A compostagem 731
21.11 A preparação de resíduos para o descarte 731
    21.11.1 A imobilização.....................................731
    21.11.2 A estabilização....................................731
    21.11.3 A solidificação 732
    21.11.4 A fixação química..................................734
21.12 A disposição final de resíduos 734
    21.12.1 A disposição no solo................................735
    21.12.2 O aterro industrial 735
    21.12.3 Lagoas de contenção 736
    21.12.4 O descarte de líquidos em poços profundos 736
21.13 O chorume e a emissão de gases................................737
    21.13.1 O chorume.......................................737
    21.13.2 O tratamento do chorume de resíduos perigosos 737
    21.13.3 As emissões de gases 737
21.14 O tratamento *in situ* 738
    21.14.1 A imobilização *in situ*..............................738
    21.14.2 A extração por vapor 739
    21.14.3 A solidificação *in situ* 739
    21.14.4 A destoxificação *in situ*............................739
    21.14.5 O tratamento em leito permeável 739
    21.14.6 Os processos térmicos *in situ* 740
    21.14.7 Lavagem de solos em batelada e em coluna 740
Literatura citada 741
Leitura complementar 741
Perguntas e problemas 743

Capítulo 22   A bioquímica ambiental 745

22.1 A bioquímica...745
    22.1.1 As biomoléculas...................................746
22.2 A bioquímica e a célula......................................746
    22.2.1 As principais características das células 746
22.3 As proteínas...748
    22.3.1 A estrutura das proteínas............................749
    22.3.2 A desnaturação das proteínas 751
22.4 Os carboidratos..751
22.5 Os lipídeos 753
22.6 As enzimas 756
22.7 Os ácidos nucleicos...759
    22.7.1 Os ácidos nucleicos na síntese das proteínas 761
    22.7.2 O DNA modificado 762

22.8	O DNA recombinante e a engenharia genética		762
22.9	Os processos metabólicos		763
	22.9.1	Os processos geradores de energia	763
22.10	O metabolismo dos xenobiontes		764
	22.10.1	As reações de Fase I e Fase II	765

Literatura citada ... 766
Leitura complementar ... 766
Perguntas e problemas ... 766

Capítulo 23 A química toxicológica ... 768

23.1	Introdução à toxicologia e à química toxicológica		768
	23.1.1	A toxicologia	768
	23.1.2	O sinergismo, a potencialização e o antagonismo	771
23.2	As relações dose-resposta		771
23.3	As toxicidades relativas		772
	23.3.1	Os efeitos não letais	772
23.4	A reversibilidade e a sensibilidade		773
	23.4.1	A hipersensibilidade e a hipossensibilidade	774
23.5	Os xenobiontes e as substâncias endógenas		774
23.6	A química toxicológica		775
	23.6.1	A definição de química toxicológica	775
	23.6.2	Os agentes tóxicos no organismo	776
23.7	A fase cinética e a fase dinâmica		777
	23.7.1	A fase cinética	777
	23.7.2	A fase dinâmica	778
23.8	A teratogênese, mutagênese, carcinogênese e os efeitos no sistema imunológico e reprodutivo		780
	23.8.1	A teratogênese	780
	23.8.2	A mutagênese	781
	23.8.3	A carcinogênese	782
	23.8.4	Os testes para carcinógenos	785
	23.8.5	A resposta do sistema imunológico	786
	23.8.6	A interferência endócrina	787
23.9	Os riscos à saúde		787
	23.9.1	A avaliação do potencial de exposição	787
	23.9.2	As evidências epidemiológicas	787
	23.9.3	A estimativa dos riscos para a saúde	789
	23.9.4	A avaliação do risco	789

Literatura citada ... 789
Leitura complementar ... 789
Perguntas e problemas ... 791

Capítulo 24 A química toxicológica das substâncias químicas 792

24.1 Introdução. 792
    24.1.1 Os Perfis Toxicológicos da ATSDR. 792
24.2 Os elementos tóxicos e as formas elementares. 792
    24.2.1 O ozônio 792
    24.2.2 O fósforo branco 794
    24.2.3 Os halogênios elementares. 795
    24.2.4 Os metais. 795
24.3 Os compostos inorgânicos tóxicos. 796
    24.3.1 Os cianetos 796
    24.3.2 O monóxido de carbono 796
    24.3.3 Os óxidos de nitrogênio 797
    24.3.4 Os haletos de hidrogênio 797
    24.3.5 Os compostos inter-halogenados e os óxidos de halogênios 798
    24.3.6 Os compostos inorgânicos de silício. 799
    24.3.7 O amianto 799
    24.3.8 Os compostos inorgânicos de fósforo 799
    24.3.9 Os compostos inorgânicos de enxofre 800
    24.3.10 O perclorato. 800
    24.3.11 Os compostos organometálicos 801
24.4 A toxicologia dos compostos orgânicos. 803
    24.4.1 Os alcanos 803
    24.4.2 Os alcenos e alcinos. 803
    24.4.3 O benzeno e os hidrocarbonetos aromáticos 803
    24.4.4 Os compostos orgânicos oxigenados 805
    24.4.5 Os fenóis 807
    24.4.6 Os compostos organonitrogenados. 810
    24.4.7 Os compostos organoalogenados 814
    24.4.8 Os pesticidas organoalogenados. 816
    24.4.9 Os compostos organossulfurados 817
    24.4.10 Os compostos organofosforados. 818
24.5 Os agentes tóxicos naturais 820
Literatura citada 821
Leitura complementar 822
Perguntas e problemas 823

Capítulo 25 A análise química de águas e águas residuárias. 825

25.1 Os aspectos gerais da análise química ambiental. 825
    25.1.1 O erro e o controle de qualidade 825
    25.1.2 Os métodos de análise de águas. 826
25.2 Os métodos clássicos. 827
25.3 Os métodos espectrofotométricos 828
    25.3.1 A espectrofotometria de absorção. 828
    25.3.2 A absorção atômica e as análises de emissão 828
    25.3.3 As técnicas de emissão atômica 830

25.4	Os métodos eletroquímicos de análise.		831
25.5	A cromatografia.		833
	25.5.1	A cromatografia líquida de alta eficiência.	834
	25.5.2	A análise cromatográfica de poluentes aquáticos	835
	25.5.3	A cromatografia iônica.	835
25.6	A espectrometria de massas.		836
25.7	A análise de amostras de água.		836
	25.7.1	As propriedades físicas da água	837
	25.7.2	A amostragem de águas	837
	25.7.3	A conservação de amostras de água	839
	25.7.4	O carbono orgânico total em água	839
	25.7.5	A mensuração da radioatividade na água	840
	25.7.6	As toxinas biológicas	841
	25.7.7	Resumo dos procedimentos de análise da água	841
25.8	As análises automatizadas de água		841
25.9	A especiação.		844
25.10	Os contaminantes emergentes na análise da água		845
25.11	Os contaminantes quirais		846
Literatura citada			846
Leitura complementar			847
Perguntas e problemas			848

Capítulo 26 A análise de resíduos e sólidos 849

26.1	Introdução.		849
26.2	A digestão de amostras para a análise de elementos.		850
26.3	O isolamento de analitos para a análise orgânica		851
	26.3.1	A extração com solventes.	851
	26.3.2	A extração com fluido supercrítico.	852
	26.3.3	A extração com líquido pressurizado e a extração com água subcrítica.	852
26.4	A limpeza da amostra		853
26.5	A separação de amostras de COV		854
26.6	A varredura de resíduos para bioensaios e imunoensaios.		855
26.7	A determinação de agentes quelantes		856
26.8	Toxicidade característica ao procedimento de lixiviação		857
Literatura citada			858
Leitura complementar			859
Perguntas e problemas			860

Capítulo 27 A análise da atmosfera e dos poluentes do ar 861

27.1	O monitoramento da atmosfera.		861
	27.1.1	Os poluentes medidos no ar.	861
27.2	A amostragem.		862
27.3	Os métodos de análises.		864
27.4	A determinação do dióxido de enxofre		865

27.5	Os óxidos de nitrogênio.	866
27.6	A análise de oxidantes.	867
27.7	A análise do monóxido de carbono.	868
27.8	A determinação de hidrocarbonetos e compostos orgânicos	869
	27.8.1 A determinação de compostos orgânicos específicos na atmosfera.	870
27.9	A análise do material particulado	870
	27.9.1 A filtração.	870
	27.9.2 A coleta em impactadores	872
	27.9.3 A análise de partículas.	872
	27.9.4 A fluorescência de raios X	873
	27.9.5 A determinação do chumbo no material particulado	874
27.10	A análise espectrofotométrica direta de poluentes atmosféricos	875
Literatura citada		876
Leitura complementar		877
Perguntas e problemas		878

Capítulo 28 A análise de materiais biológicos e xenobióticos 879

28.1	Introdução.	879
28.2	Os indicadores da exposição a xenobiontes	880
28.3	A determinação de metais	881
	28.3.1 A análise direta de metais.	881
	28.3.2 Os metais presentes na abertura por via úmida do sangue e da urina.	882
	28.3.3 A extração de metais para a análise por absorção atômica.	882
28.4	A determinação de não metais e compostos inorgânicos	883
28.5	A determinação dos compostos orgânicos parentais	883
28.6	A mensuração dos produtos das reações de Fase I e de Fase II	884
	28.6.1 Os produtos das reações de Fase I.	884
	28.6.2 Os produtos das reações de Fase II	885
	28.6.3 Os mercapturatos.	887
28.7	A determinação de adutos.	888
28.8	A promessa dos métodos imunológicos.	889
Literatura citada		890
Leitura complementar		890
Perguntas e problemas		891

Índice **893**

O ambiente e a ciência da sustentabilidade 1

1.1 Do Sol aos combustíveis fósseis, e de volta

Um antigo provérbio chinês diz, "Se não mudarmos de direção, acabaremos onde queremos chegar". O Novo Milênio trouxe consigo evidências de que entramos em um curso que, se não for alterado, terá efeitos profundos e indesejáveis para a raça humana e para a Terra, da qual nossa espécie e todos os outros organismos vivos dependem para existir. Os ataques ao World Trade Center em 11 de setembro de 2001, além dos ataques ao metrô de Londres, aos trens de Madri, aos hotéis de Mumbai e a outros locais em todo o mundo revelaram a vulnerabilidade de nossa civilização frente às ações mal-intencionadas daqueles que se sentem compelidos a cometer atos de crueldade, e aumentaram as preocupações com a possibilidade de ocorrência de ataques ainda mais hostis com agentes químicos, biológicos e radioativos. Os primeiros meses do ano de 2008 foram testemunha do descontrole de preços de *commodities* de primeira necessidade, como o petróleo, e de metais, como o cobre, além das cotações de cereais. O preço do barril de petróleo bruto chegou a quase $150 em julho de 2008, sendo que as previsões estimavam que o preço da gasolina nos Estados Unidos ultrapassaria $5,00 o galão no futuro próximo. Essas tendências sofreram um revés no final do mesmo ano, com a ocorrência da maior crise econômica mundial desde a Grande Depressão da década de 1930. Os preços das moradias, que na época atingiam níveis insuportáveis para a população com renda média, caíram, e os preços de algumas *commodities* despencaram. No começo de 2009 os líderes mundiais engajaram-se em uma luta por soluções para esses graves problemas econômicos.

Enquanto os povos e seus governantes se esforçavam para enfrentar esses desafios econômicos, continuaram a surgir provas de que suas atividades estavam degradando o sistema de suporte à vida da Terra, do qual todos dependem para existir. Hoje restam poucas dúvidas de que a emissão do dióxido de carbono na atmosfera, além de outros gases estufa, esteja gerando o aquecimento global. Durante o começo da década de 2000, a calota polar do Ártico sofreu uma redução em um nível nunca antes observado na história de seus registros. A descarga de poluentes vem degradando a atmosfera, a hidrosfera e a geosfera em áreas industrializadas. Recursos naturais, como minerais, combustíveis fósseis, água doce e biomassa, são vítimas do estresse ambiental, tornando-se escassos. A produtividade de terras para a agricultura é reduzida pela erosão do solo, pelo desmatamento, pela desertificação, pela contaminação e pela utilização para fins não agrícolas. Os hábitats selvagens, como florestas, pastagens, estuários e áreas alagadas (*wetlands*), vêm sendo destruídos ou danificados. Cerca de 3 bilhões de pessoas (metade da população do planeta) vivem em condições de extrema pobreza ou com menos que o equivalente a $2 por dia. A maioria dessas pessoas não tem acesso a esgoto sanitário e as condições em que vivem facilitam a ocorrência de doenças debilitantes virais, bacterianas e protozoárias, como a malária e a diarreia. Na outra ponta do espectro do padrão de vida, uma parcela relativamente pequena da população mundial consome uma quantidade desmesurada de recursos, com estilos de vida que incluem percorrer uma distância muito grande entre o local de moradia e o local de trabalho, viver em residências com alto consumo de energia e muito maiores que o necessário, viajar em veículos "utilitários esportivos" consumidores de grandes volumes de combustível e manter hábitos alimentares fundamentados em exageros que levam à obesidade insalubre acompanhada de problemas diversos, como doenças cardíacas, diabetes e outras enfermidades associadas ao excesso de peso.

Em certo sentido, a história da humanidade e sua relação com o planeta Terra é uma narrativa que pode ser resumida como uma viagem "do Sol aos combustíveis fósseis e de volta". Durante praticamente toda a sua existência na Terra, o homem sempre dependeu das benesses oferecidas pelo Sol. A radiação solar forneceu o calor necessário para ele existir, tendo sido incrementada com a queima de biomassa gerada pela fotossíntese e a adoção de trajes feitos de pele de animais que se alimentavam dessa biomassa. O alimento consumido pelo homem vinha de plantas que convertiam energia solar em energia química de biomassa e da carne obtida de espécies animais herbívoras. À medida que as sociedades humanas evoluíam, as vias indiretas de aproveitamento da energia solar também foram dominadas. O vento gerado pelo aquecimento da atmosfera passou a ser utilizado para mover moinhos e propelir barcos a vela empregados como meio de transporte. O ser humano aprendeu a represar águas e converter a energia da água em movimento em energia mecânica para rodas d'água. A circulação dessa água fazia parte do ciclo hidrológico movido à energia solar. Praticamente tudo o que era utilizado pelo homem e de que ele dependia para sua existência vinha do Sol.

1.1.1 A breve e espetacular era dos combustíveis fósseis

À medida que as civilizações se desenvolviam, o homem descobriu os usos dos combustíveis fósseis para a geração de energia. Embora o carvão tenha sido utilizado como fonte de calor por séculos nas regiões onde estava disponível prontamente na superfície, o desenvolvimento dessa forma de energia decolou de fato apenas no século XIX, sobretudo com a invenção da máquina a vapor como fornecedora de trabalho mecânico. Essa invenção representou uma mudança, com o abandono das fontes de energia solar e aquelas baseadas em biomassa e a adoção de combustíveis fósseis, uso este que evoluiu do carvão para o petróleo e, por fim, o gás natural. O resultado foi uma enorme revolução na sociedade humana, com o desenvolvimento de vastos setores da indústria pesada, de sistemas de transporte ferroviário, automotivo e aéreo, além das oportunidades de aumentar a produção de alimentos de forma expressiva. Na Alemanha do começo do século XX, Carl Bosch e Fritz Haber desenvolveram a conversão de nitrogênio elementar atmosférico em amônia (NH_3), um processo de alta pressão e de grande consumo de energia que requeria enormes quantidades de combustíveis fósseis. Essa descoberta permitiu a produção de grandes volumes de fertilizante de nitrogênio a custos relativamente baixos, sendo que o aumento da produção agrícola resultante dessa descoberta pode ter salvado a Europa (cuja população crescia com rapidez naquela época) da fome que se espalhava no continente. Foi assim que a era do combustível fóssil, que começou por volta do século XIX e foi descrita como a "aurora fossilizada"[1], permitiu à humanidade desfrutar de uma grande prosperidade material e aumentar em população, que passou de cerca de 1 bilhão para 6 bilhões de habitantes no planeta.

Contudo, atualmente está claro que a era do combustível fóssil, se ainda não chegou a seu termo, já não serve como alicerce sustentável para a sociedade moderna. Quase metade de todas as reservas petrolíferas do mundo já foi consumida. Além disso, apesar dos períodos de redução na demanda, como durante a crise econômica mundial de 2009, no futuro o petróleo se tornará cada vez mais escasso e caro. Nesse cenário, o petróleo não resistirá como combustível dominante e fonte de insumos químicos por mais que algumas poucas décadas. O carvão é muito mais abundante, mas sua utilização traz implicações ambientais problemáticas, sobretudo como principal fonte de dióxido de carbono, um gás estufa*. O gás natural, considerado um combustível fóssil ideal, de queima limpa e que produz níveis mínimos de dióxido de carbono por unidade de energia gerada, é relativamente abundante. Foram desenvolvidos meios para extraí-lo de formações xistosas compactas e antes inacessíveis, o que permitirá utilizar o gás natural como "combustível ponte" por diversas décadas, até outras fontes serem desenvolvidas. A energia nuclear, utilizada de modo adequado com base no reprocessamento de combustível, pode assumir uma fatia maior da produção energética, em especial na geração da carga básica de energia.

1.1.2 De volta ao Sol

Uma vez que o homem não poderá depender de hidrocarbonetos fósseis como combustível e matéria-prima no futuro, ele se volta para o Sol a fim de atender a suas necessidades energéticas básicas. A via mais direta de utilização do Sol compreende o aquecimento solar e a geração de energia fotovoltaica. Porém, provavelmente existem muitos usos indiretos do Sol para a geração de energia e matéria-prima. Sem dúvida, a eletricidade gerada pelo vento é a modalidade de energia que mais cresce no mundo. O vento é gerado pela energia do Sol; em síntese, o Sol aquece massas de ar, o ar sofre expansão e o vento sopra. A biomassa gerada pela fotossíntese baseada na luz do Sol pode ser utilizada como matéria-prima para substituir o petróleo na produção de compostos petroquímicos. Além disso, é possível converter a biomassa em qualquer combustível à base de hidrocarbonetos, como metano, óleo diesel e gasolina, conforme discutido no Capítulo 19. O uso de biomassa para a produção de combustíveis líquidos não teve boa recepção nos Estados Unidos e em outros países. Isso ocorre porque os dois principais combustíveis sintéticos obtidos da biomassa, o etanol, a partir da fermentação do açúcar, e o biodiesel, de óleos vegetais, utilizam, de modo geral, as partes mais valiosas das plantas – o grão de milho para obter o açúcar para a fermentação do etanol, e o grão de soja para produzir o óleo para a síntese do biodiesel. Os índices de produção dessas vias são relativamente baixos, sendo que a energia obtida do biodiesel é praticamente igual à energia consumida para cultivar e processar o grão, e produzir esse combustível. A demanda por milho e soja a fim de produzir combustíveis sintéticos vem acarretando interrupções no abastecimento nos mercados

---

* N. de R. T.: Os gases de efeito estufa (GEE) serão denominados gases estufa neste livro.

de grãos, inflacionando preços e aumentando as dificuldades para as pessoas que dependem desses produtos agrícolas para alimentação. A cana-de-açúcar cultivada em regiões tropicais, sobretudo no Brasil, gera níveis de carboidratos fermentáveis muito altos, o que a torna uma fonte de energia de aplicação prática. Algumas espécies de palmeira produzem frutos e sementes com altos teores de óleo, utilizado na produção de biodiesel; contudo, o cultivo intensivo dessas espécies em países como a Malásia resultou na destruição de florestas equatoriais, com efeitos prejudiciais ao ambiente. O redirecionamento da produção de óleo de palmeira para a geração de combustível diminui sua disponibilidade para a produção de alimentos.

Felizmente, existem meios de gerar a biomassa necessária para a produção de combustível e de matéria-prima sem comprometer o fornecimento mundial de alimentos. Entre esses meios, o principal consiste na conversão termodinâmica da biomassa em gás de síntese, uma mistura de CO e H_2, seguida da síntese do metano e de outros hidrocarbonetos de acordo com a tecnologia consagrada discutida no Capítulo 19. A matéria-prima utilizada nesse processo pode vir de diversas fontes renováveis, como subprodutos da colheita agrícola, culturas dedicadas para esse fim e algas. Os subprodutos agrícolas gerados em grande quantidade em regiões rurais incluem a palha de milho (caules, folhas, cascas e sabugos da planta), a palha de trigo e a palha de arroz. Embora certa quantidade desses materiais precise ser devolvida ao solo para manter a qualidade deste, uma parcela significativa pode ser removida para a obtenção de combustível e a síntese de compostos químicos (antes de ser proibida por causar poluição do ar, a palha de arroz era queimada com frequência nos campos a fim de evitar a acumulação excessiva de resíduos no solo). As culturas dedicadas de biomassa, como o álamo híbrido e o capim-navalha, são capazes de produzir grandes quantidades de biomassa. As algas aquáticas microscópicas têm a capacidade de produzir biomassa em quantidades muito maiores que as plantas cultivadas em solo seco e conseguem crescer em águas salobras (pouco salinas) em corpos de água isolados em regiões desérticas. Em todos esses casos, existe a possibilidade de retornar ao solo os minerais nutrientes obtidos dos resíduos do processamento termoquímico, sobretudo o potássio. Sem dúvida, a biomassa produzida com a fotossíntese terá um papel muito importante na "idade do retorno ao Sol".

1.2 A ciência da sustentabilidade

Os ambientalistas, inclusive os que trabalham, no campo da química ambiental, muitas vezes recebem o rótulo de descontentes e pessimistas. Um olhar atento sobre o estado do planeta certamente dá credibilidade a uma visão como essa. Porém, a força de vontade e a engenhosidade do ser humano direcionadas para a exploração dos recursos da Terra, duas variáveis que condicionam a deterioração do planeta, devem ser – e de fato estão sendo – adestradas no sentido de preservá-lo, conservando recursos e características que favoreçam a vida humana produtiva e saudável. O segredo para essa nova condição é a *sustentabilidade*, ou o chamado *crescimento sustentável*, definidos pela Comissão Bruntland em 1987 como o progresso industrial que atende às necessidades presentes sem comprometer a capacidade das gerações futuras de atender a suas próprias necessidades.[2] Um dos aspectos-chave da sustentabilidade é a conservação da capacidade de suporte da Terra, isto é, a capacidade de manter um nível aceitável de atividade e consumo humanos ao longo de um período de tempo prolongado.[3]

Entrevistado em fevereiro de 2009, o Dr. Steven Chu, vencedor do Prêmio Nobel de física e que acabara de ser indicado secretário de energia da recém--empossada administração do Presidente Obama, nos Estados Unidos, listou as três principais áreas que exigiam avanços na concretização da sustentabilidade: a energia solar, as baterias elétricas e o desenvolvimento de novos tipos de plantas capazes de serem convertidas em combustível. O Dr. Chu defendeu a tese de que a eficiência na captura de energia solar e na sua conversão em eletricidade precisava melhorar muito. São necessárias baterias elétricas aperfeiçoadas para armazenar energia elétrica gerada por fontes renováveis e possibilitar que veículos elétricos se desloquem por distâncias maiores, do ponto de vista prático. Melhorias no cultivo agrícola são cruciais para aumentar a eficiência na conversão de energia solar em energia química na biomassa, em relação às espécies atualmente cultivadas com essa finalidade. Nesse caso, o potencial para melhoria é enorme, dado que a maior parte das plantas converte menos que 1% da energia solar incidente sobre elas em energia química por meio da fotossíntese. Nesse cenário, a engenharia genética possivelmente permitirá melhorar essa eficiência diversas vezes, levando a um grande aumento na geração de biomassa. Sem dúvida, a concretização da sustentabilidade com base no progresso científico de alto nível representará uma evolução fantástica nas próximas décadas.

1.2.1 A ciência ambiental

Este livro discute a química ambiental. Para entender esse tópico, é importante ter algum conhecimento sobre ciência ambiental e ciência da sustentabilidade como um todo. A *ciência ambiental*, em seu sentido mais amplo, é a ciência das interações complexas que ocorrem entre os sistemas terrestres, atmosféricos, aquáticos, vivos e antropológicos formadores da Terra e dos ambientes em torno dos seres vivos, interações estas capazes de afetá-los. Ela abrange todas as disciplinas, como a química, a biologia, a sociologia e a política, que afetam ou descrevem essas interações.[4] Neste livro, a ciência ambiental será definida como o estudo da terra, do ar, da água e dos ambientes vivos, além dos efeitos que a tecnologia tem sobre eles. A ciência ambiental progrediu expressivamente a partir de investigações sobre os modos e locais em que os seres vivos conduzem seus ciclos de vida. Essa disciplina era chamada de história natural, que mais tarde evoluiu, transformando-se na ecologia, isto é, o estudo dos fatores ambientais que afetam os organismos e o modo como eles interagem com esses fatores e entre si.

1.2.2 A ciência verde e a tecnologia

Nos últimos anos, o movimento ambientalista passou por uma mudança: da ênfase inicialmente colocada na poluição, nos seus efeitos e nas maneiras de superar esses desfechos prejudiciais, para uma visão mais ampla de sustentabilidade. A orientação mais moderna muitas vezes é rotulada com o termo "verde". Em relação à química, a prática científica de uma química inerentemente mais segura e voltada ao ambiente é chamada de *química verde*,[5] um tópico discutido detalhadamente nos outros capítulos deste livro. Um dos desdobramentos da química verde na direção da engenharia – em especial, da engenharia química – é conhecido como *engenharia verde*.[6] Em sua acepção mais geral, a prática da ciência e da tecnologia sustentáveis é chamada de *ciência e tecnologia verdes*. À medida que a raça humana tem de atender às necessidades de um número de pessoas que já é grande o bastante para um planeta de recursos limitados, a prática da ciência e da tecnologia verdes é vista como um assunto de importância crucial atualmente.

1.3 A química e o ambiente

Como ciência voltada para o estudo de toda a matéria, a química desempenha um grande papel na compreensão do ambiente e na preservação de sua qualidade. No passado, danos graves foram causados por práticas adotadas pela química e pela engenharia conduzidas sem orientação e fundamentadas na ignorância. Os resíduos de processos químicos eram descartados pelas vias mais baratas e convenientes, que de modo geral eram chaminé acima, dreno abaixo ou solo afora (Figura 1.1). Os biólogos perceberam os efeitos dessas práticas na mortandade de peixes, no declínio da população de pássaros e nas deformações em animais. Os médicos viram a prevalência de enfermidades causadas pela poluição do ar e da água, como problemas respiratórios trazidos pela inspiração de ar contaminado. Além disso, os cidadãos comuns, sem um conhecimento científico especial, puderam observar a diminuição da visibilidade de atmosferas poluídas e corpos hídricos sufocados com o crescimento excessivo de plantas devido aos nutrientes despejados nessas vias; muitas vezes, bastava abrir os olhos e sentir com o nariz para detectar problemas de poluição expressivos.

Porém, como ciência da matéria, a química tem um papel essencial na proteção e na melhoria do ambiente. Cada vez mais os químicos estão se familiarizando com os processos químicos observados no ambiente, desenvolvendo meios de direcionar a

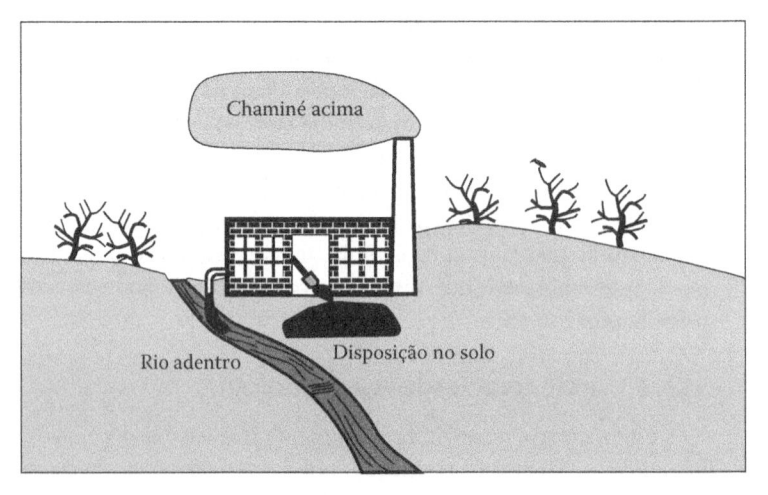

FIGURA 1.1 Na "velha maneira ruim" de fazer as coisas, que prevaleceu até meados do século XX e que perdura até hoje em alguns locais, os resíduos e subprodutos das operações químicas eram comumente descartados em corpos hídricos, liberados via chaminés ou lançados na geosfera, resultando em enormes problemas ambientais.

ciência da química para a melhora do ambiente. Desde cerca de 1970, a ciência da química do ambiente – a *química ambiental* – surge como ciência forte e dinâmica, que trouxe contribuições expressivas para o entendimento do ambiente e dos processos químicos e físicos transcorridos nele. A química toxicológica desenvolveu-se como disciplina que relaciona a natureza química das substâncias a seus efeitos tóxicos.[7]

Mas não basta entender os problemas ambientais. É preciso adotar medidas não apenas para minimizar esses problemas, como também para impedir que se desenvolvam, já na raiz. Nesse sentido, outras disciplinas que apontam para maneiras ambientalmente mais adequadas de fazer as coisas estão sendo estudadas. O desenvolvimento sustentável e as práticas da ecologia industrial e da química verde estão direcionados para permitir que as sociedades humanas e os sistemas industriais existam em melhor harmonia com os sistemas de suporte da Terra, dos quais – em última análise – todos os seres vivos dependem para sua existência. Essas áreas de estudo, todas dependentes da química ambiental, são discutidas detalhadamente ao longo do livro.

1.4 A água, o ar, a terra, a vida e a tecnologia

A água, o ar, a terra, a vida e a tecnologia estão intimamente ligados, como mostra a Figura 1.2 que, em certo sentido, resume e esboça o tema do restante deste livro. Por tradição, a ciência ambiental compreende o estudo da atmosfera, da hidrosfera, da geosfera e da biosfera. No entanto, para melhor ou para pior, o ambiente em que todos os seres humanos vivem vem sendo afetado de modo irreversível pela tecnologia. Por essa razão, neste livro a tecnologia é considerada com atenção, em uma esfera ambiental própria chamada de antroposfera, com base em seus efeitos no ambiente e na maneira como, aplicada com inteligência por aqueles que conhecem a ciência ambiental, ela pode ajudar, em vez de prejudicar, essa Terra de que todos os seres vivos dependem para seu bem-estar e existência.

As fortes interações entre os organismos vivos e as diversas esferas do meio abiótico (não vivo) são mais bem descritas com base em ciclos envolvendo processos e fenômenos biológicos, químicos e geológicos. Esses ciclos são chamados de ciclos biogeoquímicos e são discutidos em detalhes no Capítulo 2 e em outras partes deste livro.

À luz das definições dadas anteriormente, hoje é possível considerar a química ambiental do ponto de vista das interações entre água, ar, terra, vida e a antroposfera, como mostra a Figura 1.2. Essas cinco "esferas" ambientais e suas inter-relações estão resumidas nesta seção. Além disso, os capítulos abordando cada um desses tópicos são citados aqui.

1.4.1 A água e a hidrosfera

A *hidrosfera* contém a água da Terra, a substância vital em todas as partes do ambiente. A água, cuja química ambiental é discutida em detalhes nos Capítulos 3 a 8, é uma parte essencial de todos os sistemas vivos, o meio em que se iniciou a evolução da vida e no qual ela existe, e cobre mais de 70% da superfície terrestre. Mais de 97% da água da Terra está nos oceanos e a maior parte da água doce se encontra na forma de gelo. Logo, apenas uma porcentagem relativamente pequena de toda a água da Terra está de fato envolvida nos processos terrestres, atmosféricos e biológicos.

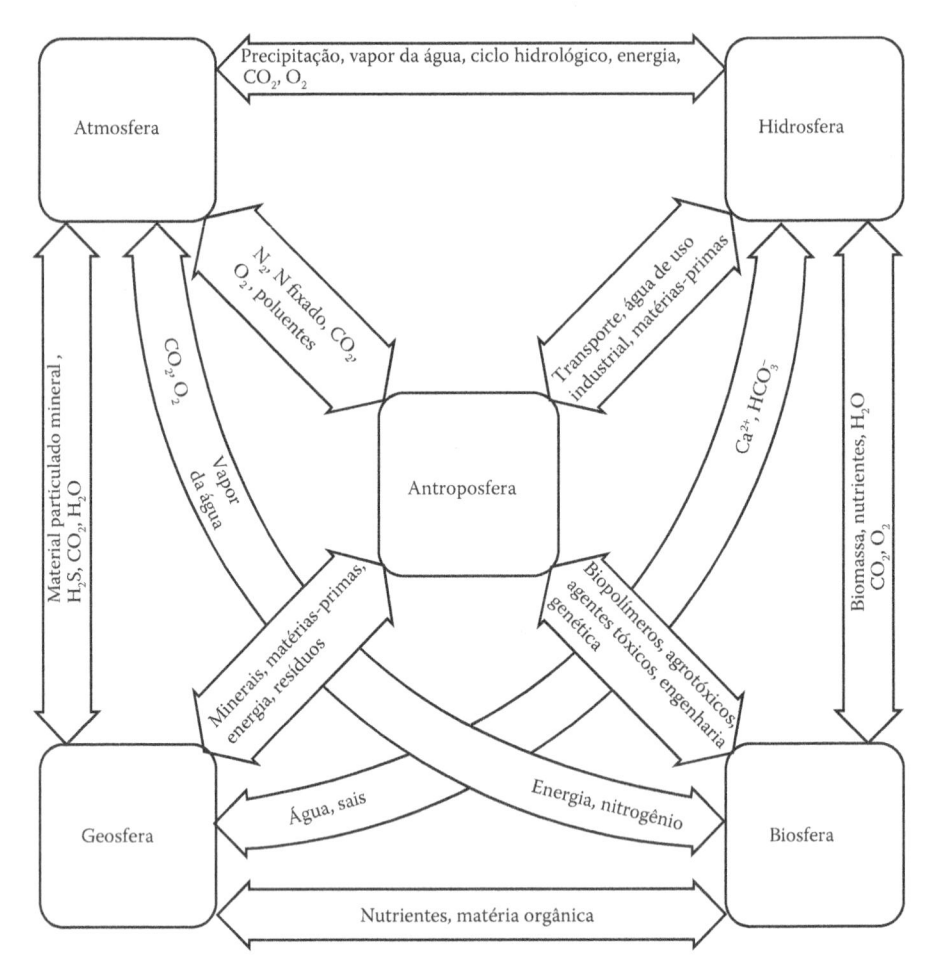

FIGURA 1.2 Ilustração dos relacionamentos íntimos entre os ambientes do ar, da água e da terra e com os seres vivos, bem como de seus vínculos com a tecnologia (antroposfera).

A água desempenha um papel-chave em diversas atividades registradas na antroposfera, como em caldeiras e nas redes de distribuição de abastecimento de água. Energia e matéria são transportadas pela água entre as diversas esferas do ambiente. A água lixivia os constituintes solúveis da matéria mineral, transportando-os para os oceanos ou deixando-os como depósitos minerais a certa distância de seus pontos de origem. A água é o veículo dos nutrientes das plantas, do solo para os tecidos vegetais, por meio das raízes. A energia solar absorvida na evaporação da água dos oceanos é transportada como calor latente e liberada nas regiões continentais. Esse processo fornece uma grande parcela de energia transportada das regiões equatoriais para os polos do planeta e promove grandes tempestades na atmosfera.

1.4.2 O ar e a atmosfera

A *atmosfera* é uma fina camada protetora que nutre a vida na Terra, protegendo-a do ambiente hostil do espaço sideral ao absorver a energia e a radiação ultravioleta prejudicial do Sol e manter a temperatura da Terra dentro de um intervalo de variação que permite a vida. Ela é a fonte de dióxido de carbono para a fotossíntese das plantas e de oxigênio para a respiração. Ela fornece o nitrogênio elementar que as bactérias fixadoras de nitrogênio e as indústrias fabricantes de amônia utilizam para produzir o nitrogênio quimicamente ligado, componente essencial para as moléculas da vida. Como parte fundamental do ciclo hidrológico (Capítulo 3, Figura 3.1), a atmosfera transporta a água dos oceanos para a terra.

A ciência da atmosfera estuda o movimento das suas massas de ar, o equilíbrio térmico atmosférico, além da composição e das reações químicas atmosféricas. A química atmosférica é tratada nos Capítulos 9 a 14 deste livro.

1.4.3 A terra e a geosfera

A *geosfera*, discutida em termos gerais no Capítulo 15, consiste na terra sólida, incluindo o solo, que dá suporte à maior parte da vida vegetal (Capítulo 16). A geosfera é formada por um núcleo interno sólido rico em ferro, um núcleo externo líquido, o manto e a crosta. Esta, com apenas 5 a 40 km de espessura, é a fina camada externa composta sobretudo de minerais à base de silicatos, sendo a parte mais importante da geosfera quanto às interações com as outras esferas do ambiente. Ela é a parte da Terra em que os seres humanos vivem e da qual extraem a maior parte dos alimentos, minerais e combustíveis que consomem.

A geologia é a ciência da geosfera e tem grande importância no estudo do ambiente. Ela diz respeito principalmente às porções minerais sólidas da crosta terrestre. No entanto, ela também aborda (1) a água, envolvida no intemperismo (*weathering*) de rochas e na produção de formações minerais; (2) a atmosfera e o clima, que têm efeitos profundos na geosfera e intercambiam matéria e energia com ela; e (3) os sistemas vivos, que existem principalmente na geosfera e, por isso, exercem efeitos significativos na atmosfera. A tecnologia moderna, por exemplo, a capacidade de deslocar quantidades enormes de sujeira e rocha, exerce forte influência na geosfera.

1.4.4 A vida, a biosfera

O conjunto de entidades vivas da Terra compõe a *biosfera*. Os seres vivos e os aspectos do ambiente com relação direta com eles são chamados de bióticos, enquanto as outras partes do ambiente são abióticas. A biologia é a ciência da vida, e está baseada nas espécies químicas biologicamente sintetizadas, muitas das quais existem como moléculas grandes chamadas de macromoléculas. Na condição de seres vivos, a maior preocupação dos seres humanos com seu ambiente está na interação deste com a vida. Logo, a ciência biológica é um componente-chave da ciência e da química ambientais.

O papel da vida na ciência ambiental é discutido na seção a seguir e em diversas outras partes deste livro. Os papéis cruciais dos microrganismos na química aquática são tratados no Capítulo 6. O Capítulo 22 aborda a bioquímica na forma como se aplica ao ambiente. Os efeitos das substâncias tóxicas sobre os seres vivos, muitas das quais são poluentes ambientais, são discutidos nos Capítulos 23 e 24. Os outros capítulos abordam aspectos da interação dos sistemas vivos com diversas partes do ambiente.

1.4.5 A tecnologia e o ambiente

A *tecnologia* diz respeito às maneiras como os seres humanos fazem e fabricam coisas utilizando materiais e energia, isto é, o modo como constroem e operam a antroposfera. A tecnologia é o produto da engenharia com base na ciência, o que explica os fenômenos naturais inter-relacionados envolvendo a energia, a matéria, o tempo e o espaço. A engenharia aplica a ciência para prover planos e meios de alcançar objetivos práticos específicos. Já a tecnologia utiliza esses planos para alcançar objetivos desejados.

Devido à enorme influência que têm no ambiente, a tecnologia, a engenharia e as atividades industriais são aspectos essenciais no estudo da ciência ambiental. Os seres humanos utilizam a tecnologia para obter o alimento, o abrigo, os bens e o transporte de que precisam para seu bem-estar e sobrevivência. O desafio consiste em integrar a tecnologia ao pensamento ambiental e ecológico em sua totalidade, de maneira que esses dois aspectos usufruam mutuamente de benefícios em vez de atuarem em oposição.

Aplicada de modo adequado, a tecnologia tem um papel positivo na proteção ambiental. Entre as diversas aplicações vantajosas da tecnologia está o controle da poluição do ar e da água. Apesar da necessidade de adotar medidas de fim de tubo (*end-of-pipe*) para controlar a poluição da água e do ar, a integração da tecnologia aos processos produtivos a fim de evitar a formação de poluentes surte efeitos muito melhores. Cada vez mais a tecnologia ganha espaço no desenvolvimento de processos de alta eficiência para a conversão de energia, a utilização de recursos energéticos renováveis e a conversão de matérias-primas em produtos acabados com a geração mínima de resíduos perigosos como subprodutos. No setor de transportes, a tecnologia, quando aplicada de modo adequado em áreas como trens de alta velocidade, aumenta de modo significativo a agilidade, a eficiência energética e a segurança dos meios de transporte de pessoas e bens.

Até recentemente, os avanços tecnológicos de modo geral ocorriam sem a devida atenção aos impactos ambientais que causavam. Contudo, hoje o maior desafio tecnológico está em reconciliar a tecnologia com suas consequências ambientais. A sobrevivência da raça humana e do planeta que dá suporte a ela exige que a interação recíproca entre ciência e tecnologia se torne uma interação tríplice, incluindo a proteção ambiental com ênfase na sustentabilidade.

1.5 A ecologia, a ecotoxicologia e a biosfera

1.5.1 A biosfera

Praticamente toda a biosfera, a esfera composta dos organismos vivos, está contida na geosfera e na hidrosfera, na interface entre a fina camada formada por essas duas partes do ambiente e a atmosfera. Os abismos oceânicos são o lar de formas de vida muito especializadas que, no entanto, continuam relativamente próximas a essa interface.

A biosfera exerce forte influência, e é fortemente influenciada, pelas outras partes do ambiente. Acredita-se que os organismos vivos foram os protagonistas da conversão da atmosfera redutora original da Terra em uma atmosfera rica em oxigênio. Os organismos fotossintéticos removem o CO_2 da atmosfera, impedindo o aquecimento da superfície da Terra pelos gases estufa emitidos pelo homem. São os organismos que definem, em grande parte, a química dos corpos hídricos, e estão intensamente envolvidos nos processos de intemperismo das rochas na geosfera e na fragmentação da matéria rochosa no solo.

A biosfera está baseada na *fotossíntese vegetal*, que fixa a energia solar ($h\nu$) e o carbono do CO_2 atmosférico na forma de biomassa com alto teor de energia, representada por $\{CH_2O\}$:

$$CO_2 + H_2O + h\nu \rightarrow \{CH_2O\} + O_2 \text{ (g)} \tag{1.1}$$

Ao fazê-lo, as plantas e algas funcionam como organismos autotróficos, aqueles que utilizam energia solar ou química para fixar elementos a partir de matéria orgânica simples, sem vida, formando moléculas de vida complexas que compõem os organismos vivos. O carbono que no princípio era fixado pela fotossíntese hoje compõe a base de todos os combustíveis fósseis na geosfera. O processo oposto à fotossíntese, chamado de biodegradação, rompe a estrutura da biomassa, impedindo a acumulação no ambiente e liberando dióxido de carbono na atmosfera:

$$\{CH_2O\} + O_2 \text{ (g)} \rightarrow CO_2 + H_2O \tag{1.2}$$

Existe uma forte conexão entre a biosfera e a antroposfera. Os seres humanos dependem da biosfera para obter alimento, combustível e matérias-primas. Devido à diminuição das reservas de petróleo, no futuro a sustentabilidade dependerá cada vez mais da biosfera para a produção de matérias-primas e combustível. A influência do homem na biosfera continua alterando-a de maneira drástica. Fertilizantes, agrotóxicos e práticas de cultivo vêm aumentando a geração de biomassa e a produção de grãos e de alimentos. A destruição de hábitats acarreta a extinção de muitas espécies, em alguns casos mesmo antes de serem descobertas. A bioengenharia de organismos com base na tecnologia do DNA recombinante e outras técnicas de seleção e hibridização estão causando grandes mudanças nas características dos organismos, e prometem trazer alterações ainda mais impressionantes no futuro. É responsabilidade da humanidade efetuar essas mudanças de maneira inteligente, protegendo e cuidando da biosfera.

1.5.2 A ecologia

A *ecologia* é a ciência que aborda as relações entre os organismos vivos e entre eles e seu ambiente físico. Um *ecossistema* consiste em uma assembleia de organismos vivos em interação (uma comunidade) e seu ambiente, onde a matéria é intercambiada de maneira cíclica. Um ecossistema tem componentes físicos, químicos e biológicos, além de fontes de energia, vias energéticas e intercâmbio de matéria. O ambiente em que um organismo específico vive é chamado de *hábitat*. O papel de um organismo em um hábitat constitui seu *nicho*. Uma comunidade de grande porte formada com base nos principais produtores de biomassa e nas adaptações de diversos organismos existentes nela ao seu ambiente é chamada de *bioma*.

No estudo da ecologia, muitas vezes é conveniente dividir o ambiente em categorias gerais. O ambiente terrestre está fundamentado na terra e consiste em biomas como pastagens, savanas, desertos, ou um dos muitos tipos de florestas. O ambiente formado pela água doce também pode ser subdividido em hábitats de água parada (lagos e reservatórios) e hábitats de água corrente (riachos e rios). O ambiente marinho oceânico é caracterizado pela água salgada e pode ser dividido, grosso modo, em águas rasas da plataforma continental formadoras da zona nerítica e águas do mar mais profundas, que formam as regiões oceânicas. Um ambiente em que dois ou mais tipos de organismos vivem em benefício mútuo é chamado de ambiente simbiótico.

Um fator de importância particular na descrição dos ecossistemas diz respeito às *populações*, formadas por conjuntos de indivíduos de uma espécie que ocupam um hábitat específico. Uma população pode ser estável ou crescer de forma exponencial, no que é chamado de explosão populacional. Uma explosão populacional que ocorre sem restrições resulta no esgotamento de recursos, no acúmulo de resíduos e na atividade predatória, culminando em um declínio abrupto chamado de colapso populacional. Em diversas regiões, comportamentos como hierarquia, territorialidade, estresse social e padrões de nutrição desempenham um forte papel na determinação do destino de populações. Todos esses aspectos, inclusive a possibilidade de colapso populacional, aplicam-se também às populações humanas.

1.5.3 A ecotoxicologia

Conforme será discutido nos Capítulos 23 e 24, a *toxicologia* estuda os efeitos nocivos das substâncias sobre os organismos. As substâncias causadoras desses efeitos são chamadas de substâncias tóxicas, intoxicantes ou venenos. A toxicidade de uma substância depende da quantidade a que um organismo é exposto e do modo de exposição. Algumas substâncias inofensivas ou mesmo benéficas em concentrações baixas são tóxicas em níveis altos de exposição.

As substâncias tóxicas têm forte influência nos ecossistemas e nos organismos que vivem neles. Por essa razão, as interações entre ecologia e toxicologia são muito importantes. Essas interações podem ser complexas e envolver inúmeros organismos, bem como cadeias alimentares e redes complexas de nutrição. Por exemplo, os compostos organoalogenados persistentes têm a capacidade de aumentar muito sua concentração em cadeias alimentares, exercendo seus efeitos mais adversos em organismos como aves de rapina, no topo da cadeia alimentar. A combinação da ecologia e da toxicologia – o estudo dos efeitos das substâncias tóxicas nos ecossistemas – hoje é conhecida como *ecotoxicologia*, disciplina importante na ciência ambiental.

Os efeitos ecotoxicológicos são organizados em diversos níveis. O primeiro nível consiste na entrada de um agente tóxico ou poluente no sistema, capaz de acarretar alterações bioquímicas no nível molecular. Com isso, ocorrem mudanças fisiológicas em tecidos e órgãos que muitas vezes são prejudiciais aos organismos. Como resultado, os organismos afetados podem sofrer variações populacionais, como aquelas ocorridas nas décadas de 1950 e 1960, com a diminuição das populações de falcões expostos ao DDT. Essas transformações alteram comunidades inteiras; por exemplo, a queda na população de falcões leva ao aumento nas populações de roedores, o que intensifica a destruição das lavouras de grãos. No final, os ecossistemas como um todo são afetados de maneira significativa.

Enquanto a toxicologia trata dos efeitos das substâncias tóxicas nos indivíduos, a ecotoxicologia tem seu foco nas populações. Se muitos indivíduos forem envenenados por substâncias tóxicas, sua população no entanto poderá sobreviver. Por tratar de populações, a ecotoxicologia é muito mais complexa que a toxicologia. Quando a meta é a redução de riscos, na maioria das vezes a ênfase está na proteção da composição das espécies, já que essa abordagem automaticamente protege os processos que ocorrem nos ecossistemas.

1.6 A energia e os ciclos de energia

Os ciclos biogeoquímicos e quase todos os outros processos na Terra são mediados pela energia gerada pelo Sol. Ele atua como um suposto radiador de corpo negro, com uma temperatura que chega a 5.780 K (temperatura absoluta, em que cada unidade equivale a um grau Celsius, mas cujo zero é o zero absoluto) na superfície. Ele transmite energia para a Terra na forma de radiação eletromagnética (ver a seguir) com um fluxo de energia máximo perto de 500 nm, a região visível do espectro. Uma área de 1 m² perpendicular à linha de incidência do fluxo solar no topo da atmosfera recebe energia a uma taxa de 1.340 W, o bastante para fornecer energia a um ferro elétrico, por exemplo. Esse é o chamado fluxo solar (ver Capítulo 9, Figura 9.3).

1.6.1 A luz e a radiação eletromagnética

A *radiação eletromagnética*, sobretudo a luz, é de extrema importância no estudo da energia nos sistemas do ambiente. Por essa razão, os seguintes pontos relacionados à radiação eletromagnética devem ser observados:

- A energia pode ser transportada no espaço à velocidade da luz (c), $3,00 \times 10^8$ metros por segundo (m s^{-1}) no vácuo, pela radiação eletromagnética, que inclui luz visível, radiação ultravioleta, radiação infravermelha, micro-ondas, ondas de rádio, raios gama e raios X.
- A radiação eletromagnética tem o caráter de onda. As ondas se movem à velocidade da luz, c, e têm características de comprimento de onda (λ), amplitude e frequência (ν, a letra grega "nu"), conforme ilustrado a seguir:

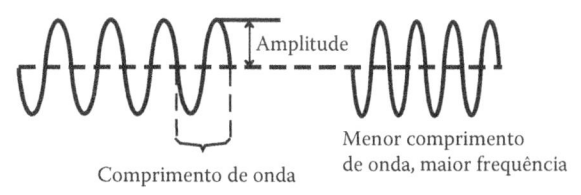

Comprimento de onda | Amplitude | Menor comprimento de onda, maior frequência

- O comprimento de onda é a distância necessária para ocorrer um ciclo completo, e a frequência é o número de ciclos por unidade de tempo. Eles estão relacionados pela seguinte equação:

$$\nu\lambda = c$$

onde ν é expresso em unidades de ciclo por segundo [s^{-1}, uma unidade chamada hertz (Hz)] e λ é designado em metros (m).

- Além de se comportar como uma onda, a radiação eletromagnética tem as características típicas das partículas.

- A natureza dual onda/partícula da radiação eletromagnética é a base da teoria quântica da radiação eletromagnética, que afirma que a energia radiante pode ser absorvida ou emitida apenas em pacotes discretos chamados de quanta ou fótons. A energia E de cada fóton é dada por

$$E = h\nu$$

onde h é a constante de Planck, $6{,}63 \times 10^{-34}$ J s.

- A partir disso, depreende-se que a energia de um fóton é maior quanto mais alta for a frequência da onda associada (e menor seu comprimento de onda).

1.6.2 O fluxo de energia e a fotossíntese nos sistemas vivos

Enquanto a matéria é reciclada nos ecossistemas, o fluxo de energia útil é essencialmente um processo de sentido único. A energia solar incidente é considerada uma energia de alta qualidade, porque tem o potencial de causar reações úteis, como a produção de eletricidade mediada por células fotovoltaicas ou a fotossíntese em plantas. Como mostra a Figura 1.3, a energia solar captada por plantas verdes energiza a clorofila, que, por sua vez, fornece energia para os processos metabólicos produtores de carboidratos a partir da água e do dióxido de carbono. Esses carboidratos são re-

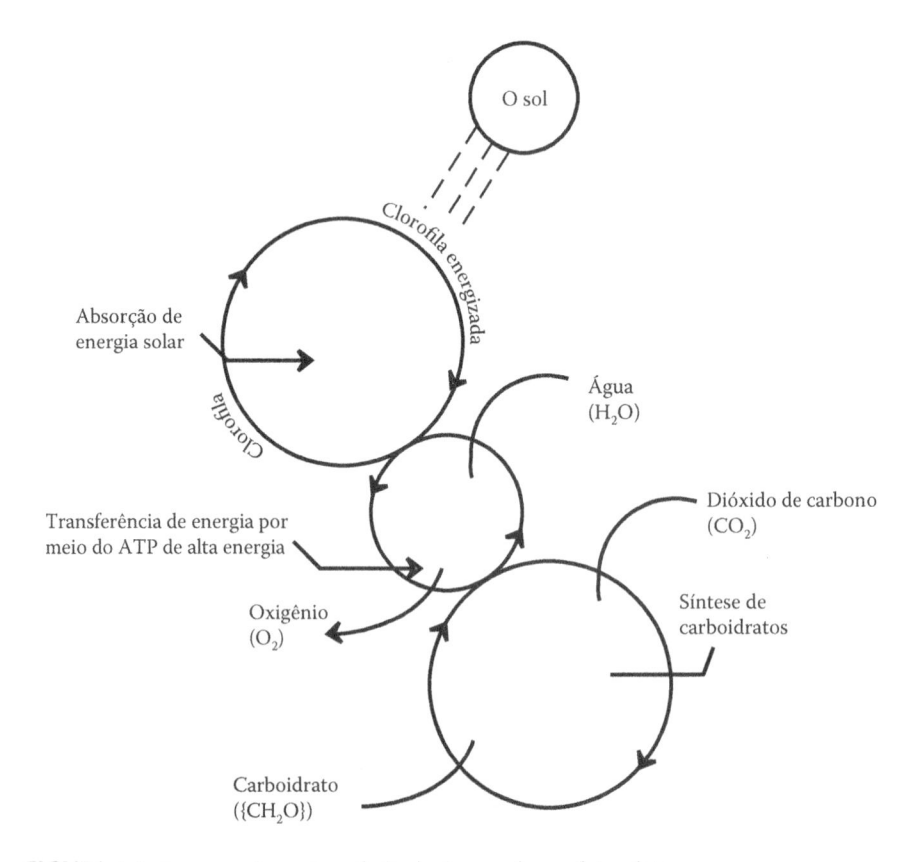

FIGURA 1.3 A conversão e a transferência de energia por fotossíntese.

positórios de energia química estocada capaz de ser convertida em calor e trabalho pelas reações metabólicas com o oxigênio nos organismos. Por fim, a maior parte da energia é convertida em calor de menor intensidade, que acaba sendo reirradiado a partir da Terra na forma de radiação infravermelha.

1.6.3 A utilização da energia

Nos últimos dois séculos, o crescente e já grande impacto humano na utilização da energia vem resultando em muitos dos problemas ambientais que a humanidade enfrenta hoje. Esse período testemunhou uma transição, da utilização quase exclusiva da energia captada pela fotossíntese e utilizada como biomassa (alimento para produzir energia muscular, madeira para gerar calor) para o emprego de combustíveis fosseis à base de petróleo, gás natural e carvão, representando cerca de 90% frente a 5% da parcela referente à energia nuclear na matriz energética para fins comerciais. Em 2008, ficou dolorosamente óbvio que as reservas dos combustíveis fósseis mais cobiçados (o petróleo e o gás natural) diminuíram a ponto de tornarem-se incapazes de atender à demanda. De importância especial é o fato de que todos os combustíveis fósseis produzem dióxido de carbono, um gás estufa que, restam poucas dúvidas, está causando o aquecimento global. Assim, conforme discutido no começo deste capítulo, é necessário adotar fontes de energia alternativas e renováveis, como a energia solar e a biomassa. O estudo da utilização da energia é crucial na ciência da sustentabilidade, e é discutido em detalhes no Capítulo 19.

1.7 O impacto humano e a poluição

As demandas da população em crescimento, além do desejo da maior parte das pessoas por um padrão de vida melhor, estão causando a *poluição* em escala colossal mundo afora. As cinco principais esferas ambientais estão sujeitas a sofrer com a poluição e estão vinculadas quanto aos fenômenos da poluição. Por exemplo, alguns gases emitidos na atmosfera podem ser convertidos em ácidos fortes pelos processos químicos atmosféricos, caindo na Terra na forma de chuva ácida e poluindo a água com acidez. Resíduos perigosos descartados de maneira inadequada são lixiviados para as águas subterrâneas e acabam sendo liberados como água poluída em corpos hídricos.

1.7.1 Algumas definições pertinentes à poluição

Em alguns casos, a poluição é um fenômeno bem-definido, enquanto em outros ela está principalmente nos olhos de quem a vê. Muitas vezes, o tempo e o local determinam o que pode ser chamado de poluente. O fosfato que o operador de uma estação de tratamento de esgoto tem de remover das águas residuárias é, do ponto de vista químico, o mesmo fosfato que um agricultor precisa comprar a preços altos para usar como fertilizante, a poucos quilômetros de distância. Na verdade, em sua maioria os poluentes são recursos desperdiçados; à medida que os recursos se tornam mais caros e escassos, as pressões econômicas podem dar ímpeto às soluções para muitos problemas de poluição. Um dos aspectos-chave da sustentabilidade é a utilização da matéria poluente para aplicações úteis.

Uma definição razoável diz que um *poluente* é uma substância presente em concentrações maiores que a natural, resultado da atividade humana que tem um efeito final nocivo no ambiente ou em algo de valor nele. Os *contaminantes*, que não são classificados como poluentes a menos que tenham algum efeito prejudicial, causam desvios na composição normal de um ambiente.

Todo poluente vem de uma *fonte*. A fonte é importante sobretudo porque de modo geral é o local onde logicamente a poluição deveria ser eliminada. Após um poluente ser liberado por uma fonte, ele pode atuar sobre um receptor. O *receptor* é qualquer coisa afetada pelo poluente. Os seres humanos cujos olhos ardem com o contato com oxidantes na atmosfera são considerados receptores. Os alevinos das trutas que morrem após a exposição à chuva ácida na água também. Com o tempo, se o poluente tiver um ciclo de vida longo, ele poderá se depositar em um *sumidouro*, o repositório onde ficará por muito tempo, sem que necessariamente permaneça nele para sempre. Por essa razão, uma parede caiada pode se tornar um sumidouro para o ácido sulfúrico atmosférico, devido à conversão de $CaCO_3$ na cal em $CaSO_4$.

1.7.2 A poluição de diversas esferas do ambiente

A poluição da água superficial e de águas subterrâneas é discutida em detalhes no Capítulo 7. Os poluentes particulados no ar são abordados no Capítulo 10, os poluentes inorgânicos gasosos no ar, no Capítulo 11, e os poluentes orgânicos gasosos e o *smog* fotoquímico associados a eles, nos Capítulos 12 e 13. Alguns poluentes aéreos, sobretudo aqueles que acarretam o aquecimento global irreversível ou a destruição da camada de ozônio na estratosfera, cuja função é a proteção do planeta, têm o potencial de ameaçar a vida na Terra. Esses fatores são discutidos no Capítulo 14. Os resíduos sólidos são tratados nos Capítulos 20 e 21, e os poluentes tóxicos, nos Capítulos 23 e 24.

1.8 O destino e o transporte químicos

O deslocamento e o destino dos poluentes ambientais são aspectos-chave na determinação de seus impactos. Essa preocupação é estudada na disciplina chamada *destino e transporte químicos* ou *destino e transporte ambientais*. A Figura 1.4 ilustra as principais vias envolvidas no destino e transporte químicos. As substâncias consideradas poluentes quase sempre se originam da atmosfera (embora substâncias como os gases vulcânicos contendo enxofre também atuem como poluentes). Elas têm a capacidade de se deslocar no ar, no solo, na água (águas superficiais ou subterrâneas), nos sedimentos e na biota (plantas e animais). Aonde essas substâncias vão e o que fazem dependerá de suas propriedades e das condições do ambiente em que foram introduzidas. Como regra, o destino e o transporte de contaminantes são controlados pelo seu *transporte físico* (o movimento sem a reação ou a interação com outras fases) e pela sua *reatividade*, que inclui as reações químicas ou bioquímicas e as interações físicas com outras fases.

Convém considerar o destino e o transporte ambientais em termos de três compartimentos ambientais principais: (1) a atmosfera, (2) as águas superficiais e (3) o ambiente terrestre ou subterrâneo, que inclui o solo, as camadas minerais e as águas subterrâneas. Esses compartimentos são ilustrados na Figura 1.5.

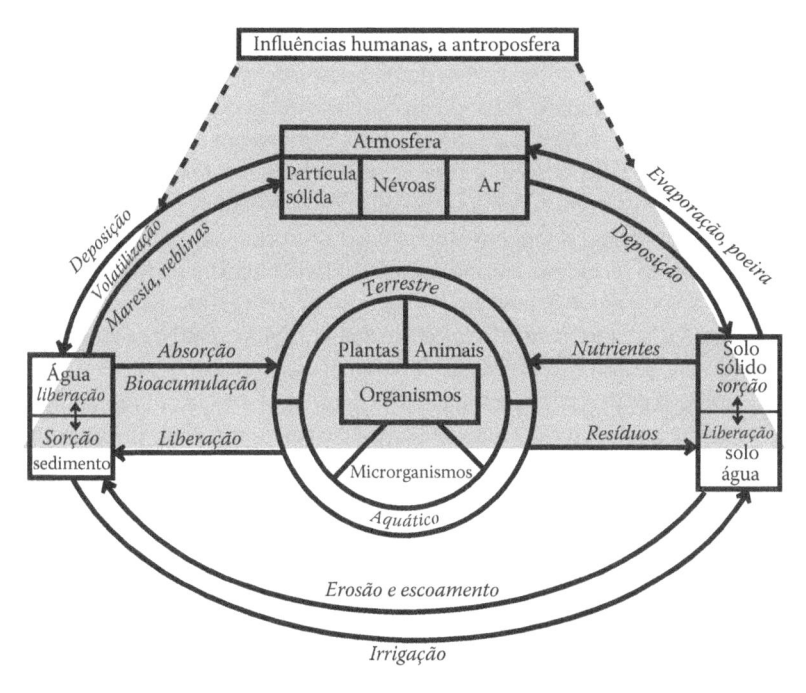

FIGURA 1.4 O intercâmbio de contaminantes liberados pela antroposfera entre diversos segmentos das outras esferas ambientais e exemplos de caminhos envolvidos no destino e no transporte.

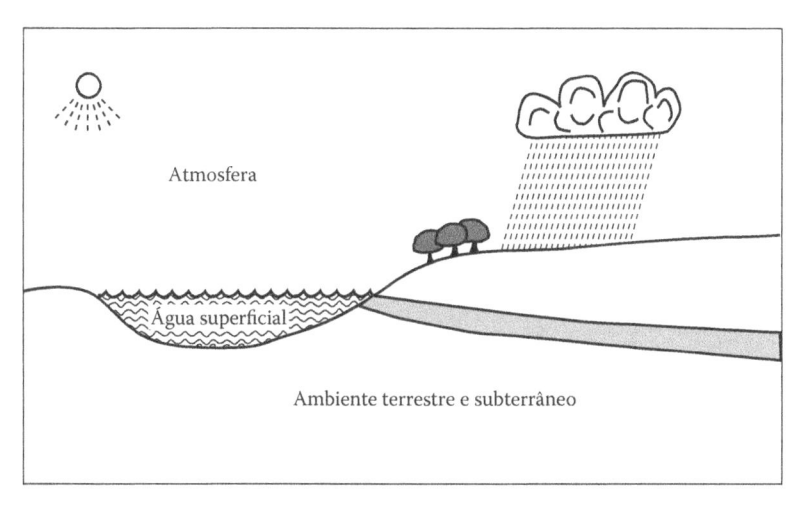

FIGURA 1.5 Os três principais compartimentos ambientais considerados no destino e no transporte químicos.

1.8.1 O transporte físico

Embora existam numerosos processos de transporte físico que dependem do meio em que os contaminantes se encontram, eles são divididos em duas categorias. A primeira é a *advecção* devido ao movimento de massas de fluidos que simplesmente carregam os poluentes com elas. A advecção vertical do ar ou da água é chamada de *convecção*. O segundo tipo de movimento de espécies químicas é o *transporte difusivo* ou *transporte referente à Lei de Fick*, muitas vezes considerado como difusão molecular, a tendência natural das moléculas de se moverem aleatoriamente de regiões de concentração alta para regiões de concentração baixa. O transporte difusivo é semelhante a uma mistura turbulenta. Uma mistura turbulenta é vista nos redemoinhos em uma corrente de água, embora um fenômeno parecido também ocorra no ar. A mistura feita à medida que a água circula em torno e flui entre partículas pequenas, na zona saturada do solo (aquífero), também é tratada como uma forma de transporte difusivo.

Os contaminantes do ar deslocam-se com o vento e as correntes de ar obedecendo a processos de difusão e de sedimentação e suspensão de partículas de aerossóis atmosféricos. Os contaminantes da água se deslocam com as correntes, pelos processos de mistura turbulenta, pela difusão e pela sedimentação e suspensão de partículas. Nos sólidos, como em formações minerais, o movimento de contaminantes ocorre pela ação da água subterrânea ou pela difusão em fase gasosa. A mobilidade dos contaminantes depende da fluidez do meio em que eles se encontram. Os contaminantes na atmosfera têm a capacidade de se mover a diversos quilômetros por hora no vento, ao passo que seu movimento no solo e em sólidos chega a ser imperceptível.

1.8.2 A reatividade

A *reatividade* inclui as reações químicas, a absorção biológica e a adsorção e dessorção de superfícies. Os processos reativos abrangem as duas categorias amplas de reações químicas e trocas interfásicas. Na água, a troca interfásica inclui a ligação de espécies solúveis a partículas em suspensão na água, e no ar, a evaporação e a condensação de espécies. Os processos biológicos se enquadram na categoria ampla de troca interfásica, mas qualquer reação bioquímica sofrida pelos poluentes absorvidos por microrganismos é claramente uma alteração química.

1.8.3 A expressão do balanço de massa

Assim como toda a matéria, os poluentes são governados pela lei de conservação de massa que, em uma definição simples, considera toda a matéria em um poluente, não importando seu movimento ou as reações que possa sofrer. Ao analisar a conservação de massa no ambiente, é útil definir um *volume de controle* como parte dele, dentro do qual todas as fontes e sumidouros de um poluente podem ser contabilizados. Além disso, esse volume de controle permite estudar o movimento de poluentes ao longo de seus limites. Em relação a um sistema bem-definido do ambiente, um poluente é descrito de acordo com a *relação de balanço de massa*, mostrada na Figura 1.6. Um caso especial na relação de balanço de massa que muitas vezes simplifica o estudo do destino e transporte ambientais é quando não existe variação líquida na massa do poluente no interior do sistema (ou compartimento) de estudo, o que é chamado de *estado estacionário*.

Um exemplo típico de um volume de controle é a água de um lago, excluindo-se a camada de sedimentos. A absorção de uma substância pelo sedimento depende da afinidade relativa da substância com a água e o sedimento. Por exemplo, uma substância relativamente hidrofóbica apresentaria uma tendência mais forte de deixar a fase aquosa e entrar na fase orgânica do sedimento. Uma substância volátil tenderia

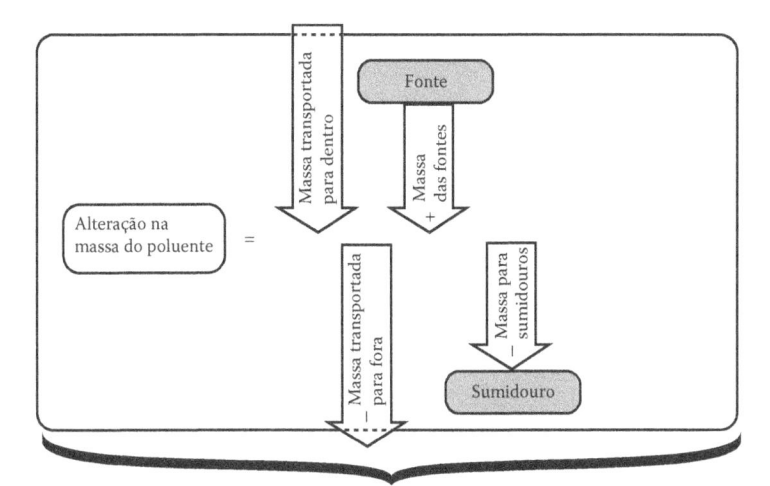

FIGURA 1.6 Ilustração mostrando a relação de balanço de massa para um poluente com respeito a um compartimento específico no ambiente.

a evaporar na superfície. A substância pode ser alterada por processos de biodegradação mediados por microrganismos em suspensão na água do lago. A água flui para dentro do lago a partir de um influente alimentador e sai via efluente de descarte. Com base nessas considerações, fica óbvio que, embora o conceito de relação de balanço de massa seja simples, seu cálculo para uma determinada substância em um sistema de estudo pode se tornar bastante complexo.

1.8.4 A distribuição entre fases

A *distribuição entre fases*, muito importante no destino e transporte ambientais, envolve o movimento de um poluente entre os principais compartimentos, mostrados na Figura 1.5, bem como a partição entre fases dentro de um compartimento ambiental. Por exemplo, um poluente gasoso na atmosfera pode ser absorvido pelas folhas das plantas e assim transferir-se do compartimento atmosférico para o compartimento terrestre. Além disso, ele pode ser absorvido também por material particulado na atmosfera. Uma espécie química abaixo da superfície tem a capacidade de ser absorvida por partículas de solo, dissolver-se na água presente nele ou mesmo ocupar o espaço do ar intersticial na zona insaturada do solo.

Os diversos fatores envolvidos na partição entre fases das espécies em um ambiente são tratados nos Capítulos 5 (água), 9 (a atmosfera) e 15 (ambiente terrestre), com muitos exemplos. A tendência de uma substância de se distribuir na água e nos sólidos em contato com ela depende de sua solubilidade na água ou de suas tendências hidrofílicas. Uma substância na água que tenha uma pressão de vapor alta tenderá a evaporar na atmosfera. As espécies organofílicas na atmosfera têm a capacidade de serem absorvidas pelas superfícies céreas das estruturas vegetais, como as folhas em forma de agulha das coníferas.

Existem duas maneiras principais de uma substância ser sequestrada por outra fase. Ela pode se combinar com a superfície, como ocorre quando alguns contaminantes orgânicos na água são absorvidos por interações com a superfície de sólidos, em um processo denominado *adsorção*; ou ela pode ser agregada no corpo do material a que se ligou, no que é chamado de *absorção*. Um termo mais geral que se aplica a ambos os processos é *sorção*. Diz-se que uma substância é *sorvida*; ela é chamada de *sorvato* e o material a que se liga é chamado de *sorvente*.

1.9 O destino e o transporte químicos na atmosfera, hidrosfera e geosfera

Esta seção apresenta uma breve descrição do destino e do transporte químicos na atmosfera, hidrosfera e geosfera. É importante ter uma perspectiva básica do que representam destino e transporte químicos nessas esferas para compreendê-los nas partes subsequentes deste livro. Esses aspectos são discutidos nos capítulos seguintes, que tratam de cada uma das esferas do ambiente.

1.9.1 Os poluentes na atmosfera

As substâncias com tendência de serem transportadas na atmosfera são aquelas relativamente voláteis, incluindo as que se encontram no estado gasoso nas condições ambientais normais, por exemplo, compostos como o óxido nítrico (NO) ou o monóxido de carbono (CO). Muitos compostos orgânicos, como aqueles presentes na gasolina ou os clorofluorcarbonetos, são chamados de *compostos orgânicos voláteis* (COV). Os compostos orgânicos menos voláteis e que, contudo, conseguem misturar-se ao ar são chamados de *compostos orgânicos semivoláteis*.

Um dos aspectos importantes a considerar com relação às substâncias que entram na atmosfera é até que ponto elas são *hidrofóbicas*. As substâncias hidrofóbicas, inclusive muitas classificadas como COV e compostos orgânicos semivoláteis, são aquelas repelidas pela água. As substâncias com características opostas, as substâncias *hidrofílicas*, dissolvem-se de imediato na água e são removidas com a precipitação (chuva). Por exemplo, tanto o metanol quanto o diclorometano são COV, mas o metanol é muito mais solúvel em água e, por essa razão, é rapidamente removido da atmosfera com a chuva, ao passo que o diclorometano é hidrofóbico e tende a permanecer no ar.

Diversos poluentes aéreos importantes encontram-se na forma de material particulado, conhecido pelo nome popular de *particulados*. As partículas podem ser emitidas diretamente na atmosfera por fontes como usinas de energia que liberam cinzas*. Além disso, esses poluentes se formam pelas reações entre gases ocorridas quando as partículas características do *smog* fotoquímico são geradas a partir de vapores de hidrocarbonetos, óxidos de nitrogênio e oxigênio na atmosfera. As partículas pesadas apresentam a tendência de sedimentar com rapidez, depositando-se no solo ou nas superfícies das folhas das plantas. Em contrapartida, as mais leves estão inclinadas a permanecer por mais tempo na atmosfera, viajando por distâncias maiores em relação a suas fontes. As partículas de materiais solúveis em água ou com superfícies hidrofílicas são prontamente removidas com a chuva e podem entrar no ambiente aquático.

---

* N. de R. T.: No inglês, *fly ash*. As termelétricas emitem apenas estas cinzas, pois normalmente queimam carvão no processo termoelétrico. Pouco expressivo no Brasil, exceto no sul do país.

1.9.2 Os poluentes na hidrosfera

Os poluentes podem entrar na água por aporte direto, pela atmosfera ou pelo escoamento superficial* nos solos.

Tanto a água superficial quanto a água no subsolo – a água subterrânea – precisam ser considerados. A água subterrânea pode incorporar poluentes à medida que a água superficial contaminada flui para o aquífero nos processos de recarga. Outra fonte de poluentes de grande relevância é o lixiviado de resíduos descartados de maneira inadequada na superfície ou em aterros sanitários. Em especial, os compostos químicos solúveis (hidrofílicos) têm uma forte tendência de permanecer dissolvidos em água e de se mover com o fluxo de águas superficiais ou subterrâneas. As espécies hidrofóbicas estão mais inclinadas a ficar retidas em superfícies minerais (em águas subterrâneas) ou em sedimentos (em águas superficiais).

A tendência de um soluto em água ser retido pelo solo, sedimento ou mineral em um aquífero é expressa pelo parâmetro K_d, comumente chamado de *coeficiente de partição solo-água* de acordo com a fórmula:

$$K_d = \frac{C_s}{C_a} \quad (1.3)$$

onde C_s é a concentração de equilíbrio do contaminante no sólido, e C_a, a concentração de equilíbrio do contaminante na água. A fração orgânica do material sólido no solo, em sedimentos e mesmo em minerais é, em geral, o material com a maior afinidade com contaminantes orgânicos. Se designarmos a fração como f_{oc} e o coeficiente de partição do contaminante orgânico para o sólido orgânico como K_{oc}, a seguinte expressão é válida:

$$K_d = f_{oc} \times K_{oc} \quad (1.4)$$

A relação mostra que à medida que a fração do sorvente no sólido aumenta, o valor efetivo de K_d também se eleva.

1.9.3 Os poluentes na atmosfera

O transporte de contaminantes na geosfera ocorre principalmente devido ao movimento da água subterrânea através de formações rochosas que compõem o aquífero. Nos casos em que o material mineral do aquífero é composto por matéria finamente dividida, como a areia, os contaminantes na água subterrânea estão expostos o tempo todo à superfície mineral e podem ser absorvidos por ela. No entanto, com muita frequência o aquífero consiste em rochas sólidas fragmentadas por fraturas por entre as quais a água subterrânea flui com rapidez por longas distâncias. Nesse caso, os contaminantes têm pouca probabilidade de serem absorvidos pela superfície mineral. Isso pode resultar no rápido aparecimento de contaminantes oriundos de uma fonte de infiltração nos poços utilizados para a obtenção de água para consumo humano. Diversos casos foram relatados em que a poluição da superfície foi causada por metais ou solventes orgânicos, que infiltraram-se rapidamente em águas subterrâneas, deslocando-se para um poço utilizado como fonte de água. Outro exemplo interes-

---

* N. de R. T.: Também conhecido como deflúvio urbano e rural.

sante é visto nos contaminantes em fases líquidas não aquosas densas (DNAPL) que se alojam no fundo do aquífero e acumulam-se em piscinas do material que poderá entrar em uma fonte de água.

1.10 O dano ambiental e o terrorismo

Infelizmente, a química tem enorme potencial para engendrar o caos quando vai parar nas mãos daqueles dispostos a cometer atos de maldade. Esse potencial da química para causar danos, quando nas mãos erradas, vem à mente quando pensamos no terrorismo. As armas favoritas dos terroristas, os explosivos, atuam com base em reações químicas muito rápidas que liberam grandes quantidades de energia e calor. Outra ferramenta terrorista com grande capacidade letal são as substâncias tóxicas desenvolvidas pelos químicos. Algumas destas substâncias, como o cianeto de hidrogênio, têm aplicações industriais. Outras, como os mortais gases nervosos, são projetadas especificamente para serem usadas como armas militares. Mas a química também atua no combate ao terrorismo, por meio de técnicas analíticas muito sensíveis a fim de detectar ameaças, como a presença de explosivos ou compostos químicos.

Sem dúvida, a química ambiental tem uma forte relação com o entendimento e o combate ao terrorismo. Não seria exagero considerar como modalidade de terrorismo um dano ambiental generalizado, como aquele infligido pela utilização inadequada de compostos e processos químicos. Não é preciso forçar a imaginação para acreditar que uma área urbana superpovoada afetada por fumaça, vapores de gasolina, óxidos de nitrogênio e ozônio seja vítima de uma forma de ataque terrorista. Algumas das grandes catástrofes ambientais, como a liberação de isocianato de metila em Bhopal, na Índia, em 1984, e que matou 3.500 pessoas, ou a trágica explosão e o incêndio na usina nuclear de Chernobyl, na antiga União Soviética, em 1986, lembram ataques terroristas em seus desenrolares e efeitos observados. Isso também foi visto quando da liberação de gás natural contendo sulfeto de hidrogênio, um composto letal, acompanhada de um incêndio em um poço de gás natural na China, em dezembro de 2003, que matou 200 pessoas. Ataques terroristas podem trazer danos ambientais quando têm como alvo o abastecimento de água ou o solo. O estudo de catástrofes ambientais lamentáveis no passado tem papel de orientação a fim de lidar com ataques terroristas no futuro.

1.10.1 A proteção da química e da engenharia verdes

A melhor maneira de a química, como ciência, impedir ataques terroristas consiste em seguir os preceitos da química verde, um tópico desenvolvido no Capítulo 2 e em outras partes deste livro. Isso porque a química verde é a *química segura*, a *química sustentável*. A química verde impede que perigos sejam transformados em objetivos maléficos. A química sustentável postula que a indústria química e outros setores que dependem dela devem resistir a incidentes que causem interrupções, como aqueles que geram problemas quando o fornecimento de matérias-primas essenciais é cortado.

A química verde evita o uso ou a geração de substâncias que trazem riscos para os seres humanos e o ambiente. Quando essas substâncias não são fabricadas nem empregadas, elas simplesmente não estão disponíveis para serem roubadas ou desviadas para aplicações criminosas. Os produtos fabricados de acordo com a química verde são os de maior eficácia possível, na finalidade para que foram projetados, porém com toxicidade mínima. Os produtos químicos que executam suas funções de acordo com o previsto, quando utilizados em quantidades mínimas, reduzem os riscos trazidos pela potencial utilização inapropriada. A química verde minimiza ou evita o uso de substâncias secundárias e perigosas, como solventes inflamáveis. Por essa razão, a minimização do uso desses compostos pode aumentar a segurança. A química verde previne o uso ou a produção de substâncias com potencial de gerar reações violentas, queimar, acumular pressão ou causar outros incidentes imprevistos no processo de produção. Os aspectos relativos à segurança na prevenção do uso dessas substâncias são óbvios. A química verde tenta minimizar a severidade das condições, sobretudo aquelas de temperatura e pressão, sob as quais o processamento químico é conduzido. Esse esforço reduz de maneira significativa o dano que ocorreria no caso de uma avaria a reatores químicos e outros equipamentos de processamento, em situações de mau funcionamento.

A prática da química verde minimiza o consumo de energia. Ela atinge essa meta com a adoção de processos biológicos que, em função das condições sob as quais os organismos crescem e suas enzimas atuam, precisam ocorrer a temperaturas medianas e na ausência de substâncias tóxicas, o que aumenta a segurança. Quaisquer medidas que reduzam a dependência de fontes de energia estrangeiras potencialmente hostis indiretamente reduz a vulnerabilidade ao terrorismo. O mesmo princípio se aplica à redução no uso de matérias-primas críticas com a aplicação da química verde.

O sucesso na prática da química verde exige a adoção de técnicas de monitoramento e controle de processos em tempo real. Esse controle é consistente com a minimização de riscos, que inclui aqueles causados por atos de sabotagem. É preciso observar que sistemas passivos de segurança devem ser empregados para atuar como substitutos na ocorrência de pane ou dano aos sistemas de controle mais sofisticados (por exemplo, o esfriamento passivo de reatores nucleares com água corrente impulsionada pela ação da gravidade, no caso de mau funcionamento do sistema de esfriamento principal).

É interessante observar também que a indústria química e os setores afins estão partindo para ações de implementação da prática da química verde a fim de reduzir a vulnerabilidade a ataques. Por exemplo, as unidades de produção que no passado armazenavam o isocianato de metila, o agente altamente tóxico responsável pela catástrofe em Bhopal, na Índia, em 1984, hoje produzem esse composto sob pedido, conforme a necessidade da unidade. Algumas estações de tratamento de água que estocavam cloro desinfetante reativo e tóxico sob pressão em vagões-tanque com capacidade para 90 toneladas estacionados na própria estação substituíram o composto pelo hipoclorito de sódio, muito mais seguro.

1.11 O aspecto forense

O *aspecto forense* da questão ambiental trata das características legais e médicas da poluição ambiental.[8] Ele representa um campo importante, em função dos efeitos dos poluentes para a saúde e das grandes somas que muitas vezes estão em jogo em processos que buscam responsabilizar as partes imputáveis por uma contaminação ambiental, como ocorre com resíduos perigosos. Além disso, a química forense ambiental ajuda na determinação das partes responsáveis por ataques terroristas que utilizam agentes químicos. Essa disciplina estuda as fontes, o transporte e os efeitos dos poluentes, com o objetivo de descobrir as partes imputáveis pela poluição e por eventos prejudiciais ao ambiente. Entre os aspectos importantes da química forense ambiental estão a origem, a ocasião ou a extensão de um incidente ambiental. Via de regra, nos casos em que resíduos químicos perigosos são dispostos de maneira inadequada, o solo e as águas subterrâneas são examinados para determinar o histórico do local, com base em estudos de fluxo de água subterrânea, análises químicas e físicas desta água, além da criação de modelos computacionais. A análise química de águas subterrâneas fornece uma impressão digital da fonte de poluição que leva ao conhecimento de sua localização e extensão, muitas vezes apontando o caminho para as partes responsáveis. Além da análise química, outras disciplinas que desempenham um papel na química forense ambiental são o histórico de utilização química (capaz de definir um intervalo de tempo em que a contaminação ocorreu), a geologia e a geoquímica forenses, a hidrogeologia e a interpretação de fotografias aéreas. O desenvolvimento de modelos computacionais de transporte de contaminantes em ambientes superficiais complexos também pode ser útil.

Conforme será discutido mais adiante neste livro, a revitalização de áreas de terra prejudicadas pela poluição química – a restauração dos *brownfields*[*] – é um aspecto importante da sustentabilidade. Antes que uma destas áreas contaminadas pelo despejo de resíduos seja recuperada e utilizada para fins comerciais ou residenciais, a natureza e a extensão da contaminação precisam ser avaliadas, seguidas da adoção de medidas de remoção ou neutralização de qualquer material perigoso. Além disso, em alguns casos são as partes responsáveis pela poluição que devem arcar com as despesas dessas ações. A química forense ambiental tem um papel nessas atividades. As suas descobertas conseguem reduzir o tempo e as custas processuais, com a negociação de acordos entre as partes envolvidas.

Literatura citada

1. Baum, R. M., Sustainability: Learning to live off the sun in real time, *Chemical and Engineering News*, **86**, 42–46, 2008.
2. World Commission on Environment and Development, *Our Common Future*, Oxford University Press, New York, 1987.
3. Manahan, S. E., *Environmental Science and Technology: A Sustainable Approach to Green Science and Technology*, Taylor & Francis/CRC Press, Boca Raton, FL, 2007.
4. Cunningham, W. P., M. A. Cunningham, and B. W. Saigo, *Environmental Science, a Global Concern*, 9th ed., McGraw-Hill Higher Education, Boston, 2007.
5. Manahan, S. E., *Green Chemistry and the Ten Commandments of Sustainability*, 2nd ed., ChemChar Research, Inc., Columbia, MO, 2006.
6. Doble, M. and A. Kumar, *Green Chemistry and Engineering*, Elsevier, Amsterdam, 2007.
7. Manahan, S. E., *Toxicological Chemistry and Biochemistry*, 3rd ed., Taylor & Francis/CRC Press, Boca Raton, FL, 2002.
8. Sklash, M., J. Bolin, and M. Schroeder, Who done it? The ABCs of environmental forensics, *Chemical Engineering Progress*, **102**, 40–45, 2006.

---

[*] N. de R. T.: *Brownfields*, termo cunhado pela EPA para designar áreas contaminadas que receberiam um fundo especial para sua remediação e revitalização.

Leitura complementar

Botkin, D. B. and E. A. Keller, *Environmental Science: Earth as a Living Planet*, 6th ed., Wiley, Hoboken, NJ, 2007.

Connell, D. W., *Basic Concepts of Environmental Chemistry*, 2nd ed., Taylor & Francis/CRC Press, Boca Raton, FL, 2005.

Lichtfouse, E., J. Schwarzbauer, and R. Didier, Eds, *Environmental Chemistry: Green Chemistry and Pollutants in Ecosystems*, Springer, Berlin, 2005.

Mackenzie, F. T., *Our Changing Planet: An Introduction to Earth System Science and Global Environmental Change*, 3rd ed., Prentice-Hall, Upper Saddle River, NJ, 2002.

Miller, G. Tyler and S. Spoolman, *Environmental Science: Problems, Connections and Solutions*, 12th ed., Brooks Cole, Belmont, CA, 2008.

Newman, M. C. and W. H. Clements, *Ecotoxicology: A Comprehensive Treatment*, Taylor & Francis, Boca Raton, FL, 2008.

Newman, M. C. and M. A. Unger, *Fundamentals of Ecotoxicology*, 2nd ed., Taylor & Francis/CRC Press, Boca Raton, FL, 2003.

Raven, P. H., L. R. Berg, and D. M. Hassenzahl, *Environment*, 6th ed., Wiley, Hoboken, NJ, 2008.

Walker, C. H., Ed., *Principles of Ecotoxicology*, 3rd ed., Taylor & Francis/CRC Press, Boca Raton, FL, 2006.

Weiner, E. R., *Applications of Environmental Aquatic Chemistry: A Practical Guide*, 2nd ed., Taylor & Francis/CRC Press, Boca Raton, FL, 2008.

Withgott, J. and S. Brennan, *Essential Environment: The Science Behind the Stories*, 3rd ed., Pearson Benjamin Cummings, San Francisco, 2009.

Worldwatch Institute, *State of the World 2009: Into a Warming World*, Worldwatch Institute, Williamsport, PA, 2003.

Worldwatch Institute, *Vital Signs 2007–2008: The Trends that are Shaping Our Future*, Worldwatch Institute, Williamsport, PA, 2007.

Yen, T. F., *Chemical Processes for Environmental Engineering*, Imperial College Press, London, 2007.

Perguntas e problemas

Para elaborar as respostas das seguintes questões, você pode usar os recursos da Internet a fim de buscar constantes e fatores de conversão, entre outras informações necessárias.

1. Em que circunstâncias um contaminante se torna um poluente?
2. As fábricas de produtos químicos e a indústria química têm sido objeto de muita preocupação com relação ao potencial como alvos de ataques terroristas. Pesquise esse assunto na Internet e tente discernir quais são os produtos e processos com maior risco. O que está sendo feito para reduzir esses riscos? Você consegue encontrar reportagens sobre incidentes de grandes proporções em que os produtos químicos tenham sido utilizados em ataques?
3. Imagine que tenha sido proposto o argumento de que a geração de energia nuclear e o transporte e processamento de combustível nuclear gasto oferecem menor perigo de ataques terroristas que as operações na indústria química. Apresente o embasamento desse argumento. Se um grupo de criminosos conseguisse obter material radioativo, explique as dificuldades que encontrariam para utilizá-lo.
4. Explique como a química toxicológica difere da bioquímica ambiental.
5. Trace a diferença entre a geosfera, a litosfera e a crosta da Terra. Que ciência lida com essas partes do ambiente?

6. Defina ecologia e explique como ela se relaciona com ao menos um dos principais ciclos biogeoquímicos, como o ciclo do carbono.
7. Embora a energia não seja destruída, por que é verdade que o fluxo de energia *útil* por um sistema ambiental é essencialmente um processo de sentido único?
8. Descreva algumas maneiras em que os padrões de utilização de energia resultaram em "muitos dos problemas ambientais que a humanidade enfrenta hoje em dia".
9. Compare a energia nuclear à energia obtida com combustíveis fósseis e defenda ou refute a seguinte afirmação: "A energia nuclear, com reatores modernos, seguros e eficientes, vem recebendo mais atenção como fonte de energia confiável e que não agride o ambiente".
10. O Sol contribui com energia para um ciclo de matéria que é a chave para a utilização indireta de energia solar por intermédio da água. Qual é este ciclo? Como ele permite que a energia solar seja convertida em energia mecânica e então em energia elétrica?
11. Utilizando recursos na Internet, pesquise sobre as porcentagens de carbono e hidrogênio no gás natural (sugestão: Qual é o principal hidrocarboneto presente na composição do gás natural?), na gasolina e na hulha comum. Apresente uma fórmula genérica CH_h para cada um destes combustíveis, onde h não seja necessariamente um número inteiro. Escreva uma reação química para a combustão de cada um na forma $CH_h + h/4 O_2 \rightarrow h/2 H_2O$. Considerando que a combustão do C e do H na molécula do hidrocarboneto produz calor, classifique esses combustíveis em ordem crescente de geração do gás estufa CO_2 por molécula queimada.
12. Um *brownfield* foi escolhido como local para um projeto de reurbanização. A área é conhecida por estar contaminada com materiais potencialmente prejudiciais emitidos por fábricas no passado. Sugira um programa de química forense ambiental que possa ser utilizado como parte do esforço de revitalização dessa área.
13. Na China, em 2003, a liberação de gás de um poço de gás matou cerca de 200 pessoas. Para ajudar a solucionar esse problema, um incêndio proposital foi deflagrado para queimar o gás. Quais foram as espécies poluentes (além do CO_2) produzidas pela combustão? Apesar da geração deste poluente, por que incendiar o gás foi a melhor medida emergencial a ser tomada, até ser possível fechar o poço?
14. Em 1995, a população de Tóquio foi vítima de um ataque terrorista com um agente químico. Quais foram as consequências deste ataque? Qual foi o agente usado?
15. O que disse o ganhador do Prêmio Nobel Paul Crutzen sobre a antroposfera? Cite e descreva o termo que o Dr. Crutzen cunhou para a antroposfera.
16. Suponha que cada uma das moléculas em um mol do "composto X" absorva um fóton de radiação ultravioleta do Sol a um comprimento de onda de 300 nm, tornando-se uma espécie energeticamente "excitada" (ver Capítulo 9). Calcule a energia absorvida, em joules.
17. Como regra, o destino e o transporte químicos de contaminantes são controlados por seu transporte físico e sua reatividade. Esses dois fatores podem ser considerados totalmente independentes? Explique.
18. Por convenção, o destino e o transporte ambientais são considerados em termos de três compartimentos ambientais: (1) a atmosfera, (2) as águas superficiais e (3) o ambiente terrestre ou de superfície. A biosfera e a antroposfera deveriam ser consideradas compartimentos separados? Dê argumentos a favor e contra essa proposta.
19. O destino e o transporte de contaminantes são controlados em parte por sua reatividade. Apresente exemplos de processos envolvendo reatividade química, biológica e física.
20. Explique o significado de conservação de massa, volume de controle e estado estacionário na relação de balanço de massa.
21. Como a volatilidade, a tendência à hidrofobia e a tendência à hidrofilia estão envolvidas no destino e transporte ambientais na atmosfera?
22. Descobriu-se que um poluente "X" está em equilíbrio entre o solo e a água em contato com o solo. Sua concentração no solo foi analisada e determinada como 0,44 mg kg^{-1} de solo

seco e sua concentração na água como 0,037 mg L^{-1}. Qual é o valor de K_d e quais são suas unidades?
23. Se o solo na questão anterior tivesse 5,2% de matéria orgânica e toda a afinidade do solo por "X" fosse devido à matéria orgânica, qual seria o valor do coeficiente de partição do contaminante orgânico para o sólido orgânico puro, K_{oc}?
24. Mesmo que a capacidade dos contaminantes de se mover no solo seja muito baixa, de modo geral o transporte de um contaminante de um ponto na superfície para outro ocorre com muita rapidez. Explique.
25. Utilizando os recursos na Internet, encontre ao menos um caso em que as penas na esfera criminal tenham sido calculadas para um caso de poluição ambiental e discuta como a química forense ambiental foi utilizada nessa situação.

2 A química e a antroposfera: a química ambiental e a química verde

2.1 A química ambiental

No Capítulo 1, o ambiente foi definido como formado por cinco esferas: a hidrosfera, a atmosfera, a geosfera, a biosfera e a antroposfera; isto é, água, ar, a Terra, a vida e as partes do ambiente que consistem nas obras e atividades humanas. A química do ambiente, a *química ambiental*, pode ser definida como *o estudo das fontes, das reações, do transporte, dos efeitos e dos destinos de espécies na hidrosfera, na atmosfera, na geosfera e na antroposfera, além dos efeitos das atividades humanas nelas*. A Figura 2.1 ilustra essa definição para um poluente ambiental. O poluente dióxido de enxofre é gerado durante a combustão do enxofre presente no carvão, transportado para a atmosfera com os gases dessa combustão, sendo oxidado em ácido sulfúrico por meio de processos químicos e fotoquímicos. Este, por sua vez, cai como chuva ácida, podendo exercer efeitos nocivos como toxidez em árvores e outras plantas. Por fim, o ácido sulfúrico é transportado pelo escoamento de corpos hídricos para um lago ou oceano, onde seu último destino é ser armazenado em solução na água ou precipitado na forma de sulfatos sólidos.

A complexidade da química ambiental se deve ao intercâmbio contínuo e variável de espécies químicas entre as diversas esferas ambientais. Essa complexidade é ilustrada para espécies de enxofre na Figura 2.1. O enxofre presente no carvão é retirado da geosfera, convertido em dióxido de enxofre gasoso por um processo antroposférico (combustão) e transportado, após o que sofre reações químicas na atmosfera, podendo afetar plantas na biosfera, terminar em um sumidouro na hidrosfera ou retornar para a geosfera. Ao longo dessa sequência, o enxofre assume diversas formas, como o enxofre organicamente ligado ou a pirita (FeS_2) no carvão, o dióxido de enxofre a partir da combustão do carvão, o ácido sulfúrico produzido pela oxidação do dióxido de enxofre na atmosfera, e os sais de sulfato gerados a partir do ácido sulfúrico, quando o elemento atinge a geosfera. Em um sistema ambiental, ocorrem variações na temperatura, na mistura, na intensidade da radiação solar, na entrada de materiais e em diversos outros fatores que exercem forte influência nas condições e no comportamento químicos. Em função de sua complexidade, a química ambiental precisa ser abordada com base em modelos simplificados.

A química verde, definida como a prática da ciência química e da tecnologia de maneira não poluidora, segura e sustentável, e a ecologia industrial, que trata os sistemas industriais de modo análogo aos ecossistemas naturais, são discutidos neste capítulo e no Capítulo 17. A química ambiental tem forte relação com essas duas disciplinas. Um dos principais objetivos da química verde é evitar a poluição ambiental, um esforço que requer conhecimento sobre a química ambiental. O projeto de um

Capítulo 2 A química e a antroposfera: a química ambiental e a química verde 29

$$SO_2 + \tfrac{1}{2}O_2 + H_2O \rightarrow H_2SO_4$$

SO_2

H_2SO_4

$S\ (\text{Carvão}) + O_2 \rightarrow SO_2$

H_2SO_4

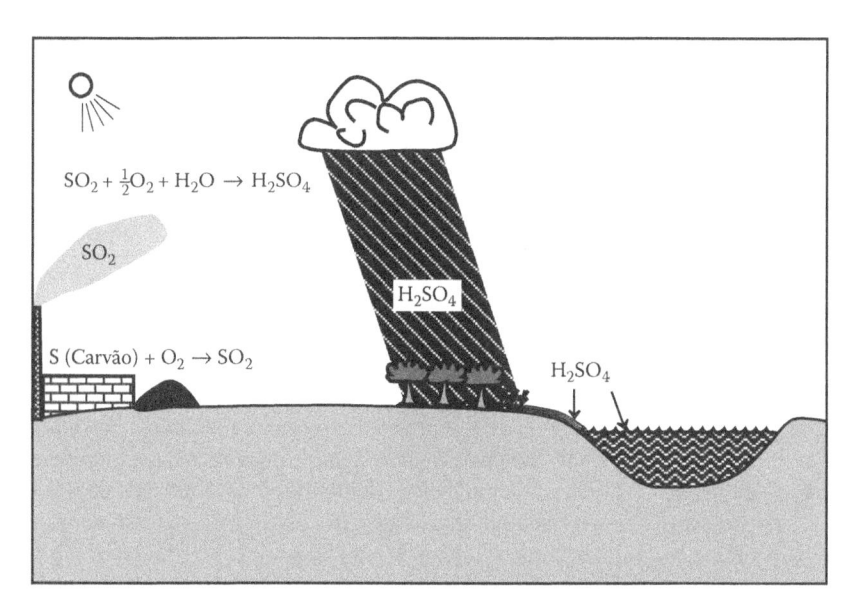

FIGURA 2.1 Ilustração da definição de química ambiental de acordo com o exemplo do poluente ácido sulfúrico formado pela oxidação do dióxido de enxofre gerado durante a combustão do carvão.

sistema integrado de ecologia industrial tem de considerar os princípios e processos da química ambiental. A química ambiental precisa ser contemplada na extração de materiais da geosfera e de outras esferas ambientais para fornecer os materiais exigidos pelos sistemas industriais com um impacto ambiental mínimo. As instalações e os processos de um sistema de ecologia industrial podem ser implementados em locais específicos e operados de maneira a gerar impactos ambientais mínimos, se a química ambiental for inserida no planejamento e na operação desse sistema. A química ambiental aponta claramente para o caminho da minimização dos impactos das emissões e dos subprodutos dos sistemas industriais. Ela é muito útil na concretização da meta mais importante de um sistema de ecologia industrial: a redução de emissões e subprodutos a zero.

A química ambiental é dividida em diversas categorias. A primeira categoria discutida neste livro é a *química aquática*, que trata dos fenômenos químicos na água. Diversos aspectos da química aquática são apresentados nos Capítulos 3 a 8. Como o nome sugere, a *química atmosférica* aborda os fenômenos químicos na atmosfera, sendo apresentada nos Capítulos 9 a 14. Os aspectos gerais da química ambiental da geosfera são discutidos no Capítulo 15, e a química do solo é o tópico do Capítulo 16. A antroposfera e a química ambiental são tratadas nos Capítulos 17 a 21. A biosfera relacionada à química ambiental é mencionada em diversos contextos ao longo do livro, já que está associada aos processos químicos ambientais na água e no solo. Ela é o principal tópico de discussão nos Capítulos 22 a 24. A química toxicológica, definida como *a química das substâncias tóxicas com ênfase em suas interações com os tecidos biológicos e organismos vivos*,[1] é tratada especificamente nos Capítulos 23 e 24. A *química analítica* tem importância especial na química ambiental. A análise química ambiental é discutida nos Capítulos 25 a 28.

2.2 A matéria e seus ciclos

Relacionados com a química ambiental, os *ciclos da matéria*, muitas vezes baseados nos ciclos químicos, são de extrema importância no estudo do ambiente. Os ciclos geológicos globais podem ser considerados da perspectiva de diferentes reservatórios, como os oceanos, os sedimentos e a atmosfera, unidos por condutos pelos quais a matéria se desloca continuamente, entre a hidrosfera, a atmosfera, a geosfera, a biosfera e, cada vez mais, a antroposfera. O movimento de um tipo específico de matéria entre dois reservatórios pode ser reversível ou irreversível. Os fluxos de movimento de tipos específicos de matéria variam de modo expressivo, bem como o conteúdo dessa matéria em um dado reservatório. A maior parte dos ciclos de matéria tem um componente biótico muito representativo, sobretudo com base em processos bioquímicos ocorridos em plantas e microrganismos. Os ciclos em que os organismos participam são chamados de *ciclos biogeoquímicos*, que descrevem a circulação da matéria, sobretudo de nutrientes de plantas e animais, nos ecossistemas. A maior parte dos ciclos biogeoquímicos é descrita como ciclos elementares envolvendo elementos nutrientes como o carbono, o nitrogênio, o oxigênio e o enxofre. Como parte do ciclo do carbono, o carbono atmosférico no CO_2 é fixado na forma de biomassa; como parte do ciclo do nitrogênio, o N_2 atmosférico é fixado na matéria orgânica. O processo inverso aos citados anteriormente é a mineralização, em que elementos biologicamente ligados retornam ao estado inorgânico. Em última análise, os ciclos biogeoquímicos são movidos à energia, a qual está em sintonia e é direcionada pela energia gasta pelos organismos. Em certo sentido, o ciclo hidrológico que ocorre

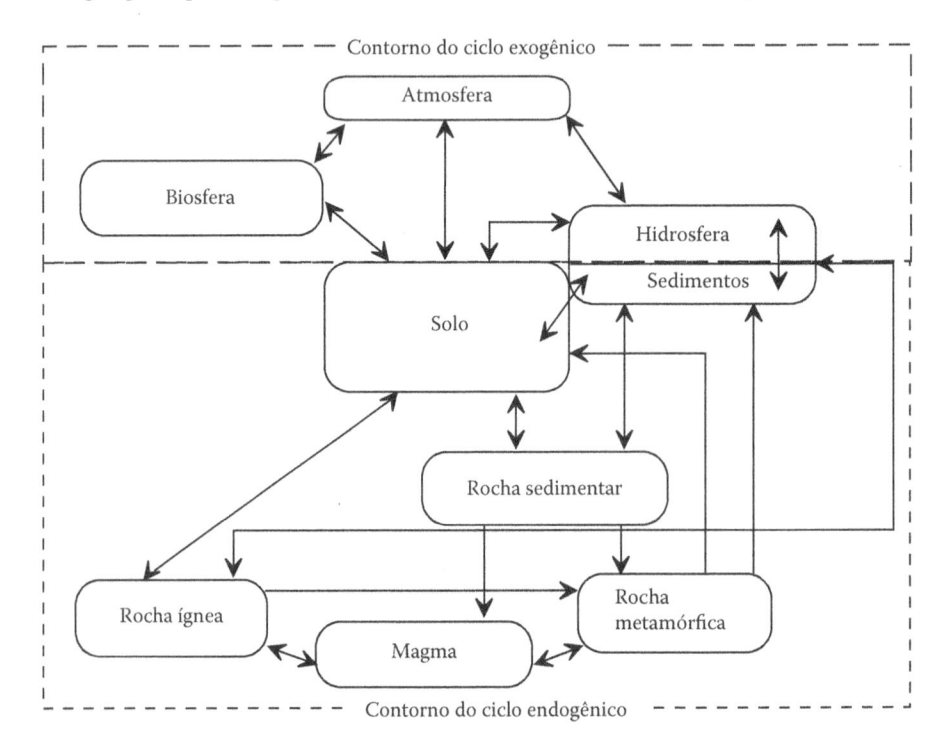

FIGURA 2.2 Esquema geral dos ciclos exogênico e endogênico da matéria.

com base na energia solar (Figura 3.1) atua como se fosse uma esteira transportadora infinita no movimento de materiais essenciais para a vida nos ecossistemas. Os ciclos da matéria também têm forte envolvimento com o destino e o transporte químico de poluentes, discutido na Seção 1.8.

Como mostra a Figura 2.2, os ciclos da matéria são divididos em duas categorias principais. Os *ciclos exogênicos* ocorrem sobretudo na superfície da Terra e são aqueles em que o elemento em questão passa parte do ciclo na atmosfera – O_2 como oxigênio, N_2 como nitrogênio e CO_2 como carbono. Os *ciclos endogênicos*, principalmente o ciclo do enxofre, envolvem principalmente diversos tipos de rocha e não têm um componente gasoso. Em geral, o sedimento e o solo são compartilhados pelos dois tipos de ciclo, e são as principais interfaces entre estes. Todos os ciclos sedimentares envolvem soluções salinas ou de solo (ver a Seção 16.2) que contêm substâncias dissolvidas lixiviadas de minerais desgastados. Essas substâncias podem se depositar como formações minerais ou ser absorvidas como nutrientes por organismos.

2.2.1 O ciclo do carbono

O carbono circula no *ciclo do carbono*, conforme a Figura 2.3. Ela mostra que o carbono pode estar presente como CO_2 atmosférico gasoso, formando uma parcela

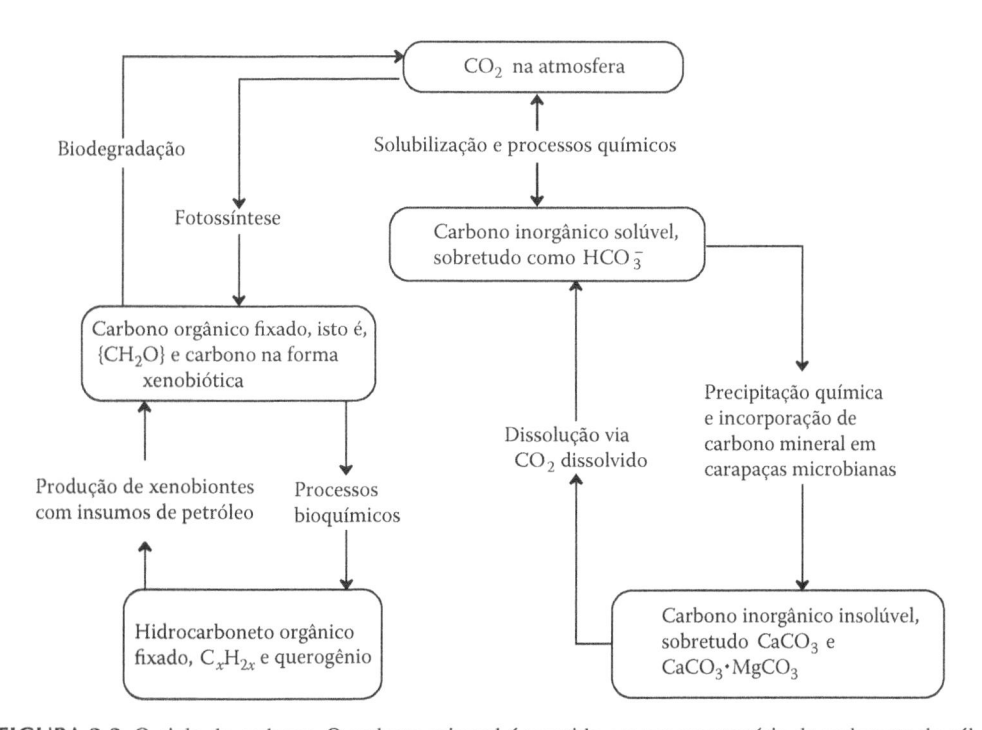

FIGURA 2.3 O ciclo do carbono. O carbono mineral é mantido em um reservatório de carbonato de cálcio, $CaCO_3$, a partir do qual ele pode entrar em uma solução mineral como o íon bicarbonato dissolvido HCO_3^-, formado quando o CO_2 (aq) reage com o $CaCO_3$. Na atmosfera o carbono está presente como dióxido de carbono, CO_2. O dióxido de carbono atmosférico é fixado como matéria orgânica pela fotossíntese, e o carbono orgânico é liberado como CO_2 pela decomposição da matéria orgânica por micróbios.

relativamente pequena, mas de grande importância, de todo o carbono no globo. Parte do carbono é dissolvida na água superficial e em águas subterrâneas como HCO_3^-, ou CO_2 molecular (aq). Uma quantidade muito grande de carbono está presente nos minerais, em especial os carbonatos de magnésio e cálcio, como o $CaCO_3$. A fotossíntese fixa o C inorgânico como *carbono biológico*, representado por $\{CH_2O\}$, um elemento constituinte de todas as moléculas da vida. Outra fração do carbono está fixada na forma de petróleo e gás natural, mas uma quantidade muito maior ocorre na forma de querogênio hidrocarbonáceo (a matéria orgânica no xisto betuminoso), carvão e lignita. Alguns processos produtivos são empregados para converter hidrocarbonetos em xenobiontes contendo grupos funcionais em que estão presentes halogênios, oxigênio, nitrogênio, fósforo ou enxofre. Embora contribuam com uma quantidade muito pequena do carbono total no ambiente, esses compostos têm significância especial devido a seus efeitos químicos tóxicos.

Um dos aspectos importantes do ciclo do carbono está no fato de ele ser o ciclo pelo qual a energia solar é transferida para sistemas biológicos e, por fim, para a geosfera e a antroposfera na forma de carvão fóssil e combustíveis fósseis. O carbono orgânico, ou biológico, CO_2, está presente em moléculas de alto teor energético que podem reagir bioquimicamente com o O_2, para regenerar o dióxido de carbono e produzir energia. Isso pode ocorrer bioquimicamente em um organismo por meio da respiração aeróbia, como mostra a Equação 1.2, ou como combustão, como visto na queima de madeira ou combustíveis fósseis.

Os microrganismos têm forte envolvimento com o ciclo do carbono, mediando reações bioquímicas de importância crucial discutidas ainda nesta seção. As algas fotossintéticas são os principais agentes fixadores de carbono na água. À medida que consomem o CO_2 para produzir biomassa, o pH da água aumenta, oportunizando a precipitação de $CaCO_3$ e $CaCO_3 \cdot MgCO_3$. Os processos biogeoquímicos transformam o carbono orgânico fixado por microrganismos em petróleo fóssil, querogênio, carvão e lignita. Os microrganismos degradam o carbono orgânico na biomassa, no petróleo e em fontes xenobióticas, devolvendo-o, por fim, à atmosfera como CO_2. Os hidrocarbonetos, como os presentes no petróleo bruto, e alguns hidrocarbonetos sintéticos são degradados por microrganismos. Trata-se de um importante mecanismo para a eliminação de hidrocarbonetos poluentes, como aqueles derramados por acidente no solo ou na água. A biodegradação também atua destruindo compostos de carbono em resíduos perigosos.

2.2.2 O ciclo do nitrogênio

Como mostra a Figura 2.4, o nitrogênio ocorre de maneira preponderante em todas as esferas do ambiente. A atmosfera tem 78% de nitrogênio elementar N_2 por volume e representa um reservatório inesgotável desse elemento essencial. O nitrogênio, embora contribua com muito menos que o carbono ou o oxigênio para a formação da biomassa, é um elemento essencial às proteínas. A molécula do N_2 é muito estável. Por essa razão, o rompimento dessa molécula liberando átomos que podem ser incorporados com formas químicas orgânicas e inorgânicas do nitrogênio é a etapa limitante no ciclo do elemento. Isso ocorre por intermédio de processos que envolvem muita energia, como nas descargas elétricas atmosféricas que produzem os óxidos de nitrogênio. O nitrogênio elementar é incorporado também nas formas quimicamente ligadas, ou

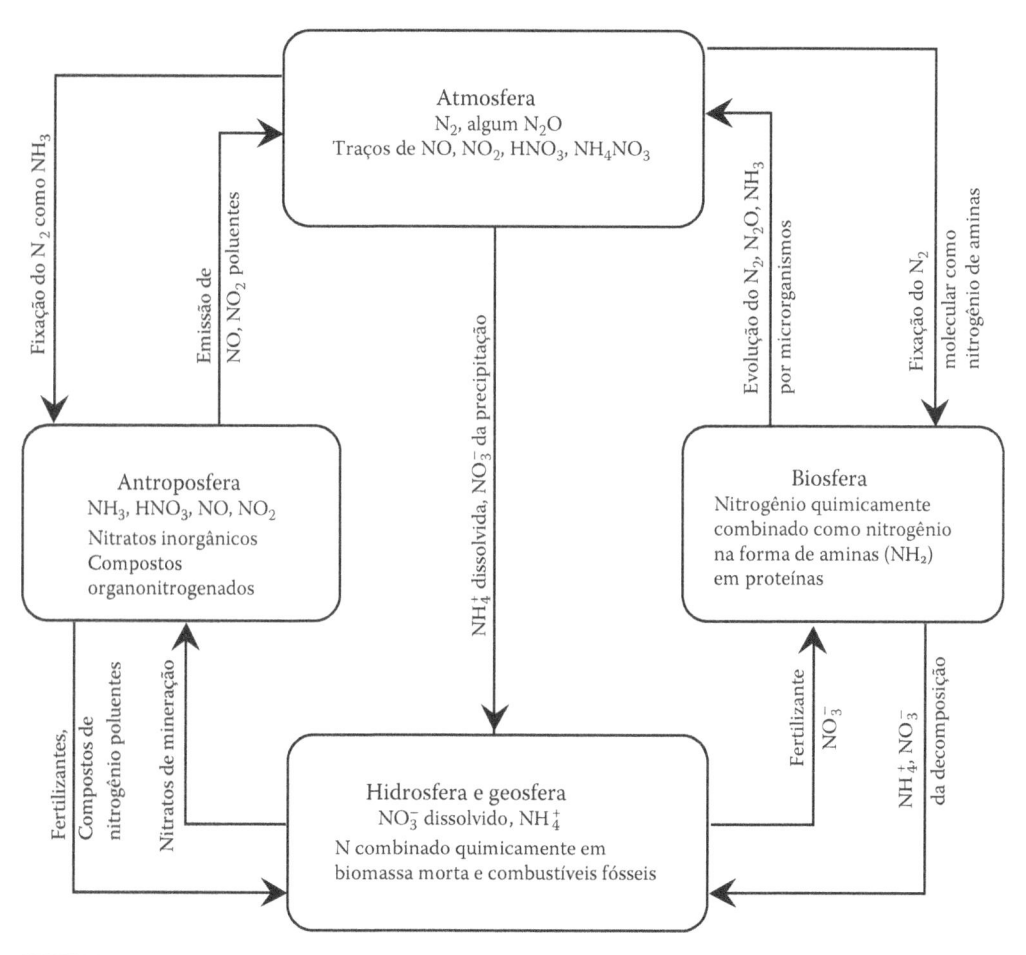

Figura 2.4 — O ciclo do nitrogênio

Atmosfera
N_2, algum N_2O
Traços de NO, NO_2, HNO_3, NH_4NO_3

Antroposfera
NH_3, HNO_3, NO, NO_2
Nitratos inorgânicos
Compostos organonitrogenados

Biosfera
Nitrogênio quimicamente combinado como nitrogênio na forma de aminas (NH_2) em proteínas

Hidrosfera e geosfera
NO_3^- dissolvido, NH_4^+
N combinado quimicamente em biomassa morta e combustíveis fósseis

Fluxos indicados: Fixação do N_2 como NH_3; Emissão de NO, NO_2 poluentes; NH_4^+ dissolvida, NO_3^- da precipitação; Evolução do N_2, N_2O, NH_3 por microrganismos; Fixação do N_2 molecular como nitrogênio de aminas; Fertilizantes, Compostos de nitrogênio poluentes, Nitratos de mineração; Fertilizante NO_3^-; NH_4^+, NO_3^- da decomposição.

FIGURA 2.4 O ciclo do nitrogênio.

fixado por processos bioquímicos mediados por microrganismos. O nitrogênio biológico é mineralizado na forma inorgânica do elemento durante a decomposição da biomassa. Grandes quantidades de nitrogênio são fixadas pela via sintética em condições de temperatura e pressão altas, de acordo com a reação global dada a seguir:

$$N_2 + 3H_2 \rightarrow 2NH_3 \quad (2.1)$$

A produção de N_2 e N_2O gasosos por microrganismos e a elevação desses gases na atmosfera completa o ciclo do nitrogênio por meio de um processo chamado *desnitrificação*. O ciclo do nitrogênio é discutido na perspectiva dos processos microbianos na Seção 6.11.

2.2.3 O ciclo do oxigênio

O *ciclo do oxigênio*, discutido no Capítulo 9 e ilustrado na Figura 9.11, envolve o intercâmbio de oxigênio entre a forma elementar do O_2 gasoso, contido em um enorme reservatório na atmosfera, e o oxigênio quimicamente ligado no CO_2, na H_2O, nos minerais e na matéria orgânica. Ele tem forte vínculo com os ciclos de outros elementos, sobretudo o do carbono. O oxigênio elementar se liga quimicamente por intermédio de diversos processos geradores de energia, em especial a combustão e os processos metabólicos nos organismos, e é liberado pela fotossíntese. Este elemento se combina de imediato e oxida outras espécies, como o carbono, no processo de respiração aeróbia (Reação 1.2), ou com o carbono e o hidrogênio na combustão de combustíveis fósseis, como o metano:

$$CH_4 + 2O_2 \rightarrow CO_2 + 2H_2O \qquad (2.2)$$

O oxigênio elementar também oxida substâncias inorgânicas como o ferro (II) em minerais:

$$4FeO + O_2 \rightarrow 2Fe_2O_3 \qquad (2.3)$$

Um fator de importância especial no ciclo do oxigênio é o ozônio atmosférico, O_3. Conforme discutido no Capítulo 9, Seção 9.10, uma concentração de ozônio relativamente baixa na estratosfera, a mais de 10 km de altitude, filtra a radiação ultravioleta no espectro de comprimento de onda entre 220 e 330 nm, protegendo a vida na Terra contra os efeitos nocivos dessa radiação.

O ciclo do oxigênio é completado pelo retorno do O_2 elementar para a atmosfera. A única maneira significativa de esse retorno ocorrer é pela fotossíntese mediada pelas plantas. A reação global da fotossíntese é dada pela Reação 1.1.

2.2.4 O ciclo do fósforo

O *ciclo do fósforo*, Figura 2.5, é crucial, pois esse elemento é, muitas vezes, o nutriente limitante nos ecossistemas. As formas gasosas estáveis do fósforo não são comuns e, por essa razão, o ciclo do elemento é endogênico. Na geosfera, o fósforo é retido sobretudo em minerais pouco solúveis como a hidroxiapatita, um sal de cálcio cujos depósitos representam o maior reservatório de fosfato ambiental. O fósforo solúvel dos minerais de fosfato e de outras fontes, como fertilizantes, é absorvido por plantas e incorporado nos ácidos nucleicos que compõem o material genético dos organismos. A mineralização da biomassa pela decomposição microbiana devolve o fósforo a uma solução salina, de onde ele pode precipitar como matéria mineral.

A antroposfera é um dos principais reservatórios de fósforo no ambiente, com grandes quantidades de fosfatos extraídos de minerais de fosfato para a produção de fertilizantes, produtos químicos e aditivos de alimentos. O fósforo é um dos elementos constituintes de alguns compostos extremamente tóxicos, em especial os inseticidas organofosforados e gases nervosos de uso militar, como os notórios Sarin e VX (ver Capítulo 24).

2.2.5 O ciclo do enxofre

O *ciclo do enxofre*, ilustrado na Figura 2.6, é relativamente complexo por envolver diversas espécies gasosas, minerais pouco solúveis e uma variedade de espécies em solução. Ele está vinculado ao ciclo do oxigênio, pois o enxofre se combina com o oxigênio para formar dióxido de enxofre gasoso, SO_2, um poluente atmosférico, e o íon sulfato solúvel, SO_4^{2-}. Entre as espécies relevantes envolvidas no ciclo do enxofre

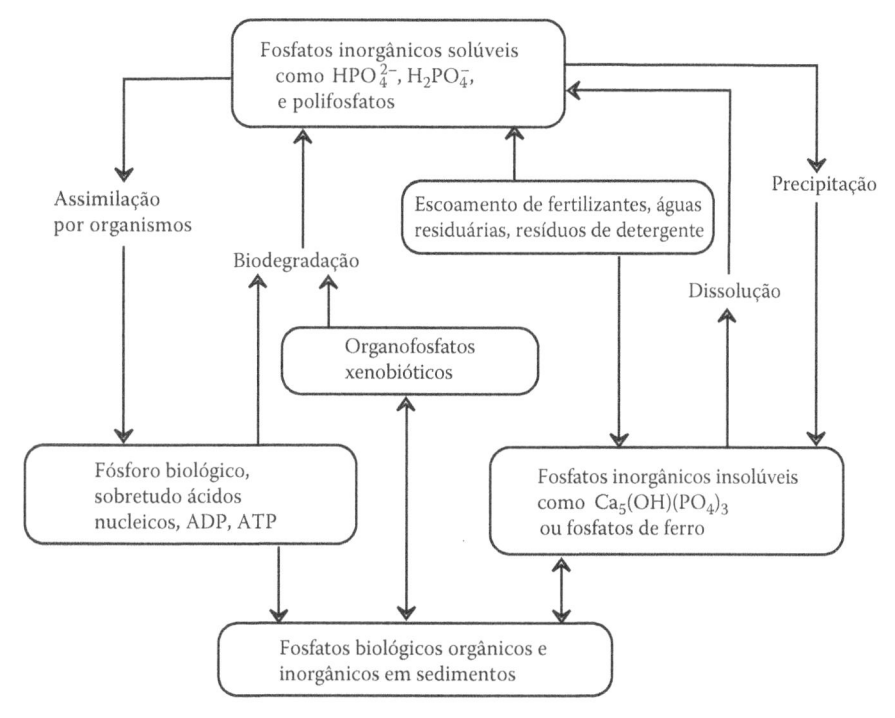

FIGURA 2.5 O ciclo do fósforo.

estão: (1) o sulfeto de hidrogênio gasoso, H_2S; (2) o dimetilsulfeto volátil, $(CH_3)_2S$, liberado na atmosfera pelos processos biológicos ocorridos no oceano; (3) sulfetos minerais, como o PbS; (4) o ácido sulfúrico, H_2SO_4, o principal constituinte da chuva ácida; e (5) o enxofre biologicamente ligado presente nas proteínas contendo o elemento.

No que diz respeito à poluição, a parte mais significativa do ciclo do enxofre é a presença do poluente gasoso SO_2 e do H_2SO_4 na atmosfera. O primeiro é um poluente gasoso do ar com certo potencial tóxico liberado na combustão de combustíveis fósseis contendo o elemento. O papel de poluente do dióxido de enxofre é discutido no Capítulo 11, e os aspectos químicos de sua toxicologia são abordados no Capítulo 24. O principal efeito nocivo do dióxido de enxofre na atmosfera é sua tendência de oxidar na atmosfera, produzindo ácido sulfúrico. Essa espécie é responsável pela precipitação ácida, a "chuva ácida", vista como um dos mais importantes efeitos poluidores na atmosfera no Capítulo 14.

2.3 A antroposfera e a química ambiental

Como local onde é gerada a maior parte da poluição ambiental, a antroposfera tem forte relação com a química ambiental. A *antroposfera* pode ser definida como a parte do ambiente construída ou modificada pelo homem e utilizada por ele em suas atividades. Porém, existem algumas ambiguidades associadas a essa definição. Sem dúvida, um prédio de uma fábrica utilizada em uma linha de produção faz parte da antroposfera da mesma forma que um navio de carga que navega no oceano transportando

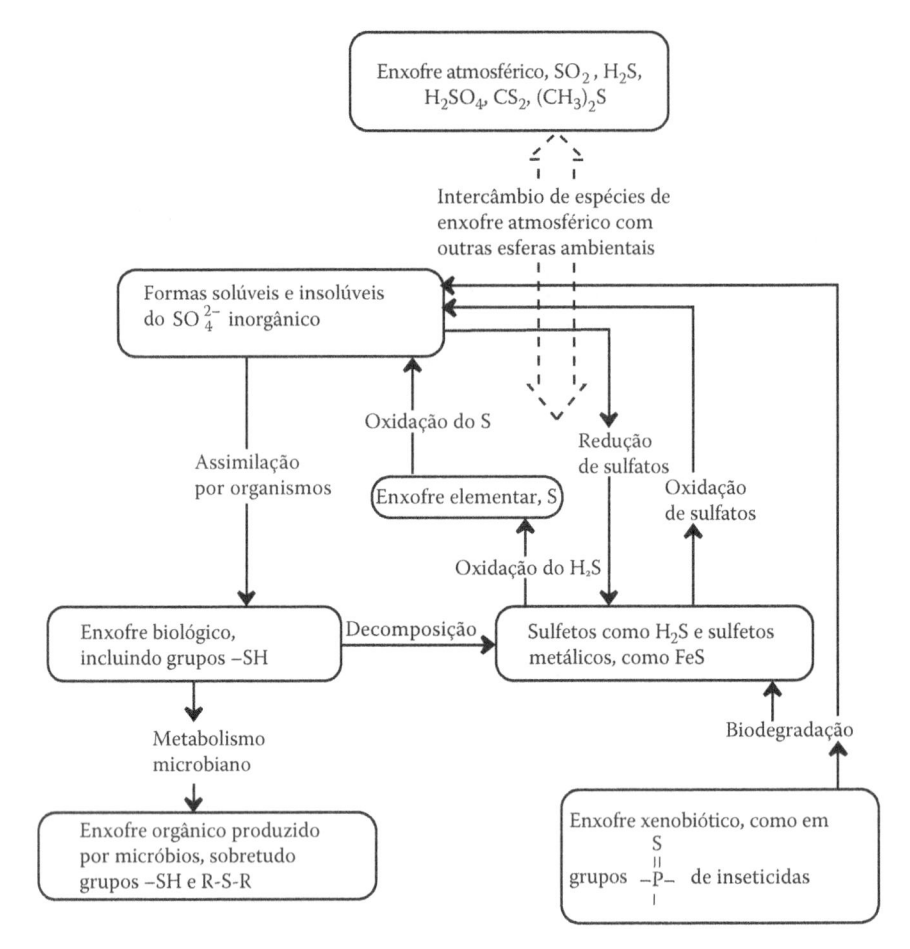

```
┌─────────────────────────────┐
│  Enxofre atmosférico, SO₂, H₂S, │
│  H₂SO₄, CS₂, (CH₃)₂S        │
└─────────────────────────────┘
        ↕
Intercâmbio de espécies de
enxofre atmosférico com
outras esferas ambientais
```

FIGURA 2.6 O ciclo do enxofre.

os produtos feitos nessa fábrica. O oceano em que o navio viaja pertence à hidrosfera, mas está sendo utilizado pelos seres humanos. Um ancoradouro construído na costa oceânica e onde o navio atraca faz parte da antroposfera, mas está intimamente vinculado à hidrosfera e preso à geosfera.

Durante a maior parte de sua existência na Terra, a humanidade exerceu impacto comparativamente pequeno no planeta. As cabanas ou tendas simples usadas como moradia, as estreitas vias sulcadas na terra com o movimento de populações e o alimento obtido sobretudo a partir de fontes naturais afetaram o ambiente em escala mínima. Mesmo assim, existem evidências sugestivas do impacto do homem pré-histórico na natureza, talvez com a caça de espécies até a extinção e a queima de florestas para abrir pastagens e atrair caça. Contudo, ao gerarem um efeito cada vez mais intenso no ambiente à medida que se desenrolava a revolução industrial e, em especial, durante o último século, os seres humanos ergueram estruturas e modificaram as outras esferas ambientais, principalmente a geosfera, o que torna necessário considerar a antroposfera como esfera separadamente. Além disso, é preciso lembrar sua influência eminente, e muitas vezes avassaladora, no ambiente como um todo.

A influência da antroposfera e das atividades humanas é tão grande que algumas autoridades ambientais afirmam que já se encontra em andamento uma transição para uma nova era, o período *antropoceno*, em que a natureza do ambiente da Terra será determinada sobretudo pelas atividades humanas na antroposfera.

2.3.1 Os componentes da atmosfera

Como as outras esferas do ambiente, a antroposfera é formada por diversas partes. Estas podem ser caracterizadas de acordo com o local onde os seres humanos vivem; como se movem; como fazem ou fornecem bens ou serviços de que precisam ou que desejam; como produzem seu alimento, têxteis e madeira; como obtêm, distribuem e utilizam energia; como se comunicam, extraem e processam minerais não renováveis; além do modo como coletam, tratam e descartam resíduos. Com esses fatores em mente, é possível dividir a antroposfera nas seguintes categorias (Figura 2.7):

- Estruturas para moradias.
- Estruturas para produção, comércio, educação e outras atividades.
- Serviços públicos, como os sistemas de distribuição de água, combustível e eletricidade, além dos sistemas de distribuição de resíduos, como rede de esgotos.
- Estruturas utilizadas para transporte, incluindo estradas, ferrovias, aeroportos e hidrovias construídas ou modificadas para o transporte de água.
- Estruturas e outras partes do ambiente modificadas para a produção de alimentos, como os campos utilizados na agricultura e os sistemas de irrigação.
- Máquinas de diversos tipos, como automóveis, implementos agrícolas e aeronaves.
- Estruturas e dispositivos utilizados na comunicação, como linhas telefônicas ou torres de transmissão de rádio.
- Estruturas associadas aos setores extrativistas, como minas e poços de petróleo.

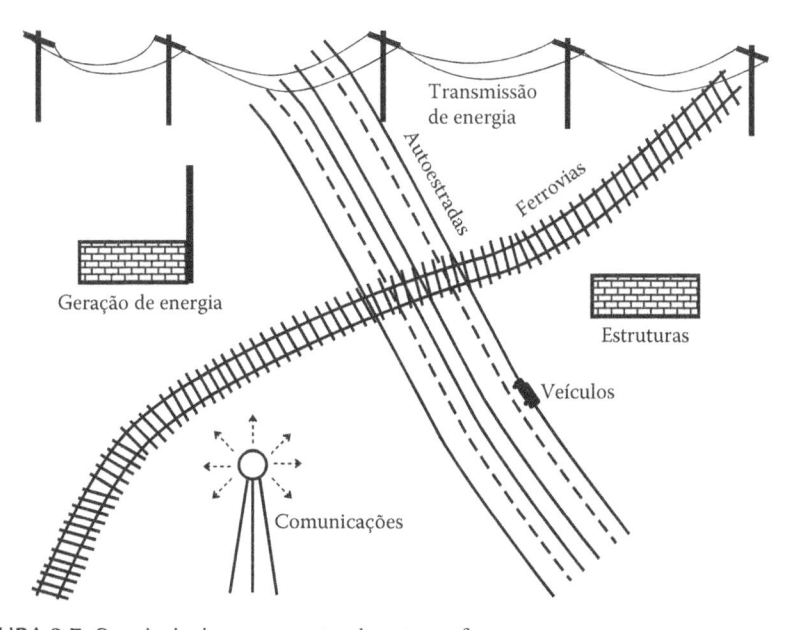

FIGURA 2.7 Os principais componentes da antroposfera.

Dessa lista fica óbvio que a antroposfera é muito complexa e tem um potencial enorme para afetar o ambiente. Antes de tratar desses efeitos ambientais, vários aspectos da antroposfera serão discutidos detalhadamente.

2.4 A tecnologia e a antroposfera

Uma vez que a antroposfera é resultado da tecnologia, é apropriado discuti-la neste ponto deste capítulo. A *tecnologia* diz respeito às maneiras como os seres humanos fazem e produzem coisas a partir de materiais e energia. Na era moderna, a tecnologia é, em grande parte, o produto da engenharia fundamentada em princípios científicos. A ciência lida com a descoberta, a explicação e o desenvolvimento de teorias relativas aos fenômenos naturais inter-relacionados da energia, da matéria, do tempo e do espaço. Com base no conhecimento da ciência, a engenharia possibilita os planos e meios de alcançar objetivos práticos específicos. A tecnologia utiliza esses planos para concretizar os objetivos desejados.

A tecnologia tem uma longa história, datando da pré-história, de eras quando recursos humanos e materiais eram concentrados e focados para permitir que a tecnologia se desenvolvesse a passos largos. Os avanços tecnológicos anteriores ao período romano incluíram o desenvolvimento da *metalurgia*, que começou com o cobre nativo em cerca de 4000 a.C., a domesticação do cavalo, a descoberta da roda, o desenvolvimento da arquitetura das grandes edificações, o controle da água para canais e irrigação, além da escrita, que viabilizou a comunicação. Nos períodos grego e romano houve a evolução das *máquinas*, como o molinete, a roldana, o plano inclinado, o parafuso, a catapulta usada no arremesso de artefatos de guerra, além do Parafuso de Arquimedes, empregado para transportar água. Mais tarde, a roda da água foi desenvolvida para obter energia transmitida por engrenagens de madeira. Muitas inovações tecnológicas, como a impressão com blocos de madeira iniciada por volta do ano 740, e a descoberta da pólvora, cerca de um século depois, nasceram na China.

No século XIX houve uma explosão tecnológica. Entre os principais progressos conquistados nesse século estavam a popularização da energia a vapor, as locomotivas a vapor, o telégrafo, o telefone, a eletricidade como forma de energia, os têxteis, o uso do ferro e do aço na construção de edificações e de pontes, o cimento, a fotografia e a invenção do motor à combustão interna, que revolucionaria o transporte no século seguinte.

Desde cerca de 1900, os avanços tecnológicos se caracterizaram por diversos fatores, como a utilização mais ampla da energia; a velocidade muito mais alta dos processos produtivos e da transferência de informações, da computação, do transporte e da comunicação; o controle automatizado; uma grande variedade de novos produtos químicos; os materiais novos e aperfeiçoados para aplicações inéditas e, nas últimas décadas, a aplicação dos computadores na produção, na comunicação e no transporte. Nesse setor, o desenvolvimento de aeronaves de passageiros oportunizou uma mudança incrível no modo como as pessoas se deslocam e no transporte de cargas de alta prioridade. Hoje, o rápido progresso da biotecnologia promete revolucionar a produção de alimentos e a medicina.

Os avanços tecnológicos vistos no século XX foram atribuídos em grande parte a dois fatores. O primeiro foi a aplicação da eletrônica, hoje baseada em dispositivos de estado sólido, em áreas como comunicação, sensores e computadores para o controle de produção. O segundo, o principal responsável pelas inovações tecnológicas, fundamentou-se no aperfeiçoamento de materiais. Por exemplo, ligas especiais de alumínio leves e resistentes foram utilizadas na construção de aeronaves antes da Segunda Guerra Mundial e, mais recentemente, foram substituídas em parte por ligas ainda mais avançadas. Os materiais sintéticos com impacto significativo na tecnologia moderna incluem plásticos, materiais reforçados com fibras, ligas e compostos cerâmicos.

Até pouco tempo, os avanços tecnológicos ocorriam em grande parte sem a atenção aos impactos ambientais. Contudo, hoje o maior desafio tecnológico consiste em reconciliar a tecnologia com as consequências ambientais. A sobrevivência da raça humana e do planeta que dá suporte a ela requer que a interação recíproca entre ciência e tecnologia se transforme em uma interação tríplice, que inclua a proteção ambiental e a sustentabilidade.

2.4.1 A engenharia

A *engenharia* utiliza o conhecimento fundamental adquirido por intermédio da ciência para desenvolver os planos e os meios de alcançar objetivos específicos em áreas como a produção, a comunicação e o transporte. Existem diversas especialidades na engenharia, como a engenharia química, elétrica, ambiental, aeroespacial, biomédica, cerâmica, industrial, metalúrgica, petrolífera, além da agronomia, da engenharia de projeto assistido por computador (CAD), da produção assistida por computador (CAM) e da engenharia de minas. Outras categorias de engenharia são definidas a seguir:

- A *engenharia mecânica*, que aborda máquinas e a maneira como lidam com forças, movimento e energia.
- A *engenharia elétrica*, que trata da geração, transmissão e utilização da energia elétrica.
- A *engenharia eletrônica* estuda os fenômenos baseados no comportamento de elétrons em tubos de vácuo e outros dispositivos.
- A *engenharia química* utiliza os princípios da química, física e matemática para projetar e operar processos que geram produtos e materiais.
- A *engenharia civil* lida sobretudo com elementos de infraestrutura, como autoestradas, aeroportos e sistemas de distribuição de água.
- A *engenharia ambiental* envolve o controle e a prevenção da poluição, além do tratamento de resíduos.

O papel da engenharia na construção e operação dos diversos componentes da antroposfera é evidente. No passado, a engenharia com frequência era aplicada sem levar os fatores ambientais devidamente a sério. Por exemplo, máquinas de grande porte projetadas por engenheiros mecânicos eram empregadas para remodelar a superfície da Terra sem preocupação com as consequências ambientais, enquanto a engenharia química era recrutada para desenvolver uma ampla gama de produtos sem levar em conta os resíduos dessas operações. Entretanto, por sorte essa visão vem passando por mudanças rápidas. Exemplos de uma engenharia que não agride o ambiente incluem o projeto de máquinas voltado para a minimização de ruídos, a eficiência energética significativamente aperfeiçoada dessas máquinas, além do uso de equipamentos para a escavação de terra com finalidades benéficas ao ambiente, como a restauração de áreas de mineração a céu aberto e a construção de terras alagadas (*wetlands*). A geração, distribuição e utilização eficientes da energia elétrica com base nos princípios da engenharia elétrica constituem um dos caminhos mais promissores no esforço pela melhoria ambiental. Fábricas automatizadas concebidas com a aplicação da engenharia eletrônica e controladas por computadores fabricam produtos com consumo mínimo de energia e de materiais, ao mesmo tempo em que minimizam a emissão de poluentes aéreos e aquáticos, reduzem a produção de resíduos perigosos e a exposição do trabalhador a riscos. Indústrias de produtos químicos são projetadas a fim de maximizar a eficiência energética e de materiais, reduzindo a produção de resíduos ao mínimo. Nos últimos anos, a engenharia sustentável e que não agride o ambiente recebeu a designação formal de *engenharia verde*.[2]

2.5 A infraestrutura

A *infraestrutura* consiste nos serviços públicos, nas instalações e nos sistemas utilizados em comum pelos integrantes de uma sociedade que depende dela para funcionar normalmente. A infraestrutura é formada por componentes físicos (estradas, pontes e tubulações) e instruções (leis, regulamentações e procedimentos operacionais) sob os quais a infraestrutura física opera. As partes dessa infraestrutura podem ser de propriedade pública, como o Sistema de Autoestradas Interestaduais dos Estados Unidos e algumas ferrovias europeias, ou privadas, como é o caso da maioria das ferrovias nos Estados Unidos. Alguns dos principais componentes da infraestrutura de uma sociedade moderna são:

- Os sistemas de transporte, como ferrovias, autoestradas e sistemas de transporte aéreo.
- Os sistemas de geração e distribuição de energia.
- As edificações.
- Os sistemas de telecomunicação.
- Os sistemas de distribuição e abastecimento de água.
- Os sistemas de tratamento e descarte de resíduos, incluindo esgotos municipais, resíduos sólidos municipais e resíduos industriais.

De modo geral, a infraestrutura diz respeito às instalações que segmentos expressivos de uma população precisam compartilhar para a sociedade funcionar. Sob certo aspecto a infraestrutura é análoga ao sistema operacional de um computador. Esse sistema operacional determina o funcionamento dos aplicativos e o modo como distribuem e armazenam documentos, planilhas, ilustrações e comunicações que criam. Da mesma forma, a infraestrutura é empregada para deslocar matérias-primas e fornecer energia para fábricas armazenarem e distribuírem os produtos que fazem. Tal qual um sistema operacional ultrapassado, lento e suscetível a panes prejudica a eficiência de um computador, assim também uma infraestrutura antiquada, pesada e inoperante – hoje muito comum em diversos países, mesmo nos Estados Unidos – faz a sociedade funcionar de maneira ineficaz, sujeitando-a a fracassos catastróficos.

Para que uma sociedade se desenvolva com sucesso, é de suma importância manter uma infraestrutura moderna e viável. Essa estrutura é consistente com a proteção ambiental. Serviços públicos e outros elementos funcionais, como sistemas de abastecimento de água e de tratamento de esgoto projetados de modo adequado, minimizam a poluição e o dano ambiental.

Os componentes da infraestrutura estão sujeitos à deterioração. Isso se deve em grande parte aos processos de envelhecimento natural. Por sorte muitos desses processos podem ser desacelerados ou mesmo revertidos. A corrosão de estruturas de aço, como pontes, representa um grande problema para as infraestruturas; contudo, o uso de materiais resistentes à corrosão e a manutenção com revestimentos específicos para o mesmo fim conseguem interromper esse processo de deterioração. A infraestrutura está sujeita à agressão humana, como o vandalismo, o mau uso e a negligência. Muitas vezes o problema começa com o projeto e o conceito básico de um componente específico da infraestrutura. Por exemplo, muitos diques construídos em rios e destruídos por inundações jamais deveriam ter sido erguidos, pois representam uma tentativa de obstruir a tendência natural de todo rio, isto é, a de sofrer uma enchente de tempos em tempos.

A tecnologia desempenha um papel essencial na construção e manutenção de uma infraestrutura de sucesso. A maioria dos avanços tecnológicos mais expressivos aplicados na esfera da infraestrutura ocorreu entre 150 e 100 anos atrás. No ano de 1900 começaram a se desenvolver as ferrovias, as empresas de energia elétrica, o telefone e as estruturas de aço para edificações. O resultado final da maioria dessas inovações tecnológicas foi a oportunidade de a raça humana "conquistar" ou subjugar a natureza, ao menos temporariamente. O telégrafo e o telefone superaram o problema do isolamento, o transporte ferroviário de alta velocidade e, mais tarde, o transporte aéreo conquistaram distâncias, enquanto represas eram construídas para controlar rios e o curso das águas. O desenvolvimento de materiais novos e aperfeiçoados, como o aço estrutural mais leve, continua exercendo forte influência na infraestrutura.

No futuro, o principal desafio no projeto e na operação de uma infraestrutura será utilizá-la para trabalhar com o ambiente e aperfeiçoar a qualidade ambiental para o benefício da humanidade. Exemplos de infraestruturas que não agridem o ambiente são os sistemas de tratamento de esgoto com tecnologia de ponta, os sistemas ferroviários de alta velocidade capazes de substituir o transporte ineficiente das autoestradas e os sistemas de controle de emissões de gases de escape de chaminés em usinas de energia. Abordagens mais sutis e com um enorme potencial para reduzir as agressões ao ambiente causadas pela infraestrutura incluem a lotação de funcionários em terminais de computador em seus próprios lares para que não precisem viajar até o local de trabalho, as mensagens instantâneas de correio eletrônico que abolem o transporte de correspondências, e as instalações movidas a energia solar que operam estações remotas de sinais e retransmissoras, eliminando a necessidade de levar linhas elétricas até elas.

O desenvolvimento da eletrônica e dos computadores possibilita avanços significativos em infraestrutura. Uma das áreas em que a influência da eletrônica moderna e dos computadores é mais visível é o setor de telecomunicações. Os telefones com discadores e relés mecânicos cumpriram seu papel na sua época, mas tornaram-se obsoletos com as inovações na eletrônica, no controle informatizado e nas fibras óticas. O controle do transporte aéreo por sistemas computadorizados modernos e de última geração possibilitam lidar com um número muito maior de aeronaves com segurança e eficiência, reduzindo a necessidade de novos aeroportos. Sensores que monitoram fadiga, temperatura, movimento e outros parâmetros são embutidos nos elementos estruturais de pontes e outras estruturas. As informações geradas por esses sensores são processadas por computadores para alertar sobre falhas estruturais e auxiliar na manutenção adequada. Estes são apenas alguns entre tantos exemplos de utilização da eletrônica.

2.5.1 A infraestrutura vulnerável

Quase todas as partes da infraestrutura são vulneráveis a ataques ou interrupções. Nos dias de hoje, uma ação que desabilite um segmento da infraestrutura pode causar graves interrupções em todo um sistema. Isso ocorre por conta da *vulnerabilidade devido à interconectividade*, uma característica dos sistemas elétricos, de transporte, de comunicações e outros elementos atuais da infraestrutura, cujos componentes estão interconectados e mantêm uma dependência mútua extrema. Essa vinculação ficou clara de modo dramático em 14/8/2003, quando houve uma abrupta interrupção no fornecimento de energia elétrica para dezenas de milhões de pessoas no nordeste dos Estados Unidos e em Ontário, incluindo cidades importantes como Nova York, Detroit, Cleveland e Toronto. Cerca de 100 usinas de energia encarregadas de formidáveis 68.100 MW de capacidade geradora foram desligadas e dezenas de linhas de transmissão caíram. Todas essas instalações interromperam suas operações por um período de 5 minutos. Contudo, é provável que o núcleo do evento real provavelmente tenha ocorrido em um lapso de 10 segundos, após o que o desligamento foi inevitável.

O incidente que causou o grande blecaute de agosto de 2003 foi tão pequeno que dois dias depois os especialistas continuavam em dúvida sobre o que de fato precipitara o ocorrido. Embora tenha sido descoberto que o evento não fora um incidente planejado por terroristas ou um ato de sabotagem, nada impediria que fosse. Esse fato permanece como um símbolo sinistro do potencial dos ataques terroristas de interromper serviços essenciais de infraestrutura. Essa queda de energia foi um exemplo de *pane em cascata* em redes complexas. No caso da energia elétrica, centenas de estações geradoras estão interconectadas por linhas de transmissão, e a carga é redistribuída continuamente para atender às flutuações na demanda. Essa configuração permite oferecer energia em nível adequado com base em uma capacidade total muito menor e, portanto, a custos mais baixos em comparação com um cenário em que cada usina de energia tivesse de manter uma capacidade extra para atender a uma demanda oscilante. A Internet funciona com base em diversas unidades computadorizadas interconectadas. Os roteadores estão programados para redirecionar o tráfego na periferia de algum roteador com problemas. As operações de produção modernas dependem da entrega *just-in-time** de dezenas de componentes. Blecautes ocasionais, quedas na Internet e paradas na linha de produção devido à falta de uma peça essencial servem como lembretes da vulnerabilidade dessas redes frente

---

* N. de T.: Sistema de administração da produção que estabelece que nada deve ser produzido, transportado ou comprado antes da hora exata. É aplicado para reduzir estoques e os custos decorrentes.

a panes em cascata e à possibilidade onipresente de sabotagem como razão por trás dessas interrupções.

Com a crescente complexidade dos sistemas de infraestrutura urbana cresceu também a importância de centros de operações de emergência incumbidos de administrar os danos à infraestrutura que possam levar a interrupções. Ao longo de sua história esses centros vêm lidando com diferentes desastres naturais, como tornados, inundações e terremotos, além de incêndios de grande porte, explosões e desabamentos de edificações causados por falha humana ou de projeto. Contudo, frente à maior preocupação com a ameaça terrorista, os centros de operação de emergência tiveram de se equipar para enfrentar esses ataques. Atos terroristas que envolvam produtos químicos de alta toxicidade, patógenos ou materiais nucleares representam um desafio especial para os primeiros a atenderem a um chamado de emergência, que podem correr perigo pessoal devido ao evento.

Felizmente, os bombeiros e outros grupos especializados no atendimento a emergências recebem treinamentos intensivos para lidar com vazamentos e emissões de substâncias tóxicas ou situações que ofereçam perigos de qualquer outra natureza. Os vapores tóxicos estão quase sempre associados a incêndios e, por essa razão, os encarregados do combate possuem equipamentos de proteção e respiração que os resguardam em caso de ataque químico. Os militares são treinados para responder a um ataque com venenos de uso das forças armadas e têm equipamentos apropriados para protegê-los nesses incidentes.

Os diversos elementos da infraestrutura estão fortemente conectados e são muito interdependentes. Talvez nenhum outro componente seja tão importante para o funcionamento correto dos outros elementos da infraestrutura do que o fornecimento de energia elétrica. Sem eletricidade, os sistemas de bombeamento de água não funcionam, indisponibilizando a água para apagar incêndios. Os sistemas de metrô das grandes cidades dependem da eletricidade para movimentar seus trens. Os sistemas de semáforos funcionam com eletricidade e, sem eles, o tráfego nas áreas urbanas se desintegra rapidamente, gerando caos e engarrafamentos. A eletricidade é necessária também para deslocar elevadores em grandes edifícios.

As edificações também são consideradas parte da infraestrutura essencial. Além disso, as construções são vulneráveis, como ilustram com extrema vividez os ataques ao World Trade Center em 11 de setembro de 2001 em Nova York, quando dois edifícios imensos desabaram devido ao incêndio causado pelo combustível das aeronaves arremessadas contra eles. Outros exemplos que demonstram a fragilidade das construções a ataques incluem a explosão no edifício-sede de um órgão governamental em Oklahoma City em 1995, além dos ataques terroristas aos hotéis em Mumbai, Índia, em 2008.

A química tem importância na proteção da infraestrutura. Os materiais resistentes a ataques, como os materiais antichama utilizados nas estruturas de construções, podem reduzir em muito os danos causados por ataques. Em geral, essas características de projeto, consistentes com as melhores práticas tanto da química ambiental quanto da química verde, aumentam a resistência dos elementos da infraestrutura contra ataques. Instrumentos portáteis e sensíveis para a detecção de substâncias tóxicas e de explosivos reduzem os riscos desses materiais contra a infraestrutura.

2.6 Os componentes da antroposfera que influenciam o ambiente

Inúmeros componentes da antroposfera exercem influência especialmente forte no ambiente e apresentam um potencial enorme para mudanças e melhorias a fim de atingir a meta da sustentabilidade, incluindo:

- *Habitações e edificações*: Embora a maior parte do mundo viva em acomodações abaixo dos padrões médios, uma boa parcela das moradias atuais nos Estados Unidos e em outros países industrializados não observa as boas práticas da sustentabilidade, o que causa forte impacto ambiental. Existe a necessidade de construir residências próximo a locais de trabalho e centros comerciais. As casas devem ter tamanho razoável, uma disposição eficiente dos cômodos e a maior eficiência energética possível. As edificações devem ser versáteis, de maneira a permitir a conversão para outras finalidades sem a destruição de toda a estrutura. Os avanços tecnológicos podem ser utilizados para erigir construções menos prejudiciais ao ambiente. Projetos avançados de janelas e materiais de isolamento eficientes são capazes de reduzir o consumo de energia de maneira significativa. Sistemas modernos de aquecimento e ar condicionado operam em níveis elevados de eficiência. A automação e o controle informatizado do consumo de água e energia elétrica, sobretudo para condicionamento do ar e aquecimento, podem diminuir de modo significativo o consumo de energia com a regulagem de temperatura e de iluminação nos níveis desejados em locais e períodos específicos, de acordo com a necessidade do prédio.
- *Transporte*: O uso disseminado de automóveis, caminhões e ônibus traz consequências para o ambiente. Paisagens inteiras foram remodeladas por completo para a construção de autoestradas, entroncamentos e estacionamentos. As emissões de motores à combustão interna de automóveis são a principal fonte de poluição aérea em muitas áreas urbanas. O automóvel possibilitou a "expansão urbana" característica dos padrões residenciais e comerciais de desenvolvimento nos Estados Unidos e em muitas outras nações industrializadas. Os enormes terrenos destinados à construção de bairros residenciais nos subúrbios e as incorporações imobiliárias, ruas e estacionamentos desenvolvidos para dar suporte a esses bairros tomam terras agrícolas produtivas a velocidades assustadoras. As aplicações da engenharia e tecnologia avançadas no transporte representam um benefício gigantesco para o ambiente. Os atuais sistemas de trens e metrôs, concentrados em áreas urbanas e cuidadosamente conectados a aeroportos para tratar da questão de viagens de longa distância, permitem o movimento rápido, conveniente e seguro de pessoas com danos mínimos ao ambiente. Formada por pessoas que trabalham em casa e "viajam" usando seus computadores, modems, aparelhos de fax e a Internet com linhas de conexão rápida, a *sociedade do teletrabalhador* tem o potencial de aliviar a sobrecarga nos sistemas de transporte e reduzir seus efeitos adversos no ambiente de modo significativo.
- *Comunicações*: As principais áreas a considerar com relação à informação são sua aquisição, registro, cômputo, armazenamento, exibição e transmissão. Todos esses aspectos vêm evoluindo enormemente com os avanços tecnológicos recentes. Talvez o maior desses progressos tenha sido o desenvolvimento de circuitos

integrados de silício. As memórias óticas que armazenam informações registradas e lidas por raios laser microscópicos permitem guardar quantidades impressionantes de informação em um único CD. O uso de fibras óticas na transmissão de informações pela via digital trouxe um avanço comparável na comunicação de informações utilizando a luz. A principal característica da comunicação na era moderna é a integração das telecomunicações aos computadores, chamada *telemática*, empregada nos caixas eletrônicos de bancos. Uma das competências importantes das telecomunicações modernas é a possibilidade de adquirir, analisar e comunicar informações sobre o ambiente com rapidez e precisão.

- *Alimentos e agricultura*: O impacto da agricultura é enorme. Uma das alterações mais rápidas e profundas no ambiente foi a conversão de vastas áreas do continente norte-americano de florestas e pastagens em terras cultiváveis, ocorrida sobretudo no século XIX. Isso permitiu a produção de grandes quantidades de alimento, mas resultou em erosão pelo vento e prejuízos a corpos hídricos. O reconhecimento destes problemas levou à adoção de esforços intensos voltados para a conservação do solo, iniciados por volta de 1900 e que continuam até o presente. Nas últimas décadas, terras valiosas usadas na agricultura passaram a enfrentar a ameaça imposta pela urbanização de áreas rurais – a expansão urbana – à medida que extensões agrícolas de excelente qualidade são subdivididas e pavimentadas para criar estacionamentos e ruas. A população em crescimento e os padrões de vida mais elevados exercem pressão maior sobre os recursos agrícolas. É provável que a produção de combustíveis sintéticos a partir de biomassa também aumente as demandas sobre o setor agrícola. O aquecimento global e a mudança climática resultante possivelmente terão efeitos profundos na agricultura.
- *Produção*: A produção de bens traz consigo o potencial de causar poluição aérea e aquática significativa, além de gerar resíduos perigosos. Quando as variáveis ambientais são consideradas no começo do processo de projeto e desenvolvimento, o processo de produção será menos agressivo ao ambiente. A aplicação dos princípios da ecologia industrial e da química verde aumenta consideravelmente a sustentabilidade da produção. Entre os novos avanços que revolucionaram a produção e continuam inovando estão a automação, a robótica e os computadores. A *automação* utiliza dispositivos automáticos na execução de tarefas repetitivas, como a montagem nas operações em linha. A *robótica* trata da utilização de máquinas para simular movimentos e atividades humanas. O CAD é empregado para converter uma ideia em um produto manufaturado, substituindo inúmeros esboços, desenhos de engenharia e maquetes empregados no passado. O CAM utiliza computadores para planejar e controlar as operações de um processo produtivo, implementar o controle de qualidade e administrar unidades inteiras de produção. Isso aumenta a eficiência da produção e contribui com a sustentabilidade.

2.7 Os efeitos da antroposfera na Terra

Os efeitos da antroposfera na Terra são profundos e numerosos. Os produtos persistentes e potencialmente perigosos das atividades humanas são espalhados de maneira ampla ou concentrados em locais específicos na atmosfera e em outras esferas do ambiente. Entre os produtos mais problemáticos estão os metais tóxicos e os compostos organoclorados. Esses materiais se acumulam na antroposfera em superfícies revestidas e pintadas, como as tintas contendo compostos organoestânicos utilizadas para prevenir a bioincrustração em embarcações. Outros pontos corriqueiros de acumulação desses compostos são as áreas adjacentes e abaixo de pistas de aeroportos, abaixo e ao longo do pavimento de autoestradas, o subsolo de fábricas antigas, aterros sanitários e materiais dragados de hidrovias e portos que por vezes são empregados como aterro sobre o qual edificações, pistas de decolagem e outras estruturas são construídas. Em muitos casos, a camada fértil do solo utilizada para o cultivo de alimentos foi contaminada com resíduos industriais descartados, fertilizantes de fosfato e lodo de esgoto seco contendo níveis de metais prejudiciais às plantas.

Algumas das partes da antroposfera que podem ser seriamente contaminadas com as atividades humanas são mostradas na Figura 2.8. Em alguns casos a contaminação é tão penetrante e persistente que os efeitos resistem por séculos. Alguns dos problemas ambientais e de resíduos mais incômodos e perturbadores devem-se à contaminação de diversas partes da antroposfera por materiais residuais persistentes e tóxicos.

Os resíduos e poluentes potencialmente nocivos de origem atmosférica abrem caminho na água, no ar, no solo e nos organismos vivos. Por exemplo, no passado os clorofluorcarbonetos (CFC, ou freons), muito estáveis, foram liberados na atmosfera em quantidades tão altas que hoje são considerados constituintes "normais" do ar, representando uma ameaça à camada de ozônio protetora na estratosfera. Sedimentos lacustres, leitos de corpos hídricos e deltas formados pelo escoamento de rios estão contaminados com metais e compostos orgânicos refratários originados na antropos-

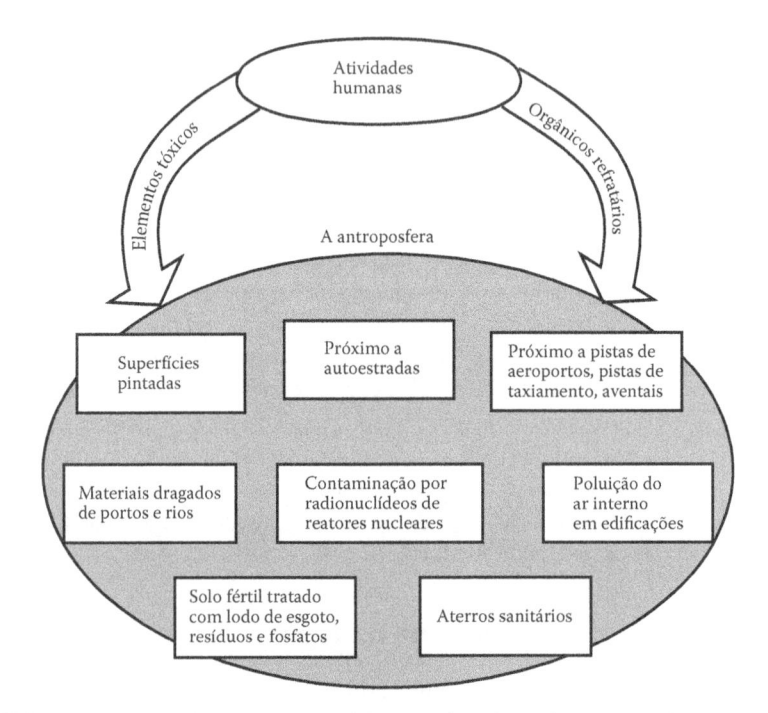

FIGURA 2.8 A antroposfera é um repositório de muitos dos poluentes gerados como subprodutos das atividades humanas.

fera. O repositório mais preocupante de resíduos na hidrosfera são as águas subterrâneas. Alguns organismos acumulam níveis de compostos orgânicos persistentes ou metais em nível alto o bastante para prejudicarem a si mesmos ou aos seres humanos que os consomem como alimento.

2.8 A integração da antroposfera com todo o ambiente

Ao longo das eras de existência da Terra, os processos naturais não afetados por perturbações catastróficas súbitas (como as causadas por impactos de asteroides gigantescos) resultaram em um equilíbrio delicado entre os sistemas formadores do ambiente natural da Terra. Por sorte, essas condições – disponibilidade adequada de água, temperaturas moderadas e uma atmosfera que serve como escudo contra a radiação solar nociva – foram propícias ao desenvolvimento de diversas formas de vida, que tiveram um impacto forte nas alterações de seus próprios ambientes. De acordo com a *hipótese Gaia*, proposta pelo químico britânico James Lovelock, vários processos mediados pelos organismos modificam o clima do planeta e outras variáveis ambientais, como a regulação do equilíbrio CO_2/O_2 na atmosfera de maneira a permitir a sua existência e reprodução.

Até certo ponto, a antroposfera criada pelos seres humanos da era pré-industrial causava danos ambientais mínimos. A relação um tanto harmoniosa entre a antroposfera e o restante do ambiente era possível enquanto a energia necessária para alterar o ambiente provinha sobretudo da potência muscular de animais e homens. Essa situação começou a mudar com a introdução das máquinas, em especial aquelas destinadas à geração de força motriz, começando com a máquina a vapor, que multiplicou enormemente a capacidade dos seres humanos de alterar o espaço ao seu redor. O desenvolvimento de máquinas e outros atributos da civilização industrial ocorria sem sincronização com as outras esferas ambientais e com pouca consideração ao ambiente. Dessa mentalidade resultou um desequilíbrio considerável, cuja magnitude foi percebida apenas nas últimas décadas. A manifestação deste desequilíbrio citada com mais frequência é a poluição do ar e da água.

Em função dos efeitos nocivos das atividades humanas conduzidas sem a devida atenção às consequências ambientais, esforços expressivos vêm sendo implementados para reduzir os impactos ambientais dessas atividades. A Figura 2.9 mostra três estágios da evolução da antroposfera: do prolongamento do ambiente natural marcado por incoesões a um sistema mais sintonizado com o espaço circundante. A primeira abordagem aos poluentes e resíduos produzidos por atividades industriais – particulados saídos de chaminés de usinas de energia, dióxido de enxofre emitido por fundições de cobre e os resíduos contaminados com mercúrio da produção de cloro-álcalis – consistia em ignorá-los. Contudo, à medida que aumentavam os problemas gerados pela fumaça descontrolada das fornalhas de fábricas, pelo esgoto sem tratamento e por outros subprodutos das atividades humanas, medidas de "fim de tubo" (*end-of-pipe*) foram adotadas para impedir a liberação de poluentes após serem gerados. Essas medidas incluíam precipitadores eletrostáticos e a dessulfurização de gases de exaustão, processos físicos utilizados no tratamento de esgoto primário, processos microbiológicos usados no tratamento de esgoto secundário, além de processos físicos, químicos e biológicos no tratamento avançado (terciário)

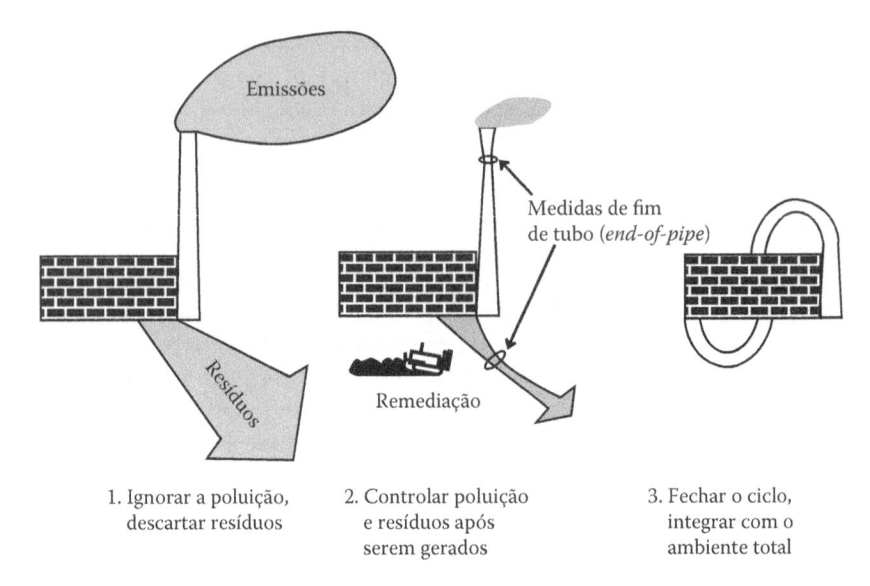

FIGURA 2.9 As etapas na evolução da antroposfera em uma forma mais compatível do ponto de vista ambiental.

1. Ignorar a poluição, descartar resíduos
2. Controlar poluição e resíduos após serem gerados
3. Fechar o ciclo, integrar com o ambiente total

de esgoto. Essas medidas de tratamento muitas vezes são sofisticadas e efetivas. Outro tipo de tratamento de fim de tubo é o descarte de resíduos em um local tido como seguro. Em alguns casos, como nos resíduos municipais sólidos, nos materiais radioativos, nos produtos químicos perigosos, nas cinzas de usinas de energia e no solo contaminado, o descarte de resíduos sequestrados em um local seguro é praticado como um processo de tratamento direto. Em outros, como no lodo da dessulfurização dos gases de exaustão, no lodo de esgoto e no lodo do tratamento químico de águas residuárias industriais, o descarte é conduzido como um processo adjuvante a outras medidas de fim de tubo. As práticas do descarte de resíduos que, com o tempo, passaram a ser vistas como inadequadas geraram um processo de fim de tubo totalmente diferente, chamado *remediação*, em que resíduos descartados são escavados e por vezes submetidos a tratamento adicional, sendo então colocados em um local mais seguro.

Apesar de às vezes ser inevitável, a adoção de medidas de controle ou remediação de poluentes depois de gerados para reduzir as quantidades e o perigo em potencial que representam não é uma postura desejável. Essas medidas nem sempre eliminam resíduos e podem, na verdade, transferir o problema com um poluente de uma parte do ambiente para outra. Um exemplo desse tipo de situação é a remoção de poluentes aéreos dos gases de exaustão e sua disposição como resíduos no solo, onde poderão poluir águas subterrâneas. Sem dúvida, hoje é inaceitável ignorar a poluição, continuando a despejar resíduos sem qualquer controle. Além disso, o controle de poluentes e resíduos após serem produzidos não representa uma solução permanente aos problemas com a poluição. Diante disso, atualmente "fechar o ciclo" dos processos industriais tornou-se uma prática aceitável, com a máxima reciclagem de materiais e a liberação apenas de resíduos que não sejam nocivos ao ambiente.

2.8.1 A antroposfera e a ecologia industrial

"Fechar o ciclo" dos processos industriais é a base da ecologia industrial e representa uma das maneiras mais eficientes de integrar a antroposfera a todo o ambiente. Discutida no Capítulo 17, a *ecologia industrial* é praticada quando as indústrias interagem de maneira mutuamente vantajosa para fabricar produtos e gerar serviços com eficiência máxima e impacto ambiental mínimo. Embora modalidades rudimentares da ecologia industrial sejam praticadas desde o começo da produção em escala industrial, o marco das práticas modernas da ecologia industrial foi um artigo publicado por Frosch e Gallopoulos em 1989.[3] A ecologia industrial é posta em prática em ecossistemas industriais de modo análogo aos ecossistemas naturais. O processamento da matéria e da energia por meio de ecossistemas industriais é conhecido como *metabolismo industrial*. A prática eficiente da ecologia industrial é um aspecto crucial da química ambiental moderna.

2.9 A química verde

Com o desenvolvimento do movimento ambiental moderno, deflagrado por volta de 1970, um progresso significativo vem ocorrendo sobretudo com base em uma abordagem de *comando e controle* fundamentada em leis e regulamentações. Muitas das medidas tomadas para reduzir a poluição eram medidas de fim de tubo, de acordo com as quais os poluentes aquáticos e atmosféricos eram gerados e removidos antes de serem despejados no ambiente. Contudo, nos países com normas de controle de poluição adequadas e em vigor, a maior parte das medidas relativas ao controle da poluição de fácil cumprimento já foram adotadas e, assim, qualquer redução adicional nas emissões de poluentes implica gastos elevados. Além disso, fiscalizar o cumprimento de uma lei é um desafio contínuo, caro e muitas vezes litigioso.

Hoje está óbvio que, dentro do possível, são necessários sistemas inerentemente não poluentes e sustentáveis. Sentidas pela primeira vez no século XIX, as soluções para esse imperativo são baseadas em um sistema conhecido como química verde. A *química verde* é definida como *a prática da química e a condução da produção de maneira sustentável, segura e não poluente, com consumo mínimo de materiais e energia ao mesmo tempo em que pouco ou nenhum resíduo é gerado*. Em uma palavra, a química verde é a *química sustentável*.[4] A química verde está fundamentada nos "12 princípios da química verde" apresentados a seguir:

1. Minimizar ou abolir a necessidade de tratar resíduos com ênfase na prevenção de sua geração.
2. Incorporar em um produto o máximo de todos os materiais envolvidos na fabricação dele, dentro do possível. Essa regra envolve a economia de átomos, conceito-chave discutido a seguir.
3. Evitar o uso e a geração de substâncias perigosas que prejudicam o homem ou o ambiente.
4. Projetar e utilizar produtos químicos com toxicidade mínima.
5. Minimizar ou eliminar o uso de substâncias auxiliares que não fazem parte do produto final. Exemplo dessas substâncias são os solventes, a serem evitados dentro do possível.

6. Minimizar o consumo de energia.
7. Utilizar matérias-primas renováveis em vez de insumos esgotáveis. Por exemplo, a matéria-prima da biomassa, que pode ser produzida de maneira renovável por plantas, é preferível ao petróleo, cujas reservas são finitas.
8. Evitar o uso de grupos protetores na síntese orgânica, porque o material empregado neles não se integra ao produto final.
9. Escolher reagentes pensando na função mais seletiva possível.
10. Degradar rapidamente os produtos que serão liberados no ambiente ou descartados como resíduos para gerar materiais inócuos.
11. Monitorar e controlar os processos produtivos durante sua execução e em tempo real, com sistemas computadorizados apropriados.
12. Evitar processos e materiais com potencial de gerar temperaturas e pressões extremas ou incidentes inesperados como explosões, reações secundárias e incêndios.

2.9.1 A química verde sintética

Até hoje, muito do que é conhecido como química verde é aplicado à *química sintética*, envolvida na geração de produtos químicos novos e interessantes. Recentemente, os custos da fabricação de produtos químicos passaram a incluir gastos expressivos além daqueles associados com matérias-primas, energia, produção e marketing, como os custos relativos ao cumprimento de regulações, ao tratamento e descarte de subprodutos poluentes, à responsabilidade legal e, nos últimos anos, à operação de medidas de segurança contra ameaças terroristas. Em uma situação ideal, ao evitar o uso de insumos e catalisadores perigosos, a química verde reduz consideravelmente esses custos adicionais, eliminando a geração de intermediários e subprodutos perigosos e impedindo o surgimento de situações que representem alguma ameaça.

Um dos aspectos-chave da química verde sintética é a *economia de átomos*. Na síntese convencional, rendimentos altos são obtidos quando a reação de geração do produto ocorre de modo completo. Mesmo com 100% de rendimento podem ser gerados subprodutos inerentes à síntese, que trazem problemas relativos a seu descarte. A *economia de átomos* trata da fração de todos os reagentes que entram no produto final. Em uma situação ideal, todos os materiais participantes de um processo sintético seriam incorporados no produto, resultando em uma economia de átomos de 100%.

2.9.2 A redução de riscos

A *redução de riscos* é uma meta importante de qualquer processo produtivo e dos produtos gerados e comercializados. É sempre necessário reduzir os riscos para os funcionários, a comunidade circundante, os clientes e o ambiente como um todo. O risco é função do *perigo* e da *exposição*.

$$\text{Risco} = F\{\text{perigo} \times \text{exposição}\} \qquad (2.4)$$

No passado, a ênfase estava na redução da exposição. Por exemplo, os resíduos perigosos da destilação de inseticidas tóxicos eram colocados em aterros "seguros", para evitar a exposição no ambiente. A química verde reduz riscos, adotando inseticidas sintetizados sem a geração de subprodutos nocivos.

2.9.3 Os aspectos específicos da química verde

Desde pouco tempo atrás, quando foi reconhecida como disciplina, a química verde é testemunha do desenvolvimento de diversos tipos de processos e produtos que podem, com justiça, ser considerados "verdes". Uma vez que a disciplina ainda está evoluindo, novos aspectos são identificados a cada ano. Alguns dos aspectos da química verde já definidos são listados a seguir:

1. *As transformações químicas em condições amenas.* Diversos processos químicos são executados em condições de temperatura e pressão altas utilizando catalisadores e meios (solventes) potencialmente perigosos. As transformações enzimáticas que utilizam catalisadores biológicos (enzimas) precisam ocorrer em condições amenas e, sempre que possível, vêm sendo empregadas em substituição a condições extremas consagradas.
2. *Os catalisadores verdes.* São catalisadores com especificidade e eficiência máximas que não representam perigos graves. Os catalisadores adequados reduzem o consumo de energia e material, diminuem a necessidade de separações por terem especificidade maior e permitem o uso de reagentes menos tóxicos, como o H_2O_2, no lugar de compostos mais perigosos, como aqueles contendo metais.
3. *Os processos sem solventes.* Uma vez que muitos dos riscos e problemas ambientais associados a processos químicos surgem com o uso de solventes, aqueles processos que não os empregam são mais indicados.
4. *Solventes menos perigosos e poluentes.* Os solventes inócuos, sobretudo a água, são preferíveis em operações envolvendo solventes.
5. *Os fluidos supercríticos.* O dióxido de carbono supercrítico muitas vezes representa um bom meio de reação e facilita a separação do produto.
6. *A intensificação do processo.* Reatores pequenos, como microrreatores de canal, reatores de disco rotativo e reatores com circulação em tubos concêntricos, são capazes de concentrar um processo químico em um volume pequeno, reduzindo o risco imposto pelas reações envolvendo grandes quantidades de material em contêineres com capacidade para grandes volumes.
7. *A eletricidade.* Em alguns casos, a adição de elétrons (redução) e a remoção deles (oxidação) podem ser realizadas utilizando a eletricidade, um reagente sem massa, barato (apenas alguns centavos por mol) e de fácil transporte.
8. *Os insumos renováveis.* A indústria química está fundamentada sobretudo nos derivados de petróleo, cada vez menos disponíveis e com estoques cada vez mais baixos. A biomassa gerada pelas plantas está sendo desenvolvida para substituir o petróleo e o gás natural.
9. *O projeto visando à degradabilidade.* Os produtos que serão lançados no ambiente estão sendo projetados para terem máxima degradabilidade, de maneira que qualquer risco apresentado seja temporário e eliminado por processos naturais.
10. *Os polímeros biodegradáveis.* Os polímeros empregados na fabricação de têxteis, sacolas plásticas e diversas outras aplicações provavelmente serão descartados no ambiente. Por essa razão eles deveriam ser biodegradáveis. Os materiais sintetizados pela via bioquímica, como os insumos contendo carboidratos, são especialmente propícios à biodegradação.

2.9.4 Três características indesejáveis dos produtos químicos: a persistência, a bioacumulação e a toxicidade

A química verde busca evitar substâncias com maior probabilidade de causar problemas no ambiente, como aquelas que (1) são persistentes, (2) apresentam forte tendência para a bioacumulação e (3) são tóxicas. Basicamente são esses os materiais que permanecem no ambiente por muito tempo e que exercem toxicidade, uma vez introduzidos em um organismo. Alguns dos pesticidas organoclorados muito utilizados no passado atendem a todos os critérios citados. Com certeza, o DDT é persistente no ambiente, bioacumula na cadeia alimentar e é tóxico, conforme a interferência que exerce nos processos reprodutivos, sobretudo com as aves de rapina, no topo da cadeia alimentar. O inseticida paration é bastante tóxico, mas seu perigo no ambiente é relativamente pequeno porque é biodegradado de imediato.

Ao longo de anos de cuidadosos estudos e experiências muitas vezes desastrosas, as características de persistência/bioacumulação/toxicidade (PBT) de numerosos compostos químicos comuns são bem conhecidas hoje. A gama de conhecimentos obtidos a partir de estudos sobre esses produtos químicos, ao lado de ferramentas cada vez mais sofisticadas e capazes de relacionar estruturas e características de compostos químicos, abriu caminho para descobrir quais compostos químicos podem ser problemáticos. A Agência de Proteção Ambiental dos Estados Unidos publicou um perfil de compostos PBT com a meta de prever o comportamento indesejável com relação a esses parâmetros.[6] Embora não substitua estudos experimentais criteriosos, essa ferramenta auxilia no alerta sobre eventuais problemas com produtos químicos novos que podem parar no ambiente.

2.9.5 A química verde e a química ambiental

A química verde e a química ambiental estão intimamente ligadas. Para desenvolver processos químicos verdes, a química ambiental precisa ser considerada com atenção para conhecermos como esses processos e seus produtos afetarão o ambiente. A melhor maneira de alcançar o objetivo da química ambiental, isto é, proteger o ambiente, é pela adoção da química verde. A química verde tem uma relação muito próxima com a prática da ecologia industrial. Esses dois tópicos serão discutidos no Capítulo 17.

Literatura citada

1. Manahan, S. E., *Toxicological Chemistry and Biochemistry*, Lewis Publishers/CRC Press, Boca Raton, FL, 2002.
2. Anastas, P. T. and J. B. Zimmerman, Design through the twelve principles of green engineering, *Environmental Science and Technology*, **37**, 95A–101A, 2003.
3. Frosch, R. A. and N. E. Gallopoulos, Strategies for manufacturing, *Scientific American*, **261**, 94–102, 1989.
4. Lankey, R. and P. Anastas, *Advancing Sustainability through Green Chemistry and Engineering*, Oxford University Press, Oxford, 2003.
5. Anastas, P. T. and J. C. Warner, *Green Chemistry Theory and Practice*, Oxford University Press, Oxford, 1998.
6. The profiler is available on the web at http://www.epa.gov/oppt/sf/tools/pbtprofiler.htm

Leitura complementar

Anastas, P., Ed., *Handbook of Green Chemistry*, Wiley-VCH, New York, 2010.
Baird, C. and M. Cann, *Environmental Chemistry*, 4th ed., W. H. Freeman, New York, 2008.
Boehnke, D. N. and R. D. Delumyea, *Laboratory Experiments in Environmental Chemistry*, Prentice Hall, Upper Saddle River, NJ, 1999.
Chen, W.-K., *Computer Aided Design and Design Automation*, CRC Press, Boca Raton, FL, 2009.
Clark, J. H. and D. Macquarrie, Eds, *Handbook of Green Chemistry and Technology*, Blackwell Science Inc, Malden, MA, 2002.
Connell, D. W., *Basic Concepts of Environmental Chemistry*, 2nd ed., Taylor & Francis/CRC Press, Boca Raton, FL, 2005.
Doble, M. and A. K. Kruthiventi, *Green Chemistry and Processes*, Academic Press, Amsterdam, 2007.
Doxsee, K. and J. Hutchison, *Green Organic Chemistry: Strategies, Tools, and Laboratory Experiments*, Brooks Cole, Monterey, CA, 2003.
Graedel, T. E. and B. R. Allenby, *Industrial Ecology*, 2nd ed., Prentice Hall, Upper Saddle River, NJ, 2002.
Hanrahan, G., *Environmental Chemometrics: Principles and Modern Applications*, Taylor & Francis/CRC Press, Boca Raton, FL, 2009.
Harrison, R. M., *Principles of Environmental Chemistry*, Royal Society of Chemistry, Cambridge, UK, 2007.
Hawken, P., A. Lovins, and L. H. Lovins, *Natural Capitalism: Creating the Next Industrial Revolution*, Back Bay Books, Boston, 2008.
Hites, R. A., *Elements of Environmental Chemistry*, Wiley, Hoboken, NJ, 2007.
Holtzapple, M. T. and W. D. Reece, *Concepts in Engineering*, 2nd ed., McGraw-Hill, Dubuque, IA, New York, 2008.
Ibanez, J. G., *Environmental Chemistry: Fundamentals*, Springer, Berlin, 2007.
Lancaster, M., *Green Chemistry*, Springer-Verlag, Berlin, 2002.
Lankey, R. L. and P. T. Anastas, Eds, *Advancing Sustainability Through Green Chemistry and Engineering*, American Chemical Society, Washington, DC, 2002.
Lichtfouse, E., J. Schwarzbauer, and R. Didier, Eds, *Environmental Chemistry: Green Chemistry and Pollutants in Ecosystems*, Springer, Berlin, 2005.
Matlack, A. S., *Introduction to Green Chemistry*, Marcel Dekker, New York, 2001.
Pond, R. J. and J. L. Rankinen, *Introduction to Engineering Technology*, 7th ed., Prentice Hall, Upper Saddle River, NJ, 2009.
Proakis, J. G. and M. Salehi, *Digital Communications*, 5th ed., McGraw-Hill, Boston, 2008.
Raven, P. H., L. R. Berg, and D. M. Hassenzahl, *Environment*, 6th ed., Wiley, Hoboken, NJ, 2008.
Robinson, P. and R. Gallo, Eds, *Environmental Chemistry Research Progress*, Nova Science Publishers, Hauppauge, NY, 2009.
Roukes, M. L. and S. Fritz, Eds, *Understanding Nanotechnology*, Warner Books, New York, 2002.
Sawyer, C. N., P. L. McCarty, and G. F. Parkin, *Chemistry for Environmental Engineering and Science*, 5th ed., McGraw-Hill, New York, 2002.
Schlesinger, W. H., *Biogeochemistry: An Analysis of Global Change*, 2nd ed., Academic Press, San Diego, 1997.
Schwarzenbach, R. P., P. M. Gschwend, and D. M. Imboden, *Environmental Organic Chemistry*, 2nd ed., Wiley, New York, 2002.
Sellers, K., *Nanotechnology and the Environment*, CRC Press/Taylor & Francis, Boca Raton, FL, 2008.
Van Loon, G. W. and S. J. Duffy, *Environmental Chemistry: A Global Perspective*, 2nd ed., Oxford University Press, Oxford, UK, 2005.
Warren, D., *Green Chemistry: A Teaching Resource*, Royal Society of Chemistry, London, 2002.

Withgott, J., *Essential Environment: The Science Behind the Stories*, 2nd ed., Pearson Benjamin Cummings, San Francisco, 2007.

Yen, T. F., *Chemical Processes for Environmental Engineering*, Imperial College Press, London, 2007.

Yen, T. F., *Environmental Chemistry: Chemistry of Major Environmental Cycles*, Imperial College Press, London, 2005.

Zeid, I., *Mastering CAD/CAM*, McGraw-Hill Higher Education, Boston, 2005.

Perguntas e problemas

Para elaborar as respostas das seguintes questões, você pode usar os recursos da Internet para buscar constantes e fatores de conversão, entre outras informações necessárias.

1. A maior parte dos Países Baixos é formada por terras recuperadas do oceano por dragagem e pela construção de diques que, na verdade, se encontram abaixo do nível do mar. Discuta como essa situação influencia a antroposfera e as outras esferas do ambiente.
2. Conhecendo o comportamento do ferro e do cobre, explique por que o cobre foi empregado como metal muito tempo antes do ferro, embora este tenha qualidades superiores em numerosas aplicações.
3. Como a engenharia está relacionada à ciência básica e à tecnologia?
4. Sugira maneiras de como uma infraestrutura inadequada de uma cidade pode contribuir com a degradação do ambiente.
5. Em que sentido os automóveis não fazem parte da infraestrutura da mesma forma que os trens?
6. Discuta como a aplicação de computadores pode aumentar a eficiência de uma infraestrutura.
7. Embora os materiais sintéticos requeiram uma quantidade relativamente maior de energia e recursos não renováveis para sua produção, como defender a tese de que muitas vezes eles são a melhor escolha da perspectiva ambiental para a construção de edificações?
8. O que é a sociedade do teletrabalhador e quais são suas características favoráveis ao ambiente?
9. Quais são as principais áreas que devem ser consideradas com relação à informação?
10. Qual foi a maior ameaça às terras agrícolas nos Estados Unidos durante a década de 1930 e o que foi feito para amenizá-la? Qual é a maior ameaça atualmente e o que pode ser feito nesse sentido?
11. O que mostra esta reação?

$$2\{CH_2O\} \rightarrow CO_2(g) + CH_4(g)$$

Como esse processo pode ser relacionado com a respiração aeróbia?

12. Defina os ciclos da matéria e explique como a definição dada se relaciona à definição de química ambiental.
13. Quais são os principais atributos do ciclo do carbono?
14. O que é a combinação CAD/CAM?
15. Cite algumas partes da atmosfera que podem ser contaminadas com gravidade pelas atividades humanas.
16. O que causou ou marcou a substituição da "relação um tanto harmoniosa entre a antroposfera e o restante do ambiente", que caracterizou a maior parte da existência do ser humano na Terra, pela situação atual, em que a antroposfera é uma influência altamente perturbadora e danosa? O que isso tem a ver com o antropoceno, um termo que pode ser pesquisado na Internet?

Capítulo 2 A química e a antroposfera: a química ambiental e a química verde

17. Quais são as três etapas principais na evolução da indústria com respeito ao modo como se relaciona com o ambiente?
18. De que modo uma instalação industrial baseada nos princípios da ecologia industrial é semelhante a um sistema ecológico natural?
19. Descreva, com um exemplo, se possível, o significado de medidas de "fim de tubo" para o controle da poluição. Por que essas medidas são necessárias às vezes? Por que elas são relativamente menos indicadas? Quais são as alternativas para elas?
20. Discuta como ao menos um tipo de poluente aéreo pode se tornar um poluente aquático.
21. Sugira um ou dois exemplos de como a tecnologia, aplicada de modo adequado, pode "não agredir o ambiente".
22. Apresente uma definição que integre a ecologia industrial e a química verde.
23. Em que sentido as transformações biológicas, como aquelas que utilizam bactérias, são inerentemente verdes? Quais são as circunstâncias sob as quais essas transformações podem não estar de acordo com a prática da química verde?
24. Considere a reação esquematizada a seguir, em que as quantidades estequiométricas dos reagentes A e B reagiram para gerar um produto e o subproduto que é gerado como parte da reação de síntese, com sobra de outros reagentes. A massa em quilogramas de cada material é dada entre parênteses. A partir das informações dadas, calcule o rendimento percentual e a economia de átomos percentual.

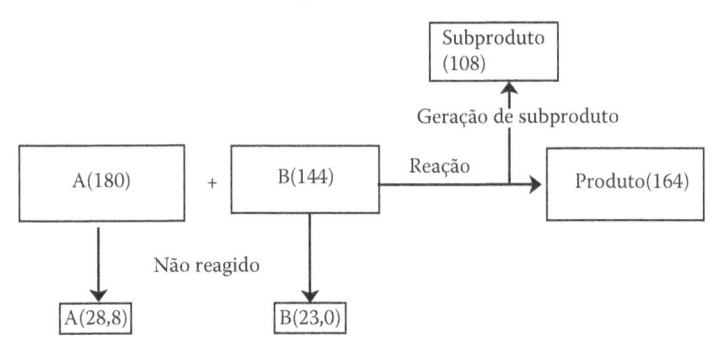

```
                              Subproduto
                               (108)
                                 ↑
                      Geração de subproduto
                                 |
  A(180)  +  B(144)  ──Reação──→  Produto(164)
     |         |
     ↓ Não reagido ↓
  A(28,8)   B(23,0)
```

25. A Equação 2.4 expressa o risco como função do perigo e da exposição. Explique por que a redução do risco é inerentemente mais desejável e à prova de problemas do que a redução da exposição. Sugira circunstâncias em que essa redução da exposição pode ser a única alternativa viável.
26. Descreva o papel dos microrganismos no ciclo do nitrogênio.
27. Descreva como o ciclo do oxigênio está relacionado de maneira íntima com o ciclo do carbono.
28. Em que aspecto importante o ciclo do fósforo difere dos ciclos de outros elementos, como o nitrogênio e o enxofre?
29. Suponha que cada uma das moléculas em um mol do "composto X" absorve um fóton de radiação ultravioleta do Sol a um comprimento de onda igual a 300 nm para se tornar uma espécie energeticamente "excitada" (ver Capítulo 9). Calcule a energia absorvida em joules.

3 Os fundamentos da química aquática

3.1 A importância da água

Ao longo da história, a qualidade e a quantidade de água disponível para o homem sempre foi um aspecto vital na determinação de seu bem-estar. Civilizações inteiras desapareceram por conta da escassez de água devido a mudanças climáticas. Mesmo em climas temperados, as flutuações na precipitação geram problemas. Estiagens devastadoras e inundações com grande poder de destruição são ocorrências frequentes em muitas regiões do mundo.

Doenças transmitidas pela água, como a cólera e a febre tifoide, mataram milhares de pessoas no passado e continuam causando muita angústia em países menos desenvolvidos. Programas ambiciosos de construção de represas e diques reduzem os prejuízos causados pelas enchentes, mas têm diversos efeitos secundários indesejáveis em algumas áreas, como a inundação de terras agrícolas para a construção de reservatórios e as falhas em represas inseguras. Em todo o globo persistem os problemas relativos à quantidade e à qualidade do abastecimento de água e, em certos aspectos, essas dificuldades estão ficando mais graves. Esses problemas incluem a maior utilização da água diante do crescimento populacional, a contaminação da água para consumo humano por resíduos perigosos descartados de modo inadequado (ver Capítulo 20) e a destruição da vida selvagem pela poluição da água.

A química aquática, o assunto deste capítulo, estuda a água de rios, lagos, estuários, oceanos, além das águas subterrâneas e dos fenômenos que determinam a distribuição e a circulação de espécies químicas em águas naturais, e pressupõe algum entendimento das fontes, do transporte, das características e da composição da água. As reações químicas ocorridas na água e as espécies químicas encontradas nela estão sob forte influência do ambiente em que a água é encontrada. A química da água exposta à atmosfera é muito diferente da química da água no fundo de um lago. Os microrganismos desempenham um papel essencial na determinação da composição química da água. Portanto, ao discutir a química aquática é necessário levar em consideração muitos fatores gerais que a influenciam.

O estudo da água é conhecido como *hidrologia* e se divide em diversas subcategorias. A *limnologia* é o ramo da ciência que aborda as características da água doce, como as propriedades biológicas, químicas e físicas. A *oceanografia* é a ciência dos oceanos e de suas características físicas e químicas. A química e a biologia dos enormes oceanos da Terra têm suas particularidades, devido ao alto teor de sal dessas águas e sua grande profundidade, entre outros fatores.

A água e a hidrosfera são cruciais aos processos envolvidos no destino e transporte químicos no ambiente. Esses incluem os processos físicos de volatilização, dissolução, precipitação, absorção e liberação ocorridos em sedimentos. Os processos químicos envolvidos no destino e transporte químicos na água são reações químicas que resultam em dissolução ou precipitação, hidrólise, complexação, oxidação-redução e reações fotoquímicas. Esses processos são influenciados significativamente por fenômenos bioquímicos, como a bioacumulação e a biomagnificação em cadeias alimentares, além da biodegradação. Nesse sentido, o destino e o transporte de poluentes na hidrosfera são aspectos muito importantes (Capítulo 7).

3.2 A água: das moléculas aos oceanos

3.2.1 As fontes e os usos da água: o ciclo hidrológico

Os recursos hídricos do mundo são encontrados nas cinco partes do ciclo hidrológico (Figura 3.1). Cerca de 97% da água da Terra está nos oceanos. Outra fração está presente na forma de vapor da água na atmosfera (nuvens). Parte da água encontra-se no estado sólido como gelo, massas de neve, geleiras e calotas polares. A água superficial ocorre em lagos, rios e reservatórios, enquanto as águas subterrâneas estão em aquíferos no subsolo.

Existe uma forte conexão entre a hidrosfera, onde a água se encontra, e a litosfera, a parte da geosfera com que a água tem contato. As atividades humanas afetam ambas. Por exemplo, a perturbação da terra pela conversão de campos ou florestas em terras aráveis ou a intensificação da produção agrícola reduzem a cobertura vegetal, diminuindo a transpiração (a perda de vapor da água por plantas) e afetando o microclima. O resultado é um aumento nos prejuízos pelo escoamento da chuva, a erosão e a acumulação de silte em corpos hídricos. Os ciclos de nutrientes se aceleram, levando ao enriquecimento de águas superficiais com nutrientes. Por sua vez, isso afeta profundamente as características químicas e físicas dos corpos hídricos.

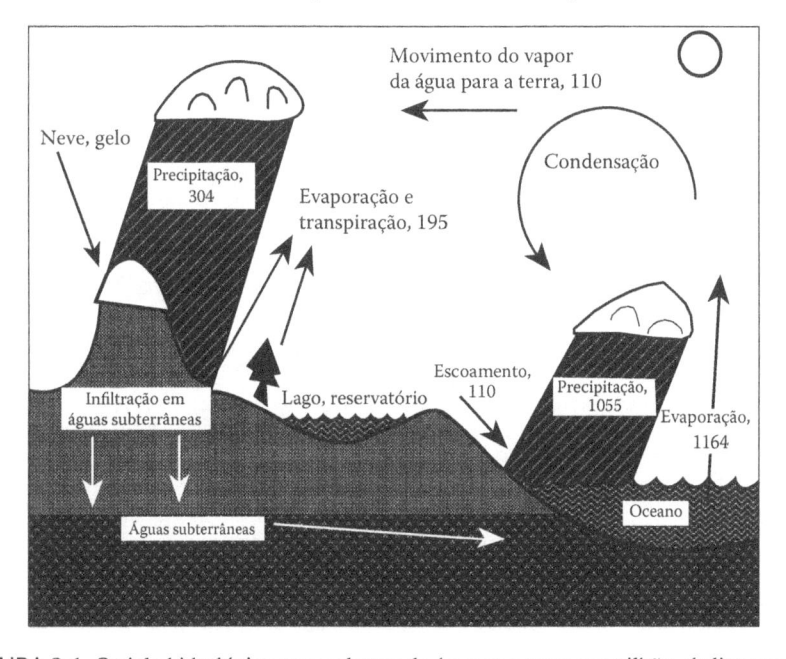

FIGURA 3.1 O ciclo hidrológico com volumes de água expressos em trilhões de litros por dia.

A água utilizada pelos seres humanos é sobretudo a água doce superficial e a água subterrânea, cujas origens podem variar muito. Em regiões áridas, uma pequena parcela dos recursos hídricos vem dos oceanos, cuja utilização como recurso de obtenção aumentará à medida que a oferta de água doce diminuir frente à demanda. As águas subterrâneas salgadas ou salobras também podem ser utilizadas em algumas áreas.

Na região continental dos Estados Unidos, em média aproximadamente $1,48 \times 10^{13}$ L de água caem como chuva a cada dia, o que se traduz em 76 cm ano^{-1}. Desse volume, perto de $1,02 \times 10^{13}$ L dia^{-1}, ou 53 cm ano^{-1}, são perdidos para a evaporação e a transpiração. Logo, a água disponível para uso chega perto de $4,6 \times 10^{12}$ L dia^{-1} em tese, ou apenas 23 cm ano^{-1}. Hoje os Estados Unidos utilizam $1,6 \times 10^{12}$ L dia^{-1}, ou 8 cm da média de precipitação anual. Esse volume responde por um aumento de quase 10 vezes com base na utilização de $1,66 \times 10^{11}$ L dia^{-1} em 1900. Ainda mais impactante é o aumento *per capita* de cerca de 40 L dia^{-1} em 1900 para os 600 L dia^{-1} atuais. Esse aumento se deve sobretudo à utilização de grandes volumes na agricultura e na indústria, que respondem por quase 46% do consumo total cada uma, enquanto o uso municipal absorve os 8% restantes.

Contudo, o aumento no consumo de água nos Estados Unidos deflagrado ao redor de 1980 hoje desacelera de modo significativo. Essa tendência, ilustrada na Figura 3.2, foi atribuída ao sucesso dos esforços de conservação da água, em especial nos setores industrial (incluindo a geração de energia) e agrícola. A conservação e a reciclagem respondem por uma boa parte da diminuição do consumo na indústria. A água de irrigação vem sendo usada com muito mais eficiência após a substituição dos irrigadores por aspersão (que perdem grandes volumes de água para a evaporação e o vento) por sistemas de aplicação direta no solo. Esses sistemas de irrigação por gotejamento aplicam apenas o volume de água necessário direto nas raízes das plantas, e são muito eficientes.

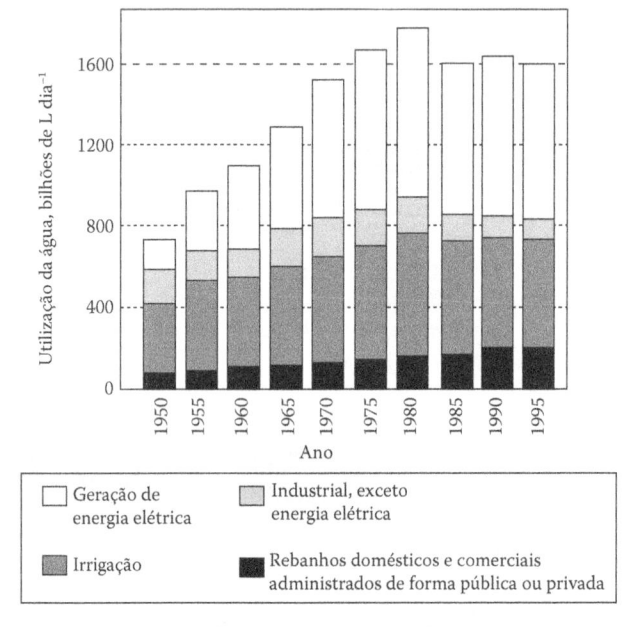

FIGURA 3.2 As tendências na utilização da água nos Estados Unidos (dados do Levantamento Geológico dos Estados Unidos).

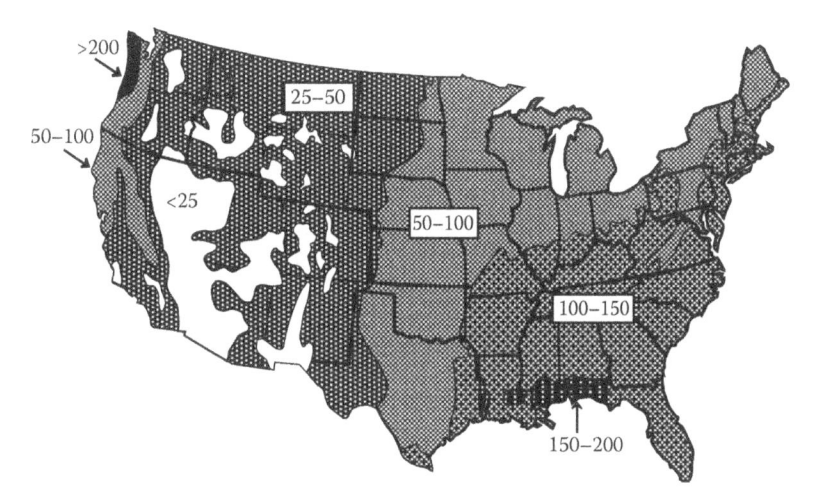

FIGURA 3.3 A distribuição da precipitação no território continental dos Estados Unidos, mostrando a média anual em centímetros.

Um dos principais problemas relativos ao abastecimento de água é a distribuição irregular em termos de local e tempo. Como mostra a Figura 3.3, a precipitação ocorre de modo desigual no território continental dos Estados Unidos. Essa discrepância gera dificuldades, porque as pessoas em áreas com baixa precipitação muitas vezes consomem mais água que as pessoas em regiões mais chuvosas. O rápido crescimento populacional nos estados mais áridos do sudoeste dos Estados Unidos nas últimas décadas agravou o problema. A escassez de água vem piorando nessa região, que abriga seis das 11 maiores cidades do país (Los Angeles, Houston, Dallas, San Diego, Phoenix e San Antonio). Outras áreas problemáticas incluem a Flórida, onde o desenvolvimento exagerado de zonas costeiras ameaça o lago Okeechobee; o nordeste, afetado pela deterioração de seus sistemas hídricos; e a região chamada de Planícies Altas, que se estende da porção mais setentrional do Texas até o estado de Nebraska, onde a demanda por irrigação sobre o aquífero Ogallala está causando uma diminuição contínua no aquífero freático, sem esperanças de recarga. Entretanto, esses problemas são pequenos em comparação àqueles observados em algumas regiões da África, onde a falta de água contribui com as condições geradoras da fome, uma realidade naquele continente.

3.2.2 As propriedades da água, uma substância singular

A água tem diversas propriedades exclusivas e essenciais à vida. Algumas das características especiais da água são seu caráter polar, a tendência de formar pontes de hidrogênio e a capacidade de hidratar íons metálicos. Essas propriedades são listadas na Tabela 3.1.

3.2.3 A molécula da água

A melhor maneira de entender as propriedades da água é considerar a estrutura e as ligações químicas de sua molécula, mostrada na Figura 3.4. A molécula da água é composta por dois átomos de hidrogênio ligados a um átomo de oxigênio. Os três átomos não estão em linha reta; ao contrário, conforme ilustra a figura, eles formam um ângulo de 105°. Devido à estrutura não linear da molécula e ao fato de o átomo

TABELA 3.1 As propriedades importantes da água

Propriedade	Efeitos e implicações
Solvente excelente	Transporte de nutrientes e produtos de resíduos, possibilitando processos biológicos em meio aquoso
Maior constante dielétrica entre os líquidos mais comuns	Alta solubilidade de substâncias iônicas, ionização dessas substâncias em solução
Maior tensão superficial entre todos os líquidos	Fator de controle na fisiologia; governa os fenômenos de gota e de superfície
Transparente aos comprimentos de onda da luz visível e do UV	Incolor, o que permite que a luz necessária à fotossíntese alcance profundidades consideráveis em corpos hídricos
Densidade máxima como líquido a 4°C	Flutuação do gelo; circulação vertical em corpos hídricos
Maior calor de evaporação entre todos os materiais	Determina a transferência de calor e de moléculas de água entre a atmosfera e corpos hídricos
Maior calor latente de fusão entre os líquidos mais comuns	Temperatura estabilizada no ponto de congelamento da água
Maior capacidade calorífica que qualquer outro líquido, depois da amônia líquida	Estabilização das temperaturas de organismos e regiões geográficas

de oxigênio atrair elétrons com mais intensidade do que os átomos de hidrogênio, a molécula da água se comporta como um dipolo, com duas cargas elétricas opostas em cada extremidade. O dipolo água é atraído por íons com carga positiva ou negativa. Por exemplo, quando o NaCl se dissolve em água como íons Na^+ positivos e Cl^- negativos, o íon sódio positivo é cercado por moléculas de água com seus polos negativos apontando para ele, enquanto o íon cloro é envolto por moléculas de água com seus polos positivos apontando para seu centro, como mostra a Figura 3.4. Esse tipo de atração por íons é a razão pela qual a água dissolve muitos compostos iônicos e sais insolúveis em outros líquidos.

Uma segunda característica importante da molécula da água é sua capacidade de formar *pontes de hidrogênio*, um tipo especial de ligação constituída entre o hidrogênio de uma molécula de água e o oxigênio de outra molécula de água. Elas ocorrem porque o oxigênio tem uma carga parcial negativa e o hidrogênio tem uma carga parcial positiva. As pontes de hidrogênio, mostradas na Figura 3.5 como linhas tracejadas, mantêm as moléculas juntas, formando grupos volumosos.

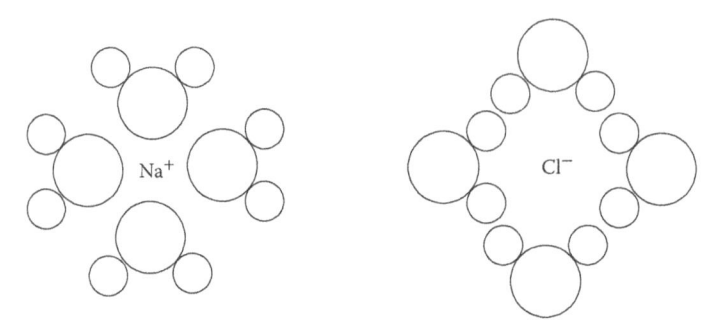

FIGURA 3.4 Moléculas polares da água circundando o íon Na^+ (esquerda) e o íon Cl^- (direita).

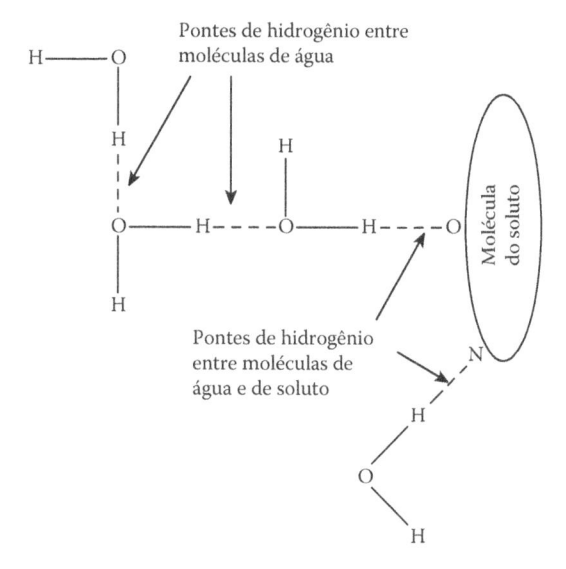

FIGURA 3.5 As pontes de hidrogênio entre moléculas de água e entre moléculas de água e soluto.

As pontes de hidrogênio ajudam a manter em solução algumas moléculas ou íons de solutos. Isso ocorre quando as pontes de hidrogênio se formam entre as moléculas de água e os átomos de hidrogênio, nitrogênio ou oxigênio na molécula do soluto (ver Figura 3.5). Também auxiliam a manter em suspensão na água partículas extremamente pequenas, chamadas de partículas coloidais (ver Seção 5.4).

A água é um solvente excelente para diversos materiais; por essa razão é o meio de transporte básico de nutrientes e resíduos gerados pelos processos biológicos. Sua constante dielétrica extremamente alta, comparada à de outros líquidos, exerce efeito profundo nas propriedades solventes da água, permitindo que a maioria dos materiais iônicos se dissocie nela. Depois da amônia líquida, a água tem a maior capacidade calorífica entre todos os líquidos ou sólidos, 4,186 J g^{-1} grau^{-1} (1 cal g^{-1} grau^{-1}). Devido à capacidade calorífica alta, uma quantidade relativamente grande de calor é necessária para alterar a temperatura de um volume de água de modo apreciável; por isso, um corpo hídrico atua como um agente de estabilização da temperatura de regiões geográficas adjacentes. Além disso, por essa mesma razão o alto calor de vaporização da água, 2.446 J g^{-1} a 25°C, também estabiliza as temperaturas de corpos hídricos e de suas cercanias, bem como influencia a transferência de calor e vapor da água entre os corpos hídricos e a atmosfera. A água tem densidade máxima a 4°C, uma temperatura acima de seu ponto de congelamento. A feliz consequência dessa característica é que o gelo flutua, o que explica o fato de serem poucos os corpos hídricos de grande porte que congelam por completo. Outra vantagem está no padrão de circulação vertical da água nos lagos, um fator determinante na química e biologia desses corpos, governado sobretudo pela singular relação temperatura-densidade da água.

3.3 As características dos corpos hídricos

A condição física de um corpo hídrico tem influência expressiva nos processos químicos e biológicos na água. A *água superficial* é observada sobretudo em rios, lagos e reservatórios. *Terras alagáveis* são extensões inundadas em que a água é rasa o bastante para permitir o crescimento de plantas marginais. *Estuários* são braços de oceano nos quais um rio deságua. A mistura de água doce e água salgada confere aos estuários propriedades químicas e biológicas não encontradas em outros sistemas. Os estuários são locais de reprodução de inúmeros tipos de vida marinha, daí a importância de sua preservação.

A relação temperatura-densidade singular da água resulta na formação de camadas distintas em corpos hídricos estáticos (ou lênticos*), como mostra a Figura 3.6. Durante o verão, a camada superficial (*epilímnio*) é aquecida pela radiação solar e, em função de sua densidade menor, permanece sobre a camada inferior, o *hipolímnio*. Esse fenômeno é chamado de *estratificação térmica*. Quando existe uma diferença apreciável de temperatura entre essas duas camadas, elas não se misturam, comportando-se de maneira independente e com propriedades químicas e biológicas muito distintas. Por estar exposto à luz do Sol, o epilímnio pode apresentar uma proliferação expressiva de algas. Como resultado da exposição à atmosfera (durante a incidência de luz solar) e devido à ação fotossintética das algas, ele contém níveis relativamente altos de oxigênio dissolvido (OD) e, em geral, é aeróbio. No hipolímnio, a ação bacteriana sobre materiais biodegradáveis pode tornar a água anaeróbia (com carência de OD). Assim, as espécies químicas em estado de relativa redução tendem a predominar no hipolímnio.

O plano ou camada que separa o epilímnio e o hipolímnio é chamado de *metalímnio* ou *termoclima*. Durante o outono, quando o epilímnio esfria, é atingido um ponto em que as temperaturas do epilímnio e do hipolímnio se igualam. O desaparecimento da estratificação térmica faz todo o corpo hídrico se comportar como uma unidade hidrológica individual. A mistura resultante é conhecida como *desestratificação*, que também ocorre com frequência na primavera. Durante a desestratificação, as características químicas e físicas de um corpo hídrico ficam mais uniformes, resultando em diversas mudanças de ordem química, física e biológica. A atividade biológica pode aumentar com a mistura de nutrientes. As mudanças na composição da água durante a desestratificação podem prejudicar os processos de tratamento da água.

$$CO_2 + H_2O + h\nu \longrightarrow \{CH_2O\} + O_2$$
Fotossíntese

Epilímnio

Nível relativamente alto de O_2 dissolvido, formas oxidadas de espécies químicas

Termoclima

Hipolímnio

Nível relativamente baixo de O_2 dissolvido, formas reduzidas de espécies químicas

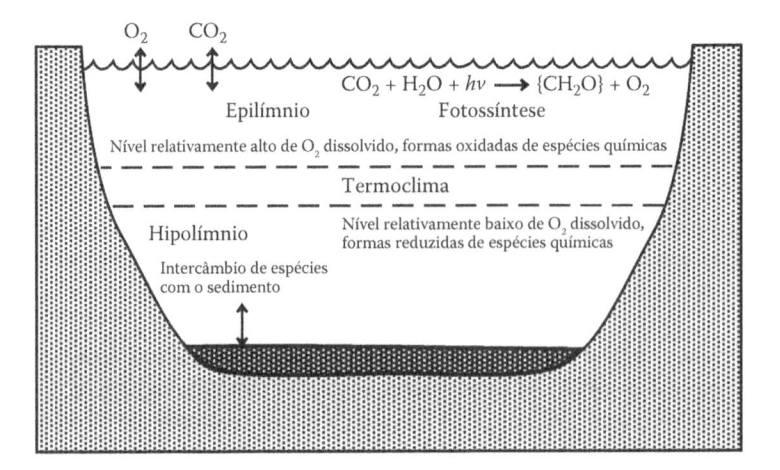

Intercâmbio de espécies com o sedimento

FIGURA 3.6 A estratificação de um lago.

---

* N. de R. T.: Lêntico refere-se a corpos aquáticos de escoamento lento (lagos, por exemplo), e lótico, ao escoamento rápido, como em rios.

3.4 A vida aquática

Os organismos vivos (a *biota*) de um ecossistema aquático são classificados como autotróficos ou heterotróficos. Os organismos *autotróficos* utilizam a luz solar para fixar elementos de materiais inorgânicos, inanimados e simples em moléculas de vida complexa, que formam os organismos vivos. As algas são os organismos autotróficos mais importantes, porque são *produtores* que utilizam a energia solar para gerar biomassa a partir de CO_2 e outras espécies inorgânicas simples.

Os organismos *heterotróficos* utilizam as substâncias orgânicas produzidas por organismos autotróficos como fonte de energia e matéria-prima para a síntese de sua própria biomassa. Os *decompositores* (ou *redutores*) formam uma subclasse de organismos heterotróficos composta sobretudo por bactérias e fungos, responsáveis pela decomposição da matéria de origem biológica em compostos simples originalmente fixados pelos organismos autotróficos.

A capacidade de um corpo hídrico de produzir matéria viva é conhecida como *produtividade*, e resulta de uma combinação de fatores físicos e químicos. Uma produtividade alta requer o fornecimento adequado de carbono (CO_2), nitrogênio (nitrato), fósforo (ortofosfato) e elementos-traço, como o ferro. De modo geral a água de baixa produtividade é preferida para fins de abastecimento ou para a prática de natação. Níveis mais altos de produtividade são necessários para dar suporte à vida dos peixes e servir como base para a cadeia alimentar em um sistema aquático. A produtividade excessiva resulta na decomposição da biomassa produzida, no consumo de OD e na produção de odores, uma condição chamada de *eutrofização*.

As formas de vida superiores às algas e bactérias – os peixes, por exemplo – formam uma fração comparativamente pequena da biomassa na maioria dos ecossistemas. A influência dessas formas de vida superiores na química aquática é mínima. Contudo, a vida aquática é muito influenciada pelas propriedades físicas e químicas do corpo hídrico em que existe. A *temperatura*, a *transparência* e a *turbulência* são as três principais propriedades físicas que afetam a vida aquática. Em águas com temperaturas muito baixas, os processos biológicos são muito lentos, ao passo que temperaturas altas são letais à maioria dos organismos. A transparência da água tem importância especial na determinação da proliferação de algas. A turbulência é um fator relevante nos processos de mistura e transporte de nutrientes e resíduos na água. A mobilidade de alguns organismos pequenos (*plâncton*) depende das correntes de água.

O OD muitas vezes é a substância-chave na determinação da extensão e das formas de vida em um corpo hídrico. A deficiência de oxigênio é fatal para muitos animais aquáticos, como os peixes. A presença de oxigênio também pode levar à morte muitos tipos de bactérias anaeróbias. A *demanda bioquímica de oxigênio, DBO*, cujo papel de agente de poluição da água é discutido na Seção 7.9, diz respeito à quantidade de oxigênio utilizada quando a matéria orgânica em um dado volume de água é degradada pela via biológica.

O dióxido de carbono é produzido pelos processos respiratórios na água e nos sedimentos, mas pode entrar na água também pela atmosfera. Ele é necessário para a produção fotossintética de biomassa pelas algas e, em alguns casos, é um fator limitante desta. Níveis altos de dióxido de carbono produzidos pela degradação de matéria orgânica na água podem levar à proliferação excessiva de algas e à produtividade elevada de biomassa.

A salinidade é outro fator determinante das formas de vida presentes na água. As águas de irrigação tendem a absorver níveis de sal prejudiciais. A vida marinha obviamente requer – ou em alguns casos tolera – a água salgada, enquanto muitos organismos de água doce são intolerantes ao sal.

3.5 Introdução à química da água

Para entender a poluição da água primeiro é necessário ter uma noção dos processos químicos que ocorrem nela. As outras seções deste capítulo discutirão os fenômenos aquáticos ácido-base e de complexação. As reações de oxidação-redução e os equilíbrios são discutidos no Capítulo 4, e os detalhes dos cálculos de solubilidade e as interações entre a água no estado líquido e outras fases, no Capítulo 5. As principais categorias dos fenômenos químicos aquáticos são ilustradas na Figura 3.7.

Os fenômenos químicos do ambiente aquático envolvem processos com os quais os químicos já estão familiarizados, como as reações ácido-base, de solubilidade, de oxidação-redução e de complexação.[1] Embora a maior parte dos fenômenos químicos aquáticos seja discutida neste capítulo na perspectiva termodinâmica (equilíbrio), é importante lembrar que as velocidades de reação (a cinética) têm uma função relevante na química aquática. Além destes, os processos biológicos desempenham um papel-chave na química aquática. Por exemplo, as algas em fotossíntese têm a capacidade de elevar o pH da água ao removerem CO_2 aquoso, convertendo um íon HCO_3^- em um íon CO_3^{2-}; esse íon por sua vez reage com Ca^{2+} na água, precipitando $CaCO_3$.

Em comparação com as condições cuidadosamente controladas de um laboratório, a descrição dos fenômenos químicos nos sistemas de águas naturais é muito mais difícil. Esses sistemas são bastante complexos, e uma descrição de sua química precisa levar em

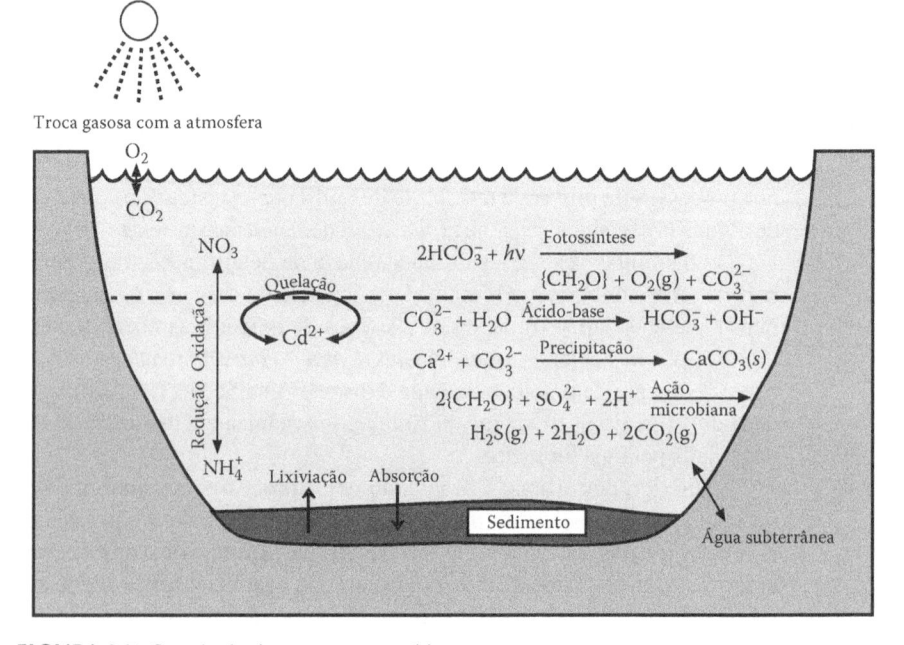

FIGURA 3.7 Os principais processos aquáticos.

conta inúmeras variáveis. Além da água, esses sistemas contêm fases minerais, gasosas e organismos. Na qualidade de sistemas abertos e dinâmicos, as entradas e saídas de energia e de massa neles variam. Portanto, exceto em condições muito incomuns, um cenário de equilíbrio verdadeiro não se verifica, embora um sistema aquático em estado quase estacionário exista com frequência. Em sua maioria, os metais encontrados em águas naturais não existem como cátions simples hidratados na água, e os oxiânions são muitas vezes encontrados na forma de espécies polinucleares, não monômeros simples. A natureza das espécies químicas na água em que vivem bactérias ou algas sofre forte influência da ação desses organismos. Logo, uma descrição precisa de um sistema de águas naturais com base nas constantes ácido-base, de solubilidade e de equilíbrio de complexação, no potencial redox, no pH e em outros parâmetros químicos é impossível. Portanto, esses sistemas precisam ser descritos de acordo com *modelos* simplificados, muitas vezes fundamentados em conceitos de equilíbrio químico. Ainda que não sejam acurados, nem reflitam a realidade por completo, esses modelos permitem fazer generalizações úteis e desenvolver noções acerca da natureza dos processos químicos aquáticos, fornecendo diretrizes para a descrição e mensuração de sistemas de águas naturais. Embora muito simplificados, esses modelos são muito valiosos na visualização das condições que determinam espécies químicas e suas reações em águas naturais e residuárias.

3.6 Os gases na água

Os gases dissolvidos – O_2 para peixes e CO_2 para algas fotossintetizantes – são cruciais ao bem-estar de espécies vivas na água. No entanto, alguns gases dissolvidos na água também podem causar problemas, como a mortandade de peixes pelas bolhas de nitrogênio que se formam no sangue devido à exposição à água supersaturada com o gás. O dióxido de carbono de origem vulcânica liberado pela água supersaturada com esse gás (CO_2) no Lago Nyos, em Camarões, África, asfixiou 1.700 pessoas em 1986.

As solubilidades dos gases em água são calculadas pela *lei de Henry*, que afirma que *a solubilidade de um gás em um líquido é proporcional à pressão parcial desse gás em contato com o líquido.** Esses cálculos são discutidos no Capítulo 5.

3.6.1 O oxigênio na água

Sem um nível apreciável de OD, muitos tipos de organismos aquáticos não conseguem existir na água. O OD é consumido pela degradação de matéria orgânica na água. Muitas ocorrências de mortandade de peixes se devem não à toxicidade direta dos poluentes, mas à deficiência de oxigênio devido ao seu consumo na biodegradação desses poluentes.

A maior parte do oxigênio é oriunda da atmosfera, que tem 20,95% do elemento em sua composição por volume de ar seco. Logo, a capacidade de um corpo hídrico de se reoxigenar ao contato com a atmosfera é um atributo importante. O oxigênio é produzido pela ação fotossintetizante das algas, mas esse processo na verdade não é eficiente como meio de oxigenar a água. Essa ineficiência é explicada pelo fato de o oxigênio formado pela fotossíntese durante o dia ser perdido à noite, quando as algas passam a consumi-lo como parte de seu processo metabólico. Quando morrem, a degradação de sua biomassa também consome oxigênio.

---

* N de R. T.: A Lei de Henry se aplica apenas para situações de equilíbrio.

A solubilidade do oxigênio na água depende da temperatura dela, da pressão parcial do oxigênio na atmosfera e do conteúdo de sal na água. É importante fazer uma distinção entre a *solubilidade* do oxigênio, a concentração máxima de O_2 em uma situação de equilíbrio, e a *concentração* de OD, que em geral não é a concentração de equilíbrio e é limitada pela taxa em que o oxigênio se dissolve. O cálculo da solubilidade do oxigênio como função da pressão parcial é discutido na Seção 5.3, onde é demonstrado que a concentração de oxigênio na água a 25°C em equilíbrio com o ar na pressão atmosférica é de apenas 8,32 mg L^{-1}. Assim, a água em equilíbrio com o ar não tem condições de apresentar um nível alto de OD, em comparação com muitas outras espécies de soluto. Se processos consumidores de oxigênio estão ocorrendo na água, o nível de OD pode se aproximar de zero com rapidez, a menos que algum mecanismo eficiente de reareação esteja em operação, como o fluxo turbulento em uma corrente de pouca profundidade ou o bombeamento de ar no tanque de aeração de uma estação de tratamento secundário de esgoto com lodo ativado (ver Capítulo 8). O problema envolve sobretudo a cinética, pois existe um limite para a taxa em que o oxigênio é transferido na interface ar-água. Essa taxa depende da turbulência, do diâmetro das bolhas de ar e da temperatura, entre outros fatores.

Se representarmos a matéria orgânica de origem biológica pela fórmula $\{CH_2O\}$, o consumo de oxigênio na água pela degradação de matéria orgânica é expresso pela reação bioquímica a seguir:

$$\{CH_2O\} + O_2 \rightarrow CO_2 + H_2O \tag{3.1}$$

A massa de matéria orgânica necessária para consumir os 8,3 mg de O_2 em um litro de água em equilíbrio com a atmosfera a 25°C é dada pelo cálculo estequiométrico simples baseado na Equação 3.1, que gera um valor de 7,8 mg L^{-1} de $\{CH_2O\}$. Logo, a degradação mediada por microrganismos de apenas 7 ou 8 mg de matéria orgânica tem a capacidade de consumir o O_2 em 1 L de água inicialmente saturada com ar a 25°C. A diminuição nos níveis de oxigênio abaixo daqueles que dão suporte a organismos aeróbios requer a degradação de uma quantidade ainda menor de matéria orgânica em temperaturas mais altas (em que a solubilidade do oxigênio é menor) ou em água não totalmente saturada com o oxigênio atmosférico. Além disso, não existem reações químicas de reabastecimento do OD ocorrendo corriqueiramente no ambiente aquático; exceto pelo oxigênio disponibilizado via fotossíntese, o restante do gás tem de vir da atmosfera.

O efeito da temperatura na solubilidade dos gases na água é importante sobretudo no caso do oxigênio. A solubilidade do oxigênio na água em equilíbrio com o ar atmosférico diminui de 14,74 mg L^{-1} a 0°C para 7,03 mg L^{-1} a 35°C. Em temperaturas mais altas, a solubilidade diminuída do oxigênio, junto com a maior taxa respiratória dos organismos aquáticos, muitas vezes leva a uma condição em que uma demanda maior por oxigênio, acompanhada de menores níveis de solubilidade do gás na água, acarreta uma grave diminuição nos níveis do gás.

3.7 A acidez da água e o dióxido de carbono

Os fenômenos *ácido-base* na água envolvem a doação e a recepção do íon H^+. Muitas espécies atuam como *ácidos* na água ao doarem o íon H^+, enquanto outras atuam como *bases*, recebendo o H^+; porém, a água desempenha ambos os papéis. Uma espécie importante na química ácido-base da água é o íon bicarbonato, HCO_3^-, que pode atuar como ácido ou base:

$$HCO_3^- \rightleftarrows CO_3^{2-} + H^+ \quad (3.2)$$

$$HCO_3^- + H^+ \rightleftarrows CO_2(aq) + H_2O \quad (3.3)$$

No caso de águas naturais ou residuárias, *acidez* é a capacidade de neutralizar o íon OH^-; é análoga à alcalinidade, a capacidade de neutralizar o H^+, discutida na próxima seção. Enquanto praticamente toda e qualquer água tenha certo grau de alcalinidade, águas ácidas não são muito comuns, exceto nos casos de poluição grave. De modo geral a acidez é resultado da presença de ácidos fracos, sobretudo o CO_2, mas às vezes é causada por outras substâncias, como $H_2PO_4^-$, H_2S, proteínas e ácidos graxos. Íons metálicos ácidos, em especial o Fe^{3+}, também podem contribuir para a acidez da água.

Os ácidos fortes são os maiores contribuintes da acidez como forma de poluição da água. O termo *ácido mineral livre* se aplica a ácidos fortes como o H_2SO_4 e o HCl na água. A drenagem ácida de minas é um poluente da água bastante comum e contém uma concentração apreciável de ácido mineral livre. Enquanto a acidez total é determinada por titulação com base até o ponto final da fenolftaleína (pH 8,2), o ácido mineral livre é determinado por titulação com base até o ponto final do alaranjado de metila (pH 4,3).

Conforme mostra a hidrólise do Al^{3+} hidratado a seguir, o caráter ácido de alguns íons metálicos hidratados pode contribuir para a acidez. Alguns resíduos industriais, como o líquido de decapagem de aços utilizados, contêm íons metálicos ácidos e com frequência um excesso de ácidos fortes. A acidez desses resíduos precisa ser mensurada no cálculo da quantidade de cal ou de outros produtos químicos necessários para sua neutralização.

$$Al(H_2O)_6^{3+} \rightleftarrows Al(H_2O)_5OH^{2+} + H^+ \quad (3.4)$$

3.7.1 O dióxido de carbono na água

O ácido fraco mais importante presente na água é o dióxido de carbono, CO_2. Devido à presença de dióxido de carbono no ar e sua produção a partir da decomposição microbiana da matéria orgânica, o CO_2 dissolvido está presente em quase todas as águas naturais e residuárias. A chuva que cai de uma atmosfera totalmente livre de poluentes tem um ligeiro caráter ácido devido à presença de CO_2 dissolvido. A dissolução em água do mar é um mecanismo importante para a redução do dióxido de carbono atmosférico, o gás "estufa" que mais contribui para o aquecimento global. Algumas propostas foram apresentadas descrevendo o bombeamento do CO_2 gerado por combustão em pontos dos oceanos, cujas águas o removem da atmosfera há milhares de anos.[2]

O dióxido de carbono e os produtos de sua ionização, o íon bicarbonato (HCO_3^-) e o íon carbonato (CO_3^{2-}), têm uma influência crucial na química aquática. Muitos minerais se depositam como sais do íon carbonato. As algas utilizam CO_2 dissolvido na síntese de sua biomassa. O equilíbrio entre o CO_2 dissolvido e o dióxido de carbono gasoso na atmosfera,

$$CO_2 \text{ (água)} \rightleftarrows CO_2 \text{ (atmosfera)} \quad (3.5)$$

e o equilíbrio do íon CO_3^{2-} entre a solução aquática e os minerais contendo carbonatos sólidos,

$$MCO_3 \text{ (sal de carbonato ligeiramente solúvel)} \rightleftarrows M^{2+} + CO_3^{2-} \quad (3.6)$$

exercem forte efeito tampão no pH da água.

O dióxido de carbono compõe apenas 0,039% em volume de ar seco comum. Como resultado do nível baixo de CO_2 atmosférico, a água sem qualquer alcalinidade (capacidade de neutralizar o H^+, ver Seção 3.8) em equilíbrio com a atmosfera contém um nível muito baixo de dióxido de carbono. No entanto, a formação de HCO_3^- e CO_3^{2-} aumenta em muito a solubilidade do dióxido de carbono. Concentrações altas de dióxido de carbono livre na água afetam a respiração e a troca de gases em animais aquáticos de maneira negativa, podendo até levar à morte. Em vista disso, essas concentrações não podem ultrapassar o valor de 25 mg L^{-1} em água.

Uma grande parcela do dióxido de carbono encontrado na água é produto da degradação da matéria orgânica por bactérias. Até as algas, que utilizam CO_2 na fotossíntese, produzem o dióxido de carbono em seus processos metabólicos na ausência de luz. À medida que a água se infiltra entre as camadas de matéria orgânica em decomposição no solo, ela dissolve uma grande quantidade de CO_2 produzido pela respiração dos organismos nesse meio. Mais tarde, enquanto atravessa formações calcárias, a água dissolve o carbonato de cálcio devido à presença do CO_2 dissolvido.

$$CaCO_3(s) + CO_2(aq) + H_2O \rightleftarrows Ca^{2+} + 2HCO_3^- \quad (3.7)$$

Esse processo forma as cavernas calcárias. As implicações dessa reação para a química aquática são discutidas na Seção 3.9.

A concentração de CO_2 gasoso na atmosfera varia com a localização e a estação do ano, crescendo em cerca de uma parte por milhão (ppm) ao ano. Para fins de cálculo, a concentração de CO_2 atmosférico é de 390 ppm (0,0390%) no ar seco. A 25°C, a água em equilíbrio com o ar livre de poluentes contendo 390 ppm de dióxido de carbono tem uma concentração de $CO_2(aq)$ de $1,276 \times 10^{-5}$ mol L^{-1} (ver o cálculo da solubilidade do gás com base na lei de Henry na Seção 5.3), e esse valor será utilizado nos cálculos posteriores.

Embora o CO_2 presente na água seja muitas vezes representado como H_2CO_3, a constante de equilíbrio para a reação

$$CO_2(aq) + H_2O \rightleftarrows H_2CO_3 \quad (3.8)$$

é somente cerca de 2×10^{-3} a 25°C e, por essa razão, apenas uma pequena fração do dióxido de carbono dissolvido está de fato presente como H_2CO_3. Neste livro, o dióxido de carbono não ionizado na água será designado simplesmente como CO_2, que nas discussões subsequentes é usado para representar o total de CO_2 molecular dissolvido e o H_2CO_3 não dissociado.

O sistema CO_2–HCO_3^-–CO_3^{2-} em água pode ser descrito pelas equações,

$$CO_2(aq) + H_2O \rightleftarrows H^+ + HCO_3^- \quad (3.9)$$

$$K_{a1} = \frac{[H^+][HCO_3^-]}{[CO_2]} = 4,45 \times 10^{-7}, \quad pK_{a1} = 6,35 \quad (3.10)$$

$$HCO_3^- \rightleftarrows H^+ + CO_3^{2-} \quad (3.11)$$

$$K_{a2} = \frac{[H^+][CO_3^{2-}]}{[HCO_3^-]} = 4,69 \times 10^{-11}, \quad pK_{a2} = 10,33 \quad (3.12)$$

onde $pK_a = -\log K_a$. A espécie predominante formada pelo CO_2 dissolvido na água depende do pH. Essa dependência é ilustrada por um diagrama de distribuição de espécies com o pH como variável principal, conforme a Figura 3.8. Esse diagrama lista as principais espécies presentes em solução como função do pH. Para o CO_2 em solução aquosa, o diagrama é uma série de gráficos das frações presentes como CO_2, HCO_3^- e CO_3^{2-} como função do pH. Essas frações, representadas como α_x, são dadas pelas expressões a seguir:

$$\alpha_{CO_2} = \frac{[CO_2]}{[CO_2] + [HCO_3^-] + [CO_3^{2-}]} \quad (3.13)$$

$$\alpha_{HCO_3^-} = \frac{[HCO_3^-]}{[CO_2] + [HCO_3^-] + [CO_3^{2-}]} \quad (3.14)$$

$$\alpha_{CO_3^{2-}} = \frac{[CO_3^{2-}]}{[CO_2] + [HCO_3^-] + [CO_3^{2-}]} \quad (3.15)$$

A substituição das expressões de K_{a1} e K_{a2} nas expressões de α dá as frações das espécies como função das constantes de dissociação do ácido e a concentração do íon hidrogênio:

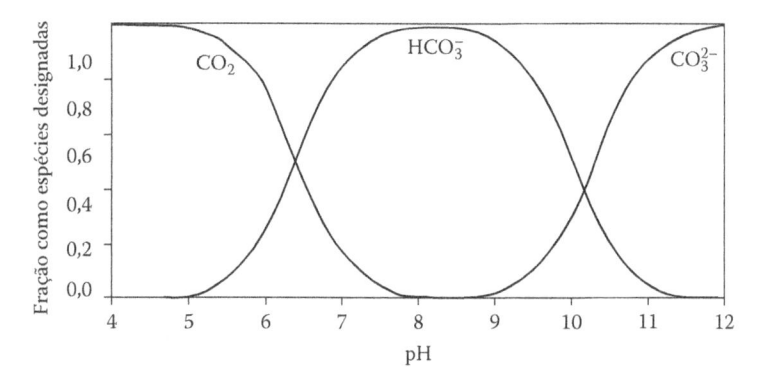

$$\alpha_{CO_2} = \frac{[H^+]^2}{[H^+]^2 + K_{a1}[H^+] + K_{a1}K_{a2}} \quad (3.16)$$

$$\alpha_{HCO_3^-} = \frac{K_{a1}[H^+]}{[H^+]^2 + K_{a1}[H^+] + K_{a1}K_{a2}} \quad (3.17)$$

$$\alpha_{CO_3^{2-}} = \frac{K_{a1}K_{a2}}{[H^+]^2 + K_{a1}[H^+] + K_{a1}K_{a2}} \quad (3.18)$$

FIGURA 3.8 Diagrama de distribuição de espécies para o sistema $CO_2-HCO_3^--CO_3^{2-}$ em água.

Os cálculos obtidos com essas expressões mostram que:

- Para valores de pH significativamente abaixo de pK_{a1}, α_{CO_2} fica próximo de 1.
- Quando o pH = pK_{a1}, $\alpha_{CO_2} = \alpha_{HCO_3^-}$.
- Quando o pH = $\frac{1}{2}(pK_{a1} + pK_{a2})$, $\alpha_{HCO_3^-}$ atinge seu valor máximo, 0,98.
- Quando o pH = pK_{a2}, $\alpha_{HCO_3^-} = \alpha_{CO_3^{2-}}$.
- Para valores de pH muito acima de pK_{a2}, $\alpha_{CO_3^{2-}}$ fica próximo de 1.

O diagrama de distribuição de espécies da Figura 3.8 mostra que o íon hidrogenocarbonato (bicarbonato) HCO_3^- é a espécie predominante na faixa de pH observada na maioria das águas, sendo que o CO_2 predomina em águas mais ácidas.

Como mencionado, o valor da [CO_2 (aq)] em água a 25°C em equilíbrio com o ar contendo 390 ppm CO_2 é $1,276 \times 10^{-5}$ mol L^{-1}. O dióxido de carbono se dissocia parcialmente na água, produzindo concentrações iguais de H$^+$ e HCO_3^-:

$$CO_2 + H_2O \rightleftarrows HCO_3^- + H^+ \quad (3.19).$$

As concentrações de H$^+$ e HCO_3^- são calculadas usando K_{a1}:

$$K_{a1} = \frac{[H^+][HCO_3^-]}{[CO_2]} = \frac{[H^+]^2}{1,276 \times 10^{-5}} = 4,45 \times 10^{-7} \quad (3.20)$$

$$[H^+] = [HCO_3^-] = (1,276 \times 10^{-5} \times 4,45 \times 10^{-7})^{1/2} = 2,38 \times 10^{-6}$$
pH = 5,62

Esse cálculo explica por que a água pura que entrou em equilíbrio com a atmosfera livre de poluentes é ligeiramente ácida, com pH um pouco abaixo de 7.

3.8 A alcalinidade

A capacidade da água de receber íons H$^+$ (prótons) é chamada de *alcalinidade*, sendo fundamental no tratamento da água e na química e biologia de águas naturais. Com frequência, a alcalinidade da água precisa ser analisada no cálculo das quantidades de produtos químicos adicionados no tratamento. A água de alta alcalinidade via de regra tem pH alto e apresenta níveis elevados de sólidos dissolvidos. Características como essas podem ser prejudiciais na água usada em aquecedores, no processamento de alimentos e em sistemas de águas municipais. A alcalinidade atua como tampão de pH e fonte de carbono inorgânico, o que ajuda a determinar a capacidade da água de suportar a proliferação de algas e outras formas de vida aquática. Por essa razão ela serve como indicador de fertilidade da água. De modo geral, as espécies básicas responsáveis pela alcalinidade da água são os íons bicarbonato, carbonato e hidróxido:

$$HCO_3^- + H^+ \rightleftarrows CO_2 + H_2O \quad (3.21)$$

$$CO_3^{2-} + H^+ \rightleftarrows HCO_3^- \quad (3.22)$$

$$OH^- + H^+ \rightleftarrows H_2O \quad (3.23)$$

Capítulo 3 Os fundamentos da química aquática

Outras substâncias que contribuem menos para a alcalinidade são a amônia e as bases conjugadas dos ácidos fosfórico, silícico, bórico e também ácidos orgânicos.

Com valores de pH inferiores a 7, o [H⁺] na água diminui a alcalinidade de modo significativo, e sua concentração precisa ser subtraída no cálculo da alcalinidade total. Portanto, a seguir é apresentada a equação completa para o cálculo da alcalinidade em um meio onde os únicos contribuintes são HCO_3^-, CO_3^{2-} e OH^-:

$$[alc] = [HCO_3^-] + 2[CO_3^{2-}] + [OH^-] - [H^+] \tag{3.24}$$

Em geral a alcalinidade é expressa como *alcalinidade à fenolftaleína*, que corresponde à titulação com ácido ao pH em que o HCO_3^- é a espécie predominante de carbonato (pH 8,3), ou como *alcalinidade total*, equivalente à titulação ácida até o ponto final do alaranjado de metila (pH 4,3), onde tanto as espécies de bicarbonato quanto as de carbonato são convertidas em CO_2.

É importante distinguir entre *basicidade* alta, manifestada por um pH elevado, e uma *alcalinidade* alta, isto é, a capacidade de receber íons H^+. Enquanto o pH é um fator de *intensidade*, a alcalinidade é um fator de *capacidade*. Isso é ilustrado comparando uma solução de $1,00 \times 10^{-3}$ mol L⁻¹ de NaOH com uma solução de 0,100 mol L⁻¹ de $NaHCO_3$. A solução de hidróxido de sódio é muito básica (pH 11), mas um litro dela neutraliza apenas $1,00 \times 10^{-3}$ mol de ácido. O pH do $NaHCO_3$ em solução é 8,34, muito abaixo do pH do NaOH. Contudo, um litro da solução de bicarbonato de sódio neutraliza 0,100 mol de ácido; logo, sua alcalinidade é 100 vezes maior que a da solução de NaOH.

Na engenharia, a alcalinidade muitas vezes é expressa em unidades de mg L⁻¹ de $CaCO_3$, com base na seguinte reação de neutralização ácido-base:

$$CaCO_3 + 2H^+ \rightleftarrows Ca^{2+} + CO_2 + H_2O \tag{3.25}$$

O equivalente-grama do carbonato de cálcio é metade de sua massa fórmula. A expressão da alcalinidade em termos de mg L⁻¹ de $CaCO_3$, porém, pode gerar confusão. Por isso a notação preferida pelo químico é equivalentes L⁻¹ (eq L⁻¹), o número de mols de H^+ neutralizado pela alcalinidade em um litro de solução.

3.8.1 Os contribuidores da alcalinidade em diferentes valores de pH

A água no ambiente natural normalmente tem uma alcalinidade ("[alc]") de $1,00 \times 10^{-3}$ eq L⁻¹, ou seja, os solutos alcalinos em 1 L dessa água neutralizam $1,00 \times 10^{-3}$ mol de ácido. As contribuições à alcalinidade feitas por diferentes espécies dependem do pH. Essa dependência é demonstrada aqui com o cálculo das contribuições relativas à alcalinidade do HCO_3^-, do CO_3^{2-} e do OH^- com pH 7,0 e 10,0. Primeiro, na água com pH 7,0, a [OH^-] é baixa demais para qualquer contribuição expressiva com a alcalinidade. Além disso, como mostra a Figura 3.8, com pH 7,0, [HCO_3^-] ≫ [CO_3^{2-}]. Portanto, a alcalinidade se deve ao HCO_3^- e a [HCO_3^-] = $1,00 \times 10^{-3}$ mol L⁻¹. A substituição de K_{a1} na expressão mostra que com pH 7,0 e HCO_3^- e a [HCO_3^-] = $1,00 \times 10^{-3}$ mol L⁻¹, o valor de [$CO_2(aq)$] é $2,25 \times 10^{-4}$ mol L⁻¹, isto é, maior que o valor para a água em equilíbrio com o ar atmosférico. Esse valor é prontamente atingido devido à presença de dióxido de carbono gerado pela decomposição bacteriana na água e nos sedimentos.

Considere a seguir o caso da água com a mesma alcalinidade, $1,00 \times 10^{-3}$ eq L^{-1} mas com um pH de 10,0. Nesse valor de pH mais alto, tanto o OH^- quanto o CO_3^{2-} estão presentes em concentrações significativas, em comparação com o HCO_3^-, permitindo o seguinte cálculo:

$$[alc] = [HCO_3^-] + 2[CO_3^{2-}] + [OH^-] = 1,00 \times 10^{-3} \tag{3.26}$$

A concentração de CO_3^{2-} é multiplicada por 2 porque cada íon CO_3^{2-} consegue neutralizar dois íons H^+. As outras duas equações que precisam ser resolvidas para obter as concentrações de HCO_3, CO_3^{2-} e OH^- são:

$$[OH^-] = \frac{K_W}{[H^+]} = \frac{1,00 \times 10^{-14}}{1,00 \times 10^{-10}} = 1,00 \times 10^{-4} \tag{3.27}$$

e

$$[CO_3^{2-}] = \frac{K_{a2}[HCO_3^-]}{[H^+]} \tag{3.28}$$

A solução dessas três equações dá $[HCO_3^-] = 4,64 \times 10^{-4}$ mol L^{-1} e $[CO_3^{2-}] = 2,18 \times 10^{-4}$ mol L^{-1}. Assim, as contribuições à alcalinidade dessa solução são as seguintes:

$$4,64 \times 10^{-4} \text{ eq/L} \quad \text{do} \quad HCO_3^-$$
$$2 \times 2,18 \times 10^{-4} = 4,36 \times 10^{-4} \text{ eq/L} \quad \text{do} \quad CO_3^{2-}$$
$$\underline{1,00 \times 10^{-4} \text{ eq/L} \quad \text{do}}$$
$$alc = 1,00 \times 10^{-3} \text{ eq/L}$$

3.8.2 O carbono inorgânico dissolvido e a alcalinidade

Os valores dados podem ser usados para demonstrar que, para o mesmo valor de alcalinidade, a concentração do carbono total dissolvido, [C],

$$[C] = [CO_2] + [HCO_3^-] + [CO_3^{2-}] \tag{3.29}$$

varia com o pH com pH 7,0,

$$[C]_{pH\,7} = 2,25 \times 10^{-4} + 1,00 \times 10^{-3} + 0 = 1,22 \times 10^{-3} \tag{3.30}$$

enquanto com pH 10,0

$$[C]_{pH\,10} = 0 + 4,64 \times 10^{-4} + 2,18 \times 10^{-4} = 6,82 \times 10^{-4} \tag{3.31}$$

O cálculo mostra que a concentração de carbono inorgânico dissolvido com pH 10,0 é apenas cerca de metade daquela observada com pH 7,0. Isso ocorre porque com pH 10,0 as principais contribuições para a alcalinidade são dadas pelo íon CO_3^{2-}, que tem alcalinidade duas vezes maior que aquela do íon HCO_3^-, e pelo OH^-, que não contém átomos de carbono. A concentração menor de carbono inorgânico dissolvido com pH 10,0 mostra que um sistema aquático que inicialmente tem pH um tanto baixo (pH 7,0) consegue doar carbono inorgânico dissolvido para a fotossíntese, com mudança no pH mas não na alcalinidade. Essa diferença na concentração de carbono inorgânico dissolvido dependente do pH representa uma fonte de carbono com importância especial para a proliferação de algas na água, que fixam o carbono de acordo com as reações globais

$$CO_2 + H_2O + h\nu \rightleftarrows \{CH_2O\} + O_2 \quad (3.32)$$

e

$$HCO_3^- + H_2O + h\nu \rightleftarrows \{CH_2O\} + OH^- + O_2 \quad (3.33)$$

À medida que o carbono inorgânico é utilizado para sintetizar biomassa, $\{CH_2O\}$, a água se torna mais básica. A quantidade de carbono inorgânico que pode ser consumida antes de a água ficar excessivamente básica para permitir a reprodução das algas é proporcional à alcalinidade. Na mudança do pH 7,0 para o pH 10,0, a quantidade de carbono inorgânico consumido em 1,00 L de água com alcalinidade de $1,00 \times 10^{-3}$ eq L^{-1} é

$$[C]_{pH7} \times 1L - [C]_{pH10} \times 1L = 1,22 \times 10^{-3} \text{ mol} - 6,82 \times 10^{-4} \text{ mol} = 5,4 \times 10^{-4} \text{ mol} \quad (3.34)$$

Isso se traduz em um aumento de $5,4 \times 10^{-4}$ mol L^{-1} de biomassa. Uma vez que a massa fórmula da $\{CH_2O\}$ é 30, a massa de biomassa produzida chega a 16 mg L^{-1}. Supondo que não haja entrada adicional de CO_2, em um valor mais alto de alcalinidade mais biomassa é produzida para a mesma variação de pH, enquanto em um valor menor de alcalinidade menos biomassa é produzida. Devido a esse efeito, os biólogos utilizam a biomassa como indicador de fertilidade da água.

3.8.3 A influência da alcalinidade na solubilidade do CO_2

A maior solubilidade do dióxido de carbono na água com alcalinidade elevada pode ser ilustrada pela comparação de sua solubilidade em água pura (zero alcalinidade) com sua solubilidade em água contendo $1,00 \times 10^{-3}$ mol L^{-1} de NaOH (alcalinidade $1,00 \times 10^{-3}$ eq L^{-1}). O número de mols de CO_2 que se dissolve em um litro de água pura da atmosfera contendo 390 ppm de dióxido de carbono é

$$\text{Solubilidade} = [CO_2 \text{ (aq)}] + [HCO_3^-] \quad (3.35)$$

Inserindo os valores calculados na Seção 3.7 obtém-se

$$\text{Solubilidade} = 1,276 \times 10^{-5} + 2,38 \times 10^{-6} = 1,514 \times 10^{-5} \text{ mol L}^{-1}$$

A solubilidade do CO_2 em água, inicialmente $1,00 \times 10^{-3}$, é cerca de 100 vezes maior por causa da absorção de CO_2 pela reação

$$CO_2 \text{ (aq)} + OH^- \rightarrow HCO_3^- \quad (3.36)$$

e assim

$$\text{Solubilidade} = [CO_2 \text{ (aq)} + [HCO_3^-] = 1,276 \times 10^{-5} + 1,00 \times 10^{-3} = 1,01 \times 10^{-3} \text{ mol L}^{-1} \quad (3.37)$$

3.9 O cálcio e outros metais na água

Os tipos e as concentrações de íons metálicos na água são determinados em grande parte pelas rochas com que a água está em contato. Os íons metálicos presentes na água, comumente representados por M^{n+}, existem em inúmeras formas. Um íon metálico isolado, como o Ca^{2+}, não existe como entidade por conta própria na água. A fim de garantir a maior estabilidade possível de suas camadas de elétrons externas, na água os íons metálicos estão ligados, ou *coordenados*, a outras espécies. Essas espécies são moléculas de água ou outras bases mais fortes (parceiros doadores de elétrons) que podem estar presentes. Assim, os íons metálicos em solução na água estão presentes em formas como o cátion metálico *hidratado* $M(H_2O)_x^{n+}$. Os íons metálicos em solução aquosa buscam atingir um estado de máxima estabilidade por meio de reações químicas que incluem reações ácido-base

$$Fe(H_2O)_6^{3+} \rightleftarrows Fe(H_2O)_5OH^{2+} + H^+ \tag{3.38}$$

de precipitação

$$Fe(H_2O)_6^{3+} \rightleftarrows Fe(OH)_3(s) + 3H_2O + 3H^+ \tag{3.39}$$

e de oxidação-redução:

$$Fe(H_2O)_6^{2+} \rightleftarrows Fe(OH)_3(s) + 3H_2O + e^- + 3H^+ \tag{3.40}$$

Todas essas reações permitem a conversão dos íons metálicos na água em formas mais estáveis. Por causa de reações como essas e da formação de espécies diméricas, como o $Fe_2(OH)_2^{4+}$, a concentração dos íons $Fe(H_2O)_6^{3+}$ simples hidratados em água é extremamente pequena. O mesmo vale para muitos outros íons metálicos hidratados dissolvidos em água.

3.9.1 Os íons metálicos hidratados na forma de ácidos

Os íons metálicos hidratados, sobretudo aqueles com valência 3^+ ou maior, tendem a perder íons H^+ das moléculas de água ligadas a eles em solução. Assim, esses íons se encaixam na definição de ácidos de Brönsted-Lowry, que diz que ácidos são doadores de H^+ e que bases são receptores de H^+. A acidez de um íon metálico aumenta com a carga e diminui com o raio. Conforme mostra a reação,

$$Fe(H_2O)_6^{3+} \rightleftarrows Fe(H_2O)_5OH^{2+} + H^+ \tag{3.41}$$

o íon ferro (III) hidratado é um ácido relativamente forte, com K_{a1} de $8,9 \times 10^{-4}$. Por essa razão, as soluções de ferro (III) tendem a apresentar valores baixos de pH. Os íons metálicos trivalentes hidratados, como o ferro (III), em geral têm no mínimo um íon hidrogênio a menos em valores de pH neutros ou acima. No caso dos íons metálicos tetravalentes, as formas completamente protonadas, $M(H_2O)_x^{4+}$, são raras até mesmo em valores de pH muito baixos. Com frequência, o O^{2-} está coordenado a íons metálicos tetravalentes; um exemplo é a espécie do vanádio (IV), VO^{2+}. Em geral, os íons metálicos bivalentes não perdem um íon hidrogênio com pH abaixo de 6,0, enquanto os íons metálicos monovalentes, como o Na^+, não atuam como ácidos em hipótese alguma, existindo em solução na água como íons simples hidratados.

A tendência dos íons metálicos hidratados de se comportar como ácidos pode exercer um efeito profundo no ambiente aquático. Um bom exemplo dessa influência é a *drenagem ácida de minas* (ver Capítulo 7), cujo caráter ácido em parte se deve à natureza ácida do ferro (III) hidratado:

$$Fe(H_2O)_6^{3+} \rightleftarrows Fe(OH)_3(s) + 3H^+ + 3H_2O \qquad (3.42)$$

Quando ligado a um íon metálico, o íon hidróxido OH⁻ pode funcionar como um grupo em ponte que une dois ou mais metais, como mostra o processo de desidratação-dimerização a seguir:

$$2Fe(H_2O)_5OH^{2+} \rightarrow (H_2O)_5Fe\underset{\underset{H}{O}}{\overset{\overset{H}{O}}{\diamond}}Fe(H_2O)_4^{4+} + 2(H_2O) \qquad (3.43)$$

Entre os metais, exceto o ferro (III), que constituem espécies poliméricas com OH⁻ na forma de grupo de ligação estão Al(III), Be(II), Bi(III), Ce(IV), Co(III), Cu(II), Ga(III), Mo(V), Pb(II), Sc(II), Sn(IV) e U(VI). Íons hidrogênio adicionais podem ser cedidos pelas moléculas de água ao se ligarem a dímeros, o que fornece grupos OH⁻ para outras ligações, levando à formação de espécies hidrolíticas poliméricas. Se o processo continuar, são formados hidroxipolímeros coloidais e, por fim, são produzidos precipitados. Esse processo é tido como o mais comum em que o óxido de ferro (III) hidratado, $Fe_2O_3 \cdot x(H_2O)$ [também chamado de hidróxido de ferro (II), $Fe(OH)_3$], é precipitado em soluções contendo ferro (III).

3.9.2 O cálcio na água

Entre os cátions encontrados nos sistemas de água doce, em geral o cálcio é o de maior concentração. Embora bastante complicada, a química do cálcio é mais simples que a química dos metais de transição encontrados na água. O cálcio é um elemento-chave em diversos processos geoquímicos, e os minerais constituem a principal fonte do íon cálcio na água. Entre os principais minerais que contribuem para os níveis de cálcio estão a gipsita $CaSO_4 \cdot 2H_2O$, a anidrita $CaSO_4$, a dolomita $CaMg(CO_3)_2$ e a calcita e a aragonita, que são formas diferentes de $CaCO_3$.

O íon cálcio, junto com o magnésio e às vezes o ferro (II), é responsável pela *dureza da água*. A manifestação mais comum da dureza da água é um precipitado com aparência coagulada formado pelo sabão na água dura. A *dureza temporária* se deve à presença dos íons cálcio e bicarbonato na água e pode ser eliminada por ebulição:

$$Ca^{2+} + 2HCO_3^- \rightleftarrows CaCO_3(s) + CO_2(g) + H_2O \qquad (3.44)$$

Temperaturas altas deslocam o equilíbrio dessa reação para a direita, liberando gás CO_2, podendo ocorrer também a formação de um precipitado branco de carbonato de cálcio na água em ebulição com dureza temporária.

A água contendo níveis elevados de dióxido de carbono dissolve o íon cálcio de seus minerais carbonatos prontamente:

$$CaCO_3(s) + CO_2(aq) + H_2O \rightleftarrows Ca^{2+} + 2HCO_3^- \qquad (3.45)$$

Quando essa reação é revertida e o CO_2 se desprende da água, depósitos de carbonato de cálcio são formados. A concentração de CO_2 na água determina a extensão da dissolução do carbonato de cálcio. O dióxido de carbono que a água consegue receber em equilíbrio com a atmosfera não basta para responder pelos níveis de cálcio dissolvido em águas naturais, sobretudo as subterrâneas. Ao contrário, a respiração dos microrganismos que degradam matéria orgânica na água, nos sedimentos e no solo,

$$\{CH_2O\} + O_2 \rightleftarrows CO_2 + H_2O \qquad (3.46)$$

responde pelos níveis muito elevados de CO_2 e HCO_3^- na água e desempenha um papel muito importante nos processos químicos aquáticos e nas transformações geoquímicas.

3.9.3 O dióxido de carbono dissolvido e os minerais de carbonato de cálcio

O equilíbrio entre o dióxido de carbono dissolvido e os minerais de carbonato de cálcio é importante na determinação de diversos parâmetros da química das águas naturais, como alcalinidade, pH e concentração de cálcio dissolvido (Figura 3.9). No caso da água doce, os valores normais das concentrações tanto de HCO_3^- quanto de Ca^{2+} são iguais a $1,00 \times 10^{-3}$ mol L^{-1}. É possível demonstrar que esses valores são razoáveis quando a água está em equilíbrio com o calcário $CaCO_3$ e com o CO_2 atmosférico. A concentração de CO_2 na água em equilíbrio com o ar já foi calculada como $1,276 \times 10^{-5}$ mol L^{-1}. As outras constantes necessárias para o cálculo da $[HCO_3^-]$ e da $[Ca^{2+}]$ são a constante de dissociação do CO_2:

$$K_{a1} = \frac{[H^+][HCO_3^-]}{[CO_2]} = 4,45 \times 10^{-7} \qquad (3.47)$$

e a constante de dissociação do HCO_3^-:

$$K_{a2} = \frac{[H^+][CO_3^{2-}]}{[HCO_3^-]} = 4,69 \times 10^{-11} \qquad (3.48)$$

além do produto da solubilidade do carbonato de cálcio (calcita):

$$K_{sp} = [Ca^{2+}][CO_3^{2-}] = 4,47 \times 10^{-9} \qquad (3.49)$$

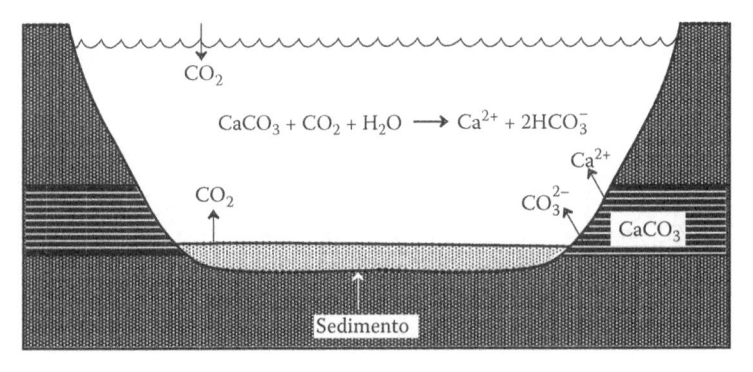

FIGURA 3.9 Os equilíbrios aquáticos dióxido de carbono-carbonato de cálcio.

A reação entre o carbonato de cálcio e o CO_2 dissolvido é

$$CaCO_3(s) + CO_2(aq) + H_2O \rightleftarrows Ca^{2+} + 2HCO_3^- \quad (3.50)$$

cuja expressão de equilíbrio é

$$K' = \frac{[Ca^{2+}][HCO_3^-]^2}{[CO_2]} = \frac{K_{sp}K_{a1}}{K_{a2}} = 4,24 \times 10^{-5} \quad (3.51)$$

A estequiometria da Reação 3.50 dá uma concentração do íon bicarbonato duas vezes maior que a concentração do cálcio. A substituição do valor da concentração de CO_2 na expressão de K' gera valores de $5,14 \times 10^{-4}$ mol L^{-1} para $[Ca^{2+}]$ e $1,03 \times 10^{-3}$ para $[HCO_3^-]$. A substituição de K_{ps} na expressão dá $8,70 \times 10^{-6}$ para $[CO_3^{2-}]$. Quando as concentrações conhecidas são inseridas no produto $K_{a1}K_{a2}$,

$$K_{a1}K_{a2} = \frac{[H^+]^2[CO_3^{2-}]}{[CO_2]} = 2,09 \times 10^{-17} \quad (3.52)$$

um valor de $5,54 \times 10^{-9}$ mol L^{-1} é obtido para $[H^+]$ (pH 8,26). A alcalinidade é praticamente igual a $[HCO_3^-]$, que é muito maior que $[CO_3^{2-}]$ ou $[OH^-]$.

Em resumo, para a água em equilíbrio com o carbonato de cálcio sólido e o CO_2 atmosférico, as concentrações a seguir são calculadas:

$[CO_2] = 1,276 \times 10^{-5}$ mol L^{-1}, $[Ca^{2+}] = 5,14 \times 10^{-4}$ mol L^{-1}

$[HCO_3^-] = 1,03 \times 10^{-3}$ mol L^{-1}, $[H^+] = 5,54 \times 10^{-9}$ mol L^{-1}

$[CO_3^{2-}] = 8,70 \times 10^{-6}$ mol L^{-1}, pH = 8,26

Fatores como condições de não equilíbrio, concentrações elevadas de CO_2 no fundo e um valor elevado de pH devido à absorção de CO_2 por algas geram desvios nesses valores. Contudo, estes estão próximos aos valores encontrados em inúmeros corpos de água natural.

3.10 A complexação e a quelação

As propriedades dos metais dissolvidos em água dependem em grande parte da natureza das espécies desses metais. Logo, a *especiação* de metais desempenha um papel crucial em sua química ambiental em águas naturais e residuárias. Além dos íons metálicos hidratados, por exemplo, o $Fe(H_2O)_6^{3+}$ e as espécies hidroxo como $FeOH(H_2O)_5^{2+}$ discutidas na seção anterior, os metais podem ocorrer na água ligados a ânions inorgânicos e compostos orgânicos em reações reversíveis, na forma de *complexos metálicos*. Por exemplo, um íon cianeto pode se ligar ao ferro (II) dissolvido:

$$Fe(H_2O)_6^{2+} + CN^- \rightleftarrows FeCN(H_2O)_5^+ + H_2O \quad (3.53)$$

Os íons cianeto adicionais ligam-se ao ferro para formar $Fe(CN)_2$, $Fe(CN)_3^-$, $Fe(CN)_4^{2-}$, $Fe(CN)_5^{3-}$ e $Fe(CN)_6^{4-}$. As moléculas de água ainda ligadas ao ferro (II) são omitidas para fins de simplificação. Esse fenômeno é chamado de *complexação*. A espécie que se liga ao íon metálico, CN^-, no exemplo dado, é chamada de *ligante*, e o produto de sua ligação ao íon metálico é um *complexo*, *íon complexo*, ou *composto de coordenação*. Um caso especial de complexação em que um ligante se liga a um íon metálico em dois ou mais sítios é chamado de *quelação*. Além de estarem presentes como complexos metálicos, os metais podem ocorrer na água na forma de compostos *organometálicos* contendo ligações entre o carbono e o metal. As solubilidades, as propriedades de transporte e os efeitos biológicos dessas espécies são muitas vezes bastante diferentes daqueles dos íons metálicos. As seções seguintes deste capítulo discutem espécies metálicas com ênfase na complexação de metais, em especial a quelação, em que complexos metálicos particularmente fortes são formados.

No exemplo dado, o íon cianeto é um *ligante monodentado*, ou seja, possui apenas um sítio de ligação com um íon metálico. Em águas naturais os complexos de ligantes monodentados em solução não têm muita importância. De importância consideravelmente maior são os complexos formados com *agentes quelantes*. Um agente quelante tem mais de um átomo capaz de se ligar a um íon metálico central por vez, formando uma estrutura em anel. Assim, o íon pirofosfato, $P_2O_7^{4-}$, liga-se a dois sítios de um íon cálcio para formar um quelato:

Uma vez que um agente quelante pode se ligar a um íon metálico em mais de um sítio ao mesmo tempo (Figura 3.10), os quelatos são mais estáveis que os complexos formados por ligantes monodentados. Essa estabilidade tende a aumentar com o número de sítios de quelação disponíveis no ligante. As estruturas de quelatos metálicos variam muito, todas caracterizadas por anéis de configurações diversas. A estrutura de um quelato coordenado na forma de tetraedro do íon nitrilotriacetato (NTA) é mostrada na Figura 3.10.

Os ligantes encontrados em águas naturais e residuárias contêm uma variedade de grupos funcionais capazes de doar os elétrons necessários para ligar o ligante a um íon metálico. Entre os grupos funcionais mais comuns estão:

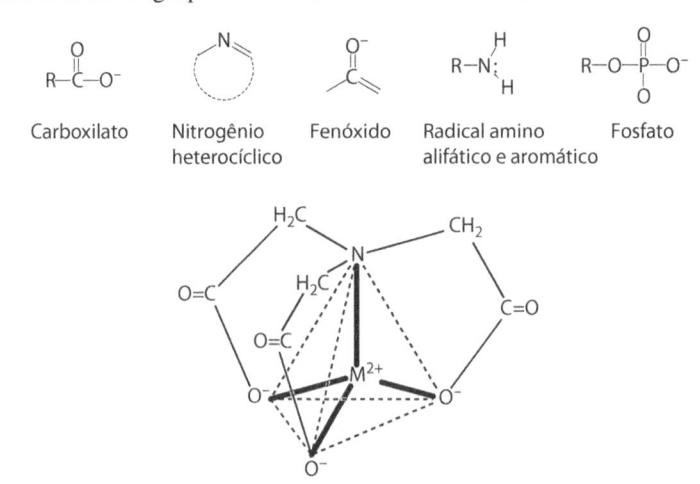

Carboxilato   Nitrogênio   Fenóxido   Radical amino   Fosfato
                   heterocíclico   alifático e aromático

FIGURA 3.10 Configuração tetraédrica de um quelato nitrilotriacetato de íon metálico bivalente.

Esses ligantes complexam a maioria dos íons metálicos encontrados em águas não poluídas e sistemas biológicos (Mg^{2+}, Ca^{2+}, Mn^{2+}, Fe^{2+}, Fe^{3+}, Cu^{2+}, Zn^{2+} e VO^{2+}). Eles também se ligam a íons metálicos contaminantes, como Co^{2+}, Ni^{2+}, Sr^{2+}, Cd^{2+} e Ba^{2+}.

A complexação exerce diversos efeitos, como as reações tanto de ligantes quanto de metais. Entre as reações dos ligantes estão a oxidação-redução, a descarboxilação, a hidrólise e a biodegradação. A complexação altera o estado de oxidação do metal e pode resultar na solubilização do metal a partir de um composto insolúvel. A formação de compostos complexos insolúveis remove íons metálicos em solução. A complexação tem forte influência na adsorção, na distribuição, no transporte e no destino dos metais, além de efeitos bioquímicos que incluem a biodisponibilidade, a toxicidade e a absorção por plantas.[3]

Os complexos de metais como o ferro (na hemoglobina) e o magnésio (na clorofila) são vitais aos processos da vida. Agentes quelantes que ocorrem na natureza, como as substâncias húmicas e os aminoácidos, são encontrados na água e no solo. A concentração elevada do íon cloro na água do mar resulta na formação de cloro-complexos. Agentes quelantes sintéticos, como o tripolifosfato de sódio, o sódio etilenodiaminotetracetato (EDTA), o sódio NTA e o citrato de sódio, são produzidos em grandes quantidades para uso em banhos de galvanoplastia, no tratamento de águas industriais, em formulações de detergentes e no processamento de alimentos. Esses compostos entram nos sistemas aquáticos via despejo de efluentes.

3.10.1 A ocorrência e a importância dos agentes quelantes na água

Os agentes quelantes são poluentes aquáticos comuns em potencial e ocorrem no efluente de esgotos e em águas residuárias industriais, como resíduos de banhos de galvanoplastia. Além das fontes poluidoras, existem fontes naturais de agentes quelantes. Entre os agentes quelantes naturais está o ácido etilenodiaminodissuccínico,

Ácido etilenodiaminodissuccínico

um metabólito do *Amycolatopsis orientalis,* um actinomiceto que habita os solos. Diferentemente de diversos agentes quelantes sintéticos comuns, como o EDTA (ver a seguir), o ácido etilenodiaminodissuccínico é biodegradável e utilizado como extrator na biorremediação (ver Capítulo 9, Seção 21.9) de solos contaminados por metais.

Os agentes quelantes mais importantes do ponto de vista da poluição são os aminopolicarboxilatos, entre os quais os representantes mais corriqueiros são o NTA (Figura 3.10) e o EDTA (estrutura ilustrada no começo da Seção 3.13). Tanto o EDTA quanto o NTA são poluentes aquáticos comuns.[4] Devido a suas fortes ligações com íons metálicos, os agentes quelantes aminopolicarboxilatos são quase sempre encontrados na forma ligada, o que exerce muita influência em sua química e destino e transporte ambientais. Dependendo de sua concentração em águas residuárias, o EDTA impede que alguns metais se liguem ao lodo da biomassa, depositando-se com ele em processos biológicos de tratamento de efluentes. Portanto, os quelatos de EDTA formam a maioria dos efluentes contendo cobre, níquel e zinco (a maioria desses metais presentes em concentrações maiores que os agentes quelantes fortes acaba incorporada ao lodo).

Sabe-se que a quelação com EDTA aumenta significativamente as taxas de migração do ^{60}Co radioativo em fossas e valas utilizadas pelo Laboratório Oak Ridge, em Oak Ridge, Estado do Tennessee, Estados Unidos, para a disposição de resíduos radioativos intermediários. O EDTA foi empregado como agente de limpeza e solubilização na descontaminação de células quentes, equipamentos e componentes de reatores nucleares. A análise da água coletada em poços de amostragem junto às fossas de descarte revelou concentrações de EDTA de $3,4 \times 10^{-7}$ mol L^{-1}. A presença de EDTA de 12 a 15 anos após ter sido enterrado atesta sua baixa taxa de biodegradação. Além do cobalto, o EDTA forma quelatos fortes com plutônio radioativo e radioisótopos de Am^{3+}, Cm^{3+} e Th^{4+}. Esses quelatos com cargas negativas são sorvidos a taxas muito baixas pela água mineral, mas apresentam mobilidade muito maior que os íons metálicos não quelatos.

Ao contrário do exposto, concentrações muito pequenas de plutônio radioativo na forma de quelato foram observadas em águas subterrâneas próximo aos poços de descarte de resíduos de baixa radioatividade da Unidade de Processamento Químico de Idaho. Não foi observado plutônio nos poços, independentemente da distância do poço de descarte. O processamento de resíduos foi projetado para destruir qualquer agente quelante antes do descarte. Não foram encontrados agentes quelantes na água bombeada dos poços de amostragem.

A importância do destino dos quelatos de radionuclídeos metálicos descartados no solo é óbvia. Se algum mecanismo de destruição de agentes quelantes for desenvolvido, os metais radioativos terão sua mobilidade reduzida de modo significativo. Embora o EDTA não seja muito biodegradável, o NTA é degradado pela ação da bactéria *Chlatobacter heintzii*. Além do NTA não complexado, hoje se sabe que essas bactérias degradam o NTA em quelatos com metais como cobalto, ferro, zinco, alumínio, cobre e níquel.

Os agentes complexantes em águas residuárias causam preocupação sobretudo por conta de sua capacidade de solubilizar metais da fabricação de tubulações e de depósitos contendo metais. A complexação aumenta a lixiviação de metais em sítios de descarte de resíduos e reduz a eficiência na remoção de metais pelo lodo nos tratamentos biológicos convencionais nas estações de tratamento de esgoto. O ferro (III) e talvez outros íons metálicos que atuam como micronutrientes essenciais são mantidos em solução pela quelação em culturas de algas. A disponibilidade dos agentes quelantes é um fator determinante da proliferação de algas e plantas aquáticas.[5] O tom marrom-amarelado de algumas águas naturais se deve à presença de quelatos naturais de ferro.

3.11 As ligações e as estruturas dos complexos metálicos

Esta seção discute alguns dos aspectos fundamentais da complexação na água. Um complexo consiste em um átomo metálico central com que se combinam ligantes neutros ou com carga negativa com propriedades doadoras de elétrons. O complexo pode ser neutro ou ter carga positiva ou negativa. Os ligantes estão contidos na *esfera de coordenação* do átomo metálico central. Dependendo do tipo de ligação envolvida, os ligantes no interior da esfera de ligação obedecem a um padrão estrutural definido. Contudo, em solução os ligantes de muitos complexos alternam rapidamente sua presença entre a esfera de coordenação do íon metálico central e a solução.

O *número de coordenação* de um átomo ou íon metálico é o número de grupos doadores de elétrons ligados a ele. Os números de coordenação mais comuns são 2, 4 e 6. Os complexos polinucleares contêm dois ou mais átomos metálicos unidos por ligantes como o OH, bastante frequente, como demonstrado para o ferro (III) na Reação 3.43.

3.11.1 A seletividade e a especificidade na quelação

Embora os agentes quelantes nunca tenham especificidade absoluta para um determinado íon metálico, alguns agentes quelantes complexos de origem biológica atingem especificidade quase total para certos íons metálicos. Um exemplo desse tipo de agente quelante é o ferricromo, sintetizado por fungos e extraído desses organismos, que forma quelatos muito estáveis com ferro (III). Foi observado que as cianobactérias do gênero *Anabaena* secretam quantidades apreciáveis de quelantes hidroxamatos seletivos para o ferro em períodos de alta proliferação de algas. Esses organismos fotossintéticos absorvem de imediato o ferro que está na forma do hidroxamato quelado, enquanto algumas algas verdes competidoras, como as do gênero *Scenedesmus*, não o absorvem. Logo, o agente quelante atua em duas frentes, promovendo o crescimento de certas cianobactérias ao mesmo tempo em que inibe a proliferação de espécies competidoras, o que permite que as cianobactérias existam como espécie dominante. A produção de agentes quelantes seletivos para o ferro (III) foi observada nas cianobactérias *Plectonema* e *Spirulina*, além das algas dos gêneros *Chlorella*, *Scenedesmus* e *Porphyridium*.

3.12 Os cálculos das concentrações das espécies

A estabilidade de íons complexos em solução é expressa com base em *constantes de formação*. Essas podem ser *constantes de formação sucessivas* (com K), que representam as ligações de ligantes independentes a um íon metálico, ou *constantes de formação globais* (como beta grego β), que representam as ligações de dois ou mais ligantes a um íon metálico. Esses conceitos são ilustrados a seguir para complexos de íons zinco com amônia:

$$Zn^{2+} + NH_3 \rightleftarrows ZnNH_3^{2+} \tag{3.54}$$

$$K_1 = \frac{[ZnNH_3^{2+}]}{[Zn^{2+}][NH_3]} = 3,9 \times 10^2 \text{ (Constante de formação sucessiva)} \tag{3.55}$$

$$ZnNH_3^{2+} + NH_3 \rightleftarrows Zn(NH_3)_2^{2+} \tag{3.56}$$

$$K_2 = \frac{[Zn(NH_3)_2^{2+}]}{[ZnNH_3^{2+}][NH_3]} = 2,1 \times 10^2 \tag{3.57}$$

$$Zn^{2+} + 2NH_3 \rightleftarrows Zn(NH_3)_2^{2+} \tag{3.58}$$

$$\beta_2 = \frac{[Zn(NH_3)_2^{2+}]}{[Zn^{2+}][NH_3]^2} = K_1K_2 = 8,2 \times 10^4 \text{ (Constante de formação global)} \tag{3.59}$$

(Para $Zn(NH_3)_3^{2+}$, $\beta_3 = K_1K_2K_3$ e para $Zn(NH_3)_4^{2+}$, $\beta_4 = K_1K_2K_3K_4$.)

As próximas seções apresentam cálculos envolvendo íons metálicos quelados em sistemas aquáticos. Por sua complexidade, os detalhes desses cálculos vão além das necessidades de alguns leitores, que podem apenas analisar os resultados. Além da complexação propriamente dita, é preciso considerar a competição dos íons H⁺ por ligantes, a competição entre íons metálicos por ligantes, a competição entre diferentes ligantes por íons metálicos e a precipitação de íons metálicos por diferentes precipitantes. Entre os grandes problemas envolvidos nesses cálculos está a falta de valores de constantes de equilíbrio conhecidos com precisão para as condições especificadas, um fator capaz de gerar resultados questionáveis mesmo utilizando os mais aperfeiçoados cálculos computadorizados. Além disso, os fatores cinéticos muitas vezes também são importantes. Contudo, esses cálculos são muito úteis, pois fornecem uma visão geral dos sistemas aquáticos em que a complexação desempenha um papel crucial, além de oferecer orientações para a determinação de áreas em que são necessários dados complementares.

3.13 A complexação por ligantes desprotonados

O cálculo das concentrações de espécies complexas é complicado devido à competição entre os íons metálicos e o H⁺ por ligantes. Primeiramente, vamos considerar um exemplo em que o ligante perdeu todos os seus hidrogênios ionizáveis. Em valores de pH 11 ou acima, o EDTA está quase todo na forma ionizada tetranegativa, Y^{4-}, ilustrada a seguir:

[Estrutura química do Y^{4-}]

Consideremos uma água residuária com pH alcalino igual a 11 e contendo nível total de cobre (II) igual a 5,0 mg L⁻¹ e EDTA em excesso não complexado a 200 mg L⁻¹ (expresso em sal dissódio, $Na_2H_2C_{10}H_{12}O_8N_2 \cdot 2H_2O$, massa fórmula 372). Nesse pH, o EDTA não complexado está presente como Y^{4-}. As perguntas que devemos responder são: a maioria do cobre estará presente como complexo cobre (II)-EDTA? Em caso afirmativo, qual será a concentração de equilíbrio do íon cobre (II) hidratado, Cu^{2+}? Para responder à primeira pergunta, é preciso calcular a concentração molar do EDTA não complexado em excesso, Y^{4-}. Uma vez que o EDTA dissódio com massa fórmula 372 está presente a 200 mg L⁻¹ (ppm), a concentração molar total de EDTA como Y^{4-} é $5,4 \times 10^{-4}$ mol L⁻¹. A constante de formação K_1 do complexo cobre-EDTA CuY^{2-} é:

$$K_1 = \frac{[CuY^{2-}]}{[Cu^{2+}][Y^{4-}]} = 6,3 \times 10^{18} \tag{3.60}$$

A razão do cobre complexado para o cobre não complexado é:

$$\frac{[CuY^{2-}]}{[Cu^{2+}]} = [Y^{4-}]K_1 = 5,4 \times 10^{-4} \times 6,3 \times 10^{18} = 3,3 \times 10^{15} \tag{3.61}$$

e, por isso, praticamente todo o cobre está presente na forma de um íon complexo. A concentração total de cobre (II) em solução contendo 5,0 mg L^{-1} de cobre (II) é 7,9 × 10^{-5} mol L^{-1}, que nesse caso está quase todo na forma de complexo EDTA. A baixa concentração do íon cobre (II) não hidratado é dada por

$$[Cu^{2+}] = \frac{[CuY^{2-}]}{K_1[Y^{4-}]} = \frac{7,9 \times 10^{-5}}{6,3 \times 10^{18} \times 5,4 \times 10^{-4}} = 2,3 \times 10^{-20} \text{ mol L}^{-1}$$

(3.62)

No meio descrito, a concentração do íon Cu^{2+} hidratado é muito baixa, comparada ao cobre (II) total. Os fenômenos em solução que dependem da concentração do íon Cu^{2+} hidratado (como um efeito fisiológico ou uma resposta a um eletrodo) difeririam muito no meio descrito, em comparação com o efeito observado se todo o cobre a 5,0 mg L^{-1} estivesse presente como Cu^{2+} em uma solução mais ácida e na ausência de um agente complexante. O fenômeno da redução do íon metálico hidratado a valores muito baixos por meio da ação de agentes quelantes fortes é um dos principais efeitos da complexação em sistemas aquáticos naturais.

3.14 A complexação por ligantes protonados

Em geral, os agentes complexantes, sobretudo os compostos quelantes, são bases conjugadas de ácidos de Brönsted; por exemplo, o ânion glicinato, H$_2$NCH$_2$CO$_2^-$, é a base conjugada da glicina, $^+$H$_3$NCH$_2$CO$_2^-$. Portanto, em muitos casos o íon hidrogênio compete com íons metálicos por um ligante, o que explica como a força da quelação depende do pH. Na faixa de pH quase neutro comum em águas naturais, a maior parte dos ligantes orgânicos está presente na forma de um ácido conjugado.

Para entender a competição entre o íon hidrogênio e um íon metálico por um ligante, é importante conhecer a distribuição das espécies de ligantes como função do pH. Consideremos o agente quelante ácido nitrilotriacético (NTA), comumente representado por H$_3$T, como exemplo. O sal trissódio deste composto é um agente quelante poderoso que pode ser utilizado no processo de metalização, como substituto para o fosfato em detergentes e em outras aplicações em que uma capacidade quelante alta é requerida. São necessários processos biológicos para degradar o NTA e, em certas condições, ele persiste por bastante tempo na água. Dada a capacidade do NTA de solubilizar e transportar íons de metais, ele desperta preocupações ambientais em potencial.

O ácido nitrilotetracético, H$_3$T, perde íons hidrogênio em três etapas, formando o ânion NTA, T^{3-}, cuja fórmula estrutural é

A espécie T^{3-} pode se coordenar com três grupos $-CO_2^-$ e o átomo de nitrogênio, como mostra a Figura 3.10. Observe a semelhança entre a estrutura do NTA e a do EDTA, discutida na Seção 3.13. A ionização sucessiva do H_3T é descrita pelo equilíbrio:

$$H_3T \rightleftarrows H^+ + H_2T^- \tag{3.63}$$

$$K_{a1} = \frac{[H^+][H_2T^-]}{[H_3T]} = 2,18 \times 10^{-2}, \quad pK_{a1} = 1,66 \tag{3.64}$$

$$H_2T^- \rightleftarrows H^+ + HT^{2-} \tag{3.65}$$

$$K_{a2} = \frac{[H^+][HT^{2-}]}{[H_2T^-]} = 1,12 \times 10^{-3}, \quad pK_{a2} = 2,95 \tag{3.66}$$

$$HT^{2-} \rightleftarrows H^+ + T^{3-} \tag{3.67}$$

$$K_{a3} = \frac{[H^+][T^{3-}]}{[HT^{2-}]} = 5,25 \times 10^{-11}, \quad pK_{a3} = 10,28 \tag{3.68}$$

O NTA pode existir em solução, como uma das quatro espécies H_3T, H_2T^-, HT^{2-} ou T^{3-}, dependendo do pH da solução. Conforme demonstrado para o sistema $CO_2/HCO_3^-/CO_3^{2-}$ na Seção 3.7 e na Figura 3.8, as frações das espécies de NTA podem ser ilustradas graficamente por uma curva de distribuição de espécies em função do pH como variável principal (independente). Os pontos principais utilizados para elaborar a curva são mostrados na Tabela 3.2, e o gráfico das frações de espécies (valores α) como função do pH é apresentado na Figura 3.11. A curva mostra que o ânion complexante T^{3-} é a espécie predominante apenas em valores relativamente altos de pH, muito mais altos que aqueles encontrados nas águas naturais em geral. A espécie HT^{2-} tem uma faixa muito ampla de predominância, cobrindo toda a variação de pH das águas doces comuns.

3.15 A solubilização do íon chumbo de sólidos pelo NTA

Uma das maiores preocupações quanto à introdução descontrolada de agentes quelantes fortes como o NTA nos ecossistemas aquáticos a partir de fontes como detergentes ou resíduos da metalização diz respeito a um cenário favorável à solubilização de metais tóxicos oriundos de sólidos mediada por esses quelantes. São necessárias análises experimentais para determinar se essa condição de fato representa um problema, mas os cálculos são úteis na predição de seus possíveis efeitos. A extensão da solubilização de

TABELA 3.2 As frações das espécies de NTA em função do pH

Valor de pH	α_{H_3T}	$\alpha_{H_2T^-}$	$\alpha_{HT^{2-}}$	$\alpha_{T^{3-}}$
pH abaixo de 1,0	1,00	0,00	0,00	0,00
pH = pK_{a1}	0,49	0,49	0,02	0,00
pH = $\frac{1}{2}(pK_{a1} + pK_{a2})$	0,16	0,68	0,16	0,00
pH = pK_{a2}	0,02	0,49	0,49	0,00
pH = $\frac{1}{2}(pK_{a1} + pK_{a3})$	0,00	0,00	1,00	0,00
pH = pK_{a3}	0,00	0,00	0,50	0,50
pH acima de 12	0,00	0,00	0,00	1,00

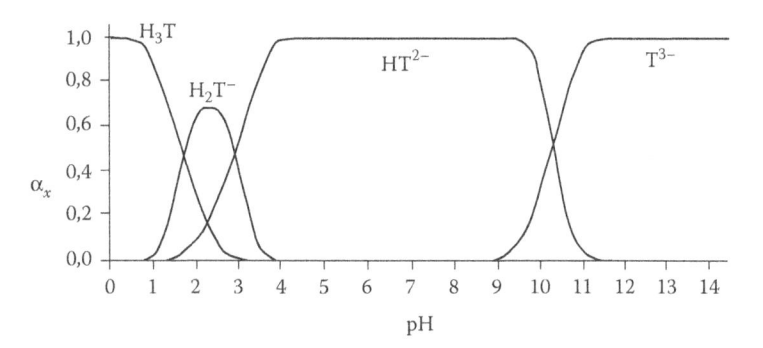

FIGURA 3.11 Curva da fração de espécies α_x em função do pH para as espécies de NTA em água.

metais depende de diversos fatores, como a estabilidade de seus quelatos metálicos, a concentração do agente complexante na água, o pH e a natureza do depósito do metal insolúvel. A seguir são dados diversos exemplos de cálculos de solubilização.

Consideremos primeiramente a solubilização do chumbo do $Pb(OH)_2$ sólido por NTA em pH 8,0. Como mostra a Figura 3.11, nesse pH praticamente todo o NTA não complexado está presente como íon HT^{2-}. Portanto, a reação de solubilização é

$$Pb(OH)_2\,(s) + HT^{2-} \rightleftarrows PbT^- + OH^- + H_2O \tag{3.69}$$

que pode ser obtida com a soma das reações:

$$Pb(OH)_2(s) \rightleftarrows Pb^{2+} + 2OH^- \tag{3.70}$$

$$K_{ps} = [Pb^{2+}][OH^-]^2 = 1{,}61 \times 10^{-20} \tag{3.71}$$

$$HT^{2-} \rightleftarrows H^+ + T^{3-} \tag{3.67}$$

$$K_{a3} = \frac{[H^+][T^{3-}]}{[HT^{2-}]} = 5{,}25 \times 10^{-11} \tag{3.68}$$

$$Pb^{2+} + T^{3-} \rightleftarrows PbT^- \tag{3.72}$$

$$K_f = \frac{[PbT^-]}{[Pb^{2+}][T^{3-}]} = 2{,}45 \times 10^{11} \tag{3.73}$$

$$H^+ + OH^- \rightleftarrows H_2O \tag{3.74}$$

$$\frac{1}{K_W} = \frac{1}{[H^+][OH^-]} = \frac{1}{1{,}00 \times 10^{-14}} \tag{3.75}$$

$$Pb(OH)_2(s) + HT^{2-} \rightleftarrows PbT^- + OH^- + H_2O \tag{3.69}$$

$$K = \frac{[\text{PbT}^-][\text{OH}^-]}{[\text{HT}^{2-}]} = \frac{K_{sp}K_{a3}K_f}{K_W} = 2{,}07 \times 10^{-5} \quad (3.76)$$

Vamos supor que uma amostra de água contenha 25 mg L^{-1} de N(CH$_2$CO$_2$Na)$_3$, o sal de NTA trissódio, com massa fórmula 257. A concentração total de NTA complexado e não complexado é $9{,}7 \times 10^{-5}$ mmol mL^{-1}. Pressupondo um sistema com pH 8,0 em que o NTA está em equilíbrio com Pb(OH)$_2$ sólido, o NTA pode estar sobretudo na forma não complexada, HT^{2-}, ou como complexo de chumbo, PbT$^-$. A espécie predominante é determinada calculando a razão [PbT$^-$]/[HT^{2-}] a partir da expressão de K, lembrando que em pH 8,0, [OH$^-$] é $1{,}00 \times 10^{-6}$ mol L^{-1}.

$$\frac{[\text{PbT}^-]}{[\text{HT}^{2-}]} = \frac{K}{[\text{OH}^-]} = \frac{2{,}07 \times 10^{-5}}{1{,}00 \times 10^{-6}} = 20{,}7 \quad (3.77)$$

Uma vez que [PbT$^-$]/[HT^{2-}] é aproximadamente 20 para 1, a maior parte do NTA está presente como quelato de chumbo. A concentração molar de PbT$^-$ está um pouco abaixo da concentração total de NTA presente, que é de $9{,}7 \times 10^{-5}$ mmol mL^{-1}. A massa atômica do chumbo é 207, assim, a concentração do chumbo em solução é de aproximadamente 20 mg L^{-1}. Essa reação depende do pH, e a fração de NTA quelado diminui com o aumento nos valores do pH.

3.15.1 A reação do NTA com carbonato metálico

Os carbonatos são formas comuns de sólidos iônicos de metais. O carbonato de chumbo sólido, PbCO$_3$, é estável na região do pH e nas condições de alcalinidade comuns em águas naturais e residuárias. Um exemplo semelhante ao apresentado na seção anterior pode ser analisado, supondo que o equilíbrio é estabelecido com o PbCO$_3$, não com o Pb(OH)$_2$ sólido. Neste exemplo, a hipótese é de que os 25 mg L^{-1} de NTA estão em equilíbrio com o PbCO$_3$ em pH 7,0. O cálculo determina se o chumbo será complexado em grau apreciável pelo NTA. O íon carbonato, CO$_3^{2-}$, reage com o H$^+$ para formar HCO$_3^-$. Conforme discutido na Seção 3.7, as reações de equilíbrio ácido-base para o sistema CO$_2$/HCO$_3^-$/CO$_3^{2-}$ são

$$\text{CO}_2(\text{aq}) + \text{H}_2\text{O} \rightleftharpoons \text{H}^+ + \text{HCO}_3^- \quad (3.9)$$

$$K'_{a1} = \frac{[\text{H}^+][\text{HCO}_3^-]}{[\text{CO}_2]} = 4{,}45 \times 10^{-7}, \ pK_{a1} = 6{,}35 \quad (3.10)$$

$$\text{HCO}_3^- \rightleftharpoons \text{H}^+ + \text{CO}_3^{2-} \quad (3.11)$$

$$K'_{a2} = \frac{[\text{H}^+][\text{CO}_3^{2-}]}{[\text{HCO}_3^-]} = 4{,}69 \times 10^{-11} \quad (3.12)$$

onde as constantes de dissociação ácida das espécies de carbonato são designadas por " ´ " para distingui-las das constantes de dissociação ácida do NTA. A Figura 3.8 mostra que na faixa de pH próximo a 7-10, a espécie de carbono predominante é o HCO$_3^-$. Assim, o CO$_3^{2-}$ liberado pela reação do NTA com o PbCO$_3$ entra em solução como HCO$_3^-$:

$$\text{PbCO}_3(\text{s}) + \text{HT}^{2-} \rightleftharpoons \text{PbT}^- + \text{HCO}_3^- \quad (3.78)$$

Esta reação e a constante de equilíbrio são obtidas da seguinte forma:

$$PbCO_3(s) \rightleftarrows Pb^{2+} + CO_3^{2-} \quad (3.79)$$

$$K_{ps}(s) = [Pb^{2+}][CO_3^{2-}] = 1,48 \times 10^{-13} \quad (3.80)$$

$$Pb^{2+} + T^{3-} \rightleftarrows PbT^- \quad (3.72)$$

$$K_f = \frac{[PbT^-]}{[Pb^{2+}][T^{3-}]} = 2,45 \times 10^{11} \quad (3.73)$$

$$HT^{2-} \rightleftarrows H^+ + T^{3-} \quad (3.67)$$

$$K_{a3} = \frac{[H^+][T^{3-}]}{[HT^{2-}]} = 5,25 \times 10^{-11} \quad (3.68)$$

$$H^+ + CO_3^{2-} \rightleftarrows HCO_3^- \quad (3.81)$$

$$\frac{1}{K'_{a2}} = \frac{[HCO_3^-]}{[H^+][CO_3^{2-}]} = \frac{1}{4,69 \times 10^{-11}} \quad (3.82)$$

$$PbCO_3(s) + HT^{2-} \rightleftarrows PbT^- + HCO_3^- \quad (3.78)$$

$$K = \frac{[PbT^-][HCO_3^-]}{[HT^{2-}]} = \frac{K_{ps}K_{a3}K_f}{K'_{a2}} = 4,06 \times 10^{-2} \quad (3.83)$$

Da expressão de K, Equação 3.83, vemos que o grau em que o $PbCO_3$ é solubilizado como PbT^- depende da concentração de HCO_3^-. Embora essa concentração varie de modo apreciável, na maioria das vezes o número utilizado para águas naturais é a concentração de $1,00 \times 10^{-3}$ para o íon bicarbonato, como mostra a Seção 3.9. Utilizando esse valor é possível calcular:

$$\frac{[PbT^-]}{[HT^{2-}]} = \frac{K}{[HCO_3^-]} = \frac{4,06 \times 10^{-2}}{1,00 \times 10^{-3}} = 40,6 \quad (3.84)$$

Portanto, nas condições dadas, a maior parte do NTA em equilíbrio com o $PbCO_3$ sólido estaria presente como complexo de chumbo. Tal qual o exemplo anterior, na presença de NTA trissódico a 25 mg L^{-1}, a concentração de chumbo solúvel (II) seria aproximadamente 20 mg L^{-1}. Em concentrações relativamente maiores de HCO_3^-, a tendência de solubilizar o chumbo diminuiria, enquanto em concentrações menores de HCO_3^-, o NTA seria mais eficaz ao solubilizar o chumbo.

3.15.2 O efeito do íon cálcio na reação de agentes quelantes com sais ligeiramente solúveis

O íon cálcio quelatável, Ca^{2+}, que em geral está presente em águas naturais e residuárias, compete pelo agente quelante com um metal em um sal ligeiramente solúvel, como o $PbCO_3$. Em pH 7,0, a reação entre o íon cálcio e o NTA é

$$Ca^{2+} + HT^{2-} \rightleftarrows CaT^- + H^+ \quad (3.85)$$

descrita pela expressão de equilíbrio a seguir:

$$K' = \frac{[\text{CaT}^-][\text{H}^+]}{[\text{Ca}^{2+}][\text{HT}^{2-}]} = 1,48 \times 10^8 \times 5,25 \times 10^{-11} = 7,75 \times 10^{-3} \quad (3.86)$$

O valor de K' é o produto da constante de formação do CaT$^-$, (1,48 × 10^8), e de K_{a3} do NTA, 5,25 × 10^{-11}. A fração do NTA ligada como CaT$^-$ depende da concentração do Ca^{2+} do pH. Via de regra, [Ca^{2+}] na água é 1,00 × 10^{-3} mol L^{-1}. Considerando esse valor e o pH 7,0, a razão de NTA presente em solução como complexo de cálcio para o NTA presente como HT^{2-} é

$$\frac{[\text{CaT}^-]}{[\text{HT}^{2-}]} = \frac{[\text{Ca}^{2+}]}{[\text{H}^+]} K' = \frac{1,00 \times 10^{-3}}{1,00 \times 10^{-7}} \times 7,75 \times 10^{-3} = 77,5 \quad (3.87)$$

Portanto, a maior parte do NTA em equilíbrio com Ca^{2+} 1,00 × 10^{-3} mol L^{-1} estaria presente como complexo de cálcio, CaT$^-$, que reagiria com o PbCO$_3$, como mostrado a seguir:

$$\text{PbCO}_3(\text{s}) + \text{CaT}^- + \text{H}^+ \rightleftarrows \text{Ca}^{2+} + \text{HCO}_3^- + \text{PbT}^- \quad (3.88)$$

$$K'' = \frac{[\text{Ca}^{2+}][\text{HCO}_3^-][\text{PbT}^-]}{[\text{CaT}^-][\text{H}^+]} \quad (3.89)$$

A Reação 3.88 pode ser obtida ao subtrair a Reação 3.85 da Reação 3.78, e sua constante de equilíbrio, ao dividir a constante de equilíbrio da Reação 3.85 pela constante da Reação 3.78:

$$\text{PbCO}_3(\text{s}) + \text{HT}^{2-} \rightleftarrows \text{PbT}^- + \text{HCO}_3^- \quad (3.78)$$

$$-(\text{Ca}^{2+} + \text{HT}^{2-} \rightleftarrows \text{CaT}^- + \text{H}^+) \quad (3.85)$$

$$K' = \frac{[\text{CaT}^-][\text{H}^+]}{[\text{Ca}^{2+}][\text{HT}^{2-}]} = 7,75 \times 10^{-3} \quad (3.86)$$

$$\text{PbCO}_3(\text{s}) + \text{CaT}^- + \text{H}^+ \rightleftarrows \text{Ca}^{2+} + \text{HCO}_3^- + \text{PbT}^- \quad (3.88)$$

$$K'' = \frac{K}{K'} = \frac{4,06 \times 10^{-2}}{7,75 \times 10^{-3}} = 5,24 \quad (3.90)$$

Uma vez obtido o valor de K'', é possível determinar a distribuição do NTA entre PbT$^-$ e CaT$^-$. Logo, para a água contendo NTA formando quelato com cálcio em pH 7,0, uma concentração de HCO$_3^-$ igual a 1,00 × 10^{-3}, uma concentração de Ca^{2+} igual a 1,00 × 10^{-3} e em equilíbrio com PbCO$_3$ sólido, a distribuição do NTA entre o complexo de chumbo e o complexo de cálcio é

$$\frac{[\text{PbT}^-]}{[\text{CaT}^-]} = \frac{[\text{H}^+]K''}{[\text{Ca}^{2+}][\text{HCO}_3^-]} = 0,524$$

É possível observar que apenas cerca de um terço do NTA estaria presente como quelato de chumbo, enquanto em condições idênticas, mas na ausência de Ca^{2+}, aproximadamente todo o NTA em equilíbrio com PbCO$_3$ sólido estaria quelado ao NTA. Uma vez que a fração do NTA presente como quelato de chumbo é diretamente proporcional à solubilização do PbCO$_3$, as diferenças na concentração de cálcio afetarão o grau em que o NTA solubiliza o chumbo do carbonato de chumbo.

3.16 Os polifosfatos e os fosfonatos na água

O *fósforo* ocorre como diversos oxiânions, as formas aniônicas combinadas com oxigênio. Desde cerca de 1930, os sais oxiânions poliméricos de fósforo são usados no tratamento e abrandamento da água, e como base de detergentes. Quando são utilizados no tratamento da água, os polifosfatos "sequestram" o íon cálcio em solução ou suspensão. O efeito dessa propriedade é a redução da concentração de equilíbrio do íon cálcio e a prevenção da precipitação do carbonato de cálcio em instalações como tubulações e aquecedores de água. Além disso, quando a água é abrandada de maneira adequada com polifosfatos, o cálcio não forma precipitados com sabões, nem interage com detergentes em prejuízo a estes.

A forma mais simples do fosfato é o ortofosfato, PO$_4^{3-}$:

$$\begin{array}{c} O \\ \parallel \\ O - P - O \\ | \\ O \end{array} \quad 3-$$

O íon ortofosfato tem três sítios de ligação do H$^+$. O ácido ortofosfórico, H$_3$PO$_4$, tem pK_{a1} de 2,17, uma pK_{a2} de 7,31 e uma pK_{a3} de 12,36. Devido ao fato de o terceiro íon hidrogênio ser muito difícil de remover do ortofosfato, como mostra o valor muito alto de pK_{a3}, são necessárias condições muito básicas para que níveis significativos de PO$_4^{3-}$ estejam presentes na água. Em águas naturais, o ortofosfato pode se originar da hidrólise de espécies de fosfato poliméricas.

3.16.1 Os polifosfatos

O íon pirofosfato, P$_2$O$_7^{4-}$, é o primeiro de uma série de pirofosfatos de cadeia não ramificada produzidos pela condensação do ortofosfato:

$$2PO_4^{3-} + H_2O \rightleftarrows P_2O_7^{4-} + 2OH^- \tag{3.91}$$

Uma longa série de polifosfatos linear é possível, da qual o segundo é o íon trifosfato, P$_3$O$_{10}^{5-}$. Essas espécies são formadas por tetraedros de PO$_4$. Os tetraedros adjacentes compartilham um mesmo átomo de oxigênio em um de seus vértices. As fórmulas estruturais das formas ácidas, H$_4$P$_2$O$_7$ e H$_5$P$_3$O$_{10}$, são dadas na Figura 3.12.

É fácil visualizar as cadeias mais longas que formam os polifosfatos lineares maiores. Os *fosfatos de sódio vítreos* são misturas constituídas por cadeias lineares de fosfato com entre 4 e aproximadamente 18 átomos de fósforo em cada uma. As cadeias de comprimento intermediário são a maioria das espécies encontradas.

3.16.2 A hidrólise dos polifosfatos

Em água, todos os fosfatos poliméricos são hidrolisados em produtos mais simples. A taxa de hidrólise depende de diversos fatores, como o pH, e o produto final sempre é uma forma de ortofosfato. A reação de hidrólise mais simples de um polifosfato é a reação de produção de ácido ortofosfórico a partir de ácido pirofosfórico:

$$H_4P_2O_7 + H_2O \rightleftarrows 2H_3PO_4 \quad (3.92)$$

Estudos comprovam que algas e outros microrganismos catalisam a hidrólise de polifosfatos. Mesmo na ausência de atividade biológica, os polifosfatos são quimicamente hidrolisados em água a taxas significativas. Logo, a preocupação relativa à possibilidade de os polifosfatos se ligarem a íons de metais e transportá-los é muito menor que a atenção dada a agentes quelantes orgânicos, como o NTA e o EDTA, que precisam da degradação microbiana para serem decompostos.

3.16.3 A complexação por polifosfatos

Em geral, os fosfatos em cadeia são agentes de complexação eficientes, capazes de formar complexos com íons de metais alcalinos. Os fosfatos cíclicos formam complexos muito mais fracos que as espécies em cadeia. As características diferentes dos fosfatos em cadeia e em anel devem-se às obstruções na estrutura nos polifosfatos em anel.

3.16.4 Os fosfonatos

Os agentes fosfonatos quelantes são compostos orgânicos com estruturas análogas às estruturas dos agentes quelantes aminocarboxilatos, como o NTA e o EDTA discutidos anteriormente neste capítulo. A fórmula estrutural da forma ácida não dissociada de um agente quelante fosfonado típico, o ácido nitrilo tris-metilenofosfônico, NTPM, é mostrada a seguir:

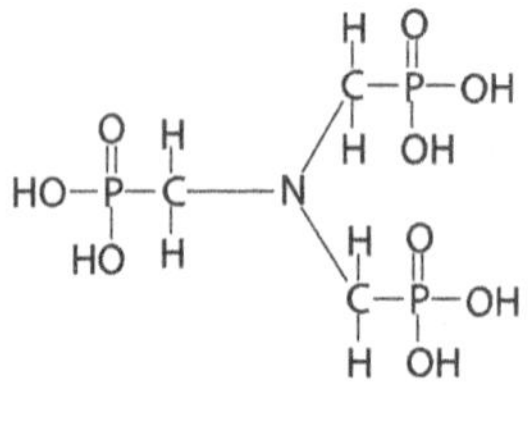

Observe a semelhança entre a fórmula deste composto e a do EDTA, apresentada anteriormente.

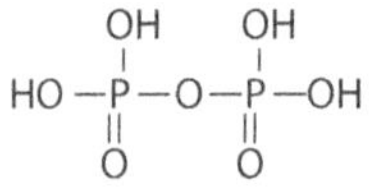

Ácido pirofosfórico (difosfórico)

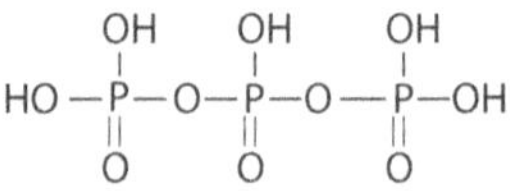

Ácido trifosfórico

FIGURA 3.12 Fórmulas estruturais do ácido difosfórico e do ácido trifosfórico. Para o ácido difosfórico, o valor de pK_{a1} é bastante baixo (ácido relativamente forte), enquanto pK_{a2} é 2,64, pK_{a3} é 6,76 e pK_{a4} é 9,42. Para o ácido trifosfórico, os valores de pK_{a1} e pK_{a2} são baixos, pK_{a3} é 2,30, pK_{a4} é 6,50 e pK_{a5} é 9,24. Esses valores refletem a relativa facilidade com que o H^+ é removido dos grupos OH ligados a átomos de P que não têm outros grupos O^-, em comparação com os que têm um grupo O^-.

Os agentes fosfonatos quelantes vêm sendo utilizados com mais frequência em diferentes aplicações, como na inibição da incrustação e da corrosão, no acabamento com metais, na formulação de agentes de limpeza e lavagem, na recuperação de minérios e na perfuração de petróleo. Esses compostos são utilizados na agricultura e na indústria do papel, além da indústria têxtil. Devido em parte à dificuldade de determinar níveis baixos dessas substâncias na água, a química ambiental dos fosfonatos não é muito conhecida. Embora não sejam biodegradáveis, eles interagem fortemente com superfícies e são removidos com o lodo do tratamento biológico de águas.

3.17 A complexação de substâncias húmicas

A classe mais importante de agentes complexantes que ocorrem na natureza são as *substâncias húmicas*, materiais resistentes à degradação formados durante a decomposição da vegetação que ocorrem como depósitos no solo, em sedimentos de pântanos, turfa, carvão, lignita ou em quase qualquer local onde grandes quantidades de vegetação entraram em decomposição. As substâncias húmicas, abundantes em resíduos e solo,[6] são comumente classificadas com base em sua solubilidade. Se o material contendo substâncias húmicas é extraído utilizando uma base forte e a solução obtida é acidificada, os produtos são (a) um resíduo vegetal não extraível chamado de *humina*, (b) um material que precipita do extrato acidificado chamado de *ácido húmico* e (c) um material orgânico que permanece na solução acidificada denominado *ácido fúlvico*. Devido a suas propriedades ácido-base, de sorção e de complexação, as substâncias húmicas tanto solúveis quanto insolúveis influenciam as propriedades da água de maneira significativa. Em geral o ácido fúlvico dissolve em água e exerce seus efeitos a exemplo de espécies solúveis. A humina e o ácido húmico permanecem insolúveis e afetam a qualidade da água com base na permuta de espécies, como cátions ou materiais orgânicos, com a água.

As substâncias húmicas são moléculas polieletrolíticas de massa molecular alta. As massas moleculares variam de algumas centenas para o ácido fúlvico a dezenas de milhares para as frações de ácido húmico e humina. Essas substâncias são constituídas por um esqueleto de carbono com forte caráter aromático e uma grande porcentagem de massa molecular incorporada na forma de grupos funcionais, a maioria dos quais contendo oxigênio. Os elementos constituintes da maioria das substâncias húmicas estão dentro das faixas seguintes: C, 45-55%; O, 30-45%; H, 3-6%; N, 1-5% e S, 0-1%. Os termos *humina*, *ácido húmico* e *ácido fúlvico* não se referem a compostos isolados, mas a uma vasta gama de compostos de origem semelhante e com muitas propriedades em comum. As substâncias húmicas são conhecidas desde antes de 1800, mas suas características estruturais e químicas ainda são objeto de estudo.

Alguns conhecimentos sobre a natureza das substâncias húmicas foram obtidos com o estudo da estrutura de uma molécula hipotética de ácido fúlvico:

Essa estrutura é típica da classe de compostos que formam o ácido fúlvico. O composto tem massa fórmula 666 e sua fórmula química é representada como $C_{20}H_{15}(CO_2H)_6(OH)_5(CO)_2$. Como mostra o composto hipotético, os grupos funcionais que podem estar presentes no ácido fúlvico são os grupos carboxila, hidroxila fenólica, hidroxila alcoólica e carbonila. Os grupos funcionais variam para diferentes amostras de solo. As faixas aproximadas em unidades de miliequivalentes por grama de ácido fúlvico são 12-14 para acidez total, 8-9 para o grupo carboxila, 3-6 para a hidroxila, 3-5 para a carboxila alcoólica e 1-3 para o grupo carbonila. Além destes, níveis baixos de alguns grupos metila, $-OCH_3$, podem ser encontrados.

Do ponto de vista ambiental, a ligação de íons metálicos por substâncias húmicas é uma de suas características mais importantes. Essa ligação pode ocorrer como quelação entre um grupo carboxila e um grupo hidroxila fenólica, entre dois grupos carboxila ou como complexação com um grupo carboxila (ver Figura 3.13).

Uma das características mais significativas das substâncias húmicas é sua capacidade de se ligar a cátions metálicos. O ferro e o alumínio formam ligações muito fortes com elas, enquanto o magnésio é ligado muito fracamente. Outros íons comuns, como Ni^{2+}, Pb^{2+}, Ca^{2+} e Zn^{2+}, ligam-se às substâncias húmicas com força intermediária.

O papel dos complexos de metais solúveis com o ácido fúlvico em águas naturais não está totalmente esclarecido. É provável que mantenham alguns íons de metais de transição de importância biológica em solução, e têm forte envolvimento na solubilização e no transporte do ferro. Os compostos do tipo ácido fúlvico amarelo, chamados de *Gelbstoffe** e encontrados com frequência ao lado do ferro solúvel, são associados à cor da água.

As huminas e os ácidos húmicos insolúveis trocam cátions com a água de maneira efetiva e podem acumular grandes quantidades de metais. O carvão de lignita, um material constituído sobretudo de ácido húmico, tem a tendência de remover alguns íons metálicos da água.

A partir de 1970 as substâncias húmicas passaram a receber atenção especial, após a descoberta dos *trialometanos* (THM, como o clorofórmio e o dibromoclorometano) em recursos hídricos. Hoje prevalece a crença de que esses suspeitos carcinogênicos podem se formar na presença de substâncias húmicas durante a desinfecção de águas municipais tratadas para consumo humano pela cloração (ver Capítulo 8). As substâncias húmicas produzem THM pela reação com cloro. É possível reduzir a formação de THM removendo o máximo possível de material húmico antes da cloração.

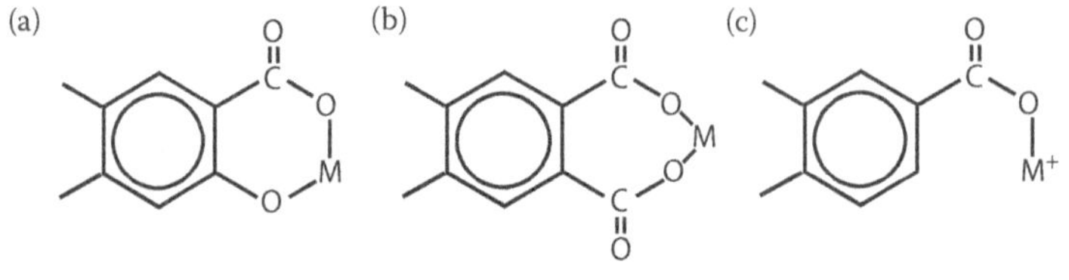

FIGURA 3.13 Ligações de um íon metálico, M^{2+}, com substâncias húmicas (a) por quelação entre um grupo carboxila e um grupo hidroxila fenólica, (b) por quelação entre dois grupos carboxílicos e (c) por complexação com um grupo carboxílico.

---

* N. de T.: Palavra em alemão que significa "substância amarela".

3.18 A complexação e os processos redox

A complexação pode exercer um efeito expressivo nos equilíbrios oxidação-redução, deslocando reações, como a oxidação do chumbo para a esquerda

$$Pb \rightleftarrows Pb^{2+} + 2e^- \qquad (3.93)$$

pela ligação do íon produzido, diminuindo sua concentração a níveis muito baixos. Talvez o mais importante seja o fato de que, na oxidação

$$M + \tfrac{1}{2}O_2 \rightleftarrows MO \qquad (3.94)$$

muitos metais formam camadas protetoras de óxidos, carbonatos ou outra espécie insolúvel que impede outras reações químicas. Telhados de cobre ou alumínio e o ferro utilizado em estruturas são exemplos de materiais que formam essa camada de autoproteção. Um agente quelante em contato com esses metais pode resultar na dissolução constante da camada protetora. Com isso, o metal exposto entra em processo corrosivo imediatamente. Por exemplo, os agentes quelantes na água têm a capacidade de aumentar a corrosão de metais usados em encanamentos, acrescentando metais aos efluentes. As soluções de agentes quelantes empregadas na limpeza de superfícies metálicas nas operações de metalização exercem efeitos semelhantes.

Literatura citada

1. Graham, M. C. and J. G. Farmer, Chemistry of freshwaters, in *Principles of Environmental Chemistry*, R.M. Harrison, Ed., pp. 80–169, Royal Society of Chemistry, Cambridge, UK, 2007.
2. Anon, Carbon conveyer, *Nature Geoscience*, **2**, 1, 2009.
3. Nowack, B. and J. M. VanBriesen, Eds, *Biogeochemistry of Chelating Agents*, American Chemical Society, Washington, DC, 2005.
4. Yuan, Z. and J. M. VanBriesen, The formation of intermediates in EDTA and NTA biodegradation, *Environmental Engineering Science*, **23**, 533–544, 2006.
5. Bell, P. R. and I. Elmetri, Some chemical factors regulating the growth of *Lyngbya majuscula* in Moreton Bay, Australia: Importance of sewage discharges, *Hydrobiologia*, **592**, 359–371, 2007.
6. Van Zomeren, A., A. Costa, J. P. Pinheiro, and R. N. J. Comans, Proton binding properties of humic substances originating from natural and contaminated materials, *Environmental Science and Technology*, **43**, 1393–1399, 2009.

Leitura complementar

Benjamin, M. M., *Water Chemistry*, McGraw-Hill, New York, 2002.
Berk, Z., *Water Science for Food, Health, Agriculture and Environment*, Technomic Publishing, Lancaster, PA, 2001.
Bianchi, T., *Biogeochemistry of Estuaries*, Oxford University Press, Oxford, 2007.
Brightwell, C., *Marine Chemistry*, T.F.H. Publications, Neptune City, NJ, 2007.
Brownlow, A. H., *Geochemistry*, 2nd ed., Prentice-Hall, Upper Saddle River, NJ, 1996.
Buffle, J. D., *Complexation Reactions in Aquatic Systems: An Analytical Approach*, Ellis Horwood, Chichester, 1988.

Butler, J. N., *Ionic Equilibrium: Solubility and pH Calculations*, Wiley, New York, 1998.
Closs, G., B. Downes, and A. Boulton, *Freshwater Ecology: A Scientific Introduction*, Blackwell Publishing Company, Malden, MA, 2004.
Dodds, W. K., *Freshwater Ecology: Concepts and Environmental Applications*, Academic Press, San Diego, CA, 2002.
Dodson, S. I., *Introduction to Limnology*, McGraw-Hill, New York, 2005.
Drever, J. I., *The Geochemistry of Natural Waters: Surface and Groundwater Environments*, 3rd ed., Prentice-Hall, Upper Saddle River, NJ, 1997.
Eby, G. N., *Principles of Environmental Geochemistry*, Thomson-Brooks/Cole, Pacific Grove, GA, 2004.
Essington, M. E., *Soil and Water Chemistry: An Integrative Approach*, Taylor & Francis/CRC Press, Boca Raton 2004.
Faure, G., *Principles and Applications of Geochemistry: A Comprehensive Textbook for Geology Students*, 2nd ed., Prentice-Hall, Upper Saddle River, NJ, 1998.
Findlay, S. E. G. and R. L. Sinsabaugh, Eds, *Aquatic Ecosystems: Interactivity of Dissolved Organic Matter*, Academic Press, San Diego, CA, 2003.
Ghabbour, E. A. and G. Davis, Eds, *Humic Substances: Nature's Most Versatile Materials*, Garland Publishing, New York, 2003.
Hem, J. D., *Study and Interpretation of the Chemical Characteristics of Natural Water*, 2nd ed., U.S. Geological Survey Paper 1473, Washington, DC, 1970.
Hessen, D. O. and L. J. Tranvik, Eds, *Aquatic Humic Substances: Ecology and Biogeochemistry*, Springer Verlag, Berlin, 1998.
Holland, H. D. and K. K. Turekian, Eds, *Treatise on Geochemistry*, Elsevier/Pergamon, Amsterdam, 2004.
Howard, A. G., *Aquatic Environmental Chemistry*, Oxford University Press, Oxford, UK, 1998.
Hynes, H. B. N., *The Ecology of Running Waters*, Blackburn Press, Caldwell, NJ, 2001.
Jensen, J. N., *A Problem-Solving Approach to Aquatic Chemistry*, Wiley, New York, 2003.
Jones, J. B. and P. J. Mulholland, Eds, *Streams and Ground Waters*, Academic Press, San Diego, CA, 2000.
Kalff, J., *Limnology: Inland Water Ecosystems*, Prentice-Hall, Upper Saddle River, NJ, 2002.
Kumar, A., Ed., *Aquatic Ecosystems*, A.P.H. Publishing Corporation, New Delhi, 2003.
Langmuir, D., *Aqueous Environmental Geochemistry*, Prentice-Hall, Upper Saddle River, NJ, 1997.
Morel, F. M. M. and J. G. Hering, *Principles and Applications of Aquatic Chemistry*, Wiley-Interscience, New York, 1993.
Polevoy, S., *Water Science and Engineering*, Krieger Publishing, Melbourne, FL, 2003.
Spellman, F. R., *The Science of Water: Concepts and Applications*, 2nd ed., Taylor & Francis/CRC Press, Boca Raton, FL, 2008.
Steinberg, C., *Ecology of Humic Substances in Freshwaters: Determinants from Geochemistry to Ecological Niches*, Springer, Berlin, 2003.
Stewart, B. A. and T. A. Howell, Eds, *Encyclopedia of Water Science*, Marcel Dekker, New York, 2003.
Stober, I. and K. Bucher, Eds, *Water–Rock Interaction*, Kluwer Academic Publishers, Hingham, MA, 2002.
Stumm, W. and J. J. Morgan, *Aquatic Chemistry: Chemical Equilibria and Rates in Natural Waters*, 3rd ed., Wiley, New York, 1995.
Stumm, W., *Chemistry of the Solid–Water Interface: Processes at the Mineral-Water and Particle-Water Interface in Natural Systems*, Wiley, New York, 1992.
Trimble, S. W., *Encyclopedia of Water Science*, 2nd ed., Taylor & Francis/CRC Press, Boca Raton, FL, 2008.

Weiner, E. R., *Applications of Environmental Aquatic Chemistry: A Practical Guide*, 2nd ed., Taylor & Francis/CRC Press, Boca Raton, FL, 2008.

Welch, E. B. and J. Jacoby, *Pollutant Effects in Fresh Waters: Applied Limnology*, Taylor & Francis, London, 2007.

Wetzel, R. G., *Limnology: Lake and River Ecosystems*, 3rd ed., Academic Press, San Diego, CA, 2001.

Wiener, E., R., *Applications of Environmental Aquatic Chemistry: A Practical Guide*, 2nd ed., Taylor & Francis/CRC Press, Boca Raton, FL, 2008.

Perguntas e problemas

Para elaborar as respostas das seguintes questões, você pode usar os recursos da Internet para buscar constantes e fatores de conversão, entre outras informações necessárias.

1. A alcalinidade é determinada pela titulação com ácido padrão e muitas vezes é expressa em mg L^{-1} de $CaCO_3$. Se V_p mL de ácido de normalidade N* são necessários para titular V_s mL de amostra ao ponto final da fenolftaleína, qual é a fórmula para a alcalinidade expressa como mg L^{-1} de $CaCO_3$?*
2. Exatamente 100 libras de cana-de-açúcar (dextrose), $C_{12}H_{22}O_{11}$, foram despejadas por acidente em um pequeno riacho saturado com oxigênio do ar a 25°C. Quantos litros de água poderiam ser contaminados até todo o oxigênio dissolvido (OD) ser removido por biodegradação?
3. Água com alcalinidade de $2,00 \times 10^{-3}$ eq L^{-1} tem pH de 7,0. Calcule $[CO_2]$, $[HCO_3^-]$, $[CO_3^{2-}]$ e $[OH^-]$.
4. A atividade fotossintética das algas alterou o pH da água no Problema 3 para 10,0. Calcule as concentrações anteriores e o peso da biomassa, $\{CH_2O\}$, produzida. Suponha que a atmosfera não forneça CO_2.
5. O cloreto de cálcio é muito solúvel, enquanto o produto da solubilidade do fluoreto de cálcio, CaF_2, é apenas $3,9 \times 10^{-11}$. Uma descarga de efluente de $1,00 \times 10^{-3}$ mol L^{-1} de HCl é injetada em uma formação de carbonato de cálcio, $CaCO_3$, onde entra em equilíbrio. Dê a reação química que ocorre e calcule a dureza e a alcalinidade da água em equilíbrio. Repita o cálculo para uma descarga de efluente de $1,00 \times 10^{-3}$ mol L^{-1} de HF.
6. Para uma solução contendo $1,00 \times 10^{-3}$ eq L^{-1} de alcalinidade total (contribuições de HCO_3^-, CO_3^{2-} e OH^-) em $[H^+] = 4,69 \times 10^{-11}$, qual é a contribuição percentual do CO_3^{2-} para a alcalinidade?
7. Um poço de descarte projetado para receber diversos resíduos em momentos diferentes é perfurado em uma formação calcária $CaCO_3$. Os resíduos têm tempo de entrar em equilíbrio completo com o carbonato de cálcio antes de sair da formação por meio de um aquífero subterrâneo. Entre os componentes da água residuária, quais não causariam uma elevação na alcalinidade por conta própria ou por intermédio das reações dos componentes com o calcário: (a) NaOH, (b) CO_2, (c) HF, (d) HCl, ou (e) todos esses compostos?
8. Calcule a razão $[PbT^-]/[HT^{2-}]$ para o NTA em equilíbrio com $PbCO_3$ em meio contendo $[HCO_3^-] = 3,00 \times 10^{-3}$ mol L^{-1}.
9. Se o meio de reação no Problema 8 contivesse excesso de cálcio de maneira que a concentração do cálcio não complexado, $[Ca^{2+}]$, fosse $5,00 \times 10^{-3}$ mol L^{-1}, qual seria a razão $[PbT^-]/[CaT^-]$ com pH 7?
10. Uma descarga de água residuária contendo $1,00 \times 10^{-3}$ mol L^{-1} de NTA dissódico, Na_2HT, como único soluto é injetada em uma formação calcária $CaCO_3$ em um poço de descarte de resíduos. Após percorrer certa distância nesse aquífero e atingir o estado de equilíbrio,

---

* N. de R. T.: Embora ainda utilizada, a normalidade não é uma unidade de concentração aceita pela IUPAC.

amostras dessa água são coletadas por meio de um poço de amostragem. Qual é a reação entre as espécies de NTA e o $CaCO_3$? Qual é a constante de equilíbrio dessa reação? Quais são as concentrações de equilíbrio de CaT^-, HCO_3^- e HT^{2-}? (As constantes apropriadas são dadas neste capítulo.)

11. Se a descarga de água residuária do Problema 10 tivesse 0,100 mol L^{-1} em NTA e contivesse outros solutos que exercessem ação tampão de maneira a manter o pH final em 9,0, qual seria a concentração de equilíbrio de HT^{2-} em mol L^{-1}?
12. Exatamente $1,00 \times 10^{-3}$ mol de $CaCl_2$, 0,100 mol de NaOH e 0,100 mol de Na_3T foram misturados. A mistura foi diluída a um volume final de 1,00 L. Qual é a concentração de Ca^{2+} na mistura?
13. De que maneira a quelação influencia a corrosão?
14. O ligante a seguir tem mais de um sítio de ligação a um íon metálico. Quantos sítios adicionais ele possui?

$$^-O-\underset{\underset{O}{\|}}{C}-\underset{\underset{H}{|}}{\overset{\overset{H}{|}}{C}}-\underset{\underset{H}{|}}{N}-\underset{\underset{H}{|}}{\overset{\overset{H}{|}}{C}}-\underset{\underset{O}{\|}}{C}-O^-$$

15. Se uma solução inicial contendo 25 mg L^{-1} de NTA trissódio entra em equilíbrio com $PbCO_3$, sólido em pH 8,5 em meio contendo $1,76 \times 10^{-3}$ mol L^{-1} de HCO_3^-, qual é a razão da concentração de NTA ligado ao chumbo para a concentração de NTA não ligado, $[PbT^-]/[HT^{2-}]$, no equilíbrio?
16. Após uma baixa concentração de NTA ter entrado em equilíbrio com $PbCO_3$ em pH 7,0 em meio contendo $[HCO_3^-] = 7,5 \times 10^{-4}$ mol L^{-1}, qual é a razão $[PbT]/[HT^{2-}]$?
17. Que efeito negativo os agentes quelantes têm no tratamento biológico convencional de resíduos?
18. Por que um agente quelante é adicionado a um meio artificial de proliferação de algas?
19. Que complexo de magnésio de ocorrência comum é essencial a certos processos biológicos?
20. Qual é o produto final da hidrólise de polifosfatos, em todas as situações?
21. Uma solução inicial contendo $1,00 \times 10^{-5}$ mol L^{-1} de CaT^- é colocada em equilíbrio com $PbCO_3$ sólido. No equilíbrio, pH = 7,0, $[Ca^{2+}] = 1,50 \times 10^{-3}$ mol L^{-1} e $[HCO_3^-] = 1,10 \times 10^{-3}$ mol L^{-1}. Qual é a fração de NTA total em solução como PbT^-?
22. Qual é a fração de NTA presente após o HT^{2-} ter entrado em equilíbrio com o $PbCO_3$ em pH 7,0 em meio em que $[HCO_3^-] = 1,25 \times 10^{-3}$ mol L^{-1}?
23. Descreva como as medidas tomadas para aliviar os problemas com abastecimento de água e inundações podem na verdade agravar esses problemas.
24. O estudo da água é conhecido como _____. A _____ é o ramo da ciência que trata das características da água doce, e a ciência que estuda cerca de 97% de toda a água da Terra é chamada de _____.
25. Considere o ciclo hidrológico mostrado na Figura 3.1. Liste ou discuta os tipos ou classes de química ambiental aplicáveis a cada parte principal desse ciclo.
26. Considere as propriedades importantes e exclusivas da água. Quais são as principais características moleculares ou de ligação das moléculas responsáveis por essas propriedades? Enumere ou descreva uma das seguintes propriedades exclusivas da água: (a) características térmicas, (b) transmissão de luz, (c) tensão superficial e (d) propriedades solventes.
27. Discuta como a estratificação térmica de um corpo hídrico afeta sua química.
28. Estabeleça a relação entre vida e química aquática. Considere os seguintes fatores: organismos autotróficos, produtores, organismos heterotróficos, decompositores, eutrofização, oxigênio dissolvido e demanda biológica de oxigênio.
29. Suponha que os níveis de CO_2 atmosféricos sejam 390 ppm CO_2. Qual é o pH da água da chuva devido à presença do dióxido de carbono? Algumas estimativas dizem que os níveis de dióxido de carbono duplicarão no futuro. Qual seria o pH da água da chuva nesse cenário?

30. Suponha que uma estação de tratamento de efluentes processe 1 milhão de litros de água residuária ao dia, contendo 200 mg L^{-1} de biomassa degradável, $\{CH_2O\}$. Calcule o volume de ar seco a 25°C que deve ser bombeado na água por dia para fornecer o oxigênio necessário à degradação da biomassa (Reação 3.1).

31. As bactérias anaeróbias que proliferam no sedimento de um lago produziam quantidades molares iguais de dióxido de carbono e de monóxido de carbono, de acordo com a reação bioquímica $2\{CH_2O\} \rightarrow CO_2 + CH_4$, saturando a água do lago com gás CO_2 e com gás CH_4. A constante da lei de Henry para o CO_2 é $3,38 \times 10^{-2}$ e para o CH_4 é $1,34 \times 10^{-3}$, quando as unidades utilizadas são mol L atm^{-1}. Na profundidade em que o gás foi formado, a pressão total era 1,10 atm, e a temperatura, 25°C, o que dá uma pressão de vapor de 0,313 atm para a água. Calcule as concentrações de CO_2 e CH_4 dissolvidos.

4 A oxidação-redução na química aquática

4.1 A importância da oxidação-redução

As reações de *oxidação-redução* (*redox*) envolvem mudanças no estado de oxidação dos reagentes e são mais facilmente compreendidas se consideradas como uma transferência de elétrons entre espécies. Por exemplo, o íon cádmio solúvel, Cd^{2+}, é removido de águas residuárias pela reação com ferro metálico. A reação global é:

$$Cd^{2+} + Fe \rightarrow Cd + Fe^{2+} \tag{4.1}$$

Essa reação é a soma de duas *semirreações*, uma semirreação de redução, em que o íon cádmio aceita dois elétrons e é reduzido,

$$Cd^{2+} + 2e^- \rightarrow Cd \tag{4.2}$$

e a semirreação de oxidação em que o ferro elementar é oxidado:

$$Fe \rightarrow Fe^{2+} + 2e^- \tag{4.3}$$

A soma algébrica dessas duas reações mostra que os elétrons dos dois lados se cancelam, e o resultado é a reação global dada pela Equação 4.1.

Os fenômenos oxidação-redução são muito importantes na química ambiental de águas naturais e residuárias. Por exemplo, a redução do oxigênio (O_2) por matéria orgânica (representada por {CH_2O}) em um lago,

$$\{CH_2O\} + O_2 \rightarrow CO_2 + H_2O \tag{4.4}$$

resulta na diminuição dos níveis de oxigênio, o que pode causar a mortandade de peixes. A taxa em que o esgoto é oxidado é crucial na operação de uma estação de tratamento de efluentes. Em um reservatório, a redução do ferro (III) insolúvel a ferro (II) solúvel,

$$Fe(OH)_3(s) + 3H^+ + e^- \rightarrow Fe^{2+} + 3H_2O \tag{4.5}$$

contamina a água com ferro dissolvido, de difícil remoção na estação de tratamento. A oxidação do NH_4^+ a NO_3^- na água

$$NH_4^+ + 2O_2 \rightarrow NO_3^- + 2H^+ + H_2O \tag{4.6}$$

converte o nitrogênio constituinte do íon amônio em nitrato, uma forma mais facilmente assimilada pelas algas. São muitos os exemplos de como os tipos, as velocidades e os equilíbrios de reações redox determinam a natureza das espécies de solutos importantes na água.

Este capítulo discute os processos redox e os equilíbrios na água. Ao fazê-lo, enfatiza o conceito de pE, análogo ao de pH, e definido como o negativo do logaritmo da atividade do elétron livre. Valores baixos de pE indicam condições redutoras, enquanto valores altos sinalizam condições oxidantes.

Dois pontos importantes sobre as reações redox em águas naturais e residuárias devem ser enfatizados. Primeiro, como discutido no Capítulo 6, "A Bioquímica Microbiana Aquática", muitas das principais reações redox são catalisadas por microrganismos. As bactérias são os catalisadores pelos quais o oxigênio molecular reage com matéria orgânica, o ferro (III) é reduzido a ferro (II) e a amônia é oxidada ao íon nitrato.

O segundo ponto importante sobre as reações redox na hidrosfera é sua analogia com as reações ácido-base. Enquanto a atividade do íon H^+ é utilizada para expressar se a água é ácida ou básica, a atividade do elétron, e^-, representa o grau em que um meio aquático é oxidante ou redutor. A água com alta atividade do íon hidrogênio, como os deflúvios da chuva ácida, é *ácida*. Por analogia, a água com forte atividade de *elétrons*, presente em um digestor anaeróbio de uma estação de tratamento de águas, por exemplo, é *redutora*. Águas com baixa atividade do íon H^+ (alta concentração de OH^-) – como a da lixiviação (chorume) de aterros sanitários contaminados com hidróxido de sódio residual – são *básicas*, enquanto aquelas com baixa atividade de elétrons – a água clorada, por exemplo – são *oxidantes*. Na verdade, nem os elétrons livres nem os íons H^+ são encontrados dissolvidos em solução aquosa; eles estão sempre fortemente associados a espécies de solventes ou de solutos. Contudo, o conceito de atividade de elétrons, tal qual a noção de atividade do íon hidrogênio, continua sendo útil ao químico aquático.

Muitas espécies presentes na água intercambiam elétrons e íons H^+. Por exemplo, a drenagem ácida de minas contém o íon ferro (III) hidratado, $Fe(H_2O)_6^{3+}$, que prontamente cede o íon H^+

$$Fe(H_2O)_6^{3+} \rightleftarrows Fe(H_2O)_5OH^{2+} + H^+ \qquad (4.7)$$

aumentando a acidez do meio. O mesmo íon recebe um elétron

$$Fe(H_2O)_6^{3+} + e^- \rightleftarrows Fe(H_2O)_6^{2+} \qquad (4.8)$$

formando ferro (II).

De modo geral a transferência de elétrons em uma reação redox é seguida da transferência do íon H^+, e existe uma relação estreita entre os processos ácido-base e redox. Por exemplo, se o ferro (II) perde um elétron em pH 7,0, três íons hidrogênio também são cedidos para o hidróxido de ferro (II)

$$Fe(H_2O)_6^{2+} \rightleftarrows e^- + Fe(OH)_3(s) + 3H_2O + 3H^+ \qquad (4.9)$$

um sólido insolúvel e gelatinoso.

O corpo hídrico estratificado da Figura 4.1 ilustra os fenômenos e as relações redox em um sistema aquático. A camada de sedimento anóxico é tão redutora que o carbono pode estar reduzido a seu estado mais baixo de oxidação, -4, no CH_4. Se o lago se torna anóxico, o hipolímnio pode apresentar elementos em seus estados

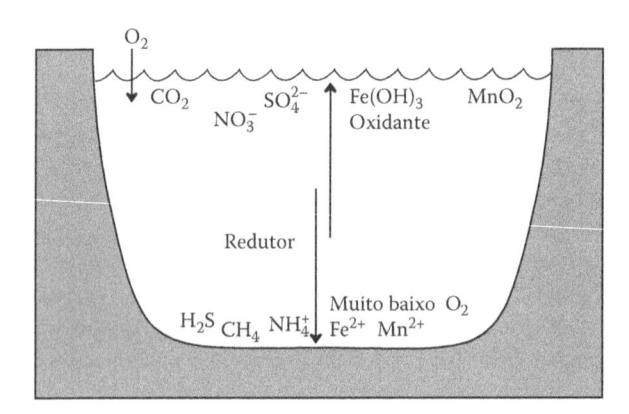

FIGURA 4.1 Predominância das principais espécies químicas em um corpo hídrico estratificado com concentração alta de oxigênio (oxidante, alto pE) junto à superfície, e concentração baixa de oxigênio (redutor, baixo pE) ao fundo.

reduzidos: nitrogênio como NH_4^+, enxofre como H_2S e ferro na forma de $Fe(H_2O)_6^{2+}$ solúvel. A saturação com oxigênio atmosférico transforma a camada superficial em um meio relativamente oxidante. Ao atingir o equilíbrio termodinâmico, diferencia-se pela presença de formas mais oxidadas dos elementos: carbono como CO_2, nitrogênio como NO_3^-, ferro como $Fe(OH)_3$ insolúvel e enxofre como SO_4^{2-}. Mudanças expressivas na distribuição de espécies químicas na água resultantes das reações redox têm importância vital para os organismos aquáticos e influenciam a qualidade da água de maneira significativa.

É importante frisar que os sistemas apresentados neste capítulo estão em equilíbrio hipotético, um estado quase nunca alcançado em qualquer sistema real de águas naturais ou residuárias. Em sua maioria os sistemas aquáticos são dinâmicos e podem atingir um estado estacionário, não o verdadeiro equilíbrio. No entanto, a representação do equilíbrio é muito útil na visualização de tendências em sistemas de águas naturais e residuárias, e é simples de entender. Porém, deve-se levar em conta as limitações desse modelo, sobretudo na mensuração do estado redox da água.

4.2 Elétron e as reações redox

Para explicar os processos redox em águas naturais é preciso entender as reações redox, que, formalmente, são interpretadas como a transferência de elétrons entre espécies. Esta seção investiga essas reações em um sistema simples. Todas as reações redox envolvem mudanças nos estados de oxidação de algumas espécies participantes da reação. Consideremos, por exemplo, uma solução contendo ferro (II) e ferro (III) suficientemente ácida para impedir a precipitação de $Fe(OH)_3$ sólido. A drenagem de minas e os resíduos dos banhos de decapagem do aço são exemplos de meios com essas características. Vamos supor que a solução seja tratada com gás hidrogênio elementar sobre um catalisador adequado de maneira a efetivar a redução do ferro (III) a ferro (II). A reação global é representada por

$$2Fe^{3+} + H_2 \rightleftarrows 2Fe^{2+} + 2H^+ \tag{4.10}$$

A reação é escrita com dupla seta, indicando que é *reversível* e capaz de ser deslocada em uma direção ou outra. Para concentrações normais das substâncias participantes, o equilíbrio de reação é deslocado para a direita. À medida que isso ocorre, o hidrogênio é *oxidado* enquanto muda de um *estado de oxidação* (número de oxidação), de 0 do H_2 elementar para um número de oxidação maior, +1 do H^+. O estado de oxidação do ferro muda de +3 do Fe^{3+} para +2, do Fe^{2+}; o número de oxidação do ferro diminui, o que significa que foi *reduzido*.

Essas reações redox podem ser divididas em uma *semirreação* de redução, nesse caso

$$2Fe^{3+} + 2e^- \rightleftarrows 2Fe^{2+} \tag{4.11}$$

(para um elétron, $Fe^{3+} + e^- \rightleftarrows Fe^{3+}$), e uma semirreação de oxidação, nesse caso

$$H_2 \rightleftarrows 2H^+ + 2e^- \tag{4.12}$$

Observe que a adição dessas duas semirreações dá a reação global. *A soma de uma semirreação de oxidação e de uma semirreação de redução, cada uma expressa para o mesmo número de elétrons de maneira que estes se cancelem nos dois lados das setas, dá uma reação redox global.*

O equilíbrio de uma reação redox, isto é, o grau em que tende a se deslocar para a direita ou esquerda considerando o modo como está escrita, pode ser deduzido a partir de informações sobre as duas semirreações que a constituem. Para visualizar esse equilíbrio, vamos supor que as duas semirreações possam ser separadas em duas semicélulas de uma célula eletroquímica, como mostra a Reação 4.10 na Figura 4.2.

Se as atividades iniciais de H^+, Fe^{2+} e Fe^{3+} forem da ordem de 1 (concentrações de 1 mol L^{-1}) e se a pressão do H_2 for 1 atm, o H_2 será oxidado a H^+ na semicélula esquerda, o Fe^{3+} será reduzido na semicélula da direita, e os íons migrarão pela ponte salina para manter a neutralidade nas duas semicélulas. A reação líquida é mostrada na Reação 4.10.

Se um voltímetro for inserido no circuito entre os dois eletrodos, não haverá fluxo de corrente significativo e as duas semirreações não ocorrerão. Contudo, a voltagem registrada pelo voltímetro dá uma medida das tendências relativas se as duas semirreações ocorrerem. Na semicélula esquerda, a semirreação de oxidação

$$H_2 \rightleftarrows 2H^+ + 2e^- \tag{4.12}$$

tende a se deslocar para a direita, liberando elétrons para o eletrodo de platina na semicélula e conferindo a ele um potencial negativo (-). Na semicélula direita, a semirreação de redução

$$2Fe^{3+} + e^- \rightleftarrows Fe^{2+} \tag{4.11}$$

tende a se deslocar para a direita, retirando elétrons do eletrodo de platina na semicélula e conferindo a ele um potencial positivo (+). A diferença entre esses potenciais é uma medida da "força motriz" da reação global. Se cada um dos participantes dessa reação tiver atividade unitária, a diferença de potencial será 0,77 V.

O eletrodo esquerdo mostrado na Figura 4.2 é o eletrodo padrão, com que todos os outros potenciais de eletrodo são comparados, sendo chamado de *eletrodo padrão*

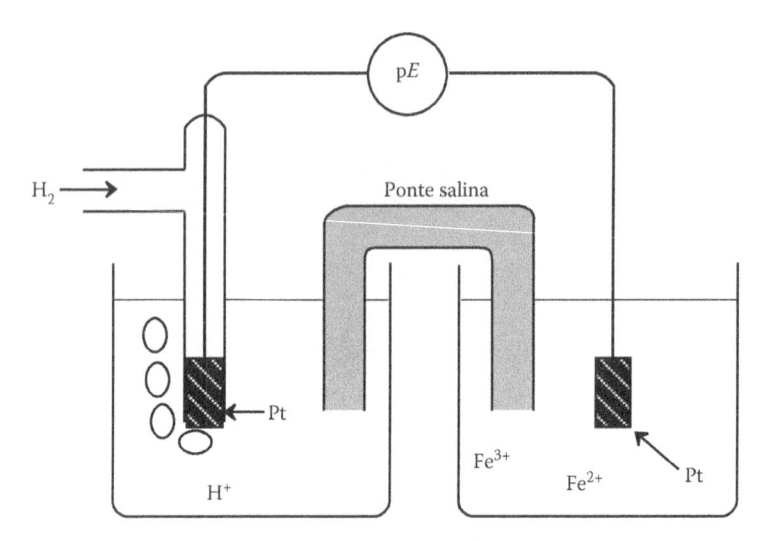

FIGURA 4.2 Célula eletroquímica em que a reação $2Fe^{3+} + 2H^+ \rightleftarrows 2Fe^{2+} + H^+$ pode ser conduzida em duas semicélulas.

de hidrogênio (EPH). Por convenção, o potencial padrão arbitrado a ele é 0 V, e sua semirreação é representada como:

$$2H^+ + 2e^- \rightleftarrows H_2, \quad E^0 = 0{,}00 \text{ V} \tag{4.13}$$

O potencial no eletrodo direito na Figura 4.2, medido em comparação com o EPH, é chamado de *potencial de eletrodo*, E. Se os íons Fe^{2+} e Fe^{3+} tiverem atividade unitária, o potencial é o potencial padrão de eletrodo (de acordo com a convenção da IUPAC*, o *potencial padrão de redução*), E^0. O potencial padrão de eletrodo para o par Fe^{3+}/Fe^{2+} é 0,77 V, na maioria das vezes expresso como:

$$Fe^{3+} + e^- \rightleftarrows Fe^{2+}, \quad E^0 = +0{,}77 \text{ V} \tag{4.14}$$

4.3 A atividade de elétrons e o pE

Neste livro, na maior parte das vezes pE e pE^0 são utilizados em vez de E e E^0 para ilustrar com mais clareza os equilíbrios redox em sistemas aquáticos com diversas ordens de magnitude de atividade de elétrons, de modo análogo ao pH. Em termos numéricos, pE e pE^0 são simplesmente:

$$pE = \frac{E}{2{,}303RT/F} = \frac{E}{0{,}0591} \quad (\text{a } 25^\circ\text{C}) \tag{4.15}$$

$$pE^0 = \frac{E^0}{2{,}303RT/F} = \frac{E^0}{0{,}0591} \quad (\text{a } 25^\circ\text{C}) \tag{4.16}$$

---

* N. de T.: International Union of Pure and Applied Chemistry, ou União Internacional de Química Pura e Aplicada.

onde *R* é a constante universal dos gases, *T*, a temperatura absoluta, e *F*, a constante de Faraday. O "conceito de p*E*" é explicado a seguir.

Assim como o pH é definido como

$$\text{pH} = -\log(a_{\text{H}}^+) \tag{4.17}$$

onde a_{H}^+ é a atividade do íon hidrogênio em solução, o p*E* é definido como

$$\text{p}E = -\log(a_{e^-}) \tag{4.18}$$

onde a_{e^-} é a atividade dos elétrons em solução. Uma vez que a concentração do íon hidrogênio pode variar em diversas ordens de magnitude, o pH é uma maneira conveniente de expressar a_{H}^+ em números mais práticos. Por essa mesma razão, as atividades dos elétrons na água podem variar mais de 20 vezes, o que torna conveniente expressar a_{e^-} como p*E*.

Os valores de p*E* são definidos em termos da seguinte semirreação, para a qual pE^0 é definido precisamente como zero:*

$$2\text{H}^+\,(\text{aq}) + 2e^- \rightleftarrows \text{H}_2(\text{g}), \quad E^0 = +0{,}00\,\text{V}, \quad \text{p}E^0 = 0{,}00 \tag{4.19}$$

É relativamente fácil visualizar a atividade iônica com base na concentração, mas é difícil entender a atividade do elétron e, logo, do p*E*, em termos semelhantes. Por exemplo, em água pura a 25°C, um meio com força iônica zero, a concentração do íon hidrogênio é $1{,}0 \times 10^{-7}$ mol L^{-1}, a *atividade* do íon hidrogênio é $1{,}0 \times 10^{-7}$ e o pH é 7,0. Contudo, a atividade dos elétrons precisa ser definida com base na Equação 4.19. Quando o H$^+$ (aq) com atividade unitária está em equilíbrio com o gás hidrogênio na pressão de 1 atm (e com atividade unitária), a atividade do elétron no meio é exatamente 1,00 e o p*E* é 0,0. Se a atividade dos elétrons aumentasse por um fator 10 (como seria o caso se o H$^+$ (aq) com atividade 0,100 estivesse em equilíbrio com H$_2$ com atividade 1,00), a atividade dos elétrons seria 10 e o valor de p*E* seria $-1{,}0$.

4.4 A equação de Nernst

A *equação de Nernst* é utilizada para explicar o efeito de diferentes atividades no potencial de eletrodo. De acordo com a Figura 4.2, se a concentração do íon Fe^{3+} aumenta em relação à concentração do íon Fe^{2+}, percebe-se logo que o potencial e o p*E* do eletrodo direito se tornam mais positivos, porque a maior concentração dos íons Fe^{3+} deficientes em elétrons ao redor dele tende a retirar elétrons do eletrodo. Concentrações menores do íon Fe^{3+} ou concentrações maiores do íon Fe^{2+} têm efeito

---

* No contexto termodinâmico, a variação em energia livre para essa reação é definida exatamente como zero quando todos os participantes reativos têm atividade unitária. Para solutos iônicos, a atividade – a concentração efetiva, em certo sentido – se aproxima da concentração em soluções muito diluídas. A atividade de um gás é igual à sua pressão parcial. Além disso, a energia livre, *G*, diminui para processos espontâneos ocorrendo em condições de temperatura e pressão constantes. Os processos para os quais a variação em energia livre, ΔG, é zero não apresentam a tendência de variação espontânea e estão em estado de equilíbrio. A Reação 4.13 é aquela em que se baseiam as energias livres de formação de todos os íons em solução aquosa. Ela também forma a base da definição de variações de energia livre para processos de oxidação-redução na água.

oposto. Esses efeitos da concentração sobre E e pE são expressos pela *equação de Nernst*. Aplicada à semirreação

$$Fe^{3+} + e^- \rightleftarrows Fe^{2+}, \quad E^0 = +0{,}77\,V, \quad pE^0 = 13{,}2 \tag{4.20}$$

a equação de Nernst é a seguinte, onde $2{,}303RT/F = 0{,}0591$ a $25°C$:

$$E = E^0 + \frac{2{,}303RT}{nF}\log\frac{[Fe^{3+}]}{[Fe^{2+}]} = E^0 + \frac{0{,}0591}{n}\log\frac{[Fe^{3+}]}{[Fe^{2+}]} \tag{4.21}$$

onde n é o número de elétrons envolvidos na semirreação (1, neste caso), e as atividades dos íons Fe^{3+} e Fe^{2+} foram consideradas iguais a suas concentrações (simplificação válida para soluções muito diluídas e que será adotada ao longo deste capítulo). Considerando que

$$pE = \frac{E}{2{,}303RT/F} \quad e \quad pE^0 = \frac{E^0}{2{,}303RT/F}$$

a equação de Nernst pode ser expressa em termos de pE e pE^0

$$pE = pE^0 + \frac{1}{n}\log\frac{Fe^{3+}}{Fe^{2+}} \quad (\text{nesse caso, } n = 1) \tag{4.22}$$

A equação de Nernst, na forma apresentada, é bastante simples e contribui com algumas vantagens para o cálculo das relações redox.

Por exemplo, se o valor de $[Fe^{3+}]$ é $2{,}35 \times 10^{-3}$ mol L^{-1} e de $[Fe^{2+}]$ é $7{,}85 \times 10^{-5}$ mol L^{-1}, o valor de pE é

$$pE = 13{,}2 + \log\frac{2{,}35 \times 10^{-3}}{7{,}85 \times 10^{-5}} = 14{,}7 \tag{4.23}$$

À medida que a concentração de Fe^{3+} aumenta em relação à concentração de Fe^{2+}, o valor de pE sobe (torna-se mais positivo), e conforme a concentração de Fe^{2+} aumenta em relação à concentração de Fe^{3+}, o valor de pE diminui (mais negativo).

4.5 A tendência de reação: a reação global obtida a partir de semirreações

Esta seção discute como semirreações podem ser combinadas para obter reações globais, e como os valores de pE^0 para as semirreações podem ser utilizados para prever o sentido do deslocamento da reação. As semirreações abordadas aqui são:

$$Hg^{2+} + 2e^- \rightleftarrows Hg, \quad pE^0 = 13{,}35 \tag{4.24}$$

$$Fe^{3+} + e^- \rightleftarrows Fe^{2+}, \quad pE^0 = 13{,}2 \tag{4.25}$$

$$Cu^{2+} + 2e^- \rightleftarrows Cu, \quad pE^0 = 5{,}71 \tag{4.26}$$

$$2H^+ + 2e^- \rightleftarrows H_2, \quad pE^0 = 0{,}00 \tag{4.27}$$

$$Pb^{2+} + 2e^- \rightleftarrows Pb, \quad pE^0 = -2{,}13 \tag{4.28}$$

Essas semirreações e seus valores de pE^0 podem ser utilizados para explicar observações como as citadas a seguir. Uma solução de Cu^{2+} escoa por uma tubulação de chumbo e este elemento adquire uma camada de metal cobre devido à reação

$$Cu^{2+} + Pb \rightarrow Cu + Pb^{2+} \qquad (4.29)$$

Essa reação ocorre porque o íon cobre (II) apresenta uma tendência maior de adquirir elétrons do que a tendência do íon chumbo de retê-los, e é obtida subtraindo a semirreação do chumbo, a Equação 4.28, da semirreação do cobre, a Equação 4.26.

$$Cu^{2+} + 2e^- \rightleftarrows Cu, \qquad pE^0 = 5,71 \qquad (4.26)$$

$$-(Pb^{2+} + 2e^- \rightleftarrows Pb), \qquad pE^0 = -2,13 \qquad (4.28)$$

$$\overline{Cu^{2+} + Pb \rightleftarrows Cu + Pb^{2+}, \qquad pE^0 = 7,84} \qquad (4.30)$$

O valor positivo de pE^0 para a reação, 7,84, indica que ela tende a se deslocar para a direita, para o modo como está representada por escrito. Isso ocorre quando o chumbo metálico entra em contato direto com uma solução do íon cobre (II). Logo, se uma solução residual contendo o íon cobre (II), um poluente relativamente inócuo, entra em contato com uma tubulação de chumbo, este, que é tóxico, pode entrar em solução.

Em princípio, as semirreações podem ocorrer em semicélulas eletroquímicas individuais, como para a Reação 4.30 na célula mostrada na Figura 4.3, se o instrumento de medição for substituído por um condutor elétrico; por essa razão, são chamadas de *reações de célula*.

Se as atividades do Cu^{2+} e do Pb^{2+} não forem unitárias, o sentido da reação e o valor de pE são deduzidos da equação de Nernst. Para a Reação 4.30, a equação de Nernst é

$$pE = pE^0 + \frac{1}{n} \log \frac{[Cu^{2+}]}{[Pb^{2+}]} = 7,84 + \frac{1}{2} \log \frac{[Cu^{2+}]}{[Pb^{2+}]} \qquad (4.31)$$

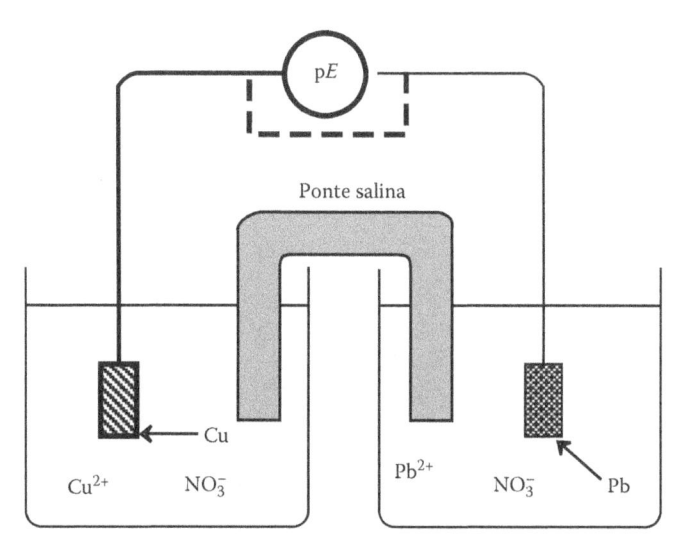

FIGURA 4.3 Célula para a medição do pE entre uma semicélula de chumbo e uma semicélula de cobre. Nessa configuração, o instrumento de medição de "pE" tem alta resistência, por isso, a corrente não flui.

A combinação das semirreações adequadas permite mostrar que o cobre metálico não causa a liberação do gás hidrogênio de soluções de ácidos fortes – o íon hidrogênio é menos atraído por elétrons que o íon cobre (II) –, enquanto o chumbo metálico, ao contrário, desloca o gás hidrogênio em soluções ácidas.

4.6 A equação de Nernst e o equilíbrio químico

Consulte outra vez a Figura 4.3. Imagine que em vez de a célula ser configurada para medir o potencial entre os eletrodos de cobre e de chumbo, o voltímetro utilizado para medir o pE fosse removido e os eletrodos fossem conectados diretamente por um fio condutor, a fim de permitir o fluxo de corrente entre eles. A reação

$$Cu^{2+} + Pb \rightleftarrows Cu + Pb^{2+}, \quad pE^0 = 7{,}84 \qquad (4.30)$$

ocorrerá até a concentração de chumbo subir e a de cobre cair a ponto de ser interrompida. O sistema está em equilíbrio e, uma vez que a corrente elétrica já não flui, o valor de pE é exatamente zero. A constante de equilíbrio K para a reação é dada pela expressão

$$K = \frac{[Pb^{2+}]}{[Cu^{2+}]} \qquad (4.32)$$

A constante de equilíbrio pode ser calculada com base na equação de Nernst, lembrando que no equilíbrio pE é zero e $[Cu^{2+}]$ e $[Pb^{2+}]$ são concentrações de equilíbrio:

$$pE = pE^0 + \frac{1}{n}\log\frac{[Cu^{2+}]}{[Pb^{2+}]} = 7{,}84 + \frac{1}{2}\log\frac{[Cu^{2+}]}{[Pb^{2+}]}$$

$$pE = 0{,}00 = 7{,}84 - \frac{1}{2}\log\frac{[Pb^{2+}]}{[Cu^{2+}]} = 7{,}84 - \frac{1}{2}\log K \qquad (4.33)$$

Observe que os produtos da reação são colocados sobre os reagentes no termo logarítmico e que um sinal de subtração é posto à frente, para a constante de equilíbrio ficar na forma correta (uma operação puramente matemática). O valor de K obtido da solução dessa equação é 15,7.

A constante de equilíbrio para uma reação redox envolvendo n elétrons é dada em termos de pE por

$$\log K = n(pE^0) \qquad (4.34)$$

4.7 A relação de pE com a energia livre

Os sistemas aquáticos e os organismos que os habitam – tal qual a máquina a vapor ou os estudantes que esperam ser aprovados na disciplina de físico-química – precisam obedecer às leis da termodinâmica. As bactérias, os fungos e os seres humanos derivam a energia de que precisam atuando como mediadores (catalisadores) de reações químicas e extraindo certa porcentagem de energia dessas reações. Ao prever ou explicar o comportamento de um sistema aquático, é útil estimar a energia extraível das reações químicas do sistema, como a oxidação microbiana de matéria orgânica a CO_2 e água, ou a fermentação de matéria orgânica em metano por bactérias anaeróbias na ausência de oxigênio. É possível obter essas informações conhecendo a variação na energia livre, ΔG, para a reação redox. Por sua vez, ΔG é obtida com base no pE da reação. A variação na energia livre de uma reação redox envolvendo n elétrons na temperatura absoluta T é

$$\Delta G = -2{,}303 nRT(pE) \tag{4.35}$$

onde R é a constante dos gases. Quando todos os integrantes da reação estiverem em seus estados padrão (líquido puro, sólido puro ou soluto com atividade igual a 1,00 e pressões de gás iguais a 1 atm), ΔG é a variação na energia livre padrão, ΔG^0, dada por

$$\Delta G^0 = -2{,}303 nRT(pE^0) \tag{4.36}$$

4.8 As reações em termos de um mol de elétrons

Para comparar as variações na energia livre entre diferentes reações redox é fundamental considerá-las precisamente em termos da transferência de 1 mol de elétrons. Esse conceito é compreendido considerando duas reações redox simples, mas importantes, que ocorrem em sistemas aquáticos: a nitrificação

$$NH^{4+} + 2O_2 \rightleftarrows NO_3^- + 2H^+ + H_2O, \quad pE^0 = 5{,}85 \tag{4.37}$$

e a oxidação do ferro (II) a ferro (III)

$$4Fe^{2+} + O_2 + 10H_2O \rightleftarrows 4Fe(OH)_3(s) + 8H^+, \quad pE^0 = 7{,}6 \tag{4.38}$$

O que de fato significam essas reações, escritas desse modo? Cálculos termodinâmicos revelam que a Reação 4.37 prova que 1 mol do íon amônio reage com 2 mols do oxigênio elementar para gerar 1 mol do íon nitrato, 2 mols do íon hidrogênio e 1 mol de água. A Reação 4.38 mostra que 4 mols do íon ferro (II) reagem com 1 mol de oxigênio e 10 mols de água para produzir 4 mols de $Fe(OH)_3$ e 8 mols de íons hidrogênio. As mudanças na energia livre calculadas para estas quantidades dos participantes da reação não permitem compará-las de modo conclusivo. No entanto, essas comparações podem ser feitas considerando a transferência de 1 mol de elétrons, escrevendo as reações nesta base. A vantagem dessa abordagem fica clara quando examinamos a Reação 4.37, que envolve a troca de oito elétrons, e a Reação 4.38, que envolve a troca de quatro elétrons. Ao reescrever a Equação 4.37 para um mol de elétrons, tem-se

$$\tfrac{1}{8}NH_4^+ + \tfrac{1}{4}O_2 \rightleftarrows \tfrac{1}{8}NO_3^- + \tfrac{1}{4}H^+ + \tfrac{1}{8}H_2O, \quad pE^0 = 5{,}85 \tag{4.39}$$

enquanto a Reação 4.38, quando reescrita para um mol de elétrons em vez de quatro, gera

$$Fe^{2+} + \tfrac{1}{4}O_2 + \tfrac{5}{2}H_2O \rightleftarrows Fe(OH)_3(s) + 2H^+, \quad pE^0 = 7{,}6 \tag{4.40}$$

A partir da Equação 4.36, obtém-se a variação na energia livre padrão para uma reação

$$\Delta G^0 = -2{,}303nRT(pE^0) \quad (4.36)$$

que, para uma reação de um mol de elétrons, é

$$\Delta G^0 = -2{,}303RT(pE^0) \quad (4.36)$$

Portanto, para reações escritas para um mol de elétron, uma comparação dos valores de pE^0 permite uma comparação direta dos valores de ΔG^0.

Como mostra a Equação 4.34 para uma reação redox envolvendo n elétrons, pE^0 está relacionado com a constante de equilíbrio pela equação

$$\log K = n(pE^0) \quad (4.41)$$

que, para um mol de elétrons, se torna

$$\log K = pE^0 \quad (4.42)$$

A Reação 4.39, a reação de nitrificação escrita com base em um mol de elétron, tem valor de pE^0 igual a $+5{,}85$. A expressão da constante de equilíbrio para essa reação é

$$K = \frac{[NO_3^-]^{1/8}[H^+]^{1/4}}{[NH_4^+]^{1/8}PO_2^{1/4}} \quad (4.43)$$

uma forma cujo cálculo é difícil, mas que para o valor de K é dada simplesmente por

$$\log K = pE^0 = 5{,}85 \quad \text{ou} \quad K = 7{,}08 \times 10^5 \quad (4.44)$$

A Tabela 4.1 apresenta uma compilação dos valores de pE^0 para reações redox de importância especial em sistemas aquáticos. A maior parte desses valores é calculada com dados termodinâmicos, não com base em mensurações potenciométricas em uma célula eletroquímica, como mostra a Figura 4.2. A maior parte dos sistemas de eletrodos não oferece respostas plausíveis e que obedecem à equação de Nernst, isto é, esses sistemas não apresentam comportamento *reversível*. É perfeitamente possível inserir um eletrodo de platina na água e medir um potencial. Esse potencial, relativo ao EPH, é o chamado valor E_H. Além disso, o potencial medido será mais positivo (mais oxidante) em um meio oxidante, como as camadas superficiais aeróbias de um lago, do que em um meio redutor, como as regiões anaeróbias do fundo de um corpo hídrico. Porém, conferir qualquer importância quantitativa ao valor de E_H medido diretamente por um eletrodo não é uma prática segura. As águas ácidas geradas em operações de mineração com níveis relativamente altos de ácido sulfúrico ao lado de ferro dissolvido têm valores bastante precisos de E_H pela mensuração direta, mas a maioria dos sistemas aquáticos não produz valores representativos de E_H. O método mais preciso para avaliar o estado redox da água consiste em calcular a *capacidade oxidante*, um parâmetro análogo à capacidade tampão de ácidos e bases. A capacidade oxidante é um parâmetro descritivo único, derivado da soma das espécies passíveis de serem oxidadas ou reduzidas.

TABELA 4.1 Valores de pE^0 de reações redox importantes em águas naturais (a 25°C)

Reação	pE^0	pE^0(W)[a]
1. $\frac{1}{4}O_2(g) + H^+(W) + e^- \rightleftarrows \frac{1}{2}H_2O$	+20,75	+13,75
2. $\frac{1}{5}NO_3^- + \frac{6}{5}H^+ + e^- \rightleftarrows \frac{1}{10}N_2 + \frac{3}{5}H_2O$	+12,65	+21,05
3. $\frac{1}{2}MnO_2 + \frac{1}{2}HCO_3^-(1\times10^{-3}\,mol\,L^{-1}) + \frac{3}{2}H^+(W) + e^- \rightleftarrows \frac{1}{2}MnCO_3(s) + H_2O$	—	+8,5[b]
4. $\frac{1}{2}NO_3^- + H^+(W) + e^- \rightleftarrows \frac{1}{2}NO_2^- + \frac{1}{2}H_2O$	+14,15	+7,15
5. $\frac{1}{8}NO_3^- + \frac{5}{4}H^+(W) + e^- \rightleftarrows \frac{1}{8}NH_4^+ + \frac{3}{8}H_2O$	+14,90	+6,15
6. $\frac{1}{6}NO_2^- + \frac{4}{3}H^+(W) + e^- \rightleftarrows \frac{1}{6}NH_4^+ + \frac{1}{3}H_2O$	+15,14	+5,82
7. $\frac{1}{2}CH_3OH + H^+(W) + e^- \rightleftarrows \frac{1}{2}CH_4(g) + \frac{1}{2}H_2O$	+9,88	+2,88
8. $\frac{1}{4}CH_2O + H^+(W) + e^- \rightleftarrows \frac{1}{4}CH_4(g) + \frac{1}{4}H_2O$	+6,94	–0,06
9. $FeOOH(g) + HCO_3^-(1\times10^{-3}\,mol\,L^{-1}) + 2H^+(W) + e^- \rightleftarrows FeCO_3(s) + 2H_2O$	—	–1,67[b]
10. $\frac{1}{2}CH_2O + H^+(W) + e^- \rightleftarrows +\frac{1}{2}CH_3OH$	+3,99	–3,01
11. $\frac{1}{6}SO_4^{2-} + \frac{4}{3}H^+(W) + e^- \rightleftarrows \frac{1}{6}S(s) + \frac{2}{3}H_2O$	+6,03	–3,30
12. $\frac{1}{8}SO_4^{2-} + \frac{5}{4}H^+(W) + e^- \rightleftarrows \frac{1}{8}H_2S(g) + \frac{1}{2}H_2O$	+5,75	–3,50
13. $\frac{1}{8}SO_4^{2-} + \frac{9}{8}H^+(W) + e^- \rightleftarrows \frac{1}{8}HS^- + \frac{1}{2}H_2O$	+4,13	–3,75
14. $\frac{1}{2}S(s) + H^+(W) + e^- \rightleftarrows \frac{1}{2}H_2S(g)$	+2,89	–4,11
15. $\frac{1}{8}CO_2 + H^+ + e^- \rightleftarrows \frac{1}{8}CH_4 + \frac{1}{4}H_2O$	+2,87	–4,13
16. $\frac{1}{6}N_2 + \frac{4}{3}H^+(W) + e^- \rightleftarrows \frac{1}{3}NH_4^+$	+4,68	–4,65
17. $H^+(W) + e^- \rightleftarrows \frac{1}{2}H_2(g)$	0,00	–7,00
18. $\frac{1}{4}CO_2(g) + H^+(W) + e^- \rightleftarrows \frac{1}{4}CH_2O + \frac{1}{4}H_2O$	–1,20	–8,20

Fonte: Stumm, Werner and James J. Morgan, *Aquatic Chemistry*, John Wiley and Sons, New York, 1970, p. 318.
Reproduced by permission of John Wiley & Sons, Inc.

[a] (W) indica $a_{H^+} = 1,00 \times 10^{-7}\,mol\,L^{-1}$ e pE^0(W) é um pE^0 em $a_{H^+} = 1,00 \times 10^{-7}\,mol\,L^{-1}$.

[b] Esses dados correspondem a $a_{HCO_3^-} = 1,00 \times 10^{-3}\,mol\,L^{-1}$, não à unidade e, portanto, não são exatamente iguais a pE^0(W); eles representam condições aquáticas típicas com mais precisão que os valores de pE^0.

4.9 Os limites do pE na água

Existem limites dependentes do pH para os valores de pE em que a água é termodinamicamente estável. A água pode ser oxidada de acordo com a reação

$$2H_2O \rightleftarrows O_2 + 4H^+ + 4e^- \qquad (4.45)$$

ou reduzida

$$2H_2O + 2e^- \rightleftarrows H_2 + 2OH^- \qquad (4.46)$$

Essas duas reações determinam o limite do pE na água. No lado oxidante (valores de pE relativamente mais positivos), o valor de pE é limitado pela oxidação da água, demonstrada na Semirreação 4.45. A liberação do hidrogênio, descrita na Semirreação 4.46, limita o valor de pE no lado redutor.

A condição em que o oxigênio da oxidação da água tem pressão igual a 1,00 atm pode ser considerada um limite de sua oxidação, enquanto a pressão de hidrogênio de 1,00 atm pode ser considerada um limite de sua redução. Essas são as *condições de contorno* que permitem o cálculo dos limites de estabilidade da água. Revertendo a Reação 4.45 para um elétron e definindo $P_{O_2} = 100$, obtém-se

$$\tfrac{1}{4}O_2 + H^+ + e^- \rightleftarrows \tfrac{1}{2}H_2O, \; pE^0 = 20,75 \text{ (da Tabela 4.1)} \qquad (4.47)$$

Portanto, a Equação 4.49 define o limite oxidante da água em função do pH. Em valores específicos de pH, valores de pE mais positivos que o valor dado pela Equação 4.49 não podem existir em equilíbrio na água em contato com a atmosfera.

$$pE = pE^0 + \log(P_{O_2}^{1/4} [H^+]) \qquad (4.48)$$

$$pE = 20{,}75 - pH \qquad (4.49)$$

A relação pE – pH do limite redutor da água, considerado em $P_{H_2} = 1$ atm, é dada pela seguinte derivação:

$$H^+ + e^- \rightleftarrows \tfrac{1}{2}H_2, pE^0 = 0{,}00 \qquad (4.50)$$

$$pE = pE^0 + \log [H^+] \qquad (4.51)$$

$$pE = -pH \qquad (4.52)$$

Para a água neutra (pH = 7,00), a substituição nas Equações 4.52 e 4.49 estabelece a faixa de pE da água entre $-7{,}00$ e 13,75. Os limites de estabilidade da água dados pela relação pE – pH são representados pelas linhas tracejadas na Figura 4.4 da Seção 4.11.

A decomposição da água é muito lenta na ausência de um catalisador adequado. Portanto, ela pode apresentar valores de pE temporariamente fora da faixa de equilíbrio mais negativos do que o limite redutor ou mais positivos do que o limite oxidante. Um exemplo comum dessa situação é o cloro em solução na água.

4.10 Os valores de pE em sistemas de águas naturais

Embora não seja possível obter valores precisos de pE por medição potenciométrica direta em sistemas aquáticos naturais, em princípio os valores de pE podem ser calculados com base nas espécies presentes na água em equilíbrio. A importância do valor de pE da água neutra em equilíbrio termodinâmico com a atmosfera é óbvia. Nessas condições a água apresenta $P_{O_2} = 0{,}21$ atm e $[H^+] = 1{,}00 \times 10^{-7}$ mol L^{-1}. A substituição na Equação 4.48 gera

$$pE = 20{,}75 + \log\{(0{,}21)^{1/4} \times 1{,}00 \times 10^{-7}\} = 13{,}8 \qquad (4.53)$$

De acordo com essa equação, para a água em equilíbrio com a atmosfera, isto é, uma água óxica, um valor de pE em torno de $+13$ é esperado. No outro extremo, consideremos a água anóxica em que metano e CO_2 são produzidos por microrganismos. Vamos supor que $P_{CO_2} = P_{CH_4}$ e que pH = 7,00. A semirreação para a situação é

$$\tfrac{1}{8}CO_2 + H^+ + e^- \rightleftarrows \tfrac{1}{8}CH_4 + \tfrac{1}{4}H_2O \qquad (4.54)$$

para a qual a equação de Nernst é

$$pE = 2{,}87 + \log \frac{P_{CO_2}^{1/8} [H^+]}{P_{CH_4}^{1/8}} = 2{,}87 + \log[H^+] = 2{,}87 - 7{,}00 = -4{,}13 \qquad (4.55)$$

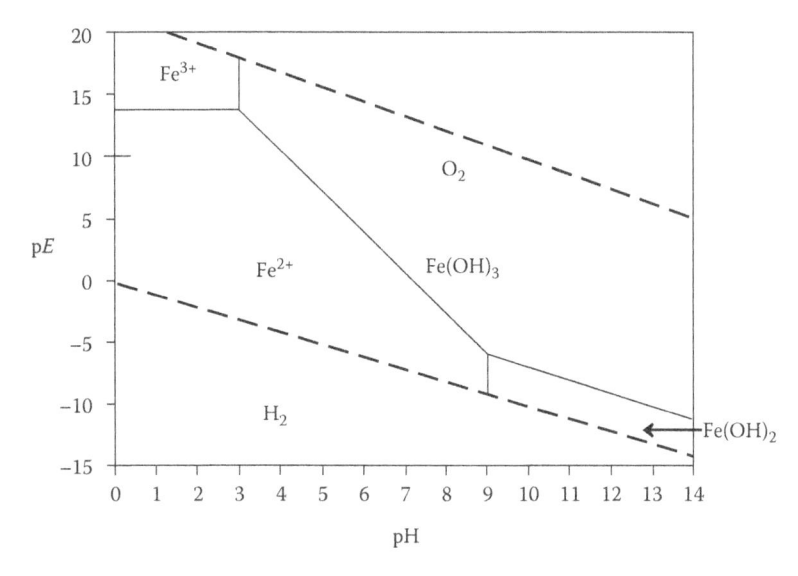

FIGURA 4.4 Diagrama pE-pH simplificado para o ferro em água. A concentração máxima do ferro solúvel é $1,00 \times 10^{-5}$ mol L^{-1}.

Observe que o valor de pE igual a $-4,13$ não excede o limite redutor da água em pH 7,00 que, da Equação 4.52, é $-7,00$. É preciso calcular a pressão do oxigênio em água neutra nesse valor baixo de pE, de $-4,13$. A substituição na Equação 4.48 gera

$$-4,13 = 20,75 + \log(P_{O_2}^{1/4} \times 1,00 \times 10^{-7}) \tag{4.56}$$

que permite calcular a pressão do oxigênio como $3,0 \times 10^{-72}$ atm. A impossibilidade de calcular a pressão do oxigênio significa que o equilíbrio com relação à pressão parcial do gás não foi atingido nessas condições. Sem dúvida, em quaisquer outras condições próximas ao equilíbrio entre níveis comparáveis de CO_2 e CH_4 a pressão parcial do oxigênio é muito baixa.

4.11 Os diagramas pE-pH

Os exemplos citados mostram as estreitas relações entre o pE e o pH da água. Essa relação pode ser expressa graficamente como um diagrama pE-pH, que mostra as regiões de estabilidade e as linhas limítrofes para diversas espécies na água. Devido às inúmeras espécies possíveis no ambiente aquático, esses diagramas são muito complexos. Por exemplo, para um metal, diferentes estados de oxidação, complexos formados com o radical hidróxi e muitas formas de óxidos ou hidróxidos metálicos podem coexistir nas diferentes regiões descritas pelo diagrama pE-pH. A maioria das águas contém carbonato, e muitas apresentam sulfatos e sulfetos. Por essa razão, diversos carbonatos, sulfatos e sulfetos metálicos podem predominar em diferentes regiões do diagrama. Contudo, para ilustrar os princípios envolvidos, esta seção analisará um diagrama pE-pH simplificado. O leitor poderá consultar uma literatura mais avançada sobre geoquímica e química aquática para conhecer diagramas pE-pH mais elaborados (e realistas).[1,2]

É possível construir um diagrama para o ferro com base na concentração máxima do ferro em solução, neste caso, $1{,}0 \times 10^{-5}$ mol L^{-1}. Os equilíbrios descritos a seguir serão considerados:

$$Fe^{3+} + e^- \rightleftarrows Fe^{2+}, \quad pE^0 = +13{,}2 \qquad (4.57)$$

$$Fe(OH)_2(s) + 2H^+ \rightleftarrows Fe^{2+} + 2H_2O \qquad (4.58)$$

$$K_{ps} = \frac{[Fe^{2+}]}{[H^+]^2} = 8{,}0 \times 10^{12} \qquad (4.59)$$

$$Fe(OH)_3(s) + 3H^+ \rightleftarrows Fe^{3+} + 3H_2O \qquad (4.60)$$

$$K'_{ps} = \frac{[Fe^{3+}]}{[H^+]^3} = 9{,}1 \times 10^3 \qquad (4.61)$$

[As constantes K_{ps} e K'_{ps} são derivadas dos produtos da solubilidade do Fe(OH)$_2$ e do Fe(OH)$_3$, respectivamente, e são expressas em termos de [H$^+$] para facilitar os cálculos.] Observe que a formação de espécies como Fe(OH)$^{2+}$, Fe(OH)$_2^+$ e FeCO$_3$ ou FeS sólidos, que podem ter importância em sistemas de águas naturais, não é considerada. A hidrólise rápida do ferro (III) em solução produz ferrihidrita sólida, um óxido/hidróxido de ferro (III) hidratado com grande área superficial e muita afinidade com metais coprecipitados, além do ferro.

Vários limites precisam ser considerados durante a elaboração do diagrama pE-pH. Os dois primeiros são os limites de oxidação e de redução da água (ver Seção 4.9). Na extremidade com valores altos de pE, o limite de estabilidade da água é definido pela Equação 4.49, obtida anteriormente.

$$pE = 20{,}75 - pH \qquad (4.49)$$

O limite baixo de pE é definido pela Equação 4.52:

$$pE = -pH \qquad (4.52)$$

O diagrama pE-pH elaborado para o sistema ferro precisa ficar entre os limites definidos por essas duas equações.

Abaixo do pH 3, o Fe^{3+} pode existir em equilíbrio com o Fe^{2+}. A linha limite que separa essas duas espécies, onde [Fe^{3+}] = [Fe^{2+}], é dada pelo cálculo:

$$pE = 13{,}2 + \log\frac{[Fe^{3+}]}{[Fe^{2+}]} \qquad (4.62)$$

$$[Fe^{3+}] = [Fe^{2+}] \qquad (4.63)$$

$$pE = 13{,}2 \text{ (independentemente do pH)} \qquad (4.64)$$

Com pE acima de 13,2, à medida que o pH aumenta a partir de valores muito baixos, o Fe(OH)$_3$ precipita de uma solução de Fe^{3+}. Sabe-se que o pH em que ocorre a precipitação depende da concentração de Fe^{3+}. Neste exemplo, uma concentração máxima de ferro solúvel igual a $1{,}00 \times 10^{-5}$ mol L^{-1} foi escolhida para que, no limite Fe^{3+}/Fe(OH)$_3$, [Fe^{3+}] = $1{,}00 \times 10^{-5}$ mol L^{-1}. A substituição na Equação 4.61 gera

$$[H^+]^3 = \frac{[Fe^{3+}]}{K'_{ps}} = \frac{1{,}00 \times 10^{-5}}{9{,}1 \times 10^3} \qquad (4.65)$$

$$pH = 2{,}99 \qquad (4.66)$$

De maneira semelhante, o limite entre o Fe^{2+} e o $Fe(OH)_2$ sólido pode ser definido, supondo que $[Fe^{2+}] = 1,00 \times 10^{-5}$ mol L^{-1} (a concentração máxima de ferro solúvel especificada no começo deste exercício) no limite:

$$[H^+]^2 = \frac{[Fe^{2+}]}{K_{ps}} = \frac{1,00 \times 10^{-5}}{8,0 \times 10^{12}} \qquad (4.67)$$

$$pH = 8,95 \qquad (4.68)$$

Em toda uma ampla faixa de pE-pH, o Fe^{2+} é a espécie de ferro solúvel predominante em equilíbrio com o óxido de ferro (III) sólido hidratado, $Fe(OH)_3$. O limite entre essas duas espécies depende tanto do pE quanto do pH. A substituição da Equação 4.61 na Equação 4.62 gera

$$pE = 13,2 + \frac{K'_{ps}[H^+]^3}{[Fe^{2+}]} \qquad (4.69)$$

$$pE = 13,2 + \log 9,1 \times 10^3 - \log 1,00 \times 10^{-5} + 3 \times \log[H^+]$$

$$pE = 22,2 - 3\,pH \qquad (4.70)$$

O limite entre as fases sólidas $Fe(OH)_2$ e $Fe(OH)_3$ também depende do pE e do pH, mas não de um valor total pressuposto para o ferro solúvel total. A relação necessária é obtida a partir da substituição das Equações 4.59 e 4.61 na Equação 4.62.

$$pE = 13,2 + \log \frac{K'_{ps}}{K_{ps}[H^+]^2}[H^+]^3$$

$$pE = 13,2 + \log \frac{9,1 \times 10^3}{8,0 \times 10^{12}} + \log[H^+] \qquad (4.71)$$

$$pE = 4,3 - pH \qquad (4.72)$$

Todas as equações necessárias para preparar o diagrama pE − pH para o ferro em água foram obtidas. Em resumo, as equações são: Equação 4.49 para o limite $O_2 - H_2O$, Equação 4.52 para o limite $H_2 - H_2O$, Equação 4.64 para o limite $Fe^{3+} - Fe^{2+}$, Equação 4.66 para o limite $Fe^{3+} - Fe(OH)_3$, Equação 4.68 para o limite $Fe^{2+} - Fe(OH)_2$, Equação 4.70 para o limite $Fe^{2+} - Fe(OH)_3$, e Equação 4.72 para o limite $Fe(OH)_2 - Fe(OH)_3$.

O diagrama pE − pH para o sistema do ferro em água é mostrado na Figura 4.4. Nesse sistema, quando a atividade do íon hidrogênio e a atividade dos elétrons são relativamente altas (um meio ácido redutor), o íon ferro (II), Fe^{2+}, é a espécie de ferro predominante; alguns tipos de águas subterrâneas contêm níveis apreciáveis de ferro (II) em condições como essas. (Na maior parte dos sistemas de águas naturais, a faixa de solubilidade do Fe^{2+} é um tanto estreita devido à precipitação do FeS ou $FeCO_3$.) Em um cenário de atividade muito alta do íon hidrogênio e de atividade muito baixa dos elétrons (um meio ácido oxidante), o Fe^{3+} predomina. Em um meio oxidante de baixa acidez, o $Fe(OH)_3$ sólido é a principal espécie iônica presente. Por fim, em um meio redutor básico, com baixas atividades do íon hidrogênio e dos elétrons, o $Fe(OH)_2$ pode ser estável.

Observe que em regiões de pH encontradas com frequência em sistemas de águas naturais (pH entre 5 e 9), o $Fe(OH)_3$ ou o Fe^{2+} são as espécies iônicas estáveis predominantes. De fato, em águas contendo níveis apreciáveis de oxigênio dissolvido (pE um tanto alto), o óxido de ferro (III) hidratado, Fe(OH)$_3$, é praticamente a única espécie de ferro insolúvel encontrada. Essas águas contêm um alto nível de ferro em suspensão, mas todo o ferro solúvel presente está complexado (ver Capítulo 3).

Em água altamente anóxica e com baixo pE, níveis apreciáveis de Fe^{2+} podem estar presentes. Quando uma água com essas características está exposta ao oxigênio atmosférico, o pE se eleva e o Fe(OH)$_3$ precipita. Os depósitos de óxido de ferro (III) gerados podem causar manchas marrons ou vermelhas persistentes em roupas durante a lavagem e em torneiras ou objetos metálicos em banheiros. Esse fenômeno também explica por que depósitos vermelhos de óxido de ferro se formam junto a bombas e poços utilizados para retirar água anaeróbia de grandes profundidades. Em poços rasos, onde a água pode se tornar óxica, o Fe(OH)$_3$ sólido precipita nas paredes, bloqueando a saída de água do aquífero. Isso geralmente ocorre com a intermediação de reações bacterianas, discutidas no Capítulo 6.

Uma das espécies que ainda precisa ser considerada é o ferro elementar. Para a semirreação

$$Fe^{2+} + 2e^- \rightleftarrows Fe, \quad pE^0 = -7{,}45 \tag{4.73}$$

a Equação de Nernst dá pE como função de [Fe^{2+}]

$$pE = -7{,}45 + \tfrac{1}{2}\log[Fe^{2+}] \tag{4.74}$$

Para o ferro metálico em equilíbrio com $1{,}00 \times 10^{-5}$ mol L^{-1} Fe^{2+}, o valor de pE obtido é:

$$pE = -7{,}45 + \tfrac{1}{2}\log 1{,}00 \times 10^{-5} = -9{,}95 \tag{4.75}$$

A Figura 4.4 mostra que os valores de pE para o ferro elementar em contato com Fe^{2+} estão abaixo do limite de redução da água. Isso prova que o ferro metálico em contato com a água é termodinamicamente instável em relação à água redutora e em solução como Fe^{2+}, um fator que contribui para a tendência do ferro de sofrer corrosão.

4.12 As substâncias húmicas como redutores naturais

As substâncias húmicas (ver Seção 3.17) são espécies ativas nos processos redox e que podem desempenhar um papel importante como espécies redutoras em processos químicos e bioquímicos ocorridos em sistemas de águas naturais e residuárias. A capacidade das substâncias húmicas de atuar como agentes redutores deve-se sobretudo à presença do grupo quinona/hidroquinona, que age como par na reação de oxidação-redução:

(4.76)

Evidências sugerem que as substâncias húmicas solúveis atuam como intermediários na redução de espécies na água por redutores sólidos, como as espécies de ferro (II) sólidas.

Acredita-se que, além de serem agentes redutores, as substâncias húmicas atuam como transportadores de elétrons, que os transferem para o ferro (III) na biorredução do ferro (III) em ferro (II) intermediada por microrganismos na água.[3] O processo é mais rápido na presença de níveis elevados do grupo carboxila ($-CO_2H$) nas substâncias húmicas. Isso explica a importância do grupo carboxila na complexação dos íons ferro pela substância húmica.

4.13 Os processos fotoquímicos na oxidação-redução

Conforme discutido no Capítulo 9, a absorção de um fóton de luz consegue introduzir um alto nível de energia nas espécies químicas envolvidas nos processos de oxidação-redução na água. O *íon superóxido* $O_2^{\bullet-}$, produzido pela ação da matéria orgânica natural fotoquimicamente excitada (substância húmica) sobre o oxigênio dissolvido, é visto como um agente oxidante importante na água exposta à luz do Sol. Essa espécie de superóxido é um *radical livre* (ver Capítulo 9), com um elétron desemparelhado representado pelo ponto na fórmula $O_2^{\bullet-}$. O íon superóxido é capaz de oxidar metais complexados pela via inorgânica, como o ferro.

Um dos intermediários importantes envolvidos nos processos de oxidação induzidos fotoquimicamente na água é o peróxido de hidrogênio, H_2O_2, gerado quando o $O_2^{\bullet-}$ reage com a água. Na presença de ferro (II) a reação de Fenton,

$$Fe(II) + H_2O_2 \rightarrow Fe(III) + OH^- + HO^{\bullet} \qquad (4.77)$$

gera o radical hidroxila, $HO^{\bullet}$, uma espécie muito reativa que reage até com espécies orgânicas refratárias, causando a oxidação destas. As reações envolvendo o íon radical superóxido e o radical hidroxila dão prova da importância dos processos fotoquímicos na promoção da oxidação de espécies oxidáveis em água.

Suspensões aquosas de TiO_2 têm atividade fotoquímica. Quando os fótons da radiação ultravioleta de comprimento de onda menor que ~366 nm ($h\nu$) atingem o TiO_2 na superfície,

$$TiO_2 + h\nu \rightarrow e_{cb}^- + h_{vb}^+ \qquad (4.78)$$

formam-se os elétrons da banda de condução (e_{cb}^-), capazes de iniciar a fotorredução, e as lacunas na banda de valência (h_{vb}^+), aptas a iniciar a foto-oxidação. Esses fenômenos despertaram o interesse no uso de suspensões de TiO_2 expostas à luz do Sol na fotorredução e foto-oxidação de espécies poluentes e perigosas.

4.14 A corrosão

Um dos fenômenos redox mais prejudiciais é a *corrosão*, definida como a transformação destrutiva de um metal causada pelas interações com o ambiente em que se encontra. Além dos custos anuais que ultrapassam a cifra dos bilhões de dólares gerados pela destruição de equipamentos e estruturas, a corrosão introduz metais em sistemas aquáticos, danificando equipamentos de controle de poluição e tubulações de descarte de resíduos. O problema é agravado pelos poluentes aquáticos e aéreos, além de alguns resíduos perigosos (ver os resíduos corrosivos discutidos no Capítulo 20, Seção 20.6).

Do ponto de vista termodinâmico, todos os metais são instáveis em seus ambientes. Os metais tendem a passar por transformações químicas que geram íons, sais, óxidos e hidróxidos mais estáveis que suas formas elementares. Felizmente, as velocidades de corrosão são muito baixas, o que explica a resistência dos metais expostos ao ar e à água por períodos prolongados. Contudo, medidas de proteção são necessárias. Às vezes essas medidas fracassam, como nos buracos observados nas carrocerias dos automóveis expostos ao sal utilizado no controle do gelo nas estradas.*

A corrosão é observada quando uma célula eletroquímica é colocada sobre uma superfície metálica. A área corroída é o ânodo, onde ocorre a reação de oxidação, ilustrada para a formação de um íon metálico bivalente de um metal M:

$$M \rightarrow M^{2+} + 2e^- \tag{4.79}$$

Diversas reações catódicas são possíveis. Uma das mais comuns é a redução do íon H^+:

$$2H^+ + 2e^- \rightarrow H_2 \tag{4.80}$$

O oxigênio também pode estar envolvido em reações catódicas, inclusive a redução a hidróxido, a redução à água e a redução a peróxido de hidrogênio:

$$O_2 + 2H_2O + 4e^- \rightarrow 4OH^- \tag{4.81}$$

$$O_2 + 4H^+ + 4e^- \rightarrow 2H_2O \tag{4.82}$$

$$O_2 + 2H_2O + 2e^- \rightarrow 2OH^- + H_2O_2 \tag{4.83}$$

O oxigênio pode acelerar os processos corrosivos, participando das reações mencionadas, ou retardá-los, formando filmes protetores de óxidos. Conforme será discutido no Capítulo 6, as bactérias muitas vezes estão envolvidas na corrosão.

A corrosão é uma preocupação quanto aos sistemas domésticos de distribuição de água. Os metais que podem ser corroídos nesses sistemas incluem ferro, cobre, chumbo e bronze. A corrosão desses materiais envolve o potencial redox da água determinado pelos solutos presentes nela e nos materiais sólidos com que está em contato. Entre os fatores importantes relativos à corrosão estão o tipo e a concentração do oxidante (em geral oriundo da adição de Cl_2), a velocidade de liberação do metal e as propriedades relativas à formação de incrustações nos metais sendo oxidados.

---

* N. de R. T.: Em países de clima frio, o NaCl é utilizado para derreter o gelo formado nas estradas durante o inverno.

Literatura citada

1. Stumm, W. and J. J. Morgan, *Aquatic Chemistry: Chemical Equilibria and Rates in Natural Waters*, 3rd ed., Wiley, New York, 1995.
2. Garrels, R. M. and C. M. Christ, *Solutions, Minerals, and Equilibria*, Harper and Row, New York, 1965.
3. Rakshit, S., M. Uchimiya, and G. Sposito, Iron(III) bioreduction in soil in the presence of added humic substances, *Soil Science Society of America Journal*, **73**, 65–71, 2009.

Leitura complementar

Albarè de, F., *Geochemistry*, Cambridge University Press, New York, 2004.

Amatya, S. R. and S. Mika, Infl uence of Eh/pH—barriers on releasing/accumulation of manganese and iron at sediment–water interface, *Research Journal of Chemistry and Environment*, **12**, 7–13, 2008.

Auque, L., M. J. Gimeno, J. Gomez, and A. C. Nilsson, Potentiometrically measured Eh in groundwaters from the Scandinavian shield, *Applied Geochemistry*, 1820–1833, 2008.

Baas Becking, L. G. M., I. R. Kaplan, and D. Moore, Limits of the natural environment in terms of pH and oxidation–reduction potentials in natural waters, *Journal of Geology*, **68**, 243–284, 1960.

Bates, R. G., The modern meaning of pH, *Critical Reviews in Analytical Chemistry*, **10**, 247–278, 1981.

Chapelle, F. H., *Ground-Water Microbiology and Geochemistry*, 2nd ed., Wiley, New York, 2000.

Chester, R., *Marine Geochemistry*, Blackwell Science, Oxford, UK, 2000.

Faure, G., *Principles and Applications of Geochemistry: A Comprehensive Textbook for Geology Students*, 2nd ed., Prentice-Hall, Upper Saddle River, NJ, 1998.

Faust, B. C., A review of the photochemical redox reactions of Iron(III) species in atmospheric, oceanic, and surface waters: Influences on geochemical cycles and oxidant formation, in *Aquatic and Surface Photochemistry*, George Helz, R. G. Zepp, and D. G. Crosby, Eds, CRC Press/Lewis Publishers, Boca Raton, FL, pp. 3–37, 1994.

Garrison S., Oxidation reduction reactions, in *The Chemistry of Soils*, 2nd edition, Oxford University Press, New York, pp. 144–173, 2008.

Holland, H. D. and K. K. Turekian, Eds, *Treatise on Geochemistry*, Elsevier/Pergamon, Amsterdam, 2004.

McSween, H. Y., S. M. Richardson, and M. E. Uhle, *Geochemistry: Pathways and Processes*, 2nd ed., Columbia University Press, New York, 2003.

Pankow, J. F., *Aquatic Chemistry Concepts*, Lewis Publishers/CRC Press, Boca Raton, FL, 1991.

Pankow, J. F., *Aquatic Chemistry Problems*, Titan Press, OR, Portland, OR, 1992.

Rowell, D. L., Oxidation and reduction, in *The Chemistry of Soil Processes*, D. J. Greenland and M. H. B. Hayes, Eds, Wiley, Chichester, 1981.

Spellman, F. R., *The Science of Water: Concepts and Applications*, 2nd ed., Taylor & Francis/CRC Press, Boca Raton, FL, 2008.

Stewart, B. A., *Encyclopedia of Water Science*, Marcel Dekker, New York, 2003.

Stumm, W., *Redox Potential as an Environmental Parameter: Conceptual Significance and Operational Limitation*, Third International Conference on Water Pollution Research (Munich, Germany), Water Pollution Control Federation, Washington, DC, 1966.

Sun, L., S. C. Su, L. Chao, and T. Sun, Effects of flooding on changes in Eh, pH and speciation of cadmium and lead in contaminated soil, *Bulletin of Environmental Contamination and Toxicology*, **79**, 2007.

Trimble, S. W., *Encyclopedia of Water Science*, 2nd ed., Taylor & Francis, CRC Press, Boca Raton, FL, 2008.

Perguntas e problemas

Para elaborar as respostas das seguintes questões, você pode usar os recursos da Internet para buscar constantes e fatores de conversão, entre outras informações necessárias.

1. A reação ácido-base para a dissociação do ácido acético é

$$HOAc + H_2O \rightarrow H_3O^+ + OAc^-$$

    com $K_a = 1,75 \times 10^{-5}$. Separe essa reação em duas semirreações envolvendo o íon H^+. Separe a reação redox

$$Fe^{2+} + H^+ \rightarrow Fe^{3+} + \tfrac{1}{2}H_2$$

    em duas semirreações envolvendo o elétron. Discuta as analogias entre os processos ácido-base e redox.
2. Considerando a concentração do íon bicarbonato $[HCO_3^-]$ de $1,00 \times 10^{-3}$ mol L^{-1} e um valor de $3,5 \times 10^{-11}$ para o produto da solubilidade do $FeCO_3$, qual seria a espécie iônica estável em pH 9,5 e pE $-8,0$, como mostrado na Figura 4.4?
3. Considerando que a pressão parcial do oxigênio na água é igual à pressão do O_2 na atmosfera, 0,21 atm, em vez de 1,00 atm, como pressuposto na derivação da Equação 4.49, encontre uma equação que descreva o limite de oxidação da água no pE como função do pH.
4. Elabore uma curva de P_{O_2} como função do pE em pH 7,00.
5. Calcule a pressão do oxigênio para um sistema em equilíbrio em que $[NH_4^+] = [NO_3^-]$ em pH 7,00.
6. Calcule os valores de $[Fe^{3+}]$, pE e pH no ponto da Figura 4.4 onde Fe^{2+} tem concentração igual a $1,00 \times 10^{-5}$ mol L^{-1} e o $Fe(OH)_2$ e o $Fe(OH)_3$ estão em equilíbrio.
7. Qual é o valor de pE em uma solução em equilíbrio com o ar (21% de O_2 em volume) em pH 6,00?
8. Qual é o valor de pE no ponto da linha limite Fe^{2+} – $Fe(OH)_3$ (ver Figura 4.4) em uma solução com concentração de ferro solúvel igual a $1,00 \times 10^{-4}$ mol L^{-1} em pH 6,00?
9. Qual é o valor de pE em uma amostra de água ácida de uma mina com $[Fe^{3+}] = 7,03 \times 10^{-3}$ mol L^{-1} e $[Fe^{2+}] = 3,71 \times 10^{-4}$ mol L^{-1}?
10. Em pH 6,00 e pE 2,58, qual é a concentração de Fe^{2+} em equilíbrio com $Fe(OH)_2$?
11. Qual é o valor calculado da pressão parcial de O_2 na água ácida de uma mina com pH 2,00, em que $[Fe^{3+}] = [Fe^{2+}]$?
12. Qual é a principal vantagem de expressar reações redox e semirreações em termos de um mol de elétrons?
13. Por que os valores de pE determinados pela leitura do potencial de um eletrodo de platina via de regra não são muito confiáveis, em comparação com um eletrodo de referência?
14. O que determina os limites redutores e oxidantes da estabilidade termodinâmica da água?
15. Qual é a variação esperada de pE com a profundidade de um lago estratificado?
16. Em que semirreação está fundamentada a definição rigorosa de pE?
17. A análise da água em uma amostra de sedimento em equilíbrio em pH 7,00 mostrou que $[SO_4^{2-}] = 2,00 \times 10^{-5}$ mol L^{-1} e que a pressão parcial de H_2S é 0,100 atm. Efetuando os cálculos adequados, demonstre se o metano, CH_4, pode ocorrer no sedimento.
18. Encontre a alternativa correta e explique por que as outras estão erradas: (A) Um valor alto de pE está associado a espécies como CH_4, NH_4^+ e Fe^{2+}; (B) Valores baixos de pE estão associados a espécies como CO_2, O_2 e NO_3^-; (C) Em um corpo hídrico os valores de pE variam de cerca de 1×10^{-7} a cerca de 1×10^7; (D) pE é um número, mas não pode ser relacionado com algo com existência real, como fazemos com o pH; (E) O pE utiliza números convenientes para expressar a atividade de elétron em diversas ordens de magnitude.

19. Relacione os itens na coluna esquerda com os respectivos itens na coluna direita.

A. Para 1 mol de elétrons
B. Reação para eletrodo padrão
C. No limite de pE superior da água
D. Formação de um poluente quando água anóxica sobe à superfície de um corpo hídrico

1. $Fe(H_2O)_6^{2+} \rightleftarrows e^- + Fe(OH)_3(s) + 3H_2O + 3H^+$
2. $H_2 \rightleftarrows 2H^+ + 2e^-$
3. $\frac{1}{8}NH_4^+ + \frac{1}{4}O_2 \rightleftarrows \frac{1}{8}NO_3^- + \frac{1}{4}H^+ + H_2O$
4. $2H_2O \rightleftarrows O_2 + 4H^+ + 4e^-$

20. Entre as alternativas dadas, assinale a afirmativa verdadeira sobre as reações e os fenômenos de oxidação-redução em sistemas de águas naturais: (A) Em pE maior que o limite oxidante da estabilidade, a água se decompõe, liberando H_2; (B) A produção de CH_4 em valores muito baixos de pE se deve à ação bacteriana; (C) No diagrama pE-pH para o ferro, a região de maior área é ocupada pelo $Fe(OH)_2$ sólido; (D) É fácil medir com precisão o pE da água utilizando um eletrodo de platina; (E) Não existem limites de pE-pH para as regiões de estabilidade da água.

5 As interações entre fases na química aquática

5.1 As interações químicas envolvendo sólidos, gases e a água

As reações químicas homogêneas que ocorrem integralmente em solução aquosa são bastante raras em águas naturais e residuárias. Na verdade, a maior parte dos fenômenos químicos e bioquímicos significativos no ambiente aquático envolve as interações entre espécies presentes na água com aquelas presentes em outra fase. A Figura 5.1 ilustra algumas dessas interações importantes, entre as quais a produção de biomassa sólida pela fotossíntese de algas, que ocorre no meio contendo algas em suspensão, e envolve a troca de sólidos dissolvidos e gases entre a água e a célula. Trocas semelhantes ocorrem quando bactérias degradam a matéria orgânica (muitas vezes na forma de partículas pequenas) na água. Além disso, algumas reações químicas produzem sólidos ou gases na água. Ao lado do ferro, muitos elementos-traço importantes são transportados em sistemas aquáticos na forma de compostos químicos coloidais ou são sorvidos por partículas sólidas. Hidrocarbonetos poluentes e alguns pesticidas podem estar presentes na superfície da água como filme líquido imiscível, e sedimentos podem ser fisicamente lixiviados para o interior de um corpo hídrico.

Este capítulo discute a importância das interações entre diferentes fases nos processos químicos aquáticos. De modo geral, além da água propriamente dita, essas fases são divididas em *sedimentos* (sólidos grosseiros) e *material coloidal suspenso*. Discute-se como os sedimentos são formados e sua importância como repositórios de solutos aquáticos. Mencionadas em capítulos anteriores, as solubilidades de sólidos e gases (Lei de Henry) são tratadas em detalhes neste capítulo.

A maior parte deste capítulo aborda o comportamento do material coloidal, formado por partículas muito finas de sólidos, gases ou líquidos imiscíveis em água. O material coloidal está envolvido em muitos fenômenos químicos aquáticos, sendo muito reativo devido à sua alta razão área-volume.

5.2 A importância e a formação de sedimentos

Os *sedimentos* são camadas de matéria relativamente fina encontradas nos leitos de rios, riachos, lagos, reservatórios, baías, estuários e oceanos. De modo geral os sedimentos são compostos por misturas de minerais particulados finos, médios e grossos, como argila, silte e areia misturados à matéria orgânica. Sua composição varia, de matéria mineral pura ao predomínio de matéria orgânica. São reservatórios de uma variedade de resíduos biológicos, químicos e poluentes em corpos hídricos, acumulando poluentes como metais e compostos orgânicos tóxicos. De importância especial é a transferência de espécies químicas dos sedimentos para as cadeias alimentares

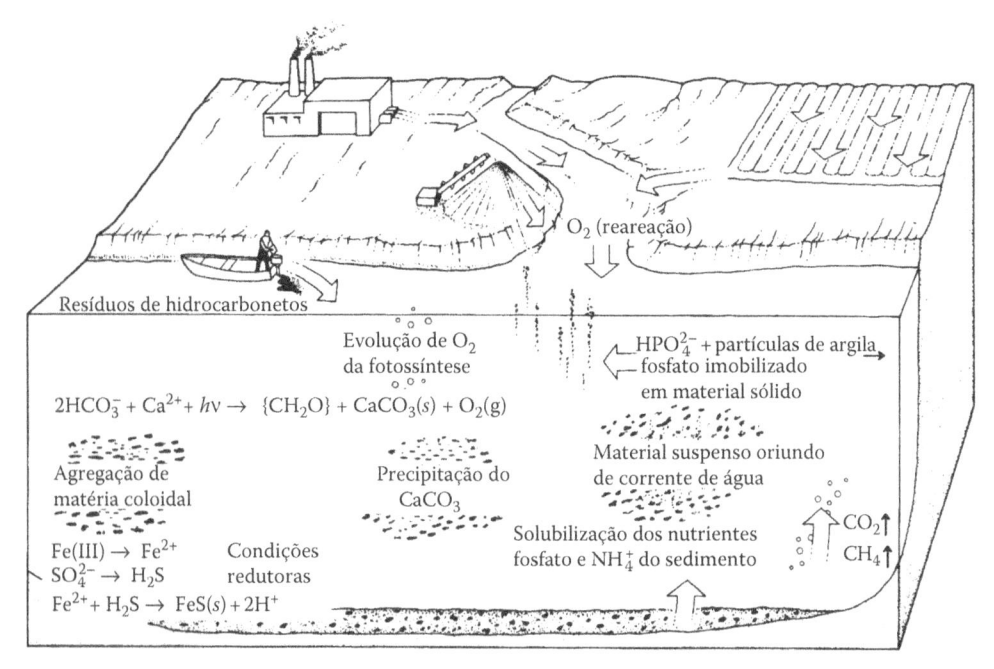

FIGURA 5.1 Os processos químicos ambientais mais importantes na água envolvem as interações entre a água e outra fase.

aquáticas mediada por organismos que passam expressiva parte de seus ciclos de vida em contato com sedimentos ou vivendo neles. Entre estes estão diversos tipos de crustáceos (camarão, lagostim, caranguejo), moluscos, além de uma variedade de vermes, insetos, anfípodas, bivalves e organismos menores que causam preocupação especial por se localizarem na base da cadeia alimentar.

A transferência de poluentes de sedimentos a organismos pode envolver um estágio intermediário na solução aquosa, bem como a transferência direta entre sedimentos e organismos. Isso é importante, sobretudo no caso de poluentes organofílicos pouco solúveis em água, como os pesticidas halogenados. A parcela das substâncias conservada nos sedimentos mais prontamente disponível para os organismos é aquela contida na *água intersticial*, existente nos poros microscópicos da massa sedimentar. Com frequência a água intersticial é extraída dos sedimentos para a mensuração da toxidez utilizando organismos-teste aquáticos.

5.2.1 A formação de sedimentos

Os processos físicos, químicos e biológicos resultam na deposição de sedimentos nos leitos de corpos hídricos. Esses sedimentos podem ser cobertos, produzindo minerais sedimentares. O material sedimentar entra em um corpo hídrico simplesmente pela erosão ou pela formação de lamaçal (afundamento) em uma costa. É assim que argila, areia, matéria orgânica e outros materiais são lavados para o interior de um lago, acomodando-se e formando camadas sedimentares.

Os sedimentos formam-se com base em reações de precipitação simples, muitas das quais são discutidas a seguir. Quando uma água residuária rica em fosfato entra em um corpo hídrico contendo uma concentração elevada de íons cálcio, a seguinte reação ocorre, produzindo hidroxiapatita sólida:

$$5Ca^{2+} + H_2O + 3HPO_4^{2-} \rightarrow Ca_5OH(PO_4)_3(s) + 4H^+ \quad (5.1)$$

O sedimento de carbonato de cálcio se forma quando a água rica em dióxido de carbono e contendo um nível elevado de cálcio como dureza temporária (ver Seção 3.5) perde dióxido de carbono para a atmosfera:

$$Ca^{2+} + 2HCO_3^- \rightarrow CaCO_3(s) + CO_2(g) + H_2O \quad (5.2)$$

ou quando o pH é elevado pela reação de fotossíntese:

$$Ca^{2+} + 2HCO_3^- + h\nu \rightarrow \{CH_2O\} + CaCO_3(s) + O_2(g) \quad (5.3)$$

A oxidação de formas reduzidas de um elemento o transforma em uma espécie insolúvel, como visto quando o ferro (II) é oxidado a ferro (III) para produzir um precipitado de hidróxido de ferro insolúvel (III):

$$4Fe^{2+} + 10H_2O + O_2 \rightarrow 4Fe(OH)_3(s) + 8H^+ \quad (5.4)$$

Uma diminuição no pH resulta na produção de um sedimento de ácido húmico insolúvel a partir de substâncias húmicas orgânicas solúveis em solução básica (ver Seção 3.17).

A atividade biológica é responsável pela formação de alguns sedimentos aquáticos. Certas espécies de bactérias geram grandes quantidades de óxido de ferro (III) (ver Seção 6.14) como subproduto de sua mediação da oxidação do ferro (II) a ferro (III), em um processo em que extraem a energia de que precisam. Nas regiões anaeróbias (deficientes em oxigênio) dos leitos de corpos hídricos, algumas bactérias utilizam o sulfato de ferro como receptor de elétrons:

$$SO_4^{2-} \rightarrow H_2S \quad (5.5)$$

ao passo que outras bactérias reduzem o ferro (III) a ferro (II):

$$Fe(OH)_3(s) \rightarrow Fe^{2+} \quad (5.6)$$

Esses dois produtos podem reagir para formar uma camada de sedimento escuro contendo sulfeto de ferro (II):

$$Fe^{2+} + H_2S \rightarrow FeS(s) + 2H^+ \quad (5.7)$$

Esse processo é comum no inverno, alternando com a produção de carbonato de cálcio como subproduto da fotossíntese (Reação 5.3) que ocorre no verão. É nessas condições que se forma um sedimento estratificado composto de camadas de FeS escuro e $CaCO_3$ branco que se sobrepõem em alternância, como mostra a Figura 5.2.

5.2.2 Os materiais sedimentares orgânicos e carbonáceos

Os sedimentos carbonáceos de materiais orgânicos têm importância especial devido à afinidade com poluentes aquáticos orgânicos pouco solúveis. (Conforme discutido na Seção 1.9, nos cálculos do destino e transporte químicos envolvendo a absorção de

← CaCO₃ produzido como subproduto
da fotossíntese durante o verão

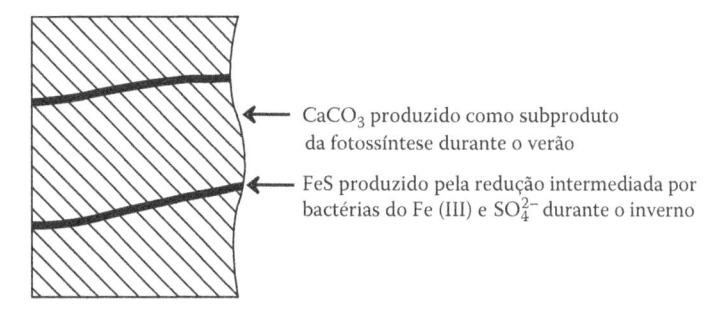

← FeS produzido pela redução intermediada por
bactérias do Fe (III) e SO₄²⁻ durante o inverno

FIGURA 5.2 Camadas alternadas de FeS e $CaCO_3$ no sedimento de um lago. Esse fenômeno foi observado no Lago Zürich, Suíça.

matéria orgânica da água por sedimentos contendo sólidos orgânicos, o coeficiente de partição sedimento-água da substância partilhada pela água e pelo solo pode ser expresso como função da fração de matéria orgânica no sedimento, f_{oc}, e do coeficiente de partição do contaminante orgânico para a matéria orgânica pura sólida, K_{oc}). O carbono dos sedimentos orgânicos se origina de fontes biológicas e combustíveis fósseis. Essas fontes biológicas podem ser a biomassa vegetal, animal e microbiana, como celulose, lignina, colágeno e cutícula, além dos produtos de sua degradação, sobretudo as substâncias húmicas. As fontes relativas a combustíveis fósseis incluem alcatrão de hulha, resíduos de petróleo (como o asfalto), fuligem, coque, carvão vegetal e carvão mineral.

Carbono negro* é o nome dado a pequenas partículas de carbono originadas da combustão incompleta de combustíveis fósseis e biomassa. Quantidades significativas de carbono negro são produzidas durante os processos de combustão e se encontram no material particulado na atmosfera, no solo e nos sedimentos. O carbono elementar tem afinidade com a matéria orgânica (ver a discussão sobre o carvão ativado no Capítulo 8) e um papel importante como sumidouro de compostos orgânicos hidrofóbicos nos sedimentos.[1]

Os compostos inorgânicos hidrofóbicos combinam-se preferencialmente ao carbono orgânico em sedimentos. Os dois exemplos mais relevantes desse tipo de composto são os hidrocarbonetos aromáticos policíclicos (PAH, *polycyclic aromatic hydrocarbons*) e as bifenilas policloradas (PCB, *polychlorinated biphenyls*). Entre 60 e 90% desses compostos orgânicos hidrofóbicos estão combinados ao carbono orgânico em sedimentos, embora este componha apenas 5-7% dos sedimentos em geral. O carbono orgânico em sedimentos representa um reservatório de compostos orgânicos hidrofóbicos persistentes por muitos anos após a fonte poluidora ter sido removida. No entanto, os compostos retidos por esses sólidos têm biodisponibilidade relativamente menor e não são biodegradados com a mesma rapidez que os compostos em solução ou combinados a materiais sedimentares minerais.

---

* N. de R. T.: Também conhecido como negro de fumo.

5.3 As solubilidades

A formação e a estabilidade de fases não aquosas em água têm forte dependência das solubilidades. Nesta seção são discutidos os cálculos das solubilidades de sólidos e gases.

5.3.1 As solubilidades dos sólidos

A solubilidade de um sólido em água gera preocupações quando ele é ligeiramente solúvel. Quando tem solubilidade baixa, esse sólido muitas vezes é chamado de "insolúvel". A solubilidade do carbonato de chumbo foi discutida na Seção 3.15. Esse sal tem a capacidade de introduzir o íon chumbo tóxico na água por meio de reações como

$$PbCO_3(s) \rightleftarrows Pb^{2+} + CO_3^{2-} \tag{3.79}$$

O cálculo da solubilidade de um sólido iônico normalmente é simples, como efetuado para o sulfato de bário, dissolvido de acordo com a reação

$$BaSO_4(s) \rightleftarrows Ba^{2+} + SO_4^{2-} \tag{5.8}$$

cuja constante de equilíbrio é

$$K_{ps} = [Ba^{2+}][SO_4^{2-}] = 1{,}23 \times 10^{-10} \tag{5.9}$$

Uma constante de equilíbrio nessa forma, que expressa a solubilidade de um sólido formador de íons em água, é chamada de *produto de solubilidade* (representado por K_{ps}). Nos casos mais simples, o produto de solubilidade pode ser utilizado sozinho para calcular a solubilidade de um sal ligeiramente solúvel em água. A solubilidade (S, mol L^{-1}) do sulfato de bário é calculada assim:

$$[Ba^{2+}] = [SO_4^{2-}] = S \tag{5.10}$$

$$[Ba^{2+}][SO_4^{2-}] = S \times S = K_{ps} = 1{,}23 \times 10^{-10} \tag{5.11}$$

$$S = (K_{ps})^{1/2} = (1{,}23 \times 10^{-10})^{1/2}) = 1{,}11 \times 10^{-5} \tag{5.12}$$

Contudo, as variações nos coeficientes de atividade resultantes das diferenças em força iônica podem tornar um cálculo simples como esse mais complexo.

As *solubilidades intrínsecas* dizem respeito ao fato de que uma parte expressiva da solubilidade de um sólido iônico se deve à dissolução da forma neutra do sal e precisa ser adicionada à solubilidade calculada com base em K_{ps} para gerar a solubilidade total, como demonstrado a seguir para o cálculo da solubilidade do sulfato de cálcio. Quando o sulfato de cálcio dissolve em água sem outra forma de íons cálcio ou sulfato, as duas reações principais são

$$CaSO_4(s) \rightleftarrows CaSO_4(aq) \tag{5.13}$$

$$[CaSO_4(aq)] = 5{,}0 \times 10^{-3} \text{ mol L}^{-1}(25°C) \tag{5.14}$$
(solubilidade intrínseca do CaSO$_4$)

Capítulo 5 As interações entre fases na química aquática

$$CaSO_4(s) \rightleftarrows Ca^{2+} + SO_4^{2-} \quad (5.15)$$

$$[Ca^{2+}][SO_4^{2-}] = K_{ps} = 2,6 \times 10^{-5} \text{ (25°C)} \quad (5.16)$$

e a solubilidade total do $CaSO_4$ é calculada por

$$S = \underbrace{[Ca^{2+}]}_{\substack{\text{Contribuição} \\ \text{do produto de} \\ \text{solubilidade}}} + \underbrace{[CaSO_4(aq)]}_{\substack{\text{Contribuição} \\ \text{da solubilidade} \\ \text{intrínseca}}}$$

$$\begin{aligned} S &= (K_{ps})^{1/2} + [CaSO_4(aq)] = (2,6 \times 10^{-5})^{1/2} + 5,0 \times 10^{-3} \\ &= 5,1 \times 10^{-3} + 5,0 \times 10^{-3} = 1,01 \times 10^{-2} \text{ mol L}^{-1} \end{aligned} \quad (5.18)$$

É possível observar que, nesse caso, a solubilidade intrínseca responde por metade da solubilidade do sal.

Na Seção 3.15 vimos que as solubilidades de sólidos iônicos pode ser significativamente afetada por reações de cátions e ânions. Foi demonstrado que a solubilidade do $PbCO_3$ aumenta pela quelação do íon chumbo pelo NTA,

$$Pb^{2+} + T^{3-} \rightleftarrows PbT^- \quad (3.72)$$

pela reação do íon carbonato com H^+,

$$H^+ + CO_3^{2-} \rightleftarrows HCO_3^- \quad (5.19)$$

e diminui na presença do íon carbonato como alcalinidade da água:

$$CO_3^{2-} \text{ (da dissociação do } HCO_3^-) + Pb^{2+} \rightleftarrows PbCO_3(s) \quad (5.20)$$

Esses exemplos mostram que tanto as reações de cátions quanto de ânions precisam ser consideradas no cálculo das solubilidades de sólidos iônicos.

5.3.2 As solubilidades dos gases

As solubilidades dos gases em água são descritas pela Lei de Henry, que afirma que *em temperatura constante a solubilidade de um gás em um líquido é proporcional à pressão parcial do gás em contato com o líquido*. Para um gás "X", essa lei se aplica ao equilíbrio do tipo*

$$X(g) \rightleftarrows X(aq) \quad (5.21)$$

mas não considera as reações adicionais da espécie gasosa em água, como

$$NH_3 + H_2O \rightleftarrows NH_4^+ + OH^- \quad (5.22)$$

$$SO_2 + HCO_3^- \text{ (da alcalinidade da água)} \rightleftarrows CO_2 + HSO_3^- \quad (5.23)$$

---

* N. de R. T.: A Lei de Henry se aplica apenas para situações de equilíbrio.

TABELA 5.1 As constantes da Lei de Henry para alguns gases em água a 25°C

Gás	K (mol L^{-1} atm^{-1})
O_2	$1{,}28 \times 10^{-3}$
CO_2	$3{,}38 \times 10^{-2}$
H_2	$7{,}90 \times 10^{-4}$
CH_4	$1{,}34 \times 10^{-3}$
N_2	$6{,}48 \times 10^{-4}$
NO	$2{,}0 \times 10^{-4}$

que podem resultar em solubilidades muito maiores que as previstas pela Lei de Henry. Em termos matemáticos, a Lei de Henry é expressa como

$$[X(aq)] = KP_X \tag{5.24}$$

onde [X(aq)] é a concentração aquosa do gás, P_X é sua pressão parcial e K é a constante da Lei de Henry aplicável a um determinado gás a uma temperatura específica. Para concentrações de gás em mols por litro e pressões de gás em atmosfera, as unidades de K são mol por L atm. Alguns valores importantes de K para gases dissolvidos em água são dados na Tabela 5.1.

Ao calcular a solubilidade de um gás em água, é preciso efetuar uma correção para a pressão parcial da água, subtraindo-a da pressão total do gás. A 25°C, a pressão parcial da água é 0,0313 atm (os valores para outras temperaturas estão disponíveis em manuais). A concentração de oxigênio na água saturada com ar a 1,00 atm e 25°C é um exemplo de cálculo simples da solubilidade de um gás. Lembrando que o ar seco contém 20,95% em volume de oxigênio e levando em conta a pressão parcial da água, tem-se

$$P_{O_2} = (1{,}0000 \text{ atm} - 0{,}0313 \text{ atm}) \times 0{,}2095 = 0{,}2029 \text{ atm} \tag{5.25}$$

$$[O_2(aq)] = K \times P_{O_2} = 1{,}28 \times 10^{-3} \text{ mol L}^{-1} \text{ atm}^{-1} \times 0{,}2029 \text{ atm} = 2{,}60 \times 10^{-4} \text{ mol L}^{-1} \tag{5.26}$$

A massa molar do oxigênio é 32. Portanto, a concentração de O_2 dissolvido em água em equilíbrio com o ar nas condições dadas é 8,32 mg L^{-1}, ou 8,32 partes por milhão (ppm).

As solubilidades dos gases diminuem com o aumento da temperatura. Esse fator é levado em conta pela equação de *Clausius-Clapeyron*,

$$\log \frac{C_2}{C_1} = \frac{\Delta H}{2{,}303R} \left[\frac{1}{T_1} - \frac{1}{T_2} \right] \tag{5.27}$$

onde C_1 e C_2 representam a concentração do gás na água nas temperaturas absolutas T_1 e T_2, respectivamente, ΔH é o calor da solução, e R, a constante dos gases. O valor de R é 1,987 cal K^{-1} mol^{-1}, o que dá ΔH em cal mol^{-1}.

5.4 As partículas coloidais em água

Muitos minerais, certos poluentes aquáticos, materiais proteináceos, algumas algas e bactérias estão em suspensão na água como partículas muito pequenas classificadas como *partículas coloidais*. Elas apresentam as características de bactérias e algas quando em solução, e comportam-se como partículas grandes em suspensão. Têm diâmetro entre cerca de 0,001 micrômetro (μm) e perto de 1 μm, e espalham luz branca na forma de luz azul, como observado em ângulos retos à incidência da luz. Essas propriedades relativas ao fenômeno de espalhamento da luz apresentadas pelos coloides resultam do fato de eles terem a mesma magnitude de tamanho que o comprimento de onda da luz, no que é chamado *efeito Tyndall*. As propriedades únicas aos coloides e o comportamento de suas partículas sofrem forte influência de suas características físico-químicas, como a área específica, a alta energia de interface e a grande razão superfície-densidade de carga. Os coloides desempenham um papel muito importante na determinação dos parâmetros e do comportamento de águas naturais e residuárias.

5.4.1 O transporte de contaminantes por coloides na água

Uma influência importante dos coloides na química aquática é sua capacidade de transportar diversos tipos de contaminantes orgânicos e inorgânicos. O *transporte facilitado por coloides*, em que os contaminantes se ligam à superfície das partículas coloidais, é uma via possível e importante para o deslocamento de substâncias que, do contrário, seriam sorvidas nos sedimentos ou, no caso do transporte de águas subterrâneas, nas rochas dos aquíferos. Esse mecanismo desperta preocupações com relação à superação de barreiras naturais e artificiais na disposição subsuperficial de longo prazo de alguns tipos de resíduos, como o lixo nuclear de alta atividade, inclusive o plutônio.[2]

5.4.2 A ocorrência de coloides na água

Os coloides compostos por uma variedade de substâncias orgânicas (inclusive substâncias húmicas), materiais inorgânicos (sobretudo argilas) e poluentes ocorrem em águas naturais e artificiais. Essas substâncias exercem uma diversidade de efeitos, como aqueles observados em organismos e no transporte de poluentes. Sem dúvida, a caracterização de materiais orgânicos presentes na água é muito importante, e são muitos os meios utilizados para isolar e caracterizar esses materiais. Os dois métodos mais comuns são a filtração e a centrifugação, embora outras técnicas, como a voltametria e o fracionamento por fluxo tangencial, também sejam empregadas.

5.4.3 Os tipos de partículas coloidais

Os coloides são classificados como *hidrofílicos*, *hidrofóbicos* ou *de associação*. Uma breve descrição dessas três classes é feita a seguir.

De modo geral, os *coloides hidrofílicos* são macromoléculas, como proteínas e polímeros sintéticos, caracterizadas por uma interação forte com a água, resultando na formação espontânea de coloides quando introduzidas no solvente. Em certo sentido, os coloides hidrofílicos são soluções de moléculas ou íons muito grandes. As suspensões de coloides hidrofílicos são menos afetadas pela adição de sais à água do que as suspensões de coloides hidrofóbicos.

Os *coloides hidrofóbicos* interagem com a água com menor intensidade, sendo estáveis devido a suas cargas elétricas negativas ou positivas, como mostra a Figura 5.3. A superfície carregada da partícula coloidal e os *contraíons* que a circundam compõem uma *dupla camada elétrica*, que faz as partículas se repelirem.

A adição de sal normalmente precipita os coloides hidrofóbicos em suspensão. Exemplos desse tipo de coloides são partículas de argila, gotículas de petróleo e partículas muito pequenas de ouro.

Os *coloides de associação* consistem em agregados especiais de íons e moléculas chamadas *micelas*. Para entender como funcionam, consideremos um estearato de sódio, um sabão comum, com fórmula estrutural:

$$H-\underset{H}{\overset{H}{C}}-\underset{H}{\overset{H}{C}}-\underset{H}{\overset{H}{C}}-\underset{H}{\overset{H}{C}}-\underset{H}{\overset{H}{C}}-\underset{H}{\overset{H}{C}}-\underset{H}{\overset{H}{C}}-\underset{H}{\overset{H}{C}}-\underset{H}{\overset{H}{C}}-\underset{H}{\overset{H}{C}}-\underset{H}{\overset{H}{C}}-\underset{H}{\overset{H}{C}}-\underset{H}{\overset{H}{C}}-\underset{H}{\overset{H}{C}}-\underset{H}{\overset{H}{C}}-\underset{H}{\overset{H}{C}}-\underset{H}{\overset{H}{C}}-\overset{O}{\underset{}{C}}-O^- Na^+$$

Representado como ∿∿∿∿∿∿∿∿∿ –Ⓝa⁺

O íon estearato tem uma cabeça hidrofílica, $-CO_2^-$, e uma longa cauda hidrofóbica, $CH_3(CH_2)_{16}^-$. Por essa razão os ânions estearato na água tendem a formar aglomerados constituídos de até 100 ânions agrupados por suas "caudas" de hidrocarbonetos no interior de uma partícula coloidal esférica e suas "cabeças" iônicas na superfície em contato com a água e os contraíons Na^+. Essas *micelas* (Figura 5.4) podem ser visualizadas como gotículas de óleo com cerca de 3 a 4 nanômetros (nm) de diâmetro recobertas por íons ou grupos polares. De acordo com esse modelo, as micelas se formam quando certa concentração de uma espécie surfactante, via de regra 1×10^{-3} mol L^{-1}, é atingida. A concentração em que isso ocorre é chamada de *concentração micelar crítica*.

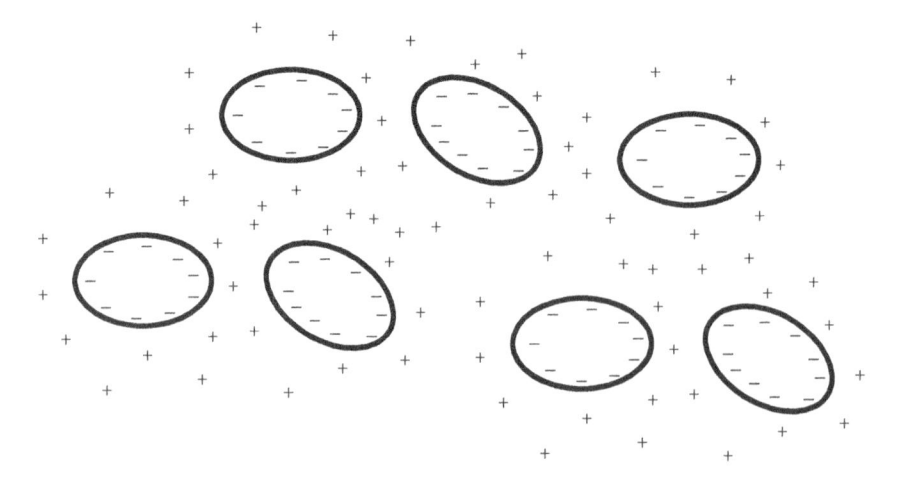

FIGURA 5.3 Representação de partículas coloidais hidrofóbicas em solução com carga negativa cercadas por contraíons com carga positiva, formando uma camada dupla. (As partículas coloidais na água podem ter carga positiva ou negativa.)

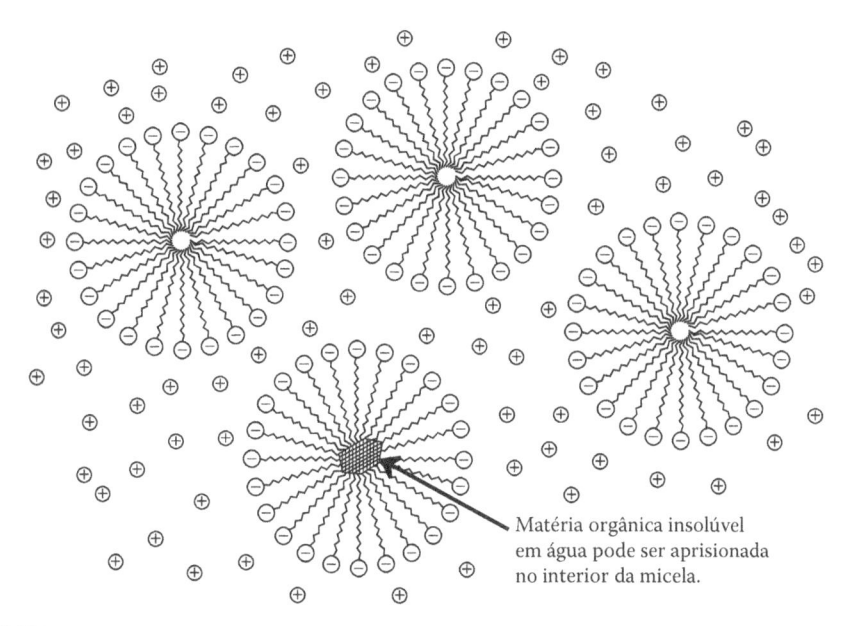

Matéria orgânica insolúvel em água pode ser aprisionada no interior da micela.

FIGURA 5.4 Representação de partículas micelares de um sabão coloidal.

5.4.4 A estabilidade dos coloides

A estabilidade dos coloides é um dos principais fatores na determinação de seu comportamento. Ela está envolvida em fenômenos aquáticos importantes, como a formação de sedimentos, a dispersão e a aglomeração de células bacterianas e a dispersão e remoção de poluentes (como óleo cru de um derramamento de petróleo).

Como discutido anteriormente, os dois principais fenômenos que contribuem para a estabilização dos coloides são a *hidratação* e a *carga superficial*. A camada de água na superfície hidratada das partículas coloidais impede que elas entrem em contato umas com as outras, o que formaria unidades maiores. Uma carga superficial nas partículas coloidais impede a agregação, uma vez que partículas com carga idêntica se repelem. A carga superficial muitas vezes depende do pH. Em valores de pH 7,0, a maior parte das partículas coloidais em águas naturais, como células de algas e bactérias, proteínas e gotículas coloidais de petróleo, apresenta carga negativa. A matéria orgânica natural na água tende a se ligar às superfícies das partículas coloidais e, devido aos grupos funcionais com carga negativa característicos dessa matéria, as partículas coloidais na água adquirem carga predominantemente negativa.

Uma das três maneiras principais de uma partícula adquirir carga superficial envolve uma *reação química na superfície da partícula*. Esse fenômeno, que muitas vezes envolve um íon hidrogênio e depende do pH, é típico dos hidróxidos e óxidos e é ilustrado para o dióxido de manganês, MnO_2, na Figura 5.5.

A título de exemplo de como se forma a carga dependente do pH nas superfícies de partículas coloidais, consideremos os efeitos do pH na carga superficial do óxido de manganês, representada pela fórmula química $MnO_2(H_2O)(s)$. Em meio relativamente ácido, a reação

$$MnO_2(H_2O)(s) + H^+ \rightarrow MnO_2(H_3O)^+(s) \qquad (5.28)$$

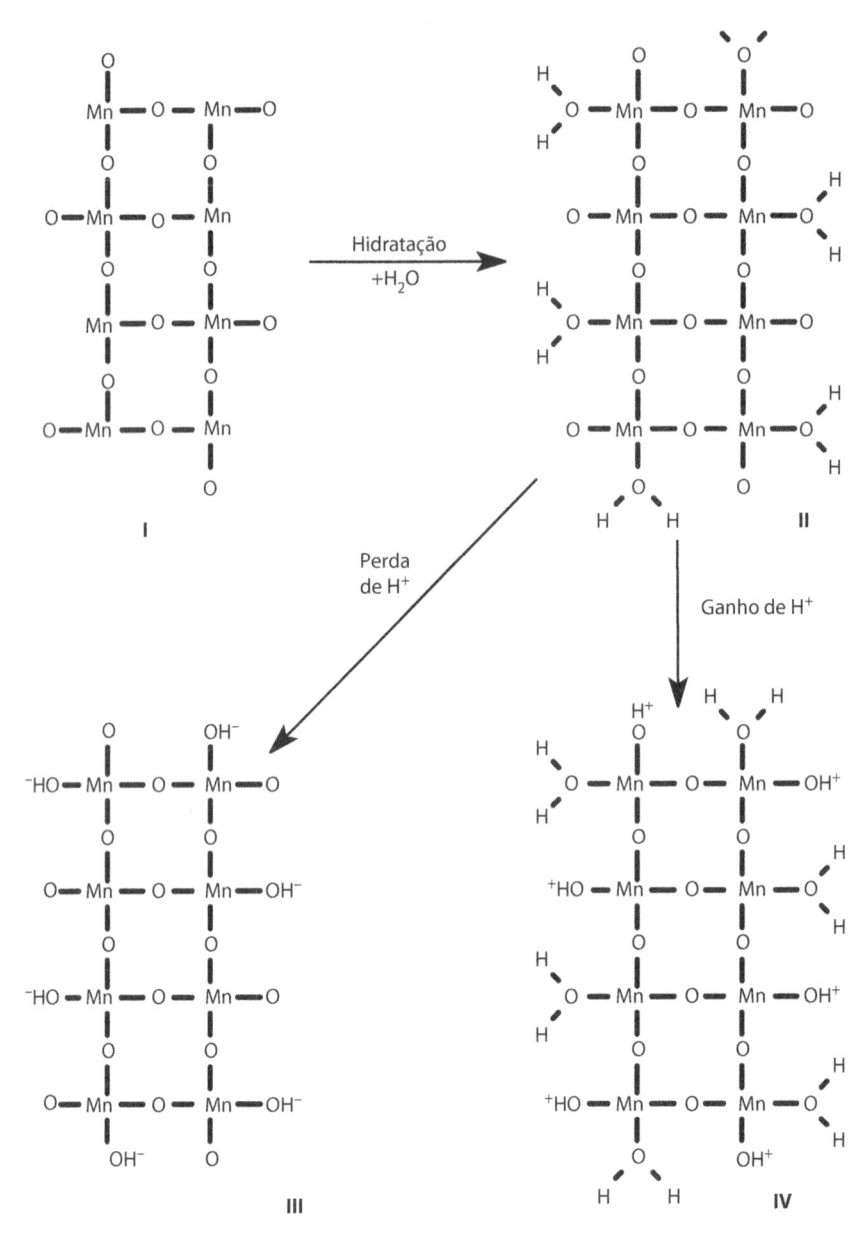

FIGURA 5.5 A aquisição de carga superficial por MnO_2 coloidal em água. (I) MnO_2 anidro tem dois átomos de O por átomo de Mn. (II) Suspenso em água na forma de coloide, ele se liga às moléculas de água, formando moléculas de MnO_2 hidratado. (III) A perda de H^+ da H_2O ligada gera uma partícula coloidal com carga negativa. (IV) O ganho de H^+ pela superfície dos átomos de O gera uma partícula com carga positiva. O processo anterior (perda de H^+) predomina em óxidos metálicos.

pode ocorrer na superfície da partícula coloidal, conferindo-lhe carga positiva líquida. Em meio mais básico, os íons hidrogênio podem ser doados pela superfície do óxido hidratado, gerando partículas com carga negativa:

$$MnO_2(H_2O)(s) \rightarrow MnO_2(OH)^-(s) + H^+ \qquad (5.29)$$

Em valores intermediários de pH, chamados de *ponto de carga zero* (PCZ), as partículas coloidais de um hidróxido terão carga líquida igual a zero, o que favorece a agregação de partículas e a precipitação da massa de sólido:

$$\text{Número de sítios } MnO_2(H_3O)^+ = \text{Número de sítios } MnO_2(OH)^- \qquad (5.30)$$

A carga das células de microrganismos que se comportam como partículas coloidais é função do pH. Essa carga é adquirida pela doação ou recepção de íons H^+ pelos grupos carboxila e amino na superfície da célula.

$^+H_3N(+\text{célula})CO_2H$ $^+H_3N(\text{célula neutra})CO_2^-$ $H_2N(-\text{célula})CO_2^-$
    pH baixo   pH intermediário   pH alto

A *absorção de íons* é uma segunda maneira de as partículas coloidais adquirirem carga. Esse fenômeno envolve a fixação de íons na superfície coloidal por mecanismos que diferem da ligação covalente convencional, como as pontes de hidrogênio e forças de London (van der Waals).

A *substituição iônica* é a terceira maneira de uma partícula coloidal adquirir carga líquida. Por exemplo, a substituição de parte do Si (IV) por Al (III) na unidade química básica SiO_2 no retículo cristalino de alguns minerais, mostrada na Equação 5.31,

$$[SiO_2] + Al(III) \rightarrow [AlO_2^-] + Si(IV) \qquad (5.31)$$

gera sítios com carga líquida negativa. Da mesma forma, a substituição de Al (III) por um íon metálico bivalente como o Mg (II) no retículo cristalino da argila produz uma carga líquida negativa.

5.5 As propriedades coloidais das argilas

As argilas constituem a classe mais importante de minerais observados com frequência na forma de matéria coloidal na água. A composição e as propriedades das argilas são discutidas em detalhes na Seção 15.7 (como minerais terrestres sólidos), sendo apresentadas brevemente nesta seção. As *argilas* consistem sobretudo em óxidos de alumínio e silício, sendo consideradas *minerais secundários*, formados pela ação do tempo e de outros processos que atuam sobre rochas primárias (ver Seções 15.2 e 15.8). As fórmulas gerais de algumas argilas comuns são:

- Caulinita: $Al_2(OH)_4Si_2O_5$
- Montmorilonita: $Al_2(OH)_2Si_4O_{10}$
- Nontronita: $Fe_2(OH)_2Si_4O_{10}$
- Mica hidratada: $KAl_2(OH)_2(AlSi_3)O_{10}$

Os minerais argilosos mais comuns são as ilitas, montorilonitas, cloritas e caulinitas, e distinguem-se uns dos outros na fórmula química bruta, na estrutura e nas propriedades químicas e físicas. Com frequência o ferro e o manganês estão associados a minerais argilosos.

As argilas se caracterizam por estruturas em camadas formadas por folhas de óxido de silício alternadas com folhas de óxido de alumínio. As unidades compostas por duas ou três folhas formam as *camadas unitárias*. Algumas argilas, sobretudo as argilas montomoriloníticas, são capazes de absorver grandes quantidades de água retida entre essas camadas unitárias, com o inchamento da massa argilosa.

Conforme descrito na Seção 5.4, os minerais argilosos conseguem obter carga líquida negativa por substituição iônica, em que os íons Si (IV) e Al (III) são substituídos por íons de tamanho semelhante, porém com carga menor. Essa carga negativa precisa ser compensada pela associação de cátions com as superfícies das camadas de argila. Uma vez que esses cátions não necessariamente precisam se encaixar a sítios específicos no retículo cristalino da argila, não importa que sejam íons volumosos como K^+, Na^+ ou NH_4^+. Esses cátions são chamados *cátions intercambiáveis* e podem ser substituídos por cátions na água. A quantidade de cátions intercambiáveis, expressa em miliequivalentes (de cátions monovalentes) por 100 g de argila seca, é chamada de *capacidade de troca catiônica* (CTC) da argila, uma característica importante de coloides e sedimentos que apresentam capacidade de troca iônica.

Devido à sua estrutura e extensa área superficial por unidade de massa, as argilas apresentam uma forte tendência de sorver substâncias químicas em solução na água. Por essa razão desempenham um papel importante no transporte e nas reações envolvendo resíduos biológicos, compostos orgânicos, gases e outras espécies poluentes no ambiente aquático. Contudo, os minerais argilosos também são eficientes imobilizadores de compostos químicos dissolvidos em água, o que lhes confere propriedades purificadoras. Alguns processos microbianos ocorrem na superfície das partículas de argila e, em alguns casos, a sorção de compostos orgânicos por essas partículas inibe sua biodegradação. Por essas razões, a argila tem um papel importante na degradação de resíduos orgânicos, ou na impossibilidade desta.

5.6 A agregação de partículas

Os processos de agregação e precipitação de partículas em suspensão coloidal são muito importantes no ambiente aquático. Por exemplo, a sedimentação de biomassa durante o tratamento biológico de resíduos depende da agregação das células bacterianas. Além da sedimentação, há o adensamento de sedimentos nos leitos e a clarificação de água turva para uso doméstico e industrial. A agregação de partículas é um processo complicado, podendo ser dividido em duas classes gerais, a *coagulação* e a *floculação*, discutidas a seguir.

As partículas coloidais são impedidas de agregar pela repulsão eletrostática das duplas camadas (a camada do íon absorvido e a camada do contraíon). A *coagulação* envolve a redução dessa repulsão eletrostática de maneira a permitir que as partículas coloidais de materiais idênticos se agreguem. A *floculação* utiliza os *agentes de ponte*, responsáveis pelos elos químicos entre as partículas coloidais e que agregam as partículas em massas relativamente grandes chamadas de *malhas de flóculos*.

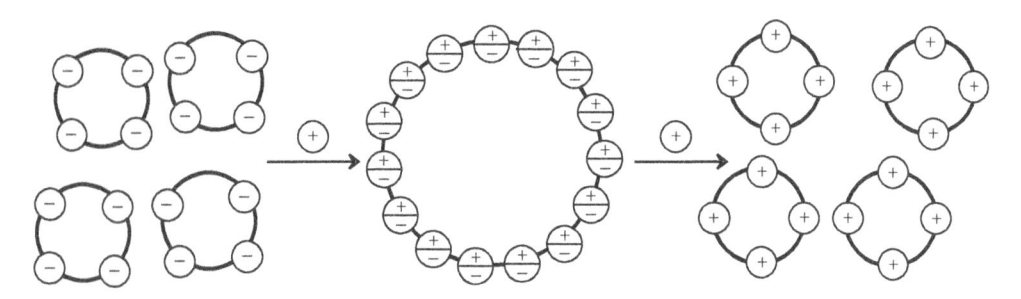

FIGURA 5.6 A agregação de partículas coloidais com carga negativa pela reação com íons com carga positiva, acompanhada pela reestabilização na forma de coloide com carga positiva.

Com a adição de pequenas quantidades de sais que contribuam com íons em solução, muitas vezes a coagulação de coloides hidrófobos ocorre de imediato. Esses coloides são estabilizados pela repulsão eletrostática. Portanto, a explicação mais simples para a ocorrência da coagulação por íons em solução é que esses reduzem a repulsão eletrostática entre partículas a ponto de se agregarem. Devido à dupla camada de carga elétrica em torno de uma partícula carregada, esse mecanismo de agregação é às vezes chamado *compressão de dupla camada*, observada sobretudo em estuários, local onde a água doce com alto teor de sedimentos entra no oceano. É também o principal mecanismo responsável pela formação de deltas de grandes rios que fluem para o oceano.

A ligação de íons positivos à superfície de um coloide inicialmente apresentando carga negativa pode acarretar a precipitação, acompanhada da reestabilização do coloide, como mostra a Figura 5.6. Esse tipo de comportamento é explicado pela neutralização inicial da carga superficial negativa das partículas, promovida pela sorção de íons positivos, o que permite a coagulação. À medida que são adicionados íons com carga positiva, a sorção destes promove a formação de partículas coloidais positivas.

5.6.1 A floculação de coloides por polieletrólitos

Os *polieletrólitos* de origem natural ou sintética são polímeros com massa fórmula alta, normalmente contendo grupos funcionais ionizáveis, e podem causar a floculação de coloides. A Tabela 5.2 lista exemplos típicos de polieletrólitos sintéticos.

É possível observar na Tabela 5.2 que os polieletrólitos aniônicos têm grupos funcionais com cargas negativas, como o $-SO_3^-$ e o $-CO_2^-$. Os polieletrólitos catiônicos têm grupos funcionais com carga positiva, via de regra H^+ ligado a N. Os polímeros não iônicos que servem como floculantes de modo geral não têm grupos funcionais com carga elétrica.

Por mais paradoxal que pareça, os polieletrólitos *aniônicos* conseguem promover a floculação de partículas coloidais com *carga negativa*, um processo de importância especial para sistemas biológicos, por exemplo, na coesão de células teciduais, na aglutinação de células bacterianas e nas reações anticorpo-antígeno. O mecanismo que rege esse processo envolve a formação de pontes entre as partículas coloidais mediada por ânions de polieletrólitos, sendo facilitado pela presença de concentrações baixas de um íon metálico capaz de servir como ponte entre os polieletrólitos aniônicos e os grupos funcionais com carga negativa na superfície do coloide.

TABELA 5.2 Alguns polieletrólitos sintéticos e polímeros neutros utilizados como floculantes

Polieletrólitos aniônicos: Poliestirenossulfonato, Poliacrilato

Polieletrólitos catiônicos: Poli(vinil piridínio), Polietileno imina

Polímeros não iônicos: Álcool polivinílico, Poliacrilamida

5.6.2 A floculação de bactérias por materiais poliméricos

A agregação e a sedimentação de células microbianas é um processo muito importante nos sistemas aquáticos e essencial à funcionalidade dos sistemas de tratamento biológico de resíduos. Nesses processos, a utilização de bactérias na degradação de resíduos orgânicos permite remover uma parcela significativa do carbono nos resíduos na forma de *floculado bacteriano*, constituído por agregados de células bacterianas que sedimentaram na água. Sem dúvida, a formação desse floculado tem relevância no tratamento biológico de resíduos. Substâncias poliméricas, como os polieletrólitos, são constituídas por bactérias e induzem a floculação bacteriana.

Dentro da faixa de pH de águas naturais (pH 5-9), as células bacterianas têm carga negativa. O PCZ da maioria das bactérias está dentro da faixa de pH 2-3. Contudo, suspensões bacterianas estáveis conseguem existir mesmo no PCZ. Portanto, a carga superficial não é uma necessidade absoluta na manutenção das células bacterianas em suspensão na água. Além disso, é provável que as células bacterianas permaneçam em suspensão devido ao caráter hidrofílico de suas superfícies. É por essa razão que a floculação bacteriana requer algum tipo de interação química envolvendo espécies capazes de produzir o efeito de ponte.

5.7 A sorção de superfície em sólidos

Muitas das propriedades e efeitos dos sólidos em contato com a água estão relacionados à sorção de solutos por superfícies sólidas. As superfícies de sólidos finamente divididos tendem a apresentar um excesso de energia superficial devido a um desequilíbrio nas forças químicas atuantes entre seus átomos, íons e moléculas. É possível reduzir o nível de energia superficial diminuindo a área superficial. Em condições normais essa redução é efetivada pela agregação de partículas ou pela sorção de espécies de solutos.

Alguns tipos de interações superficiais são vistos nas superfícies de óxidos metálicos que se ligam a íons metálicos em água. (Esse tipo de superfície, sua reação com a água e a subsequente aquisição de carga por meio da doação ou recepção do íon H^+ foram mostrados na Figura 5.5, para o MnO_2.) Outros sólidos inorgânicos, como as argilas, provavelmente têm comportamento muito semelhante aos óxidos metálicos sólidos. Íons metálicos solúveis, como Cd^{2+}, Cu^{2+}, Pb^{2+} ou Zn^{2+}, podem se ligar a óxidos metálicos como o $MnO_2 \cdot xH_2O$ por absorção por troca iônica não específica, complexação com grupos $-OH$ na superfície, coprecipitação em solução sólida com o óxido metálico ou mesmo como óxido discreto ou hidróxido do metal sorvido. A sorção de íons metálicos, Mt^{z+}, por complexação na superfície é ilustrada pela reação

$$M-OH + Mt^{z+} \rightleftarrows M-OMt^{z-1} + H^+ \quad (5.32)$$

e a quelação é representada pelo processo:

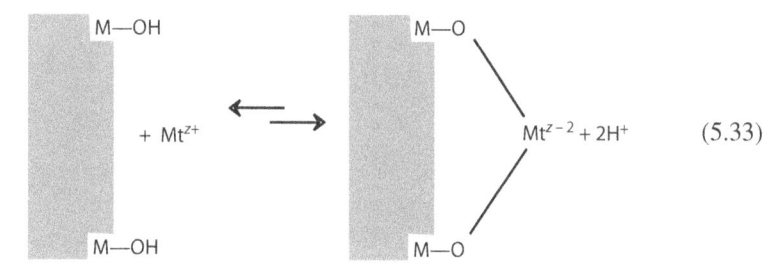

$$(5.33)$$

Um íon metálico complexado com um ligante L pode formar uma ligação pelo deslocamento de H^+ ou de OH^-:

$$M-OH + MtL^{z+} \rightleftarrows M-OMtL^{(z-1)} + H^+ \quad (5.34)$$

$$M-OH + MtL^{z+} \rightleftarrows M-(MtL)^{(z+1)} + OH^- \quad (5.35)$$

Além disso, na presença de um ligante, a dissociação do complexo e a sorção do complexo metálico precisam ser considerados, como mostra o esquema a seguir, em que "(sorvido)" representa a espécie sorvida, e "(aq)", a espécie dissolvida:

$$\begin{array}{ccc} Mt^{z+}(sorvido) & \rightleftarrows & Mt^{z+}(aq) \\ \uparrow\downarrow & & \uparrow\downarrow \\ MtL^{z+}(sorvido) & \rightleftarrows & MtL^{z+}(aq) \\ \uparrow\downarrow & & \uparrow\downarrow \\ L(sorvido) & \rightleftarrows & L(aq) \end{array}$$

Alguns óxidos metálicos hidratados, como o óxido de manganês (IV) e o óxido de ferro (III), são muito eficazes na sorção de diversas espécies existentes em solução no ambiente aquático. Hidróxidos metálicos recém-produzidos ou óxidos hidratados, como o MnO_2 coloidal, exibem uma capacidade de sorção especialmente alta. Esse óxido geralmente é produzido em águas naturais pela oxidação do Mn (II) produzido pela redução de óxidos de manganês mediada por bactérias no sedimento anóxico no fundo de corpos hídricos. O óxido de manganês (II) hidratado também pode ser produzido pela redução do manganês (VII), muitas vezes adicionado à água deliberadamente como oxidante na forma de sais de permanganato a fim de abrandar o gosto e o odor ou oxidar o ferro (II).

A área superficial do MnO_2 pode chegar a centenas de metros quadrados por grama. O óxido hidratado adquire carga pela doação e recepção do íon H^+ e tem um PCZ na faixa de pH ácido que vai de 2,8 a 4,5. Uma vez que o pH da maioria das águas naturais normais ultrapassa 4,5, a maioria dos coloides de MnO_2 hidratados tem carga negativa.

A sorção de ânions por superfícies sólidas é mais difícil de explicar do que a sorção de cátions. Os fosfatos podem ser sorvidos em superfícies hidroxiladas pelo deslocamento de hidróxidos (troca iônica):

$$\begin{array}{c}\text{M—OH} \\ | \\ | \\ \text{M—OH}\end{array} + HPO_4^{2-} \rightleftharpoons \begin{array}{c}\text{M—O} \\ \diagdown \\ P \\ \diagup \\ \text{M—O}\end{array}\begin{array}{c}\text{OH} \\ \diagdown \\ \\ \diagup \\ O\end{array} + 2OH^- \qquad (5.36)$$

O grau em que a sorção iônica ocorre é variável. Assim como os fosfatos, os sulfatos também podem ser sorvidos por ligação química, em geral em pH < 7. Os cloretos e os nitratos são sorvidos por atração eletrostática, como vista em partículas coloidais com carga positiva no solo, em valores de pH baixos. Mecanismos de ligação mais específicos podem estar envolvidos na sorção dos íons fluoreto, molibdato, selenato, selenito, arsenato e arsenito.

5.8 A troca de solutos nos sedimentos de fundo

Os sedimentos de fundo são importantes fontes e sumidouro de matéria orgânica e inorgânica em rios e riachos, reservatórios de água doce, estuários e oceanos. Portanto, considerar o sedimento de fundo puramente como solo encharcado é um equívoco. Solos normais estão em contato com a atmosfera e são óxicos, ao passo que o ambiente em torno dos sedimentos é anóxico. É por essa razão que os sedimentos estão expostos a condições redutoras. Eles sofrem processos de lixiviação constante, enquanto os solos não. Além disso, de modo geral, o teor de matéria orgânica que apresentam é maior do que nos solos.

Uma das características mais importantes dos sedimentos de fundo é a capacidade de trocar cátions com o meio aquático circundante. A CTC mede a capacidade de um sólido, como um sedimento, de sorver cátions, variando com o pH e a concentração de sais do meio. Outro parâmetro, o *status de cátion trocáveis* (ECI), diz respeito às quantidades de cátions específicos ligados a dada quantidade de sedimento. Em geral, tanto a CTC quanto o ECI são expressos em miliequivalentes por 100 g de sólido.

Devido à natureza geralmente anóxica dos sedimentos de fundo, os procedimentos de coleta e tratamento requerem cuidados especiais. Por exemplo, o contato com o oxigênio causa a rápida oxidação do Fe^{2+} e Mn^{2+} trocáveis em óxidos não trocáveis contendo metais com estados de oxidação mais altos, como Fe_2O_3 e MnO_2. Por essa razão, as amostras de sedimento precisam ser seladas e congeladas assim que possível após a coleta.

Um dos métodos mais comuns utilizados na determinação da CTC consiste em (1) tratar o sedimento com uma solução de sal de amônio para que todos os sítios trocáveis sejam ocupados pelo íon NH^{4+}, (2) deslocar o íon amônio com uma solução de NaCl e (3) determinar a quantidade do íon amônio deslocado. Os valores de CTC são expressos como o número de miliequivalentes de íon amônio trocado por 100 g de amostra seca. Observe que a secagem da amostra precisa ser feita *após* a troca iônica.

O método básico utilizado na determinação da ECI consiste na retirada de todos os cátions metálicos trocáveis da amostra do sedimento com acetato de amônio. Os cátions metálicos como Fe^{2+}, Mn^{2+}, Zn^{2+}, Cu^{2+}, Ni^{2+}, Na^+, K^+, Ca^{2+} e Mg^{2+} são então determinados no lixiviado. O íon hidrogênio trocável é muito difícil de determinar por métodos diretos. Em geral, presume-se que a CTC subtraída da soma de todos os cátions trocáveis, exceto o íon hidrogênio, forneça a concentração do íon hidrogênio intercambiável.

Os sedimentos encontrados em águas doces de modo geral têm valores de CTC entre 20 e 30 miliequivalentes/100 g. Os valores de ECI de diferentes cátions normalmente variam entre <1 e 10-20 miliequivalentes/100 g. Os sedimentos são repositórios importantes de íons metálicos capazes de serem trocados com as águas que envolvem esses sedimentos. Além disso, devido à capacidade de sorver e liberar íons hidrogênio, os sedimentos exercem um efeito tampão importante no pH de algumas águas.

5.8.1 Os metais em nível traço na matéria em suspensão e nos sedimentos

Os sedimentos e as partículas suspensas são repositórios importantes de quantidades traço de alguns metais, como cromo, cádmio, cobre, molibdênio, níquel, cobalto e manganês. Esses metais podem estar presentes como compostos discretos, íons retidos por argilas com capacidade de troca catiônica, ligados a óxidos de ferro ou manganês hidratados, ou ainda quelados por substâncias húmicas insolúveis. A forma em que estão presentes depende do pE. A Tabela 5.3 dá exemplos de compostos contendo metais-traço específicos e que são estáveis em águas naturais em condições oxidantes e redutoras. A solubilização de metais oriundos de sedimentos ou matéria em suspensão é muitas vezes função dos agentes complexantes presentes, que incluem os aminoácidos, como a histidina, tirosina ou cisteína, além do íon citrato e, quando em água do mar, o íon cloreto. As partículas em suspensão contendo elementos-traço estão na faixa de tamanho submicrométrico. Embora tenham disponibilidade menor do que em soluções verdadeiras, os metais retidos por partículas muito pequenas são mais acessíveis do que aqueles presentes em sedimentos. Entre os fatores envolvidos na disponibilidade dos metais estão a identidade do metal, sua forma química (tipo de ligação, estado de oxidação), a natureza do metal em suspensão, o tipo de organismo que o absorve e as condições físicas e químicas da água. O padrão de ocorrência de metais-traço na matéria em suspensão em águas relativamente pouco poluídas tende a apresentar uma correlação consistente com o padrão dos minerais de que se originam os sólidos suspensos. Anomalias ocorrem em águas poluídas, onde descargas de origem industrial se somam ao teor de metais no corpo hídrico.

TABELA 5.3 Compostos inorgânicos de metal traço estáveis em condições oxidantes e redutoras

Metal	Composto discreto que pode estar presente	
	Condições oxidantes	Condições redutoras
Cádmio	$CdCO_3$	CdS
Cobre	$Cu_2(OH)_2CO_3$	CuS
Ferro	$Fe_2O_3 \cdot x(H_2O)$	FeS, FeS_2
Mercúrio	HgO	HgS
Manganês	$MnO_2 \cdot x(H_2O)$	$MnS, MnCO_3$
Níquel	$Ni(OH)_2, NiCO_3$	NiS
Chumbo	$2PbCO_3 \cdot Pb(OH)_2, PbCO_3$	PbS
Zinco	$ZnCO_3, ZnSiO_3$	ZnS

Duas espécies inorgânicas têm importância especial no sequestro de metais em sedimentos. Uma delas é o óxido de ferro (III) hidratado, comumente representado pelas fórmulas $Fe_2O_3 \cdot x(H_2O)$, $Fe(OH)_3$ ou FeOOH, e que coprecipita outros metais. Esse material se forma quando o ferro (II) insolúvel é exposto a condições oxidantes. Em meio anóxico é reduzido a ferro (II) solúvel (Reação 5.6), que libera metais ligados. O segundo sólido importante que liga diversos metais são os *sulfetos voláteis em ácido*, em especial o FeS. A maioria dos metais tem forte afinidade com sulfetos, em comparação com o Fe (II) e, por esse motivo, os metais tendem a deslocar o ferro (II) deste composto. As condições que levam à redução do óxido de ferro (III) hidratado e a consequente liberação de íons de metais sequestrados são as mesmas que promovem a formação do FeS que, por sua vez, pode liberar sulfeto que ligará esses íons em uma forma insolúvel.

As toxicidades dos metais em sedimentos e sua disponibilidade para organismos são fatores muito importantes na determinação dos efeitos ambientais destes elementos nos sistemas aquáticos. Muitos sedimentos são anóxicos, condição que promove a preponderância de sulfetos metálicos em sedimentos causada pela redução microbiana do sulfato a sulfeto. As solubilidades muito reduzidas dos sulfetos tendem a limitar a biodisponibilidade de metais em sedimentos anóxicos. Contudo, existe o risco de a exposição desses sedimentos ao ar e a posterior oxidação de sulfetos a sulfatos liberar uma quantidade expressiva de metais. As operações de dragagem expõem sedimentos anóxicos ao ar, promovendo a oxidação de sulfetos e a liberação de metais como chumbo, mercúrio, cádmio, zinco e cobre.

5.8.2 A troca de fósforo com sedimentos de fundo

O fósforo é um dos principais elementos na química aquática, o nutriente limitante na proliferação de algas em diferentes cenários. A troca com sedimentos desempenha um papel importante na disponibilização do fósforo para algas e, portanto, contribui para a eutrofização. O fósforo sedimentar é classificado em quatro tipos:

- *Minerais de fosfato*, sobretudo a hidroxiapatita, $Ca_5OH(PO_4)_3$.
- *Fósforo não ocluído*, como o íon ortofosfato ligado à superfície do SiO_2 ou $CaCO_3$. Essa espécie de fósforo é de modo geral mais solúvel e mais disponível que o fósforo ocluído.

- *Fósforo ocluído*, formado por íons ortofosfato contidos nas estruturas matriciais dos óxidos hidratados amorfos de ferro e alumínio e em aluminossilicatos amorfos. Esse fósforo não está tão prontamente disponível como o fósforo não ocluído.
- *Fósforos orgânicos* incorporados à biomassa aquática e na maioria das vezes de origem bacteriana ou algácea.

Em alguns corpos aquáticos que recebem grandes descargas de resíduos domésticos ou industriais, os polifosfatos inorgânicos (presentes em detergentes, por exemplo) podem ser encontrados em sedimentos. Os deflúvios de campos onde foram utilizados fertilizantes à base de polifosfatos podem promover a sorção destes compostos por sedimentos. A ação de microrganismos em minerais de fosfato, sobretudo no fosfato de ferro, libera fosfato na água.[3]

5.8.3 Os compostos orgânicos em sedimentos e na matéria em suspensão

Muitos compostos orgânicos interagem com material e sedimentos em suspensão em corpos hídricos. Nesse sentido os coloides têm um papel expressivo no transporte de poluentes orgânicos em águas superficiais, nos processos de tratamento e mesmo, até certo ponto, em águas subterrâneas. A sedimentação de material suspenso contendo matéria orgânica transporta compostos orgânicos para o interior do sedimento de rios e lagos. Por exemplo, esse fenômeno é em grande parte responsável pela presença de herbicidas em sedimentos contendo partículas de solo contaminadas, erodidas de terras cultivadas. Alguns compostos orgânicos são transportados para os sedimentos pelos restos mortais de animais ou pelas pelotas fecais de zooplâncton que acumularam contaminantes orgânicos.

O material particulado em suspensão afeta a mobilidade dos compostos orgânicos sorvidos em partículas. Além disso, em comparação com a matéria orgânica em solução, a matéria orgânica sorvida sofre degradação química e é biodegradada a velocidades distintas e por vias diferentes. Sabe-se que existe uma grande variedade de compostos orgânicos que entram na água e reagem com sedimentos de diferentes maneiras, e que o tipo e a força da ligação variam de composto para composto.

Os tipos mais comuns de sedimentos considerados com base na capacidade de formar ligação são as argilas, as substâncias orgânicas (húmicas) e os complexos formados entre estas. Tanto as argilas quanto as substâncias húmicas atuam como trocadores de cátions. Logo, esses materiais sorvem compostos orgânicos catiônicos via troca iônica. Esse mecanismo de sorção é relativamente forte, pois reduz muito a mobilidade e a atividade biológica do composto orgânico. Quando sorvido por argilas, os compostos orgânicos são via de regra retidos entre as camadas da estrutura mineral da argila, onde sua atividade biológica é praticamente nula.

Uma vez que a maioria dos sedimentos não apresenta sítios fortes de troca aniônica, os compostos orgânicos com carga negativa não são retidos com força alguma. Por essa razão esses compostos são relativamente móveis e biodegradáveis em água, apesar da presença de sólidos.

De modo geral, o grau de sorção dos compostos orgânicos é inversamente proporcional à sua solubilidade em água. Os compostos mais insolúveis em água tendem a ser absorvidos de maneira mais intensa por materiais sólidos lipofílicos (com afinidade por gorduras), como as substâncias húmicas (ver Seção 3.17). Os compostos com pressões de vapor relativamente baixas podem ser liberados da água ou de sólidos por evaporação. Quando isso ocorre, os processos fotoquímicos (ver Capítulo 9) desempenham um papel preponderante em sua degradação.

O ácido 2,4-diclorofenoxiacético (2,4-D) é um herbicida muito estudado no âmbito das reações de sorção. A maior parte desses estudos investigou minerais argilosos puros, sendo que, na natureza, solos e sedimentos contêm a argila na forma de argila-ácido fúlvico fortemente ligados. A sorção do 2,4-D por esse tipo de complexo pode ser descrita utilizando uma equação do tipo isoterma de Freundlich.

$$X = KC^n \quad (5.37)$$

onde X é a quantidade sorvida por unidade de peso do sólido, C é a concentração do 2,4-D na solução aquosa em equilíbrio e n e K são constantes. Esses valores são determinados pela curva log X versus log C. Se uma equação de Freundlich é obedecida, a curva será linear, com inclinação n e intercepção log K.

A sorção de hidrocarbonetos pouco voláteis por sedimentos não apenas remove esses materiais do contato com organismos aquáticos como também retarda em muito sua biodegradação. As plantas aquáticas produzem alguns dos hidrocarbonetos encontrados em sedimentos. Os organismos fotossintéticos, por exemplo, produzem n-heptadecano. O estudo da distribuição de diferentes hidrocarbonetos em sedimentos é útil na distinção entre fontes naturais desses compostos e aquelas de caráter poluente.

A sorção de espécies neutras, como o petróleo, com certeza não pode ser explicada pelos processos de troca iônica. É provável que estejam envolvidos fenômenos como as forças de Van der Waals (um termo às vezes utilizado quando a verdadeira natureza de uma força de atração não é compreendida, mas considerado de modo geral como a interação dipolo-dipolo envolvendo uma molécula neutra), as pontes de hidrogênio, a complexação com transferência de carga e as interações hidrófobas.

Em alguns casos, os compostos poluentes estabelecem ligações covalentes na forma de *resíduos ligados* a substâncias húmicas em sedimentos e no solo. Entre os tipos de compostos orgânicos para os quais existem evidências de resíduos ligados em sedimentos estão os pesticidas e seus metabólitos, agentes plastificantes, compostos aromáticos halogenados e nitrocompostos.[4] Remover esses resíduos das substâncias húmicas pela via térmica, bioquímica ou pela exposição a ácido ou base (hidrólise) é muito difícil. Portanto, quanto à remoção eficiente desses poluentes do ambiente, a formação de resíduos ligados por poluentes orgânicos persistentes durante a humificação de matéria orgânica é um processo imobilizante e destoxificante de certa importância, comparado à biodegradação e à mineralização. Acredita-se que a ligação ocorra por meio da ação de enzimas produzidas por alguns organismos. Essas enzimas são do tipo extracelular (agem fora da célula) e atuam como óxido-redutases catalisadoras de reações de oxidação-redução. As enzimas microbianas da família das fenoloxidase atuam em substratos aromáticos gerados na decomposição da lignina presentes em substâncias húmicas produzidas a partir de seus precursores, além de terem atividade sobre xenobiontes aromáticos como as anilinas e os fenóis. Isso resulta na ligação desses xenobiontes aromáticos a substâncias húmicas, como mostrado a seguir para a ligação do poluente 2,4-diclorofenol a um anel arila na molécula de uma substância húmica:

$$\text{Cl}\underset{\text{Cl}}{\overset{\text{OH}}{\bigcirc}} + \boxed{\text{Substância húmica}} \xrightarrow{\text{Enzima oxidoredutase}}$$

$$\text{Cl}\underset{\text{Cl}}{\overset{\text{OH}}{\bigcirc}}-\boxed{\text{Substância húmica}}$$
Resíduo ligado

(5.38)

A absorção de matéria orgânica por material sedimentar e em suspensão em água é um fenômeno de importância indiscutível, pois reduz a toxicidade total de pesticidas na água de maneira significativa. Contudo, a ligação de uma substância a um sólido muitas vezes desacelera a biodegradação de modo apreciável. A acumulação de pesticidas nos sedimentos de rios, lagos e reservatórios em áreas destinadas à agricultura intensiva é muito grande. A sorção de pesticidas por sólidos e a consequente influência que o fenômeno exerce em sua biodegradação é uma variável importante no processo de licenciamento de novos pesticidas.

A transferência de água superficial para um corpo de águas subterrâneas muitas vezes acarreta a sorção de parte dos contaminantes presentes na água pelo solo e por material mineral. A fim de tirar proveito desse efeito purificador, alguns sistemas públicos de abastecimento retiram a água abaixo da linha de superfície de leitos de rios naturais ou artificiais como primeira etapa no tratamento de água. O deslocamento de água de aterros sanitários para aquíferos também é um processo importante (ver Capítulo 20), em que existe a possibilidade de os poluentes presentes no chorume serem absorvidos pelo material sólido perpassado pela água.

Quantidades significativas de alquilfenóis polietoxilados com propriedades surfactantes e os alquilfenóis resultantes de sua biodegradação (ver Seção 7.10), com diversas aplicações industriais e domésticas, são despejadas junto com os efluentes de estações de tratamento de águas residuárias. Esses compostos têm o potencial de alterar o sistema endócrino de organismos aquáticos e até dos seres humanos, tendendo a se acumular em sedimentos e apresentando baixa biodegradabilidade em condições anóxicas. Os níveis desses compostos detectados em sedimentos nos Estados Unidos chegaram a 14 mg kg^{-1}, e no Reino Unido alguns peixes apresentaram níveis teciduais perto de 1 μg kg^{-1}.

5.8.4 A biodisponibilidade dos contaminantes em sedimentos

Entre os fatores importantes quanto à presença de contaminantes em sedimentos e solos está a *biodisponibilidade*, definida em termos gerais como o grau em que uma substância pode ser absorvida pelo sistema de um organismo. A biodisponibilidade tem importância especial na avaliação de riscos a organismos causados por poluentes em sedimentos e solos. Há casos em que a remediação desses meios não é indicada, se as substâncias envolvidas têm baixa biodisponibilidade. Em outros, a biodisponibilidade muito alta de substâncias tóxicas pode torná-las particularmente perigosas.

A Figura 5.7 mostra o processo global de entrada de um contaminante em um microrganismo a partir de um sedimento. Uma substância ligada em um sedimento pode ser liberada na água, introduzindo-se em um microrganismo depois de atravessar sua membrana celular. Ou essa substância pode se transferir diretamente do sedimento

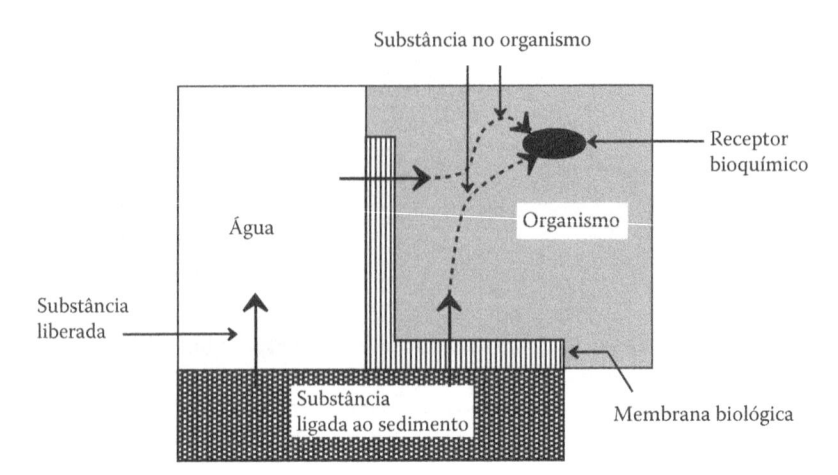

FIGURA 5.7 Transferência de contaminantes no sedimento a organismos, onde poderão causar algum efeito atuando sobre um receptor bioquímico.

para o microrganismo. Uma vez em seu interior, uma substância potencialmente tóxica pode migrar para um receptor bioquímico no organismo (ver a discussão sobre receptores no Capítulo 23) e exercer efeito tóxico. Esses processos podem na verdade ocorrer no interior de um organismo quando solo ou material sedimentar contaminado é ingerido e atravessa a parede intestinal.

5.9 A água intersticial

A *água intersticial* ou *água de poros* consiste na água retida por sedimentos. Os solutos presentes nas águas intersticiais refletem as condições químicas e bioquímicas dos sedimentos. Esses solutos abrangem as espécies capazes de sofrer oxidação ou redução, íons metálicos reduzidos, nutrientes como o NH_4^+ e compostos orgânicos solúveis. Essas espécies incluem todos os compostos obtidos na decomposição e mineralização da biomassa de plâncton, sobretudo por meio da atividade de bactérias anóxicas nos sedimentos. Uma vez que a circulação em um sedimento é muito limitada, as espécies químicas que ocorrem nele se distribuem de acordo com um destacado gradiente vertical. Nas superfícies sedimentares em contato com água com algum teor de oxigênio dissolvido, espécies mais oxidadas são encontradas, ao passo que nas regiões mais profundas do sedimento são as espécies reduzidas que predominam.

A água intersticial atua como um importante reservatório de gases nos sistemas de águas naturais. De modo geral, as concentrações gasosas nas águas intersticiais são diferentes dos valores observados na água superficial. Por regra, a água intersticial na superfície do sedimento contém quantidades significativas de N_2 e relativamente baixos teores de CH_4, que requer condições anóxicas para ser produzido e biodegrada em contato com o oxigênio. Em profundidades de cerca de 1 m nos sedimentos, os níveis de CH_4 são altos e as concentrações de N_2 são baixas, porque o nitrogênio é removido da água intersticial pelo metano e pelo dióxido de carbono produzidos por microrganismos na fermentação anóxica da matéria orgânica:

$$2\{CH_2O\} \rightarrow CH_4(g) + CO_2(g) \tag{5.39}$$

As concentrações de argônio e nitrogênio são muito menores a 1 m de profundidade, em comparação com a superfície do sedimento. Esse fato é explicado pela ação removedora do metano produzido por fermentação, que sobe à superfície do sedimento.

5.10 As interações de fase no destino e transporte químicos

Na Seção 1.8, foi apresentado o tópico destino e transporte químicos. Sem dúvida a hidrosfera é a esfera ambiental mais importante quanto aos processos de destino e transporte químicos, muitos dos quais envolvem a distribuição de espécies entre fases. Neste ponto é apropriado discutir o destino e transporte químicos na hidrosfera. Trata-se de um tópico de relevância ambiental que utiliza modelos e cálculos matemáticos sofisticados que vão além do escopo deste livro. Para mais detalhes e exemplos desses cálculos, o leitor pode consultar um estudo detalhado sobre o assunto.[5]

5.10.1 Os rios

O movimento de espécies químicas em um rio ocorre sobretudo por advecção (ver Seção 1.8), devido ao deslocamento gravitacional de massas de água a jusante. Disso resulta uma mistura e uma diluição relativamente rápidas, por conta da *velocidade de cisalhamento*, em que porções de água se deslocam a velocidades diferentes em um rio: a água em contato com as margens e o leito move-se mais devagar do que aquela no corpo central da corrente. Além disso, contribuem para essa mistura a mistura turbulenta e o transporte difusivo de espécies dissolvidas e partículas coloidais. O resultado final desses processos é que um poluente introduzido no rio em um "plugue"* um tanto concentrado espalha-se enquanto desce a corrente.

5.10.2 Os lagos e reservatórios

Lagos e reservatórios são estáticos em comparação com rios, embora esses corpos hídricos apresentem alguma forma de movimento de suas massas de água. A água chega por um fluxo de entrada (influente), por fontes e aquíferos subterrâneos ou diretamente pela chuva, e deixa esses corpos hídricos por um fluxo de saída (efluente), como os vertedouros de reservatórios, por infiltração no solo ou por evaporação. O equilíbrio entre a entrada e a saída de água em um corpo hídrico implica a existência de um *tempo de residência hidráulica*. Um dos principais fatores atuantes nos processos de mistura em lagos é a influência do vento. Ela ocorre porque a superfície da água onde sopra o vento se move a uma velocidade entre 2 e 3% da velocidade do vento, um fenômeno chamado *arraste pelo vento*. A água deslocada para uma margem de um lago arrastada pelo vento precisa retornar cobrindo certa distância sob a superfície, como *corrente de retorno*. Em um corpo hídrico de pouca profundidade e não estratificado, a corrente de retorno flui ao longo do leito, onde poderá agitar os sedimentos de fundo ao contato com eles. Em lagos estratificados (ver Figura 3.6) a circulação de água ocorre no epilímnio, a camada superior do corpo hídrico, como mostra a Figura 5.8.

---

* N. de R. T.: Também pode ser na forma pontual.

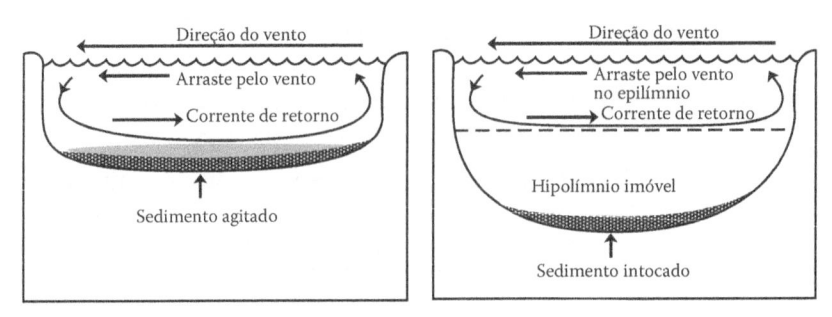

FIGURA 5.8 Mistura causada pelo vento em um lago raso não estratificado (esquerda) e em um lago estratificado (direita). No primeiro caso, em que a corrente de retorno entra em contato com o sedimento, este pode sofrer agitação, liberando substâncias na água.

5.10.3 As trocas com a atmosfera

A troca de espécies químicas entre a água e o ar sobrejacente é um processo importante, pois é o mecanismo de entrada do oxigênio consumido pelos peixes que vivem no corpo hídrico. O dióxido de carbono requerido pela proliferação de algas é fornecido pelo ar. Alguns poluentes do ar, como gases ácidos, podem ser introduzidos na água a partir da atmosfera. Em circunstâncias de alta atividade fotossintética das algas, o oxigênio produzido por elas é liberado no ar. A decomposição de matéria orgânica tem a capacidade de saturar a água com dióxido de carbono, tornando imperativa a liberação do gás na atmosfera. Os processos microbianos anóxicos ocorridos em sedimentos produzem sulfeto de hidrogênio e metano, também liberados no ar. Os poluentes orgânicos aquáticos voláteis podem deixar a água e entrar na atmosfera.

A interface ar-água é o limite pelo qual as espécies se deslocam e por isso é crucial na determinação da velocidade de troca de materiais. Os modelos atualmente em uso para simular esses processos pressupõem que existe uma camada fina de filme estacionário na superfície da água em contato direto com uma camada fina e estacionária de ar. Essas duas camadas são finas – não passam de alguns micrômetros em espessura – e, por essa razão, a difusão molecular é o único mecanismo de movimento de espécies de soluto entre elas. Imediatamente sob essa camada de filme na água, a difusão turbulenta mistura os solutos na água, enquanto logo acima do filme no ar um processo idêntico efetua a mistura de espécies no ar.

5.10.4 A troca com os sedimentos

Os sedimentos são muito importantes no destino e transporte químicos na hidrosfera. Essa importância está no fato de as substâncias, incluindo poluentes como metais ou compostos orgânicos hidrófobos, ligarem-se a partículas à medida que descem pela coluna de água e são incorporados aos sedimentos. A densidade do fluxo de sedimentação, J, é igual à massa da substância transportada através de uma área em que ocorre a sedimentação por unidade de tempo, sendo dada pelo produto da taxa em que o material sedimenta e da concentração da substância em questão presente nesse material:

$$J = \text{(velocidade de deposição do sedimento)} \times \text{(concentração da substância nas partículas)} \quad (5.40)$$

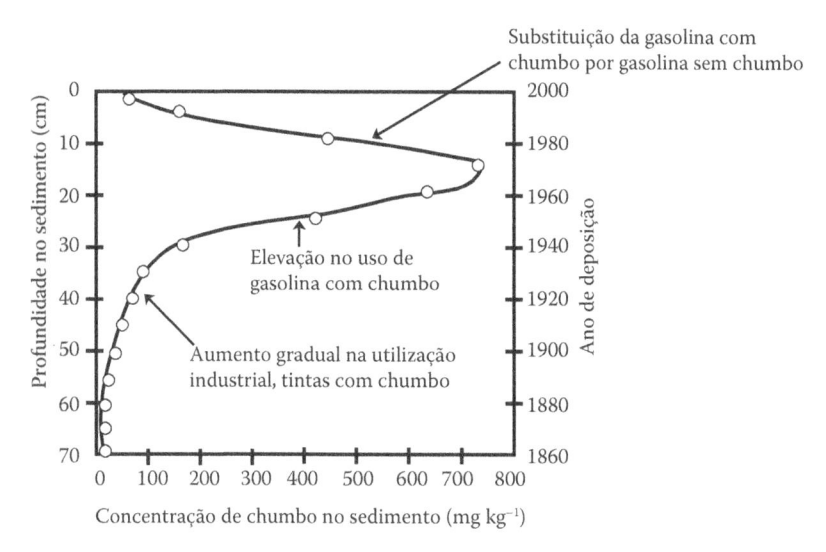

FIGURA 5.9 Registro típico da deposição de chumbo em sedimentos refletindo o aumento agudo no chumbo oriundo da gasolina e uma queda na concentração do elemento após a substituição gradual da gasolina com chumbo pela gasolina sem chumbo.

A incorporação de poluentes por sedimentação a partir da coluna de água nos sedimentos é um mecanismo particularmente importante de destino e transporte químicos em condições estáticas, durante o qual partículas muito pequenas (coloidais) se agregam (floculação). Se não forem perturbadas, as camadas do sedimento podem servir como indicador da poluição em um corpo hídrico. Uma curva hipotética, porém comum, é apresentada para o chumbo na Figura 5.9. Embora os sedimentos de modo geral sejam repositórios de poluentes, reduzindo o prejuízo ambiental que causam, eles também atuam como fontes poluidoras que se manifestam pela ação de processos físicos, químicos ou biológicos. Por exemplo, o mercúrio precipitado em sedimentos pode ser mobilizado como espécies solúveis de metil-mercúrio pela ação de bactérias anóxicas em sedimentos deficientes em oxigênio (ver Seção 7.3).

Literatura citada

1. Ghosh, U., The role of black carbon in influencing availability of PAHs in sediments, *Human and Ecological Risk Assessment*, **13**, 276–285, 2007.
2. Massoudieh, A. and T. R. Ginn, Modeling colloid-facilitated transport of multi-species contaminants in unsaturated porous media, *Journal of Contaminant Hydrology*, **92**, 162–183, 2007.
3. Huang, T.-L., X.-C. Ma, C. Hai-Bing, and B.-B. Chai, Microbial effects on phosphorus release in aquatic sediments, *Water Science and Technology*, **58**, 1285–1289, 2008.
4. Schwarzbauer, J., M. Ricking, B. Gieren, and R. Keller, Anthropogenic organic contaminants incorporated into the non-extractable particulate matter of riverine sediments from the Teltow Canal (Berlin). In Eric Lichtfouse, Jan Schwarzbauer, and Robert Didier, Eds, *Environmental Chemistry*, Springer, Berlin, 329–352, 2005.
5. Gulliver, J. S., *Introduction to Chemical Transport in the Environment*, Cambridge University Press, New York, 2007.

Leitura complementar

Allen, H. E., Ed., *Metal Contaminated Aquatic Sediments*, Ann Arbor Press, Chelsea, MI, 1995.

Barnes, G. and I. Gentle, *Interfacial Science: An Introduction*, Oxford University Press, New York, 2005.

Beckett, R., Ed., *Surface and Colloid Chemistry in Natural Waters and Water Treatment*, Plenum, New York, 1990.

Berkowitz, B., *Contaminant Geochemistry*, Springer, New York, 2007.

Bianchi, T. S., *Biogeochemistry of Estuaries*, Oxford University Press, New York, 2007.

Birdi, K. S., Ed., *Handbook of Surface and Colloid Chemistry*, 2nd ed., CRC Press, Boca Raton, FL, 2003.

Burdige, D. J., *Geochemistry of Marine Sediments*, Princeton University Press, Princeton, NJ, 2006.

Calabrese, E. J., P. T. Kostecki, and J. Dragun, Eds, *Contaminated Soils, Sediments, and Water, Volume 10, Successes and Challenges*, Springer, New York, 2006.

Eby, G. N., *Principles of Environmental Geochemistry*, Thomson-Brooks/Cole, Pacific Grove, CA, 2004.

Evans, R. D., J. Wisniewski, and J. R. Wisniewski, Eds, *The Interactions Between Sediments and Water*, Kluwer, Dordrecht, The Netherlands, 1997.

Golterman, H. L., Ed., *Sediment–Water Interaction* 6, Kluwer, Dordrecht, The Netherlands, 1996.

Gustafsson, O. and P. M. Gschwend, Aquatic colloids: Concepts, definitions, and current challenges, *Limnology and Oceanography*, **42**, 519–528, 1997.

Holland, H. D., and K K. Turekian, Eds, *Treatise on Geochemistry*, Elsevier/Pergamon, Amsterdam, 2004.

Holmberg, K., D. O. Shah, and M. J. Schwuger, Eds, *Handbook of Applied Surface and Colloid Chemistry*, Wiley, New York, 2002.

Hunter, R. J., *Foundations of Colloid Science*, 2nd ed., Oxford University Press, New York, 2001.

John V. W., *Essentials of Geochemistry*, 2nd ed., Jones and Bartlett Publishers, Sudbury, MA, 2009.

Jones, M. N. and N. D. Bryan, Colloidal properties of humic substances, *Advances in Colloid and Interfacial Science*, **78**, 1–48, 1998.

Jones, S. J. and L. E. Frostick, Eds, *Sediment Flux to Basins: Causes, Controls and Consequences*, Geological Society, London, 2002.

McSween, H. Y., S. M. Richardson, and M. E. Uhle, *Geochemistry: Pathways and Processes*, 2nd ed., Columbia University Press, New York, 2003.

Mudroch, A., J. M. Mudroch, and P. Mudroch, Eds, *Manual of Physico-Chemical Analysis of Aquatic Sediments*, CRC Press, Boca Raton, FL, 1997.

Myers, D., *Surfaces, Interfaces, and Colloids: Principles and Applications*, 2nd ed., Wiley, New York, 1999.

Shchukin, E. D., *Colloid and Surface Chemistry*, Elsevier, Amsterdam, 2001.

Stumm, W., L. Sigg, and B. Sulzberger, *Chemistry of the Solid–Water Interface*, Wiley, New York, 1992.

Stumm, W. and J. J. Morgan, *Aquatic Chemistry: Chemical Equilibria and Rates in Natural Waters*, 3rd ed., Wiley, New York, 1995.

U.S. Environmental Protection Agency, website on contaminated sediments, 2003, available at http://www.epa.gov/waterscience/cs/

Wilkinson, K. J. and J. R. Lead, Eds, *Environmental Colloids and Particles: Behaviour, Separation and Characterisation*, Wiley, Hoboken, NJ, 2007.

Perguntas e problemas

Para elaborar as respostas das seguintes questões, você pode usar os recursos da Internet para buscar constantes e fatores de conversão, entre outras informações necessárias.

1. Uma amostra de sedimento foi coletada em um dejeto de mina de lignita contendo água em pH fortemente alcalino (pH 10). Os cátions foram lixiviados do sedimento com HCl. Uma análise de cátions totais no lixiviado mostrou, com base em 100 g de sedimento sólido, a presença de 150 mmol de Na^+, 5 mmol de K^+, 20 mmol de Mg^{2+} e 75 mmol de Ca^{2+}. Qual é a CTC do sedimento em miliequivalentes por 100 g de sedimento seco? Por que o H^+ não precisa ser considerado neste caso?
2. Qual é o valor de $[O_2(aq)]$ para a água saturada com uma mistura de 50% de O_2 e 50% de N_2 em volume a 25°C e pressão total de 1,00 atm?
3. Entre as alternativas apresentadas, o modo de transporte do ferro (III) menos provável de ocorrer em um rio normal é: (a) ligado a material húmico em suspensão, (b) ligado a partículas de argila por processos de troca catiônica, (c) como Fe_2O_3 em suspensão, (d) como íon Fe^{3+} solúvel ou (e) ligado a complexos formados entre partículas coloidais e substâncias húmicas.
4. De que forma o hidróxido de ferro (III) coloidal recém-precipitado interage com muitos íons metálicos bivalentes em solução?
5. O que estabiliza os coloides compostos por células bacterianas em água?
6. A solubilidade do oxigênio em água é 14,74 mg L^{-1} a 0°C e 7,03 mg L^{-1} a 35°C. Estime a solubilidade a 50°C.
7. Qual é o mecanismo de agregação de células bacterianas?
8. Qual é o método indicado para a produção de MnO_2 recém-precipitado?
9. Uma amostra de sedimento foi equilibrada com uma solução do íon NH_4^+. Mais tarde, o NH_4^+ foi deslocado pelo íon Na^+ para análise. No total, 33,8 miliequivalentes de NH_4^+ estavam ligados ao sedimento e foram deslocados pelo Na^+. Após secagem, o sedimento pesava 87,2 g. Qual foi a CTC em miliequivalentes por 100 g?
10. Uma amostra de sedimento com CTC de 67,4 miliequivalentes por 100 g contém os seguintes cátions intercambiáveis em miliequivalentes por 100 g: Ca^{2+}, 21,3; Mg^{2+}, 5,2; Na^+, 4,4; K^+, 0,7. A quantidade do íon hidrogênio, H^+, não foi medida diretamente. Qual foi o ECI do H^+ em miliequivalentes por 100 g?
11. Qual é o significado de PCZ quando aplicado a coloides? A superfície de uma partícula coloidal tem algum grupo com carga elétrica no PCZ?
12. A concentração de metano em uma amostra de água intersticial é 150 mL/L na temperatura e pressão padrão de 0°C e 1 atm (CPTP). Supondo que o metano foi produzido pela fermentação de matéria orgânica {CH_2O}, qual foi a massa de matéria orgânica necessária para produzir metano em um litro de água intersticial?
13. Qual é a diferença entre CTC e ECI?
14. Associe o mineral sedimentar na coluna da esquerda às respectivas condições de formação na coluna da direita:

    a. FeS(s)   1. Formado quando a água anóxica é exposta ao O_2.
    b. $Ca_5OH(PO_4)_3$ 2. Formado quando água óxica se torna anóxica.
    c. $Fe(OH)_3$ 3. Subproduto da fotossíntese.
    d. $CaCO_3$ 4. Formado quando águas residuárias contendo um tipo específico de contaminante flui para um corpo hídrico de água muito dura.

15. Em termos de potencial de reação com espécies em solução, como os átomos metálicos, M, na superfície de um óxido metálico, MO, são descritos?

16. O ar tem 20,95% de oxigênio em volume. Se o ar a 1,0000 atm de pressão for borbulhado em água a 25°C, qual é a pressão parcial de O_2 na água?
17. A porcentagem em volume do CO_2 em uma mistura do gás com N_2 foi determinada pelo borbulhamento da mistura a 1,00 atm e 25°C em solução de 0,0100 mol L^{-1} $NaHCO_3$ e pela medição do pH. Se o pH de equilíbrio foi 6,50, qual foi a porcentagem em volume de CO_2?
18. Qual é a aplicação de um polímero com a fórmula geral:

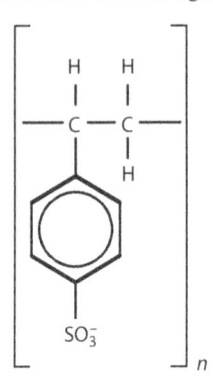

$$\left[\begin{array}{c} \text{H} \quad \text{H} \\ | \quad | \\ -\text{C}-\text{C}- \\ | \quad | \\ \text{H} \\ \bigcirc \\ | \\ SO_3^- \end{array} \right]_n$$

19. A afirmativa correta relativa a coloides é: (A) Os coloides hidrofílicos consistem em agregados de moléculas relativamente pequenas. (B) Os coloides hidrófobos não têm carga elétrica. (C) Os coloides hidrofílicos são formados por agregados de partículas, como $H_3C(CH_2)_{16}CO_2^-$. (D) Os coloides de associação formam micelas. (E) As cargas elétricas de coloides hidrófobos são insignificantes.
20. Para um sulfato metálico bivalente ligeiramente solúvel, MSO_4, $K_{ps} = 9,00 \times 10^{-14}$. Um excesso de MSO_4 puro foi equilibrado com água pura para formar uma solução contendo $6,45 \times 10^{-7}$ mol L^{-1} de M dissolvido. Considerando essas condições, a alternativa correta é: (A) o MSO_4 tem um grau expressivo de solubilidade intrínseca. (B) O produto de solubilidade basta para prever a solubilidade com precisão. (C) O valor do produto de solubilidade não pode ser calculado corretamente. (D) A concentração de "M" em água não pode estar correta. (E) A única explicação para as observações é a formação de HSO_4^{2-}.
21. Com relação a sedimentos e sua formação, a afirmativa *incorreta* é: (A) Os processos físicos, químicos e biológicos podem igualmente resultar na deposição de sedimentos nas regiões de fundo de corpos hídricos. (B) A fotossíntese pode resultar, de maneira indireta, na formação de $CaCO_3$ sedimentado. (C) A oxidação do íon Fe^{2+} pode causar a formação de uma espécie insolúvel capaz de ser incorporada em sedimentos. (D) De modo geral os sedimentos são misturas de argila, silte, areia, matéria orgânica e minerais diversos, cuja composição pode variar de matéria mineral pura a matéria orgânica em predominância. (E) O FeS que entra no sedimento tende a se formar na superfície da água em contato com O_2.
22. Dado que a constante da lei de Henry para o oxigênio a 25°C é $1,28 \times 10^{-3}$ mol L^{-1} atm^{-1} e que a pressão parcial do vapor da água é 0,0313 atm, qual é o valor de $[O_2(aq)]$ em mol L^{-1} para a água saturada com uma mistura de 33,3% de O_2 e 66,7% de N_2 em volume a 25°C e pressão total de 1,00 atm?
23. Associe o tipo de coloide na coluna esquerda com a informação correspondente na coluna direita.

    A. Coloides hidrofílicos   1. $CH_3CO_2^-Na^+$

    B. Coloides de associação   2. Proteínas macromoleculares

    C. Coloides hidrófobos   3. Muitas vezes removidos com a adição de sal

    D. Partículas não coloidais   4. $CH_3(CH_2)_{16}CO_2^-Na^+$

A bioquímica microbiana aquática 6

6.1 Os processos bioquímicos aquáticos

Os microrganismos – *bactérias, fungos, protozoários* e *algas* – são catalisadores vivos que possibilitam uma ampla gama de processos na água e no solo. A maioria das reações químicas observadas na água, sobretudo aquelas envolvendo matéria orgânica e processos de oxidação-redução, ocorre pela ação de intermediários bacterianos. As algas são as principais produtoras de matéria orgânica (biomassa) na água. Os microrganismos, responsáveis pela formação de muitos sedimentos e depósitos minerais, desempenham um papel predominante no tratamento secundário de resíduos. Alguns dos efeitos dos microrganismos na química aquática na natureza são ilustrados na Figura 6.1.

Os microrganismos patogênicos presentes na água destinada ao consumo doméstico precisam ser eliminados em um processo de purificação. No passado as grandes epidemias de febre tifoide, cólera e outras doenças veiculadas pela água eram consequência da presença desses microrganismos patogênicos nas fontes usadas para abastecimento. Mesmo hoje em dia é necessário manter vigilância constante para garantir que a água para uso doméstico esteja livre de patógenos.

A maior parte deste capítulo diz respeito às transformações químicas no ambiente aquático mediadas por microrganismos. Embora não tenham envolvimento direto nessas transformações, os vírus merecem atenção especial no ambiente aquático. Incapaz de se replicar por conta própria, um vírus se reproduz no interior das células de um organismo hospedeiro. Com tamanhos entre 1/30 e 1/20 do tamanho das bactérias, os vírus causam diversas doenças, como a poliomielite, a hepatite viral e talvez o câncer.* Acredita-se que muitas das doenças virais sejam transmitidas pela água.

Devido ao seu tamanho reduzido (0,025 − 0,100 μm) e a suas características biológicas, os vírus são difíceis de isolar e estabelecer culturas, e muitas vezes sobrevivem ao tratamento de água público, inclusive à cloração. Assim, embora não tenham efeito na química ambiental ampla, os vírus são motivo de preocupação no tratamento e na utilização da água.

Os microrganismos são divididos em duas categorias principais, os *eucariontes*, que têm núcleos celulares bem-definidos e envoltos por uma membrana, e os *procariontes*, desprovidos dessa membrana nuclear e cujo material genético está mais difuso no interior da célula. Essas duas classes de organismos diferenciam-se uma da outra também em aspectos como o local onde ocorre a respiração celular, os meios em que fazem fotossíntese, os meios de mobilidade e os processos reprodutivos. Todas as classes de microrganismos produzem *esporos*, corpos metabolicamente inativos que

---

* N. de R. T.: O HPV é um cancerígeno comprovado pela IARC (International Agency for Research on Cancer).

Fungos e bactérias no solo convertem biomassa morta em material inorgânico e compostos orgânicos resistentes à degradação, como ácidos fúlvicos. Alguns desses produtos são introduzidos na água.

CO_2 para biomassa por bactérias sob a luz do sol, pH pode subir o bastante para produzir $CaCO_3$.

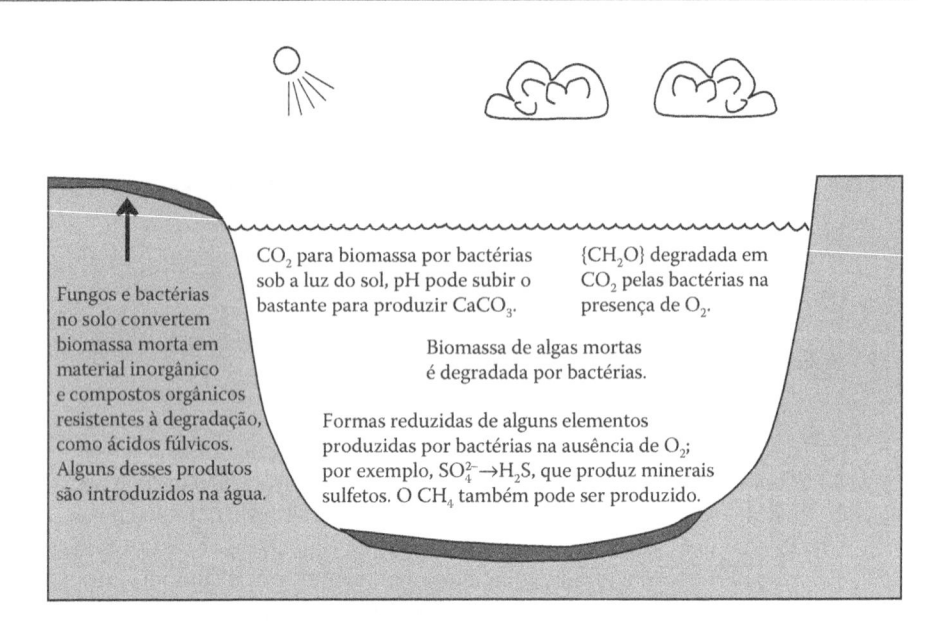

{CH_2O} degradada em CO_2 pelas bactérias na presença de O_2.

Biomassa de algas mortas é degradada por bactérias.

Formas reduzidas de alguns elementos produzidas por bactérias na ausência de O_2; por exemplo, $SO_4^{2-} \rightarrow H_2S$, que produz minerais sulfetos. O CH_4 também pode ser produzido.

FIGURA 6.1 Os efeitos dos microrganismos na química da água na natureza.

se formam e sobrevivem em um estado de "repouso" em condições adversas, até um cenário mais favorável ao crescimento se formar.

Os fungos, os protozoários e as bactérias (com exceção das bactérias e dos protozoários fotossintéticos) são classificados como *redutores*, pois quebram a estrutura de compostos orgânicos em espécies mais simples para extrair a energia necessária a seu crescimento e metabolismo. As algas são classificadas como organismos *produtores* porque utilizam a energia da luz, armazenando-a na forma de energia química. Contudo, na ausência de luz do Sol, as algas utilizam energia química para suprir suas necessidades metabólicas. Em certo sentido, as bactérias, os protozoários e os fungos podem ser vistos como catalisadores ambientais, enquanto as algas funcionam como células aquáticas de combustível solar.

Com base nas fontes de energia e carbono que utilizam, os microrganismos podem ser classificados em quimioeterotróficos, quimioautotróficos, fotoeterotróficos, fotoautotróficos. Os *quiomiotróficos* utilizam energia química de reações de oxidação-redução de espécies químicas inorgânicas simples para atender a suas necessidades energéticas. Os *fototróficos* usam a energia da luz via fotossíntese. Os *heterotróficos* obtêm carbono de outros organismos, e os *autotróficos* utilizam o dióxido de carbono e os carbonatos iônicos como fonte de carbono. A Figura 6.2 resume as classificações em que os microrganismos são enquadrados de acordo com essas definições.

6.1.1 Os microrganismos nas interfaces

Os microrganismos aquáticos tendem a proliferar em interfaces. Muitos desses microrganismos crescem em sólidos em suspensão na água ou estão presentes em sedimentos. Grandes populações de bactérias aquáticas via de regra vivem na superfície da água, na interface com o ar. Além de estar em contato com o ar utilizado pelos microrganismos aeróbios em seus processos metabólicos, essa interface também acumula

Fonte de carbono \ Fonte de energia	Química	Fotoquímica (luz)
Matéria orgânica	**Quimioheterotróficos** Todos os fungos e protozoários, a maioria das bactérias. Utilizam fontes orgânicas para obter energia e carbono.	**Fotoheterotróficos** Algumas poucas bactérias especialistas que utilizam a fotoenergia, mas dependem da matéria orgânica como fonte de carbono.
Carbono inorgânico (CO_2, HCO_3^-)	**Quimioautotróficos** Utilizam CO_2 para biomassa e oxidam substâncias, como H_2 (*Pseudomonas*), NH_4^+ (*Nitrosomonas*), S (*Thiobacillus*) para obter energia.	**Fotoautotróficos** Algas e bactérias fotossintéticas, como as cianobactérias que utilizam a energia do sol para converter CO_2 (HCO_3^-) em biomassa por fotossíntese.

FIGURA 6.2 Classificação dos microrganismos em quimioeterotróficos, quimioautotróficos, fotoeterotróficos e fotoautotróficos.

nutrientes na forma de lipídios (óleos, gorduras), polissacarídeos e proteínas. De modo geral, as bactérias presentes nessa interface diferem daquelas no interior do corpo hídrico e podem apresentar um caráter celular hidrófobo. Quando as bolhas na superfície se rompem, as bactérias na interface ar-água podem se incorporar às gotículas do aerossol formado no evento, sendo sopradas com estas pelo vento. Esse fenômeno gera certa preocupação quanto às unidades de tratamento de esgotos, pois esses aerossóis podem atuar como vetores na disseminação de microrganismos patogênicos.

6.2 As algas

Nesta discussão, as *algas* são consideradas organismos normalmente microscópicos que subsistem à base de nutrientes orgânicos e produzem matéria orgânica a partir do dióxido de carbono por fotossíntese. Além de proliferarem como células individuais, as algas também crescem na forma de filamentos, lâminas e colônias. Algumas algas, sobretudo as marinhas, são imensos organismos multicelulares. O estudo das algas é chamado *ficologia*.

As quatro principais classes de algas unicelulares importantes na química ambiental são:

- As *crisófitas*, que contêm pigmentos que conferem a esses organismos uma cor amarelo-esverdeado ou marrom-dourado. As crisófitas são encontradas tanto na água doce quanto em sistemas marinhos. Armazenam nutrientes na forma de carboidratos ou óleo. As mais conhecidas são as *diatomáceas*, caracterizadas por paredes celulares com sílica em sua composição.
- As *clorófitas*, comumente chamadas algas verdes, são responsáveis pela maior parte da produção primária em águas doces.
- As *pirrófitas*, chamadas dinoflageladas, têm mobilidade com as estruturas que as permitem se deslocar na água, uma característica típica dos protozoários

(Seção 6.4). As pirrófitas ocorrem em ambientes de água doce ou marinha. As florações das espécies pertencentes aos gêneros *Gymnodinium* e *Gonyaulax* liberam toxinas que causam as "marés vermelhas", muito prejudiciais.

- As *euglenófitas* também exibem características de animais e de plantas. Embora sejam capazes de executar fotossíntese, essas algas não são exclusivamente fotoautotróficas (ver Figura 6.2) e utilizam a biomassa de outras fontes para obter ao menos parte do carbono de que necessitam.

De modo geral, as necessidades nutricionais das algas compreendem o carbono (obtido do CO_2 ou do HCO_3^-), o nitrogênio (na maioria dos casos como NO_3^-), o fósforo (como alguma forma de ortofosfato), o enxofre (como SO_4^{2-}) e elementos-traço que incluem sódio, potássio, cálcio, magnésio, ferro, cobalto e molibdênio.

A produção de matéria orgânica pela fotossíntese das algas é descrita simplificadamente pela reação

$$CO_2 + H_2O + h\nu \rightarrow \{CH_2O\} + O_2(g) \qquad (6.1)$$

onde $\{CH_2O\}$ representa uma unidade de carboidrato, e $h\nu$, a energia de um quantum de luz. Uma representação bastante precisa da fórmula geral das algas do gênero *Chlorella* é $C_{5,7}H_{9,8}O_{2,3}NP_{0,06}$. Ao usar essa fórmula para a biomassa das algas (sem o fósforo), a reação global da fotossíntese é

$$5{,}7CO_2 + 3{,}4H_2O + NH_3 + h\nu \rightarrow C_{5,7}H_{9,8}O_{2,3}N + 6{,}25O_2(g) \qquad (6.2)$$

Na ausência de luz, as algas metabolizam matéria orgânica do mesmo modo como fazem os organismos não fotossintéticos. Por essa razão são capazes de atender a suas necessidades metabólicas com a energia química da degradação de amidos ou óleos armazenados, ou com o consumo do próprio protoplasma. Na ausência de fotossíntese, o processo metabólico consome oxigênio e, portanto, uma proliferação intensa de algas nas horas sem luz solar pode resultar na diminuição dos níveis de oxigênio no sistema aquático.

As relações simbióticas das algas com outros organismos são comuns. Existem relatos de algas verdes unicelulares crescendo no interior dos pelos de ursos polares, cuja estrutura é oca para favorecer o isolamento térmico desses animais. Dizem que a imagem de um urso polar verde levou alguns exploradores do Ártico à beira da loucura. A relação simbiótica mais comum envolvendo algas é representada pelo *líquen*, onde algas coexistem com fungos, que juntos se entrelaçam no interior do talo (sua unidade vegetativa tubular). O fungo contribui com a umidade e os nutrientes exigidos pelas algas, que, por sua vez, geram nutrientes pela via fotossintética. Os liquens estão envolvidos no processo de degradação de rochas (ver Seção 15.2).

O principal papel das algas nos sistemas aquáticos é a produção de biomassa. O processo ocorre via fotossíntese, que fixa o dióxido de carbono e o carbono inorgânico originados das espécies de carbonato solúveis na forma de matéria orgânica, formando a base da cadeia alimentar para outros organismos no sistema. A produção de quantidades intermediárias de biomassa é benéfica a outros organismos no sistema aquático. Porém, em condições específicas a proliferação de algas gera metabólitos responsáveis pelo odor e até mesmo pela toxicidade da água.

Um dos aspectos interessantes da proliferação do plâncton oceânico, que inclui as algas, é a absorção de metais micronutrientes, processo responsável pelas concentrações extremamente baixas de metais essenciais na superfície da água do mar. Em alguns casos a consequente redução na disponibilidade de metais nutrientes limita as taxas de fotossíntese no ambiente marinho. Alguns microrganismos presentes na água do mar elevam a biodisponibilidade de metais nutrientes e aceleram seus ciclos aquáticos ao liberarem agentes quelantes fortes e catalisarem reações de oxidação/redução que convertem metais nutrientes em formas mais solúveis e disponíveis.

6.3 Os fungos

Os fungos são organismos não fotossintéticos, muitas vezes filamentosos e de morfologia muito variada. O estudo dos fungos é chamado *micologia*. Alguns fungos são muito simples, como as leveduras unicelulares microscópicas, enquanto outros formam colônias de cogumelos grandes e intricadas. De modo geral as estruturas filamentosas microscópicas dos fungos são muito maiores que as bactérias, com entre 5 a 10 µm de largura em média. Os fungos são organismos aeróbios, ou óxicos (que necessitam de oxigênio) que normalmente proliferam em meios mais ácidos do que as bactérias. São também mais tolerantes a concentrações elevadas de íons de metais em relação à maioria das bactérias.

Talvez a função mais importante dos fungos no ambiente é a quebra da celulose na madeira e outros materiais vegetais. Para desempenhar essa função, as células fúngicas secretam a *celulase*, uma enzima extracelular (também chamada exoenzima), que hidrolisa a celulose insolúvel em carboidratos solúveis capazes de serem absorvidos pela célula fúngica.

Os fungos não se multiplicam muito bem na água. Contudo, desempenham um papel importante na determinação da composição de águas naturais e residuárias devido à grande quantidade de produtos gerados por sua decomposição, que são introduzidos no ambiente aquático. Exemplo desse tipo de produto é o material húmico, que interage com os íons hidrogênio e metais (ver Seção 3.17).

6.4 Os protozoários

Os *protozoários* são animais microscópicos formados por células procarióticas únicas. Os numerosos tipos de protozoários são classificados com base na morfologia (estrutura física), nos meios de locomoção (flagelos, cílios e pseudópodos), na presença ou ausência de cloroplastos, de carapaças, na capacidade de formar cistos (uma célula pequena e encapsulada em um invólucro relativamente espesso e que é transportada pelo ar ou por animais na ausência de água), e na capacidade de produzir esporos. Os protozoários ocorrem em uma ampla variedade de formas e seu movimento observado ao microscópio exerce fascínio especial. Alguns protozoários contêm cloroplastos e são fotossintéticos.

Os protozoários desempenham um papel relativamente pequeno nos processos bioquímicos ambientais, mas sua relevância é explicada pelas seguintes razões.

- Muitas doenças devastadoras, como a malária, a doença do sono e alguns tipos de disenteria, são causadas por protozoários que parasitam o corpo humano.
- Os protozoários parasíticos causam doenças debilitantes e mesmo fatais em rebanhos e na vida selvagem.
- Grandes depósitos de calcário ($CaCO_3$) foram formados pela deposição das carapaças dos protozoários do grupo dos *foraminíferos*.
- Os protozoários são ativos na oxidação da biomassa degradável, sobretudo no tratamento de esgoto.
- Os protozoários têm a capacidade de afetar bactérias ativas, ao degradarem substâncias biodegradáveis quando "pastam" nas células bacterianas.

Embora sejam unicelulares, os protozoários apresentam uma fascinante variedade de estruturas relacionadas a seus processos biológicos. A membrana celular dos protozoários é protegida e suportada por uma película relativamente espessa ou por uma carapaça mineral que atua como exoesqueleto. Os nutrientes são ingeridos por meio de uma estrutura chamada citosoma, onde são concentrados na citofaringe ou no sulco oral, e então digeridos pela ação enzimática no vacúolo digestivo. Os resíduos da digestão são expelidos pelo citopígeo, e os produtos metabólicos solúveis, como a ureia ou a amônia, são eliminados por um vacúolo contrátil, que também expele água do interior da célula.

6.5 As bactérias

As *bactérias* são microrganismos procarióticos unicelulares de diversas formas, como bastonetes (*bacillus*), esferas (*coccus*) ou espirais (*vibrios, spirilla, spirochetes*). As células bacterianas podem ocorrer individualmente ou crescer em grupos de duas a milhões de células. A maioria das bactérias tem tamanho entre 0,5 e 3,0 μm. Porém, se todas as espécies forem consideradas, a variação de tamanho observada é de 0,3 a 50 μm. As características mais comuns das bactérias incluem uma parede celular semirrígida, flagelos responsáveis pela mobilidade para aquelas dotadas dessa capacidade, natureza unicelular (embora grupos de clones sejam comuns) e a multiplicação por fissão binária, em que duas células filhas são geneticamente idênticas à célula mãe. Como outros microrganismos, as bactérias produzem esporos.

A atividade metabólica das bactérias é muito influenciada por seu tamanho reduzido. Essa razão superfície-volume é muito grande, o que torna a célula bacteriana muito acessível a qualquer substância química presente no meio circundante. Logo, pela mesma razão que um catalisador dividido em partículas finas é muito mais eficiente do que aquele fracionado em partículas grossas, as bactérias executam reações químicas muito rápidas em comparação com as reações intermediadas por organismos maiores. As bactérias secretam exoenzimas, que quebram material nutriente sólido em componentes solúveis capazes de penetrar nas paredes celulares bacterianas, onde o processo de digestão é finalizado.

Embora não seja possível ver células bacterianas isoladas a olho nu, as colônias bacterianas são facilmente visíveis. Um método comum para contar células bacterianas na água consiste em espalhar um volume conhecido de amostra de água em diluição adequada em uma placa de gel de ágar suplementado com nutrientes bacterianos. Sempre que uma célula bacteriana viável adere à placa, uma colônia bacteriana composta por numerosas células se forma. Essas colônias visíveis são contadas e relacionadas ao número de células presentes inicialmente. Contudo, as contagens tendem a subestimar o número de bactérias viáveis. Além da possibilidade de ocorrerem células bacterianas em grupos preexistentes à inoculação, é provável que células individuais sejam incapazes de sobreviver o bastante para formar colônias – ou mesmo apresentarem a capacidade de formar essas colônias em uma placa.

6.5.1 As bactérias autotróficas e heterotróficas

As bactérias podem ser divididas em duas categorias principais: autotróficas e heterotróficas. As bactérias autotróficas não dependem da matéria orgânica para crescer e proliferar em um meio completamente inorgânico, e usam o dióxido de carbono ou alguma espécie de carbonato como fonte de carbono. Diversas fontes de energia podem ser utilizadas, dependendo da espécie da bactéria. Contudo, uma reação química com intermediação biológica sempre fornece a energia de que precisam.

Exemplos de bactérias autotróficas são as bactérias do gênero *Gallionella*. Na presença de oxigênio, proliferam em meio contendo NH_4Cl, fosfatos, sais minerais, CO_2 (como fonte de carbono) e FeS sólido (como fonte de energia). Acredita-se que a seguinte reação seja responsável pela geração da energia requerida por essas espécies:

$$4FeS(s) + 9O_2 + 10H_2O \rightarrow 4Fe(OH)_3(s) + 4SO_4^{2-} + 8H^+ \qquad (6.3)$$

Utilizando inicialmente materiais inorgânicos mais simples, as bactérias autotróficas precisam sintetizar todas as proteínas, enzimas e outros materiais complexos de que necessitam para seus processos biológicos. Devido a seu consumo e produção de uma ampla gama de minerais, as bactérias autotróficas estão envolvidas em diversas transformações geoquímicas.

As bactérias heterotróficas dependem de compostos orgânicos tanto para a energia quanto para o carbono de que necessitam para formar sua biomassa. Elas ocorrem com muito mais frequência do que as bactérias autotróficas. São os principais microrganismos responsáveis pela quebra de matéria orgânica poluente em água e de resíduos orgânicos em processos de tratamento biológico de resíduos.

Algumas bactérias são capazes de efetuar a fotossíntese para obter energia e carbono. Entre as mais comuns estão as bactérias aquáticas e as cianobactérias. No passado acreditava-se que esses organismos eram algas, e eram chamadas de algas azuis. Dependendo das condições do ambiente são capazes de proliferar proficuamente, conferindo sabor e odor desagradáveis à água a ponto de torná-la inadequada para consumo doméstico durante esses períodos de floração intensa.

Um tipo de cianobactéria de importância especial são as cianobactérias marinhas do gênero *Prochlorococcus*.[1] Descobertas apenas em 1988, essas bactérias são os menores organismos capazes de efetuar fotossíntese, com somente cerca de 0,5 µm de tamanho. São os organismos mais abundantes no oceano (e, portanto, em todo o planeta), formando entre 40 e 50% da biomassa de fitoplâncton nas águas oceânicas entre as latitudes 40° norte e 40° sul. Uma das duas principais linhagens de *Prochlorococcus* vive próximo à superfície, onde a luz é abundante, enquanto uma segunda linhagem efetua fotossíntese a profundidades da ordem de 200 m, onde a luz disponível corresponde a apenas 1% da luz incidente na superfície. Apesar do tamanho reduzido da célula, as *Prochlorococcus* produzem uma parcela significativa da biomassa gerada via fotossíntese e são muito importantes na cadeia alimentar marinha. Devido à capacidade de fixar vastas quantidades de dióxido de carbono, essas bactérias têm um papel potencialmente importante na redução dos efeitos do aquecimento global. São organismos notáveis, devido a sua capacidade de adaptação genética rápida que, espera-se, possibilitará a elas continuar desempenhando suas funções biológicas com eficiência mesmo em condições alteradas, como na presença de pH reduzido nas águas oceânicas devido aos altos níveis de dióxido de carbono na atmosfera.

6.5.2 As bactérias aeróbias e anaeróbias

Outro sistema de classificação proposto para bactérias é definido com base em suas necessidades relativas ao oxigênio molecular. As bactérias aeróbias, ou óxicas, precisam de oxigênio como receptor de elétrons:

$$O_2 + 4H^+ + 4e^- \rightarrow 2H_2O \tag{6.4}$$

Por sua vez, as bactérias anóxicas, ou anaeróbias, vivem na completa ausência de oxigênio molecular. Na maioria dos casos o oxigênio molecular é muito tóxico para bactérias anaeróbias. Esses microrganismos vêm atraindo atenção crescente devido a sua capacidade de degradar resíduos orgânicos.

Uma terceira classe de bactérias, as bactérias facultativas, utiliza oxigênio livre quando este se encontra disponível, e outras substâncias como receptores de elétrons (oxidantes) quando o oxigênio molecular não está presente. Os substitutos do oxigênio comumente encontrados na água são o íon nitrato (ver Seção 6.11) e o íon sulfato (ver Seção 6.12).

6.5.3 As bactérias marinhas

Muito da atenção dada às bactérias se concentra nas espécies encontradas em água doce. Contudo, recentemente as bactérias marinhas, inclusive as que vivem nos sedimentos oceânicos, vêm despertando interesse científico. Um exemplo desse tipo de bactéria é o gênero *Salinispora*, um actinomiceto que vive nos sedimentos oceânicos na ausência de luz, em temperaturas baixas, pressões altas e alta salinidade. Actinomicetos conhecidos que vivem em ambientes de água doce e terrestres foram utilizados como a fonte principal de antibióticos, como a estreptomicina e a vancomicina. Além disso, esses organismos oferecem a possibilidade de desenvolver novos antibióticos e mesmo drogas anticâncer, o que despertou grande interesse sobre eles.

6.6 A célula bacteriana procarionte

A Figura 6.3 ilustra uma célula bacteriana procarionte genérica. As células bacterianas são envoltas por uma *parede celular*, que contém as estruturas da célula bacteriana e define sua forma. Em muitas bactérias a parede celular é comumente cercada de uma *camada limosa* (cápsula). Essa camada protege as bactérias e auxilia as células bacterianas a aderir a diferentes superfícies.

A *membrana celular* ou *membrana citoplasmática*, composta de proteína e fosfolipídios, ocorre como uma camada fina com cerca de 7 nm de espessura na superfície interna da parede celular, envolvendo o citoplasma. A membrana citoplasmá-

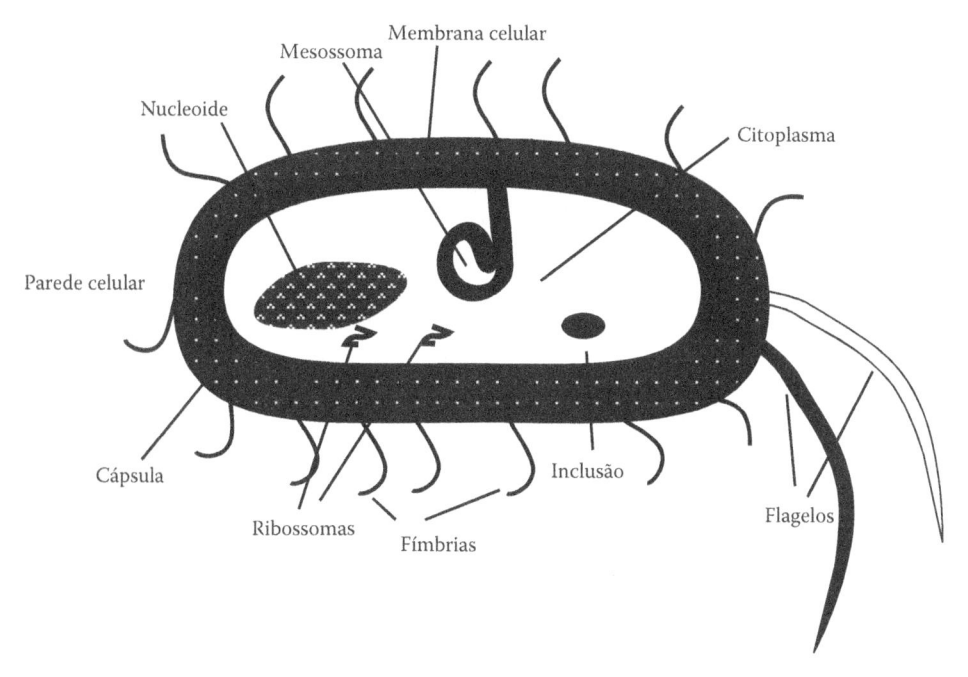

FIGURA 6.3 Célula bacteriana procarionte genérica e suas principais estruturas.

tica é crucial na função celular, pois controla a natureza e a quantidade de materiais transportados para o interior e o exterior da célula. Ela também é muito suscetível ao ataque por substâncias tóxicas.

As invaginações existentes na membrana, chamadas de *mesossomos*, têm diversas funções, entre as quais o aumento da área superficial da membrana para melhorar o transporte de materiais através desta. Além disso, os mesossomos atuam como sítio de divisão celular durante a reprodução. É neles que o DNA bacteriano é separado durante a divisão da célula.

As *fímbrias*, estruturas semelhantes a pelos na superfície da célula bacteriana, permitem a ela aderir a diferentes superfícies. Fímbrias especializadas, como as *fímbrias sexuais*, permitem a transferência de ácidos nucleicos entre células bacterianas durante a troca de material genético. Relativamente semelhantes às fímbrias – porém maiores, mais complexos e em menor número – são os *flagelos*, apêndices móveis responsáveis pelo deslocamento das células bacterianas promovido pelos movimentos ondulares que efetuam. As bactérias dotadas de flagelos são chamadas de *bactérias móveis*.

A célula bacteriana tem em seu interior uma solução e uma suspensão aquosa contendo proteínas, lipídios, carboidratos, ácidos nucleicos, íons e outros materiais que juntos recebem o nome de *citoplasma*, o meio em que ocorrem seus processos metabólicos. Os principais corpos em suspensão no citoplasma são:

- O *nucleoide*, que consiste em uma única macromolécula de DNA que controla os processos metabólicos e a reprodução.
- As *inclusões*, que são reservas de material nutriente formadas por gorduras, carboidratos e até enxofre elementar.
- Os *ribossomos*, que são sítios de síntese proteica e que contêm proteína e RNA.

6.7 A cinética do crescimento bacteriano

A Figura 6.4 apresenta a *curva de crescimento populacional* para uma cultura bacteriana, definida como a população de bactérias ou algas unicelulares como função do tempo em uma cultura de crescimento. Uma cultura é iniciada com a inoculação de um meio rico em nutrientes com um pequeno número de células bacterianas. A curva de crescimento tem quatro regiões. A primeira é caracterizada por uma produção bacteriana limitada, e é chamada *fase lag*. A fase lag ocorre porque as bactérias precisam se aclimatar ao novo meio. Após a fase lag ocorre um período de crescimento bacteriano muito rápido. É a *fase exponencial*, ou *fase log*, durante a qual a população duplica ao longo de um intervalo de tempo regular chamado *tempo de geração*. Esse comportamento é descrito por uma expressão matemática válida quando o crescimento bacteriano é proporcional ao número de indivíduos presentes e não há fatores limitantes como a morte ou a falta de nutrientes:

$$\frac{dN}{dt} = kN \tag{6.5}$$

$$\ln\left(\frac{N}{N_0}\right) = kt \quad \text{ou} \quad N = N_0 e^{kt} \tag{6.6}$$

onde N é a população no tempo t e N_0 é a população no tempo $t = 0$. Portanto, um modo diferente de descrever o crescimento de uma população durante a fase log diz que o logaritmo da população bacteriana aumenta de maneira linear com o tempo. O tempo de geração, ou tempo de duplicação, é dado por $(\ln 2)/k$, de maneira análoga à meia-vida na mensuração do decaimento radioativo. O rápido crescimento durante a fase exponencial consegue promover transformações microbianas muito rápidas de espécies químicas na água.

A fase exponencial termina e a *fase estacionária* inicia quando um fator limitante é encontrado. Os fatores limitantes típicos para o crescimento são a diminuição nos níveis de um nutriente essencial, o acúmulo de material tóxico e a exaustão de oxigê-

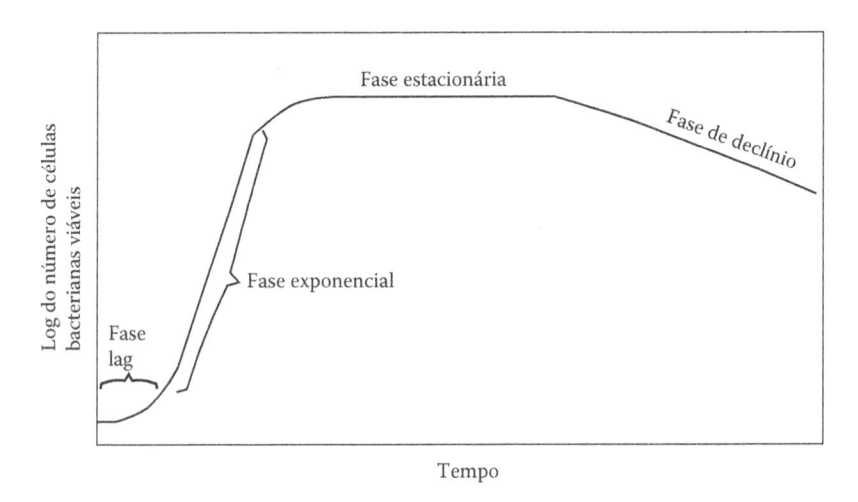

FIGURA 6.4 A curva do crescimento populacional de uma cultura bacteriana.

nio. Durante a fase estacionária, o número de células viáveis permanece praticamente constante. Encerrada essa fase, as bactérias começam a morrer a taxas mais rápidas do que se reproduzem, e a população entra na *fase de declínio*.

6.8 O metabolismo bacteriano

As bactérias obtêm a energia e a matéria-prima necessárias a seus processos metabólicos e reprodutivos com base na intermediação de reações químicas. Na natureza essas reações são muito numerosas, e as espécies bacterianas evoluíram para tirar proveito de muitas delas. Como resultado de sua participação nessas reações, as bactérias estão envolvidas em muitos processos biogeoquímicos na água e no solo. Elas têm um papel essencial em muitos ciclos elementares importantes na natureza, como o do nitrogênio, do carbono e do enxofre, e são responsáveis pela formação de numerosos depósitos minerais, como alguns depósitos de ferro e manganês. Em uma escala menor, alguns desses depósitos se formam por meio da ação bacteriana em sistemas de águas naturais e mesmo em tubulações utilizadas no transporte de água.

O metabolismo bacteriano trata dos processos bioquímicos pelos quais as espécies químicas são modificadas nas células bacterianas. Basicamente é um meio de obtenção de energia e material celular a partir de substâncias nutrientes. A Figura 6.5 resume as características essenciais do metabolismo bacteriano. As duas divisões principais do metabolismo são o catabolismo, isto é, o metabolismo de degradação gerador de energia que quebra macromoléculas em seus constituintes monoméricos menores, e o anabolismo, definido como o metabolismo de sintetização, em que moléculas pequenas são reunidas para formar moléculas maiores. Uma distinção importante entre as bactérias diz respeito ao receptor terminal de elétrons na cadeia de transporte de elétrons envolvida no processo em que esses microrganismos obtêm energia oxidando material nutriente. Se o receptor terminal de elétrons for o O_2 molecular, o processo é a *respiração óxica*. Se for outra espécie reduzível, que normalmente inclui SO_4^{2-}, NO^{3-}, HCO^{3-} ou ferro (III), o processo é chamado *respiração anóxica*. Por exemplo, as bactérias do gênero *Desulfovibrio* convertem SO_4^{2-} em H_2S, as do gênero *Methanobacterium* reduzem HCO_3^- a CH_4, enquanto outras espécies reduzem o NO_3^- a NO_2^-, N_2O, N_2 ou NH_4^+.

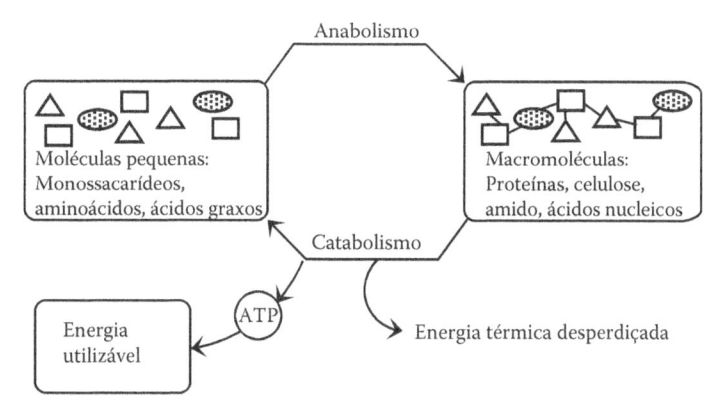

FIGURA 6.5 O metabolismo bacteriano e a produção de energia.

6.8.1 Os fatores que influenciam o metabolismo bacteriano

As reações metabólicas bacterianas são intermediadas pelas enzimas, substâncias catalisadoras de natureza bioquímica endógenas a seres vivos, discutidas no Capítulo 22. Os processos enzimáticos que ocorrem nas bactérias são em essência idênticos aos observados em outros organismos. Contudo, neste ponto é importante rever alguns fatores que influenciam a atividade enzimática bacteriana e, portanto, o crescimento bacteriano.

A Figura 6.6 ilustra o efeito da *concentração do substrato* na atividade enzimática, onde substrato é descrito como a substância em que a enzima atua. É possível observar que a atividade enzimática aumenta de forma linear, até atingir um valor de saturação. Em concentrações acima desse ponto, os níveis crescentes do substrato não resultam em uma maior atividade enzimática. Esse tipo de comportamento é refletido na atividade bacteriana, que aumenta com a disponibilidade de nutrientes, até um valor de saturação. Subentende-se dessa curva o aumento na população bacteriana de um sistema que, em última análise, eleva o teor de enzima disponível.

A Figura 6.7 mostra o efeito da *temperatura* na atividade enzimática e no crescimento e metabolismo bacterianos. Dentro de uma faixa de temperatura relativamente estreita de proliferação bacteriana, a atividade enzimática aumenta com a temperatura. A curva mostra uma taxa máxima de crescimento a uma temperatura ótima próxima aos valores altos, no final da curva, ocorrendo uma queda abrupta após o valor ótimo. Isso ocorre porque as enzimas são destruídas por desnaturação em temperaturas um pouco superiores ao valor ótimo. Diferentes bactérias têm diferentes temperaturas ótimas. As *bactérias psicrófilas* têm temperatura ótima abaixo de aproximadamente 20°C. Os valores ótimos de temperatura das *bactérias mesofílicas* ficam entre 20 e 45°C. As bactérias com valores ótimos de temperatura acima de 45°C são chamadas *bactérias termófilas*. As variações na faixa de temperatura de crescimento bacteriano são notáveis. Existem espécies capazes de crescer a 0°C, enquanto algumas bactérias termófilas conseguem sobreviver na água em ebulição.

A capacidade de adaptação das bactérias termófilas e suas enzimas desperta muito interesse no campo de aplicações industriais, pois a atividade enzimática normalmente aumenta com a temperatura, como mostra a Figura 6.7.[2] Um exemplo desse

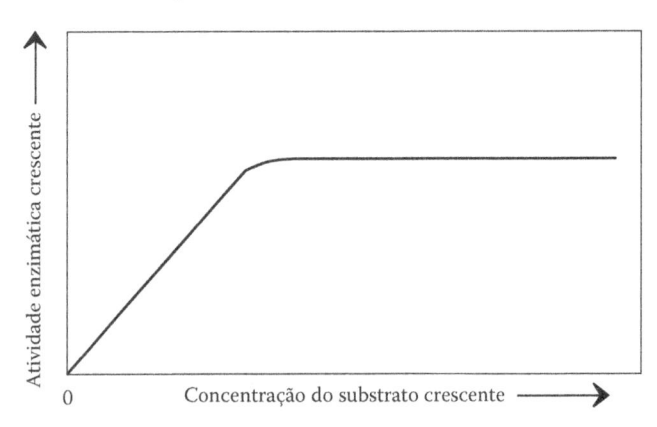

FIGURA 6.6 Efeito da concentração do substrato na atividade enzimática. O metabolismo bacteriano tem curva semelhante.

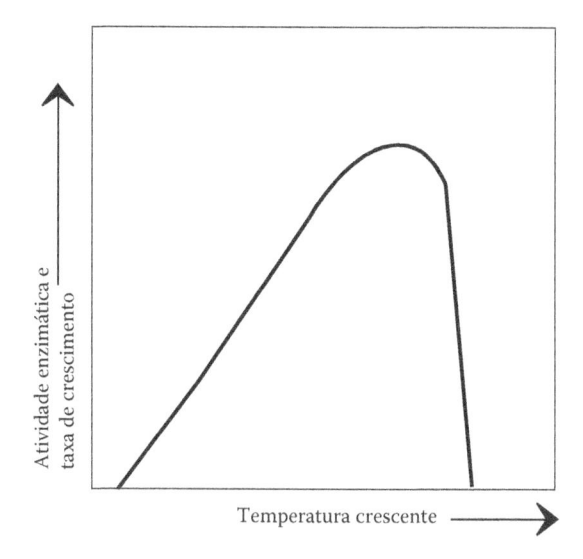

FIGURA 6.7 Atividade enzimática como função da temperatura. A curva do crescimento bacteriano como função da temperatura tem forma idêntica.

tipo de aplicação é a utilização em potencial de uma catalase termorresistente (produzida por uma bactéria termófila isolada de uma vertente de água quente no Parque Nacional de Yellowstone) como catalisadora na quebra do peróxido de hidrogênio no alvejamento de águas residuárias. O uso de peróxido de hidrogênio como alvejante aumentou muito nos últimos anos, por ser considerado um "composto mais verde" do que o cloro e o hipoclorito de sódio. É importante decompor o peróxido de hidrogênio em água e oxigênio antes de sua disposição final, mas as catalases oriundas de fontes convencionais são inibidas ou destruídas em temperaturas elevadas e valores

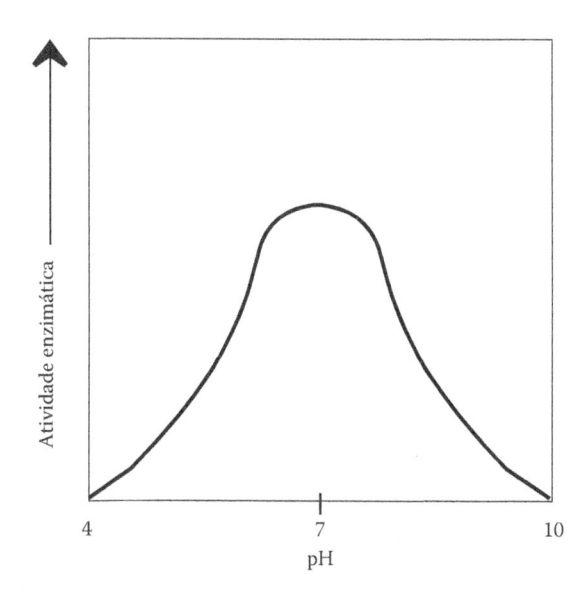

FIGURA 6.8 Atividade enzimática e crescimento bacteriano como funções do pH.

de pH típicos das soluções alvejantes. Contudo, a enzima catalase produzida por bactérias termófilas tem boa eficiência a 70°C e valores de pH até 10.

A Figura 6.8 mostra a curva da atividade enzimática como função do pH. Embora o pH ótimo varie, a maior parte das enzimas tem pH ótimo perto da neutralidade. As enzimas tendem a sofrer desnaturação em valores extremos de pH. Para algumas bactérias, como as que produzem ácido sulfúrico pela oxidação de sulfeto ou as que geram ácidos orgânicos pela fermentação de matéria orgânica, o pH ótimo pode ser bastante ácido.

6.8.2 A oxidação e a redução intermediadas por micróbios

Os processos metabólicos pelos quais as bactérias obtêm energia envolvem a intermediação de reações de oxidação-redução. As reações de oxidação-redução na água mais importantes do ponto de vista ambiental são resumidas na Tabela 6.1. Uma boa parte do restante deste capítulo é dedicada a uma discussão das reações redox intermediadas por bactérias, sobretudo aquelas listadas na tabela.

TABELA 6.1 As principais reações de oxidação-redução intermediadas por micróbios

Oxidação	$pE^0(w)^a$
(1) $\frac{1}{4}\{CH_2O\}+\frac{1}{4}H_2O \rightleftarrows \frac{1}{4}CO_2+H^+(w)+e^-$	−8,20
(1a) $\frac{1}{2}HCOO^- \rightleftarrows \frac{1}{2}CO_2(g)+\frac{1}{2}H^+(w)+e^-$	−8,73
(1b) $\frac{1}{2}\{CH_2O\}+\frac{1}{2}H_2O \rightleftarrows \frac{1}{2}HCOO^-+\frac{3}{2}H^+(w)+e^-$	−7,68
(1c) $\frac{1}{2}CH_3OH \rightleftarrows \frac{1}{2}\{CH_2O\}+H^+(w)+e^-$	−3,01
(1d) $\frac{1}{2}CH_4(g)+\frac{1}{2}H_2O \rightleftarrows \frac{1}{2}CH_3OH+H^+(w)+e^-$	−2,88
(2) $\frac{1}{8}HS^-+\frac{1}{2}H_2O \rightleftarrows \frac{1}{8}SO_4^{2-}+\frac{9}{8}H^+(w)+e^-$	−3,75
(3) $\frac{1}{8}NH_4^++\frac{3}{8}H_2O \rightleftarrows \frac{1}{8}NO_3^-+\frac{5}{4}H^+(w)+e^-$	+6,16
(4)^a $FeCO_3(s)+2H_2O \rightleftarrows FeOOH(s)+HCO_3^-(10^{-3})+2H^+(w)+e^-$	−1,67
(5)^a $\frac{1}{2}MnCO_3(s)+H_2O \rightleftarrows \frac{1}{2}MnO_2+\frac{1}{2}HCO_3^-(10^{-3})+\frac{3}{2}H^+(w)+e^-$	−8,5
Redução	
(A) $\frac{1}{4}O_2(g)+H^+(w)+e^- \rightleftarrows \frac{1}{2}H_2O$	+13,75
(B) $\frac{1}{5}NO_3^-+\frac{6}{5}H^+(w)+e^- \rightleftarrows \frac{1}{10}N_2+\frac{3}{5}H_2O$	+12,65
(C) $\frac{1}{8}NO_3^-+\frac{5}{4}H^+(w)+e^- \rightleftarrows \frac{1}{8}NH_4^++\frac{3}{8}H_2O$	+6,15
(D) $\frac{1}{2}\{CH_2O\}+H^+(w)+e^- \rightleftarrows \frac{1}{2}CH_3OH$	−3,01
(E) $\frac{1}{8}SO_4^{2-}+\frac{9}{8}H^+(w)+e^- \rightleftarrows \frac{1}{8}HS^-+\frac{1}{2}H_2O$	−3,75
(F) $\frac{1}{8}CO_2(g)+H^+(w)+e^- \rightleftarrows \frac{1}{8}CH_4(g)+\frac{1}{4}H_2O$	−4,13
(G) $\frac{1}{6}N_2+\frac{4}{3}H^+(w)+e^- \rightleftarrows \frac{1}{3}NH_4^+$	−4,68

(continua)

Sequência da intermediação bacteriana
Modelo 1: Matéria orgânica em excesso (a água inicialmente contém O_2, NO_3^-, SO_4^{2-} e HCO_3^-).
Exemplos: O hipolímnio de um lago eutrófico; sedimentos; digestor de uma estação de tratamento de efluentes.

TABELA 6.1 As principais reações de oxidação-redução intermediadas por micróbios *(continuação)*

	Combinação	$pE^0(w)$[b]	$\Delta G^0(w)$ (kcal)
Respiração óxica	(1) + (A)	21,95	−29,9
Desnitrificação	(1) + (B)	20,85	−28,4
Redução de nitratos	(1) + (C)	14,36	−19,6
Fermentação[c]	(1b) + (D)	4,67	−6,4
Redução de sulfatos	(1) + (E)	4,45	−5,9
Fermentação de metano	(1) + (F)	4,07	−5,6
Fixação de nitrogênio	(1) + (G)	3,52	−4,8

Modelo 2: Excesso de O_2 [a água inicialmente contém matéria orgânica, SH^-, NH_4^+ e possivelmente Fe(II) e Mn(II)]. Exemplos: Tratamento óxico de resíduos; autopurificação de rios; epilímnio de um lago.

	Combinação	$pE^0(w)$[b]	$\Delta G^0(w)$ (kcal)
Respiração óxica	(A) + (1)	21,95	−29,9
Oxidação de sulfetos	(A) + (2)	17,50	−23,8
Nitrificação	(A) + (3)	7,59	−10,3
Oxidação do ferro (II)[d]	(A) + (4)	15,42	21,0
Oxidação do manganês (II)[d]	(A) + (5)	5,75	−7,2

Fonte: Stumm, Werner, and James J. Morgan, *Aquatic Chemistry*, pp. 336-337. Wiley-Interscience, New York, 1970. Reproduzido com permissão de John Wiley & Sons, Inc.

[a] Valores de pE^0 são a atividade do íon H^+ de $1,00 \times 10^{-7}$; $H^+(w)$ designa água em que $[H^+] = 1,00 \times 10^{-7}$. Os valores de pE^0 para as semirreações (1) a (5) são dados para a redução, embora a reação esteja escrita como oxidação.

[b] Valores de $pE^0 = \log K(w)$ para uma reação escrita para a transferência de um elétron. O termo $K(w)$ é a constante de equilíbrio para a reação em que a atividade do íon hidrogênio foi definida como $1,00 \times 10^{-7}$ e incorporada na constante de equilíbrio.

[c] A fermentação é interpretada como reação orgânica redox em que a substância orgânica é reduzida pela oxidação de outra substância orgânica (por exemplo, a fermentação alcoólica; os produtos são termodinamicamente metaestáveis com relação ao CO_2 e CH_4).

[d] Os dados de $pE^0(w)$ ou $\Delta G^0(w)$ dessas reações correspondem a uma atividade do íon HCO_3^- de $1,00 \times 10^{-3}$, não à atividade unitária.

6.9 A transformação microbiana do carbono

O carbono é um elemento essencial à vida e tem porcentagem alta na massa seca de microrganismos. Para grande parte destes, a maioria dos processos metabólicos de geração ou consumo de energia envolve mudanças no estado de oxidação do carbono. Essas transformações químicas do elemento têm implicações importantes para o ambiente. Por exemplo, quando as algas e outras plantas fixam CO_2 na forma de carboidrato, representada por {CH_2O},

$$CO_2 + H_2O + h\nu \rightarrow \{CH_2O\} + O_2(g) \tag{6.7}$$

o número de oxidação do carbono passa de 4^+ para zero. A energia fornecida pela luz solar é armazenada como energia química nos compostos orgânicos. Porém, quando as algas morrem, a decomposição bacteriana ocorre por meio da respiração aeróbia representada pelo processo bioquímico no sentido inverso ao da reação de fotossíntese mostrada anteriormente, com a liberação de energia e o consumo de oxigênio.

Na presença de oxigênio, a principal reação em que as bactérias liberam energia é a oxidação da matéria orgânica. Uma vez que a comparação de reações com base na reação de um mol de elétrons oferece explicações mais significativas, uma maneira conveniente de escrever a reação de decomposição de matéria orgânica é

$$\tfrac{1}{4}\{CH_2O\} + \tfrac{1}{4}O_2(g) \rightarrow \tfrac{1}{4}CO_2 + \tfrac{1}{4}H_2O \qquad (6.8)$$

para a qual a variação na energia livre é $-29,9$ kcal (ver tópico sobre respiração aeróbia, Tabela 6.1). Com base nesse tipo genérico de reação, as bactérias e outros microrganismos extraem a energia de que precisam para seus processos metabólicos, síntese de material celular novo, reprodução e locomoção.

A decomposição parcial da matéria orgânica por micróbios é um passo importante na produção de turfa, lignita, carvão, xisto betuminoso e petróleo. Em condições redutoras, sobretudo sob a superfície da água, o conteúdo de oxigênio do material vegetal original (com fórmula empírica aproximada $\{CH_2O\}$) diminui, aumentando o teor relativo de carbono nesses materiais.

6.9.1 As bactérias produtoras de carbono

A produção de metano em sedimentos anóxicos (sem oxigênio) é favorecida pelos altos níveis de compostos orgânicos e os baixos teores de nitratos e sulfatos. A produção de metano tem um papel essencial nos ciclos locais e globais do carbono e como etapa final da decomposição anaeróbia da matéria orgânica. Esse processo é responsável por cerca de 80% do metano liberado na atmosfera.

O carbono do metano produzido pelos micróbios pode se originar da redução de CO_2 ou da fermentação de matéria orgânica, sobretudo acetatos. Uma representação simplificada da produção anaeróbia de metano é dada a seguir. Quando o dióxido de carbono atua como receptor de elétrons na ausência de oxigênio, o gás metano é produzido:

$$\tfrac{1}{8}CO_2 + H^+ + e^- \rightarrow \tfrac{1}{8}CH_4 + \tfrac{1}{4}H_2O \qquad (6.9)$$

Essa reação é intermediada por bactérias produtoras de metano. Quando a matéria orgânica é degradada pela via microbiana, a semirreação para um mol de elétrons de $\{CH_2O\}$ é

$$\tfrac{1}{4}\{CH_2O\} + \tfrac{1}{4}H_2O \rightarrow \tfrac{1}{4}CO_2 + H^+ + e^- \qquad (6.10)$$

A soma das semirreações 6.9 e 6.10 gera a reação global para a degradação anaeróbia de matéria orgânica por bactérias produtoras de metano, cuja variação de energia é $-5,55$ kcal por mol de elétrons

$$\tfrac{1}{4}\{CH_2O\} \rightarrow \tfrac{1}{8}CH_4 + \tfrac{1}{8}CO_2 \qquad (6.11)$$

Essa reação, que na verdade compreende uma série de processos complexos, é uma *reação de fermentação*, definida como um processo redox em que tanto o agente redutor como o agente oxidante são substâncias orgânicas. É possível observar que a energia livre obtida na formação de um mol de elétrons de metano corresponde a apenas um quinto da reação envolvendo a oxidação total da matéria orgânica (Reação 6.8).

A formação de metano é um processo importante, responsável pela degradação de grandes quantidades de resíduos orgânicos, tanto em processos de tratamento biológico de resíduos (ver Capítulo 8) quanto na natureza. A produção de metano é utilizada em estações de tratamento biológico de efluentes para aumentar a degradação do excesso de lodo gerado no processo de lodo ativado. Nas regiões profundas de corpos de águas naturais, as bactérias produtoras de metano degradam matéria orgânica na ausência de oxigênio. Esse processo elimina matéria orgânica que, do contrário, exigiria oxigênio para ser degradada. Se essa matéria orgânica fosse transportada para águas óxicas contendo O_2 dissolvido, ela elevaria a DBO. A produção de metano é um meio muito eficiente de remover DBO. A reação

$$CH_4 + 2O_2 \rightarrow CO_2 + 2H_2O \quad (6.12)$$

mostra que a oxidação de 1 mol de metano em CO_2 requer 2 mols de oxigênio. Logo, a produção de um mol de metano e sua subsequente liberação da água equivalem à remoção de 2 mols de demanda de oxigênio. Portanto, em certo sentido a remoção de 16 g (1 mol) de metano equivale à adição de 64 g (2 mols) de oxigênio dissolvido à água.

Em cenários favoráveis, a digestão anaeróbia de resíduos orgânicos representa uma maneira economicamente eficiente de produzir combustível metano como fonte renovável. Há casos em que os resíduos da criação de gado bovino em confinamento são utilizados para essa finalidade. O metano é produzido pela ação de bactérias anaeróbias e é utilizado como fonte de calor e combustível para motores em estações de tratamento de efluentes (ver Capítulo 8). O metano produzido no subsolo de aterros sanitários vem sendo aproveitado por alguns municípios; porém, houve casos em que o metano que vazou no interior de porões de edificações erguidas em aterros sanitários contendo lixo doméstico causou explosões e incêndios graves.

6.9.2 A utilização de hidrocarbonetos por bactérias

Em condições anaeróbias, o metano é oxidado por diversas linhagens de bactérias, entre as quais as bactérias do gênero *Methanomonas*, organismos altamente especializados incapazes de utilizar qualquer outro material além do metano como fonte de energia. O metanol, o formaldeído e o ácido fórmico são intermediários na oxidação microbiana do metano em dióxido de carbono. Como discutido na Seção 6.10, diversos tipos de bactérias têm a capacidade de degradar hidrocarbonetos pesados e utilizá-los como fonte de energia e carbono.

6.9.3 A utilização de carbono por bactérias

O monóxido de carbono é removido da atmosfera ao contato com o solo. Uma vez que nem o solo esterilizado, nem as plantas cultivadas em condições estéreis apresentam a capacidade de remover o monóxido de carbono do ar, são os microrganismos presentes no solo que se incumbem dessa função. Os fungos que metabolizam o CO incluem algumas linhagens frequentes dos gêneros *Penicillium* e *Aspergillus*, observadas em todos os ambientes. Além disso, algumas bactérias também podem estar envolvidas na remoção do CO. Embora alguns microrganismos metabolizem o CO, há aqueles nos ambientes terrestres e aquáticos que o produzem.

6.10 A biodegradação da matéria orgânica

A biodegradação da matéria orgânica em ambientes aquáticos e terrestres é um processo ambiental fundamental. Alguns poluentes orgânicos atuam como biocidas. Por exemplo, a eficiência de um fungicida é medida por sua ação antimicrobiana. Logo, além de matar fungos prejudiciais, os fungicidas muitas vezes prejudicam fungos saprófitos benéficos (fungos que decompõem matéria orgânica morta) e bactérias. Os herbicidas, projetados para o controle de ervas daninhas, e os inseticidas, utilizados para controlar insetos, normalmente não têm efeitos danosos para os microrganismos.

A biodegradação de matéria orgânica por microrganismos ocorre por meio de diversas reações em etapas e catalisadas por microrganismos. Essas reações serão discutidas individualmente, com exemplos.

6.10.1 A oxidação

A *oxidação* ocorre pela ação de enzimas da classe das oxigenases (ver Capítulo 22 para uma discussão sobre termos bioquímicos). A *epoxidação* é uma etapa importante em diversos mecanismos de oxidação, compreendendo a adição de um átomo de oxigênio entre dois átomos de carbono em um sistema insaturado, como ocorre com o benzeno:

$$\text{benzeno} \xrightarrow[\text{Epoxidação}]{O_2,\ \text{mediação da enzima}} \text{epóxido} \qquad (6.13)$$

A epoxidação é um meio de ataque metabólico de importância especial em anéis aromáticos abundantes em diversos xenobiontes. Além disso, faz parte do processo pelo qual os Hidrocarbonetos Aromáticos Policídicos (HAP) potencialmente carcinogênicos, como o benzo(a)pireno, são biodegradados.[3] A epoxidação de um anel aromático pode ser acompanhada de uma *quebra de anel*, uma etapa importante na biodegradação de compostos aromáticos:

$$\text{Epóxido} \xrightarrow[\text{Quebra de anel}]{O_2} \text{diácido} \qquad (6.14)$$

6.10.1.1 A oxidação microbiana de hidrocarbonetos

A degradação de hidrocarbonetos pela oxidação microbiana é um processo ambiental importante, por ser o principal meio de remoção de resíduos de petróleo da água e do solo. Entre as bactérias capazes de degradar hidrocarbonetos estão as dos gêneros *Micrococcus*, *Psedomonas*, *Mycobacterium* e *Nocardia*.

A etapa inicial mais comum na oxidação microbiana de alcanos envolve a conversão de um grupo $-CH_3$ terminal em um grupo $-CO_2H$. Após a formação de ácido carboxílico a partir do alcano, a oxidação geralmente prossegue, com a β-oxidação:

$$CH_3CH_2CH_2CH_2CO_2H + 3O_2 \rightarrow CH_3CH_2CO_2H + 2CO_2 + 2H_2O \qquad (6.15)$$

A β-oxidação envolve um ciclo complexo, com diversas etapas. O resíduo ao final de cada ciclo é um ácido orgânico com dois carbonos a menos que seu precursor, no início do ciclo.

Os hidrocarbonetos variam muito em termos de biodegradabilidade, e os microrganismos demonstram uma preferência por hidrocarbonetos de cadeia linear. Uma das principais razões para essa preferência é que a ramificação inibe a β-oxidação no sítio de ramificação da cadeia. A presença de um carbono quaternário (mostrado a seguir) exerce forte efeito inibidor na degradação de alcanos.

$$\text{----C--}\underset{\underset{CH_3}{|}}{\overset{\overset{CH_3}{|}}{C}}\text{--CH}_3$$

A biodegradação do petróleo é essencial na eliminação de derramamentos de óleo (da ordem de um milhão de toneladas métricas ao ano). Esse óleo é degradado por bactérias marinhas e fungos filamentosos. Em alguns casos, a taxa de degradação é limitada pelos níveis de nitratos e fosfatos disponíveis, mas hoje sabe-se que a degradação de hidrocarbonetos em derramamentos de óleo é melhorada pela presença dos nutrientes nitrogênio, fósforo e potássio. A forma física do óleo cru exerce forte influência em sua degradabilidade. A degradação em água ocorre na interface água-óleo e nas camadas de óleo sobre a água expostas à atmosfera. Portanto, camadas espessas de óleo cru impedem o contato com as enzimas bacterianas e o O_2.

A *hidroxilação* muitas vezes acompanha a oxidação microbiana, e consiste na ligação de grupos –OH a cadeias ou anéis de hidrocarbonetos. Na biodegradação de compostos estranhos, a hidroxilação muitas vezes ocorre em sequência à epoxidação, como mostra a seguinte reação de rearranjo para o benzeno-epóxido:

A hidroxilação pode envolver a adição de mais de um grupo hidroxila. Um exemplo de epoxidação seguida de hidroxilação é a produção metabólica do carcinógeno 7,8-diol-9,10-epóxido a partir do benzo(a)pireno, discutida na Seção 24.4.

6.10.2 Outros processos bioquímicos na biodegradação de compostos orgânicos

A *hidrólise*, que envolve a adição de H_2O a uma molécula acompanhada da clivagem da molécula em dois produtos, é uma das principais etapas na degradação microbiana de muitos compostos poluentes, sobretudo os pesticidas à base de ésteres, amidas e ésteres organofosforados. As classes de enzimas que efetuam a hidrólise são as *hidrolases*. As hidrolases com a capacidade de hidrolisar ésteres são as *esterases*, enquanto as que hidrolisam amidas são as *amidases*. Ao menos uma espécie de *Pseudomona* hidrolisa o malation, em um tipo de reação de hidrólise em que ocorre a degradação de pesticidas:

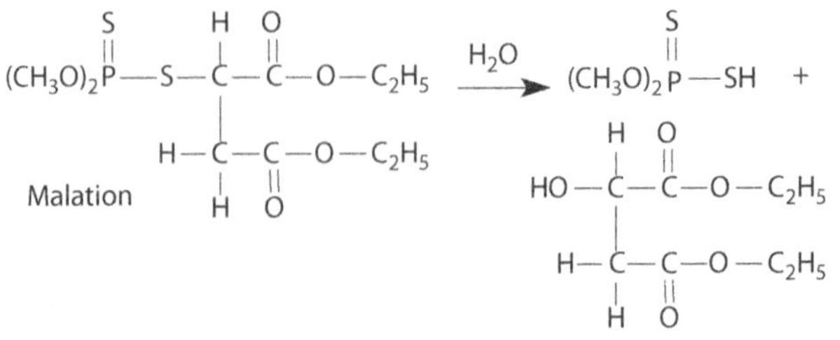

$$\underset{\text{Malation}}{(CH_3O)_2\overset{S}{\overset{\|}{P}}-S-\overset{H}{\underset{H}{\overset{|}{\underset{|}{C}}}}-\overset{O}{\overset{\|}{C}}-O-C_2H_5} \xrightarrow{H_2O} (CH_3O)_2\overset{S}{\overset{\|}{P}}-SH \; + $$

$$HO-\overset{H}{\underset{H}{\overset{|}{\underset{|}{C}}}}-\overset{O}{\overset{\|}{C}}-O-C_2H_5 \qquad (6.16)$$

As *reduções* são conduzidas pelas *redutases*; por exemplo, a enzima nitrorredutase catalisa a redução do grupo nitro. A Tabela 6.2 lista os principais tipos de grupos funcionais reduzidos por microrganismos.

As reações de *desalogenação* de compostos organoalogenados envolvem a substituição intermediada por bactérias de um átomo de um halogênio com ligação covalente (F, Cl, Br, I) por uma −OH, e serão discutidas na Seção 6.13.

Muitos compostos orgânicos com importância ambiental contêm grupos alquila, como o grupo metila (–CH$_3$), ligados a átomos de O, N e S. Uma etapa importante no metabolismo bacteriano de muitos desses compostos é a *desalquilação*, a substituição de grupos alquila por H, como mostra a Figura 6.9. Exemplos desses tipos de reação são a O-desalquilação de inseticidas à base de metoxicloro, a N-desalquilação de inseticida carbaril e a S-desalquilação do dimetilsulfóxido. Os grupos alquila removidos por desalquilação normalmente estão ligados a átomos de oxigênio, enxofre ou nitrogênio. Aqueles ligados a átomos de carbono não são removidos por processos microbianos de modo geral.

6.11 As transformações microbianas do nitrogênio

Algumas das reações químicas intermediadas por microrganismos mais importantes que ocorrem nos ambientes aquáticos e no solo envolvem compostos de nitrogênio.[4] Essas reações estão resumidas no *ciclo do nitrogênio*, mostrado na Figura 6.10. Esse

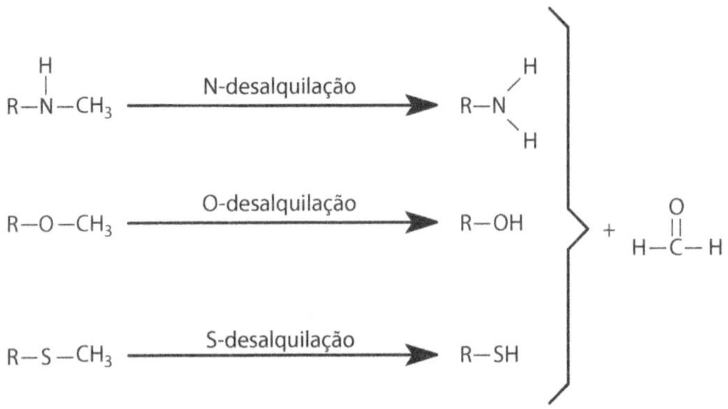

FIGURA 6.9 As reações de desalquilação metabólica mostradas para a remoção de átomos de CH$_3$ de N, O e S em compostos orgânicos.

TABELA 6.2 Grupos funcionais que sofrem redução microbiana

Reagente	Processo	Produto
$R-\overset{O}{\underset{\|}{C}}-H$	Redução de aldeídos	$R-\overset{H}{\underset{H}{\overset{\|}{C}}}-OH$
$R-\overset{O}{\underset{\|}{C}}-R'$	Redução de cetonas	$R-\overset{OH}{\underset{H}{\overset{\|}{C}}}-R'$
$R-\overset{O}{\underset{\|}{S}}-R'$	Redução de sulfóxidos	$R-S-R'$
$R-SS-R'$	Redução de bissulfetos	$R-SH, R'-SH$
$\underset{H}{\overset{R}{>}}C=C\underset{R'}{\overset{H}{<}}$	Redução de alcenos	$R-\overset{H}{\underset{H}{\overset{\|}{C}}}-\overset{H}{\underset{H}{\overset{\|}{C}}}-R'$
$R-NO_2$	Redução de grupos nitro	$R-NO, R-NH_2,$ $R-N\overset{H}{\underset{OH}{<}}$

ciclo descreve os processos dinâmicos de troca do nitrogênio entre a atmosfera, a matéria orgânica e os compostos inorgânicos. Esse ciclo compreende alguns dos processos dinâmicos mais essenciais na natureza.

Entre as transformações bioquímicas no ciclo do nitrogênio estão: (1) a fixação do elemento, pela qual o nitrogênio molecular é fixado na forma orgânica, (2) a nitrificação, o processo de oxidação da amônia em nitrato, (3) a redução de nitratos, em que o nitrogênio do íon nitrato é reduzido para formar compostos com o elemento em

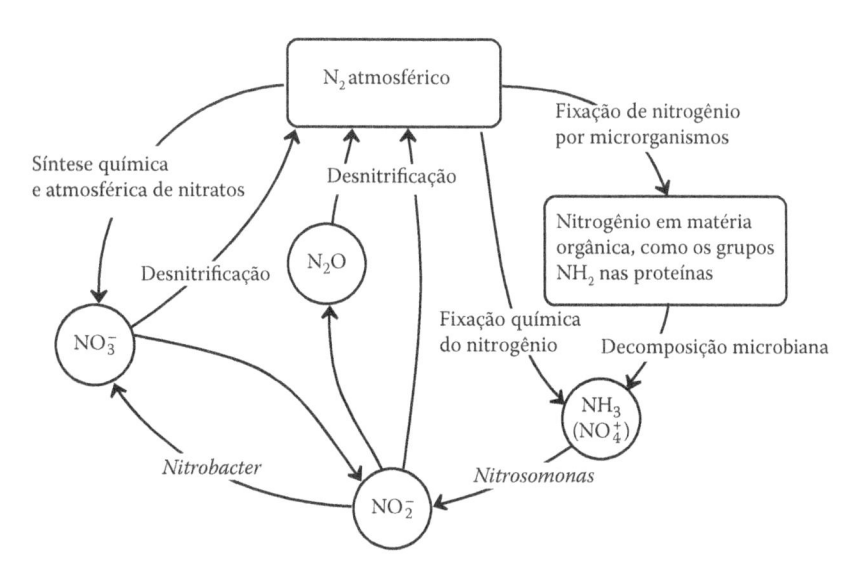

FIGURA 6.10 O ciclo do nitrogênio.

estado de oxidação mais baixo, e (4) a desnitrificação, a redução de nitrato e nitrito a N_2, com a perda líquida de gás nitrogênio para a atmosfera. Esses importantes processos químicos serão discutidos individualmente.

6.11.1 A fixação do nitrogênio

O processo microbiano global da *fixação do nitrogênio*, a ligação do nitrogênio em forma quimicamente combinada

$$3\{CH_2O\} + 2N_2 + 3H_2O + 4H^+ \rightarrow 3CO_2 + 4NH_4^+ \tag{6.17}$$

é na verdade um processo bastante complexo, assunto de investigações extensas. A fixação biológica do nitrogênio é um processo bioquímico essencial no ambiente, crucial ao crescimento das plantas na ausência de fertilizantes químicos.

Poucos microrganismos aquáticos têm a capacidade de fixar o nitrogênio atmosférico. Entre as bactérias aquáticas com essa capacidade estão as bactérias fotossintetizantes *Azotobacter*, algumas espécies de *Clostridium* e as cianobactérias. Contudo, na maioria dos sistemas naturais de água doce, em comparação à fração oriunda da decomposição de material orgânico, dos deflúvios contendo resíduos de fertilizantes e de outras fontes externas, a fração do nitrogênio fixado por organismos na água é muito baixa.

A forma de bactéria fixadora de nitrogênio mais importante e estudada é a *Rhizobacterium*, que desfruta de uma relação simbiótica (mutuamente proveitosa) com plantas leguminosas como a azedinha e a alfafa. As bactérias do gênero *Rhizobium* são encontradas nos nódulos radiculares, estruturas especiais ligadas às raízes de leguminosas (ver Figura 16.2). Esses nódulos conectam-se diretamente ao sistema vascular (circulatório) da planta, o que garante às bactérias pronto acesso à energia fotossintética que ela produz. Portanto, é a planta que fornece a energia necessária para romper as ligações triplas resistentes da molécula de nitrogênio, convertendo o elemento em uma forma reduzida assimilada de maneira direta. Quando as leguminosas morrem e entram em decomposição, o íon NH_4^+ é liberado e convertido em íon nitrato por microrganismos, assimilável por outras plantas. Parte do íon amônio e do nitrato liberados pode entrar em sistemas de águas naturais.

Algumas angiospermas não leguminosas fixam nitrogênio pela intermediação de bactérias actinomicetas presentes nos nódulos das raízes. Arbustos e árvores fixadores de nitrogênio abundam em campos, florestas e terras úmidas em todo o mundo. A taxa de fixação de nitrogênio desses vegetais é comparável àquela das leguminosas.

As bactérias livres associadas a algumas pastagens são estimuladas por essas plantas a fixar nitrogênio, entre as quais está a *Spirillumlipoferum*. Em ambientes tropicais, a quantidade de nitrogênio fixada por essas bactérias pode chegar a 100 kg por hectare por ano.

Devido ao custo da energia necessária para fixar nitrogênio pela via sintética, esforços estão sendo desenvolvidos a fim de aumentar a eficiência dos meios naturais de fixação do elemento. Um deles é o emprego do DNA recombinante, na tentativa de transferir a capacidade de fixar nitrogênio das bactérias para as células das plantas. Embora seja uma possibilidade fascinante, essa transferência ainda não se concretizou na prática. Foi também desenvolvida uma abordagem que utiliza técnicas de melhoramento de plantas e métodos biológicos para aumentar a amplitude e a eficiência da relação simbiótica entre algumas plantas e as bactérias fixadoras de nitrogênio.

Uma das preocupações relativas a esse tema é que o êxito nos esforços para aumentar a fixação do nitrogênio poderá desestabilizar o equilíbrio global do elemento. Hoje, a fixação anual do nitrogênio total no planeta está 50% maior em comparação com os níveis pré-industriais, estimados em 150 milhões de toneladas métricas em 1850. A provável elevação nos níveis de nitrogênio fixado é objeto de preocupação devido à poluição aquática por nitratos e à produção de N_2O gasoso por micróbios. Alguns pesquisadores da atmosfera temem que o excesso do gás N_2O esteja envolvido na redução da camada de ozônio (ver Capítulo 14).

6.11.2 A nitrificação

A *nitrificação*, a conversão de N(-III) em N(V), é um processo comum e muito importante nos ambientes aquáticos e no solo. O nitrogênio aquático em equilíbrio termodinâmico com o ar tem estado de oxidação +5, na forma de NO_3^-, enquanto na maioria dos compostos biológicos o elemento está presente como N(-III), a exemplo do grupo $-NH_2$ dos aminoácidos. A constante de equilíbrio da reação global, escrita para um mol de elétrons

$$\tfrac{1}{4}O_2 + \tfrac{1}{8}NH_4^+ \rightarrow \tfrac{1}{8}NO_3^- + \tfrac{1}{4}H^+ + \tfrac{1}{8}H_2O \tag{6.18}$$

é $10^{7,59}$ (Tabela 6.1), e mostra que a reação é muito favorecida, do ponto de vista termodinâmico.

Na natureza, a nitrificação tem importância especial pelo fato de o nitrogênio ser absorvido por plantas sobretudo na forma de nitratos. Quando aplicados fertilizantes na forma de sais de amônio ou amônia anidra, uma transformação em nitrato intermediada pela via microbiana permite a assimilação máxima de nitrogênio pelas plantas.

Na natureza, a nitrificação é catalisada por dois grupos de bactérias, *Nitrosomonas* e *Nitrobacter*. As bactérias do gênero *Nitrosomonas* são responsáveis pela conversão da amônia em nitrito

$$NH_3 + \tfrac{3}{2}O_2 \rightarrow H^+ + NO_2^- + H_2O \tag{6.19}$$

Enquanto as do gênero *Nitrobacter* mediam a oxidação de nitrito em nitrato:

$$NO_2^- + \tfrac{1}{2}O_2 \rightarrow NO_3^- \tag{6.20}$$

Esses dois gêneros de bactérias altamente especialistas são *aeróbias obrigatórias*, isto é, vivem apenas na presença de O_2 molecular. São também *quimiolitotróficas*, ou seja, conseguem utilizar materiais inorgânicos como doadores de elétrons em reações de oxidação para gerar a energia necessária em processos metabólicos.

Para a conversão óxica de um mol de elétrons de nitrogênio amoniacal no íon nitrato, em pH 7,0,

$$\tfrac{1}{4}O_2 + \tfrac{1}{6}NH_4^+ \rightarrow \tfrac{1}{6}NO_2^- + \tfrac{1}{3}H^+ + \tfrac{1}{6}H_2O \tag{6.21}$$

a variação em energia livre é $-10,8$ kcal. A variação na energia livre para a oxidação óxica de um mol de elétrons do íon nitrito em íon nitrato, dada pela reação

$$\tfrac{1}{4}O_2 + \tfrac{1}{2}NO_2^- \rightarrow \tfrac{1}{2}NO_3^- \qquad (6.22)$$

é $-9,0$ kcal. As duas etapas do processo de nitrificação envolvem a geração de uma quantidade apreciável de energia.

6.11.3 A redução de nitratos

Em termos gerais, a *redução de nitratos* diz respeito aos processos microbianos pelos quais o nitrogênio presente em compostos químicos é reduzido a estados de oxidação mais baixos. Na ausência de oxigênio livre, o nitrato pode ser utilizado por algumas bactérias como receptor alternativo de elétrons. A redução mais completa possível do nitrogênio ao íon nitrato envolve a aceitação de oito elétrons pelo átomo do elemento, de onde resulta a conversão de nitrato em amônia (estado de oxidação $+V$ a $-III$). O nitrogênio é um elemento essencial nas proteínas, e qualquer organismo que utilize nitrogênio obtido de nitratos na síntese proteica precisa antes reduzir o elemento ao estado de oxidação $-III$ (forma amoniacal). Porém, a incorporação do nitrogênio pela proteína representa uma modalidade secundária de utilização do nitrato reduzido pela via microbiana, e é mais apropriadamente denominada *assimilação de nitrato*.

Em condições normais, o íon nitrato que opera como receptor de elétrons produz NO_2^-:

$$\tfrac{1}{2}NO_3^- + \tfrac{1}{4}\{CH_2O\} \rightarrow \tfrac{1}{2}NO_2^- + \tfrac{1}{4}H_2O + \tfrac{1}{4}CO_2 \qquad (6.23)$$

A geração de energia livre por mol de elétrons corresponde a cerca de dois terços do total gerado quando o oxigênio é o agente oxidante. Porém, o íon nitrato é um bom receptor de elétrons na ausência de O_2. Um dos fatores limitantes ao uso do íon nitrato nessa função é sua concentração relativamente baixa na maioria dos ambientes aquáticos. Além disso, quando presente em níveis elevados, o nitrito, NO_2^-, é um tanto tóxico e tende a inibir o crescimento de muitas bactérias. O nitrato de sódio é utilizado como uma espécie de tratamento de "primeiros socorros" em lagoas de esgoto deficientes em oxigênio, pois representa uma fonte emergencial de oxigênio para o restabelecimento do crescimento bacteriano normal.

O íon nitrato atua como um agente oxidante eficiente para numerosas espécies químicas observadas em ambientes aquáticos e que são oxidadas pela ação de microrganismos. Por essa razão, com frequência os sais de nitrato são adicionados como fonte alternativa de oxigênio no tratamento biológico de resíduos oxidáveis.

6.11.4 A desnitrificação

Um caso de redução de nitrato com relevância especial é a *desnitrificação*, em que a forma do nitrogênio reduzido é um gás contendo o elemento em sua composição, normalmente N_2. Em pH $7,00$, a variação de energia livre por mol de elétrons da reação

$$\tfrac{1}{5}NO_3^- + \tfrac{1}{4}\{CH_2O\} + \tfrac{1}{5}H^+ \rightarrow \tfrac{1}{10}N_2 + \tfrac{1}{4}CO_2 + \tfrac{7}{20}H_2O \qquad (6.24)$$

é $-2,84$ kcal. A geração de energia livre por mol de nitrato reduzido a N_2 (cinco mol de elétrons) é menor que o valor observado na redução da mesma quantidade de nitrato a nitrito. Contudo, o mais importante é que a redução de um íon nitrato a N_2 gás consome cinco elétrons, em comparação com apenas dois na redução do NO_3^- a NO_2^-.

A desnitrificação é um processo importante na natureza, sendo o mecanismo pelo qual o nitrogênio fixado é devolvido à atmosfera. Também é utilizada na remoção do nitrogênio nutriente no tratamento avançado de águas residuárias (ver Capítulo 8). Já que o nitrogênio gás é uma substância volátil não tóxica incapaz de inibir o crescimento microbiano, e lembrando que o íon nitrato é muito eficiente como receptor de elétrons, a desnitrificação permite a proliferação bacteriana ampla em condições anaeróbias.

A formação de N_2O e NO catalisada pela atividade de tipos de bactérias sobre nitratos e nitritos representa outra via de perda de nitrogênio para a atmosfera. A produção de N_2O em relação ao N_2 é melhorada durante a desnitrificação em solos devido às concentrações maiores de NO_3^-, NO_2^- e O_2.

6.11.5 A oxidação competitiva de matéria orgânica pelo íon nitrato e outros agentes oxidantes

A oxidação sucessiva de matéria orgânica por O_2, NO_3^- e SO_4^{2-} dissolvidos causa uma interessante estratificação do íon nitrato em sedimentos e nas águas do hipolímnio que inicialmente contém O_2 mas não dispõem de um mecanismo de reaeração. Esse fenômeno é mostrado na Figura 6.11, onde diferentes concentrações de O_2, NO_3^- e SO_4^{2-} dissolvidos são exibidos como função da matéria orgânica total metabolizada. Esse comportamento pode ser explicado pela sequência de processos bioquímicos a seguir:

$$O_2 + \text{matéria orgânica} \rightarrow \text{produtos} \qquad (6.25)$$

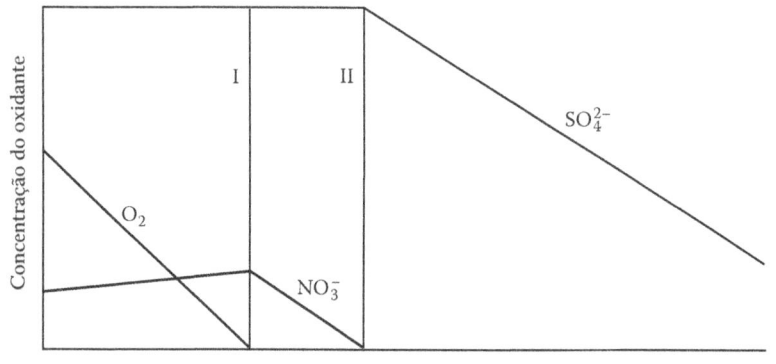

$$NO_3^- + \text{matéria orgânica} \rightarrow \text{produtos} \qquad (6.26)$$

$$SO_4^{2-} + \text{matéria orgânica} \rightarrow \text{produtos} \qquad (6.27)$$

FIGURA 6.11 A oxidação da matéria orgânica por O_2, NO_3^- e SO_4^{2-}.

Desde que certo nível de O_2 esteja presente, uma parcela de nitrato pode ser gerada a partir de matéria orgânica nitrogenada. Após a exaustão do oxigênio molecular, o nitrato é o agente oxidante preferido. Sua concentração é reduzida, de um valor máximo (I) a zero (II), como mostra a figura. O sulfato, que em condições normais está presente em grande excesso em comparação aos outros dois oxidantes, passa a ser o receptor de elétrons de escolha, possibilitando o avanço da biodegradação da matéria orgânica.

6.12 As transformações microbianas do fósforo e do enxofre

6.12.1 Os compostos de fósforo

A biodegradação de compostos de fósforo é importante no ambiente por duas razões. A primeira é que ela representa uma fonte de organofosfato nutriente para as algas, obtido a partir da hidrólise de polifosfatos (ver Seção 3.16). A segunda é que a biodegradação desativa os compostos organofosforados tóxicos, como os inseticidas pertencentes a esta classe de substâncias.

Os compostos organofosforados que suscitam as maiores preocupações relativas ao ambiente são os inseticidas contendo os ésteres *fosforotionato* e *fosforoditioato*, discutidos no Capítulo 7, Seção 7.11 (as fórmulas estruturais de diversos compostos importantes são mostradas na Figura 7.8). A biodegradação desses compostos é um processo químico relevante no ambiente. Por sorte, diferentemente dos inseticidas organoalogenados, que substituíram antes de classes de compostos menos tóxicos passassem a ser adotadas, os organofosfatos são prontamente biodegradados e não bioacumulam.

A hidrólise é uma etapa importante na biodegradação de inseticidas à base de éster fosforotionato, fosforoditioato e fosfato, pois promove a destoxificação e perda da atividade inseticida. A hidrólise desses inseticidas é ilustrada pelas reações genéricas a seguir, onde R é um grupo alquila, Ar, um grupo substituinte (normalmente aromático), e X, o enxofre ou o oxigênio:

$$R-O-\underset{\underset{R}{O}}{\overset{\overset{X}{\|}}{P}}-OAr \xrightarrow{H_2O} R-O-\underset{\underset{R}{O}}{\overset{\overset{X}{\|}}{P}}-OH + HOAr \quad (6.28)$$

$$R-O-\underset{\underset{R}{O}}{\overset{\overset{X}{\|}}{P}}-SAr \xrightarrow{H_2O} R-O-\underset{\underset{R}{O}}{\overset{\overset{X}{\|}}{P}}-OH + HSAr \quad (6.29)$$

6.12.2 Os compostos de enxofre

Os compostos de enxofre são muito comuns na água. O íon sulfato, SO_4^{2-}, é encontrado em concentrações variáveis em praticamente todas as águas no ambiente. Os compostos orgânicos de enxofre, tanto de origem natural quanto as espécies poluentes, são muito comuns nos sistemas aquáticos naturais, e sua degradação é um processo bacteriano influente. Às vezes os produtos da degradação, como o H_2S, odorífero e tóxico, causam problemas sérios para a qualidade da água.

Na matéria viva o enxofre normalmente está presente em seu estado reduzido, como o grupo sulfeto, $-SH$. Quando os compostos orgânicos de enxofre são decompostos por bactérias, o produto inicial do elemento é sua forma reduzida, H_2S. Algumas bactérias produzem e armazenam enxofre elementar a partir de compostos contendo o elemento. Existem bactérias que, na presença de oxigênio, convertem formas reduzidas de enxofre em uma forma oxidada, como o íon SO_4^{2-}.

6.12.2.1 A oxidação do H_2S e a redução de sulfatos por bactérias

Na presença de oxigênio, algumas bactérias são capazes de oxidar sulfeto (H_2S) em sulfato, enquanto outras reduzem sulfato a sulfeto na ausência do elemento.[5] As bactérias do gênero *Desulfovibrio* têm a capacidade de reduzir o íon sulfato inorgânico a H_2S; nesse processo elas utilizam sulfato como receptor de elétrons na oxidação de matéria orgânica. A reação global da oxidação da biomassa intermediada pela via microbiana com sulfato é

$$SO_4^{2-} + 2\{CH_2O\} + 2H^+ \rightarrow H_2S + 2CO_2 + 2H_2O \qquad (6.30)$$

e exige que outras bactérias, além das do gênero *Desulfovibrio*, oxidem a matéria orgânica por completo, formando CO_2. Devido à alta concentração do íon sulfato na água do mar, a formação de H_2S intermediada por bactérias causa problemas de poluição em algumas áreas costeiras e é fonte importante de enxofre atmosférico. Em águas onde ocorre a formação de sulfeto, o sedimento muitas vezes é escurecido devido à formação de FeS.

Algumas bactérias, como as sulfobactérias púrpuras e verdes, oxidam o enxofre no sulfeto de hidrogênio a estados de oxidação mais altos. As sulfobactérias incolores óxicas utilizam o oxigênio molecular para oxidar o H_2S a enxofre elementar e conseguem oxidar o S elementar e o tiossulfato ($S_2O_3^{2-}$) a sulfato.

A oxidação do enxofre com um estado de oxidação inferior ao íon sulfato produz ácido sulfúrico, um ácido forte. Uma das sulfobactérias incolores, a *Thiobacillus thiooxidans*, é tolerante a soluções com pH abaixo de 1, o que é notável. Quando o enxofre elementar é adicionado a solos de alta alcalinidade, a acidez aumenta por conta de uma reação que produz ácido sulfúrico intermediada por microrganismos. O enxofre elementar pode formar depósitos de grânulos nas células de sulfobactérias púrpuras e incolores. Esses processos são fontes importantes de depósitos de enxofre elementar.

6.12.3 A degradação de compostos de enxofre intermediada por microrganismos

O enxofre ocorre em diversos tipos de compostos biológicos. Como resultado, os compostos de enxofre orgânicos de origem natural ou poluente são muito comuns na água. A degradação desses compostos é um processo microbiano importante, com efeitos expressivos na qualidade da água.

Entre os grupos funcionais contendo enxofre comumente encontrados em compostos orgânicos aquáticos estão o hidrogenossulfeto (−SH), dissulfeto (−SS−), sulfeto (−S−), sulfóxido ($-\overset{O}{\underset{\|}{S}}-$), ácido sulfônico (−SO$_2$OH), tiocetona ($-\overset{S}{\underset{\|}{C}}-$) e tiazola (um grupo heterocíclico contendo enxofre). As proteínas contêm alguns aminoácidos com grupos funcionais que apresentam enxofre, como a cisteína,

$$\overset{O}{\underset{}{^-O-\overset{\|}{C}-\underset{NH_3^+}{\overset{H}{\underset{|}{C}}}-\overset{H}{\underset{H}{\overset{|}{C}}}-SH}} \quad \text{Cisteína}$$

a cistina e a metionina – cuja quebra é importante em águas naturais. Os aminoácidos são prontamente degradados por bactérias e fungos. A biodegradação de aminoácidos contendo enxofre pode acarretar a produção de compostos orgânicos de enxofre voláteis, como o metanotiol, CH$_3$SH, e o dimetil dissulfeto, CH$_3$SSCH$_3$. Esses compostos exalam odores fortes e desagradáveis. Sua formação, além da geração do H$_2$S, responde por grande parte do cheiro associado à biodegradação de compostos orgânicos de enxofre.

O sulfeto de hidrogênio é formado a partir de uma grande variedade de compostos, com base na ação de numerosos tipos de microrganismos. Uma reação típica da clivagem do enxofre que produz H$_2$S é a conversão da cisteína em ácido pirúvico intermediada pela enzima cisteína dessulfurase nas bactérias:

$$HS-\underset{H}{\overset{H}{\underset{|}{\overset{|}{C}}}}-\underset{NH_3^+}{\overset{H}{\underset{|}{C}}}-CO_2^- + H_2O \xrightarrow[\text{Cisteína dessulfurase}]{\text{Bactérias}} H_3C-\overset{O}{\underset{}{\overset{\|}{C}}}-\overset{O}{\underset{}{\overset{\|}{C}}}-OH + H_2S + NH_3 \quad (6.31)$$

Devido às inúmeras formas nas quais o enxofre orgânico se apresenta, são muitos os produtos e caminhos de reação bioquímica envolvendo o enxofre associados à biodegradação de compostos orgânicos do elemento.

6.13 As transformações microbianas de halogênios e organoalogenados

As reações intermediadas por micróbios desempenham um papel importante na degradação ambiental de compostos organoalogenados poluentes.[6] As reações de *desalogenação* envolvendo o deslocamento de um átomo de halogênio, por exemplo,

representam uma via importante para a biodegradação de hidrocarbonetos organoalogenados. Em alguns casos, os compostos organoalogenados atuam como únicas fontes de carbono e de energia, ou ainda como receptores de elétrons para bactérias anaeróbias. Os microrganismos não degradam um único composto halogenado em especial como fonte exclusiva de carbono. Isso se deve ao fenômeno chamado *come-*

tabolismo, resultado da falta de especificidade nos processos de degradação microbiana. Logo, a degradação de pequenas quantidades de um composto organoalogenado pode ocorrer simultaneamente à metabolização de quantidades muito maiores de outra substância, por esse mesmo microrganismo.

Algumas bactérias anaeróbias têm a capacidade de desclorar compostos alifáticos e aromáticos por redução utilizando compostos com alto teor de cloro como receptores de elétrons, como mostra a reação

$$\{CH_2O\} + H_2O + 2Cl-R \rightarrow CO_2 + 2H^+ + 2Cl^- + 2H-R \qquad (6.32)$$

Onde Cl-R representa um sítio de substituição do cloro na molécula de um hidrocarboneto clorado e H-R representa um sítio de substituição de hidrogênio. O resultado final desse processo, chamado *desalorrespiração*, é a substituição do Cl por H em hidrocarbonetos clorados.

A dicloroeliminação intermediada por micróbios do 1,1,2,2-tetracloroetano na biodegradação anaeróbia deste composto produz um dos três isômeros possíveis do dicloroetileno; o processo acompanhado de sucessivas reações de hidrogenólise produz cloreto de vinila e eteno (etileno):

(6.33)

As reações sucessivas de hidrogenólise do 1,1,2,2-tetracloroetano produzem derivados do etano com 3, 2, 1 e 0 átomos de cloro no estado elementar

(6.34)

A bioconversão do DDT para substituir Cl por H gera DDD:

O DDD é mais tóxico contra alguns insetos que o DDT, e foi produzido para atuar também como pesticida.

6.14 As transformações microbianas de metais e metaloides

Certas bactérias, incluindo as dos gêneros *Ferrobacillus* e *Gallionella*, além de algumas formas de *Sphaerotilus*, utilizam compostos de ferro para obter a energia de que precisam para seus processos metabólicos. Essas bactérias catalisam a oxidação de ferro (II) a ferro (III) pelo oxigênio molecular:

$$4Fe(II) + 4H^+ + O_2 \rightarrow 4Fe(III) + 2H_2O \qquad (6.35)$$

A fonte de carbono para algumas dessas bactérias é o CO_2. Elas têm a capacidade de proliferar em ambientes sem matéria orgânica porque não a requerem para obter carbono e conseguem energia a partir da oxidação da matéria inorgânica.

A oxidação intermediada por microrganismos do ferro (II) não é um método particularmente eficiente de obter energia para processos metabólicos. Para a reação

$$FeCO_3(s) + \tfrac{1}{4}O_2 + \tfrac{3}{2}H_2O \rightarrow Fe(OH)_3(s) + CO_2 \qquad (6.36)$$

a variação na energia livre é quase 10 kcal mol^{-1} de elétron. Cerca de 220 g de ferro (II) precisam ser oxidados para gerar 1,0 g de carbono celular. O cálculo pressupõe que o CO_2 seja a fonte de carbono e a eficiência energética seja de 5%. A produção de apenas 1,0 g de carbono celular produziria aproximadamente 430 g de $Fe(OH)_3$ sólido. Disso segue que grandes quantidades de óxido de ferro (III) hidratado se formam em áreas onde proliferam bactérias oxidantes de ferro.

Algumas das bactérias do ferro, sobretudo *Gallionella*, secretam grandes quantidades de óxido de ferro (III) hidratado em estruturas ramificadas e intricadas. A célula bacteriana cresce na extremidade de um feixe retorcido de filamentos de óxido de ferro. Fotografias de células de *Gallionella* tiradas utilizando um microscópio eletrônico mostraram que os feixes consistem em numerosos filamentos de óxido de ferro secretados em um lado da célula (Figura 6.12).

Em valores de pH próximos à neutralidade, as bactérias que obtêm energia atuando como intermediárias da oxidação do ferro (II) precisam competir com a oxidação do ferro (II) pelo O_2 pela via química direta. Esse processo é relativamente rápido em pH 7. Como resultado, essas bactérias tendem a crescer em uma fina camada na região entre a fonte de oxigênio e a fonte de ferro (II). Portanto, as bactérias do ferro são por vezes chamadas *organismos-gradiente*, e crescem em valores intermediários de pE.

As bactérias têm forte influência no ciclo oceânico do manganês. Os nódulos de manganês, que representam fontes importantes do elemento, além de cobre, níquel e cobalto que ocorrem nos leitos dos oceanos, promovem o crescimento de diferentes espécies de bactérias que intermediam tanto a oxidação quanto a redução do manganês pela via enzimática.

6.14.1 A drenagem ácida de minas

Uma das consequências da atividade bacteriana sobre compostos metálicos é a drenagem ácida de minas, um dos problemas mais comuns e prejudiciais no ambiente aquático. Muitos deflúvios de minas de carvão e da drenagem das "pilhas de rejeitos"

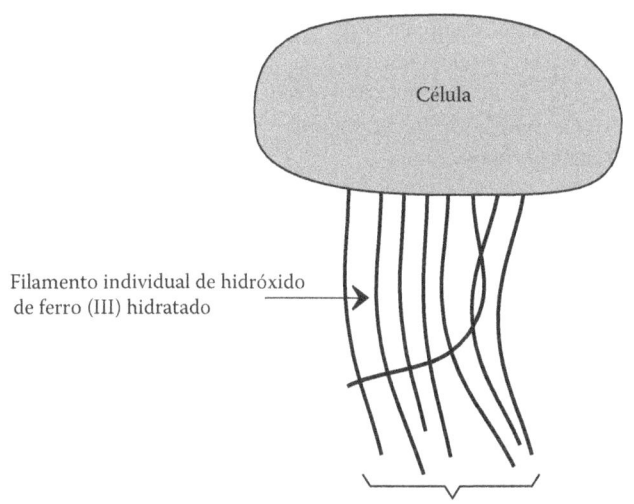

FIGURA 6.12 Esquema de uma célula de *Gallionella* mostrando a secreção de óxido de ferro (III).

restantes do processamento e da lavagem do carvão são praticamente estéreis devido à acidez alta.

A água ácida da mineração resulta da presença de ácido sulfúrico produzido pela oxidação da pirita, FeS_2. Os microrganismos desempenham um papel especial no processo global, composto por diversas reações e que envolve muitas espécies bacterianas capazes de viver em meio ácido. A primeira dessas reações é a oxidação da pirita, seguida pela oxidação do íon ferro (II) ao íon ferro (III):

$$2FeS_2(s) + 2H_2O + 7O_2 \rightarrow 4H^+ + 4SO_4^{2-} + 2Fe^{2+} \tag{6.37}$$

$$4Fe^{2+} + O_2 + 4H^+ \rightarrow 4Fe^{3+} + 2H_2O \tag{6.38}$$

Trata-se de um processo muito lento e que ocorre em valores baixos de pH observados na drenagem ácida de minas. Em valores de pH abaixo de 3,5, a oxidação do ferro é catalisada pela bactéria *Thiobacillus ferrooxidans*, enquanto na faixa de pH 3,5 – 4,5 o processo é catalisado por uma variedade de *Metallogenium*, uma bactéria filamentosa do ferro. Além dessas, as bactérias que podem estar envolvidas na formação da drenagem ácida de minas são *Thiobacillus thiooxidans* e *Ferrobacillus ferrooxidans*. O íon Fe^{3+} também dissolve a pirita

$$FeS_2(s) + 14Fe^{3+} + 8H_2O \rightarrow 15Fe^{2+} + 2SO_4^{2-} + 16H^+ \tag{6.39}$$

que, combinada com a Reação 6.38, representa o ciclo de dissolução da pirita. O $Fe(H_2O)_6^{3+}$ é um íon ácido e, em valores de pH muito acima de 3, o ferro (III) precipita na forma de óxido de ferro (III) hidratado:

$$Fe^{3+} + 3H_2O \rightarrow Fe(OH)_3(s) + 3H^+ \tag{6.40}$$

Os leitos de rios afetados pela drenagem ácida de minas muitas vezes são recobertos pelo *yellowboy*, um depósito amorfo e semigelatinoso de Fe(OH)$_3$. Contudo, o componente mais ácido da drenagem ácida de minas é o ácido sulfúrico, que tem toxicidade direta e outros efeitos indesejáveis, como o desgaste excessivo dos minerais com que entra em contato.

O carbonato de cálcio, CaCO$_3$, é utilizado com frequência no tratamento da drenagem ácida de minas. Quando essas águas ácidas são tratadas com esse composto, a reação observada é

$$CaCO_3(s) + 2H^+ + SO_4^{2-} \rightarrow Ca^{2+} + SO_4^{2-} + H_2O + CO_2(g) \qquad (6.41)$$

Infelizmente, pelo fato de o ferro (III) estar presente com frequência, o Fe(OH)$_3$ precipita quando o pH sobe (Reação 6.40). O óxido de ferro (III) hidratado produzido cria uma camada relativamente impermeável que recobre as partículas do carbonato na forma de rocha. Esse efeito de recobrimento impede a neutralização total do ácido.

6.14.2 As transições microbianas do selênio

O selênio, elemento logo abaixo do enxofre na tabela periódica, está sujeito à oxidação e à redução bacteriana. Essas transições são importantes porque o elemento é um nutriente essencial, sobretudo de rebanhos. Doenças relacionadas ao excesso ou à deficiência em selênio foram relatadas em ao menos metade dos Estados dos Estados Unidos e em outros 20 países, principalmente nos grandes produtores de rebanhos. Casos especiais de deficiência em selênio foram identificados nos rebanhos da Nova Zelândia.

Os microrganismos estão intimamente relacionados com o ciclo do selênio, e a redução microbiana das formas oxidadas do elemento é conhecida já há algum tempo. Os processos redutores em condições anaeróbias são capazes de reduzir tanto o íon SeO$_3^{2-}$ quanto o íon SeO$_4^{2-}$ a selênio elementar, que acumula e atua como sumidouro do elemento em sedimentos anóxicos. Algumas bactérias, como as linhagens selecionadas de *Thiobacillus* e *Leptothrix*, conseguem oxidar selênio elementar a seleneto, SeO$_3^{2-}$, remobilizando o elemento a partir de depósitos de Se(0).

A principal espécie volátil de selênio emitida na atmosfera por processos microbianos na água e no solo é o dimetil seleneto, (CH$_3$)$_2$Se. (A principal fonte de enxofre natural descartado na atmosfera é o composto de enxofre análogo, o dimetil sulfeto biogênico, (CH$_3$)$_2$S, de fontes marinhas; ver Seção 11.4.) O principal composto de selênio biológico, precursor da formação do dimetil seleneto, é a selenometionina:

$$H_3C-Se-\underset{H}{\overset{H}{C}}-\underset{H}{\overset{H}{C}}-\underset{NH_2}{\overset{H}{C}}-\overset{O}{\underset{}{C}}-OH$$

Selenometionina

6.14.3 A corrosão microbiana

A corrosão envolvendo a deterioração do ferro e de outros materiais é um fenômeno redox e foi discutida na Seção 4.14. Na natureza, a maior parte dos processos corrosivos tem caráter bacteriano.[7] As bactérias envolvidas na corrosão criam suas próprias células eletroquímicas, em que uma parte da superfície do metal em processo de corrosão forma o ânodo da célula e é oxidado. São formadas estruturas chamadas de *tubérculos*, nos quais as bactérias escavam e corroem metais, como mostra a Figura 6.13.

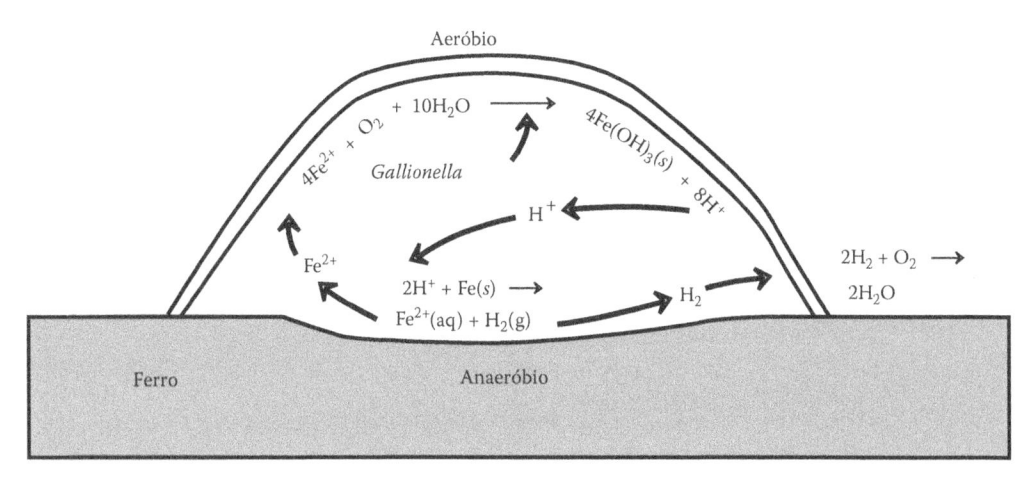

FIGURA 6.13 O tubérculo em que ocorre a corrosão intermediada por bactérias, neste caso a bactéria *Gallionella*.

Literatura citada

1. Vaulot, D., W. Eikrem, M. Viprey, and H. Moreau, The diversity of small eukaryotic phytoplankton (≤3 μm) in marine ecosystems, *FEMS Microbiology Reviews*, **32**, 795–820, 2008.
2. Koskinen, P. E. P., S. R. Beck, J. Orlygsson, and J. A. Puhakka, Ethanol and hydrogen production by two thermophilic, anaerobic bacteria isolated from icelandic geothermal areas, *Biotechnology and Bioengineering*, **101**(4), 679–690, 2008.
3. Diab, E. A., Phytoremediation of polycyclic aromatic hydrocarbons (PAHs) in a polluted desert soil, with special reference to the biodegradation of the carcinogenic PAHs, *Australian Journal of Basic and Applied Sciences*, **2**, 757–762, 2008.
4. Jetten, M. S. M., The microbial nitrogen cycle, *Environmental Microbiology*, **10**, 2903–2909, 2008.
5. Pereyra, L. P., S. R. Hiibel, A. Pruden, and K. F. Reardon, Comparison of microbial community composition and activity in sulfate-reducing batch systems remediating mine drainage, *Biotechnology and Bioengineering*, **101**, 702–713, 2008.
6. Scheutz, C., N. D. Durant, P. Dennis, M. H. Hansen, T. Joergensen, R. Jakobsen, E. E. Cox, and P. L. Bjerg, Concurrent ethene generation and growth of dehalococcoides containing vinyl chloride reductive dehalogenase genes during an enhanced reductive dechlorination field demonstration, *Environmental Science and Technology*, **42**, 9302–9309, 2008.
7. Nizhegorodov, S. Yu., S. A. Voloskov, V. A. Trusov, L. M. Kaputkina, and T. A. Syur, Corrosion of steels due to the action of microorganisms, Metal Science and Heat Treatment, **50**, 191–195, 2008.

Leitura complementar

Amsler, C. D., Ed., *Algal Chemical Ecology*, Springer, Berlin, 2008.
Bitton, G., *Wastewater Microbiology*, 3rd ed., Wiley-Liss, New York, 2005.
Bitton, G., *Encyclopedia of Environmental Microbiology*, Wiley, New York, 2002.
Chapelle, F. H., *Ground-Water Microbiology and Geochemistry*, 2nd ed., Wiley, New York, 2001.
Crawford, R. L. and C. J. Hurst, Eds, *Manual of Environmental Microbiology*, ASM Press, Washington, DC, 2002.

Deacon, J. W., *Introduction to Modern Mycology*, Blackwell Science Inc., Cambridge, MA, 1997.
Gerardi, M. H., *Microscopic Examination of the Activated Sludge Process*, Wiley, Hoboken, NJ, 2008.
Gerardi, M. H., *Wastewater Bacteria*, Wiley-Interscience, Hoboken, NJ, 2006.
Glymph, T., *Wastewater Microbiology: A Handbook for Operators*, American Water Works Association, Denver, 2005.
Graham, L. E., L. W. Wilcox, and J. Graham, *Algae*, 2nd ed., Pearson/Benjamin Cummings, San Francisco, 2009.
Granéli, E. and J. T. Turner, Eds, *Ecology of Harmful Algae*, Springer, Berlin, 2008.
Howard, A. D., Ed., *Algal Modelling: Processes and Management*, Kluwer Academic Publishing, the Netherlands, 1999.
Kim, M.-B., Ed., *Progress in Environmental Microbiology*, Nova Biomedical Books, New York, 2008.
Leadbetter, J. R., Ed., *Environmental Microbiology*, Elsevier Academic Press, Amsterdam, 2005.
Lee, R. E., *Phycology*, 4th ed., Cambridge University Press, New York, 2008.
León, R., A. Galván, and E. Fernández, *Transgenic Microalgae as Green Cell Factories*, Springer, New York, 2007.
Madigan, M. T. and J. M. Martinko, *Brock Biology of Microorganisms*, 11th ed., Prentice Hall, Upper Saddle River, NJ, 2006.
Mara, D., Ed., *Handbook of Water and Wastewater Microbiology*, Academic Press, San Diego, CA, 2003.
McKinney, R. E., *Microbiology for Sanitary Engineers*, McGraw-Hill, New York, 1962.
Mitchell, R., *Water Pollution Microbiology*, Vol. 1, Wiley-Interscience, New York, 1970.
Mitchell, R., *Water Pollution Microbiology*, Vol. 2, Wiley-Interscience, New York, 1978.
Mohandas, A. and I. S. Bright Singh, Eds, *Frontiers in Applied Environmental Microbiology*, A.P.H. Publishing Corporation, New Delhi, 2002.
Nester, E. W., *Microbiology: A Human Perspective*, 4th ed., McGraw-Hill, Boston, 2004.
Sigee, D. C., Freshwater Microbiology: *Biodiversity and Dynamic Interactions of Microorganisms in the Aquatic Environment*, Wiley, Hoboken, NJ, 2005.
Sutton, B., Ed., *A Century of Mycology*, Cambridge University Press, New York, 1996.
Talaro, K. P., *Foundations in Microbiology: Basic Principles*, 7th ed., McGraw-Hill, Dubuque, IA, 2009.
Varnam, A. H. and M. G. Evans, *Environmental Microbiology*, Manson, London, 2000.
Wheelis, M. L., *Principles of Modern Microbiology*, Jones and Bartlett Publishers, Sudbury, MA, 2008.

Perguntas e problemas

Para elaborar as respostas das seguintes questões, você pode usar os recursos da Internet para buscar constantes e fatores de conversão, entre outras informações necessárias.

1. Durante a decomposição de $CH_3CH_2CH_2CH_2CO_2H$ em dióxido de carbono e água em diferentes etapas, diversas espécies químicas são observadas. Quais são as espécies químicas estáveis observadas em consequência da primeira etapa desse processo de decomposição?
2. Das afirmativas apresentadas, qual é verdadeira em relação à produção de metano na água: (a) Ocorre na presença de oxigênio, (b) Consome oxigênio, (c) Remove a demanda bioquímica de oxigênio na água, (d) É efetuada por bactérias aeróbias (e) Produz mais energia por mol de elétron que a respiração aeróbia.
3. No tempo zero, a contagem celular de uma espécie bacteriana que intermedia a respiração aeróbia de resíduos era 1×10^6 células/L. No tempo de 30 min, a contagem era 2×10^6; em 60 min era 4×10^6; em 90 min era 7×10^6; em 120 min era 10×10^6; e em 150

min era 13×10^6. A partir desses dados, quais são as conclusões lógicas que você pode tirar? (a) A cultura estava entrando na fase exponencial no final do período de 150 min, (b) A cultura estava na fase exponencial durante o período de 150 min, (c) A cultura estava deixando a fase exponencial no final do período de 150 min, (d) A cultura estava na fase lag no período de 150 min, (e) A cultura estava na fase de declínio no período de 150 min.

4. O que pode ser dito sobre a biodegradabilidade de um hidrocarboneto contendo a seguinte estrutura?

$$----C-\underset{\underset{CH_3}{|}}{\overset{\overset{CH_3}{|}}{C}}-CH_3$$

5. Supondo que a fermentação anaeróbia de matéria orgânica, $\{CH_2O\}$, na água gera 15,0 L de CH_4 (em condições padrão de temperatura e pressão). Quantos gramas de oxigênio seriam consumidos pela respiração aeróbia da mesma quantidade de $\{CH_2O\}$? (Lembre-se da importância do valor 22,4 L na reação química dos gases.)

6. Que massa de $FeCO_3(s)$, utilizando a Reação (A) + (4) na Tabela 6.1, gera a mesma energia livre que 1,00 g de matéria orgânica, utilizando a Reação (A) + (1), quando oxidada por oxigênio em pH 7,00?

7. Quantas bactérias seriam produzidas por uma célula bacteriana após 10 h, supondo a ocorrência do crescimento exponencial com um tempo de geração de 20 min?

8. Consultando a Reação 6.18, calcule a concentração do íon amônio em equilíbrio com o oxigênio na atmosfera e $1,00 \times 10^{-5}$ mol L^{-1} NO_3^-, em pH 7,00.

9. Quando um meio contendo nutrientes bacterianos é inoculado com bactérias cultivadas em meio totalmente diferente, a fase lag (Figura 6.4) muitas vezes é bastante longa, mesmo quando as bactérias crescem bem no novo meio. Você consegue explicar esse comportamento?

10. A maioria das plantas assimila nitrogênio na forma do íon nitrato. Contudo, a amônia (NH_3) é um fertilizante econômico e muito usado. Qual é o papel essencial que as bactérias desempenham quando a amônia é utilizada como fertilizante? Qual é a possibilidade de ocorrerem problemas quando a amônia é utilizada em um solo encharcado de água e pobre em oxigênio?

11. Por que a taxa de crescimento das bactérias em função da temperatura (Figura 6.7) não é uma curva simétrica?

12. Discuta as semelhanças entre bactérias e um catalisador finamente particulado.

13. Seria possível esperar que as bactérias autotróficas fossem mais fisiológica e biologicamente complexas que as bactérias heterotróficas? Por quê?

14. Um volume de águas residuárias contendo 8 mg L^{-1} de O_2 (massa atômica O = 16), 1,00 $\times 10^{-3}$ mol L^{-1} de NO_3^- e $1,00 \times 10^{-2}$ mol L^{-1} de matéria orgânica solúvel, $\{CH_2O\}$, é isolado da atmosfera em um contêiner semeado com uma grande variedade de bactérias. Suponha que a desnitrificação seja um dos processos que ocorram durante esse período de estocagem. Após as bactérias terem tido a chance de executar seu trabalho, qual afirmativa é verdadeira: (a) Nenhuma $\{CH_2O\}$ resta no meio: (b) Parte do O_2 permanece; (c) Parte do NO_3^- permanece; (d) A desnitrificação terá consumido mais matéria orgânica que a respiração aeróbia; (e) A composição da água permanece inalterada.

15. Das quatro classes de microrganismos – algas, fungos, bactérias e vírus – qual exerce a menor influência na química aquática?

16. A Figura 6.3 mostra as principais características estruturais de uma célula bacteriana. Qual delas você acha que pode causar os maiores problemas nos processos de tratamento de água como a filtração ou a troca iônica, em que a manutenção de uma superfície limpa e preservada é essencial? Explique.

17. Descobriu-se que uma bactéria capaz de decompor o herbicida 2,4-D tem taxa de crescimento máximo a 32°C. Sua taxa de crescimento a 12°C foi apenas 10% do valor máximo. Você acredita que exista outra temperatura em que a taxa de crescimento também seja 10% do valor máximo? Em caso afirmativo, entre as temperaturas listadas, escolha aquela em que essa possibilidade seja mais plausível: 52°C, 37°C, 8°C e 20°C.
18. No dia seguinte após uma forte chuva ter lavado uma grande parte de resíduos de criação de gado em confinamento para o interior do lago de uma fazenda, as seguintes contagens de bactérias foram observadas:

Tempo	Células viáveis (milhares por mL)	Tempo	Células viáveis (milhares por mL)
6:00	0,10	11:00	0,40
7:00	0,11	12:00	0,80
8:00	0,13	13:00	1,60
9:00	0,16	14:00	3,20
10:00	0,20		

A que parte da curva de crescimento bacteriano mostrada na Figura 6.3 corresponde esse período?

19. A adição de quais duas semirreações na Tabela 6.1 diz respeito (a) a um processo de eliminação de um nutriente de algas no tratamento secundário de efluentes utilizando metanol como fonte de carbono, (b) a um processo de geração de um poluente com mau cheiro quando bactérias crescem na ausência de oxigênio, (c) a um processo que converte uma forma comum de fertilizante comercial em uma forma que a maioria das plantas consegue absorver, (d) a um processo de eliminação de matéria orgânica na água residuária contida em um tanque de aeração em uma estação de tratamento de efluentes de lodo ativado, (e) a um processo característico que ocorre no digestor anóxico de uma estação de tratamento de efluentes.
20. Qual é a área superficial (em metros quadrados) de 1,00 g de células bacterianas esféricas com 1 µM de diâmetro e densidade de 1,00 g cm^{-3}?
21. Qual é o papel das isoenzimas nas bactérias?
22. Ligue a espécie bacteriana na coluna esquerda à sua função na coluna direita.

 a. *Spirillum lipoferum*   1. Reduz sulfato a H_2S
 b. *Rhizobium*   2. Catalisa a oxidação de Fe^{2+} a Fe^{3+}
 c. *Thiobacillus ferrooxidans*   3. Fixa o nitrogênio em pastagens
 d. *Desulfovibrio*   4. Presente nas raízes de leguminosas

23. Quais fatores favorecem a produção de metano em ambientes anóxicos?
24. A seguir são listados três tipos de microrganismos. Sob essa lista são numeradas espécies químicas ou fontes de energia. Entre os parênteses à *esquerda* de cada tipo de microrganismo, insira os números correspondentes a ao menos *duas* coisas de que os microrganismos *precisam* ou *utilizam*. Entre os parênteses à *direita* de cada tipo de microrganismo, insira os números correspondentes a ao menos *duas* coisas que o microrganismo possa produzir.

( ) Algas ( )

( ) Bactérias *Gallionella* aeróbias, autotrófica, não fotossintetizantes ( )

( ) Bactérias anaeróbias, heterotróficas ( )

1. CO_2, 2. $h\nu$, 3. O_2, 4. $\{CH_2O\}$, 5. CH_4, 6. $Fe(OH)_3$, 7. Receptor de elétron diferente do O_2.

25. As bactérias crescendo na fase exponencial em um resíduo presente na água foram testadas em um tempo específico, t_0. Foi encontrada uma contagem de 3,01 $\times 10^5$ células mL^{-1}; 90 minutos após t_0 a contagem era 2,41 $\times$ 10^6 células mL^{-1}. A melhor estimativa para a população bacteriana no tempo 60 min após t_0 é (A) 4,20 $\times$ 10^5, (B) 8,25 $\times$ 10^5, (C) 6,48 $\times$ 10^5, (D) 1,20 $\times$ 10^6 e (E) 3,21 $\times$ 10^6.

26. Considere o tipo de bactéria que obtém energia pela intermediação da oxidação de sulfetos, como H_2S, FeS ou FeS_2, com o oxigênio molecular, O_2. Essas bactérias (A) são mais provavelmente heterotróficas, (B) não podem ser autotróficas, (C) devem ser termófilas, (D) devem ser tolerantes a ácidos, (E) não existem.

27. A curva da taxa de crescimento da bactéria "G" foi construída como função do parâmetro "X", descritos com valores cujas unidades são arbitrárias:

X	G	X	G
5	100	30	600
10	200	35	700
15	300	40	700
20	400	45	350
25	500	50	25

Com base nesses dados, é mais provável que X seja (A) o tempo, mostrando as bactérias com um tempo de geração de 5 unidades de X, (B) a concentração de nutrientes, (C) o subproduto, (D) o pH, (E) a temperatura.

28. Das afirmativas a seguir, a alternativa *inverídica* relativa à biodegradação da matéria orgânica é: (A) A epoxidação consiste na adição de um átomo de oxigênio entre dois átomos de carbono, (B) A oxidação de cadeias de hidrocarbonetos tende a ocorrer com dois átomos de carbono por vez, (C) As esterases formam uma categoria de íons hidrolase, (D) Os átomos de carbono ligados a três ou quatro outros átomos de carbono são especialmente suscetíveis à epoxidação microbiana, (E) As isoenzimas estão envolvidas na biodegradação da celulose.

29. Das afirmativas a seguir, a alternativa *inverídica* é: (A) Todos os fungos e protozoários são organismos quimioheterotróficos, (B) Os fotoeterotróficos que utilizam a energia da luz, mas dependem da matéria orgânica como fonte de carbono, são especialmente abundantes e comuns, (C) Os organismos quimioautotróficos utilizam o CO_2 como biomassa e oxidam substâncias como NH_4^+ para obter energia, (D) As algas são fotoautotróficas, (E) Algumas bactérias, como as cianobactérias, efetuam a fotossíntese.

30. A reação $4FeS(s) + 9O_2 + 10H_2O \rightarrow 4Fe(OH)_3(s) + 4SO_4^{2-} + 8H^+$: (A) Ilustra a redução do sulfato, (B) É um meio de as bactérias autotróficas *Gallionella* obterem energia, (C) Ilustra a ação de bactérias heterotróficas, (D) Não é intermediada por bactérias, (E) Está escrita para um elétron-mol.

7 Poluição da água

7.1 A natureza e os tipos de poluentes aquáticos

Ao longo da história, a qualidade da água sempre foi um fator determinante do bem-estar do ser humano. A poluição fecal da água para consumo humano é causa frequente de doenças transmitidas pela via aquática que dizimaram populações de cidades inteiras. A água insalubre poluída por esgotos causa muitas dificuldades para pessoas sem alternativa senão consumi-la ou que a utilizam para irrigação. Enquanto hoje os países desenvolvidos têm êxito em controlar as doenças transmitidas pela água, a escassez de água para o consumo humano continua sendo um grande problema em regiões afetadas por conflitos e pobreza.

Uma das preocupações constantes sobre a segurança da água envolve a presença em potencial de poluentes químicos, incluindo compostos orgânicos, inorgânicos e metais de deflúvios industriais, urbanos e agrícolas. Os poluentes aquáticos podem ser divididos em diversas categorias gerais, como resumido na Tabela 7.1. A maioria dessas categorias de poluentes, e outras subcategorias, são discutidas neste capítulo.

7.1.1 Os indicadores de poluição aquática

Os *indicadores de poluição aquática* são substâncias que revelam a presença de fontes poluidoras, entre as quais os pesticidas em deflúvios agrícolas, as bactérias coliformes fecais características da poluição por esgotos, as drogas de uso farmacêutico e seus metabólitos e até a cafeína, que indica a contaminação com esgoto doméstico.

Os *bioindicadores de poluição aquática* são organismos que vivem ou estão intimamente associados a corpos hídricos, e fornecem evidências de poluição, tanto pela acumulação de poluentes aquáticos ou seus metabólitos quanto pelos efeitos devidos à exposição a esses poluentes. Os peixes são os bioindicadores mais comuns da poluição de ambientes aquáticos, e seus tecidos adiposos (gordura) são os mais analisados para detectar poluentes orgânicos persistentes nesses ambientes.

Um dos organismos descritos como "espécie sentinela da avaliação e do monitoramento da poluição ambiental em cursos da água, lagos, reservatórios e estuários em todo o mundo"[1] é a águia pescadora, *Pandion haliaetus*, uma ave de rapina de grande porte com uma envergadura de asas que alcança 1,5 m e que pode chegar a 2 kg. Encontrada ao redor do mundo em todos os continentes, exceto a Antártida, a águia pescadora se alimenta quase que exclusivamente de peixes. Além dessas características, outros aspectos que a tornam uma espécie bioindicadora adequada são (1) sua capacidade de se adaptar bem a paisagens com influência humana, onde a poluição é muito provável, (2) sua posição no topo da cadeia alimentar aquática, onde sofre bioacumu-

TABELA 7.1 Os tipos gerais de poluentes aquáticos

Classe de poluente	Importância
Elementos-traço	Saúde, biota aquática, toxicidade
Metais	Saúde, biota aquática, toxicidade
Metais ligados a compostos orgânicos	Transporte de metais
Radionuclídeos	Toxicidade
Poluentes inorgânicos	Toxicidade, biota aquática
Amianto	Saúde humana
Nutrientes de algas	Eutrofização
Acidez, alcalinidade, salinidade (em excesso)	Qualidade da água, vida aquática
Poluentes orgânicos-traço	Toxicidade
Bifenilas policloradas	Possíveis efeitos biológicos
Pesticidas	Toxicidade, biota aquática, vida selvagem
Resíduos de petróleo	Efeitos na vida selvagem, propriedades organolépticas da água
Esgoto, resíduos humanos e animais	Qualidade da água, níveis de oxigênio
Demanda bioquímica de oxigênio	Qualidade da água, níveis de oxigênio
Patógenos	Efeitos na saúde
Detergentes	Eutrofização, vida selvagem, propriedades organolépticas da água
Carcinógenos químicos	Incidência de câncer
Sedimentos	Qualidade da água, biota aquática, vida selvagem
Gosto, odor e cor	Propriedades organolépticas da água

lação e biomagnificação de poluentes, (3) a sensibilidade a muitos poluentes, e (4) seu ciclo de vida relativamente longo. Essa ave constrói ninhos prontamente visíveis em áreas amplas, e por hábito permanece em um único ninho, tolerando perturbações por períodos curtos. A águia pescadora é muito sensível a alguns poluentes, e embora hoje seus níveis populacionais estejam em patamares bastante seguros, a espécie quase foi extinta devido aos efeitos do DDT, antes de ser proibido. As análises químicas e bioquímicas das penas, dos ovos e dos órgãos, além da observação do comportamento, dos hábitos de construção de ninhos e das populações da águia pescadora são parâmetros utilizados para mensurar a poluição da água.

7.2 Os poluentes elementares

A Tabela 7.2 lista os *elementos-traço*, encontrados em águas naturais em nível de poucos ppm ou menos. Tal qual observado com frequência no comportamento de muitas substâncias no ambiente aquático, alguns desses elementos são nutrientes essenciais para plantas e animais quando presentes em níveis reduzidos, mas tornam-se tóxicos em níveis elevados. Muitos deles, como o chumbo ou o mercúrio, são tão importantes do ponto de vista toxicológico e ambiental que serão discutidos em seções especiais.

Alguns *metais* estão entre os poluentes elementares mais prejudiciais e causam preocupações específicas devido à toxicidade para os seres humanos. Em sua maioria esses elementos são os metais de transição, e alguns dos mais representativos, como

TABELA 7.2 Elementos-traço importantes em águas naturais

Elemento	Origem	Efeitos e importância
Arsênico	Subproduto da mineração, resíduo químico	Tóxico[a], possivelmente carcinogênico
Berílio	Carvão, resíduos industriais	Tóxico
Boro	Carvão, detergentes, resíduos	Tóxico
Chumbo	Resíduo industrial, mineração, combustíveis*	Tóxico, prejudicial à vida selvagem
Cobre	Metalização, mineração, resíduo industrial	Elemento-traço essencial, tóxico para plantas e algas quando em níveis elevados
Cromo	Metalização	Essencial como Cr (III), tóxico como Cr (VI)
Ferro	Resíduos industriais, corrosão, drenagem ácida de minas, ação microbiana	Nutriente essencial, causa manchas em metais sanitários
Flúor (F^-)	Fontes geológicas naturais, resíduos, aditivo da água	Previne a cárie quando em concentrações perto de 1 mg L^{-1}, tóxico quando mais altas
Iodo (I^-)	Resíduos industriais, águas salgadas naturais, intrusão marinha	Previne o bócio
Manganês	Resíduos industriais, drenagem ácida de minas, ação microbiana	Tóxico para plantas, causa manchas em metais sanitários
Mercúrio	Resíduo industrial, mineração, carvão	Tóxico, mobilizado como compostos de metil mercúrio por bactérias aeróbias
Molibdênio	Resíduos industriais, fontes naturais	Essencial para plantas, tóxico para animais
Selênio	Fontes naturais, carvão	Essencial em níveis baixos, tóxico em níveis altos
Zinco	Resíduos industriais, metalização, tubulações	Elemento essencial, tóxico para plantas em níveis elevados

[a] As toxicidades desses elementos são discutidas no Capítulo 23.

* N. de R. T.: Nos Estados Unidos ainda se encontra gasolina com chumbo. Não ocorre no Brasil, onde o chumbo foi totalmente banido dos combustíveis em 1992.

o chumbo e o estanho, estão no canto inferior direito da tabela periódica. Os metais incluem elementos essenciais, como o ferro, bem como elementos tóxicos, como o cádmio e o mercúrio. A maioria tem uma afinidade impressionante com o enxofre, neutralizando a atividade de enzimas ao formar ligações com os grupos enxofre nessas substâncias. Os grupos ácido carboxílico ($-CO_2H$) e amino ($-NH_2$) das proteínas também são ligados quimicamente por metais. Os íons cádmio, cobre, chumbo e mercúrio ligam-se às membranas celulares, atrapalhando os processos de transporte na parede celular. Os metais também podem precipitar biocompostos de enxofre ou catalisar sua decomposição. Os efeitos bioquímicos dos metais são discutidos no Capítulo 24.

Alguns *semimetais,* elementos na fronteira entre os metais e não metais, são importantes poluentes aquáticos, com o arsênico, o selênio e o antimônio sendo de interesse especial.

A produção de *compostos químicos inorgânicos* tem o potencial de contaminar a água com elementos-traço. Entre os setores regulamentados para a produção de elementos-traço poluentes estão as indústrias produtoras de cloro-álcali, ácido fluorídrico, dicromato de sódio (processo sulfato e processo cloreto ilmenita), fluoreto de alumínio, pigmentos de cromo, sulfato de cobre, sulfato de níquel, bissulfato de sódio, hidrossulfato de sódio, bissulfito de sódio, dióxido de titânio e cianeto de hidrogênio.

7.3 Os metais

7.3.1 O cádmio

O *cádmio*, elemento poluente da água, origina-se dos resíduos de mineração e despejos industriais, sobretudo do processo de metalização. Do ponto de vista químico, o cádmio é muito semelhante ao zinco, e esses dois metais muitas vezes passam pelos mesmos processos juntos. Ambos são encontrados na água no estado de oxidação 2^+.

Em seres humanos, os efeitos do envenenamento agudo por cádmio incluem hipertensão arterial, dano renal, dano ao tecido testicular e destruição dos glóbulos vermelhos. A maior parte da ação fisiológica do cádmio se deve à semelhança química que tem com o zinco. Ele substitui o zinco em algumas enzimas, o que altera a estereoestrutura da enzima e reduz sua atividade, causando doenças.

O cádmio e o zinco são poluentes comuns na água e nos sedimentos em portos de áreas industriais. Concentrações acima de 100 ppm em peso seco de sedimento foram encontradas em sedimentos coletados nessas áreas. Normalmente, em períodos de calma no verão, quando a água estagna, a concentração de Cd solúvel na camada anaeróbia de água no fundo de um porto é baixa porque a redução de sulfatos por matéria orgânica, $\{CH_2O\}$, produz sulfeto, que precipita o cádmio como sulfeto de cádmio insolúvel.

$$2\{CH_2O\} + SO_4^{2-} + H^+ \rightarrow 2CO_2 + HS^- + 2H_2O \qquad (7.1)$$

$$CdCl^+ \text{ (complexo cloro na água do mar)} + HS^- \rightarrow CdS(s) + H^+ + Cl^- \qquad (7.2)$$

A mistura da água da baía fora do porto e da água do porto causada pelos ventos fortes durante o inverno resulta na dessorção do cádmio dos sedimentos do porto pela água aeróbia da baía. Esse cádmio dissolvido é transportado para a baía, onde é absorvido por materiais sólidos suspensos, sendo incorporado aos sedimentos da baía. Esse é um exemplo da complexa interação entre fatores hidráulicos, microbiológicos, e entre solução química e sólidos no transporte e na distribuição de um poluente em um sistema aquático.

7.3.2 O chumbo

O *chumbo* inorgânico de diversas fontes industriais e de mineração, além da gasolina, que no passado continha esse elemento, ocorre na água com estado de oxidação 2^+. Além das fontes poluidoras, o calcário contendo chumbo e a galena (PbS) contribuem para os teores de chumbo em águas naturais, em alguns locais. Amostras de cabelo humano e outras fontes indicam que a presença desse metal tóxico no corpo humano caiu nas últimas décadas, sobretudo como resultado da diminuição no uso de chumbo em tubulações e outros produtos em contato com alimentos e bebidas.

O envenenamento agudo por chumbo em humanos causa nefropatias graves, afetando também o fígado, o sistema reprodutor, o cérebro e o sistema nervoso central, resultando em doenças e morte. Sabe-se que o envenenamento por chumbo pela exposição ambiental foi o agente de retardo mental em muitas crianças. O envenenamento moderado por chumbo também causa anemia. A vítima pode ter dores de cabeça e musculares, além de sentir cansaço e irritabilidade.

Exceto em casos isolados, o chumbo não causa problemas graves quando presente na água para consumo humano, embora essa probabilidade seja real onde tubulações de chumbo continuem em uso. O chumbo foi utilizado como constituinte de soldas e algumas formulações de solda de tubulações, e por isso a água para consumo doméstico ainda tem algum contato com ele. A água que permaneceu nessas tubulações por muito tempo pode apresentar níveis elevados do elemento (além de zinco, cádmio e cobre) e é preciso deixá-la escoar um pouco antes de utilizá-la.

7.3.3 O mercúrio

Devido a sua toxicidade, a mobilização de formas metiladas por bactérias anaeróbias e outros fatores relativos à poluição, o potencial poluente do mercúrio gera muitas preocupações. Esse metal é encontrado com o componente-traço de diversos minerais, e seu teor em rochas continentais está, em média, perto de 80 partes por bilhão, ou um pouco menos. Combustíveis fósseis, como carvão e lignita, contêm mercúrio, muitas vezes em níveis perto de 100 partes por bilhão ou até mais, e sua combustão representa uma das maiores fontes do elemento no ambiente.

O mercúrio metálico era utilizado frequentemente como eletrodo na geração eletrolítica do gás cloro, em aparelhos de vácuo empregados em laboratório e outras aplicações. Quantidades expressivas de compostos de mercúrio inorgânico (I) e (II) eram consumidas a cada ano. Os compostos orgânicos do elemento eram muito utilizados como pesticidas, sobretudo fungicidas. Esses compostos de mercúrio incluíam arilas mercúricas, como o dimetilditiocarbamato fenil mercúrico,

$$\text{C}_6\text{H}_5\text{-Hg-S-}\underset{\underset{\text{S}}{\|}}{\text{C}}\text{-N}\begin{matrix}\text{CH}_3\\\text{CH}_3\end{matrix}$$

(no passado utilizado na produção de papel como microbicida e retardador de fungos do papel) e compostos alquil-mercúricos, como o cloreto de etilmercúrico, (C_2H_5Hg-Cl), utilizado como fungicida de sementes. Devido à preocupação com os efeitos do mercúrio para a saúde e o ambiente, essas aplicações caíram muito nos últimos anos. Os números de 2008 mostram que cerca de 3.800 toneladas métricas de mercúrio eram comercializadas em todo o mundo, a cada ano.

Uma das maiores fontes mundiais de poluição causada pelo mercúrio era a utilização como insumo na extração de ouro de minérios do metal precioso. Estima-se que a cada ano 15 milhões de mineiros em aproximadamente 40 países em desenvolvimento utilizam 650-1.000 toneladas métricas de mercúrio com essa finalidade. Esse uso do mercúrio sujeita muitas áreas à contaminação pelo elemento e contribui de maneira significativa para sua carga ambiental global, além de aumentar a exposição dos mineiros, muitos dos quais são crianças, a suas formas tóxicas. Esse problema foi agravado nos últimos anos, quando países industrializados reduziram a utilização do mercúrio, aumentando a disponibilidade do elemento nos mercados mundiais para a extração do ouro. Reconhecendo esse problema, em 2008 a União Europeia impôs a proibição da exportação do mercúrio com início em 2011, e os Estados Unidos adotaram uma barreira semelhante que entrará em vigor em 2013.

A toxicidade do mercúrio ficou evidente de modo trágico na Baía de Minamata, no Japão, no período entre 1953 e 1960. No total, 111 casos de envenenamento por mercúrio e 43 mortes foram registrados entre pessoas que consumiram frutos do mar pescados na baía contaminada com resíduos contendo mercúrio de uma fábrica de produtos químicos que os despejava nessas águas. Defeitos congênitos foram observados em 19 bebês cujas mães haviam consumido esses frutos do mar, que apresentavam níveis do metal entre 5 e 20 ppmv.

Entre os efeitos toxicológicos do mercúrio estão os danos cerebrais, que incluem irritabilidade, paralisia, cegueira ou insanidade, além de quebra cromossômica e defeitos de nascença. Os sintomas mais moderados da intoxicação por mercúrio, como depressão e irritabilidade, são de natureza psicopatológica. Devido à semelhança desses sintomas com problemas comportamentais comuns, esse nível de intoxicação nem sempre é detectado. Algumas formas de mercúrio são relativamente atóxicas e no passado eram utilizadas como medicamento no tratamento da sífilis, por exemplo. Outros compostos de mercúrio, sobretudo os orgânicos, são muito tóxicos.

Como há poucas fontes naturais de mercúrio, e em sua maioria os compostos inorgânicos desse elemento são relativamente insolúveis, durante algum tempo acreditou-se que o mercúrio não era um poluente aquático sério. Contudo, em 1970, níveis alarmantes de mercúrio foram detectados nos peixes do Lago Saint Clair, localizado entre Michigan e Ontário, no Canadá. Um levantamento posterior elaborado pela Secretaria Norte-Americana para a Qualidade da Água revelou que outros corpos hídricos estavam contaminados por mercúrio. Descobriu-se que diversas fábricas de produtos químicos, sobretudo envolvendo operações de produção de compostos cáusticos, despejavam cada uma até 14 quilos ou mais de mercúrio em suas águas residuárias ao dia.

As concentrações surpreendentemente altas de mercúrio encontradas na água e nos tecidos de peixes resultam da formação do íon solúvel monometilmercúrio, CH_3Hg^+, e do dimetilmercúrio, $(CH_3)_2Hg$, que é volátil, por bactérias anaeróbias presentes em sedimentos. O mercúrio desses compostos se concentra nos tecidos adiposos dos peixes e o fator de concentração do mercúrio na água para a concentração em peixes pode ultrapassar 10^3. O agente metilante pelo qual o mercúrio inorgânico é convertido em compostos metilmercúrio é a metilcobalamina, um análogo da vitamina B_{12}:

$$HgCl_2 \xrightarrow{\text{Metilcobalamina}} CH_3HgCl + Cl^- \qquad (7.3)$$

Acredita-se que as bactérias que sintetizam metano produzem metilcobalamina como intermediário nessa síntese. Logo, as águas e os sedimentos em que a decomposição anaeróbia ocorre fornecem as condições para a produção de metilmercúrio. Em águas neutras ou alcalinas, o dimetilmercúrio $(CH_3)_2Hg$ volátil pode ser formado.

7.4 Os semimetais

O semimetal mais importante como poluente da água é o arsênico, um elemento tóxico que há tempos é o vilão de inúmeros romances policiais. O envenenamento agudo por arsênico pode resultar da ingestão de mais de 100 mg do elemento, enquanto a forma crônica ocorre com a ingestão de pequenas quantidades do elemento por períodos prolongados. Existem evidências de que o elemento também é carcinogênico.

O arsênico ocorre na crosta terrestre em níveis médios da ordem de 2 a 5 ppmv. A queima de combustíveis fósseis, sobretudo o carvão, introduz grandes quantidades de arsênico no ambiente, e a maior parte dessa contaminação atinge águas naturais. O elemento ocorre com minerais de fosfato e entra no ambiente junto com alguns compostos fosforosos. Alguns pesticidas utilizados no passado, em especial antes da Segunda Guerra Mundial, continham compostos tóxicos de arsênico. Destes, os mais comuns eram o arsenato de chumbo, $Pb_3(AsO_4)_2$, o arsenito de sódio, Na_3AsO_3, e o verde de Paris, $Cu_3(AsO_3)_2$. Outra fonte importante de arsênico são os rejeitos de mineração. O arsênico gerado como subproduto do refino de cobre, ouro e chumbo excede a demanda comercial do elemento e, por essa razão, ele se acumula no material residual.

Tal qual o mercúrio, o arsênico pode ser convertido em derivados metílicos tóxicos por bactérias, pela redução de H_3AsO_4 a H_3AsO_3 seguida da metilação que produz $CH_3AsO(OH)_2$ (ácido metilarsínico), $(CH_3)_2AsO(OH)$ (ácido dimetilarsínico) e $(CH_3)_2AsH$ (dimetilarsina).

No que pode ter sido o maior envenenamento em massa de uma população humana na história, entre 35 e 77 milhões dos 125 milhões de habitantes de Bangladesh foram expostos a níveis potencialmente tóxicos de arsênico na água para consumo humano. Esse catastrófico problema de saúde pública foi resultado de programas bem intencionados financiados inicialmente pelo Fundo das Nações Unidas para a Infância para a construção de poços cilíndricos rasos como fonte de água para consumo humano livre de patógenos causadores de doenças. Em 1987, numerosos casos de lesões cutâneas provocadas pelo arsênico caracterizadas por alterações na pigmentação, sobretudo na região superior do tórax, braços e pernas, além de queratoses nas palmas das mãos e solas dos pés, foram observados. Esses efeitos eram típicos do envenenamento por arsênico e permitiram descobrir que a água para consumo humano contaminada por arsênico nos poços era responsável por essas lesões. Desde a descoberta de que a causa do problema era o envenenamento por arsênico, surgiram muitos casos novos e é possível que dezenas de milhares de pessoas em Bangladesh tenham morte prematura devido à exposição ao arsênico na água usada no abastecimento. Além de Bangladesh, países como Vietnã (onde numerosos poços foram escavados, após os feitos em Bangladesh), Argentina, Chile, México, Taiwan e Tailândia também apresentaram esse tipo de problema com a contaminação da água de beber com arsênico.

As condições geoquímicas que levam à contaminação da água por arsênico são muitas vezes associadas à presença de ferro, enxofre e matéria orgânica em depósitos aluviais produzidos pela água. O ferro liberado por rochas erodidas pela água de rios forma depósitos de óxido de ferro nas superfícies de partículas rochosas. O óxido de ferro acumula arsênico, concentrando-o a partir da água do rio. Essas partículas são enterradas junto com matéria orgânica em sedimentos, e o ferro (III) insolúvel nos óxidos de ferro é convertido em óxido de ferro (II) em condições anaeróbias redutoras em que a matéria orgânica é biodegradada. Esse processo libera arsênico ligado, que pode entrar na água de poços.

7.5 Os metais e semimetais organicamente ligados

Uma avaliação da forte influência da complexação e da quelação no comportamento dos metais em águas naturais e residuárias é abordada nas Seções 3.10 a 3.17, que tratam deste assunto. A formação do metilmercúrio é discutida na Seção 7.3. Ambos os tópicos envolvem a combinação de metais e entidades orgânicas na água. É preciso enfatizar que a interação de metais com compostos orgânicos é de suma importância na determinação do papel desempenhado pelo metal em um sistema aquático.

Existem dois tipos de interações metal-composto orgânico a serem considerados em um sistema aquático. O primeiro é a complexação, em geral a quelação, quando estão envolvidos ligantes orgânicos. Conforme discutido no Capítulo 3, a complexação e a quelação envolvem a ligação reversível de um íon metálico a uma espécie ligante.

Os compostos organometálicos, por outro lado, contêm metais ligados a entidades orgânicas por meio de um átomo de carbono e não dissociam de modo reversível em baixos valores de pH ou em diluições elevadas. Além disso, o componente orgânico, e algumas vezes o estado de oxidação particular do metal envolvido, pode não ser estável, além do composto organometálico. As principais categorias de compostos organometálicos encontrados no ambiente são: (1) aqueles em que o grupo orgânico é um grupo alquila, como o radical etila no tetraetil chumbo, $Pb(C_2H_5)_4$, (2) as carbonilas, algumas das quais são muito voláteis e tóxicas, com o monóxido de carbono ligado a metais, e (3) aqueles em que o grupo orgânico é um doador de elétrons π, como o etileno (C_2H_4) ou o benzeno (C_6H_6).

Existem combinações desses três tipos gerais de compostos descritos anteriormente, a mais comum sendo as espécies de areno carbonila, em que um átomo de metal está ligado a uma entidade arila, como o benzeno, e a diversas moléculas de monóxido de carbono.

Há também muitos compostos que têm ao menos uma ligação entre o metal e um átomo de C em um grupo orgânico, além de outras ligações covalentes ou iônicas entre o metal e átomos que não sejam o carbono. Um exemplo desse tipo de composto é o cloreto de monometilmercúrio, CH_3HgCl, em que o íon organometálico CH_3Hg^+ está ligado ionicamente ao ânion cloreto. Outra classe de compostos com caráter organometálico é formada por substâncias com grupos orgânicos ligados a um átomo metálico por meio de átomos que não sejam o carbono. Um exemplo desse tipo de composto é o titanato de isopropila, $Ti(i\text{-}OC_3H_7)_4$, em que os grupos de hidrocarbonetos estão ligados ao metal por meio de átomos de oxigênio.

A interação de elementos-traço com compostos orgânicos em águas naturais é muito ampla para ser abordada neste capítulo. Contudo, é importante observar que as interações metal-compostos orgânicos podem envolver espécies orgânicas de origem tanto poluente (como o EDTA) quanto natural (como os ácidos fúlvicos). Essas interações são influenciadas, e por vezes, desempenham um papel nos equilíbrios redox, na formação e dissolução de precipitados, na formação e estabilidade de coloides, nas reações ácido-base e nas reações mediadas por microrganismos no meio aquático. As interações metal-compostos orgânicos podem aumentar ou diminuir a toxicidade dos metais nos ecossistemas aquáticos, e exercem forte influência no crescimento de algas na água.

7.5.1 Os compostos organoestânicos

O estanho é o metal com o maior número de compostos organometálicos com aplicações industriais. A produção mundial desses compostos atingia 40 mil toneladas métricas ao ano, antes de sua utilização ser restrita devido às preocupações sobre a poluição da água. Além dos organoestânicos sintéticos, espécies metiladas de estanho são produzidas pelos seres vivos no ambiente. A Figura 7.1 mostra alguns exemplos dos diversos compostos dessa classe.

As principais aplicações industriais dos compostos organoestânicos no passado incluíam as formulações de fungicidas, acaricidas, desinfetantes, conservantes e estabilizantes que diminuíam os efeitos do calor e da luz no cloreto de polivinila (PVC), além dos usos em catalisadores e precursores da formação de filmes de SnO_2 no vidro. O cloreto de tributil estanho (TBT) e compostos semelhantes têm propriedades bactericidas, fungicidas e inseticidas, e no passado tinham importância ambiental expressiva devido ao fato de serem usados como biocidas industriais. Além do cloreto de TBT, outros compostos de TBT empregados com essa finalidade incluíam o hidróxido, o naftenato, o óxido de bis(tributil estanho) e o fosfato de tris(tributilestanilo). No passado o TBT foi muito utilizado em formulações de tintas para cascos de embarcações para impedir o crescimento de organismos incrustantes. Outras aplicações desses compostos incluíam a conservação de alimentos, couro, papel e têxteis. Os compostos TBT usados como antifúngicos eram também empregados como biocidas em torres de resfriamento de água.

Sem dúvida, as diversas aplicações dos compostos organoestânicos representaram um importante potencial para a poluição ambiental. Por serem utilizados próximo ou em contato com corpos hídricos, os compostos organoestânicos são muito importantes como poluentes da água e foram associados a problemas endócrinos em crustáceos, ostras e caracóis. Em função dessas preocupações, muitos países, incluindo os Estados Unidos, a Inglaterra e a França, proibiram o uso de TBT em embarcações com menos de 25 m de comprimento, na década de 1980. Em resposta às preocupações acerca da poluição da água, em 2001 a Organização Marítima Internacional aceitou proibir os organoestânicos em formulações de tinta para embarcações e iates. As disposições citadas no acordo entraram em vigor em setembro de 2008.

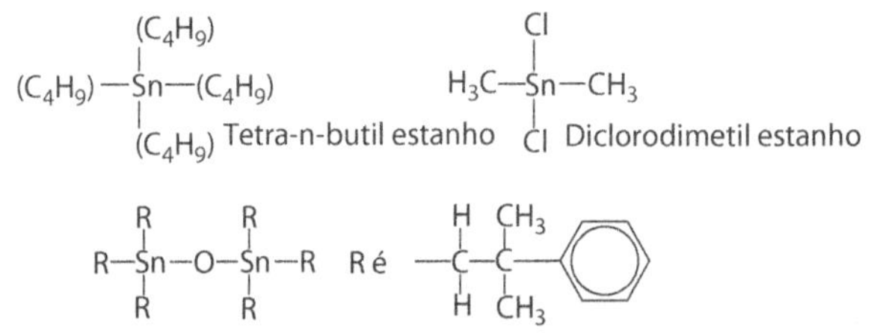

Óxido de bis[tri(2-metil-2-fenilpropil) estanho]
(utilizado como acaricida)

FIGURA 7.1 Exemplos de compostos organoestânicos.

7.6 As espécies inorgânicas

Alguns poluentes aquáticos relevantes foram mencionados nas Seções 7.2 a 7.4 como parte da discussão sobre elementos-traço. Os poluentes inorgânicos que contribuem para a acidez, alcalinidade ou salinidade da água são considerados em seções individuais neste capítulo. Há também os nutrientes algáceos, que atuam como poluentes. No entanto, essa classificação não contempla algumas espécies inorgânicas significativas, como o íon cianeto, CN^-, o mais importante. Outros incluem a amônia, o dióxido de carbono e o sulfeto, nitrito e sulfito de hidrogênio.

7.6.1 O cianeto

O *cianeto*, uma substância venenosa letal, existe na água como HCN, um ácido fraco, com K_a de 6×10^{-10}. O íon cianeto tem forte afinidade com diversos íons metálicos, formando o ferrocianeto, $Fe(CN)_6^{4-}$, relativamente menos tóxico, com o ferro (III), por exemplo. O HCN volátil é muito tóxico e foi utilizado em execuções na câmara de gás nos Estados Unidos.

O cianeto é muito utilizado pela indústria, sobretudo na limpeza de metais e eletrogalvanização. É também um dos principais efluentes da lavagem de gases e coque em usinas a gás e fornos de coque. Além disso, é empregado em algumas operações de processamento de metais. Inúmeros casos de mortandade de peixes resultaram do despejo de cianeto dessas operações de processamento de metais em corpos hídricos.

7.6.2 A amônia e outros poluentes inorgânicos

Níveis muito elevados de nitrogênio amoniacal prejudicam a qualidade da água. A *amônia* é o produto inicial da decomposição de resíduos orgânicos nitrogenados e sua presença muitas vezes indica a presença também desses resíduos. É um constituinte comum de águas subterrâneas com baixo pE e por vezes é adicionada à água de beber como adjuvante na desinfecção, pois reage com o cloro produzindo cloro residual (ver Seção 8.11). Uma vez que o pK_a do íon amônio, NH_4^+, é 9,26, a maior parte da amônia na água está presente como NH_4^+, não como NH_3.

O *sulfeto de hidrogênio*, H_2S, é um produto da decomposição anaeróbia de matéria orgânica contendo enxofre. É também produzido na redução anaeróbia de sulfatos por microrganismos (ver Capítulo 6) e é emitido como poluente gasoso por águas geotérmicas. Os resíduos de fábricas de produtos químicos, de papel, de têxteis e de curtumes também podem conter H_2S. Sua presença é facilmente detectada por seu odor característico, que lembra ovos podres. Na água o H_2S é um ácido diprótico fraco, com pK_{a1} de 6,99 e pK_{a2} 12,92. O S^{2-} não está presente em águas naturais comuns. O íon sulfeto tem uma imensa afinidade com metais e a precipitação de sulfetos metálicos muitas vezes acompanha a produção de H_2S.

Níveis elevados de *dióxido de carbono* livre, CO_2, comumente estão presentes na água devido à decomposição de matéria orgânica. Além disso, ele é adicionado para abrandar a água, durante o tratamento, como parte de um processo de recarbonatação (ver Capítulo 8). Níveis excessivos de dióxido de carbono podem tornar a água mais corrosiva e prejudicar a vida aquática.

O *íon nitrito*, NO_2^-, ocorre como estado de oxidação intermediário do nitrogênio em uma faixa relativamente estreita de pE. É adicionado à água em alguns processos industriais como inibidor da corrosão. No entanto, é raro ocorrer na água para consumo humano em níveis acima de 0,1 mg L^{-1}.

O *íon sulfito*, SO_3^{2-}, é encontrado em algumas águas industriais. O sulfito de sódio muitas vezes é adicionado a águas destinadas à alimentação de caldeiras como removedor de oxigênio:

$$2SO_3^{2-} + O_2 \rightarrow 2SO_4^{2-} \tag{7.4}$$

Uma vez que o pK_{a1} do ácido sulfuroso é 1,76 e o pK_{a2} é 7,20, em águas naturais o sulfito existe como HSO_3^- ou SO_3^{2-}, dependendo do pH. É preciso observar que a hidrazina, N_2H_4, também atua como removedor de oxigênio:

$$N_2H_4 + O_2 \rightarrow 2H_2O + N_2(g) \tag{7.5}$$

O *íon perclorato*, ClO_4^-, surgiu como problema na poluição da água na década de 1990, quando os avanços na cromatografia iônica permitiram sua detecção em faixas muito baixas de concentração, da ordem de partes por bilhão. O perclorato de amônio, NH_4ClO_4, é fabricado como oxidante para combustíveis sólidos de foguetes, e a contaminação gerada pelas indústrias que o produzem é considerada uma importante fonte de poluição. Na água, o perclorato não é muito reativo, e todos os sais de perclorato comuns, exceto o $KClO_4$, são solúveis e, portanto, de difícil remoção. Do ponto de vista fisiológico, ele compete com o íon iodeto, diminuindo a absorção do iodo essencial pela glândula tireoide. A Agência de Proteção Ambiental dos Estados Unidos recomenda um nível padrão de 1 parte por bilhão de perclorato para a água de beber.

7.6.3 O amianto na água

A toxicidade do amianto inalado é bem conhecida. Suas fibras escarificam o tecido pulmonar e, como consequência, surge o câncer, muitas vezes entre 20 e 30 anos após a exposição. Não se sabe com certeza se o amianto é tóxico na água para consumo humano. Essa possibilidade é fonte de muita preocupação devido ao despejo de taconita (um rejeito da mineração de ferro) contendo fibras semelhantes às do amianto no Lago Superior. Essas fibras foram encontradas na água para consumo humano de cidades no entorno do lago. Após ter despejado esse rejeito no Lago Superior desde 1952, a Reserve Mining Company, situada em Silver Bay, às margens do lago, resolveu o problema em 1980 com a construção de uma bacia de retenção de 6 milhas quadradas (aproximadamente 15 km²) em um terreno nas proximidades do lago. Esse empreendimento de $370 milhões mantém a taconita coberta por uma camada de 3 m de água, que impede o escape do pó de fibra.

7.7 Os nutrientes algáceos e a eutrofização

O termo *eutrofização*, derivado da palavra grega que significa "bem nutrido", descreve uma condição de lagos ou reservatórios com excesso de crescimento de algas. Embora a geração de algas seja em parte necessária como forma de suporte à cadeia alimentar em um ecossistema aquático, a proliferação excessiva em condições eutróficas pode acarretar um grave estado de deterioração do corpo hídrico. A primeira etapa da eutrofização de um corpo hídrico consiste na entrada de nutrientes (Tabela 7.3) a partir dos deflúvios de bacias hidrográficas ou de esgoto. Com isso, o corpo hídrico, agora rico em nutrientes, produz uma grande quantidade de biomassa vegetal por fotossíntese acompanhada por uma quantidade menor de biomassa de origem animal. Ao morrer, essa biomassa acumula no fundo do lago, onde sofre decomposição parcial e recicla os nutrientes dióxido de carbono, fósforo, nitrogênio e potássio. Se o lago não for muito profundo, as plantas existentes em seu leito começam a crescer, acelerando a acumulação de material sólido na bacia. Com o tempo é formado um pântano, que por fim sofre um processo de aterro por essa biomassa, gerando um campo ou uma floresta.

A eutrofização muitas vezes é um fenômeno natural. Por exemplo, ela é basicamente responsável pela formação de enormes depósitos de carvão e turfa. Porém, a atividade humana acelera esse processo. Para entendê-lo, consideremos o fato de que a maior parte dos nutrientes necessários para o crescimento de plantas e algas, mostrados na Tabela 7.3, é disponibilizada em quantidades adequadas por fontes naturais. Os nutrientes com maior probabilidade de serem limitantes são os elementos "fertilizantes": nitrogênio, fósforo e potássio. Todos estão presentes no esgoto e são, claro, encontrados nos deflúvios de campos intensamente fertilizados, sendo também constituintes de diversos tipos de resíduos industriais. Além disso, podem ser oriundos de fontes naturais – o fósforo e o potássio presentes em formações minerais e o nitrogênio fixado por bactérias, cianobactérias ou gerado por descargas elétricas atmosféricas.

Em alguns casos, o nitrogênio ou mesmo o carbono são nutrientes limitantes, cuja presença determina a taxa de proliferação das algas. Isso é válido sobretudo para o nitrogênio na água do mar. Nesse ambiente, os micronutrientes, em especial o ferro, podem ser nutrientes limitantes.

TABELA 7.3 Nutrientes essenciais das plantas: fontes e funções

Nutriente	Fonte	Função
Macronutrientes		
Carbono (CO_2)	Atmosfera, decomposição	Constituinte da biomassa
Hidrogênio	Água	Constituinte da biomassa
Oxigênio	Água	Constituinte da biomassa
Nitrogênio (NO_3^-)	Decomposição, poluentes, atmosfera	Constituinte das proteínas (de organismos fixadores de nitrogênio)
Fósforo	Decomposição, minerais (fosfato)	Constituinte do DNA/RNA, poluentes
Potássio	Minerais, poluentes	Função metabólica
Enxofre (sulfato)	Minerais	Proteínas, enzimas
Magnésio	Minerais	Função metabólica
Cálcio	Minerais	Função metabólica
Micronutrientes		
B, Cl, Co, Cu, Fe, Mo, Mn, Na, Si, V, Zn	Minerais, poluentes	Função metabólica e/ou constituinte de enzimas

Na água doce, o nutriente vegetal com maior probabilidade de ser um nutriente limitante é o fósforo, que muitas vezes é considerado o vilão nas ocorrências de eutrofização excessiva. No passado os detergentes domésticos eram uma fonte comum de fosfato em águas residuárias, e o controle da eutrofização se concentrava na eliminação de fosfatos da formulação de detergentes, na sua remoção das unidades de tratamento de esgoto e na prevenção da contaminação de corpos hídricos por efluentes com altos níveis de fosfatos, fatores esses que, quando verificados, promovem a proliferação excessiva das algas, o que pode levar à eutrofização.

7.8 A acidez, a alcalinidade e a salinidade

A biota aquática é muito sensível a extremos de pH. Principalmente devido aos efeitos de caráter osmótico, os organismos dessa biota são incapazes de sobreviver em um meio com valores de salinidade aos quais não estão adaptados. Logo, um peixe de água doce sucumbe no oceano, e um peixe do mar não consegue viver em água doce. O excesso de salinidade mata plantas inadaptadas a essa característica com rapidez. Certamente existem intervalos de salinidade e pH em que os organismos são capazes de sobreviver. Como mostra a Figura 7.2, com frequência esses intervalos são representados por uma curva relativamente simétrica. Essa curva tem caudas entre as quais um organismo consegue sobreviver, sem contudo proliferar. Essas curvas de modo geral não têm um valor de corte muito significativo nessas caudas, como visto na extremidade da temperatura alta na curva do crescimento bacteriano como função dessa variável (Figura 6.7).

A fonte mais comum de *ácido poluente* na água é a drenagem ácida de minas. O ácido sulfúrico presente nessa drenagem é oriundo da oxidação microbiana da pirita ou de outros minerais contendo sulfetos, conforme descrito no Capítulo 6. Os valores de pH encontrados em águas poluídas por ácidos podem ficar abaixo de 3, uma condição letal para a maioria das formas de vida aquática, exceto as bactérias vilãs que intermediam a oxidação da pirita e do ferro (II) e que proliferam em valores de pH muito baixos. Alguns resíduos industriais muitas vezes têm o potencial de contribuir para os níveis de ácidos fortes na água. O ácido sulfúrico produzido pela oxidação do dióxido de enxofre presente no ar (ver Capítulo 11) é introduzido em águas naturais pela chuva ácida. Nos casos em que a água não entra em contato com um mineral

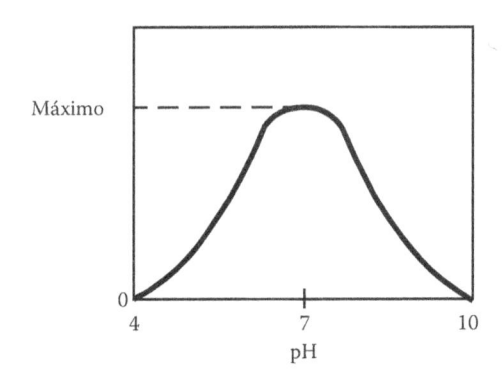

FIGURA 7.2 Curva generalizada do crescimento de um organismo aquático como função do pH.

básico, como o calcário, o pH da água pode cair a valores perigosamente baixos (essa condição é verificada em alguns lagos canadenses).

O excesso de *alcalinidade* e os valores de pH elevados que muitas vezes acompanham essa característica não são introduzidos pela via direta na água a partir de fontes antropogênicas. Contudo, em muitas regiões geográficas o solo e as camadas minerais são alcalinas e conferem alta alcalinidade à água. A atividade humana pode agravar essa situação, com a exposição de águas superficiais ou subterrâneas ao excesso de carga alcalina da mineração de superfície. O excesso de alcalinidade na água é manifestado por uma eflorescência salina branca típica nas margens de um corpo hídrico estático ou nos bancos de uma corredeira.

A *salinidade* da água aumenta devido a diversas atividades humanas. A água que passa por um sistema público de distribuição inevitavelmente recolhe sais de fontes como os abrandadores de água de recarga com cloreto de sódio. Os sais podem ser lixiviados de pilhas de rejeitos minerais. Por exemplo, uma das principais limitações ambientais à produção de óleo de xisto é a alta porcentagem de sulfato de sódio lixiviável presente nas pilhas de xisto utilizado. O controle cuidadoso desses resíduos é necessário para prevenir o aumento da poluição da água por sais em áreas onde a salinidade já é um problema. A irrigação adiciona uma boa quantidade de sal à água, um fenômeno responsável pela formação do Mar de Salton, na Califórnia, e é motivo de discussão entre os Estados Unidos e o México quanto à contaminação do Rio Grande e do Rio Colorado. A irrigação e a produção agrícola intensiva originaram infiltração salina em alguns estados do oeste dos Estados Unidos. Esses eventos ocorrem quando a água se infiltra em uma ligeira depressão em terras cultivadas e por vezes irrigadas e fertilizadas, carregando consigo sais (sobretudo os sulfatos de sódio, magnésio e cálcio). A água evapora com o calor seco do verão, deixando para trás uma área repleta de sais que impedem o crescimento vegetal. Com o tempo, essas áreas aumentam, destruindo a produtividade de terras aráveis.

7.9 O oxigênio, os oxidantes e os redutores

O oxigênio é uma espécie de importância vital na água (ver Capítulo 2). Nela, é consumido com rapidez pela oxidação da matéria orgânica, $\{CH_2O\}$.

$$\{CH_2O\} + O_2 \xrightarrow{\text{Microrganismos}} CO_2 + H_2O \qquad (7.6)$$

A menos que a água seja rearada com eficiência, como por fluxo turbulento em um curso de água raso, ela perderá oxigênio rapidamente e não suportará formas de vida aquática maiores.

Além da oxidação da matéria orgânica intermediada por microrganismos, o oxigênio na água pode ser consumido pela bioxidação de material contendo nitrogênio:

$$NH_4^+ + 2O_2 \rightarrow 2H^+ + NO_3^- + H_2O \qquad (7.7)$$

e pela oxidação química ou bioquímica de agentes químicos redutores:

$$4Fe^{2+} + O_2 + 10H_2O \rightarrow 4Fe(OH)_3(s) + 8H^+ \qquad (7.8)$$

$$2SO_3^{2-} + O_2 \rightarrow 2SO_4^{2-} \qquad (7.9)$$

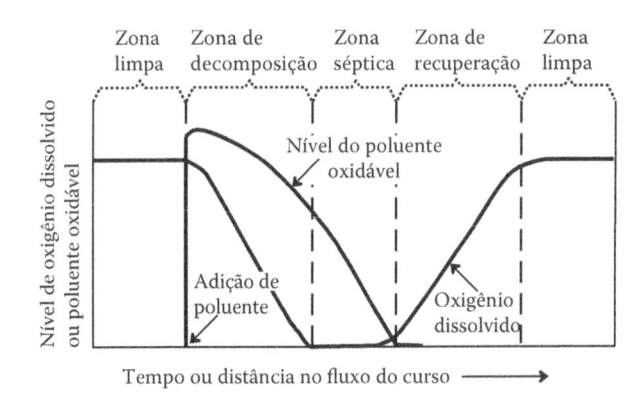

FIGURA 7.3 Curva de consumo do oxigênio resultante da adição de poluentes oxidáveis a um curso de água.

Todos esses processos contribuem para a desoxigenação da água.

O grau em que o oxigênio é consumido pela oxidação de contaminantes aquáticos intermediada por microrganismos é chamado de DBO (demanda bioquímica ou biológica de oxigênio). De modo geral esse parâmetro é mensurado pela quantidade de oxigênio utilizado por microrganismos aquáticos predefinidos por um período de cinco dias.

Em cursos de água, a adição de poluentes oxidáveis produz a curva de depressão do oxigênio típica, mostrada na Figura 7.3. A princípio, um curso de água bem aerado e livre de poluentes não apresenta material oxidável. Nesse ambiente o nível de oxigênio é alto e a população bacteriana é relativamente baixa. Com a adição de poluentes oxidáveis, o nível de oxigênio cai porque a rearação não consegue acompanhar o consumo. Na zona de decomposição, a população bacteriana aumenta. A zona séptica é caracterizada por uma população bacteriana alta e níveis de oxigênio muito baixos, e termina com a exaustão do poluente oxidável, quando começa então a zona de recuperação. Nela, a população bacteriana diminui e o nível de oxigênio dissolvido aumenta, até a água recobrar suas condições iniciais.

Embora a DBO seja uma medida realista da qualidade da água quanto aos níveis de oxigênio, o teste que a determina é demorado e difícil de executar. O carbono orgânico total (COT) muitas vezes é mensurado com base na oxidação catalisada do carbono na água e na medida do CO_2 liberado no processo. O COT ganhou popularidade porque pode ser prontamente determinado por instrumentos.

7.10 Os poluentes orgânicos

7.10.1 A bioacumulação de poluentes orgânicos

Uma das características importantes dos poluentes orgânicos da água, em especial aqueles que apresentam afinidade com o tecido adiposo e que resistem à biodegradação, é o *fator de bioconcentração* (BCF, *bioconcentration factor*), definido como a razão da concentração de uma substância em um tecido de um organismo aquático para a concentração dessa substância na água em que esse organismo vive. O BCF pressupõe que a exposição ocorre apenas na água e que a concentração dessa substância na água é constante por um longo período de tempo. Um parâmetro semelhante, o *fator de bioacumulação* (BAF, *bioaccumulation factor*), é definido da mesma maneira, exceto pela hipótese de que tanto o organismo quanto o nutriente que ele consome estejam expostos de maneira semelhante ao poluente, por um período de tempo prolongado. Embora literalmente milhares desses tipos de fatores envolvendo centenas de espécies e substâncias absorvidas por organismos aquáticos tenham sido estimados e mensurados, esses números continuam cercados de incertezas consideráveis. No entanto, permanecem como indicadores do potencial poluente de compostos orgânicos persistentes.[2]

7.10.2 O esgoto

Como mostra a Tabela 7.4, o esgoto de origem doméstica, do processamento de alimentos e de fontes industriais contém uma ampla gama de poluentes, inclusive de natureza orgânica. Alguns desses, sobretudo as substâncias com demanda de oxigênio (ver Seção 7.9) – óleo, graxa e sólidos –, são removidos nos processos de tratamento de esgoto primários e secundários. Outros, como sais, metais e compostos orgânicos refratários (resistentes à degradação), não são removidos com eficiência.

A disposição de esgoto tratado sem a devida eficácia acarreta problemas graves. Por exemplo, o despejo de esgoto no mar, praticado corriqueiramente por cidades

TABELA 7.4 Alguns dos principais constituintes do esgoto de um sistema de esgoto urbano

Constituinte	Fontes em potencial	Efeitos na água
Substâncias com demanda de oxigênio	Sobretudo materiais orgânicos, em especial fezes e urina humanas	Consomem oxigênio dissolvido
Orgânicos refratários	Resíduos industriais, produtos de limpeza	Tóxicos à vida aquática
Vírus	Resíduos humanos	Causam doenças (possivelmente câncer); principal obstáculo contra a reciclagem de esgotos para sistemas hídricos
Detergentes	Detergentes domésticos	Propriedades organolépticas da água, impedem a remoção de graxas e óleos, tóxicos à vida aquática
Fosfatos	Detergentes	Nutrientes de algas
Graxas e óleos	Cozinha, processamento de alimentos, resíduos industriais	Propriedades organolépticas da água, prejudiciais a parte da vida aquática
Sais	Resíduos humanos e industriais, abrandadores de água	Aumentam a salinidade da água
Metais	Resíduos industriais, laboratórios químicos	Toxicidade
Agentes quelantes	Alguns detergentes, resíduos industriais	Solubilização e transporte de metais
Sólidos	Todas as fontes	Propriedades organolépticas da água, prejudiciais à vida aquática

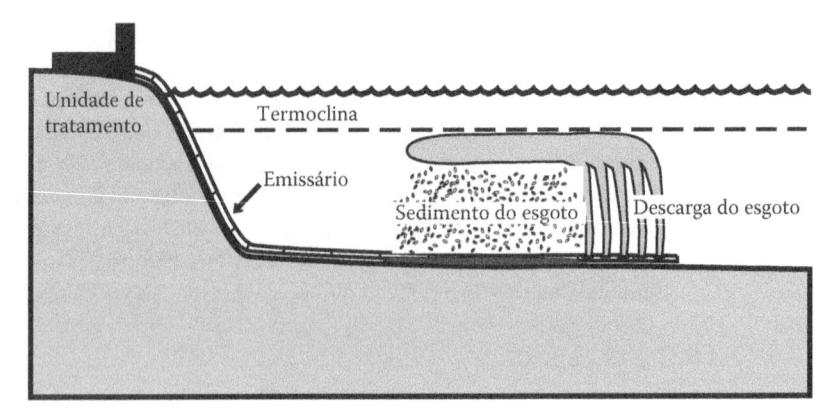

FIGURA 7.4 Deposição de sólidos na descarga de efluente de esgoto no leito oceânico.

costeiras no passado, forma leitos de resíduos desse material. O esgoto municipal comum contém cerca de 0,1% de sólidos, mesmo após tratamento, que se depositam no oceano de acordo com um padrão típico, mostrado na Figura 7.4. A água do esgoto, por ser morna em comparação com o hipolímnio, ascende por este, cuja temperatura é menor, sendo então transportada pelas correntes ou marés. Nessa subida, ela não passa da termoclina (metalímnio); ao contrário, ela se espalha como uma nuvem da qual os sólidos nela contidos descem ao leito do oceano. A agregação de coloides do esgoto é auxiliada por sais dissolvidos na água do mar (ver Capítulo 5), promovendo a formação de sedimentos contendo lodo.

Outro grande problema relativo à disposição do esgoto é o lodo produzido nos processos de tratamento (ver Capítulo 8). Esse lodo contém material orgânico que continua sendo degradado de forma lenta, além de compostos orgânicos refratários e metais. As quantidades de lodo produzidas são de fato surpreendentes. Por exemplo, a cidade de Chicago produz cerca de 3 milhões de toneladas de lodo a cada ano. Um dos principais aspectos relativos à disposição segura de tamanha quantidade de lodo é a presença de componentes potencialmente perigosos, como metais.

O controle criterioso das fontes de esgoto é necessário para minimizar os problemas de poluição. Mais especificamente, os metais e os compostos orgânicos refratários precisam ser controlados na origem, o que permite utilizar o esgoto, ou os efluentes de seu tratamento, na irrigação, na reciclagem para sistemas de abastecimento de água ou na recarga de águas subterrâneas.

Os sabões, detergentes e compostos químicos associados são fontes em potencial de poluentes orgânicos, e serão discutidos sucintamente a seguir.

7.10.3 Os sabões, os detergentes e as bases para detergentes

7.10.3.1 Os sabões

Os *sabões* são sais de ácidos graxos superiores, como o estearato de sódio, $C_{17}H_{35}COO^-Na^+$. A ação limpante do sabão resulta de seu poder emulsificante e de sua capacidade de reduzir a tensão superficial da água. Esse conceito é mais bem compreendido se considerarmos a natureza dual do ânion do sabão. Examinando sua estrutura, percebe-se que o íon estearato consiste em uma "cabeça", o íon carboxila, e uma longa "cauda", a cadeia de hidrocarboneto.

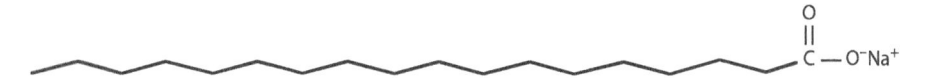

$$\text{CH}_3(\text{CH}_2)_{16}\text{C}(=\text{O})\text{O}^-\text{Na}^+$$

Na presença de óleos, graxas e outros materiais insolúveis, a tendência é de a "cauda" do ânion dissolver-se na matéria orgânica, enquanto a "cabeça" permanece em solução na água. É por essa razão que o sabão emulsiona, ou melhor, suspende a matéria orgânica na água. Nesse processo, os ânions formam micelas coloidais de sabão, como mostra a Figura 5.4.

A principal desvantagem do sabão como agente limpante é sua reação com cátions bivalentes para formar sais insolúveis de ácidos graxos:

$$2C_{17}H_{35}COO^-Na^+ + Ca^{2+} \rightarrow Ca(C_{17}H_{35}CO_2)_2(s) + 2Na^+ \qquad (7.10)$$

Esses sólidos insolúveis, na maioria das vezes sais de magnésio ou cálcio, não têm eficiência como agente limpante. Além disso, os "coágulos" insolúveis formam depósitos desagradáveis em roupas e máquinas de lavar. Se a quantidade de sabão utilizada for suficiente, todos os cátions bivalentes podem ser removidos por uma reação com o sabão, e essa água contendo excesso deste apresentará boas propriedades de limpeza. É isso que ocorre sempre que se emprega sabão em água não abrandada em uma banheira ou pia, onde os sais insolúveis de magnésio e cálcio podem ser tolerados. Contudo, em aplicações como a lavagem de roupas, a água precisa ser abrandada pela remoção do cálcio e do magnésio, ou por sua complexação com substâncias como os polifosfatos (ver Seção 3.16).

Embora a formação de sais de cálcio e magnésio insolúvel tenha levado ao abandono do sabão como agente de limpeza para roupas, louças e muitos outros materiais, do ponto de vista ambiental o uso do sabão apresenta outras vantagens. Assim que o sabão entra no esgoto ou em um sistema aquático, via de regra ele precipita como sais de cálcio e magnésio. Portanto, quaisquer efeitos que possa ter em solução são eliminados. Além disso, a biodegradação elimina todos os vestígios de sabão no ambiente. Por essa razão, apesar da formação de uma escuma desagradável à visão, o sabão não causa outros problemas expressivos de poluição.

7.10.3.2 Os detergentes

Os *detergentes* sintéticos têm boas propriedades limpantes e não formam sais insolúveis com "íons de dureza" como o cálcio e o magnésio. Esses detergentes sintéticos apresentam a vantagem de ser sais de ácidos relativamente fortes e, portanto, não precipitam em águas ácidas como sais insolúveis, uma característica indesejável dos sabões. Na água, o potencial contaminante dos detergentes é alto, por serem muito utilizados por consumidores, indústrias e instituições. Somente no segmento de produtos de limpeza domésticos nos Estados Unidos, mais de 1 bilhão de libras (aproximadamente 500 milhões de quilos) de surfactantes detergentes são consumidos ao ano, enquanto a Europa consome uma quantidade um pouco maior. Grande parte desse material, junto com outros ingredientes associados a formulações de detergentes, é descartada em águas residuárias.

O principal ingrediente dos detergentes é o *surfactante*, ou agente tensoativo, responsável por tornar a água mais "molhada", por assim dizer, aumentando seu poder de lavagem. Os surfactantes se concentram nas interfaces da água e gases (ar), sólidos (sujeiras) e líquidos imiscíveis (óleos). Isso ocorre devido à sua *estrutura anfifílica*, em que uma parte da molécula é um grupo polar ou iônico (cabeça), com forte afinidade com a água, e a outra parte é um grupo hidrocarboneto (cauda), com aversão à água. Esse tipo de estrutura é ilustrado a seguir para a molécula do alquilbenzeno sulfonato (ABS), um surfactante*.

Até o início da década de 1960, o ABS era o surfactante mais utilizado em formulações de detergentes. Porém, ele apresentava a notável desvantagem de ter biodegradação muito lenta, devido à sua estrutura ramificada (ver Seção 6.10). Uma das manifestações condenáveis dos detergentes não biodegradáveis era a "coroa" de espuma formada em copos usados para beber água em áreas onde o esgoto era reciclado no abastecimento de água doméstico. Camadas espetaculares de espuma formavam-se junto às desembocaduras dos esgotos e nas estações de tratamento, e ao menos uma morte foi registrada, de uma pessoa que caiu em uma estação de tratamento de esgoto, asfixiando-se nos gases aprisionados na espuma. Ocasionalmente, o tanque de aeração de uma estação de lodo ativado era completamente tomado por essa camada de espuma. Entre os outros efeitos indesejáveis dos detergentes persistentes nos processos de tratamento de resíduos estavam a redução na tensão superficial da água, a desfloculação de coloides, a flotação de sólidos, a emulsificação de graxas e óleos, além da destruição de bactérias úteis. Em vista disso, o ABS foi substituído por um surfactante biodegradável conhecido como alquil sulfonato linear (LAS).

O LAS, α-benzenossulfonato, tem a fórmula estrutural geral ilustrada a seguir, onde o anel benzeno pode estar ligado a qualquer ponto da cadeia, menos as extremidades:

O LAS é mais biodegradável que o ABS porque a porção alquila do LAS não está ramificada e não contém o carbono terciário, tão prejudicial à biodegradabilidade. Uma vez que o LAS substituiu o ABS em detergentes, os problemas com o agente tensoativo em detergentes (como a toxicidade para alevinos) diminuíram muito. Hoje, os níveis de agentes tensoativos encontrados na água caíram de maneira marcante.

---

* N. de R. T.: Surfactante é uma palavra cunhada do inglês a partir de SURFace ACtive subsTANCE.

Alguns surfactantes são não iônicos. Uma das classes desses compostos que provou ser problemática é a família dos alquilfenóis polietoxilados:

$$HO-\left[\begin{array}{c}H\ H\\|\ |\\C-C-O\\|\ |\\H\ H\end{array}\right]_n\!\!-\!\!\bigcirc\!\!-\!\!\begin{array}{c}H\ H\ H\ H\ H\ H\ H\ H\ H\\|\ |\ |\ |\ |\ |\ |\ |\ |\\C-C-C-C-C-C-C-C-C-H\\|\ |\ |\ |\ |\ |\ |\ |\ |\\H\ H\ H\ H\ H\ H\ H\ H\ H\end{array}$$

Nonilfenol polietoxilado

Os alquilfenóis polietoxilados são muito úteis como detergentes, agentes dispersantes, emulsificadores e agentes solubilizantes e molhantes, o que explica a utilização de milhões de quilos desses compostos todo ano nos Estados Unidos. Essas substâncias e os produtos de sua degradação, em que as cadeias de polietoxilato são encurtadas pela hidrólise intermediada por bactérias, tendem a persistir no tratamento biológico de esgoto, sendo descarregadas no efluente gerado. Além disso, acumulam no lodo do esgoto, com boa parte sendo disposta em terras agrícolas. Esses produtos são considerados xenoestrógenos (imitam o hormônio estrogênio) e sua introdução na cadeia alimentar de solos tratados com esse lodo é motivo de preocupação. Por isso seu uso é muito restrito em alguns países europeus.

Cargas são adicionadas aos detergentes para ligarem-se a íons de dureza, tornando a solução do detergente alcalina e melhorando bastante a ação do surfactante, podendo causar problemas ambientais. Um detergente sólido disponível no mercado contém apenas entre 10 e 30% de surfactante. Essas formulações também contêm agentes complexantes adicionados para complexar o cálcio e atuar como cargas para detergentes. Outros ingredientes dessas formulações incluem trocadores de íons, álcalis (carbonato de sódio), silicatos de sódio anticorrosivos, estabilizadores de espuma à base de amidas, carboximetilcelulose (que atua como agente na suspensão de partículas de solo), branqueadores, amaciantes de roupa, enzimas, abrilhantadores, fragrâncias, corantes e sulfato de sódio diluente. Os polifosfatos que no passado eram utilizados em bases para detergente foram motivo de muita preocupação, por serem poluentes ambientais, embora em sua maioria esses problemas tenham sido resolvidos, já que esses compostos foram abandonados.

A crescente demanda pelo melhor desempenho dos detergentes promoveu a inclusão de enzimas nas formulações desses produtos destinados para uso doméstico e comercial. Dentro de certos limites, as enzimas podem assumir o posto do cloro e dos fosfatos, que têm efeitos prejudiciais ao ambiente. As lipases e celulases são as enzimas mais utilizadas na formulação de detergentes.

7.10.4 Os compostos clorados e bromados que ocorrem na natureza

Embora os compostos orgânicos halogenados presentes na água, como os pesticidas discutidos na Seção 7.11, sejam normalmente considerados oriundos de fontes antropogênicas, mais de 2 mil desses compostos têm origem natural.[3] Eles são produzidos sobretudo por espécies marinhas, das quais destacam-se alguns tipos de algas vermelhas, provavelmente como parte de seus mecanismos de defesa. Alguns microrganismos marinhos, vermes, esponjas e tunicados também produzem compostos organoclorados e organobromados. Diversos destes foram detectados em amostras de ar, peixes, ovos de aves marinhas, mamíferos marinhos e leite materno de mulheres esquimós de regiões árticas. Um exemplo desse tipo de composto normalmente encontrado no ambiente marinho é o 1,2'-bi-1H-pirrol-2,3,3',4,4',5,5'-heptacloro-1'--metil-($C_9H_3N_2Cl_7$), e seu análogo de bromo:

1,2'-bi-1H-pirrol-2,3,3',4,4',5,5'-heptacloro-1'-metil

7.10.5 As toxinas microbianas

As bactérias e os protozoários presentes na água produzem toxinas capazes de causar doenças e até a morte. As toxinas produzidas em rios, lagos e reservatórios por cianobactérias como *Anabaena*, *Microcystis* e *Nodularia* foram responsáveis por efeitos prejudiciais à saúde na Austrália, no Brasil, na Inglaterra e em outros países do mundo. Existem cerca de 40 espécies de cianobactérias produtoras de toxinas pertencentes a seis grupos químicos. A toxina *cilindrospermopsina* (mostrada a seguir) produzida por cianobactérias foi responsável pelo envenenamento de pessoas que ingeriram água contaminada por ela.

Cilindrospermopsina

A maioria dos protozoários produtores de toxinas pertence à ordem *dinoflagellata*, composta predominantemente por espécies marinhas. As células desses organismos estão encerradas em envelopes de celulose, que muitas vezes exibem belos padrões de desenho em suas superfícies. Entre os efeitos causados pelas toxinas desses organismos estão problemas gastrointestinais, respiratórios e cutâneos em seres humanos, mortandades de diversos animais marinhos e paralisias causadas pela ingestão de crustáceos contaminados.

A proliferação marinha de dinoflagelados se caracteriza por incidentes aleatórios em que esses organismos se multiplicam a taxas tão altas que acabam por conferir uma coloração amarelada, verde-oliva ou vermelha à água, devido ao grande aumento populacional. Em 1946, algumas partes da costa da Flórida foram tão afetadas pela "maré vermelha" que a água apresentou-se viscosa, e muitas milhas de praia ficaram cobertas pelos restos de peixes, crustáceos, tartarugas e outros organismos marinhos mortos. Nessas regiões a maresia causava tanta irritação que escolas e hotéis na costa foram fechados.

O maior perigo das toxinas dinoflageladas para os seres humanos está na ingestão de crustáceos como mariscos e mexilhões que acumularam os protozoários da água do mar. Nessa forma, o material tóxico é chamado de veneno paralisante de crustáceos. Bastam 4 mg dessa toxina, a quantidade presente em diversos moluscos e mariscos gravemente infestados, para matar uma pessoa. A toxina deprime a respiração e afeta o coração, resultando em parada cardíaca em casos extremos.

7.11 Os pesticidas na água

A introdução do DDT durante a Segunda Guerra Mundial marcou um período de crescimento muito rápido na utilização de pesticidas. Os pesticidas são empregados para diversas finalidades. Os compostos químicos utilizados no controle de invertebrados incluem *inseticidas*, *moluscicidas* (atuantes contra caracóis e lesmas) e *nematicidas* (usados no controle de vermes cilíndricos microscópicos). Os vertebrados são controlados por *raticidas*, que eliminam roedores, *avicidas*, que repelem pássaros, e *piscicidas*, usados no controle de peixes. Os *herbicidas* são utilizados para matar plantas, sobretudo ervas daninhas em terras cultivadas. Os *reguladores de crescimento*, *desfolhantes* e *dessecantes de plantas* são utilizados para diversas finalidades no cultivo de plantas. Os *fungicidas* atuam contra fungos, os *bactericidas* contra bactérias, os *microbicidas* impedem a ocorrência de organismos produtores de substâncias pegajosas na água e os *algicidas* combatem a proliferação de algas.* Na metade da década de 1990, cerca de 365 milhões de toneladas de pesticidas eram utilizadas ao ano no setor agrícola dos Estados Unidos, enquanto apenas 900 milhões de quilos de inseticidas eram utilizados em aplicações não agrícolas como reflorestamento, paisagismo, jardinagem, distribuição de alimentos e controle de pragas domésticas. A produção de inseticidas não se alterou muito durante as últimas três ou quatro décadas. Porém, os inseticidas e fungicidas são os pesticidas mais importantes com relação à exposição humana em alimentos, por serem aplicados imediatamente antes ou mesmo após a colheita. A produção de herbicidas cresceu, como prova o consumo crescente de produtos químicos no controle de ervas daninhas em substituição às atividades diretas do cultivo da terra para essa finalidade, e hoje responde pela maioria dos pesticidas utilizados na agricultura. Existe o potencial para grandes quantidades de pesticidas serem introduzidas na água pela via direta, em aplicações como o controle de mosquitos, ou pela via indireta, pelos deflúvios de terras cultivadas.

Diversas classes de pesticidas e outros compostos químicos despertam preocupações específicas devido aos efeitos que podem apresentar, entre os quais (1) compostos com alta resistência à biodegradação, (2) carcinógenos prováveis ou conhecidos, (3) compostos tóxicos com efeitos negativos na reprodução ou no desenvolvimento, (4) neurotoxinas, como os inibidores da colinesterase, (5) substâncias com valores elevados de toxicidade aguda e (6) contaminantes conhecidos de águas subterrâneas. A Tabela 7.5 mostra alguns dos pesticidas mais utilizados e que podem causar problemas como poluentes aquáticos.

Os produtos da degradação (muitas vezes uma reação de hidrólise) de certos pesticidas são encontrados na água em níveis semelhantes, ou mesmo maiores, que seus compostos precursores e, em alguns casos, são mais tóxicos que estes. Um exemplo de

---

* N. de R. T.: No Brasil, o IBAMA engloba todas estas substâncias como agrotóxicos. Lei N° 7.802, de 11 de julho de 1989.

TABELA 7.5 Pesticidas que podem ser poluentes aquáticos[a]

Pesticida	Uso	Tipo de composto
Alacloro	Herbicida	Cloroacetanilida
Aldicarb	Inseticida	Carbamato
Aletrina	Inseticida	Piretroide
Atrazina	Herbicida	Triazina
Azadiractina	Inseticida, nematicida	Composto botânico complexo
Azinfos-metil	Inseticida	Organofosforado
Azoxistrobina	Fungicida	Estrobina
Captan	Fungicida	Tioftalamida
Carbaril	Inseticida, regulador do crescimento de plantas, nematicida	Carbamato
Carbofuran	Inseticida, nematicida	Carbamato
Cipermetrina	Inseticida	Piretroide
Clorotalonil	Fungicida	Benzeno substituído
Clorpirifos	Inseticida, nematicida	Organofosforado
Cresoxim-metil	Fungicida	Estrobina
Deltametrina	Inseticida	Piretroide
Diazinon	Inseticida	Organofosforado
Diclofop-metil	Herbicida	Ácido/éster clorofenóxi
Diuron	Herbicida	Ureia
EPTC	Herbicida	Tiocarbamato
Espinosade	Inseticida	Composto gerado por bactérias
Etefon	Regulador do crescimento de plantas	Organofosforado
Fenvalerato	Inseticida	Piretroide
Fluquinconazol	Fungicida	Azol
Fosmete	Inseticida	Organofosforado
Glifosato	Herbicida	Fosfonoglicina
Iprodiona	Fungicida	Dicarboximida
Linuron	Herbicida	Ureia
Malation	Inseticida	Organofosforado
Mecoprop	Herbicida	Composto clorofenóxi
Metam-sódio	Fumegante, herbicida, microbiocida, algicida	Ditiocarbamato
Metiocarb	Inseticida, moluscicida	Carbamato
Metolacloro	Herbicida	Cloroacetanilida
Metribuzin	Herbicida	Triazinona
Pirimicarb	Inseticida	Carbamato
Prometon	Herbicida	Triazina
Propacloro	Herbicida	Cloroacetanilida
Propanil	Herbicida	Anilida
Propioconazol	Fungicida	Azol
Simazina	Herbicida	Triazina
Tebuconazol	Fungicida	Azol

(continua)

TABELA 7.5 Pesticidas que podem ser poluentes aquáticos[a] *(continuação)*

Pesticida	Uso	Tipo de composto
Tebutiuron	Herbicida	Ureia
Terbacil	Herbicida	Uracil
Terbutilazina	Algicida, herbicida, microbiocida	Triazina
Tifensulfuron metil	Herbicida	Sulfonilureia
Tiofanato metil	Fungicida	Benzimidazola
Trialato	Herbicida	Tiocarbamato
Triclopir	Herbicida	Cloropiridinila
Trifloxistrobina	Fungicida	Estrobina
Trifluralina	Herbicida	2,6-Dinitroanilina

[a] Para mais informações consulte Pesticide Action Network: http://www.pesticideinfo.org/

produto da degradação de um pesticida encontrado com frequência na água é o ácido aminometil fosfônico produzido a partir do glifosato usado como herbicida (Figura 7.13) que, com o nome comercial de Roundup, é o pesticida mais produzido no mundo.

7.11.1 Os inseticidas naturais, as piretrinas e os piretroides

As plantas são fonte de diversas classes de inseticidas importantes, como a *nicotina* do tabaco, a *rotenona* presente em certas raízes de leguminosas e as *piretrinas* (ver as fórmulas estruturais na Figura 7.5). Devido aos modos como são aplicadas e seus diferentes graus de biodegradabilidade, essas substâncias não oferecem grandes riscos como poluentes aquáticos.

As piretrinas e seus análogos sintéticos representam os inseticidas mais antigos e ao mesmo tempo mais novos. Extratos de crisântemos ou piretros secos, que contêm piretrina I e compostos semelhantes, são há tempos conhecidos por suas propriedades inseticidas, e especula-se que tenham sido usados como fitoinseticidas na China, há 2 mil anos. As fontes mais importantes das piretrinas inseticidas de interesse comercial são as variedades de crisântemos cultivadas no Quênia. As piretrinas apresentam diversas vantagens como inseticidas, incluindo a degradação enzimática facilitada, que as torna relativamente seguras para mamíferos, a capacidade de paralisar insetos voadores com rapidez (o chamado *knock down*) e as boas características de biodegradabilidade.

Os análogos sintéticos da piretrina, os *piretroides*, vêm sendo produzidos como inseticidas nos últimos anos. O primeiro dessa classe de compostos foi a aletrina, e outro representante bastante comum é o fenvalerato (ver fórmulas estruturais na Figura 7.5). Entre os piretroides inseticidas com potencial poluente da água estão a cipermetrina e a deltametrina.

7.11.2 O DDT e os inseticidas organoclorados

Os inseticidas à base de hidrocarbonetos clorados ou organoclorados são hidrocarbonetos em que diferentes átomos de hidrogênio foram substituídos por átomos de Cl (Figura 7.6). Entre os inseticidas organoclorados, o mais famoso foi o DDT, utilizado em massa após a Segunda Guerra Mundial. Ele apresenta baixa toxicidade aguda para

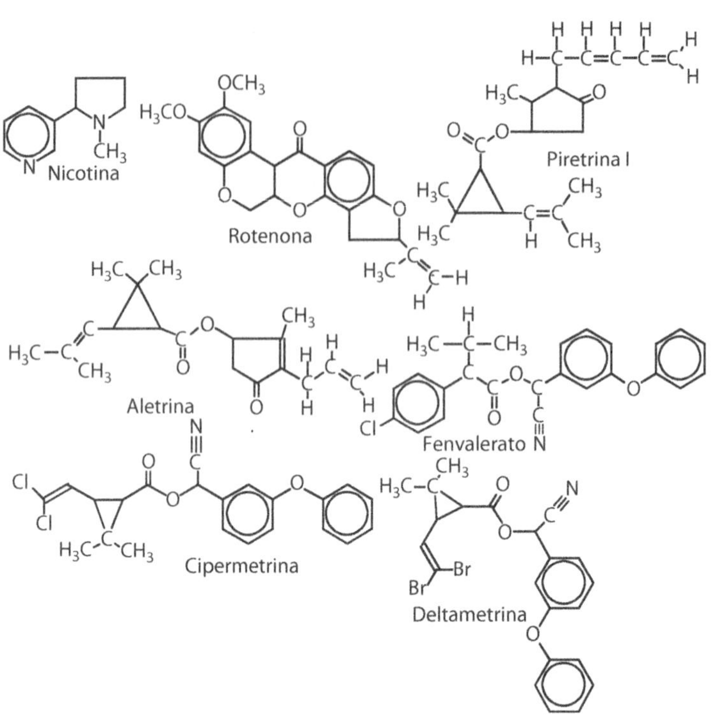

FIGURA 7.5 Fitoinseticidas comuns e análogos sintéticos das piretrinas.

mamíferos, embora existam evidências de que possa ser carcinogênico. É muito persistente, acumula-se nas cadeias alimentares e foi proibido nos Estados Unidos em 1972.

Muitos inseticidas organoclorados foram utilizados nas últimas décadas, mas hoje estão proibidos devido a seus níveis de toxicidade e sobretudo sua acumulação e persistência em cadeias alimentares. Hoje esses compostos são tema de interesse histórico, e incluem metoxicloro (um substituto popular para o DDT), dieldrina, endrina, clordano, aldrina, dieldrina/endrina, heptaclor, toxafeno, lindano e endossulfano (um dos últimos a ser abandonado para uso geral).

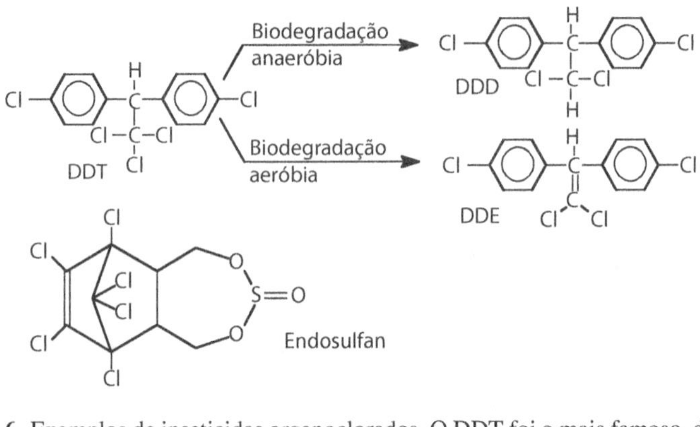

FIGURA 7.6 Exemplos de inseticidas organoclorados. O DDT foi o mais famoso, devido a seu histórico de efeitos adversos. O endosulfan é um dos últimos a ter sido retirado do mercado.

7.11.3 Os inseticidas organofosforados

Os *inseticidas organofosforados* são compostos orgânicos inseticidas que contêm fósforo em sua fórmula, alguns dos quais são ésteres orgânicos do ácido ortofosfórico, como o paraoxon:

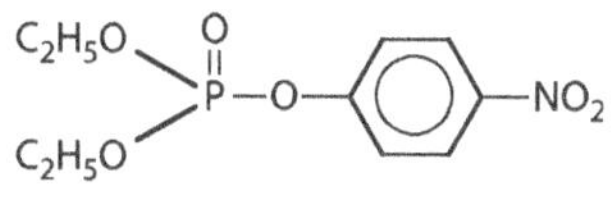

Entre os compostos de fósforo com ação inseticida, os mais comuns são os fosforotionatos e os fosforoditionatos, como os mostrados na Figura 7.7, que têm um grupo =S em vez de um grupo =O ligado ao P.

As toxicidades dos inseticidas organofosforados variam muito. O principal efeito tóxico que exercem é a inibição da aceticolinesterase, uma enzima essencial para o funcionamento da função nervosa. Por exemplo, sabe-se que bastam 120 mg de paration para matar um ser humano adulto, e há um relato de que uma dose de 2 mg matou uma criança. A maioria dos envenenamentos acidentais ocorreu por absorção na pele. Já no começo de sua utilização, centenas de pessoas morreram devido à exposição ao paration. Em comparação, o *malation* é prova de como as diferenças em uma fórmula estrutural podem causar variações nas propriedades dos pesticidas organofosforados. O malation tem duas ligações carboxiéster, que são hidrolisáveis por enzimas da família das carboxilases, gerando produtos relativamente atóxicos, como mostra a reação a seguir:

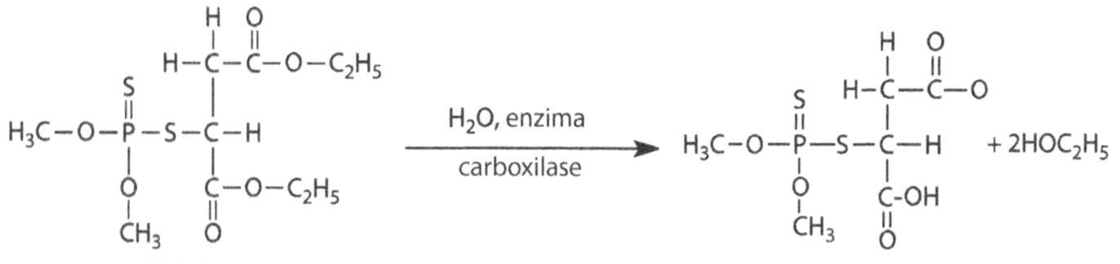

$$\text{Malation} \xrightarrow{\text{H}_2\text{O, enzima carboxilase}} \text{produto} + 2\text{HOC}_2\text{H}_5 \qquad (7.11)$$

As enzimas que efetuam a hidrólise do malation estão presentes em mamíferos, mas não em insetos. Por essa razão os primeiros destoxificam o composto, ao pas-

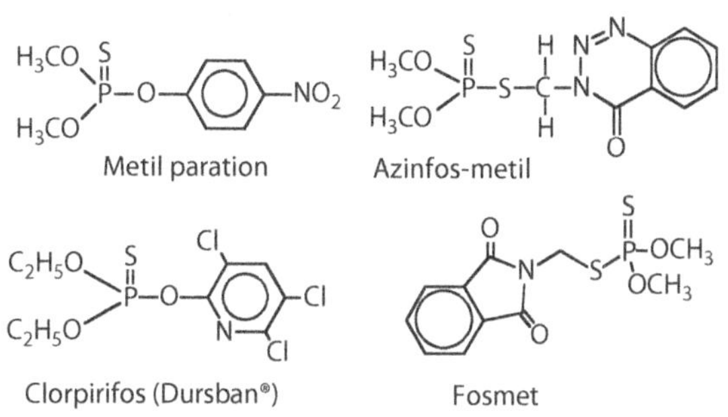

FIGURA 7.7 Exemplos de inseticidas fosforotionatos (metil paration e clorpirifos) e fosforoditionatos (azinfos-metilfosmet).

so que os segundos não. O resultado é que o malation tem ação inseticida seletiva. Por exemplo, embora o malation seja um inseticida muito eficiente, sua LD_{50} (dose necessária para matar 50% dos organismos teste) para ratos machos adultos é cerca de 100 vezes a dose letal do paration, o que reflete a toxicidade do malation muito menor em mamíferos em comparação com alguns inseticidas organofosforados mais tóxicos, como o paration.

Diferentemente dos compostos organoclorados, os organofosforados são prontamente biodegradados e não bioacumulam. Devido a essa grande biodegradabilidade e ao uso limitado, os organofosforados são, por comparação, menos importantes em termos de poluição aquática.

7.11.4 Os carbamatos

Os derivados orgânicos do ácido carbâmico com ação inseticida, cuja fórmula é mostrada na Figura 7.8, são conhecidos pelo nome geral de *carbamatos*. Os inseticidas à base de carbamatos foram muito utilizados por alguns serem mais biodegradáveis que os populares organoclorados e por apresentarem menores índices de toxicidade cutânea que a maioria dos pesticidas organofosforados comuns.

O *carbaril* é muito utilizado como inseticida de gramados e jardins, e tem baixa toxicidade para mamíferos. O *carbofurano* tem alta solubilidade em água e atua como inseticida sistêmico para plantas. Essa característica o faz ser absorvido pelas raízes e folhas de plantas, causando o envenenamento dos insetos que se alimentam desse material vegetal. O *pirimicarb* vem sendo muito empregado na agricultura como aficida sistêmico. Diferentemente de outros carbamatos, o pirimicarb é bastante persistente e tem forte tendência a ligar-se ao solo.

Os carbamatos são tóxicos a animais porque inibem a acetilcolinesterase. Ao contrário de alguns inseticidas organofosforados, eles exercem essa atividade sem a necessidade de biotransformação prévia e, por isso, são classificados como inibidores diretos. A inibição da acetilcolinesterase que exercem é em parte reversível. A perda dessa atividade pode resultar na hidrólise do éster carbamato pela via metabólica.

7.11.5 Os fungicidas

Os fungicidas são aplicados em culturas de cereais e alimentos para impedir infecções fúngicas; logo, esses compostos podem contaminar a água. As fórmulas estruturais de três fungicidas muito utilizados são mostradas na Figura 7.9. Entre estes, o

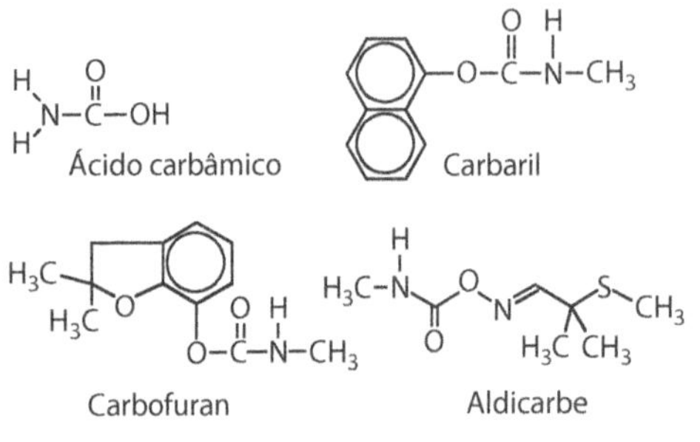

FIGURA 7.8 O ácido carbâmico e três inseticidas à base de carbamato.

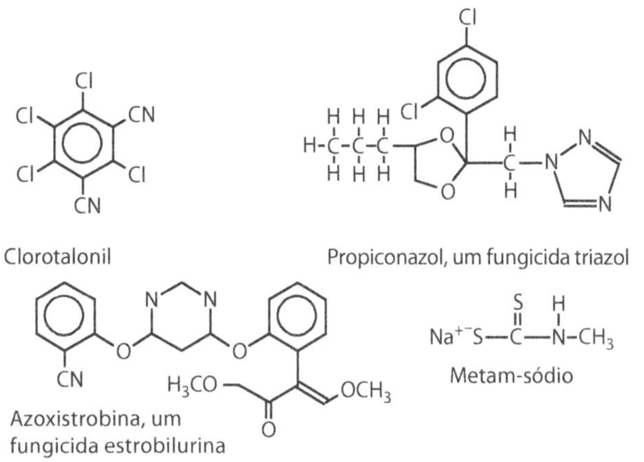

FIGURA 7.9 Quatro exemplos de fungicidas muito utilizados e potenciais poluentes da água.

clorotalonil é usado há mais de 30 anos, sendo que nos Estados Unidos a utilização do composto ultrapassa os 5 milhões de kg anuais. Via de regra, é aplicado a uma taxa de 1 kg por hectare por aplicação (entre 4 e 9 aplicações por ano). Os fungicidas à base de estrobilurina, como a azoxiestrobina, e os à base de triazola, como o propiconazol, começaram a ser usados na década de 1990 com eficácia, embora alguns problemas com resistência desenvolvida pelos organismos-alvo tenham sido constatados.

7.11.6 Os herbicidas

Os herbicidas são aplicados em milhões de acres de terras cultivadas em todo o mundo e são poluentes aquáticos presentes em todo lugar, em consequência dessa intensa utilização. Entre os mais comuns encontrados com frequência em águas superficiais e subterrâneas estão a atrazina, a simazina e a cianazina, muito utilizadas no controle de ervas daninhas em plantações de milho e soja no chamado "Cinturão do Milho", que compreende os estados de Kansas, Nebraska, Iowa, Illinois e Missouri, além de áreas agrícolas em todo o mundo. Além desses herbicidas, na água são encontrados também o prometon, metolacloro, metribuzin, tebutiuron, trifluralina, alacloro e os metabólitos da atrazina desisopropilatrazina e desetilatrazina. Embora o glifosato seja um herbicida muito utilizado no controle de ervas daninhas em culturas geneticamente modificadas para resistirem a seus efeitos, de modo geral não é encontrado em níveis alarmantes na água, devido à sua forte afinidade com sólidos presentes no solo.

7.11.6.1 Os compostos de bipiridilo

Como mostram as estruturas na Figura 7.10, a molécula de um composto de bipiridilo contém dois anéis piridina. Os dois compostos pesticidas mais importantes deste tipo são os herbicidas *diquat* e *paraquat*, cujas fórmulas estruturais são mostradas na Figura 7.11.

Outros membros dessa classe de herbicidas incluem o cloromequat, o morfamquat e o difenzoquat. Quando aplicados diretamente no tecido da planta, esses

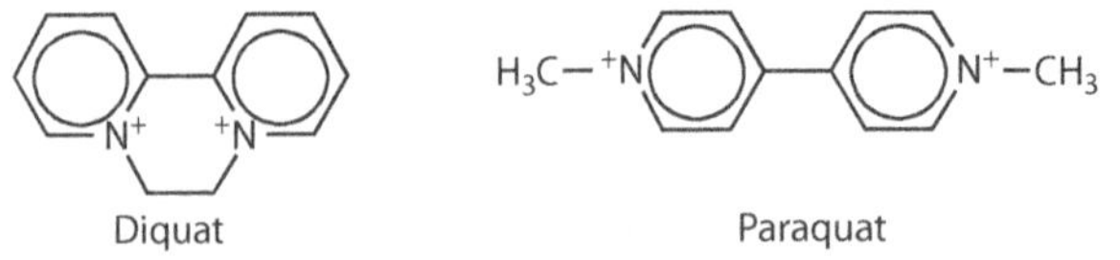

FIGURA 7.10 Os dois principais herbicidas da família dos bipiridilos (formas catiônicas).

compostos destroem suas células com rapidez, conferindo a ela uma aparência de queimada pela geada. Contudo, ligam-se tenazmente ao solo, sobretudo à fração argilosa, o que resulta na rápida perda de atividade herbicida, permitindo que esses campos sejam plantados após um ou dois dias da aplicação do composto.

O paraquat, registrado para uso em 1965, é um dos herbicidas mais utilizados da classe dos bipiridilos. De toxicidade alta, ganhou a reputação de ter "sido responsável por centenas de mortes de seres humanos".[4] A exposição a níveis letais ou perigosos de paraquat ocorre por todas as vias, incluindo inalação do spray, contato com a pele, ingestão e até mesmo injeções hipodérmicas como forma de cometer suicídio. Apesar dessas possibilidades e de sua ampla utilização, o paraquat é empregado com segurança sem efeitos prejudiciais quando os procedimentos de aplicação adequados são obedecidos.

Por sua ampla utilização como herbicida, o paraquat tem o potencial de contaminar alimentos; a contaminação da água de beber pelo composto também foi observada.

7.11.6.2 Os compostos de nitrogênio heterocíclico com ação herbicida

Diversos herbicidas importantes contêm três átomos de nitrogênio heterocíclico em estruturas anulares, portanto, são chamados de *triazinas* (Figura 7.11). Os herbicidas à base de triazinas inibem a fotossíntese. A seletividade é dada pela incapacidade de as plantas-alvo metabolizarem e destoxificarem o composto. O representante

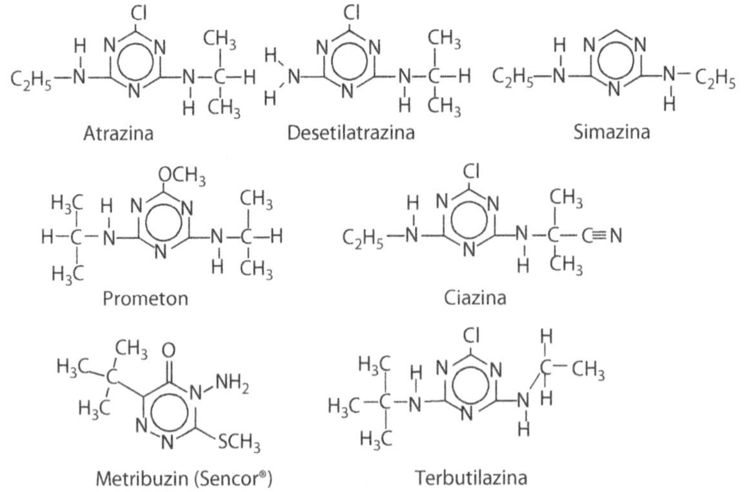

FIGURA 7.11 Os herbicidas à base de triazina. Esses compostos são encontrados com frequência como poluentes na água em áreas agrícolas onde são intensivamente empregados.

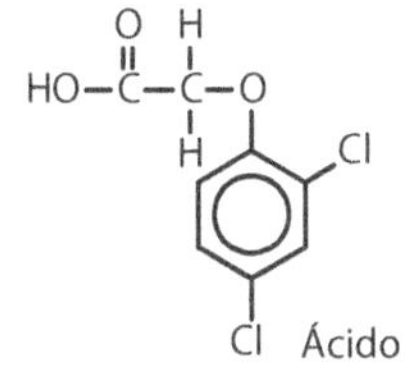

HO—C—C—O ... Ácido 2,4-diclorofenóxiacético (e ésteres), 2,4-D

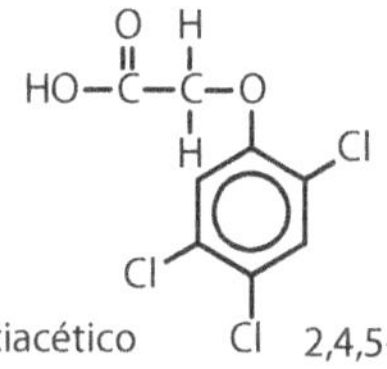

HO—C—C—O ... 2,4,5-Triclorofenoxiacético (e ésteres), 2,4,5 –T

FIGURA 7.12 Os herbicidas clorofenóxi.

mais antigo e comum dessa classe de herbicidas é a atrazina, utilizada para matar ervas daninhas em plantações de milho, o que a torna um poluente aquático comumente observado em regiões onde o cereal é cultivado. Outro composto que também pertence a essa classe é o metribuzin, empregado em plantações de soja, cana-de-açúcar e trigo.

7.11.6.3 Os herbicidas clorofenóxi

Os herbicidas clorofenóxi, que incluem o 2,4-D e o ácido 2,4,5-triclorofenoxiacético (2,4,5 –T), mostrados na Figura 7.2, foram fabricados em larga escala para o controle de ervas daninhas e arbustos e como desfolhantes de uso militar. Houve um momento em que o 2,4,5-T causou alarme, devido ao contaminante 2,3,7,8-tetraclorodibenzeno-p-dioxina (TCDD) (ver figuras), um subproduto de seu processo de fabricação.

7.11.6.4 Herbicidas diversos

Muitos herbicidas com importância para o ambiente não se enquadram nas categorias citadas. Entre eles, os mais comumente empregados e com maior probabilidade de serem detectados como poluentes aquáticos são mostrados na Figura 7.13.

Os herbicidas nitroanilina são caracterizados pela presença de NO_2 e um grupo $-NH_2$ substituído em um anel benzeno, como ilustrado para a trifluralina. Essa classe de herbicidas está bem representada em aplicações agrícolas e inclui benefin (Balan®), orizalin (Surflan®), pendimetalina (Prowl®) e flucloralina (Basalin®).

Uma ampla variedade de compostos químicos é utilizada como herbicida, sendo potenciais poluidores da água. Um desses compostos é o R-mecoprop (Figura 7.13). Outros tipos de herbicidas incluem as ureias substituídas, os carbamatos e os tiocarbamatos.

Até cerca de 1960, o trióxido de arsênico e outros compostos inorgânicos de arsênico (ver Seção 7.4) eram empregados para eliminar ervas daninhas. Devido às taxas de utilização incrivelmente altas, centenas de quilos por acre, e ao fato de o arsênico não ser biodegradável, ainda hoje existe a probabilidade de ocorrer poluição pelo elemento em águas superficiais e subterrâneas de campos que no passado receberam a aplicação de arsênico inorgânico. Os compostos orgânicos do elemento, como o ácido cadodílico, também foram aplicados com a mesma finalidade.

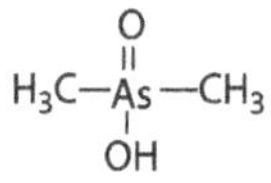

$H_3C-As(=O)(OH)-CH_3$ Óxido hidroxidimetilarsênico, ácido cacodílico

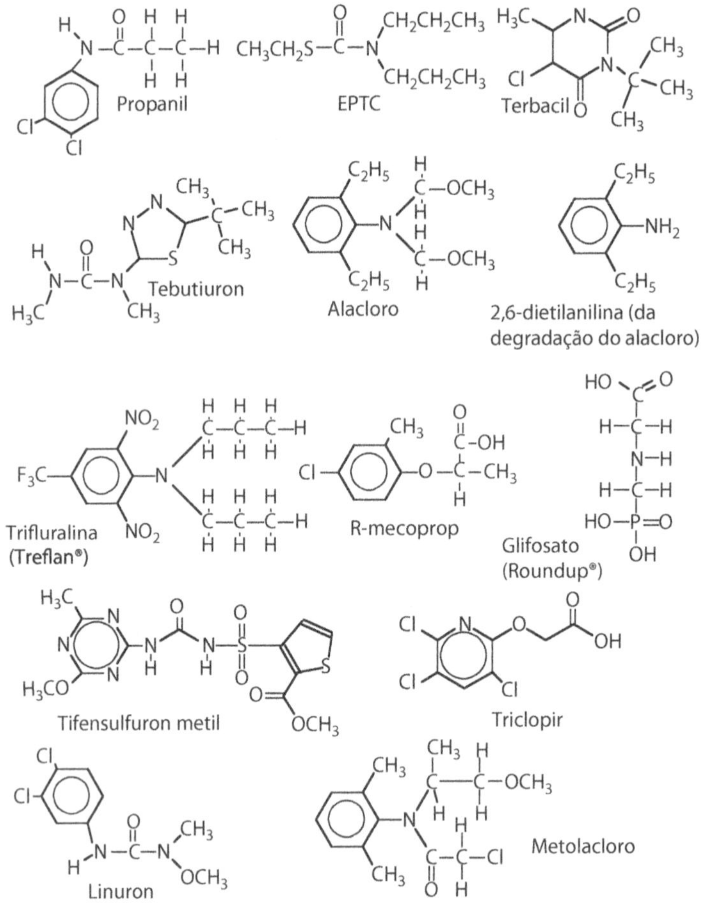

FIGURA 7.13 Herbicidas diversos, alguns dos quais são comumente encontrados como poluentes aquáticos.

7.11.7 Os subprodutos da fabricação de pesticidas

Diversos problemas relativos à poluição da água e à saúde humana foram associados com a fabricação de pesticidas organoclorados. Os subprodutos mais notórios da fabricação de pesticidas são as *dibenzodioxinas policloradas*. Entre 1 e 8 átomos de Cl podem substituir os átomos de H na dibenzo-*p*-dioxina (Figura 7.4), dando um total de 75 derivados clorados possíveis. Muitas vezes chamadas apenas de "dioxinas", essas espécies têm enorme importância ambiental e toxicológica. Entre as dioxinas, o poluente mais notável e o composto mais perigoso é a TCDD, muitas vezes chamada apenas de *dioxina*. Esse composto foi produzido como contaminante de baixo nível na fabricação de alguns compostos organoalogenados contendo oxigênio e o radical arila, como os herbicidas clorofenóxi (citados anteriormente nesta seção) produzidos pela via sintética até a década de 1960.

A TCDD tem pressão de vapor baixa, ponto de fusão alto (305°C) e solubilidade em água de apenas 0,2 μg L^{-1}. Quimicamente não reativa, ela mantém sua estabilida-

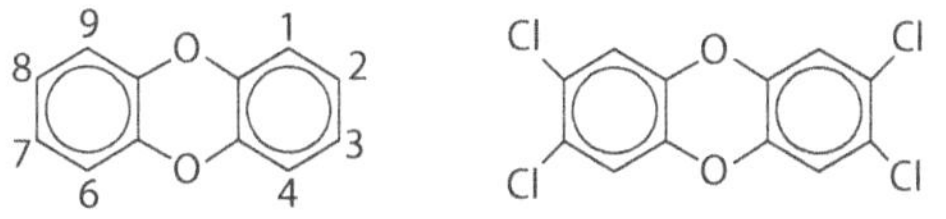

Dibenzo-*p*-dioxina   2,3,4,8-tetraclorodibenzo-*p*-dioxina

FIGURA 7.14 A dibenzo-*p*-dioxina e a TCDD, muitas vezes chamada simplesmente de "Dioxina". Na estrutura da dibenzo-*p*-dioxina, os números se referem aos átomos de carbono a que um átomo de H está ligado, e os nomes dos derivados são baseados nos átomos de carbono em que um desses átomos de H foi substituído por outro grupo, como mostra a estrutura e o nome da 2,3,7,8-tetraclorodibenzo-*p*-dioxina.

de térmica até 700°C, é pouco biodegradável e muito tóxica a alguns animais, com LD_{50} de apenas 0,6 µg kg^{-1} por massa corporal em machos de cobaias. (O tipo e o grau dessa toxicidade em seres humanos não são muito conhecidos, mas sabe-se que causa uma afecção cutânea grave chamada de cloracne.) Devido a essas propriedades, a TCDD é um poluente estável, persistente no ambiente e constituinte perigoso de resíduos, o que gera muita preocupação. Foi identificada nas emissões de alguns incineradores municipais, onde, acredita-se, forma quando o cloro da combustão de compostos organoclorados reage com o carbono no interior do equipamento.

A contaminação por TCDD resulta da disposição inapropriada de resíduos. O caso mais notável ocorreu com a aspersão de resíduos de óleo contendo TCDD em estradas e canchas de rodeios no estado do Missouri, no começo da década de 1970. A contaminação do solo em Times Beach, no mesmo estado, acarretou a necessidade de comprar toda a localidade e incinerar a camada superior do solo a custos que ultrapassaram os $100 milhões.

Um dos maiores desastres ambientais registrados causados pela produção de pesticidas envolveu a produção do Kepone, com fórmula estrutural

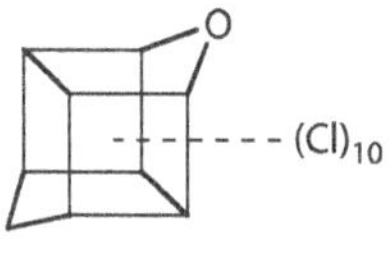

$(Cl)_{10}$

Esse pesticida foi utilizado no controle da broca da bananeira, do caruncho do fumo e de formigas e baratas. O kepone apresenta toxicidade aguda, retardada e cumulativa para pássaros, seres humanos e roedores, sendo agente causador de câncer nestes. Foi fabricado em Hopewell, Virgínia, em meados da década de 1970. Nessa época, os trabalhadores foram expostos ao kepone e aparentemente sofreram problemas de saúde em consequência dessa exposição. Estima-se que cerca de 53 mil toneladas de kepone tenham sido despejadas no sistema de esgoto de Hopewell e no Rio James. Os custos das operações de dragagem do rio para remover esse resíduo foram avaliados em proibitivos diversos bilhões de dólares.

7.12 As bifenilas policloradas

Descobertas como poluentes ambientais em 1966, as PCB são encontradas em todo o mundo, na água, em sedimentos e nos tecidos de aves e peixes. Esses compostos formam uma classe importante de resíduos especiais. São produzidos pela inserção de 1

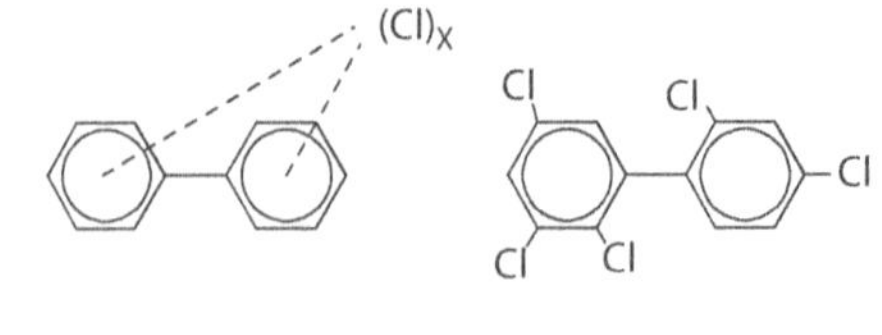

FIGURA 7.15 Fórmula geral das bifenilas policloradas (à esquerda, onde o X pode variar entre 1 e 10) e um congênere com cinco átomos de cloro (à direita).

a 10 átomos de Cl na estrutura do bifenil arila, como mostra a fórmula à esquerda na Figura 7.15. Essas substituições são capazes de produzir 209 compostos congêneres diferentes. Um destes é ilustrado pela fórmula à direita na Figura 7.15.

As bifenilas policloradas apresentam estabilidade química, térmica e biológica muito alta, pressão de vapor muito baixa e constantes dielétricas elevadas. Essas propriedades avalizam seu uso como fluidos refrigerantes em transformadores e capacitores, agentes impregnantes para o algodão e o amianto, plastificantes e como aditivos em algumas tintas epóxi. As propriedades responsáveis pela extrema estabilidade das PCB e, portanto, por sua utilidade, são as mesmas que contribuíram para a ampla dispersão e acumulação dessas substâncias no ambiente. Nos Estados Unidos, uma regulamentação emitida na Lei de Controle de Substâncias Tóxicas em 1976 proibiu a produção de PCB no país, e a utilização e disposição dessas substâncias hoje está sob rígido controle. No entanto, elas apresentam alguma biodegradabilidade no ambiente.[5]

Alguns compostos foram desenvolvidos em substituição às PCB em suas aplicações elétricas. A disposição das PCB presentes em equipamentos elétricos descartados e outras fontes causou problemas, sobretudo porque esses compostos são capazes de sobreviver a uma incineração comum, escapando como vapores pela chaminé. Contudo, podem ser inativados adotando-se procedimentos especiais de incineração.

As PCB são poluentes especialmente importantes nos sedimentos do Rio Hudson, em virtude das descargas de resíduos de duas fábricas de capacitores em operação a 60 km a montante da barragem mais meridional do rio, entre 1950 e 1976. Amostras desses sedimentos coletadas a jusante dessas fábricas exibiram níveis de PCB de cerca de 10 ppmv, entre 1 e 2 vezes acima dos níveis encontrados com frequência em sedimentos de rios e estuários. Em 2002, a General Electric foi condenada a dragar e descontaminar trechos do Rio Hudson poluídos com PCB a um custo que ultrapassou os $100 milhões. Em 2009, a operação de limpeza estava mal começando.

7.13 Os novos poluentes, fármacos e resíduos domésticos

O contínuo desenvolvimento de novos produtos utilizados para finalidades diversas despertou o interesse nos *poluentes emergentes*, de tipos variados, capazes de gerar problemas na água. Entre esses, os principais são os *nanomateriais*, entidades muito pequenas, da ordem de 1 a 100 nm de tamanho. Os nanomateriais têm propriedades únicas, como alta estabilidade térmica, baixa permeabilidade, além de serem muito resistentes e apresentarem condutividade elétrica alta. Essas e outras características indicam seu uso em componentes eletrônicos, automóveis, roupas, protetores solares, cosméticos, purificadores de água, entre outros produtos. Existem previsões de que a utilização de nanomateriais na liberação de fármacos no corpo humano aumentará rapidamente no futuro. A utilização comercial de nanomateriais está dando os primeiros passos, mas um crescimento muito rápido está a caminho. Sabe-se pouco sobre os potenciais efeitos poluentes e logo, toxicidades dos nanomateriais; as suas consequências para o ambiente aquático são motivo de preocupação.

Outra classe de poluentes emergentes é a dos *siloxanos* (muitas vezes chamados de silicones), que incluem o octametilciclotetrasiloxano, decametilciclopentasiloxano e o dodecametilciclohexasiloxano. Os siloxanos apresentam alta estabilidade térmica e química, o que justifica seu uso como refrigerantes em transformadores, materiais de proteção no encapsulamento de semicondutores, lubrificantes, revestimentos e seladores. Os siloxanos têm ampla utilização em produtos de cuidados pessoais, como desodorantes, cosméticos, sabonetes, condicionadores de cabelo, tinturas e outros produtos, como repelentes de água em revestimentos de para-brisas, agentes antiespuma e mesmo em aditivos para alimentos. São resistentes à biodegradação, por isso, são encontrados em águas onde ocorreu despejo de resíduos.

Decametilciclopentasiloxano, um siloxano cíclico

Os subprodutos oriundos de processos de desinfecção com poder poluente causam algumas preocupações. São compostos contendo halogênios e nitrogênio, resultantes da reação de desinfetantes da água, como cloro, hipoclorito e dióxido de cloro. Além da exposição pela água de beber, os seres humanos também podem estar expostos a essas substâncias ao contato com a pele no banho ou na prática da natação, além dos vapores emitidos pela água quente durante duchas. Compostos bromados e iodados são formados na água clorada pelas reações do bromo ou iodo presente nela, normalmente em regiões costeiras ou onde ocorrem intrusões da água do mar.

Os subprodutos da desinfecção mais comuns são os *trialometanos* – clorofórmio ($CHCl_3$), dibromoclorometano ($CHClBr_2$), bromodiclorometano ($CHCl_2Br$) e tribromometano ($CHBr_3$) – gerados na cloração da água e classificados como carcinógenos do Grupo B (comprovadamente causadores de câncer em animais de laboratório). De longe, o mais abundante em sistemas hídricos é o triclorometano (clorofórmio). O dibromoclorometano é considerado 10 vezes mais carcinogênico que o clorofórmio, e o triclorometano tem risco de câncer apenas um pouco maior que o do clorofórmio. Em 2009, o limite máximo de trialometanos na água de beber era 100 µg L^{-1}.

Diversas substâncias associadas a resíduos domésticos são encontradas na água, especialmente as descargas de esgoto tratado. Esses materiais incluem esteroides, surfactantes, retardadores de chama, fragrâncias, plastificantes e fármacos e seus metabólitos. É preciso observar que, embora números expressivos desses compostos sejam encontrados, de modo geral seus níveis estão abaixo do nível de parte por bilhão, detectáveis apenas pelos mais modernos instrumentos analíticos. Um estudo sobre compostos orgânicos "exóticos" encontrados em águas subterrâneas e resevatórios[6] detectou uma variedade de substâncias, incluindo colesterol, cotinina (um metabólito da nicotina), β-sitoesterol (um esterol vegetal natural), 1,7-dimetilxantina (metabólito da cafeína), bisfenol-A (plastificante), e um retardador de chama, o (2-cloroetil) fosfato.

Os fármacos e os produtos de sua degradação parcial são descarregados com o esgoto, como resíduos da ingestão por seres humanos e como constituintes de águas residuárias.[7] As quantidades dessas substâncias no esgoto em países desenvolvidos podem alcançar a casa das 100 toneladas métricas ao ano. Níveis de fármacos comuns perto de 1 µg L^{-1} foram detectados na água de rios. Apesar desses valores relativamente baixos, essas substâncias causam alarme por conta da atividade biológica inerente aos fármacos, projetados para maximizar a eficiência, a biodisponibilidade e a resistência à degradação. A Figura 7.16 mostra alguns dos fármacos mais comuns e os produtos de sua degradação observados na água.

O efeito mais óbvio dos fármacos e de seus metabólitos na água é a feminização de peixes machos observada a jusante de pontos de despejo de esgoto tratado, resultante da presença de estrógenos nas águas residuárias. Observados pela primeira vez na Inglaterra e depois nos Estados Unidos e na Europa, esses peixes do sexo masculino geram proteínas associadas à produção de ovas pelas fêmeas, além de ovas de primeiro estágio em seus testículos. Esses efeitos são em grande parte atribuídos aos resíduos de 17 α-etinilestradiol e do hormônio natural 17 β-estradiol, utilizados em contraceptivos via oral. Os conjugados da glucoronida e sulfatos com o 17 α-etinilestradiol (ver Capítulo 23 para uma discussão sobre conjugados formados pela via metabólica) são excretados na urina e clivados por bactérias na água, em um processo que regenera o composto original.

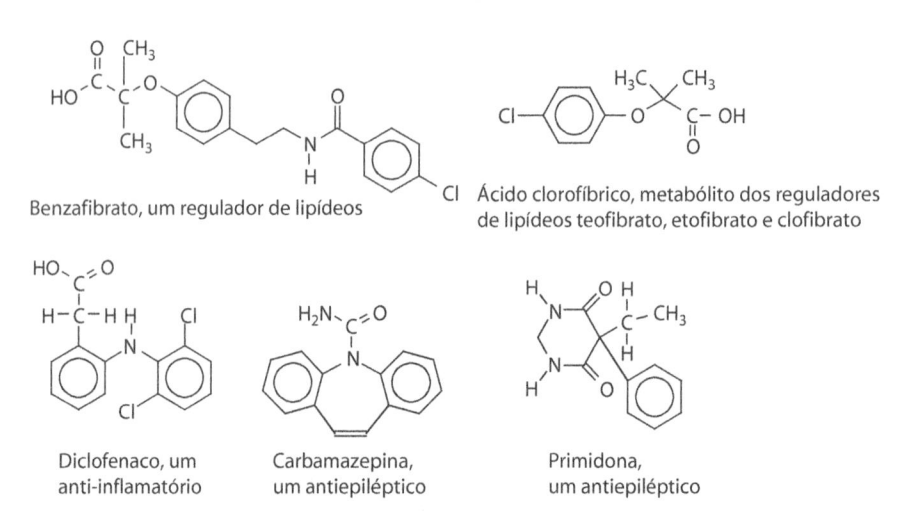

Benzafibrato, um regulador de lipídeos

Ácido clorofíbrico, metabólito dos reguladores de lipídeos teofibrato, etofibrato e clofibrato

Diclofenaco, um anti-inflamatório

Carbamazepina, um antiepiléptico

Primidona, um antiepiléptico

FIGURA 7.16 Fármacos e seus metabólitos importantes como poluentes das águas.

7.13.1 Os bactericidas

Os bactericidas utilizados em produtos de limpeza e uso pessoal são encontrados na água. Um dos mais comuns é o triclosan,

Triclosan (o metil triclosan tem um grupo -CH_3 no lugar de um H, designado por H*)

empregado em sabonetes antibacterianos e em outros itens de uso pessoal como xampus, desodorantes, loções, cremes dentais, roupas esportivas, sapatos, carpetes e mesmo contêineres para lixo. Esse composto e seu derivado de metila foram encontrados em águas naturais na Suíça.[8]

7.13.2 As substâncias estrógenas nos efluentes de águas residuárias

Uma classe de poluentes aquáticos de interesse especial e comumente encontrada no esgoto e mesmo nos efluentes de esgotos tratados são as *substâncias estrógenas*, capazes de interromper as atividades essenciais de glândulas endócrinas reguladoras do metabolismo e de funções reprodutivas dos organismos (Seção 22.8). Organismos aquáticos como peixes, rãs e répteis como jacarés expostos a elas podem exibir distúrbios reprodutivos, alterações nas características sexuais secundárias e níveis plasmáticos de esteroides anormais. Exemplos são as substâncias estrógenas exógenas, entre as quais o 17 α-etinilestradiol, dietilestilbestrol, mestranol, levonorgestrel e a noretindrona, utilizados como contraceptivos orais e no tratamento de distúrbios hormonais e do câncer. Algumas substâncias sintéticas também atuam como interferentes do estrogênio. De importância especial como poluentes aquáticos são os surfactantes não iônicos polietoxilados, mencionados na discussão sobre detergentes, e o principal produto de sua degradação, o nonilfenol, muito persistente. Embora essas substâncias sejam muito menos potentes que as substâncias hormonais, a utilização anual de milhões de quilogramas de surfactantes não iônicos confere a elas a condição de poluentes aquáticos importantes.

7.13.3 Os poluentes orgânicos biorrefratários

A cada ano, milhões de toneladas de compostos orgânicos são fabricadas em todo o mundo. Quantidades significativas de milhares desses compostos surgem como poluentes aquáticos. A maior parte deles, em especial os menos biodegradáveis, são substâncias às quais os organismos vivos não haviam sido expostos, até recentemente. Muitas vezes seus efeitos nos organismos não são conhecidos, sobretudo considerando exposições prolongadas a níveis muito baixos dessas substâncias. Existe a probabilidade de compostos orgânicos sintéticos causarem dano genético, câncer ou outros efeitos negativos. Porém, a vantagem dos pesticidas orgânicos está em permitir a concretização de níveis altos de produtividade agrícola, sem os quais milhões passariam fome. Os compostos orgânicos sintéticos vêm tomando o lugar de produtos naturais escassos com frequência cada vez maior. Nesse cenário, percebe-se que os compostos orgânicos são essenciais ao funcionamento das sociedades modernas. Contudo, devido ao perigo em potencial que oferecem, o desenvolvimento de novos conhecimentos sobre sua química ambiental deve ser visto como alta prioridade.

Os *compostos orgânicos biorrefratários* causam muita preocupação relativa a águas residuárias, particularmente quando encontrados em fontes de água para consumo humano. Têm baixa biodegradabilidade e por vezes são chamados de *poluentes orgânicos persistentes* (POP), entre os quais os hidrocarbonetos arila ou clorados ocupam posição de destaque. Os compostos biorrefratários encontrados na água incluem benzeno, clorofórmio, cloreto de metila, estireno, tetracloroetileno, tricloroetano e tolueno. Além de sua toxicidade em potencial, os compostos biorrefratários conferem sabor e odor à água. Não são totalmente removidos com o tratamento biológico, e a água contaminada com eles precisa ser tratada pelas vias física e química, incluindo *air stripping*, extração por solventes, ozonização e adsorção por carvão.

No passado, o éter metil-terc-butílico (MTBE)

$$H_3C-O-\underset{\underset{CH_3}{|}}{\overset{\overset{CH_3}{|}}{C}}-CH_3$$

era utilizado como agente antidetonante da gasolina, mas foi abandonado após ser detectado como poluente em níveis baixos na água nos Estados Unidos. Os níveis desse composto observados em lagos utilizados para recreação e reservatórios foram atribuídos principalmente às emissões de combustível não queimado de lanchas e *jet skis* com motores a dois tempos que emitem gases de exaustão direto na água.

Os compostos orgânicos perfluorados compreendem uma classe especial de POP. Ocorrem como derivados fluorados de hidrocarbonetos, como o CF_4, na atmosfera, onde são considerados poluentes e gases estufa em potencial (ver Seção 12.7). Outros compostos perfluorados que atuam como ácidos orgânicos ou seus sais foram encontrados como poluentes aquáticos. Os mais comuns são os sais do ácido perfluoroctano sulfônico, mas sais de ácidos carboxílicos perfluorados também ocorrem, como o ácido perfluoro hexanoico:

Ácido perfluoroctano sulfônico   Ácido perfluoro hexanoico

Os perfluorocarbonetos são utilizados comercialmente desde a década de 1950, sobretudo em revestimentos que devem resistir a óleos e a graxas em produtos de papel, tecidos, tapetes e couro. O protetor de tecidos Scotchgard, no passado fabricado pela 3M Corporation, continha sulfonatos de perfluoroctanos, mas seu uso foi descontinuado. Os perfluorocarbonetos também foram utilizados como surfactantes na composição de fluidos de perfuração de petróleo e espumas de extintores de incêndio. Além dessas, outras aplicações incluem limpadores alcalinos, formulações de lustradores de pisos, banhos cáusticos e até mesmo limpadores odontológicos. Os perfluorocarbonetos foram detectados na água, no sangue e no fígado de peixes, além do sangue humano.

Compostos bromados foram recentemente reconhecidos como poluentes ambientais e aquáticos importantes, e em alguns países foram encontrados no leite materno. Foram fabricados para atuar como retardantes de chamas, sobretudo em polímeros e têxteis. Entre os compostos bromados mais comuns e prováveis de serem detectados como poluentes estão os éteres difenil polibromados e o tetrabromobisfenol:

2,2',4,4' tetrabromodifenil éter   Decabromodifenil éter

Tetrabromobisfenol A

Os benzotriazóis e os tolitriazóis (fórmulas estruturais mostradas a seguir) são agentes complexantes de metais muito utilizados como aditivos anticorrosão, por formarem uma fina camada complexante sobre superfícies metálicas, o que protege o metal contra a corrosão. São empregados em uma variedade de produtos, como fluidos hidráulicos, fluidos refrigerantes, formulações anticongelamento e fluidos para os degeladores de turbinas de aeronaves, além de detergentes especiais com proteção para prataria. Devido a essas aplicações, os triazóis são muitas vezes encontrados como produtos químicos "lançados pia abaixo", que entram em águas residuárias. Sua ampla utilização, grande solubilidade em água e baixa degradabilidade colocam esses compostos entre os mais encontrados nos corpos receptores de águas residuárias tratadas.[9]

Benzotriazol   Tolitriazóis

O *ácido naftênico* é uma mistura complexa e variável de ácidos carboxílicos de massas molares na faixa aproximada de 180 – 350 e via de regra contêm um grupo –CO_2H e um anel com 5 ou 6 membros por molécula, subproduto do refino de petróleo. Os ácidos naftênicos recuperados do refino do petróleo são utilizados como solventes, lubrificantes, inibidores de corrosão, aditivos de combustíveis e descongelantes, bem como no controle de poeira, na preservação da madeira, na estabilização de estradas e em processos como a síntese de naftenatos metálicos. A poluição gerada por ácidos naftênicos é mais grave no processamento de areias betuminosas na região de Alberta, Canadá, onde água quente cáustica é utilizada para lavar petróleo bruto contendo hidrocarbonetos pesados da areia, em um processo que deixa para trás quantidades enormes de refugo de argila, areia e água contaminada com entre 80 e

120 mg L^{-1} de ácidos naftênicos. Esses ácidos são tóxicos para os organismos aquáticos e interrompem a atividade das glândulas endócrinas.

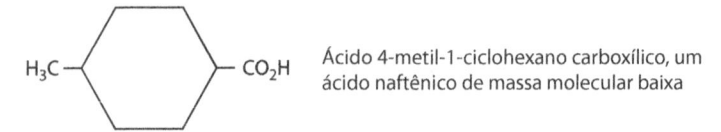

H$_3$C—⬡—CO$_2$H   Ácido 4-metil-1-ciclohexano carboxílico, um ácido naftênico de massa molecular baixa

7.14 Os radionuclídeos no ambiente aquático

A produção de *radionuclídeos* (isótopos radioativos) por armamentos e reatores nucleares desde a Segunda Guerra Mundial foi acompanhada por uma maior preocupação com os efeitos da radioatividade para a saúde e o ambiente. Os radionuclídeos são produtos da fissão de núcleos pesados de elementos como o urânio ou o plutônio. São também gerados pela reação de nêutrons com núcleos estáveis. Esses fenômenos são ilustrados na Figura 7.17, e exemplos específicos são dados na Tabela 7.6. Grandes quantidades de radionuclídeos são formadas como resíduos da geração de energia nuclear. Sua disposição é um problema que gera muita controvérsia com relação ao uso indiscriminado da energia nuclear. Radionuclídeos sintéticos são empregados na indústria e na medicina, sobretudo no diagnóstico por imagem. Com tantas fontes potenciais de radionuclídeos, é impossível eliminar a contaminação radioativa de sistemas aquáticos por completo. Além disso, os radionuclídeos entram nos sistemas aquáticos a partir de fontes naturais. Portanto, o transporte, as reações e a concentração biológica de radionuclídeos em ecossistemas aquáticos são aspectos muito importantes para o químico ambiental.

Os radionuclídeos diferem de outros núcleos porque emitem *radiação ionizante* – partículas alfa, beta e raios gama. Entre essas, a mais pesada é a *partícula alfa*, um núcleo de hélio com massa 4, formado por dois nêutrons e dois prótons. O símbolo da partícula alfa é $^4_2\alpha$. Um exemplo da geração de radiação alfa é o decaimento radioativo do urânio-238:

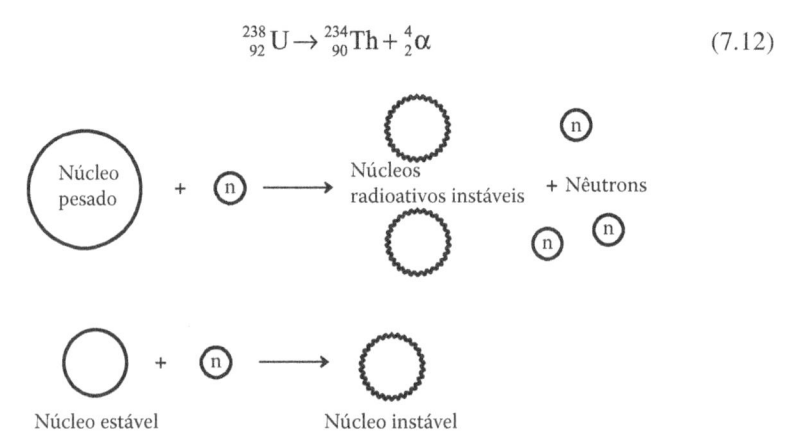

$$^{238}_{92}U \rightarrow {}^{234}_{90}Th + {}^4_2\alpha \qquad (7.12)$$

FIGURA 7.17 Um núcleo pesado, como o do ^{235}U, consegue absorver um nêutron, dividindo-se (sofre fissão) e gerando núcleos radioativos mais leves. Um núcleo estável pode absorver um nêutron e com isso produzir um núcleo radioativo.

TABELA 7.6 Os radionuclídeos na água

Radionuclídeo	Meia-vida	Reação nuclear, descrição, fonte
		De ocorrência natural e de reações cósmicas
Carbono-14	5.730 a[a]	$^{14}N(n, p)^{14}C$,[b] nêutrons térmicos de origem cósmica ou de armas nucleares que reagem com o N_2
Silício-32	~300 a	$^{40}Ar(p, x)^{32}Si$, espalação nuclear (divisão do núcleo) do argônio atmosférico por prótons de raios cósmicos
Potássio-40	~$1,4 \times 10^9$ a	0,0119% do potássio na natureza, incluindo o potássio no organismo
		De ocorrência natural a partir da série do ^{238}U
Rádio-226	1.620 a	Difusão de sedimentos, atmosfera
Chumbo-210	21 a	$^{226}Ra \rightarrow$ 6 etapas $\rightarrow$ ^{210}Pb
Tório-230	75.200 a	$^{238}U \rightarrow$ 3 etapas $\rightarrow$ ^{230}Th produzido *in situ*
Tório-234	24 d	$^{238}U \rightarrow$ ^{234}Th produzido *in situ*
		De reatores e da fissão em armamento nuclear[c]
Estrôncio-90 (28 a) Iodo-131 (8 d) Césio-137 (30 a)		
Bário-140 (13 d) > Zircônio-95 (65 d) > Cério-141 (33 d) > Estrôncio-89 (51 d) > Rutênio-103 (40 d) > Criptônio-85 (10,3 a)		
		De fontes não relativas à fissão
Cobalto-60	5.25 a	De reações de nêutrons não fissionais em reatores
Manganês-54	310 d	De reações de nêutrons não fissionais em reatores
Ferro-55	2,7 a	$^{56}Fe(n, 2n)^{55}Fe$, de nêutrons de alta energia atuantes no ferro presente no material de armamento
Plutônio-239	24.300 a	$^{238}U(n, g)^{239}Pu$, captura de nêutrons pelo urânio

[a] Abreviaturas: a, anos; d, dias
[b] Essa notação descreve o isótopo nitrogênio-14 reagindo com um nêutron, n, emitindo um próton, p, e formando o isótopo carbono-14; outras reações nucleares podem ser deduzidas dessa notação, onde x representa os fragmentos nucleares da espalação.
[c] Os três primeiros radioisótopos produzidos por fissão listados a seguir como produtos da fissão em reatores e armamento são os mais importantes, devido a seu rendimento e atividade biológica altos. Os outros produtos da fissão são listados em ordem decrescente de rendimento.

Essa transformação ocorre quando um núcleo de urânio, de número atômico 92 e massa atômica 238, perde uma partícula alfa, de número atômico 2 e massa atômica 4, gerando um núcleo de tório, com número atômico 90 e massa atômica 234.

A radiação beta consiste em elétrons de alta energia, negativos (representados pelo símbolo $_{-1}^{0}\beta$), ou positivos, chamados pósitrons e representados por $_{1}^{0}\beta$. Um emissor beta típico, o cloro-38, pode ser produzido pela irradiação de cloro com nêutrons. O núcleo do cloro-37, com abundância natural de 24,5%, absorve um nêutron, gerando cloro-38 e radiação gama:

$$_{17}^{37}Cl + _{0}^{1}n \rightarrow _{17}^{38}Cl + \gamma \qquad (7.13)$$

O núcleo do cloro-38 é radioativo e perde uma *partícula beta*, tornando-se um núcleo de argônio-38:

$$^{38}_{17}Cl \rightarrow \, ^{38}_{18}Ar + \, ^{0}_{-1}\beta \qquad (7.14)$$

Uma vez que as partículas beta praticamente não têm massa e apresentam carga -1, o isótopo estável produzido, o argônio-38, tem a mesma massa e uma carga uma unidade maior que o cloro-38.

Os *raios gama* são uma radiação eletromagnética semelhante aos raios X, porém têm maior nível de energia. Uma vez que a energia da radiação gama muitas vezes é uma propriedade bem-definida do núcleo que a emite, ela pode ser empregada na análise quantitativa e qualitativa de alguns radionuclídeos.

O principal efeito das partículas alfa, beta e dos raios gama nos materiais é a produção de íons; por essa razão são chamadas de *radiações ionizantes*. Devido a seu tamanho maior, as partículas alfa não penetram profundamente na matéria, mas causam níveis elevados de ionização durante seu curto percurso de penetração. Portanto, as partículas alfa apresentam baixo risco fora do corpo, mas são muito perigosas quando ingeridas. Embora as partículas beta tenham maior poder de penetração que as partículas alfa, elas têm menor capacidade de ionização por unidade de percurso. Os raios gama têm poder de penetração muito maior que as radiações particuladas, mas causam menos ionização. Seu grau de penetração é proporcional à sua energia.

O *decaimento* de um radionuclídeo específico obedece a uma cinética de primeira ordem, isto é, o número de núcleos que se desintegram em um intervalo de tempo curto é diretamente proporcional ao número de núcleos radioativos presentes. A velocidade de decaimento, $-dN/dt$, é dada pela equação

$$\text{Velocidade de decaimento} = \frac{dN}{dt} = \lambda N \qquad (7.15)$$

onde N é o número de núcleos de radionuclídeos presentes, e λ, a constante de velocidade, expressa em unidades inversas ao tempo. Uma vez que o número exato de desintegrações por segundo é difícil de determinar em laboratório, o decaimento radioativo muitas vezes é descrito em termos de *atividade* medida, A, proporcional à velocidade absoluta de decaimento. A equação de primeira ordem do decaimento é expressa em termos de A:

$$A = A_0 e^{-\lambda t} \qquad (7.16)$$

onde A é a atividade no tempo t, A_0, a atividade no tempo zero, e e, a base do logaritmo natural. A *meia-vida*, $t_{1/2}$, é geralmente utilizada no lugar de λ para caracterizar um radionuclídeo:

$$t_{1/2} = \frac{0,693}{\lambda} \qquad (7.17)$$

Como sugere o termo, a meia-vida é o período de tempo em que um dado número de átomos de um radionuclídeo específico cai pela metade. São necessárias 10 meias-vidas para que um radionuclídeo perca 99,9% de sua atividade.

A radiação prejudica os organismos vivos ao iniciar reações químicas danosas em seus tecidos. Por exemplo, as ligações das macromoléculas que executam processos vitais são rompidas. Nos casos de exposição aguda à radiação, a medula óssea, que produz os glóbulos vermelhos do sangue, é destruída, e a concentração dessas células cai. Os danos genéticos induzidos pela radiação são motivo de muita preocupação, pois demoram anos para se manifestar após exposição. À medida que os seres humanos aprendem mais sobre os efeitos da radiação ionizante, as doses consideradas seguras diminuem consistentemente. Por exemplo, a Comissão de Regulamentação Nuclear dos Estados Unidos reduziu os níveis mínimos permitidos de alguns radioisótopos a valores abaixo de um dez milésimos dos valores considerados seguros no começo da década de 1950. Embora um grau de exposição mínimo à radiação ionizante ofereça algum risco de dano genético, uma dose de radiação é recebida inevitavelmente de fontes naturais, como o ^{40}K radioativo encontrado em todos os seres humanos. Para a maioria da população, a exposição à radiação natural excede aquela oriunda de fontes artificiais.

O estudo dos efeitos dos radionuclídeos no ambiente e na saúde envolve diversos fatores, entre os quais o tipo e a energia do emissor da radiação e a meia-vida da fonte. Além disso, o grau em que um elemento específico é absorvido por uma espécie viva e suas interações e transporte nos ecossistemas aquáticos também são variáveis importantes. Os radionuclídeos com meias-vidas muito curtas podem ser perigosos quando produzidos, mas decaem rápido demais para afetarem o ambiente em que foram introduzidos. Em contrapartida, os radionuclídeos com meias-vidas muito longas são persistentes, mas têm atividade tão baixa que não causam danos expressivos no ambiente. Portanto, de modo geral os radionuclídeos com meias-vidas intermediárias são os mais perigosos. Eles persistem por tempo o bastante para entrar em sistemas vivos enquanto retêm alta atividade. Como podem ser incorporados a tecidos vivos, os radionuclídeos de "elementos vitais" são particularmente perigosos. O estrôncio-90, um subproduto comum de testes nucleares, é motivo de alarme. Esse elemento é intercambiável com o cálcio no tecido ósseo. A precipitação radioativa do estrôncio-90 cai em pastagens e lavouras, sendo ingerida pelo gado. Nesse processo ele acaba sendo introduzido no organismo de bebês pelo leite de vaca.

Alguns radionuclídeos encontrados na água, sobretudo o rádio e o potássio-40, são oriundos de fontes naturais, em especial a lixiviação de minerais. Outros têm origem em fontes poluidoras, principalmente usinas nucleares e os testes de armas atômicas. Os níveis de radionuclídeos encontrados na água são medidos em unidades de pCi L^{-1} (picocuries por litro), onde um curie é $3,7 \times 10^{10}$ desintegrações por segundo, e um pCi é 1×10^{-12} vezes essa quantidade, ou $3,7 \times 10^{-2}$ desintegrações por segundo (2,2 desintegrações por minuto).

O radionuclídeo que causa a maior preocupação quando presente na água para consumo humano é o *rádio*, Ra. Nos Estados Unidos, níveis expressivos de contaminação por rádio foram observados nas regiões produtoras de urânio no oeste do país, e nos estados de Iowa, Illinois, Wisconsin, Missouri, Minnesota, Flórida, Carolina do Norte, Virgínia e Nova Inglaterra.

A Agência de Proteção Ambiental dos Estados Unidos especifica um nível máximo de contaminantes (NMC) para o rádio total ($^{226}Ra + ^{228}Ra$) na água de beber em unidades de pCi L^{-1}. No passado, algumas centenas de sistemas de distribuição de água no país excederam os níveis máximos permitidos de rádio, o que exigiu a descoberta de novas fontes de água ou a adoção de um tratamento complementar para remover o elemento das fontes existentes. Por sorte, os processos convencionais de abrandamento de água, concebidos para eliminar o excesso de cálcio, são relativamente eficientes na remoção do rádio.

A possível contaminação da água por radioisótopos produzidos pela fissão em reatores nucleares causa certo alarme. (Se as nações se abstiverem de executar testes atômicos em terra, espera-se que os radioisótopos oriundos dessa fonte contribuam para os baixos níveis de radioatividade na água.) A Tabela 7.6 resume os principais radionuclídeos naturais e artificiais encontrados na água.

Os elementos transurânicos também causam preocupações no ambiente oceânico. Esses emissores alfa têm meia-vida longa e são muito tóxicos. Entre esses elementos estão diversos isótopos do netúnio, plutônio, amerício e cúrio. Alguns isótopos específicos, com meias-vidas em anos mostradas entre parênteses, são o Np-237 ($2,14 \times 10^6$), Pu-236 (2,85), Pu-238 (87,8), Pu-239 ($2,44 \times 10^4$), Pu-240 ($6,54 \times 10^3$), Pu-241 (15), Pu-242 ($3,87 \times 10^5$), Am-241 (433), Am-243 ($7,37 \times 10^6$), Cm-242 (0,22) e Cm-244 (17,9).

Literatura citada

1. Grove, R. A., C. J. Henny, and J. L. Kaiser, Worldwide sentinel species for assessing and monitoring environmental contamination in rivers, lakes, reservoirs, and estuaries, *Journal of Toxicology and Environmental Health, Part B: Critical Reviews*, **12**, 25–44, 2008.
2. Arnot, J. A. and Frank A. P. C. Gobas, A review of bioconcentration factor (BCF) and bioaccumulation factor (BAF) assessments for organic chemicals in aquatic organisms, *Environmental Reviews*, **14**, 257–297, 2008.
3. Vetter, W., Marine halogenated natural products of environmental relevance, *Reviews of Environmental Contamination and Toxicology*, **188**, 1–57, 2006.
4. Gosselin, R. E., R. P. Smith, and H. C. Hodge, Paraquat, *Clinical Toxicology of Commercial Products*, 5th ed., pp. III-328–III-336, Williams and Wilkins, Baltimore/London, 1984.
5. Pieper, D. H. and M. Seeger, Bacterial metabolism of polychlorinated biphenyls, *Journal of Molecular Microbiology and Biotechnology*, **15**, 121–138, 2008.
6. Focazio, M. J., D. W. Kolpin, K. K. Barnes, E. T. Furlong, M. T. Meyer, S. D. Zaugg, L. B. Barber, and M. E. Thurman, A national reconnaissance of pharmaceuticals and other organic wastewater contaminants in the United States, *Science of the Total Environment*, **402**, 192–216, 2008.
7. Khetan, S. K. and T. J. Collins, Human pharmaceuticals in the aquatic environment: A challenge to green chemistry, *Chemical Reviews*, **107**, 2319–2364, 2007.
8. Lindström, A., I. J. Buerge, T. Poiger, P.-A. Bergqvist, M. D. Müller, and H.-R. Buser, Occurrence and environmental behavior of the bactericide triclosan and its methyl derivative in surface waters and in wastewater, *Environmental Science and Technology*, **36**, 2322–2329, 2002.
9. Giger, W., Christian S., and H.-P. Kohler, Benzotriazole and tolyltriazole as aquatic contaminants. 1. Input and occurrence in rivers and lakes, *Environmental Science and Technology*, **40**, 7186–7192, 2006.

Leitura complementar

Alley, E. R., *Water Quality Control Handbook*, 2nd ed., McGraw-Hill, New York, 2007.

Burk, A. R., Ed., *Water Pollution: New Research*, Nova Science Publishers, New York, 2005.

Calhoun, Y., Ed., *Water Pollution*, Chelsea House Publishers, Philadelphia, 2005.

Eckenfelder, W. W., D. L. Ford, and A. J. Englande, *Industrial Water Quality*, 4th ed., McGraw-Hill, New York, 2009.

Fellenberg, G. and A. Wier, *The Chemistry of Pollution*, 3rd ed., Wiley, Hoboken, NJ, 2000.

Gilliom, R. J., *Pesticides in the Nation's Streams and Ground Water, 1992–2001: The Quality of our Nation's Waters*, U.S. Geological Survey, Reston, VA, 2006.

Hamilton, D. and S. Crossley, Eds, *Pesticide Residues in Food and Drinking Water: Human Exposure and Risks*, Wiley, New York, 2004.

Howd, R. A. and A. M. Fan, *Risk Assessment for Chemicals in Drinking Water*, Wiley, Hoboken, NJ, 2007.

Kaluarachchi, J. J., *Groundwater Contamination by Organic Pollutants: Analysis and Remediation*, American Society of Civil Engineers, Reston, VA, 2001.

Knepper, T. P., D. Barcelo, and P. de Voogt, *Analysis and Fate of Surfactants in the Aquatic Environment*, Elsevier, Amsterdam, 2003.

Laws, E. A. *Aquatic Pollution: An Introductory Text*, 3rd ed., Wiley, New York, 2000.

Lewinsky, A. A., Ed., *Hazardous Materials and Wastewater: Treatment, Removal and Analysis*, Nova Science Publishers, New York, 2007.

Lipnick, R. L., D. C. G. Muir, K. C. Jones, J. L. M. Hermens, and D. Mackay, Eds, *Persistent, Bioaccumulative, and Toxic Chemicals II: Assessment and Emerging New Chemicals*, American Chemical Society, Washington, DC, 2000.

Livingston, J. V., Ed., *Focus on Water Pollution Research*, Nova Science Publishers, New York, 2006.

Mason, C. F., *Biology of Freshwater Pollution*, 4th ed., Prentice Hall College Division, Upper Saddle River, NJ, 2002.

Raven, P. H., L. R. Berg, and D. M. Hassenzahl, *Environment*, 6th ed., Wiley, Hoboken, NJ, 2008.

Ravenscroft, P., H. Brammer, and K. Richards, *Arsenic Pollution: A Global Synthesis*, Blackwell, Malden, MA, 2009.

Research Council Committee on Drinking Water Contaminants, *Classifying Drinking Water Contaminants for Regulatory Consideration*, National Academy Press, Washington, DC, 2001.

Rico, D. P., C. A. Brebbia, and Y. Villacampa Esteve, Eds, *Water Pollution IX*, WIT Press, Southampton, UK, 2008.

Ritter, W. F. and A. Shirmohammadi, Eds, *Agricultural Nonpoint Source Pollution: Watershed Management and Hydrology*, CRC Press/Lewis Publishers, Boca Raton, FL, 2000.

Stollenwerk, K. G. and A. H. Welch, Eds, *Arsenic in Ground Water: Geochemistry and Occurrence*, Kluwer Academic Publishers, Hingham, MA, 2003.

Sullivan, P. J., F. J. Agardy, and J. J. J. Clark, *The Environmental Science of Drinking Water*, Elsevier Butterworth-Heinemann, Burlington, MA, 2005.

Viessman, W. and M. J. Hammer, *Water Supply and Pollution Control*, 7th ed., Pearson Prentice Hall, Upper Saddle River, NJ, 2005.

Water Environment Research, a research publication of the Water Environment Federation, Water Environment Federation, Alexandria, VA. This journal contains many articles of interest to water science; the annual reviews are especially informative.

Wheeler, W. B., *Pesticides in Agriculture and the Environment*, Marcel Dekker, New York, 2002.

Whitacre, D. M., Ed., *Reviews of Environmental Contamination and Toxicology*, **196**, Springer-Verlag, New York, 2008 (published annually).

Xie, Y., *Disinfection Byproducts in Drinking Water: Form, Analysis, and Control*, CRC Press, Boca Raton, FL, 2002.

Perguntas e problemas

1. As alternativas verdadeiras com relação ao cromo na água são: (A) Existem suspeitas de que o cromo (III) seja carcinogênico; (B) O cromo (III) tem menor probabilidade de ser encontrado em forma solúvel do que o cromo (VI); (C) A toxicidade do cromo (III) em águas residuárias de banhos de metalização diminui com a oxidação a cromo (VI); (D) O cromo não é um elemento traço essencial; (E) O cromo forma espécies metiladas análogas aos compostos metilmercúrio.
2. O que o mercúrio e o arsênico têm em comum com relação a suas interações com bactérias presentes em sedimentos?
3. Quais são as características dos radionuclídeos que os tornam especialmente perigosos para os seres humanos?
4. A que classe pertencem os pesticidas com este grupo?

$$\begin{array}{c} H \quad O \\ | \quad \; || \\ -N-C- \end{array}$$

5. Considere o composto a seguir:

$$Na^{+} \; ^{-}O-\overset{O}{\underset{O}{\overset{||}{S}}}-\phi-\overset{H}{\underset{H}{C}}-\overset{H}{\underset{H}{C}}-\overset{H}{\underset{H}{C}}-\overset{H}{\underset{H}{C}}-\overset{H}{\underset{H}{C}}-\overset{H}{\underset{H}{C}}-\overset{H}{\underset{H}{C}}-\overset{H}{\underset{H}{C}}-\overset{H}{\underset{H}{C}}-\overset{H}{\underset{H}{C}}-H$$

   Qual das características a seguir não é apresentada por ele: (A) Uma extremidade da molécula é hidrofílica e a outra é hidrofóbica. (B) Propriedades tensoativas. (C) A capacidade de reduzir a tensão superficial da água. (D) Boa degradabilidade. (E) A tendência de formar espuma em estações de tratamento de efluentes.
6. Um pesticida é fatal a alevinos quando presente na água na concentração de 0,50 ppmv. Um recipiente metálico com vazamento contendo 5,00 kg de pesticida foi descartado em um curso de água com vazão de 10,0 L s^{-1} movendo-se a 1 km/h. O recipiente deixa vazar o pesticida a uma taxa constante de 5 mg s^{-1}. Qual é a distância (em km) a jusante em que a água estará contaminada com níveis letais do pesticida no momento em que o recipiente ficar vazio?
7. Apresente uma razão para o Na_3PO_4 não funcionar bem como base de detergente, embora o $Na_3P_3O_{10}$ tenha um desempenho satisfatório, mesmo sendo fonte de fosfato poluente.
8. Entre os compostos $CH_3(CH_2)_{10}CO_2H$, $(CH_3)_3C(CH_2)_2CO_2H$, $CH_3(CH_2)_{10}CH_3$ e ϕ-$(CH_2)_{10}CH_3$ (onde ϕ representa um anel benzeno), qual é o mais prontamente biodegradado?
9. Um pulverizador de pesticida atolou enquanto tentava atravessar um curso de água que escoa a uma velocidade de 136 L s^{-1}. O pesticida vazou no curso de água durante exatamente 1 h a uma velocidade que contaminou o curso de água com uma concentração uniforme de 0,25 ppmv de metoxicloro. Quanto pesticida foi liberado pelo pulverizador nesse intervalo de tempo?
10. Uma amostra de água contaminada pelo despejo acidental de um radionuclídeo utilizado na medicina apresentou uma atividade de 12.436 contagens por segundo no momento da amostragem e 8.966 contagens por segundo exatos 30 dias após o despejo. Qual é a meia-vida do radionuclídeo?

11. Quais são as duas razões para o sabão ser menos prejudicial ao ambiente do que o surfactante ABS usado em detergentes?
12. Qual é a fórmula química exata do composto específico designado por PCB?
13. Assinale um composto representado por uma letra com a descrição correspondente representada por um número.

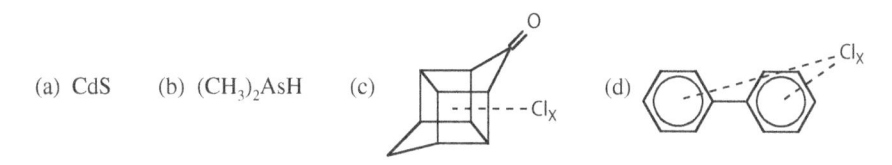

   (a) CdS   (b) $(CH_3)_2AsH$ (c) [estrutura com O e Cl_X]   (d) [estrutura bifenil com Cl_X]

   1. Poluente despejado em um curso da água nos Estados Unidos devido a um processo de produção com controle ineficiente.
   2. Forma insolúvel de um elemento traço tóxico com probabilidade de ser encontrado em sedimentos anaeróbios.
   3. Poluente ambiental comum no passado utilizado como refrigerante de transformadores.
   4. Espécie química tida como produzida pela atividade bacteriana.

14. Um radioisótopo tem meia-vida nuclear igual a 24 h e uma meia-vida biológica de 16 h (metade do elemento é eliminado do corpo em 16 h). Uma pessoa ingeriu por acidente uma quantidade desse elemento alta o bastante para gerar uma contagem inicial de "corpo inteiro" igual a 1.000 por minuto. Qual foi a contagem após 16 h?
15. Qual é o principal efeito negativo da salinidade da água em organismos gerada pela presença de NaCl e Na_2SO_4 dissolvidos?
16. Dê um exemplo específico de cada uma das classes de poluentes aquáticos: (A) Elementos traço; (B) Combinações organometálicas; (C) Pesticidas.
17. Uma amostra de água poluída pode estar contaminada com um dos seguintes agentes: sabão, surfactante ABS ou surfactante LAS. A amostra tem uma DBO (demanda biológica de oxigênio) muito baixa em comparação com seu teor de carbono orgânico total (COT). Qual é o contaminante que a está poluindo?
18. Entre as alternativas dadas, a que *não* está associada à eutrofização é: (A) A consequente diminuição do nível de oxigênio na água; (B) Excesso de fosfato; (C) Proliferação excessiva de algas; (D) Excesso de nutrientes; (E) Excesso de O_2.
19. Relacione os poluentes na coluna esquerda aos efeitos e outros aspectos importantes na coluna direita:

    A. Salinidade   1. Produtividade excessiva
    B. Alcalinidade   2. Pode entrar na água a partir da pirita ou da atmosfera
    C. Acidez   3. Efeitos osmóticos em organismos
    D. Nitrato   4. Do solo e camadas minerais

20. Entre os metais mostrados, escolha o que tem maior probabilidade de ter microrganismos envolvidos em sua mobilização na água e explique sua opção: (A) Chumbo; (B) Mercúrio; (C) Cádmio; (D) Cromo; (E) Zinco.
21. Qual das alternativas apresentadas é verdadeira? (A) A eutrofização resulta da descarga direta de poluentes tóxicos na água. (B) O tratamento de um lago com fosfatos é utilizado para deter a eutrofização. (C) A alcalinidade é o nutriente limitante mais comum para a eutrofização. (D) A eutrofização resulta do crescimento excessivo de plantas e algas. (E) De modo geral a eutrofização é um fenômeno benéfico porque produz oxigênio.

22. Entre as afirmativas a seguir, a alternativa que *não* é verdadeira sobre radionuclídeos no ambiente aquático é: (A) Eles emitem radiação ionizante. (B) São invariavelmente oriundos de atividades humanas. (C) Os radionuclídeos dos "elementos vitais", como o iodo-131, são particularmente perigosos. (D) De modo geral o radionuclídeo que causa mais preocupação na água para consumo humano é o rádio. (E) Originam-se da fissão dos núcleos de urânio.
23. Relacione as características dadas às fórmulas a seguir: (A) Diminui a tensão superficial da água. (B) É um carbamato. (C) É um herbicida. (D) É um inseticida não carbamato.

24. As PCB: (A) Consistem em mais de 200 congêneres com diferentes números de átomos de cloro. (B) São conhecidos por sua instabilidade biológica e, portanto, sua toxicidade. (C) Ocorrem sobretudo como poluentes localizados. (D) São tidos como não biodegradáveis. (E) Não tinham aplicações comuns, e eram gerados como subprodutos de processos produtivos.

O tratamento da água   8

8.1 O tratamento e a utilização da água

O tratamento da água é dividido em três categorias principais:

- Purificação para uso doméstico
- Tratamento para aplicações industriais específicas
- Tratamento de águas residuárias para torná-las aceitáveis para despejo no corpo receptor ou reutilização

O tipo e o grau de tratamento da água mantém forte dependência com sua origem e a utilização pretendida. A água destinada ao uso doméstico precisa ser desinfetada por completo a fim de eliminar microrganismos causadores de doenças, embora possa conter níveis relativamente elevados de cálcio e magnésio dissolvidos (dureza). A água utilizada em caldeiras pode conter bactérias, mas precisa ser mole o bastante para não causar o depósito de incrustações. Águas residuárias descartadas em um rio de grande porte talvez requeiram um tratamento menos rigoroso do que a água destinada à reutilização em regiões áridas. Ao mesmo tempo em que aumenta a demanda mundial por recursos hídricos, em crescente escassez, meios mais sofisticados e abrangentes serão necessários no tratamento da água.

A maioria dos processos físicos e químicos empregados no tratamento da água envolvem fenômenos similares, independentemente de sua aplicação nas três principais categorias de tratamento listadas. Portanto, após uma introdução ao tratamento da água para utilização municipal, industrial e também para seu despejo em um corpo receptor, os principais tipos de processos de tratamento serão discutidos com base em suas aplicações em cada uma das finalidades do tratamento.

8.2 O tratamento de águas municipais

Muitas vezes, a expectativa é de que as unidades de tratamento de água modernas sejam capazes de fazer maravilhas com a água que recebem. A água límpida, segura e mesmo saborosa que sai de uma torneira pode ter sido um líquido turvo bombeado de um rio poluído, lamacento e fervilhante de bactérias. Pode também ter sido retirada de um poço, sendo muito dura para uso doméstico e contendo altos níveis de ferro e manganês dissolvidos, que causam manchas. O trabalho do operador de uma estação de tratamento de água é garantir que o produto da planta não apresente perigo ao consumidor.

A Figura 8.1 mostra um diagrama esquemático de uma estação de tratamento de água municipal típica. A unidade representada trata água com dureza elevada e

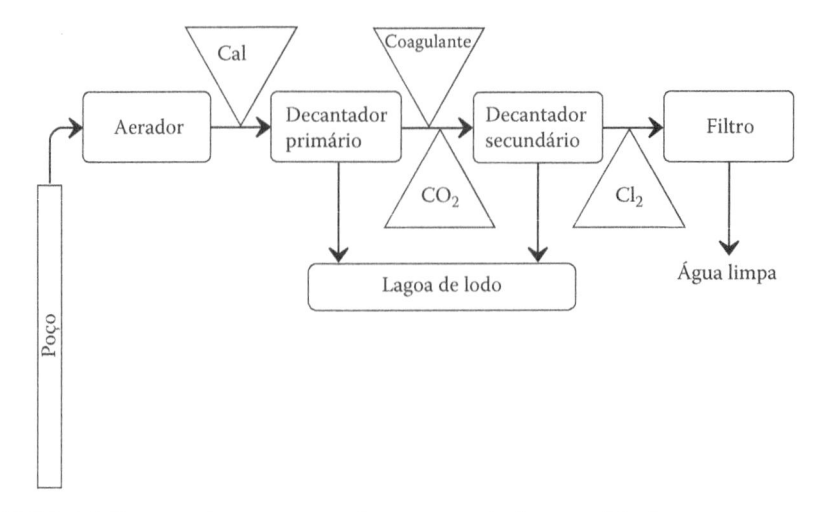

FIGURA 8.1 Esquema de uma estação de tratamento de água municipal.

altos níveis de ferro. A água em estado natural (chamada de água bruta) em poços passa primeiramente por um aerador. O contato da água com o ar remove solutos voláteis, como o sulfeto de hidrogênio, dióxido de carbono e metano, além de substâncias odoríferas voláteis, como o metanotiol CH_3SH e metabólitos bacterianos. Além disso, o contato com o oxigênio auxilia na remoção do ferro com a oxidação do ferro (II) solúvel em ferro (III) insolúvel. A adição de cal na forma de CaO ou $Ca(OH)_2$ após a aeração eleva o pH, resultando na formação de precipitados contendo os íons responsáveis pela dureza Ca^{2+} e Mg^{2+}. Esses precipitados sedimentam-se na água em um decantador primário. A maior parte do material permanece em suspensão e requer a adição de agentes coagulantes [como o sulfato de ferro (III) e alumínio, que formam hidróxidos metálicos gelatinosos] para precipitar as partículas coloides. Sílica ativada ou polieletrólitos sintéticos podem também ser adicionados a fim de estimular a coagulação ou a floculação. A precipitação ocorre em um decantador secundário após a adição de dióxido de carbono para reduzir o pH. O lodo sedimentado nos decantadores primário e secundário é bombeado para uma lagoa de lodo. Por fim, a água é clorada, filtrada e bombeada para as tubulações de distribuição.

8.3 O tratamento de água para uso industrial

A água é utilizada em diversos processos industriais, em caldeiras e em sistemas de resfriamento. Para cada caso, o tipo e grau de tratamento da água dependem de sua utilização final. Por exemplo, a água empregada em sistemas de resfriamento talvez não exija mais do que um tratamento simples, ao passo que a remoção de substâncias corrosivas e solutos formadores de incrustações é essencial para a água de alimentação de caldeiras. Além disso, a água utilizada no processamento de alimentos precisa ser livre de patógenos e agentes tóxicos. O tratamento inadequado da água utilizada na indústria pode gerar problemas, como corrosão, depósito de incrustações, redução na transferência de calor em trocadores, diminuição na vazão de água e contaminação do produto. Esses efeitos podem reduzir o desempenho ou levar à parada de equipamentos, aumentar o custo com energia devido à utilização ineficiente do calor ou ao resfriamento ineficaz, além de elevar custos de bombeamento de água e causar a deterioração do produto. É óbvio que a minimização de custos do tratamento da água utilizada na indústria é um fator de extrema importância no âmbito do tratamento de águas.

São muitos os fatores a serem considerados no projeto e na operação de uma estação de tratamento de água para a indústria, entre os quais:

- Vazão requerida
- Quantidade e qualidade de recursos de água disponíveis
- Utilização sequencial da água (usos em série para processos que aceitem níveis de qualidade decrescentes)
- Reciclagem da água
- Parâmetros de lançamento

Os diversos processos empregados para tratar a água de uso industrial serão discutidos em seções subsequentes deste capítulo. O *tratamento externo*, normalmente aplicado a todo o suprimento de água destinado a uma unidade de produção, utiliza processos como aeração, filtração e clarificação para remover substâncias que possam causar problemas no emprego dessa água, por exemplo, sólidos em suspensão ou dissolvidos, agentes de dureza e gases dissolvidos. Concluído esse tratamento inicial, a água é segregada em diferentes correntes, algumas das quais podem prosseguir sem tratamento complementar, enquanto o restante é tratado de acordo com aplicações específicas.

O *tratamento interno* é projetado para modificar as propriedades da água utilizada em aplicações específicas. Exemplos de tratamentos internos incluem:

- Reação do oxigênio dissolvido (OD) com hidrazina ou sulfitos
- Adição de agentes quelantes para reagirem com Ca^{2+} dissolvido, prevenindo a formação de depósitos do elemento
- Adição de precipitantes como o fosfato utilizado para a remoção do cálcio
- Tratamento com agentes dispersantes para inibir a formação de incrustações
- Adição de agentes anticorrosão
- Ajuste do pH
- Desinfecção para a utilização no processamento de alimentos ou para inibir a proliferação bacteriana na água de resfriamento

Outro aspecto importante do processo de tratamento da água é a utilização de agentes anti-incrustação e dispersantes. Os agentes anti-incrustação previnem a formação de incrustações a partir de compostos como o $CaCO_3$, enquanto os compostos dispersantes impedem a aderência de partículas de incrustação a superfícies, mantendo-as dispersas na água. Um dos agentes mais eficientes utilizados com essa finalidade é o poliacrilato, um polímero formado na reação de polimerização do ácido acrílico e o tratamento com uma base. Esse polímero estabelece ligação química com substâncias formadoras de incrustações e as mantêm dispersas na água, devido à sua carga negativa. Essa mesma característica dispersante é útil na formulação de detergentes, alguns dos quais têm cerca de 5% de poliacrilato em sua composição.

Esse composto não é biodegradável e acumula-se em resíduos lodosos gerados nos processos de tratamento de água.

$$\left[\begin{array}{cc} H & H \\ | & | \\ -C - C - \\ | & | \\ H & C \\ & \diagup \diagdown \\ & O \quad O^- \end{array} \right]_n \quad \text{Polímero poliacrilato}$$

8.4 O tratamento de esgotos

O esgoto municipal comum contém substâncias com demanda de oxigênio, sedimentos, graxa, óleos, escuma, bactérias patogênicas, vírus, sais, nutrientes utilizados por algas, pesticidas, compostos orgânicos persistentes, metais e uma surpreendente variedade de objetos flutuantes, de meias infantis a esponjas. É função da estação de tratamento de esgoto remover o máximo possível desses materiais.

O esgoto é descrito com base em diversas características, como turbidez (em unidades internacionais de turbidez), sólidos suspensos (ppm), sólidos totais dissolvidos (ppm), acidez (concentração do íon H^+, ou pH), e OD (em ppm de O_2). A DBO é utilizada como medida da quantidade de substâncias que demandam oxigênio.

Os processos utilizados hoje para o tratamento de efluentes são divididos em três categorias principais: tratamento primário, secundário e terciário, e cada uma delas será apresentada em separado. Também serão discutidos os sistemas de tratamento de águas residuárias totais, fundamentado sobretudo em processos físicos e químicos.

Os resíduos oriundos de um sistema municipal de tratamento de esgoto são, em geral, tratados em *estações de tratamento de esgoto* (ETE) *públicas*. Nos Estados Unidos, esses sistemas têm permissão de descartar apenas efluentes que tenham alcançado certo nível de tratamento, de acordo com a lei federal.*

8.4.1 O tratamento primário de esgotos

O *tratamento primário de esgotos* consiste na remoção de materiais insolúveis, como partículas grossas, graxas e escuma da água. A primeira etapa em um tratamento primário é o gradeamento, que retém dejetos e materiais sólidos grandes que entram na rede de esgoto. Esses sólidos são coletados em peneiras e então removidos destas em uma operação de raspagem, para posterior disposição. Na maioria das vezes essas peneiras são limpas utilizando raspadores mecânicos. Equipamentos de fragmentação retalham e moem os sólidos presentes no esgoto. É possível reduzir o tamanho dessas partículas a um grau que permita serem devolvidas dentro da ETE.

Os materiais insolúveis presentes em águas residuárias constituem-se de partículas como areia e pó de café, de difícil biodegradação e que, em geral, têm uma alta velocidade de sedimentação. A *remoção de materiais insolúveis* tem como meta

---

* N. de R. T.: No Brasil, as ETE (estações de tratamento de esgoto) também seguem as normativas CONAMA para a disposição final do efluente.

impedir que estes se acumulem em outras partes do sistema de tratamento, reduzir o entupimento de tubulações e peças diversas, bem como proteger as peças móveis contra o desgaste e a fadiga. Por regra, os materiais insolúveis são deixados sedimentando em um tanque de baixa vazão, após o que são removidos do fundo do tanque por raspagem mecânica.

A *sedimentação primária* remove tanto sólidos sedimentáveis quanto sólidos em flotação. Durante a sedimentação primária as partículas do floculante tendem a se agregar, permitindo uma sedimentação mais eficiente, um processo que pode ser auxiliado com a adição de produtos químicos específicos. De modo geral, todo o material que flutua na bacia de sedimentação primária é conhecido pelo nome de graxa. Além de substâncias de natureza gordurosa, essas graxas contêm óleos, ceras, ácidos graxos livres e sabões insolúveis com cálcio e magnésio em sua composição. Normalmente, parte dessas graxas sedimenta com o lodo e parte permanece suspensa na superfície, onde pode ser removida com um dispositivo escumador.

8.4.2 O tratamento secundário de esgoto por processos biológicos

O efeito nocivo mais óbvio da matéria orgânica biodegradável presente em efluentes é a DBO, a demanda bioquímica de oxigênio dissolvido necessária à degradação dessa matéria orgânica por microrganismos. O objetivo do *tratamento secundário de águas residuárias* é a remoção da DBO, que em geral tira proveito do mesmo tipo de processo biológico que consumiria oxigênio no corpo receptor de lançamentos. O tratamento secundário com base em processos biológicos pode ser executado de diversas maneiras, mas consiste essencialmente na ação de microrganismos, em conjunto com matéria orgânica consumidora de oxigênio adicionada em solução ou suspensão, até o valor da DBO na água residuária atingir níveis aceitáveis.[1] Os resíduos sofrem oxidação biológica em condições controladas para otimizar a reprodução bacteriana em um local apropriado, onde essa reprodução não exerça influência no ambiente.

Um dos processos mais simples de tratamento biológico de resíduos utiliza o chamado *filtro biológico* (Figura 8.2), em que a água residuária é aspergida sobre pedras ou outro material sólido com função de suporte coberto com uma camada de microrganismos. A estrutura de um filtro biológico permite o contato da água residuária

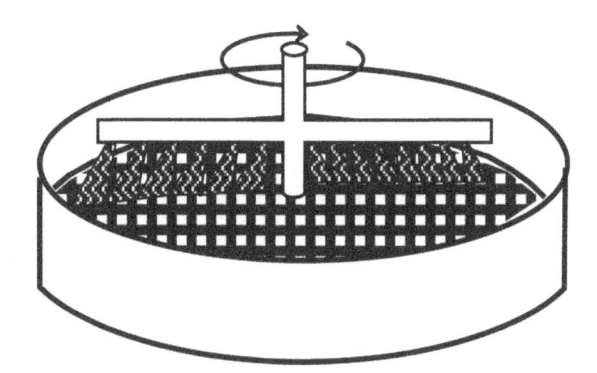

FIGURA 8.2 Filtro biológico para o tratamento secundário de efluentes.

com o ar, com a degradação da matéria orgânica ocorrendo devido à ação desses microrganismos.

Os *reatores biológicos rotativos de contato* (também chamados de biodiscos, na área de saneamento), outro tipo de sistema de tratamento, são construídos com grandes discos de plástico montados em grupo sobre um eixo rotativo. O dispositivo é posicionado em relação ao nível da água de maneira que o grupo de discos esteja sempre submerso até o eixo de rotação. Esse eixo tem rotação constante, o que alterna continuamente área exposta e submersa. Os discos, normalmente construídos em polietileno ou poliestireno de alta densidade, acumulam finas camadas de biomassa, o que degrada a matéria orgânica presente no esgoto. O oxigênio é absorvido pela biomassa e pela camada de água residuária aderida a ele nos ciclos em que ela está exposta ao ar.

Tanto os filtros biológicos quanto os reatores biológicos rotativos de contato são exemplos de processos baseados no conceito de filme fixo, ou cultivo bacteriano em substrato sólido e sua principal vantagem está no baixo consumo energético. Nesses processos, o consumo de energia é mínimo porque dispensam o bombeamento de ar ou oxigênio na água, necessário no processo já popularizado de lodo ativado, descrito a seguir. O filtro biológico é há tempos o equipamento mais comum para o tratamento de efluentes, sendo utilizado em diversas estações de tratamento atualmente.

Águas residuárias contendo DBO e {CH_2O}

Tanque de aeração
{CH_2O} + O_2 → CO_2 + H_2O + Biomassa
N orgânico → NH_4^+, NO_3^-
P orgânico → $H_2PO_4^-$, HPO_4^{2-}
S orgânico → SO_4^{2-}

Sedimentação do lodo

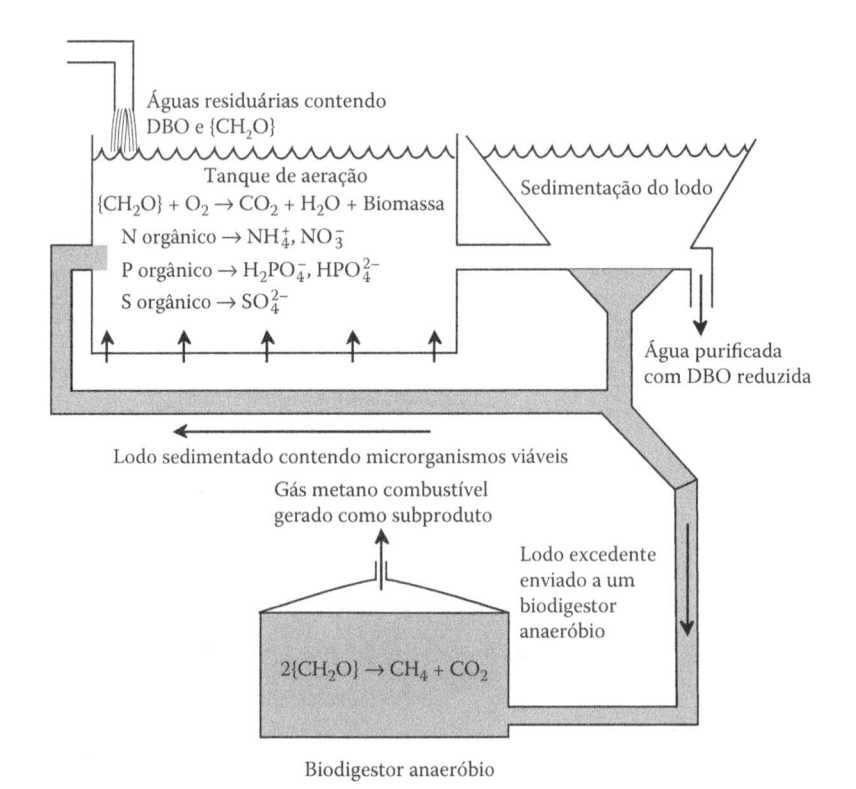

Água purificada com DBO reduzida

Lodo sedimentado contendo microrganismos viáveis

Gás metano combustível gerado como subproduto

Lodo excedente enviado a um biodigestor anaeróbio

2{CH_2O} → CH_4 + CO_2

Biodigestor anaeróbio

FIGURA 8.3 O processo de lodo ativado.

O *processo de lodo ativado*, descrito na Figura 8.3, talvez seja o processo de tratamento de efluentes mais versátil e eficaz. Os microrganismos presentes no tanque de aeração convertem o material orgânico presente na água residuária em biomassa microbiana e CO_2. O nitrogênio orgânico é convertido no íon amônio ou nitrato. O fósforo orgânico é convertido em ortofosfato. O material celular de origem bacteriana formado como parte dos processos de degradação é normalmente mantido no tanque de aeração, até os organismos passarem da fase log de crescimento (Seção 6.7), na qual as células floculam com relativa eficácia, formando sólidos sedimentáveis. Esses sólidos sedimentam em um decantador, sendo que parte deles é descartada. A outra parte desses sólidos, o lodo de retorno, é bombeado para a entrada do tanque de aeração e entra em contato com o esgoto recém-chegado. A combinação de uma grande concentração de microrganismos "famintos" no lodo de retorno com uma rica fonte de nutrientes no esgoto de entrada oportuniza as condições ótimas para uma rápida degradação da matéria orgânica. A degradação da matéria orgânica que ocorre no processo de lodo ativado é observada também em rios e outros ambientes aquáticos. Porém, na maior parte das vezes, um resíduo biodegradável lançado em um corpo hídrico encontra uma população microbiana relativamente pequena em termos de capacidade de executar o processo de degradação. Assim, talvez sejam necessários diversos dias até a população de microrganismos crescer o suficiente para degradar esses resíduos. No processo de lodo ativado, a reciclagem constante de organismos ativos possibilita as condições ótimas para a degradação de resíduos, o que pode ocorrer já nas primeiras horas após sua introdução no tanque de aeração.

O processo do lodo ativado disponibiliza duas maneiras para remover a DBO, conforme ilustra a Figura 8.4. A DBO pode ser removida (1) pela oxidação da matéria orgânica como fonte de energia aos processos metabólicos microbianos e (2) pela síntese e incorporação da matéria orgânica na massa celular. Na primeira, o carbono é removido na forma gasosa, como CO_2. Na segunda, o carbono é retirado no estado sólido, na biomassa. A parcela do carbono convertido em CO_2 é liberada na atmosfera, não impondo problemas relativos a descarte. Contudo, a disposição do lodo de resíduos representa um problema, sobretudo porque sua composição apresenta apenas 1% de sólidos, além de muitos componentes indesejáveis. Em condições normais, a remoção parcial da água é efetuada em uma operação de secagem em filtros de areia, por filtração a vácuo ou ainda por centrifugação. O lodo desidratado pode ser incinerado ou utilizado em aterros sanitários.

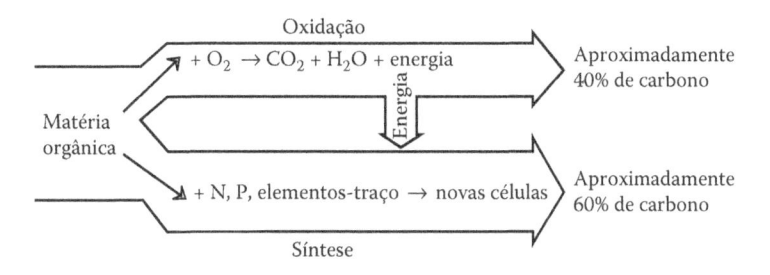

FIGURA 8.4 Maneiras de eliminar a DBO no tratamento biológico de águas residuárias.

Até certo ponto, é possível digerir o lodo oriundo de esgotos utilizando bactérias anaeróbias produtoras de metano e dióxido de carbono, em um processo que reduz tanto o conteúdo de matéria volátil quanto o volume de lodo em cerca de 60%. Uma estação de tratamento projetada de forma adequada tem capacidade de produzir volumes de metano suficientes para atender a todas as necessidades energéticas da estação.

$$2\{CH_2O\} \rightarrow CH_4 + CO_2 \tag{8.1}$$

Uma das maneiras mais desejáveis de descartar o lodo consiste em utilizá-lo como fertilizante e agente de condicionamento de solos. No entanto, é preciso ter cautela com níveis elevados de metais para que estes contaminantes presentes no lodo não sejam aplicados no solo. Os problemas observados com diversos tipos de lodo oriundos do tratamento de águas são discutidos na Seção 8.10.

O tratamento de efluentes com lodo ativado é o exemplo mais comum de processo de cultura aeróbia em suspensão. Muitos fatores precisam ser considerados no projeto e na operação de um sistema de tratamento de efluentes por lodo ativado, entre os quais a cinética e os parâmetros de projeto do processo, bem como a microbiologia do sistema. Além da eliminação da DBO, é necessário considerar a remoção do fósforo e do nitrogênio. A transferência de oxigênio e a separação de sólidos são importantes. Efluentes industriais e o destino e os efeitos de produtos químicos industriais (xenobiontes) também precisam ser levados em conta.

A nitrificação (a conversão do nitrogênio do íon amônio em nitrato mediada por uma população microbiana; ver Seção 6.11) é um processo importante que ocorre durante o tratamento biológico de resíduos. Normalmente o íon amônio é a primeira espécie de nitrogênio inorgânico produzida na biodegradação de compostos orgânicos nitrogenados. Em condições adequadas, o íon é oxidado a nitrito pelas bactérias do gênero *Nitrosomonas* e, posteriormente, a nitrato por representantes do gênero *Nitrobacter*:

$$2NH_4^+ + 3O_2 \rightarrow 4H^+ + 2NO_2^- + 2H_2O \tag{8.2}$$

$$2NO_2^- + O_2 \rightarrow 2NO_3^- \tag{8.3}$$

Essas reações ocorrem no tanque de aeração da unidade de lodo ativado e são favorecidas, na maioria das vezes, por longos tempos de retenção, baixas cargas orgânicas, elevados teores de sólidos suspensos e altas temperaturas. A nitrificação pode reduzir a eficiência da sedimentação do lodo porque a reação de desnitrificação

$$4NO_3^- + 5\{CH_2O\} + 4H^+ \rightarrow 2N_2(g) + 5CO_2(g) + 7H_2O \tag{8.4}$$

que ocorre no decantador na presença de níveis reduzidos de oxigênio forma bolhas de N_2 nos flócos do lodo (aglomerados de partículas do lodo), o que os torna leves o bastante para flutuar na superfície deste. Isso impede a sedimentação do lodo e aumenta a carga orgânica no corpo receptor. Contudo, se forem observadas as condições adequadas, é possível tirar proveito desse fenômeno a fim de remover o nitrogênio nutriente da água (ver Seção 8.9).

8.4.3 O biorreator de membrana

Um dos problemas enfrentados no processo de lodo ativado é a dificuldade de sedimentar a biomassa em suspensão. A separação incompleta dos sólidos suspensos na sedimentação do lodo pode acarretar a contaminação por sólidos do efluente e diluir um lodo que não tem o teor de biomassa de organismos ativos necessário para uma biodegradação eficaz do resíduo. Esses problemas são solucionados com um *biorreator de membrana*, em que a biomassa ativa em suspensão é mantida em um tanque de aeração e a água tratada é retirada utilizando um filtro de membrana (ver Seção 8.6). Em algumas configurações a membrana fica submersa na câmara de aeração e o efluente tratado é sugado através dela utilizando um sistema a vácuo, enquanto em outros o efluente tratado é bombeado pelo filtro sob pressão.

8.4.4 O tratamento terciário de efluentes

Por mais desagradável que soe a ideia, muitas pessoas bebem água reutilizada – água que foi descartada por uma unidade de tratamento de esgoto municipal ou por um processo industrial. Esse assunto suscita uma série de questões acerca da presença de organismos patogênicos ou substâncias tóxicas nessa água. Esse problema torna-se grave devido à grande densidade populacional e ao intenso desenvolvimento industrial, sobretudo na Europa, onde algumas municipalidades processam, a partir de fontes "utilizadas", 50% ou mais da água que consomem. Está claro que existe uma grande necessidade de tratar águas residuárias de maneira a torná-las passíveis de reutilização, o que requer um tratamento que vai além dos processos secundários.

O *tratamento terciário de efluentes* (por vezes chamado de *tratamento avançado de resíduos*) é um termo empregado para descrever uma variedade de processos executados no efluente de um tratamento secundário.[1] Os contaminantes removidos pelo tratamento terciário são classificados nas categorias gerais de (1) sólidos suspensos, (2) materiais inorgânicos dissolvidos e (3) compostos orgânicos dissolvidos, que incluem a importante classe de nutrientes de algas. Níveis reduzidos de substâncias químicas e seus metabólitos, como fármacos, hormônios sintéticos e naturais, além de produtos de higiene pessoal lançados no esgoto, impõem desafios ao tratamento avançado de efluentes. Sólidos em suspensão são os principais responsáveis pela demanda biológica de oxigênio residual nas águas que passaram pelo tratamento secundário. Em relação ao potencial de toxicidade, os compostos orgânicos dissolvidos são os mais perigosos, principalmente por apresentarem nutrientes utilizados por algas, sobretudo nitratos e fosfatos; além de metais tóxicos potencialmente perigosos.

Além desses contaminantes químicos, o efluente do tratamento secundário de esgotos muitas vezes contém uma série de microrganismos patogênicos, o que exige a desinfecção nos casos em que seres humanos podem vir a entrar em contato com essa água. Entre as bactérias encontradas no efluente do tratamento secundário de esgotos estão os microrganismos causadores da tuberculose, bactérias da disenteria (*Bacillus dysenteriae, Shigella dysenteriae, Shigella paradysenteriae, Proteus vulgaris*), o vibrião da cólera (*Vibrio cholerae*), bactérias causadoras da leptospirose (*Leptospira icterohemorrhagiae*) e bactérias causadoras da febre tifoide (*Salmonella typhosa*, *Salmonella paratyphi*). Também são encontrados vírus causadores de diarreia, oftalmias, hepatite infecciosa e poliomielite. Mesmo hoje, a ingestão de esgoto continua sendo um vetor de doenças até nos países mais desenvolvidos.

8.4.5 O tratamento físico-químico de águas residuárias municipais

Os sistemas completos de tratamento físico-químico de águas residuárias têm vantagens e desvantagens em relação aos sistemas de tratamento biológico. As estações físico-químicas muitas vezes têm custos de capital inferiores aos das estações de tratamento biológico e via de regra ocupam áreas menores. Além disso, elas têm maior capacidade de lidar com materiais tóxicos e sobrecargas. Contudo, as estações físico-químicas exigem maiores níveis de controle de operação e consomem quantidades de energia comparativamente maiores.

Em essência, um processo de tratamento físico-químico envolve:

- A remoção de escuma e objetos sólidos
- A clarificação, em geral feita com a adição de um coagulante e muitas vezes com o uso de outros produtos químicos (como cal, para a remoção do fósforo)
- Filtração para a remoção de sólidos filtráveis
- Absorção via carvão ativado
- Desinfecção

As etapas básicas de uma estação de tratamento de efluentes completa são mostradas na Figura 8.5.

No começo da década de 1970, parecia provável que o tratamento físico-químico substituiria, em inúmeros casos, o tratamento biológico. Contudo, os custos químicos e energéticos mais elevados dessa modalidade de tratamento observados desde então desaceleraram seu desenvolvimento.

8.5 O tratamento de efluentes industriais

Antes do tratamento, todo efluente industrial precisa ser caracterizado por completo e a biodegradabilidade de seus constituintes deve ser determinada. As opções disponíveis para o tratamento de efluentes serão abordadas brevemente nessa seção e discutidas mais detalhadamente nas seções seguintes.

Uma das principais maneiras de remover resíduos orgânicos é o tratamento biológico com lodo ativado ou outro processo semelhante (ver Seção 8.4 e Figura 8.3). Talvez seja necessário aclimatar os microrganismos à degradação dos componentes não biodegradáveis em condições normais. É preciso também considerar os possíveis perigos associados aos lodos gerados no biotratamento, como níveis elevados de íons de metais. Além do tratamento biológico, outro importante processo de remoção de compostos orgânicos de águas residuárias é a sorção por carvão ativado (ver Seção 8.8), na maioria das vezes executada em colunas de carvão ativado granular. É possível utilizar o carvão ativado e o tratamento biológico conjuntamente, empregando carvão ativado em pó no processo de lodo ativado. O carvão ativado em pó

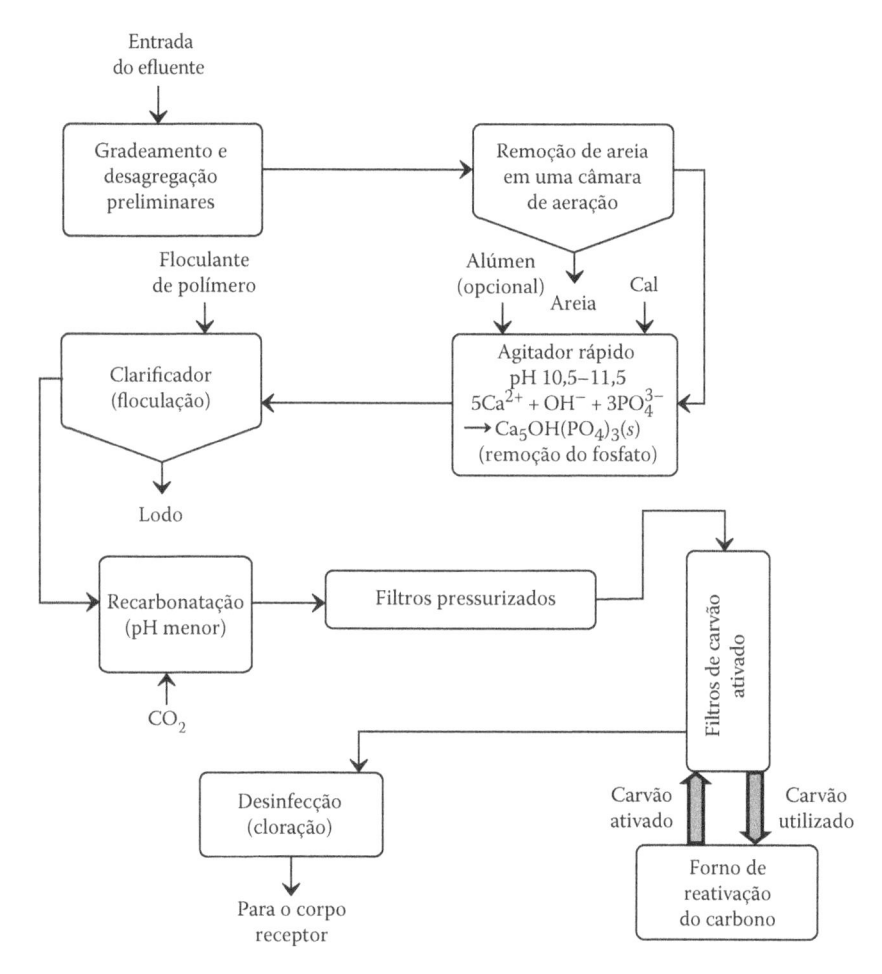

FIGURA 8.5 Os principais componentes do tratamento físico-químico completo de uma estação de tratamento de efluentes municipais.

sorve parte dos componentes que podem apresentar toxicidade a microrganismos e é coletado com o lodo. Um dos principais pontos a considerar na utilização desse método no tratamento de águas residuárias são os possíveis perigos associados aos resíduos que o carvão ativado retém. Esses perigos incluem a toxicidade ou reatividade, por exemplo, associados à sorção de resíduos da produção de explosivos pelo carvão ativado. A recuperação do carvão ativado é cara e, em alguns casos, também pode trazer perigos.

As águas residuárias podem ser tratadas por meio de uma variedade de processos químicos, que incluem a neutralização ácido/base, a precipitação e a oxidação/redução. Há vezes em que essas etapas precisam ser executadas antes do tratamento biológico. Por exemplo, efluentes ácidos ou alcalinos precisam ser neutralizados para que os microrganismos se desenvolvam nesses meios. O cianeto presente em efluentes pode ser oxidado com cloro; os compostos orgânicos, com ozônio, peróxido de hidrogênio promovido com radiação ultravioleta ou OD a pressões e temperaturas altas. Metais são precipitados usando uma base, carbonato ou sulfeto.

Diversos processos físicos podem ser utilizados no tratamento de efluentes industriais. Em alguns casos, um processo simples de separação por densidade ou sedimentação é empregado para remover líquidos e sólidos imiscíveis na água. A filtração é necessária com frequência, mas a flotação baseada na formação de bolhas na superfície de partículas também é útil. Os solutos presentes em águas residuárias podem ser concentrados por evaporação, destilação e processos de membrana, que incluem osmose reversa, hiperfiltração e ultrafiltração. Os compostos orgânicos presentes em efluentes são removidos pela extração com solventes, pelo arraste por injeção de ar ou pelo arraste a vapor.

As resinas sintéticas são úteis na remoção de alguns solutos poluentes de águas residuárias. Está provado que as resinas organofílicas são eficientes na remoção de alcoóis, aldeídos, cetonas, hidrocarbonetos, alcanos clorados, alquenos e compostos contendo o radical arila, ésteres (inclusive ésteres de ftalato) e pesticidas. As resinas de troca catiônica são eficientes na remoção de metais.

8.6 A remoção de sólidos

As partículas sólidas relativamente grandes são removidas da água com uma *sedimentação* ou *filtração* simples. A remoção de sólidos coloidais da água muitas vezes exige uma *coagulação*.[2] Os sais de alumínio e de ferro são os coagulantes mais utilizados no tratamento de água, com o alúmen, ou sulfato de alumínio, sendo o mais comum. Essa substância é um sulfato de alumínio hidratado, $Al_2(SO_4)_3 \cdot 18H_2O$. Quando esse sal é adicionado à água, o íon alumínio é hidrolisado por reações que consomem a alcalinidade da água, como

$$Al(H_2O)_6^{3+} + 3HCO_3^- \rightarrow Al(OH)_3(s) + 3CO_2 + 6H_2O \qquad (8.5)$$

O hidróxido gelatinoso obtido com essa reação carrega material em suspensão à medida que sedimenta. Além disso, é provável que dímeros com carga positiva como

$$(H_2O)_4Al\underset{\underset{H}{O}}{\overset{\overset{H}{O}}{\diagup\hspace{-0.6em}\diagdown}}Al(H_2O)_4^{4+}$$

e polímeros maiores sejam formados, interagindo de maneira específica com partículas coloidais e promovendo a coagulação. O silicato de sódio parcialmente neutralizado por ácidos auxilia na coagulação, sobretudo quando utilizado com o alúmen. Íons metálicos presentes em coagulantes também reagem com proteínas virais, destruindo vírus presentes na água.

O sulfato de ferro (III) anidro, quando adicionado à água, forma hidróxido de ferro (III), em uma reação análoga à Reação 8.5. A vantagem do sulfato de ferro (III) está em sua atuação em uma ampla faixa de pH, que varia entre 4 e 11, aproximadamente. O sulfato hidratado de ferro (II), ou sulfato ferroso, $FeSO_4 \cdot 7H_2O$, também é muito utilizado como coagulante. Ele forma um precipitado gelatinoso de óxido de ferro (III) hidratado. Para desempenhar esse papel, ele precisa ser oxidado a ferro (III) pelo OD na água em pH superior a 8,5, ou na presença de cloro, capaz de oxidar ferro (II) em valores mais baixos de pH.

Polieletrólitos naturais ou sintéticos são empregados na floculação de partículas. Entre os compostos naturais utilizados com essa finalidade estão os derivados de amido e da celulose, compostos proteináceos e colas à base de polissacarídeos. Nos últimos anos, vêm sendo adotados alguns polímeros sintéticos como polímeros neutros e polieletrólitos aniônicos e catiônicos, considerados agentes eficientes de floculação.

O processo combinado *coagulação-filtração* é muito mais eficiente que a filtração utilizada sozinha na remoção de material em suspensão na água. Conforme sugere o termo, o processo consiste na adição de coagulantes que agregam as partículas menores formando partículas mais pesadas, após o que é efetuado um processo de filtração. Tanto o alúmen quanto a cal, muitas vezes em conjunto com eletrólitos, são as substâncias mais utilizadas na etapa de coagulação.

Na maioria das vezes a etapa de filtração desse processo combinado é executada em meio específico, como areia ou carvão de antracito. Para reduzir a aglomeração, vários meios com espaços intersticiais gradativamente menores são utilizados com frequência. Um exemplo é o *filtro de areia rápido*, que consiste em uma camada de areia sobre camadas de cascalho cujo tamanho aumenta conforme a profundidade. A substância que de fato filtra a água é o material coagulado e aderido à areia. À medida que o material é removido da água, ele se acumula cada vez mais, causando o entupimento do filtro. Com isso, é necessário removê-lo do sistema com uma operação de lavagem por inversão de corrente.

Uma das classes de sólidos que precisa ser removida de águas residuárias é formada por sólidos suspensos no efluente secundário, resultado sobretudo do lodo remanescente do processo de sedimentação. Esses sólidos respondem por uma grande parcela da DBO no efluente e podem interferir em outros aspectos do tratamento terciário de águas residuárias, entupindo membranas nos processos de tratamento de água por osmose reversa, por exemplo. A quantidade de material envolvido pode ser bastante alta. Os processos projetados para remover sólidos suspensos muitas vezes removem entre 10 e 20 mg L^{-1} de matéria orgânica do efluente de um tratamento de esgoto secundário. Além disso, uma pequena quantidade de matéria inorgânica também é removida.

8.6.1 A flotação por ar dissolvido

Muitas das partículas encontradas na água têm baixa densidade, próxima ou até mesmo inferior à da água. As partículas menos densas que a água apresentam uma tendência a subir à superfície, de onde podem ser removidas com um equipamento de ação superficial, em um processo que pode, no entanto, ser lento e incompleto. É possível promover a remoção dessas partículas utilizando a *flotação por ar dissolvido*, em que pequenas bolhas de ar são formadas e aderidas às partículas, fazendo-as flutuar. Conforme mostra a Figura 8.6, a flotação de partículas com ar pode ser utilizada em conjunto com a coagulação destas, promovida por um coagulante. A água supersaturada de ar comprimido é injetada a partir do fundo de um tanque, formando bolhas em uma camada de água de aparência leitosa ou esbranquiçada. A formação de bolhas acompanhada da floculação de partículas adere as bolhas ao flóculo, que flutua até a superfície, onde é removido com um escumador específico.

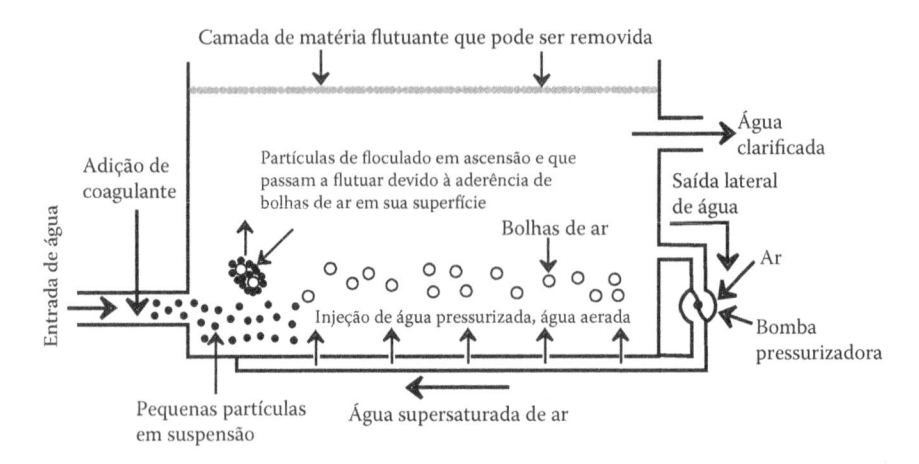

FIGURA 8.6 Ilustração de um sistema de flotação por ar dissolvido em que água pressurizada e supersaturada com ar é injetada pelo fundo de um tanque de água, produzindo pequenas bolhas que conferem à água um aspecto leitoso. As partículas de floculado que agregam bolhas de ar tornam-se mais leves e flutuam até a superfície, onde o material floculado pode ser removido.

8.6.2 Os processos de filtração a membrana

A filtração que utiliza membranas sob pressão é um método muito eficiente de remoção de sólidos e impurezas da água.[3] A água purificada que passa por uma membrana é o *permeado*, e a pequena quantidade de material que não passa pela membrana é chamada de *retido*. As membranas normalmente funcionam de acordo com o princípio da exclusão por tamanho. Quando membranas de baixa porosidade são utilizadas, partículas muito pequenas (e até moléculas e íons) são removidas, mas são necessárias pressões mais altas, aumentando o consumo energético. Os processos comuns de filtração a membrana são classificados em ordem decrescente de diâmetro de poro como: *microfiltração*, *ultrafiltração*, *nanofiltração* e *hiperfiltração*. As membranas utilizadas na microfiltração têm poros com diâmetros variando entre 0,1 e 2 µm. As outras classes utilizam poros com diâmetros progressivamente menores. Os principais tipos de processos a membrana e suas utilizações são resumidos na Tabela 8.1, mas a osmose reversa será discutida na Seção 8.9.

TABELA 8.1 Principais processos da membrana utilizados no tratamento de água

Processo	Pressão (atm)	Contaminantes removidos
Microfiltração	<5	Sólidos suspensos, componentes emulsificados, bactérias e protozoários
Ultrafiltração	2–8	Macromoléculas com massa molar acima de 5.000-100.000 (função do diâmetro do poro)
Nanofiltração	5–15	Macromoléculas com massa molar acima de 200-500 (função do diâmetro do poro)
Hiperfiltração	15–100	A maioria dos solutos e íons; a água salobra exige osmose reversa a pressões de até 15 bar; a dessalinização da água do mar requer pressões de até 100 bar

Um problema comum a todos os processos a membrana é gerado pelo retido, um concentrado de substâncias removidas da água. Em alguns casos, esse material é descarregado com a água residuária, ao passo que o retido resultante de uma dessalinização por osmose reversa pode ser devolvido ao mar. Outras opções, dependendo da fonte da água tratada, incluem a evaporação da água e a incineração do resíduo, a recuperação de certos materiais presentes em algumas fontes de efluentes industriais e o descarte em aquíferos profundos de água salgada.

8.7 A remoção de cálcio e outros metais

Os sais de cálcio e magnésio, geralmente presentes na água na forma de bicarbonatos e sulfatos, são agentes de dureza da água. Uma das manifestações mais comuns da dureza da água é o "coalho" formado na reação do sabão com os íons de cálcio ou magnésio. A formação desses sais insolúveis de um sabão é discutida na Seção 7.10. Embora os íons responsáveis pela dureza da água não formem produtos insolúveis na presença de detergentes, eles afetam o desempenho desses tensoativos. Por essa razão o cálcio e o magnésio precisam ser complexados ou removidos da água, de maneira a permitir a atuação adequada dos detergentes.

Outro problema causado pela água dura é a formação de depósitos minerais. Por exemplo, quando a água contendo íons cálcio e bicarbonato é aquecida, forma-se o carbonato de cálcio insolúvel.

$$Ca^{2+} + 2HCO_3^- \rightarrow CaCO_3 \,(s) + CO_2 \,(g) + H_2O \tag{8.6}$$

Esse produto forma incrustações em sistemas de água quente, entupindo tubulações e reduzindo sua eficiência térmica. Sais dissolvidos como os bicarbonatos e sulfatos de cálcio e magnésio podem ser notadamente danosos quando presentes na água de alimentação de caldeiras. Sem dúvida, a remoção da dureza é uma etapa essencial nas diversas aplicações da água.

Numerosos processos são utilizados para abrandar a água. Em operações de larga escala, como no abrandamento de água para utilização coletiva, usa-se o processo de cal e soda. Esse processo envolve o tratamento de água com cal, $Ca(OH)_2$, e barrilha, Na_2CO_3. O cálcio é precipitado como $CaCO_3$ e o magnésio como $Mg(OH)_2$. Nos casos em que o cálcio está presente sobretudo como "dureza de bicarbonato", ele pode ser removido apenas com a adição de $Ca(OH)_2$:

$$Ca^{2+} + 2HCO_3^- + Ca(OH)_2 \rightarrow 2CaCO_3 \,(s) + 2H_2O \tag{8.7}$$

Quando o íon bicarbonato não está presente em níveis expressivos, uma fonte de CO_3^{2-} precisa ser disponibilizada, com pH alto o bastante para impedir a conversão da maior parte do CO_3^{2-} em HCO_3^-. Essas condições são obtidas com a adição de Na_2CO_3. Por exemplo, o cálcio presente na forma de cloreto pode ser removido da água com a adição de barrilha:

$$Ca^{2+} + 2Cl^- + 2Na^+ + CO_3^{2-} \rightarrow CaCO_3 \,(s) + 2Cl^- + 2Na^+ \tag{8.8}$$

Observe que a remoção da dureza devida a bicarbonatos resulta na remoção líquida de sais solúveis da solução, ao passo que a remoção de dureza não relativa a bicarbonatos envolve a adição de um número de equivalentes no mínimo idêntico ao número de equivalentes de matéria iônica removida.

A precipitação do magnésio na forma de hidróxido exige pH maior em comparação com os valores necessários para a precipitação do cálcio como carbonato:

$$Mg^{2+} + 2OH^- \rightarrow Mg(OH)_2 \,(s) \quad (8.9)$$

O pH elevado necessário nesse caso é gerado pelo íon básico carbonato presente na barrilha:

$$CO_3^{2-} + H_2O \rightarrow HCO_3^- + OH^- \quad (8.10)$$

Algumas estações de abrandamento que utilizam o processo de cal e soda em larga escala empregam o carbonato de cálcio precipitado como fonte adicional de cal. O carbonato de cálcio é, inicialmente, aquecido a no mínimo 825°C para produzir cal virgem, CaO:

$$CaCO_3 + calor \rightarrow CaO + CO_2 \,(g) \quad (8.11)$$

A cal virgem é então desintegrada com água para produzir hidróxido de cálcio:

$$CaO + H_2O \rightarrow Ca(OH)_2 \quad (8.12)$$

Em geral, a água abrandada em estações de abrandamento que utilizam o processo cal e soda apresenta dois problemas. Primeiro, devido aos efeitos de supersaturação, parte do $CaCO_3$ e do $Mg(OH)_2$ muitas vezes permanece em solução. Se não forem removidos, mais tarde esses compostos precipitarão, causando depósitos prejudiciais ou turbidez indesejável na água. O segundo problema resulta da utilização de carbonato de sódio de alta alcalinidade, o que confere à água tratada um pH muito alto, que chega a 11. Para solucionar esses problemas, a água é recarbonatada com o borbulhamento de CO_2. O dióxido de carbono converte o carbonato de cálcio e o hidróxido de magnésio ligeiramente solúveis em suas formas bicarbonatadas de maior solubilidade:

$$CaCO_3(s) + CO_2 + H_2O \rightarrow Ca^{2+} + 2HCO_3^- \quad (8.13)$$

$$Mg(OH)_2\,(s) + 2CO_2 \rightarrow Mg^{2+} + 2HCO_3^- \quad (8.14)$$

O CO_2 também neutraliza o excesso do íon hidróxido:

$$OH^- + CO_2 \rightarrow HCO_3^- \quad (8.15)$$

Por regra, o pH é ajustado à faixa de 7,5 a 8,5 com a recarbonatação. O CO_2 empregado no processo de recarbonatação pode ser obtido com a combustão de combustível carbonáceo. O gás de lavagem da chaminé de uma usina termelétrica também é utilizado com frequência. A água com valores de pH, alcalinidade e concentração de Ca^{2+} ajustados muito próximos à saturação de $CaCO_3$ é chamada de *água quimicamente estabilizada*. Nessa água não ocorre a precipitação de $CaCO_3$ em tubulações de distribuição, o que poderia entupi-las, nem se observa a dissolução de camadas de $CaCO_3$ com efeito protetor nas superfícies dessas tubulações. A água com concentrações de $CaCO_3$ muito abaixo da saturação de $CaCO_3$ é chamada de água *agressiva*.

O cálcio pode ser removido da água de modo muito eficiente pela adição de ortofosfato

$$5Ca^{2+} + 3PO_4^{3-} + OH^- \rightarrow Ca_5OH(PO_4)_3 \,(s) \tag{8.16}$$

É preciso observar que o processo químico de formação de um produto ligeiramente solúvel para a remoção de solutos indesejáveis como íons de dureza, fosfato, ferro e manganês precisa ser acompanhado de um processo de sedimentação conduzido em um equipamento adequado. Muitas vezes é preciso adicionar coagulantes e conduzir uma filtração para a remoção total desses sedimentos.

A água pode ser purificada por troca iônica, isto é, a transferência reversível de íons entre uma solução aquosa e sólidos capaz de promover a ligação de íons. A remoção de NaCl da solução com duas reações de troca iônica ilustra muito bem esse processo. Primeiro a água é passada por um trocador catiônico sólido na forma de hidrogênio, representado por $H^{+-}\{Cat\,(s)\}$:

$$H^{+-}\{Cat\,(s)\} + Na^+ + Cl^- \rightarrow Na^{+-}\{Cat\,(s)\} + H^+ + Cl^- \tag{8.17}$$

Posteriormente, a água é conduzida por um trocador aniônico na forma hidroxilada, representado por $OH^{-+}\{An\,(s)\}$:

$$OH^{-+}\{An\,(s)\} + H^+ + Cl^- \rightarrow Cl^{-+}\{An\,(s)\} + H_2O \tag{8.18}$$

Assim, os cátions na solução são substituídos pelo íon hidrogênio, e os ânions, pelo íon hidróxido, gerando água como produto.

O abrandamento da água pela troca iônica não exige a remoção de todos os solutos iônicos, apenas dos cátions responsáveis pela dureza da água. Assim, em geral apenas um trocador de cátion é necessário. Além disso, é o trocador na forma de sódio, e não de hidrogênio, que é usado no trocador iônico, e os cátions bivalentes são substituídos pelo íon sódio. Quando presente em concentrações baixas na água usada com as finalidades mais comuns, o íon sódio é inofensivo, sendo que o cloreto de sódio é uma substância barata e conveniente para a regeneração de trocadores de cátions.

Uma variedade de materiais apresenta a propriedade de troca iônica. Entre os minerais mais notáveis em termos dessas propriedades estão os silicatos de alumínio minerais, ou *zeólitas*. Um exemplo de uma zeólita com aplicações comerciais no abrandamento da água é a glauconita, $K_2(MgFe)_2Al_6(Si_4O_{10})_3(OH)_{12}$. Zeólitas são também produzidas pela via sintética com a secagem e a trituração de um gel branco fabricado misturando soluções de silicato de sódio e aluminato de sódio.

A descoberta das resinas de troca iônica sintética compostas de polímeros contendo grupos orgânicos funcionais, em meados da década de 1930, marcou o começo da tecnologia de troca iônica. As fórmulas estruturais de trocadores iônicos sintéticos típicos são mostradas nas Figuras 8.7 e 8.8. O trocador de cátions mostrado na Figura 8.7 é chamado de *trocador catiônico fortemente ácido*, porque o grupo ativo $-SO_3^-H^+$ é um ácido forte. Quando o grupo funcional ligando o cátion é o grupo $-CO^{2-}$, a resina de troca é chamada de *trocador catiônico fracamente ácido*, porque o grupo $-CO_2H$ é um ácido fraco. A Figura 8.8 mostra um *trocador aniônico fortemente bási-*

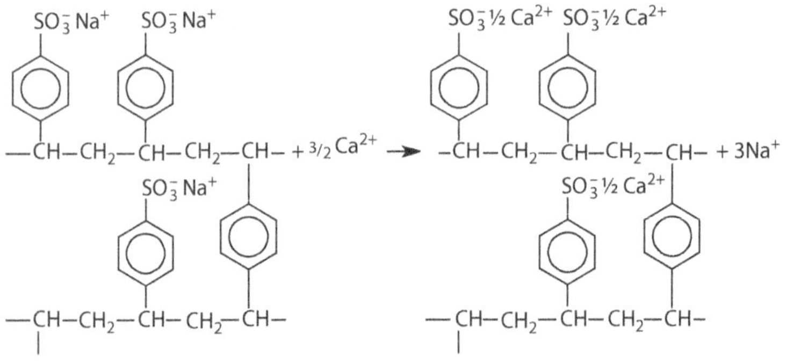

FIGURA 8.7 Trocador catiônico fortemente ácido. A reação de troca do sódio pelo cálcio é mostrada em meio aquoso.

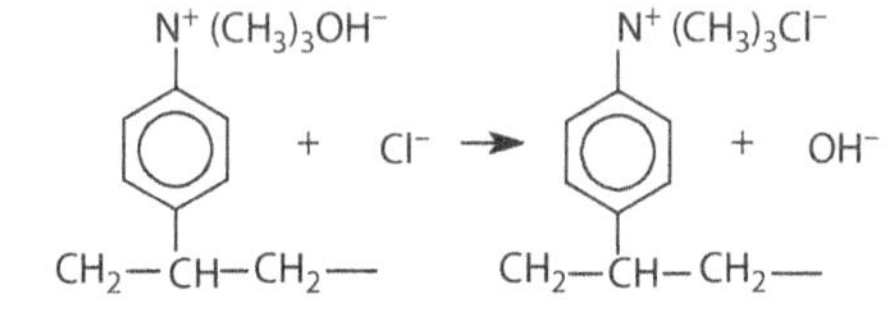

FIGURA 8.8 Trocador aniônico fortemente básico. A reação de troca do cloreto pelo íon hidróxido é mostrada em meio aquoso.

co, em que o grupo funcional é um grupo amônio quaternário, $-N^+(CH_3)_3$. Na forma hidróxido, $-N^+(CH_3)_3OH-$, o íon hidróxido é liberado de imediato, assim, o trocador é chamado de *fortemente básico*.

A capacidade de um trocador catiônico de abrandar a água é ilustrada na Figura 8.7, em que o íon sódio na resina trocadora é substituído pelo íon cálcio em solução. A mesma reação ocorre com o íon magnésio. O abrandamento da água por meio da troca iônica é um método eficiente, econômico e muito utilizado. Contudo, em muitas áreas com vazões baixas, o abrandamento da água para fins domésticos utilizando a troca iônica em larga escala deteriora a qualidade dela, devido à contaminação das águas residuárias com cloreto de sódio. Essa contaminação se origina da necessidade periódica de regenerar um agente de abrandamento de água com cloreto de sódio a fim de deslocar os íons cálcio e magnésio da resina, substituindo esses íons de dureza pelos íons sódio:

$$Ca^{2+}-\{Cat\,(s)\}_2 + 2Na^+ + 2Cl^- \rightarrow 2Na^+-\{Cat\,(s)\} + Ca^{2+} + 2Cl^- \quad (8.16)$$

Durante esse processo de regeneração, um grande excedente de cloreto de sódio é necessário – são diversos quilos para um sistema de abrandamento doméstico. Quantidades apreciáveis de cloreto de sódio dissolvido são lançadas nos esgotos por essa via.

Os trocadores catiônicos fortemente ácidos são utilizados para a remoção da dureza da água. Os trocadores catiônicos fracamente ácidos contendo em sua composição o grupo $-CO_2H$ como grupo funcional são úteis na remoção de alcalinidade. Em geral, a alcalinidade é manifestada pelo íon bicarbonato, uma espécie de base forte o suficiente para neutralizar o ácido de um trocador catiônico fracamente ácido:

$$2R\text{-}CO_2H + Ca^{2+} + 2HCO_3^- \rightarrow [R\text{-}CO_2^-]_2Ca^{2+} + 2H_2O + 2CO_2. \quad (8.20)$$

No entanto, bases fracas como o íon sulfato ou o íon cloro não são fortes o bastante para remover o íon hidrogênio do trocador de ácido carboxílico. Uma das vantagens desses trocadores é que eles podem ser regenerados de maneira essencialmente estequiométrica, com ácidos fortes diluídos, o que evita o potencial problema da poluição causada pelo uso do excesso de cloreto de sódio para regenerar trocadores catiônicos fortemente ácidos.

A *quelação*, por vezes chamada de *sequestro*, é um método eficiente para abrandar água sem a necessidade de remover os íons cálcio e magnésio em solução. Um agente complexante é utilizado, o que reduz as concentrações de cátions livres hidratados de maneira expressiva, conforme mostram alguns dos cálculos no Capítulo 3. Por exemplo, a quelação do íon cálcio com íon EDTA em excesso Y^{4-},

$$Ca^{2+} + Y^{4-} \rightarrow CaY^{2-} \tag{8.21}$$

reduz a concentração do íon cálcio hidratado, impedindo a precipitação do carbonato de cálcio:

$$Ca^{2+} + CO_3^{2-} \rightarrow CaCO_3(s) \tag{8.22}$$

Os sais de polifosfato, EDTA e NTA (ver o Capítulo 3) são agentes quelantes utilizados com frequência no abrandamento da água. Polissilicatos são empregados para complexar o íon ferro.

8.7.1 A remoção do ferro e do manganês

O ferro e o manganês solúveis são encontrados em muitos corpos de águas subterrâneas devido às condições redutoras que favorecem a oxidação desses metais ao estado 2^+ (ver Capítulo 4). O ferro é encontrado em mais abundância do que o manganês. Em águas subterrâneas, a concentração de ferro raramente excede 10 mg L^{-1}, mas a do manganês quase nunca ultrapassa 2 mg L^{-1}. O método elementar de remoção desses dois metais depende da oxidação a estados insolúveis de oxidação mais alta. A oxidação é, muitas vezes, executada com a aeração. Nos dois casos, a taxa de oxidação é uma variável dependente do pH, sendo que valores elevados de pH aceleram o processo. A oxidação do Mn(II) solúvel em MnO_2 insolúvel é um processo complicado. Esse processo parece ser catalisado pelo MnO_2 sólido, conhecido pela capacidade de adsorver Mn(II). Esse Mn(II) adsorvido é oxidado lentamente na superfície do MnO_2.

O cloro e o permanganato de potássio muitas vezes são utilizados como agentes oxidantes do ferro e do manganês. Existem evidências de que os agentes orgânicos quelantes com propriedades redutoras conservam o ferro (II) na forma solúvel em água. Nesses casos, o cloro é eficiente, porque destrói compostos orgânicos e possibilita a oxidação do ferro (II).

Na água com níveis altos de carbonato, o $FeCO_3$ e o $MnCO_3$ podem ser precipitados diretamente com a elevação do pH acima de 8,5. Contudo, essa abordagem não tem tanta popularidade quanto a oxidação.

Com frequência, níveis relativamente altos de ferro (III) e manganês (IV) insolúveis são encontrados na água na forma de matéria coloidal de difícil remoção. Esses metais podem estar associados a coloides húmicos ou matéria orgânica "peptizadora" que se liga a óxidos metálicos coloidais, estabilizando o coloide.

Metais como cobre, cádmio, mercúrio e chumbo são encontrados em águas residuárias geradas por numerosos processos. Devido à toxicidade exibida por muitos metais, suas concentrações precisam ser reduzidas a níveis muito baixos antes do lançamento das águas residuárias que os contêm. Diferentes abordagens são adotadas na remoção de metais.

O tratamento com cal, utilizado para remover cálcio e discutido anteriormente nesta seção, precipita metais na forma de hidróxidos insolúveis, sais básicos ou coprecipitados com carbonato de cálcio ou hidróxido de ferro (III). Esse processo não remove por completo o mercúrio, o cádmio ou o chumbo. Por essa razão a remoção desses metais precisa ser acompanhada da adição de sulfeto (a maior parte dos metais forma sulfetos pouco solúveis):

$$Cd^{2+} + S^{2-} \rightarrow CdS(s) \qquad (8.23)$$

A cloração intensa muitas vezes é necessária para quebrar os ligantes solubilizadores de metais (ver Capítulo 3). A precipitação com cal nem sempre permite a recuperação de metais, sendo que pode ser indesejável, do ponto de vista econômico.

A *eletrodeposição* (a redução de íons metálicos a metal elementar por elétrons em um eletrodo), a *osmose reversa* (ver Seção 8.9) e a *troca iônica* são muitas vezes empregadas na remoção de metais. A extração por solvente utilizando substâncias quelantes solúveis em compostos orgânicos é eficiente na remoção de diversos metais. A *cimentação*, um processo em que um metal se deposita pela reação de seu próprio íon com um metal mais facilmente oxidável, também pode ser empregada:

$$Cu^{2+} + Fe \text{ (sucata)} \rightarrow Fe^{2+} + Cu \qquad (8.24)$$

A adsorção por carvão ativado é eficiente na remoção de alguns metais da água, chegando a níveis de parte por milhão. Muitas vezes promove-se a adsorção de um agente quelante no carvão, para aumentar o nível de remoção do metal.

Mesmo nos casos em que não é projetada especificamente para remover metais, a maioria dos processos de tratamento de águas residuárias remove quantidades apreciáveis dos metais mais problemáticos presentes nelas. O tratamento biológico de efluentes é eficiente na remoção de metais da água. Esses metais acumulam-se no lodo gerado no tratamento biológico e por isso o descarte desse lodo precisa ser planejado com cautela.

Diversos processos de tratamento físico-químico são eficientes na remoção de metais de águas residuárias. Um desses tratamentos é a precipitação com cal, seguida da filtração com carvão ativado. A filtração com carvão ativado também pode ser precedida por um tratamento com cloreto de ferro (III) para formar um flóculo de hidróxido de ferro (III), um eficiente removedor de metais. Pela mesma razão, o alúmen, que forma hidróxido de alumínio, pode ser adicionado antes da filtração com carvão ativado.

A forma do metal exerce forte influência na eficiência de sua remoção. Por exemplo, o cromo (VI) normalmente é mais difícil de ser removido que o cromo (III). A quelação pode impedir a remoção de metais, ao solubilizá-los (ver Capítulo 3).

No passado, a remoção de metais era um aspecto marginal (um apêndice)nos processos de tratamento de águas residuárias. Porém, hoje mais atenção vem sendo dada aos parâmetros de projeto e operação que, de maneira específica, aprimoram a remoção de metais como parte do tratamento de águas residuárias.

8.8 A remoção de compostos orgânicos dissolvidos

Existe a suspeita de que níveis muito baixos de compostos orgânicos exógenos na água para consumo humano contribuam para o surgimento do câncer e de outras doenças. Os processos de desinfecção da água que, por sua própria natureza, envolvem condições químicas bastante severas, sobretudo a oxidação, têm a tendência de produzir *subprodutos da desinfecção*. Alguns desses subprodutos são compostos orgânicos clorados produzidos pela cloração de compostos orgânicos em água, sobretudo substâncias húmicas. Sabe-se que a remoção de compostos orgânicos a níveis muito baixos, antes da cloração, é eficiente na prevenção da formação de trialometanos. Outra importante classe de subprodutos da desinfecção é formada pelos compostos orgânicos contendo oxigênio, como aldeídos, ácidos carboxílicos e oxiácidos.

Diversos compostos orgânicos sobrevivem, ou são produzidos, no tratamento secundário de águas residuárias e devem ser considerados no descarte ou na reutilização de água tratada. Quase metade desses compostos são substâncias húmicas (ver Seção 3.17) com uma massa molar que varia entre 1.000 e 5.000. Além dos compostos húmicos, encontramos materiais extraíveis por éteres, carboidratos, proteínas, detergentes, taninos e ligninas. Em função da alta massa molar e do caráter aniônico, os compostos húmicos influenciam alguns dos aspectos físicos e químicos do tratamento de águas residuárias. Os extraíveis em éter contêm muitos dos compostos resistentes à biodegradação e que causam preocupação quanto a potenciais de toxicidade, carcinogênese e mutagênese. Na fase etérea encontram-se muitos ácidos graxos, hidrocarbonetos da classe *n*-alcanos, naftaleno, difenilmetano, difenila, metilnaftaleno, isopropileno, dodecilbenzeno, fenol, ftalatos e trimetilfosfato.

O método padrão para a remoção de material orgânico dissolvido é a adsorção por carvão ativado, um produto gerado a partir de diversas fontes de matérias carboníferas, como madeira, carvão, resíduos da indústria do papel, turfa e lignita. O carbono é produzido com a queima anaeróbia da matéria-prima abaixo de 600°C, seguida de uma etapa de ativação consistindo em uma oxidação parcial. O dióxido de carbono pode ser empregado como agente oxidante a 600-700°C.

$$CO_2 + C \rightarrow 2CO \tag{8.25}$$

Como alternativa, o carbono pode ser oxidado com vapor a 800-900°C.

$$H_2O + C \rightarrow H_2 + CO \tag{8.26}$$

Esses processos desenvolvem a porosidade, aumentam a área superficial e promovem um arranjo dos átomos de C com afinidade com compostos orgânicos.

Existem dois tipos de carvão ativado disponíveis no mercado: o granulado, consistindo de partículas entre 0,1 e 1 mm de diâmetro, e o carvão ativado em pó, em que a maior parte das partículas tem entre 50 e 100 μm de diâmetro.

O exato mecanismo pelo qual o carvão ativado retém matéria orgânica não está totalmente elucidado. Contudo, uma das explicações para sua eficiência como adsorvente é sua enorme área superficial. Um pé cúbico (28,32 L) de carvão ativado tem uma área total, considerando área de poros e superficial, que chega a 10 milhas quadradas (25,9 km²)!

Embora cresça o interesse na utilização de carvão ativado em pó no tratamento da água, hoje o carvão granular é o mais utilizado. Ele pode ser empregado em um leito fixo, através do qual a água flui para baixo. A acumulação de material particulado exige retrolavagens periódicas. Um leito expandido, em que as partículas são mantidas ligeiramente distantes umas das outras pelo fluxo ascendente de água, é utilizado para reduzir as chances de entupimento.

A economia de processos requer a recuperação do carvão, feita sob aquecimento a 950°C em uma atmosfera de vapor e ar. Esse processo oxida compostos orgânicos adsorvidos e recupera a superfície do carvão, com uma perda de aproximadamente 10% deste.

A remoção de compostos orgânicos pode ser realizada com o uso de polímeros sintéticos adsorventes. Esses polímeros, como Amberlite XAD-4, têm superfícies hidrofóbicas e exercem forte atração em compostos orgânicos relativamente insolúveis, como pesticidas clorados. A porosidade desses polímeros chega a 50% em volume e a área superficial pode ser de até 850 m² g^{-1}. Eles são prontamente regenerados por solventes como isopropanol e acetona. Em condições de operação adequadas, esses polímeros removem quase todos os solutos orgânicos não iônicos. Por exemplo, uma concentração de fenol de 250 mg L^{-1} é reduzida a menos que 0,1 mg L^{-1} com tratamento adequado com Amberlite XAD-4.

A oxidação de compostos orgânicos dissolvidos é uma alternativa com boas chances de sucesso na sua remoção. O ozônio, o peróxido de hidrogênio, o oxigênio molecular (com ou sem catalisadores), o cloro e seus derivados, o permanganato ou o ferrato [ferro (VI)] também podem ser utilizados. A oxidação eletroquímica é uma alternativa em alguns casos. Além destes, os feixes de elétrons de alta energia produzidos por aceleradores de elétrons de alta voltagem têm o potencial de destruir compostos orgânicos.

8.8.1 A remoção de herbicidas

Por sua ampla utilização e persistência no ambiente, os herbicidas representam um problema quando presentes em recursos de água para consumo humano. Os níveis desses compostos variam com a estação do ano e a frequência com que são aplicados no controle de ervas daninhas. Os mais solúveis são também os mais inclinados a serem encontrados na água de abastecimento. Um dos herbicidas mais problemáticos é a atrazina, muitas vezes encontrada na forma de seu metabólito, a desetilatrazina. O tratamento com carvão ativado é o melhor método para a remoção de herbicidas e seus metabólitos dos mananciais de água de abastecimento. Um dos problemas do carvão ativado é a *pré-carga*, em que a matéria orgânica natural presente na água adere ao carvão e atrapalha a adsorção de poluentes orgânicos, como os herbicidas. O pré-tratamento para remover a matéria orgânica, como a floculação e a precipitação de substâncias húmicas, aumenta a eficácia do carbono ativado na remoção de herbicidas e de outros compostos orgânicos.

8.9 A remoção de compostos inorgânicos dissolvidos

Para que a reciclagem completa da água seja viável, é necessário remover solutos inorgânicos. Os efluentes de um tratamento secundário em geral contêm 300-400 mg L^{-1} ou mais de matéria inorgânica dissolvida em comparação com mananciais de água municipal. Portanto, é óbvio que a reciclagem de 100% de um volume de água sem a remoção de compostos inorgânicos causaria o acúmulo de um nível intolerável de material dissolvido. Mesmo nos casos em que a água não é destinada à reutilização imediata, a remoção dos nutrientes inorgânicos fósforo e nitrogênio é muito importante a fim de reduzir a eutrofização a jusante. Em alguns casos, a remoção de metais traço-tóxicos é indispensável.

Um dos métodos mais aceitos para a remoção de compostos inorgânicos da água é a destilação. Porém, a energia necessária para a destilação normalmente é muito alta e por isso o processo nem sempre é viável, do ponto de vista econômico. Além disso, a menos que medidas preventivas específicas sejam adotadas, uma grande parte de matérias voláteis como amônia e compostos odoríferos é arrastada no processo de destilação. O congelamento produz uma água muito pura, mas não é considerado econômico, tendo em vista a tecnologia atual disponível. A troca iônica e os processos de membrana são os meios mais eficientes para remover matéria inorgânica da água, e serão discutidos a seguir.

8.9.1 A troca iônica

O método de troca iônica para o abrandamento da água é descrito na Seção 8.7. O processo de troca iônica utilizado para a remoção de compostos inorgânicos consiste no fluxo sucessivo de água através de um trocador de cátions de leito sólido e de um trocador de ânions de leito sólido, o que substitui cátions e ânions pelos íons hidrogênio e hidroxila, respectivamente. Com isso, cada equivalente de sal é substituído por um mol de água. Para o sal iônico hipotético MX, as reações são as seguintes, onde $-\{Cat\,(s)\}$ representa o trocador de cátion de leito sólido, e $^+\{An\,(s)\}$, o trocador de ânions de leito sólido:

$$H^{+-}\{Cat\,(s)\} + M^+ + X^- \rightarrow M^{+-}\{Cat\,(s)\} + H^+ + X^- \qquad (8.27)$$

$$OH^{-+}\{An\,(s)\} + H^+ + X^- \rightarrow X^{-+}\{An\,(s)\} + H_2O \qquad (8.28)$$

O trocador de cátions é regenerado com um ácido forte, e o trocador de ânions, com uma base forte.

A desmineralização com um trocador iônico produz uma água de alta qualidade. Infelizmente, alguns compostos orgânicos presentes em águas residuárias obstruem os trocadores iônicos, e o crescimento microbiano nos trocadores pode diminuir a eficiência do equipamento. Além disso, a regeneração das resinas é cara, e os resíduos concentrados da regeneração requerem descarte sem causar danos ao ambiente.

8.9.2 A eletrodiálise

A *eletrodiálise* consiste na aplicação de uma corrente elétrica contínua em um corpo de água dividido em camadas por membranas permeáveis a cátions e ânions dispostas em alternância. Os cátions migram para o cátodo, e os ânions, para o ânodo. Cátions e ânions dissolvidos entram em uma camada de água, atravessam a respectiva membrana permeável e ambos deixam a camada adjacente. Assim, as camadas de água enriquecidas com sais alternam-se com aquelas das quais os sais foram removidos. A água nas camadas de alta salinidade é recirculada, até certo ponto, para evitar o excesso de acumulação de solução salina. Os princípios envolvidos no tratamento com eletrodiálise são mostrados na Figura 8.9.

O entupimento causado pelos diversos materiais pode gerar problemas no tratamento da osmose reversa da água. Embora os íons relativamente pequenos que constituem os sais dissolvidos nas águas residuárias passem pelas membranas sem dificuldade, íons orgânicos maiores (proteínas, por exemplo) e coloides com carga elétrica migram para as superfícies das membranas, muitas vezes bloqueando-as e reduzindo sua eficiência. Além disso, a proliferação de microrganismos nas membranas também pode obstruí-las.

A experiência com estações de tratamento piloto indica que a eletrodiálise tem potencial prático e econômico para remover até 50% da matéria inorgânica presente no efluente do tratamento secundário de esgoto após o pré-tratamento, para eliminar substâncias que possam bloquear a membrana. Esse nível de eficiência permitiria a reciclagem repetida da água, sem que os diferentes tipos de matéria inorgânica cheguem a níveis inaceitavelmente altos.

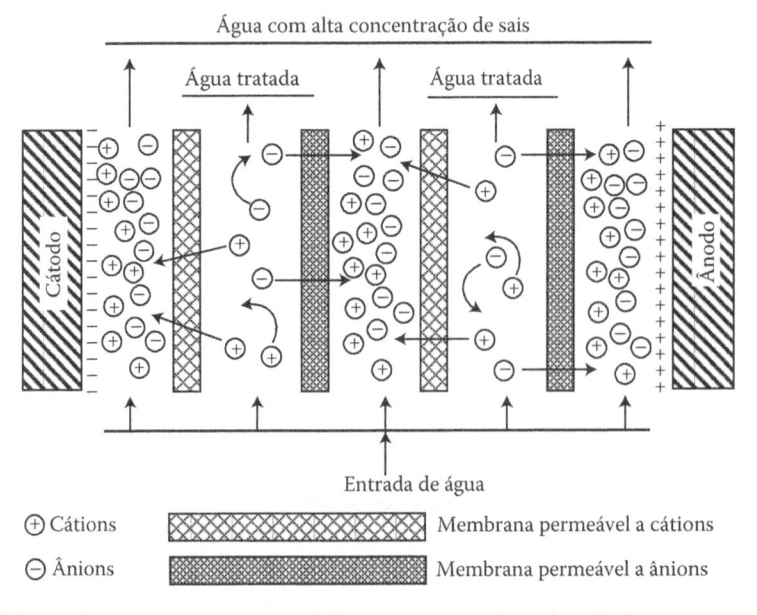

FIGURA 8.9 O equipamento de eletrodiálise para a remoção de íons da água.

```
M⁺   H₂O   X⁻   M⁺   H₂O   X⁻   M⁺   H₂O   X⁻   M⁺   H₂O   X⁻  ⎫ Água contaminada
H₂O  M⁺    X⁻   H₂O  M⁺    X⁻   H₂O  M⁺    X⁻   H₂O  M⁺    X   ⎬ com íons
H₂O  H₂O   H₂O  H₂O  H₂O   H₂O  H₂O  H₂O   H₂O  H₂O  H₂O  H₂O  ⎭ Camada de água
                                                                  adsorvida, com
                                                                  espessura d
```

[Diagrama: Membrana porosa ←2d→ Membrana porosa ←2d→ Membrana porosa, com H₂O descendo para Água purificada]

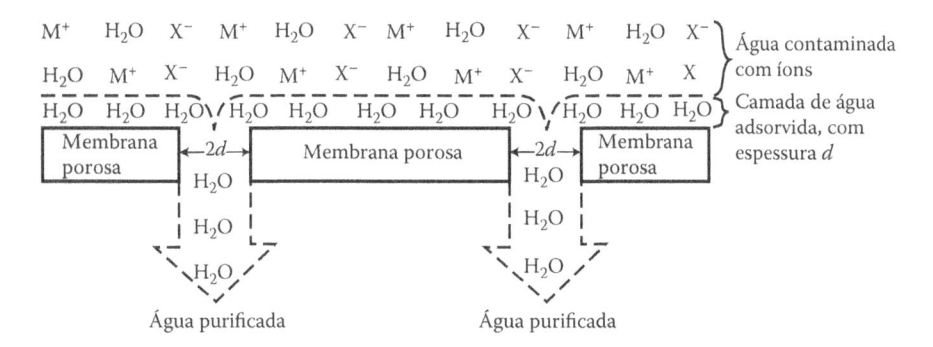

FIGURA 8.10 Remoção de solutos da água por osmose reversa.

8.9.3 A osmose reversa

A *osmose reversa* é um dos diversos processos a membrana sob pressão para a purificação da água, que também inclui a nanofiltração, a ultrafiltração e a microfiltração (Seção 8.6). A osmose reversa é uma técnica já bastante aperfeiçoada e muito útil para a purificação e dessalinização da água. Conforme a Figura 8.10, ela consiste no bombeamento de água através de uma membrana semipermeável que permite a passagem da água, mas não de outros materiais. Esse processo, que não é uma mera separação por peneira nem uma ultrafiltração, depende da sorção preferencial da água na superfície de uma membrana porosa de celulose ou de poliacrilamida. A água purificada na camada sorvida é bombeada sob pressão através de poros na membrana. Se a espessura da camada de água sorvida for d, o diâmetro de poro ótimo para a separação deverá ser $2d$. O diâmetro de poro ótimo depende da espessura da camada de água purificada sorvida e pode equivaler a diversas vezes o diâmetro das moléculas do soluto e do solvente.

Em um exemplo de reciclagem conduzida de acordo com os conceitos da química verde, após algum tempo de utilização as membranas da osmose reversa são tratadas com permanganato de potássio, que remove substâncias entupidoras e também a camada superficial que repele sais, reduzindo de maneira drástica as propriedades de repelência a sais. As membranas tratadas são então utilizadas para a filtração, para remover até 94% de sólidos suspensos da água.

A nanofiltração utiliza uma membrana de filtração pressurizada que não retira íons monocarregados (que são removidos por osmose), mas pode ser efetiva na remoção de dureza (Ca^{2+}). A nanofiltração funciona a pressões menores em comparação com a osmose reversa, exigindo menos energia, e a custos menores. Recentemente a técnica ganhou popularidade como alternativa para o tratamento de água para consumo humano.

8.9.4 A remoção do fósforo

O tratamento avançado de águas residuárias normalmente requer a remoção do fósforo, para reduzir a proliferação de algas. As algas conseguem se desenvolver em níveis de PO_4^{3-} tão baixos quanto 0,05 mg L^{-1}. A inibição do crescimento desses organismos exige níveis muito abaixo de 0,5 mg L^{-1}. Uma vez que os esgotos urbanos via de regra contêm perto de 25 mg L^{-1} de fosfato (na forma de ortofosfatos, polifosfatos e fosfatos insolúveis), a fim de impedir a proliferação de algas a eficiência da remoção de fosfato precisa ser bastante alta. Essa remoção pode ser efetuada no processo de tratamento de esgoto (1) no decantador primário, (2) na câmara de aeração da estação de lodo ativado, ou (3) após o tratamento secundário de efluentes.

O tratamento do lodo ativado remove cerca de 20% do fósforo presente no esgoto. Logo, uma parcela considerável de fósforo de origem sobretudo biológica é removida com o lodo. Além dos detergentes, há outras fontes que contribuem para níveis expressivos de fósforo no esgoto doméstico, embora uma considerável quantidade do íon fósforo permaneça no efluente. Porém, alguns resíduos, como aqueles contendo carboidratos oriundos das refinarias de açúcar, são tão pobres em fósforo que é necessário suplementar esses resíduos com fósforo inorgânico para permitir o crescimento adequado de microrganismos que os degradarão.

Sob as condições de operação de algumas estações de tratamento de esgoto, índices de remoção de fósforo muito acima do normal foram observados. Nessas estações, caracterizadas por altos valores de OD e altos níveis de pH no tanque de aeração, foram obtidos índices de remoção de fósforo entre 60 e 90%, gerando níveis de fósforo no lodo duas ou três vezes mais altos que o normal. Em um tanque de aeração de uma estação de lodo ativado operando em condições normais, o nível de CO_2 é relativamente maior devido à liberação do gás pela degradação de matéria orgânica. Um nível alto de CO_2 resulta em um valor de pH um tanto menor, em função da fraca acidez do CO_2 dissolvido na água. Na maioria das vezes a taxa de aeração é mantida em níveis não muito altos, pois a transferência de oxigênio do ar é relativamente mais eficiente quando os níveis de OD na água são menores. Assim, com frequência a taxa de aeração não é alta o bastante para arrastar uma quantidade suficiente de dióxido de carbono de maneira a reduzir a sua concentração. Logo, na maioria das vezes o pH é baixo o bastante para que o fosfato seja mantido sobretudo na forma do íon $H_2PO_4^-$. Contudo, a uma taxa de aeração maior em uma água relativamente dura, o CO_2 é arrastado por completo, o pH se eleva e reações como a descrita a seguir ocorrem:

$$5Ca^{2+} + 3HPO_4^{2-} + H_2O \rightarrow Ca_5OH(PO_4)_3 (s) + 4H^+ \qquad (8.29)$$

A hidroxiapatita precipitada ou outra forma de fosfato de cálcio é incorporada no floco do lodo. A reação 8.29 tem forte dependência do pH, mas um aumento na concentração do íon hidrogênio desloca o equilíbrio para a esquerda. Por essa razão, em condições anaeróbias, quando o lodo se torna mais ácido devido aos níveis mais altos de CO_2, o fosfato retorna à solução.

Em termos de reações químicas, o método mais comum para remover o fosfato é a precipitação. Alguns precipitantes comuns e seus produtos são mostrados na Tabela 8.2. Os processos de precipitação são capazes de remover entre 90 e 95% do fósforo, a custos razoáveis. A cal tem como vantagens o baixo custo e a facilidade de regeneração. A eficiência na remoção do fósforo pela cal não é tão alta quanto se poderia prever por conta da baixa solubilidade da hidroxiapatita, $Ca_5OH(PO_4)_3$. Entre as possíveis razões para isso estão a precipitação lenta da $Ca_5OH(PO_4)_3$, a formação de coloides não sedimentáveis, a precipitação de cálcio como $CaCO_3$ em certas faixas de pH, bem como o fato de que o fosfato pode estar presente como fosfatos condensados (polifosfatos), que formam complexos solúveis com o íon cálcio.

A cal, $Ca(OH)_2$, é o composto químico mais utilizado na remoção do fósforo:

TABELA 8.2 Precipitantes químicos para o fosfato e seus produtos

Precipitantes	Produto
$Ca(OH)_2$	$Ca_5OH(PO_4)_3$ (hidroxiapatita)
$Ca(OH)_2 + NaF$	$Ca_5F(PO_4)_3$ (fluorapatita)
$Al_2(SO_4)_3$	$AlPO_4$
$FeCl_3$	$FePO_4$
$MgSO_4$	$MgNH_4PO_4$

$$5Ca(OH)_2 + 3HPO_4^{2-} \rightarrow Ca_5OH(PO_4)_3(s) + 3H_2O + 6OH^- \qquad (8.30)$$

O fosfato em solução pode ser removido pela adsorção por alguns sólidos, sobretudo a alumina ativada, Al_2O_3. A remoção de até 99,9% de ortofosfato é realizada de acordo com esse método.

8.9.5 A remoção do nitrogênio

Depois do fósforo, o nitrogênio é o nutriente de algas mais comumente removido como parte do tratamento de águas residuárias avançado. Diversas técnicas químicas e biológicas, além da troca iônica e dos processos de membrana, podem ser utilizadas na remoção do nitrogênio da água. A mineralização do nitrogênio orgânico no tratamento de águas residuárias produz primeiramente o íon amônio, NH_4^+. O processo químico mais comum para a remoção do nitrogênio de águas residuárias é a reação do nitrogênio na forma do íon amônio com hipoclorito (do cloro) para gerar nitrogênio elementar no estado gasoso:

$$NH_4^+ + HOCl \rightarrow NH_2Cl + H_2O + H^+ \qquad (8.31)$$

$$2NH_2Cl + HOCl \rightarrow N_2(g) + 3H^+ + 3Cl^-H_2O \qquad (8.32)$$

A nitrificação acompanhada pela desnitrificação é o método biológico mais comum para remover nitrogênio inorgânico de águas residuárias e é, sem dúvida, a técnica mais eficiente. A primeira etapa é uma conversão praticamente completa da amônia e do nitrogênio orgânico em nitrato em condições fortemente aeróbias obtidas por uma aeração do esgoto mais intensa do que o normal:

$$NH_4^+ + 2O_2 \text{ (bactérias nitrificantes)} \rightarrow NO_3^- + 2H^+ + H_2O \qquad (8.33)$$

A segunda etapa é a redução do nitrato a gás nitrogênio. Esta reação também é catalisada por bactérias e exige uma fonte de carbono e um agente redutor, como o metanol, CH_3OH.

$$6NO_3^- + 5CH_3OH + 6H^+ \text{ (bactérias desnitrificantes)} \rightarrow$$
$$3N_2(g) + 5CO_2 + 13H_2O \qquad (8.34)$$

O processo de desnitrificação pode ser executado em um tanque ou em uma coluna de carvão. Na operação de uma estação piloto, foram obtidas taxas de conversão de amônia em nitrato da ordem de 95% e de nitrato a nitrogênio que chegaram a 86%.

8.10 O lodo

Hoje, talvez o problema mais premente do tratamento de água diz respeito ao lodo coletado ou produzido durante o processo. Sabe-se que encontrar um local seguro para descartar esse lodo ou descobrir maneiras de utilizá-lo é uma tarefa problemática, agravada pelos inúmeros sistemas de tratamento de água.

Parte do lodo está presente em águas residuárias antes do tratamento e pode ser coletada diretamente delas. Esse lodo inclui resíduos humanos, pedaços de lixo, resíduos orgânicos, areia grossa e silte trazidos pelas galerias pluviais após tempestades, além de resíduos orgânicos e inorgânicos de origens comerciais e industriais diversas. Existem dois tipos principais de lodo gerado em uma estação de tratamento de água. O primeiro é o lodo orgânico obtido do lodo ativado, do filtro biológico ou dos biodiscos. O segundo é o lodo inorgânico oriundo da adição de compostos químicos, como para a remoção do fósforo (ver Seção 8.9).

Na maioria das vezes o lodo do esgoto é submetido à digestão anaeróbia em um digestor projetado para permitir a atividade bacteriana na ausência de ar. Isso reduz a massa e o volume do lodo, em um processo cujo resultado pretendido é a formação de material húmico estabilizado. Agentes causadores de doenças também são destruídos nesse processo.

Após a digestão, geralmente o lodo é condicionado e adensado a fim de estabilizá-lo e facilitar a remoção da água. Processos com custos relativamente baixos, como o adensamento por gravidade, são empregados para reduzir o conteúdo de umidade a cerca de 95%. Além disso, o condicionamento do lodo pode ser melhorado quimicamente com a adição de sais de ferro ou de alumínio, cal ou polímeros.

O desaguamento do lodo é utilizado para converter o lodo de um estado fundamentalmente líquido em um sólido úmido contendo não mais do que 85% em água. Isso pode ser obtido em leitos de secagem de lodo que consistem de camadas de areia e cascalho. Técnicas mecânicas também são usadas, inclusive filtração a vácuo, centrifugação e filtros-prensa. Pode-se utilizar calor para auxiliar no processo de secagem.

No final, é necessário descartar o lodo. Antes de ser proibida pelo congresso norte-americano no final da década de 1980, a disposição do lodo nos oceanos era prática comum. Hoje, as duas principais alternativas para a disposição do lodo são o espalhamento no solo e a incineração.*

Rico em nutrientes, o lodo oriundo do esgoto contém cerca de 5% de N, 3% de P e 0,5% de K em massa seca, podendo ser utilizado para fertilizar e condicionar solos. O material húmico no lodo melhora as propriedades físicas e a capacidade de troca de cátions do solo. A possível acumulação de metais é uma das preocupações quanto à utilização do solo em plantações. O lodo oriundo do esgoto é um excelente complexante de metais e pode conter níveis elevados de zinco, cobre, níquel e cádmio. Esses e outros metais apresentam a tendência de permanecer imobilizados no solo pela quelação com matéria orgânica, adsorção em minerais argilosos e precipitação como compostos insolúveis como óxidos e carbonatos. No entanto, a crescente aplicação de

---

* N. de R. T.: No Brasil, a disposição de lodo (biossólidos) na agricultura é regulamentada pela resolução CONAMA 375 e 380.

lodo em lavouras vem causando níveis notadamente elevados de zinco e cádmio tanto nas folhas quanto nos grãos do milho. Logo, é importante ter cautela na aplicação intensiva ou prolongada de lodo do esgoto em solos. O controle prévio da contaminação por metais de origem industrial reduziu de maneira considerável o conteúdo desses metais no lodo e possibilitou sua utilização mais extensiva em solos.

Um dos problemas mais significativos do tratamento de esgoto é representado pelos fluxos secundários de lodo. Esses fluxos são formados por água removida do lodo nos diversos processos de tratamento. Os processos de tratamento do lodo podem ser divididos em processos de tratamento do fluxo principal (sobretudo a clarificação, a filtração biológica, o lodo ativado e o biodisco) e processos associados. Durante esses tratamentos associados, o lodo é desidratado, degradado e desinfetado por uma variedade de processos, que incluem o adensamento por gravidade, a flotação por ar dissolvido, a digestão anaeróbia (anóxica), a digestão óxica, a filtração a vácuo, a centrifugação, a filtragem com filtro-prensa, o tratamento com leito de secagem em areia, a sedimentação em lagoa de lodo, a oxidação com ar úmido e a filtração sob pressão. Cada um desses processos gera um fluxo de lodo secundário que é recirculado para o fluxo principal, aumentando sua DBO e seu teor de sólidos suspensos.

Uma variedade de lodos é produzida por diversos processos de tratamento de água e processos industriais. Entre os maiores produtores desses lodos estão o lodo de alúmen gerado pela hidrólise de sais de Al (III) utilizados no tratamento de água, o que produz o hidróxido de alumínio gelatinoso:

$$Al^{3+} + 3OH^- \,(aq) \rightarrow Al(OH)_3\,(s) \tag{8.35}$$

Os lodos de alúmen contendo hidróxido de alumínio normalmente apresentam 98% ou mais de água e são muito difíceis de desidratar.

Os compostos de ferro (II) e também de ferro (III) são usados na remoção de impurezas de águas residuárias com a precipitação de $Fe(OH)_3$. O lodo contém $Fe(OH)_3$ na forma de precipitados leves e macios. É difícil remover mais do que 10 a 12% de água desses precipitados.

A adição de cal, $Ca(OH)_2$, ou cal viva, CaO, à água é utilizada para elevar o pH a cerca de 11,5 e causar a precipitação do $CaCO_3$, além de hidróxidos metálicos e fosfatos. O carbonato de cálcio é prontamente recuperado de lodos tratados com cal e pode ser recalcinado a fim de produzir CaO, que pode ser reciclado no sistema.

Os lodos contendo hidróxidos metálicos são produzidos pela remoção de metais como chumbo, cádmio, níquel e zinco presentes em águas residuárias por meio da elevação do pH a valores em que os hidróxidos ou óxidos metálicos correspondentes são precipitados. A disposição desses lodos representa um sério problema devido aos teores de metais tóxicos. A recuperação de metais é uma alternativa atraente para esses lodos.

Microrganismos patogênicos (causadores de doenças) podem persistir no lodo produzido pelo tratamento de esgoto. Esses microrganismos incluem bactérias como *Enterobacter* e *Shigella*, vírus como os da hepatite e o enterovírus, protozoários como *Entamoeba* e *Giardia*, vermes helmintos como *Ascaris* e *Toxocara*. Muitos desses organismos são perigosos para a saúde, além do risco da exposição humana, quando da aplicação do lodo aos solos. Assim, é preciso não só estar ciente da presença dos microrganismos patogênicos no lodo do tratamento de esgotos municipais como também encontrar meios de reduzir os riscos associados a eles.

Os organismos mais importantes no lodo do esgoto municipal incluem (1) os indicadores de poluição fecal, como coliformes fecais e totais, (2) bactérias patogênicas, como as dos gêneros *Salmonellae* e *Shigellae*, (3) vírus entéricos (intestinais), como enterovírus e poliovírus e (4) parasitas, como *Entamoeba histolytica* e *Ascaris lumbricoides*.

Existem diversos métodos recomendados para a redução significativa de níveis de patógenos no lodo do esgoto. A digestão aeróbia envolve a agitação aeróbia do lodo por períodos de 40 a 60 dias (períodos mais longos são utilizados quando a temperatura do lodo é baixa). A secagem a ar envolve a drenagem e/ou a secagem do lodo líquido por ao menos três meses em uma camada com 20 a 25 cm de espessura. Essa operação é executada em leitos de areia com drenagem inferior ou em bacias. A digestão anaeróbia envolve a manutenção do lodo em um estado anaeróbio por períodos de tempo que variam entre 60 dias a 20°C até 15 dias a temperaturas acima de 35°C. A compostagem envolve a mistura da torta de lodo desidratado com agentes de intumescimento degradáveis, como serragem ou lixo municipal triturado, o que permite a ação de bactérias promotoras de degradação a temperaturas entre 45 e 65°C. Temperaturas altas tendem a matar bactérias patogênicas. Por fim, os organismos patogênicos podem ser destruídos pela estabilização com cal, em que é adicionada quantidade de cal suficiente para elevar o pH do lodo a 12 ou mais.

8.11 A desinfecção da água

O cloro é o desinfetante mais comum para matar bactérias na água. Quando o cloro é adicionado à água, ele é rapidamente hidrolisado, como mostra a reação

$$Cl_2 + H_2O \rightarrow H^+ + Cl^- + HOCl \tag{8.36}$$

que tem a seguinte constante de equilíbrio:

$$K = \frac{[H^+][Cl^-][HOCl]}{[Cl_2]} = 4{,}5 \times 10^{-4} \tag{8.37}$$

O ácido hipocloroso, HOCl, é um ácido fraco que dissocia de acordo com a reação,

$$HOCl \rightleftarrows H^+ + OCl^- \tag{8.38}$$

com uma constante de ionização de $2{,}7 \times 10^{-8}$. Com base nisso, é possível observar que a concentração do cloro elementar no equilíbrio Cl_2 é insignificante acima de pH 3, quando o cloro é adicionado à água em níveis abaixo de $1{,}0$ g L^{-1}.

Em certos casos, sais de hipoclorito são utilizados como desinfetante em vez de gás cloro. O hipoclorito de cálcio, $Ca(OCl)_2$, é empregado com frequência. A utilização de hipocloritos é mais segura do que a de gás cloro.

As duas espécies químicas formadas com a adição do cloro à água, o HOCl e o OCl$^-$, são conhecidas como *cloro livre disponível*, sendo muito eficiente na eliminação de bactérias. Na presença de amônia, são formadas a monocloramina, a dicloramina e a tricloramina:

$$NH_4^+ + HOCl \rightarrow NH_2Cl \text{ (monocloramina)} + H_2O + H^+ \quad (8.39)$$

$$NH_2Cl + HOCl \rightarrow NHCl_2 \text{ (dicloramina)} + H_2O \quad (8.40)$$

$$NHCl_2 + HOCl \rightarrow NCl_3 \text{ (tricloramina)} + H_2O \quad (8.41)$$

As cloraminas são chamadas pelo nome genérico *cloro disponível combinado*. Com frequência, a cloração promove a formação de cloro disponível combinado que, embora seja um desinfetante mais fraco do que o cloro livre disponível, é retido com mais facilidade como desinfetante no sistema de distribuição. Teores de amônia muito elevados na água são indesejáveis porque geram uma demanda excessiva por cloro.

Em águas contendo amônia em razões Cl:N suficientemente altas, parte do HOCl e do OCl⁻ não reagem, ao passo que uma pequena quantidade de NCl_3 é formada. A razão em que essa formação ocorre é chamada de *demanda de cloro*. A cloração além dela garante a desinfecção. O processo também apresenta a vantagem de destruir os materiais mais comuns causadores de odor e gosto na água.

Em níveis moderados de NH_3–N (perto de 20 mg L^{-1}), quando o pH está entre 5,0 e 8,0, a cloração com uma razão Cl para NH_3–nitrogênio de 8:1 produz uma desnitrificação eficiente:

$$NH_4^+ + HOCl \rightarrow NH_2Cl + H_2O + H^+ \quad (8.39)$$

$$2NH_2Cl + HOCl \rightarrow N_2 \text{ (g)} + 3H^+ + 3Cl^- + H_2O \quad (8.42)$$

Essa reação é utilizada para remover o poluente amônia de águas residuárias. Contudo, podem surgir problemas com a cloração de resíduos orgânicos. Um dos subprodutos típicos gerados nesse processo é o clorofórmio, produzido pela cloração de substâncias húmicas na água.

O cloro é utilizado para tratar outros tipos de água, além da água de abastecimento. Ele é empregado para desinfetar efluentes em estações de tratamento de esgoto, como aditivo para a água usada em torres de resfriamento de usinas elétricas e para controlar microrganismos no processamento de alimentos.

8.11.1 O dióxido de cloro

O *dióxido de cloro*, ClO_2, é um eficiente desinfetante da água de interesse especial porque, na ausência da impureza Cl_2, não produz as impurezas THM no tratamento da água. Em águas ácidas e neutras, respectivamente, as duas semirreações para o ClO_2 atuante como oxidante são as seguintes:

$$ClO_2 + 4H^+ + 5e^- \rightleftarrows Cl^- + 2H_2O \quad (8.43)$$

$$ClO_2 + e^- \rightleftarrows ClO_2^- \quad (8.44)$$

Na faixa de pH neutro, o dióxido de cloro na água permanece em grande parte no estado molecular, até entrar em contato com um agente redutor com que reagirá. O dióxido de cloro é um gás que produz reação violenta com matéria orgânica e é explosivo quando exposto à luz. Por essas razões não é transportado, e sim produzido no local de utilização, com base em diferentes processos, como a reação do gás cloro com hipoclorito de sódio sólido:

$$2NaClO_2 \text{ (s)} + Cl_2 \text{ (g)} \rightleftarrows 2ClO_2 \text{ (g)} + 2NaCl \text{ (s)} \qquad (8.45)$$

Um alto teor de cloro elementar no produto talvez requeira sua purificação para impedir reações secundárias do Cl_2 indesejadas.

Como desinfetante da água, o dióxido de cloro não clora nem oxida a amônia ou outros compostos de nitrogênio. Hoje, existe certa preocupação com os possíveis efeitos nocivos à saúde dos principais subprodutos de sua degradação, o ClO_2^- e o ClO_3^-.

8.11.2 O ozônio e outros oxidantes

O *ozônio* é por vezes utilizado como desinfetante em vez do cloro, sobretudo na Europa. A Figura 8.11 mostra os principais componentes de um sistema de tratamento de água utilizando ozônio. Resumidamente, o ar é filtrado, resfriado, seco, pressurizado e então submetido a uma descarga elétrica de 20.000 V. O ozônio produzido é bombeado para o interior de uma câmara de contato onde a água entra em contato com o ozônio por 10-15 min. A preocupação com a possível produção de compostos organoclorados tóxicos pelos processos de cloração da água aumentou o interesse na ozonização. Apesar de ser mais destrutivo aos vírus do que o cloro, o ozônio apresenta a desvantagem de ter baixa solubilidade em água, o que limita seu poder desinfetante.

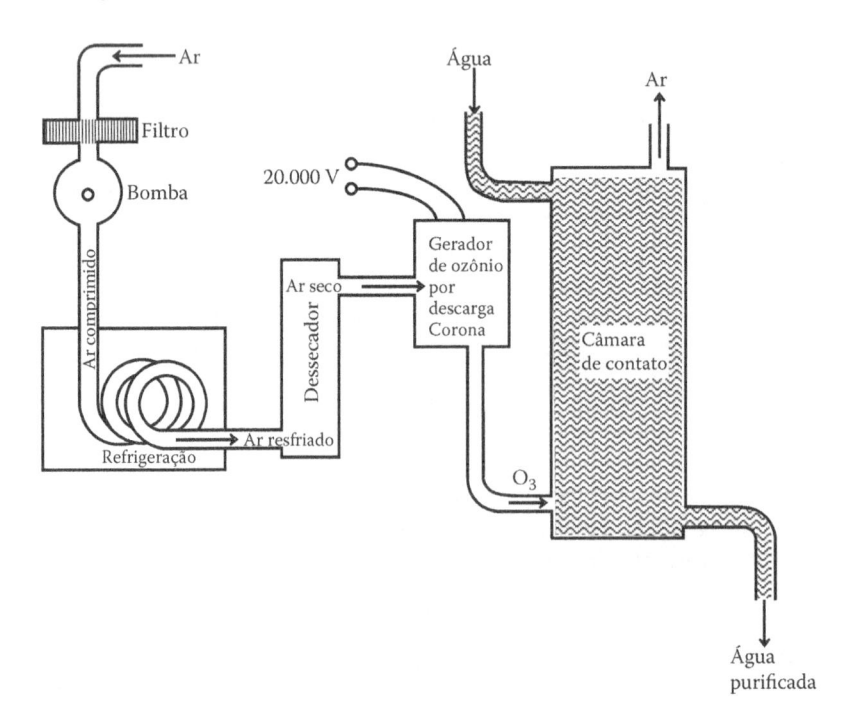

FIGURA 8.11 Diagrama esquemático de um sistema típico de tratamento de água por ozônio.

O ozônio oxida os contaminantes da água de forma direta, por meio da reação do O_3, e indireta, com a geração do radical hidroxila, HO•, um oxidante forte e reativo. Um dos principais pontos com relação ao ozônio é a taxa em que ele se decompõe espontaneamente na água, de acordo com a seguinte reação global,

$$2O_3 \rightarrow 3O_2 \text{ (g)} \tag{8.46}$$

Devido à decomposição do ozônio na água, é preciso adicionar cloro para manter a desinfecção em todo o sistema de distribuição da água.

O ferro (VI), na forma do íon ferrato, FeO_4^{2-}, é um forte agente oxidante com excelentes propriedades desinfetantes. Ele tem a vantagem de remover metais, vírus e fosfato. Além disso, é provável que o ferro (VI) encontre outras aplicações na desinfecção de água no futuro.[4]

Outro oxidante que vem sendo utilizado como agente de limpeza e branqueamento em detergentes e que, em função de sua capacidade oxidante, talvez também apresente propriedades desinfetantes, é o percarbonato de sódio. Esse sólido, comumente chamado de *percarbonato*, é produzido pela mistura de peróxido de hidrogênio, H_2O_2, e carbonato de sódio, Na_2CO_3, utilizando $MgSO_4$ e Na_2SiO_3 como estabilizadores para produzir um sólido estável com uma fórmula empírica aproximada de $Na_2CO_3 \cdot 3H_2O_2$, em que o H_2O_2 pode ser estabilizado pela ligação do hidrogênio ao íon CO_3^{2-}. Na água, esse material libera oxigênio e atua como agente de branqueamento, intensificador de detergente e provavelmente também como bactericida.

8.11.3 A desinfecção com radiação ultravioleta

A radiação ultravioleta, na maioria das vezes representada por $h\nu$, é um agente eficiente de desinfecção que atua de forma direta, quebrando as ligações químicas nas biomoléculas de organismos patogênicos e gerando íons e radicais reativos que destroem microrganismos. Além da possibilidade de utilizar lâmpadas de vapor de mercúrio de alta pressão, a luz solar também pode ser empregada como fonte de radiação ultravioleta. Por ser livre de compostos reativos, a radiação ultravioleta é um método verde de desinfecção da água. Ela funciona bem em combinação com outros agentes de desinfecção, como o cloro ou o ozônio, e reduz as quantidades necessárias destes agentes. Estudos vêm sendo conduzidos sobre o uso do dióxido de titânio, TiO_2, na desinfecção da água. O dióxido de titânio é um material com propriedades fotocatalíticas capaz de destruir patógenos quando ativado pela radiação ultravioleta.

8.12 Os processos naturais de purificação da água

A vasta maioria dos materiais objetos de remoção pelos processos de tratamento de água podem ser absorvidos pelo solo ou degradados nele.[5] Na verdade, a maior parte desses materiais é essencial para a fertilidade do solo. Águas residuárias podem ser utilizadas como fonte de água, fundamental ao crescimento de plantas, além de nutrientes – fósforo, nitrogênio e potássio – em geral disponibilizados por fertilizantes. As águas residuárias também contêm elementos-traço e vitaminas essenciais. Além dessas vantagens, as águas residuárias fornecem o CO_2 essencial para a produção fotossintética da biomassa de plantas.

Os solos podem ser vistos como filtros naturais para resíduos. A maior parte da matéria orgânica é prontamente degradada no solo e, a princípio, o solo constitui um excelente sistema de tratamento de água primário, secundário e terciário. O solo tem propriedades físicas, químicas e biológicas que permitem a desintoxicação, a biodegradação, a decomposição química e a fixação química e física. Diversas características são importantes na determinação do uso de um solo no tratamento de resíduos, incluindo forma física, capacidade de reter água, aeração, conteúdo de matéria orgânica, características ácido-base, além do comportamento relativo à oxidação-redução. O solo é um meio natural para diversos organismos vivos que podem influenciar a biodegradação de águas residuárias, inclusive daquelas que contêm resíduos de origem industrial. Entre estes organismos os mais importantes são as bactérias, como as pertencentes aos gêneros *Agrobacterium*, *Arthrobacter*, *Bacillus*, *Flavobacterium* e *Pseudomonas*. Os actinomicetos e fungos são importantes na decomposição de matéria vegetal e podem estar envolvidos na biodegradação de resíduos. Entre os organismos unicelulares que podem estar presentes no interior ou na superfície do solo estão os protozoários e as algas. Os animais que habitam o solo, como minhocas, afetam parâmetros, como a textura. O crescimento de plantas no solo pode influenciar seu potencial para o tratamento de resíduos em aspectos como a capacidade de absorção de resíduos solúveis e o controle da erosão.

As civilizações antigas, como a chinesa, utilizavam resíduos orgânicos humanos para aumentar a fertilidade do solo, uma prática que perdura até hoje. A capacidade do solo de purificar água já era conhecida há mais de um século. Em 1850 e 1852, J. Thomas Way, consultor em química da Royal Agricultural Society da Inglaterra, apresentou dois estudos na instituição intitulados "Power of Soils to Absorb Manure" (*A capacidade dos solos de absorver estrume*). As experiências de Way demonstraram que o solo é um trocador iônico. Esse estudo gerou muitas informações práticas e teóricas sobre o processo de troca iônica.

Se os sistemas de tratamento no solo não forem projetados de maneira adequada, o odor gerado pode se tornar um problema. O autor deste livro lembra-se de ter dirigido seu carro até uma pequena cidade do interior, que anos antes era conhecida como um local bastante agradável e onde na ocasião foi dominada por um odor simplesmente insuportável. Os moradores da cidade, desgostosos, apontaram um grande sistema de irrigação por aspersão adotado em um campo a certa distância – por infortúnio, na direção do vento predominante – que aspergia estrume suíno no estado líquido como parte de um sistema de tratamento experimental de dejetos de um criadouro de suínos em confinamento. A experiência foi considerada um fracasso e abandonada pelos pesquisadores antes de eles enfrentarem a animosidade dos residentes locais.

8.12.1 O tratamento de águas residuárias industriais no solo

Os resíduos passíveis de serem tratados no solo são as substâncias orgânicas biodegradáveis, sobretudo aquelas presentes em esgotos municipais e águas residuárias geradas por operações industriais, como o processamento de alimentos. Contudo, a aclimatação por um período de tempo prolongado permite o desenvolvimento de culturas bacterianas no solo eficazes na degradação de compostos recalcitrantes e que estão presentes em águas residuárias. Microrganismos aclimatados são encontrados principalmente em locais contaminados, como aqueles em que o solo foi exposto ao petróleo por muitos anos.

O terreno utilizado no tratamento em solo deve atender a uma série de critérios. O solo precisa ter no mínimo 1 m de profundidade, uma vez que a degradação dos resíduos que atingem a camada de rocha subterrânea tende a ser baixa. A inclinação do terreno precisa ser moderada, para permitir o escoamento. O aquífero freático deve estar a uma profundidade suficiente para ser poupado do arraste de poluentes para as águas subterrâneas. Os locais de tratamento devem ser escolhidos respeitando distâncias apropriadas em relação a moradias ou outras construções da antroposfera que podem sofrer os efeitos adversos da exposição a resíduos. O cultivo em pequenas profundidades do solo em que resíduos foram aplicados promove a degradação pela exposição ao oxigênio na atmosfera.

O tratamento em solo é muito utilizado para os resíduos do refino de petróleo e é aplicável ao tratamento de combustíveis e resíduos de tanques de estocagem subterrâneos com vazamentos. Ele também pode ser empregado com resíduos químicos orgânicos biodegradáveis, como alguns compostos organoalogenados. O tratamento em solos não é indicado para resíduos contendo ácidos, bases, compostos inorgânicos tóxicos, sais, metais e compostos orgânicos que são muito solúveis, voláteis ou inflamáveis.

8.13 A água verde

Grande parte do mundo, inclusive regiões dos Estados Unidos, sofre com a escassez crônica de água. Ao longo da história, a água doce utilizada pelos seres humanos sempre foi obtida de águas subterrâneas e de fontes de águas superficiais, em um processo que depende do ciclo hidrológico da natureza para a purificação a fim de remover o sal dissolvido. O que permanece inaproveitado, em grande parte, são os 97% da água da terra que é salgada demais para o consumo, cuja maioria é representada pelos oceanos, mas que também inclui expressivos volumes de lençóis freáticos salgados. Na hipótese de haver energia disponível suficiente, essas águas podem ser sujeitadas à *dessalinização*, a fim de gerar água para consumo humano e irrigação.

Os dois principais meios para dessalinizar a água são a destilação e a osmose reversa. A destilação via de regra é executada em diversos estágios, em que as águas salgadas que alimentam o sistema são aquecidas a temperaturas progressivamente mais altas, condensando vapor em cada estágio, sendo que o último tem fonte de aquecimento externa. Em cada estágio, a água salgada aquecida é submetida a uma pressão menor, o que possibilita que mais água evapore "instantaneamente", produzindo vapor que condensa em um trocador de calor resfriado pela água salgada sendo dessalinizada. Essa abordagem permite o máximo de eficiência na utilização de energia. Devido ao alto consumo energético dessa destilação multiestágio, ela em geral é operada junto com uma usina de energia que, por sua vez, utiliza o calor gerado pelo vapor de saída da turbina de uma usina termelétrica. Uma possibilidade interessante para a dessalinização de água em pequena escala é a utilização de energia solar para aquecer as unidades de dessalinização.

A maior estação de destilação de água do mar em operação no mundo é a unidade de destilação por vaporização instantânea multiestágios localizada em Shoaibi,

Arábia Saudita, uma nação que obtém cerca de 70% de seu abastecimento de água municipal por esse processo. Essa operação é combinada com uma usina de geração de vapor a óleo, que utiliza a estação de dessalinização como unidade de resfriamento e fornece o calor necessário para a dessalinização.

Além da destilação, uma alternativa importante para o abastecimento de água doce é a osmose reversa, discutida na Seção 8.9. Algumas comunidades em terras áridas próximas à costa marítima obtêm sua água doce com esse recurso.

Tanto a destilação quanto a osmose reversa geram subprodutos salinos (retidos) que requerem disposição. Esse material pode ser bombeado de volta para o oceano ou, em alguns casos, para o interior de lençóis freáticos de água salgada. Parte desses subprodutos também pode ser evaporada, em alguns casos utilizando energia solar e gerando sal como produto com valor comercial.

Algumas áreas interioranas têm grandes recursos de água subterrânea salgada (água salobra) passível de dessalinização. Uma das vantagens dessa fonte é que o nível de sal muitas vezes é mais baixo do que o da água do mar, o que torna o consumo energético comparativamente menor. Os resíduos da purificação de águas subterrâneas salgadas podem ser bombeados de volta para o aquífero freático, a uma profundidade que não contaminará a fonte. A utilização de água subterrânea salgada pode aumentar em muito a disponibilidade de água em muitas áreas com escassez de recursos hídricos.

8.13.1 A reutilização e a reciclagem de águas residuárias

A fonte de água mais prontamente disponível é a água residuária lançada por municípios, indústrias e até mesmo pela irrigação. As águas residuárias oriundas das municipalidades e indústrias requerem tratamento prévio antes do lançamento. Nessas águas, a remoção de solutos orgânicos e inorgânicos para torná-las adequadas ao uso é relativamente simples e barata. Em comparação com a água salgada do mar ou as águas subterrâneas, essas águas residuárias têm teor reduzido de sais dissolvidos, o que diminui os custos da dessalinização.

A reutilização e a reciclagem da água estão se tornando mais comuns, à medida que a demanda por água excede a oferta. A *reutilização não planejada* ocorre como resultado dos efluentes residuários lançados em corpos receptores ou em águas subterrâneas e que mais tarde são levados a um sistema de distribuição de água. Um exemplo de reutilização não planejada de água ocorre em Londres, que retira a água do rio Tâmisa possivelmente já tratada em outros sistemas de tratamento ao menos uma vez, e que utiliza fontes de águas subterrâneas involuntariamente recarregadas com efluentes de esgotos de diversas municipalidades. A *utilização planejada* emprega sistemas de tratamento de águas residuárias projetados de maneira deliberada para que a água atenda aos padrões estabelecidos para aplicações subsequentes. O termo *reutilização direta* se refere à água que reteve sua identidade após aplicação prévia; a reutilização da água que perdeu sua identidade é chamada de *reutilização indireta*. É preciso também distinguir entre reciclagem e reutilização. A *reciclagem* da água ocorre internamente, antes do evento de lançamento. Um exemplo de reciclagem é a condensação do vapor de uma usina termelétrica seguida pelo retorno do vapor às caldeiras. Por sua vez, a *reutilização* ocorre quando a água lançada por um usuário é tomada como fonte de água por outro usuário.

A reutilização de água continua crescendo por dois motivos. O primeiro é a falta de recursos hídricos. O segundo é que a ampla implantação de processos de tratamento de água modernos aumenta de maneira considerável a qualidade da água para reutilização. Esses dois fatores entram em ação em regiões semiáridas de países com bases tecnológicas de ponta. Por exemplo, Israel, um país dependente de irrigação para quase toda a sua produção agrícola, reutiliza cerca de dois terços do esgoto que produz na irrigação, enquanto os Estados Unidos, onde a água é relativamente mais abundante, utiliza apenas cerca de 2-3% do esgoto com essa finalidade.

Uma vez que a água para consumo humano e a água utilizada para o processamento de alimentos exigem os maiores níveis de qualidade, entre as principais aplicações da água, a reutilização planejada para obter água potável é, em comparação com outros métodos, a menos indicada, embora seja praticada de maneira ampla sem intenção ou por necessidade. Isso reduz a três as aplicações com maior potencial para a reutilização:

- Irrigação de lavouras, campos de golfe e outras aplicações que requeiram água para o crescimento de plantas e grama. Essa é a principal aplicação em potencial para a água reutilizada e que pode tirar proveito dos nutrientes utilizados por plantas, sobretudo o nitrogênio e o fósforo, presentes na água.
- Água de resfriamento e de processo em aplicações industriais. Para algumas aplicações industriais, é possível utilizar uma água de qualidade relativamente inferior, sendo que o efluente do tratamento secundário de esgoto é uma fonte adequada, nesse caso.
- A *recarga de água subterrânea*. A água subterrânea pode ser recarregada com água reutilizada tanto por injeção direta em um aquífero quanto pela aplicação de água no solo, seguida da percolação no aquífero. O último, em especial, tira proveito da biodegradação e dos processos de sorção química para purificar ainda mais a água.

A principal preocupação com a água reciclada é a presença de poluentes nocivos em potencial. A água é desinfetada com rapidez para eliminar bactérias causadoras de doenças. Os vírus são mais persistentes, mas também podem ser eliminados. Níveis muito baixos de contaminantes orgânicos podem ser prejudiciais e de difícil eliminação. Conforme discutido na Seção 7.13, esses contaminantes podem incluir fármacos e seus metabólitos, como o estrogênio sintético 17α-etinilestradiol e o hormônio natural 17β-estradiol, utilizados em contraceptivos de administração oral. Além destes, outras espécies disruptoras endócrinas podem estar presentes.

É inevitável que a reciclagem e a reutilização da água continuem crescendo. Essa tendência aumentará a demanda por tratamento de água, tanto qualitativo quanto qualitativo. Além disso, essa intensificação vai requerer a consideração mais cuidadosa dos diversos meios de utilização original da água a fim de minimizar sua deterioração e aumentar a adequabilidade de sua reutilização.

A Figura 8.12 mostra um sistema de reutilização de água. Em sua maioria, os processos de tratamento de água discutidos neste capítulo podem ser utilizados na purificação de água para reutilização e empregados em uma operação como aquela mostrada (veja sobretudo os sistemas físicos e químicos de purificação de águas residuárias apresentados na Figura 8.5). O sistema da Figura 8.12 ilustra algumas das principais operações empregadas em um sistema de reciclagem total de água e a aplicação da água purificada obtida. Ele recebe os efluentes residuários do tra-

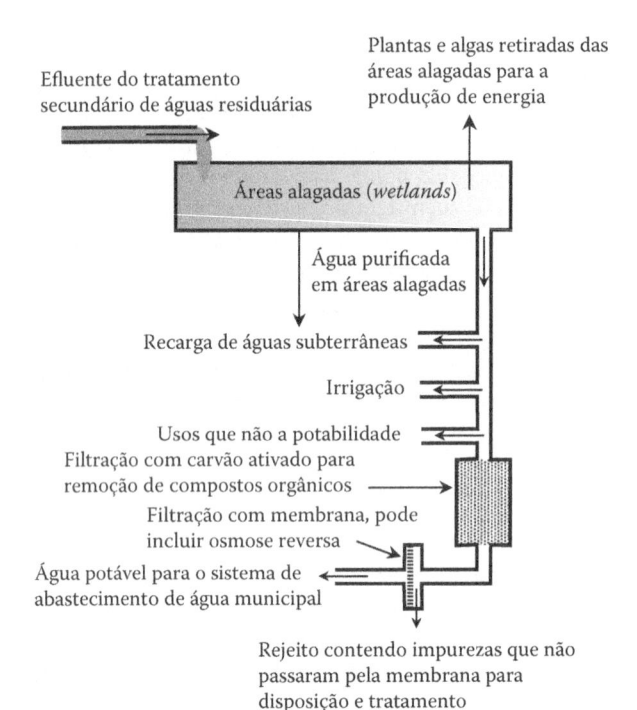

FIGURA 8.12 Sistema em que o efluente do tratamento secundário de esgotos é convertido em água que pode ser utilizada para diversas finalidades, inclusive a recirculação para o sistema de abastecimento de água.

tamento secundário, dos quais a maior parte da DBO foi removida por meio do processo de lodo ativado, lançando-os em áreas alagadas (*wetlands*), onde plantas e algas crescem em profusão na água rica em nutrientes. Essa biomassa tem o potencial de ser coletada e utilizada como combustível ou matéria-prima por meio da gasificação termoquímica ou de outras medidas semelhantes. Dependendo das condições geológicas, expressivas quantidades de água nesses terrenos inundados podem se infiltrar na água subterrânea, onde ela continua sendo purificada por processos naturais que ocorrem na subsuperfície. O efluente destas áreas alagadas pode ser escoado sobre um leito de carvão ativado para remover compostos orgânicos. Essa água também pode ser sujeitada a processos de filtração a membrana de alta eficiência, que incluem a osmose reversa, para a remoção de todos os sais. Em algumas áreas, o concentrado rico em solutos obtido no tratamento de água por processos a membrana pode ser bombeado para o interior de aquíferos salgados subterrâneos, descartado no oceano em regiões costeiras (muitas vezes misturado com águas residuárias ou água de resfriamento, para diluir as impurezas no concentrado), ou mesmo evaporado para produzir um resíduo sólido ou na forma de lodo, a ser disposto de maneira adequada.

A maior estação de tratamento de água do mundo dedicada a enquadrar o padrão de esgotos para permitir sua utilização como água para consumo humano iniciou suas operações no distrito hidrográfico de Orange County, sul da Califórnia, no final de 2007. Conhecido como Sistema de Recarga de Águas Subterrâneas, esse projeto de

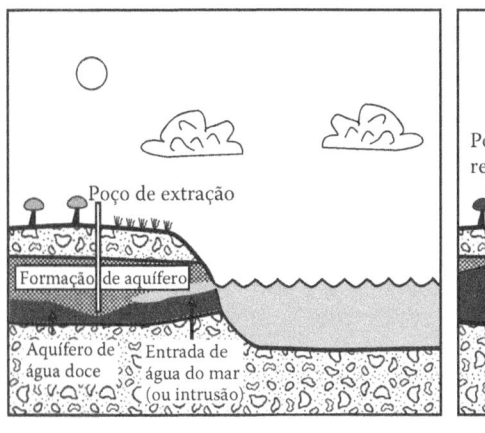

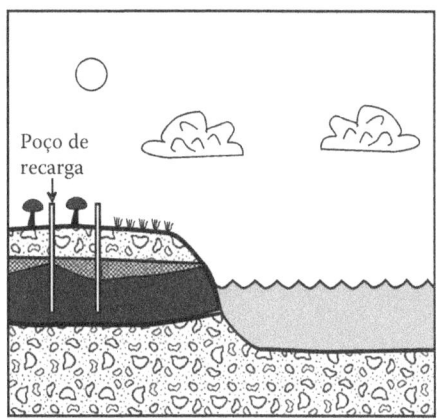

FIGURA 8.13 A injeção de água recuperada em aquíferos subterrâneos em áreas costeiras pode evitar a entrada de água do mar durante a formação de um aquífero.

481 milhões de dólares é alimentado com esgoto tratado por processos de tratamento secundário de águas residuárias, bombeando o produto limpo em aquíferos subterrâneos que servirão como mananciais municipais no futuro. Além disso, o sistema impede a intrusão de água salgada do oceano, que fica próximo. A cada dia, cerca de 275 milhões de litros de efluentes do tratamento de esgotos são bombeados através de microfiltros para remover sólidos, sendo então tratados por osmose reversa para remover sais dissolvidos. Por fim, esses efluentes são expostos à radiação ultravioleta intensa para destruir os contaminantes orgânicos, sobretudo fármacos e seus metabólitos, antes de serem descarregados nos aquíferos subterrâneos. A expectativa é de que esse sistema sirva de modelo para estações semelhantes em todo o mundo.

Em áreas costeiras e em ilhas, uma das maiores vantagens da melhoria de águas residuárias a um padrão que permita sua injeção em aquíferos subterrâneos é a prevenção da entrada de água do mar nos aquíferos (Figura 8.13). À medida que os aquíferos são utilizados, o nível de água cai, podendo permitir a entrada da água salgada do mar, o que arruína a qualidade das águas subterrâneas. A injeção de águas residuárias tratadas no aquífero pode elevar o aquífero freático no aquífero a um nível que impeça a entrada de água do mar.

8.14 A conservação da água

A *conservação da água*, que em linguagem simples significa consumir menos água, é uma das maneiras mais eficientes e mais rápidas de garantir o abastecimento de água. A conservação da água é dividida em diversas categorias principais:

1. Práticas de economia de água de uso doméstico e em ambientes internos
2. Dispositivos e equipamentos que poupam água
3. Práticas de economia de água em ambientes externos e no paisagismo
4. Práticas eficientes de irrigação
5. Operações de economia de água na agricultura, além da irrigação
6. Processos eficientes de produção de água

Cada uma dessas categorias é apresentada resumidamente a seguir.

As práticas de economia de água de uso doméstico e em ambientes internos consistem, em geral, em medidas simples que as pessoas podem implementar para reduzir o consumo. Como exemplos, é possível utilizar uma mesma água em sequência, isto é, utilizar a água da lavagem final de louça como água para limpeza doméstica, além de adotar medidas para garantir que não haja vazamentos em torneiras ou descargas de sanitários, tomar duchas molhando o corpo, fechando a torneira, ensaboando-se e enxaguando o sabonete no menor tempo possível, diminuir o volume de água nas descargas de sanitários, minimizar o uso de trituradores de resíduos em pias de cozinha, operar lavadoras de roupa e de louça apenas com cargas plenas, entre outras medidas de redução do consumo de água fundamentadas no bom senso. A implementação dessas medidas é, em grande parte, questão de educação e cidadania ambiental. Nos casos de escassez real de água, talvez seja necessário adotar medidas coercitivas, como o penoso recurso de aumentar as tarifas públicas de água de maneira expressiva.

Diversos dispositivos e equipamentos para a economia de água estão disponíveis no mercado. Esses dispositivos podem ser simples e baratos (como aeradores com restrições ao fluxo em torneiras ou distribuidores semelhantes aos de duchas), ou grandes e caros (como lavadoras de roupa de baixo consumo de água que apresentam bom funcionamento com água fria). Sanitários que utilizam volumes mínimos nas descargas hoje são compulsórios por lei, embora os modelos menos eficientes dessas válvulas na verdade acarretem o aumento do consumo de água quando são necessárias várias descargas. Em sedes de órgãos públicos, sanitários com descarga automática hoje são comuns, embora alguns tenham a tendência de efetuar diversas descargas automáticas toda vez que são acionados, o que os torna contraproducentes. Aquecedores de passagem de água instalados em série junto a torneiras podem reduzir a utilização da água, pois dispensam a necessidade de deixar água correr por alguns instantes, antes de obter a água quente desejada.

A manutenção de gramados e o paisagismo estão entre os maiores consumidores de água. Em algumas áreas, como parques públicos, águas residuárias purificadas são utilizadas para essa finalidade. Em princípio, a água utilizada em algumas aplicações domésticas pode ser reciclada e empregada em jardins e gramados. Nessas atividades, algumas das maiores economias de água podem ser conseguidas cultivando plantas de cobertura e outras espécies vegetais que requeiram quantidades mínimas de água. Isso pode implicar o plantio de espécies nativas de grama capazes de suportar períodos de estiagem sem muita irrigação. Houve casos extremos em que jardins foram convertidos em áreas cobertas por cascalho. A cobertura do solo utilizando materiais como casca de árvores ou aparas de grama pode reduzir o consumo de água de maneira significativa.

A irrigação de áreas agrícolas responde por um dos maiores níveis de consumo de água, embora seja também bastante receptiva à conservação. Os dispositivos de aspersão perdem grandes volumes de água por evaporação e precisam ser substituídos por sistemas que não aspergem água no ar. A tecnologia definitiva em eficiência de irrigação é o modelo por gotejamento, que aplica volumes mínimos de água diretamente nas raízes das plantas. O uso de água em excesso na irrigação deve ser minimizado. Contudo, especialmente em áreas onde são raros os volumes de chuva adequados para saturar o solo, a aplicação de volumes mínimos de água de irrigação pode acarretar a acumulação danosa de sais.

O manejo de rebanhos e o processamento de produtos agrícolas utilizam grandes volumes de água. A produção de 1 kg de carne bovina requer cerca de 20.000 L de água, incluindo a água necessária para cultivar o farelo de grão que o animal consome. Perto de 6.000 L de água são necessários para produzir 1 kg de carne de frango. Um volume expressivamente menor de água é consumido na produção de proteína vegetal. A produção de etanol combustível a partir da fermentação do açúcar de milho exige volumes relativamente grandes de água. As escolhas feitas sobre os tipos de produtos agrícolas cultivados para comercialização têm implicações importantes para a conservação da água.

A produção industrial também consome muita água. A fabricação de um único automóvel requer cerca de 150.000 L de água. O refino de petróleo bruto para produzir gasolina necessita de aproximadamente 44 vezes mais água do que o volume do produto final obtido. A economia de água no setor de produção e em atividades comerciais é um aspecto importante da ecologia industrial (ver Capítulo 17).

8.15 A proteção de recursos hídricos contra ataques

O fato de que a água para consumo humano é distribuída a partir de um centro para grandes populações transformou os sistemas de distribuição em alvo de ataques terroristas. Há na história numerosos exemplos de grandes populações devastadas por suprimentos de água contaminada que causaram doenças como o cólera e a febre tifoide. Na atualidade, a água contaminada em países em desenvolvimento causa surtos de disenteria debilitante ou mesmo fatal, uma das principais causas de mortalidade infantil em algumas regiões. Hoje, mesmo em países industrializados, a contaminação da água pode causar doenças, inclusive com casos fatais. Por exemplo, em 1993 a contaminação do sistema de água de Milwaukee pelo protozoário *Cryptosporidium parvum* debilitou mais de 400 mil pessoas, das quais mais de 50 morreram em consequência da contaminação.

A contaminação química proposital de todo um sistema de água é improvável, mas não impossível. Foram registrados incidentes em que grupos terroristas tentaram obter sais de cianeto, presumivelmente com a meta de contaminar a água do abastecimento. As toxinas geradas por microrganismos são armas cogitadas por grupos que desejam contaminar a água. A mais tóxica é a toxina botulínica, uma substância espantosamente venenosa produzida pelas bactérias do gênero *Botulinus*. A contaminação direta por bactérias é uma possibilidade. Os microrganismos candidatos mais prováveis são *Bacillus anthracis*, *Shigella dysenteriae*, *Vibrio cholerae* e *Yersinia pestis*. Linhagens aquáticas da bactéria *Escherichia coli* produtoras da toxina shiga (produzida por *Shigella dysenteriae*) ainda causam infecções fatais nos Estados Unidos de tempos em tempos. Em maio de 2000, uma linhagem de *E. coli* produtora da toxina shiga detectada no abastecimento de água municipal de Walkerton, Ontário, Canadá, debilitou aproximadamente 3 mil pessoas, com sete óbitos. Em um incidente que pareceu um ataque terrorista, 12 funcionários de um laboratório de um grande centro médico tiveram diarreia aguda causada por *Shigella dysenteriae*, sendo que quatro vítimas tiveram de ser hospitalizadas devido à infecção. Descobriu-se que as culturas coletadas das vítimas eram idênticas àquelas encontradas em rosquinhas e bolinhos ingeridos na sala utilizada pelos funcionários nos intervalos do expediente e a uma cultura de *Shigella dysenteriae* mantida no laboratório, da qual uma porção havia sumido. Isso levou à conclusão de que a contaminação fora proposital.[6]

Por sorte, os reservatórios de água não são tão vulneráveis a ataques. Seria bastante difícil entrar clandestinamente em um sistema de tratamento de água. Além disso, injetar uma substância tóxica no sistema de distribuição de água é um evento improvável. É possível reduzir a vulnerabilidade a infecções por agentes microbianos de maneira expressiva mantendo cloro residual com poder desinfetante no sistema. Parte dos prováveis agentes químicos é hidrolisada na água ou destruída pela ação do cloro, sendo que seus efeitos são reduzidos pela maior diluição proporcionada por sistemas de água que distribuem grandes volumes. Mesmo no caso de contaminação de um reservatório de água, a distribuição de quantidades relativamente pequenas de água engarrafada para consumo humano reduziria os riscos de doenças. A prudência manda que os sistemas de fornecimento, tratamento e distribuição de água sejam mantidos em um nível de segurança elevado e monitorados para detectar prováveis agentes de ataque, mas não precisam ser objeto de cuidado desproporcional.

Literatura citada

1. Wiesmann, U., I. S. Choi, and E.-M. Dombrowski, *Fundamentals of Biological Wastewater Treatment*, Wiley-VCH, Hoboken, NJ, 2007.
2. Bratby, J., *Coagulation and Flocculation in Water and Wastewater Treatment*, 2nd ed., IWA Publishing, Seattle, 2006.
3. Hager, L. S., *Membrane Systems for Wastewater Treatment*, McGraw-Hill, New York, 2006.
4. Sharma, V., Ed., *Ferrates: Synthesis, Properties, and Applications in Water and Wastewater Treatment*, American Chemical Society, Washington, DC, 2008.
5. Crites, R. W., E. J. Middlebrooks, and S. C. Reed, *Natural Wastewater Treatment Systems*, CRC/Taylor & Francis, Boca Raton, FL, 2006.
6. Kolavic, S. A., A. Kimura, S. L. Simons, L. Slutsker, S. Barth, and C. E. Haley, An outbreak of *Shigelladysenteriae* type 2 among laboratory workers due to intentional food contamination, *Journal of the American Medical Association*, **278**, 396–398, 1997.

Leitura complementar

American Water Works Association, *Reverse Osmosis and Nanofiltration*, 2nd ed., American Water Works Association, Denver, CO, 2007.
American Water Works Association, *Water Chlorination/Chloramination Practices and Principles*, 2nd ed., American Water Works Association, Denver, CO, 2006.
Ash, M. and I. Ash, *Handbook of Water Treatment Chemicals*, Gower, Aldershot, England, 1996.
Brennan, Waterworks: Research accelerates on advanced water-treatment technologies as their use in purification grows, *Chemical and Engineering News*, 79, 32–38, 2001.
Crittenden, J. C., *Water Treatment Principles and Design*, 2nd ed., Wiley, New York, 2005.
Faust, S. D. and O. M. Aly, Eds., *Chemistry of Water Treatment*, 2nd ed., American Water Works Association, Denver, CO, 1997.

Hammer, M. J., *Water and Wastewater Technology*, 6th ed., Prentice Hall, Upper Saddle River, NJ, 2008.

Rakness, K. L., *Ozone in Drinking Water Treatment: Process Design, Operation, and Optimization*, American Water Works Association, Denver, 2005.

Rimer, A. E., *The Impacts of Membrane Process Residuals on Wastewater Treatment: A Guidance Manual*, WateReuse Foundation, Alexandria, VA, 2008.

Russell, D. L., *Practical Wastewater Treatment*, Wiley-Interscience, Hoboken, NJ, 2006.

Spellman, F. R., Handbook of Water and Wastewater Treatment Plant Operations, 2nd ed., Taylor & Francis, Boca Raton, FL, 2008.

Sullivan, P. J., F. J. Agardy, and J. J. J. Clark, *The Environmental Science of Drinking Water*, Elsevier Butterworth-Heinemann, Burlington, MA, 2005.

Water Environment Federation, *Operation of Municipal Wastewater Treatment Plants*, 6th ed., McGraw-Hill, New York, 2008.

Perguntas e problemas

Para elaborar as respostas das seguintes questões, você pode usar os recursos da Internet para buscar outras constantes e fatores de conversão, entre outras informações necessárias.

1. Considere as reações de equilíbrio e as expressões discutidas no Capítulo 3. Quantos mols de NTA devem ser adicionados a 1.000 L de água com pH 9 e contendo CO_3^{2-} a $1,00 \times 10^{-4}$ mol L^{-1} para impedir a precipitação de $CaCO_3$? Considere um nível de cálcio total de 40 mg L^{-1}.
2. Qual é a finalidade da etapa de retorno do lodo no processo de lodo ativado?
3. Quais são os dois processos pelos quais o processo de lodo ativado remove material carbonáceo solúvel do esgoto?
4. Por que a água dura pode ser um meio desejável se o fósforo tem de ser removido por uma estação de lodo ativado operada em condições de altas taxas de aeração?
5. Como a osmose reversa difere de uma separação simples em peneira ou de um processo de ultrafiltração?
6. Quantos litros de metanol são necessários a cada dia para remover o nitrogênio de uma estação de tratamento de esgoto com capacidade de 200.000 L dia^{-1} e que produz um efluente contendo 50 mg L^{-1} de nitrogênio? Considere que o nitrogênio tenha sido convertido a NO_3^- na estação. A reação de desnitrificação é a Reação 8.34.
7. Discuta algumas das vantagens do tratamento físico-químico de esgoto, em comparação com o tratamento biológico de águas residuárias. Quais são as desvantagens?
8. Por que a recarbonatação é necessária quando a água é abrandada utilizando o processo de cal e soda?
9. Suponha que um resíduo contenha 300 mg L^{-1} de $\{CH_2O\}$ biodegradável e seja processado em uma estação de tratamento de esgoto com capacidade de 200.000 L dia^{-1} que converte 40% dos resíduos em CO_2 e H_2O. Calcule o volume de ar (a 25°C, 1 atm) necessário para a conversão. Considere que o O_2 é transferido para a água com 20% de eficiência.
10. Se todo o $\{CH_2O\}$ na estação descrita na Questão 9 pudesse ser convertido a metano por digestão anaeróbia, quantos litros de metano (CNTP) podem ser produzidos diariamente?
11. Considere que a aeração da água não resulte na precipitação de carbonato de cálcio, qual dos compostos listados não seria removido por aeração: sulfeto de hidrogênio, dióxido de carbono, metabólitos bacterianos odorosos e voláteis, alcalinidade, ferro?
12. Em qual dos usos da água listados a dureza moderada da água seria mais prejudicial: águas municipais, água para irrigação, água para alimentação de caldeiras, água para consumo humano (com relação à toxicidade em potencial).

13. Qual soluto em água é removido comumente pela adição de sulfito ou hidrazina?
14. Uma água residuária contendo o íon Cu^{2+} precisa ser tratada para remover o cobre. Qual dos processos listados *não* removeria o cobre insolúvel: precipitação com cal, cimentação, tratamento com NTA, troca iônica, reação com ferro metálico.
15. Relacione o contaminante da água na coluna esquerda com o respectivo método de preferência para sua remoção na coluna direita.

    A. Mn^{2+} 1. Carvão ativado
    B. Ca^{2+} e HCO_3^- 2. Elevação do pH com a adição de Na_2CO_3
    C. Trialometanos (THM)   3. Adição de cal
    D. Mg^{2+} 4. Oxidação

16. A reação de cimentação emprega o ferro para remover o Cd^{2+} presente em um nível de 350 mg L^{-1} em um corpo de água. Considerando que a massa atômica do Cd é 112,4 e que a do Fe é 55,8, quantos quilos de ferro seriam consumidos na remoção de todo o Cd de $4,50 \times 10^6$ L de água?
17. Considere que a água municipal para consumo humano seja oriunda de duas fontes diferentes, um curso de água bem aerado com alta carga de material sólido particulado, outra um corpo de água subterrânea anaeróbia. Descreva as possíveis diferenças nas estratégias de tratamento de água para essas duas fontes.
18. Durante o tratamento de água para uso industrial, muitas vezes a "utilização sequencial de água" é considerada como alternativa. Qual é o significado desse termo? Cite alguns exemplos plausíveis da utilização sequencial de água.
19. A biomassa ativa é utilizada no tratamento secundário de águas residuárias municipais. Descreva três maneiras de promover o crescimento da biomassa, em contato com águas residuárias e com a exposição ao ar.
20. Utilizando reações químicas apropriadas para exemplificar, demonstre como o cálcio presente como sal HCO_3^- dissolvido na água é mais fácil de remover em comparação com outras formas de dureza, como o $CaCl_2$ dissolvido.
21. Relacione o poluente ou contaminante na coluna esquerda com o respectivo reagente utilizado para tratá-lo na coluna direita.

    A. Bactérias   1. Ozônio
    B. PCB   2. $Al_2(SO_4)_3$
    C. H_2S 3. Carvão ativado
    D. Material coloidal 4. Ar

22. Relacione a etapa ou processo do tratamento de água na coluna direita com a respectiva substância tratada ou removida na coluna esquerda.

    A. Oxigênio   1. Microrganismos vivos
    B. Cálcio, Ca^{2+} 2. Fosfato, PO_4^{3-}
    C. {CH_2O}   3. Hidrazina (H_4N_2) ou fosfato (SO_3^{2-})
    D. Sólidos coloidais 4. $Al_2(SO_4)_3 \cdot 18H_2O$

23. Com relação ao tratamento secundário de água, a afirmativa correta é:
    (A) O processo do lodo ativado é predominantemente físico-químico.
    (B) Os filtros biológicos utilizam uma massa de lodo biológico bombeada continuamente sobre o filtro.
    (C) O excesso de lodo de um tratamento de lodo ativado tem chance de sofrer o processo representado pela reação: $2\{CH_2O\} \rightarrow CH_4 + CO_2$.
    (D) O processo de lodo ativado elimina todo o lodo assim que este se forma.
    (E) O filtro biológico é um processo anaeróbio (sem oxigênio) de tratamento.

24. Com relação à desinfecção da água, a afirmativa correta é:
    (A) A desinfecção com ozônio é indicada sobretudo porque ele persiste em todo o sistema de distribuição de água.
    (B) A desinfecção com o ozônio é conhecida pela produção de subprodutos orgânicos tóxicos.
    (C) As substâncias orgânicas são mantidas na água para serem tratadas com cloro a fim de reter a capacidade de desinfecção.
    (D) A principal desvantagem da cloração da água é que o gás Cl_2 é o único agente de cloração eficiente.
    (E) O dióxido de cloro, ClO_2, é um desinfetante da água que não produz trialometanos (THM) no tratamento de água.
25. Entre as técnicas a seguir, indique a *menos eficiente* para diminuir a concentração de metais na água, explicando sua escolha.
    (A) Cimentação
    (B) Troca aniônica
    (C) A adição de S^{2-}
    (D) O tratamento biológico de resíduos
    (E) Cal
26. Entre as técnicas a seguir, indique a *menos eficiente* para reduzir os níveis de íons (sais) dissolvidos na água, explicando sua escolha.
    (A) Osmose reversa
    (B) Troca catiônica seguida de troca aniônica
    (C) Destilação
    (D) Troca iônica para o abrandamento da água
    (E) Eletrodiálise
27. Utilizando a Internet, tente encontrar exemplos de envenenamento proposital de água como tática de guerra ou terror.
28. A água engarrafada é um produto com enorme valor comercial. Quais são as vantagens de utilizar esse recurso de água para consumo humano? Quais são as desvantagens desse produto em termos ambientais?

9 A atmosfera e a química atmosférica

9.1 Introdução

A *atmosfera* consiste na fina camada formada por uma mistura de gases e que envolve a superfície da Terra. Desconsiderando o vapor da água, o ar atmosférico é composto por 78,1% (em volume) de nitrogênio, 21,0% de oxigênio, 0,9% de argônio e 0,04% de dióxido de carbono. Em condições normais, o ar contém entre 1 e 3% de vapor da água em volume, além de uma grande variedade de gases em nível de traço, abaixo de 0,002%, que incluem neônio, hélio, metano, criptônio, óxido nitroso, hidrogênio, xenônio, dióxido de enxofre, ozônio, dióxido de nitrogênio, amônia e monóxido de carbono. O comportamento da atmosfera é consequência dos gases que a formam, de fontes naturais ou antropogênicas, além das forças físicas atuantes nela.

A atmosfera é dividida em diversas camadas com base na temperatura. Entre essas camadas, as mais significativas são a troposfera, que se estende da superfície da Terra até a altitude de quase 11 km, e a estratosfera, entre cerca de 11 km e aproximadamente 50 km de altitude. A estratificação da atmosfera será discutida na Seção 9.3.

9.1.1 A fotoquímica e alguns termos importantes

Diversos aspectos da química ambiental da atmosfera são abordados nos Capítulos 9 a 14. Os aspectos importantes da química atmosférica incluem os efeitos da radiação solar responsáveis pela fotólise de gases-traço e pela foto-oxidação de gases-traço oxidáveis na troposfera. A característica mais significativa da química atmosférica é a ocorrência de *reações fotoquímicas* resultantes da absorção de *fótons* da radiação eletromagnética solar por moléculas, sobretudo na região do espectro ultravioleta.[1] As reações fotoquímicas e a fotoquímica atmosférica serão discutidas na Seção 9.8. Porém, neste ponto é importante definir diversos aspectos-chave da fotoquímica a fim de entender o restante do conteúdo apresentado neste capítulo.

- *O significado de $h\nu$*: A *energia*, E, de um fóton visível ou da luz ultravioleta é dada pela equação $E = h\nu$, onde h é a constante de Planck, e ν, a frequência da onda eletromagnética, definida como o inverso de seu comprimento de onda, λ. O envolvimento de um fóton em uma reação química é mostrado na reação com o ozônio, O_3:

$$O_3 + h\nu \ (\lambda < 420 \text{ nm}) \rightarrow O^* + O_2 \tag{9.1}$$

A radiação ultravioleta tem frequência maior que a luz visível e, portanto, tem mais energia e maior capacidade de romper as ligações químicas das moléculas que a absorvem.

- *Estado excitado*, *: O produto de uma reação fotoquímica pode ser eletronicamente energizado para atingir um estado excitado designado na maioria das vezes por um asterisco, *, conforme ilustrado para o átomo de oxigênio excitado, O*. Esse excesso de energia eletrônica tem a capacidade de aumentar a reatividade química da espécie excitada.
- *Radicais livres* contendo um elétron desemparelhado, representado por um ponto, •: a reação de um átomo de oxigênio excitado com uma molécula de vapor da água,

$$O^* + H_2O \rightarrow HO^\bullet + HO^\bullet \quad (9.2)$$

produz dois radicais hidroxila, HO•. Devido à forte tendência de emparelhamento dos elétrons, os radicais livres são muitas vezes altamente reativos e desencadeiam a maioria dos processos químicos importantes ocorridos na atmosfera.
- *Terceiro corpo, M*: Uma reação importante na estratosfera é aquela entre um átomo de oxigênio e uma molécula de O_2:

$$O + O_2 + M \rightarrow O_3 + M \quad (9.3)$$

para produzir o ozônio estratosférico. Nessa reação, M é um terceiro corpo, quase sempre uma molécula de O_2 ou N_2 que absorve a energia liberada na reação, o que do contrário acarretaria a decomposição da molécula produzida.

9.1.2 A composição atmosférica

Até a altitude de diversos quilômetros, o ar seco é formado por dois *componentes principais*:

- Nitrogênio, com 78,08% (em volume)
- Oxigênio, com 20,95%

e dois *componentes secundários*

- Argônio, com 0,934%
- Dióxido de carbono, com 0,039%

Além do argônio, há outros quatro *gases nobres*:

- Neônio ($1,818 \times 10^{-3}$%)
- Criptônio ($1,14 \times 10^{-4}$%)
- Hélio ($5,24 \times 10^{-4}$%)
- Xenônio ($8,7 \times 10^{-6}$%)

e *gases-traço*, conforme mostra a Tabela 9.1. O ar atmosférico pode conter entre 0,1 e 5% de água em volume, embora a variação normal seja de 1 a 3%.

9.1.3 Óxidos gasosos na atmosfera

Os óxidos de carbono, enxofre e nitrogênio são constituintes importantes da atmosfera e, em níveis elevados, são considerados poluentes. Entre estes, o dióxido de carbono, CO_2, é o mais abundante, sendo um constituinte natural da atmosfera, ne-

TABELA 9.1 Os gases-traço atmosféricos no ar seco, próximo à superfície terrestre

Gás ou espécie	Porcentagem[a] (em volume)	Principais fontes	Processo de remoção da atmosfera
CH_4	$1,8 \times 10^{-4}$	Biogênica[b]	Fotoquímico[c]
CO	$\sim 1,2 \times 10^{-5}$	Fotoquímica, antropogênica[d]	Fotoquímico
N_2O	3×10^{-5}	Biogênica	Fotoquímico
NOx[e]	10^{-10}–10^{-6}	Fotoquímica, descarga elétrica, antropogênica	Fotoquímico
HNO_3	10^{-9}–10^{-7}	Fotoquímica	Lavagem por precipitação
NH_3	10^{-8}–10^{-7}	Biogênica	Fotoquímico, lavagem por precipitação
H_2	5×10^{-5}	Biogênica, fotoquímica	Fotoquímico
H_2O_2	10^{-8}–10^{-6}	Fotoquímica	Lavagem por precipitação
$HO\bullet$[f]	10^{-13}–10^{-10}	Fotoquímica	Fotoquímico
$HO_2\bullet$[f]	10^{-11}–10^{-9}	Fotoquímica	Fotoquímico
H_2CO	10^{-8}–10^{-7}	Fotoquímica	Fotoquímico
CS_2	10^{-9}–10^{-8}	Antropogênica, biogênica	Fotoquímico
OCS	10^{-8}	Antropogênica, biogênica, fotoquímica	Fotoquímico
SO_2	$\sim 2 \times 10^{-8}$	Antropogênica, fotoquímica, vulcânica	Fotoquímico
I_2	0-traço	—	—
CCl_2F_2[g]	$2,8 \times 10^{-5}$	Antropogênica	Fotoquímico
H_3CCCl_3[h]	$\sim 1 \times 10^{-8}$	Antropogênica	Fotoquímico

[a] Níveis na ausência de poluição intensa.
[b] Oriundo de fontes biológicas.
[c] Reações induzidas pela absorção de energia luminosa conforme descrito posteriormente neste capítulo e nos Capítulos 13 e 14.
[d] Fontes relativas a atividades humanas.
[e] A soma de NO, NO_2 e NO_3, dos quais o NO_3 é a espécie mais reativa na atmosfera, à noite.
[f] Espécies de radicais livres reativos com um elétron desemparelhado; essas espécies são transientes e têm concentrações que diminuem muito à noite.
[g] Um CFC, o Freon–12.
[h] Metilclorofórmio

cessário para o crescimento das plantas. Contudo, o nível de dióxido de carbono na atmosfera, hoje perto de 390 ppm por volume, cresce cerca de 2 ppmv ao ano. Conforme discutido no Capítulo 14, esse aumento na concentração de CO_2 atmosférico também poderá causar o aquecimento generalizado da atmosfera – o chamado "efeito estufa", com consequências potencialmente sérias para a atmosfera e para a vida na Terra. Embora não seja uma ameaça em escala global, o monóxido de carbono, CO, pode se tornar uma séria ameaça à saúde, porque impede o transporte de oxigênio pelo sangue até os tecidos do corpo humano.

Os dois compostos poluentes mais perigosos gerados pela oxidação do nitrogênio são o óxido nítrico, NO, e o dióxido de nitrogênio, NO_2, representados pela fórmula genérica "NO_x". Esses compostos tendem a entrar na atmosfera na forma de NO, que pode ser convertido a NO_2 via processos fotoquímicos. Outras reações resultam na formação de sais de nitrato corrosivos ou de ácido nítrico, HNO_3. O dióxido de nitrogênio desempenha um papel importante na química atmosférica, particularmente devido à sua capacidade de ser dissociado pela luz com comprimento de onda inferior a 430 nm, produzindo átomos de O fortemente reativos. Essa é a primeira etapa na formação do *smog* fotoquímico (ver a seguir). O dióxido de enxofre, SO_2, é um dos produtos da reação de queima de combustíveis sulfurados, como o carvão com alto teor de enxofre. Parte desse dióxido de enxofre é convertido a ácido sulfúrico na atmosfera, H_2SO_4, por regra o principal agente responsável pela precipitação ácida.

9.1.4 O metano atmosférico

O hidrocarboneto mais abundante na atmosfera é o metano, CH_4, emitido por fontes subterrâneas, como o gás natural, e produzido pela fermentação de matéria orgânica. O metano é um dos hidrocarbonetos atmosféricos menos reativos, sendo produzido por fontes dispersas, o que limita seu papel em incidentes localizados de poluição atmosférica grave. Por sua presença em toda a atmosfera, apesar de sua reatividade relativamente baixa, o metano é um dos principais fatores nos processos químicos atmosféricos. Análises de amostras de gelo demonstram que nos últimos 250 anos os níveis de metano atmosférico mais que dobraram em consequência da utilização de combustíveis fósseis, da adoção de práticas agrícolas (sobretudo o cultivo de arroz, em que o metano é produzido por bactérias que proliferam em solos inundados), além da fermentação de resíduos. Em nível de molécula, o metano é um gás estufa muito mais eficaz do que o dióxido de carbono. Ele afeta a química troposférica e estratosférica, influenciando os níveis do radical hidroxila, do ozônio, além do vapor da água na estratosfera.

9.1.5 Os hidrocarbonetos e o *smog* fotoquímico

Os hidrocarbonetos atmosféricos com maior poder poluente são os hidrocarbonetos reativos presentes nos gases de escape de automóveis. Na presença de NO, em condições de inversão térmica (ver Capítulo 11) e de baixa umidade e com a exposição à luz solar, esses hidrocarbonetos produzem o *smog fotoquímico**, manifestado pela presença de material particulado que reduz a visibilidade, além de oxidantes, como o ozônio, e de espécies orgânicas nocivas, como os aldeídos.

9.1.6 O material particulado

Em termos de tamanho, as *partículas* que variam de agregados de algumas poucas moléculas a grãos de pó visíveis a olho nu com facilidade são encontradas na atmosfera e serão discutidas no Capítulo 10. Algumas partículas atmosféricas, como o sal marinho formado pela evaporação da água nas gotículas da maresia, são constituintes atmosféricos naturais e até mesmo benéficos. Partículas muito pequenas chamadas de *núcleos de condensação* servem como corpos em que o vapor da água atmosférico pode condensar e são essenciais à formação das gotas da chuva. As partículas do tamanho de coloides na atmosfera são chamadas *aerossóis*. Aquelas formadas pela desintegração de matéria grossa são chamadas *aerossóis de dispersão*, enquanto as partículas formadas pela reação química de gases são os *aerossóis de condensação*,

---

* N. de R. T.: *Smog* é um termo inglês cunhado a partir de *smoke* (fumaça) e *fog* (nevoeiro).

que tendem a ser menores. Pela grande tendência em dispersar a luz e também por se alojarem no pulmão, as partículas menores são muitas vezes as mais nocivas.

A maior parte do material particulado de natureza mineral presente em uma atmosfera poluída se encontra na forma de óxidos e outros compostos produzidos pela queima de combustíveis fósseis com alto teor de cinzas. As partículas de tamanho reduzido da *cinza volante* (*fly ash*) entram pelo tubo de uma fornalha e são coletadas com eficiência por um sistema de chaminés equipadas de maneira adequada. Contudo, parte das cinzas volantes escapa pela chaminé, sendo lançada na atmosfera. Infelizmente, a cinza volante liberada dessa maneira é formada por partículas pequenas, as mais prejudiciais à saúde humana, às plantas e à visibilidade.

9.1.7 Os poluentes primários e secundários

Os *poluentes primários* na atmosfera são aqueles emitidos de maneira direta. Um exemplo de poluente primário é o dióxido de enxofre, SO_2, um agente causador de irritação dos pulmões e prejudicial à vegetação ao contato. De maior importância são os *poluentes secundários*, gerados por processos químicos atmosféricos que atuam sobre poluentes primários e até sobre espécies não poluentes na atmosfera. De modo geral, os poluentes secundários são produzidos com base na tendência natural da atmosfera de oxidar os gases-traço presentes nela. O poluente secundário ácido sulfúrico, H_2SO_4, é gerado pela oxidação do poluente primário SO_2, enquanto o poluente secundário NO_2 é produzido quando o poluente primário NO é oxidado. Um dos poluentes secundários mais importantes na troposfera é o ozônio, O_3, cuja matéria-prima principal é o oxigênio atmosférico, O_2. O ozônio é produzido em níveis de poluente na troposfera por processos fotoquímicos na presença de hidrocarbonetos e NO_x (NO + NO_2), conforme discutido no Capítulo 13. Outro tipo importante de poluente secundário consiste no material particulado gerado por reações químicas na atmosfera que atua sobre os poluentes primários gasosos.

9.2 A importância da atmosfera

A atmosfera é um cobertor de proteção que nutre a vida na Terra e a protege do ambiente hostil do espaço sideral. A atmosfera é a fonte de dióxido de carbono necessário à fotossíntese das plantas e de oxigênio para a respiração. Ela fornece o nitrogênio que as bactérias fixadoras de nitrogênio e as indústrias produtoras de amônia utilizam para produzir o nitrogênio quimicamente combinado, um componente essencial das moléculas da vida. Como parte elementar do ciclo hidrológico (Figura 3.1), a atmosfera transporta água dos oceanos à Terra, atuando como condensador em um imenso destilador movido a energia solar. Infelizmente, a atmosfera também é utilizada como depósito de lixo para diversos materiais poluentes – do dióxido de enxofre ao Freon utilizado como gás refrigerante –, uma prática que prejudica a vegetação e os materiais, abrevia a vida humana e altera as características da atmosfera como um todo.

Em seu papel essencial de escudo de proteção, a atmosfera absorve a maioria dos raios cósmicos vindos do espaço sideral e protege os organismos dos efeitos que causam. Também absorve a maior parte da radiação eletromagnética do Sol, permitindo a transmissão de teores expressivos de radiação apenas nas regiões entre 300 e 2.500 nm (o ultravioleta próximo, a radiação visível e o infravermelho próximo) e entre 0,01 e 40 m (ondas de rádio). Ao absorver a radiação eletromagnética abaixo de 300 nm, a atmosfera filtra a radiação ultravioleta prejudicial que, do contrário, seria muito perigosa para os organismos vivos. Além disso, uma vez que reabsorve a maior parte da radiação infravermelha, em um processo em que a energia solar absorvida pelo planeta é reemitida para o espaço, a atmosfera estabiliza a temperatura da Terra, evitando os enormes extremos de temperatura observados em planetas e luas que não têm atmosferas substanciais.

9.3 As características físicas da atmosfera

A *ciência da atmosfera* estuda o movimento de suas massas de ar, o equilíbrio térmico atmosférico e a composição e as reações químicas na atmosfera. Para entender a química atmosférica e a poluição do ar, é importante ter uma noção razoável da atmosfera, de sua composição e características físicas, conforme discutido nas primeiras seções deste capítulo.

9.3.1 A variação da pressão e da densidade com a altitude

Quem já fez algum esforço físico em grandes altitudes sabe que a densidade da atmosfera sofre uma queda brusca com o aumento da altitude, como resultado das leis do estado gasoso e da gravidade. Mais de 99% da massa total da atmosfera encontra-se entre a superfície do planeta e uma altitude de aproximadamente 30 km (20 milhas). Comparada ao diâmetro da Terra, uma altitude dessas é considerada minúscula, logo, não seria exagero caracterizar a atmosfera como uma camada de proteção "fina como papel". Na verdade, se a Terra fosse do tamanho de um globo terrestre visto com frequência em aulas de geografia, a maior parte da atmosfera, de que a raça humana é totalmente dependente para sua existência, teria a espessura comparável à camada de verniz que reveste esse globo! Embora a massa total da atmosfera seja imensa, perto de $5,14 \times 10^{15}$ toneladas métricas, ela não passa de um milionésimo da massa total da Terra.

O fato de que a diminuição da pressão atmosférica obedece a uma função exponencial aproximada da altitude é um aspecto determinante das características da atmosfera. Em uma situação ideal, na ausência de mistura e a uma temperatura absoluta constante T, a pressão em determinada altura, P_h, é dada pela função exponencial

$$P_h = P_0 e^{-Mgh/RT} \qquad (9.4)$$

onde P_0 é a pressão na altitude zero (nível do mar), M, a massa molar média do ar (28,97 g mol^{-1}, na troposfera), g, a aceleração da gravidade (981 cm s^{-2} ao nível do mar), h, a altitude em centímetros, e R, a constante universal dos gases ideais (8,314×10^7 erg K^{-1} mol^{-1}). Essas unidades são dadas no sistema cgs (centímetro-grama-segundo), para manter a consistência dimensional; a altitude pode ser convertida em metros ou quilômetros, de acordo com o que for mais apropriado.

O fator RT/Mg recebe o nome *tabela de altura*, que representa o aumento na altitude em que a pressão cai na medida de e^{-1}. Na temperatura média de 288 K e ao nível do mar, a tabela de altura é 8×10^5 cm, ou 8 km; a uma altitude de 8 km, a pressão é apenas 39% da pressão ao nível do mar.

A conversão da Equação 9.4 em base logarítmica (base 10) e a expressão de h em quilômetros gera

$$\log P_h = \log P_0 - \frac{Mgh \times 10^5}{2{,}303RT} \quad (9.5)$$

e, considerando a pressão ao nível do mar como exatamente 1 atm, obtém-se a expressão a seguir:

$$\log P_h = -\frac{Mgh \times 10^5}{2{,}303RT} \quad (9.6)$$

As curvas de P_h e temperatura em função da altitude são mostradas na Figura 9.1. A curva representando P_h não é linear devido às oscilações na temperatura com o aumento da altitude, discutidas posteriormente nesta seção, e à mistura de massas de ar.

As características da atmosfera variam de maneira expressiva com a altitude, o período (estação do ano), a localização (latitude) e mesmo com a atividade solar. Os extremos de pressão e temperatura são ilustrados na Figura 9.1. Em grandes altitudes, as espécies normalmente reativas, como o oxigênio atômico, O, subsistem por longos períodos de tempo. Isso ocorre porque nessas altitudes a pressão é muito baixa, de maneira que a distância percorrida por uma espécie reativa antes de colidir com um reagente em potencial – seu percurso livre – é muito alta. Uma partícula com percurso livre médio de 1×10^{-6} cm ao nível do mar tem um percurso livre médio maior que 1×10^{-6} cm a uma altitude de 500 km, onde a pressão é menor em diversas ordens de magnitude.

9.3.2 A estratificação da atmosfera

Conforme mostra a Figura 9.2, a atmosfera é estratificada com base nas relações temperatura/densidade resultantes das interações entre processos físicos e químicos no ar.

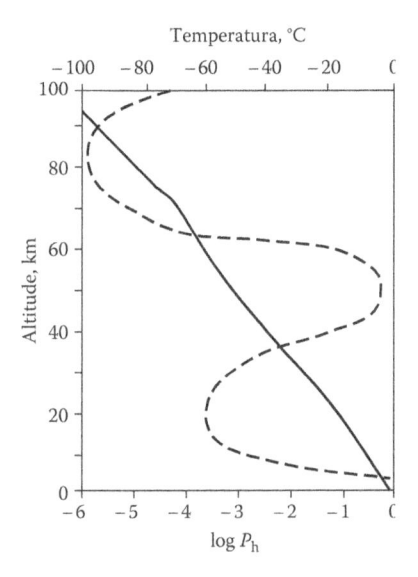

FIGURA 9.1 A variação da pressão (linha contínua) e da temperatura (linha tracejada) com a altitude.

A camada mais baixa da atmosfera, entre o nível do mar e a altitude de 10 – 16 km, é chamada *troposfera*, caracterizada por uma composição geralmente homogênea de seus principais gases constituintes, excetuando-se o vapor da água, e pela queda da temperatura com o aumento da altitude. Para entender por que a temperatura diminui com o aumento da altitude na troposfera, considere uma massa de ar hipotética na superfície que se eleva a altitudes superiores na troposfera. À medida que sobe, o ar se expande, perfazendo um trabalho de expansão, o que acarreta uma queda obrigatória na sua temperatura. A extensão dessa queda de temperatura *para o ar seco* em função da altitude é conhecida como *taxa de lapso adiabático*, cujo valor é 10°C km^{-1}. No entanto, o ar contém vapor da água que condensa à medida que a massa de ar sobe, liberando calor de vaporização e reduzindo a taxa de lapso a um valor médio de 6,5°C km^{-1}. Em dado ponto da troposfera, a altitude do limite superior, cuja temperatura mínima é −56°C, varia na ordem de um quilômetro ou mais com a temperatura atmosférica, com as características da superfície terrestre abaixo do ponto em questão,

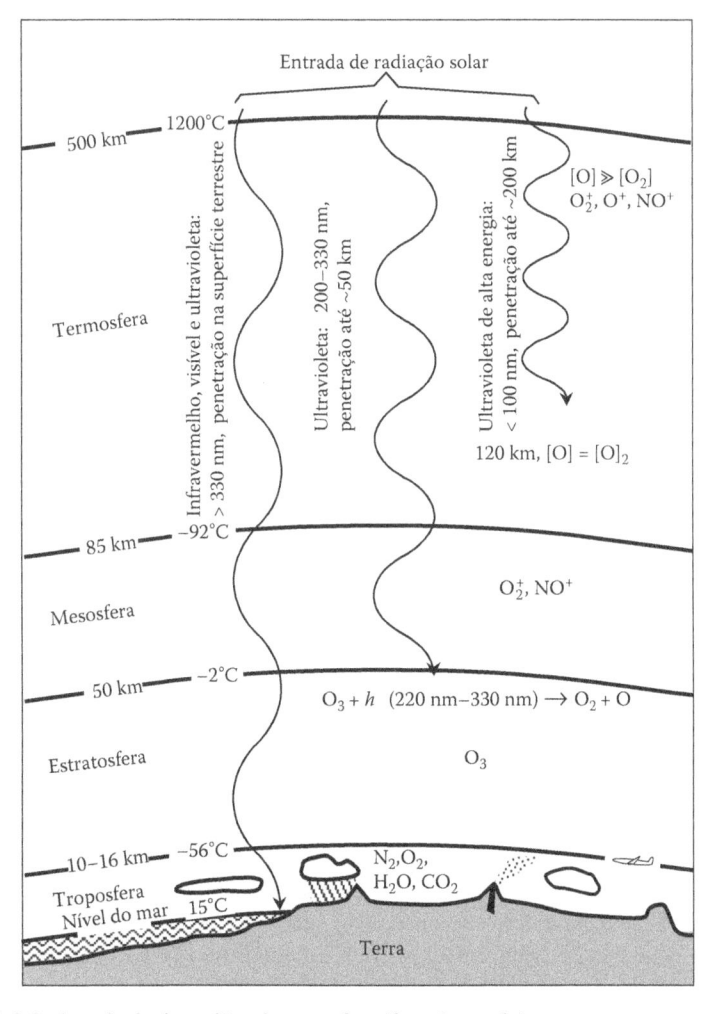

FIGURA 9.2 As principais regiões da atmosfera (fora de escala).

com a latitude e com o período do ano. A composição homogênea da troposfera é resultado da mistura constante de massas de ar causada pelas correntes de convecção, promovidas pela situação instável em que o ar frio se encontra acima do ar quente (o nome *troposfera* vem do grego *tropos*, ou *mistura*). No entanto, o teor de vapor da água na troposfera varia de maneira significativa, por conta da formação de nuvens, da precipitação e da evaporação da água dos corpos hídricos terrestres.

A *tropopausa*, a camada muito fria na parte superior da troposfera, atua como barreira na condensação do vapor da água em gelo para que não atinja altitudes em que se fotodissocia com a ação da radiação ultravioleta de alta energia. Se isso acontecesse, o hidrogênio produzido escaparia da atmosfera da Terra e se perderia. (Uma boa parte dos gases hidrogênio e hélio originalmente existentes na atmosfera da Terra se perdeu no espaço por conta desse processo.)

A camada atmosférica diretamente acima da troposfera é a *estratosfera*, em que a temperatura sobe com a altitude até atingir um valor máximo perto de $-2°C$. Nessa região, o aumento da temperatura com a altitude resulta de uma mistura vertical muito limitada (o nome *estratosfera* vem do grego *stratus*, ou mistura). Esse fenômeno ocorre devido à presença de ozônio, O_3, com níveis que podem chegar a perto de 10 ppm em volume na estratosfera média. Esse efeito de aquecimento é causado pela absorção da energia da radiação ultravioleta pelo ozônio, um fenômeno discutido mais adiante neste capítulo.

A ausência de níveis elevados de espécies absorvedoras de radiação na *mesosfera*, a camada imediatamente acima da estratosfera, faz a temperatura voltar a cair, chegando a quase $-92°C$ a uma altitude de aproximadamente 85 km. As regiões mais altas da mesosfera e aquelas acima destas definem uma região denominada *exosfera*, de onde as moléculas e os íons são capazes de escapar livres de qualquer obstáculo. Nos domínios mais distantes da atmosfera encontra-se a *termosfera*, em que os gases em estado elevado de rarefação atingem temperaturas tão altas quanto $1.200°C$, devido à absorção de radiações de alta energia com comprimentos de onda de quase 200 nm pelos gases que compõem essa região.

9.4 A transferência de energia na atmosfera

As características físicas e químicas da atmosfera e o equilíbrio térmico essencial da Terra são determinados pelos processos de transferência de energia e massa na atmosfera. Os fenômenos de transferência de energia são abordados nesta seção, e os fenômenos de transferência de massa, na Seção 9.5. A energia solar incidente na atmosfera pertence, em grande parte, à região do espectro visível. A luz solar azul, de menor comprimento de onda, é espalhada de maneira relativamente mais intensa pelas moléculas e partículas nas camadas superiores da atmosfera. É por essa razão que o céu tem a cor azul, quando observado com base na luz espalhada, ou a cor vermelha, causada pela luz transmitida, sobretudo ao pôr do sol, ao amanhecer, ou quando o ar apresenta um elevado número de partículas. O fluxo de energia solar que atinge a atmosfera é imenso, chegando a $1,34 \times 10^3$ Wm^{-2} (19,2 kcal $min^{-1}m^{-2}$), perpendicular à linha do fluxo solar no alto da atmosfera, como mostra a Figura 9.3. Esse valor, chamado *constante solar*, também é denominado *insolação* e é definido como "radiação solar incidente". Essa energia precisa ser irradiada de volta para o espaço, com o envolvimento de um delicado equilíbrio energético na manutenção da temperatura da Terra dentro de um intervalo de variação bastante estreito, que possibilita as condições climáticas capazes de dar suporte aos níveis de vida atuais no planeta. As grandes mudanças climáticas responsáveis por eras glaciais que duraram milhares de anos e que ocorreram em alternância com longos períodos de condições climáticas tropicais foram causadas por variações de poucos graus na temperatura média. As mudanças climáticas notáveis registradas ao longo da história foram marcadas por variações muito menores na temperatura média. Os mecanismos pelos quais a temperatura média da Terra se mantém dentro da variação estreita atual são complexos e tornaram-se objeto de numerosos estudos. Porém, aqui serão descritas apenas as principais características desses mecanismos.[2]

Cerca de metade da radiação solar incidente na atmosfera atinge a superfície terrestre tanto pela via direta quanto espalhada por nuvens, gases ou partículas atmosféricas. O restante dessa radiação é refletido diretamente de volta para o espaço ou absorvido pela atmosfera, sendo que essa energia absorvida é devolvida posteriormente ao espaço na forma de radiação infravermelha. A maior parte da energia solar incidente na superfície da Terra é devolvida para o espaço de maneira a manter o equilíbrio térmico. Além disso, uma pequena quantidade de energia (<1% da energia recebida do Sol) atinge a superfície terrestre por processos convectivos e condutivos, oriunda do manto quente do planeta, e também precisa ser dissipada.

O transporte de energia, crucial à reirradiação subsequente da energia da Terra, ocorre com base em três mecanismos principais: condução, convecção e radiação. A *condução* de energia ocorre por meio da interação de átomos ou moléculas adjacentes sem a movimentação propriamente dita da matéria, e constitui uma maneira relati-

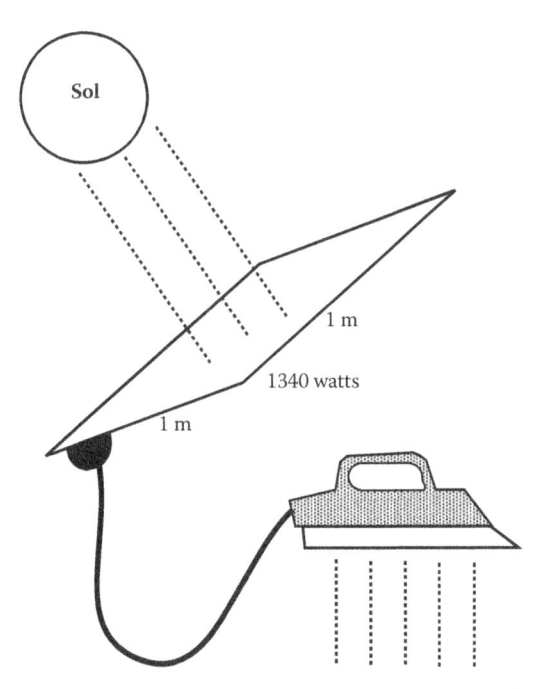

FIGURA 9.3 O fluxo solar na distância entre o Sol e a Terra é $1,34 \times 10^3$ Wm^{-2}.

vamente lenta de transferir energia para a atmosfera. A *convecção* envolve o movimento de massas de ar completas, que podem ser relativamente quentes ou frias. É o mecanismo pelo qual as variações abruptas de temperatura ocorrem quando grandes massas de ar se deslocam através de uma área. Além de transportar *calor sensível* devido à energia cinética das moléculas, a convecção transporta *calor latente* na forma de vapor da água, que libera calor quando condensa. Uma parcela apreciável do calor da superfície da Terra é transportada para as nuvens na atmosfera por condução e convecção, antes de ser dissipada por radiação.

A *radiação* de energia na atmosfera terrestre ocorre por meio da radiação eletromagnética. A radiação eletromagnética é a única maneira de a energia ser transmitida no vácuo. Assim, ela é a via pela qual toda a energia que precisa ser dissipada pelo planeta é devolvida ao espaço para a conservação de seu equilíbrio térmico. O comprimento de onda máximo da radiação incidente é 0,5 μm (500 nm) na região do espectro visível, sendo que essencialmente nenhuma radiação fora da faixa 0,2 – 3 μm incide na Terra. Essa região inclui todo o espectro visível e pequenas faixas da radiação ultravioleta e infravermelha adjacentes a ele. A radiação dissipada está na região do infravermelho, com comprimento de onda máximo igual a 10 μm, mas principalmente entre 2 e 40 μm. Assim, a Terra dissipa energia por radiação eletromagnética em um comprimento de onda muito maior (menor energia por fóton) em comparação com a radiação incidente, o que representa uma variável crucial na manutenção de seu equilíbrio térmico, bastante influenciável pelas atividades humanas.

9.4.1 O balanço de radiação da terra

O balanço de radiação da terra é mostrado na Figura 9.4. A temperatura média é mantida em confortáveis 15°C devido a um "efeito estufa" atmosférico em que o vapor da água e, em menor proporção, o dióxido de carbono reabsorvem a maior parte da radiação emitida e reirradiam cerca de metade dessa radiação de volta para a superfície do planeta. Não fosse por isso, a temperatura média na superfície ficaria em torno de −18°C. A maior parte da absorção da radiação infravermelha é efetuada pelas moléculas de água na atmosfera. A absorção é pequena nas regiões entre 7 e 8,5 e 11 e 14 μm, e não existe entre 8,5 e 11 μm, o que gera um "buraco" no espectro de absorção do infravermelho através do qual a radiação tem a chance de escapar. O dióxido de carbono, embora presente em uma concentração muito menor que o vapor da água, tem alta capacidade de absorção, entre 12 e 16,3 μm, desempenhando um papel-chave na manutenção do equilíbrio térmico. Hoje, existe a preocupação de que um aumento nos níveis atmosféricos de dióxido de carbono possa impedir a dissipação suficiente de energia, o que causaria uma elevação perceptível e prejudicial na temperatura da Terra. Esse fenômeno, discutido na Seção 9.7 e no Capítulo 14, é popularmente conhecido como *efeito estufa* e pode ocorrer devido à elevação nos níveis de CO_2 causada pelo crescente uso de combustíveis fósseis e pela destruição de árvores fotossintetizantes nas florestas.

Um dos aspectos importantes relativos à radiação solar incidente na Terra diz respeito ao percentual refletido pela superfície do planeta, chamado *albedo*. O albedo é importante na determinação do balanço energético da terra, pois é a radiação absorvida que aquece a superfície, não a radiação refletida. O albedo varia de maneira espetacular com a superfície. Nos dois extremos, a neve recém-caída tem um albedo de 90%, pois reflete nove décimos da radiação incidente, ao passo que o solo superficial recém-arado e escuro tem um albedo de apenas 2,5%.

9.5 A transferência de massa na atmosfera, a meteorologia e o tempo

A *meteorologia* é a ciência dos fenômenos atmosféricos, incluindo o estudo do movimento de massas de ar e as forças físicas na atmosfera – o calor, os ventos e as transformações da água, sobretudo do estado líquido para o estado gasoso, ou vice-versa.[3] Os fenômenos meteorológicos afetam e são afetados pelas propriedades químicas da atmosfera, e determinam se os poluentes emitidos por uma fonte pontual, como uma chaminé de uma usina de energia, subirão e se dispersarão na atmosfera ou se cairão próximo à fonte, onde poderão causar danos máximos. A cidade de Los Angeles deve muito de sua suscetibilidade ao *smog* à meteorologia da bacia de Los Angeles, que aprisiona os hidrocarbonetos e os óxidos de nitrogênio por tempo suficiente para gerar uma desagradável camada de *smog* fotoquímico (Capítulo 13). O conjunto de variações no estado da atmosfera observadas no curto prazo é chamado *tempo*, definido com base em sete fatores principais e inter-relacionados: temperatura, nebulosidade, ventos, umidade, visibilidade horizontal (influenciada pela névoa, etc.), tipo e quantidade de precipitação e pressão atmosférica. No longo prazo, as variações e tendências observadas nos fatores que compõem o tempo para determinada região geográfica são chamadas *clima*, termo que será definido e discutido na Seção 9.6.

9.5.1 O papel da água atmosférica na transferência de energia e massa

A força que governa o tempo e o clima é a distribuição e a posterior reirradiação da energia solar para o espaço. Uma grande parcela da energia solar é convertida em calor latente de evaporação da água para a atmosfera. À medida que a água presente no ar atmosférico condensa, grandes quantidades de calor são liberadas. Esta é uma maneira especialmente importante de transferência de energia do oceano para o solo. A energia solar incidente no oceano é convertida em calor latente pela evaporação da água, sendo que o vapor da água gerado se desloca para as regiões interiores, onde condensa. O calor latente emitido quando a água condensa aquece a massa de terra onde ocorre o processo.

Na atmosfera, a água ocorre como vapor, líquido ou gelo. O conteúdo de vapor da água no ar pode ser expresso como *umidade*. A *umidade relativa*, expressa como porcentagem, representa a quantidade de vapor da água no ar em razão do teor máximo que o ar pode conter, em determinada temperatura. O ar com dado teor de umidade relativa passa por diversos processos até atingir o ponto de saturação, em que o vapor da água condensa formando chuva ou neve. Para que essa condensação aconteça, o ar precisa ser refrigerado a uma temperatura abaixo da temperatura chamada *ponto de orvalho*, sendo que *núcleos de condensação* também devem estar presentes. Esses núcleos são substâncias higroscópicas como sais, gotículas de ácido sulfúrico e alguns materiais orgânicos, como células bacterianas. Algumas formas de poluição de ar são fontes importantes de núcleos de condensação.

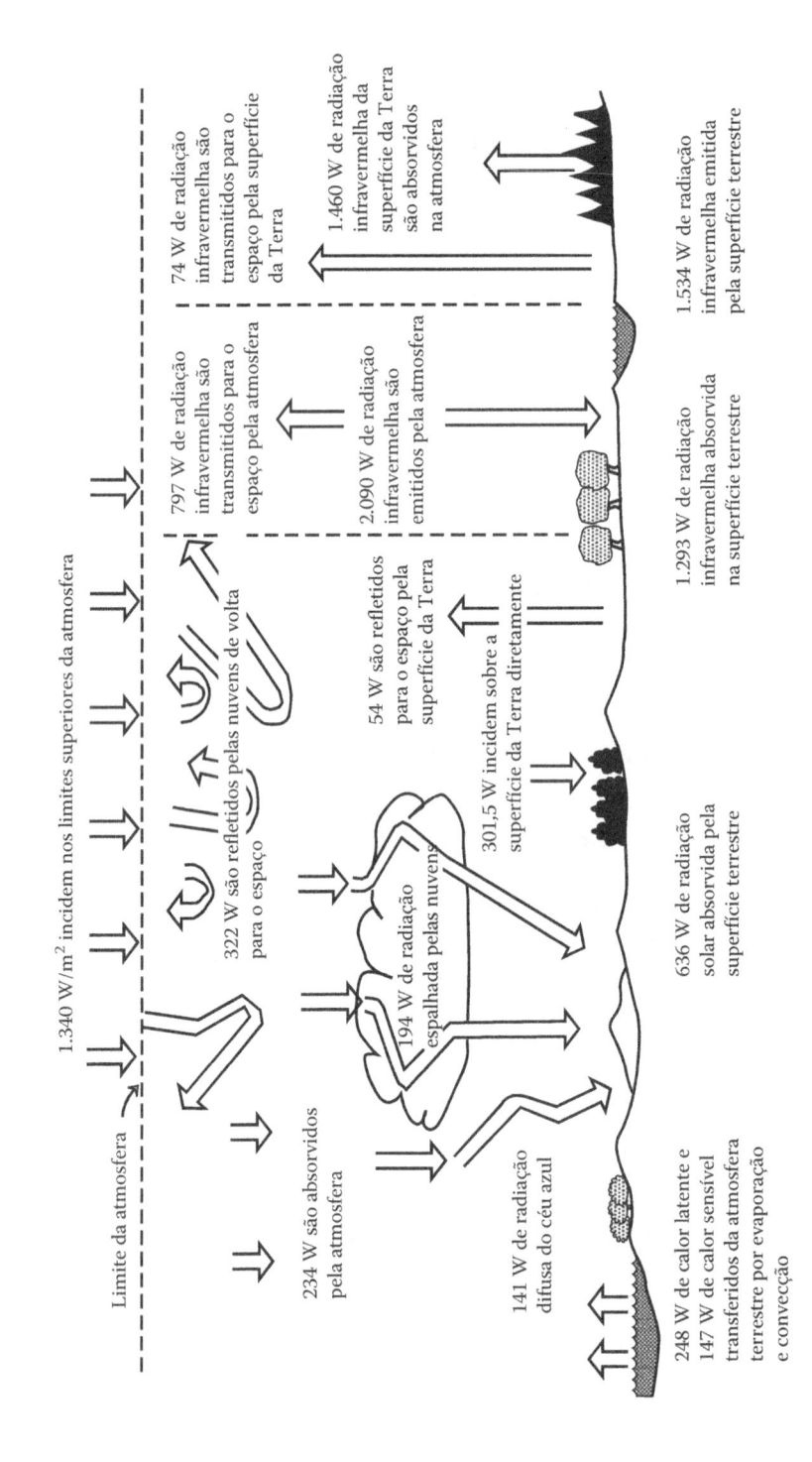

FIGURA 9.4 O balanço energético da Terra expresso com base nas parcelas que formam os 1.340 W$\cdot$m^{-2} de energia que compõem o fluxo solar.

- 1.340 W/m² incidem nos limites superiores da atmosfera
- Limite da atmosfera
- 234 W são absorvidos pela atmosfera
- 322 W são refletidos pelas nuvens de volta para o espaço
- 194 W de radiação espalhada pelas nuvens
- 54 W são refletidos para o espaço pela superfície da Terra
- 301,5 W incidem sobre a superfície da Terra diretamente
- 141 W de radiação difusa do céu azul
- 636 W de radiação solar absorvida pela superfície terrestre
- 248 W de calor latente e 147 W de calor sensível transferidos da atmosfera terrestre por evaporação e convecção
- 797 W de radiação infravermelha são transmitidos para o espaço pela atmosfera
- 2.090 W de radiação infravermelha são emitidos pela atmosfera
- 74 W de radiação infravermelha são transmitidos para o espaço pela superfície da Terra
- 1.460 W de radiação infravermelha da superfície da Terra são absorvidos na atmosfera
- 1.293 W de radiação infravermelha absorvida na superfície terrestre
- 1.534 W de radiação infravermelha emitida pela superfície terrestre

A água no estado líquido na atmosfera ocorre principalmente como *nuvens*. Em condições normais, as nuvens se formam durante o esfriamento adiabático do ar em ascensão e que, atingindo certo ponto, não consegue reter a água na forma de vapor, gerando gotículas muito pequenas de aerossol. As nuvens são classificadas em três tipos principais. Os cirros ocorrem em grandes altitudes e têm uma aparência de pluma, de pouca espessura. Os cúmulos são massas isoladas, com base horizontal e uma estrutura superior "cheia de calombos". As nuvens chamadas estratos ocorrem em grandes camadas e podem nublar todo o céu visível, em dado ponto, deixando-o completamente fechado. As nuvens são importantes absorvedores e refletores de radiação (calor). Sua formação é afetada pelos produtos das atividades humanas, sobretudo o material particulado e a emissão de gases deliquescentes como o SO_2 e o HCl. Alguns processos químicos atmosféricos ocorrem em solução, em gotículas de chuva, enquanto as partículas de gelo cristalinas nas nuvens estratosféricas atuam como reservatórios para espécies de cloro destruidoras de ozônio (ver Seção 14.5).

A formação de precipitação a partir das gotículas muito pequenas de água que constituem as nuvens é um processo complicado, mas importante. As gotículas de água normalmente levam um pouco mais que um minuto para se formar por condensação. Em média, elas têm 0,04 mm de comprimento e não ultrapassam 0,2 mm de diâmetro. As gotas de chuva variam de 0,5 a 4mm de diâmetro. Os processos de condensação não formam partículas grandes o bastante para caírem na forma de precipitação (chuva, neve, a combinação desses dois fenômenos, ou granizo). As pequenas gotículas geradas por condensação precisam colidir e coalescer para formar partículas do tamanho necessário para a precipitação. Quando as partículas atingem um diâmetro mínimo de cerca de 0,04 mm, elas aumentam de tamanho com maior rapidez pela coalescência com outras partículas do que pela condensação do vapor da água.

9.5.2 As massas de ar

A existência de massas de ar distintas é uma das principais características da troposfera. Essas massas de ar são uniformes e homogêneas, no sentido horizontal. A temperatura e o teor de vapor da água nessas massas são especialmente constantes. Tais características são determinadas pela natureza da superfície sobre a qual uma grande massa de ar se forma. As massas de ar polar continental se formam sobre regiões terrestres frias, e as massas de ar polar marítimo, sobre os oceanos polares. As massas de ar originadas nos trópicos podem ser classificadas, com base em critérios semelhantes, como massas de ar tropical continental e massas de ar tropical marítimas. O movimento e as condições dessas massas de ar exercem influência importante nas reações, nos efeitos e na dispersão de poluentes.

A energia solar recebida pela Terra é redistribuída pelo movimento de imensas massas de ar com diferentes pressões, temperaturas e teores de umidade e cujos limites são chamados *frentes*. O ar em movimento horizontal é chamado *vento*, enquanto o ar que se desloca na vertical tem o nome de *corrente de ar*. O ar atmosférico está em constante movimento, com comportamentos e efeitos definidos pelas leis que regem o comportamento dos gases. Primeiro, os gases se movem horizontal e verticalmente das regiões com *alta pressão atmosférica* para as regiões com *baixa pressão atmosférica*. Além disso, a expansão dos gases gera esfriamento, enquanto a compressão causa aquecimento. Uma massa de ar quente tende a deslocar-se da superfície da

Terra para altitudes maiores, onde a pressão é menor. Com isso, ela sofre expansão *adiabática* (isto é, sem troca de energia com a vizinhança), esfriando-se. Se não há condensação de umidade do ar o efeito de resfriamento é de cerca de 10°C km^{-1} de altitude, número conhecido como gradiente adiabático seco. Uma massa de ar frio em altitude maior faz o oposto: ela desce, aquecendo cerca de 10°C km^{-1}. Porém, muitas vezes, quando o teor de umidade no ar ascendente é alto o bastante, a água condensa, liberando calor latente. Essa liberação neutraliza parcialmente o efeito de esfriamento do ar em expansão, gerando um *gradiente adiabático úmido* de cerca de 6°C km^{-1}. Alguns volumes de ar não ascendem nem descendem, tampouco se deslocam de maneira totalmente uniforme na horizontal, porém exibem vórtices, correntes e diversos tipos de turbulência.

Conforme mencionado, o *vento* é o ar em movimento na horizontal, enquanto *correntes de ar* são criadas pelo ar ascendente ou descendente. O vento ocorre por conta das diferenças na pressão atmosférica, entre regiões de alta e baixa pressão. As correntes de ar são, na maioria, *correntes de convecção* formadas pelo aquecimento diferencial de massas de ar. O ar sobre uma massa de terra banhada pelo Sol é aquecido, tem sua densidade diminuída e com isso ascende, sendo substituído por ar mais frio e denso. O vento e as correntes de ar têm um papel preponderante nos fenômenos da poluição do ar, transportando e dispersando os poluentes atmosféricos. Em alguns casos, a ausência de vento pode facilitar o acúmulo de poluentes em uma região, que passarão por processos que levam a um aumento ainda mais expressivo de poluentes (secundários). A direção predominante dos ventos é um fator importante na determinação das áreas mais afetadas por uma fonte de poluição atmosférica. O vento também é uma fonte significativa de energia renovável (ver Capítulo 18). Além disso, o vento desempenha um papel respeitável na propagação da vida, dispersando esporos, sementes e organismos, como aranhas.

9.5.3 Os efeitos topográficos

A *topografia*, definida como a configuração da superfície e o conjunto de características do relevo da crosta terrestre, pode afetar ventos e correntes de ar de maneira expressiva. O aquecimento e o esfriamento heterogêneos de superfícies de terra e de corpos hídricos resultam nos *ventos convectivos locais*, que incluem brisas terrestres e marítimas que sopram durante diferentes partes do dia em praias, além das brisas associadas a grandes corpos hídricos no interior. Topografias montanhosas causam ventos localizados complexos e variáveis. As massas de ar nos vales entre montanhas aquecem-se durante o dia, gerando ventos que ascendem pelas encostas, esfriando à noite, com ventos descendentes. Em regiões com cordilheiras, os ventos ascendentes pelas encostas conseguem soprar por sobre os cimos das montanhas. O bloqueio do vento e das massas de ar por formações montanhosas localizadas a certa distância do litoral aprisionam corpos de ar, sobretudo em condições favoráveis à inversão térmica (ver Seção 9.6).

9.5.4 O movimento de massas de ar

Em síntese, o tempo é o resultado dos efeitos interativos de fatores como (1) a redistribuição de energia solar, (2) o movimento horizontal e vertical de massas de ar, e (3) a evaporação e a condensação de água, acompanhada pela absorção e liberação de calor. Para entender como esses fatores determinam o tempo e, por consequência, o clima em escala global, vamos primeiramente considerar o ciclo ilustrado na Figura 9.5. Essa figura mostra a energia solar sendo absorvida por um corpo hídrico, causando a evaporação de parte da água. A massa de ar quente e úmido produzida desloca-se de uma região de alta pressão para uma região de baixa pressão, esfriando por expansão à medida que sobe, no fenômeno chamado *coluna de convecção*. Durante o esfriamento do ar, a água presente nele condensa, liberando energia. Esta é uma das principais vias de transferência de energia da superfície da Terra para a atmosfera. Como resultado da condensação da água e da perda de energia, o ar deixa de ser quente e úmido para se tornar frio e seco. Além disso, o movimento de parte do ar para grandes altitudes acarreta um grau de "acumulação" de moléculas do ar e cria uma zona de pressão atmosférica relativamente alta nas camadas superiores da troposfera, no alto da coluna de convecção. Por sua vez, essa massa de ar se move da região superior da camada de alta pressão para uma zona de pressão menor; com isso ela desce, criando uma zona de baixa pressão nas camadas superiores e tornando-se quente e úmida neste processo. A acumulação deste ar na superfície cria uma zona de alta pressão nela, onde o ciclo recém descrito iniciou. O ar quente e úmido nesta zona de alta pressão na superfície absorve umidade, e o ciclo inicia-se outra vez.

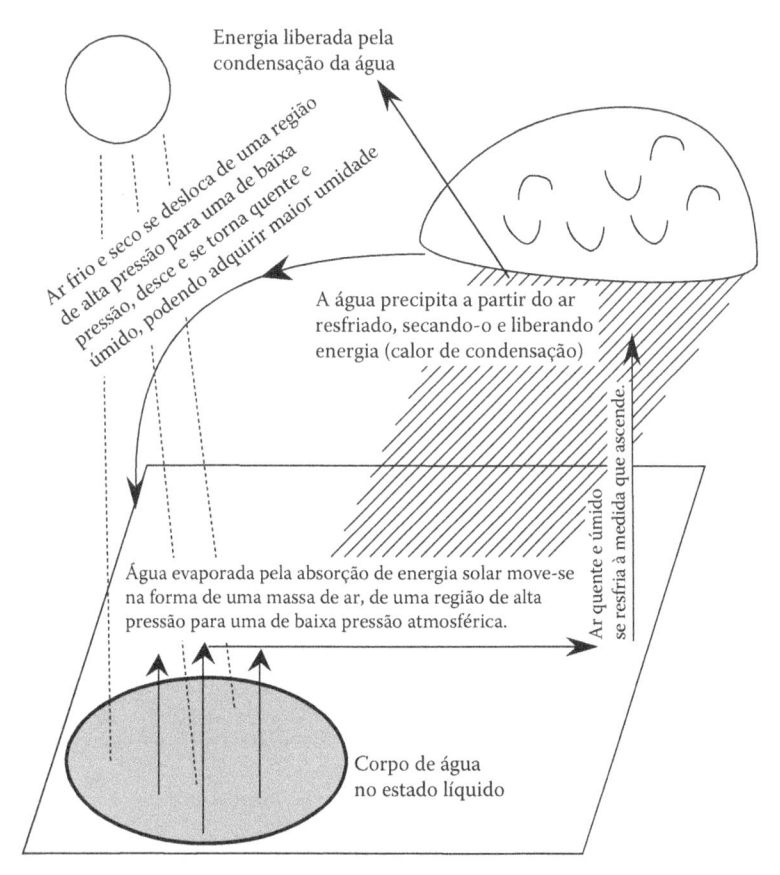

FIGURA 9.5 Os padrões de circulação envolvidos no movimento de massas de ar e água; absorção e liberação de energia na forma de calor latente no vapor da água.

9.5.5 O tempo no globo

Os fatores discutidos anteriormente que determinam e descrevem o movimento de massas de ar são envolvidos no enorme movimento de ar, umidade e energia que ocorre em todo o globo terrestre. A característica principal do clima global é a redistribuição de energia solar incidente de maneira desigual na Terra, dependendo da latitude (a distância em relação ao equador e aos polos). Considere a Figura 9.6. A luz e o fluxo de energia solar dela têm os valores mais intensos no equador porque, com base nas médias para as estações do ano, a radiação solar incide perpendicularmente à superfície terrestre nessa região. À medida que aumenta a distância em relação ao equador (maior latitude), mais oblíquo se torna o ângulo de incidência da luz do Sol. Esse ângulo aumenta o percurso da radiação solar na massa atmosférica, aumentando a proporção de energia absorvida por essa massa e reduzindo progressivamente a energia solar recebida por unidade de área da superfície terrestre. O resultado final é que as regiões equatoriais recebem uma parcela muito maior de radiação solar, enquanto as regiões mais distantes do equador recebem menos energia de maneira gradual, e os polos, uma incidência comparativamente minúscula dessa radiação. O excesso de calor nas regiões equatoriais faz o ar ascender. O ar interrompe essa ascensão quando atinge a estratosfera, porque é nela que sofre aumento de temperatura com a elevação. Quando o ar equatorial quente sobe pela troposfera, ele sofre esfriamento por expansão e perda de água, voltando a descer. Os padrões de circulação do ar em que esse fenômeno ocorre são chamados *células de Hadley*. Conforme mostra a Figura 9.6, existem três agrupamentos principais dessas células, o que resulta em regiões climáticas muito distintas umas das outras na superfície da Terra. O ar nas células de Hadley não se move em linha reta para o norte ou para o sul, sofrendo deflexão pela rotação

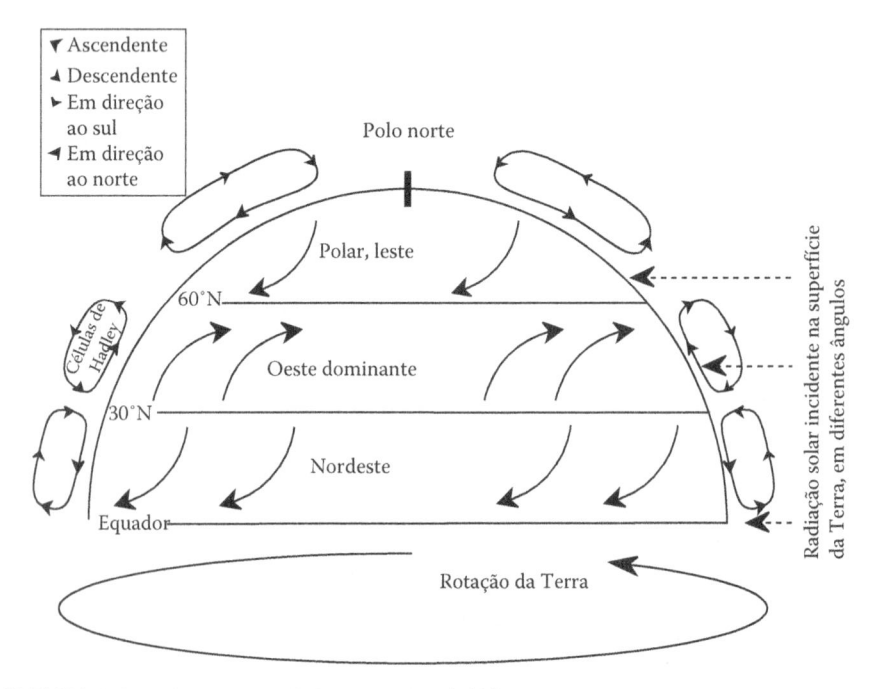

FIGURA 9.6 A circulação global do ar no hemisfério norte.

da Terra, no contato com a Terra em rotação. Esse fenômeno recebe o nome de *efeito Coriolis*, que resulta em padrões espirais de circulação do ar chamados de ciclônicos ou anticiclônicos, dependendo da direção da rotação. Esses geram as diferentes direções predominantes dos ventos, em função da latitude. Os limites entre as enormes massas de ar circulante alteram-se muito com o tempo cronológico e a estação do ano, resultando na expressiva instabilidade meteorológica.

O movimento de ar nas células de Hadley, em combinação com outros fenômenos atmosféricos, resulta do desenvolvimento de *correntes de jato* que, em certo sentido, são como rios de ar em alteração que podem atingir diversos quilômetros de altura e dezenas de quilômetros de largura. As correntes de jato se deslocam por entre as descontinuidades da tropopausa (ver Seção 9.3), em geral do oeste para o leste, a velocidades perto de 200 km h^{-1} (muito mais do que 100 milhas por hora). Com isso, essas correntes redistribuem imensas massas de ar e exercem forte influência nos padrões do tempo.

Os padrões de circulação de ar e vento descritos deslocam imensas quantidades de energia por grandes distâncias na Terra. Se esses efeitos não existissem, o calor nas regiões equatoriais seria insuportável, enquanto o frio nas regiões próximas aos polos seria intolerável. Aproximadamente metade do calor da Terra redistribuído é transportada na forma de calor sensível pela circulação do ar, cerca de um terço é transportado pelo vapor da água como calor latente, e os quase 20% remanescentes são transportados pelas correntes oceânicas.

9.5.6 As frentes climáticas e as tempestades

Conforme observado anteriormente, a interface entre duas massas de ar que diferem em temperatura, densidade e teor de água é chamada frente. Uma massa de ar frio que se move de maneira a deslocar uma massa de ar quente tem o nome de *frente fria*, enquanto uma massa de ar quente que desloca uma massa de ar frio é uma *frente quente*. Uma vez que o ar frio é mais denso que o ar quente, o ar em uma massa fria de ar ao longo de uma frente fria força passagem sob o ar quente. Isso eleva o ar quente e úmido, condensando a água presente nele. A condensação de água libera energia, o que faz o ar subir ainda mais. O efeito final pode ser a geração de imensas formações de nuvens (cúmulos de trovoada) que podem atingir altitudes estratosféricas. Esses espetaculares cúmulos de trovoada são capazes de produzir chuvas torrenciais e até mesmo granizo, além de tempestades ocasionais violentas acompanhadas de ventos fortes, inclusive tornados. As frentes quentes geram efeitos um tanto semelhantes, com o ar quente e úmido abrindo caminho sobre o ar frio. Contudo, muitas vezes a frente quente é mais larga e os efeitos climáticos são menos intensos, o que normalmente resulta em chuva fina generalizada em vez de tempestades violentas.

As *tempestades ciclônicas*, que ocorrem na forma de turbilhões como tufões, furacões e tornados, são geradas em áreas de baixa pressão por massas de ar quente e úmido em elevação. À medida que esse ar se esfria, o vapor da água condensa e o calor latente liberado aquece mais o ar, sustentando e intensificando seu movimento ascendente na atmosfera. O ar que se eleva do nível da superfície da Terra gera uma zona de baixa pressão em que o ar adjacente passa a se movimentar. O movimento do ar que entra nessa zona assume a forma espiral, o que causa a tempestade ciclônica.

9.6 As inversões e a poluição do ar

O complexo deslocamento do ar pela superfície terrestre é um fator crucial na criação e dispersão do fenômeno da poluição atmosférica. Quando o movimento do ar cessa, pode ocorrer a estagnação, com a consequente acumulação de poluentes atmosféricos em regiões localizadas. Embora a temperatura do ar relativamente próximo à superfície terrestre de modo geral diminua com a altitude, certas condições atmosféricas podem acarretar o efeito inverso – o aumento da temperatura com o aumento na altitude. Essas condições são caracterizadas pela grande estabilidade atmosférica e recebem o nome de *inversão térmica*. Por limitarem a circulação do ar na vertical, as inversões térmicas resultam em estagnação do ar e no aprisionamento dos poluentes atmosféricos em áreas localizadas.

As inversões ocorrem de diversas maneiras. Uma inversão pode se formar quando uma massa de ar quente substitui uma massa de ar frio. As *inversões de radiação* acontecem comumente à noite, no ar estático, quando a Terra não recebe radiação solar. O ar mais próximo à Terra esfria com mais rapidez na atmosfera, que permanece aquecida e, portanto, menos densa. Além disso, o ar mais frio junto à superfície tende a se deslocar para vales à noite, onde é coberto por ar quente e menos denso. As *inversões de subsidência*, muitas vezes espalhadas e acompanhadas por inversões de radiação, formam-se nos arredores de uma área com alta pressão na superfície, quando o ar elevado desce para ocupar o lugar do ar da superfície que é forçado para fora da zona de alta pressão. O ar em queda é aquecido à medida que se comprime, podendo permanecer como camada aquecida centenas de metros acima do nível do solo. Uma *inversão marítima* é produzida durante os meses de verão, quando o ar frio com alto teor de umidade do oceano sopra pela costa e em terras secas e quentes.

Conforme mostrado, as inversões contribuem de maneira significativa para os efeitos da poluição atmosférica porque, como mostra a Figura 9.7, impedem a dispersão de poluentes no ar, o que os mantêm confinados em uma área apenas. Isso não só impede que escapem como também atua como uma espécie de contêiner no qual outros poluentes poderão se acumular. Além disso, é possível que os poluentes

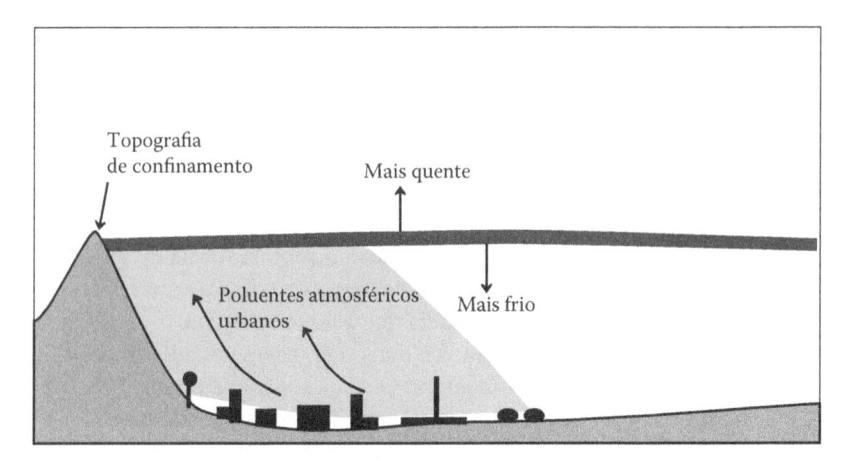

FIGURA 9.7 Ilustração mostrando poluentes presos por uma inversão térmica.

secundários produzidos por processos atmosféricos, como o *smog* fotoquímico (ver Capítulo 13), concentrem-se próximos uns dos outros, inter-reagindo e produzindo compostos ainda mais nocivos.

9.7 O clima global e o microclima

Talvez a influência mais importante no ambiente terrestre seja o *clima*, que consiste em padrões de tempo de longo prazo observados em áreas geográficas extensas. Como regra, condições climáticas são características a cada região. Isso não significa que o clima permaneça inalterado ao longo do ano, pois ele varia com a estação. Um exemplo importante deste tipo de variação são as *monções*, definidas como as variações regionais em padrões de vento entre oceanos e continentes acompanhadas por períodos alternados de precipitação alta e baixa. Os climas da África e do subcontinente indiano são bastante influenciados pelas monções. As chuvas das monções de verão são responsáveis pelas florestas tropicais da África Central. A interface entre essa região e o Deserto do Saara varia com o decorrer do tempo. Quando o limite está mais ao norte, as chuvas caem na região da interface com o Deserto do Sahel, desenvolvendo as lavouras e melhorando a qualidade de vida dos habitantes. Quando o limite se desloca para o sul, circunstância que pode durar diversos anos, secas devastadoras e até mesmo a fome são observadas.

Sabe-se que no clima existem flutuações, ciclos e ciclos sobre ciclos. As causas dessas variações não são totalmente conhecidas, mas não resta dúvida de que sejam expressivas e tenham efeitos devastadores para a civilização. A última *era glacial*, encerrada há apenas cerca de 10 mil anos e que foi precedida por diversas eras glaciais semelhantes, gerou condições nas quais a maior parte da massa de terra atual no hemisfério norte foi engolida por grossas camadas de gelo, o que as tornou inabitáveis. Uma "mini era do gelo", ocorrida no século XIV, destruiu colheitas e gerou grandes dificuldades na Europa setentrional. Hoje, as oscilações causadas pelo fenômeno El Niño, no hemisfério sul, ocorrem a períodos de diversos anos, quando uma área ampla e semipermanente de baixa pressão tropical se desloca para o Pacífico Central, saída dos arredores da Indonésia, seu local de origem mais comum. Esse deslocamento modifica a direção predominante dos ventos, altera os padrões das correntes marítimas e afeta o afloramento de nutrientes no oceano, com consequências profundas no tempo, na precipitação e na vida de peixes e aves em uma vasta área do Pacífico, que se estende da Austrália às costas ocidentais das Américas do Sul e do Norte.

9.7.1 O dióxido de carbono atmosférico e as modificações no clima causadas pelo homem

Embora a atmosfera terrestre seja imensa e tenha a capacidade de resistir e corrigir alterações prejudiciais, é provável que as atividades humanas estejam afetando o clima de modo significativo. Uma das vias em que esses efeitos ocorrem é a emissão de grandes volumes de dióxido de carbono e outros gases estufa na atmosfera, capazes de causar o aquecimento global e expressivas mudanças climáticas. Sabe-se que os níveis de dióxido de carbono na atmosfera aumentam em cerca de 2 ppmv ao ano, e há a expectativa de que esses níveis mais do que dobrem neste século, em comparação aos níveis pré-industriais. Além disso, durante as últimas décadas as temperaturas globais aumentaram de modo sensível e consistente com os modelos de aquecimento global causado pelos gases estufa na atmosfera. A influência do dióxido de carbono atmosférico nas temperaturas globais e os possíveis impactos no clima serão discutidos na Seção 14.2.

9.7.2 O microclima

A seção anterior descreveu o clima em larga escala, variando em dimensões globais. O clima a que estão expostos os organismos e objetos na superfície terrestre junto ao solo, sob rochas ou cercados de vegetação é muitas vezes bastante diferente do macroclima que os envolve. Essas condições climáticas fortemente localizadas são chamadas *microclima*. Os efeitos do microclima são determinados em grande parte pela incidência e dissipação de energia solar muito próximo à superfície terrestre e pelo fato de que a circulação do ar na forma de ventos é muito menor sobre ela. Durante o dia, a energia solar absorvida por extensões de solo comparativamente expostas as aquece, sendo perdida muito devagar devido às limitações na circulação de ar na superfície. Isso gera um cobertor quente de ar superficial com alguns poucos centímetros de espessura e uma camada ainda mais fina de solo aquecido. À noite, a perda de calor por radiação a partir da superfície do solo e da vegetação pode resultar em temperaturas vários graus mais frias na superfície, em comparação com o ar a 2 m acima dela. Essas temperaturas mais baixas promovem a condensação do *orvalho* na vegetação e na superfície do solo, gerando um microclima mais úmido, em proporção, no nível do solo. O calor absorvido durante a evaporação inicial do orvalho, nas primeiras horas da manhã, tende a prolongar o frio sentido junto à superfície.

A vegetação afeta o microclima de maneira substancial. Em massas vegetais relativamente densas, a circulação do ar é praticamente nula na superfície, pois a vegetação impõe limites severos contra a convecção e a difusão. A superfície da copa da vegetação intercepta a maior parte da energia solar e, por isso, o aquecimento solar máximo de modo geral ocorre a uma altura expressiva em relação ao solo. Logo, a região abaixo da superfície da copa tem temperatura relativamente estável. Além disso, em uma massa vegetal densa, a maior parte da perda de umidade não se dá pela evaporação a partir da superfície do solo, mas pela transpiração das folhas das plantas. O resultado final é a ocorrência de condições de temperatura e umidade que promovem um ambiente favorável à vida para uma variedade de organismos, como insetos e roedores.

Outro fator que influencia o microclima é o grau de inclinação de uma encosta, para o norte ou para o sul. No hemisfério norte, as encostas de frente para o sul recebem maior incidência de energia solar. As vantagens desse fenômeno foram aproveitadas na Alemanha, na recuperação de terrenos que passaram por mineração de superfície para obtenção do carvão de lignita, com a construção de aterros cujos taludes inclinados para o sul eram longos, e aqueles inclinados para o norte, curtos. Nos taludes voltados para o sul, o resultado final é o prolongamento de alguns dias na temporada de crescimento no verão, o que aumenta a produtividade agrícola de maneira significativa. Nas áreas onde a temporada de desenvolvimento da planta é mais longa, as condições de crescimento são melhores em taludes voltados para o norte, pois estes estão menos sujeitos a extremos de temperatura e à perda de água por evaporação e transpiração.

9.7.3 Os efeitos da urbanização no microclima

Um dos efeitos mais marcantes no microclima é induzido pela urbanização. Em ambientes rurais, a vegetação e os corpos hídricos têm efeito moderador, absorvendo níveis modestos de energia solar e liberando-a lentamente. A pedra, o concreto e o asfalto existentes nas cidades exercem efeito oposto, absorvendo enormes quantidades de energia solar e reirradiando essa energia para o microclima urbano. A chuva não tem chance de se acumular em poças, sendo drenada da forma mais rápida e eficiente possível. As atividades humanas geram expressivas quantidades de calor, produzindo grandes volumes de CO_2 e outros gases estufa que o retêm. O resultado final desses efeitos é que uma cidade fica coberta por um *domo térmico*, em que a temperatura é até 5°C mais alta em relação àquela observada em áreas rurais adjacentes, tornando as cidades grandes "ilhas de calor". O ar quente em ascensão sobre uma cidade permite a entrada da brisa de áreas vizinhas. Com isso, é gerado um efeito estufa local, contraposto em grande parte pela reflexão da energia solar por material particulado no ar sobre essa cidade. De modo geral, em comparação com as condições climáticas nas vizinhanças rurais próximas, o microclima urbano é mais quente e nevoento, e permanece coberto por uma camada de nuvens por mais tempo, com maior possibilidade de precipitação, embora geralmente seja menos úmido.

9.8 As reações químicas e fotoquímicas na atmosfera

A Figura 9.8 representa alguns dos principais processos químicos atmosféricos, discutidos no tópico *química atmosférica*. Diversos conceitos-chave da química atmosférica importantes para esta discussão foram definidos no começo deste capítulo, por exemplo, a energia de um fóton hv, o estado excitado (muitas vezes representado por um asterisco, *), radicais livres (como o radical hidroxila, HO•) e os terceiros corpos absorvedores de energia (denotados pela letra M).

A atmosfera é um "laboratório" imenso e variável, onde o estudo de processos químicos é um desafio. Um dos maiores obstáculos ao estudo da química atmosférica é que o químico muitas vezes precisa lidar com concentrações incrivelmente baixas, o que dificulta a detecção e análise de produtos de reações (ver Capítulo 26). A simulação de condições de grande altitude em laboratório pode ser bastante complicada devido a interferências como aquelas causadas por espécies liberadas das paredes de recipientes em condições de pressão muito baixa. Muitas reações químicas que precisam de um terceiro corpo para absorver o excesso de energia ocorrem muito devagar na atmosfera superior, onde a concentração de terceiros corpos é pequena, embora possam acontecer de imediato em um recipiente com paredes que absorvem energia com eficácia. As paredes de um recipiente servem como catalisadores para algumas reações cruciais, ou podem absorver espécies importantes e reagir com as mais reativas.

A química atmosférica envolve a atmosfera livre de poluentes, as atmosferas altamente poluídas e uma ampla gama de variação entre esses dois extremos. Os mesmos fenômenos gerais governam tudo e produzem um enorme ciclo atmosférico onde ocorrem numerosos subciclos. As espécies químicas gasosas da atmosfera são classificadas em categorias um tanto arbitrárias e sobrepostas: *óxidos inorgâni-*

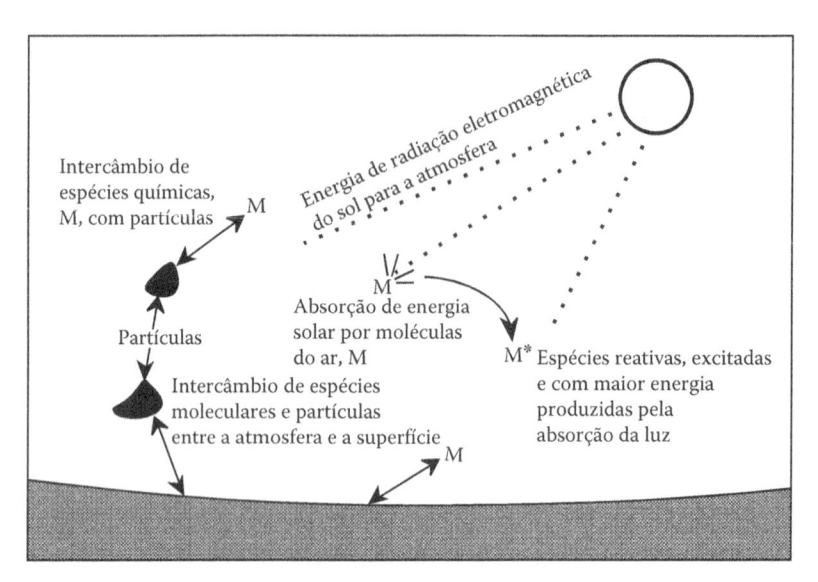

FIGURA 9.8 Representação dos principais processos químicos atmosféricos.

cos (CO, CO_2, NO_2, SO_2), *oxidantes* (O_3, H_2O_2, radical HO•, radical $HO_2^{\bullet}$, radicais ROO•, NO_3), *redutores* (CO, SO_2, H_2S), *compostos orgânicos* (também redutores; na atmosfera não poluída, o CH_4 é a espécie orgânica predominante, enquanto os alcanos, alcenos e compostos arila são comuns nos arredores de fontes de poluição orgânica), *espécies orgânicas oxidadas* (carbonilas, nitratos orgânicos), *espécies fotoquimicamente ativas* (NO_2, formaldeído), ácidos (H_2SO_4), bases (NH_3), sais (NH_4HSO_4), e *espécies reativas instáveis* (NO_2^* eletronicamente excitado e o radical HO•). Além disso, tanto partículas sólidas quanto líquidas em aerossóis atmosféricos e nuvens desempenham um papel importante na química atmosférica como fontes e sumidouros de espécies no estado gasoso, sítios de reações superficiais (partículas sólidas) e corpos para reações em fase aquosa (gotículas de líquidos). Dois constituintes fundamentais na química atmosférica são a energia radiante do Sol, sobretudo na região ultravioleta do espectro, e o radical hidroxila (HO•). O primeiro representa uma via para o bombardeamento de um alto nível de energia para o interior da estrutura de uma única molécula gasosa, iniciando uma série de reações químicas atmosféricas, enquanto o segundo é o principal intermediário reativo, a "moeda de troca" dos fenômenos químicos atmosféricos durante o dia; os radicais (NO_3) são intermediários importantes na química atmosférica durante a noite. Esses constituintes serão abordados neste capítulo e nos Capítulos 10 a 14.

Crucial na química atmosférica é a disciplina da *cinética química*, que estuda as velocidades de reação. Uma discussão detalhada da cinética dos processos químicos atmosféricos vai além do escopo deste livro, e obras mais abrangentes, como as listadas na seção de leitura complementar no final deste capítulo, são indicadas para o leitor.

As constantes de velocidade, que descrevem as velocidades de uma reação química, variam muito e são ferramentas importantes que permitem ao químico atmosférico explicar os processos químicos que ocorrem na atmosfera. Contudo, ainda existem incertezas relativas aos valores de algumas constantes de velocidade específicas.

9.8.1 Os processos fotoquímicos

A absorção da luz por espécies químicas, definida genericamente nesta obra com a inclusão da radiação ultravioleta do Sol, promove as chamadas *reações fotoquímicas*, que do contrário não ocorreriam nas condições do meio (em especial as condições de temperatura) na ausência da luz solar. Logo, as reações fotoquímicas, mesmo na ausência de um catalisador químico, ocorrem a temperaturas muito mais baixas que aquelas necessárias na presença deste. As reações fotoquímicas, induzidas pela radiação solar intensa, são relevantes na determinação da natureza e do destino de espécies químicas na atmosfera.

O dióxido de nitrogênio, NO_2, é uma das espécies de maior atividade fotoquímica em atmosferas poluídas e desempenha um papel essencial na formação do *smog*. Uma espécie como o NO_2 tem capacidade de absorver luz com energia expressa por $h\nu$, produzindo uma *molécula eletronicamente excitada*,

$$NO_2 + h\nu \rightarrow NO_2^* \tag{9.7}$$

designada nessa reação por um asterisco, *. A fotoquímica do dióxido de nitrogênio é discutida nos Capítulos 11 e 13.

As moléculas eletronicamente excitadas formam um dos três tipos de espécies relativamente reativas e instáveis encontradas na atmosfera e que têm forte envolvimento com os processos químicos atmosféricos. As outras duas espécies são os átomos e fragmentos de moléculas com elétrons desemparelhados, chamados *radicais livres*, e os *íons* compostos por átomos com carga elétrica ou fragmentos de moléculas.

As moléculas eletronicamente excitadas são produzidas quando moléculas estáveis absorvem radiação eletromagnética de alta energia nas regiões ultravioleta ou visível do espectro. Uma molécula pode ter diversos estados de excitação; porém, em termos gerais, a energia da radiação ultravioleta ou visível é alta apenas o bastante para excitar moléculas a alguns dos níveis energéticos mais baixos. A natureza do estado excitado pode ser compreendida se considerarmos a disposição dos elétrons em uma molécula. A maioria das moléculas tem um número par de elétrons. Estes ocupam orbitais, com no máximo dois elétrons dotados de *spins* contrários ocupando um mesmo orbital. A absorção da luz tem a capacidade de promover um desses elétrons a um orbital livre, de energia mais elevada. Em alguns casos o elétron promovido retém o *spin* oposto ao de seu parceiro anterior, dando origem a um *estado excitado singleto*. Em outros casos, o *spin* do elétron promovido é revertido, para que tenha *spin* idêntico ao de seu parceiro anterior, o que dá início ao *estado excitado tripleto*.

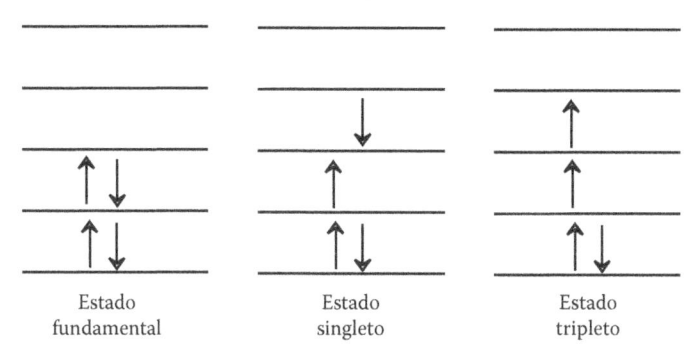

Estado fundamental | Estado singleto | Estado tripleto

As espécies químicas em estados excitados estão energizadas em comparação com aquelas no estado fundamental, sendo espécies quimicamente reativas. Sua participação nas reações químicas atmosféricas, como aquelas envolvidas na formação do *smog*, são discutidas mais adiante.

Para que uma reação fotoquímica ocorra, a luz precisa ser absorvida por espécies reativas. Se a luz absorvida estiver na região visível do espectro da luz solar, a espécie absorvente é colorida. O NO_2 colorido é um exemplo comum deste tipo de espécie na atmosfera. De modo geral, a primeira etapa de um processo fotoquímico é a ativação da molécula pela absorção de uma única unidade de energia fotoquímica, característica da luz, chamada *quantum* de luz. A energia de um quantum é igual ao produto $h\nu$, onde h é a constante de Planck, $6{,}63 \times 10^{-34}$ J s ($6{,}63 \times 10^{-27}$ erg s), e ν, a frequência da luz absorvida em s^{-1} (inversamente proporcional a seu comprimento de onda, λ).

As reações transcorridas após a absorção de um fóton de luz para produzir uma espécie eletronicamente excitada são determinadas, em grande parte, pela maneira como a espécie no estado excitado perde seu excesso de energia. Isso ocorre obedecendo a um dos mecanismos a seguir.

- Perda de energia para outra molécula ou átomo (M) pelo *esfriamento físico rápido*, seguido da dissipação de energia na forma de calor.

$$O_2^* + M \rightarrow O_2 + M \text{ (maior energia translacional)} \tag{9.8}$$

- A *dissociação* da molécula excitada (o processo responsável pela predominância do oxigênio atômico na atmosfera superior).

$$O_2^* \rightarrow O + O \tag{9.9}$$

- A *reação direta* com outra espécie.

$$O_2^* + O_3 \rightarrow 2O_2 + O \tag{9.10}$$

- A *luminescência*, que compreende a perda de energia pela emissão de radiação eletromagnética.

$$NO_2^* \rightarrow NO_2 + h\nu \tag{9.11}$$

Se a reemissão de luz for quase instantânea, a luminescência é chamada *fluorescência*, mas se sofrer um atraso expressivo recebe o nome de *fosforescência*. A *quimiluminescência* ocorre quando a espécie excitada (como o NO_2^* a seguir) é formada por um processo químico:

$$O_3 + NO \rightarrow NO_2^* + O_2 \text{ (maior energia)} \tag{9.12}$$

- A *transferência intermolecular de energia*, em que uma espécie excitada transfere energia para outra espécie, que se torna excitada.

$$O_2^* + Na \rightarrow O_2 + Na^* \tag{9.13}$$

Uma reação subsequente pela segunda espécie é chamada *reação fotossensível*.

- A *transferência intramolecular* em que a energia é transferida no interior de uma molécula.

$$XY^* \rightarrow XY^\dagger \quad (^\dagger \text{ denota outro estado excitado de uma mesma molécula}) \quad (9.14)$$

- A *fotoionização* por meio da perda de um elétron

$$N_2^* \rightarrow N_2^+ + e^- \quad (9.15)$$

A radiação eletromagnética absorvida na região do infravermelho não tem a energia necessária para romper ligações químicas, mas faz as moléculas receptoras adquirirem energia rotacional e vibracional. A energia absorvida como radiação infravermelha acaba sendo dissipada na forma de calor e eleva a temperatura em toda a atmosfera. Conforme discutido na Seção 9.3, a absorção de radiação infravermelha é muito importante na aquisição de calor do Sol pela Terra e na retenção de energia irradiada da superfície do planeta.

9.8.2 Os íons e os radicais na atmosfera

Uma das características da atmosfera superior de difícil replicação em laboratório é a presença de níveis expressivos de elétrons e íons com carga positiva. Em função das condições de rarefação, esses íons podem existir na atmosfera superior por longos períodos, antes de se recombinarem para formar espécies neutras.

Em altitudes de aproximadamente 50 km e acima, os íons são tão prevalentes que a região é chamada de *ionosfera*. A existência da ionosfera é conhecida desde cerca de 1901, quando descobriu-se que as ondas de rádio poderiam ser transmitidas por grandes distâncias, onde a curvatura da Terra impossibilita a transmissão na linha de visão. Essas ondas de rádio são refletidas pela ionosfera.

A radiação ultravioleta é o principal fator produtor de íons na ionosfera. Na ausência de luz, os íons positivos recombinam-se lentamente com elétrons livres. Esse processo é mais rápido nas regiões mais baixas da atmosfera, onde a concentração de espécies é um tanto alta. Logo, o limite inferior da ionosfera se eleva à noite e permite a transmissão de ondas de rádio a distâncias muito maiores.

O campo magnético da Terra exerce forte influência sobre os íons na atmosfera superior. Provavelmente, a manifestação mais conhecida desse fenômeno é observada no Cinturão de Van Allen, descoberto em 1958 e formado por dois cinturões de partículas ionizadas que circundam a Terra. Ele é visualizado como duas formas que aparentam rosquinhas em meia-lua, sendo que o eixo do campo magnético da Terra as atravessa perpendicularmente. O cinturão interior é composto por prótons, e o cinturão exterior, por elétrons. Um diagrama esquemático do Cinturão de Van Allen é exposto na Figura 9.9.

Embora os íons sejam produzidos na atmosfera superior sobretudo pela ação de radiação eletromagnética com elevado teor de energia, eles são gerados também na troposfera pelo cisalhamento de gotículas de água durante a precipitação. Esse cisalhamento pode ser causado pela compressão de massas de ar frio em movimento descendente ou por ventos fortes soprando sobre massas de terra quentes e secas. Esses ventos fortes são chamados *fohen sharav* (no Oriente Próximo) ou *Santa Ana* (no sul da Califórnia). Esses ventos secos e quentes causam grande desconforto. Os íons que estes ventos produzem consistem em elétrons e espécies moleculares com carga positiva.

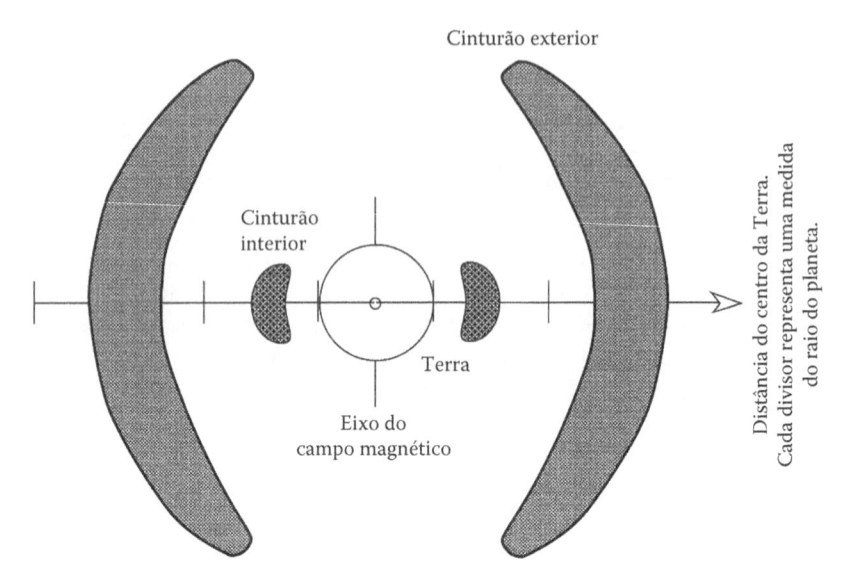

FIGURA 9.9 Vista em seção do Cinturão de Van Allen que envolve a Terra.

9.8.2.1 Os radicais livres

Além da formação de íons pela fotoionização, a radiação eletromagnética energizada na atmosfera produz átomos ou grupos de átomos com elétrons desemparelhados chamados de *radicais livres*.

$$H_3C-\overset{\overset{O}{\|}}{C}-H + h\nu \longrightarrow H_3C^\bullet + {}^\bullet\overset{\overset{O}{\|}}{C}-H \qquad (9.16)$$

Os radicais livres estão envolvidos nos fenômenos atmosféricos mais significativos, e são fundamentais na atmosfera. Em função de seus elétrons desemparelhados e da forte tendência que esses elétrons têm de se parearem na maioria das circunstâncias, os radicais livres apresentam alta reatividade. No entanto, a atmosfera superior é tão rarefeita que, em grandes altitudes, a meia-vida desses radicais pode chegar a diversos minutos ou mais. Os radicais têm a capacidade de participar de reações em cadeia em que um dos produtos de cada reação também é um radical. Porém, chega o ponto em que, por meio de processos como a reação com outro radical, um dos radicais em uma cadeia é destruído e a cadeia termina:

$$H_3C^\bullet + H_3C^\bullet \rightarrow C_2H_6 \qquad (9.17)$$

Esse processo é chamado de *reação de terminação*. As reações envolvendo radicais livres são responsáveis pela formação do *smog*, discutido no Capítulo 13.

Os radicais livres são bastante reativos; portanto, de modo geral eles têm ciclos de vida curtos. É importante diferenciar alta reatividade e instabilidade. Um radical livre ou um átomo completamente isolado seria bastante estável. Logo, os radicais livres e os átomos isolados de gases diatômicos tendem a persistir nas condições de rarefação observadas em altitudes muito grandes, porque podem viajar longas distâncias antes de colidir com outra espécie reativa. Contudo, as espécies eletronicamente excitadas têm um ciclo de vida finito e curto, pois conseguem perder energia por radiação sem ter de reagir com outra espécie.

9.8.3 Os radicais hidroxila e hidroperoxila na atmosfera

Conforme mostra a Figura 9.10, o radical hidroxila, HO•, é a espécie intermediária reativa mais importante nos processos químicos na atmosfera, sendo formada por diversos mecanismos. Em altitudes maiores ela é produzida pela fotólise da água:

$$H_2O + h\nu \rightarrow HO^\bullet + H \qquad (9.18)$$

Na presença de matéria orgânica, o radical hidroxila é produzido em abundância como intermediário na formação do *smog* fotoquímico (ver Capítulo 13). Até certo ponto da atmosfera, e para experimentos em laboratório, o HO• é produzido pela fotólise do vapor de ácido nitroso:

$$HONO + h\nu \rightarrow HO^\bullet + NO \qquad (9.19)$$

O radical hidroxila também é gerado pela fotodissociação do peróxido de hidrogênio, H_2O_2, o principal composto oxidante nas partículas atmosféricas de névoa, nuvens ou chuva:

$$H_2O_2 + h\nu \rightarrow HO^\bullet + HO^\bullet \qquad (9.20)$$

Na troposfera relativamente livre de poluentes, o radical hidroxila é produzido como resultado da fotólise do ozônio:

$$O_3 + h\nu(\lambda < 315 \text{ nm}) \rightarrow O^* + O_2 \qquad (9.21)$$

acompanhado da reação de uma fração dos átomos de oxigênio excitados com moléculas de água:

$$O^* + H_2O \rightarrow 2HO^\bullet \qquad (9.22)$$

O envolvimento do radical hidroxila nas transformações químicas de algumas espécies-traço na atmosfera é resumido na Figura 9.10, e algumas das vias apresentadas são discutidas nos capítulos seguintes. Entre as espécies-traço importantes presentes na atmosfera que reagem com o radical hidroxila estão o monóxido de carbono, o dióxido de enxofre, o sulfeto de hidrogênio, o metano e o óxido nítrico.

Com frequência, o radical hidroxila é removido da troposfera pela reação com metano ou monóxido de carbono:

$$CH_4 + HO^\bullet \rightarrow H_3C^\bullet + H_2O \qquad (9.23)$$

$$CO + HO^\bullet \rightarrow CO_2 + H \qquad (9.24)$$

O radical metila altamente reativo, $H_3C^\bullet$, reage com o O_2,

$$H_3C^\bullet + O_2 \rightarrow H_3COO^\bullet \qquad (9.25)$$

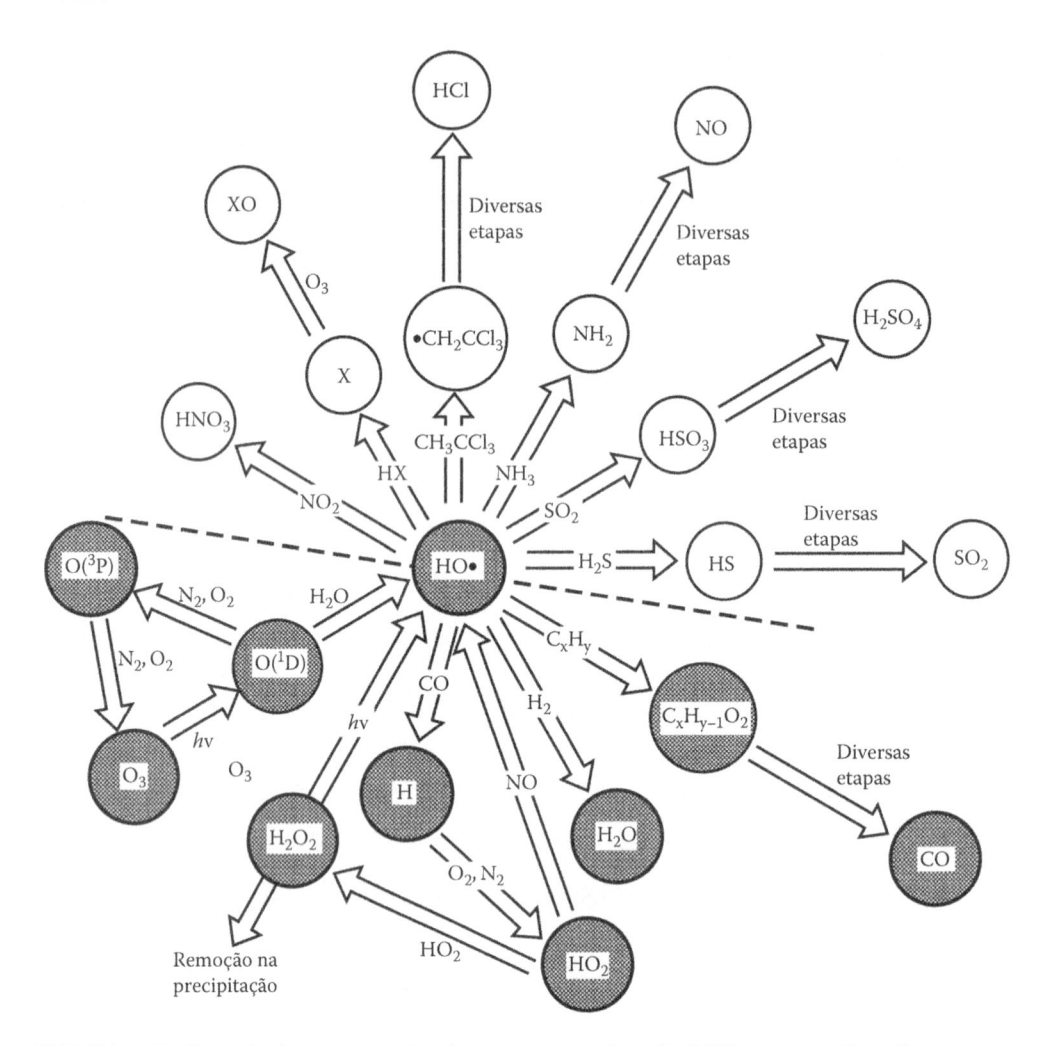

FIGURA 9.10 Controle de concentrações de gases-traço pelo radical HO• na troposfera. Os processos abaixo da linha tracejada são aqueles envolvidos no controle das concentrações de HO• na troposfera. Os processos mostrados acima da linha tracejada controlam as concentrações dos reagentes e produtos associados. Os reservatórios de espécies atmosféricas são mostrados nos círculos, as reações representando a conversão de uma espécie em outra são representadas por setas e os reagentes ou fótons necessários para gerar uma determinada conversão são indicados ao longo das setas. Os haletos de hidrogênio são representados por HX, e os hidrocarbonetos, por HxYy. (Reprodução autorizada do original de D.D. Davis and W.L. Chameides, Chemistry in the troposphere, *Chemical and Engineering News*, October 4, 1982, pp. 39–52. Com permissão.)

para formar o *radical metilperoxila*, $H_3COO•$. (Outras reações desta espécie são discutidas no Capítulo 13.) O átomo de hidrogênio produzido na Reação 9.24 reage com o O_2 para produzir o *radical hidroperoxila*:

$$H + O_2 \rightarrow HOO• \tag{9.26}$$

O radical hidroperoxila pode sofrer reações de terminação, como

$$HOO^{\bullet} + HO^{\bullet} \rightarrow H_2O + O_2 \tag{9.27}$$

$$HOO^{\bullet} + HOO^{\bullet} \rightarrow H_2O_2 + O_2 \tag{9.28}$$

ou reações que regeneram o radical hidroxila:

$$HOO^{\bullet} + NO \rightarrow NO_2 + HO^{\bullet} \tag{9.29}$$

$$HOO^{\bullet} + O_3 \rightarrow 2O_2 + HO^{\bullet} \tag{9.30}$$

Estima-se que a concentração global do radical hidroxila na troposfera, calculada como média sazonal e para o período diurno, varie de 2×10^5 a 1×10^6 radicais por cm³. Em função da umidade e da incidência de luz solar maiores, que resultam em níveis elevados de O*, a concentração de HO• é maior nas regiões tropicais. É provável que o hemisfério sul tenha uma concentração de HO• cerca de 20% maior que o hemisfério norte, pois neste é verificada uma maior produção de HO• antropogênico consumidor de CO.

O radical hidroperoxila, HOO•, é um intermediário em algumas reações químicas importantes. Além de sua produção pelas reações discutidas, em atmosferas poluídas o radical hidroperoxila é produzido pelas duas reações apresentadas a seguir, começando com a dissociação fotolítica do formaldeído para produzir um radical formil reativo:

$$HCHO + h\nu \rightarrow H + H\overset{\bullet}{C}O \tag{9.31}$$

$$H\overset{\bullet}{C}O + O_2 \rightarrow HOO^{\bullet} + CO \tag{9.32}$$

O radical hidroperoxila reage mais lentamente com outras espécies em comparação com o radical hidroxila. O estudo da cinética e dos mecanismos das reações do radical hidroperoxila é complexo devido à dificuldade de manter esses radicais isentos dos efeitos da presença dos radicais hidroxila.

9.8.4 Os processos químicos e bioquímicos na evolução da atmosfera

Hoje, existe a convicção geral de que a atmosfera original da Terra era muito diferente da presente, e que as mudanças transcorridas foram causadas pela atividade biológica e por alterações químicas associadas. Há cerca de 3,5 bilhões de anos, quando as primeiras moléculas de vida primitiva se formaram, a atmosfera provavelmente não tinha oxigênio e era constituída por uma variedade de gases, como dióxido de carbono, vapor da água e talvez até mesmo metano, amônia e hidrogênio. Em sua evolução, a atmosfera foi bombardeada por raios ultravioleta intensos, capazes de romper ligações químicas e que, junto com as descargas elétricas atmosféricas e a radiação de radionuclídeos, disponibilizaram a energia necessária para promover reações químicas que resultariam na produção de moléculas relativamente complexas, como aminoácidos e açúcares. Foi a partir da rica mistura química presente nos oceanos que evoluíram as moléculas com vida. A princípio, essas formas de vida muito primitivas obtinham sua energia da fermentação de matéria orgânica resultante de processos químicos e fotoquímicos. Porém, essas formas de vida acabaram por desenvolver a capacidade de produzir matéria orgânica, "{CH$_2$O}", por fotossíntese:

$$CO_2 + H_2O + h\nu \rightarrow \{CH_2O\} + O_2(g) \tag{9.33}$$

A fotossíntese liberava oxigênio, configurando assim o cenário para a grande transformação bioquímica que resultaria na produção de praticamente todo o O$_2$ da atmosfera.

O oxigênio a princípio produzido pela fotossíntese era um tanto tóxico para as formas de vida primitivas. No entanto, uma boa parte desse oxigênio foi convertida em óxidos de ferro pela reação com ferro (II) solúvel:

$$4Fe^{2+} + O_2 + 4H_2O \rightarrow 2Fe_2O_3 + 8H^+ \tag{9.34}$$

Isso resultou na formação de enormes depósitos de óxidos de ferro, cuja existência é prova contundente da liberação de oxigênio livre na atmosfera primitiva.

Em seguida, desenvolveram-se os sistemas enzimáticos que permitiram aos organismos mediar a reação do oxigênio formado como subproduto com a matéria orgânica oxidável existente nos oceanos. Mais tarde, esse modo de disposição de subprodutos passou a ser utilizado pelos organismos para a produção de energia por respiração, que hoje é o mecanismo pelo qual as formas de vida não fotossintéticas obtêm a energia de que precisam.

Com o tempo, o O$_2$ acumulou-se na atmosfera, disponibilizando uma fonte abundante de oxigênio para a respiração. Além disso, o oxigênio tinha a vantagem de permitir a formação da camada de ozônio (ver Seção 9.9), que absorve a luz ultravioleta capaz de romper ligações químicas. Com a proteção dessa camada contra a destruição dos tecidos por essa radiação ultravioleta de alta energia, a Terra se tornou um ambiente muito mais apropriado para a vida, e as formas de vida conseguiram deixar os oceanos para evoluir no ambiente terrestre.

9.9 As reações ácido-base na atmosfera

As reações ácido-base ocorrem entre espécies ácidas e básicas na atmosfera. Em condições normais, a atmosfera é ligeiramente ácida, em virtude dos níveis reduzidos de dióxido de carbono, que se dissolve nas gotículas de água atmosférica e sofre leve dissociação.

$$CO_2(g) \xrightarrow{\text{Água}} CO_2(aq) \tag{9.35}$$

$$CO_2(aq) + H_2O \rightarrow H^+ + HCO_3^- \tag{9.36}$$

O dióxido de enxofre atmosférico forma um ácido um pouco mais forte do que o dióxido de carbono, quando se dissolve em água:

$$SO_2(g) + H_2O \rightarrow H^+ + HSO_3^- \tag{9.37}$$

Contudo, em termos de poluição, o HNO$_3$ e o H$_2$SO$_4$ fortemente ácidos formados pela oxidação dos óxidos de N, do SO$_2$ e do H$_2$S na atmosfera são muito mais importantes, pois são responsáveis pela chuva ácida, extremamente prejudicial (ver Capítulo 14).

Como consequência do pH geralmente ácido da água da chuva, as espécies básicas são relativamente menos comuns na atmosfera. O óxido, o hidróxido e o carbonato de cálcio particulados podem entrar na atmosfera na forma de cinzas ou rocha triturada, podendo reagir com ácidos, de acordo com a reação a seguir:

$$Ca(OH)_2(s) + H_2SO_4 \,(aq) \rightarrow CaSO_4(s) + 2H_2O \qquad (9.38)$$

A espécie básica mais importante na atmosfera é a amônia em fase gasosa, NH_3. A principal fonte de amônia na atmosfera é a biodegradação de matéria biológica com teor de nitrogênio e a redução de nitratos mediada por bactérias:

$$NO_3^- \,(aq) + 2\{CH_2O\} \,(biomassa) + H^+ \rightarrow NH_3(g) + 2CO_2 + H_2O \qquad (9.39)$$

No ar, a amônia tem importância especial como base por ser a única base solúvel em água presente na atmosfera em níveis expressivos. Dissolvida nas gotículas de água na atmosfera, ela desempenha um papel preponderante na neutralização de ácidos atmosféricos:

$$NH_3 \,(aq) + HNO_3 \,(aq) \rightarrow NH_4NO_3 \,(aq) \qquad (9.40)$$

$$NH_3 \,(aq) + H_2SO_4 \,(aq) \rightarrow NH_4HSO_4 \,(aq) \qquad (9.41)$$

Essas reações têm três efeitos: (1) elas resultam na presença do íon NH_4^+ na atmosfera como sais sólidos ou dissolvidos, (2) servem em parte para neutralizar os constituintes ácidos da atmosfera, e (3) produzem sais de amônio relativamente corrosivos.

9.10 As reações do oxigênio atmosférico

Algumas das principais características da troca de oxigênio entre a atmosfera, a geosfera, a hidrosfera, a biosfera e a antroposfera são resumidas na Figura 9.11. O ciclo do oxigênio é essencial à química atmosférica, às transformações geoquímicas e aos processos da vida.

O oxigênio na troposfera tem um papel preponderante nos processos que ocorrem na superfície da Terra. O oxigênio atmosférico está envolvido nas reações de produção de energia, como a queima de combustíveis fósseis:

$$CH_4 \,(no\ gás\ natural) + 2O_2 \rightarrow CO_2 + 2H_2O \qquad (9.42)$$

O oxigênio atmosférico é utilizado pelos organismos aeróbios na degradação de matéria orgânica. Alguns dos processos de intemperismo oxidante de minerais (ver Seção 15.2) consomem oxigênio, como

$$4FeO + O_2 \rightarrow 2Fe_2O_3 \qquad (9.43)$$

O oxigênio é retornado à atmosfera por meio da fotossíntese das plantas:

$$CO_2 + H_2O + h\nu \rightarrow \{CH_2O\} + O_2 \qquad (9.44)$$

Acredita-se que todo o oxigênio molecular presente hoje na atmosfera tenha se originado por meio da ação de organismos fotossintéticos, o que mostra a importân-

Diagrama (Figura 9.11)

$O_3 + h\nu \rightarrow O + O_2$
$O_2 + h\nu \rightarrow O + O$
$O + O_2 + M \rightarrow O_3 + M$

Escudo de ozônio: absorção de radiação ultravioleta entre 220 e 330 nm

$2CO + O_2 \rightarrow 2CO_2$
Oxigênio consumido por gases redutores de origem vulcânica

$C + O_2 \rightarrow CO_2$
Oxigênio consumido pela queima de combustíveis fósseis

$O_2 + 4FeO \rightarrow 2Fe_2O_3$
Intemperismo oxidante de minerais reduzidos

$\{CH_2O\} + O_2 \rightarrow CO_2 + H_2O$
Respiração animal

$CO_2 + H_2O + h\nu \rightarrow \{CH_2O\} + O_2$
(fotossíntese)

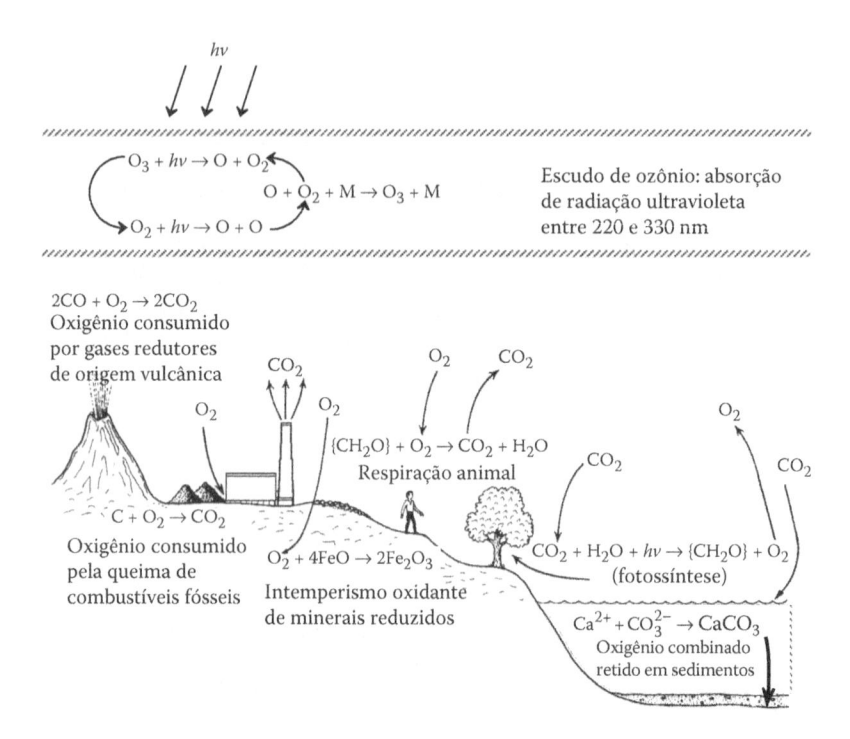

$Ca^{2+} + CO_3^{2-} \rightarrow CaCO_3$
Oxigênio combinado retido em sedimentos

FIGURA 9.11 A troca de oxigênio entre a atmosfera, a geosfera, a hidrosfera e a biosfera.

cia da fotossíntese no equilíbrio do oxigênio na atmosfera. É possível demonstrar que a maior parte do carbono fixado por esses processos fotossintéticos é espalhada em formações minerais, como o material húmico (Seção 3.17), ao passo que apenas uma pequena parcela é depositada nos lençóis de combustíveis fósseis. Logo, embora a combustão de combustíveis fósseis consuma grandes volumes de O_2, ela dificilmente vai esgotar o oxigênio atmosférico.

9.11 As reações do nitrogênio atmosférico

Os 78% em volume do nitrogênio presentes na atmosfera constituem um reservatório inexaurível desse elemento essencial. O ciclo e a fixação do nitrogênio pelos microrganismos foram discutidos no Capítulo 6. Uma pequena quantidade de nitrogênio é fixada na atmosfera pelas descargas elétricas, e parte é fixada também por processos de combustão, sobretudo a combustão interna de motores e turbinas.

Diferentemente do oxigênio, que é quase totalmente dissociado na forma monoatômica nas regiões mais altas da termosfera, o nitrogênio molecular não é dissociado pela radiação ultravioleta com tanta facilidade. Porém, em altitudes que ultrapassam os 100 km, o nitrogênio atômico é produzido pelas reações fotoquímicas:

$$N_2 + h\nu \rightarrow N + N \tag{9.45}$$

Diversas reações envolvendo espécies iônicas na ionosfera também apresentam a capacidade de gerar átomos de N:

O íon N_2^+ é gerado pela fotoionização na atmosfera:

$$N_2 + h\nu \rightarrow N_2^+ + e^- \qquad (9.46)$$

e pode reagir para formar outros íons. O íon NO^+ é uma das espécies iônicas predominantes na chamada região E da ionosfera.

Os óxidos de nitrogênio com poder poluente, como o NO_2, são espécies-chave na poluição do ar e na formação do *smog* fotoquímico. Por exemplo, o NO_2 é fotoquimicamente dissociado de imediato a NO e a oxigênio atômico reativo:

$$NO_2 + h\nu \rightarrow NO + O \qquad (9.47)$$

Essa reação é o principal processo fotoquímico primário envolvido na formação do *smog*. Os papéis desempenhados pelos óxidos de nitrogênio na formação do *smog* e outras formas de poluição do ar são discutidos nos Capítulos 11 a 14.

9.12 A água atmosférica

O conteúdo de vapor da água na troposfera normalmente está na faixa de 1 a 3% em volume, com uma média global de cerca de 1%. Contudo, o ar pode conter meros 0,1% ou até 5% de água. A porcentagem de água na atmosfera cai rapidamente com a altitude. A água circula na atmosfera de acordo com o ciclo hidrológico mostrado na Figura 3.1.

O vapor da água absorve a radiação infravermelha com mais intensidade do que o dióxido de carbono, o que influencia muito o equilíbrio térmico da Terra. As nuvens formadas pelo vapor da água refletem a luz do Sol e exercem um efeito de redução da temperatura. Por outro lado, à noite o vapor da água na atmosfera atua como um tipo de "cobertor", retendo o calor da superfície da Terra pela absorção da radiação infravermelha.

Conforme discutido na Seção 9.5, o vapor da água e o calor liberado e absorvido pelas transições da água entre os estados gasoso, líquido e sólido são preponderantes na transferência de energia na atmosfera. O vapor da água condensado na forma de gotículas muito pequenas é um aspecto muito importante na química atmosférica. Os efeitos prejudiciais de alguns poluentes aéreos – por exemplo, a corrosão de metais por gases produtores de ácido – requerem a presença de água, que pode ser disponibilizada pela atmosfera. O vapor da água atmosférico exerce influência importante na formação de névoa induzida pela poluição, em dadas circunstâncias. O vapor da água que interage com o material particulado poluente na atmosfera tem a capacidade de reduzir a visibilidade a níveis indesejáveis por meio da formação de partículas muito finas de aerossóis atmosféricos.

Conforme discutido na Seção 9.2, a tropopausa, que é fria, atua como uma barreira contra o deslocamento da água para a estratosfera. Assim, um pequeno teor de vapor da água é transferido da troposfera para a estratosfera, e a principal fonte de água na estratosfera é a oxidação fotoquímica do metano:

$$CH_4 + 2O_2 + h\nu \xrightarrow{\text{diversas etapas}} CO_2 + 2H_2O \qquad (9.48)$$

A água produzida por essa reação serve como fonte do radical hidroxila na estratosfera, como mostra a reação a seguir:

$$H_2O + h\nu \rightarrow HO^{\bullet} + H \qquad (9.49)$$

9.13 A influência da antroposfera

As atividades humanas exercem uma forte influência na atmosfera e na química atmosférica. As atividades agrícolas, industriais e de transporte alteram a composição dos gases-traço na atmosfera de maneira significativa. Esses efeitos são visíveis sobretudo na área dos gases estufa (dióxido de carbono e metano, em especial), que geram o aquecimento global, e na alteração dos níveis de ozônio tanto na troposfera quanto na estratosfera. As emissões de NO a partir de fontes industriais e de transporte e, talvez de maior relevância, as emissões geradas pela queima de biomassa, desencadearam aumentos expressivos nos níveis de ozônio troposférico a altitudes médias e pequenas, onde ele é um poluente indesejável do ar. As emissões de CFC (freons) levaram à diminuição dos níveis de ozônio na estratosfera, sobretudo na Antártida, onde ele tem função protetora essencial contra a radiação ultravioleta.

Embora a atmosfera tenha uma grande capacidade de assimilar poluentes nocivos por oxidação, essa capacidade vem sendo sobretaxada quanto a aspectos importantes; as crescentes emissões a partir de fontes existentes em países em desenvolvimento representam uma preocupação para o futuro.

9.14 O destino químico e o transporte na atmosfera

A atmosfera está muito envolvida no destino e nos processos de transporte de compostos químicos no ambiente. Para entender esses processos, é preciso considerar as fontes, o transporte, a dispersão e os fluxos de contaminantes aéreos. As interações na interface entre a atmosfera e a superfície do planeta são importantes e incluem o fluxo e a dispersão de materiais na atmosfera sobre terrenos acidentados e nas cercanias de obstáculos como árvores e construções. As interações e o intercâmbio com os componentes superficiais, como rochas e solo, água e vegetação, precisam ser consideradas. O transporte e a dispersão pela advecção devidos ao movimento de massas de ar e o transporte Fickiano (referente à lei de Fick) de difusão (Seção 1.8) são fatores importantes a considerar, assim como a dispersão e a meia vida de degradação.[1,2] Os poluentes na atmosfera podem ser vistos de acordo com escalas local, regional e global.

O destino químico e o transporte na escala local podem ser vistos com base em uma fonte pontual, como uma chaminé. Conforme ilustra a Figura 9.12, os gases e as partículas são emitidos por uma chaminé e transportados e espalhados pelo vento e por correntes de ar enquanto passam por um processo de mistura e diluição. Em função de os gases de uma chaminé serem transportados para cima por uma corrente de ar mais quente do que a atmosfera circundante, a altura efetiva de uma chaminé é sempre maior que sua altura real. Quanto maior a distância entre a chaminé de origem e o ponto em que os poluentes atingem o nível do solo, maior serão os efeitos da diluição. A dispersão de poluentes sofre forte influência das condições atmosféricas, como o vento, a turbulência do ar e a ocorrência de inversões térmicas (Figura 9.7).

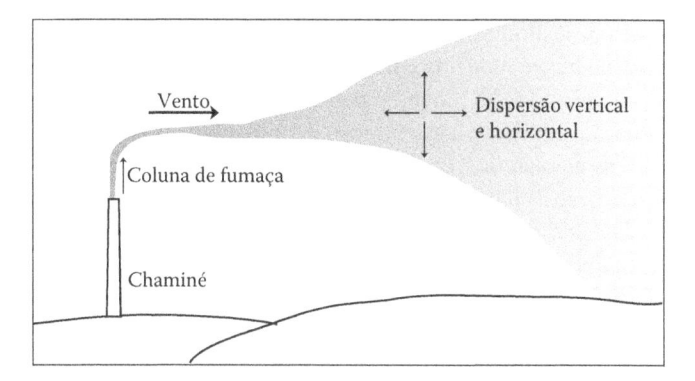

FIGURA 9.12 Ilustração do destino químico e do transporte localizado de poluentes a partir de uma fonte pontual (chaminé).

Chaminés altas reduzem o impacto imediato dos poluentes atmosféricos e ilustram a filosofia, em voga no passado, de que a "solução para a poluição é a diluição".

O transporte por longas distâncias de espécies na atmosfera é um aspecto importante da poluição do ar. Um exemplo desse transporte de longa distância de poluentes atmosféricos foi a contaminação de grande parte da Europa, inclusive de extensões setentrionais da Escandinávia, pelos radionuclídeos emitidos durante o acidente e o incêndio do reator nuclear de Chernobyl. De modo semelhante, a Nova Inglaterra e o sudeste do Canadá são afetados pela chuva ácida originada com as emissões de dióxido de enxofre por usinas de energia do Vale do Rio Ohio, nos Estados Unidos, a centenas de quilômetros de distância.

O desenvolvimento de modelos para o estudo do transporte e do destino de longa distância poluentes no ambiente auxilia na determinação das fontes de poluentes e na mitigação de seus efeitos. Esses modelos, que utilizam sofisticados programas de computador e altas capacidades de processamento, precisam considerar o transporte advectivo e os fenômenos de mistura. É necessário avaliar áreas muito extensas e as médias devem ser calculadas considerando intervalos de tempo longos. As condições climáticas também são fatores importantes.

Alguns poluentes atmosféricos precisam ser considerados em escala global. Esses poluentes, gerados por uma variedade de fontes amplamente distribuídas, têm ciclos de vida muito longos, o que lhes permite persistir por tempo suficiente para que se misturem e se espalhem na atmosfera do planeta. Um exemplo desse tipo de composto é o gás estufa dióxido de carbono emitido na atmosfera por bilhões de aquecedores e fogões, milhões de automóveis e milhares de usinas de energia em todo o globo.

Não é possível considerar a atmosfera da Terra como um único e imenso reservatório de mistura de contaminantes em escala global. A direção predominante dos ventos promove uma mistura relativamente rápida nos hemisférios norte e sul, enquanto o transporte de constituintes atmosféricos ao longo do equador é um tanto lento. Esse fenômeno é ilustrado na discussão da Seção 14.2 sobre o papel do dióxido de carbono como gás estufa na atmosfera. No hemisfério norte, que tem uma abundância de plantas fotossintetizantes, existe uma flutuação anual significativa da ordem de diversas ppm nos níveis de dióxido de carbono produzido pelo ciclo anual sazonal da fotossíntese. Porém, essa flutuação é muito menor no hemisfério sul, onde a atividade fotossintética é reduzida em comparação com o hemisfério norte. A mistura entre os dois hemisférios ao longo do período de um ano não é suficiente para abrandar essa flutuação, embora a concentração de dióxido de carbono seja praticamente a mesma nos dois hemisférios, o que reflete a mistura ocorrida ao longo de períodos compreendendo vários anos.

Um dos aspectos interessantes do destino e do transporte envolvendo a atmosfera é a acumulação de POP (Poluentes Orgânicos Persistentes) semivoláteis em regiões polares. Esse fenômeno ocorre devido a um efeito de destilação em que esses poluentes sofrem evaporação em latitudes mais quentes, transportados por correntes de ar até os polos, onde sofrem condensação nessas regiões mais frias. Em consequência disso, níveis surpreendentemente altos de alguns POP semivoláteis (por exemplo, as bifenilas policloradas encontradas na gordura de ursos polares) foram observados em amostras coletadas em regiões polares.

Sem dúvida, o destino químico e o transporte envolvendo a atmosfera são importantes na química ambiental, mas uma discussão detalhada desse assunto vai além do escopo deste livro. Para mais informações sobre esse tópico, o leitor poderá consultar as publicações de referência no assunto.[4-6]

Literatura citada

1. Pandis, S. N. and J. H. Seinfeld, *Atmospheric Chemistry and Physics: From Air Pollution to Climate Change*, 2nd ed., Wiley, Hoboken, NJ, 2006.
2. Ackerman, S. A. and J. A. Knox, *Meteorology: Understanding the Atmosphere*, 2nd ed., Thomson Brooks/Cole, Belmont, CA, 2007.
3. Lutgens, F. K. and E. J. Tarbuck, *The Atmosphere: An Introduction to Meteorology*, 10th ed., Pearson Prentice Hall, Upper Saddle River, NJ, 2007.
4. Gulliver, J. S., *Introduction to Chemical Transport in the Environment*, Cambridge University Press, New York, 2007.
5. Dunnivant, F. M. and E. Anders, *A Basic Introduction to Pollutant Fate and Transport: An Integrated Approach with Chemistry, Modeling, Risk Assessment, and Environmental Legislation*, Wiley-Interscience, Hoboken, NJ, 2006.
6. Ramaswami, A., J. B. Milford, and M. J. Small, *Integrated Environmental Modeling: Pollutant Transport, Fate, and Risk in the Environment*, Wiley, Hoboken, NJ, 2005.

Leitura complementar

Aguado, E. and J. E. Burt, *Understanding Weather and Climate*, 4th ed., Pearson Education, Upper Saddle River, NJ, 2007.

Ahrens, C. D., *Meteorology Today: An Introduction to Weather, Climate, and the Environment*, 9th ed., Thomson Brooks/Cole, Belmont, CA, 2009.

Ahrens, C. D., *Essentials of Meteorology Today: An Invitation to the Atmosphere*, 5th ed., Thomson Brooks/Cole, Belmont, CA, 2008.

Allaby, M., *Atmosphere: A Scientific History of Air, Weather, and Climate*, Facts on File, New York, 2009.

Austin, J., P. Brimblecombe, W. Sturges, Eds, *Air Pollution Science for the 21st Century*, Elsevier Science, New York, 2002.

Barker, J. R., A brief introduction to atmospheric chemistry, *Advances Series in Physical Chemistry*, **3**, 1–33, 1995.

Brasseur, G. P., J. J. Orlando, and G. S. Tyndall, Eds, *Atmospheric Chemistry and Global Change*, Oxford University Press, New York, 1999.

Desonie, D., *Atmosphere: Air Pollution and its Effects*, Chelsea House Publishers, New York, 2007.

Garratt, R., *Atmosphere: A Scientific History of Air, Weather, and Climate*, Facts on File, New York, 2009.

Hewitt, C. N. and A. Jackson, *Atmospheric Science for Environmental Scientists*, Wiley-Blackwell, Hoboken, NJ, 2009.

Hewitt, N. and A. Jackson, Eds, *Handbook of Atmospheric Science*, Blackwell Publishing, Malden, MA, 2003.

Hobbs, P. V., *Introduction to Atmospheric Chemistry*, Cambridge University Press, New York, 2000.

Jacob, D. J., *Introduction to Atmospheric Chemistry*, Princeton University Press, Princeton, NJ, 1999.

Nalwa, H. S., Ed., *Handbook of Photochemistry and Photobiology*, American Scientific Publishers, Stevenson Ranch, CA, 2003.

Oliver, J. E. and J. J. Hidore, *Climatology: An Atmospheric Science*, Prentice Hall, Upper Saddle River, NJ, 2002.

Spellman, F. R., *The Science of Air: Concepts and Applications*, 2nd ed., Taylor & Francis, Boca Raton, FL, 2009.

Wallace, J. M., *Atmospheric Science: An Introductory Survey*, 2nd ed., Elsevier Academic Press, Amsterdam, 2006.

Perguntas e problemas

Para elaborar as respostas das seguintes questões, você pode usar os recursos da Internet para buscar constantes e fatores de conversão, entre outras informações necessárias.

1. Que fenômeno é responsável pelos máximos de temperatura no limite entre a estratosfera e a mesosfera?
2. Que função um terceiro corpo tem em uma reação química atmosférica?
3. Por que o limite inferior da ionosfera se eleva à noite?
4. Considerando o número total de elétrons no NO_2, por que é possível esperar que a reação de um radical livre com o NO_2 seja uma reação de terminação?
5. É possível argumentar que a energia eólica, hoje utilizada para movimentar um crescente número de turbinas de grande porte para gerar eletricidade limpa, é na verdade uma forma de energia solar. Discuta a explicação para essa afirmação com base nos fenômenos meteorológicos.
6. Suponha que 22,4 L de ar nas CNTP sejam usados para queimar 1,50 g de carvão para formar CO_2, e que o produto gasoso seja ajustado para as CNTP. Qual é o volume e a massa molar média da mistura resultante?
7. Se a pressão é 0,01 atm na altitude de 38 km e 0,001 atm a 57 km, qual será a pressão na altitude de 19 km (não considere as variações de temperatura)?
8. Medidos em μm, quais são os limites inferiores de comprimento de onda da radiação solar incidente na Terra? Qual é o comprimento de onda máximo dessa radiação? Qual é o comprimento de onda em que o máximo de energia é irradiado de volta para o espaço?
9. Entre as espécies O, HO•, NO_2^*, H_3C• e N^+, quais podem converter-se mais rapidamente em uma espécie "normal", não reativa, em isolamento total?
10. Entre neônio, dióxido de enxofre, hélio, oxigênio e nitrogênio, qual gás tem a maior variação na concentração atmosférica?

11. Uma amostra de ar de 12,0 L a 25°C e 1,00 atm de pressão foi coletada e seca. Após a secagem, o volume da amostra foi de exatamente 11,50 L. Qual era a porcentagem *em massa* de água na amostra de ar original?
12. A luz solar incidente sobre uma área de 1 m² perpendicular à linha de transmissão do fluxo solar exatamente acima da atmosfera da terra fornece energia a uma taxa que equivaleria à energia necessária para (A) operar uma calculadora de mão, (B) fornecer iluminação adequada a uma sala de aula para 40 alunos equipada com lâmpadas fluorescentes, (C) operar um automóvel de 2.500 libras de massa (aproximadamente 1.132 kg) a 55 milhas por hora (perto de 88 km h^{-1}), (D) operar uma lâmpada incandescente de 100 W, (E) aquecer uma sala de aula para 40 alunos a 70°F (21°C) quando a temperatura externa é –10°F (–23°C).
13. A uma altitude de 50 km, a temperatura atmosférica média é praticamente 0°C. Qual é o número médio de moléculas de ar por centímetro cúbico de ar nessa altitude?
14. Qual é a distinção entre quimiluminescência e luminescência causada quando a luz é absorvida por uma molécula ou átomo?
15. Cite dois fatores que tornam a estratosfera particularmente importante com relação a seu papel como região onde os contaminantes-traço na atmosfera sejam convertidos a espécies menos reativas do ponto de vista químico.
16. Quais são as duas espécies químicas que de modo geral podem ser consideradas responsáveis pela remoção do radical hidroxila da troposfera livre de poluição?
17. Qual é a distinção entre os símbolos * e • na discussão de espécies quimicamente ativas na atmosfera?
18. Entre as afirmativas apresentadas, a alternativa correta é: (A) A energia solar incidente é sobretudo na forma de radiação infravermelha. (B) A camada muito fria da tropopausa, na região superior da troposfera, é a principal fonte de absorção de radiação ultravioleta prejudicial do Sol. (C) A estratosfera é definida como uma região da atmosfera onde a temperatura cai com o aumento da altitude. (D) Uma grande parte da energia solar é convertida em calor latente pela evaporação da água na atmosfera. (E) As inversões térmicas são muito úteis porque promovem a dispersão dos poluentes atmosféricos.
19. Entre as afirmativas apresentadas, a alternativa correta é: (A) A quimiluminescência se refere a uma reação química resultante da absorção de um fóton de luz por uma molécula. (B) O* denota um átomo de oxigênio excitado. (C) O_2^* denota um radical livre. (D) HO• é uma espécie insignificante na atmosfera. (E) Quanto maior o comprimento de onda da radiação solar incidente, maior a probabilidade de ela causar uma reação fotoquímica.
20. Ligue a espécie química à classe a que pertence:

    A. NO_2 1. Redutor
    B. H_2S 2. Substância corrosiva
    C. NH_4HSO_4 3. Espécie fotoquimicamente ativa
    D. O_3^* 4. Entre as espécies listadas, é a que tem maior probabilidade de se dissociar sem a necessidade de energia externa adicional

21. Os radicais livres (A) não têm elétrons desemparelhados; (B) normalmente não têm alta reatividade; (C) não permanecem por mais tempo na estratosfera do que na troposfera; (D) não participam de reações em cadeia; (E) não perdem sua energia de maneira espontânea, convertendo-se em uma espécie estável por conta própria.
22. Entre as afirmativas apresentadas, a alternativa correta é: (A) A principal característica do tempo no planeta é a redistribuição de umidade das zonas equatoriais, onde ela cai, para as regiões polares, onde congela. (B) As tempestades ciclônicas são causadas por inversões térmicas. (C) As inversões térmicas limitam a circulação vertical do ar. (D) O albedo diz

respeito à porcentagem de radiação infravermelha reabsorvida como energia emitida da Terra. (E) A troposfera tem uma composição homogênea de todos os gases e vapores, inclusive água.

23. Utilizando uma escala de 1 a 4, ordene os itens listados de acordo com o valor esperado para seu ciclo de vida na troposfera, do mais curto (1) para o mais longo (4), explicando sua classificação: CH_4, CCl_2F_2, NO_2^* e SO_2.

24. A atmosfera terrestre é estratificada em camadas. Entre as afirmativas apresentadas, a alternativa correta relativa a essa estratificação e às características das camadas e das espécies nas camadas é: (A) a estratosfera e a troposfera têm praticamente a mesma composição; (B) o limite superior da estratosfera é mais frio que o limite superior da troposfera, porque o primeiro está em uma região mais elevada; (C) o ozônio é mais desejável junto à superfície terrestre do que na troposfera; (D) a composição da troposfera é caracterizada pelo seu teor uniforme e alto de vapor da água; (E) o limite entre a troposfera e a estratosfera serve como barreira para o movimento de constituintes importantes do ar troposférico.

10 Os particulados na atmosfera

10.1 Introdução

As partículas são abundantes na atmosfera. De tamanho variável, entre cerca de 1,5 mm (o diâmetro de um grão de areia ou de uma gota de chuva fina) e a dimensão de uma molécula, são formadas por uma incrível variedade de materiais e objetos espalhados de maneira discreta, que podem ser tanto sólidos quanto gotículas líquidas. Diversos termos são empregados para descrever as partículas atmosféricas (os mais importantes são apresentados na Tabela 10.1). *Particulados* é um termo consolidado para representar as partículas atmosféricas, embora *material particulado* seja o termo mais usual.

O material particulado é a forma mais visível e óbvia de poluição atmosférica. Os *aerossóis* são partículas sólidas ou líquidas menores que 100 μm em diâmetro. As partículas poluentes da ordem de 0,001 – 100 μm são muitas vezes encontradas em suspensão no ar, próximo a fontes de poluição, como a atmosfera urbana, unidades industriais, autoestradas e usinas termelétricas de energia.

As partículas muito pequenas incluem negro de fumo, iodeto de prata, núcleos de combustão e núcleos de sal marinho (Figura 10.1). Partículas maiores são representadas por pó de cimento, poeira do solo soprada pelo vento, poeira de fundições e carvão pulverizado. O material particulado no estado líquido, chamado de *névoa*, inclui gotas de chuva, nevoeiro e névoa de ácido sulfúrico. O material particulado pode ser orgânico ou inorgânico, ambos notáveis como contaminantes da atmosfera.

Existem muitas fontes importantes de material particulado na atmosfera urbana industrializada, como a combustão do carvão, sulfato secundário, nitrato secundário em regiões onde NO_x e NH_3 são gerados longe do efeito dos ventos, aerossóis orgânicos secundários oriundos de processos químicos envolvendo poluentes orgânicos de diferentes origens, além das emissões diretas de veículos automotivos, como os equipados com motores a diesel.

Algumas partículas têm origem biológica, como os vírus, as bactérias, os esporos bacterianos e fúngicos e o pólen. Além de contribuir com materiais orgânicos, os seres vivos podem liberar material particulado sulfatado na atmosfera. O material biológico de origem marinha é uma fonte importante de aerossóis na atmosfera. Os materiais biogênicos que reagem no interior e na superfície dos aerossóis contendo sal marinho são responsáveis por espécies químicas de relevância na atmosfera, como os radicais halogenados. Por essa razão, influenciam os ciclos envolvendo o enxofre, o nitrogênio e os oxidantes presentes na atmosfera.

Conforme discutido mais adiante neste capítulo, o material particulado se origina de uma ampla gama de fontes e processos, desde a simples moagem de matéria em

TABELA 10.1 Termos importantes descritores das partículas atmosféricas

Termo	Significado
Aerossol	Partícula atmosférica de dimensões coloidais
Aerossóis de condensação	Formados pela condensação de vapores ou reações de gases
Aerossóis de dispersão	Formados pela moagem de sólidos, atomização de líquidos ou dispersão de poeiras
Nevoeiro	Termo que denota grande concentração de gotículas de água
Bruma	Denota diminuição da visibilidade devido à presença de partículas
Névoas	Partículas líquidas
Fumaça	Partículas formadas pela queima incompleta de combustível

estado bruto até complexas reações de síntese química ou bioquímica. Os efeitos do material particulado também são amplos e variados. Os efeitos desse tipo de material no clima são discutidos no Capítulo 14. Tanto individualmente quanto em combinação com poluentes gasosos, o material particulado pode ser prejudicial à saúde humana. As partículas atmosféricas têm o potencial de danificar materiais, reduzir a visibilidade e causar efeitos indesejáveis na aparência estética dos ambientes. Hoje sabe-se que partículas especialmente pequenas têm alta capacidade de causar danos, sobretudo efeitos nocivos à saúde. Nesse sentido, regulamentações específicas estão sendo implementadas com relação a partículas com 2,5 μm de diâmetro ou menos.

Em sua maioria, os aerossóis são formados por material carbonáceo, óxidos metálicos e vidros, espécies iônicas dissolvidas (eletrólitos) e sólidos iônicos. Os principais constituintes são o material carbonáceo, a água, os sulfatos, os nitratos, o nitrogênio da amônia e o silício. A composição das partículas desses aerossóis varia muito com seu tamanho. As partículas muito pequenas tendem a ser ácidas e muitas vezes têm origem nos gases, como a conversão de SO_2 em H_2SO_4. As partículas maiores normalmente consistem em materiais gerados por meios mecânicos, como a moagem de carbonato de cálcio, e na maioria das vezes são básicas.

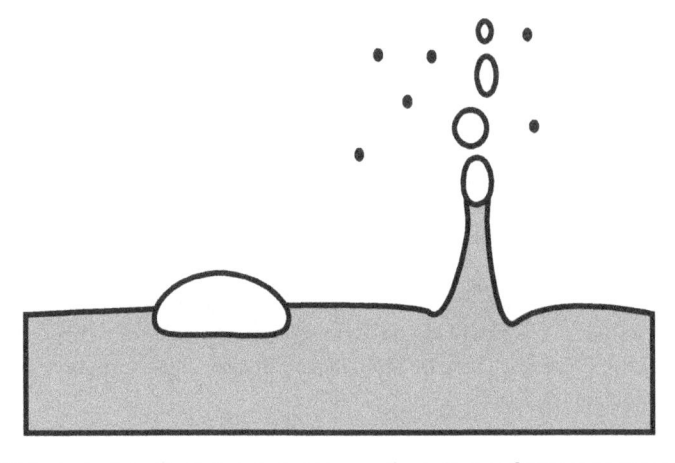

FIGURA 10.1 As bolhas de ar que se rompem na água do mar formam pequenas partículas de aerossóis. A evaporação da água presente nessas partículas resulta na formação de pequenas partículas sólidas com núcleos salinos.

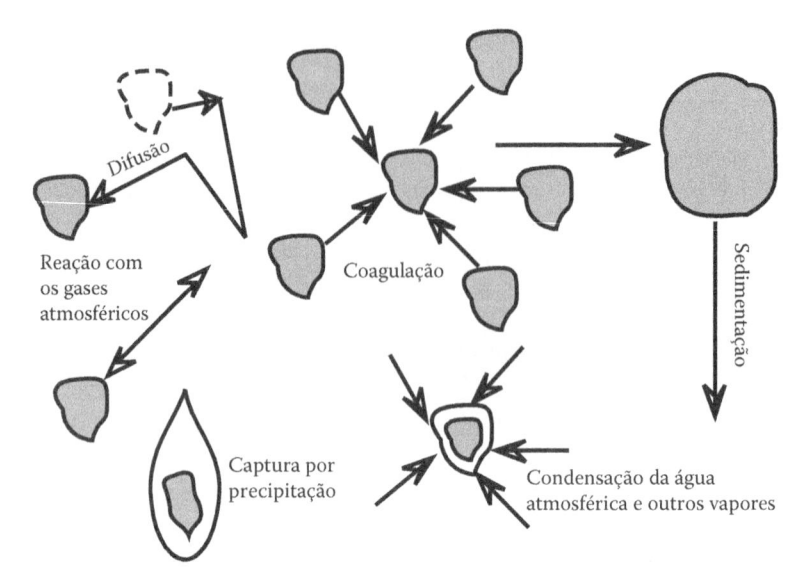

FIGURA 10.2 Os processos pelos quais passam as partículas na atmosfera.

10.2 O comportamento físico dos particulados na atmosfera

Conforme a Figura 10.2, os particulados atmosféricos sofrem diversos processos nesse ambiente. Partículas coloidais pequenas estão sujeitas a *processos de difusão*. As partículas menores *coagulam*, formando partículas maiores. A *sedimentação* ou *deposição seca* de partículas, que muitas vezes atingiram um tamanho suficiente para depositarem-se por coagulação, é um dos dois mecanismos principais de remoção de partículas da atmosfera. Em muitas regiões, a deposição seca na vegetação representa um modo importante de remoção do particulado.[1] Além da sedimentação, outra via para a eliminação de particulados atmosféricos é a *captura* por gotas de chuva ou outras formas de precipitação. Os particulados no ar também reagem com os gases na atmosfera.

De modo geral, o *tamanho da partícula* expressa o diâmetro do particulado, embora muitas vezes seja utilizado para representar seu raio. Os tamanhos dos particulados atmosféricos variam em diversas ordens de magnitude, de <0,01 μm a cerca de 100 μm. O volume e a massa desses particulados são função de d^3, onde d é o diâmetro da partícula. Por essa razão, a massa total das partículas atmosféricas está concentrada na faixa de tamanhos maiores, enquanto o número total e a área superficial dos particulados estão mais bem representados pelas partículas de tamanho menor.

A velocidade em que uma partícula se deposita é função de seu diâmetro e sua densidade. A velocidade de deposição é um parâmetro essencial na determinação do efeito dessa partícula na atmosfera. Para partículas maiores que 1 μm em diâmetro, vale a lei de Stokes,

$$v = \frac{gd^2(\rho_1 - \rho_2)}{18\eta} \tag{10.1}$$

onde v é a velocidade de deposição em cm s^{-1}, g, a aceleração da gravidade em cm s^{-2}, ρ_1, a densidade da partícula em g cm^{-3}, ρ_2, a densidade do ar em g cm^{-3}, e η, a viscosidade do ar em poise. A lei de Stokes também pode ser empregada para expressar o diâmetro efetivo de uma partícula não esférica irregular. São os chamados *diâmetros de Stokes* (diâmetros aerodinâmicos) e, de modo geral, são as dimensões citadas como diâmetro de partícula. Além disso, uma vez que a densidade de uma partícula muitas vezes é desconhecida, por convenção uma densidade arbitrária de 1 g cm^{-3} é atribuída a ρ_1. Nesse caso, o diâmetro calculado utilizando a Equação 10.1 é chamado *diâmetro reduzido de sedimentação*.

10.2.1 O tamanho e a deposição de particulados atmosféricos

Os diâmetros e as densidades da maior parte das partículas de aerossóis são desconhecidos, e variam muito. Para essas partículas, o termo *diâmetro mediano em massa* (DMM) é utilizado para descrever esferas equivalentes a essas partículas nos aspectos aerodinâmicos e com densidade igual a 1 g/cm^3 a uma eficiência de coleta em massa de 50%, conforme determinado por dispositivos de amostragem calibrados com partículas esféricas de aerossóis de tamanho uniforme e conhecido. (O látex de poliestireno é comumente empregado como material para a preparação desses aerossóis padronizados.) O DMM é determinado por uma curva logarítmica do tamanho da partícula como função da porcentagem de partículas menores que um dado tamanho, em uma escala de probabilidade. A Figura 10.3 mostra dois gráficos desse tipo. É possível observar que as partículas do aerossol X têm um DMM igual a 2,0 µm (a ordenada corresponde a 50% da abscissa). No caso do aerossol Y, a extrapolação a

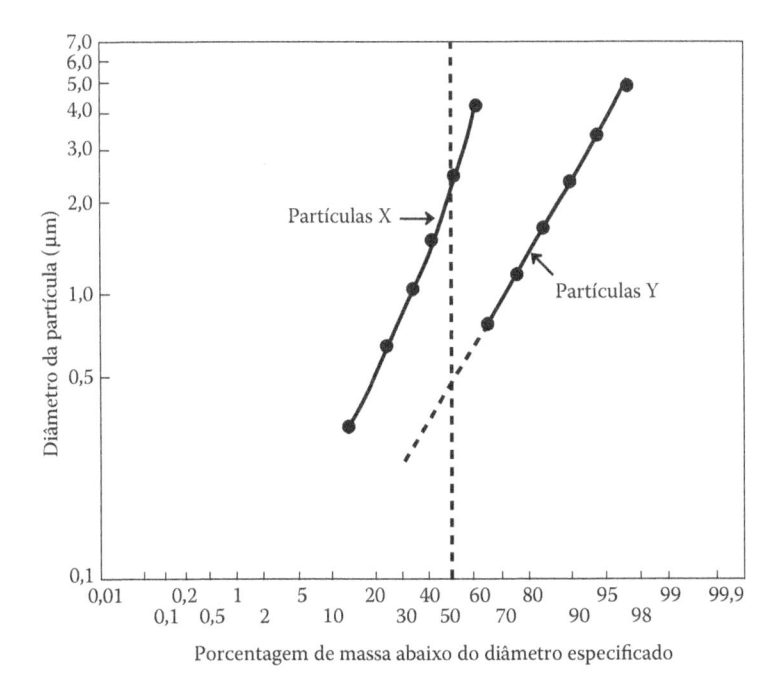

FIGURA 10.3 Distribuição do tamanho de partículas de X (DMM = 2,0 µm) e Y (DMM = 0,5 µm).

tamanhos abaixo do limite mensurável inferior de cerca de 0,7 μm dá um valor estimado de 0,5 μm para o DMM.

As características da deposição de particulados menores que 1 μm de diâmetro desviam-se da lei de Stokes porque durante o processo eles "escorregam" por entre as moléculas presentes no ar. Particulados extremamente pequenos estão sujeitos ao *movimento browniano*, o deslocamento aleatório devido a colisões com as moléculas presentes no ar, e não obedecem à lei de Stokes. Desvios são observados também em partículas com diâmetros maiores que 10 μm, pois depositam-se a velocidades maiores, gerando turbulências à medida que caem.

10.3 Os processos físicos envolvidos na formação de particulados

Os *aerossóis de dispersão*, como as poeiras de diversos tipos, formam-se com a desintegração de partículas maiores e, de modo geral, têm diâmetros acima de 1 μm. Os processos mais comuns de formação dos aerossóis de dispersão incluem a liberação de poeira da moagem do carvão, a formação de gotículas em torres de resfriamento e o pó levantado do solo pelo vento.

Muitos aerossóis de dispersão originam-se de fontes naturais, como a maresia, o pó soprado pelo vento e as poeiras vulcânicas. Contudo, uma ampla variedade de atividades humanas fragmentam esses materiais, dispersando-os na atmosfera. Os veículos do tipo "todo terreno" correm velozes em terras desérticas, cobrindo as plantas frágeis dessas regiões com uma camada de poeira dispersada. Pedreiras e trituradores de rocha despejam nuvens de rocha finamente moída. O cultivo da terra a torna muito mais suscetível à erosão pelo vento, que produz poeira. Algumas áreas na América do Norte hoje são afetadas por nuvens de partículas levantadas por tempestades de vento na Ásia, que sopram sobre extensões de terras desertificadas pelo aquecimento global, cultivo inadequado e uso abusivo de pastagens.

No entanto, uma vez que um volume de energia muito maior é necessário para quebrar materiais em partículas pequenas em comparação com a energia requerida ou liberada pela síntese de partículas pela via química ou pela aglutinação de partículas menores, a maior parte dos aerossóis de dispersão é relativamente grande. Particulados maiores tendem a apresentar menos efeitos prejudiciais que os particulados menores. Por exemplo, os particulados maiores são menos *inaláveis*, pois não penetram nos pulmões tão profundamente quanto os de menor tamanho, e são removidos com relativa facilidade das fontes emissoras de poluentes atmosféricos.

Erupções vulcânicas de grandes proporções elevam os níveis de particulados na atmosfera. Isso ocorre com base no processo simples em que muitos quilômetros cúbicos de cinza vulcânica são simplesmente lançados na estratosfera. Conforme apresentado a seguir, os gases vulcânicos conseguem produzir partículas secundárias ao sofrerem processos químicos.

10.4 Os processos químicos na formação de particulados

Os processos químicos na atmosfera convertem grandes quantidades de gases atmosféricos em material particulado.[2] Entre as espécies químicas envolvidas nessa conversão estão os poluentes orgânicos e os óxidos de nitrogênio que geram o ozônio e o *smog* fotoquímico (ver Capítulo 13) na troposfera. Os particulados menores formados por compostos químicos normalmente têm teores maiores de matéria orgânica do que os particulados mais grossos. Portanto, até certo ponto o controle das emissões de hidrocarbonetos e de NO_x para reduzir o *smog* também impede a poluição atmosférica por material particulado.

Uma grande parcela do material particulado encontrado no ambiente vem da conversão atmosférica de gases em partículas. Os esforços a fim de reduzir os níveis de material particulado exigem o controle das emissões do composto orgânico em questão e do óxido de nitrogênio (NO_x), os precursores da geração de ozônio em nível urbano e regional.

Os processos de combustão são os principais mecanismos químicos da geração de partículas, como vistos na queima de combustíveis fósseis em incineradores, fornos caseiros, lareiras e fogões, em fornos de cimento, motores à combustão interna, além dos incêndios em florestas, na vegetação baixa e em pastagens, sem esquecer as erupções vulcânicas. Os particulados gerados por processos de combustão têm menos de 1 μm de tamanho. Partículas pequenas como essas têm importância especial, já que são as mais facilmente transportadas para os alvéolos pulmonares (ver a rota pulmonar de exposição a agentes tóxicos no Capítulo 22). Além disso, são ricas em componentes mais perigosos, como metais tóxicos e o arsênico. O padrão de ocorrência desses elementos-traço permite utilizar a análise de particulados finos no rastreamento das origens desse tipo de poluente.

10.4.1 Os particulados inorgânicos

Os óxidos metálicos constituem uma das principais classes de particulados inorgânicos na atmosfera, e são formados sempre que combustíveis contendo metais em sua composição são queimados. Por exemplo, o óxido de ferro particulado é formado durante a combustão do carvão contendo pirita:

$$3FeS_2 + 8O_2 \rightarrow Fe_3O_4 + 6SO_2 \qquad (10.2)$$

O vanádio orgânico no óleo combustível residual é convertido em óxido de vanádio particulado. Parte do carbonato de cálcio na fração de cinzas do carvão é convertida em óxido de cálcio e emitida na atmosfera via chaminé:

$$CaCO_3 + calor \rightarrow CaO + CO_2 \qquad (10.3)$$

Um processo comum de formação de névoas de aerossóis envolve a oxidação do dióxido de enxofre atmosférico em ácido sulfúrico, uma substância higroscópica que retira água da atmosfera, promovendo a formação de gotículas do líquido:

$$2SO_2 + O_2 + 2H_2O \rightarrow 2H_2SO_4 \qquad (10.4)$$

Na presença de poluentes básicos do ar, como a amônia ou o óxido de cálcio, o ácido sulfúrico reage com eles, formando sais:

$$H_2SO_4 \text{ (gotícula)} + 2NH_3 \text{ (g)} \rightarrow (NH_4)_2SO_4 \text{ (gotícula)} \qquad (10.5)$$

$$H_2SO_4 \text{ (gotícula)} + CaO(s) \rightarrow CaSO_4 \text{ (gotícula)} + H_2O \qquad (10.6)$$

Em condições de baixa umidade, a água é liberada dessas gotículas, em um processo no qual um aerossol sólido é formado.

Os gases vulcânicos SO_2 e H_2S podem atuar como precursores de grandes quantidades de ácido sulfúrico e sulfatos particulados. Um estudo sobre a erupção do vulcão El Chichón, no México, em 1982, demonstrou que o vidro vulcânico, o cloreto de sódio e os sulfatos emitidos pelo vulcão se depositavam na neve na Groenlândia. Em 15/6/91, a erupção do Monte Pinatubo, nas Filipinas, causou perturbações visíveis na transmissão da luz solar na atmosfera e da radiação infravermelha.

O nitrogênio do amônio e dos sais de nitrato é um componente comum do material particulado inorgânico. O nitrato de amônio e o cloreto de amônio particulados são produzidos pelas seguintes reações reversíveis:

$$NH_3 \text{ (g)} + HNO_3 \text{ (g)} \rightleftarrows NH_4NO_3 \text{ (s, particulado)} \qquad (10.7)$$

$$NH_3 \text{ (g)} + HCl \text{ (g)} \rightleftarrows NH_4Cl \text{ (s, particulado)} \qquad (10.8)$$

Os sais nitrato, cloreto e sulfato de amônio na atmosfera são corrosivos, atacando metais como o ferro dos contatos em relés elétricos.

As fontes biogênicas fornecem os ingredientes para a produção de quantidades significativas de sais de amônio, nitratos e sulfatos particulados. A amônia é liberada da decomposição de matéria orgânica. O enxofre no estado gasoso entra na atmosfera como gás H_2S gerado pela decomposição de matéria orgânica contendo enxofre e por processos microbianos anóxicos que utilizam sulfatos como receptores de elétrons (oxidantes). Os organismos marinhos liberam grandes quantidades de dimetilsulfeto, $(CH_3)_2S$, nos oceanos. O sulfeto de hidrogênio e o dimetilsulfeto são oxidados a sulfato na atmosfera por processos químicos atmosféricos. Os microrganismos geram volumes expressivos de N_2O gasoso, que é oxidado a nitrato na atmosfera. Parte da amônia na atmosfera também sofre essa transformação.

Esses exemplos ilustram os diversos processos químicos de formação de aerossóis inorgânicos sólidos ou líquidos. As reações químicas envolvidas nesses processos são importantes na formação de aerossóis, sobretudo aqueles de partículas menores.

10.4.2 Os particulados orgânicos

Uma parcela expressiva do material particulado orgânico é gerada por motores a combustão interna, em processos complicados que envolvem os processos de pirólise e a pirossíntese. Esses produtos incluem compostos contendo nitrogênio e polímeros de hidrocarbonetos oxidados. O óleo lubrificante de motores e seus aditivos também contribuem para a geração de material particulado orgânico.

10.4.3 A síntese de hidrocarbonetos aromáticos policíclicos

Os particulados orgânicos mais preocupantes são os hidrocarbonetos aromáticos policíclicos (HAP), que consistem em moléculas com anéis aromáticos (arila) condensados. O exemplo mais conhecido de hidrocarboneto aromático policíclico é o benzo(a)pireno, um composto que o corpo pode metabolizar para uma forma cancerígena:

Benzo(a)pireno

Os HAP e seus derivados são formados durante a combustão incompleta de hidrocarbonetos. Embora os processos de combustão natural, como os incêndios em florestas e pastagens, produzam esses compostos, a maior parte dos HAP mais problemáticos é oriunda de processos antroposféricos.[3] Os HAP podem ser sintetizados a partir de hidrocarbonetos saturados em meios com deficiência de oxigênio. Os hidrocarbonetos com massas molares muito baixas, incluindo o metano, têm a capacidade de atuar como precursores dos compostos policíclicos aromáticos. Esses hidrocarbonetos formam HAP por *pirossíntese*, um processo que ocorre a temperaturas que excedem os 500°C, em que as ligações carbono-hidrogênio e carbono-carbono são quebradas, formando radicais livres. Esses radicais sofrem desidrogenação e se combinam quimicamente com estruturas contendo o anel arila, resistentes à decomposição térmica. O processo básico de formação desses anéis a partir da pirossíntese com etano é,

Hidrocarbonetos aromáticos policíclicos

que resulta na geração de estruturas de HAP estáveis. A tendência dos hidrocarbonetos de formar HAP por pirossíntese varia, em ordem decrescente, com os compostos aromáticos, as ciclo-olefinas, as olefinas e a parafina. A estrutura do anel nos compostos cíclicos é que governa a geração dos HAP. Os compostos insaturados são especialmente suscetíveis às reações de adição envolvidas na formação de HAP.

Os compostos policíclicos aromáticos podem ser formados a partir de alcanos maiores presentes em combustíveis e materiais vegetais pelo processo chamado *pirólise*, o "craqueamento" de compostos orgânicos para formar moléculas e radicais menores e mais estáveis.

10.5 A composição dos particulados inorgânicos

A Figura 10.4 ilustra os fatores básicos determinantes da composição do material particulado inorgânico. De modo geral, as proporções dos elementos no material particulado atmosférico refletem as abundâncias relativas dos elementos no material precursor.

A fonte do particulado se reflete nos elementos presentes em sua composição, considerando as reações químicas que podem alterá-la. Por exemplo, o material particulado formado sobretudo pela maresia em uma área litorânea e exposta à poluição por dióxido de enxofre pode apresentar níveis de sulfato muito acima do normal e

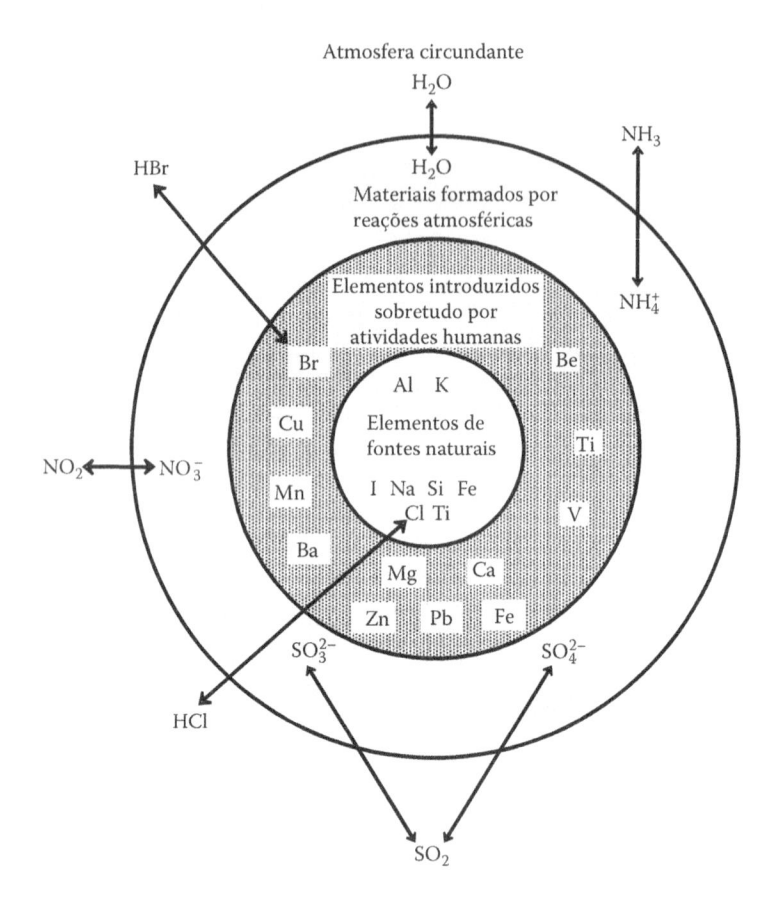

FIGURA 10.4 Alguns dos componentes do material particulado inorgânico e suas origens.

concentrações de cloro reduzidas. O sulfato é gerado pela oxidação de dióxido de enxofre na atmosfera, formando o sulfato iônico não volátil, enquanto parte do cloro a princípio gerada pelo NaCl na água do mar pode se liberar do sólido na forma de HCl:

$$2SO_2 + O_2 + 2H_2O \rightarrow 2H_2SO_4 \qquad (10.9)$$

$$H_2SO_4 + 2NaCl \text{ (particulado)} \rightarrow Na_2SO_4 \text{ (particulado)} + 2HCl \qquad (10.10)$$

Além do ácido sulfúrico, outros ácidos podem estar envolvidos na modificação das partículas de sal do oceano. O mais comum é o ácido nítrico, formado nas reações dos óxidos de nitrogênio na atmosfera. Traços de sais de nitrato podem ser encontrados nessas partículas.

Entre os constituintes do material particulado inorgânico encontrado em atmosferas poluídas estão sais, óxidos, compostos de nitrogênio e de enxofre, metais diversos e radionuclídeos. Em áreas litorâneas, o sódio e o cloro entram nos particulados atmosféricos como cloreto de sódio presente no *spray* marinho. Os principais elementos-traço que via de regra ocorrem em níveis acima de 1 µg m^{-3} no material particulado são alumínio, cálcio, carbono, ferro, potássio, sódio e silício. É interessante observar que a maioria destes se origina de fontes terrestres. Quantidades inferiores de cobre, chumbo, titânio e zinco, além de quantidades ainda menores de antimônio, berílio, bismuto, cádmio, cobalto, cromo, césio, lítio, manganês, níquel, rubídio, selênio, estrôncio e vanádio, são vistos com frequência. As fontes prováveis de alguns desses elementos são:

- *Al*, *Fe*, *Ca*, *Si*: Erosão do solo, poeira de rocha, combustão do carvão
- *C*: Combustão incompleta de combustíveis carbonáceos
- *Na*, *Cl*: Aerossóis marinhos, cloro da incineração de resíduos poliméricos de organoalogenados
- *Sb*, *Se*: Elementos muito voláteis, possivelmente da combustão de óleo, carvão ou resíduos.
- *V*: Combustão de derivados de petróleo residual (presente em níveis muito altos nos resíduos do petróleo bruto venezuelano)
- *Zn*: Tende a ocorrer em particulados pequenos, provavelmente gerados por combustão
- *Pb*: Combustão de combustíveis e resíduos contendo este material

Algumas formas de carbono particulado, como fuligem, negro de fumo, coque e grafite, são liberadas por descargas de caminhões, fornalhas, incineradores, usinas de energia, operações de produção de aço e fundição, e representam um dos poluentes atmosféricos particulados mais problemáticos. Devido a suas boas propriedades adsorventes, o carbono pode transportar poluentes gasosos e outros particulados. Tanto os compostos de nitrogênio quanto de enxofre presentes nos gases de escape são adsorvidos pelo carbono particulado emitido por motores a diesel sem controle adequado de emissões. As superfícies do carbono particulado catalisam algumas reações atmosféricas heterogêneas, como a importante conversão do SO_2 em sulfato.

10.5.1 As cinzas volantes

A maior parte do material particulado mineral em uma atmosfera poluente se encontra na forma de óxidos e outros compostos produzidos durante a queima de combustível fóssil de alto teor de cinzas. Durante a queima, parte da matéria mineral em combustíveis fósseis, como carvão ou lignita, é convertida em cinza residual vítrea e fundida, que não apresenta problemas relativos à poluição. As partículas menores das *cinzas volantes* entram nos canos das chaminés e são coletadas com eficiência por equipamentos apropriados no sistema. Contudo, parte dessas cinzas escapa pela chaminé, sendo introduzida na atmosfera. Infelizmente, em sua maioria as cinzas volantes liberadas dessa maneira são compostas por partículas menores, que causam os maiores danos à saúde dos seres humanos, às plantas e à visibilidade.

A composição das cinzas volantes varia muito, dependendo do combustível. Os constituintes predominantes são óxidos de alumínio, cálcio, ferro e silício. Outros elementos que ocorrem nessas cinzas são magnésio, enxofre, titânio, fósforo, potássio e sódio. Além destes, o carbono elementar (fuligem e negro de fumo) tem participação expressiva na composição das cinzas volantes.

O tamanho das partículas das cinzas volantes é um fator crucial na determinação de sua remoção dos gases de escape de chaminés e de sua capacidade de entrar no corpo via trato respiratório. As cinzas volantes das caldeiras de uma usina termelétrica operada a carvão demonstraram uma distribuição bimodal de tamanho (curva com dois picos), um dos quais perto de 0,1 µm, como mostra a Figura 10.5. Embora apenas 1 a 2% da massa

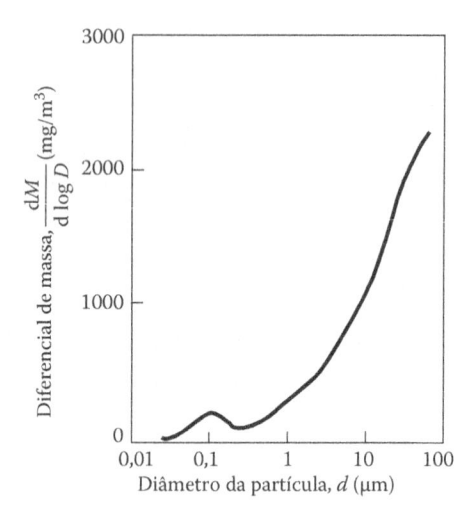

FIGURA 10.5 Curva típica de uma distribuição de tamanho de partícula nas cinzas de uma termelétrica movida a carvão. Os dados são apresentados em coordenadas de diferencial de massa, onde M é a massa, de maneira que a área sob a curva em um dado intervalo de tamanho é a massa das partículas naquele intervalo.

total dessas cinzas seja composta por essa fração de tamanho reduzido de partícula, ela representa a vasta maioria do número total e da área superficial de partículas. Partículas submicrométricas comumente são geradas pelo processo volatilização-condensação observado durante a queima, o que se reflete na maior concentração de elementos mais voláteis, como As, Sb, Hg e Zn. Além da facilidade de serem inalados e da toxicidade potencialmente maior, os particulados muito finos são os mais difíceis de remover em um precipitador eletrostático ou coletor de poeira industrial (ver Seção 10.12).

10.5.2 O amianto (ou asbestos)

Amianto é o nome dado a um grupo de minerais silicatos fibrosos, normalmente do grupo das serpentinas, com fórmula aproximada $Mg_3P(Si_2O_5)(OH)_4$. A resistência à tensão, a flexibilidade e a não inflamabilidade do amianto justificaram uma ampla gama de aplicações desse material. Em 1973, o consumo anual de amianto nos Estados Unidos atingia 652 mil toneladas métricas utilizadas em lonas e pastilhas de freios, produtos para telhados, materiais estruturais, tubulações cimento-amianto, gaxetas, embalagens resistentes ao calor e papéis específicos. Em 1988, com a descoberta dos efeitos nocivos à saúde pela inalação do amianto, o consumo havia caído a 85 mil toneladas. Em 1989, a Agência de Proteção Ambiental dos Estados Unidos (EPA) anunciou diversas regulamentações, definindo a proibição da maioria de suas aplicações até 1996. Hoje, o mineral praticamente não é utilizado no país.

O perigo da poluição atmosférica por amianto diz respeito ao fato de que, quando inalado, causa a asbestose (uma doença pulmonar), o mesotelioma (tipo de tumor do tecido mesotelial, que recobre a caixa torácica, junto aos pulmões) e o carcinoma broncogênico (o câncer originado nas passagens do ar nos pulmões). Por essa razão os empregos do amianto foram profundamente diminuídos, e hoje estão em vigor programas amplos de remoção do material ainda presente em edificações.

10.6 Os metais tóxicos na atmosfera

Sabe-se que alguns dos metais encontrados principalmente como material particulado em atmosferas poluídas são perigosos para a saúde.[4] Com exceção do berílio, todos esses elementos são chamados de "metais pesados*". O chumbo é o metal tóxico mais preocupante na atmosfera urbana, pois normalmente é detectado em concentrações próximas aos níveis tóxicos, sendo seguido pelo mercúrio. Outros metais que merecem atenção são berílio, cádmio, cromo, vanádio, níquel e arsênico (um semimetal).

10.6.1 O mercúrio atmosférico

O mercúrio atmosférico é motivo de alarme devido a sua toxicidade, volatilidade e mobilidade. Na atmosfera, parte do teor do metal está associada ao material particulado. Muito do mercúrio introduzido na atmosfera se encontra na forma elementar, oriundo da queima de carvão ou dos vulcões. Os compostos orgânicos de mercúrio, como os sais dimetil mercúrio, $(CH_3)_2Hg$, e monometil mercúrio, CH_3HgBr, também são encontrados na atmosfera.

10.6.2 O chumbo atmosférico

O chumbo é um dos seis poluentes prioritários regulamentados pela EPA nos Estados Unidos (ver Seção 10.9). Com a redução no consumo de combustíveis com chumbo, os níveis atmosféricos do elemento já não causam tanta preocupação quanto no passado. No entanto, nas décadas quando a gasolina contendo tetraetilchumbo $(Pb(C_2H_5)_4)$ era o principal combustível automotivo, grandes quantidades de haletos de chumbo particulados eram emitidas. Essa emissão ocorria devido à ação do dicloroetano e do dibromoetano utilizados como aniquiladores halogenados para impedir a acumulação de óxidos de chumbo nos motores. Os haletos de chumbo formados pelos processos químicos representados na Equação 10.11 são voláteis o bastante para sair pelo sistema de exaustão e condensar no ar, formando particulados. Durante o pico de utilização da gasolina com chumbo, no começo da década de 1970, cerca de 200 mil toneladas de chumbo eram introduzidas na atmosfera a cada ano, por essa via, nos Estados Unidos.

$$Pb(C_2H_5)_4 + O_2 + \text{aniquiladores halogenados} \rightarrow$$
$$CO_2 + H_2O + PbCl_2 + PbClBr + PbBr_2 \text{ (não equilibrado)} \quad (10.11)$$

10.6.3 O berílio atmosférico

Apenas cerca de 200 toneladas métricas de berílio são consumidas a cada ano nos Estados Unidos na formulação de ligas especializadas utilizadas em equipamentos elétricos, instrumentação eletrônica, aparelhos espaciais e componentes de reatores nucleares. Por essa razão a distribuição do berílio é bastante limitada, em comparação com outras substâncias tóxicas produzidas em quantidades maiores, como o chumbo.

---

* N. de R. T.: Há uma manifestação da IUPAC que diz que o termo metal pesado deve ser evitado, pois é indevido, sendo que inclusive alguns semimetais fazem parte deste grupo. Para mais informações, veja *Pure Appl. Chem.* Vol. 74, No. 5, pp. 793-807 (2002).

Durante as décadas de 1940 e 1950, a toxicidade do berílio e dos compostos do elemento foi reconhecida como um problema. Entre todos os elementos químicos, o berílio tem os menores níveis atmosféricos permitidos. Um dos principais resultados do reconhecimento dos riscos da toxicidade do berílio foi sua eliminação da composição de fosforescentes (revestimentos que geram luz visível a partir da exposição à radiação ultravioleta) em lâmpadas fluorescentes.

10.7 Os particulados radioativos

Parte da radioatividade detectada nos particulados atmosféricos tem origem natural, como aquela produzida quando os raios cósmicos atuam nos núcleos de elementos químicos na atmosfera, produzindo radionuclídeos como ^7Be, ^{10}Be, ^{14}C, ^{39}Cl, ^3H, ^{22}Na, ^{32}P e ^{33}P. Uma das fontes importantes de radionuclídeos na atmosfera é o *radônio*, um gás nobre produzido pelo decaimento do rádio. O radônio entra na atmosfera como um dos dois isótopos, o ^{222}Rn (meia-vida de 3,8 dias) ou o ^{220}Rn (meia-vida de 54,5 s). Ambos são emissores alfa em cadeias de decaimento que terminam com isótopos estáveis do chumbo. Os produtos iniciais do decaimento, ^{218}Po e ^{216}Po, não são gasosos e aderem facilmente aos particulados atmosféricos.

A catástrofe causada pelo derretimento e incêndio no reator nuclear de Chernobyl, na antiga União Soviética, espalhou grandes quantidades de materiais radioativos em uma extensa área da Europa. A maior parte dessa radiação estava na forma de partículas.

Um dos problemas mais sérios relativos ao radônio é a radioatividade originária de rejeitos da mineração do urânio empregados em algumas áreas como aterro, condicionadores do solo e base para alicerces de edificações. O radônio produzido pelo decaimento do rádio emana de alicerces e paredes construídos sobre esses rejeitos. Níveis de radioatividade acima do normal foram encontrados em algumas estruturas na cidade de Grand Junction, Colorado, onde os rejeitos da mineração do urânio foram muito utilizados na construção civil. Alguns órgãos de saúde sugeriram que as taxas de defeitos de nascença e câncer infantil em áreas onde esses rejeitos foram utilizados na construção de residências eram muito maiores do que o normal. A queima de combustíveis fósseis introduz radioatividade na atmosfera na forma de radionuclídeos detectados em cinzas volantes. Usinas termelétricas operadas a carvão e que não dispõem dos equipamentos adequados para o controle da emissão de cinzas injetam talvez diversos milicuries de radionuclídeos na atmosfera a cada ano, muito mais que uma usina nuclear ou uma termelétrica operada a óleo de mesma potência.

O gás nobre radioativo ^{85}Kr (meia-vida de 10,3 anos) é emitido na atmosfera pela operação de reatores nucleares e pelo processamento de combustíveis nucleares já utilizados. Em geral, os outros radionuclídeos gerados na operação de reatores são quimicamente reativos e podem portanto ser removidos do efluente do reator, ou têm meias-vidas tão curtas que basta postergar um pouco sua emissão para impedir que saiam do reator. Embora o ^{85}Kr esteja presente sobretudo no combustível do reator usado durante sua operação, o reprocessamento desse combustível libera a maior parte desse gás. Felizmente, a biota não consegue concentrar esse elemento por ser quimicamente inerte.

A detonação de armas nucleares no solo contribui com grandes quantidades de material particulado radioativo na atmosfera. Entre os radioisótopos detectados na água da chuva após a detonação de armas nucleares estão ^{91}Y, ^{141}Ce, ^{144}Ce, ^{147}Nd, ^{147}Pm, ^{149}Pm, ^{151}Sm, ^{153}Sm, ^{155}Eu, ^{156}Eu, ^{89}Sr, ^{90}Sr, ^{115m}Cd, ^{129m}Te, ^{131}I, ^{132}Te e ^{140}Ba. (Observe que "m" representa um estado metaestável que decai a um isótopo estável do mesmo elemento via emissão de raios gama.) A velocidade do deslocamento das partículas radioativas na atmosfera é função do tamanho da partícula. Um grau apreciável de fracionamento de detritos nucleares é observado devido às diferenças nas velocidades em que os diversos constituintes desses detritos se movem na atmosfera.

10.8 A composição dos particulados orgânicos

A composição do material particulado é reflexo de suas origens. Uma importante parcela do material particulado, como as partículas características do *smog* fotoquímico (ver Capítulo 13), é formada como material secundário resultante dos processos fotoquímicos atuantes em compostos orgânicos voláteis e semivoláteis emitidos na atmosfera. Em sua maioria os compostos emitidos na atmosfera são hidrocarbonetos naturais, e a incorporação do oxigênio e/ou nitrogênio efetuada por processos químicos atmosféricos diminui a presença de material volátil na forma de partículas orgânicas.

Os particulados orgânicos atmosféricos ocorrem em uma ampla variedade de compostos. Para serem analisados, esses particulados são coletados em um filtro, extraídos com solventes orgânicos, fracionados em grupos neutros, ácidos e básicos, e então analisados em termos de componentes específicos por cromatografia ou espectrometria. O grupo neutro contém sobretudo hidrocarbonetos, inclusive alifáticos, aromáticos e oxigenados. A fração de hidrocarbonetos alifáticos do grupo neutro apresenta uma porcentagem alta de hidrocarbonetos de cadeia longa, a maioria com 16-28 átomos. Esses compostos são pouco reativos, não têm toxicidade expressiva e não desempenham um papel preponderante nas reações químicas na atmosfera. Contudo, a fração aromática contém HAP carcinogênicos, discutidos a seguir. Aldeídos, cetonas, epóxidos, peróxidos, ésteres, quinonas e lactonas são alguns dos compostos oxigenados encontrados, podendo por vezes ser mutagênicos ou carcinogênicos. O grupo de particulados ácidos é representado por ácidos graxos de cadeia longa e fenóis não voláteis. Entre os ácidos recuperados do material particulado poluente do ar estão os ácidos láurico, mirístico, palmítico, esteárico, beênico, oleico e linoleico. Os principais representantes do grupo de particulados básicos incluem os hidrocarbonetos N-heterocíclicos, como a acridina:

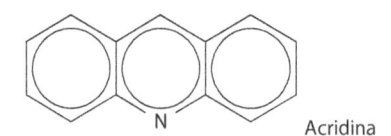

Acridina

10.8.1 Os HAP

Os HAP presentes nas partículas atmosféricas são objeto de atenção considerável devido aos conhecidos efeitos carcinogênicos que alguns desses compostos exercem e que serão discutidos no Capítulo 23. Entre esses, alguns dos mais importantes são benzo(a)pireno, benzo(a)antraceno, criseno, benzo(e)pireno, benzo(e)acefenantrileno, benzo(j)fluoranteno e indenol. Algumas estruturas representativas de compostos pertencentes aos HAP são mostradas a seguir:

Benzo(a)pireno   Criseno   Benzo(j)fluoranteno

Níveis elevados de HAP, de até cerca de 20 μg m^{-3}, são encontrados na atmosfera. As atmosferas urbanas e as cercanias de incêndios naturais, como aqueles observados em florestas e pradarias, são os locais de maior probabilidade de esses níveis elevados serem encontrados. O gás liberado por fornos a carvão pode conter mais de 1.000 μg m^{-3} em HAP, e a fumaça do cigarro, quase 100 μg m^{-3} desses compostos.

Os HAP atmosféricos são encontrados quase exclusivamente na fase sólida, sobretudo sorvidos em partículas de fuligem. A fuligem em si é um produto com teores muito concentrados de HAP. Ela contém entre 1 e 3% de hidrogênio e 5 e 10% de oxigênio, este último devido à oxidação parcial de sua superfície. O benzo(a)pireno adsorvido na fuligem desaparece com muita rapidez na presença de luz, gerando produtos oxigenados. A grande área superficial da partícula contribui para a velocidade de reação alta. Os produtos da oxidação do benzo(a)pireno incluem epóxidos, quinonas, fenóis, aldeídos e ácidos carboxílicos, como mostram as seguintes estruturas compostas:

10.8.2 Os particulados carbonáceos de motores a diesel

Os motores a diesel emitem níveis expressivos de particulados carbonáceos. Embora uma fração apreciável desses particulados tenha diâmetros aerodinâmicos abaixo de 1 μm, eles podem existir como agregados de milhares de partículas menores com até 30 μm de diâmetro. O material particulado é composto sobretudo de carbono elementar, embora até 40% da massa da partícula seja formada por hidrocarbonetos extraíveis com solventes orgânicos e derivados de hidrocarbonetos, como compostos organossulfurados e organonitrogenados. Conforme observado na Seção 10.12, os motores a diesel modernos são equipados com filtros para remover os particulados dos gases de escape, que são retirados das superfícies desses filtros pelo processo de queima a intervalos regulares.

10.9 Os efeitos dos particulados

Os particulados atmosféricos exercem numerosos efeitos. Devido a suas propriedades poluentes, os particulados estão entre os seis chamados *poluentes legislados*, para os quais a EPA dos Estados Unidos está incumbida de emitir regulamentações. (Os outros cinco poluentes legislados são dióxido de enxofre, monóxido de carbono, ozônio, dióxido de nitrogênio e chumbo.) A EPA emitiu padrões para o material particulado atmosférico pela primeira vez em 1971, com revisões em 1987, 1997 e 2006. Recentemente, atenção especial foi dada às partículas de diâmetro igual ou menor a 2,5 μm ($MP_{2,5}$).

O efeito mais óbvio dos particulados atmosféricos é a redução e a distorção da visibilidade. Suas superfícies ativas são o local de reações químicas atmosféricas heterogêneas que exercem influência marcante nos fenômenos relativos à poluição do ar. A capacidade desses particulados de atuar como corpos de nucleação para a condensação do vapor da água influencia a precipitação e o clima.[5]

Os efeitos mais visíveis das partículas de aerossóis na qualidade do ar são consequência de seus efeitos óticos. Partículas menores que 0,1 μm de diâmetro espalham a luz tal como fazem as moléculas, isto é, exercem o espalhamento Rayleigh. De modo geral, essas partículas têm um efeito insignificante na visibilidade na atmosfera. As propriedades das partículas maiores que 1 μm quanto ao espalhamento da luz e à interceptação são essencialmente proporcionais às áreas de suas seções transversais. As partículas com entre 0,1 e 1 μm de diâmetro causam fenômenos de interferência, porque seus tamanhos são muito semelhantes aos comprimentos de onda da luz visível e, por isso, o efeito de espalhamento que exercem é considerável.

As partículas atmosféricas inaladas pelo aparelho respiratório podem ser prejudiciais à saúde, e a exposição a elas foi vinculada a diversos efeitos negativos, como a piora na asma e a morte prematura causada por doenças cardíacas e respiratórias. Partículas relativamente grossas podem ser retidas na cavidade nasal e na faringe, enquanto as mais finas (abaixo de 2,5 μm) constituem as *partículas inaláveis*, que chegam até o pulmão e são retidas pelo órgão. O sistema respiratório é equipado com mecanismos de expulsão dessas partículas inaladas. Na região ciliada do sistema respiratório, as partículas são transportadas até a entrada do trato gastrointestinal pelo fluxo de muco. Os macrófagos nas regiões pulmonares não ciliadas transportam as partículas até a região ciliada.

O sistema respiratório é prejudicado de forma direta pelo material particulado. Além disso, o material particulado ou seus componentes solúveis entram no sistema respiratório ou linfático pelos pulmões, sendo transportados por certa distância até outros órgãos e exercendo efeitos prejudiciais nestes. As partículas eliminadas pelo sistema respiratório são em grande parte engolidas pelo trato gastrointestinal.

Estudos observaram uma forte correlação entre o aumento nas taxas de mortalidade diárias e episódios de poluição aguda, inclusive a poluição causada por partículas. Nesses casos, os níveis altos de material particulado são acompanhados de concentrações elevadas de SO_2 e outros poluentes, capazes de exercer efeitos adversos à saúde em combinação com as partículas.

Um caso clássico dos efeitos negativos associados a níveis elevados de particulados atmosféricos ocorreu em Londres em 1952, em um intervalo de cinco dias, quando uma inversão térmica estabilizou uma massa de ar carregada de *fog*, fumaça de carvão e outras partículas. Os dados epidemiológicos relativos ao período revelaram a ocorrência de mais de 4 mil mortes. Particulados ultrafinos com menos de 0,1 μm de diâmetro e constituintes precursores de ácidos são suspeitos de terem contribuído para essas mortes. Amostras do aparelho respiratório e dos pulmões das vítimas coletadas durante a ocorrência e analisadas por microscopia eletrônica 50 anos mais tarde revelaram a predominância de fuligem carbonácea nas partículas retidas nos tecidos amostrados. Particulados contendo metais como chumbo, zinco e estanho também foram encontrados.

10.9.1 A distribuição de substâncias orgânicas semivoláteis entre o ar e os particulados

Um dos efeitos dos particulados atmosféricos é a distribuição de compostos orgânicos semivoláteis como as PCB entre o ar e suas partículas. Como mostra a Figura 10.6, essas partículas atuam como transportadores, retirando esses compostos da atmosfera e depositando-os nas superfícies de outras esferas ambientais. A ligação com partículas pode influenciar a reatividade de compostos orgânicos, sobretudo com relação à oxidação.

10.10 A água como material particulado

As gotículas de água são encontradas em toda a atmosfera. Embora sejam um fenômeno natural, elas exercem efeitos significativos e por vezes danosos. A consequência negativa mais importante dessas gotículas é a redução na visibilidade, que causa

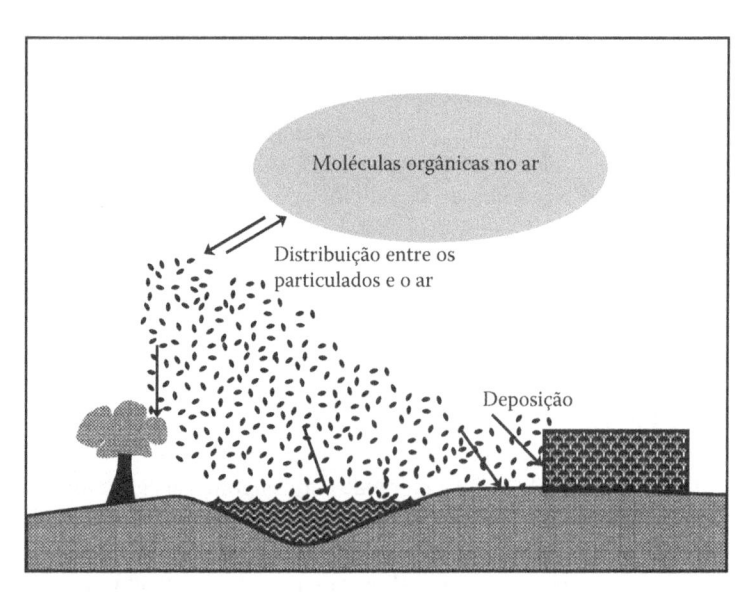

FIGURA 10.6 Os compostos orgânicos semivoláteis na atmosfera podem se distribuir entre o ar e os particulados que, por sua vez, se depositam com os compostos orgânicos na vegetação, na água, no solo e nas estruturas na antroposfera.

problemas no transporte rodoviário, aéreo e marítimo. As gotículas de água na névoa atuam como transportadores de poluição. As mais importantes são as soluções de sais corrosivos, sobretudo nitratos e sulfatos de amônio, além das soluções de ácidos fortes. Conforme será discutido no Capítulo 14, Seção 14.4, foi constatado que o pH da água nas gotículas de névoas ácidas coletadas durante um nevoeiro ácido em Los Angeles chegou a 1,7, muito abaixo dos valores de pH da precipitação ácida. Essas névoas ácidas são muito prejudiciais, sobretudo ao sistema respiratório, por terem alto poder de penetração.

Sem dúvida, o efeito mais importante das gotículas de água na atmosfera é o papel de meio aquoso em que ocorrem muitos processos químicos atmosféricos. Entre estes, o mais importante é a oxidação de espécies de S (IV) a ácido sulfúrico e sais de sulfato, um processo facilitado pela presença de ferro. As espécies de S (IV) oxidadas dessa maneira incluem SO_2 (aq), HSO_3^- e SO_3^{2-}. Outro processo de oxidação importante que ocorre nas partículas de água na atmosfera é a oxidação de aldeídos em ácidos carboxílicos orgânicos.

O radical hidroxila, HO•, é muito importante na iniciação de reações de oxidação na atmosfera, como as citadas anteriormente. Na forma de HO•, ele pode ser introduzido nas gotículas de água da atmosfera gasosa, ser produzido nas gotículas de água pela via fotoquímica ou mesmo ser gerado a partir do H_2O_2 e do íon radical $•O_2^-$, que dissolve na água da fase gasosa e produz o HO• por uma reação química em solução:

$$H_2O_2 + •O_2^- \rightarrow HO• + O_2 + OH^- \tag{10.12}$$

Diversos solutos podem reagir pela via fotoquímica em solução aquosa (em contrapartida com a fase gasosa), formando o radical hidroxila, entre os quais o peróxido de hidrogênio:

$$H_2O_2(aq) + h\nu \rightarrow 2HO•(aq) \tag{10.13}$$

O nitrito, como NO_2^- ou HNO_2, o nitrato (NO_3^-) e o ferro (III) na forma de $Fe(OH)^{2+}$ (aq) também reagem pela via fotoquímica em solução aquosa, formando HO•. Foi observado que a radiação ultravioleta a 313 nm e a luz solar simulada reagem para produzir o radical HO• em amostras de água coletadas de nuvens e nevoeiros.[6] Com base nos resultados desse estudo e de investigações semelhantes, é possível concluir que a formação do radical hidroxila em fase aquosa é um mecanismo importante (e, em alguns casos, o meio principal) pelo qual esse oxidante atmosférico é introduzido nas gotículas de água na atmosfera.

10.11 As reações químicas atmosféricas envolvendo partículas

Nos últimos anos, os processos químicos atmosféricos que ocorrem nas superfícies de partículas e em solução em partículas líquidas vêm recebendo destaque cada vez maior (Figura 10.7). Por mais desafiador que pareça, a química da fase gasosa atmosférica é relativamente simples, quando comparada à química das partículas. Estas podem servir como fontes e também sumidouro de espécies participantes em reações

Hidrocarboneto

Liberação de espécies voláteis

R* Processos fotoquímicos na superfície da partícula

Reações em solução em gotículas de água, como
$HCl + NH_3 \rightarrow NH_4Cl$

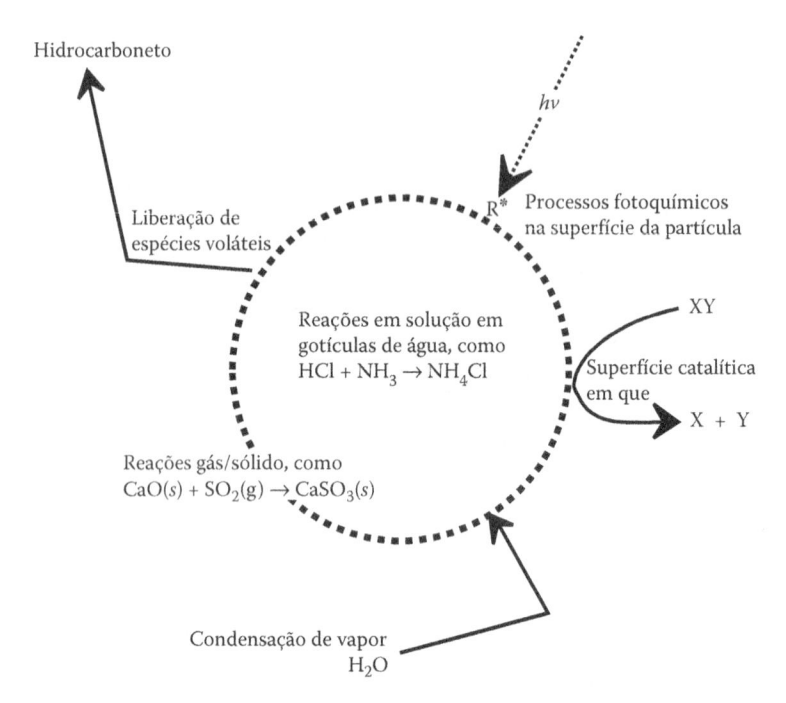

XY
Superfície catalítica em que
$X + Y$

Reações gás/sólido, como
$CaO(s) + SO_2(g) \rightarrow CaSO_3(s)$

Condensação de vapor H_2O

FIGURA 10.7 Os particulados disponibilizam sítios para diversos processos químicos atmosféricos importantes.

químicas atmosféricas. As superfícies de partículas sólidas absorvem reagentes e produtos, atuam como catalisadores, trocam carga elétrica e absorvem fótons de radiação eletromagnética, operando como superfícies catalíticas. As gotículas de água líquida podem agir como meio para reações em solução, como as reações fotoquímicas que ocorrem em solução.

As reações nas superfícies das partículas são muito difíceis de estudar por conta de fatores como a variedade de material particulado atmosférico, a impossibilidade prática de reproduzir as condições em que esses particulados ocorrem na atmosfera e os efeitos do vapor da água e da água condensada nas superfícies das partículas. Entre os particulados mais importantes que servem como sítios de reação encontram-se a fuligem e o carbono elementar, além de óxidos, carbonatos, sílica e poeira mineral. As partículas podem ser aerossóis líquidos, sólidos secos ou sólidos com superfícies deliquescentes, e variam muito em diâmetro, área superficial e composição química. Alguns dos processos químicos atmosféricos que podem ocorrer nas superfícies das partículas são a hidrólise do N_2O_5, o envelhecimento superficial das partículas de fuligem por oxidação, a geração de HONO (um precursor do HO•) pela reação dos óxidos de nitrogênio e vapor da água nas superfícies das partículas de fuligem e sílica, as reações do HO• com espécies químicas não voláteis sorvidas nas superfícies das partículas, a absorção e as reações de compostos carbonílicos como a acetona em óxidos particulados e poeiras minerais, além de processos que influenciam os tempos de residência dos compostos químicos atmosféricos.

Um exemplo interessante de um processo químico atmosférico na superfície de particulados é a acumulação de sulfatos nas superfícies das partículas de cloreto de sódio produzidas na evaporação da água presente nas gotículas do *spray* marinho. Esse fenômeno foi atribuído em parte a um processo que inicia com a reação do cloreto de sódio deliquescido (úmido) com o radical hidroxila[7]:

$$2NaCl + 2HO^\bullet \rightarrow 2NaOH + Cl_2 \tag{10.14}$$

Parte do Cl_2 na superfície reage com o NaOH,

$$Cl_2 + 2NaOH \rightarrow NaOCl + NaCl + H_2O \tag{10.15}$$

para gerar hipoclorito de sódio, que foi observado nas superfícies de particulados. O NaOH na superfície reage com o ácido sulfúrico atmosférico,

$$2NaOH + H_2SO_4 \rightarrow Na_2SO_4 + H_2O \tag{10.16}$$

para produzir sulfato de sódio. O hidróxido de sódio básico na superfície também facilita a oxidação do SO_2 atmosférico:

$$SO_2 + 2NaOH + \tfrac{1}{2}O_2 \rightarrow Na_2SO_4 + H_2O \tag{10.17}$$

O resultado final é a promoção da oxidação do dióxido de enxofre atmosférico e a presença de grandes quantidades de sulfato de sódio nas partículas de cloreto de sódio.

10.12 O controle das emissões de partículas

A remoção de material particulado das emissões de gás é o meio mais comum de controle da poluição atmosférica. Com essa finalidade, diversos dispositivos foram desenvolvidos, muito diferentes em termos de efetividade, complexidade e custo. A seleção de um sistema específico de remoção de partículas de uma corrente de resíduos gasosos depende do volume de partículas presentes, da natureza delas (distribuição de tamanhos) e do tipo de sistema de lavagem de gás usado.

10.12.1 A remoção de partículas por sedimentação e inércia

O meio mais simples para a remoção de material particulado é a *sedimentação*, um fenômeno comum na natureza. As câmaras de deposição atmosférica são empregadas para remover partículas de correntes gasosas pela simples ação da gravidade. Essas câmaras ocupam muito espaço físico e têm baixa eficiência de coleta, sobretudo de partículas pequenas.

A deposição de partículas apresenta melhores resultados quando as partículas são grandes, ocorrendo de forma espontânea por coagulação. Assim, com o tempo, os tamanhos das partículas aumentam e o número delas diminui na massa de ar que as contém. O movimento Browniano das partículas menores que 0,1 µm é o principal mecanismo de contato, permitindo a coagulação. As partículas com raio maior que 0,3 μm não sofrem difusão apreciável e atuam sobretudo como receptoras de partículas menores.

Os *mecanismos inerciais* são eficientes na remoção de particulados, e dependem do fato de que o raio do percurso de uma partícula em uma corrente de ar em movimento curvilíneo acelerado é maior que o percurso da corrente de ar propriamente dita. Logo, quando um jato de gás é soprado por hélices, ventiladores ou bocais de alimentação tangencial, o material particulado pode ser coletado na parede de um separador, porque as partículas são forçadas para fora pela força centrífuga. Os dispositivos que utilizam esse modo de operação são chamados de *coletores centrífugos secos* (ciclones).

10.12.2 A filtração de partículas

Os *filtros de tecido, ou filtros de manga*, são constituídos de tecidos que permitem a passagem de gás, mas retêm o material particulado. Esses filtros são utilizados para recolher poeira em sacos de coleta contidos em estruturas chamadas *coletores de poeira industriais*. De tempos em tempos, o tecido do filtro é sacudido para remover as partículas e reduzir a contrapressão a níveis aceitáveis. Via de regra o saco coletor se encontra em uma configuração tubular, como mostra a Figura 10.8, mas muitas outras formas são possíveis. O material particulado coletado é removido destas mangas por agitação mecânica, por um jato de ar passado no tecido ou por expansão e contração rápida dos sacos coletores.

Embora simples, os coletores de poeira industriais de modo geral são efetivos na remoção de particulados presentes em gases de exaustão. Esses equipamentos removem partículas tão pequenas quanto 0,01 μm de diâmetro, e a eficiência dessa remoção é relativamente alta quando as partículas têm até 0,5 μm de diâmetro. Com o desenvolvimento de tecidos de alta resistência mecânica e térmica usados na fabricação de seus filtros, o número de instalações industriais de coleta de poeira aumentou de modo significativo, a fim de controlar as emissões de particulados.

Os motores a diesel, sobretudo os de caminhões de carga pesada e de ônibus coletivos, são fontes representativas de material particulado em áreas urbanas e autoestradas. Embora os filtros de particulados de gases de exaustão tenham sido desenvolvidos para uso em veículos a diesel no final da década de 1970, devido aos avanços no projeto e no controle dessa classe de motor, esses dispositivos foram considerados desnecessários por muitos anos. No entanto, as descobertas recentes sobre os possíveis efeitos do material particulado oriundo da queima do óleo diesel despertaram um interesse maior nos filtros para esse tipo de particulado. Os dispositivos usados no controle dessas emissões, como os que aprisionam partículas carbonáceas em filtros cerâmicos acompanhados de ciclos em que o material acumulado é retirado do filtro por um processo de queima, hoje atingiram um grau elevado de sofisticação e eficiência. Diante da atratividade do motor a diesel devido à sua alta eficiência em termos de consumo de combustível, os filtros para materiais particulados do diesel estão se tornando equipamentos comuns em veículos com esse tipo de motor.

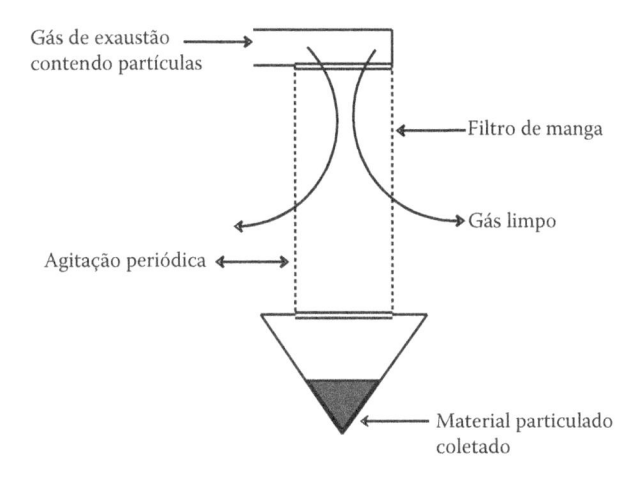

FIGURA 10.8 Filtro de manga utilizado para coletar emissão de particulados.

10.12.3 Os lavadores de gás

Um lavador do tipo Venturi prevê a passagem do gás por um dispositivo que força a corrente gasosa por uma seção convergente, ou gargalo, e uma seção divergente, como mostra a Figura 10.9. A injeção do líquido lavador perpendicularmente ao fluxo de alimentação de gás divide o líquido em gotículas muito pequenas, ideais para capturar partículas da corrente gasosa. Na região de pressão reduzida (em que o gás expande e, portanto, esfria) do lavador Venturi, é possível que ocorra condensação de vapor a partir do líquido inicialmente evaporado no gás de exaustão, em geral um pouco aquecido, o que aumenta a eficiência da depuração. Além de remover partículas, os coletores Venturi atuam como refrigerantes, para reduzir a temperatura dos gases de exaustão, e como coletores, para limpar gases poluentes.

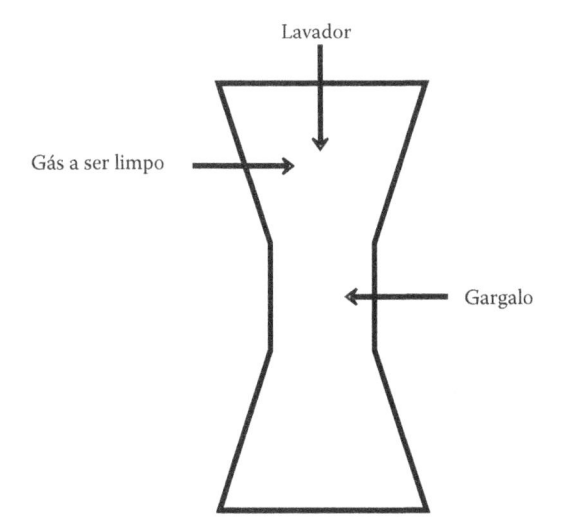

FIGURA 10.9 O lavador do tipo Venturi.

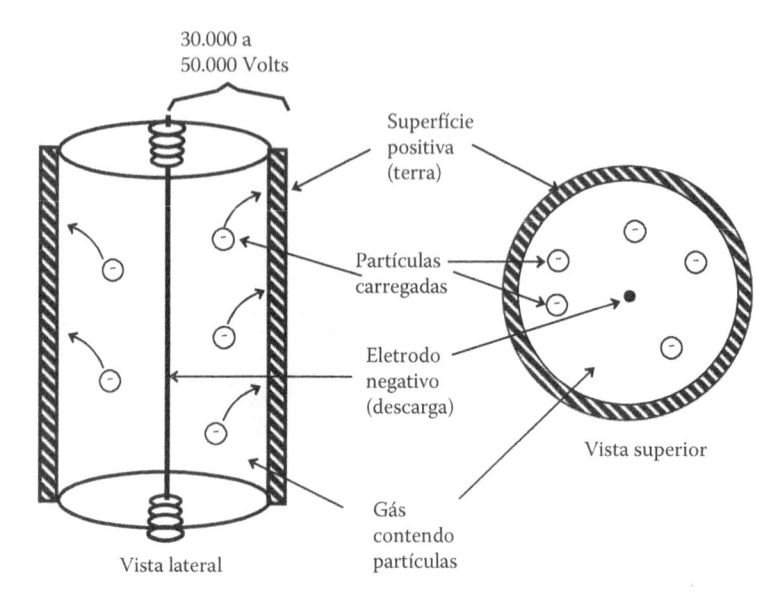

FIGURA 10.10 Diagrama esquemático de um precipitador eletrostático.

Os coletores *por ionização a úmido* induzem uma carga elétrica nas partículas antes de um coletor úmido (ou lavador de gás). As partículas maiores e alguns contaminantes gasosos são removidos pela ação neste primeiro tratamento. As partículas menores tendem a induzir cargas opostas nas gotículas de água presentes no coletor e no material de preenchimento, sendo removidas pela atração de cargas opostas.

10.12.4 A remoção eletrostática

As partículas de aerossóis têm a capacidade de adquirir carga elétrica. Em um campo elétrico, essas partículas estão sujeitas a uma força F, dada por:

$$F = Eq \qquad (10.18)$$

onde E é a diferença de potencial elétrico entre os eletrodos com cargas opostas no espaço em que a partícula está suspensa, e q, a carga eletrostática na partícula. Esse fenômeno vem sendo muito empregado nos *precipitadores eletrostáticos* altamente eficientes, como mostra a Figura 10.10. As partículas adquirem carga quando a corrente gasosa é forçada por meio de uma descarga corona de corrente contínua de alta voltagem. Devido à carga elétrica, as partículas são atraídas a uma superfície aterrada, de onde podem ser removidas mais tarde. É possível produzir ozônio com a descarga corona.

Literatura citada

1. Petroff, A., A. Mailliat, M. Amielh, and F. Anselmet, Aerosol dry deposition on vegetative canopies. Part I: Review of present knowledge, *Atmospheric Environment*, **42**, 3625-3653, 2008.
2. Clement, C. F., Mass transfer to aerosols, in *Environmental Chemistry of Aerosols*, Ian Colbeck, Ed., pp. 49-89, Blackwell Publishing Ltd., Oxford, UK, 2008.

3. Ravindra, K., R. Sokhi, and R. V. Grieken, Atmospheric polycyclic aromatic hydrocarbons: Source attribution, emission factors and regulation, *Atmospheric Environment*, **42**, 2895-2921, 2008.
4. Chen, L. C. and M. Lippmann, Effects of metals within ambient air particulate matter (PM) on human health, *Inhalation Toxicology*, **21**(1), 1-31, 2009.
5. Rosenfeld, D., U. Lohmann, G. B. Raga, C. D. O'Dowd, M. Kulmala, S. Fuzzi, A. Reissell, and M. O. Andreae, Flood or drought: How do aerosols affect precipitation? *Science*, **321**, 1309-1313, 2008.
6. Zuo, Y., Light-induced formation of hydroxyl radicals in fog waters determined by an authentic fog constituent, hydroxymethanesulfonate, *Chemosphere*, **51**, 175-179, 2003.
7. Laskin, A., D. J. Gaspar, W. Wang, S. W. Hunt, J. P. Cowin, S. D. Colson, and B. J. Finlayson-Pitts, Reactions at interfaces as a source of sulfate formation in sea-salt particles, *Science*, **301**(5631), 340-344, 2003.

Leitura complementar

Austin, J., P. Brimblecombe, and W. Sturges, Eds, *Air Pollution Science for the 21st Century*, Elsevier Science, New York, 2002.
Barker, J. R., A brief introduction to atmospheric chemistry, *Advances Series in Physical Chemistry*, **3**, 1-33, 1995.
Baron, P. A. and K. Willeke, Eds, *Aerosol Measurements*, Wiley, New York, 2001.
Brasseur, G. P., J. J. Orlando, and G. S. Tyndall, Eds, *Atmospheric Chemistry and Global Change*, Oxford University Press, New York, 1999.
Colbeck, I., Ed., *Environmental Chemistry of Aerosols*, Blackwell Publishing, Oxford, UK, 2008.
Desonie, D., *Atmosphere: Air Pollution and its Effects*, Chelsea House Publishers, New York, 2007.
Donaldson, K. and P. Borm, Eds, *Particle Toxicology*, Taylor & Francis/CRC Press, Boca Raton, FL, 2007.
Hewitt, C. N. and A. Jackson, Eds, *Atmospheric Science for Environmental Scientists*, Wiley-Blackwell, Hoboken, NJ, 2009.
Hewitt, N. and A. Jackson, Eds, *Handbook of Atmospheric Science*, Blackwell Publishing, Malden, MA, 2003.
Hobbs, P. V., *Introduction to Atmospheric Chemistry*, Cambridge University Press, New York, 2000.
Jacob, D. J., *Introduction to Atmospheric Chemistry*, Princeton University Press, Princeton, NJ, 1999.
Kidd, J. S. and R. A. Kidd, *Air Pollution: Problems and Solutions*, Chelsea House Publishers, New York, 2006.
Lewis, E. R. and S. E. Schwartz, *Sea Salt Aerosol Production: Mechanisms, Methods, Measurements and Models: A Critical Review*, American Geophysical Union, Washington, DC, 2004.
Nalwa, H. S., Ed., *Handbook of Photochemistry and Photobiology*, American Scientific Publishers, Stevenson Ranch, CA, 2003.
Pandis, S. N. and J. H. Seinfeld, *Atmospheric Chemistry and Physics: From Air Pollution to Climate Change*, 2nd ed., Wiley, Hoboken, NJ, 2006.
Seinfeld, J. H. and S. N. Pandis, *Atmospheric Chemistry and Physics: From Air Pollution to Climate Change*, 2nd ed., Wiley, Hoboken, NJ, 2006.
Sokhi, R. S., Ed., *World Atlas of Atmospheric Pollution*, Anthem Press, New York, 2007.
Spellman, F. R., *The Science of Air: Concepts and Applications*, 2nd ed., Taylor & Francis, Boca Raton, FL, 2009.
Vallero, D. A., *Fundamentals of Air Pollution*, 4th ed., Elsevier, Amsterdam, 2008.

Perguntas e problemas

Para elaborar as respostas das seguintes questões, você pode usar os recursos da Internet para buscar constantes e fatores de conversão, entre outras informações necessárias.

1. Em 2006 a EPA dos Estados Unidos propôs diminuir o nível permitido de $MP_{2,5}$ a 35 μg m^{-3}. Supondo que todas as partículas sejam esferas com 2,5 μm de diâmetro e tenham densidade de exatamente 1 g cm^{-3}, quantas partículas representam esse limite proposto?
2. Para partículas pequenas e carregadas, as com 0,1 μm ou menos de diâmetro, estima-se que a carga média para toda a partícula seja 4,77 × 10^{-10} esu. Qual é a carga superficial em esu cm^{-2} para uma partícula esférica de raio igual a 0,1 μm?
3. Qual é a velocidade de deposição de uma partícula com diâmetro de Stokes igual a 10 μm e densidade de 1 g cm^{-3} no ar a 1,00 atm de pressão e 0°C de temperatura? (A viscosidade do ar a 0 °C é 170,8 micropoise. A densidade do ar nessas condições é 1,29 g L^{-1}).
4. Um trem de carga que inclui um vagão tanque contendo NH_3 anidra e outro contendo HCl descarrilou, causando o vazamento do conteúdo de ambos os vagões. Com o acidente, formou-se uma espuma branca entre os vagões. Que espuma era essa e como foi produzida?
5. A análise das partículas de aerossol nos vapores produzidos por um processo de soldagem revelou que 2% das partículas tinham mais que 7 μm de diâmetro e que apenas 2% tinham menos que 0,5 μm. Qual é o DMM das partículas?
6. Quais são as duas formas de vapor de mercúrio encontradas na atmosfera?
7. A análise do material particulado coletado na atmosfera próximo a uma praia revelou níveis de Na muito maiores que de Cl, em base molar. O que isso indica?
8. Qual tipo de processo resulta na formação de partículas de aerossol muito pequenas?
9. Qual é a faixa de tamanho da maior parte dos particulados na atmosfera?
10. Por que os aerossóis na faixa de tamanho 0,1 - 1 μm são especialmente eficientes no espalhamento da luz?
11. Por unidade de massa, por que as partículas menores são catalisadores mais eficientes dos processos químicos atmosféricos?
12. Em termos de origem, quais são as três principais categorias de elementos encontrados nos particulados atmosféricos?
13. Quais são as cinco principais classes de material que integram a composição das partículas dos aerossóis atmosféricos?
14. A distribuição de tamanho das partículas emitidas por usinas termelétricas movidas a carvão é bimodal. Quais são as propriedades da fração menor em termos de implicações ambientais em potencial?
15. Qual é a alternativa *incorreta* com relação às partículas na atmosfera (explique): (A) As partículas de aerossol de dispersão formadas pela moagem de matéria bruta são quase sempre relativamente grandes; (B) Os particulados muito finos tendem a ser ácidos e muitas vezes se originam de gases; (C) O Al, Fe, Ca e Si presentes nas partículas muitas vezes são oriundos da erosão do solo; (D) Os HAP carcinogênicos podem ser sintetizados a partir de hidrocarbonetos saturados em condições de deficiência de oxigênio; (E) Os particulados mais grossos são muito prejudiciais, pois contêm mais matéria.
16. Entre as espécies apresentadas, a que tem *menor probabilidade* de ser constituinte do material particulado sólido ou líquido na atmosfera é (explique): (A) C, (B) O_3; (C) H_2SO_4, (D) NaCl; (E) Benzo(a)pireno.
17. Das alternativas a seguir, aquela que *não* é típica de aerossóis de dispersão é: (A) são transportados quase que de imediato aos alvéolos pulmonares; (B) têm tamanho médio

acima de 1 μm; (C) são relativamente fáceis de remover; (D) de modo geral são menos respiráveis; (E) são produzidos quando matéria bruta (partículas maiores) são moídas ou divididas.

18. Assinale o constituinte do material particulado na coluna esquerda à fonte mais provável na coluna direita:

    A. Si
    B. HAP
    C. SO_4^{2-}
    D. Pb

    1. Fontes naturais, erosão do solo
    2. Combustão incompleta de hidrocarbonetos
    3. Elemento introduzido sobretudo por atividades humanas
    4. Reação de um gás na atmosfera

19. Entre as alternativas apresentadas, aquela que tem a maior probabilidade de ser formada por pirossíntese é (explique): (A) partículas de sulfato; (B) partículas de amônio; (C) névoa de ácido sulfúrico; (D) HAP; (E) ozônio presente no *smog*.

20. Assinale o constituinte de partículas na coluna esquerda à sua fonte provável na coluna direita:

    A. Si
    B. V
    C. Benzo(a)pireno
    D. Partículas de ácido sulfúrico

    1. Gases na atmosfera circundante
    2. Fontes naturais
    3. Combustão de certos tipos de óleo combustível
    4. Da combustão incompleta

11 Os poluentes gasosos inorgânicos do ar

11.1 Os gases poluentes inorgânicos

Diversos poluentes gasosos inorgânicos entram na atmosfera como resultado das atividades humanas.[1] Os gases presentes em maior quantidade na atmosfera são CO, SO_2, NO e NO_2. (Essas quantidades são pequenas em comparação com os níveis de CO_2 na atmosfera. Os possíveis efeitos ambientais do aumento nos níveis desse gás são discutidos no Capítulo 14.) Outros gases poluentes inorgânicos incluem NH_3, N_2O, N_2O_5, H_2S, Cl_2, HCl e HF. Em todo o mundo, as emissões atmosféricas de monóxido de carbono e de óxidos de enxofre e de nitrogênio são da ordem de um a diversos milhões de toneladas ao ano.

11.2 A produção e o controle do monóxido de carbono

O monóxido de carbono, CO, é um constituinte natural da atmosfera e atua como poluente quando está presente em níveis acima das concentrações normais de fundo. Ele causa problemas quando em concentrações elevadas devido à sua toxicidade (ver Capítulo 24). A concentração atmosférica total do monóxido de carbono é cerca de 0,1 ppmv, o que corresponde a um volume de 500 milhões de toneladas métricas na atmosfera, com tempo de residência médio que varia entre 36 e 110 dias. A maior parte desse CO está presente como intermediário da oxidação do metano pelo radical hidroxila. A Tabela 9.1 mostra que o teor de metano na atmosfera é cerca de 1,6 ppmv, mais que 10 vezes a concentração de CO. Portanto, qualquer processo de oxidação do metano que gere monóxido de carbono como intermediário certamente contribui de forma significativa para o estoque total de monóxido de carbono, talvez em torno de dois terços do teor total de CO.

A degradação da clorofila durante os meses de outono libera CO, o que responde por talvez 20% das emissões totais anuais do gás. As fontes antropogênicas respondem por cerca de 6% das emissões de CO. O restante do CO atmosférico vem de fontes desconhecidas, como plantas e organismos marinhos chamados de sifonóforos, da ordem *Hydrozoa*. O monóxido de carbono também é produzido pela decomposição de matéria vegetal, além da clorofila.

Devido às emissões de monóxido de carbono por motores a combustão interna, os níveis mais altos desse gás tóxico normalmente ocorrem em áreas urbanas congestionadas quando o número de pessoas expostas é máximo, como nos horários de pico de tráfego. Nesses momentos, os níveis de monóxido de carbono na atmosfera atingem 50 – 100 ppmv, sem dúvida prejudiciais à saúde do ser humano.

Os níveis de monóxido de carbono na atmosfera em áreas urbanas apresentam uma correlação positiva com a intensidade do tráfego de veículos automotivos e uma correlação negativa com a velocidade do vento. As atmosferas urbanas podem conter níveis médios de monóxido de carbono da ordem de diversas partes por milhão (ppmv), muito maiores que os teores observados em regiões distantes.

11.2.1 O controle de emissões de monóxido de carbono

Uma vez que o motor a combustão interna é a principal fonte das emissões localizadas do poluente monóxido de carbono, as medidas de controle relativas a essas emissões se concentraram no automóvel. As emissões do poluente monóxido de carbono podem ser reduzidas com a adoção de uma mistura mais limpa de ar--combustível, isto é, uma mistura em que a relação de massa do combustível para o ar seja relativamente alta. Com razões ar-combustível (massa:massa) acima de 16:1, um motor a combustão interna emite níveis muito baixos de monóxido de carbono.

Os automóveis modernos utilizam o controle computadorizado de motores com conversores catalíticos para os gases de exaustão a fim de reduzir as emissões de monóxido de carbono. Um excesso de ar é bombeado para o interior do gás de escape, e a mistura gerada é forçada por meio de um conversor catalítico no sistema de escape, causando a oxidação do CO em CO_2.

11.3 O destino do CO atmosférico

A opinião geralmente aceita é que o monóxido de carbono é removido da atmosfera pela reação com o radical hidroxila, HO•:

$$CO + HO^\bullet \rightarrow CO_2 + H \tag{11.1}$$

Essa reação produz o radical hidroperoxila como subproduto:

$$O_2 + H + M \rightarrow HOO^\bullet + M \tag{11.2}$$

O HO• é regenerado a partir do HOO• pelas seguintes reações:

$$HOO^\bullet + NO \rightarrow HO^\bullet + NO_2 \tag{11.3}$$

$$HOO^\bullet + HOO^\bullet \rightarrow H_2O_2 + O_2 \tag{11.4}$$

A última reação é seguida pela dissociação fotoquímica do H_2O_2, gerando HO•:

$$H_2O_2 + h\nu \rightarrow 2HO^\bullet \tag{11.5}$$

O metano também é liberado pelo ciclo CO/HO•/CH_4 atmosférico.

Os microrganismos existentes no solo atuam como removedores do CO atmosférico. Logo, o solo representa um sumidouro do gás.

11.4 As fontes de dióxido de enxofre e o ciclo do enxofre

A Figura 11.1 mostra os principais aspectos do ciclo global do enxofre, que envolve sobretudo H_2S, $(CH_3)_2S$, SO_2, SO_3 e sulfatos. Muitas incertezas persistem acerca das fontes, das reações e dos destinos dessas espécies de enxofre atmosférico. Em escala global, as atividades antropogênicas são responsáveis pela entrada de grande parte dos compostos de enxofre na atmosfera. Perto de 100 milhões de toneladas métricas de enxofre aportam na atmosfera a cada ano geradas por atividades antropogênicas, sobretudo o SO_2 da combustão de carvão e de óleo combustível residual. Nos Estados Unidos, as emissões antropogênicas de dióxido de enxofre atingiram valores máximos de 28,8 Tg (teragramas, ou milhões de toneladas métricas) em 1990, mas vêm sendo reduzidas a taxas de 40% ao ano desde então. Como resultado das medidas para controlar a emissão de poluentes na atmosfera, as emissões de dióxido de enxofre na região da Europa coberta pela Comissão Econômica das Nações Unidas para o Programa de Monitoramento e Avaliação Ambiental caíram de 59 Tg em 1980 para 27 Tg em 1997; no Reino Unido essas emissões foram reduzidas de 6,4 Tg em 1970 para 1,2 Tg em 1999. As emissões do gás, medidas diretamente ou por análise de inferência com base nos teores de sulfato atmosférico, continuam caindo na Europa.[2]

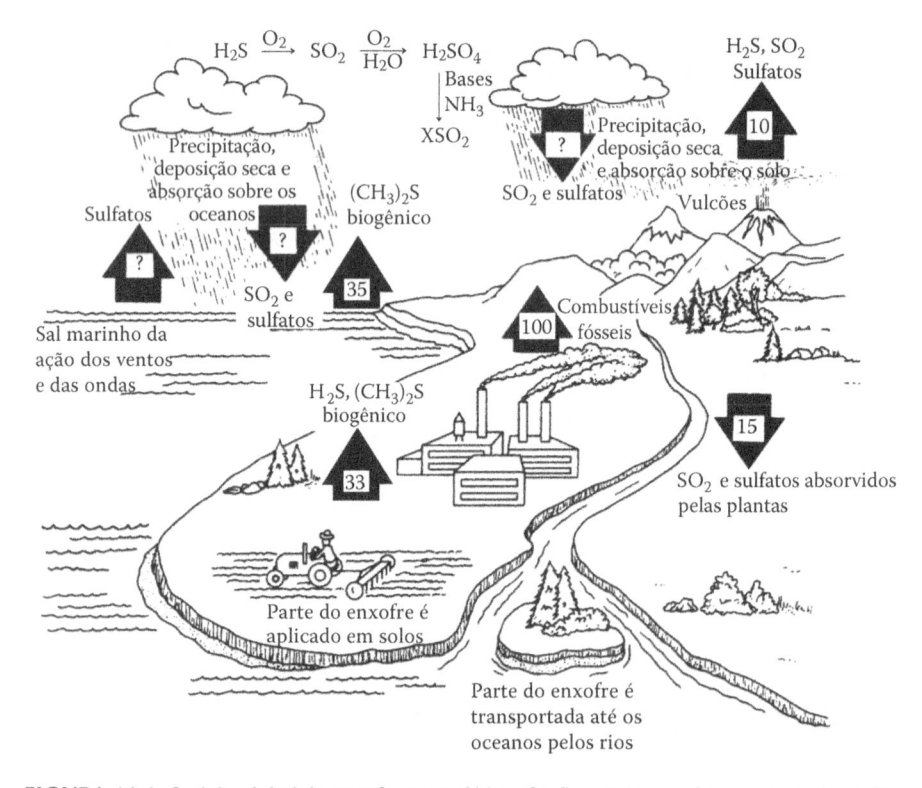

FIGURA 11.1 O ciclo global do enxofre atmosférico. Os fluxos de enxofre representados pelas setas são expressos em milhões de toneladas ao ano. Os fluxos sinalizados com um ponto de interrogação não são exatos, mas altos, talvez da ordem de 100 milhões de toneladas métricas ao ano.

As maiores incertezas sobre o ciclo do enxofre envolvem o enxofre não antropogênico, que entra na atmosfera sobretudo como SO_2 e H_2S de vulcões e como $(CH_3)_2S$ e H_2S da decomposição biológica da matéria orgânica e da redução de sulfatos. Hoje, acredita-se que a principal fonte de enxofre natural despejado na atmosfera seja o dimetilsulfeto biogênico, $(CH_3)_2S$, de origem marinha. Qualquer quantidade de H_2S que entre na atmosfera é rapidamente convertida a SO_2 de acordo com a seguinte reação global:

$$H_2S + \tfrac{3}{2}O_2 \rightarrow SO_2 + H_2O \tag{11.6}$$

A reação inicial é a abstração do íon hidrogênio por um radical hidroxila,

$$H_2S + HO^\bullet \rightarrow HS^\bullet + H_2O \tag{11.7}$$

seguida pelas duas reações a seguir, formando SO_2:

$$HS^\bullet + O_2 \rightarrow HO^\bullet + SO \tag{11.8}$$

$$SO + O_2 \rightarrow SO_2 + O \tag{11.9}$$

A principal fonte de dióxido de enxofre antropogênico é o carvão, do qual o enxofre precisa ser removido a custos consideráveis para manter as emissões do gás em níveis aceitáveis. Aproximadamente metade do enxofre no carvão se encontra na forma de pirita, FeS_2, e a outra metade compreende enxofre orgânico. A produção de dióxido de enxofre pela combustão de pirita é dada pela reação:

$$4FeS_2 + 11O_2 \rightarrow 2Fe_2O_3 + 8SO_2 \tag{11.10}$$

Quase todo enxofre é convertido a SO_2 e apenas 1 ou 2% é transformado em SO_3.

11.5 As reações do dióxido de enxofre na atmosfera

Muitos fatores, como temperatura, umidade, intensidade da luz, transporte atmosférico e características superficiais dos particulados, influenciam as reações químicas do dióxido de enxofre na atmosfera. A exemplo de muitos poluentes gasosos, o dióxido de enxofre participa de reações que formam material particulado que, por sua vez, se deposita ou é capturado da atmosfera pela chuva ou outros processos. Sabe-se que níveis altos de poluição do ar muitas vezes são acompanhados de um marcante aumento nas partículas de aerossóis e da consequente redução na visibilidade. Os produtos das reações do dióxido de enxofre são considerados responsáveis por parte da formação de aerossóis. Independentemente do processo envolvido, a maioria do dióxido de enxofre na atmosfera acaba sendo oxidado a ácido sulfúrico e sais de sulfato, sobretudo o sulfato de amônio e o hidrogeno-sulfato de amônio. Na verdade, é provável que esses sulfatos respondam pela névoa túrbida que cobre boa parte do leste dos Estados Unidos em qualquer condição atmosférica, exceto quando ocorrem grandes intrusões de massas de ar ártico durante os meses de inverno. O potencial dos sulfatos para induzir a mudança climática é alto e precisa ser considerado no controle do dióxido de enxofre.

Algumas das maneiras possíveis de o dióxido de enxofre reagir com a atmosfera são (1) as reações fotoquímicas, (2) as reações fotoquímicas e químicas na presença de óxidos de nitrogênio e/ou hidrocarbonetos (especialmente os alcenos), (3) os processos químicos nas gotículas de água (sobretudo aquelas contendo sais metálicos e amônia), e (4) as reações em partículas sólidas na atmosfera. Uma vez que a atmosfera é um sistema muito dinâmico, com grandes variações de temperatura, composição, umidade e intensidade da luz solar, diferentes processos podem predominar nas diversas condições atmosféricas observadas.

As reações fotoquímicas estão provavelmente envolvidas em parte dos processos que resultam na oxidação atmosférica do SO_2. A radiação com comprimentos de onda acima de 218 nm não tem energia o bastante para acarretar a fotodissociação do SO_2 e, por essa razão, as reações fotoquímicas diretas na troposfera não têm importância. A oxidação do dióxido de enxofre em nível de parte por milhão em atmosferas não afetadas pela poluição é um processo lento. Logo, outras espécies poluentes precisam ser envolvidas no processo em atmosferas poluídas com SO_2.

A presença de hidrocarbonetos e óxidos de nitrogênio aumenta de maneira considerável a velocidade de oxidação do SO_2 atmosférico. Conforme discutido no Capítulo 13, os hidrocarbonetos, os óxidos de nitrogênio e a radiação ultravioleta são os ingredientes necessários para a formação do *smog* fotoquímico. Essa condição desagradável é caracterizada por níveis elevados de diversas espécies oxidantes (oxidantes fotoquímicos) capazes de oxidar o SO_2. Na região de Los Angeles propensa à formação do *smog*, a oxidação do SO_2 pode chegar a 5 – 10% por hora. Entre as espécies oxidantes presentes e que podem acarretar essa reação rápida estão HO•, HOO•, O, O_3, NO_3, N_2O_5, ROO• e RO•. Conforme discutido nos Capítulos 12 e 13, as duas últimas espécies são radicais livres orgânicos reativos contendo oxigênio. Embora o ozônio, O_3, seja um produto importante do *smog* fotoquímico, acredita-se que a oxidação do SO_2 pelo ozônio na fase gasosa seja muito lenta para ser apreciável, mas a oxidação pelo ozônio e peróxido de hidrogênio provavelmente é significativa quando ocorre nas gotículas de água.[3]

A reação em fase gasosa mais importante que leva à oxidação do SO_2 é a adição de um radical HO•,

$$HO• + SO_2 \rightarrow HOSO_2• \tag{11.11}$$

formando um radical livre reativo que, por fim, é convertido a sulfato.

Exceto nas atmosferas relativamente secas, é provável que o dióxido de enxofre seja oxidado pelas reações que ocorrem no interior das gotículas dos aerossóis de água. O processo global de oxidação do dióxido de enxofre em fase aquosa é um tanto complexo. Ele envolve o transporte de SO_2 gasoso e de oxidante para a fase aquosa, a difusão de espécies na gotícula aquosa, a hidrólise e a ionização do SO_2 e a oxidação do SO_2 pelo processo global a seguir, em que {O} representa um agente oxidante, como H_2O_2, HO• ou O_3, e S(IV) é $SO_2(aq)$, $HSO_3^-(aq)$ e $SO_3^{2-}(aq)$:

$$\{O\}(aq) + S(IV)(aq) \rightarrow 2H^+ + SO_4^{2-} \text{ (não balanceada)} \tag{11.12}$$

Na ausência de uma espécie catalisadora, a reação com o O_2 molecular dissolvido

$$\tfrac{1}{2}O_2(aq) + SO_2(aq) + H_2O \rightarrow H_2SO_4(aq) \tag{11.13}$$

é lenta demais para ser significativa. O peróxido de hidrogênio, um agente oxidante importante na atmosfera, reage com dióxido de enxofre dissolvido de acordo com a reação global

$$SO_2(aq) + H_2O_2(aq) \rightarrow H_2SO_4(aq) \tag{11.14}$$

para produzir ácido sulfúrico. Acredita-se que a principal reação ocorra entre o peróxido de hidrogênio e o íon HSO_3^-, tendo o ácido peroximonosulfuroso, $HOOSO_2^-$, como intermediário.

O ozônio, O_3, oxida o dióxido de enxofre em água. A reação mais rápida é com o íon sulfito:

$$SO_3^{2-}(aq) + O_3(aq) \rightarrow SO_4^{2-}(aq) + O_2 \tag{11.15}$$

As reações são mais lentas com o $HSO_3^-(aq)$ e o $SO_2(aq)$, e a velocidade da oxidação das espécies de SO_2 aquosas pelo ozônio aumenta com o pH. A oxidação do dióxido de enxofre em gotículas de água é mais rápida na presença de amônia, que reage com o dióxido de enxofre, gerando os íons bissulfito e sulfito em solução:

$$NH_3 + SO_2 + H_2O \rightarrow NH_4^+ + HSO_3^- \tag{11.16}$$

Alguns solutos dissolvidos em água catalisam a oxidação do SO_2 aquoso. Tanto o ferro (III) quanto o Mn (II) exercem esse efeito. As reações catalisadas por esses dois íons são mais rápidas em valores maiores de pH. As espécies de nitrogênio dissolvido, NO_2 e HNO_2, oxidam o dióxido de enxofre aquoso em laboratório. Conforme observado na Seção 10.10, o nitrito dissolvido em gotículas de água pode reagir pela via fotoquímica para gerar um radical HO•, e essa espécie talvez atue como oxidante do sulfito dissolvido.

As reações heterogêneas em partículas sólidas também atuam na remoção de dióxido de enxofre na atmosfera. Nas reações fotoquímicas atmosféricas, essas partículas podem atuar como centros de nucleação. Logo, atuam também como catalisadores e aumentam de tamanho pela acumulação de produtos de reações. O resultado final seria a produção de um aerossol com composição diferente daquela da partícula original. As partículas de fuligem, formadas por carbono elementar contaminado com hidrocarbonetos aromáticos policíclicos (ver Capítulo 10, Seção 10.4) produzidos pela queima incompleta de combustíveis contendo carbono, catalisam a oxidação do dióxido de enxofre em sulfato, como indica a presença de sulfato na superfície dessas partículas. As partículas de fuligem são muito comuns em atmosferas poluídas e, por essa razão, é muito provável que tenham um papel considerável como catalisadoras da oxidação do dióxido de enxofre.

Os óxidos de metais como alumínio, cálcio, cromo, ferro, chumbo e vanádio também atuam como catalisadores da oxidação heterogênea do dióxido de enxofre. Esses óxidos também têm a capacidade de adsorver o dióxido de enxofre. Contudo, a área superficial total do material particulado na atmosfera é muito pequena e, por essa razão, a fração do dióxido de enxofre oxidado nas superfícies de óxidos metálicos é relativamente baixa.

11.5.1 Os efeitos do dióxido de enxofre atmosférico

Embora não sejam terrivelmente tóxicos para a maioria das pessoas, níveis reduzidos de dióxido de enxofre no ar têm algumas consequências para a saúde. O principal efeito é visto no aparelho respiratório, com a irritação e a maior resistência nas vias aéreas, sobretudo em pessoas portadoras de insuficiência respiratória e asmáticos sensíveis. Portanto, a exposição ao gás aumenta o esforço respiratório. A secreção de muco também é estimulada pela exposição ao ar contaminado com dióxido de enxofre. Apesar de uma dose de 500 ppmv do gás causar a morte de seres humanos, animais de laboratório expostos a 5 ppmv não sofreram efeitos nocivos.

O dióxido de enxofre foi associado, ao menos em parte, a diversos incidentes agudos de poluição do ar. Em dezembro de 1930, uma inversão térmica aprisionou resíduos de diversas fontes industriais no estreito vale do Rio Meuse, na Bélgica. Os níveis de dióxido de enxofre atingiram 38 ppmv; cerca de 60 pessoas morreram no episódio, além de algumas cabeças de gado. Em outubro de 1948, um incidente semelhante causou doenças em mais de 40% da população de Donora, na Pensilvânia, além da morte de 20 pessoas. Na ocasião foram registradas concentrações da ordem de 2 ppmv de dióxido de enxofre. Durante um período de cinco dias marcado por uma inversão térmica e forte névoa em Londres, em dezembro de 1952, entre 3.500 e 4.000 mortes além do normal foram observadas. Os níveis de SO_2 atingiram 1,3 ppmv. As autópsias revelaram irritação no aparelho respiratório, assim, os níveis elevados de dióxido de enxofre, em combinação com a inalação de partículas, podem ter contribuído para essa mortalidade excessiva.

O dióxido de enxofre atmosférico causa diferentes graus de prejuízo às plantas, dependendo da espécie. A exposição aguda a níveis altos do gás mata o tecido da folha (ou tecido foliar), uma condição conhecida como necrose foliar. Nela, as bordas das folhas e as áreas entre as veias apresentam danos característicos. A exposição crônica de plantas ao dióxido de enxofre causa a clorose, caracterizada por regiões esbranquiçadas ou amareladas nas partes verdes da folha. As lesões às plantas aumentam com a umidade relativa. A maioria das lesões causadas pela exposição ao dióxido de enxofre ocorre quando seus estomas (pequenos orifícios no tecido superficial que permitem a troca gasosa com a atmosfera) estão abertos. Na maioria das plantas os estomas estão abertos durante as horas do dia, quando ocorre a maior parte dos danos causados pelo dióxido de enxofre. A exposição a níveis reduzidos de dióxido de enxofre por períodos longos diminui a produção agrícola de culturas como trigo ou cevada. Nas áreas com níveis mais elevados de poluição por dióxido de enxofre, as plantas são prejudicadas pelos aerossóis de ácido sulfúrico formados pela oxidação do SO_2. Esses danos ocorrem como manchas pequenas formadas onde as gotículas de ácido sulfúrico caíram sobre as folhas.

Um dos efeitos mais onerosos da poluição do dióxido de enxofre é a deterioração de materiais de construção. O calcário, o mármore e a dolomita são minerais de carbonato de cálcio e/ou magnésio atacados pelo dióxido de enxofre, formando produtos que podem ser solúveis em água ou compostos de crostas sólidas pouco aderentes na superfície da rocha, o que afeta negativamente a aparência, a integridade estrutural e a vida útil de uma edificação. Embora tanto o SO_2 quanto o NO_x ataquem essas rochas, a análise química dessas crostas revela a presença predominante de sais de sulfato. A dolomita, um mineral de carbonato de cálcio e magnésio, reage com o dióxido de enxofre atmosférico de acordo com a reação:

$$CaCO_3 \cdot MgCO_3 + 2SO_2 + O_2 + 9H_2O \rightarrow CaSO_4 \cdot 2H_2O + MgSO_4 \cdot 7H_2O + 2CO_2 \quad (11.17)$$

11.5.2 A remoção do dióxido de enxofre

Diversos processos são empregados para remover o enxofre e os óxidos de enxofre dos combustíveis antes da combustão e do gás de exaustão após a queima. A maior parte desses esforços se concentra no carvão, uma vez que é a principal fonte de poluição por óxidos de enxofre. Técnicas de separação física são utilizadas para remover partículas discretas de enxofre pirítico do carvão, mas métodos químicos também são empregados. A *combustão em leito fluidizado* de carvão consegue eliminar as emissões de SO_2 de forma considerável no ponto da combustão. O processo consiste em queimar carvão granular em um leito de calcário ou dolomita finamente dividido e mantido em uma condição quase fluídica pela injeção de ar. O calor calcifica o calcário,

$$CaCO_3 \rightarrow CaO + CO_2 \quad (11.18)$$

e a cal produzida absorve o SO_2:

$$CaO + SO_2 \rightarrow CaSO_3 \text{ (que pode ser oxidado a } CaSO_4) \quad (11.19)$$

Muitos processos foram desenvolvidos para a remoção do dióxido de enxofre do gás liberado em chaminés. Esses processos variam de acordo com a natureza do adsorvente, os meios de contato do gás de chaminé com o adsorvente, e a possibilidade de o produto final estar seco. Entre os sorventes utilizados estão $CaCO_3$ (calcário), $CaCO_3 \cdot MgCO_3$ (dolomita), $Ca(OH)_2$ (cal), cinzas volantes alcalinas da combustão do carvão, solução de sulfito de sódio, carbonato de sódio e barrilha, além de resíduos líquidos de soda da produção de trona (um mineral de carbonato de sódio) e óxido de magnésio. O gás de chaminé pode entrar em contato com os adsorventes por aspersão comum aspersão a seco (em que a água na solução adsorvente é evaporada e o resíduo sólido restante é coletado), lavadores Venturi, leitos compactos, reatores a borbulhamento e bandejas. Os processos úmidos são os mais comuns. A Tabela 11.1 resume alguns dos sistemas de lavagem do gás de chaminé, inclusive os sistemas que envolvem descarte e recuperação.

Os coletores úmidos mais empregados na remoção de dióxido de enxofre de gases de chaminé impõem uma série de desafios, como a formação de escamas, a corrosão, a dificuldade no manuseio de lamas e o esfriamento do gás (que posteriormente terá de ser aquecido para que se eleve pela chaminé). Logo, os sistemas a seco seriam mais indicados, mas até hoje não alcançaram níveis adequados de eficiência. Um sistema de descarte a seco utilizado com limitado sucesso envolve a injeção de calcário ou dolomita seca no aquecedor, seguida da recuperação de cal, sulfitos e sulfatos secos. A reação global para a dolomita é:

$$CaCO_3 \cdot MgCO_3 + SO_2 + \tfrac{1}{2}O_2 \rightarrow CaSO_4 + MgO + 2CO_2 \quad (11.20)$$

TABELA 11.1 Os principais sistemas de lavagem de gás de chaminé

Processo	Reação	Vantagens e desvantagens importantes
Lavagem com lama de cal[a]	$Ca(OH)_2 + SO_2 \rightarrow CaSO_3 + H_2O$	Até 200 kg de cal são necessários por tonelada métrica de carvão, produzindo grande quantidade de resíduos
Lavagem com lama de calcário[a]	$CaCO_3 + SO_2 \rightarrow CaSO_3 + CO_2(g)$	Menos básica que a lama de cal, mas não tão eficiente
Lavagem com óxido de magnésio	$Mg(OH)_2 \text{ (lama)} + SO_2 \rightarrow MgSO_3 + H_2O$	O sorvente pode ser regenerado longe do local da operação
Lavagem à base de sódio	$Na_2SO_3 + H_2O + SO_2 \rightarrow 2NaHSO_3$ $2NaHSO_3 + \text{calor} \rightarrow Na_2SO_3 + H_2O + SO_2$ (regeneração)	Sem grandes limitações tecnológicas Custos anuais relativamente altos
Duplo álcali	$2NaOH + SO_2 \rightarrow Na_2SO_3 + H_2O$ $Ca(OH)_2 + Na_2SO_3 \rightarrow CaSO_3(s) + 2NaOH$ (regeneração de NaOH)	Permite a regeneração da solução de álcali de sódio, que é cara, com cal, menos dispendiosa

Fonte: Lunt, Richard R. and John D. Cunic, *Profiles in Flue Gas Desulfurization*, American Institute of Chemical Engineers, New York, 2000.

[a] Esses processos foram adaptados para produzir um produto de gipsita, pela oxidação de $CaSO_3$ no líquido residuário do lavador: $CaSO_3 + \frac{1}{2}O_2 + 2H_2O \rightarrow CaSO_4 \cdot 2H_2O(s)$. A gipsita tem certo valor comercial na fabricação de gesso, e como subproduto é bastante sedimentável.

O sulfato e o óxido sólidos gerados são removidos em precipitadores eletrostáticos ou separadores ciclônicos. O processo tem uma eficiência de 50% ou menos na remoção de óxidos de enxofre.

Como mostram as reações na Tabela 11.1, todos os processos úmidos de remoção de dióxido de enxofre, exceto a oxidação catalítica, dependem da absorção do SO_2 pela reação com uma base. A maioria dos processos de lavagem produz uma solução de sulfito de cálcio, $CaSO_3$, e o sulfito de cálcio sólido semi-hidratado $CaSO_3 \cdot \frac{1}{2}H_2O(s)$ também pode se formar. A gipsita resulta do processo de lavagem pela oxidação do sulfito,

$$SO_3^{2-} + \tfrac{1}{2}O_2 \rightarrow SO_4^{2-} \tag{11.21}$$

seguida pela reação do íon sulfato com um íon cálcio:

$$Ca^{2+} + SO_4^{2-} + 2H_2O \rightleftarrows CaSO_4 \cdot 2H_2O(s) \tag{11.22}$$

A gipsita, o produto final desejado, é muito empregada na produção de gesso de uso comercial (mencionado como exemplo da prática da ecologia industrial na Seção 17.15). Alguns sistemas sopram ar no sulfito de cálcio produzido para oxidá-lo a sulfato de cálcio em um sistema de oxidação forçada.

Os sistemas de recuperação em que o dióxido de enxofre ou o enxofre elementar são removidos do material sorvente utilizado, que é reciclado, são muito mais adequados do ponto de vista ambiental do que os sistemas de descarte. Muitos tipos de processos de recuperação foram desenvolvidos, como os que envolvem a lavagem com lama de óxido de magnésio, solução de hidróxido de sódio, solução de sulfito de sódio, solução de amônia ou de citrato de sódio.

O dióxido de enxofre recuperado de um processo de lavagem de gás de chaminé pode ser convertido em sulfeto de hidrogênio pela reação com gás de síntese (H_2, CO, CH_4)

$$SO_2 + (H_2, CO, CH_4) \rightarrow H_2S + CO_2(H_2O) \tag{11.23}$$

Posteriormente, a reação de Claus é utilizada para produzir o enxofre elementar:

$$2H_2S + SO_2 \rightarrow 2H_2O + 3S \tag{11.24}$$

O enxofre elementar produzido é um material com valor comercial utilizado na fabricação de ácido sulfúrico. A recuperação do enxofre de acordo com esse método é um bom exemplo de processo da química verde.

11.16 Os óxidos de nitrogênio na atmosfera

Os três óxidos de nitrogênio encontrados na atmosfera são o óxido nitroso (N_2O), o óxido nítrico (NO) e o dióxido de nitrogênio (NO_2). Além destes, o radical nitrato, NO_3, também é uma espécie envolvida nos processos químicos noturnos do *smog* fotoquímico (ver Seção 13.5; essa espécie não tem importância nos processos químicos diurnos, pois sofre fotodissociação com muita rapidez sob a exposição à luz solar). A química dos óxidos de nitrogênio e de outras espécies inorgânicas de nitrogênio reativas é essencial na atmosfera, em áreas como a formação do *smog* fotoquímico, a geração de chuva ácida e a diminuição da camada de ozônio.

O óxido nitroso, um anestésico utilizado com frequência conhecido como "gás do riso", é produzido de acordo com processos microbiológicos e é componente da atmosfera não poluída, com níveis da ordem de 0,3 ppmv (ver Tabela 9.1). Esse gás não é muito reativo, e é provável que não exerça influência representativa em reações químicas importantes na atmosfera inferior. Sua concentração cai rapidamente com a altitude devido à reação fotoquímica

$$N_2O + h\nu \rightarrow N_2 + O \tag{11.25}$$

e à reação com o oxigênio singleto:

$$N_2O + O \rightarrow N_2 + O_2 \tag{11.26}$$

$$N_2O + O \rightarrow 2NO \tag{11.27}$$

Essas reações são significativas no processo de diminuição da camada de ozônio. O aumento global na fixação de nitrogênio, acompanhado por uma produção maior de N_2O, podem contribuir para esse problema.

O óxido nítrico (NO), um gás incolor e inodoro, e o dióxido de nitrogênio (NO_2), penetrante e de cor marrom-avermelhado, são relevantes na poluição do ar. Designados coletivamente como NO_x, esses gases entram na atmosfera a partir de fontes naturais como descargas elétricas atmosféricas e processos biológicos, além de fontes poluentes antropogênicas. Essa última classe de fonte é mais significativa, pois concentrações mais altas do NO_2 em uma dada região conseguem causar deterioração grave da qualidade do ar. As estimativas das quantidades de NO_x que entram na atmosfera variam muito, mas na maioria das vezes estão em um intervalo compreendido entre algumas dezenas de milhões de metros cúbicos ao ano e 100 milhões de toneladas. A maior contribuição de NO_x antropogênico, que equivale a cerca de 20 milhões de toneladas métricas ao ano, entra na atmosfera pela combustão de combustíveis fósseis tanto de fontes estacionárias quanto móveis. Níveis semelhantes de NO_x são emitidos pelo solo, a maior parte dos quais se deve à ação de microrganismos sobre fertilizantes de nitrogênio. Outras fontes naturais compreendem a queima de biomassa, as descargas elétricas atmosféricas e, com menor fatia, a oxidação de NH_3 atmosférico. Existe um fluxo um tanto pequeno de NO_x da estratosfera para a troposfera. A contribuição dos automóveis para a geração de óxido nítrico nos Estados Unidos diminuiu um pouco na última década com a renovação da frota automotiva.

A entrada da maior parte do NO_x presente na atmosfera a partir de fontes poluentes se dá na forma de NO gerado por motores de combustão interna. Em temperaturas muito altas, a seguinte reação global ocorre, com etapas intermediárias

$$N_2O + O \rightarrow 2NO \tag{11.28}$$

A velocidade em que essa reação transcorre sobe de forma brusca com o aumento na temperatura. A concentração de equilíbrio em uma mistura de 3% de O_2 e 75% de N_2, típica da câmara de combustão de um motor a combustão interna, é mostrada como função da temperatura na Figura 11.2. Na temperatura ambiente de 27°C, a concentração de equilíbrio do NO é de apenas $1,1 \times 10^{-10}$ ppmv, ao passo que em temperaturas mais altas ela sobe bastante. Portanto, temperaturas elevadas facilitam tanto a concentração de equilíbrio quanto uma velocidade alta de formação de NO. O resfriamento rápido do gás de exaustão da combustão "congela" o NO a uma concentração relativamente alta, porque o equilíbrio não é mantido. Logo, por sua própria natureza, o processo de combustão em motores a combustão interna e também em fornalhas gera produtos de queima com níveis elevados de NO. O mecanismo de formação de óxidos de nitrogênio a partir de N_2 e O_2 durante a combustão é complicado. Átomos

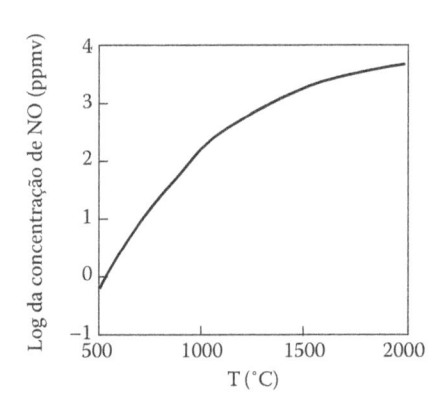

FIGURA 11.2 Logaritmo da concentração de equilíbrio de NO em função da temperatura em uma mistura contendo 75% de N_2 e 3% de O_2.

de oxigênio e de nitrogênio são formados quando as temperaturas da combustão são muito elevadas, de acordo com as reações

$$O_2 + M \rightarrow O + O + M \tag{11.29}$$

$$N_2 + M \rightarrow N^\bullet + N^\bullet + M \tag{11.30}$$

onde M é um terceiro corpo altamente energizado pelo calor, que compartilha uma parcela de energia com o N_2 e o O_2 molecular alta o bastante para romper suas ligações químicas. As energias requeridas por essas reações são muito altas, já que a quebra da ligação entre os átomos de oxigênio precisa de 118 kcal mol^{-1} para ocorrer, e a quebra da ligação entre os átomos de nitrogênio, 225 kcal mol^{-1}. Devido à energia comparativamente baixa de dissociação do O_2, essa reação predomina sobre a dissociação do N_2. Uma vez formados, os átomos de O e N participam da seguinte reação em cadeia, formando o óxido nítrico:

$$N_2 + O \rightarrow NO + N \tag{11.31}$$

$$N + O_2 \rightarrow NO + O \tag{11.32}$$

Que leva à reação líquida:

$$N_2 + O_2 \rightarrow 2NO \tag{11.33}$$

Existem muitas outras espécies na mistura de combustão, além das mostradas. Os átomos de oxigênio são especialmente reativos com os fragmentos de hidrocarbonetos, obedecendo a reações como:

$$RH + O \rightarrow R^\bullet + HO^\bullet \tag{11.34}$$

onde R• representa um fragmento de hidrocarboneto de uma molécula da qual um átomo de hidrogênio foi retirado. Esses fragmentos competem com o N_2 por átomos de oxigênio. Por essa razão, em parte, a formação de NO é apreciavelmente maior em relações ar/combustível que excedem a relação estequiométrica (mistura adequada), como mostra a Figura 13.3.

O radical hidroxila por conta própria pode participar da formação de NO. A reação é

$$N + HO^\bullet \rightarrow NO + H^\bullet \tag{11.35}$$

O óxido nítrico, NO, é um produto da combustão do carvão e do petróleo contendo nitrogênio quimicamente ligado. A produção de NO por essa via ocorre em temperaturas muito menores que as temperaturas exigidas pelo NO "térmico", discutido anteriormente.

11.6.1 As reações atmosféricas do NO_x

As reações químicas atmosféricas convertem o NO_x em ácido nítrico, sais inorgânicos de nitrato, nitratos orgânicos e nitrato de peroxiacetila (ver Capítulo 13). As principais espécies ativas de óxido de nitrogênio na troposfera são NO, NO_2 e HNO_3. Essas espécies convertem-se umas nas outras, como mostra a Figura 11.3. Embora o NO

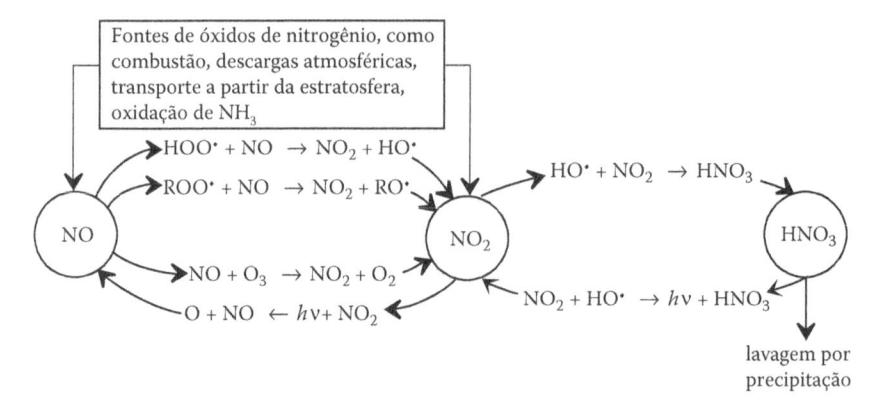

```
┌─────────────────────────────────────┐
│ Fontes de óxidos de nitrogênio, como│
│ combustão, descargas atmosféricas,  │
│ transporte a partir da estratosfera,│
│ oxidação de NH₃                     │
└─────────────────────────────────────┘
```

Diagrama:
- HOO• + NO → NO₂ + HO•
- ROO• + NO → NO₂ + RO•
- NO + O₃ → NO₂ + O₂
- O + NO ← hν + NO₂
- HO• + NO₂ → HNO₃
- NO₂ + HO• → hν + HNO₃
- lavagem por precipitação

FIGURA 11.3 As principais reações entre NO, NO₂ e HNO₃ na atmosfera. ROO• representa um radical peroxila orgânico, como o radical metilperoxila, CH₃OO•.

seja a principal forma em que o NO_x é liberado na atmosfera, a conversão de NO a NO_2 é um pouco mais rápida na troposfera.

O dióxido de nitrogênio é uma espécie muito reativa e importante na atmosfera, que absorve radiação ultravioleta e visível que penetra na troposfera. Em comprimentos de onda abaixo de 398 nm, ocorre a fotodissociação,

$$NO_2 + h\nu \rightarrow NO + O \tag{11.36}$$

que produz átomos de oxigênio no estado fundamental. Acima de 430 nm, somente moléculas de NO_2 excitadas são formadas,

$$NO_2 + h\nu \rightarrow NO_2^* \tag{11.37}$$

ao passo que em comprimentos de onda entre 398 e 430 nm, qualquer um dos dois processos tem chance de ocorrer. A fotodissociação nesses comprimentos de onda requer o fornecimento de energia rotacional da rotação da molécula de NO_2. A tendência do NO_2 de fotodissociar é mostrada claramente pelo fato de que, sob a luz solar direta, a meia-vida do NO_2 é muito mais curta do que a de qualquer outra espécie atmosférica molecular de ocorrência comum. (O nível de estado estacionário do NO_2 pode permanecer relativamente alto porque ele se forma outra vez a partir do NO com rapidez, por meio da ação de espécies radicalares.) A fotodissociação do dióxido de nitrogênio pode dar surgimento às seguintes reações, além de uma gama de reações atmosféricas envolvendo espécies orgânicas:

$$O + O_2 + M \text{ (terceiro corpo)} \rightarrow O_3 + M \tag{11.38}$$

$$NO + O_3 \rightarrow NO_2 + O_2 \tag{11.39}$$

Essa reação resulta na conversão rápida de NO em NO_2, e durante o dia o NO_2 é rapidamente reconvertido em NO de acordo com a Reação 11.36. Na ausência de fotodissociação, à noite, o NO_2 predomina sobre o NO.

$$NO_2 + O_3 \rightarrow NO_3 + O_2 \tag{11.40}$$

O NO_3 produzido sofre uma rápida fotodissociação durante o dia, mas seus níveis sobem à noite. Como discutido no Capítulo 13, o NO_3 participa dos processos químicos que ocorrem na atmosfera à noite, inclusive dos processos envolvidos na formação do *smog* fotoquímico.

$$O + NO_2 \rightarrow NO + O_2 \quad (11.41)$$

$$O + NO_2 + M \rightarrow NO_3 + M \quad (11.42)$$

$$NO_2 + NO_3 \rightarrow N_2O_5 \quad (11.43)$$

$$NO + NO_3 \rightarrow 2NO_2 \quad (11.44)$$

$$O + NO + M \rightarrow NO_2 + M \quad (11.45)$$

Por fim, o dióxido de nitrogênio é removido da atmosfera na forma de ácido nítrico, nitratos ou (em atmosferas onde se forma o *smog* fotoquímico) como nitrogênio orgânico. O pentóxido de dinitrogênio formado na Reação 11.43 é o anidrido do ácido nítrico, que ele forma ao reagir com a água:

$$N_2O_5 + H_2O \rightarrow 2HNO_3 \quad (11.46)$$

Na estratosfera, o dióxido de nitrogênio reage com os radicais hidroxila para gerar ácido nítrico:

$$HO^\bullet + NO_2 \rightarrow HNO_3 \quad (11.47)$$

Nessa região, o ácido nítrico também pode ser destruído por radicais hidroxila,

$$HO^\bullet + HNO_3 \rightarrow H_2O + NO_3 \quad (11.48)$$

ou por uma reação fotoquímica

$$HNO_3 + h\nu \rightarrow HO^\bullet + NO_2 \quad (11.49)$$

de maneira que o HNO_3 serve como sumidouro temporário para o NO_2 na estratosfera. O ácido nítrico produzido a partir do NO_2 é removido por precipitação, ou reage com bases (amônia, cal particulada), produzindo nitratos particulados.

As reações tanto do dióxido de nitrogênio quanto do dióxido de enxofre nas emissões gasosas de usinas de energia são importantes no destino e transporte químicos do NO_x e do SO_2. A presença de vapor da água e gotículas, além de particulados, pode facilitar as reações do NO_x e do SO_2 nessas plumas de emissão.

11.6.2 Os efeitos nocivos dos óxidos de nitrogênio

O óxido nítrico, NO, é menos tóxico que o NO_2. Tal como o monóxido de carbono e o nitrito, o NO se fixa à hemoglobina e reduz a eficiência do transporte de oxigênio. No entanto, em uma atmosfera poluída a concentração de óxido nítrico normalmente é muito menor que a de monóxido de carbono e, por essa razão, o efeito na hemoglobina é muito menor.

A exposição aguda ao NO_2 pode ser bastante nociva a seres humanos. Para exposições que variam de diversos minutos a uma hora, um nível de 50-100 ppmv de NO_2

causa inflamação do tecido pulmonar que dura entre 6 e 8 semanas, após o que a pessoa geralmente se recupera. A exposição de uma pessoa a 150-200 ppmv de NO_2 causa a *bronchiolitis fibrosa obliterans**, uma doença fatal, dentro de 3 a 5 semanas da exposição. Na maioria dos casos a morte ocorre entre 2 e 10 dias após a exposição a 500 ppmv ou mais de NO_2. A "doença do enchedor de silo", causada pelo NO_2 gerado pela fermentação da silagem (caules úmidos de milho ou sorgo cortados e utilizados para alimentação de bovinos) contendo nitrato, é um exemplo especialmente notável de envenenamento por dióxido de nitrogênio. Foram relatadas mortes devido à inalação de gases contendo NO_2 de celuloide e filmes de nitrocelulose em chamas, e do vazamento de NO_2 oxidante (utilizado como combustível líquido de hidrazina) de propulsores de mísseis.

Embora danos significativos sejam observados em plantas em áreas com forte exposição a NO_2, é provável que a maior parte desses danos seja causada por produtos secundários dos óxidos de nitrogênio, como o nitrato de peroxiacetila (PAN) formado no *smog* (ver Capítulo 14). A exposição de plantas a um nível alto de NO_2 em ppmv em laboratório causa manchas foliares e a ruptura do tecido vegetal. A exposição a 10 ppmv de NO causa uma queda reversível na velocidade da fotossíntese. O efeito da exposição por longos períodos a alguns décimos de 1 ppmv de NO_2 em plantas não foi muito investigado.

Os óxidos de nitrogênio são conhecidos por causar o desbotamento de corantes e tintas utilizados em têxteis. Esse efeito foi observado em secadoras de roupas a gás e se deve aos NO_x formados na chama da secadora. A maior parte do dano aos materiais causado pelos NO_x se deve a nitratos secundários e ao ácido nítrico. Por exemplo, as rachaduras causadas por fadiga gerada por corrosão nas molas utilizadas no passado nos relés de telefones ocorrem bem abaixo da força de deformação da liga de níquel-bronze usada na fabricação dessas molas, devido à ação dos nitratos particulados e do aerossol de ácido nítrico formados pelo NO_x.

Algumas preocupações vêm sendo demonstradas sobre a possibilidade de os NO_x emitidos na atmosfera por aviões supersônicos catalisarem a destruição parcial da camada de ozônio na estratosfera, que absorve a radiação ultravioleta prejudicial de comprimento de onda curto (240 – 300 nm). Essa possibilidade causou alarme no passado, com relação ao dano antropogênico à camada de ozônio, em meados da década de 1970. Uma análise detalhada desse efeito é bastante complexa e, por essa razão, apenas suas características mais relevantes serão abordadas neste livro.

Na estratosfera superior e na mesosfera, o oxigênio molecular é fotodissociado pela radiação ultravioleta de comprimento de onda abaixo de 242 nm:

$$O_2 + h\nu \rightarrow O + O \tag{11.50}$$

Na presença de terceiros corpos absorvedores de energia, o oxigênio atômico reage com o oxigênio molecular, formando ozônio:

$$O_2 + O + M \rightarrow O_3 + M \tag{11.51}$$

A reação com o oxigênio atômico destrói o ozônio,

$$O_3 + O \rightarrow O_2 + O_2 \tag{11.52}$$

---

* N. de T.: Também conhecida como bronquiolite obliterante.

e é possível evitar sua formação pela recombinação de átomos de oxigênio:

$$O + O + M \rightarrow O_2 + M \tag{11.53}$$

A adição da reação do óxido nítrico com o ozônio,

$$NO + O_3 \rightarrow NO_2 + O_2 \tag{11.54}$$

à reação do dióxido de nitrogênio com o oxigênio atômico,

$$NO_2 + O \rightarrow NO + O_2 \tag{11.55}$$

resulta na reação líquida da destruição do ozônio:

$$O + O_3 \rightarrow O_2 + O_2 \tag{11.56}$$

Junto com o NO_x, o vapor da água também é emitido na atmosfera pelo escape de aeronaves, o que pode acelerar a diminuição do ozônio de acordo com as duas reações a seguir:

$$O + H_2O \rightarrow HO^\bullet + HO^\bullet \tag{11.57}$$

$$HO^\bullet + O_3 \rightarrow HOO^\bullet + O_2 \tag{11.58}$$

No entanto, existem muitas reações tampão que ocorrem naturalmente na estratosfera e que tendem a diminuir a potencial destruição do ozônio pelas reações apresentadas. O oxigênio atômico capaz de regenerar o ozônio é produzido pela reação fotoquímica

$$NO_2 + h\nu \rightarrow NO + O \ (\lambda < 420 \text{ nm}) \tag{11.59}$$

Uma reação catalítica que compete na remoção do NO é

$$NO + HOO^\bullet \rightarrow NO_2 + HO^\bullet \tag{11.60}$$

Hoje, acredita-se que as emissões de frotas relativamente grandes de aeronaves comerciais supersônicas (que parecem menos prováveis, frente ao encerramento dos voos do Concorde, em 2003) não causam tantos danos à camada de ozônio quanto os CFC.

11.6.3 O controle dos óxidos de nitrogênio

Conforme observado na Seção 10.9, os óxidos de nitrogênio formam uma classe de seis poluentes legislados regulamentados pela EPA nos Estados Unidos.* Além disso, eles estão envolvidos na formação do ozônio troposférico, O_3, outro poluente classificado nessa categoria. Como será discutido no Capítulo 13, tanto os hidrocarbonetos quanto os óxidos de nitrogênio são ingredientes necessários para a produção de ozônio e de outras espécies nocivas na formação do *smog* fotoquímico. Em princípio, os esforços de controle da produção de ozônio se concentraram na redução das emissões de hidrocarbonetos orgânicos voláteis. Porém, na maioria dos casos os óxidos de

---

* N. de R. T.: No Brasil, a resolução CONAMA 03, de 28/06/90 (padrões nacionais de qualidade do ar), estabelece padrões para sete parâmetros.

nitrogênio são os reagentes limitantes na produção do *smog* fotoquímico e do ozônio. Por essa razão, o controle das emissões de óxidos de nitrogênio é fundamental na redução da poluição do ar na troposfera.

Existem duas abordagens gerais para o controle das emissões dos NO_x. A primeira consiste na modificação das condições de combustão a fim de impedir a formação do NO. A segunda é o tratamento do gás de chaminés para remover o NO_x antes de ser lançado na atmosfera.[4]

O nível de NO_x emitido por fontes estacionárias, como as fornalhas de usinas termelétricas de geração de energia, normalmente fica dentro do intervalo 50 – 1.000 ppmv. A produção de NO é favorecida tanto do ponto de vista cinético quanto termodinâmico pelas temperaturas altas e pelo excesso de oxigênio, aumentando com o tempo de exposição a essas condições. A atenuação dessas três condições durante a combustão diminui os níveis de NO formados. A redução da temperatura da chama para impedir a formação de NO é feita com a recirculação do gás de escape no sistema, a injeção de ar frio, gases inertes ou água, embora essa alternativa diminua a eficiência da conversão energética de acordo com a equação de Carnot (ver Capítulo 19).

A baixa relação ar-combustível é eficiente na redução das emissões de NO_x durante a queima de combustíveis fósseis. Como diz o termo, são usadas quantidades mínimas de ar necessário à combustão, para a oxidação do combustível, o que diminui o nível de oxigênio disponível para a reação

$$N_2 + O_2 \rightarrow 2NO \qquad (11.61)$$

na região de alta temperatura da chama. A queima incompleta do combustível, acompanhada da emissão de hidrocarbonetos, fuligem e CO, é um problema óbvio nas baixas relações ar-combustível. Esses problemas podem ser contornados com a adoção de um processo de combustão em dois estágios:

1. No primeiro estágio o combustível é queimado a uma temperatura relativamente alta em uma quantidade subestequiométrica de ar, como 90-95% da relação estequiométrica. A formação de NO é limitada pela ausência de oxigênio em excesso.
2. No segundo estágio a combustão é finalizada a temperaturas relativamente baixas, em excesso de ar. Essas temperaturas inferiores impedem a formação de NO.

Em algumas usinas de energia a gás, as emissões de NO foram reduzidas em até 90% com a adoção de um processo de combustão em dois estágios.

A remoção de NO_x dos gases de chaminé apresenta alguns problemas impressionantes. As abordagens possíveis para a remoção do NO_x são a decomposição ou a redução catalíticas dos óxidos de nitrogênio e a sorção de NO_x por líquidos ou sólidos. A sorção é limitada pela baixa solubilidade do NO em água, a espécie de óxido de nitrogênio predominante nos gases de chaminé.

Os processos de redução de NO_x mais comuns utilizam um agente redutor, como o metano ou a amônia, para reduzir o óxido de nitrogênio a N_2 elementar e H_2O utilizando um catalisador monolítico de óxidos de vanádio e tungstênio sobre uma base de alumina (Al_2O_3), como mostra a seguinte reação, em que a amônia é o agente redutor

$$4NH_3 + 4NO + O_2 \rightarrow 4N_2 + 6H_2O \qquad (11.62)$$

Chamada de redução catalítica seletiva (RCS), a redução catalítica de NO_x é executada sobre um catalisador a 300 – 400°C, com cerca de 80% de eficiência. Ela também pode ser conduzida sem um catalisador, a temperaturas muito maiores (900 – 1.000°C), porém com eficiência menor (40 – 60%).

Os processos de sorção para a remoção de SO_2 que utilizam bases são relativamente ineficientes na remoção de óxido nítrico, por conta da baixa acidez e solubilidade em água do NO. Foram propostos mecanismos para a oxidação do NO em NO_2 e N_2O_3, que são absorvidos com mais eficiência pela base. O processo regenerável de sorção a seco NO X SO utiliza carbonato de sódio em leitos de alumina de alta área superficial para absorver SO_2 e NO_x em um leito fluidizado através do qual o gás de chaminé é bombeado. Os leitos passam por um processo de recuperação que renova suas capacidades de absorção.

Uma opção interessante para o controle do NO_x é a adoção de *biofiltros*.[5] Uma tecnologia relativamente nova no controle da poluição do ar, os biofiltros empregam microrganismos em um leito fixo ou fluidizado em contato com os gases para absorver poluentes. Os microrganismos degradam os poluentes retidos no meio filtrante, gerando produtos (no caso dos compostos de N sorvidos, o N_2 é o produto de preferência). Em uma situação ideal, os biofiltros operam a custos relativamente baixos e com pouca manutenção. No entanto, o desafio de manter um biofiltro viável na corrente de exaustão de uma grande usina termelétrica geradora de energia é intimidador.

11.7 A chuva ácida

Conforme discutido neste capítulo, a maior parte dos óxidos de enxofre e nitrogênio lançados na atmosfera é convertida em ácidos sulfúrico e nítrico, respectivamente. Quando combinados com o ácido hidroclórico liberado pelas emissões de cloreto de hidrogênio, esses ácidos causam a precipitação ácida (chuva ácida), hoje vista como um grande problema de poluição em algumas regiões.

Os cursos de nascentes de água e os lagos localizados em grandes altitudes são particularmente suscetíveis aos efeitos da chuva ácida e podem apresentar mortandade de peixes e de outras formas de vida aquática. Além desses efeitos, há a redução na produtividade agrícola e florestal, o lixiviamento de cátions nutrientes e metais de solos, rochas e sedimentos de lagos e cursos da água, a dissolução de metais como o chumbo e o cobre nas tubulações de abastecimento de água, a corrosão de metais expostos ao tempo e a dissolução das superfícies calcárias de edificações e monumentos. A dissolução do alumínio fitotóxico presente no solo pela precipitação ácida é particularmente prejudicial ao crescimento de plantas e florestas.

Por sua ampla distribuição e seus efeitos danosos, a chuva ácida é considerada um poluente ameaçador para a atmosfera global, e será discutida no Capítulo 14.

11.8 A amônia na atmosfera

A amônia, uma das espécies de nitrogênio mais abundantes na atmosfera, está presente no ar livre de poluentes, gerada por processos bioquímicos e químicos naturais. Entre as diversas fontes da amônia atmosférica estão os microrganismos no solo, a decomposição de resíduos animais, os fertilizantes contendo amônia, o tratamento de esgotos, a produção de coque e de amônia e vazamentos em sistemas de refrigeração que a utilizam. Os rebanhos e os campos em que são confinados representam a maior fonte de amônia nos Estados Unidos, produzindo talvez mais de um bilhão de quilogramas ao ano.[6] As altas concentrações de amônia no estado gasoso observadas na atmosfera via de regra indicam a liberação acidental do gás.

A amônia é removida da atmosfera por sua afinidade com a água e sua ação como base. A base mais importante encontrada na atmosfera, a amônia, é uma espécie-chave na formação e neutralização dos aerossóis de nitrato e sulfato em atmosferas poluídas, reagindo com esses aerossóis ácidos para formar sais de amônio:

$$NH_3 + HNO_3 \rightarrow NH_4NO_3 \quad (11.63)$$

$$NH_3 + H_2SO_4 \rightarrow NH_4HSO_4 \quad (11.64)$$

A amônia atmosférica apresenta diversos efeitos. Os sais de amônio estão entre os mais corrosivos nos aerossóis atmosféricos. Perto de metade do material particulado muito fino ($PM_{2,5}$) na atmosfera do leste dos Estados Unidos é composta por sulfato de amônio, que afeta a visibilidade do ar de maneira significativa. A exposição aguda à amônia também tem a capacidade de afetar a vegetação, causando lesões foliares.

11.9 O flúor, o cloro e seus compostos gasosos

O flúor, o fluoreto de hidrogênio e outros fluoretos voláteis estão presentes na fabricação de alumínio, e o fluoreto de hidrogênio é um subproduto da conversão da fluoroapatita (fosfato rochoso) em ácido fosfórico, fertilizantes de superfosfatos e outros produtos contendo fósforo. O processo a úmido de produção do ácido fosfórico envolve a reação da fluoroapatita, $Ca_5F(PO_4)_3$, com o ácido sulfúrico:

$$Ca_5F(PO_4)_3 + 5H_2SO_4 + 10H_2O \rightarrow 5CaSO_4 \cdot 2H_2O + HF + 3H_3PO_4 \quad (11.65)$$

É necessário recuperar a maior parte do flúor gerado como subproduto do processamento do fosfato rochoso para evitar problemas graves de poluição. A recuperação do flúor na forma de ácido fluorosilícico, H_2SiF_6, é o método praticado com frequência.

O gás fluoreto de hidrogênio é uma substância perigosa, tão corrosiva que chega a reagir com o vidro, que causa irritação nos tecidos do corpo humano, e o aparelho respiratório é muito sensível a ele. A exposição breve aos vapores de HF em nível de parte por milhar pode ser fatal. A toxicidade aguda do F_2 é maior até que a toxicidade do HF. A exposição crônica a níveis elevados de fluoretos causa fluorose, cujos sintomas incluem dentes manchados e doenças ósseas.

As plantas têm suscetibilidade especial aos efeitos dos fluoretos gasosos, que aparentemente entram nos tecidos vegetais por meio dos estômatos. O fluoreto é um veneno cumulativo nas plantas. Mesmo a exposição de uma vegetação sensível a níveis muito baixos de fluoretos por períodos prolongados é prejudicial. Os sintomas característicos do envenenamento por flúor são a clorose (o desbotamento da coloração verde devido a condições que não sejam a falta de luz), bordas queimadas e pontas queimadas das folhas. As coníferas (como os pinheiros) afetadas pelo envenenamento por fluoreto podem apresentar folhas com pontas marrom-avermelhadas e necrosadas. A sensibilidade de algumas coníferas ao envenenamento por fluoretos é exemplificada pelo fato de que o flúor produzido pelas fábricas de alumínio na Noruega destruiu florestas de *Pinus sylvestris* em um raio de 13 km, e danos foram registrados em árvores a 32 km de distância das fábricas.

O gás tetrafluoreto de silício, SiF_4, é outro poluente gasoso contendo flúor produzido nas operações de refino por fusão de metais que empregam o CaF_2, a fluorita. Essa substância reage com o dióxido de silício (areia), liberando gás SiF_4.

$$2CaF_2 + 3SiO_2 \rightarrow 2CaSiO_3 + SiF_4 \quad (11.66)$$

Outro composto gasoso de flúor, o hexafluoreto de enxofre, SF_6, ocorre na atmosfera em níveis perto de 0,3 partes por trilhão. É muito pouco reativo, com um ciclo de vida estimado em 3.200 anos, e utilizado como traçador na atmosfera. Não absorve a luz ultravioleta, nem na troposfera nem na estratosfera, sendo provavelmente destruído em altitudes maiores que 60 km por reações que começam com a captura de elétrons livres. Os níveis atuais de SF_6 são muito maiores que o nível basal, estimado em 0,04 partes por trilhão em 1953, quando começou a ser produzido para fins comerciais. O composto é muito útil em aplicações especializadas, como em equipamentos elétricos isolados a gás e a inertização/desgaseificação de alumínio e magnésio fundidos. O aumento na utilização do hexafluoreto de enxofre vem causando preocupação por ele ser o gás estufa mais potente conhecido, com potencial de aquecimento global (por molécula adicionada à atmosfera) 23.900 vezes maior que o do dióxido de carbono.

11.9.1 O cloro e o cloreto de hidrogênio

O gás cloro, Cl_2, não ocorre como poluente do ar em larga escala, mas pode ser bastante prejudicial em escala local. O cloro foi o primeiro gás venenoso empregado na Primeira Guerra Mundial. É muito utilizado na produção de plásticos além do tratamento de água e como alvejante, portanto, sua liberação no ambiente é uma possibilidade real em muitos locais. O cloro tem alta toxicidade e irrita as mucosas, sendo um forte agente oxidante, muito reativo. Dissolve-se nas gotículas de água na atmosfera, gerando os ácidos hipoclórico e hipocloroso, este um agente oxidante:

$$H_2O + Cl_2 \rightarrow H^+ + Cl^- + HOCl \quad (11.67)$$

Há relatos da morte de pessoas expostas a vazamentos de cloro. Por exemplo, a ruptura de um vagão-tanque carregado com cloro em Youngstown, Flórida, em 25/2/78 matou oito pessoas que inalaram o gás letal, além de causar ferimentos em outras 89. Vazamentos gigantescos de cloro como atos de sabotagem constituem uma grande preocupação no combate ao terrorismo.

O cloreto de hidrogênio, HCl, é emitido por diversas fontes. A incineração de plásticos clorados como o PVC, um polímero do cloreto de vinila com fórmula empírica C_2H_3Cl, libera HCl como subproduto da combustão.

Alguns compostos liberados na atmosfera como poluentes do ar são hidrolisados, formando HCl. Relatos de acidentes dão conta do vazamento de compostos como o tetracloreto de silício, $SiCl_4$, e do cloreto de alumínio, $AlCl_3$, que reagiram com o vapor da água na atmosfera:

$$SiCl_4 + 2H_2O \rightarrow SiO_2 + 4HCl \qquad (11.68)$$

$$AlCl_3 + 3H_2O \rightarrow Al(OH)_3 + 3HCl \qquad (11.69)$$

O cloreto de hidrogênio pode ser liberado por sais de cloro inorgânicos, como NaCl, KCl e $CaCl_2$, a temperaturas elevadas e na presença de SO_2, O_2 e H_2O pelo processo de sulfatação. A reação global de sulfatação é ilustrada para o $CaCl_2$:

$$CaCl_2 + \tfrac{1}{2}O_2 + SO_2 + H_2O \rightarrow CaSO_4 + 2HCl \qquad (11.70)$$

Conforme discutido na Seção 10.11, hoje acredita-se que as partículas deliquescentes (úmidas) de cloro têm a capacidade de reagir com o radical hidroxila:

$$2NaCl + 2HO^\bullet \rightarrow 2NaOH + Cl_2 \qquad (10.14)$$

Essa reação disponibiliza uma superfície condutiva para a retenção e oxidação do SO_2. A hidrólise do Cl_2 liberado pode produzir HCl, contribuindo para o acréscimo de matéria ácida na atmosfera.

$$Cl_2 + H_2O \rightarrow HCl + HOCl \qquad (11.71)$$

11.10 Os gases de enxofre reduzidos

O sulfeto de hidrogênio, sulfeto de carbonila (OCS), dissulfeto de carbono (CS_2) e dimetilsulfeto ($S(CH_3)_2$) são compostos importantes na atmosfera, onde o enxofre tem estado de oxidação menor. Esses gases são oxidados a sulfato na atmosfera, em alguns casos com a produção de SO_2 como intermediário, e são fontes importantes de enxofre atmosférico.

O sulfeto de hidrogênio é gerado por processos microbianos, como a decomposição de compostos de enxofre e a redução bacteriana de sulfato (ver Capítulo 6). O sulfeto de hidrogênio também é liberado em vapores geotérmicos, na produção de papel e por diversas fontes antropogênicas e naturais. Cerca de 8×10^9 kg (8 Tg) de H_2S são liberados na atmosfera do planeta a cada ano. Por ser oxidado de imediato, na maior parte o sulfeto de hidrogênio atmosférico é rapidamente convertido em SO_2. Os homólogos orgânicos do sulfeto de hidrogênio, as mercaptanas, entram na atmosfera a partir da matéria orgânica em decomposição e apresentam odores bastante desagradáveis.

A poluição causada pelo sulfeto de hidrogênio de fontes artificiais não é tão comum como a poluição por dióxido de enxofre. Contudo, vários incidentes de exposição aguda ocorreram, em que as emissões de sulfeto de hidrogênio resultaram em danos à saúde de seres humanos e até mesmo mortes. Um dos episódios mais graves desse tipo de poluição aconteceu em Poza Rica, México, em 1950. O vazamento de sulfeto de hidrogênio de uma unidade utilizada para recuperar enxofre de gás natural causou a morte de 22 pessoas e a hospitalização de mais de 300, embora relatórios não oficiais tenham citado números muito maiores de vítimas. Em dezembro de 2003, o escape de gás natural contaminado com sulfeto de hidrogênio matou 242 pessoas e deixou mais de 2 mil gravemente doentes na China. Como medida emergencial, o gás foi queimado, o que gerou quantidades enormes de dióxido de enxofre, que também é poluente do ar mas não tão letal quanto o sulfeto de hidrogênio. Os esforços de exploração profunda de poços de gás natural aumentaram o perigo da liberação acidental do sulfeto de hidrogênio.

O sulfeto de hidrogênio no gás natural "ácido" traz à tona um problema maior, à medida que reservas relativamente abundantes desse gás são exploradas para a geração de energia. Esse problema é bastante grave em Alberta, no Canadá, local de algumas das reservas mais abundantes de gás natural ácido. A recuperação do sulfeto de hidrogênio e a conversão do enxofre elementar fizeram a oferta de enxofre ultrapassar a demanda. Hoje, quantidades crescentes de sulfeto de hidrogênio, junto com dióxido de carbono (outro componente ácido do gás ácido), são injetadas em formações subterrâneas.[7]

O sulfeto de hidrogênio, quando em níveis acima das concentrações normalmente observadas no ambiente, destrói os tecidos imaturos das plantas. Esse tipo de lesão à planta é distinguido com facilidade das lesões causadas por outras fitotoxinas. As espécies mais sensíveis são mortas pela exposição contínua a cerca de 3.000 ppbv (partes por bilhão em volume) de H_2S, ao passo que as espécies mais resistentes exibem redução no crescimento, lesões foliares e desfolhação.

Os danos a certos tipos de materiais estão entre os efeitos mais caros da poluição por sulfeto de hidrogênio. As tintas contendo pigmentos à base de chumbo, $2PbCO_3 \cdot Pb(OH)_2$ (que deixou de ser utilizado), são particularmente suscetíveis ao escurecimento causado pelo H_2S. Esse escurecimento resulta da exposição prolongada a teores tão baixos quanto 5 ppbv de H_2S. O sulfeto de chumbo gerado pela reação do pigmento contendo chumbo com o sulfeto de hidrogênio acaba sendo convertido a sulfato de chumbo, de cor branca, pelo oxigênio atmosférico, após a remoção da fonte de H_2S, o que pode reverter o dano em caráter parcial.

Uma camada preta de sulfeto de cobre se forma no cobre metálico exposto ao H_2S. Com o tempo, essa camada é substituída por uma cobertura verde, formada por sulfato de cobre básico, $CuSO_4 \cdot 3Cu(OH)_2$. A "pátina" verde, como é conhecida, é muito resistente à corrosão subsequente. Essas camadas de corrosão prejudicam de modo expressivo os contatos de cobre em equipamentos elétricos. O sulfeto de hidrogênio também forma uma camada preta de sulfeto na prata.

O sulfeto de carbonila, OCS, hoje é reconhecido como componente da atmosfera, na concentração troposférica de aproximadamente 500 partes por trilhão em volume, o que corresponde a uma carga global de 2,4 Tg. Perto de 1,3 Tg de sulfeto de carbonila é liberada na atmosfera ao ano. Cerca de metade dessa quantidade é liberada na forma de dissulfeto de carbono, CS_2, no mesmo período. O sulfeto de carbonila persiste na atmosfera por quase 18 meses, sendo o gás de enxofre reduzido mais duradouro na atmosfera.

Tanto o OCS quanto o CS_2 são oxidados na atmosfera por reações iniciadas pelo radical hidroxila. As reações iniciais são

$$HO^{\bullet} + OCS \rightarrow CO_2 + HS^{\bullet} \qquad (11.72)$$

$$HO^{\bullet} + CS_2 \rightarrow OCS + HS^{\bullet} \qquad (11.73)$$

Essas reações com o radical hidroxila iniciam os processos de oxidação que ocorrem por meio de uma série de reações químicas atmosféricas. Os produtos contendo enxofre formados de acordo com as Reações 11.72 e 11.73 sofrem reações adicionais, gerando dióxido de enxofre e, por fim, espécies de sulfatos. A reação do sulfeto de carbonila com o radical hidroxila é tão lenta que talvez não represente uma via importante de perda de OCS na troposfera. Esse gás é metabolizado pela anidrase carbônica nas plantas superiores, que normalmente metaboliza o dióxido de carbono. Sua absorção pelas plantas superiores é considerada um sumidouro expressivo do gás.

O sulfeto de carbonila é tão persistente que quantidades significativas dele atingem a estratosfera. Ali, o gás sofre fotólise, o que leva à sequência de reações a seguir:

$$OCS + h\nu \rightarrow CO + S \quad (11.74)$$

$$O + OCS \rightarrow CO + SO \quad (11.75)$$

$$S + O_2 \rightarrow SO + O \quad (11.76)$$

$$SO + O_2 \rightarrow SO_2 + O \quad (11.77)$$

$$SO + NO_2 \rightarrow SO_2 + NO \quad (11.78)$$

O dióxido de enxofre produzido por essas reações é posteriormente oxidado a aerossóis de sulfato e ácido sulfúrico. Esse processo gera uma camada de aerossol estratosférico que se estende da parte inferior da estratosfera até uma altitude de quase 30 km. A camada Junge foi batizada com o sobrenome de seu descobridor, Christian Junge, em 1960, que a observou enquanto procurava poeira e detritos cósmicos de testes nucleares.

Literatura citada

1. Livingston, J. V., *Air Pollution: New Research*, Nova Science Publishers, New York, 2007.
2. Berglen, T. F., G. Myhre, I. Isaksen, V. Vestreng, S. J. Smith, Sulphate trends in Europe: Are we able to model the recent observed decrease?, *Tellus, Series B: Chemical and Physical Meteorology*, **59B**, 773–786, 2007.
3. Penkett, S. A., B. M. R. Jones, K. A. Brice, and A. E. J. Eggleton, The importance of atmospheric ozone and hydrogen peroxide in oxidising sulphur dioxide in cloud and rainwater, *Atmospheric Environment*, **41**, S154–S168, 2008.
4. Basu, S., Chemical and biochemical processes for NO_x control from combustion off-gases, *Chemical Engineering Communications*, **194**, 1374–1395, 2007.
5. Zhang, S.-H., L.-L. Cai, X.-H. Mi, J.-L. Jiang, and W. Li, NO*x* removal from simulated flue gas by chemical absorption-biological reduction integrated approach in a biofilter, *Environmental Science and Technology*, **42**, 3814–3820, 2008.
6. Faulkner, W. B. and B. W. Shaw, Review of ammonia emission factors for United States animal agriculture, *Atmospheric Environment*, **42**, 6567–6574, 2008.
7. Bachu, S. and W. D. Gunter, Acid-gas injection in the Alberta Basin, Canada: A CO2-storage experiment, *Geological Society Special Publication*, **233**, 225–234, 2004.

Leitura complementar

Ashmore, M. R., L. Emberson, and F. Murray, Eds., *Air Pollution Impacts on Crops and Forests,* Imperial College Press, London, 2003.

Balduino, S. P., Ed., *Progress in Air Pollution Research,* Nova Science Publishers, New York, 2007.

Baukal, C. E., *Industrial Combustion Pollution and Control,* Marcel Dekker, New York, 2004.

Bodine, C. G., Ed., *Air Pollution Research Advances,* Nova Science Publishers, New York, 2007.

Cheremisinoff, N. P., *Handbook of Air Pollution Prevention and Control,* Butterworth-Heinemann, Boston, 2002.

Colls, J., *Air Pollution,* 2nd ed., Spon Press, New York, 2003.

Cooper, C. D. and F. C. Alley, *Air Pollution Control: A Design Approach,* Waveland Press, Prospect Heights, IL, 2002.

Davis, W. T., Ed., *Air Pollution Engineering Manual,* 2nd ed., Wiley, New York, 2000.

Heck, R. M., R. J. Farrauto, and S. T. Gulati, *Catalytic Air Pollution Control: Commercial Technology,* 3rd ed., Wiley, New York, 2009.

Heumann, W. L., Ed., *Industrial Air Pollution Control Systems,* McGraw-Hill, New York, 1997.

Kidd, J. S. and R. A. Kidd, *Air Pollution: Problems and Solutions,* Chelsea House, New York, 2006.

Lunt, R. R., A. D. Little, and J. D. Cunic, *Profiles in Flue Gas Desulfurization,* American Institute of Chemical Engineers, New York, 2000.

Metcalfe, S., and D. Derwent, *Atmospheric Pollution and Environmental Change,* Oxford University Press, New York, 2005.

Romano, G. C. and A. G. Conti, Eds., *Air Quality in the 21st Century,* Nova Science Publishers, New York, 2008.

Schnelle, K. B., C. A. Brown, and F. Kreith, Eds., *Air Pollution Control Technology Handbook,* CRC Press, Boca Raton, FL, 2002.

Stevens, L. B., W. L. Cleland, and E. Roberts Alley, *Air Quality Control Handbook,* McGraw-Hill, New York, 1998.

Thad, G., *Air Quality,* 4th ed., Taylor & Francis/CRC Press, Boca Raton, FL, 2004.

Tomita, A., *Emissions Reduction: NO_x/SO_x Suppression,* Elsevier, New York, 2001.

Vallero, D. A., *Fundamentals of Air Pollution,* 4th ed., Elsevier, Amsterdam, 2008.

Wang, L. K., N. C. Pereira, and Y.-T. Hung, Eds., *Air Pollution Control Engineering,* Humana Press, Totowa, NJ, 2004.

Warner, C. F., W. T. Davis, and K. Wark, *Air Pollution: Its Origin and Control,* 3rd ed., Addison-Wesley, Reading, MA, 1997.

Perguntas e problemas

Para elaborar as respostas das seguintes questões, você pode usar os recursos da Internet a fim de buscar constantes e fatores de conversão, entre outras informações necessárias.

1. Por que "os níveis mais altos de monóxido de carbono ocorrem em áreas urbanas congestionadas em horários quando o número de pessoas expostas é máximo"?
2. Qual espécie reativa e instável é responsável pela remoção do CO da atmosfera?
3. Qual fluxo do ciclo do enxofre atmosférico apresentado é o menor? (a) Espécies de enxofre nos deflúvios de chuvas, (b) Sulfatos que entram na atmosfera como "sal marinho", (c) Espécies de enxofre lançadas na atmosfera por vulcões, (d) Espécies de enxofre lançadas na atmosfera por combustíveis fósseis, (e) Sulfeto de hidrogênio que entra na atmosfera a partir de processos biológicos em áreas costeiras ou interioranas.

4. Entre os agentes citados, qual não favorece a conversão do dióxido de enxofre em espécies de sulfato na atmosfera? (a) Amônia, (b) Água, (c) Agentes redutores contaminantes, (d) Íons de metais de transição como o manganês, (e) Luz solar.
5. Entre os processos de lavagem de gás de chaminé discutidos neste capítulo, qual é o menos eficiente na remoção de SO_2?
6. O ar no interior de uma garagem contém 10 ppm de CO em volume nas condições padrão de temperatura e pressão (CPTP). Qual é a concentração de CO em mg L^{-1} e em ppm, em massa?
7. Quantas toneladas métricas de carvão com 5% de S seriam necessárias para gerar o H_2SO_4 exigido para produzir uma precipitação de 3 cm com pH 2,00 em uma área de 100 km^2?
8. Em que aspecto principal o NO_2 é uma espécie mais importante que o SO_2 em termos de participação em reações atmosféricas?
9. Suponha que um cortador de grama mal regulado seja posto em funcionamento em uma garagem, de maneira que a reação de combustão do motor seja

$$C_8H_{18} + \tfrac{17}{2}O_2 \rightarrow 8CO + 9H_2O$$

Se as dimensões da garagem são 5 x 3 x 3 m, quantos gramas de gasolina precisam ser queimados para elevar o nível de CO no ar a 1.000 ppm em volume nas CPTP?

10. Uma amostra de 12,0 L de ar residual de um processo de refino por fusão foi coletada a 25°C e 1,00 atm. Posteriormente, o dióxido de enxofre foi removido da amostra. Feito isso, o volume da amostra passou a ser 11,50 L. Qual era a porcentagem de SO_2 em massa na amostra original?
11. Qual é o agente oxidante na reação de Claus? Qual é o produto comercial dessa reação?
12. O monóxido de carbono está presente a um nível de 10 ppm em volume em uma amostra de ar coletada a 15°C e 1,00 atm. Em qual temperatura (a 1,00 atm) a amostra conteria também 10 mg/m^3 de CO?
13. Quantas toneladas métricas de carvão contendo em média 2% de enxofre são necessárias para produzir o SO_2 emitido pela queima de combustíveis fósseis mostrada na Figura 11.1? (Observe que os valores dados na figura são expressos em termos de enxofre elementar, S). Quantas toneladas métricas de SO_2 são emitidas? De que modo essa quantidade de carvão se compara à quantidade utilizada hoje em todo o mundo?
14. Suponha que o processo de calcário úmido exija uma tonelada métrica de $CaCO_3$ para remover 90% do enxofre de 4 toneladas métricas de carvão contendo 2% de S. Suponha que o composto de enxofre gerado seja o $CaSO_4$. Calcule a porcentagem de calcário convertido em sulfato de cálcio.
15. Consultando os dois problemas anteriores, calcule o número de toneladas métricas de $CaCO_3$ necessário a cada ano para remover 90% do enxofre de 1 bilhão de toneladas métricas de carvão (aproximadamente o consumo anual nos Estados Unidos), supondo um teor médio de 2% de S no carvão.
16. Se uma usina termelétrica de energia que queima 10.000 toneladas métricas de carvão ao dia com 10% em excesso de ar emite gás de chaminé contendo 100 ppm em volume de NO, qual é a produção diária de NO? Suponha que o carvão seja carbono puro.
17. Quantos quilômetros cúbicos de ar a 25°C e 1 atm seriam contaminados com um nível de 0,5 ppm de NO_x pela usina de energia no problema anterior?

18. Assinale os poluentes inorgânicos gasosos do ar na coluna esquerda com as características na coluna direita:

   A. CO
   B. O_3
   C. SO_2
   D. NO

   1. Produzido em motores a combustão interna como precursor da formação do *smog* fotoquímico.
   2. Formado em conexão com o *smog* fotoquímico.
   3. Não associado de modo especial ao *smog* ou à chuva ácida, mas causa preocupação devido a seus efeitos tóxicos.
   4. Não causa a formação do *smog*, mas é precursor da chuva ácida.

19. Entre os compostos a seguir, aquele que *não* é poluente inorgânico gasoso é (explique): (A) Benzo(a)pireno, (B) SO_2, (C) NO, (D) NO_2, (E) H_2S.

20. Entre as alternativas apresentadas, a que *não* é verdadeira sobre o monóxido de carbono na atmosfera é (explique): (A) É produzido na estratosfera por um processo que começa com a abstração do H do CH_4 pelo HO•, (B) É removido da atmosfera sobretudo pela reação com o radical hidroxila, (C) É removido da atmosfera em parte por sua metabolização por organismos no solo, (D) É lançado por fontes naturais e também poluentes, (E) Quando presente em sua concentração média na atmosfera, pode representar uma ameaça à saúde dos seres humanos.

12 Os poluentes atmosféricos orgânicos

12.1 Os compostos orgânicos na atmosfera

Os poluentes orgânicos exercem forte influência na qualidade da atmosfera. Os efeitos dos poluentes orgânicos na atmosfera são divididos em duas categorias principais. A primeira consiste nos *efeitos diretos*, como o câncer causado pela exposição ao cloreto de vinila. A segunda é a formação dos *poluentes secundários*, sobretudo o *smog* fotoquímico (discutido no Capítulo 13). No caso dos hidrocarbonetos poluentes na atmosfera, a segunda categoria de efeitos é mais importante. Em algumas situações isoladas, sobretudo no ambiente de trabalho, os efeitos diretos dos poluentes atmosféricos orgânicos têm relevância equivalente.

Este capítulo discute a natureza e distribuição dos compostos orgânicos na atmosfera. O Capítulo 13 aborda o *smog* fotoquímico e os mecanismos das reações fotoquímicas dos compostos orgânicos na atmosfera.

12.1.1 A perda das substâncias orgânicas da atmosfera

Os contaminantes orgânicos deixam a atmosfera por diversas vias, como a precipitação (chuva), a deposição seca, as reações fotoquímicas, a formação e incorporação em material particulado e a absorção por plantas. As reações dos contaminantes atmosféricos orgânicos têm importância especial na determinação dos modos e das velocidades com que deixam a atmosfera. Essas reações serão discutidas neste capítulo.

As árvores nas florestas oferecem uma grande área superficial de contato com a atmosfera e têm relevância singular na filtragem de contaminantes orgânicos no ar. Essas árvores e outras formas de vegetação estão em contato com a atmosfera por meio de uma estrutura vegetal chamada de camada cuticular, a "pele" das folhas formada por biopolímeros, também presente nas agulhas de pinheiros. A camada cuticular é lipofílica, isto é, tem uma afinidade especial com substâncias orgânicas, inclusive aquelas encontradas na atmosfera. A absorção aumenta com o caráter lipofílico dos compostos e com a área superficial foliar. Esse fenômeno sinaliza a importância das florestas na purificação da atmosfera e ilustra o tipo de interação entre a atmosfera e a biosfera.

12.1.2 A destilação e o fracionamento global dos poluentes orgânicos persistentes (POP)

Os poluentes orgânicos persistentes (POP) são compostos resistentes à degradação química e bioquímica, e representam uma classe importante de contaminantes atmosféricos.[1] Em escala global, é provável que os POP passam por um ciclo de destilação e fracionamento em que são vaporizados na atmosfera, nas regiões mais quentes do globo, condensando e depositando-se nas regiões mais frias. A teoria que tenta explicar esse fenômeno defende a tese de que a distribuição desses poluentes é governada por suas propriedades físico-químicas e pelas condições de temperatura a que estão expostos. O resultado é que os POP menos voláteis são depositados próximo a suas fontes, os de volatilidade relativamente alta são destilados e atingem as regiões polares e os de volatilidade intermediária depositam-se sobretudo em regiões de latitude média. Esse fenômeno tem implicações importantes na acumulação de POP nas regiões polares, um ambiente frágil e distante das zonas de atividade industrial.

12.2 Os compostos orgânicos biogênicos

Os *compostos orgânicos biogênicos* presentes na atmosfera compreendem as substâncias produzidas por microrganismos. Esses compostos são abundantes na atmosfera de regiões cobertas por florestas, participando de maneira notável da química atmosférica.[2] As fontes naturais estão entre as mais importantes em termos da contribuição de compostos orgânicos na atmosfera, ao passo que os hidrocarbonetos gerados e liberados por atividades humanas representam apenas um sétimo do volume total desses compostos. A liberação de compostos orgânicos por organismos representa um tipo de interação relevante entre a atmosfera e a biosfera. Depois do metano liberado sobretudo pelas bactérias (ver a seguir), a maior fonte de compostos orgânicos biogênicos na atmosfera é a vegetação. Diversas plantas liberam hidrocarbonetos, como isopreno, monoterpenos de fórmula $C_{10}H_{16}$ e sesquiterpenos de fórmula $C_{15}H_{24}$. Os compostos oxigenados são liberados em quantidades menores, mas em grande variedade, e incluem os alcoóis como o metanol e o 2–metil–3–buteno–2–ol, e as cetonas, como a 6–metil–5–hepteno–2–ona, além de derivados do hexeno.

A forte preponderância de compostos orgânicos biogênicos na atmosfera deve-se à grande quantidade de metano produzido por bactérias anaeróbias durante a decomposição de matéria orgânica na água e no solo:

$$2\{CH_2O\} \text{ (ação bacteriana)} \rightarrow CO_2(g) + CH_4(g) \quad (12.1)$$

Os gases produzidos por animais domesticados, gerados pela decomposição bacteriana do alimento em seus aparelhos digestivos, contribuem com cerca de 85 milhões de toneladas métricas de metano na atmosfera a cada ano. As condições anaeróbias observadas nos campos de cultivo intenso de arroz produzem grandes quantidades de metano, que podem alcançar a marca de 100 milhões de toneladas métricas ao ano. O metano é um componente natural da atmosfera, e seu nível chega a 1,8 ppmv na troposfera.

O metano na trosposfera contribui para a produção fotoquímica de monóxido de carbono e ozônio. A oxidação fotoquímica do metano é a principal fonte de vapor da água na estratosfera.

Por ser a fonte natural mais importante de compostos biogênicos excluindo o metano, é possível que a vegetação emita milhares de diferentes compostos na atmosfera; outras fontes naturais incluem microrganismos, incêndios florestais, resíduos animais e vulcões.

Um dos compostos orgânicos mais simples produzidos pelas plantas é o etileno, C_2H_4. Esse composto é produzido por uma variedade de plantas e é liberado na atmosfera, tendo o papel de espécie mensageira reguladora do crescimento das plantas. Devido a sua ligação dupla, o etileno é altamente reativo com o radical hidroxila, HO•, e com espécies oxidantes na atmosfera. O etileno oriundo de fontes vegetais é um participante ativo nos processos químicos atmosféricos.

A maioria dos hidrocarbonetos emitidos pelas plantas é formada pelos *terpenos*, uma grande classe de compostos encontrados nos óleos essenciais. Esses óleos são obtidos quando partes de alguns tipos de plantas são submetidas à destilação a vapor. A maior parte das plantas produtoras de terpenos é representada por coníferas (árvores e arbustos perenes como pinheiros e ciprestes), plantas do gênero *Myrtus* e árvores e arbustos do gênero *Citrus*. Um dos terpenos mais comuns emitidos por árvores é o α-terpeno, um dos principais componentes da terebintina. O limoneno, um terpeno presente em frutas cítricas e nas folhas de pinheiros, é encontrado na atmosfera nas proximidades dessas fontes. O isopreno (2–metil–1,3–butadieno), um semiterpeno, foi identificado nas emissões do choupo do canadá, eucalipto, carvalho, liquidâmbar e abeto branco. O linalol é um terpeno com fórmula $(CH_3)_2C=CHCH_2CH_2C(CH_3)(OH)CH=CH_2$, liberado por algumas espécies de plantas comuns na Itália e Áustria, como o pinheiro *Pinuspinea* e as flores de laranjeira. Os terpenos β-pineno, mirceno, ocimeno e α-terpineno também são liberados por árvores.

Conforme mostram as fórmulas estruturais do α-pineno, β-pineno, Δ^3-careno, isopreno e limoneno, ilustradas na Figura 12.1, os terpenos contêm ligações alquenila (olefínicas), em alguns casos, duas ou mais por molécula. Devido a essas e outras características estruturais, os terpenos estão entre os compostos mais reativos encontrados na atmosfera. A reação dos terpenos com o radical hidroxila, HO•, é muito rápida. Além disso, os terpenos reagem com outros agentes oxidantes na atmosfera, sobretudo o ozônio, O_3, e o radical nitrato, NO_3. A terebintina, uma mistura de terpenos, é muito utilizada na pintura, pois reage com o oxigênio atmosférico, formando um peróxido e, em seguida, uma resina dura. Os terpenos como o α-pineno e o isopreno sofrem reações semelhantes na atmosfera, produzindo particulados. Identificados

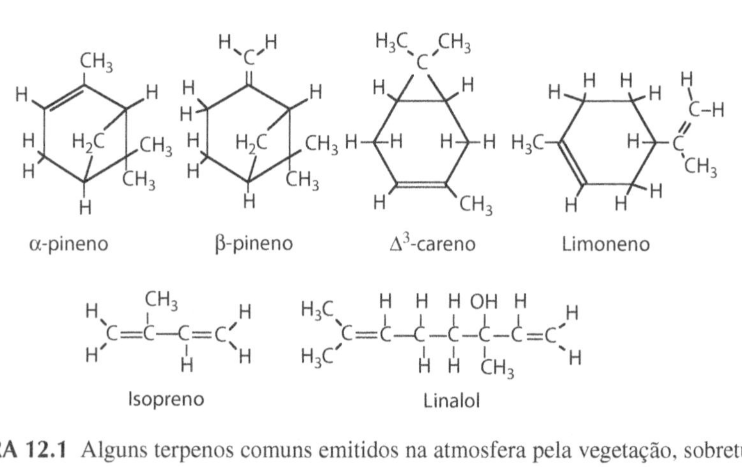

FIGURA 12.1 Alguns terpenos comuns emitidos na atmosfera pela vegetação, sobretudo árvores como pinheiros e espécies cítricas. Esses compostos reativos estão envolvidos na formação da maior parte dos particulados finos encontrados na atmosfera.

como *aerossóis orgânicos secundários* (AOS), os núcleos de Aitken (ver Capítulo 10) são responsáveis pela névoa azul na atmosfera, observada sobre massas compactas de vegetação. Essas partículas de AOS formam uma parcela representativa dos particulados atmosféricos finos, sobretudo em áreas de florestas.³

Os *sesquiterpenos*, constituídos por três unidades de terpenos e com fórmula molecular $C_{15}H_{24}$, representam uma classe importante de terpenos. Um exemplo comum de sesquiterpeno é o δ-cadineno:

Experiências em laboratório e câmara de névoa foram conduzidas a fim de determinar os destinos dos terpenos atmosféricos. A oxidação iniciada pela reação com o NO_3 dos quatro monoterpenos cíclicos mostrados, α-pineno, β-pineno, Δ^3-careno e limoneno, gera produtos contendo um grupo carbonila (C=O) funcional e nitrogênio organicamente ligado como nitrato orgânico. Quando uma mistura de α-pineno e NO e NO_2 no ar é exposta à radiação ultravioleta, forma-se o ácido pínico:

Encontrado nas partículas de aerossóis florestais, esse composto é produzido por processos fotoquímicos atuantes no α-pineno.

Além dos produtos das reações com o NO_3 e o radical hidroxila, uma parcela expressiva do aerossol formado como resultado das reações de hidrocarbonetos biogênicos insaturados se deve às reações entre esses hidrocarbonetos e o ozônio. O ácido pínico, conforme mostrado, é produzido pela reação do α-pineno com o ozônio. Dois dos produtos da reação do limoneno com o ozônio são o formaldeído e o 4–acetil–1–metilciclohexeno:

Talvez a classe mais variada de compostos emitidos por plantas seja a dos *ésteres*. Contudo, essas substâncias são liberadas em quantidades tão pequenas que exercem pouca influência na química atmosférica. Os ésteres são os principais responsáveis pelas fragrâncias associadas à grande parte da vegetação. Alguns ésteres típicos liberados por plantas na atmosfera são ilustrados a seguir:

$$H_3C-C(CH_3)=C(H)-C(H)H-C(H)H-C(CH_3)H-C(H)H-C(H)H-O-C(=O)-H \quad \text{Formiato de citron}$$

$$H_3C-C(=O)-O-C(H)H-C(H)=C(H)-C_6H_5 \quad \text{Acetato de cinamila}$$

$$H_3C-C(H)H-O-C(=O)-C(H)=C(H)H \quad \text{Acrilato de etila}$$

Benzoato de coniferila (HO, H₃CO–C₆H₃–C(H)=C(H)–C(H)H–O–C(=O)–C₆H₅)

12.2.1 A remoção dos compostos atmosféricos por plantas

Além de serem fontes de compostos orgânicos na atmosfera, como discutido anteriormente, as plantas atuam como repositórios de POP, desempenhando um papel expressivo no destino e transporte químicos desses compostos, conforme observado na Seção 12.1. As folhas, agulhas (em pinheiros) e caules de plantas maiores são cobertos por uma cera epicuticular organofílica, o que explica a afinidade dessas estruturas com os compostos orgânicos presentes no ar. Com relação a esse aspecto, as plantas mais importantes são aquelas encontradas nas florestas de coníferas boreais perenes, na região temperada setentrional do globo. A importância dessas florestas se deve ao alto grau de arborização nessa zona do planeta, além da grande área foliar por unidade de área dessas florestas.

12.3 Os hidrocarbonetos poluentes

O etileno e os terpenos discutidos na seção anterior são *hidrocarbonetos*, compostos orgânicos contendo apenas hidrogênio e carbono. As principais classes de hidrocarbonetos são os *alcanos*, como o 2,2,3–trimetilbutano:

$$H_3C-C(CH_3)(CH_3)-C(H)(CH_3)-CH_3 \quad \text{2,2,3-Trimetilbutano}$$

os *alcenos* (compostos com ligações duplas entre átomos de carbono adjacentes), como o etileno, os *alcinos* (compostos com ligações triplas), como o acetileno:

$$H-C\equiv C-H$$

e os *compostos aromáticos* (arilas), como o naftaleno:

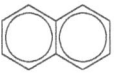

Devido a seu amplo emprego em combustíveis, os hidrocarbonetos predominam entre os compostos orgânicos que atuam como poluentes na atmosfera. Os derivados de petróleo, sobretudo a gasolina, representam a fonte da maioria dos hidrocarbonetos poluentes antropogênicos (produzidos por atividades humanas) encontrados na atmosfera. Os hidrocarbonetos são introduzidos na atmosfera de maneira direta ou como subprodutos da combustão parcial de hidrocarbonetos precursores. Esses têm importância especial, porque tendem a ser insaturados e relativamente reativos (ver o Capítulo 13 para uma discussão sobre a reatividade dos hidrocarbonetos na formação do *smog* fotoquímico). A maioria das fontes de hidrocarbonetos poluentes produz cerca de 15% de hidrocarbonetos reativos, ao passo que os hidrocarbonetos reativos gerados pela combustão incompleta da gasolina respondem por 45% do total de substâncias geradas no processo. Um terço dos hidrocarbonetos encontrados no gás de escape de automóveis sem controle de poluição é representado pelos alcanos, sendo que o restante se divide em parcelas semelhantes entre alcenos mais reativos e hidrocarbonetos aromáticos, o que explica a reatividade um tanto alta dos hidrocarbonetos liberados na descarga de veículos automotivos.

Os alcanos estão entre os hidrocarbonetos mais estáveis na atmosfera. Os alcanos de cadeia linear contendo entre um e 30 átomos de carbono ou mais, além dos alcanos de cadeia ramificada com seis carbonos ou menos, estão presentes na maioria das atmosferas poluídas. Devido a suas pressões de vapor altas, os alcanos com até seis átomos de carbono normalmente estão presentes no estado gasoso; os alcanos com 20 átomos de carbono ou mais se encontram como aerossóis ou sorvidos nos particulados atmosféricos; e os alcanos com entre 6 e 20 átomos de carbono por molécula podem estar presentes como vapor ou partículas, dependendo das condições do ambiente.

Na atmosfera, os alcanos (fórmula geral C_xH_{2x+2}) são atacados sobretudo pelo radical hidroxila, HO•, o que acarreta a perda de um átomo de hidrogênio e a formação do *radical alquila*:

$$C_xH_{2x+1}^\bullet$$

A subsequente reação do radical alquila com o oxigênio forma o *radical alquilperoxila*:

$$C_xH_{2x+1}O_2^\bullet$$

Esses radicais atuam como oxidantes, perdendo átomos de oxigênio (geralmente para o NO, formando NO_2) para produzir *radicais alcoxila*:

$$C_xH_{2x+1}O^\bullet$$

Como resultado dessa reação e das que se seguem a ela, os alcanos com massa molecular menor acabam sendo oxidados a espécies que podem precipitar da atmosfera com os particulados, sendo por fim biodegradadas no solo.

Os alcenos são introduzidos na atmosfera a partir de uma variedade de processos, como as emissões de motores à combustão interna e turbinas, as operações de fundição e o refino de petróleo. Diversos alcenos, como os mostrados a seguir, estão entre os 50 produtos químicos com produção anual global da ordem de bilhões de quilogramas:

Etileno (eteno)   Propileno (propeno)   Estireno

Butadieno

Esses compostos são utilizados principalmente como monômeros, que são polimerizados para formar polímeros empregados em plásticos (polietileno, polipropileno, poliestireno), borracha sintética (estireno butadieno e polibutadieno), tintas à base de látex (estireno butadieno) e outras aplicações. Todos esses compostos, bem como aqueles produzidos em quantidades menores, são liberados na atmosfera. Além da liberação direta de alcenos, esses hidrocarbonetos são produzidos comumente pela combustão parcial e pelo craqueamento em temperaturas elevadas dos alcanos, sobretudo em motores à combustão interna.

Os alcinos ocorrem com frequência muito menor na atmosfera, em comparação com os alcenos. Níveis detectáveis de acetileno utilizado como combustível em operações de solda e de 1–butino são por vezes observados nos processos de fabricação da borracha sintética:

Acetileno   1-Butino

Diferentemente dos alcanos, os alcenos são muito reativos na atmosfera, sobretudo na presença de NO_x e luz solar. O radical hidroxila reage com os alcenos, adicionando-se à ligação dupla e (raras vezes) abstraindo um átomo de hidrogênio. Se o radical hidroxila se liga à ligação dupla no propileno, por exemplo, o produto formado é:

A adição de O_2 molecular a esse radical resulta na formação do radical peroxila:

Esses radicais reagem então com o HOO•, os radicais alquilperoxila (ROO•), ou o NO, dependendo da disponibilidade dessas espécies, levando à formação de aldeídos e outras espécies reativas que podem participar de reações em cadeia, como as discutidas no Capítulo 13, sobre a formação do *smog* fotoquímico.

O ozônio, O_3, ataca as ligações duplas e é bastante reativo frente aos alcenos. Como demonstrado para a reação do ozônio com o limoleno, um alceno natural, na Seção 12.2, os aldeídos estão entre os produtos das reações entre alcenos e ozônio.

Embora a reação dos alcenos com o NO_3 seja muito mais lenta do que a reação deles com o HO•, os níveis muito maiores de NO_3, em comparação com os de HO•, sobretudo à noite, conferem a esse gás a condição de reagente importante nos processos envolvendo os alcenos atmosféricos. (O radical NO_3 está presente na atmosfera em níveis apreciáveis apenas à noite, porque sofre fotólise com rapidez quando exposto à luz solar.) A reação inicial com o NO_3 consiste em sua adição à ligação dupla do alceno que, pelo fato de o NO_3 ser uma espécie de radical, forma outra espécie de radical. Uma sequência típica das reações envolvidas nesse processo é:

$$\text{(12.2)}$$

A reação dos alcenos com o radical hidroxila na presença de óxidos de nitrogênio produz β–hidróxi nitratos e di–hidro nitratos.[4] Um exemplo da formação de β–hidróxi nitrato a partir de um 1–alceno é mostrado na Reação 12.3.

$$\text{(12.3)}$$

12.3.1 Os hidrocarbonetos aromáticos

Os *hidrocarbonetos aromáticos (arilas)* são divididos em duas classes principais, aqueles com um anel benzeno e aqueles com múltiplos anéis. Conforme discutido no Capítulo 10, a segunda classe é chamada de HAP. Os hidrocarbonetos aromáticos com dois anéis, como o naftaleno, têm comportamento intermediário entre as duas classes citadas. Os hidrocarbonetos mais conhecidos são:

Benzeno   2,6–Dimetilnaftaleno   Pireno

Os hidrocarbonetos aromáticos a seguir estão entre os 50 compostos químicos com maior volume de produção anual:

Benzeno   Tolueno   Etilbenzeno

Estireno   Xileno (3 isômeros)   Cumeno

Os compostos monoaromáticos são constituintes importantes da gasolina, embora o teor de benzeno nesse combustível seja restrito devido aos possíveis efeitos nocivos à saúde. Os hidrocarbonetos aromáticos são matéria-prima para a produção de monômeros e agentes plastificantes de polímeros. O estireno é um monômero empregado na produção de plásticos e borracha sintética. O cumeno é oxidado na reação de geração do fenol e da acetona, subprodutos de valor comercial. Devido a essas aplicações, além da produção desses compostos como subprodutos da combustão, os compostos aromáticos são poluentes atmosféricos comuns. Um grupo de hidrocarbonetos monoaromáticos encontrado como poluente atmosférico em áreas urbanas é conhecido pela sigla BTEX, representando as iniciais de benzeno, tolueno, etilbenzeno, *o*–xileno, *m*–xileno, *p*–xileno.[5]

Muitos hidrocarbonetos contendo um único anel benzênico e diversos hidrocarbonetos derivados do naftaleno são poluentes atmosféricos. Além destes, uma variedade de compostos contendo um ou mais anéis *não conjugados* (que não compartilham a mesma nuvem de elétrons π) poluem o ar. Esses compostos são detectados na fumaça do cigarro, sendo que a bifenila ocorre na descarga de motores a diesel.

Bifenila

Conforme discutido na Seção 10.8, os HAP estão presentes como aerossóis na atmosfera devido a suas pressões de vapor extremamente baixas. Esses compostos representam as formas mais estáveis de hidrocarbonetos com relações hidrogênio-carbono muito baixas e são formados pela queima de hidrocarbonetos conduzida em meio deficiente em oxigênio. A combustão parcial do carvão, que tem uma relação hidrogênio-carbono menor que 1, é uma das principais fontes de HAP. Além de serem formados na atmosfera pela queima incompleta de combustíveis carbonáceos, os HAP são gerados e emitidos no ar por pastagens e incêndios florestais.[6]

12.3.2 As reações dos hidrocarbonetos aromáticos atmosféricos

A exemplo dos hidrocarbonetos atmosféricos, a reação mais provável do benzeno e seus derivados ocorre com o radical hidroxila. A adição do HO• ao anel de benzeno resulta na formação de uma espécie de radical instável,

em que o ponto representa um elétron desemparelhado. O elétron não está confinado a um único átomo; logo, ele está *deslocalizado* e pode ser representado na estrutura do anel aromático por um semicírculo com um ponto em seu centro. Utilizando a notação proposta, sua reação com o O_2 seria

$$\text{(estrutura)} + O_2 \longrightarrow \text{(fenol)} + HO_2 \qquad (12.4)$$

Essa reação gera o fenol, que é estável, e o radical hidroperoxila, HOO•, que é reativo. Os compostos aromáticos alquil–substituídos sofrem reações que envolvem o grupo alquila. Por exemplo, a abstração de um H do grupo alquila pelo HO• de um composto como o *p*–xileno pode resultar na formação de um radical

que reage com o O_2 para formar um radical peroxila, e então participa das reações em cadeia envolvidas na formação do *smog* fotoquímico (Capítulo 13).

Embora a reação com o radical hidroxila seja o destino mais comum dos compostos aromáticos no período diurno, eles reagem com o NO_3 à noite. Esse óxido de nitrogênio é formado pela reação do ozônio com o NO_2:

$$NO_2 + O_3 \rightarrow NO_3 + O_2 \qquad (12.5)$$

e pode permanecer na atmosfera por algum tempo, na forma do produto de sua adição com o NO_2:

$$NO_2 + NO_3 + M \rightarrow N_2O_5 + M \qquad (12.6)$$

12.4 Os compostos de carbonila: os aldeídos e as cetonas

Os *compostos carbonílicos*, constituídos pelos aldeídos e pelas cetonas contendo o grupo carbonila, C=O, muitas vezes são as primeiras espécies formadas após os intermediários instáveis da reação de oxidação fotoquímica dos hidrocarbonetos atmosféricos. As carbonilas são essenciais na química ambiental porque (1) são formadas pela oxidação fotoquímica de quase todos os hidrocarbonetos; (2) promovem a produção de ozônio, nitrato de peroxiacetila (PAN)* e de radicais livres muito reativos e prejudiciais; e (3) são agentes mutagênicos tóxicos, carcinogênicos em potencial e irritantes dos olhos, como o formaldeído, o acetaldeído e a acroleína. As fórmulas gerais dos aldeídos e cetonas são representadas a seguir, onde R e R' são substituintes de hidrocarbonetos, como o grupo $-CH_3$.

$$\underset{\text{Aldeído}}{R-\overset{\overset{O}{\|}}{C}-H} \qquad \underset{\text{Cetona}}{R-\overset{\overset{O}{\|}}{C}-R'} \qquad \underset{\text{Grupo carbonila}}{-\overset{\overset{O}{\|}}{C}-}$$

Os compostos de carbonila são subprodutos da geração de radicais hidroperoxila a partir de radicais orgânicos alcoxila (ver Seção 12.3) de acordo com as seguintes reações:

$$H-\overset{H}{\underset{H}{C}}-\overset{\overset{\cdot}{O}}{\underset{H}{C}}-\overset{H}{\underset{H}{C}}-H + O_2 \rightarrow H-\overset{H}{\underset{H}{C}}-\overset{\overset{O}{\|}}{C}-\overset{H}{\underset{H}{C}}-H + HO_2^\bullet \qquad (12.7)$$

$$H-\overset{H}{\underset{H}{C}}-\overset{H}{\underset{H}{C}}-\overset{\overset{\cdot}{O}}{\underset{H}{C}}-H + O_2 \rightarrow H-\overset{H}{\underset{H}{C}}-\overset{H}{\underset{H}{C}}-\overset{\overset{O}{\|}}{C}-H + HO_2^\bullet \qquad (12.8)$$

O composto de carbonila mais simples e produzido é o menor aldeído, o *formaldeído*:

$$\underset{H}{\overset{O}{\underset{}{\overset{\|}{C}}}}\underset{H}{} \quad \text{Formaldeído}$$

O formaldeído é gerado na atmosfera como produto da reação dos hidrocarbonetos atmosféricos, começando com suas reações com o radical hidroxila. Por exemplo, o formaldeído é o produto da reação do radical metoxila com o O_2:

$$H_3CO^\bullet + O_2 \rightarrow H-\overset{\overset{O}{\|}}{C}-H + HOO^\bullet \qquad (12.9)$$

Com uma produção global anual que ultrapassa 1 bilhão de quilogramas, o formaldeído é empregado na produção de plásticos, resinas, lacas, corantes e explosivos. Tem importância singular devido à sua ampla distribuição e toxicidade. Os seres hu-

---

* N. de R. T.: O acrônimo NPA também é utilizado no Brasil; porém, neste livro, optou-se por utilizar PAN (do inglês) pelo seu uso difundido no Brasil.

manos estão sujeitos à exposição ao formaldeído na fabricação e utilização de fenol, ureia e plásticos à base de resina melamina, além de adesivos contendo o composto em suas formulações e utilizados em madeira compensada e aglomerada, itens muito populares na construção de moradias móveis. Contudo, melhorias expressivas nos processos de produção do formaldeído reduzem as emissões do composto a partir desses materiais de construção sintéticos. O formaldeído também ocorre na atmosfera, principalmente na fase gasosa.

As fórmulas estruturais de alguns aldeídos e cetonas importantes são mostradas a seguir:

Acetaldeído   Acroleína   Acetona   Metil–etil–cetona

O acetaldeído é um composto químico empregado na produção de ácido acético, plásticos e matérias-primas em geral. Cerca de 1 bilhão de quilogramas de acetona é gerado a cada ano para uso como solvente e na produção de borracha, couro e plásticos. A metil–etil–cetona é empregada como solvente de baixo ponto de ebulição para revestimentos e adesivos, além da síntese de outros compostos químicos.

Em complementação à produção a partir de hidrocarbonetos pela oxidação fotoquímica, os compostos carbonílicos entram na atmosfera a partir de uma variedade de fontes e processos. Esses incluem as emissões diretas do escape de motores à combustão interna, as emissões de incineradores, pintura à pistola, produção de polímeros, indústria gráfica, produção de compostos petroquímicos e de vernizes. O formaldeído e o acetaldeído são produzidos por microrganismos, sendo que o segundo é emitido também por alguns tipos de plantas.

Como fontes de radicais livres produzidos na atmosfera pela absorção da luz os aldeídos vêm atrás apenas do NO_2. Isso se dá pelo fato de o grupo carbonila ser um *cromóforo*, um grupo molecular que absorve luz prontamente. Nesses compostos, a absorção da luz é eficiente na região ultravioleta do espectro. O composto ativado produzido quando um fóton é absorvido por um aldeído dissocia-se em um radical formila,

$$H\dot{C}O$$

e um radical alquila. A fotodissociação do acetaldeído ilustra esse processo de duas etapas:

$$H-\underset{H}{\underset{|}{C}}-\overset{O}{\overset{\|}{C}}-H + h\nu \longrightarrow H-\underset{H}{\underset{|}{C}}-\overset{O}{\overset{\|}{C}}{}^{*}-H \longrightarrow H-\underset{H}{\underset{|}{C}}\cdot + \cdot\overset{O}{\overset{\|}{C}}-H \quad (12.10)$$

(Fotoexcitado)

O formaldeído fotoliticamente excitado, CH_2O^*, pode se dissociar de duas maneiras. A primeira gera um átomo de H e o radical HCO; a segunda produz H_2 quimicamente estável e CO.

Como resultado de sua reação com o HO• seguida por reações com o O_2 e o NO_2, os aldeídos atuam como precursores na produção dos fortes oxidantes nitratos de peroxiacetila (PAN), como o nitrato de peroxiacetila e o nitrato de peroxipropionila. Esse processo é discutido no Capítulo 13, Seção 13.5.

Devido à presença de ligações duplas e de grupos carbonila, os aldeídos de alquenila são especialmente reativos na atmosfera. A acroleína, o composto dessa classe observado com mais frequência na atmosfera,

$$\underset{H}{\overset{H}{\diagup}}C=\overset{H}{\underset{}{C}}-\overset{O}{\underset{}{\overset{\parallel}{C}}}-H \quad \text{Acroleína}$$

é um poderoso agente lacrimogêneo utilizado como composto químico na indústria e produzido como subproduto da combustão. A presença de quantidades significativas de acroleína na atmosfera foi atribuída às reações atmosféricas envolvendo o 2–furaldeído, um indicador de queima de biomassa que ocorre na fumaça gerada pela madeira.[7]

A cetona mais abundante na atmosfera é a acetona, $CH_3C(O)CH_3$. Cerca de metade da acetona presente na atmosfera é gerada durante a oxidação no ar de propano, isobutano, isobuteno, entre outros hidrocarbonetos. A maior parte do restante vem, em partes aproximadamente iguais, das emissões biogênicas diretas e da queima de biomassa; 3% da acetona atmosférica são gerados por emissões antropogênicas.

A acetona sofre fotólise na atmosfera,

$$H-\overset{H}{\underset{H}{C}}-\overset{O}{\underset{}{\overset{\parallel}{C}}}-\overset{H}{\underset{H}{C}}-H + h\nu \rightarrow H-\overset{H}{\underset{H}{C}}-\overset{O}{\underset{}{\overset{\parallel}{C}}}\cdot + \cdot\overset{H}{\underset{H}{C}}-H \quad (12.11)$$

produzindo o radical acetila, um precursor do PAN. Acredita-se que o mecanismo de remoção das cetonas maiores da atmosfera envolva uma reação inicial com o radical HO•.

As carbonilas são encontradas com frequência no ar ambiente, associadas a incidentes graves de formação de *smog* fotoquímico. Em sua maioria, esses compostos surgem como poluentes secundários da oxidação fotoquímica de hidrocarbonetos.

12.5 Alguns compostos contendo oxigênio

Os aldeídos, as cetonas e os ésteres presentes na atmosfera foram tratados nas seções anteriores. Esta seção discute os compostos orgânicos de oxigênio que compreendem os *alcoóis alifáticos*, *fenóis*, *ésteres* e *ácidos carboxílicos*. As fórmulas gerais desses compostos são dadas a seguir, onde R e R' representam hidrocarbonetos e Ar indica especificamente uma arila, como o grupo fenila (um anel benzeno com um átomo de H a menos).

$$\begin{array}{cccc} \text{R—OH} & \text{Ar—OH} & \text{R—O—R'} & \text{R}-\overset{O}{\overset{\parallel}{C}}-\text{OH} \\ \text{Alcoóis} & \text{Fenóis} & \text{Éteres} & \text{Ácidos} \\ \text{alifáticos} & & & \text{carboxílicos} \end{array}$$

Essas classes de compostos incluem diversos compostos químicos importantes.

12.5.1 Os alcoóis

Entre os alcoóis, metanol, etanol, isopropanol e etileno glicol estão entre os 50 compostos químicos com volume de produção mundial da ordem de 1 bilhão de quilogramas ao ano. Com relação às diversas aplicações desses compostos, as mais comuns são a produção de outras substâncias químicas. O metanol é utilizado na fabricação de formaldeído (ver Seção 12.4), como solvente e também como parte de uma mistura com água em formulações anticongelamento. O etanol é empregado como solvente e iniciador na produção de acetaldeído, ácido acético, éter etílico, cloreto de etila, brometo de etila e muitos ésteres importantes. Tanto o metanol quanto o etanol servem como combustíveis de veículos automotivos, muitas vezes como aditivos na gasolina; o etileno glicol é um composto anticongelamento muito utilizado.

Diversos alcoóis alifáticos foram observados na atmosfera. Devido a sua volatilidade, os alcoóis menores, sobretudo o metanol e o etanol, predominam como poluentes atmosféricos. Entre os outros alcoóis liberados na atmosfera estão 1–propanol, 2–propanol, propileno glicol, 1–butanol e até o octadecanol [com fórmula química $CH_3(CH_2)_{16}CH_2OH$], liberado pela vegetação. Os alcoóis sofrem reações fotoquímicas, começando com a abstração do hidrogênio pelo radical hidroxila. Os mecanismos de captura dos alcoóis da atmosfera são relativamente eficientes porque os alcoóis inferiores são bastante solúveis em água e os superiores têm pressões de vapor baixas.

Alguns alcoóis de alquenila foram detectados na atmosfera, principalmente como subprodutos da combustão. Um exemplo típico dessa classe de compostos é o 2-buten-1-ol.

que foi detectado nos gases de escape de automóveis. Alguns alcoóis de alquenila são liberados pelas plantas. Entre estes, o *cis*–3–hexeno–ol, $CH_3CH_2CH=CHCH_2CH_2OH$, é liberado pela grama, pelas árvores e lavouras, o que lhe confere o apelido de "álcool das folhas". Além de reagir com o radical HO•, os radicais alquenila também reagem fortemente com o ozônio atmosférico, que se adiciona à ligação dupla desses alcoóis.

12.5.2 Os fenóis

Os fenóis são alcoóis aromáticos contendo um grupo –OH ligado a um anel arila, sendo mais conhecidos como poluentes da água do que do ar. Alguns fenóis comuns encontrados como contaminantes atmosféricos são:

Fenol   o-cresol   m-cresol   p-cresol   Naftol

O fenol, o mais simples destes compostos, encontra-se entre os 50 compostos químicos mais produzidos a cada ano. É um ingrediente comum na fabricação de resinas e polímeros como o baquelite, um copolímero do fenol–formaldeído. Os fenóis são produzidos pela pirólise do carvão e compõem os principais subprodutos da carbonização. Por essa razão, em situações localizadas envolvendo a carbonização do carvão e operações semelhantes, os fenóis podem se tornar poluentes aéreos problemáticos.

12.5.3 Os ésteres

Os ésteres são poluentes atmosféricos relativamente pouco comuns; porém, o risco de combustão do vapor do dietil éter em um espaço de trabalho fechado é bastante conhecido. Além dos ésteres alifáticos, como o éter dimetílico e o éter dietílico, diversos outros éteres, como o éter etil-vinílico, são produzidos por motores à combustão interna. Um éter cíclico e solvente industrial importante, o tetrahidrofurano ocorre como contaminante do ar. O éter metil-terc-butílico (MTBE) é utilizado como o principal aditivo da gasolina em substituição ao chumbo tetraetila.* Devido à sua ampla distribuição, o MTBE tem o potencial de ser um poluente aéreo, mas seu risco se restringe por sua pressão de vapor baixa. Em grande parte por causa de seu potencial de contaminar a água, o MTBE vem sendo substituído cada vez mais pelo etanol como aditivo contendo oxigênio em sua fórmula. Além dele, outro possível contaminante do ar devido à sua utilização em potencial como aditivo da gasolina é o éter diisopropílico (DIPE). As fórmulas estruturais dos éteres mencionados são:

Éter dimetílico   Éter dietílico   Éter etil-vinílico

Tetrahidrofurano   Éter metil–terc–butílico (MTBE)   Éter diisopropílico (DIPE)

Os éteres são relativamente pouco reativos e não são tão solúveis em água como os ácidos carboxílicos. O processo mais utilizado na remoção desses compostos da atmosfera inicia com o ataque do radical hidroxila.

12.5.4 Os óxidos

O óxido de etileno e o óxido de propileno,

Óxido de etileno   Óxido de propileno

estão entre os 50 compostos químicos industriais mais produzidos e têm potencial limitado para entrar na atmosfera como poluentes. O óxido de etileno é um gás explosi-

---

* N. de R. T.: No Brasil, o aditivo oxigenado é o etanol; o chumbo tetraetila foi banido no final dos anos 1980.

vo de toxicidade moderada a alta, com odor adocicado, incolor e inflamável empregado como intermediário, agente esterilizante e fumegante. Mutagênico e carcinogênico para cobaias, foi classificado como perigoso devido à sua toxidez e inflamabilidade.

12.5.5 Os ácidos carboxílicos

Os ácidos carboxílicos têm um ou mais do grupo funcional carboxila

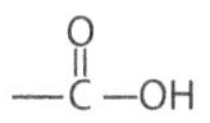

$$-\overset{\overset{O}{\|}}{C}-OH$$

ligado a um alcano, alceno ou a uma porção arila de um hidrocarboneto. Um ácido carboxílico como o ácido pínico, produzido pela oxidação fotoquímica do α-pineno, foi discutido na Seção 12.2. Muitos dos ácidos carboxílicos encontrados na atmosfera provavelmente resultam da oxidação fotoquímica de outros compostos orgânicos via reações em fase gasosa de outros compostos orgânicos dissolvidos em aerossóis aquosos. Com frequência esses ácidos são os produtos finais da oxidação fotoquímica, por conta de suas pressões de vapor baixas. Além disso, a alta solubilidade em água desses ácidos também os torna suscetíveis a serem capturados na atmosfera, embora estejam entre os compostos orgânicos mais estáveis enquanto estão nela. São removidos da atmosfera com base em processos de deposição seca e a úmida.

O ácido fórmico, de baixo peso molecular, HCOOH, e o ácido acético, H_3CCOOH, ocorrem na fase gasosa e se dividem em gotículas de aerossóis aquosos em névoas e nuvens, desempenhando um papel significativo na química que ocorre nessas gotículas. Os ácidos orgânicos mais pesados são os constituintes mais comuns das partículas pequenas na atmosfera urbana, os aerossóis orgânicos secundários (SOA), com exemplos sendo mostrados na Figura 12.2.

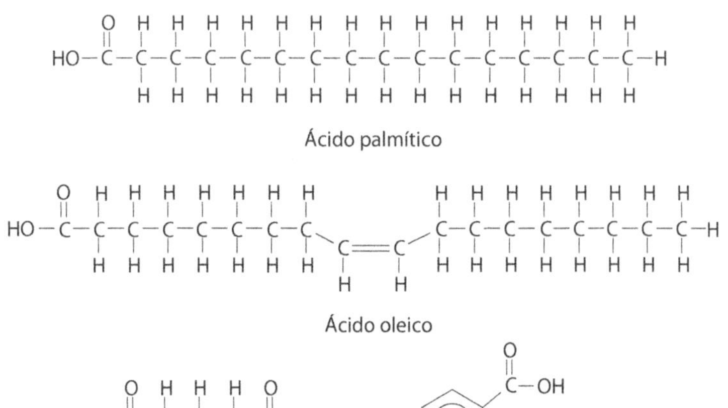

FIGURA 12.2 Os ácidos orgânicos. Exemplos típicos dos mais de 50 ácidos orgânicos encontrados com frequência em atmosferas poluídas e não poluídas.

12.6 Os compostos organonitrogenados

Os compostos organonitrogenados, formados sobretudo pelos processos químicos envolvendo hidrocarbonetos e espécies oxigenadas na atmosfera, são abundantes e participam da transferência de parte do nitrogênio atmosférico para a hidrosfera e a geosfera. Esses compostos na atmosfera são divididos entre compostos de nitrogênio reduzido, como as aminas, e compostos orgânicos oxidados, como os nitratos. Na maioria das vezes as espécies reduzidas são aquelas emitidas diretamente na atmosfera, enquanto as espécies oxidadas são em geral produzidas pela oxidação fotoquímica envolvendo HO•, O_3, NO_x e o radical NO_3.

Os compostos de nitrogênio orgânicos que podem ser encontrados na forma de contaminantes atmosféricos são classificados como *aminas*, *amidas*, *nitrilas*, *compostos nitro*, ou *compostos heterocíclicos de nitrogênio* As fórmulas estruturais de alguns representantes comuns dessas cinco classes de compostos considerados contaminantes atmosféricos são mostradas a seguir:

Metilamina   Dimetilformamida   Acrilonitrila

Nitrobenzeno   Piridina   Anilina

Os compostos organonitrogenados mostrados podem ser oriundos da poluição antropogênica. Quantidades significativas de nitrogênio atmosférico poluente também são geradas pelas reações do nitrogênio inorgânico com espécies orgânicas reativas, como os nitratos formados pela reação do NO_3 atmosférico.

As *aminas* são compostos em que um ou mais dos átomos de hidrogênio no NH_3 foi substituído por uma porção hidrocarboneto. As aminas de peso molecular baixo são voláteis, e predominam entre os compostos que conferem ao peixe em decomposição seu odor característico – uma razão óbvia que explica por que o ar contaminado com aminas é tão repulsivo. A amina contendo um grupo arila mais simples e importante é a anilina, utilizada na produção de corantes, amidas, produtos químicos usados em fotografia e fármacos. Diversas aminas são empregadas na indústria química e como solventes, e é por isso que as fontes industriais dessas substâncias são poluidoras da atmosfera em potencial. A matéria orgânica em decomposição, sobretudo os resíduos de proteínas, produz aminas, logo, matadouros, unidades de classificação, processamento e embalagem de frutas e estações de tratamento de efluentes são fontes importantes dessas substâncias.

As aminas aromáticas causam preocupação especial como poluentes do ar, sobretudo no ambiente de trabalho, pois algumas causam câncer do aparelho urinário (particularmente da bexiga) nos indivíduos expostos. As aminas aromáticas são empregadas como compostos químicos intermediários, antioxidantes e agentes de cura na fabricação de polímeros (borracha e plásticos), drogas, pesticidas, corantes, pigmentos e tintas. Além da anilina, algumas aminas aromáticas que causam preocupação em potencial são:

H$_2$N—⬡—⬡—NH$_2$ H$_2$N—⬡—⬡—NH$_2$
Benzidina   3,3'-Diclorobenzidina

1-Naftilamina   2-Naftilamina   1-Fenil-2-naftilamina

Na atmosfera, as aminas podem ser atacadas pelos radicais hidroxila e sofrer reações de adição. As aminas são bases (doadoras de pares de elétrons), portanto, sua química ácido–base na atmosfera pode ser importante, em especial na precipitação ácida.

A amida com maior probabilidade de ser encontrada como poluente atmosférico é a dimetilformamida, muito utilizada como solvente da poliacrilonitrila, um polímero sintético (Orlon, Dacron). A maior parte das amidas tem pressão de vapor relativamente baixa, o que limita sua entrada na atmosfera.

Foi observado que as nitrilas, caracterizadas pelo grupo –C≡N, são poluentes atmosféricos, sobretudo as de origem industrial. Tanto a acrilonitrila quanto a acetonitrila (CH$_3$CN) foram observadas na atmosfera como subprodutos da fabricação da borracha sintética. Devido aos valores baixos de pressão de vapor e aos níveis de produção industrial, a maioria das nitrilas observadas como poluentes na atmosfera são nitrilas de massa molecular baixa, alifáticas, de alquenila ou aril–nitrilas com um anel benzeno. A acrilonitrila, utilizada para fabricar o polímero poliacrilonitrila, é o único composto químico nitrogenado na lista dos 50 com produção mundial acima de 1 bilhão de quilogramas anuais.

Entre os compostos nitro, representados pela fórmula genérica RNO$_2$, há os contaminantes do ar nitrometano, nitroetano e nitrobenzeno, todos produzidos pela indústria. Compostos com muitos átomos de oxigênio e contendo o grupo NO$_2$, em especial o nitrato de peroxiacetila (PAN) e o nitrato de peroxipropionila, não têm fontes originais de emissão, sendo gerados como poluentes secundários e produtos da oxidação fotoquímica de hidrocarbonetos nas atmosferas urbanas. Esses compostos são fortes irritantes dos olhos e responsáveis por boa parte das qualidades negativas do *smog* fotoquímico. São mutagênicos, fitotóxicos e há indícios de que causam câncer de pele.

Nitrato de peroxiacetila   Nitrato de peroxipropionila

Inúmeros *compostos heterocíclicos contendo nitrogênio* foram observados na fumaça do cigarro, e acredita-se que muitas destas substâncias sejam introduzidas na atmosfera com as queimadas. As fornalhas alimentadas a coque representam outra fonte importante desses compostos. Além dos derivados da piridina, alguns dos compostos heterocíclicos de nitrogênio são derivados do pirrol:

Pirrol

Os compostos heterocíclicos nitrogenados na atmosfera ocorrem quase que inteiramente em associação com aerossóis.

As *nitrosaminas*, que contêm o grupo N–N=O e com fórmula geral

merecem atenção como poluentes atmosféricos porque algumas são carcinógenos conhecidos. Conforme será discutido no Capítulo 22, as nitrosaminas incluem compostos capazes de se ligar ao DNA por um grupo alquila, gerando mudanças genéticas que podem causar câncer. Tanto a *N*–nitroso dimetilamina quanto a *N*–nitroso dietilamina foram detectadas na atmosfera.

12.7 Os compostos organoalogenados

Os *organoalogenados* são hidrocarbonetos contendo ao menos um átomo de halogênio (F, Cl, Br ou I) em sua fórmula, e podem ser saturados (*haletos de alquila*), insaturados (*haletos de alquenila*) ou aromáticos (*haletos de arila*). Os organoalogenados de interesse ambiental e toxicológico têm uma ampla gama de propriedades físicas e químicas. Embora a maioria dos compostos organoalogenados poluentes tenha origem antropogênica, sabe-se que uma grande variedade desses compostos é gerada por organismos, sobretudo os que vivem em ambientes marinhos.

As fórmulas estruturais de alguns haletos de alquila encontrados normalmente na atmosfera são:

Clorometano (PE – 24°C)

Diclorometano (cloreto de metileno, PE 40°C)

Diclorodifluorometano, Freon 12 (PE-29°C)

1,1,1–Tricloroetano (metil clorofórmio, PE 74°C)

O *diclorometano* é um líquido volátil com excelentes propriedades solventes para solutos orgânicos apolares, utilizado como solvente no processo de descafeinização do café, em formulações de removedores de tinta, como agente de expansão na produção de poliuretano e na redução da pressão de vapor de formulações de aerossóis. O *diclorodifluorometano* é um dos CFC que no passado foram utilizados como fluido refrigerante, tendo sido responsável pela destruição da camada de ozônio estratosférico. Um dos solventes clorados mais utilizados na indústria é o *1,1,1–tricloroetano*.

Por serem compostos derivados por substituição de halogênio em alcenos, os *organoalogenados de alquenila* contêm ao menos um átomo de halogênio e no mínimo uma ligação dupla carbono-carbono. Entre os mais importantes dessa classe estão os compostos clorados mais leves.

O *cloreto de vinila* é consumido em grandes quantidades como matéria-prima na fabricação de tubulações, mangueiras, embalagens e outros produtos à base de policloreto de vinila. Esse gás altamente inflamável, volátil e com odor adocicado é conhecido por causar angiosarcoma, uma forma rara de câncer do fígado. O *tricloroetileno*, um líquido transparente, incolor, não inflamável e volátil, é um excelente desengraxante e solvente usado na lavagem a seco, como solvente doméstico e na extração de alimentos (por exemplo, na descafeinização do café). O *cloreto de alila*, 3–cloropropeno, é um intermediário na fabricação do álcool alílico e de outros compostos com esse radical, como fármacos, inseticidas, vernizes termosselantes e resinas plásticas.

Alguns dos derivados de haletos de arila do benzeno e tolueno são mostrados a seguir:

Cloro-benzeno   Bromo-benzeno   Hexacloro-benzeno   1–Cloro–2–metilbenzeno

Os haletos de arila têm diversas aplicações. O resultado inevitável de toda essa utilização são as diversas ocorrências de exposição de seres humanos e contaminação ambiental por esses compostos. Os PCB, um grupo de compostos formados pela cloração da bifenila,

$$\text{bifenila} + x\text{Cl}_2 \longrightarrow \text{PCB}(\text{Cl}_x) + x\text{HCl} \qquad (12.12)$$

têm estabilidades física e química muito altas, além de outras qualidades responsáveis por essas numerosas aplicações, que incluem a de fluido de troca de calor e fluido hidráulico e dielétrico, até sua produção e utilização terem sido suspensas na década de 1970, por conta do potencial poluente que apresentam.

Com base nas pressões de vapor e volatilidades elevadas, os compostos organoalogenados mais leves têm maior probabilidade de serem encontrados em níveis detectáveis na atmosfera. Em escala global, o composto organoclorado mais abundante na atmosfera é o cloreto de metila, CH_3Cl, cujas concentrações podem atingir a ordem de décimos de parte por bilhão, sobretudo de fontes naturais em regiões oceânicas e costeiras nos trópicos. O metil clorofórmio, CH_3CCl_3, é relativamente persistente na atmosfera, com tempos de residência que chegam a diversos anos. Portanto, pode representar uma ameaça para a camada de ozônio atmosférico, a exemplo dos CFC. Entre os outros organoalogenados leves encontrados na atmosfera estão o cloreto de metileno, o brometo de metila (CH_3Br), o bromofórmio ($CHBr_3$), diversos CFC e compostos com substituição de halogênios como o tricloroetileno, o cloreto de vinila, o percloroetileno ($CCl_2=CCl_2$) e o dibrometo de etileno ($CHBr=CHBr$) usado como solvente.

12.7.1 Os clorofluorocarbonetos

Os CFC, como o diclorodifluorometano, chamados pelo nome genérico de freons, são compostos de carbono primário e secundário voláteis que contêm átomos de Cl e de F ligados aos carbonos. Esses compostos, notavelmente estáveis e atóxicos, foram muito utilizados nas últimas décadas na fabricação de espumas flexíveis e rígidas e como refrigerantes de aparelhos de ar condicionado. Até serem proibidos (ver a seguir), os CFC mais fabricados foram o CCl_3F (CFC–11, PE 24°C), CCl_2F_2 (CFC–12, PE–28°C), $C_2Cl_3F_3$ (CFC–113), $C_2Cl_2F_4$ (CFC–114) e o C_2ClF_5 (CFC–115).

Os *halons* são compostos semelhantes aos CFC que contêm bromo e são usados em sistemas de extinção de incêndio. Os halons de maior importância comercial são o $CBrClF_2$ (halon–1211), $CBrF_3$ (halon–1301) e $C_2Br_2F_4$ (halon–2402), em que a sequência de números denota o número de átomos de carbono, flúor, cloro e bromo, respectivamente, por molécula. Esses compostos são muito eficientes como extintores de incêndio devido a seu mecanismo de interrupção da combustão; atuam em reações em cadeia que destroem os átomos de hidrogênio que sustentam a combustão. A sequência básica de reações envolvidas é:

$$CBrClF_2 + H^\bullet \rightarrow CClF_2^\bullet + HBr \qquad (12.13)$$

$$HBr + H^\bullet \rightarrow Br^\bullet + H_2 \qquad (12.14)$$

$$H^\bullet + Br^\bullet \rightarrow HBr \qquad (12.15)$$

Os halons são utilizados em sistemas automáticos de extinção de incêndio, sobretudo aqueles em áreas de armazenagem de solventes inflamáveis, e extintores de incêndio especiais, principalmente no setor da aviação. Devido à capacidade de destruir o ozônio estratosférico, discutida a seguir, a utilização dos halons em extintores de incêndio foi reduzida drasticamente por conta de uma proibição imposta em países industrializados em 1/1/1994. Essa proibição dos halons causou preocupações, por causa das propriedades favoráveis dessas substâncias na extinção de incêndios, em especial em aeronaves. É possível que os análogos dos halons contendo hidrogênio sejam eficientes para essa finalidade, sem ameaçar a camada de ozônio.

A ausência de reatividade dos CFC, aliada à produção mundial – que no passado chegou a meio milhão de toneladas métricas ao ano – e à liberação proposital ou acidental na atmosfera, permitiu que essas substâncias se misturassem à atmosfera de maneira homogênea. Em 1974, um estudo clássico, que conferiu aos autores o Prêmio Nobel, foi convincente ao sugerir que os clorofluorometanos poderiam catalisar a destruição do ozônio estratosférico que filtra a radiação ultravioleta solar, causadora de câncer.[8] Os dados coletados posteriormente sobre os níveis de ozônio na estratosfera e sobre a maior incidência de radiação ultravioleta na superfície terrestre mostraram que a ameaça à camada de ozônio imposta pelos CFC era real. Embora sejam bastante inertes na atmosfera, os CFC sofrem a fotodecomposição pela ação da radiação ultravioleta de alta energia na estratosfera, que tem energia suficiente para romper as ligações fortes entre o C e o Cl, de acordo com reações como

$$Cl_2CF_2 + h\nu \rightarrow Cl^{\bullet} + ClCF_2^{\bullet} \tag{12.16}$$

que libera átomos de Cl. Esses átomos são espécies muito reativas iniciadoras de reações em cadeia que destroem o ozônio estratosférico, conforme discutido na Seção 14.4, "A Destruição da Camada de Ozônio".

As regulamentações firmadas pela EPA nos Estados Unidos, impostas de acordo com o Protocolo de Montreal sobre Substâncias que Reduzem a Camada de Ozônio, de 1986, reduziram a produção de CFC e hidrocarbonetos nos Estados Unidos a partir de 1989. Os substitutos desses halocarbonetos são os clorofluorocarbonetos contendo hidrogênio (HCFC), os fluorocarbonetos contendo hidrogênio (HFC) e algumas formulações à base de hidrocarbonetos voláteis. Essas formulações incluem CH_2FCF_3 (HFC–134a, 1,1,1,2–tetrafluoroetano, que se tornou o substituto padrão do CFC–12 nos condicionadores de ar de automóveis e equipamentos de refrigeração), $CHCl_2CF_3$ (HCFC–123), CH_3CCl_2F (HCFC–141b), $CHClF_2$ (HCFC–22) e CH_2F_2 (HFC–152a, um material inflamável). Devido à facilidade de rompimento de suas ligações H–C, esses compostos são destruídos com mais rapidez na atmosfera por intermédio de reações químicas (envolvendo sobretudo o radical hidroxila) que ocorrem antes de eles atingirem a estratosfera. Os HFC são os substitutos preferidos dos CFC, pois contêm apenas um átomo de flúor e de hidrogênio ligados a um carbono, o que os impede de gerar átomos de cloro que destroem a camada de ozônio.

Alguns dos HFC, em especial o HFC–134a, foram alvo de críticas devido ao potencial de atuarem no aquecimento global. A alternativa com menor impacto no aquecimento do planeta é o HFO–1234yf, com fórmula química $CF_3CF=CH_2$. Preocupadas com a capacidade dos HFC de atuarem no aquecimento global, as montadoras europeias estão desenvolvendo modelos de veículos com sistemas de ar condicionado que utilizam o CO_2 como fluido refrigerante. Embora o dióxido de carbono contribua para o aquecimento global, os efeitos da liberação desse gás por equipamentos de ar condicionado de automóveis seriam desprezíveis frente às emissões geradas pela queima de combustíveis fósseis.

12.7.2 As reações atmosféricas dos hidrofluorocarbonetos e dos hidroclorofluorocarbonetos

A química atmosférica dos hidrofluorocarbonetos (HFC) e dos hidroclorofluorocarbonetos (HCFC) é importante, ainda que esses compostos não imponham perigos à camada de ozônio. De importância especial é a foto-oxidação desses compostos e os destinos e efeitos dos produtos dessa reação. O ataque inicial a esses compostos, que pode levar a sua destruição, é feito pelo radical hidroxila ou por átomos de carbono.[9] O HFC 134a, CF_3CH_2F, reage com o radical hidroxila na troposfera, de acordo com a reação:

$$CF_3CH_2F + HO^\bullet \rightarrow CF_3CHF^\bullet + H_2O \qquad (12.17)$$

O radical alquila gerado nessa reação forma um radical peroxila, em contato com oxigênio molecular:

$$CF_3CHF^\bullet + O_2 + M \rightarrow CF_3CHFO_2^\bullet + M \qquad (12.18)$$

Esse radical reage com o NO:

$$CF_3CHFO_2^\bullet + NO \rightarrow CF_3CHFO^\bullet + NO_2 \qquad (12.19)$$

O produto dessa reação pode se decompor:

$$CF_3CHFO^\bullet \rightarrow CF_3^\bullet + HC(O)F \qquad (12.20)$$

ou reagir com o oxigênio molecular O_2:

$$CF_3CHFO^\bullet + O_2 \rightarrow CF_3C(O)F + HO_2^\bullet \qquad (12.21)$$

Acredita-se que esses dois últimos processos ocorram na mesma medida. Por fim, são formados produtos que acabam retirados da atmosfera.

12.7.3 Os perfluorocarbonetos

Os *perfluorocarbonetos* são compostos orgânicos completamente fluorados (os mais simples dessa classe são o tetrafluoreto de carbono, CF_4, e o hexafluoroetano, C_2F_6). Com muitas toneladas métricas produzidas a cada ano, esses compostos são empregados como agentes de impressão na indústria eletrônica. Contudo, perto de 30 mil toneladas métricas de CF_4 e cerca de 10% dessa quantidade de C_2F_6 são emitidas na atmosfera a cada ano, em todo o mundo, pela produção de alumínio.

Os perfluorocarbonetos atóxicos não reagem com o radical hidroxila, o ozônio ou quaisquer outras substâncias reativas na atmosfera. O único mecanismo conhecido pelo qual são destruídos na atmosfera é a fotólise mediada por radiação com comprimento de onda abaixo de 130 nm. Por serem muito pouco reativos, não estão envolvidos na formação do *smog* fotoquímico nem na destruição da camada de ozônio. Por causa dessa estabilidade, os perfluorocarbonetos são muito persistentes na atmosfera: o ciclo de vida do CF_4 é estimado na ordem de incríveis 50 mil anos! A maior preocupação sobre a presença desses compostos na atmosfera está associada ao aquecimento global (ver Capítulo 14). Considerando sua baixa reatividade e a capacidade de absorver radiação infravermelha, os perfluorocarbonetos são potenciais agentes do aquecimento global, em prazos muito longos, sendo que seu efeito por molécula é milhares de vezes maior que o efeito por molécula de dióxido de carbono.

12.7.4 As fontes marinhas dos compostos organoalogenados

Os organismos marinhos representam a principal fonte natural dos organoalogenados voláteis na atmosfera. Isso não causa surpresa, diante das altas concentrações do íon cloreto e dos níveis menores de brometos e iodetos na água do mar. Muitas algas marinhas são grandes produtoras de organoalogenados liberados na atmosfera.

12.7.5 As dibenzo–p–dioxinas cloradas e os dibenzofuranos

As dibenzo–p–dioxinas (PCDD) e os dibenzofuranos policlorados (PCDF) são compostos poluentes. Suas fórmulas gerais são:

Conforme discutido nos Capítulos 7 e 24, esses compostos causam muita preocupação por conta de seus graus de toxicidade. Um dos poluentes do ambiente mais malignos é o 2,3,7,8–TCDD, muitas vezes chamado apenas de "dioxina".

As PCDD e os PCDF entram no ar a partir de fontes diversas, como os motores de automóveis, os incineradores de lixo e a produção de aço e outros metais. Os incineradores de resíduos urbanos sólidos são fontes importantes desses compostos. A formação de PCDD e PCDF nos incineradores resulta em parte da presença de cloro (na forma de PVC nesses resíduos) e de metais que atuam como catalisadores. Além disso, as PCDD e os PCDF também são produzidos pela síntese nas superfícies das cinzas volantes carbonáceas na região de pós-combustão de um incinerador a temperaturas relativamente baixas, da ordem de 300°C, na presença de oxigênio e de fontes de cloro e hidrogênio.

Os níveis atmosféricos das PCDD e dos PCDF são muito baixos, da ordem de 0,4 – 100 pg/m^3 de ar. Por serem pouco voláteis, os congêneres desses compostos com grau maior de cloração tendem a ocorrer nos particulados atmosféricos, onde desfrutam de relativa proteção contra a fotólise e a reação com o radical hidroxila, dois dos principais mecanismos pelos quais as PCDD e os PCDF são eliminados da atmosfera. Além disso, os congêneres mais clorados são mais reativos, devido às ligações C–H que apresentam, suscetíveis ao ataque pelo radical hidroxila.

12.8 Os compostos organossulfurados

A inserção de grupos arila ou alquila como a fenila ou a metila no lugar de um átomo de H no sulfeto de hidrogênio, H_2S, libera uma série de organossulfotiois (mercaptanas, R–SH) e sulfetos, também chamados de tioéteres (R–S–R). As fórmulas estruturais de alguns desses compostos são mostradas a seguir:

Metanotiol: H—C(H)(H)—SH

2-Propeno-1-tiol: H₂C=CH—CH₂—SH

Benzenotiol: C₆H₅—SH

Dimetilsulfeto: H—C(H)(H)—S—C(H)(H)—H

Tiofeno

Etilmetildissulfeto: H—C(H)(H)—C(H)(H)—SS—C(H)(H)—H

O principal composto organossulfurado na atmosfera é o dimetilsulfeto, produzido em grande escala por organismos marinhos e que introduz quantidades expressivas de enxofre na atmosfera, comparáveis em magnitude aos níveis emitidos por fontes poluidoras. Sua oxidação produz a maior parte do SO_2 na atmosfera marinha.

O metanotiol e outros tióis mais leves são poluentes aéreos relativamente comuns que apresentam odores "de alho"; tanto o 1– quanto o 2–butanotiol estão associados ao odor de gambás. O metanotiol gasoso e o etanotiol líquido volátil são empregados como aditivos para a detecção de vazamentos de gás natural, propano e butano, e como intermediários na síntese de pesticidas. A alil– mercaptana (2–propeno–1–tiol) é um líquido volátil irritante, com forte odor de alho. O benzenotiol (fenil mercaptana), o mais simples entre os tióis de arila, é um líquido tóxico com odor muito "repulsivo".

Os sulfetos de alquila, ou tioéteres, têm o grupo funcional C–S–C. Entre esses compostos, o mais leve é o dimetilsulfeto, um líquido volátil (PE 38°C) moderadamente tóxico à ingestão. Os sulfetos cíclicos contêm um grupo C–S–C em uma estrutura em anel. O mais comum é o tiofeno, um líquido termoestável (PE 84°C) com ação solvente, semelhante à do benzeno, utilizado na fabricação de fármacos, corantes e resinas.

Embora não sejam muito expressivos como contaminantes atmosféricos em larga escala, os compostos orgânicos de enxofre causam problemas localizados de poluição do ar devido aos maus odores que apresentam. As principais fontes desses compostos na atmosfera incluem a degradação microbiana, a fabricação de polpa de celulose, a matéria volátil liberada por plantas, resíduos animais, matadouros e unidades de beneficiamento de frutas, a produção de amidos, o tratamento de efluentes e o refino de petróleo.

Apesar de o impacto dos compostos organossulfurados na química atmosférica ser mínimo quanto à formação de aerossóis ou à produção de componentes da precipitação ácida, esses compostos são os piores na produção de odores. Portanto, é importante evitar sua liberação na atmosfera.

Tal qual ocorre com todas as espécies orgânicas contendo hidrogênio na atmosfera, a reação dos compostos organossulfurados com o radical hidroxila é uma primeira etapa em suas reações fotoquímicas na atmosfera. O enxofre de mercaptanas e de sulfetos acaba sendo convertido em SO_2. Nos dois casos, acredita-se que exista um intermediário SO oxidado de imediato, embora o radical HS• também possa ser um intermediário na oxidação das mercaptanas. Outra possibilidade é a adição de átomos de O ao S, o que resulta na formação de radicais livres, conforme ilustrado para a metil mercaptana

$$CH_3SH + O \rightarrow H_3C^\bullet + HSO^\bullet \qquad (12.22)$$

O radical HSO• é oxidado de imediato a SO_2 pelo O_2 atmosférico.

12.9 O material particulado orgânico

As espécies orgânicas são constituintes importantes do material particulado orgânico. Algumas partículas consistem quase exclusivamente em matéria orgânica. Outras têm quantidades significativas de compostos orgânicos adsorvidos às superfícies de material não orgânico. As partículas típicas do *smog* fotoquímico que obstruem a visibilidade (Capítulo 13) são compostas sobretudo de material orgânico oxigenado, o produto final do processo de formação desse *smog* fotoquímico. As partículas de carbono elementar e de HAP altamente condensadas geradas na combustão incompleta de hidrocarbonetos em motores a diesel, por exemplo, têm forte afinidade com os vapores orgânicos na atmosfera.

O material particulado orgânico pode ser emitido pela via direta, a partir de fontes como poluentes primários, ou formada por poluentes secundários gerados em processos atmosféricos químicos envolvendo vapores orgânicos. Pela ação de espécies atmosféricas reativas, sobretudo o radical HO•, O_3, NO_x e o radical NO_3, oxigênio e nitrogênio são adicionados às moléculas orgânicas no estado de vapor, gerando espécies muito menos voláteis e que condensam, formando partículas.

12.10 Os poluentes orgânicos perigosos no ar

Os *poluentes orgânicos perigosos no ar* foram definidos na Lei do Ar Limpo de 1970, nos Estados Unidos, como os compostos com probabilidade de causar efeitos nocivos à saúde. De modo geral são incluídos nessa classe de substâncias os compostos oriundos de fontes específicas, como uma determinada fábrica, diferentemente dos *poluentes atmosféricos legislados*, como o SO_2 e o NO_x, onipresentes e gerados por fontes diversas. A Emenda à Lei do Ar Limpo, de 1990, especificou uma lista de poluentes atmosféricos perigosos, que passou por algumas modificações desde então. A Tabela 12.1 lista uma série de compostos orgânicos, a maioria dos quais está presente na lista de poluentes perigosos da legislação (muitos foram retirados da lista depois da publicação original). A maior parte dessas substâncias são compostos orgânicos produzidos pela indústria. Embora o espaço não seja suficiente para discutir essas substâncias, o número CAS* dado para cada composto permite ao leitor encontrar sua fórmula, propriedades e literatura relacionada à poluição atmosférica em bases de dados como a SciFinder.

---

* N. de T.: Chemical Abstracts Service.

TABELA 12.1 Os compostos orgânicos listados como poluentes perigosos pela EPA

Número CAS	Nome químico	Número CAS	Nome químico
75070	Acetaldeído	108394	m–Cresol
60355	Acetamida	106445	p–Cresol
75058	Acetonitrila	98828	Cumeno
98862	Acetofenona	94757	2,4–D, sais e ésteres
53963	2–Acetil aminofluoreno	3547044	DDE
107028	Acroleína	334883	Diazometano
79061	Acrilamida	132649	Dibezofuranos
79107	Ácido acrílico	96128	1,2–Dibromo–3–cloropropano
107131	Acrilonitrila	84742	Dibutil ftalato
107051	Cloreto de alila	106467	1,4–Dicloro benzeno(p)
92671	4–Aminobifenila	91941	3,3–Dicloro benzideno
62533	Anilina	111444	Dicloro etil éter [bis(2–cloro etil)éter]
90040	o–Anisidina	542756	1,3–Dicloro propeno
71432	Benzeno (inclusive o benzeno da gasolina)	62737	Diclorvos
92875	Benzidina	121697	N,N–Dietil anilina (N,N–dimetilalinina)
98077	Benzotricloreto	64675	Dietil sulfato
100447	Cloreto de benzila	119904	3,3–Dimetoxi benzidina
92524	Bifenila	60117	Dimetil aminoazobenzeno
117817	Bis(2–etilexil) ftalato (DEHP)	119937	3,3'–Dimetil benzidina
542881	Bis(clorometil)éter	79447	Cloreto de dimetil carbamoíla
75252	Bromofórmio	68122	Dimetilformamida
106990	1,3–Butadieno	57147	1,1–Dimetil hidrazina
133062	Captano	131113	Dimetil ftalato
63252	Carbarila	77781	Dimetil sulfato
56235	Tetracloreto de carbono	534521	4,6–Dinitro–o–cresol, e seus sais
120809	Catecol	51285	2,4–Dinitrofenol
133904	Clorambeno	121142	2,4–Dinitritolueno
57749	Clordano	123911	1,4–Dioxano (1,4–dietileno óxido)
7782505	Cloro	122667	1,2–Difenil hidrazina
79118	Ácido cloroacético	106898	Epiclorohidrina (1–cloro–2,3–epoxipropano)
532274	2–Cloroacetofenona	106887	1,2–Epoxibutano
108907	Clorobenzeno	140885	Etil acrilato
510156	Clorobenzilato	100414	Etil benzeno
67663	Clorofórmio	51796	Etil carbamato (uretano)
107302	Clorometil metil éter	75003	Etil cloreto (cloroetano)
126998	Clopreno	106934	Etileno dibromato (dibromo etano)
1319773	Cresóis/Ácido cresílico (isômeros e mistura)	98953	Nitrobenzeno

(conitnua)

TABELA 12.1 Os compostos orgânicos listados como poluentes perigosos pela EPA *(continuação)*

Número CAS	Nome químico	Número CAS	Nome químico
95487	o–Cresol	92933	4–Nitrobifenila
107062	Etileno dicloreto (1,2–dicloro etano)	100027	4–Nitrofenol
107211	Etileno glicol	79469	2–Nitropropano
151564	Etileno imina (aziridina)	684935	N–Nitroso–N–metil ureia
75218	Óxido de etileno	62759	N–Nitroso dimetil amina
96457	Etileno tioureia	59892	N–Nitromorfolina
75343	Etileno dicloreto (1,1–dicloroetano)	56382	Paration
50000	Formaldeído	82688	Pentacloro nitrobenzeno
76448	Heptacloro	87865	Pentaclorofenol
118741	Hexaclorobenzeno	108952	Fenol
87683	Hexacloro butadieno	95476	o–Xilenos
77474	Hexacloro ciclopentadieno	108383	m–Xilenos
67721	Hexacloro etano	106423	p–Xilenos
822060	Hexametileno–1,6–diisocianato	106503	p–Fenileno diamina
680319	Hexametil fosforamida	85449	Anidrido ftálico
110543	Hexano	1336363	PCB (arocloros)
123319	Hidroquinona	1120714	1,3–Propano sultona
78591	Isoforona	57578	β–Propiolactona
58899	Lindano (todos os isômeros)	123386	Propionaldeído
108316	Anidrido maleico	114261	Propoxur (Baygon)
67561	Metanol	78875	Propileno dicloreto (1,2–dicloro propano)
72435	Metoxiclor	75569	Óxido de propileno
74839	Brometo de metila (bromometano)	75558	1,2–Propilenimina (2–metil aziridina)
74873	Cloreto de metila (clorometano)	91225	Quinolina
71556	Metil clorofórmio (1,1,1–tricloro etano)	106514	Quinona
78933	Metil-etil-cetona (2–butanona)	100425	Estireno
60344	Metil hidrazina	96093	Óxido de estireno
74884	Iodeto de metila (iodometano)	1746016	2,3,7,8–Tetracloro–odibenzo–p–dioxina
108101	Metil isobutil cetona	79345	1,1,2,2–Tetracloro etano
624839	Isocianato de metila	127184	Tetracloro etileno (percloro etileno)
80626	Metil metacrilato diisocianato (MDI)	7550450	Tetracloreto de titânio
1634044	Metil *tert*–butil éter	108883	Tolueno
101144	4,4–Metileno bis (2–cloro anilina)	95807	2,4–Tolueno diamina

(continua)

TABELA 12.1 Os compostos orgânicos listados como poluentes perigosos pela EPA
(continuação)

Número CAS	Nome químico	Número CAS	Nome químico
75092	Cloreto de metileno (diclorometano)	584849	2,4–Tolueno diisocianato
101688	Metileno difenila	88062	2,4,5–Triclorofenol
101779	4,4–Metileno dianilina	95534	o–Toluidina
91203	Naftaleno	8001352	Toxafeno (camfeno clorado)
540841	2,2,4–Trimetil pentano	120821	1,2,4–Tricloro benzeno
108054	Acetato de vinila	79005	1,1,2–Tricloro etano
593602	Brometo de vinila	79016	Tricloroetileno
75014	Cloreto de vinila	95954	2,4,6–Triclorofenol
75354	Cloreto de vinilideno (1,1–dicloroetileno)	121448	Trietilamina
1330207	Xilenos (isômeros e mistura)	1582098	Trifuralina

Literatura citada

1. Pozo, K., T. Harner, S. C. Lee, F. Wania, D. C. G. Muir, and K. C. Jones, Seasonally resolved concentrations of persistent organic pollutants in the global atmosphere from the first year of the GAPS study, *Environmental Science and Technology*, **43**, 796–803, 2009.
2. Karl, T., A. Guenther, R. J. Yokelson, J. Greenberg, M. Potosnak, D. Blake, and P. Artaxo, The tropical forest and fire emissions experiment: Emission, chemistry, and transport of biogenic volatile organic compounds in the lower atmosphere over Amazonia, *Journal of Geophysical Research*, **112**, D18302/1–D18302/17, 2007.
3. Sakulyanontvittaya, T., A. Guenther, D. Helmig, J. Milford, and C. Wiedinmyer, Secondary organic aerosol from sesquiterpene and monoterpene emissions in the United States, *Environmental Science and Technology*, **42**, 8784–8790, 2008.
4. Matsunaga, A. and P. J. Ziemann, Yields of β-hydroxynitrates and dihydroxynitrates in aerosol formed from OH radical-initiated reactions of linear alkenes in the presence of NO_x, *Journal of Physical Chemistry* A, **113**, 599–606, 2009.
5. Iovino, P., R. Polverino, S. Salvestrini, and S. Capasso, Temporal and spatial distribution of BTEX pollutants in the atmosphere of metropolitan areas and neighbouring towns, *Environmental Monitoring and Assessment*, **150**, 437–444, 2009.
6. Genualdi, S. A., R. K. Killin, J. Woods, G. Wilson, D. Schmedding, and S. L. Simonich, Trans-pacific and regional atmospheric transport of polycyclic aromatic hydrocarbons and pesticides in biomass burning emissions to Western North America, *Environmental Science and Technology*, **43**, 1061–1066, 2009.
7. Spada, N., E. Fujii, and T. M. Cahill, Diurnal cycles of acrolein and other small aldehydes in regions impacted by vehicle emissions, *Environmental Science and Technology*, **42**, 7084–7090, 2008.
8. Molina, M. J. and F. S. Rowland, Stratospheric sink for chlorofluoromethanes, *Nature*, **249**, 810–812, 1974.
9. Inoue, Y., M. Kawasaki, T. J. Wallington, and M. D. Hurley, Atmospheric chemistry of $CF_3CH_2CF_2CH_3$(HFC-365mfc): Kinetics and mechanism of chlorine atom initiated oxidation, infrared spectrum, and global warming potential, *Chemical Physics Letters*, **462**, 164–168, 2008.

Leitura complementar

Austin, J., P. Brimblecombe, and W. Sturges, Eds, *Air Pollution Science for the 21st Century*, Elsevier Science, New York, 2002.
Balduino, S. P., Ed., *Progress in Air Pollution Research*, Nova Science Publishers, New York, 2007.
Bodine, C. G., Ed., *Air Pollution Research Advances*, Nova Science Publishers, New York, 2007.
Brimblecombe, P., *Air Composition and Chemistry*, 2nd ed., Cambridge University Press, Cambridge, UK, 1996.
Desonie, D., *Atmosphere: Air Pollution and Its Effects*, Chelsea House Publishers, New York, 2007.
Granier, C., P. Artaxo, and C. E. Reeves, *Emissions of Atmospheric Trace Compounds*, Kluwer Academic Publishers, Boston, 2004.
Hewitt, C. N., Ed., *Reactive Hydrocarbons in the Atmosphere*, Academic Press, San Diego, CA, 1999.
Kidd, J. S. and R. A. Kidd, *Air Pollution: Problems and Solutions*, Chelsea House Publishers, New York, 2006.
Livingston, J. V., *Air Pollution: New Research*, Nova Science Publishers, New York, 2007.
Seinfeld, J. H. and S. N. Pandis, *Atmospheric Chemistry and Physics: From Air Pollution to Climate Change*, 2nd ed., Wiley, Hoboken, NJ, 2006.
Sokhi, R. S., Ed., *World Atlas of Atmospheric Pollution*, Anthem Press, New York, 2007.
Vallero, D. A., *Fundamentals of Air Pollution*, 4th ed., Elsevier, Amsterdam, 2008.

Perguntas e problemas

Para elaborar as respostas das seguintes questões, você pode usar os recursos da Internet para buscar constantes e fatores de conversão, entre outras informações necessárias.

1. Relacione o poluente orgânico na coluna esquerda a um efeito esperado na coluna direita:

   a. CH_3SH 1. Provável causador de efeito secundário na atmosfera

   b. $CH_3CH_2CH_2CH_3$ 2. Provável causador de efeito direto

   c. (estrutura de alceno ramificado)   3. Exerce o efeito menos intenso entre os três

2. Por que as emissões de hidrocarbonetos dos escapamentos de automóveis desregulados são particularmente reativas?

3. Considere a liberação acidental de uma mistura de alcanos e alcenos em uma atmosfera urbana, no começo da manhã. Suponha que a massa de ar seja submetida à luz solar intensa durante o dia e mantida em condição de estagnação pela inversão térmica. Se existe monitoramento atmosférico para essas substâncias no local de emissão, o que pode ser dito sobre suas concentrações totais e relativas ao final do dia? Explique.

4. Relacione o radical na coluna esquerda ao seu tipo na coluna direita:

   a. $H_3C\cdot$ 1. Radical formila

   b. $CH_3CH_2O\cdot$ 2. Radical alquil-peróxi

   c. $H\dot{C}O$ 3. Radical alquila

   d. $CH_xCH_{2x+1}O_2^{\bullet}$ 4. Radical alcoxila

5. Ao reagirem com um radical hidroxila, os alcenos desfrutam de um mecanismo de reação não disponível aos alcanos, o que os torna muito mais reativos. Que mecanismo é esse?

6. Qual é o tipo de hidrocarboneto mais estável e que tem uma relação hidrogênio-carbono baixa?
7. Na sequência de reações que leva à oxidação dos hidrocarbonetos na atmosfera, qual é a primeira classe de compostos estáveis produzida normalmente?
8. Apresente a sequência de reações que leva à formação do acetaldeído a partir do etano, começando com a reação do radical hidroxila.
9. Que importante propriedade fotoquímica os compostos contendo carbonila compartilham com o NO_2?
10. Entre as afirmativas a seguir, a alternativa *falsa* sobre os hidrocarbonetos poluentes do ar é (explique): (A) Embora o metano, CH_4, seja considerado oriundo de fontes naturais e visto como não poluente, as atividades humanas aumentam os níveis atmosféricos do gás, com efeitos negativos em potencial. (B) Algumas espécies orgânicas emitidas por árvores podem resultar na formação de poluentes secundários na atmosfera. (C) Os hidrocarbonetos de alquenila contendo o grupo C=C têm um mecanismo de reação com o radical hidroxila que não é observado em alcanos. (D) As reatividades de hidrocarbonetos individuais, tal como medidas na forma de potencial de formação de *smog*, variam em apenas cerca de 25%. (E) A maioria dos hidrocarbonetos, exceto o metano, na atmosfera causam preocupações devido à capacidade desses compostos de produzir poluentes secundários.
11. Entre as afirmativas a seguir, a alternativa verdadeira com relação a poluentes orgânicos atmosféricos é (explique): (A) Os compostos carbonílicos (aldeídos e cetonas) são via de regra as últimas espécies orgânicas formadas durante a oxidação fotoquímica dos hidrocarbonetos. (B) Os ácidos carboxílicos (contendo o grupo $-CO_2H$) têm ciclos de vida muito altos e são persistentes na atmosfera. (C) Os CFC, como o CCl_2F_2, são poluentes secundários. (D) O PAN é um poluente primário. (E) Os HFC representam um perigo maior para a camada de ozônio atmosférica, em comparação com os CFC.
12. Entre as afirmativas a seguir, a alternativa verdadeira sobre os hidrocarbonetos atmosféricos é (explique): (A) Os alcanos sofrem reações de adição prontamente com o radical hidroxila. (B) Os alcenos sofrem reações de adição com o radical hidroxila. (C) O ozônio tende a se adicionar às ligações C–H nos alcanos. (D) Os hidrocarbonetos tendem a ser formados pela redução química dos ésteres liberados por plantas. (E) Os alcenos insaturados tendem a ser liberados pela evaporação da gasolina, enquanto os alcanos são produzidos pelo escapamento de automóveis.
13. Entre as afirmativas a seguir, a alternativa *falsa* sobre os hidrocarbonetos na atmosfera é (explique): (A) Os hidrocarbonetos gerados e liberados por atividades humanas compreendem apenas um sétimo do total de hidrocarbonetos na atmosfera. (B) As fontes naturais são as que mais contribuem para os níveis de compostos orgânicos na atmosfera. (C) A reação $2\{CH_2O\}$ (ação bacteriana $\rightarrow CO_2(g) + CH_4(g)$ aumenta expressivamente o nível de hidrocarbonetos na atmosfera. (D) O metano, CH_4, é produzido por uma variedade de plantas e liberado na atmosfera. (E) Muitas plantas liberam um hidrocarboneto simples que é muito reativo com o radical hidroxila, HO•, e com espécies oxidantes na atmosfera.
14 Uma característica importante dos compostos carbonílicos na atmosfera é (explique): (A) Os aldeídos ficam atrás apenas do NO_2 como fonte de radicais livres na atmosfera produzidos pela absorção da luz, porque o grupo carbonila é um *cromóforo*. (B) Normalmente são os produtos finais da oxidação atmosférica dos hidrocarbonetos e são um tanto inofensivos nesse ambiente. (C) São os radicais livres com elétrons desemparelhados. (D) São os compostos orgânicos predominantes emitidos pelo escapamento de automóveis. (E) Os aldeídos de alquenila, como a acroleína, são especialmente estáveis e pouco reativos na atmosfera.

O *smog* fotoquímico 13

13.1 Introdução

Este capítulo discute o *smog oxidante*, também chamado de *smog fotoquímico*, que se espalha por toda a atmosfera de Los Angeles, da Cidade do México, de Zurique e de diversas outras áreas urbanas. Embora o termo *smog* seja empregado neste livro para denotar uma atmosfera fotoquimicamente oxidante, ele foi utilizado pela primeira vez para descrever a combinação desagradável de fumaça e névoa com algum teor de dióxido de enxofre observada com frequência em Londres no passado, quando o carvão com alto teor de enxofre era o principal combustível usado na cidade. Essa mistura é caracterizada pela presença de dióxido de enxofre, um composto redutor; logo, ela é um *smog redutor*, também chamado de *smog sulfuroso*. Na verdade, o dióxido de enxofre é oxidado de imediato e tem ciclo de vida curto em uma atmosfera em que ocorre o *smog* fotoquímico oxidante.

O *smog* tem uma longa história. Em 1542, ao explorar o território que hoje é a Califórnia meridional, Juan Rodriguez Cabrillo chamou a Baía de San Pedro de "Baía das Fumaças", devido à forte névoa que cobria a área. Queixas de irritação nos olhos causada pelo ar poluído pelo ser humano em Los Angeles eram registradas já em 1868. Caracterizado por redução na visibilidade, irritação nos olhos, rachaduras na borracha e deterioração de materiais em geral, o *smog* se tornou um problema grave na área de Los Angeles na década de 1940. Hoje sabe-se que é um dos principais problemas relativos à poluição atmosférica em muitas áreas do mundo.

O cenário típico do *smog* se manifesta como irritação dos olhos de moderada a severa ou visibilidade menor que três milhas (4,8 km), quando a umidade relativa está abaixo de 60%. A formação de agentes oxidantes no ar, sobretudo o ozônio, é indicativa da formação do *smog*. Níveis graves de *smog* fotoquímico são estabelecidos quando o nível de oxidantes excede 0,15 ppmv por mais de 1 hora. Os três ingredientes necessários para gerar o *smog* fotoquímico são radiação ultravioleta, hidrocarbonetos e óxidos de nitrogênio. Técnicas avançadas de análise demonstraram uma ampla variedade de hidrocarbonetos precursores na formação do *smog* na atmosfera.

Nos Estados Unidos, a importância do ozônio como poluente atmosférico em atmosferas contaminadas com o *smog* fotoquímico foi reconhecida com a alteração na regulamentação implementada para diminuir as concentrações permitidas de ozônio no ar. Em 2008, os níveis permitidos do gás foram reduzidos ainda mais.

Desde o momento em que foi reconhecido como problema de poluição do ar na década de 1940, para os químicos a questão do *smog* fotoquímico é alvo de muitos estudos, que estão entre os principais esforços responsáveis pela evolução da disciplina da química atmosférica. Uma boa parcela do progresso feito nesse sentido se deve aos avanços no estudo da cinética química em fase gasosa, ao aumento na capacidade de processamento dos computadores para cálculos complexos e à evolução da instrumentação utilizada para medir níveis reduzidos de espécies químicas em atmosferas poluídas. Este capítulo discute a química do *smog* fotoquímico.

O *smog* fotoquímico se forma na troposfera, em um processo governado pelas condições deste compartimento ambiental. A troposfera é dividida em duas regiões principais. A camada inferior, com 1 km de espessura em média, contém a *camada limite planetária*, onde a interação entre o ar troposférico e a superfície da Terra é máxima. É a região em que ocorrem as inversões térmicas (ver Figura 9.7) e se encontram os compostos químicos formadores do *smog*, com níveis mínimos de mistura e dispersão, o que permite que interajam com a luz solar e entre si, propiciando o fenômeno. A camada acima desta é a *troposfera livre*, que se estende até a tropopausa, onde começa a estratosfera.

Em agosto de 2003, a Europa vivenciou uma onda de calor devastadora que matou milhares de pessoas. Além do calor intenso, o evento se caracterizou pela estagnação da camada limite, por intensas emissões de hidrocarbonetos e óxidos de nitrogênio a partir da antroposfera e por incêndios florestais difundidos que liberaram vastas quantidades de compostos formadores do *smog*. O resultado foi um longo período de formações do fenômeno aliado ao sofrimento causado pelas altas temperaturas.[1]

13.2 As emissões formadoras do *smog*

Os motores a combustão interna utilizados em automóveis e caminhões emitem hidrocarbonetos e óxidos de nitrogênio reativos, dois dos três ingredientes principais para a formação do *smog*. Por essa razão, as emissões de veículos automotivos serão discutidas a seguir.

A produção de óxidos de nitrogênio foi apresentada na Seção 11.6. Em condições de temperatura e pressão elevadas em um motor a combustão interna, os produtos da queima incompleta da gasolina sofrem reações químicas que geram milhares de hidrocarbonetos diferentes. Muitos desses são bastante reativos na formação do *smog* fotoquímico. Conforme a Figura 13.1, o automóvel tem muitas fontes de emissão em potencial de hidrocarbonetos, além dos gases de escape. Entre essas fontes, a primeira que deve ser controlada é a névoa de hidrocarbonetos composta por óleo lubrificante e a nuvem de gases evaporativos do cárter. Esta é formada por gases de

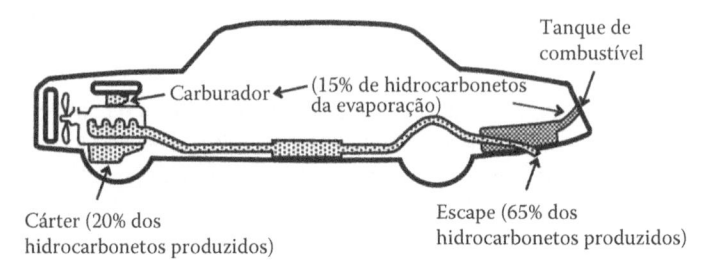

FIGURA 13.1 As principais fontes de hidrocarbonetos produzidos por um automóvel montado antes do começo do controle das emissões de poluentes atmosféricos.

escape e uma mistura de combustível não oxidado e ar introduzida no cárter a partir das câmaras de combustão no pistão. Essa névoa é destruída com a recirculação do ar na entrada do motor pela válvula de ventilação positiva do cárter (VPC).

Uma segunda fonte importante de emissões de hidrocarbonetos é o sistema de combustível, de onde os hidrocarbonetos são emitidos, partindo do tanque e suspiros até os carburadores, que eram o meio principal para introduzir a mistura ar-combustível nos motores dos automóveis. Quando o motor é desligado e o calor residual aquece o sistema de combustível, a gasolina pode evaporar e ser liberada na atmosfera. Além disso, o aquecimento durante o dia e o esfriamento ocorrido à noite fazem o tanque de combustível transpirar, emitindo vapores de gasolina. Essas emissões são reduzidas com o uso de combustíveis formulados a fim de reduzir a volatilidade. Os automóveis são equipados com recipientes contendo carbono que coletam o combustível evaporado no tanque e no sistema de combustível e que será purgado e queimado quando o motor for posto em funcionamento outra vez. Os motores de automóveis modernos com sistemas de injeção eletrônica emitem volumes menores de hidrocarbonetos vaporizados em comparação com os modelos antigos equipados com carburadores.

13.2.1 O controle dos hidrocarbonetos no escape

Para entender a produção e o controle das emissões de hidrocarbonetos pelo escape de automóveis é preciso compreender os princípios básicos do motor a combustão interna. Conforme a Figura 13.2, as quatro etapas envolvidas no ciclo completo do motor quatro tempos utilizado na maioria dos veículos são:

1. *Admissão*: O ar é sugado para o interior do cilindro pela válvula de admissão na posição aberta. A gasolina é injetada no cilindro junto com o ar ou em separado.
2. *Compressão*: A mistura combustível é comprimida a uma relação de cerca de 7:1. Relações maiores de compressão favorecem a eficiência térmica e a combustão completa dos hidrocarbonetos. Contudo, temperaturas elevadas, a combustão

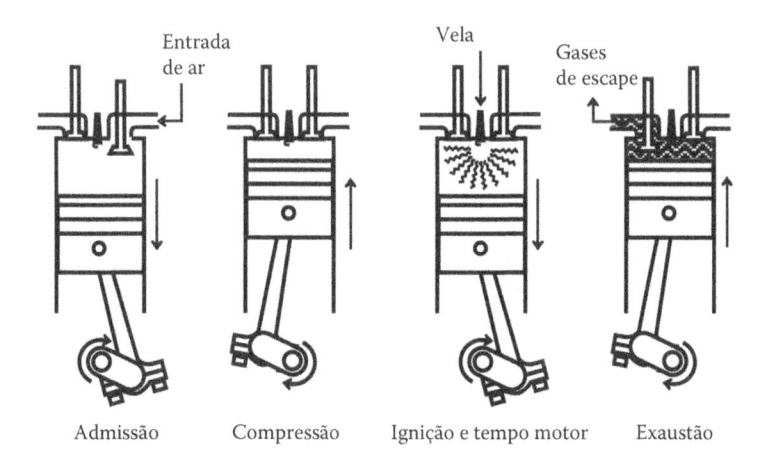

FIGURA 13.2 As etapas de um motor a combustão interna de quatro tempos. O combustível é misturado com o ar de injeção ou injetado separadamente em cada cilindro.

prematura ("batida de pino") e a produção elevada de óxidos de nitrogênio também são causadas por relações de compressão altas.
3. *Ignição e tempo motor*: Quando a mistura produzida pelo combustível sendo injetado no cilindro entra em ignição pela vela junto ao volume morto superior, uma temperatura perto de 2.500°C é atingida com rapidez em pressões de até 40 atm. À medida que o volume do gás aumenta com o movimento descendente do pistão, a temperatura cai em poucos milissegundos. Esse esfriamento rápido "congela" o óxido nítrico na forma de NO, impedindo sua dissociação em N_2 e O_2 que, termodinamicamente, são os produtos formados com mais facilidade nas condições de temperatura e pressão na atmosfera.
4. *Exaustão*: Os gases de escape, compostos sobretudo por N_2 e CO_2 e traços de CO, NO, hidrocarbonetos e O_2, são forçados para fora pela válvula aberta, completando o ciclo.

A causa principal da presença de hidrocarbonetos não queimados no cilindro do motor é o afogamento, quando a parede relativamente fria na câmara de combustão do motor a combustão interna faz a chama se extinguir a alguns milésimos de centímetro da parede. Uma parte dos hidrocarbonetos remanescentes pode ficar retida na forma de gás residual no cilindro, outra pode ser oxidada no sistema de escape. O remanescente é emitido na atmosfera como hidrocarbonetos poluentes. A falha na ignição devido à má regulagem e desaceleração aumenta muito a emissão de hidrocarbonetos. Os motores a turbina não estão sujeitos ao afogamento porque suas superfícies estão sempre quentes.

Diversas características de projeto de motores favorecem a diminuição das emissões de hidrocarbonetos no escape. Um projeto que diminua a relação área/volume da câmara de combustão reduz as chances de afogamento. Uma câmara de combustão com forma mais próxima a uma esfera, uma cilindrada mais longa por cilindro do motor e uma relação maior entre percurso e diâmetro do cilindro também são fatores que diminuem a emissão de hidrocarbonetos na exaustão.

O atraso na faísca da vela ajuda a reduzir as emissões de hidrocarbonetos por motores a combustão. Para valores ótimos de potência e economia, a vela deve ser regulada de maneira a entrar em ignição antes de o pistão atingir o topo da cilindrada de compressão e iniciar seu curso de expansão. O atraso na vela a um ponto próximo ao volume morto superior reduz as emissões de hidrocarbonetos de maneira marcante. Uma razão para essa diminuição é que a relação efetiva superfície/volume da câmara de combustão é menor, o que reduz o afogamento. Além disso, quando a faísca da vela é atrasada, os produtos da combustão são purgados dos cilindros mais cedo, após a combustão. Portanto, o gás de escape é mais quente e as reações que consomem hidrocarbonetos ocorrem no sistema de exaustão.

Conforme a Figura 13.3, a relação ar/combustível no motor a combustão interna exerce um efeito considerável nas emissões de hidrocarbonetos. À medida que a relação ar/combustível fica mais rica em combustível do que a relação estequiométrica, a emissão de hidrocarbonetos eleva-se significativamente. Ocorre uma diminuição moderada nessas emissões quando a mistura se torna mais pobre em combustível do que o exigido pela reação estequiométrica. As emissões de carbono são minimizadas quando a relação ar/combustível está um pouco abaixo da relação estequiométrica para o combustível. Esse comportamento resulta de uma combinação de fatores,

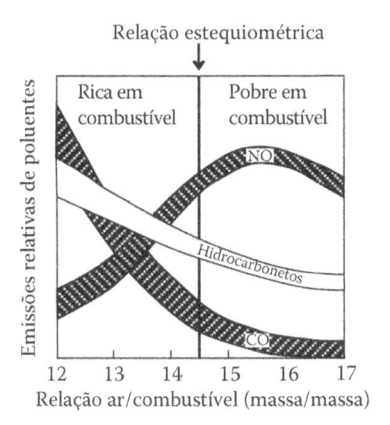

FIGURA 13.3 Os efeitos da relação ar/combustível nas emissões de poluentes de um motor a combustão interna com pistões.

como uma camada mínima de afogamento na relação ar/combustível um pouco mais rica em combustível que a relação estequiométrica, a diminuição da concentração de hidrocarbonetos na camada de afogamento com uma mistura mais pobre, o aumento na concentração de oxigênio no escape observado com o uso de uma mistura mais pobre e um pico na temperatura do escape quando é adotada uma relação um pouco mais pobre do que a relação estequiométrica.

Os conversores catalíticos são utilizados hoje para destruir os poluentes presentes nos gases de escape. O conversor catalítico mais comum na indústria automotiva é o catalisador de três vias, que tem essa denominação porque uma unidade catalítica destrói as três classes principais de poluentes do escape de automóveis – hidrocarbonetos, monóxido de carbono e óxidos de nitrogênio. O catalisador depende da detecção precisa dos níveis de oxigênio no escape, auxiliado pelo controle computadorizado do motor, que alterna a mistura ar/combustível diversas vezes por segundo, entre uma mistura mais rica e uma mais pobre, em comparação à relação estequiométrica. Nessas condições, o monóxido de carbono, o hidrogênio e os hidrocarbonetos (C_cH_h) são oxidados.

$$CO + \tfrac{1}{2}O_2 \rightarrow CO_2 \tag{13.1}$$

$$H_2 + \tfrac{1}{2}O_2 \rightarrow H_2O \tag{13.2}$$

$$C_cH_h + (c + \tfrac{h}{4})O_2 \rightarrow cCO_2 + \tfrac{h}{2}H_2O \tag{13.3}$$

Os óxidos de nitrogênio são reduzidos a N_2 no catalisador pelo monóxido de carbono, pelos hidrocarbonetos ou pelo hidrogênio, como mostra a reação de redução a seguir, com o CO:

$$CO + NO \rightarrow \tfrac{1}{2}N_2 + CO_2 \tag{13.4}$$

Os catalisadores de escape de automóveis estão espalhados em um substrato com área superficial grande, na maioria das vezes composto por cordierita, um compósito de cerâmica contendo alumina (Al_2O_3), sílica e óxido de magnésio. O substrato é formado por uma estrutura alveolar (monólito) que possibilita maximizar a área de contato com os gases de escape. A base precisa ser resistente o bastante para suportar a fadiga vibracional inerente aos automóveis, e deve tolerar agressões térmicas diversas, nas quais a temperatura pode subir a partir da temperatura ambiente a até quase 900°C em um período de cerca de 2 minutos durante a "explosão", quando é dada a partida no motor. O material catalítico, que forma apenas 0,10-0,15% do corpo do catalisador, é composto por uma mistura de metais preciosos. A platina e o paládio catalisam a oxidação dos hidrocarbonetos e do dióxido de carbono, e o ródio atua como catalisador da redução dos óxidos de nitrogênio. Hoje, o paládio é o metal precioso mais utilizado nos catalisadores de escape.

Uma vez que o chumbo pode contaminar os catalisadores de escape, os automóveis equipados com dispositivos de controle desses catalisadores exigem a utilização de gasolina sem chumbo, que substituiu a gasolina aditivada com o tetraetil-chumbo, um agente antidetonante, o combustível que dominou o mercado e era o aditivo padrão até a década de 1970. O enxofre presente na gasolina também é prejudicial ao desempenho do catalisador, sendo que os níveis de enxofre na gasolina e, mais recentemente, no óleo diesel foram reduzidos de maneira expressiva nos últimos anos.

O motor a combustão interna foi desenvolvido com alto grau de sofisticação em termos de emissões. A crescente utilização de veículos híbridos que combinam um motor a combustão interna e um motor/gerador elétrico e que permitem ao carro rodar utilizando uma ou outra modalidade de energia, dependendo das condições, vêm contribuindo ainda mais para a redução nas emissões.

A Lei do Ar Limpo de 1990 nos Estados Unidos exigiu mudanças na gasolina, com a adição de mais compostos oxigenados para reduzir as emissões de hidrocarbonetos e monóxido de carbono. Contudo, essa medida foi cercada de controvérsia, com o surgimento de problemas com um dos principais aditivos oxigenados, o MTBE, detectado como poluente aquático comum em algumas regiões. Devido a essas preocupações, em grande parte o MTBE foi eliminado da gasolina, sendo substituído pelo etanol usado como aditivo oxigenado.

A adição de etanol à gasolina traz alguns problemas ambientais e de sustentabilidade. O etanol é considerado um combustível renovável, produzido pela fermentação de açúcares, sobretudo do milho nos Estados Unidos e da cana-de-açúcar, abundante no Brasil. Alguns estudos sugeriram que o ciclo de vida do etanol do milho na gasolina aumentará o *smog* fotoquímico, em comparação com a gasolina obtida puramente a partir do petróleo.[2] As emissões do etanol na atmosfera a partir de combustíveis contendo 85% deste álcool e 15% de gasolina (E85) pode contribuir para a elevação nos níveis atmosféricos do acetaldeído, um componente nocivo do *smog* e produzido pela via fotoquímica.

13.2.2 Os padrões de emissões de automóveis

A Lei Federal dos Estados Unidos e a lei estadual da Califórnia definem os padrões de emissões por veículos automotivos. Os níveis permitidos de emissões vêm apresentando uma tendência de queda desde a adoção dos primeiros padrões, em meados da década de 1960. A Tabela 13.1 mostra os níveis de emissões de acordo com a Lei Federal* antes dos controles e aquelas adotadas desde 1970.

---

* N. de R. T.: No Brasil, estes padrões estão contemplados na Resolução CONAMA 315, de 29/10/2002.

TABELA 13.1 Os padrões de emissões de escape para caminhões leves (vans, caminhonetes, etc.) nos Estados Unidos[a]

Ano do modelo	HCs[b]	CO[b]	NO$_x$[b]
Antes do controle[c]	10,60	84,0	4,1
1970	4,1	34,0	—
1975	1,5	15,0	3,1
1980	0,41	7,0	2,0
1985	0,41	3,4	1,0
1990	0,41	3,4	1,0
1998	0,41 (0,25)[d]	3,4	0,4
2008	0,41 (0,25)[d]	3,4	0,4

[a] Padrões para veículos movidos à gasolina.
[b] HCs, hidrocarbonetos do escape; CO, monóxido de carbono; NO$_x$, soma de NO e NO$_2$; os valores em g milha^{-1}.
[c] Emissões médias estimadas por veículo antes da implementação do controle.
[d] Os valores entre parênteses se referem a hidrocarbonetos não metânicos.

13.2.3 As plantas verdes poluentes

Em algumas áreas, os hidrocarbonetos biogênicos emitidos na atmosfera por plantas representam fontes expressivas – ou mesmo dominantes – de hidrocarbonetos que contribuem para a formação do *smog*. Os hidrocarbonetos de plantas que promovem a formação do *smog* de maneira mais expressiva são os terpenos, alquenos de grande reatividade. Alguns dos terpenos biogênicos mais comuns, mostrados na Figura 12.1, incluem o α-pineno, gerado por pinheiros, e o limoleno, de espécies cítricas. O terpeno mais emitido pelas plantas é o isopreno,[3] um monômero da borracha natural.

Isopreno

A oxidação fotoquímica do isopreno resulta na formação de uma boa parte dos aerossóis encontrados em regiões cobertas por florestas. Os principais produtos da oxidação do isopreno em condições propícias à formação do *smog* são a metacroleína e a metil-vinil cetona:

Metacroleína   Metil-vinil cetona

Entre os principais produtos da oxidação atmosférica do isopreno estão os nitratos de isopreno, que podem ser formados pela reação do isopreno com o radical hidroxila, HO•, na presença de óxidos de nitrogênio, e pela reação do isopreno com o radical nitrato, NO$_3$.[4]

13.3 As reações formadoras de *smog* envolvendo compostos orgânicos na atmosfera

Os hidrocarbonetos são eliminados da atmosfera por intermédio de diversas reações químicas e fotoquímicas. Essas reações são responsáveis pela formação de muitos produtos e intermediários poluentes secundários nocivos, que compõem o *smog* fotoquímico, a partir de hidrocarbonetos precursores inócuos.

Os hidrocarbonetos e a maioria dos outros compostos orgânicos na atmosfera não têm estabilidade térmica na oxidação e tendem a ser oxidados em diversas etapas. O processo de oxidação termina com a formação do CO_2, material particulado orgânico que se deposita da atmosfera ou produtos solúveis em água (por exemplo, ácidos, aldeídos) removidos pela chuva. As espécies inorgânicas, como o ozônio ou o ácido nítrico, são subprodutos dessas reações.

13.3.1 As reações fotoquímicas do metano

Algumas das principais reações envolvidas na oxidação dos hidrocarbonetos na atmosfera podem ser entendidas com o estudo da oxidação do metano, o hidrocarboneto mais comum e disseminado na atmosfera (embora seja também o menos reativo). A exemplo de outros hidrocarbonetos, o metano reage com átomos de oxigênio (normalmente produzidos pela dissociação fotoquímica do NO_2 em O e NO), gerando o radical hidroxila, muito importante, e um radical alquila (metila).

$$CH_4 + O \rightarrow H_3C\bullet + HO\bullet \qquad (13.5)$$

O radical metila produzido reage com rapidez com o oxigênio molecular, formando radicais peroxila muito reativos,

$$H_3C\bullet + O_2 + M \text{ (terceiro corpo absorvedor de energia,}$$
$$\text{em geral uma molécula de } N_2 \text{ ou } O_2) \rightarrow H_3COO\bullet + M \qquad (13.6)$$

nesse caso, o radical metil peroxila, $H_3COO\bullet$. Esses radicais participam de uma variedade de reações em cadeia subsequentes, como as reações que promovem a formação do *smog*. O radical hidroxila reage rapidamente com hidrocarbonetos para formar radicais reativos de hidrocarbonetos,

$$CH_4 + HO\bullet \rightarrow H_3C\bullet + H_2O \qquad (13.7)$$

nesse caso, o radical metila, $H_3C\bullet$. A seguir são dadas outras reações envolvidas na oxidação do metano:

$$H_3COO\bullet + NO \rightarrow H_3CO\bullet + NO_2 \qquad (13.8)$$

(Essa reação é muito importante na formação do *smog*, porque a oxidação do NO pelos radicais peroxila é o mecanismo predominante de regeneração do NO_2 na atmosfera após ter sido dissociado em NO pela via fotoquímica.)

$$H_3CO\bullet + O_3 \rightarrow \text{diversos produtos} \qquad (13.9)$$

$$H_3CO^\bullet + O_2 \rightarrow CH_2O + HOO^\bullet \tag{13.10}$$

$$H_3COO^\bullet + NO_2 + M \rightarrow CH_3OONO_2 + M \tag{13.11}$$

$$CH_2O + h\nu \rightarrow \text{produtos da fotodissociação} \tag{13.12}$$
(fotodissociação do formaldeído)

Conforme discutido neste capítulo, o radical hidroxila, HO$^\bullet$, e o radical hidroperoxila, HOO$^\bullet$, são intermediários presentes em toda a parte nas reações em cadeia fotoquímicas. Essas duas espécies são conhecidas pela designação coletiva *radical de hidrogênio ímpar*.

As Reações 13.5 e 13.7 são *reações de abstração*, que envolvem a remoção de um átomo, geralmente um hidrogênio, na presença de uma espécie ativa. As *reações de adição* de compostos orgânicos também são comuns. De modo geral o radical hidroxila reage com um alqueno, como o propileno, formando outro radical livre reativo:

$$HO^\bullet + H_2C=CH-CH_3 \rightarrow H_3C-\overset{\bullet}{C}H-CH_2-OH \tag{13.13}$$

O ozônio se acrescenta aos compostos insaturados, formando ozonetos reativos:

$$H_2C=CH-CH_3 + O_3 \rightarrow H_3C-CH\underset{O-O}{\overset{O-O}{\diagup\diagdown}}CH_2 \tag{13.14}$$

Os compostos orgânicos, que na troposfera incluem essencialmente carbonilas, sofrem reações fotoquímicas primárias que resultam na formação direta de radicais livres. A dissociação dos aldeídos é o mais importante desses processos:

$$H_3C-CHO + h\nu \rightarrow H_3\overset{\bullet}{C} + H\overset{\bullet}{C}O \tag{13.15}$$

Os radicais livres orgânicos sofrem diversas reações químicas. Os radicais hidroxila podem ser gerados a partir de reações envolvendo peroxila orgânica, como

$$CH_3-CH(OO^\bullet)-CH_3 \rightarrow CH_3-C(=O)-CH_3 + HO^\bullet \tag{13.16}$$

formando um aldeído ou uma cetona. O radical hidroxila tem a capacidade de reagir com outros compostos orgânicos, perpetuando a reação em cadeia. As reações em cadeia em fase gasosa normalmente têm diversas etapas. Além disso, ocorrem reações de terminação da cadeia, nas quais um radical livre reage com uma molécula excitada, fazendo-a produzir dois novos radicais. A terminação da cadeia pode ocorrer de diversas maneiras, como a reação envolvendo dois radicais,

$$2HO^\bullet \rightarrow H_2O_2 \tag{13.17}$$

a formação de adutos radicalares com o óxido nítrico ou o dióxido de nitrogênio (que, por conta de seus números ímpares de elétrons, são radicais livres estáveis),

$$HO^\bullet + NO_2 + M \rightarrow HNO_3 + M \qquad (13.18)$$

ou a reação do radical com a superfície de uma partícula sólida.

Os hidrocarbonetos podem sofrer reações heterogêneas nos particulados na atmosfera. As poeiras compostas por óxidos de metal ou carvão exercem um efeito catalítico na oxidação de compostos orgânicos. Os óxidos de metais podem participar de reações fotoquímicas; por exemplo, o óxido de zinco fotossensibilizado pela exposição à luz promove a oxidação de compostos orgânicos.

Os tipos de reações discutidos anteriormente estão envolvidos na formação do *smog* na atmosfera. Muito do que se sabe sobre as reações que ocorrem em uma atmosfera onde se forma o *smog* foi descoberto em estudos que utilizaram câmaras de grande porte contendo uma massa estacionária de ar submetida a condições promotoras da formação do *smog* fotoquímico, como a exposição à radiação ultravioleta, a baixa umidade e a presença de hidrocarbonetos e óxidos de nitrogênio reativos.[5] A seguir consideramos o processo de formação do *smog*.

13.4 Uma visão geral da formação do *smog*

Esta seção trata das condições características de uma atmosfera propícia ao *smog* e dos processos gerais envolvidos no fenômeno. A tendência à formação de oxidantes é observada em massas de ar atmosférico em estagnação que recebem um afluxo poluente de hidrocarbonetos e NO acompanhado de intensa radiação solar. No jargão da poluição atmosférica, um *oxidante fotoquímico primário* é uma substância presente na atmosfera capaz de oxidar o íon iodeto a iodo elementar. Por vezes são utilizados agentes redutores para mensurar os níveis de agentes oxidantes. O principal oxidante na atmosfera é o ozônio. Outros oxidantes atmosféricos incluem o H_2O_2, os peróxidos orgânicos (**ROOR'**), os hidroperóxidos orgânicos (ROOH) e os nitratos de peroxiacilas, como o nitrato de peroxiacetila (PAN).

$$H-\underset{\underset{H}{|}}{\overset{\overset{H}{|}}{C}}-\overset{\overset{O}{\|}}{C}-OO-NO_2$$
Nitrato de peroxiacetila (PAN)

O dióxido de nitrogênio, NO_2, não é gerado como oxidante fotoquímico primário. Porém, sua eficiência na oxidação do iodeto a iodo (0) corresponde a cerca de 15% da capacidade oxidante do ozônio e, por isso, é preciso efetuar uma correção nas mensurações pela interferência positiva do NO_2. O dióxido de enxofre é oxidado pelo O_3 e produz uma interferência negativa, o que também requer a adequação das mensurações.

O PAN e compostos semelhantes contendo a porção $-C(O)OONO_2$, como o nitrato de peroxibenzoila (NPB),

Nitrato de peroxibenzoila (NPB)

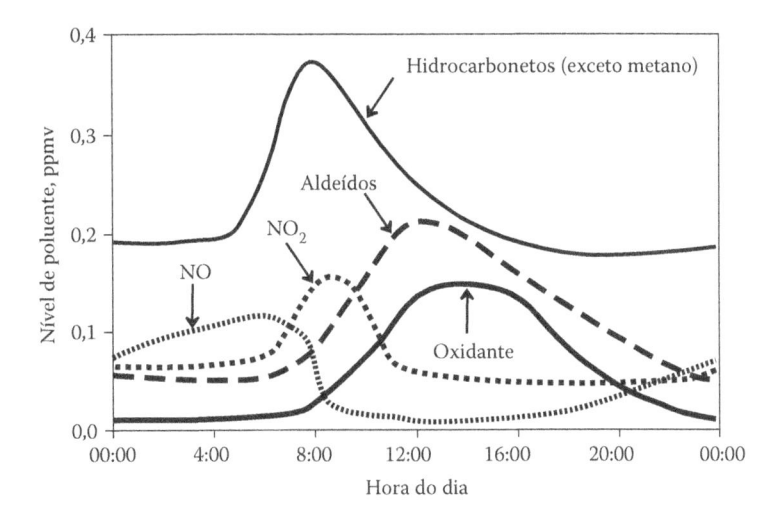

FIGURA 13.4 Gráfico generalizado das concentrações atmosféricas das espécies envolvidas na formação do *smog* em função da hora do dia.

um poderoso lacrimogêneo irritante dos olhos, são produzidos pela via fotoquímica em atmosferas contendo alquenos e NO_x. O PAN é um oxidante notório, que exerce diversos efeitos adversos, como irritação nos olhos, fitotoxicidade e mutagenicidade, além de ser talvez o melhor indicador das condições propícias ao *smog* fotoquímico. Além do PAN e do NPB, outros agentes oxidantes específicos com relativa importância em atmosferas poluídas são o nitrato de peroxipropionila (NPP), o ácido peracético $CH_3(CO)OOH$, o peróxido de acetila $CH_3(CO)OO(CO)CH_3$, o hidroperóxido de butila $CH_3CH_2CH_2CH_2OOH$ e o hidroperóxido de *terc*-butila $(CH_3)_3COOH$. Por sorte, desde 1960 os níveis de PAN, NPP e de outros oxidantes orgânicos também vêm diminuindo de modo expressivo em áreas propensas à formação do *smog*, como a Califórnia meridional, resultado das medidas de controle de emissões implementadas na região.

Conforme a Figura 13.4, as atmosferas nevoentas apresentam variações características nos níveis de NO, NO_2, hidrocarbonetos, aldeídos e oxidantes dependendo da hora do dia. A figura mostra que logo após a aurora, o nível de NO na atmosfera cai de maneira significativa, uma diminuição acompanhada por um pico nas concentrações de NO_2. Ao meio-dia (sobretudo após a concentração de NO ter caído a um nível muito baixo), os níveis de aldeídos e oxidantes sobem comparativamente. A concentração de hidrocarbonetos totais (exceto metano) na atmosfera atinge o pico extremo na parte da manhã, caindo no restante do dia.

Uma visão geral dos processos responsáveis pelo comportamento descrito anteriormente é apresentada na Figura 13.5. A fundamentação química dos processos ilustrados nessa figura é explicada na próxima seção.

13.5 Os mecanismos da formação do *smog*

Nesta seção serão discutidos alguns dos principais aspectos da formação do *smog* fotoquímico. Para obter mais detalhes o leitor poderá consultar livros sobre química atmosférica e física, listados na seção Leitura Complementar no final do capítulo.

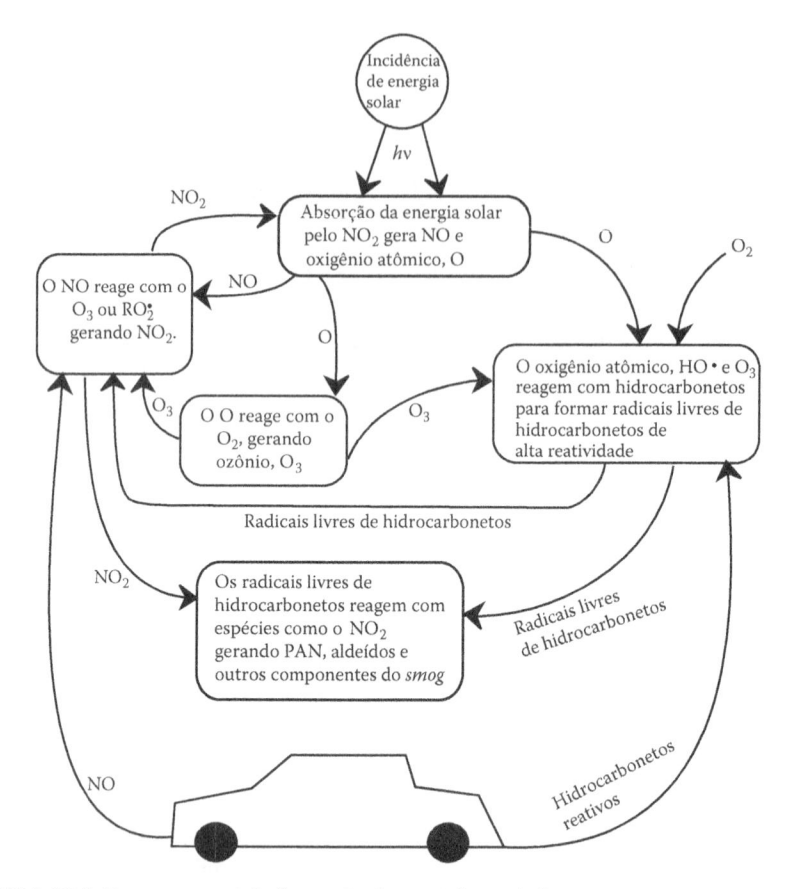

FIGURA 13.5 Esquema geral de formação do *smog* fotoquímico.

Uma vez que a química exata da formação do *smog* fotoquímico é muito complexa, diversas reações envolvidas no fenômeno são apresentadas como exemplos plausíveis, não como mecanismos comprovados.

O tipo de comportamento resumido na Figura 13.4 apresenta diversas anomalias que intrigaram os cientistas por muito tempo. A primeira é o rápido aumento na concentração de NO_2 e a queda nos níveis de NO em condições em que a fotodissociação do NO_2 a O e NO era conhecida. Além disso, foi possível mostrar que o desaparecimento dos alquenos e de outros hidrocarbonetos era muito rápido, uma observação conflitante com as velocidades de reação com o O_3 e o O, relativamente baixas. Hoje essas anomalias são explicadas pelas reações em cadeia envolvendo a interconversão do NO e NO_2, a oxidação de hidrocarbonetos e a geração de intermediários reativos, particularmente o radical hidroxila (HO•).

A Figura 13.5 mostra um esquema geral de formação do *smog* elaborado com base nas reações iniciadas pela via fotoquímica transcorridas em uma atmosfera contendo óxidos de nitrogênio, hidrocarbonetos reativos e oxigênio. As variações nos níveis de hidrocarbonetos, ozônio, NO e NO_2 com o horário são explicadas pelas seguintes reações globais:

1. Reação fotoquímica primária que produz átomos de oxigênio:

$$NO_2 + h\nu \ (\lambda < 394 \text{ nm}) \rightarrow NO + O \qquad (13.19)$$

2. Reações envolvendo espécies de oxigênio (M é um terceiro corpo absorvedor de energia):

$$O_2 + O + M \rightarrow O_3 + M \qquad (13.20)$$

$$O_3 + NO \rightarrow NO_2 + O_2 \qquad (13.21)$$

Por esta última reação ser rápida, a concentração de O_3 permanece baixa até a concentração de NO cair a um valor reduzido. As emissões de NO por veículos automotivos tendem a manter as concentrações de ozônio mais baixas nas auto-estradas.

3. A produção de radicais livres orgânicos a partir de hidrocarbonetos, RH:

$$O + RH \rightarrow R^\bullet + \text{outros produtos} \qquad (13.22)$$

$$O_3 + RH \rightarrow R^\bullet + \text{e/ou outros produtos} \qquad (13.23)$$

($R^\bullet$ é um radical livre em que o ponto denota um elétron desemparelhado, que pode ou não conter oxigênio.)

4. A propagação, ramificação e terminação da cadeia por diversas reações, como:

$$NO + ROO^\bullet \rightarrow NO_2 + \text{e/ou outros produtos} \qquad (13.24)$$

$$NO_2 + R^\bullet \rightarrow \text{produtos (PAN, por exemplo)} \qquad (13.25)$$

Esse último tipo de reação é o processo de terminação de cadeia mais comum no *smog*, porque o NO_2 é um radical livre estável presente em concentrações elevadas. Além disso, a terminação da cadeia pode ocorrer pela reação de radicais livres com NO ou pela reação de dois radicais $R^\bullet$, embora esta não seja comum, por conta das concentrações relativamente menores de radicais, em comparação com as concentrações de espécies moleculares. A terminação da cadeia pela sorção de radical na superfície de uma partícula também ocorre e pode contribuir para o aumento do tamanho da partícula de aerossóis.

Inúmeras reações específicas estão envolvidas no esquema geral da formação do *smog* fotoquímico. A produção de oxigênio atômico por uma reação fotoquímica primária (Reação 13.19) conduz a diversas outras reações envolvendo oxigênio e espécies de óxidos de nitrogênio.

$$O + O_2 + M \rightarrow O_3 + M \qquad (13.26)$$

$$O + NO + M \rightarrow NO_2 + M \qquad (13.27)$$

$$O + NO_2 \rightarrow NO + O_2 \qquad (13.28)$$

$$O_3 + NO \rightarrow NO_2 + O_2 \qquad (13.29)$$

$$O + NO_2 + M \rightarrow NO_3 + M \qquad (13.30)$$

$$O_3 + NO_2 \rightarrow NO_3 + O_2 \qquad (13.31)$$

Diversas reações ocorrem na atmosfera envolvendo óxidos de nitrogênio, água, ácido nitroso e ácido nítrico:

$$NO_3 + NO_2 \rightarrow N_2O_5 \qquad (13.32)$$

$$N_2O_5 \rightarrow NO_3 + NO_2 \qquad (13.33)$$

$$NO_3 + NO \rightarrow 2NO_2 \qquad (13.34)$$

$$N_2O_5 + H_2O \rightarrow 2HNO_3 \qquad (13.35)$$

(Esta reação é lenta em fase gasosa, mas pode ser rápida em superfícies.)
Radicais HO• muito reativos podem ser formados pela reação do oxigênio atômico excitado com a água,

$$O^* + H_2O \rightarrow 2HO^\bullet \qquad (13.36)$$

por fotodissociação do peróxido de hidrogênio,

$$H_2O_2 + h\nu \ (\lambda < 350 \text{ nm}) \rightarrow 2HO^\bullet \qquad (13.37)$$

ou pela fotólise do ácido nitroso,

$$HNO_2 + h\nu \rightarrow HO^\bullet + NO \qquad (13.38)$$

Esta reação muitas vezes representa a principal fonte do radical hidroxila nas primeiras horas do dia, quando as fontes derivadas da presença de ozônio são mínimas. Entre as espécies inorgânicas com que o radical hidroxila reage estão os óxidos de nitrogênio,

$$HO^\bullet + NO_2 \rightarrow HNO_3 \qquad (13.39)$$

$$HO^\bullet + NO + M \rightarrow HNO_2 + M \qquad (13.40)$$

e o monóxido de carbono,

$$CO + HO^\bullet + O_2 \rightarrow CO_2 + HOO^\bullet \qquad (13.41)$$

Esta última reação é essencial, pois é responsável pelo desaparecimento da maior parte do CO atmosférico (ver Seção 11.3) e pela produção do radical hidroxiperoxila HOO•. Uma das reações inorgânicas principais desse radical é a oxidação do NO:

$$HOO^\bullet + NO \rightarrow HO^\bullet + NO_2 \qquad (13.42)$$

No caso dos sistemas puramente orgânicos, os cálculos cinéticos e as medições experimentais não conseguem explicar a rápida transformação de NO em NO_2 observada em uma atmosfera em processo de formação de *smog* fotoquímico, nem prever se a concentração de NO_2 permanecerá muito baixa. Porém, na presença de hidrocarbonetos reativos, o NO_2 acumula com rapidez com base em reações que começam com sua fotodissociação! É possível concluir, portanto, que os compostos orgânicos formam espécies que reagem com o NO diretamente, não com o NO_2.

Foi comprovado que diversas reações em cadeia resultam no comportamento genérico de espécies como função do tempo, mostrado na Figura 13.4. Quando alcanos (RH) reagem com O, O_3 ou o radical HO•,

$$RH + O + O_2 \rightarrow ROO• + HO• \tag{13.43}$$

$$RH + HO• + O_2 \rightarrow ROO• + H_2O \tag{13.44}$$

são produzidos radicais orgânicos oxigenados reativos ROO•. Os alquenos são muito mais reativos e sofrem reações de adição sobretudo com o radical hidroxila,

$$\underset{R}{\overset{R}{>}}C=C\underset{R}{\overset{R}{<}} + HO• \xrightarrow{\text{Muito rápida}} HO-\underset{R}{\overset{R}{\underset{|}{C}}}-\underset{R}{\overset{R}{\underset{|}{C}}}• \rightarrow \text{Produtos de oxidação} \tag{13.45}$$

Aduto radicalar

(onde R pode ser um dos inúmeros substituintes de hidrocarboneto ou um átomo de H), com átomos de oxigênio,

$$\underset{R}{\overset{R}{>}}C=C\underset{R}{\overset{R}{<}} + O \rightarrow R-\underset{R}{\overset{O•}{\underset{|}{C}}}-\underset{R}{\overset{R}{\underset{|}{C}}}• \rightarrow \text{Produtos de oxidação} \tag{13.46}$$

Birradical

ou com o ozônio:

$$\underset{R}{\overset{R}{>}}C=C\underset{R}{\overset{R}{<}} + O_3 \rightarrow R-\underset{R}{\overset{O-O}{\underset{|}{C}}}-\underset{R}{\overset{}{\underset{|}{C}}}-R \rightarrow \text{Produtos de oxidação} \tag{13.47}$$

Os hidrocarbonetos aromáticos, Ar-H, também reagem com o O e o HO•. As reações mais facilitadas são as de adição de aromáticos e HO•. O produto da reação do benzeno com o HO• é o fenol, como mostra a sequência de reações a seguir, em que o semicírculo e o ponto no centro da estrutura hexagonal representam um radical livre formado pela adição de HO• ao anel aromático:

$$\bigcirc + HO• \rightarrow \bigcirc\!\!\!\!\!{}^{H\;\;OH} \tag{13.48}$$

$$\bigcirc\!\!\!\!\!{}^{H\;\;OH} + O_2 \rightarrow \bigcirc\!\!\!\!\!{}^{OH} + HOO• \tag{13.49}$$

No caso dos alquil benzenos, como o tolueno, o ataque do radical hidroxila pode ocorrer no grupo alquila, levando à sequência de reações como a que envolve os alcanos.

Os aldeídos reagem com o HO•,

$$R-\overset{O}{\underset{||}{C}}-H + HO• + O_2 \rightarrow R-\overset{O}{\underset{||}{C}}-OO• + H_2O \tag{13.50}$$

$$H_2C=O + HO^\bullet + \tfrac{3}{2}O_2 \longrightarrow CO_2 + HOO^\bullet + H_2O \qquad (13.51)$$

e sofrem reações fotoquímicas:

$$R-\overset{O}{\underset{}{C}}-H + h\nu + 2O_2 \longrightarrow ROO^\bullet + CO + HOO^\bullet \qquad (13.52)$$

$$H_2C=O + h\nu + 2O_2 \longrightarrow CO + HOO^\bullet \qquad (13.53)$$

O radical hidroxila (HO•), que reage com alguns hidrocarbonetos com velocidades muito altas, próximas à velocidade de difusão controlada, é o reagente predominante nos primeiros estágios da formação do *smog*. Contribuições significativas são dadas pelo radical hidroperoxila (HOO•), O_3 e NO_3 (à noite) quando o processo de formação do *smog* está em pleno andamento.

Uma das sequências de reações mais importantes no processo de formação do *smog* começa com a abstração pelo HO• de um átomo de hidrogênio de um hidrocarboneto, levando à oxidação do NO a NO_2, conforme mostrado a seguir:

$$RH + HO^\bullet \rightarrow R^\bullet + H_2O \qquad (13.54)$$

O radical alquila, R•, reage com o O_2 para produzir o radical peroxila, ROO•:

$$R^\bullet + O_2 \rightarrow ROO^\bullet \qquad (13.55)$$

Essa espécie é altamente oxidante e oxida com eficiência o NO a NO_2:

$$ROO^\bullet + NO \rightarrow RO^\bullet + NO_2 \qquad (13.56)$$

o que explica a rápida conversão de NO em NO_2 (que, no passado, estava envolta em certo mistério) em uma atmosfera em que o segundo sofre fotodisssociação. O radical alcoxila gerado, RO•, não é tão estável quanto o ROO•. Nos casos em que o átomo de oxigênio está ligado a um átomo de carbono que também está ligado a um átomo de H, existe a probabilidade de formação de um composto carbonílico de acordo com a reação:

$$H_3CO^\bullet + O_2 \longrightarrow H-\overset{O}{\underset{}{C}}-H + HOO^\bullet \qquad (13.57)$$

A produção rápida de compostos carbonílicos fotossensíveis a partir de radicais alcoxila atua como um fator que estimula as reações fotoquímicas subsequentes na atmosfera. Na ausência de hidrogênio abstraível, ocorre a clivagem de um radical contendo o grupo carbonila:

$$H_3C-\overset{O}{\underset{}{C}}-O^\bullet \longrightarrow H_3C^\bullet + CO_2 \qquad (13.58)$$

Os compostos carbonilos, discutidos na Seção 12.4, são importantes iniciadores, intermediários e produtos finais da formação do *smog*. O ar com níveis de poluição elevados pode conter mais de 50 carbonilos diferentes. Com frequência, os compostos carbonílicos mais abundantes na atmosfera urbana poluída são o formaldeído e o acetaldeído; a acetona é normalmente a cetona mais frequente.

A oxidação do NO a NO_2 na atmosfera foi comentada anteriormente. Outra reação que pode levar à oxidação do NO é do tipo mostrado a seguir:

$$R-\overset{\overset{O}{\|}}{C}-OO^\bullet + NO + O_2 \rightarrow ROO^\bullet + NO_2 + CO_2 \tag{13.59}$$

Os nitratos de peroxiacila são formados pela reação de adição com o NO_2:

$$R-\overset{\overset{O}{\|}}{C}-OO^\bullet + NO_2 \rightarrow R-\overset{\overset{O}{\|}}{C}-OO-NO_2 \tag{13.60}$$

Quando R é o grupo metila, o produto é o PAN, mencionado na Seção 13.4. Embora não tenha estabilidade térmica, o PAN não sofre fotólise com rapidez, reage lentamente com o radical HO• e tem baixa solubilidade em água. Portanto, a via principal pela qual ele se perde na atmosfera é a decomposição térmica, processo inverso ao mostrado na Reação 13.60.

Os nitratos de peroxiacila são poluentes atmosféricos muito importantes, pois sinalizam a ocorrência do *smog* fotoquímico. Esses compostos são mutagênicos, causam irritação nos olhos e, por serem fitotoxinas potentes, prejudicam as plantas e atuam como agentes no transporte atmosférico de nitrogênio reativo. Existe a preocupação de que o crescente uso do etanol como aditivo da gasolina aumente os níveis de PAN. Isso porque o etanol é oxidado a acetaldeído pela via fotoquímica, um composto cuja oxidação fotoquímica por sua vez leva à produção de PAN.[6]

Os nitratos e nitritos de alquila podem ser formados pela reação dos radicais alcoxila (RO•) com o dióxido de nitrogênio e o óxido nítrico, respectivamente:

$$RO^\bullet + NO_2 \rightarrow RONO_2 \tag{13.61}$$

$$RO^\bullet + NO \rightarrow RONO \tag{13.62}$$

As reações de adição com o NO_2 e o NO como as representadas nas Reações 13.61 e 13.62 são importantes na terminação das reações em cadeia envolvidas na formação do *smog*. O fato de o NO_2 estar envolvido em uma etapa da terminação da reação em cadeia (Reação 13.61) e em uma etapa da iniciação da reação em cadeia (Reação 13.19) pode comprometer a eficácia da redução moderada das emissões de NO_x a fim de impedir a formação do fenômeno. Os nitratos e peróxi nitratos são constituintes importantes das atmosferas propensas ao *smog*.

Conforme a Reação 13.57, a reação do oxigênio com os radicais alcoxila produz o radical hidroperoxila. Os radicais peroxila reagem uns com os outros, gerando peróxido de hidrogênio, radicais alcoxila e radicais hidroxila, que são reativos:

$$HOO^\bullet + HOO^\bullet \rightarrow H_2O_2 + O_2 \tag{13.63}$$

$$HOO^\bullet + ROO^\bullet \rightarrow RO^\bullet + HO^\bullet + O_2 \tag{13.64}$$

$$ROO^\bullet + ROO^\bullet \rightarrow 2RO^\bullet + O_2 \tag{13.65}$$

13.5.1 O radical nitrato

Detectado pela primeira vez na troposfera em 1980, o radical nitrato, NO_3, hoje é reconhecido como uma espécie química importante na atmosfera, sobretudo à noite. Essa espécie é formada pela reação:

$$NO_2 + O_3 \rightarrow NO_3 + O_2 \qquad (13.66)$$

e existe em equilíbrio com o NO_2:

$$NO_2 + NO_3 + M \rightleftarrows N_2O_5 + M \text{ (terceiro corpo absorvedor de energia)} \qquad (13.67)$$

Os níveis de NO_3 permanecem baixos durante o dia, normalmente com um ciclo de vida de apenas 5 s ao meio-dia, devido às duas reações de dissociação a seguir:

$$NO_3 + h\nu \ (\lambda < 700 \text{ nm}) \rightarrow NO + O_2 \qquad (13.68)$$

$$NO_3 + h\nu \ (\lambda < 580 \text{ nm}) \rightarrow NO_2 + O \qquad (13.69)$$

É provável que os níveis de NO_3 elevem-se o suficiente na hora que precede o crepúsculo para então começarem a influenciar a química troposférica. À noite os níveis de NO_3 tornam-se muito maiores, atingindo valores perto de 8×10^7 moléculas cm^{-3} em média, em comparação com apenas 1×10^6 moléculas cm^{-3} do radical hidroxila. Embora o radical hidroxila reaja entre 10 e 1.000 vezes mais rapidamente que o NO_3, a concentração muito maior do segundo composto atesta seu papel mais atuante na química atmosférica noturna. O radical nitrato se adiciona às ligações duplas nos alquenos, em uma reação que gera espécies radicais reativas participantes da formação do *smog*.

13.5.2 Os compostos fotolisáveis na atmosfera

Neste ponto do capítulo é interessante revisar os tipos de compostos passíveis de fotólise na troposfera, o processo que inicia a reação em cadeia. Na maioria das condições troposféricas, o composto mais importante capaz de sofrer fotólise é o NO_2:

$$NO_2 + h\nu \ (\lambda < 394 \text{ nm}) \rightarrow NO + O \qquad (13.19)$$

Em atmosferas relativamente poluídas, a principal reação de fotodissociação que ocorre na sequência envolve os compostos contendo carbonila, em especial o formaldeído:

$$CH_2O + h\nu \ (\lambda < 335 \text{ nm}) \rightarrow H^\bullet + H\overset{\bullet}{C}O \qquad (13.70)$$

O peróxido de hidrogênio fotodissocia, produzindo dois radicais hidroxila:

$$HOOH + h\nu \ (\lambda < 350 \text{ nm}) \rightarrow 2HO^\bullet \qquad (13.71)$$

Por fim, os peróxidos orgânicos podem se formar e então dissociar, de acordo com as reações a seguir, começando com um radical peroxila:

$$H_3COO^\bullet + HOO^\bullet \rightarrow H_3COOH + O_2 \qquad (13.72)$$

$$H_3COOH + h\nu\ (\lambda < 350\ nm) \rightarrow H_3CO^\bullet + HO^\bullet \qquad (13.73)$$

É preciso lembrar que as Reações 13.70, 13.71 e 13.73 geram duas espécies de radical livre cada uma, por fóton absorvido. O ozônio sofre dissociação fotoquímica, gerando átomos de oxigênio excitados em comprimento de onda abaixo de 315 nm. Esses átomos conseguem reagir com o H_2O, formando radicais hidroxila.

13.6 A reatividade dos hidrocarbonetos

A reatividade dos hidrocarbonetos no processo de formação do *smog* é um aspecto essencial a fim de compreender o fenômeno e o desenvolvimento de estratégias para controlá-lo. Conhecer os hidrocarbonetos reativos participantes permite idealizar maneiras de minimizar suas emissões. Os hidrocarbonetos menos reativos, dos quais o propano é um bom exemplo, podem causar a formação do *smog* a considerável distância na direção do vento, em relação ao ponto em que são emitidos.

A reatividade dos hidrocarbonetos fica clara quando interpretada à luz da interação dos hidrocarbonetos com o radical hidroxila. Ao metano, o hidrocarboneto gasoso menos reativo e com uma meia-vida atmosférica um pouco acima de 10 dias, atribui-se uma reatividade igual a 1,0. (Apesar de sua reatividade baixa, o metano é tão abundante na atmosfera que responde por uma parcela expressiva das reações totais do radical hidroxila.) Em comparação, o β-pineno, produzido por coníferas e outras espécies vegetais, é quase 9 mil vezes mais reativo que o metano, e o *d*-limoneno, existente na casca da laranja, é cerca de 19 mil vezes mais reativo que o metano. Em relação a suas velocidades de reação com o radical hidroxila, as reatividades dos hidrocarbonetos são classificadas de I a V, como mostra a Tabela 13.2.

TABELA 13.2 As reatividades relativas dos hidrocarbonetos e CO com o radical HO•

Classe de reatividade	Faixa de reatividade[a]	Meia-vida aproximada na atmosfera	Compostos em ordem crescente de reatividade
I	< 10	> 10 dias	Metano
II	10–100	24 h – 10 dias	CO, acetileno, etano
III	100–1.000	2,4–24 h	Benzeno, propano, *n*-butano, isopentano, metil etil cetona, 2-metil pentano, tolueno, *n*-propil benzeno, isopropil benzeno, eteno, *n*-hexano, 3-metil pentano, etil benzeno
III	1.000–10.000	15 min–2,4 h	*p*-xileno, *p*-etil tolueno, *o*-etil tolueno, *o*-xileno, metil isobutil cetona, *m*-etil tolueno, *m*-xileno, 1,2,3-trimetil benzeno, propeno, 1,2,4-trimetil benzeno, 1,3,5-trimetil benzeno, *cis*-3-buteno, β-pineno, 1,3-butadieno
V	> 10.000	< 15 min	2-metil-2-buteno, 2,4-dimetil-2-buteno, *d*-limoneno

Fonte: Baseado em dados publicados em Darnall, K. R et al., Reactivity Scale for atmospheric hydrocarbons based on reaction with hydroxyl radical, *Environmental Science and Technology*, **10**, 692-696, 1976.

[a] Com base na reatividade arbitrada de 1,0 para o metano, em reação com o radical hidroxila.

13.7 Os produtos inorgânicos do *smog*

As duas classes principais de produtos inorgânicos do *smog* são os sulfatos e nitratos. Os sulfatos e nitratos inorgânicos, junto com os óxidos de enxofre e nitrogênio, contribuem para a precipitação ácida, a corrosão, a diminuição da visibilidade na atmosfera e causam efeitos nocivos à saúde.

Embora seja lenta em uma atmosfera limpa, a oxidação do SO_2 a espécies de sulfato é relativamente rápida em condições propícias ao *smog*. Em condições severas de formação do fenômeno, taxas de oxidação da ordem de 5 a 10% por hora são observadas, em comparação com apenas uma fração de porcentagem por hora em condições atmosféricas normais. Por essa razão, o dióxido exposto ao *smog* tem a capacidade de produzir concentrações de sulfato localizadas muito altas, o que agrava as condições atmosféricas adversas.

Diversas espécies oxidantes no *smog* conseguem oxidar o SO_2, entre as quais compostos como O_3, NO_3 e N_2O_5, além de espécies radicalares reativas, sobretudo HO•, HOO•, O, RO• e ROO•. As duas reações principais são a transferência de oxigênio,

$$SO_2 + O \text{ (oriundo de O, RO•, ROO•)} \to SO_3 \to H_2SO_4, \text{sulfatos} \quad (13.74)$$

ou a adição de outras espécies, como o HO•, que se adiciona ao SO_2 para formar uma espécie reativa que, por sua vez, reage com oxigênio, óxidos de nitrogênio ou outras espécies, gerando sulfatos, outros compostos de enxofre, ou ainda compostos de nitrogênio:

$$HO• + SO_2 \to HOSOO• \quad (13.75)$$

A presença de HO• (normalmente a um nível de 3×10^6 radicais cm^{-3}, mas bem maior em atmosferas sob *smog*) faz da reação anterior a mais provável de ocorrer. A adição de SO_2 a RO• ou ROO• pode gerar compostos orgânicos de enxofre.

É preciso observar que a reação do H_2S com o HO• é muito rápida. Diante disso, a meia-vida normal do H_2S na atmosfera é reduzida de maneira significativa na presença de *smog* fotoquímico.

Diversas reações que ocorrem no *smog* formam nitratos inorgânicos ou ácido nítrico. Entre as reações importantes produtoras do ácido nítrico estão a reação do N_2O_5 com a água (Reação 13.35) e a adição do radical hidroxila ao NO_2 (Reação 13.39). A oxidação do NO ou NO_2 em espécies de nitrato pode ocorrer após a absorção do gás por uma gotícula de aerossol. O ácido nítrico formado por essas reações reage com a amônia na atmosfera, formando nitrato de amônio:

$$NH_3 + HNO_3 \to NH_4NO_3 \quad (13.76)$$

Outros sais de nitrato também podem ser formados.

O ácido nítrico e os nitratos encontram-se entre os produtos finais do *smog* mais prejudiciais. Além dos possíveis efeitos adversos para plantas e animais, esses compostos causam graves problemas de corrosão. Os contatos em relés eletrônicos e as molas pequenas presentes em disjuntores são especialmente suscetíveis aos danos causados pela corrosão por nitratos.

13.8 Os efeitos do *smog*

Os efeitos nocivos do *smog* podem ocorrer em relação a (1) saúde humana e animal, (2) danos a materiais, (3) efeitos na atmosfera e (4) toxicidade para plantas. Não se sabe ao certo até que ponto a exposição ao *smog* afeta a saúde humana, embora exista a suspeita de que efeitos adversos expressivos ocorram. O ozônio, um gás precursor do *smog* com odor penetrante, é tóxico; em uma concentração de 0,15 ppmv, causa tosse, chiado ao respirar, constrição dos brônquios e irritação das mucosas do aparelho respiratório em indivíduos saudáveis e praticantes de exercício. Em março de 2008, a EPA dos Estados Unidos definiu como 0,075 ppmv a concentração máxima de ozônio no nível do solo, como padrão de qualidade do ar ambiente para um período de exposição de 8 horas, com base nos prováveis efeitos para a saúde causados por esse poluente. Na mesma oportunidade, a agência revisou o padrão secundário para exposição ao ozônio no nível do solo, também como 0,075 ppmv. O padrão secundário é baseado em evidências dos danos causados pelo ozônio a plantas, árvores e lavouras durante a estação de crescimento. Além do ozônio, os peróxi nitratos e os aldeídos, agentes oxidantes encontrados no *smog*, causam irritação nos olhos.

Os materiais sofrem os efeitos adversos causados por alguns componentes do *smog*. A borracha tem forte afinidade com o ozônio, o que causa rachaduras e o envelhecimento desse produto. Na verdade, a ocorrência de rachaduras na borracha era utilizada como indicador da presença de ozônio. O ozônio ataca a borracha natural e materiais semelhantes pela oxidação e quebra das ligações duplas no polímero, de acordo com a reação:

$$\left[\begin{array}{c} H \quad CH_3 \; H \\ -C-C=C-C- \\ H \quad H \quad H \end{array}\right]_n + O_3 \longrightarrow R-\underset{H}{\overset{}{C}}-C\underset{O}{\overset{O-O}{\diagup}}\overset{CH_3}{\underset{}{C}}-R' \tag{13.77}$$

$$\longrightarrow R-\underset{\underset{O}{\parallel}}{C}-OH + H_3C-\underset{\underset{O}{\parallel}}{C}-R'$$

Polímero da borracha

Essa reação, do tipo cisão oxidativa, rompe as ligações na estrutura do polímero, resultando em sua deterioração.

As partículas de aerossóis que reduzem a visibilidade são formadas pela polimerização das moléculas menores produzidas nas reações de formação do *smog*.[7] Uma vez que essas reações envolvem sobretudo a oxidação de hidrocarbonetos, não causa surpresa o fato de os compostos orgânicos contendo oxigênio constituírem maioria no material particulado formado a partir do *smog*. Os aerossóis solúveis em éter coletados na atmosfera de Los Angeles têm fórmula empírica aproximada CH_2O. Entre os tipos específicos de compostos identificados nos aerossóis orgânicos de *smog* estão alguns alcoóis, aldeídos, cetonas, ácidos orgânicos, ésteres e nitratos orgânicos. Os hidrocarbonetos de origem vegetal prevalecem entre os precursores da formação de particulados no *smog* fotoquímico.

Alguns aerossóis tendem a ser formados por condensação em núcleos existentes, e não pela autonucleação das moléculas geradas por reações. A análise por micrografia eletrônica desses aerossóis comprovou essa tendência, ao demonstrar que as partículas micrométricas dos aerossóis do *smog* são compostas por gotículas contendo

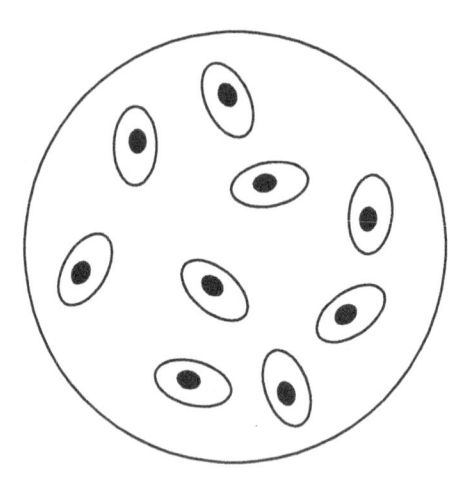

FIGURA 13.6 Representação de uma micrografia eletrônica das partículas de um aerossol de *smog* coletado por um impactador de jato inercial mostrando os núcleos opacos a elétrons e os centros das gotículas impactadas.

um núcleo inorgânico opaco aos elétrons (Figura 13.6). O material particulado de diferentes fontes, excetuando-se o *smog*, pode exercer alguma influência na formação e nas propriedades dos aerossóis do *smog*.

Em vista da escassez mundial de alimentos, os efeitos nocivos conhecidos do *smog* nas plantas despertam preocupações. Esses efeitos são, em grande parte, devido aos oxidantes presentes na atmosfera sob *smog*, principalmente o ozônio, o PAN e os óxidos de nitrogênio. Entre estes, o PAN é o mais tóxico para plantas, ao atacar folhas jovens e causando a "queima" e a "vitrificação" nas superfícies dessas estruturas. A exposição a uma atmosfera contendo apenas 0,02 – 0,05 ppmv de PAN por algumas horas prejudica a vegetação. O grupo sulfidrila das proteínas de seres vivos é suscetível aos danos causados pelo PAN, que reage com eles desempenhando o papel de oxidante e agente alquilante ao mesmo tempo. Por sorte, as concentrações normalmente observadas do PAN são reduzidas. Os óxidos de nitrogênio ocorrem a concentrações relativamente maiores em condições de *smog*, mas a toxicidade que apresentam para plantas é menor.

Os hidroperóxidos de alquila de cadeia curta, mencionados na Seção 13.4, são observados em níveis reduzidos em condições de *smog*, ou mesmo em atmosferas remotas. É possível que essas espécies oxidem as bases do DNA, causando efeitos genéticos adversos. Os hidroperóxidos de alquila são formados em condições de *smog* pela reação dos radicais peróxi-alquila com o radical hidroperóxido, $HO_2^{\bullet}$, como demonstrado para a formação do hidroperóxido de metila, a seguir:

$$H_3CO_2^{\bullet} + HO_2^{\bullet} \rightarrow H_3COOH + O_2 \qquad (13.78)$$

A análise dos hidroperóxidos de metila, etila, *n*-propila e *n*-butila (ver Capítulo 22) pelo teste de Ames demonstrou que esses compostos apresentam tendência mutagênica em linhagens selecionadas de *Salmonella typhimurium*; porém, quaisquer conclusões sobre a saúde de seres humanos tiradas com base nesses estudos devem ser interpretadas com cautela.

FIGURA 13.7 Representação do dano causado pelo ozônio a uma folha de limoeiro. Em uma fotografia colorida, as manchas aparecem como pontilhado clorótico amarelo na face superior da folha.

A baixa toxicidade dos óxidos de nitrogênio e os níveis geralmente baixos de PAN, hidroperóxidos e outros oxidantes presentes no *smog* relegam ao ozônio a condição de maior ameaça contra a vida vegetal imposta pelo fenômeno. Algumas espécies de plantas, como uma variedade de alface asiática, o aguaraquiá, o fazendeiro-peludo e a variedade de tomate "Double Fortune", têm tamanha suscetibilidade aos efeitos do ozônio e outros oxidantes fotoquímicos que são utilizados como bioindicadores da presença de *smog*. Efeito característico da fototoxicidade do O_3, o dano causado por essa substância à folha do limoeiro se manifesta na ocorrência de pontos cloróticos (manchas amarelas típicas em uma folha verde), como mostra a Figura 13.7. Espécimes do pinheiro Ponderosa e do pinheiro de Jeffrey expostos ao ozônio e *smog* nas Montanhas São Bernardino, na Califórnia, desenvolveram o mosqueado clorótico e a morte prematura das agulhas. A inibição do crescimento pode ocorrer sem lesões visíveis na planta.

A exposição a cerca de 0,06 ppmv de ozônio por breves períodos pode cortar pela metade a taxa de fotossíntese de algumas plantas. Somente na Califórnia, os danos a lavouras causados pelo ozônio e outros poluentes fotoquímicos do ar são estimados na ordem de milhões de dólares ao ano. A distribuição geográfica dos danos à vegetação no estado norte-americano é mostrada na Figura 13.8.

FIGURA 13.8 Distribuição geográfica dos danos à vegetação causado pelo *smog* na Califórnia.

Literatura citada

1. Guerova, G. and N. Jones, A global model study of ozone enhancement during the August 2003 heat wave in Europe, *Environmental Chemistry*, **4**, 285–292, 2007.
2. Kim, S. and B. Dale, Life cycle assessment of fuel ethanol derived from corn grain via dry milling, *Bioresource Technology*, **99**, 5250–5260, 2008.
3. Sharkey, T. D., A. E. Wiberley, and A. R. Donohue, Isoprene emission from plants: Why and how, *Annals of Botany*, **101**, 5–18, 2008.
4. Horowitz, L. W., A. M. Fiore, G. P. Milly, R. C. Cohen, A. Perring, P. J. Wooldridge, P. G. Hess, L. K. Emmons, and J.-F. Lamarque, Observational constraints on the chemistry of isoprene nitrates over the eastern United States, *Journal of Geophysical Research (Atmospheres)*, **112**, D12S08/1–D12S08/13, 2007.
5. Wu, S., Z. Lu, J. Hao, Z. Zhao, J. Li, H. Takekawa, H. Minoura, and A. Yasuda, Construction and characterization of an atmospheric simulation smog chamber, *Advances in Atmospheric Sciences*, **24**, 250–258, 2007.
6. Jacobson, M. Z., Effects of ethanol (E85) versus gasoline vehicles on cancer and mortality in the United States, *Environmental Science and Technology*, **41**, 4150–4157, 2007.
7. Tsigaridis, K. and M. Kanakidou, Secondary organic aerosol importance in the future atmosphere, *Atmospheric Environment*, **41**, 4682–4692, 2007.

Leitura complementar

Allaby, M., *Fog, Smog, and Poisoned Rain*, Facts on File, New York, 2003.
Balduino, S. P., Ed., *Progress in Air Pollution Research*, Nova Science Publishers, New York, 2007.
Barnes, I., *Global Atmospheric Change and Its Impact on Regional Air*, Kluwer Academic Publishers, Norwell, MA, 2002.
Bodine, C. G., Ed., *Air Pollution Research Advances*, Nova Science Publishers, New York, 2007.
Brasseur, G. P., R. G. Prinn, and A. A. P. Pszenny, *The Changing Atmosphere: An Integration and Synthesis of a Decade of Tropospheric Chemistry Research*, Springer-Verlag, New York, 2003.
Chapman, M. and R. Bowden, *Air Pollution: Our Impact on the Planet*, Raintree Publishers, Austin, TX, 2002.
Colls, J. and A. Tiwary, *Air Pollution: Measurement, Modeling, and Mitigation*, 3rd ed., Spon Press, London, 2009.
Desonie, D., *Atmosphere: Air Pollution and its Effects*, Chelsea House Publishers, New York, 2007.
Finlayson-Pitts, B. J. and J. N. Pitts, *Chemistry of the Upper and Lower Atmosphere: Theory, Experiments, and Applications*, Academic Press, San Diego, CA, 2000.
Heck, R. M., R. J. Farrauto, and S. T. Gulati, *Catalytic Air Pollution Control: Commercial Technology*, 3rd ed., Wiley, Hoboken, NJ, 2009.
Harrington, W. and V. McConnell, Eds., *Controlling Automobile Air Pollution*, Ashgate, Burlington, VT, 2007.
Hewitt, C. N., Ed., *Reactive Hydrocarbons in the Atmosphere*, Academic Press, San Diego, CA, 1999.
Kidd, J. S. and R. A. Kidd, *Air Pollution: Problems and Solutions*, Chelsea House Publishers, New York, 2006.
Klán, P. and J. Wirz, *Photochemistry of Organic Compounds: From Concepts to Practice*, Wiley, Hoboken, NJ, 2009.
Montalti, M., *Handbook of Photochemistry*, 3rd ed., CRC Press/Taylor & Francis, Boca Raton, FL, 2006.

Livingston, J. V., *Air Pollution: New Research*, Nova Science Publishers, New York, 2007.
Seinfeld, J. H. and S. N. Pandis, *Atmospheric Chemistry and Physics: From Air Pollution to Climate Change*, 2nd ed., Wiley, Hoboken, NJ, 2006.
Sokhi, R. S., Ed., *World Atlas of Atmospheric Pollution*, Anthem Press, New York, 2007.
Turro, N. J., V. Ramamuthy, and J. C. Scaiano, *Principles of Molecular Photochemistry: An Introduction*, University Science Books, Sausalito, CA, 2009.
Vallero, D. A., *Fundamentals of Air Pollution*, 4th ed., Elsevier, Amsterdam, 2008.
Wayne, R. P., *Chemistry of the Atmospheres*, 3rd ed., Oxford University Press, Oxford, UK, 2000.

Perguntas e problemas

1. Entre as espécies a seguir, aquela com a menor probabilidade de ser um produto da absorção de um fóton de luz por uma molécula de NO_2 é: (a) O, (b) uma espécie de radical livre, (c) NO, (d) NO_2^*, (e) átomos de N.
2. Entre as frases a seguir, a alternativa verdadeira é: (a) O RO• reage com o NO para formar nitratos de alquila. (b) O RO• é um radical livre. (c) O RO• não é uma espécie muito reativa. (d) O RO• é prontamente formado pela ação de hidrocarbonetos estáveis e NO_2 no estado fundamental. (e) O RO• não é considerado um intermediário no processo de formação do *smog*.
3. Entre as espécies citadas, aquela com maior probabilidade de ser encontrada no *smog* redutor é: ozônio, níveis relativamente altos de oxigênio atômico, SO_2, PAN, NPB.
4. Por que os hidrocarbonetos poluentes emitidos pelos escapes de automóveis são mais prejudiciais ao ambiente do que indicam seus níveis?
5. Em que ponto da reação em cadeia de produção do *smog* é formado o PAN?
6. Entre os produtos do *smog* mencionados neste capítulo, qual é a substância com capacidade irritante especialmente alta com probabilidade de ser formada em laboratório pela irradiação de uma mistura de benzaldeído e NO_2 exposta à radiação ultravioleta?
7. Entre as espécies listadas, aquela que atinge a concentração de pico em um dia em que ocorre a formação do *smog* é: NO, agentes oxidantes, hidrocarbonetos, NO_2?
8. Qual é a principal espécie responsável pela oxidação do NO a NO_2 em uma atmosfera com *smog*?
9. Cite duas razões pelas quais um motor a turbina emite níveis menores de hidrocarbonetos que um motor a combustão interna.
10. Que problema de poluição é agravado por uma mistura pobre quando esta é empregada para controlar as emissões de um motor a combustão interna?
11. Por que um conversor catalítico utilizado atualmente em veículos automotivos é chamado de "conversor catalítico de três vias"?
12. Qual é a distinção entre *reatividade* e *instabilidade*, tal como definidas para algumas espécies quimicamente ativas em uma atmosfera onde se forma o *smog*?
13. Por que o monóxido de carbono pode ser escolhido como padrão de comparação das emissões de hidrocarbonetos por veículos automotivos em atmosferas onde se forma o *smog*? Quais são as ciladas criadas por essa escolha?
14. Qual é a finalidade da alumina em um catalisador do escape de veículos automotivos? Qual é o tipo de material que de fato catalisa a destruição dos poluentes no catalisador?
15. Algumas reações químicas atmosféricas incluem reações de abstração e algumas reações de adição. Qual dos dois tipos caracteriza a reação do radical hidroxila com o propano? E com o propeno (propileno)?
16. De que maneira os oxidantes são detectados na atmosfera?

17. Cada um dos cinco processos listados a seguir ocorre durante a formação do *smog*. Coloque-os em ordem de ocorrência, de 1 a 5, do primeiro ao último, explicando sua escolha: (A) Um radical alquila, ROO•, é produzido. (B) As partículas na atmosfera obscurecem a visibilidade. (C) O NO e outros produtos são formados a partir do NO_2. (D) O NO reage para produzir NO_2. (E) Um radical alquila, R•, é produzido a partir de um hidrocarboneto.
18. Por que o ozônio é especialmente prejudicial à borracha?
19. Demonstre como o radical hidroxila, HO•, pode reagir de maneiras diferentes com o etileno, $H_2C = CH_2$, e o metano, CH_4.
20. Cite o produto estável formado a partir de uma reação de adição inicial do radical hidroxila, HO•, com o benzeno.
21. Das afirmações apresentadas, a alternativa verdadeira é (explique): (A) O NO_2 *não* está envolvido nos processos que iniciam a formação do *smog*, apenas naqueles que tendem a terminá-lo. (B) O NO sofre fotodissociação para iniciar o processo de formação do *smog*. (C) O NO_2 consegue reagir com espécies de radicais livres para terminar reações em cadeia envolvidas na formação do *smog*. (D) Uma vez que o NO_2 tenha sofrido fotodissociação, não existe um mecanismo em uma atmosfera formadora de *smog* pela qual ele possa ser regenerado. (E) O NO_2 é a espécie mais fitotóxica (tóxica para plantas) presente em uma atmosfera com *smog*.
22. Entre as afirmativas apresentadas, a alternativa *falsa* sobre os hidrocarbonetos poluentes do ar é (explique): (A) Embora o metano, CH_4, seja normalmente considerado oriundo de fontes naturais e não poluente, as atividades humanas elevaram seus níveis atmosféricos com potenciais prejuízos. (B) Algumas espécies orgânicas emitidas por árvores podem resultar na formação de poluentes secundários na atmosfera. (C) Os hidrocarbonetos de alquenila contendo o grupo C = C apresentam um mecanismo de reação com o radical hidroxila que os alcanos não têm. (D) As reatividades de diferentes hidrocarbonetos normalmente mensuradas como indicadores da capacidade de formar *smog* variam em apenas ± 25%. (E) A maioria dos hidrocarbonetos não metânicos na atmosfera causa preocupação devido à capacidade de gerar poluentes secundários.
23. Entre as afirmativas apresentadas, a alternativa que diz respeito à reatividade dos hidrocarbonetos na formação do *smog* é (explique): (A) Os alcanos são mais reativos que os alquenos (olefinas). (B) A reatividade é baseada na reação com o HO. (C) O metano, CH_4, é o hidrocarboneto mais reativo. (D) Os terpenos, como o *d*-limoneno, não são reativos. (E) O radical hidroxila é classificado como hidrocarboneto não reativo.
24. As gotículas de aerossóis do *smog* são compostas de matéria orgânica envolvendo um núcleo (porção minúscula de matéria) inorgânico. O que isso significa com relação ao processo pelo qual esses aerossóis são formados? A porção orgânica do aerossol pode ser um hidrocarboneto puro? Explique.

A atmosfera global ameaçada   14

14.1 A mudança climática e os efeitos antropogênicos

São muitas as evidências utilizadas para inferir a longa história do clima da Terra, como os registros fósseis, a abundância de isótopos no gelo polar e o ar aprisionado em seu interior. A dimensão dos anéis das árvores e seus teores de elementos-traço são especialmente úteis, pois refletem as condições de abundância de água, temperatura, composição do ar e presença de poluentes que influenciaram a formação desses anéis muitos séculos atrás.[1]

As formas de vida na Terra têm uma forte conexão com a natureza do clima do planeta, o qual é determinante na adequação à vida. Como propôs o químico britânico James Lovelock, essa conexão representa a base da *hipótese Gaia*, que postula que o balanço O_2/CO_2 na atmosfera estabelecido e sustentado pelos seres vivos determina e mantém o clima da Terra e outras variáveis climáticas. Por cerca de 3,5 bilhões de anos, os mecanismos de equilíbrio com função estabilizadora mantiveram a região limítrofe entre a Terra e a atmosfera dentro de condições restritas de água no estado líquido que promovem a vida. É importante que a humanidade evite perturbações nesse equilíbrio delicado no futuro próximo.

Desde o momento em que a vida surgiu na Terra, a atmosfera terrestre sofre as influências dos processos metabólicos dos seres vivos. Quando as moléculas precursoras da vida primitiva foram geradas, há cerca de 3,5 bilhões de anos, a atmosfera terrestre era muito diferente do que é hoje. Naquela época era uma atmosfera redutora, e estima-se que fosse composta por nitrogênio, metano, amônia, vapor da água e hidrogênio, mas não oxigênio molecular. Esses gases e a água do mar eram bombardeados por radiação ultravioleta intensa e capaz de romper ligações químicas que, junto com as descargas elétricas atmosféricas e a radiação oriunda de radionuclídeos, forneceu a energia necessária para as reações químicas que resultariam na produção de moléculas com relativo grau de complexidade, como os aminoácidos e açúcares. Foi a partir dessa rica mistura química que evoluíram as moléculas da vida. No começo, essas formas de vida muito primitivas obtinham sua energia da fermentação da matéria orgânica formada por processos químicos e fotoquímicos. Com o tempo, desenvolveram a capacidade de produzir matéria orgânica, $\{CH_2O\}$, por fotossíntese utilizando a energia solar ($h\nu$).

$$CO_2 + H_2O + h\nu \rightarrow \{CH_2O\} + O_2(g) \quad (14.1)$$

e o palco estava pronto para a grande transformação bioquímica que resultaria na produção de quase todo o oxigênio atmosférico.

Acredita-se que o oxigênio inicialmente gerado pela via fotossintética tenha sido bastante tóxico para as formas de vida primitivas de então. No entanto, a maior parte desse oxigênio era convertida em óxidos de ferro pelas reações do ferro (II) solúvel:

$$4Fe^{2+} + O_2 + 4H_2O \rightarrow 2Fe_2O_3 + 8H^+ \qquad (14.2)$$

Os enormes depósitos de óxidos de ferro gerados por essas reações são a prova irrefutável da existência de oxigênio livre na atmosfera primitiva.

Por fim, desenvolveram-se os sistemas enzimáticos, permitindo que os organismos mediassem a reação do oxigênio gerado como resíduo com a matéria orgânica oxidável presente na água do mar. Mais tarde esse modo de disposição de resíduos seria utilizado pelos seres vivos para produzir energia para a respiração, no que hoje é o mecanismo pelo qual os organismos não fotossintéticos obtêm energia.

Com o tempo, o acúmulo do O_2 na atmosfera transformou-a em uma fonte abundante do gás para a respiração. Além disso, ele permitiu a formação da camada de ozônio, o escudo contra a radiação ultravioleta do Sol na estratosfera. Com esse escudo em funcionamento, a Terra se transformou em um ambiente muito mais propício para a vida, e as formas que antes habitavam os ambientes marinhos protegidos puderam ocupar os ambientes terrestres mais expostos.

No entanto, a mudança climática e a regulação induzidas pelos organismos tiveram outras manifestações. Uma das mais importantes é a manutenção do dióxido de carbono atmosférico em níveis baixos por meio da ação dos organismos fotossintéticos (observe, na Reação 14.1, que a fotossíntese remove CO_2 da atmosfera). Porém, a um ritmo ainda mais acelerado nos últimos 200 anos, outro organismo, o homem, iniciou diversas atividades que vêm alterando a atmosfera, com profundas consequências. Conforme observamos no Capítulo 1, as influências antrópicas são tão intensas que hoje é necessário definir a existência de uma quinta esfera ambiental, a antroposfera.

A atmosfera recebe uma grande variedade de contaminantes da antroposfera. Essas substâncias exercem efeitos marcantes sem relação com a fração que ocupam na massa total da atmosfera, sobretudo nas áreas envolvendo: (1) a absorção de radiação infravermelha emitida, o que aquece a atmosfera; (2) o espalhamento e a reflexão da luz solar; (3) a formação de espécies fotoquimicamente reativas, como o NO_2 ativado pela absorção de radiação ultravioleta; e (4) a formação de espécies catalíticas, como os átomos de Cl (que destroem o ozônio) produzidos pela fotodissociação dos CFC na estratosfera.

As atividades humanas que têm forte influência na atmosfera incluem as atividades industriais emissoras de partículas e gases poluentes, a queima de combustíveis fósseis que emitem partículas e óxidos de carbono, enxofre e nitrogênio, os meios de transporte que utilizam esses combustíveis fósseis, as alterações causadas na superfície do solo, como o desmatamento e a desertificação, a queima de biomassa e vegetação com a emissão de fuligem e óxidos de carbono e nitrogênio, e as práticas agrícolas como o cultivo de arroz, com as grandes quantidades de metano que produz. Os principais efeitos desses processos incluem os altos níveis de acidez e de agentes oxidantes na atmosfera, a piora do aquecimento global e os teores elevados de gases que ameaçam a camada de ozônio, além da maior capacidade corrosiva da atmosfera.

Em 1957, o *smog* fotoquímico mal começava a ser reconhecido como problema sério, a chuva ácida e o efeito estufa não passavam de curiosidades científicas e a potencial destruição do ozônio causada pelos CFC era inimaginável. No mesmo ano

Revelle e Suess[2] referiram-se às perturbações humanas na Terra, em tom profético, como um grande "experimento geofísico". Os efeitos que esse experimento pode ter na atmosfera global são o tópico deste capítulo.

14.1.1 As mudanças climáticas

Há evidências das enormes mudanças climáticas que a Terra sofreu no passado. Sabe-se que a espécie humana existe como tal há 10 mil anos, período iniciado no final da última glaciação e que se estende até o presente, chamado de *holoceno*. Indícios sugerem que as grandes mudanças climáticas ocorrem com muita rapidez, no espaço de alguns anos. Essas alterações podem se dar por meio de mecanismos de *feedback* positivo em que, uma vez atingido certo patamar, a mudança propele-se a si própria, a passos rápidos e irreversíveis em seu percurso transformador. Essa transposição é mais bem descrita em analogia com uma canoa. Curvar-se ligeiramente sobre a borda a um de seus lados faz a canoa inclinar-se de leve, voltando à posição normal assim que o ocupante se empertigue outra vez. Contudo, passado certo ponto, a canoa vira por completo – e de vez. O esfriamento do clima pode resultar no aumento da área da Terra coberta por gelo e neve, que refletem a luz solar e exacerbam o esfriamento e a formação de mais gelo e mais neve. Secas destroem a vegetação, o que diminui a transpiração de umidade na atmosfera, restringindo a incidência de chuvas e acentuando ainda mais a perda de cobertura vegetal.

As flutuações no clima têm consequências ecológicas importantes, tanto diretas quanto indiretas. Nos últimos anos as atenções deixaram de se concentrar nos fenômenos localizados e de curto prazo (chuvas, cobertura por neve, temperatura), voltando-se para os fenômenos climáticos em grande escala e que abrangem períodos de tempo maiores. Os fenômenos em escala global, como o El Niño e a Oscilação do Atlântico Norte, exercem efeitos ecológicos significativos por muitos anos em extensas áreas do globo. Os efeitos nas plantas terrestres e em sua produtividade causam alterações nas populações animais e nas relações entre herbívoros e carnívoros. A ressurgência de nutrientes e as variações nas temperaturas oceânicas alteram a atividade fotossintética nos ambientes marinhos, afetando as populações de peixes e outras biotas oceânicas.

14.2 O aquecimento global

Esta seção aborda os gases-traço que absorvem a radiação infravermelha (exceto o vapor da água) na atmosfera que contribuem para o aquecimento global e com a influência dos particulados na temperatura. A Figura 14.1 mostra a tendência do aquecimento global desde 1880 e ilustra um viés para a elevação nas temperaturas nas últimas décadas. Além de ser uma questão de interesse científico, o aquecimento da atmosfera pelo efeito estufa também se tornou um importante problema político, econômico e ideológico.

O dióxido de carbono e outros gases-traço que absorvem a radiação infravermelha contribuem para o aquecimento global – o "efeito estufa" – ao permitirem que a energia da radiação solar incidente penetre na superfície da Terra, ao mesmo tempo em que absorvem a radiação infravermelha refletida da Terra. Como mostra a Figura

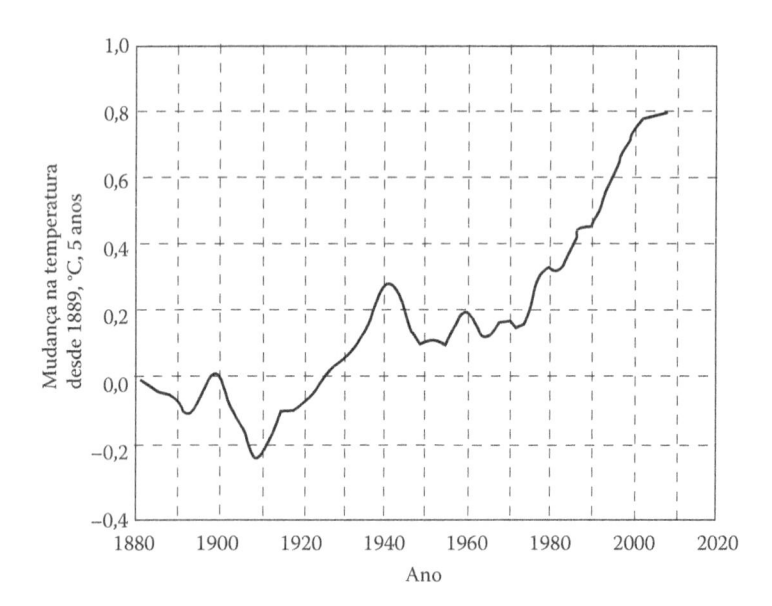

FIGURA 14.1 Tendência de aumento da temperatura do planeta desde 1880. Os valores iniciais são menos exatos devido à falta de meios sofisticados de medição. Os valores recentes são mais precisos, pois adotam tecnologias que utilizam satélites para medir a temperatura.

14.2, os níveis atmosféricos do "gás estufa" dióxido de carbono aumentaram rapidamente nas últimas décadas e mantêm essa tendência. As preocupações com esse fenômeno se intensificaram desde 1980. Some-se a essa preocupação a descoberta de que, de acordo com o Instituto Goddard de Ciência Espacial, os oito anos mais quentes desde o início dos registros de temperatura ocorreram desde 1998, e que os 14 anos mais quentes registrados ocorreram no intervalo de 1990 até o presente. Entre esses, o ano de 2005 foi o com a maior temperatura. O ano de 2007 empatou com o de 1998 em segundo lugar. O valor próximo à marca recorde medido em 2007 é o mais notável porque esse foi o ano com menor incidência de radiação solar, e o ciclo natural dos fenômenos El Niño e La Niña, observados no Oceano Pacífico equatorial, estava em sua fase fria.

O dióxido de carbono é considerado o gás que mais contribui para o aquecimento global. Tanto do ponto de vista químico como fotoquímico, o dióxido de carbono é comparativamente insignificante como espécie, devido a suas concentrações baixas e reatividade fotoquímica reduzida. A única reação fotoquímica relevante que o dióxido de carbono sofre, e que representa uma fonte importante de CO na atmosfera, é sua fotodissociação pela radiação solar ultravioleta de alta energia na estratosfera.

$$CO_2 + h\nu \rightarrow CO + O \tag{14.3}$$

O fator mais óbvio que eleva os níveis de dióxido de carbono atmosférico é o consumo de combustíveis fósseis à base de carbono. Além dessa fonte, a emissão de CO_2 pela biodegradação de biomassa e a absorção pela via fotossintética são variáveis importan-

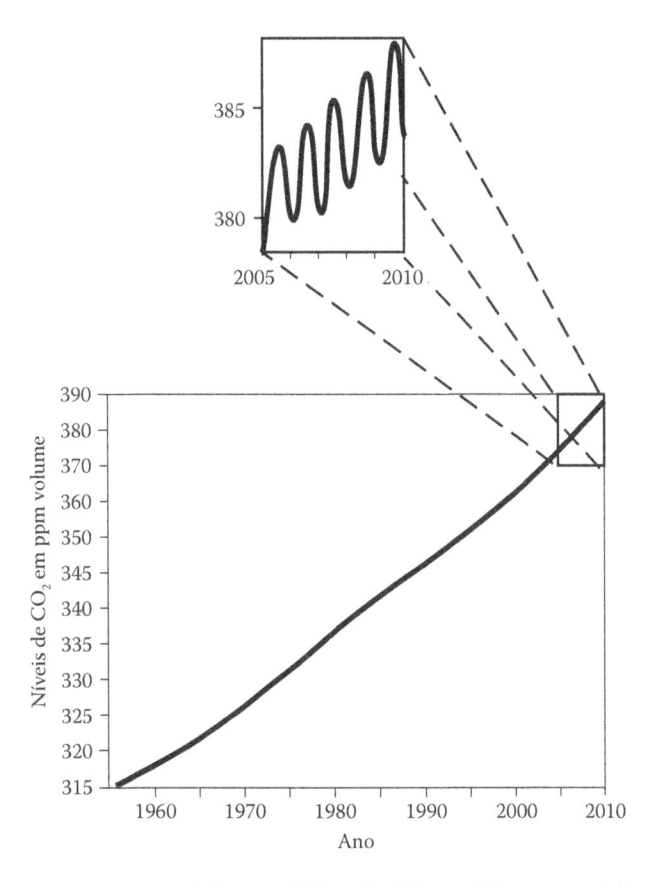

FIGURA 14.2 Aumentos nos níveis atmosféricos de CO_2 nos últimos anos. A inserção mostra as variações sazonais no hemisfério norte.

tes na determinação dos níveis totais de CO_2 na atmosfera. O papel da fotossíntese é ilustrado na Figura 14.2, que mostra um ciclo sazonal nos níveis de dióxido de carbono no hemisfério norte. Os valores máximos ocorrem em abril, e os mínimos no final de setembro ou outubro. Essas oscilações se devem ao "pulso fotossintético", influenciado sobretudo pelas florestas em latitudes intermediárias e localizadas predominantemente no hemisfério norte. A influência dessas florestas é muito maior que a de outros tipos de vegetação, pois as árvores efetuam a fotossíntese a taxas elevadas. Além disso, as florestas armazenam carbono fixado, mas facilmente oxidável, na forma de madeira e húmus em níveis suficientemente elevados para que sua influência nos teores atmosféricos de CO_2 seja marcante. Assim, durante os meses de verão, as árvores das florestas efetuam a fotossíntese em intensidades altas o bastante para reduzir os níveis de dióxido de carbono de maneira significativa. Durante o inverno, o metabolismo da biota, como a decomposição bacteriana do húmus, libera uma quantidade expressiva de CO_2. Portanto, a destruição das florestas observada em todo o mundo e a conversão de extensões florestadas em terras agrícolas contribui muito para o crescente aumento generalizado dos níveis de CO_2 na atmosfera.

Se as tendências atuais persistirem, é provável que os níveis globais de CO_2 duplicarão ainda neste século, tendo como base os teores pré-industriais, o que poderá elevar a temperatura média da superfície da Terra em 1,5 a 4,5°C. Uma mudança dessa magnitude tem o potencial de causar alterações ambientais mais graves e irreversíveis do que qualquer outro tipo de desastre (exceto uma guerra nuclear em escala mundial ou o impacto de um asteroide).

Um aumento anual constante nos níveis de dióxido de carbono da ordem de 1 ppmv/ano foi característico das tendências mostradas na Figura 14.2, mas hoje a elevação anual nos níveis do gás está próxima de 2 ppmv. Como mostra a Figura 14.3, as emissões de dióxido de carbono *per capita* são mais altas nos países industrializados, e acredita-se que os países em desenvolvimento populosos, como a China e a Índia, acrescentarão grandes quantidades do gás à atmosfera no futuro. Os CFC, que também são gases causadores do efeito estufa, ou simplesmente gases estufa, só foram introduzidos na atmosfera a partir da década de 1930. Embora as tendências nos níveis desses gases sejam bem conhecidas, seus efeitos na temperatura e no clima do planeta não estão totalmente esclarecidos. Esse fenômeno foi objeto de estudos que utilizaram modelos computacionais, a maioria dos quais prevê um aquecimento global entre 3,0 e 5,5°C em um período de apenas algumas décadas. Estimativas como essas são alarmantes, pois correspondem a um aumento de temperatura equivalente ao observado desde a última glaciação, há mais de 18 mil anos, e que ocorreu a um ritmo muito menos acelerado, de apenas 1 ou 2°C a cada mil anos. Esse aquecimento

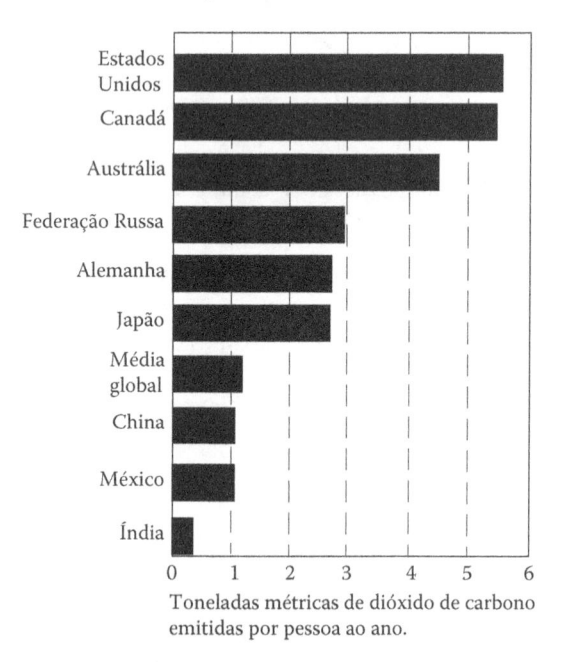

FIGURA 14.3 Emissões anuais de dióxido de carbono *per capita*. A rápida industrialização dos países populosos, sobretudo China e Índia, poderá acrescentar quantidades muito maiores de dióxido de carbono à atmosfera no futuro. Devido a sua população imensa, a China tem emissões anuais totais de dióxido de carbono quase idênticas às dos Estados Unidos.

teria efeitos profundos na precipitação, no crescimento de espécies vegetais e nos níveis dos oceanos, que poderiam se elevar entre 0,5 e 1,5 m.

Os mecanismos de *feedback* positivo e negativo podem estar envolvidos na determinação das taxas em que o dióxido de carbono e o metano (discutido a seguir) se acumulam na atmosfera. Estudos em laboratório dão conta de que níveis elevados de CO_2 na atmosfera aceleram a absorção do gás pelas plantas em seu processo de fotossíntese, o que, por sua vez, tende a diminuir a acumulação do gás. Com precipitações pluviométricas adequadas, a vegetação de climas mais quentes, decorrentes do efeito estufa, cresceria com mais rapidez, absorvendo mais CO_2. Esse efeito seria muito expressivo nas florestas, que exibem alta capacidade de fixar o CO_2. Contudo, as projeções da velocidade de aumento nos níveis de dióxido de carbono são tão altas que as florestas não conseguiriam fixar esses níveis maiores de CO_2. Pela mesma razão as concentrações mais altas de CO_2 acelerariam a absorção do gás pelos oceanos. A quantidade de CO_2 dissolvido nos oceanos é quase 60 vezes a quantidade do gás CO_2 na atmosfera. Contudo, a transferência do dióxido de carbono da atmosfera para os oceanos é um fenômeno lento, da ordem de anos. Devido às velocidades de mistura baixas, os períodos necessários para transferir o dióxido de carbono presente na camada superior da água do mar (100 metros) para as grandes profundidades oceânicas é muito maior, da magnitude de décadas. Logo, tal como ocorre com a absorção de CO_2 pelas florestas, a absorção maior de CO_2 pelos mares é excedida pelas emissões do gás. Uma das preocupações com os níveis elevados de CO_2 nos oceanos diz respeito à consequente diminuição do pH da água do mar. Ainda que pequeno, da ordem de um décimo a alguns décimos de unidade de pH, este efeito pode ter um forte impacto nos organismos marinhos. Estiagens severas resultantes do aquecimento global diminuiriam a absorção do CO_2 pelas plantas de maneira considerável. As temperaturas mais altas acelerariam a liberação de CO_2 e de CH_4 na decomposição microbiana da matéria orgânica. (É importante observar que a quantidade de carbono retida no solo na matéria orgânica – o necrocarbono – e potencialmente degradável em CO_2 e CH_4 é duas vezes maior que os teores presentes na atmosfera.) O aquecimento global elevaria a velocidade com que essa biodecomposição introduz esses gases na atmosfera.

14.2.1 O metano e os outros gases estufa

Além do dióxido de carbono, os outros gases que contribuem para o aquecimento global são os CFC, fluorocarbonetos, HCFC, HFC, N_2O e, em especial, o metano, CH_4. Atualmente na casa de 1,8 ppmv na atmosfera, os níveis de metano sobem a uma taxa perto de 0,02 ppmv/ano. O aumento rápido nesses teores, em comparação com outros gases, é atribuído a diversos fatores resultantes de atividades humanas, entre as quais o vazamento direto de gás natural, as emissões de subprodutos da mineração de carvão e da recuperação do petróleo, além da queima de savanas e florestas tropicais. As emissões biogênicas resultantes das atividades humanas produzem grandes quantidades de metano atmosférico. Essas fontes incluem as bactérias degradadoras de matéria orgânica (como o lixo em aterros), a biodegradação anaeróbia da matéria orgânica dos arrozais e a ação bacteriana nos tratos digestivos dos animais.

Além de atuar como gás estufa, o metano tem efeitos significativos na química atmosférica. Ele gera o CO atmosférico como produto intermediário da oxidação e influencia as concentrações dos radicais hidroxila e do ozônio na atmosfera. Na estratosfera, gera hidrogênio e H_2O, mas atua na remoção do cloro, destruidor do ozônio.

O termo *forçante radiativa* descreve a redução da radiação infravermelha emanante da atmosfera pelo aumento unitário no nível de um gás presente nela. A forçante radiativa do CH_4 é cerca de 25 vezes maior que a do CO_2. Os efeitos do aumento nas concentrações de metano e de muitos outros gases estufa na atmosfera são desproporcionais porque a faixa de absorção do infravermelho desses gases preenche as lacunas no espectro total da radiação refletida não cobertas pelo dióxido de carbono e pelo vapor da água, muito mais abundantes. Portanto, enquanto um aumento na concentração de dióxido de carbono surte consequências pequenas no efeito estufa (pois esse gás já absorve uma fração muito alta da radiação infravermelha correspondente a seu espectro de absorção), uma elevação na concentração de metano, CFC ou outros gases estufa tem consequências comparativamente muito maiores.

14.2.2 Os particulados e o aquecimento global

Enquanto os efeitos do dióxido de carbono e outros gases na temperatura são relativamente fáceis de calcular, os efeitos dos particulados são muito mais complicados. Os particulados atmosféricos exercem efeitos diretos, espalhando e absorvendo radiação, e indiretos, alterando a estrutura microfísica, os ciclos de vida e as quantidades de nuvens (ver discussão sobre os núcleos de condensação na Seção 9.5). Os particulados interagem e espalham a radiação de comprimento de onda semelhante aos tamanhos de suas partículas com maior intensidade. A maior parte da energia solar incidente tem comprimentos de onda abaixo de 4 μm e a maioria das partículas tem tamanho menor que este valor. Por essa razão, o principal efeito das partículas na atmosfera é o espalhamento da radiação da energia solar incidente, o que esfria a atmosfera. Alguns tipos de partículas, como as compostas por negro de fumo e fuligem, absorvem a radiação solar incidente, aquecendo a atmosfera.

As gotículas de água no estado líquido que formam as nuvens podem tanto espalhar a radiação incidente quanto absorver a radiação infravermelha emanante. As nuvens de baixa altitude atuam sobretudo na diminuição da temperatura da atmosfera, ao espalhar radiações de comprimentos de onda menores, ao passo que as nuvens altas tendem a absorver a radiação infravermelha refletida, causando elevação da temperatura. As partículas de aerossóis, como os sulfatos de cálcio que agem como núcleos de condensação de nuvens, nos quais o vapor da água condensa, tendem a aumentar o número de partículas. De modo geral, esse comportamento esfria a atmosfera.

Vistos em conjunto, os efeitos das partículas na temperatura do planeta são variáveis e mesmo hoje não são completamente compreendidos. O desenvolvimento de modelos para a análise desses efeitos é muito mais desafiador do que a modelagem dos efeitos dos constituintes atmosféricos gasosos, como o dióxido de carbono.

14.2.3 O cenário do aquecimento global e efeitos associados

Não resta dúvida de que os níveis de CO_2 na atmosfera continuarão a aumentar de forma expressiva. O grau em que esse aumento ocorre depende da produção futura desse gás e da fração dessa produção que permanecerá na atmosfera. Frente às projeções plausíveis dos níveis da produção de CO_2 e a uma estimativa razoável que diz que metade dessa quantidade permanecerá na atmosfera, é possível prever que, em algum momento nos próximos 100 anos, a concentração deste gás atingirá 600 ppmv na atmosfera. Esse valor representa muito mais que o dobro dos níveis estimados para os períodos pré-industriais. Muito menos esclarecidos são os efeitos que essa mudança terá no clima. É praticamente impossível, mesmo para os modelos computacionais mais sofisticados empregados para estimar esses efeitos, considerar todas essas variáveis com precisão, como o grau e a natureza da cobertura de nuvens. As nuvens refletem a radiação solar incidente e absorvem a radiação infravermelha emanante, embora o primeiro efeito tenda a predominar. A magnitude dessas consequências é função da cobertura, do brilho, da altitude e da espessura das nuvens. Fenômenos de *feedback* também ocorrem com relação às nuvens; por exemplo, o aquecimento induz a formação de mais nuvens, que, por sua vez, refletem níveis maiores de energia incidente.

As estiagens são um dos problemas em potencial mais graves da mudança climática de grandes proporções resultante do aquecimento pelo efeito estufa. De modo geral, um aquecimento de três graus seria acompanhado por uma diminuição de 10% na precipitação. A escassez de água seria agravada, não apenas por conta dessa diminuição nas chuvas, mas também pelas taxas de evaporação mais altas. Uma elevação na evaporação reduz os deflúvios, diminuindo a água disponível para a agricultura e o consumo humano e industrial. Por sua vez, a falta de água leva a um aumento na demanda por irrigação e à geração de deflúvios e águas residuárias de pior qualidade e maior salinidade. Nos Estados Unidos, esse problema seria especialmente grave na bacia do Rio Colorado, que abastece a maior parte da água utilizada no sudoeste do país, região com taxas de crescimento maiores.

Outros problemas, alguns dos quais imprevistos até pouco tempo atrás, também podem ser resultado do aquecimento global. Um exemplo desse efeito do aquecimento é a proliferação de pragas de plantas e animais – insetos, ervas daninhas, doenças e roedores disseminam-se com eficiência muito maior em climas quentes.

É interessante observar que o dióxido de enxofre, outro poluente do ar que também forma a chuva ácida (ver Seção 14.4), pode exercer um efeito contrário ao dos gases estufa. Isso ocorre porque o dióxido de enxofre é oxidado na atmosfera a ácido sulfúrico, formando uma névoa que reflete a luz. Além disso, o ácido sulfúrico e os sulfatos que produz atuam como núcleos de condensação em que o vapor da água atmosférico condensa, aumentando a extensão, a densidade e o brilho da cobertura de nuvens refletora da luz solar. Os aerossóis de sulfato são particularmente eficientes na neutralização do efeito estufa na Europa central e na costa leste dos Estados Unidos durante o verão.

14.3 A ciência verde e a tecnologia reduzem o aquecimento global

Embora ainda existam os "céticos do aquecimento global", que tentam desacreditar aqueles que se preocupam com o fenômeno, a comunidade científica respeitada é unânime sobre a realidade do aquecimento global, considerando os gases estufa, em especial o dióxido de carbono, como os principais agentes causadores do fenômeno. Logo, a questão que se apresenta para as pessoas responsáveis é o que deve ser feito acerca do problema. As possibilidades são divididas em três categorias: (1) minimização, (2) medidas de contenção e (3) adaptação.

14.3.1 A minimização

A *minimização* diz respeito às medidas tomadas para reduzir as emissões dos gases estufa. A minimização tem uma ligação estreita com a produção e utilização de energia, já que a maioria das emissões de gases estufa se origina da queima de combustíveis fósseis. Por sorte, o desenvolvimento de novas tecnologias e a utilização de medidas de conservação de energia existentes aumentam muito a eficiência no consumo desses combustíveis. O uso eficiente de energia fóssil pode se tornar uma realidade sem grandes contratempos econômicos. Um exemplo dessa abordagem é a conversão da frota de veículos de passeio dos Estados Unidos em veículos híbridos, que combinam motores a combustão interna e motores elétricos. Os veículos híbridos são fabricados contemplando a capacidade de recarregar as baterias em tomadas elétricas domésticas, o que dá energia o bastante para percorrer 30 km de distância antes de o motor a combustão interna entrar em ação, o que corresponde à metade da distância de rotina viajada no trajeto casa-trabalho. Como vantagem verde, sem custo extra, as empresas poderiam disponibilizar estações de recarga nos estacionamentos para os veículos serem recarregados durante o expediente. Um sistema desses reduziria em 50% a quantidade de combustíveis fósseis consumida de imediato, baixando as emissões de gases estufa dos sistemas de transporte automotivo privado.

Converter o sistema atual de transporte de carga nos Estados Unidos o máximo possível, deixando de lado o caminhão e adotando o trem elétrico, melhoraria ainda mais a redução nas emissões dos gases estufa. Desde cerca de 1990, a proporção das cargas transportadas por trem nos Estados Unidos na forma de contêineres e caminhões articulados vem aumentando de maneira significativa, a ponto de algumas linhas férreas estarem se aproximando do limite de suas capacidades. Diferentemente da Europa, a maior parte das ferrovias nos Estados Unidos não é elétrica, embora essa conversão seja perfeitamente possível, e a eletricidade consumida seria gerada por meios que não exigem a queima de combustíveis fósseis. Em alguns casos, as faixas de domínio de autoestradas podem servir como rotas para novas ferrovias.

A eficiência na utilização de combustíveis fósseis para o aquecimento e em condicionadores de ar também pode ser aprimorada. O melhor combustível para o aquecimento doméstico é o gás natural (metano, CH_4), que emite quantidades mínimas de dióxido de carbono como gás estufa por unidade de calor gerado, devido a seu teor relativamente alto de hidrogênio. Em vez de queimar metano em uma fornalha, é possível empregar o gás como combustível em um pequeno motor a combustão interna conectado a uma bomba térmica que bombeia o calor do exterior. Os gases de escape do motor podem ser esfriados e o vapor da água que contém condensa, capturando mais calor.

Uma das maneiras de reduzir a emissão de dióxido de carbono consiste em utilizar a biomassa como combustível ou matéria-prima na fabricação de diversos produtos. A queima de combustível da biomassa de fato libera dióxido de carbono na atmosfera, mas a mesma quantidade do gás é removida da atmosfera na fotossíntese em que essa biomassa foi gerada. Assim, não existe aumento líquido dos teores de CO_2 nessa queima. Toda vez que os materiais derivados da biomassa usados como matéria-prima são queimados, ocorre uma perda líquida de dióxido de carbono na atmosfera.

Outra forma em potencial de utilização da química verde para prevenir a introdução do dióxido de carbono na atmosfera é o *sequestro do carbono*, em que o dióxido de carbono é produzido mas ligado em uma forma química que não é liberada na atmosfera.[3] Esta abordagem é mais promissora nas aplicações em que o dióxido de carbono é produzido na forma concentrada. O carbono presente no carvão pode ser reagido com oxigênio e água para formar hidrogênio elementar e dióxido de carbono em um processo de gaseificação. A reação líquida dessa produção é:

$$2C + O_2 + 2H_2O \rightarrow 2CO_2 + 2H_2 \tag{14.4}$$

O hidrogênio gerado serve como combustível não poluente em células combustíveis ou motores a combustão. Também é possível bombear o dióxido de carbono em águas oceânicas profundas, embora essa alternativa talvez diminua um pouco o pH da água do mar, o que pode ser prejudicial aos organismos marinhos. Outra opção consiste em bombear o dióxido de carbono a grandes profundidades subterrâneas. Uma vantagem desta abordagem é que em algumas áreas o dióxido de carbono bombeado no solo pode ser empregado para extrair o petróleo bruto remanescente em poços já explorados.

Existe também a possibilidade de converter o dióxido de carbono em combustível, se há uma fonte abundante e barata de H_2 elementar, como ocorre na eletrólise da água pelo excedente de energia eólica ou pela energia geotérmica, quando abundante. Esse processo, adotado na Islândia, é executado com base na reação gás de água inversa:

$$CO_2 + H_2 \rightarrow CO + H_2O \tag{14.5}$$

A síntese de Fischer-Tropsch seria empregada para produzir hidrocarbonetos e outros combustíveis e compostos orgânicos a partir do CO e do hidrogênio elementar adicional.

A melhor maneira de reduzir as emissões de gases estufa gerados pelo aquecimento doméstico consiste em evitar a utilização de combustíveis fósseis por completo. Os sistemas de aquecimento solar, que aquecem lares sem usar combustíveis fósseis, passaram por uma evolução expressiva. Outra medida adequada é a utilização de eletricidade para o aquecimento e o condicionamento do ar ambiente, se a energia elétrica utilizada for gerada a partir de fontes que não utilizem combustíveis fósseis. Outras opções para a geração de energia elétrica sem contribuir para os gases estufa são discutidas no Capítulo 19.

Uma das abordagens tecnológicas verdes para a redução das emissões de dióxido de carbono é o desenvolvimento de métodos alternativos de geração de energia. Uma das grandes vantagens é o desenvolvimento de células fotovoltaicas mais eficientes. Esses dispositivos tornaram-se competitivos na geração de eletricidade, e mesmo pequenas melhorias em suas taxas de eficiência permitiriam a utilização em outras aplicações, substituindo os combustíveis fósseis na produção de energia elétrica. Outra opção muito útil é o sistema de dissociação fotoquímica direta do vapor, que produz hidrogênio e oxigênio elementares e que pode ser empregado em células combustíveis. Uma das aplicações da bioquímica verde capaz de reduzir as emissões de dióxido de carbono consiste no desenvolvimento de usinas com níveis muito maiores de eficiência para a realização de fotossíntese. As usinas atuais têm eficiência de apenas 0,5% na conversão da energia luminosa em energia química. Elevar esse valor em apenas 1% faria enorme diferença, em termos econômicos, na produção de biomassa como substituto de combustíveis fósseis.

Independentemente das tecnologias empregadas para reduzir as emissões de gases estufa, é preciso exercer pressão nas esferas política e econômica no sentido de garantir que essas tecnologias sejam empregadas e mantidas. Uma das medidas diretas mais eficientes consiste na adoção de *padrões de consumo* para automóveis. Esses padrões foram impostos nos Estados Unidos nos primeiros anos da "crise do petróleo" mas, sem qualquer justificativa, deixaram de ser observados com rigidez no final do século XX e começo do século XXI. Por fim, em 2007, foram aprovadas leis exigindo a imposição gradual de quilometragens maiores para veículos novos. Outra medida útil é a *taxação do carbono* de combustíveis que emitem dióxido de carbono. Tributos muito altos sobre a gasolina e o óleo diesel aplicados há anos promoveram a adoção de veículos significativamente eficientes na Europa. Os veículos a diesel com maior eficiência são populares nesse continente, mas carros a diesel são raros nos Estados Unidos, onde a gasolina sempre foi relativamente barata. Além dessas medidas, a redução das emissões de dióxido de carbono com base no sistema chamado de *cap and trade** também é vantajosa. Nela, os setores ou grupos emissores recebem cotas de emissões de carbono. Se suas emissões ficarem abaixo dessa cota, eles podem vender parte dela a um grupo ou setor que está excedendo sua própria cota. Todas essas medidas têm a vantagem de não impor a adoção de tecnologias, deixando este aspecto para a capacidade inovadora do setor privado.

Uma das questões mais controversas relacionadas à emissão de gases estufa foi o Protocolo de Quioto e a recusa dos Estados Unidos a assiná-lo. Esse protocolo, resultado de um encontro de 160 nações em Quioto, no Japão, previa a estabilização das emissões dos gases estufa nos níveis de 1990 durante o período 2008-2012, que teria levado a uma redução de 23% nas emissões em relação aos níveis projetados na década de 1990 sem considerar qualquer medida de contenção. Os Estados Unidos se recusaram a assinar o protocolo porque ele isentava inúmeros países em desenvolvimento, sobretudo Índia e China, de adotar essas cotas, por razões econômicas. Essas nações produzem apenas uma pequena parcela de gases estufa *per capita* em comparação com os Estados Unidos e outros países industrializados. Nos primeiros anos da década de 2000, à medida que se desenvolviam as economias da Índia e da China, as emissões desses países aceleraram de maneira expressiva.

14.3.2 As medidas de contenção

As medidas de contenção ao aquecimento global incluem esquemas como a injeção de partículas refletoras de luz na atmosfera superior. A escala requerida é tão grande que provavelmente não seja possível implementá-las de maneira a surtir resultados representativos. Nesse sentido, uma das possibilidades consiste em aumentar (ou ao menos não reduzir) a quantidade de gases de enxofre emitidos na atmosfera passíveis de oxidação a ácido sulfúrico, que atua na geração de núcleos de condensação que, por sua vez, formam as nuvens refletoras da luz do Sol. Além dessas alternativas, outra opção, um tanto incomum seria a utilização de aviões-tanque que pulverizariam separadamente cloreto de hidrogênio e amônia no estado gasoso na atmosfera. Qual-

---

* N. de T.: A tradução livre da expressão para o português seria "limite e negociação".

quer estudante de química que aproxime dois copos de béquer, um com HCl e outro com NH$_3$, sabe que as duas substâncias reagem de acordo com a equação:

$$HCl(g) + NH_3(g) \rightarrow NH_4Cl(s) \tag{14.6}$$

formando uma densa névoa de partículas de cloreto de amônio que atuaria como núcleos de condensação de nuvens. Além dos problemas relativos à poluição do ar que essa abordagem obviamente suscita, é preciso considerar a dificuldade de encontrar uma tripulação disposta a pilotar um Airbus A380 nas camadas inferiores da estratosfera carregando tanques pressurizados destas duas substâncias corrosivas.

Uma medida de combate ao aquecimento global com possíveis efeitos significativos é a modificação da superfície da Terra de maneira a refletir a luz. Isso seria feito com tipos apropriados de vegetação na forma de florestas e pastagens, além da adição de técnicas agrícolas que minimizem a exposição do solo recém-arado, que absorve muita luz. Entretanto, um esforço desse tipo também exigiria a execução em escala muito grande para fazer diferença significativa. É possível obter resultados modestos com o projeto de superfícies de estruturas expostas à atmosfera (telhados e estacionamentos, por exemplo) com a meta de minimizar a reflexão da radiação solar. Uma medida como essa favoreceria a adoção de telhados de alumínio refletivos em substituição aos telhados escuros, e de concreto claro no lugar do asfalto em estacionamentos.

14.3.3 A adaptação

Uma vez que o aquecimento global de fato ocorrerá e que nenhuma medida de contenção será suficiente para impedi-lo, teremos de nos adaptar ao fenômeno. Além da elevação na temperatura, muitos outros efeitos do aquecimento do planeta apontam para uma variedade de adaptações. É possível prever que a adaptação ao aquecimento global será uma das atividades mais importantes da ciência e tecnologia verdes no futuro.

A escassez de água e as estiagens possivelmente serão os aspectos mais problemáticos do aquecimento do clima. A oferta de água, hoje já comprometida em muitas partes do mundo, ficará ainda menor. Será necessário implementar técnicas de irrigação mais eficientes e cultivar espécies que requeiram menos água. Uma das abordagens mais promissoras é o cultivo de plantas em terras costeiras áridas, irrigadas com a água do mar. As plantas que conseguem sobreviver expostas à água do mar são chamadas de halófitas e são capazes de produzir entre 1 e 2 kg de biomassa seca por milha quadrada (~2,6 km^2) de campo, o que equivale à produção de culturas convencionais, como a alfafa. Algumas das plantas mais produtivas que crescem com a água do mar têm nomes um tanto estranhos, como barrilheira, suaeda marítima, salgadeira e grama salgada. Embora não produzam grãos, algumas dessas plantas produzem forragem em abundância, que pode ser consumida por animais. Um pequeno problema com essas espécies é que, devido ao alto teor de sal na forragem, os animais que a consomem precisam beber quantidades significativamente maiores de água doce. Uma planta de água salgada que produz sementes em abundância é a *Salicornia bigelovii*, que coloniza áreas lamacentas com rapidez. Com teor de sal abaixo de 3%, as sementes contêm 35% de proteína e 30% de óleo altamente poli-insaturado, semelhante ao óleo de açafrão, em termos de composição. As sementes contêm saponinas amargas, que até certo ponto limitam a quantidade de semente ou farelo que restam após a extração do óleo que pode ser oferecida a animais. Sobretudo para a produção de óleo, o cultivo de algas produtoras de óleo em lagos de água salgada, como aqueles preenchidos com água salobra subterrânea, representa uma abordagem promissora.

Um dos principais efeitos adversos do aquecimento global resulta das consequências das temperaturas elevadas para as pessoas, principalmente os idosos vulneráveis. Tragicamente, essa situação foi ilustrada na Europa, em agosto de 2003. No Reino Unido, as temperaturas mais altas já registradas ocorreram em 10/8/2003, da ordem de 38°C (100,4°C) no Aeroporto de Heathrow, em Londres, e 38,1°C em Gravesend, condado de Kent. Mais de mil pessoas morreram por conta desta onda de calor no país. No entanto, o maior número de óbitos ocorreu na França, onde cerca de 15 mil pessoas morreram, a maioria idosos. O problema foi agravado não só pelo fato de a França não estar preparada para períodos de calor excessivo mas também porque muitas pessoas, inclusive os ministros do governo e os médicos que poderiam ter sido chamados para implementar medidas de urgência, têm o hábito de tirar férias em agosto. As capelas mortuárias ficaram superlotadas e armazéns equipados com refrigeração tiveram de ser utilizados para estocar corpos, até poderem ser identificados e enterrados. Uma das principais preocupações era que os reatores nucleares que geram a maior parte da energia elétrica consumida na França não fossem refrigerados da maneira adequada e em alguns casos foi preciso complementar os sistemas de refrigeração com a aspersão de água usando mangueiras. Outros países também foram afetados pela onda de calor. Portugal perdeu quase 10% de suas florestas em incêndios florestais. Contudo, o verão seco foi vantajoso na produção de uvas com teores muito elevados de açúcar, o que resultou em um dos melhores anos para a indústria vinícola francesa. No verão quente e seco de 2007, a maior parte das florestas da Grécia foi consumida pelo fogo.

À medida que avança o aquecimento global, uma adaptação será a instalação de equipamentos de ar condicionado e outras medidas de resfriamento de ambientes em regiões do mundo onde essas estratégias não são comuns. Essa situação é verdadeira particularmente na Europa, onde períodos de tempo quente se tornarão mais comuns, embora mais curtos que na maior parte dos Estados Unidos, por exemplo. Além da instalação de condicionadores de ar, será preciso fazer os preparativos para o fornecimento adequado de energia a esses equipamentos, o que não descarta usinas movidas a turbinas a óleo para gerar energia elétrica nos horários de pico e maiores volumes de água de resfriamento para reatores nucleares.

14.4 A chuva ácida

A precipitação acidificada pela presença de ácidos mais fortes que o CO_2 (aq) é comumente chamada de *chuva ácida*. O termo se aplica a todos os tipos de precipitação aquosa ácida, incluindo névoa, orvalho, neve e uma mistura de chuva e neve.[4] De modo geral, a *deposição ácida* se refere à deposição de ácidos aquosos, gases ácidos (como o SO_2) e sais ácidos (como o NH_4HSO_4) na superfície da terra. De acordo com essa definição, a deposição em solução é a *precipitação ácida*, e a deposição de gases secos e compostos é a *deposição seca*. Embora o dióxido de carbono esteja presente em níveis elevados na atmosfera, o dióxido de enxofre, SO_2, contribui mais para a acidez da precipitação por duas razões. A primeira é que o dióxido de enxofre é muito mais solúvel em água que o dióxido de carbono, como demonstra a constante da lei de Henry (Seção 5.3), igual a 1,2 mol L^{-1} atm^{-1}, comparada à constante do CO_2, 3,38 × 10^{-2} mol L^{-1} atm^{-1}. A segunda razão é que o valor de K_{a1} para o SO_2(aq),

$$SO_2\,(aq) + H_2O \rightleftarrows H^+ + HSO_3^- \tag{14.7}$$

$$K_{a1} = \frac{[H^+][HSO_3^-]}{[SO_2]} = 1,7 \times 10^{-2} \tag{14.8}$$

é mais que quatro vezes maior que o valor para o CO_2, 4,45 × 10^{-7}.

Embora a chuva ácida possa se originar da emissão direta de ácidos fortes, como o HCl gasoso ou a névoa de ácido sulfúrico, grande parte do fenômeno se dá sobretudo por poluentes secundários do ar produzidos pela oxidação atmosférica de gases precursores de ácidos, como mostram as seguintes reações globais, compostas por várias etapas:

$$SO_2 + \tfrac{1}{2}O_2 + H_2O \rightarrow \{2H^+ + SO_4^{2-}\}(aq) \tag{14.9}$$

$$2NO_2 + \tfrac{1}{2}O_2 + H_2O \rightarrow 2\{H^+ + NO_3^-\}(aq) \tag{14.10}$$

Reações químicas como essas determinam a natureza, o transporte e o destino da precipitação ácida. Como resultado dessas reações, as propriedades químicas (acidez, capacidade de reagir com outras substâncias) e físicas (volatilidade, solubilidade) dos poluentes atmosféricos ácidos são alteradas drasticamente. Por exemplo, mesmo a pequena fração de NO que dissolve na água não reage de modo expressivo. Contudo, o produto de sua oxidação, HNO_3, embora volátil, tem alta solubilidade em água e é muito ácido e reativo. Portanto, ele tende a ser removido de imediato da atmosfera, causando danos mais graves a plantas, materiais corrosíveis e outros objetos com que entra em contato.

Ainda que as emissões de operações industriais e da queima de combustíveis fósseis sejam as principais fontes de gases precursores de ácidos, a chuva ácida é observada em áreas distantes dessas fontes. Isso se deve em parte ao fato de os gases precursores de ácidos serem oxidados a constituintes ácidos, passando por um processo de deposição que dura vários dias, durante os quais a massa de ar contendo o gás teve a chance de se deslocar por alguns milhares de quilômetros. É provável que a queima de biomassa, utilizada em técnicas agrícolas baseadas na roçada e queimada de material*, libera gases que levam à formação de chuva ácida em áreas mais distantes. Em regiões áridas, os gases ácidos secos ou ácidos são sorvidos em partículas e podem se depositar, com efeitos semelhantes aos da chuva ácida.

A chuva ácida se espalha por áreas de muitas centenas ou mesmo milhares de quilômetros. Essa característica classifica o fenômeno como problema de poluição atmosférica *regional*, comparado a um problema de poluição atmosférica *local* (causado pelo *smog*) e um problema *global*, como os CFC (que destroem o ozônio) e os gases estufa. Outros exemplos de poluição atmosférica regional são os causados por fuligem, fumaça e cinzas volantes de combustão controlada e incêndios, como em florestas. A chuva radioativa gerada nos testes nucleares ou incêndios em reatores

---

* N. de T.: Em inglês, *slash and burn*, "cortar e queimar".

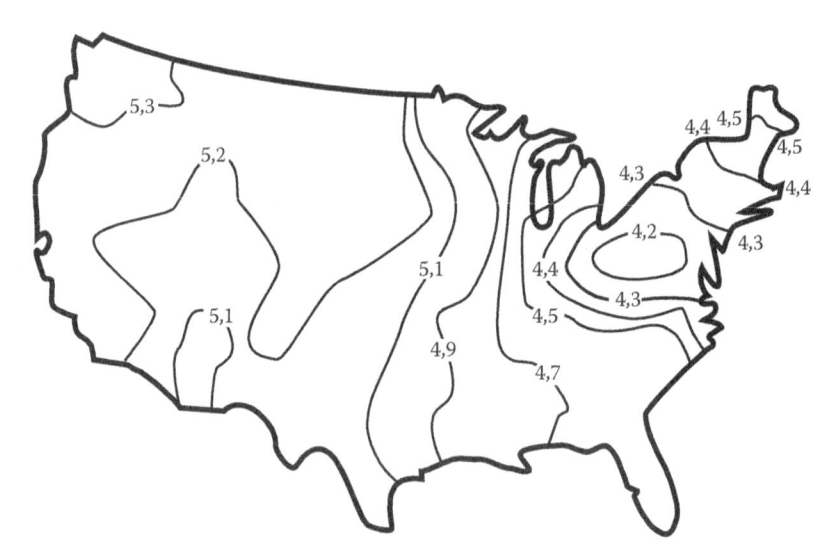

FIGURA 14.4 Isopletas de pH mostrando um padrão de pH de precipitação hipotético mas típico, nos 48 Estados do território continental dos Estados Unidos. Os valores reais encontrados podem variar com a época do ano e as condições climáticas.

(dos quais, por sorte, houve apenas um de proporções graves até hoje – em Chernobyl, na antiga União Soviética) também são considerados um problema regional.

A precipitação ácida tem forte dependência geográfica, como mostra a Figura 14.4, que representa o pH da precipitação no território continental dos Estados Unidos. A preponderância de chuva ácida no nordeste do país, que também afeta o sudoeste do Canadá, é óbvia. Análises dos movimentos de massas de ar evidenciaram uma correlação entre precipitação ácida e deslocamento prévio de massas de ar sobre fontes importantes de emissões antropogênicas de óxidos de enxofre e nitrogênio. Essa descoberta ficou bastante evidente no sul da Escandinávia, que recebe uma grande carga de poluição atmosférica de áreas de grande densidade populacional e atividade industrial intensa na Europa.

A chuva ácida vem sendo observada há bem mais de um século. Muitos dos registros mais antigos ocorreram no Reino Unido. As primeiras manifestações desse fenômeno foram os níveis elevados de SO_4^{2-} na precipitação coletada em áreas industriali-

TABELA 14.1 Concentrações iônicas típicas na precipitação ácida

Cátions		Ânions	
Íon	Concentração Equivalentes $L^{-1} \times 10^6$	Íon	Concentração Equivalentes $L^{-1} \times 10^6$
H^+	56	SO_4^{2-}	51
NH_4^+	10	NO_3^-	20
Ca^{2+}	7	Cl^-	12
Na^+	5	Total	83
Mg^{2+}	3		
K^+	2		
Total	83		

zadas. Evidências mais recentes foram obtidas com base na análise de precipitação na Suécia, na década de 1950, e nos Estados Unidos, cerca de uma década mais tarde. Um grande esforço de pesquisa foi conduzido nos Estados Unidos pelo Programa Nacional de Avaliação da Precipitação Ácida, criado pela Lei de Precipitação Ácida dos Estados Unidos, de 1980. A coleta de dados continua como prolongamento do programa.

A Tabela 14.1 lista os principais cátions e ânions detectados na precipitação com pH igual a 4,25. Embora os valores reais variem muito com a época do ano e a localização dos pontos de amostragem, essa tabela mostra alguns dos principais solutos iônicos em precipitação. A predominância do ânion sulfato permite concluir que o ácido sulfúrico é o principal contribuinte da precipitação ácida. O ácido nítrico é responsável por parcela pequena, mas crescente do ácido presente. O ácido clorídrico vem em terceiro lugar.

As principais evidências dos efeitos prejudiciais da chuva ácida são:

- A fitotoxicidade direta causada pelo excesso de concentrações ácidas. (As evidências da fitotoxicidade direta ou indireta da chuva ácida são dadas pela queda na condição de saúde das florestas nos Estados Unidos e na Escandinávia e, sobretudo, pelos danos observados na Floresta Negra, na Alemanha.)
- A fitotoxicidade dos gases precursores de ácidos, em especial o SO_2 e o NO_2, que acompanham a chuva ácida.
- A fitotoxicidade indireta. Um dos efeitos mais nocivos da precipitação ácida é a destruição de todo o Al^{3+} do solo, em níveis prejudiciais às plantas.
- A destruição de florestas sensíveis.
- Os efeitos respiratórios para humanos e outros animais.
- A acidificação da água de lagos, com efeitos tóxicos para a flora e a fauna desses corpos hídricos, particularmente para alevinos.
- A corrosão de estruturas expostas, relés elétricos, equipamentos e materiais ornamentais, em função do efeito do íon hidrogênio:

$$2H^+ + CaCO_3(s) \rightarrow Ca^{2+} + CO_2(g) + H_2O$$

O calcário, $CaCO_3$, tem suscetibilidade especial aos danos causados pela chuva ácida.

- Os efeitos associados, como a redução na visibilidade pelos aerossóis de sulfato e a influência destes nas propriedades físicas e óticas das nuvens. (Conforme mencionado na Seção 14.2, a intensificação da cobertura das nuvens e as alterações nas propriedades óticas de suas gotículas – especificamente a maior reflectância da luz – causadas pelo sulfato ácido na atmosfera podem exercer efeito atenuante no aquecimento global.) Foi observada uma associação significativa entre o sulfato ácido na atmosfera e a formação de névoas.

A sensibilidade do solo à precipitação ácida pode ser estimada com base na capacidade de troca catiônica (CTC, ver Capítulo 5). O solo via de regra é insensível se estiverem presentes carbonatos livres ou se for inundado com frequência. Os solos com CTC acima de 15,4 meq/100 g (com base em massa seca de solo) também não são sensíveis, porque o solo atua como tampão, absorvendo o íon H^+. Os solos com capacidades de troca catiônica entre 6,2 meq/100 g e 15,4 meq/100 g são um pouco sensíveis. Porém, os solos com capacidade de troca catiônica abaixo de 6,2 meq/100 g normalmente são sensíveis na ausência de carbonatos livres e se não forem inundados com frequência.

As formas de precipitação ácida diferentes da chuva podem conter excesso de acidez. A névoa ácida é especialmente prejudicial porque tem grande poder de penetração. No começo de dezembro de 1982, Los Angeles foi palco de um episódio grave de névoa ácida que durou dois dias. Essa névoa era formada por uma grande concentração de partículas ácidas no nível do solo que reduziam a visibilidade e causavam irritação no aparelho respiratório. O pH da água nestas partículas era 1,7, muito inferior a qualquer outro valor já registrado para uma precipitação ácida. Outra fonte de precipitação com alto teor de íons amônio, sulfato e nitrato associados à chuva ácida é a *geada ácida*. A geada é formada quando a água presente em uma nuvem congela, e pode condensar na forma de flocos de neve ou em superfícies expostas. A geada compõe até 60% da camada de neve em algumas áreas montanhosas, e a deposição de constituintes ácidos pode representar um vetor importante na transferência de constituintes atmosféricos ácidos para a superfície da Terra, em alguns casos.

14.5 A destruição do ozônio atmosférico

Na Seção 9.9 vimos que o ozônio atmosférico, O_3, atua como escudo de absorção da radiação ultravioleta perigosa na atmosfera, protegendo os seres vivos dos efeitos das quantidades excessivas de radiação. As duas reações de produção do ozônio estratosférico são:

$$O_2 + h\nu \rightarrow O + O \quad (\lambda < 242,4 \text{ nm}) \quad (14.11)$$

$$O + O_2 + M \rightarrow O_3 + M \text{ (}N_2 \text{ ou } O_2 \text{ que absorvem energia)} \quad (14.12)$$

sendo destruído por fotodissociação

$$O_3 + h\nu \rightarrow O_2 + O \quad (\lambda < 325 \text{ nm}) \quad (14.13)$$

e uma série de reações, cujo resultado líquido é:

$$O + O_3 \rightarrow 2O_2 \quad (14.14)$$

A concentração de ozônio na estratosfera se encontra no estado estacionário, resultado do equilíbrio entre a produção e a destruição do gás, de acordo com os processos apresentados anteriormente. A região da estratosfera em que são vistas quantidades expressivas de ozônio é chamada de *camada de ozônio*. Os limites da camada de ozônio variam com a altitude, mas de modo geral ela se estende de 15 a 35 km de altura. Em altitudes maiores que 35 km, o nível de gases atmosféricos é muito baixo, a maior parte do oxigênio é dissociado em átomos de O e existe pouco O_2 molecular com que os átomos de O podem se combinar para formar O_3. Em altitudes inferiores a 15 km, a maior parte da radiação ultravioleta de baixo comprimento de onda e capaz de gerar átomos de O necessários para a produção de ozônio foi filtrada da luz solar nas camadas superiores da atmosfera.

No total, quase 350 mil toneladas métricas de ozônio são produzidas e destruídas todos os dias na camada de ozônio. O ozônio nunca compõe mais que uma pequena parcela dos gases na camada que leva seu nome. Na verdade, se todo o ozônio presente na atmosfera fosse disposto em uma camada de espessura uniforme, ao nível do mar e a 25°C e 1 atm, ela teria apenas 3 mm de espessura! Isso representa uma camada de ozônio de 0,3 atm cm. A quantidade total de ozônio na atmosfera acima de uma dada localização é medida em unidades Dobson (UD). A UD equivale a 0,001 atm cm, assim, a espessura média da camada de ozônio é 300 UD.

14.5.1 O efeito protetor da camada de ozônio

O ozônio absorve a radiação ultravioleta com muita eficiência na região 220-330 nm, portanto, ele é eficaz para filtrar a radiação UVB, que é perigosa, com comprimento de onda entre 290 e 320 nm. (A radiação UVA, entre 320 e 400 nm, é comparativamente menos prejudicial, e a radiação UVC, com comprimento de onda inferior a 290 nm, não penetra na troposfera.) Se a UVB não fosse absorvida pelo ozônio, as formas de vida expostas a ela na Terra sofreriam graves danos. A absorção da radiação eletromagnética pelo ozônio converte a energia da radiação em calor e é responsável pelos máximos de temperatura encontrados no limite entre a estratosfera e a mesosfera, a uma altitude perto de 50 km. A razão pela qual o máximo de temperatura ocorra a uma altitude maior que aquela em que é observada a concentração máxima de ozônio está no fato de que o ozônio é tão eficaz na absorção da luz ultravioleta que a maior parte dessa radiação fica retida na estratosfera superior, onde gera calor, enquanto apenas uma pequena parcela atinge altitudes menores, que permanecem relativamente frias.

O aumento das intensidades de radiação ultravioleta no nível do solo causado pela destruição da camada de ozônio na estratosfera teria consequências adversas significativas. Um dos principais efeitos seria observado nas plantas, inclusive as culturas utilizadas na produção de alimentos. A destruição das plantas microscópicas que formam a base da cadeia alimentar oceânica (o fitoplâncton) reduziria a produtividade dos mares do planeta. A exposição dos seres humanos poderia resultar em uma maior incidência de catarata. O efeito que desperta as maiores preocupações em relação aos seres humanos é a elevada prevalência de câncer de pele em indivíduos expostos à radiação ultravioleta. Isso ocorre por conta das reações fotoquímicas no DNA celular (Capítulo 22) que absorve a radiação UVB, causando a tradução inadequada do código genético durante a divisão celular, descontrolando o evento e levando ao câncer de pele. As pessoas de pele clara não possuem a proteção dada pela melanina, que absorve a radiação UVB, sendo especialmente suscetíveis a seus efeitos. O tipo mais frequente de câncer de pele resultante da exposição à radiação ultravioleta é o carcinoma de células escamosas, que forma lesões capazes de serem removidas com facilidade e que não apresenta tendência elevada de se espalhar (metastatizar). O melanoma maligno, que metastatiza com rapidez, é causado pela absorção da radiação UVB e muitas vezes é fatal. Por sorte, essa forma de câncer continua sendo relativamente rara.

14.5.2 A destruição da camada de ozônio

Uma das maiores ameaças ao ambiente é a destruição do ozônio estratosférico por substâncias liberadas na atmosfera e que catalisam a reconversão do O_3 em O_2. Os principais culpados pela diminuição da camada de ozônio são os CFC, conhecidos pelo nome comum de "Freons". Em um estudo publicado em 1974, Mario Molina e F. Sherwood Rowland apresentaram indícios convincentes do papel dos clorofluorometanos como catalisadores da destruição do ozônio estratosférico. Os dados coletados posteriormente sobre os níveis de ozônio na estratosfera e o aumento na incidência de radiação ultravioleta na superfície da Terra revelaram que a ameaça ao ozônio estratosférico trazida pelos CFC era real. Junto com o estudioso da atmosfera Paul Crutzen, em 1995, esses pesquisadores foram agraciados com o merecido Prêmio Nobel por esse estudo que hoje é considerado um clássico sobre o assunto.

Desenvolvidos na década de 1930 como substitutos para o dióxido de enxofre e a amônia, fluidos refrigerantes de risco, os CFC foram utilizados e liberados na atmosfera em níveis elevados por muitas décadas. Além de sua principal aplicação, como fluidos refrigerantes, também foram usados como solventes, propelentes de aerossóis e agentes de sopro na produção de espumas plásticas. A mesma estabilidade química extrema que torna os CFC compostos atóxicos permite que persistam por anos na atmosfera e que entrem na estratosfera. Ali, conforme discutido na Seção 12.7, a dissociação fotoquímica dos CFC pela radiação ultravioleta intensa,

$$CF_2Cl_2 + h\nu \rightarrow Cl^\bullet + CClF_2^\bullet \quad (14.15)$$

produz átomos de cloro, que sofrem reações em cadeia, começando com a reação do cloro atômico com o ozônio:

$$Cl^\bullet + O_3 \rightarrow ClO^\bullet + O_2 \quad (14.16)$$

Na sequência mais comum das reações envolvidas na destruição do ozônio estratosférico, os radicais ClO• reagem para formar um dímero que reage com os átomos de Cl que, por sua vez, reagem com o ozônio para regenerar o ClO• na sequência de reações cíclicas a seguir (onde M é um terceiro corpo absorvedor de energia, como uma molécula de N_2):

$$ClO^\bullet + ClO^\bullet \rightarrow ClOOCl \quad (14.17)$$

$$ClOOCl + h\nu \rightarrow ClOO^\bullet + Cl^\bullet \quad (14.18)$$

$$ClOO^\bullet + M \rightarrow Cl^\bullet + O_2 + M \quad (14.19)$$

$$2Cl^\bullet + 2O_3 \rightarrow 2ClO^\bullet + 2O_2 \quad (14.20)$$

$$2O_3 \rightarrow 3O_2 \text{ (reação líquida)} \quad (14.21)$$

O efeito líquido dessas reações é a catálise da destruição de milhares de moléculas de O_3 para cada átomo de Cl produzido. Devido à ampla utilização e persistência na atmosfera, os dois CFC que despertam as maiores preocupações quanto à destruição do ozônio são o CFC-11 e o CFC-12, $CFCl_3$ e CF_2Cl_2, respectivamente. Mesmo em meio à radiação ultravioleta intensa incidente na estratosfera, os CFC mais persistentes têm ciclos de vida da ordem de 100 anos.

O exemplo mais notável da destruição da camada de ozônio é o chamado "buraco de ozônio da Antártida", observado pela primeira vez em 1985 pela Expedição Britânica à Antártida e detectado outras vezes, em meio a muita apreensão, nos anos seguintes. (O reexame de dados anteriores mostrou que o buraco na camada de ozônio existia já muito antes de 1985.) Esse fenômeno se manifesta pelo surgimento de uma redução drástica no nível de ozônio estratosférico (até 50%) na Antártida, durante o final do inverno polar e os primeiros meses da primavera, de setembro a outubro. O buraco na camada de ozônio é definido por um limite de 220 UD, escolhido porque, antes de 1979, não haviam sido observadas medidas de ozônio abaixo de 220 UD.

A Figura 14.5 mostra o tamanho e a espessura do buraco de ozônio na Antártida nos últimos anos. Na primavera de 2008 no hemisfério sul, o buraco na camada de ozônio estratosférico foi o quinto maior na história, desde o começo das medições, de acordo com a Agência Nacional para os Oceanos e a Atmosfera dos Estados Unidos (NOAA).[5] Em 2008, o buraco de ozônio atingiu tamanho máximo em 12 de setembro, cobrindo uma área de 27,2 milhões de quilômetros quadrados e estendendo-se por 6,5 km na vertical, de acordo com a mesma agência. Porém, o recorde do fenômeno foi observado em 2006, com 29,5 milhões de quilômetros quadrados. Embora a produção de CFC responsáveis pelo buraco de ozônio da Antártida tenha sido oficialmente abandonada, esses compostos persistem por décadas na atmosfera e podem levar vários anos para subir à estratosfera, onde seus efeitos são sentidos. Os cientistas da NOOA estimam que a recuperação total do buraco na camada de ozônio sobre a Antártida não ocorra antes de 2050.

As razões por trás do buraco na camada de ozônio na Antártida estão na formação de uma nuvem singular, na estratosfera inferior, quando as temperaturas ficam abaixo de −70°C por vários meses durante o inverno no continente (fenômeno semelhante acontece no Ártico, mas em menor extensão). Na ausência de luz do Sol no inverno, essa nuvem persiste, assumindo a forma de um vórtice. Ela é formada em grande parte por cristais de gelo e misturas ternárias superesfriadas de HNO_3, $HNO_3 \cdot 3H_2O$, H_2SO_4,

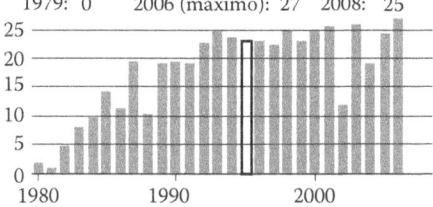

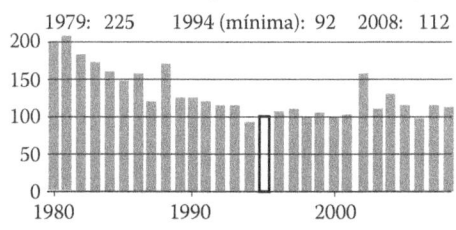

FIGURA 14.5 A área e a densidade do buraco na camada de ozônio sobre a Antártida durante o período setembro/outubro, quando atinge extensão máxima. A área aumentou de maneira uniforme até meados da década de 1990, e vem se mantendo constante desde então, refletindo a proibição da produção de CFC em todo o mundo. O gráfico inferior mostra a espessura da camada de ozônio em UD, revelando uma queda até meados da década de 1990 e valores geralmente constantes em seguida. Dados coletados pela NASA.

e H_2O. Também está presente uma proporção de HCl formado quando os CFC sofrem dissociação fotoquímica e abstraem H do CH_4 estratosférico. Este HCl e o nitrato de cloro produzido pela reação dada a seguir não são reativos na destruição do ozônio:

$$ClO + NO_2 \rightarrow ClONO_2 \tag{14.22}$$

Durante a escuridão do inverno antártico, o Cl sequestrado na camada de nuvens estratosféricas acima do continente gelado sofre sequências de reações que produzem a acumulação de Cl_2 e HOCl fotoquimicamente reativos. Nesse período do ano, essas espécies não exercem efeito no ozônio, devido à ausência de radiação ultravioleta do Sol, necessária para a geração de Cl•. Muitos processos químicos importantes são iniciados na superfície das partículas de nuvens estratosféricas, que podem estar recobertas com uma fina camada de água no estado líquido. O nitrato de cloro tem o potencial de liberar HOCl:

$$ClONO_2 + H_2O \rightarrow HOCl + HNO_3 \tag{14.23}$$

O nitrato de cloro reage em diversas etapas com o HCl gasoso para produzir cloro elementar, levando a uma acumulação de Cl_2 fotoquimicamente ativo:

$$ClONO_2 + HCl \rightarrow Cl_2 + HNO_3 \tag{14.24}$$

Parte do Cl_2 reage com a água para produzir HOCl,

$$Cl_2 + H_2O \rightarrow HOCl + H^+ + Cl^- \tag{14.25}$$

Outra parte do cloro do HCl reage com o HOCl para formar Cl_2:

$$Cl^- + HOCl \rightarrow Cl_2 + OH^- \tag{14.26}$$

Quando a luz do Sol retorna à estratosfera inferior sobre a Antártida na primavera, o Cl_2 e o HOCl produzidos pelas reações anteriores sofrem fotodissociação,

$$Cl_2 + h\nu \rightarrow 2Cl• \tag{14.27}$$

$$HOCl + h\nu \rightarrow HO• + Cl• \tag{14.28}$$

gerando átomos de Cl passíveis de sofrer a sequência de reações em cadeia (Reações 14.16 a 14.20), levando à reação líquida da destruição do ozônio (Reação 14.21). Portanto, nos meses de inverno, o Cl_2 e o HOCl fotorreativos acumulam na ausência da luz do Sol e, posteriormente, passam por um período de intensa atividade fotoquímica quando chega a primavera, acarretando a destruição do ozônio estratosférico e a formação do buraco na camada do gás na Antártida.

14.5.3 A química verde e suas soluções para a diminuição do ozônio estratosférico

Conforme discutido na Seção 12.7, as regulações impostas pela EPA dos Estados Unidos, de acordo com o Protocolo de Montreal sobre Substâncias que Destroem a Camada de Ozônio, limitou a produção de CFC e halocarbonetos nos Estados Unidos a partir de 1989. Uma das áreas mais ativas nos esforços da química verde é a descoberta de substitutos ambientalmente aceitáveis para os CFC.

Uma das medidas mais fáceis a fim de substituir os CFC foi a aplicação do dióxido de carbono na produção de espumas de poliestireno usadas em embalagens, recipientes para alimentos e isolamento térmico. A produção global de espumas de poliestireno é de cerca de 5 milhões de toneladas métricas ao ano. O volume – e os problemas quanto à disposição de resíduos – desse material pode ser entendido se levarmos em conta que aproximadamente 95% da composição da espuma é gás utilizado como agente de sopro em sua fabricação. A fabricante de produtos químicos Dow Chemical Company venceu o Desafio Verde Presidencial pelo desenvolvimento de um processo que utiliza dióxido de carbono em total substituição aos CFC na produção de espuma de poliestireno. (O acréscimo gradual do gás estufa dióxido de carbono produzido por essa via ao volume de gases estufa lançados na atmosfera é minúsculo, e o CO_2 gerado como subproduto de processos como a fermentação do etanol pode ser empregado como agente de sopro.)

Conforme observado no Capítulo 12, os substitutos dos CFC são os clorofluorocarbonetos contendo hidrogênio (HCFC), os fluorocarbonetos contendo hidrogênio (HCF) e algumas formulações de hidrocarbonetos. A presença de hidrogênio em uma ligação H-C nesses compostos disponibiliza um ponto de ataque para o radical hidroxila iniciar a decomposição do composto na troposfera. Os HCFC foram a primeira classe de substitutos a ser empregada, sendo que sua capacidade de depleção de ozônio equivale a apenas 5% da capacidade dos CFC. Entre os HCFC, um dos mais populares é o HCFC-22, com fórmula química $CHClF_2$, que foi muito utilizado em condicionadores de ar e refrigeradores e como agente de sopro para espumas. Além dele, também são populares o HCFC-142b (CH_3CClF_2, empregado como fluido refrigerante, muitas vezes misturado com HCFC-22), $CHCl_2CF_3$ (HCFC-123), CF_3CHClF (HCFC-124) e o CH_3CCl_2F (HCFC-141b).

Embora os HCFC destruam o ozônio estratosférico a taxas muito menores que os CFC, eles ainda são prejudiciais, e estão deixando de ser usados gradualmente. Os potenciais de destruição do ozônio exibidos pelos substitutos dos CFC foram analisados, e descobriu-se que dependem de diversos fatores, como o número de ligações C-H suscetíveis ao ataque e a velocidade da reação com o radical HO•. O potencial de destruição do ozônio é expresso em relação a um valor de referência igual a 1,0 para o CFC-11, um CFC que não contém hidrogênio cuja fórmula é $CFCl_3$ e que é especialmente nocivo ao ozônio devido a seu longo ciclo de vida na atmosfera e ao alto teor de Cl que apresenta. Valores reduzidos de potencial de destruição do ozônio estão correlacionados a ciclos de vida curto na atmosfera, o que significa que o composto é destruído na troposfera antes de migrar para a estratosfera. Os potenciais de destruição do ozônio de alguns HCFC utilizados como substitutos dos CFC são 0,030 para o HCFC-22, 0,013 para o HCFC-123, 0,10 para o HCFC-141b, 0,035 para o HCFC 124 e 0,038 para o HCFC-142b.

Um tipo de substituto dos CFC que não prejudica o ozônio estratosférico são os HFC. Esses compostos incluem o CH_2FCF_3 (HFC-134a, 1,1,1,2-tetrafluoroetano, que se tornou o substituto padrão para o CFC-12 nos condicionadores de ar para automóveis) e o CH_2F_2 (HFC-152a, um material inflamável). Esses compostos não apenas contêm as ligações C-H quebradas com maior facilidade, como também não têm cloro em suas estruturas e, portanto, não geram átomos de Cl que atacam o ozônio estratosférico. Os HCF são os substitutos favoritos dos CFC nos Estados Unidos. Existem algumas preocupações relativas ao potencial desses compostos de promover o aquecimento global e, em especial no caso do HCF-134a, de gerar produtos tóxicos da degradação do ácido fluoroacético.

Sem dúvida, os substitutos menos nocivos dos CFC são os hidrocarbonetos de baixa massa molecular, como o ciclopentano e o isobutano. Utilizados pela primeira vez em 1867 e preferidos para essa finalidade, junto com a amônia, até os CFC terem sido desenvolvidos na década de 1930, os hidrocarbonetos voláteis hoje são proibidos como fluido refrigerante para aplicações domésticas nos Estados Unidos por conta de sua inflamabilidade, mas são adotados na Europa e em outras partes do mundo.

14.6 As nuvens marrons na atmosfera

No Capítulo 13, o *smog* fotoquímico foi discutido sobretudo como problema regional que afeta áreas urbanas extensas, como a Bacia de Los Angeles. O *smog* na verdade faz parte de um problema maior que o Programa das Nações Unidas para o Meio Ambiente definiu em novembro de 2008 como Nuvem Marrom Atmosférica.[6] Gerada por automóveis, usinas termelétricas operadas a carvão, queimadas em terras agrícolas e fogões domésticos alimentados com madeira ou estrume, a nuvem marrom consiste em uma camada de ar poluído com cerca de 3 km de espessura que se estende da Península Árabe e passa pela China antes de chegar ao Oceano Pacífico ocidental, embora possa eventualmente atingir a costa oeste dos Estados Unidos. Carregada de fuligem e outras partículas, poluentes nocivos como o ozônio e gases estufa, hoje a nuvem é responsável por vários efeitos adversos, por exemplo, o escurecimento de megacidades, como Nova Délhi e Pequim, o aumento no derretimento das geleiras do Himalaia, a queda na produção agrícola e grandes extremos em eventos climáticos. As taxas elevadas de derretimento das geleiras nas cordilheiras Hindu Kush* e Himalaia, além das existentes no Tibete, representa um problema especial, porque essas cordilheiras abrigam as nascentes da maioria dos rios que abastecem de água centenas de milhões de pessoas, além da água destinada para a irrigação e essencial para a produção de arroz e outras culturas. Devido a seu conteúdo de sulfatos e outras partículas que refletem a luz do Sol, a nuvem marrom pode estar mascarando o aquecimento global causado pelo efeito estufa nas áreas afetadas em cerca de 20 a 80%.

Uma das principais causas por trás do fenômeno da nuvem marrom é a queima insustentável de combustíveis fósseis, especialmente o carvão, seguida pela biomassa, além do desmatamento, incluindo a queima das florestas residuais.

A nuvem marrom é objeto de muitos estudos, sobretudo na Ásia, pois a região abriga cerca de metade da população do planeta, apresenta taxas de crescimento econômico muito altas nos últimos anos e tem um clima variável, caracterizado pelas monções anuais. Contudo, nuvens marrons semelhantes são observadas em partes da Europa, América do Norte, África meridional e Bacia Amazônica. A gravidade da nuvem marrom na costa leste dos Estados Unidos e na Europa é reduzida pela precipitação de inverno, que lava os poluentes do ar. Um relatório das Nações Unidas identificou os locais (*hotspots*) mais preocupantes desse fenômeno:

- Ásia oriental, na região que inclui a China oriental.
- As nações do sudeste asiático: Camboja, Indonésia, Tailândia e Vietnã.

---

* N. de T.: Cordilheira que separa o Afeganistão do Paquistão ocidental.

- As planícies indo-gangéticas que se estendem do leste do Paquistão até a Índia e Bangladesh e Mianmar.
- A África subsaariana, que compreende Angola, Zâmbia e Zimbábue.
- A Bacia Amazônica, na América do Sul.
- Ao menos 13 megacidades na Ásia e na África: Bangcoc, Pequim, Cairo, Dhaka, Karachi, Kolkata, Lagos, Mumbai, Nova Délhi, Seul, Xangai, Shenzhen e Teerã.

As partículas nas nuvens marrons exercem dois efeitos principais. Os sulfatos, incluindo as gotículas de ácido sulfúrico e os sulfatos de amônio, sobretudo da queima de carvão, espalham a luz do Sol e refletem-na de volta para o espaço. A fuligem negra e as partículas de carbono da queima incompleta de combustíveis fósseis absorve a luz solar incidente. Esses fenômenos causam o escurecimento global, em especial em áreas urbanas. A Índia vem registrando uma queda de 2% na incidência de luz por década desde 1960, e a China relata um escurecimento de 3 a 4% desde a década de 1950. Nos dois países o efeito ficou mais evidente desde 1980. Cidades como Pequim, Xangai, Guangzhou, Karabi e Nova Délhi registram um escurecimento de 10 a 25%. As partículas das nuvens marrons também contribuem para o aumento na cobertura de nuvens, com a condensação de vapor da água atmosférico em pequenas gotículas, intensificando o escurecimento atmosférico.

Um dos efeitos do escurecimento atmosférico pelas nuvens marrons é o esfriamento das áreas afetadas. Alguns climatologistas acreditam que esses efeitos mascaram o aquecimento pelos gases estufa das áreas afetadas em 20 a 80%. Isso acarreta uma conclusão interessante, de que a eliminação abrupta da poluição pela nuvem marrom (um evento muito improvável) poderia aumentar a temperatura das áreas afetadas em cerca de 2 °C, com consequências negativas para o clima. De modo geral, os padrões de temperatura na Índia, na China e em áreas próximas vêm ficando mais complexos nas últimas décadas, com aquecimento em algumas áreas e esfriamento em outras. Essas alterações podem ser resultado das nuvens marrons.

Uma das preocupações sobre os efeitos em potencial da nuvem marrom diz respeito à influência das monções asiáticas, cruciais na produção de alimentos na região. Tendências diversas nas monções asiáticas e na precipitação foram observadas em anos recentes, e talvez sejam influenciadas pelo fenômeno das nuvens marrons. Desde a década de 1950 a precipitação na Índia e no sudeste asiático caiu entre 5 e 7%, e a monção de verão indiana tem hoje menos dias chuvosos. Foi observado que a frequência de chuvas intensas, de mais de 10 cm, aumentaram na China e na Índia, e que o número de torrentes de mais de 15 cm quase duplicou.

A potencial influência da nuvem marrom nas geleiras também é motivo de alarme. O exemplo mais importante desse tipo de evento é visto nas geleiras das cordilheiras de Hindu Kush, Himalaia e Tibete, de onde partem as nascentes dos rios Brahmaputra, Ganges, Mekong e Yangtze. Com mais de 400 milhões de habitantes, a bacia do rio Ganges na Índia contém 40% das terras irrigáveis do país, daí a crucial contribuição das geleiras para esse rio (cerca de 70% de sua água é oriunda da geleira Gangotri). As 47 mil geleiras da China diminuíram em 5% e 3.000 km² desde 1980. A deposição de negro de fumo nas superfícies das geleiras aumentou a absorção da luz, acelerando seu derretimento.

A nuvem marrom tem efeitos significativos na agricultura e na produção de alimentos, como arroz, trigo, milho e soja. Acredita-se que níveis de ozônio acima de 40 partes por bilhão na superfície do planeta diminuam a produção agrícola. Esses níveis são atingidos em partes da Ásia, com picos em fevereiro e junho e novamente entre setembro e novembro, reduzindo a produção de trigo, arroz e leguminosas. Além disso, a nuvem marrom tem consequências na produção agrícola por conta da deposição de partículas tóxicas nas plantas e da diminuição da fotossíntese devido à obstrução da luz solar.

Muitas consequências da nuvem marrom também são observadas na saúde humana, em especial os particulados menores que 2,5 μm ($MP_{2,5}$, discutidos na Seção 10.9). Algumas substâncias tóxicas, como os carcinógenos, são inaladas com o ar nas nuvens marrons. Os poluentes atmosféricos observados nesse fenômeno estão associados a doenças respiratórias e cardiovasculares. Centenas de milhares de mortes prematuras em países afetados pela nuvem marrom podem resultar da inalação das partículas de fumaça geradas em fogões rudimentares que queimam madeira, carvão e até estrume animal seco como combustível.

14.6.1 A poeira amarela

Relacionada com a nuvem marrom, a *poeira amarela* consiste em enormes massas de poeira e areia sopradas pelo vento que afetam diversas partes do mundo a cada ano. O fenômeno ocorre com mais frequência quando o vento começa a soprar nos desertos da Mongólia e da China, passando pelo leste deste país e afetando a península da Coreia, o Japão, e até o porto de Vladivostok, na Rússia. Em seu percurso pelas áreas industriais da China, a poeira amarela se mistura à nuvem marrom de poluentes atmosféricos, gerando uma mistura prejudicial e bastante desagradável aos sentidos. A poeira amarela ocorre com maior prevalência na China entre março e maio. O desmatamento e a desertificação, provavelmente agravados pelo aquecimento global, contribuem para o fenômeno.

Os prejuízos econômicos causados pela poeira amarela chegam a milhões de dólares ao ano. Os produtores de bens de alta tecnologia, que necessitam de ambientes limpos, são os mais prejudicados. Os custos humanos do fenômeno são muito altos, como mostram os números elevados de casos de asma e doenças pulmonares e do sistema imunológico.

Contrastando com as tempestades de poeira prejudiciais que afetam o sudeste asiático, as tempestades de poeira originadas no deserto do Saara são consideradas importantes na conservação da vida em outras partes do mundo. Cerca de metade da poeira do Saara é oriunda de uma pequena região chamada de Depressão de Bodele. Nela, uma lacuna entre as montanhas Tibesti e Ennedi forma um túnel natural para o vento que sopra pela Depressão de Bodele levantando uma média de 700 mil toneladas métricas de poeira ao dia. Os ventos leste sopram essa poeira pelo Oceano Atlântico, depositando cerca de 40 milhões de toneladas desse material na região Amazônica todo ano. Essa poeira é fonte significativa de nutrientes para a floresta Amazônica, pois ajuda a contrabalançar o forte efeito lixiviador das chuvas intensas na região. A maior parte da poeira do Saara se deposita no Oceano Atlântico enquanto é transportada na direção da América do Sul, onde fertiliza o fitoplâncton que forma a base da cadeia alimentar oceânica. A água do oceano tende a ser deficiente em ferro e acredita-se que a poeira vinda do Saara reabasteça as regiões do Atlântico com este nutriente, onde se deposita.

14.7 O prejuízo do *smog* fotoquímico para a atmosfera

O *smog* fotoquímico, um fenômeno de poluição atmosférica discutido no Capítulo 13, é um importante contribuinte da nuvem marrom, apresentada anteriormente. Ele ocorre em áreas urbanas onde a combinação de emissões formadoras de poluição e condições atmosféricas favoráveis compõem o cenário ideal para sua ocorrência. A formação de níveis elevados de *smog* requer que uma massa de ar relativamente estagnada seja exposta à luz solar em condições de baixa umidade na presença de óxidos de nitrogênio e hidrocarbonetos com potencial poluente. O automóvel é uma fonte importante desses poluentes, mas os hidrocarbonetos oriundos de fontes biogênicas, entre os quais o α-pineno e o isopreno das árvores são os mais abundantes (ver Seção 12.2). Em condições precursoras do *smog*, a atmosfera urbana atua como um imenso reator químico em que hidrocarbonetos, óxidos de nitrogênio, óxidos de enxofre e o oxigênio passam por reações promovidas pela luz do Sol para produzir ozônio, oxidantes orgânicos, aldeídos, partículas orgânicas, nitratos, sulfatos e outros produtos nocivos. O *smog* apresenta riscos significativos aos seres vivos e materiais em áreas urbanas no âmbito local, em que milhões de pessoas estão expostas, e os oxidantes gerados pelo fenômeno têm efeitos prejudiciais na produção agrícola.

Por ironia, o ozônio, que na estratosfera tem função protetora essencial, é o principal vilão presente no *smog* troposférico. Na verdade, os níveis de ozônio na superfície da terra são empregados como indicadores do *smog*. A fitotoxicidade do ozônio desperta preocupações quanto às árvores e colheitas. Além disso, o composto é o constituinte do *smog* responsável pela maioria dos problemas no aparelho respiratório e irritação nos olhos, sinais característicos da exposição de seres humanos ao fenômeno. A respiração é prejudicada com níveis de ozônio próximos de apenas 0,1 ppmv. O composto é o poluente atmosférico legislado mais resistente a medidas de controle. Devido a sua natureza fortemente oxidante, o gás ataca as ligações insaturadas de ácidos graxos componentes das membranas celulares. Outros oxidantes, como o PAN (Seção 13.4), também contribuem para a toxicidade do *smog*, junto com os aldeídos produzidos como intermediários reativos na formação do fenômeno.

O *smog* é um poluente atmosférico secundário formado algum tempo depois e a alguma distância do ponto em que são lançados na atmosfera os óxidos de nitrogênio poluentes e os hidrocarbonetos reativos necessários a sua formação. A Abordagem à Modelagem Cinética Empírica da EPA dos Estados Unidos utiliza o conceito de *parcela de ar* para modelar a formação do *smog*. A parcela de ar relativamente livre de poluição se move em uma área urbana na qual ela se contamina com gases formadores do *smog*. Quando o limite superior dessa parcela fica confinado a cerca de 1.000 metros por uma inversão térmica e está exposto à luz do Sol, os poluentes primários reagem, formando o *smog* em um sistema que envolve processos fotoquímicos, transporte, mistura e diluição. À medida que os hidrocarbonetos são consumidos pelos processos de oxidação fotoquímica no ar e os óxidos de nitrogênio são convertidos em nitratos e ácido nítrico (em especial à noite), os níveis de ozônio atingem picos de concentração em locais possivelmente distantes da fonte desses poluentes.

A manifestação mais visível do *smog* é o *aerossol urbano*, que reduz muito a visibilidade em atmosferas urbanas sob *smog* e contribui para o fenômeno da nuvem marrom. Muitas das partículas que compõem esse aerossol são aerossóis de condensação formados a partir de gases por processos químicos (ver Capítulo 10) e são portanto muito pequenas, em geral com menos de 2 μm. Partículas dessa ordem de tamanho são especialmente prejudiciais, pois espalham a luz com muita eficiência, além de serem facilmente inaladas. As partículas do aerossol formadas a partir do *smog* muitas vezes contêm compostos tóxicos, como irritantes do aparelho respiratório e agentes mutagênicos. O aerossol urbano também contém constituintes particulados originários de processos diferentes da formação do *smog*. A oxidação do dióxido de enxofre poluente pelas condições muito oxidantes do *smog* fotoquímico,

$$SO_2 + \tfrac{1}{2}O_2 + H_2O \rightarrow H_2SO_4 \text{ (processo global)} \qquad (14.29)$$

produz partículas de ácido sulfúrico e de sulfato. O ácido nítrico e os nitratos são produzidos à noite, na ausência de luz solar, em um processo que envolve o radical intermediário NO_3:

$$O_3 + NO_2 \rightarrow O_2 + NO_3 \qquad (14.30)$$

$$NO_3 + NO_2 + \text{ M (terceiro corpo absorvedor de energia)} \rightarrow N_2O_5 + M \qquad (14.31)$$

$$N_2O_5 + H_2O \rightarrow 2HNO_3 \qquad (14.32)$$

$$HNO_3 + NH_3 \rightarrow NH_4NO_3 \qquad (14.33)$$

Como mostra a última reação, os sais de amônio, particularmente corrosivos, são constituintes comuns nas partículas de aerossóis urbanos. Os metais, que podem contribuir para a toxicidade das partículas dos aerossóis urbanos e catalisar reações em suas superfícies, são detectados nessas partículas. A água está sempre presente, mesmo em atmosferas com níveis baixos de umidade, e ocorre com certa frequência em partículas de aerossóis urbanos. O carbono e os HAP gerados pela queima incompleta de combustíveis e por motores a diesel são normalmente abundantes nesses aerossóis. O carbono elementar é o constituinte particulado com maior responsabilidade pela absorção da luz pelo aerossol urbano. Se a parcela de ar se origina sobre o oceano, ela contém partículas de sal marinho formadas sobretudo por NaCl, do qual parte do cloro pode se perder na forma de HCl volátil pela ação de ácidos voláteis menos fortes produzidos pelo *smog*. Esse fenômeno é responsável pelo Na_2SO_4 e pelo $NaNO_3$ encontrados nos aerossóis urbanos.

Os HAP (ver Seção 10.8) estão entre os constituintes mais preocupantes das partículas dos aerossóis, porque os metabólitos desses compostos (como o 7,8-diol-9,10--epóxido de benzo(a)pireno na Figura 23.3) são carcinogênicos. Os HAP incluem compostos não substituídos e aqueles com substituintes contendo alquila, oxigênio ou nitrogênio, ou heteroátomos de O ou N:

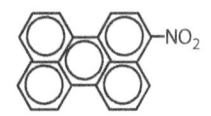

Benzo(j)fluoroanteno 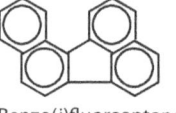   3-Nitroperileno
(composto mutagênico)

Esses tipos de compostos são emitidos pelo escape de motores a combustão interna e ocorrem tanto em fase gasosa quanto em partículas. Existem numerosos mecanismos para a destruição e a alteração química desses compostos, principalmente a reação com espécies oxidantes – HO•, O_3, NO_2, N_2O_5, e HNO_3. A fotólise direta também é possível. Os HAP em fase gasosa também são destruídos com relativa rapidez por essas vias, mas os HAP sorvidos em partículas são muito mais resistentes a participar de uma reação.

Outro tipo de material particulado em aerossóis urbanos que causa preocupação considerável é a *névoa ácida*, que pode apresentar valores de pH abaixo de 2 devido à presença de H_2SO_4 ou HNO_3. A formação da névoa ácida inclui uma ampla gama de fenômenos químicos e atmosféricos. A oxidação em fase gasosa do SO_2 e do NO produz ácidos fortes, que formam partículas de aerossol muito pequenas que, por sua vez, atuam como núcleos de condensação para o vapor da água. Os fenômenos ácido-base ocorrem nas gotículas e estas atuam como aniquiladores que removem espécies iônicas do ar. Uma vez que as partículas do aerossol de uma névoa se formam em áreas de intensa poluição por gás ácido e próximas à superfície, as concentrações de ácidos e espécies iônicas nessas gotículas tendem a atingir altitudes muito maiores do que as gotículas dos aerossóis de nuvens de altitudes maiores.

Além dos efeitos para a saúde e dos prejuízos aos materiais, um dos maiores problemas causados pelo *smog* é a destruição de lavouras e a redução da produção de colheitas. Somente na Califórnia, o custo anual desses efeitos chega a diversos bilhões de dólares.

Mesmo áreas não industriais pouco populosas estão sujeitas aos efeitos do *smog* causado por atividades humanas. Por exemplo, a queima de gramíneas em savanas para convertê-las em áreas agrícolas gera o *smog* produz NO_x e os hidrocarbonetos reativos necessários para a formação do fenômeno. Além disso, essas pastagens crescem em regiões tropicais onde a incidência de luz solar é intensa o bastante para causá-lo. O resultado é o rápido desenvolvimento de condições precursoras do fenômeno, conforme mostram os níveis de ozônio muitas vezes acima dos valores basais.

Desde cerca de 1970, alguns progressos foram observados a fim de eliminar as emissões de compostos orgânicos e NO_x causadores do *smog*, embora tenham resultado em uma redução nos níveis de *smog* inferior à esperada. Por exemplo, o ozônio nas zonas urbanas dos Estados Unidos caiu apenas cerca de 8% durante a década de 1980. Para reduzir os níveis de ozônio e outras manifestações de poluição do ar com mais agilidade, em 1990 o Congresso dos Estados Unidos aprovou um conjunto de emendas novas e mais rigorosas à Lei do Ar Limpo. Essas emendas foram redigidas com a meta de reduzir as emissões de veículos automotivos, impor mudanças nas formulações de combustíveis automotivos, diminuir as emissões de fontes estacionárias e obrigar a execução de outras mudanças projetadas para reduzir o *smog* fotoquímico e demais formas de poluição do ar. Como resultado da aprovação das regulações previstas na Lei do Ar Limpo e das melhorias tecnológicas, em especial na área das emissões de veículos, o controle do *smog* nos Estados Unidos passa por avanços expressivos desde o começo da década de 1990.

14.8 O inverno nuclear

Inverno nuclear é o termo utilizado para descrever uma possível catástrofe atmosférica após uma troca de agressões nucleares de grandes proporções entre as principais potências do planeta. Esse cenário também pode ocorrer devido a fenômenos naturais, como erupções de vulcões muito grandes e o impacto de um asteroide, que teriam efeitos equivalentes. O calor gerado por essas explosões nucleares e pelos incêndios resultantes causaria correntes ascendentes muito fortes que transportariam produtos fuliginosos de combustão até as regiões estratosféricas. Isso resultaria em um período de muitos anos de temperaturas baixas e congelantes, mesmo no verão. Há várias razões para essa queda na temperatura. Primeiro, o material particulado muito absorvente e escuro absorveria a radiação solar nas regiões elevadas da atmosfera, impedindo-a de chegar à superfície do planeta. O esfriamento seria também resultado de um efeito oposto ao do efeito estufa, porque a radiação infravermelha refletida das partículas nas regiões elevadas da atmosfera teria de penetrar a uma distância relativamente curta na atmosfera, logo, estariam expostas a um teor muito menor de vapor da água e dióxido de carbono, que absorvem infravermelho. Isso privaria a atmosfera inferior do efeito aquecedor gerado pela radiação emanante, o que significa uma quantidade menor de radiação infravermelho reirradiada de volta para a terra pela atmosfera. O esfriamento também inibiria a evaporação da água, reduzindo a quantidade de vapor da água absorvedor de infravermelho na atmosfera e desacelerando o processo pelo qual o material particulado é capturado da atmosfera pela chuva. Além do sofrimento direto, a fome de milhões de pessoas seria a consequência da queda na produção agrícola resultante do inverno nuclear.

Condições semelhantes às do inverno nuclear foram causadas por erupções vulcânicas de grandes proporções. Uma dessas erupções ocorreu em 1816, "o ano sem verão", após a espantosa erupção do vulcão Tambora na Indonésia, no ano anterior. Na China antiga, foram registrados anos brutalmente frios em cerca de 210 a.C. que se seguiram a um evento vulcânico semelhante na Islândia. A explosão do vulcão Pinatubo em junho de 1991, nas Filipinas, que lançou na atmosfera milhões de toneladas de material, causou uma queda de aproximadamente 0,5°C na temperatura no ano seguinte. Os maiores efeitos dos vulcões no clima são causados pela emissão de milhões de toneladas de gases de enxofre na atmosfera, responsáveis por produzir aerossóis de ácido sulfúrico e partículas de sulfatos que refletem a luz do Sol. O esfriamento causado pelo vulcão Pinatubo se deveu sobretudo aos 15 a 30 milhões de toneladas de dióxido de enxofre emitidos na atmosfera. As erupções próximas ao equador provocam eventos de magnitude global, enquanto em latitudes maiores os eventos desse tipo afetam o respectivo hemisfério. Os eventos vulcânicos citados ilustram os efeitos climáticos de enormes quantidades de material particulado ejetado a grandes alturas na atmosfera. E isso acontecerá novamente, talvez em uma escala monumental capaz de transformar até a erupção do Tambora em um evento insignificante. Erupções enormes e devastadoras podem ser provocadas pelos supervulcões, entre os quais um dos maiores é o vulcão de Yellowstone, nos Estados Unidos. Com uma cratera de cerca de 50 km de diâmetro, outra grande erupção desse vulcão pode ocorrer outra vez. Um artigo titulado "Is the 'Beast' Building to a Violent Tantrum?"* afirma: "Quando o vulcão no Parque Nacional de Yellowstone explodiu 6.400 séculos atrás, ele destruiu uma cordilheira de montanhas, fez tombar hordas de camelos pré-históricos a centenas de quilômetros de distância e deixou um buraco fumegante no solo do tamanho da Bacia de Los Angeles."[7] Um evento dessas proporções teria pleno potencial de extinguir a civilização na Terra.

---

* N. de T.: A "Besta" estaria se preparando para um violento ataque de cólera?

Existem indícios de que explosivos de uso militar resultem na introdução de grandes quantidades de material particulado na atmosfera. Por exemplo, os bombardeios sistemáticos de cidades, como ocorrido em Dresden, na Alemanha, no final da Segunda Guerra Mundial, produzem incêndios de escala monumental que, por sua vez, geram correntes ascendentes de vento carregadas de particulados na atmosfera. Porém, o efeito de uma guerra nuclear seria muitas vezes maior.

Para ter uma ideia da provável mudança climática resultante de uma guerra nuclear em escala planetária, é preciso considerar a magnitude das explosões envolvidas. Ao longo da história, apenas duas bombas atômicas foram detonadas em um estado de guerra, ambas no Japão, em 1945. A bomba de fissão lançada sobre Hiroshima tinha uma capacidade explosiva da ordem de 123 quilotons de trinitrotolueno (TNT). A explosão, a bola de fogo e as emissões instantâneas de nêutrons e radiação gama, acompanhadas de incêndios e da exposição a produtos da fissão radioativa, mataram cerca de 100 mil pessoas e destruíram a cidade. Em comparação com a bomba de Hiroshima, as bombas de fusão modernas têm capacidade de 500 quilotons, e bombas de 10 megatons não são raras. Uma guerra nuclear em escala planetária envolveria um total de 5 mil megatons de explosivos nucleares. Essas detonações liberariam na estratosfera quantidades inimagináveis de fuligem da combustão incompleta de madeira, plásticos, asfalto, petróleo, florestas e outros materiais. Nessas altitudes, os mecanismos de remoção de partículas não são eficientes, pois não existe água o bastante na estratosfera para produzir a chuva que lava os particulados do ar. Além disso, os processos de convecção são muito limitados. Em termos de tamanho, a maior parte do material particulado seria da ordem de micrômetros. As partículas dessa dimensão são as mais eficientes no espalhamento, na reflexão e na absorção da luz, e as de deposição mais lenta. Portanto, enormes áreas da Terra permaneceriam cobertas por uma nuvem inalterável de partículas, que reduziria de maneira drástica a fração da luz solar incidente na superfície da Terra, resultando em um forte esfriamento do planeta. Outros efeitos também seriam observados. O calor e a pressão extremos da bola de fogo no momento da explosão causariam a fixação do nitrogênio de acordo com a reação:

$$O_2 + N_2 \rightarrow 2NO \tag{14.34}$$

As grandes quantidades de NO geradas no evento catalisariam a destruição da camada de ozônio na estratosfera.

O momento e a localização das explosões nucleares são variáveis muito importantes na determinação de seus efeitos climáticos. O teste de armas nucleares, inclusive da bomba gigante de 58 megatons detonada pela antiga União Soviética,* sempre teve pouco impacto na atmosfera. Esses testes eram conduzidos a intervalos muito grandes em desertos, ilhas tropicais pequenas e outros locais onde a disponibilidade de matéria combustível é mínima. Já o uso de armas nucleares para fins bélicos envolveria uma alta concentração de poder de fogo, tanto no tempo quanto no espaço, sobre alvos industriais e militares constituídos sobretudo de matéria combustível. Além disso, a destruição de construções militares reforçadas requer explosões capazes de

---

* N. de T.: Também conhecida no Ocidente como "Bomba-Tsar", a RDS-220 (nome oficial na antiga União Soviética) foi a arma nuclear mais potente já detonada.

deslocar grandes volumes de solo, rocha e concreto, que são pulverizados, vaporizados e lançados na atmosfera.

Mas hoje é possível concluir esse assunto com um tom esperançoso. O conflito Ocidente-Oriente que pautou a política mundial e ameaçou o planeta com uma guerra atômica desde meados do século XX até a década de 1990 acabou, reduzindo as chances de uma deflagração nuclear. Contudo, os atritos armados constantes no Oriente Médio, as relações tensas entre a Índia e o Paquistão (duas potências nucleares), o empenho por parte de nações sujeitas a instabilidades políticas para adquirir armamento nuclear, o ódio racial acompanhado do desejo de realizar a chamada "limpeza étnica", além da mentalidade apelidada de "dedos no gatilho"* em voga até entre pessoas instruídas e de quem se esperariam atitudes moderadas são aspectos preocupantes atualmente quanto aos possíveis cenários de um "inverno nuclear".

14.8.1 Os visitantes do espaço e o dia do juízo final

Entre todas as catástrofes atmosféricas possíveis, sem dúvida a mais ameaçadora é a colisão de um asteroide de grande porte com a Terra. Existem indícios convincentes de extinções em massa de espécies no passado, resultantes da queda de asteroides de muitos quilômetros de diâmetro. Hoje sabe-se que o impacto de um asteroide enorme causou a extinção dos dinossauros e da maior parte das espécies animais na Terra, 66 milhões de anos atrás. Evidências obtidas com o estudo de fósseis sugerem que o impacto de um asteroide tenha causado extinções ainda mais abrangentes ocorridas milhões de anos antes, inclusive um evento que destruiu cerca de 90% de todas as espécies há 251 milhões de anos. Esse tipo de evento causa efeitos semelhantes aos do "inverno nuclear", embora no caso de um asteroide grande os efeitos seriam bem mais graves.

Há quase 13 mil anos, a Terra estava apenas emergindo da glaciação mais recente quando ocorreu um período frio que durou 1.300 anos chamado de "Jovem Dryas" ou *Big Freeze*.[8] O resultado foi que quase 35 espécies animais, inclusive de grandes mamíferos, como o urso do focinho curto, o leão americano e os mastodontes, foram extintas. Em termos geológicos, o começo da Jovem Dryas foi marcado por uma fina camada negra de carbono, indicadora de incêndios de grandes proporções, provavelmente da queima de florestas. É possível que esse evento catastrófico tenha sido causado pelo impacto de um grande cometa que provocou uma chuva de meteoritos na Terra. A descoberta de diamantes muito pequenos (nanodiamantes) nessa camada negra indica a ocorrência de um evento desse tipo.

14.9 O que pode ser feito

Entre todos os riscos para o ambiente, restam poucas dúvidas de que os principais problemas que afetam a atmosfera e o clima são os que têm o maior potencial de causar danos catastróficos e irreversíveis ao ambiente. Se os níveis dos gases estufa e gases-traço reativos continuarem a subir nas velocidades atuais, consequências graves para o ambiente são praticamente inevitáveis. No entanto, resta a esperança de que a maior parte

---

* N. de T.: *Trigger-happy*. Expressão que designa uma postura beligerante irresponsável de ataque a alvos sem a devida precaução de identificá-los quanto ao real risco que representam.

dessas emissões seja de nações industrializadas que, em princípio, dispõem de recursos necessários para reduzi-las de modo significativo. Até hoje, o melhor exemplo nesse esforço foi o Protocolo de Montreal sobre Substâncias que Destroem a Camada de Ozônio, de 1987, um tratado internacional ratificado por diversas nações comprometidas em reduzir as emissões de CFC em 50% até o ano 2000. Esse acordo e os outros que se seguiram a ele, em especial a Emenda de Copenhague de 1992, poderão abrir caminho para acordos mais abrangentes que incluam o dióxido de carbono e outros gases-traço.

Contudo, mais sinistra do que a perspectiva do aquecimento global é a combinação da pressão e do desejo da população do planeta por padrões de vida melhores. Por exemplo, considere a demanda que esses dois fatores impõem aos recursos energéticos e o possível comprometimento ambiental resultante. Em diversos países em desenvolvimento e muito populosos, o carvão com alto teor de enxofre é a fonte de energia mais barata e disponível. É perfeitamente possível compreender a dificuldade de persuadir as populações pressionadas pela fome a abrir mão de seus ganhos de curto prazo em nome da qualidade ambiental no longo prazo. A destruição de florestas pelas práticas agrícolas baseadas em queimadas parece fazer sentido do ponto de vista econômico a todos aqueles envolvidos na agricultura de subsistência, que obtêm os recursos financeiros de que tanto necessitam com a conversão de florestas em pastagens e direcionadas para a exportação de carne de hambúrgueres vendidos pelas redes de *fast food* em nações mais abastadas.

O que pode ser feito? Em primeiro lugar, é importante lembrar que a atmosfera tem a incrível capacidade de se livrar de espécies poluentes. Os gases solúveis em água, como o gás estufa CO_2, o gás ácido SO_2 e os particulados finos, são removidos com a precipitação. Para a maior parte dos contaminantes gasosos, a oxidação precede ou acompanha os processos de remoção. Até certo ponto, a oxidação é conduzida pelo O_3. Em escala maior, o oxidante atmosférico mais ativo é o radical hidroxila, HO•. Conforme mostra a Figura 9.10, essa espécie aniquiladora atmosférica reage com todas as espécies importantes de gases-traço, exceto o CO_2 e os CFC. Hoje reconhece-se que o HO• é um agente de limpeza atmosférica de abrangência quase universal. Frente a esse papel essencial do radical HO•, quaisquer poluentes que reduzam sua concentração atmosférica de modo substancial são potencialmente perigosos. Uma das preocupações acerca das emissões do monóxido de carbono na atmosfera é a reatividade do HO• com ele,

$$CO + HO• \rightarrow CO_2 + H \tag{14.35}$$

que poderia levar à remoção do HO• da atmosfera.

Entre todas as ameaças importantes ao clima do planeta, é quase certo que a raça humana terá de enfrentar o aquecimento global e os seus efeitos climáticos. As medidas a serem tomadas para lidar com esse problema são classificadas em três categorias:

- A *minimização*, com a redução nas emissões de gases estufa, a adoção de fontes de energia alternativas, a melhoria na conservação de energia e a reversão do desmatamento. A implementação de medidas que tragam vantagens importantes, além da redução do aquecimento pelo efeito estufa, é muito sensata. Essas medidas incluem o reflorestamento, a restauração de pastagens, o aumento na conservação de energia e a adoção em massa de fontes de energia solar e eólica.

- As *medidas de contenção*, como a injeção de partículas refletoras da luz na atmosfera superior.
- A *adaptação*, efetuada sobretudo com o aumento na eficiência e flexibilidade no abastecimento e utilização da água, que pode ficar escassa em diversas partes do mundo em consequência do aquecimento global. Exemplos importantes são a implementação de práticas de irrigação mais eficientes e de mudanças na agricultura, com o cultivo de espécies que requeiram menos irrigação. A adaptação é enfatizada pelos defensores da tese de que o atual conhecimento sobre os tipos e a gravidade do aquecimento global não é amplo o bastante para justificar as despesas consideráveis com a minimização e as medidas de contenção. De qualquer forma, a adaptação certamente terá de ser adotada como meio para enfrentar o aquecimento global.

A estratégia da tributação talvez seja eficaz em promover a redução no uso de combustíveis carbonáceos e nas emissões de CO_2 responsável pelo efeito estufa. Essa é a justificativa para o *imposto sobre o carbono*, atrelado ao teor de carbono de diversos combustíveis. Outra opção consiste em dispor o dióxido de carbono em um sumidouro que não seja a atmosfera. O sumidouro mais óbvio é o oceano, mas aquíferos subterrâneos profundos e poços de petróleo e de gás também podem ser utilizados.

Uma medida comum adotada contra os efeitos de outro risco para a atmosfera, a radiação ultravioleta, é um exemplo de adaptação. Essa medida consiste na utilização de protetores solares na pele, a exemplo das loções que filtram a UVB e, em algumas formulações, a UVA, reduzindo a probabilidade do câncer de pele. O ingrediente ativo do protetor solar precisa absorver ou refletir a radiação ultravioleta com eficácia. As suspensões de partículas pequenas de óxido de zinco ou óxido de titânio são empregadas nas formulações de protetores solares a fim de bloquear a radiação ultravioleta. As suspensões insolúveis em água compostas por octinoxato orgânico (octilmetoxicinamato) absorvem a radiação UVB, e a oxibenzona é eficiente contra a radiação UVA (ver as fórmulas estruturais a seguir). Esses e outros compostos semelhantes atuam como absorvedores químicos, via de regra compostos aromáticos conjugados a um grupo carbonila. Os absorvedores químicos normalmente atuam absorvendo a radiação ultravioleta, atingindo um estado excitado e então dissipando a energia absorvida com a reversão ao estado fundamental, em um processo que regenera a espécie absorvedora.

Octinoxato orgânico
(octilmetoxicinamato)

Oxibenzona (2-hidróxi-4-metóxi fenil)fenilmetanona

A *estratégia tie-in*, por vezes chamada de política de "arrependimento zero", foi uma proposta sensata para lidar com os tipos de problemas ambientais discutidos neste capítulo. Essa abordagem, enunciada pela primeira vez em 1980,[9] defende a adoção de medidas consistindo em "ações de alta alavancagem" a fim de prevenir problemas, melhorando a resiliência e a adaptabilidade. Essas medidas podem ser muito proveitosas, mesmo que os principais problemas que devem evitar não ocorram. Um exemplo é a implementação de alternativas que não agridam o ambiente para os combustíveis fósseis com a meta de diminuir a emissão de CO_2 na atmosfera e prevenir o aquecimento global. Mesmo que alguém um dia descubra que as previsões sobre o efeito estufa foram de fato exageradas, esses substitutos salvariam a Terra de outros tipos de danos ambientais, como a deterioração de solos pela mineração de superfície ou a prevenção de derramamentos de petróleo durante seu transporte. Vantagens econômicas e políticas reais também seriam obtidas com a diminuição da dependência de reservas de petróleo incertas e voláteis. A maior eficiência energética diminuiria as emissões de gases estufa e a incidência da chuva ácida, bem como os custos de produção e a necessidade de usinas de energia caras e agressivas ao ambiente.

Mesmo quando mudanças, como no clima, são inevitáveis, medidas que as aliviem são desejáveis porque a adaptação é na maioria das vezes muito mais fácil de implementar no longo prazo. A implementação de medidas do tipo *tie-in* requer um grau de incentivo que vai além das forças de mercado normais e, portanto, recebe oposição de algumas linhas ideológicas. Um bom exemplo é a resistência aos padrões de consumo de combustíveis para automóveis. Embora os defensores do livre mercado tendam a se opor a medidas como essas, um mercado que não considera custos ambientais não é um mercado livre de verdade.

Literatura citada

1. Petkewich, R., Trees testify to pollution: Tree rings help scientists trace the source and timing of chemical leaks and spills in the environment, *Chemical and Engineering News*, **86**, 37–38 (2008).
2. Revelle, R. and H. E. Suess, Carbon dioxide exchange between atmosphere and ocean and the question of an increase of atmospheric CO_2 during the past decades, *Tellus*, **9**, 18–27 (1957).
3. Wilson, E. J. and D. Gerard, *Carbon Capture and Sequestration: Integrating Technology, Monitoring and Regulation*, Blackwell Publishing, Ames, IA, 2007.
4. Visgilio, G. R. and D. M. Whitelaw, *Acid in the Environment: Lessons Learned and Future Prospects*, Springer, Berlin, 2007.
5. Bakker, S. H., Ed., *Ozone Depletion, Chemistry, and Impacts*, Nova Science Publishers, Hauppauge, NY, 2008.
6. The summary of a 2008 report entitled "Atmospheric Brown Clouds" is available on the United Nations Environment Programme for Development on the UNEP website: http://www.unep.org/
7. Breining, G., *Super Volcano: The Ticking Time Bomb Beneath Yellowstone National Park*, MBI Publishing, Minneapolis, 2010.
8. Kennett, D. J., J. P. Kennett, A. West, C. Mercer, S. S. Que Hee, L. Bement, T. E. Bunch, M. Sellers, and W. S. Wolbach, Nanodiamonds in the Younger Dryas boundary sediment layer, *Science*, **323**, 94 (2009).
9. E. Boulding, in *Carbon Dioxide Effects, Research and Assessment Program: Workshop on Environmental and Societal Consequence of a Possible CO_2-Induced Climatic Change*, Report 009, CONF-7904143, U.S. Department of Energy, U.S. Government Printing Office, Washington, DC, October 1980, pp. 79–10.

Leitura complementar

Aguado, E. and J. E. Burt, *Understanding Weather and Climate*, 4th ed., Pearson Education, Upper Saddle River, NJ, 2007.

Ahrens, C. D., *Meteorology Today: An Introduction to Weather, Climate, and the Environment*, 9th ed., Thomson Brooks/Cole, Belmont, CA, 2009.

Allaby, M., *Atmosphere: A Scientific History of Air, Weather, and Climate*, Facts on File, New York, 2009.

Austin, J., P. Brimblecombe, and W. Sturges, Eds, *Air Pollution Science for the 21st Century*, Elsevier Science, New York, 2002.

Bowen, M., *Censoring Science: Inside the Political Attack on Dr. James Hansen and the Truth of Global Warming*, Dutton, New York, 2008.

Casper, J. K., *Greenhouse Gases: Worldwide Impacts*, Facts on File, New York, 2009.

Desonie, D., *Climate: Causes and Effects of Climate Change*, Chelsea House Publishers, New York, 2008.

Dewet, A., *Whole Earth: Earth System Science and Global Change*, W.H. Freeman & Company, New York, 2004.

Graedel, T. E. and P. J. Crutzen, *Atmospheric Change: An Earth System Perspective*, W.H. Freeman & Company, New York, 1993.

Hardy, J. T., *Climate Change: Causes, Effects and Solutions*, Wiley, New York, 2003.

Hewitt, C. N. and A. Jackson, *Atmospheric Science for Environmental Scientists*, Wiley-Blackwell, Hoboken, NJ, 2009.

Houghton, J. T., *Global Warming*, Cambridge University Press, New York, 2004.

Kidd, J. S. and R. A. Kidd, *Air Pollution: Problems and Solutions*, Chelsea House Publishers, New York, 2006.

Koppes, S. N., *Killer Rocks from Outer Space: Asteroids, Comets, and Meteorites*, Lerner Publications Company, Minneapolis, 2004.

Kushner, J. A., *Global Climate Change and the Road to Extinction*, Carolina Academic Press, Durham, NC, 2008.

Livingston, J. V., *Air Pollution: New Research*, Nova Science Publishers, New York, 2007.

Mathez, E. A., *Climate Change: The Science of Global Warming and Our Energy Future*, Columbia University Press, New York, 2009.

Peretz, L. N., *Climate Change Research Progress*, Nova Science Publishers, New York, 2008.

Rohli, R. V. and A. J. Vega, *Climatology*, Jones and Bartlett Publishers, Sudbury, MA, 2008.

Spalding, F., *Under a Black Cloud: Our Atmosphere under Attack*, Rosen Publishing, New York, 2009.

Vallero, D. A., *Fundamentals of Air Pollution*, 4th ed., Elsevier, Amsterdam, 2008.

Zedillo, E., Ed., *Global Warming: Looking Beyond Kyoto*, Brookings Institution Press, Washington, DC, 2008.

Perguntas e problemas

1. Como os problemas de transporte atuais contribuem para os problemas atmosféricos discutidos neste capítulo?
2. Qual é a justificativa para a classificação da chuva ácida como poluente secundário?
3. Elabore uma distinção entre as radiações UVA, UVB e UVC. Por que a radiação UVB é a mais perigosa na troposfera?
4. Como o frio extremo das nuvens estratosféricas da Antártida contribui para o buraco na camada de ozônio?

5. De que maneira a natureza oxidante do ozônio do *smog* contribui para o dano causado às membranas celulares?
6. O que pode ser dito sobre o tempo e o local da ocorrência de níveis máximos de ozônio do *smog* com relação à origem dos poluentes primários que resultam na formação do fenômeno?
7. Qual é o embasamento do "inverno nuclear"?
8. Discuta as analogias entre os efeitos do impacto de um grande asteroide na Terra e um "inverno nuclear".
9. Qual é o significado de estratégia *tie-in*?
10. Entre as afirmativas apresentadas, a alternativa *falsa* é (explique): (A) A chuva ácida é definida como qualquer precipitação com pH menor que o neutro (7,0). (B) Um ácido pode se depositar como sais e gases ácidos, além de ácidos em solução aquosa. (C) A chuva ácida é um problema regional de poluição do ar, em comparação com problemas de ordem local ou global. (D) O dióxido de carbono torna a chuva ligeiramente ácida. (E) A chuva ácida é muitas vezes associada a níveis elevados do íon sulfato, SO_4^{2-}.
11. Entre as afirmativas apresentadas relacionadas aos gases estufa e ao aquecimento global, a alternativa verdadeira é (explique): (A) Os níveis do gás estufa metano estão subindo a uma taxa de 1 ppmv ao ano na atmosfera. (B) Por molécula, o metano tem um efeito no aquecimento global maior que o dióxido de carbono. (C) A forçante radiativa do CO_2 é cerca de 25 vezes maior que a do CH_4. (D) O dióxido de carbono é o único gás considerado importante como causador do aquecimento global. (E) Embora existam modelos de predição do aquecimento global, não há indícios de que o fenômeno tenha de fato iniciado, nos últimos anos.
12. Entre as afirmativas apresentadas, a alternativa correta acerca do "buraco na camada de ozônio na Antártida" é (explique): (A) Atinge seu pico durante o verão antártico. (B) Não envolve espécies de cloro. (C) Envolve apenas espécies que ocorrem na fase gasosa. (D) Não envolve o radical ClO. (E) Está relacionado a espécies que congelam nas partículas das nuvens estratosféricas a temperaturas muito baixas.
13. Entre as afirmativas apresentadas, a alternativa que *não* é um efeito da chuva ácida é (explique): (A) A fitotoxicidade direta (toxicidade para as plantas) do H^+. (B) A fitotoxicidade de gases precursores de ácidos, como o SO_2. (C) A fitotoxicidade do Al^{3+} liberado. (D) A toxicidade a alevinos do ácido acumulado em lagos. (E) Todas as alternativas anteriores.
14. Entre as afirmativas apresentadas, a alternativa que *não* representa uma medida para reduzir os efeitos adversos no clima é (explique): (A) A minimização, como a redução das emissões de gases estufa. (B) As medidas de contenção, como a injeção de partículas que refletem a luz na atmosfera superior. (C) A substituição da energia nuclear por energia fóssil. (D) A adaptação, como a adoção de métodos mais eficientes de irrigação. (E) A estratégia *tie-in*.
15. Entre as afirmativas apresentadas, a alternativa correta acerca da "Atmosfera Global Ameaçada" é (explique): (A) O SO_2 atmosférico pode ajudar a reduzir o efeito estufa indiretamente. (B) Estimativas dizem que os níveis de dióxido de carbono atmosférico diminuíram após 2010. (C) O "inverno nuclear" é uma preocupação sobretudo devido ao efeito estufa. (D) O principal efeito das erupções vulcânicas é o aquecimento global. (E) O *smog* fotoquímico é principalmente um problema global, não regional nem local.
16. Use a Internet para pesquisar um evento de quase colisão de um asteroide grande e com potencial de destruição com a Terra. Quando esse evento ocorreu? Qual foi a distância mínima a que ele se aproximou da Terra? Qual era sua dimensão? Quais teriam sido os prováveis efeitos de uma colisão?

15 A geosfera e a geoquímica

15.1 Introdução

A *geosfera*, ou terra sólida, é a parte da Terra em que vivemos e de onde extraímos a maior parte de nosso alimento, minerais e combustíveis. No passado acreditava-se que a geosfera tivesse uma capacidade quase ilimitada de absorver as perturbações geradas pelo homem, mas hoje sabe-se que ela é bastante frágil e que está sujeita a problemas causados pelas atividades humanas. Por exemplo, a cada ano bilhões de toneladas de material terrestre são mineradas ou sofrem algum tipo de perturbação na extração de minerais e carvão. Em relação à poluição atmosférica, dois fenômenos – o excesso de dióxido de carbono e a chuva ácida (ver Capítulo 14) – geram importantes alterações na geosfera. Níveis muito elevados de dióxido de carbono na atmosfera podem causar o aquecimento global (efeito estufa), capaz de alterar muito os padrões de chuvas e transformar áreas produtivas em regiões desérticas. Valores baixos de pH, característicos da chuva ácida, acarretam alterações drásticas nas solubilidades e nas velocidades de oxidação-redução de minerais. A erosão causada pelo cultivo intenso da terra está lavando vastas quantidades de solos férteis em fazendas a cada ano. Em algumas áreas de países industrializados, a geosfera se tornou um depósito de compostos químicos tóxicos. Como se não bastasse, a geosfera precisa disponibilizar pontos de descarte para o lixo nuclear de mais de 400 reatores nucleares em operação em todo o mundo. Não é difícil perceber que a preservação da geosfera para a habitação humana é um dos maiores desafios enfrentados pela humanidade.

A interface entre a geosfera e a atmosfera, na superfície terrestre, é muito importante para o ambiente. As atividades humanas na superfície da Terra afetam o clima, mais diretamente pela alteração no albedo, definido como a porcentagem de radiação solar incidente refletida por uma superfície de terra ou água. Por exemplo, se o Sol emite 100 unidades de energia por minuto incidentes nos limites superiores da atmosfera, e a superfície da Terra recebe 60 unidades por minuto desse total, refletindo 30% de volta, o albedo é 50%. Alguns valores típicos do albedo para diferentes áreas na superfície da Terra são: florestas perenes, 7-15%; campos secos e arados, 10-15%; desertos, 25-35%; neve recém-caída, 85-90%; asfalto, 8%. Em algumas áreas muito desenvolvidas, a liberação de calor antropogênico (de fontes humanas) é comparável ao das emissões solares. A liberação de energia antropogênica na área de 60 km² da Ilha de Manhattan é em média quatro vezes maior que a energia solar incidente na mesma área. Nos 3.500 km² de Los Angeles, a energia antropogênica equivale a 13% do fluxo de energia solar que a área recebe.

Um dos maiores impactos dos seres humanos na geosfera é a criação de áreas desertificadas por conta da utilização abusiva da terra, em regiões com baixa precipitação pluviométrica. Esse processo, chamado de *desertificação*, se manifesta na diminuição de lençóis freáticos, na salinização de solos férteis e da água, na redução das águas superficiais, na erosão dos solos em níveis atipicamente altos e na destruição de vegetações nativas. O problema é grave em algumas partes do mundo, sobretudo no Sahel da África (a fronteira meridional do Saara), onde o deserto avançou para o sul a uma velocidade muito alta entre 1968 e 1973, contribuindo para a disseminação da fome no continente na década de 1980. Áreas extensas e áridas na região oeste dos Estados Unidos estão passando por algum grau de desertificação como resultado das atividades humanas e de estiagens graves. À medida que cresce a população dessa região, um dos maiores desafios enfrentados pelas pessoas que vivem nela é refrear a conversão de outras extensões de terra em deserto.

O solo é a parte mais importante da geosfera para a vida na Terra. Ele é o meio em que as plantas crescem e do qual praticamente todos os organismos terrestres dependem para sua existência. A produtividade do solo sofre forte influência das condições ambientais e dos poluentes. Em função dessa importância, o Capítulo 16 é dedicado à química ambiental do solo.

Com a crescente expansão populacional e industrial, um dos aspectos mais importantes da utilização da geosfera pelos seres humanos diz respeito à proteção dos recursos hídricos. Os dejetos da mineração, agricultura, química e radiação têm potencial de contaminação de águas superficiais e subterrâneas. O lodo do esgoto espalhado no solo pode contaminar a água ao liberar nitratos e metais. Os aterros sanitários também representam fontes de contaminação. Os lixiviados de poços e lagoas sem revestimento e contendo líquidos ou lodos perigosos são potenciais poluentes da água de beber.

Porém, é preciso observar que muitos sólidos têm a capacidade de assimilar e neutralizar poluentes. Inúmeros fenômenos químicos e bioquímicos ocorrem no solo, mitigando a natureza prejudicial desses compostos, incluindo os processos de oxidação-redução, as reações de hidrólise e ácido-base, a precipitação, a sorção e a degradação pela via bioquímica. Alguns compostos orgânicos perigosos podem ser degradados em compostos inofensivos no solo, e os metais podem ser sorvidos por ele. Contudo, de modo geral é preciso tomar extremo cuidado com a disposição de compostos químicos, lodos e outros materiais potencialmente perigosos, sobretudo onde existe a possibilidade de contaminação da água.

15.2 A natureza dos sólidos na geosfera

A Terra está dividida em camadas, incluindo o núcleo sólido rico em ferro, o núcleo externo líquido, o manto e a crosta. Considerando a geosfera, o principal objeto de estudo da química ambiental é a *litosfera*, que consiste no manto externo e na *crosta*. A crosta é a camada externa da Terra, acessível aos seres humanos. É extremamente fina, em comparação com o diâmetro da terra, com espessura entre 5 e 40 km.

A maior parte da crosta terrestre sólida é formada por rochas. Estas são compostas por *minerais*, definidos como sólidos inorgânicos de ocorrência natural e com uma estrutura cristalina interna e composição química características. Uma *rocha* é uma massa sólida e coesa de mineral puro ou um agregado de dois ou mais minerais.

15.2.1 A estrutura e as propriedades dos minerais

Um mineral apresenta uma combinação exclusiva de duas características: a composição química definida, expressa pela fórmula química do mineral, e uma estrutura cristalina específica. A *estrutura cristalina* de um mineral diz respeito ao modo como os átomos estão dispostos uns em relação aos outros. A aparência visível dos cristais do mineral não permite determinar essa estrutura. Para conhecê-la, é preciso utilizar métodos especiais, como o raio X. Diferentes minerais podem ter a mesma composição química, ou a mesma estrutura cristalina, mas podem não ser minerais idênticos.

As propriedades físicas dos minerais são utilizadas como critério de classificação. A aparência externa característica de um mineral cristalino puro é sua *forma cristalina*. Devido às restrições espaciais nos modos como os minerais cristalizam, a forma cristalina pura de um mineral muitas vezes não é clara. A *cor* é uma característica óbvia e muito variável por causa da presença de impurezas. A aparência da superfície mineral na luz que reflete é chamada de *brilho*, que pode ser metálico, parcialmente metálico (submetálico), vítreo (semelhante ao vidro), opaco ou terroso, resinoso ou perolado. A cor observada quando um mineral é esfregado ao longo de uma placa de porcelana não esmaltada é chamada de *traço*. A *dureza* é definida de acordo com a escala de Mohs, que vai de 1 a 10 e é baseada em 10 minerais diferentes, como o talco, com dureza arbitrada igual a 1, e o diamante, com dureza igual a 10. A *clivagem* representa a maneira como os minerais quebram ao longo de planos e os ângulos de intersecção destes. Por exemplo, a mica cliva na forma de lâminas finas. A maioria dos minerais forma *fraturas* irregulares, embora alguns fraturem no sentido de superfícies curvas uniformes, em fibras ou lascas. A *gravidade específica* – a densidade em relação à água – é outra característica importante dos minerais.

15.2.2 Os tipos de minerais

Embora mais de 2 mil minerais sejam conhecidos, apenas cerca de 25 *minerais formadores de rocha* compõem a maioria da crosta terrestre.[1] A natureza desses minerais pode ser melhor compreendida com base no conhecimento dos elementos químicos componentes da crosta. O oxigênio e o silício representam 49,5 e 25,7% em massa da crosta terrestre, respectivamente. Portanto, a maior parte dos minerais são *silicatos*, como o quartzo, SiO_2, ou o ortoclásio, $KAlSi_3O_8$. Em ordem decrescente de abundância, os outros elementos que compõem a crosta terrestre são o alumínio (7,4%), o ferro (4,7%), o cálcio (3,6%), o sódio (2,8%), o potássio (2,6%), o magnésio (2,1%) e outros (1,6%). A Tabela 15.1 resume os principais tipos de minerais presentes na crosta terrestre.

Os *minerais secundários* são formados pela alteração da matéria precursora mineral. As *argilas* são minerais silicatos, normalmente contendo alumínio, que compõem uma das classes mais importantes de minerais secundários. A olivina, a augita, a hornblenda e os feldspatos são minerais que formam argilas, discutidas em detalhes na Seção 15.7.

15.2.3 Os evaporitos

Os *evaporitos* são sais solúveis que precipitam em solução em condições áridas especiais, normalmente como resultado da evaporação da água do mar. O evaporito mais

TABELA 15.1 Os principais grupos minerais na crosta terrestre

Grupo mineral	Exemplos	Fórmula
Silicatos	Quartzo	SiO_2
	Olivina	$(Mg,Fe)_2SiO_4$
	Feldspato de potássio	$KAlSi_3O_8$
Óxidos	Corundo	Al_2O_3
	Magnetita	Fe_3O_4
Carbonatos	Calcita	$CaCO_3$
	Dolomita	$CaCO_3 \cdot MgCO_3$
Sulfetos	Pirita	FeS_2
	Galena	PbS
Sulfatos	Gipsita	$CaSO_4 \cdot 2H_2O$
Haletos	Halita	$NaCl$
	Fluorita	CaF_2
Elementos nativos	Cobre	Cu
	Enxofre	S

comum é a *halita*, NaCl. Outros evaporitos simples são a silvita (KCl), a tenardita (Na_2SO_4) e a anidrita ($CaSO_4$). Muitos evaporitos são hidratos, como a bischofita ($MgCl_2 \cdot 6H_2O$), a gipsita ($CaSO_4 \cdot 2H_2O$), a kieserita ($MgSO_4 \cdot H_2O$) e a epsomita ($MgSO_4 \cdot 7H_2O$). Os sais duplos, como a carnalita ($KMgCl_3 \cdot 6H_2O$), a cainita ($KMgClSO_4 \cdot \frac{11}{4}H_2O$), a glaserita ($K_3Na(SO_4)_2$), a polihalita ($K_2MgCa_2(SO_4)_4 \cdot 2H_2O$) e a loeweita ($Na_{12}Mg_7(SO_4)_{13} \cdot 15H_2O$) são muito comuns em evaporitos.

A precipitação de evaporitos a partir de fontes marinhas e salinas depende de diversos fatores, sendo os mais importantes as concentrações dos íons de evaporitos na água e a solubilidade dos produtos dos evaporitos. A presença de um íon em comum diminui a solubilidade desses sais. Por exemplo, o $CaSO_4$ é precipitado com maior rapidez em água salgada contendo Na_2SO_4 do que em uma solução sem outra fonte de sulfato. A presença de outros sais que não têm um íon em comum aumenta a solubilidade, porque diminuem os coeficientes de atividade. As diferenças em temperatura causam variações na solubilidade.

Do ponto de vista químico, os depósitos de nitrato que ocorrem nas regiões quentes e extraordinariamente secas do nordeste do Chile são únicos, devido à estabilidade dos sais de nitrato muito oxidados que os compõem. Nessa região, o sal prevalente, que foi minerado devido a seu teor de nitrato para a fabricação de explosivos e fertilizantes, é o salitre do Chile, $NaNO_3$. Traços de $CaCrO_4$ e $Ca(ClO_4)_2$ muito oxidados também são encontrados nesses depósitos, e algumas regiões são tão ricas em $Ca(IO_3)_2$ que ele é usado como fonte comercial de iodo.

15.2.4 Os sublimados vulcânicos

Muitas substâncias minerais são na verdade gasosas nas temperaturas magmáticas dos vulcões, sendo transportadas com os gases vulcânicos. Esses tipos de substâncias condensam próximo às fumarolas e recebem o nome de *sublimados*. O enxofre elementar é um sublimado comum. Alguns óxidos, sobretudo de ferro e silício, são depositados também nessa forma. Diversos outros sublimados são formados por sais de cloro e sulfatos. Os cátions mais comuns são os cátions monovalentes dos íons amônio, sódio, potássio, magnésio, cálcio, alumínio e ferro. Os sublimados de flúor e cloro são fontes de HF e HCl no estado gasoso formados pelas reações em altas temperaturas com a água, como:

$$2H_2O + SiF_4 \rightarrow 4HF + SiO_2 \qquad (15.1)$$

15.2.5 As rochas ígneas, sedimentares e metamórficas

Nas temperaturas elevadas das profundezas da Terra, as rochas e a matéria mineral derretem, formando uma substância chamada de *magma*. O esfriamento e a solidificação do magma produzem as *rochas ígneas*. As rochas ígneas mais comuns são o granito, o basalto, o quartzo (SiO_2), os piroxênios ((Mg,Fe)SiO_3), o feldspato ((Ca,Na,K)$AlSi_3O_8$), a olivina ((Mg,Fe)$_2SiO_4$) e a magnetita (Fe_3O_4). As rochas ígneas são formadas sob condições de falta de água e quimicamente redutoras, com altas temperaturas e pressões. As rochas ígneas afloradas estão expostas a condições oxidantes, além de umidade e de temperaturas e pressões baixas. Uma vez que essas condições são opostas àquelas em que essas rochas se formaram, estas não estão em equilíbrio com o ambiente circundante quando expostas. Como resultado, essas rochas se desintegram, em um processo chamado de *intemperismo*. O intemperismo tende a ser lento, pois as rochas ígneas de modo geral são duras, não porosas e apresentam baixa reatividade. A erosão pelo vento, pela água ou pelas geleiras colhe material gerado pelo intemperismo e o deposita como *sedimentos* ou *solo*. O processo chamado de *litificação* descreve a conversão de sedimentos em *rochas sedimentares*. Contrastando com as rochas ígneas precursoras, os sedimentos e as rochas sedimentares são porosos, macios e quimicamente reativos. O calor e a pressão convertem as rochas sedimentares em *rochas metamórficas*.

As rochas sedimentares podem ser *rochas detríticas*, formadas por partículas sólidas erodidas de rochas ígneas em consequência do intemperismo; o quartzo apresenta as melhores chances de sobreviver quimicamente intacto às agressões do ambiente e ao transporte a partir de sua localização inicial. O segundo tipo de rocha sedimentar são as *rochas sedimentares químicas* geradas pela precipitação ou coagulação de produtos coloidais ou dissolvidos do intemperismo. As *rochas sedimentares orgânicas* são compostas por restos de plantas e animais. Os minerais de carbonato de cálcio e magnésio – o *calcário* ou a *dolomita* – são muito abundantes nas rochas sedimentares. Exemplos importantes dessas rochas são:

- O arenito produzido por partículas do tamanho da areia de minerais como o quartzo.
- Conglomerados compostos por partículas relativamente grandes e de tamanhos variados.
- O xisto formado a partir de partículas muito finas de silte ou argila.
- O calcário $CaCO_3$ produzido pela precipitação química ou bioquímica do carbonato de cálcio:

$$Ca^{2+} + CO_3^{2-} \rightarrow CaCO_3(s)$$

$$Ca^{2+} + 2HCO_3 + h\nu \,(\text{fotossíntese algácea}) \rightarrow \{CH_2O\}\,(\text{biomassa}) + CaCO_3(s) + O_2(g)$$

- A calcedônia, formada por SiO_2 microcristalino.

15.2.5.1 O ciclo das rochas

Os intercâmbios e as conversões entre rochas ígneas, sedimentares e metamórficas, além dos processos envolvidos nessas conversões, são descritos pelo *ciclo das rochas*, ilustrado na Figura 15.1. Uma rocha de qualquer um desses três tipos pode ser convertida em uma rocha de um dos outros dois tipos. Porém, uma rocha de qualquer um desses três tipos pode ser convertida em uma rocha diferente, mas do mesmo tipo, nesse ciclo.

15.2.5.2 Os estágios do intemperismo

O intemperismo é classificado como *inicial*, *intermediário* e *avançado*. O estágio do intemperismo a que um mineral está exposto depende do tempo, de condições químicas como a exposição ao ar, ao dióxido de carbono e à água, além de condições físicas, como a temperatura e a mistura com água e ar.

Os minerais reativos e solúveis como os carbonatos, a gipsita, a olivina, os feldspatos e as substâncias ricas em ferro (II) conseguem resistir apenas ao intemperismo inicial. Esse estágio é caracterizado por condições secas, baixo lixiviamento, ausência de matéria orgânica, condições redutoras e tempo de exposição reduzido. O quartzo, a vermiculita e as esmectitas resistem ao estágio intermediário do intemperismo, manifestado como a retenção de sílica, sódio, potássio, magnésio, cálcio e ferro (II) que não estejam na forma de óxidos de ferro (II). Essas substâncias são transportadas no estágio avançado do intemperismo, caracterizado por intenso arraste por água doce, pH baixo, condições oxidantes [ferro (II) $\rightarrow$ ferro (III)], presença de polímeros de alumínio hidróxi e a dispersão da sílica.

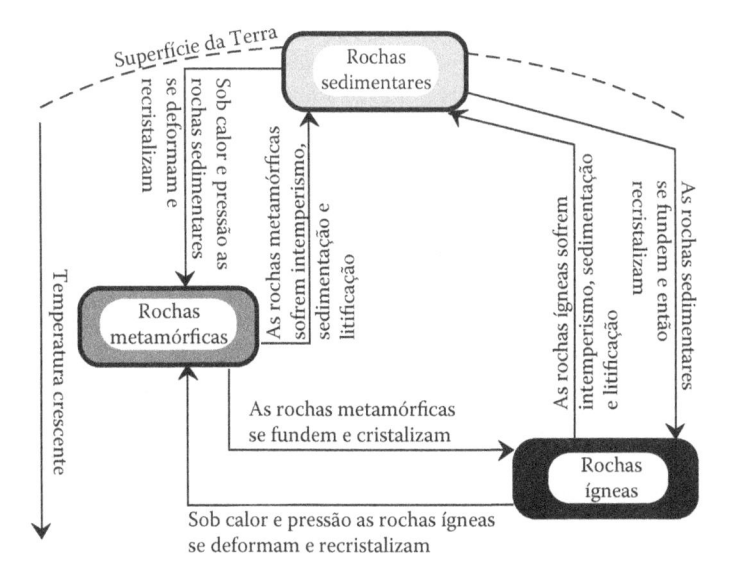

FIGURA 15.1 O ciclo das rochas.

15.3 A forma física da geosfera

O aspecto mais fundamental da forma física da geosfera diz respeito à forma e às dimensões da Terra. A Terra é *geoide*, definida como uma superfície correspondente à média do nível do mar e que se estende como níveis de oceanos hipotéticos sob os continentes. Essa forma não é uma esfera perfeita, por conta das variações na atração da gravidade em diversos pontos da superfície terrestre. Essa ligeira irregularidade na forma do planeta é importante nos levantamentos que objetivam determinar com precisão as localizações dos pontos na superfície da Terra de acordo com a longitude, latitude e elevação acima do nível do mar. Um aspecto que traz preocupações mais diretas para os seres humanos é a natureza das formas terrenas e os processos que nelas ocorrem. Essa área de estudo é chamada de *geomorfologia*.

15.3.1 As placas tectônicas e a deriva continental

A geosfera tem uma forma física muito variada e em constante mudança. A maior parte da massa de terra do planeta está contida em diversos continentes enormes, separados por vastos oceanos. Cordilheiras elevadas estendem-se pelos continentes e, em alguns casos, o leito dos oceanos atinge profundidades abissais. Os terremotos, que muitas vezes causam grande destruição e dizimam vidas, além das erupções vulcânicas que com frequência lançam na atmosfera volumes de matéria grandes o bastante para alterar o clima ainda que temporariamente, servem de advertência de que a Terra é uma entidade dinâmica, um corpo vivo em constante mudança. Existem indícios convincentes, como a semelhança nas silhuetas da costa ocidental africana e da costa oriental da América do Sul, sugestivos de que os continentes que hoje encontram-se separados por largas distâncias já estiveram unidos, tendo se afastado uns em relação aos outros. Esse fenômeno ininterrupto é chamado de *deriva continental*. Hoje acredita-se que há 200 milhões de anos a maior parte da massa de terra do planeta formava um supercontinente, chamado de Gonduana. Esse continente se dividiu, formando os continentes atuais da Antártida, Austrália, África e América do Sul, além de Madagascar, Ilhas Seichelles e Índia.

As observações descritas são explicadas pela teoria das *placas tectônicas*,[2] que postula que a superfície sólida da Terra é formada por diversas placas rígidas que se movem umas em relação às outras. Essas placas viajam a uma velocidade média de alguns centímetros por ano sobre uma camada relativamente frágil e liquefeita que faz parte do manto superior da Terra, chamada de *astenosfera*. A ciência que estuda as placas tectônicas explica os fenômenos em larga escala que afetam a geosfera, como a criação e o alargamento dos oceanos à medida que os leitos oceânicos se abrem e se estendem, a colisão e o afastamento dos continentes, a formação de cordilheiras, as atividades vulcânicas, a criação de ilhas de origem vulcânica e os terremotos.

As fronteiras entre essas placas são os locais onde se concentram fenômenos geológicos, como os terremotos e as atividades vulcânicas. Essas fronteiras são de três tipos:

- *Fronteiras divergentes*, onde as placas se afastam umas das outras. Observadas nos leitos oceânicos, são as regiões onde o magma quente ascende e esfria, produzindo novas extensões de litosfera sólida. Esse novo material sólido cria as *cordilheiras oceânicas*.

- *Fronteiras convergentes*, onde as placas se movem umas na direção das outras. Uma placa pode ser forçada sob outra, em uma *zona de subdução*, onde a matéria é soterrada na astenosfera e, por fim, é fundida outra vez, formando novo magma. Quando isso não ocorre, a litosfera é forçada para o alto, gerando cordilheiras ao longo da fronteira de colisão.
- *Fronteiras de falhas de transformação*, onde duas placas deslizam na transversal. Essas fronteiras criam falhas que, por sua vez, resultam em sismos.

Os fenômenos descritos fazem parte do *ciclo tectônico* (ilustrado na Figura 15.2), um ciclo geológico que mostra como as placas tectônicas se movem umas em relação às outras, como o magma se eleva para formar novas rochas sólidas e como as rochas da litosfera afundam, liquefazendo-se e se convertendo em novo magma.

15.3.2 A geologia estrutural

A superfície da Terra está em constante remodelação devido a processos geológicos. O movimento de massas de rocha durante, por exemplo, a formação de montanhas resulta na deformação substancial das rochas. No extremo oposto da escala de tamanho estão os defeitos em cristais em nível microscópico. A *geologia estrutural* aborda as formas geométricas das estruturas geológicas em uma ampla variedade de tamanhos, a natureza das estruturas formadas pelos processos geológicos e a formação de dobras, falhas e outras fisionomias geológicas.

As *estruturas primárias* resultam da formação de uma massa rochosa a partir de seus materiais precursores. A modificação e a deformação das estruturas primárias geram as *estruturas secundárias*. Uma das premissas básicas da geologia estrutural é que a maior parte das formações rochosas estratificadas foi depositada em uma

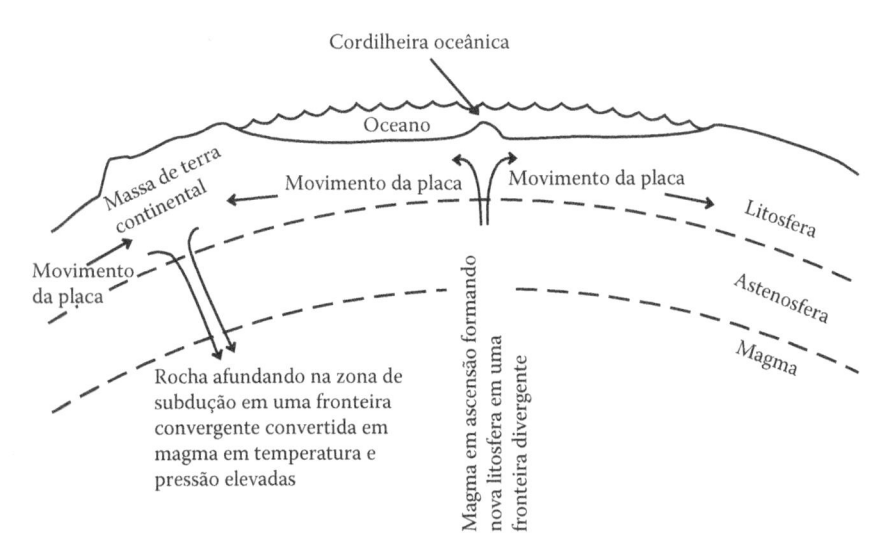

FIGURA 15.2 Ilustração do ciclo tectônico em que o magma em ascensão ao longo de uma fronteira onde duas placas divergem cria uma nova litosfera no leito oceânico, e a rocha afundando em uma zona de subdução é liquefeita, formando magma.

configuração horizontal. A rachadura de uma formação desse tipo sem o deslocamento de suas partes em relação umas às outras produz uma *junta*, enquanto o deslocamento gera uma *falha* (Figura 15.3).

Uma relação essencial na geologia estrutural envolve a força ou a *tensão* colocada em uma formação geológica ou objeto e a deformação resultante dela, chamada de *fadiga*. Nesse sentido, um dos desdobramentos importantes da geologia estrutural é a *reologia*, ciência que estuda a deformação e o fluxo de sólidos e semissólidos. Enquanto as rochas tendem a ser fortes, rígidas e quebradiças nas condições observadas na superfície da Terra, sua reologia muda de maneira a torná-las fracas e flexíveis em condições extremas de temperatura e pressão a profundidades significativas abaixo da crosta.

15.4 Os processos internos

A seção anterior tratou da forma física da geosfera. Alguns tipos importantes de processos alteram a configuração da geosfera e têm o potencial de causar danos e até eventos catastróficos.[3] Esses processos são divididos em duas categorias principais: *processos internos*, que surgem a partir de fenômenos localizados a profundidades significativas na Terra, e os *eventos de superfície*, que ocorrem na crosta. Os processos internos são tratados nesta seção, e os processos de superfície, na Seção 15.5.

15.4.1 Os terremotos

Em sua maioria, os *terremotos* são causados pelos processos nas placas tectônicas e se originam ao longo das fronteiras das placas, manifestando-se como o movimento do solo resultante da liberação de energia que acompanha um deslocamento abrupto das formações rochosas sujeitas à tensão ao longo de uma falha. Em síntese, duas massas enormes de rocha tendem a se mover uma em relação à outra, mas acabam presas, juntas, em uma falha. Isso causa uma deformação nas rochas, que aumenta com a tensão. Por fim, a fricção entre as duas placas em movimento não é suficiente para mantê-las encaixadas uma à outra no local, e ocorre um movimento ao longo de uma falha existente, ou uma falha nova é criada. Libertadas das restrições à mo-

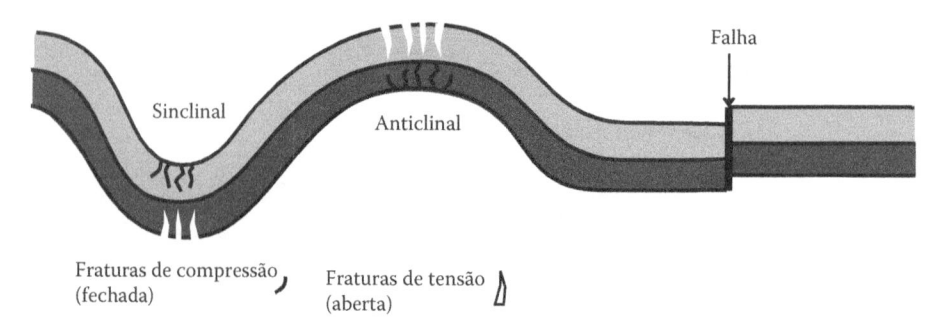

FIGURA 15.3 As dobras (sinclinal e anticlinal) são formadas pela dobradura de formações rochosas. As falhas são produzidas por formações rochosas que se deslocam lateralmente uma em relação à outra.

vimentação, as placas sofrem um rebote elástico, fazendo a terra tremer. Os graves danos causados por terremotos são discutidos na Seção 15.10.

Além de fazer a terra tremer, o que pode ocorrer com muita violência, os sismos causam rachaduras no solo, além de afundamentos ou elevações. A *liquefação* é um fenômeno importante que ocorre no solo pouco firme durante os terremotos, onde o aquífero freático pode estar a profundidades pequenas. A liquefação decorre da separação das partículas do solo acompanhada pela infiltração de água. Quando isso acontece, o solo se comporta como um fluido.

A localização do movimento inicial ao longo de uma falha que causa um terremoto é chamada de *foco*. O ponto na superfície diretamente acima do foco é o *epicentro* do sismo. A energia é transmitida a partir do foco por *ondas sísmicas*. As ondas sísmicas que se deslocam pelo interior do planeta são chamadas de *ondas de massa* (ou ondas volumétricas) e as ondas que atravessam a superfície são as *ondas superficiais*. As ondas de massa são divididas em *ondas P*, vibrações de compressão resultantes da compressão alternada com a expansão do material geosférico, e *ondas S*, ondas de cisalhamento que tomam a forma de oscilações transversais do material. Os movimentos desses dois tipos de onda são detectados por um aparelho chamado de *sismógrafo*, muitas vezes a grandes distâncias do epicentro. Os dois tipos de ondas movem-se a velocidades diferentes, com as ondas P deslocando-se com maior rapidez. Com base nos tempos de chegada desses dois tipos de vibração em diferentes estações sismológicas, é possível localizar o epicentro de um sismo.

15.4.2 Os vulcões

Além dos terremotos, um segundo processo interno importante e que afeta o ambiente é a emissão de rocha liquefeita (lava), gases, vapores, cinzas e partículas devido ao afloramento de magma junto à superfície da Terra. Esse fenômeno, chamado de *vulcão* (Figura 15.4), causa destruição e danos ao ambiente. Os aspectos dos prováveis danos gerados por vulcões são discutidos na Seção 15.11.

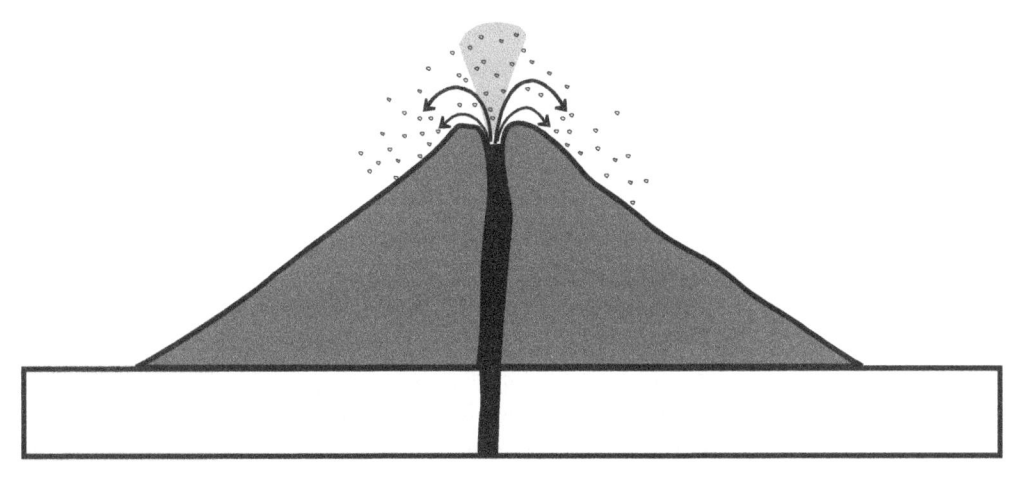

FIGURA 15.4 Os vulcões têm formas diversas. Um vulcão clássico pode ser um cone de cinzas formado pelo lançamento de rochas e lava, chamado de onda piroclástica, gerando uma forma cônica relativamente uniforme.

Os vulcões têm formas variadas, que vão além do escopo deste capítulo, mas, resumidamente, são formados quando o magma se eleva à superfície. Na maioria das vezes isso ocorre nas zonas de subdução criadas onde uma placa é forçada sob outra (ver Figura 15.2). O movimento descendente do material da litosfera sujeita a placa a temperaturas e pressões elevadas que derretem as rochas presentes nela e fazem o magma subir. O magma derretido e que se projeta de um vulcão, com frequência a temperaturas elevadas, acima de 500°C e que podem atingir 1.400°C, é chamado de *lava*, uma das manifestações mais comuns da atividade vulcânica.

15.4.3 Os processos de superfície

As características geológicas de superfície são formadas pelo movimento ascendente de materiais da crosta terrestre. Com a exposição à água, oxigênio, ciclos de congelamento e derretimento de massas de gelo, organismos e outras influências na crosta terrestre, as características de superfície estão sujeitas a dois processos que, em grande parte, definem a paisagem: o intemperismo e a erosão. Conforme observado anteriormente neste capítulo, o intemperismo consiste na fragmentação de ordem química e física de uma rocha, ao passo que a erosão compreende a remoção e o movimento de produtos dessa fragmentação pela ação dos ventos, da água e do gelo. O intemperismo e a erosão atuam em conjunto: um potencializa o outro na fragmentação das rochas e no movimento dos produtos desse processo. Estes são removidos pela erosão e acabam depositados como sedimentos, podendo sofrer diagênese e litificação para formar rochas sedimentares.

Um dos processos de superfície mais comuns e capazes de afetar seres humanos é o *deslizamento de terra* que ocorre quando o solo ou outros materiais inconsolidados descem por uma encosta. Fenômenos semelhantes ao deslizamento de terra são as quedas de rochas, quedas de barreiras e avalanches. Os processos de superfície com poder destrutivo são discutidos na Seção 15.12.

15.5 Os sedimentos

Vastas áreas de terra, além de sedimentos lacustres e de cursos de água, são compostas por rocha sedimentar. As propriedades dessas massas de material têm forte dependência de suas origens e transporte. A água é o principal veículo de transporte de sedimentos, embora o vento também execute esse papel com eficácia. Centenas de milhões de toneladas de sedimentos são transportadas por grandes rios a cada ano.

A ação da correnteza erode as margens de cursos de água, transportando material sedimentar por longas distâncias pela água. Esse material pode ser classificado como:

- *Carga dissolvida* de minerais formadores de sedimento em solução
- *Carga suspensa* de materiais sedimentares sólidos transportados em suspensão
- *Carga de leito* arrastada ao longo do fundo do canal do curso

O transporte do carbonato de cálcio na forma de bicarbonato de cálcio dissolvido é um bom exemplo de carga dissolvida, sendo o tipo mais comum dessa classe de carga. A água com teores elevados de dióxido de carbono dissolvido (normalmente presente como resultado da ação bacteriana) em contato com formações de carbonato de cálcio contém os íons Ca^{2+} e HCO_3^-. A água corrente contendo cálcio na forma de sal de HCO_3^- tem *dureza temporária*, mas pode se tornar mais básica pela perda de

CO_2 para a atmosfera, pelo consumo de CO_2 na proliferação de algas ou pelo contato com uma base dissolvida, acarretando a deposição de $CaCO_3$ insolúvel.

$$Ca^{2+} + 2HCO_3^- \rightarrow CaCO_3(s) + CO_2(g) + H_2O \qquad (15.2)$$

A maior parte da água que contém carga dissolvida se origina no subsolo, onde a água teve a chance de dissolver minerais das camadas de rocha pelas quais fluiu.

A maioria dos sedimentos é transportada por cursos de água na forma de carga suspensa, evidenciada como "lama" na água corrente de rios que cortam terras agrícolas ou como as rochas finamente particuladas nos cursos de água nos Alpes alimentados pelo derretimento das geleiras. Em condições normais, o silte, a argila ou a areia fina contribuem com a maior parcela na formação de carga suspensa, embora partículas maiores sejam transportadas em correntezas rápidas. O grau e a velocidade do movimento do material sedimentar suspenso em cursos de água são funções da velocidade do fluxo e da rapidez na sedimentação das partículas em suspensão.

A carga de leito é deslocada pelo fundo de um curso de água pela ação da água que "arrasta" as partículas pelo caminho. O movimento das partículas carregadas na forma de carga não é contínuo. A ação desgastante dessas partículas é um aspecto importante da erosão em cursos de água.

Aproximadamente dois terços do sedimento arrastado por um curso de água são transportados em suspensão; quase um quarto em solução; e a fração relativamente pequena do restante é arrastada como carga de leito. A capacidade de um curso de água de arrastar sedimentos aumenta com o fluxo total da água (massa por unidade de tempo) e a velocidade da água. Essas duas variáveis são maiores em condições de inundação, assim, esse fenômeno tem importância especial no transporte de sedimentos.

Os cursos de água movimentam materiais sedimentares por meio da *erosão*, transportando os materiais ao longo do fluxo da corrente e liberando-os na forma sólida durante a *deposição*. Os depósitos de sedimentos transportados pela correnteza são chamados de *alúvios*. Como uma correnteza menos veloz favorece a deposição, partículas maiores e mais facilmente sedimentáveis são liberadas primeiro. Isso acarreta a *separação* de partículas, de modo que as partículas de tamanhos e tipos semelhantes tendem a ocorrer juntas em depósitos aluviais. Uma boa parte do sedimento é depositada em planícies inundáveis, onde os cursos de água extravasam suas margens.

15.6 As argilas

As argilas, muito comuns e importantes na mineralogia, de modo geral predominam entre os componentes inorgânicos na maioria dos solos (ver Capítulo 16) e têm relevância na retenção de água e na troca de cátions nutrientes para as plantas. Todas as argilas contêm silicato e a maioria apresenta alumínio e água. Do ponto de vista físico, são formadas por grãos muito finos com estruturas semelhantes a lâminas. Em nossa discussão, argila é definida como um grupo de minerais secundários microcristalinos formados por silicatos de alumínio hidratados que têm estruturas em forma de lâmina. Os minerais se diferenciam uns dos outros com base em uma fórmula geral, na estrutura e em propriedades físicas. Os três grupos principais de minerais argilosos são:

- *Montmorilonita*, $Al_2(OH)_2Si_4O_{10}$
- *Ilita*, $K_{0-2}Al_4(Si_{8-6}A_{0-2})O_{20}(OH)_4$
- *Caolinita*, $Al_2Si_2O_5(OH)_4$

Muitas argilas contêm grandes quantidades de sódio, potássio, magnésio, cálcio e ferro, além de níveis traço de outros metais. As argilas ligam cátions como o Ca^{2+}, Mg^{2+}, K^+, Na^+ e NH^{4+}, o que os protege contra o arraste por água ao mesmo tempo em que os mantém disponíveis no solo para nutrição vegetal. Uma vez que muitas argilas são suspensas com rapidez em água na forma de partículas coloidais, elas são lavadas do solo ou arrastadas para camadas inferiores dele.

A olivina, a augita, a hornblenda e os feldspatos são minerais precursores das argilas. Por exemplo, a caolinita ($Al_2Si_2O_5(OH)_4$) é formada a partir da rocha de feldspato de potássio ($KAlSi_3O_8$):

$$2KAlSi_3O_8(s) + 2H^+ + 9H_2O \rightarrow Al_2Si_2O_5(OH)_4(s) + 2K^+(aq) + 4H_4SiO_4(aq) \quad (15.3)$$

As formações argilosas estratificadas são compostas por óxido de silício em alternância com lâminas de óxido de alumínio. As lâminas de óxido de silício são compostas por tetraedros, em que cada átomo de silício é cercado por quatro átomos de oxigênio. Destes, três são compartilhados com outros átomos de silício, componentes dos tetraedros adjacentes. Essa lâmina é chamada de *lâmina tetraédrica*. O óxido de alumínio está contido em uma *lâmina octaédrica*, que recebe este nome porque cada átomo de alumínio está cercado por seis átomos de oxigênio em uma configuração octaédrica. Essa estrutura está configurada de maneira a permitir que alguns átomos de oxigênio sejam compartilhados pelos átomos de alumínio e outros com a lâmina tetraédrica.

Do ponto de vista estrutural, as argilas são classificadas em *argilas bicamada*, em que os átomos de oxigênio são compartilhados por uma lâmina tetraédrica e uma lâmina octaédrica adjacente, ou *argilas tricamada*, em que uma lâmina octaédrica compartilha átomos de oxigênio com lâminas tetraédricas em cada lado. Essas camadas formadas por duas ou três lâminas são chamadas de *camadas unitárias*. Uma camada unitária de uma argila bicamada via de regra tem cerca de 0,7 nm de espessura, enquanto aquela de uma argila tricamada excede os 0,9 nm. A estrutura da caolinita bicamada é ilustrada na Figura 15.5. Algumas argilas, em especial as montmorolonitas, têm a capacidade de absorver grandes quantidades de água entre suas camadas unitárias, em um processo acompanhado pela expansão do material argiloso.

Conforme descrito na Seção 5.4, os minerais argilosos podem atingir uma carga líquida negativa pela *substituição iônica*, em que os íons Si (IV) e Al (III) são substituídos por íons de tamanho semelhante mas de carga menor. É preciso compensar essa carga negativa com a associação de cátions às superfícies das camadas argilosas. Uma vez que esses cátions não precisam se encaixar a sítios específicos no retículo cristalino da argila, eles podem ter tamanhos relativamente grandes, como é o caso dos íons K^+, Na^+ ou NH_4^+. Esses cátions, chamados de *cátions intercambiáveis*, podem ser trocados por outros cátions na água. A quantidade de cátions intercambiáveis, expressa em miliequivalentes (de cátions monovalentes) por 100 g de argila seca, é chamada de CTC da argila e é uma característica muito importante dos coloides e sedimentos que apresentam a capacidade de trocar cátions.

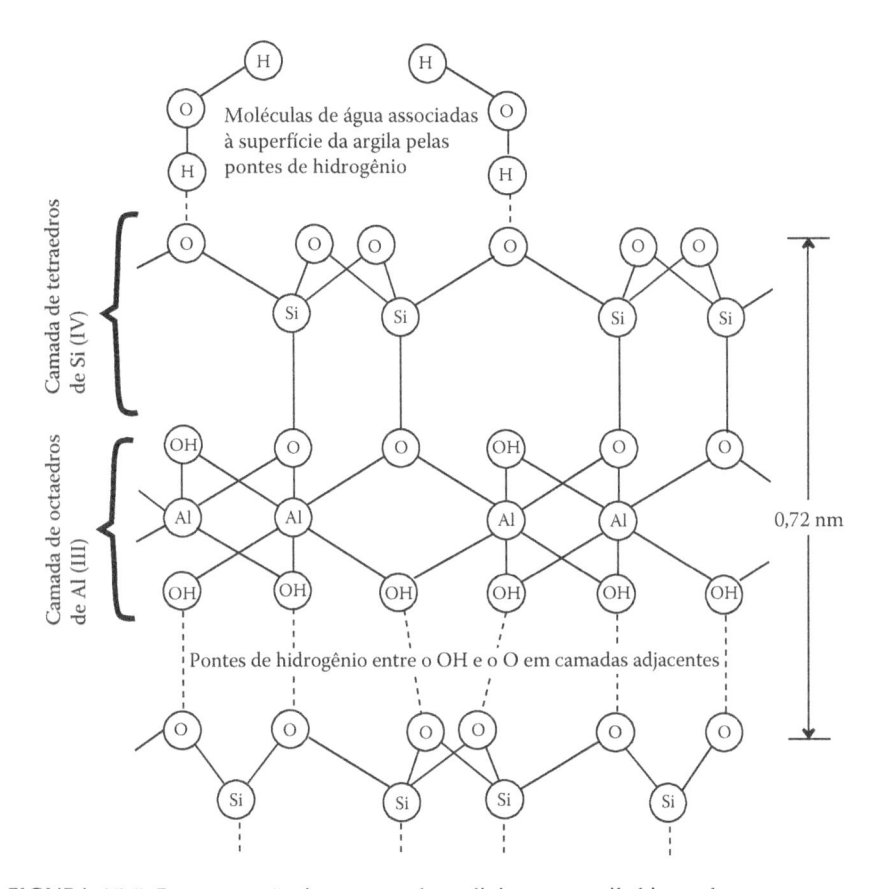

FIGURA 15.5 Representação da estrutura da caolinita, uma argila bicamada.

15.7 A geoquímica

A *geoquímica* lida com as espécies, as reações e os processos químicos na litosfera e suas interações com a atmosfera e a hidrosfera. O ramo da geoquímica que explora as interações complexas entre os sistemas rocha/água/ar/vida que determinam as características químicas do ambiente da superfície é a *geoquímica ambiental*. Sem dúvida, a geoquímica e sua disciplina secundária são áreas fundamentais da química ambiental, com muitas aplicações relacionadas ao ambiente.

15.7.1 Os aspectos físicos do intemperismo

Definido na Seção 15.2, o *intemperismo* é discutido aqui como fenômeno geoquímico. As rochas tendem a se desgastar com maior rapidez quando há diferenças consideráveis nas condições físicas – alternância entre congelamento e derretimento e períodos chuvosos em sequência a períodos de extrema estiagem. Outros aspectos de ordem mecânica incluem a expansão e a retração dos minerais com a hidratação e a desidratação, bem como o crescimento de raízes entre rochas. A temperatura está diretamente correlacionada às velocidades do intemperismo químico (ver a seguir).

15.7.2 O intemperismo químico

Como fenômeno químico, o intemperismo pode ser interpretado como resultado da tendência das rochas/água/sistemas minerais de atingir um equilíbrio. Isso ocorre por meio dos mecanismos usuais de dissolução/precipitação, reações ácido-base, complexação, hidrólise e oxidação-redução.

O intemperismo ocorre em níveis muito baixos no ar seco, mas atinge índices muito altos na presença de água. Ela é um agente quimicamente ativo do intemperismo e retém em solução outros agentes que atuam no fenômeno, transportando-os a sítios ativos nos minerais rochosos e a superfícies minerais em nível molecular e iônico. Entre os agentes envolvidos no intemperismo, os mais importantes são o CO_2, o O_2, os ácidos orgânicos (inclusive os ácidos húmicos e fúlvicos, ver Seção 3.17), os ácidos de enxofre ($SO_2(aq)$ e H_2SO_4) e os ácidos de nitrogênio (HNO_3 e HNO_2). A água é fonte do íon H^+ necessário para que os gases precursores de ácidos atuem como ácidos, como mostram as reações:

$$CO_2 + H_2O \rightarrow H^+ + HCO_3^- \tag{15.4}$$

$$SO_2 + H_2O \rightarrow H^+ + HSO_3^- \tag{15.5}$$

A água da chuva é praticamente isenta de solutos minerais. Em geral ela apresenta ligeira acidez, devido à presença de dióxido de carbono dissolvido, mas pode ser um pouco mais ácida se contiver componentes da chuva ácida. Como resultado dessa leve acidez e da falta de alcalinidade e sais de cálcio dissolvidos, a água da chuva é *quimicamente agressiva* (ver Seção 8.7) frente a alguns tipos de matéria mineral, que ela quebra com base nos processos do intemperismo químico. Esses processos são responsáveis pela concentração maior de sólidos inorgânicos dissolvidos na água de rios em comparação com a água da chuva.

Os processos envolvidos no intemperismo químico são divididos nas categorias apresentadas a seguir:

- *Hidratação/desidratação*, como em:

$$CaSO_4(s) + 2H_2O \rightarrow CaSO_4 \cdot 2H_2O(s)$$

$$2Fe(OH)_3 \cdot xH_2O(s) \rightarrow Fe_2O_3(s) + (3 + 2x)H_2O$$

- *Dissolução*, como em:

$$CaSO_4 \cdot 2H_2O(s) \text{ (água)} \rightarrow Ca^{2+}(aq) + SO_4^{2-}(aq) + 2H_2O$$

- *Oxidação*, como ocorre com a pirita:

$$4FeS_2(s) + 15O_2(g) + (8 + 2x)H_2O \rightarrow 2Fe_2O_3 \cdot xH_2O + 8SO_4^{2-}(aq) + 16H^+(aq)$$

ou no caso a seguir, onde a dissolução de um mineral de ferro (II) é acompanhada da oxidação do ferro (II) a ferro (III):

$$Fe_2SiO_4(s) + 4CO_2(aq) + 4H_2O \rightarrow 2Fe^{2+} + 4HCO_3^- + H_4SiO_4$$

$$4Fe^{2+} + 8HCO_3^- + O_2(g) \rightarrow 2Fe_2O_3(s) + 8CO_2 + 4H_2O$$

A segunda reação pode ocorrer a certa distância física da primeira, resultando no transporte líquido de ferro de sua localização original. O ferro, o manganês e o enxofre são os principais elementos que sofrem oxidação como parte do processo de intemperismo.

- *Dissolução com hidrólise*, como ocorre com a hidrólise do íon carbonato quando carbonatos minerais são dissolvidos:

$$CaCO_3(s) + H_2O \rightarrow Ca^{2+}(aq) + HCO_3^-(aq) + OH^-(aq)$$

A hidrólise é o principal meio pelo qual os silicatos sofrem intemperismo, como mostra a reação da forsterita:

$$Mg_2SiO_4(s) + 4CO_2 + 4H_2O \rightarrow 2Mg^{2+} + 4HCO_3^- + H_4SiO_4$$

O intemperismo dos silicatos gera silício solúvel, na forma de espécies como o H_4SiO_4, e minerais contendo silício residual (minerais argilosos).

- *Hidrólise ácida*, que responde pela dissolução de quantidades significativas de $CaCO_3$ e $CaCO_3 \cdot MgCO_3$ na presença de água rica em CO_2:

$$CaCO_3(s) + H_2O + CO_2(aq) \rightarrow Ca^{2+}(aq) + 2HCO_3^-(aq)$$

- *Complexação*, conforme exemplifica a reação do íon oxalato, $C_2O_4^{2-}$, com o alumínio na muscovita, $K_2(Si_6Al_2)Al_4O_{20}(OH)_4$:

$$K_2(Si_6Al_2)Al_4O_{20}(OH)_4(s) + 6C_2O_4^{2-}(aq) + 20H^+ \rightarrow 6AlC_2O_4^+(aq) + 6Si(OH)_4 + 2K^+$$

Reações como estas definem em grande parte os tipos e as concentrações de solutos na água superficial e subterrânea. A hidrólise ácida é o processo predominante que libera elementos como Na^+, K^+ e Ca^{2+} de minerais silicatos.

15.7.3 Os aspectos biológicos do intemperismo

Os organismos desempenham um papel importante nos processos de intemperismo e de formação de solos. Em algumas áreas, as cavidades no topo de formações rochosas e rochedos acumulam água, além de detritos minerais e orgânicos. Essas cavidades atuam como lar para ecossistemas em miniatura, inicialmente dando suporte a cianobactérias, algas azuis, fungos, bactérias e insetos. Os ácidos orgânicos liberados por esses organismos e a matéria húmica gerada na degradação da matéria vegetal nas cavidades tendem a dissolver a rocha, aumentando as cavidades. Pequenos cristais de rocha são liberados e acabam fragmentados, produzindo minerais secundários, como as argilas. Por fim, as plantas com estrutura vascular começam a crescer nesses ecossistemas em miniatura e solos embrionários são desenvolvidos.

15.8 As águas subterrâneas na geosfera

As águas subterrâneas (Figura 15.6) são recursos vitais, pois desempenham um papel crucial nos processos geoquímicos, como a formação de minerais secundários. A natureza, qualidade e mobilidade das águas subterrâneas têm forte dependência das formações rochosas em que a água é retida. Do ponto de vista físico, uma das características importantes dessas formações é sua *porosidade*, que determina a porcentagem de volume de rocha disponível para a retenção de água. Outro atributo físico de relevância é a *permeabilidade*, que descreve a facilidade com que a água flui pela rocha. Valores altos de permeabilidade normalmente estão associados a índices de porosidade elevados. Contudo, as argilas estão propensas a menores índices de permeabilidade, mesmo quando uma grande porcentagem de seu volume é de água.

A maior parte da água subterrânea se origina como água *meteórica* a partir da precipitação na forma de chuva ou neve. Se a água desta origem não for perdida por evaporação, transpiração ou deflúvio, ela pode infiltrar no solo. Os primeiros volumes de água da precipitação a cair em solo seco são retidos de maneira muito densa nas superfícies e nos microporos das partículas do solo, no chamado *cinturão de umidade do solo*. Em níveis intermediários, as partículas do solo são cobertas por filmes de água, mas o ar continua presente em vazios maiores dele. A região em que a água fica contida é chamada de *zona insaturada* ou *zona de aeração*, e essa água retida é conhecida como *água vadosa*. Em profundidades maiores e na presença de quantidades adequadas de água, todos os vazios são preenchidos, produzindo uma *zona de saturação*, cujo nível superior é chamado de *aquífero freático*. A água presente em uma zona de saturação é chamada de *água subterrânea*. Por causa da tensão superficial, a água é atraída a uma região um pouco acima do aquífero freático por dutos de dimensões capilares, a chamada *franja capilar*.

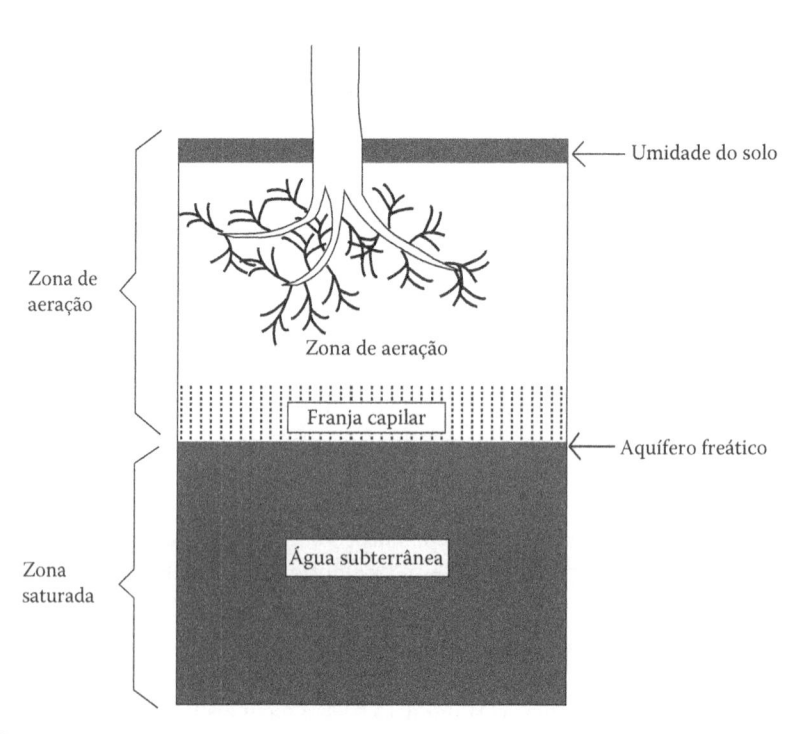

FIGURA 15.6 Algumas das principais características da distribuição da água subterrânea.

O aquífero freático (Figura 15.7) é essencial para compreender e prever o fluxo de poços e nascentes e os níveis de cursos de água e lagos. Além disso, ele determina até que ponto os compostos químicos e poluentes presentes no subsolo serão transportados pela água. O aquífero freático pode ser mapeado observando o nível de equilíbrio da água em poços, que é basicamente igual ao nível superior da zona de saturação. De modo geral o aquífero freático não é uniforme, e tende a acompanhar os contornos da topografia. Ele também varia com as diferenças em permeabilidade e infiltração de água. O aquífero freático está no nível da superfície nas cercanias de pântanos e, na maioria dos locais onde são encontrados lagos e cursos de água, está acima da superfície. O nível de água nesses corpos pode ser mantido pelo aquífero freático. Os cursos de água ou reservatórios *influentes* estão localizados acima do aquífero freático. Eles recarregam os aquíferos e geram um levantamento no aquífero freático, abaixo da água superficial.

O *fluxo* de água subterrânea é um aspecto a ser considerado na determinação da acessibilidade da água para uso e do transporte de poluentes de sítios de águas subterrâneas. Diversas partes de um corpo de águas subterrâneas mantêm contato hidráulico e, por essa razão, uma mudança na pressão em um ponto tende a afetar a pressão e o nível em outro. Por exemplo, a infiltração de uma chuva forte e localizada pode afetar o aquífero freático em um ponto distante de onde ocorre. O fluxo de água subterrânea é resultado da tendência natural do aquífero freático para o nivelamento, devido à ação da gravidade.

O fluxo de água subterrânea é influenciado pela permeabilidade da rocha. Rochas porosas ou muito fraturadas são mais *pérvias*, isto é, a água consegue migrar por seus orifícios, fissuras e poros. Como a água pode ser extraída dessa rocha, esse tipo de formação é chamado de *aquífero*. Já um *aquiclude* é uma formação rochosa demasiadamente impermeável ou pouco fraturada para permitir a passagem de águas subterrâneas. As rochas impermeáveis na zona insaturada retêm água que infiltra da superfície, produzindo um *aquífero freático suspenso*, acima do aquífero freático principal, e de onde a água pode ser extraída. Porém, as quantidades de água disponíveis nesse tipo de formação são limitadas, e essa água é vulnerável a contaminações.

15.8.1 Os poços

A maior parte da água subterrânea é aproveitada para uso por meio de poços cavados até a zona saturada. A utilização adequada e o mau uso desse recurso têm diversas implicações ambientais. Nos Estados Unidos, perto de dois terços da água subterrânea

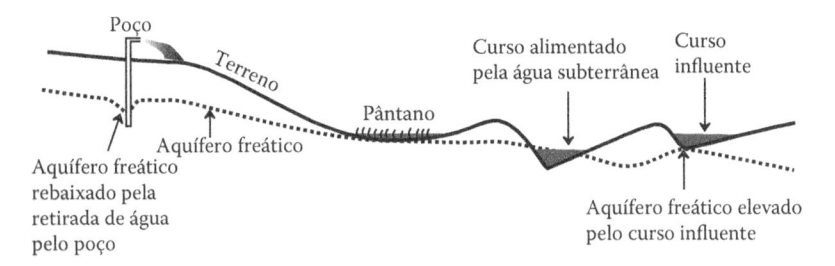

FIGURA 15.7 O aquífero freático e as influências das características da superfície.

são empregados na irrigação, enquanto volumes menores são usados em aplicações industriais e urbanas.

À medida que a água subterrânea é retirada, o aquífero freático nas cercanias do poço é reduzido. Esse *rebaixamento* da água cria um *cone de depressão*. Em casos extremos a água subterrânea é reduzida a níveis alarmantes, o que pode causar o afundamento do terreno na superfície (uma das razões pelas quais a cidade de Veneza, na Itália, está muito vulnerável a inundações). A retirada de grandes volumes de água pode resultar na infiltração de poluentes originados por fossas sépticas, aterros sanitários e depósitos de lixo perigoso. Quando o ferro (II) ou o manganês (II) solúveis estão presentes na água subterrânea, a exposição ao ar no poço pode acarretar a formação de depósitos de óxidos de Fe (III) e Mn (IV) insolúveis gerados em processos catalisados por bactérias.

$$4Fe^{2+}(aq) + O_2(aq) + 10H_2O \rightarrow 4Fe(OH)_3(s) + 8H^+ \qquad (15.6)$$

$$2Mn^{2+}(aq) + O_2(aq) + (2x+2)H_2O \rightarrow 2MnO_2 \cdot xH_2O(s) + 4H^+ \qquad (15.7)$$

Os depósitos de ferro (III) e de manganês (IV) formados por esses processos recobrem as superfícies pelas quais a água flui até o poço com uma camada relativamente impermeável. Os depósitos preenchem os espaços que a água precisa atravessar em seu percurso até o poço, assim, eles podem impedir o fluxo de água até ele, a partir do aquífero, o que cria graves problemas para o abastecimento de água em cidades que usam suas águas subterrâneas para atender a população. Dessa forma, a limpeza química e mecânica, a perfuração de novos poços ou mesmo a aquisição de novos recursos hídricos tornam-se medidas necessárias.

15.8.2 Os *qanats*

Uma tecnologia antiga e interessante utilizada para o aproveitamento de águas subterrâneas é o *qanat* (Figura 15.8), que consiste basicamente em um túnel cavado em um aquífero e que leva a um ponto de saída da água localizado abaixo da elevação do aquífero. Com entre 10 e 16 km de extensão em média, há qanats com 30 km de comprimento. O Irã é o centro da tecnologia dos qanats, cuja utilização remonta à Pérsia antiga, há cerca de 3 mil anos. Hoje existem perto de 22 mil qanats com quase 270 mil km de condutos no Irã, que abastecem perto de 75% da água destinada à irrigação e uso doméstico no país. Porém, o sistema está ameaçado por poços cavados em aquíferos, o que reduz os lençóis freáticos e drena a água dos qanats.

15.9 Os aspectos ambientais da geosfera

A maior parte do restante deste capítulo aborda de uma maneira mais específica os aspectos ambientais da geologia e das interações humanas com a geosfera. O texto discute como os fenômenos geológicos naturais afetam o ambiente por meio de eventos como erupções vulcânicas que podem expelir quantidades grandes de particulados e gases ácidos na atmosfera capazes de surtir efeitos temporários no clima global, ou mesmo terremotos fortes que alteram a topografia e perturbam o fluxo e a distribuição de águas superficiais e subterrâneas. Também são discutidas as influências humanas na geosfera e a forte conexão entre ela e a antroposfera.[4]

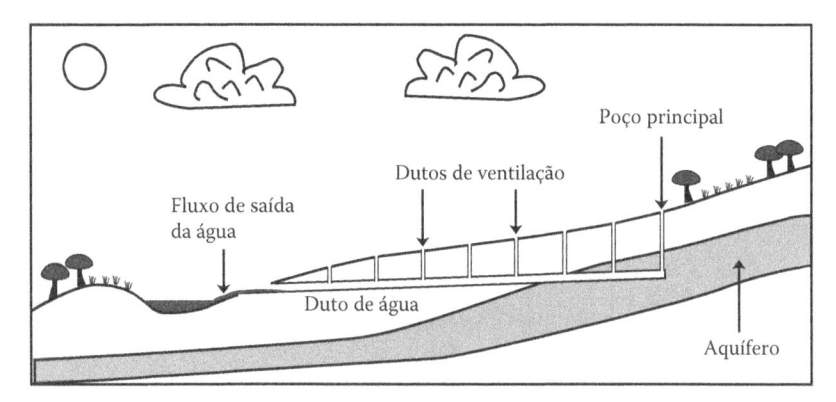

FIGURA 15.8 Os *qanats*, desenvolvidos há 3 mil anos, são utilizados no transporte de água de aquíferos em altitudes maiores até locais em altitudes menores, onde a água é utilizada.

Se retornarmos no tempo alguns bilhões de anos veremos que, desde sua formação como bola de partículas de poeira coletada do universo e atraída por forças gravitacionais, a Terra é palco de mudanças e problemas ambientais constantes. Durante seus primórdios, a Terra foi um local dos mais inóspitos para um ser humano e, de fato, para qualquer forma de vida. O calor gerado pela compressão gravitacional das massas de terra primitiva e pelos elementos radioativos em seu interior liquidificou a maior parte da massa do planeta. O ferro, com densidade comparativamente alta, migrou para o núcleo, enquanto os minerais mais leves, sobretudo os silicatos, solidificaram e foram para a superfície.

Porém, na escala de vida de um ser humano, as mudanças que a Terra sofre são praticamente imperceptíveis. Na verdade, o planeta está em um estado de constante mudança e perturbação. Sabe-se que os continentes se formaram, se separaram e se movem pela superfície. As formações rochosas geradas nos oceanos antigos foram forçadas para o alto, em terras continentais, e hoje há enormes massas de rocha vulcânica onde não existe atividade desse tipo. As entranhas enfurecidas da Terra liberam forças colossais, que impelem rochas liquefeitas para a superfície e deslocam continentes de maneira ininterrupta, como provam a atividade vulcânica e os terremotos resultantes do deslocamento de grandes massas de terra umas em relação às outras. A superfície do planeta passa por mudanças inexoráveis, com novas montanhas surgindo e velhas cordilheiras sendo desgastadas.

Os seres humanos aprenderam a trabalhar com – e contra – os processos e fenômenos naturais do planeta a fim de explorar seus recursos e dominar esses processos e fenômenos em benefício próprio. Esses esforços tiveram êxito relativo na tentativa de mitigar alguns dos principais perigos trazidos pelos fenômenos geosféricos naturais, embora muitas vezes tiveram consequências negativas, com frequência muitos anos após terem sido implementados. A sobrevivência da civilização atual e, sem dúvida, da raça humana no futuro, depende da inteligência dos homens ao trabalhar com a Terra. É por essa razão que é tão importante para nós humanos conhecer os fundamentos do ambiente geosférico.

Um dos principais aspetos a levar em consideração nas interações entre homem e geosfera é a aplicação da engenharia na geologia. A engenharia geológica contempla as características geológicas do solo e das rochas no projeto de edificações, represas, autoestradas e outras estruturas de maneira compatível com as camadas geológicas em que foram erigidas, considerando inúmeros fatores geológicos, como o tipo, a força e as características de fratura das rochas, a tendência de ocorrerem deslizamentos de terra, a suscetibilidade de um terreno a afundamentos e as chances de erosão.

15.9.1 Os riscos naturais

A Terra apresenta uma variedade de riscos naturais às criaturas vivas que a habitam. Alguns desses perigos são os desfechos de processos internos que ocorrem por conta do movimento de massas de terra umas em relação às outras e do calor e da intrusão de rocha liquefeita sob a superfície. Os riscos mais comuns são os terremotos e os vulcões. Enquanto os processos internos tendem a compelir a matéria para a superfície, muitas vezes com efeitos negativos, os processos de superfície são aqueles que via de regra resultam da propensão da matéria de se acomodar em profundidades maiores, como a erosão, os deslizamentos de terra, as avalanches, as enxurradas de lama e o assentamento do solo.

Numerosos perigos naturais resultam da interação e do conflito entre a terra sólida e a água nos estados sólido e líquido. Talvez o mais óbvio desses perigos sejam as enchentes, que ocorrem quando um volume excessivo de água cai na forma de precipitações e busca níveis mais baixos formando correnteza. O vento se alia à água para aumentar seus efeitos destrutivos, como ocorre na erosão em praias e na destruição de imóveis junto à orla causada pela água do mar soprada por ele. Também o gelo exerce efeitos importantes na terra sólida. Evidências desses efeitos datando das glaciações incluem as enormes morenas glaciais deixadas pelo caminho a partir da deposição de tilito de glaciares em processo de derretimento, além das características da paisagem talhadas pelo avanço das calotas de gelo.

15.9.2 Os perigos antropogênicos

Com muita frequência as tentativas para controlar e remodelar a geosfera de acordo com as necessidades humanas a prejudicam e são perigosas para a vida e o bem-estar das pessoas. Essas tentativas agravam os fenômenos naturais maléficos. Um bom exemplo dessa interação é visto nos esforços para controlar a vazão de rios com obras para retificar seus canais e a construção de diques. Os resultados iniciais são enganosamente favoráveis, pois um curso de água modificado talvez resista por décadas fluindo com suavidade em seu confinamento imposto pelo homem. Mas chega o dia em que as forças da natureza vencem os esforços dos seres humanos para controlá-las, como vemos durante enchentes recordes que extravasam diques, destruindo estruturas erguidas em áreas propícias a inundações. Os deslizamentos de terra ou os montes de material terroso gerados por atividades de mineração podem ser muito destrutivos. Além disso, a destruição de áreas alagáveis no esforço para abrir extensões de terra arável afeta a vida selvagem de modo muito negativo, além da saúde global dos ecossistemas.

15.10 Os terremotos

A perda de vidas e a destruição de propriedades pelos terremotos colocam esses eventos entre os fenômenos mais maléficos na natureza.[5] Os efeitos destrutivos de um terremoto se devem à liberação de energia, que se desloca do foco do terremoto na forma de ondas sísmicas, discutidas na Seção 15.4. No passado, literalmente milhões de vidas foram perdidas nesses eventos, e os prejuízos que acarretam em uma área urbana desenvolvida atingem a marca dos bilhões de dólares com facilidade. Os terremotos têm efeitos secundários catastróficos, como as enormes ondas do mar destrutivas chamadas de tsunamis (discutidas a seguir).

Some-se ao terror inspirado pelos terremotos a impossibilidade de prevê-los. Um sismo pode ocorrer a qualquer momento – na calada da noite ou no horário de pico no trânsito. Embora a previsão exata da ocorrência de terremotos até hoje sempre tenha frustrado os pesquisadores do assunto, os locais onde esses eventos têm maior probabilidade de ocorrer estão bem melhor caracterizados atualmente. Esses locais são as linhas correspondentes às fronteiras ao longo das quais as placas tectônicas colidem e se deslocam umas em relação às outras, acumulando tensões que então são liberadas de súbito com o terremoto. Essas fronteiras entre placas são locais de falhas e fraturas preexistentes. Contudo, às vezes um terremoto ocorre no interior de uma placa, o que o torna mais forte e destrutivo porque, para que ocorra, a litosfera espessa têm de ser rompida.

A escala dos terremotos é estimada com base no seu grau de deslocamento e no seu poder de destruição. O primeiro parâmetro é chamado de *magnitude* de um terremoto e é muitas vezes expresso na *escala Richter*. A escala Richter é aberta, e cada aumento unitário na escala reflete um aumento de 10 vezes na magnitude. Algumas centenas de milhares de terremotos com magnitudes entre 2 e 3 ocorrem todo o ano. Esses sismos são detectados por sismógrafos, mas passam despercebidos pelos seres humanos. Os terremotos intermediários variam entre 4 e 5 na escala Richter, mas danos materiais são registrados com terremotos acima de 5. Os grandes terremotos, que ocorrem uma ou duas vezes ao ano, registram mais de 8 pontos na escala Richter.

A *intensidade* de um terremoto é uma estimativa subjetiva de seu potencial destruidor. Na escala de intensidade Mercalli, um terremoto de intensidade III lembra a passagem de veículos pesados. Um sismo com intensidade IV dificulta o equilíbrio de uma pessoa em pé, causa danos ao reboco de paredes e desaloja tijolos frouxos, enquanto um terremoto com intensidade XII causa destruição praticamente total, lançando objetos para cima e deslocando massas de terra. A intensidade não tem relação exata com a magnitude.

A distância do epicentro, a natureza das camadas subjacentes e os tipos de estruturas afetadas podem resultar em variações na intensidade de um mesmo terremoto. De modo geral, as estruturas erguidas sobre um leito rochoso resistem com menos danos do que aquelas construídas sobre pontos inconsolidados. O deslocamento do solo ao longo de uma falha pode ser expressivo, por exemplo, como o de mais de 6 m ao longo da falha de Santo André no terremoto que atingiu San Francisco em 1906. Esses deslocamentos conseguem romper tubulações e destruir rodovias. Ondas de superfície com alto poder destrutivo fazem ruir estruturas vulneráveis.

O tremor e o movimento do solo são os meios mais óbvios pelos quais os terremotos causam prejuízos. Os terremotos fazem o solo tremer, rachar, afundar ou se elevar. A *liquefação* é um fenômeno importante que ocorre durante os terremotos em solos inconsolidados onde o aquífero freático pode estar elevado. Isso resulta da separação das partículas do solo acompanhada pela infiltração da água, fazendo-o se comportar como um fluido.

Outro fenômeno devastador é o *tsunami*, uma onda oceânica imensa decorrente do movimento da água do mar induzido por um terremoto. Os tsunamis que varreram áreas costeiras com velocidades de até 1.000 km/h destruíram lares e ceifaram vidas, muitas vezes a grandes distâncias do epicentro do terremoto. Esse efeito ocorre quando um tsunami se aproxima da terra e forma enormes vagas, algumas alcançando entre 10 e 15 m de altura ou mais. Em 1/4/1946, um terremoto na costa do Alasca gerou um tsunami com altura estimada em mais de 30 m que matou cinco pessoas em um farol da região. Cerca de 5 horas mais tarde, um tsunami causado pelo mesmo terremoto atingiu Hilo, no Havaí, matando 159 pessoas com uma onda de 15 m de altura. O terremoto de 27/3/1964 no Alasca causou um tsunami de mais de 10 m que atingiu um navio de carga atracado em Valdez, sacudindo-o como um pedacinho de madeira. Por milagre, ninguém a bordo da embarcação morreu, mas 28 pessoas perderam a vida nas docas.

Literalmente, milhões de vidas foram tiradas por terremotos no passado, e os prejuízos de um terremoto em uma área urbana são expressivos. Por exemplo, um enorme terremoto no Egito e na Síria em 1201 d.C. tirou mais de 1 milhão de vidas, um sismo em Tangshan, na China, em 1976 matou perto de 650 mil pessoas e o terremoto de 1989 em Loma Prieta, na Califórnia, causou prejuízos da ordem de $7 bilhões.

Nas últimas décadas ocorreu um progresso significativo no projeto de estruturas à prova de terremotos. Como prova dessa evolução, durante um terremoto em Niigata, no Japão, em 1964, alguns prédios tombaram de lado devido à liquefação do solo subjacente, mas suas estruturas permaneceram intactas! Outras áreas de estudo que ajudam a diminuir o impacto de terremotos incluem a identificação de locais vulneráveis a sismos, a criação de empecilhos para a construção nesses locais e a educação sobre os riscos de um terremoto. Previsões precisas seriam muito úteis na minimização dos efeitos de terremotos, mas até hoje os esforços nesse sentido foram de modo geral infrutíferos. O aspecto mais desafiador com relação a esses eventos é a possibilidade de impedir grandes sismos. Como alternativa, ainda que improvável, cogitou-se detonar explosivos a grandes profundidades ao longo de uma falha para liberar tensões, antes de estas se acumularem a níveis excessivos. A injeção de fluidos para facilitar o deslizamento ao longo de uma falha também já foi considerada.

Existem indícios de que as atividades humanas contribuem para a ocorrência de terremotos em situações raras. Em 12/5/2008, o terremoto de magnitude 7,9 em Wenchuan, na província chinesa de Sichuan, deixou 80 mil pessoas mortas ou desaparecidas e pode ter sido motivado pela massa de água contida no reservatório de Zipingpu, concluído em 2004. Contendo cerca de 300 milhões de toneladas métricas de água, essa barragem, construída a menos de 2 km de uma importante falha geológica, pode ter aumentado a pressão sobre as camadas subjacentes em mais de 25 vezes. O terremoto de Wenchuan se originou a apenas 5 km do reservatório e se propagou em uma direção que os sismólogos acreditam ser consistente com um terremoto hipotético passível de ter sido motivado por um reservatório como aquele. Durante o período em que a barragem enchia, entre 2004 e 2005, a área registrou cerca de 730 terremotos pequenos, com magnitude 3 ou menos, provavelmente causados em parte pela crescente pressão pelo acúmulo de água. Além da pressão da massa de água, a infiltração promovida pelo reservatório pode ter atuado como lubrificante das camadas inferiores, tornando-as mais propensas ao movimento. Os sismólogos enfatizam que o terremoto de Wenchuan teria ocorrido de qualquer maneira, sem a pressão causada pela água na represa, mas a construção pode ter adiantado o sismo em alguns séculos.

15.11 Os vulcões

As erupções vulcânicas podem ser aterrorizantes e extremamente destrutivas.[6] Em 18/5/1980, o Monte Santa Helena, um vulcão no Estado de Washington, nos Estados Unidos, entrou em erupção, lançando ao ar cerca de 1 km^3 de matéria vulcânica. Essa enorme explosão espalhou cinzas em metade do território dos Estados Unidos, causando cerca de $1 bilhão em prejuízos, e estima-se que tenha matado 62 pessoas, muitas das quais nunca foram encontradas. Numerosos desastres vulcânicos foram registrados ao longo da história. Talvez o mais conhecido seja a erupção do Monte Vesúvio em 79 d.C., que soterrou a cidade de Pompeia, no antigo Império Romano, com cinzas vulcânicas.

As temperaturas da *lava*, a rocha liquefeita que escorre de um vulcão, normalmente excedem 500°C e podem atingir 1.400°C ou mais. A lava destrói tudo o que encontra pelo caminho, queimando construções e florestas e enterrando-as sob rochas que mais tarde esfriam e solidificam. Muitas vezes mais perigoso que a lava, o *fluxo piroclástico* é composto por fragmentos de rocha e lava lançados por vulcões. Algumas dessas partículas são grandes e potencialmente prejudiciais, mas tendem a cair muito próximo à cratera. As cinzas e a poeira são transportadas por longas distâncias e, em casos extremos, como ocorreu em Pompeia, podem enterrar extensas áreas a certas profundidades, com efeitos devastadores. A explosão do vulcão Tambora em 1815, na Indonésia, lançou cerca de 30 km^3 de material sólido no ar. O lançamento de volumes de sólidos dessa grandeza na atmosfera teve um efeito tão devastador no clima global que o ano seguinte à erupção foi apelidado de "ano sem verão", causando dificuldades e espalhando a fome, devido às perdas na agricultura.

Um tipo especial de fluxo piroclástico perigoso é a *nuée ardente*. O termo do idioma francês, que significa "nuvem incandescente", faz referência à mistura densa de gases tóxicos quentes e partículas finas de cinzas que atinge 1.000°C e que pode descer pelas encostas de um vulcão a velocidades de até 100 km/h. Em 1902, uma nuvem incandescente foi gerada pela erupção do Monte Pelée, na Martinica, no Caribe. Entre as mais de 40 mil pessoas que viviam na cidade de St. Pierre, o único sobrevivente foi um prisioneiro aterrorizado e que conseguiu se proteger do intenso calor na masmorra em que fora confinado.

Um dos fenômenos vulcânicos mais espetaculares e com maior potencial destrutivo é a *erupção freática*, que ocorre quando a água infiltrada é superaquecida pelo magma, literalmente explodindo o vulcão. Isso aconteceu em 1883, quando a ilha desabitada de Krakatoa, na Indonésia, explodiu com a liberação de energia da ordem de 100 megatons de TNT. A poeira foi lançada a 80 km de altura na estratosfera, e um perceptível esfriamento do clima foi observado nos 10 anos seguintes. A exemplo dos terremotos, as erupções vulcânicas podem causar tsunamis devastadores. A erupção do Krakatoa gerou um tsunami de 40 m de altura que matou entre 30 e 40 mil pessoas nas ilhas vizinhas.

Alguns dos efeitos das erupções vulcânicas mais prejudiciais à saúde e ao ambiente são causados por gases e material particulado. Os efeitos possíveis desse evento são discutidos nas Seções 14.8 e 15.18.

15.11.1 Os vulcões de lama

Os vulcões de lama são formados por erupções de lama, água e gás de reservatórios subterrâneos de lama pressurizados por formações rochosas sobrejacentes. O maior vulcão de lama da Terra foi formado em 2008 no distrito de Sidoario, em Java Oriental, Indonésia. Ele surgiu onde existia um poço de exploração de petróleo e gás perfurado na formação lamacenta a uma profundidade de 3.000 m. Acredita-se que o poço tenha causado a formação do vulcão. Grandes quantidades de lama contaminada com petróleo, além de metano e sulfeto de hidrogênio tóxico, são emitidas pelo vulcão desde sua formação. Embora nenhuma pessoa tenha sido ferida, mais de 12 mil tiveram de ser evacuadas e 20 fábricas, 15 mesquitas e 18 escolas foram inundadas. À medida que o lodo era expelido, uma área de terra nas cercanias afundava até 100 m em alguns pontos. Mais de 1.100 vulcões de lama, em sua maioria pequenos, formados por causas naturais, foram observados em todo o mundo. Alguns vulcões desse tipo e de grande porte localizados no Azerbaijão emitem quantidades elevadas de gás metano e estão em atividade há séculos. Em todo o mundo, os vulcões de lama emitem entre 10 e 20 milhões de toneladas métricas de metano na atmosfera a cada ano.

15.12 O movimento superficial da Terra

Os *movimentos de massa* são o resultado da gravidade atuante nas rochas e no solo na superfície da Terra. Ela gera uma tensão de cisalhamento nos materiais terrosos localizados em encostas que pode exceder a força de cisalhamento desses materiais, gerando deslizamentos de terra e fenômenos semelhantes envolvendo o movimento descendente de materiais geológicos. Esses fenômenos são afetados por diversos fatores, como os tipos e, portanto, a resistência desses materiais, a inclinação das encostas e o grau de saturação em água. Na maioria das vezes um evento específico inicia o movimento de massa. Isso pode ocorrer quando escavações aumentam a inclinação das encostas, pela ação de chuvas torrenciais ou terremotos.

Ilustrados na Figura 15.9, os deslizamentos de terra são eventos em que grandes massas de rocha e terra descem por uma encosta com rapidez. Esses eventos ocorrem quando o material que repousa em uma encosta a uma inclinação chamada de *ângulo de repouso* sofre os efeitos da gravidade, gerando uma *tensão de cisalhamento*. Essa tensão pode exceder as forças de fricção ou a *força de cisalhamento*. O intemperismo, as fraturas, a água e outros fatores podem induzir a formação de *planos de deslizamento* ou *planos de falha*, resultando no deslizamento.

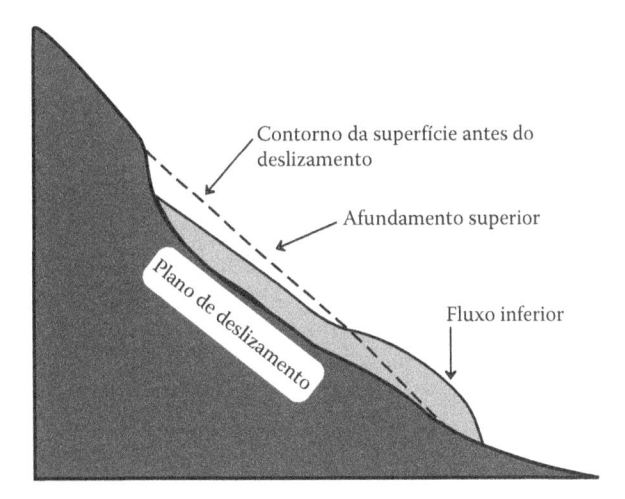

FIGURA 15.9 Um deslizamento de terra ocorre quando a terra se move ao longo de um plano de deslizamento. De modo geral, um deslizamento de terra é formado por um afundamento superior e um fluxo inferior. Este serve para estabilizar o deslizamento, e quando é perturbado, como ocorre quando é escavado para a construção de uma estrada, a terra pode voltar a deslizar.

A perda de vidas e propriedades causada pelos deslizamentos de terra pode ser expressiva. Em 1970, uma devastadora avalanche de terra, lama e rochas causada por um terremoto desceu as encostas do Monte Huascaran, no Perú, matando aproximadamente 20 mil pessoas. Às vezes os efeitos desses eventos são indiretos. Em 1963, 2.600 pessoas morreram próximo à Represa Vaiont, na Itália, quando um deslizamento de terra súbito encheu o reservatório com material terroso. Embora a represa resistisse, a água deslocada e derramada pela borda na forma de uma onda com 90 m de altura varreu estruturas e vidas que encontrou pelo caminho.

Apesar de ser frequentemente ignorada pelas construtoras, a tendência de ocorrerem deslizamentos de terra é previsível e serve para determinar as áreas em que casas e outras estruturas não devem ser construídas. Mapas de estabilidade de encostas com base em dados de inclinação, a natureza das camadas geológicas subjacentes, as condições climáticas e outros fatores são utilizados para avaliar o risco desses eventos. Evidências da tendência de deslizamentos podem ser observadas com base nos efeitos em estruturas existentes, como paredes fora de prumo, rachaduras em alicerces e postes inclinados. É possível minimizar a probabilidade de deslizamentos com a transferência de material das partes elevadas para as partes baixas de uma encosta, evitando a sobrecarga dessas encostas, além de medidas que alterem o grau e o percurso da infiltração da água nos materiais que as compõem. Nos casos em que o risco não é muito elevado, muros de arrimo são construídos para reduzir os efeitos dos deslizamentos.

Existem medidas que podem ser adotadas para alertar acerca desses eventos. A mera observação visual de alterações na superfície serve para indicar a iminência de um deslizamento. Medidas mais sofisticadas incluem medidores de ângulos de inclinação e dispositivos captadores de vibrações que acompanham o movimento de materiais terrosos.

Além dos deslizamentos, existem muitos outros tipos de movimentos de massa com potencial destrutivo. As *quedas de rochas* ocorrem quando rochas caem por encostas que são tão íngremes que em algum ponto do percurso elas perdem contato com o solo. O material desprendido acumula no fundo do local do evento, formando um *talude*. Um evento não tão impressionante é o *rastejo*, em que o movimento é lento e gradual. Um dos efeitos da geada – o *congelamento subterrâneo* – é uma forma comum de rastejo. Embora normalmente não represente uma ameaça à vida, com o tempo o rastejo consegue arruinar alicerces e tirar estradas e vias férreas de alinhamento, além de causar prejuízos materiais significativos.

Os *buracos de escoamento* são um tipo de movimento de massa gerado quando a superfície da terra cai em uma cavidade subterrânea. Esses fenômenos raramente causam ferimentos em pessoas, mas podem provocar grandes danos patrimoniais. As cavidades que produzem buracos de escoamento se formam pela ação da água contendo dióxido de carbono dissolvido sobre o calcário (ver Capítulo 3, Reação 3.7). Além disso, ocorrem também devido à perda de água durante uma estiagem ou à retirada excessiva de água por bombeamento, que remove o meio de sustentação que antes impedia o afundamento do solo e das rochas. Do mesmo modo contribuem o fluxo intenso de águas subterrâneas e outros fatores que removem material sólido das camadas subterrâneas.

Alguns problemas específicos surgem pelo congelamento permanente do solo em regiões de clima ártico, como o Alasca ou a Sibéria. Nessas áreas o solo pode permanecer congelado constantemente, descongelando até uma profundidade pequena durante o verão, condição chamada de *permafrost*.* O *permafrost* apresenta problemas para a construção civil, sobretudo onde a presença de uma construção pode resultar no seu derretimento, formando uma poça de lama saturada de água entre o alicerce dessa edificação e o topo de uma superfície lisa de gelo e solo. A construção e a manutenção de autoestradas, ferrovias e gasodutos, como o gasoduto Trans-Alasca, no estado norte-americano do Alasca, pode ser muito dificultada pela presença do *permafrost*.

Alguns tipos de solos, sobretudo as chamadas argilas expansíveis, expandem e contraem de modo marcante à medida que se saturam com água e desidratam. Apesar de raramente imporem algum risco à vida, o movimento de estruturas e o dano causado a elas pelas argilas expansivas podem ser muito grandes. Excetuando-se os anos quando ocorrem enchentes e terremotos catastróficos, os prejuízos patrimoniais causados pela ação de solos expansíveis excedem os de terremotos, deslizamentos de terra, enchentes e erosão costeira em conjunto!

15.13 Os fenômenos em cursos de água e rios

Um *curso de água* é formado por água em movimento por um canal. A área de terra de origem da água que flui nesses cursos é chamada de *bacia hidrográfica*. As dimensões dessa bacia são descritas pela *descarga*, definida como o volume de água que flui por um dado ponto no curso por unidade de tempo. A descarga e o *gradiente*, a inclinação de um curso, determinam sua *velocidade*.

---

* N. de T.: Tipo de solo encontrado na região do Ártico formado por uma camada de terra, gelo e rocha permanentemente congelados.

Alguns processos internos elevam massas de terra e cordilheiras inteiras de montanhas que, por sua vez, são moldadas pela ação de cursos de água. Estes cortam cordilheiras, criam vales, formam planícies e geram grandes depósitos de sedimentos, desempenhando um papel essencial na configuração do ambiente geosférico. Os cursos formam sinuosidades e curvas espontaneamente ao removerem material das partes externas de suas margens e depositando-o em zonas mais internas. Essas sinuosidades dos cursos de água são conhecidas pelo nome de *meandros*. Se não sofrerem interferência, os cursos de água formam meandros ao longo de um vale de acordo com um padrão em constante mudança. Com o tempo, a remoção de material pelo curso de água e a deposição de sedimentos acabam formando áreas planas. Em épocas de fluxos intensos, o curso de água extravasa suas margens, inundando partes ou mesmo todo um vale, criando uma *planície inundável*.

Uma *inundação* ocorre quando um curso de água desenvolve um fluxo intenso, de maneira a extravasar suas margens e derramar suas águas na planície inundável. As inundações são sem dúvida o fenômeno de superfície mais comum na geosfera. Apesar de serem ocorrências naturais e até benéficas em muitos aspectos, as inundações causam prejuízos a estruturas localizadas em seu caminho, e a gravidade de seus efeitos é exacerbada pelas atividades humanas.

Diversos fatores determinam a frequência e a gravidade das inundações, entre os quais a tendência de uma dada área de receber grandes volumes de chuva em um curto período de tempo. Uma área com essas características se encontra no centro do território continental dos Estados Unidos, para onde o ar quente e com alto teor de umidade vindo do Golfo do México é transportado durante os meses de primavera, em rota de colisão com o ar frio do norte. O consequente esfriamento do ar úmido pode ocasionar chuvas torrenciais, resultando em inundações graves. Além da estação do ano e da geografia da região, condições geológicas exercem influência expressiva no potencial para inundações. A chuva que cai sobre uma superfície íngreme tende a escoar com rapidez, criando uma inundação. Uma bacia hidrográfica consegue reter quantidades relativamente grandes de água da chuva, se o solo for composto por material permeável e poroso que permite taxas altas de infiltração, desde que não esteja saturado. As plantas presentes em uma bacia hidrográfica tendem a desacelerar os deflúvios e a desalojar o solo, permitindo um aumento na infiltração. Com a transpiração (ver Capítulo 16, Seção 16.2), as plantas liberam umidade na atmosfera com rapidez, que será absorvida pelo solo com eficiência.

Muitos termos são empregados para descrever as inundações. Quando o *estágio* de um curso de água, isto é, o nível de água, excede o nível das margens, o curso está em *estágio de inundação*. O estágio mais alto atingido é chamado de *crista* da inundação. As inundações *a montante* ocorrem próximo ao ponto de entrada a partir da bacia hidrográfica, na maioria das vezes como resultado de chuvas intensas. Enquanto as inundações a montante normalmente afetam cursos e bacias menores, as *inundações a jusante* ocorrem em rios maiores e que drenam áreas mais extensas. O derretimento disseminado da neve durante a primavera e as chuvas de verão prolongadas e intensas, muitas vezes observadas ao mesmo tempo, causam as inundações a jusante.

As inundações são intensificadas por volumes e velocidades maiores de deflúvios, que podem ser agravados pelas atividades humanas. Esse fenômeno fica bem compreendido com base na comparação entre uma bacia de drenagem com vegetação e uma bacia cuja cobertura vegetal tenha sido removida ou pavimentada. No primeiro caso, a chuva é retida pela vegetação, como a cobertura de gramíneas. Por essa razão, a inundação é contida, o intervalo ao longo do qual essa água entra em um curso é prolongado e, com isso, uma proporção maior de água infiltra no solo. No segundo, o volume de água da chuva infiltrado é menor e os deflúvios tendem a entrar no curso de água com mais rapidez, sendo descarregados em um período de tempo menor, o que leva ao agravamento da inundação. Esses fatores são ilustrados na Figura 15.10.

A resposta convencional à ameaça de inundação consiste em controlar um rio, sobretudo pela construção de margens elevadas chamadas de *diques*. Além de elevar as margens para conter o curso de água, o canal em que corre pode ser retificado e dragado, aumentando o volume e a velocidade do fluxo, um processo conhecido como *canalização*. Embora sejam eficientes no controle de inundações menores, essas medidas podem acabar exacerbando as inundações devido ao confinamento e ao aumento do fluxo de água a montante, quando a capacidade de retenção da água a jusante é vencida. Uma solução alternativa consiste em construir represas que formarão reservatórios de contenção para controlar as inundações a montante. Na maioria das vezes esses reservatórios são projetados de acordo com uma abordagem multifuncional, podendo ser utilizados para abastecimento de água, recreação e controle do fluxo de um rio para fins de navegação, além da contenção das inundações. Os numerosos reservatórios construídos para controlar as inundações nas últimas décadas foram bem-sucedidos. Contudo, as metas de utilização desses reservatórios são tema de debate. Em princípio, essas estruturas de contenção de inundações deveriam permanecer vazias até se tornar necessário conter um grande volume de água, no que seria uma abordagem obviamente inconsistente com outras finalidades. Outro motivo de preocupação está na possibilidade de a capacidade desses reservatórios ser excedida, além das chances de ruptura, que poderiam causar uma inundação catastrófica.

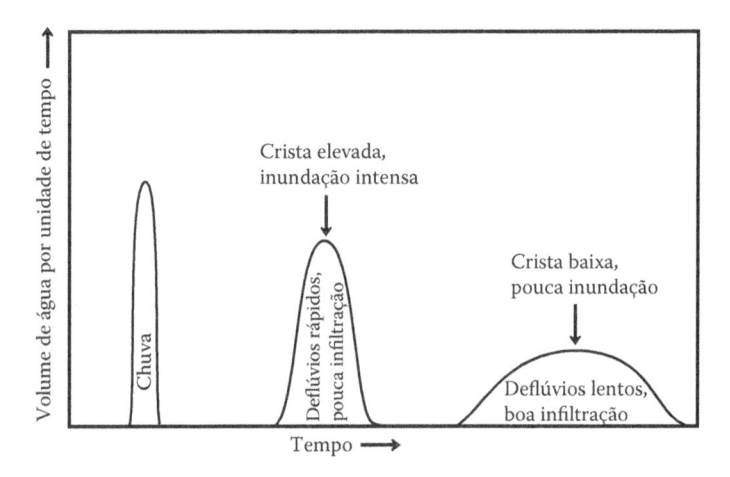

FIGURA 15.10 A influência dos deflúvios na inundação.

15.14 Os fenômenos na interface terra/oceano

A interface costeira entre as massas de terra e o oceano é uma área importante de atividade ambiental. O terreno ao longo dessa fronteira está sob o ataque constante de ondas e correntes oceânicas, assim, a maior parte das áreas costeiras está sempre mudando. A configuração mais comum de um litoral é mostrada em corte na Figura 15.11. A praia, formada por sedimentos como a areia gerada com a ação das ondas nas rochas costeiras, é a área inclinada banhada pelas ondas do oceano. Estendendo-se aproximadamente a partir da marca da maré alta e indo até as dunas que delimitam a borda interna da praia está uma área um tanto uniforme chamada de *berma*, quase sempre poupada das invasões da água do mar. O nível de água a que a praia está sujeita varia com as marés. Os ventos deixam a superfície da água em movimento constante na forma de ondulações chamadas de *ondas de oceano aberto*. Quando essas ondas atingem a água rasa ao longo da praia, elas "tocam o fundo" e se transformam em *ondas de rebentação*, caracterizadas por cristas. Essas ondas atingem a praia, conferindo a ela o seu encantamento, embora também possam ser muito destrutivas.

Diversos atributos caracterizam os contornos costeiros. Vales íngremes esculpidos pela atividade de glaciares são preenchidos com a água do mar formando os fiordes, comuns na costa norueguesa. Os vales que antes estavam em terra firme e que hoje são preenchidos com água do mar são chamados de *vales submersos*. Um *estuário* ocorre onde a água do mar sob a influência das marés se mistura à água doce do rio que o forma.

A erosão é uma constante à beira-mar. Em uma praia com areia inconsolidada, esta pode ser transportada com rapidez – às vezes de modo espetacular, por distâncias enormes ao longo de períodos curtos – pela ação das ondas. A areia, os seixos e as rochas de formas arredondadas são constantemente lançados contra a costa em um processo abrasivo chamado de *moagem*. Essa ação é aumentada pelos efeitos do intemperismo químico da água do mar, em que o teor de sal pode ter influência.

Algumas das alterações mais notáveis na costa ocorrem durante tempestades como furacões e tufões. A pressão atmosférica baixa que acompanha as tempestades violentas tende a sugar a água do oceano para cima. Esse fenômeno, muitas vezes

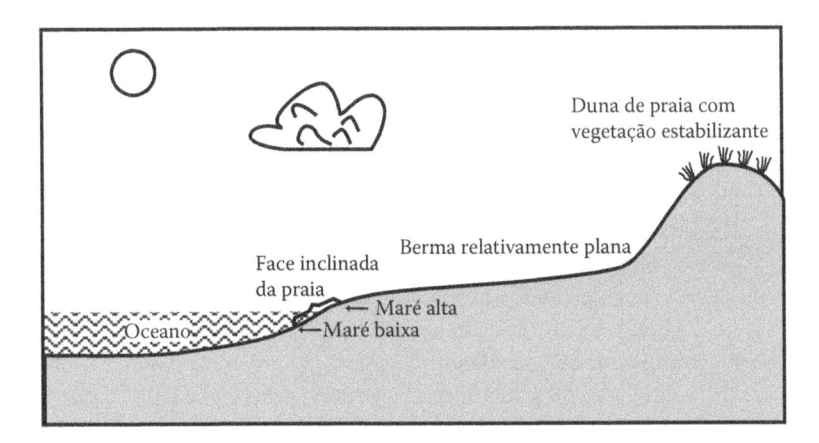

FIGURA 15.11 Representação em corte da interface oceano/terra ao longo de uma praia.

combinado com os efeitos dos ventos fortes que sopram na praia e que coincidem com as marés altas, pode fazer a água do oceano lavar a berma em uma praia, atacando as dunas ou os penhascos na terra firme. Esse tipo de *sobrelevação* remove grandes quantidades de areia da praia, causa danos em áreas de dunas e arrasta estruturas construídas inadvertidamente muito próximas à praia. Uma sobre-elevação associada a um furacão arrastou a maior parte das estruturas de Galveston, Texas, em 1900, tirando 6 mil vidas e, apesar da proteção de um grande muro de contenção após o evento, uma boa parte da cidade foi destruída pelo furacão Ike em 2008. Uma das maiores preocupações com relação às tempestades costeiras é a perda de praias, muito apreciadas pelo seu valor recreativo.

Entre as partes mais vulneráveis da costa estão as ilhas barreiras – longas faixas de terras baixas aproximadamente paralelas à costa, a alguma distância da praia. Grandes sobre-elevações podem arrastar por completo essas ilhas, destruindo-as em parte e transportando-as por distâncias indefinidas. Muitas habitações construídas sem orientação adequada nessas formações, como nas margens externas no estado da Carolina do Norte, Estados Unidos, foram destruídas por sobre-elevações durante furacões.

15.14.1 A ameaça da elevação no nível dos mares

Grandes populações vivem em um nível próximo ou mesmo inferior ao do mar. O resultado é que qualquer elevação significativa nesses níveis, não importa se temporária ou permanente, traz riscos para as vidas dessas pessoas e suas propriedades. Um evento dessa natureza ocorreu em 1/2/1953, quando marés altas combinadas a fortes ventos romperam o sistema de diques que protegiam uma boa parte dos Países Baixos contra a água do mar. Quase um sexto do país foi inundado a uma extensão de 64 km terra firme adentro, matando cerca de 2 mil pessoas e deixando outras 100 mil desabrigadas.

Embora exemplos isolados de inundações pela água do mar causadas pela combinação de fenômenos relacionados às marés e aos ventos continuem ocorrendo, uma ameaça muito mais persistente é imposta pelas emissões de gases estufa, discutidas no Capítulo 14. Diversos fatores têm a capacidade de elevar os níveis dos mares a alturas que causam destruição, também como resultado do aquecimento global. A simples expansão da água oceânica aquecida poderia elevar os níveis do mar em aproximadamente um terço de metro no próximo século. O derretimento de geleiras, como as dos Alpes, talvez tenha elevado os níveis dos oceanos em cerca de 5 cm no século passado, e esse processo prossegue no presente. No entanto, a maior preocupação sobre esse assunto está na possibilidade de o aquecimento global levar ao derretimento da grande calota polar da Antártida Ocidental, o que elevaria os níveis dos mares em até 6 m. Em fevereiro e março de 2002, uma massa de gelo maior que o estado norte-americano de Rhode Island se desprendeu da Península Antártica, aumentando os temores de que a calota polar do continente estivesse derretendo com rapidez acima do normal.

A mensuração dos níveis do mar é uma tarefa difícil porque as cotas da superfície da terra estão em constante alteração. A terra que até pouco tempo atrás estava recoberta com geleiras da última glaciação em áreas como a Escandinávia continua "recuando" em relação às grandes massas desses glaciares, o que faz parecer que os níveis dos mares medidos usando instrumentação em terra estejam diminuindo diversos milímetros ao ano nesses locais. Uma situação inversa é observada na costa leste dos Estados Unidos, onde a área de solo exposto se expande, elevando-se em torno da borda da enorme calota de gelo que cobre o Canadá e o norte dos Estados Unidos há quase 20 mil anos e que hoje retorna a seu antigo lugar. Fatores como esses ilustram as vantagens da tecnologia de satélites hoje usada na determinação dos níveis dos mares com precisão notável.

15.15 Os fenômenos na interface terra/atmosfera

A interface entre a atmosfera e a terra é caracterizada pela intensa atividade ambiental. Os efeitos combinados do ar e da água tendem a causar mudanças significativas nos materiais terrosos nessa interface. A camada superior da terra tem suscetibilidade especial ao intemperismo físico e químico. Ali, o ar carregado com o oxigênio oxidante entra em contato com as rochas, inicialmente formadas em condições redutoras, promovendo reações de oxidação. O ácido naturalmente presente na água da chuva na forma de CO_2 dissolvido ou como ácido sulfúrico, sulfuroso, nítrico ou clorídrico com ação poluente consegue dissolver partes de alguns tipos de rochas. Organismos como liquens, formados por fungos e algas crescendo em simbiose nas superfícies das rochas retirando dióxido de carbono, oxigênio ou nitrogênio do ar, conseguem crescer nessas superfícies rochosas na fronteira entre a atmosfera e a geosfera, aumentando os efeitos do intemperismo.

Um dos agentes mais importantes que afeta os sólidos da geosfera expostos em sua interface com a atmosfera é o vento. Composto por ar em movimento sobretudo na horizontal, o vento erode sólidos e atua como agente na deposição deste tipo de material nas superfícies da geosfera. A influência do vento é especialmente visível em áreas secas. Um fator de importância na erosão eólica é a *abrasão*, em que partículas de areia e rocha sólidas transportadas pelo vento tendem a desgastar rochas e solos expostos. Areia e solos soltos, inconsolidados, podem ser removidos em grandes quantidades pelos ventos, em um processo chamado de *deflação.*

A capacidade do vento de deslocar matéria é ilustrada pela formação de grandes depósitos de *loesse*, composto por solo finamente dividido soprado pelo vento. As partículas do loesse tem em média algumas dezenas de micrômetros, sendo portanto pequenas o suficiente para serem transportadas por grandes distâncias pelo vento. Bastante comuns são os depósitos de loesse originados pela matéria composta de rocha fragmentada até parecer uma farinha fina pelos glaciares da última glaciação. Esse material foi inicialmente depositado em vales de rios e águas de inundação de geleiras derretidas e então foi soprado a alguma distância dos rios por ventos fortes, depois de desidratado.

Uma das características geosféricas mais comuns criadas pelo vento é a *duna*, um monte formado por detritos, em geral areia, depositados quando o vento diminui de intensidade. No momento em que se forma, a duna constitui uma barreira que diminui ainda mais a velocidade do vento, depositando um volume maior de sedimento. O resultado é que os ventos carregados de sedimentos formam dunas com diversos metros de altura rapidamente. Nesse processo, as partículas mais grossas e pesadas são as primeiras a sedimentar, assim, a matéria nas dunas é separada de acordo com sua granulometria, exatamente como é o caso de sedimentos depositados por cursos de água. Em áreas em que os ventos dominantes vêm de uma única direção, como é o caso mais comum, as dunas exibem uma forma típica, ilustrada na

Figura 15.12. É possível observar que o lado íngreme, chamado de *face de deslizamento*, está a favor do vento.

Alguns dos efeitos ambientais das dunas resultam de sua tendência em migrar com os ventos dominantes. Essa migração ocorre à medida que a matéria é soprada pelo vento sobre a face menos inclinada da duna e então cai pela face de deslizamento. Com a migração das dunas, a areia invade florestas, e as dunas de poeira geradas em áreas agrícolas castigadas por estiagens enchem as valas ao longo de estradas, elevando bastante os custos de manutenção.

15.16 Os efeitos do gelo

O poder do gelo de alterar a geosfera é demonstrado pelos remanescentes das atividades glaciares no passado, datando da última glaciação. Essas extensões da superfície da Terra que eram cobertas com camadas de gelo glacial com 1 a 2 km de espessura dão prova de como o gelo talhava a superfície, deixando gigantescas pilhas de rocha e cascalho, além de grandes depósitos de água doce. O enorme peso dos glaciares forçava a compressão da superfície da Terra, e há locais em que o solo continua se estendendo mesmo 10 mil anos após a recuada das geleiras. Hoje a influência do gelo na superfície do planeta é muito menor que na última glaciação, e existem preocupações de que o derretimento de glaciares pelo aquecimento global elevará os níveis dos mares a ponto de inundar áreas costeiras.

Os glaciares formam-se a latitudes e altitudes grandes o bastante para que a neve não derreta por completo a cada verão. Isso acontece quando a neve se compacta ao longo de diversos milhares de anos de maneira que a água congelada se transforme em cristais de gelo puro. Massas imensas de gelo com diversos milhares de quilômetros quadrados ou mais de área e muitas vezes com espessura de 1 km ocorrem em regiões polares e são chamadas de *geleiras continentais* (tanto a Groelândia quanto a Antártica são cobertas por geleiras continentais). As *geleiras alpinas* ocupam vales entre montanhas.

Os glaciares descem uma encosta em virtude de sua massa. Essa velocidade de fluxo é normalmente de apenas alguns metros ao ano, mas pode atingir alguns quilô-

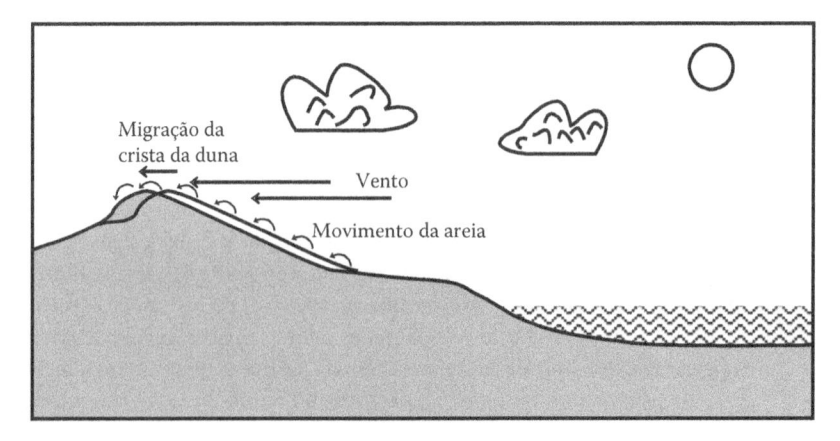

FIGURA 15.12 Forma e migração de uma duna, determinadas pela direção dos ventos dominantes.

metros em período idêntico. Se um glaciar desce para o oceano, ele talvez perca massas de gelo na forma de icebergs, em um processo chamado de *fragmentação*. O gelo também pode ser perdido por derretimento ao longo das bordas da geleira. Esses processos de perda de gelo são chamados pelo nome genérico *ablação*.

O gelo dos glaciares afeta a superfície da geosfera por meio da erosão e da deposição. É fácil imaginar que a massa deslizante de gelo glacial é muito eficiente ao desgastar a superfície por onde passa, em um processo chamado de *abrasão*. Adicione ao efeito erosivo a presença de rochas congeladas no interior das geleiras, que atuam como ferramentas de corte contra a superfície das rochas e do solo subjacentes. Enquanto a abrasão tende a desgastar as superfícies da rocha produzindo um pó de rocha fino, pedaços maiores de rocha são desalojados da superfície por onde passa a geleira, sendo transportados com seu gelo.

Quando uma geleira derrete, a rocha que foi incorporada por ela é deixada para trás. Esse material é chamado de *tilito de glaciares*, ou se foi carregado por certa distância pela água escoando da geleira em derretimento é chamado de *planície pluvial proglacial*. As pilhas de rocha deixadas pelas geleiras em derretimento produzem estruturas únicas chamadas de *morenas*.

Embora esses efeitos das geleiras sejam as manifestações mais espetaculares da ação do gelo sobre a geosfera, em escala muito menor o gelo tem efeitos significativos. O congelamento e a expansão da água em poros e pequenas fendas em rochas contribuem para os processos de intemperismo físico. Os ciclos de congelamento/descongelamento também são muito destrutivos para alguns tipos de estruturas, como construções em alvenaria.

15.17 Os efeitos das atividades humanas

As atividades humanas têm efeitos profundos na geosfera. Esses efeitos podem ser óbvios e diretos, como a mineração de superfície ou a adaptação de grandes extensões para a execução de projetos de engenharia, como estradas e represas; ou indiretos, como o bombeamento excessivo de água de aquíferos naturais, a ponto de fazer o solo ceder, ou o abuso na utilização deste, que perde a capacidade de dar suporte à vida vegetal e sofre erosão. Como fonte de minerais e outros recursos utilizados pelo homem, a geosfera sofre com as escavações, a construção de túneis, a remoção da cobertura de suas terras, as adaptações e outros tantos tipos de agressões. A terra com frequência passa por fortes perturbações, o ar é poluído com partículas de poeira com as atividades de mineração, e a água, contaminada. Muitos desses efeitos, como a erosão do solo causada pelas atividades humanas, são tratados em outros capítulos deste livro.

15.17.1 A extração de recursos geosféricos: a mineração de superfície

Muitos efeitos causados pelo homem na geosfera estão associados à extração de recursos da crosta terrestre. Esse processo é executado de diferentes maneiras, entre as quais a mais prejudicial é a mineração de superfície. Esse tipo de mineração é utilizado nos Estados Unidos para extrair praticamente toda a rocha e cascalho que o país minera, bem mais que a metade do carvão que utiliza e muitos outros recursos naturais. Executada de modo apropriado e com base em práticas de restauração adequadas, a mineração de superfície causa danos mínimos e pode até ser empregada para melhorar a qualidade da superfície do solo, como visto na construção de reservatórios nos sítios de extração de rocha e cascalho. No passado, antes da adoção de leis rígidas sobre reaproveitamento do solo, a mineração de superfície, sobretudo do carvão, deixou grandes áreas de terra escarificadas, destituídas de vegetação e sujeitas à erosão.

Muitas abordagens são empregadas na mineração de superfície. A areia e o cascalho localizados sob a água são extraídos por *dragagem*, utilizando dragas ou cadeias de alcatruzes presos a correias transportadoras de grande porte. Na maioria dos casos os recursos são recobertos com uma *ganga* de material terroso que não contém os recursos sendo explorados. Esse material precisa ser removido na forma de *entulho*. A *mineração a céu aberto*, como sugere o nome, é um procedimento em que o cascalho, as pedras usadas na construção civil, o minério de ferro e outros materiais são simplesmente retirados de um grande buraco escavado no solo. Alguns desses buracos, como muitos dos utilizados na mineração de cobre nos Estados Unidos, são verdadeiramente grandes.

O método mais conhecido (e por vezes vergonhoso) de mineração de superfície é a *lavra em tiras ou decapeamento*, em que tiras de material estéril são removidas por transportadores de arraste e outros equipamentos pesados de remoção de terra para expor os veios de carvão, rocha fosfática ou outros materiais. Esses equipamentos pesados são utilizados para remover camadas de material estéril, permitindo a extração do recurso mineral exposto que então é transportado. Em seguida, a cobertura de uma tira paralela recém-explorada é removida da mesma maneira e despejada na vala explorada anteriormente. Esse processo é repetido inúmeras vezes. Os processos antigos deixavam a ganga em pilhas íngremes muito propensas à erosão. Em terrenos muito inclinados, o material estéril é removido de maneira progressiva, a partir dos terraços mais elevados, e disposto no terraço logo abaixo.

15.17.2 Os efeitos da mineração e da extração de minerais no ambiente

Alguns dos efeitos da mineração de superfície no ambiente já foram mencionados. Embora essa prática muitas vezes seja motivo de preocupação devido aos efeitos no ambiente, a mineração subterrânea também gera consequências, algumas das quais não ficam aparentes de imediato e podem permanecer latentes por anos. As minas subterrâneas estão propensas a desmoronamentos, provocando graves problemas de afundamento do solo. A mineração causa perturbações nos aquíferos subterrâneos. A água que passa pelas minas e os rejeitos da mineração podem acabar poluídos. Um dos efeitos negativos mais comuns da mineração é observado na água, quando a pirita, FeS_2, muitas vezes associada ao carvão, é exposta ao ar e oxida em ácido sulfúrico pela ação bacteriana, gerando a drenagem ácida (ver Seção 6.14). Alguns dos efeitos mais prejudiciais ao ambiente resultam do processamento de materiais minerados. Muitas vezes, o minério é apenas parte, e com frequência uma parte muito pequena, do material que precisa ser escavado. Diversos processos de *beneficiamento* são empregados para separar as frações úteis do minério, deixando como subproduto os *rejeitos*, cuja exposição ao ambiente pode causar numerosos efeitos negativos. Por exemplo, os resíduos gerados pelo beneficiamento do carvão são muitas vezes enriquecidos com pirita, FeS_2, oxidada pela via microbiológica, produzindo a drenagem ácida de minas (lavado ácido). Os rejeitos dos minérios de urânio utilizados inadvertidamente como carga em materiais de construção contaminaram edifícios com gás radônio radioativo.

15.18 A poluição do ar e a geosfera

A geosfera pode ser uma fonte importante de poluição atmosférica. Entre as fontes geosféricas de poluição, a atividade vulcânica é uma das mais comuns. As erupções, as fumarolas, as fontes termais e os gêiseres emitem gases tóxicos e ácidos, como o monóxido de carbono, o cloreto de hidrogênio e o sulfeto de hidrogênio. Os gases estufa que tendem a aumentar o aquecimento global – dióxido de carbono e metano – podem se originar na atividade vulcânica. Erupções vulcânicas grandes ejetam enormes quantidades de material particulado na atmosfera. A incrível erupção do vulcão Krakatoa nas Índias Orientais em 1883 lançou 2,5 km³ de matéria sólida na atmosfera, parte da qual conseguiu chegar à estratosfera. Esse material permaneceu ali por tempo o bastante para completar vários círculos ao redor da Terra, causando crepúsculos avermelhados e uma notável queda na temperatura em todo o mundo.

Em 1982, a erupção do vulcão El Chicón, no sul do México, demonstrou a importância do tipo de material particulado na determinação dos efeitos desses eventos no clima. A matéria emitida por essa erupção tinha teores incomuns de enxofre, o que acarretou a formação de um aerossol de ácido sulfúrico que persistiu na atmosfera por cerca de três anos, tempo em que a temperatura global caiu alguns décimos de grau devido à presença do ácido sulfúrico. Para fins de comparação, a erupção do Monte Santa Helena no Estado de Washington, Estados Unidos, dois anos antes, teve um efeito quase imperceptível no clima, embora a quantidade de material expelido na atmosfera tenha sido praticamente a mesma do El Chicón. O material lançado pela erupção do Santa Helena tinha teores menores de enxofre e, por essa razão, os efeitos climáticos foram mínimos.

Os processos de refino térmico aplicados para converter frações de metal em formas utilizáveis provocam problemas graves de poluição do ar, afetando a geosfera. Muitos metais estão presentes em minérios na forma de sulfetos e o refino térmico pode liberar grandes quantidades de dióxido de enxofre, além de partículas contendo metais, como arsênico, cádmio ou chumbo. A poluição por ácidos e metais observada nas áreas próximas causa prejuízos grandes à vegetação, o que, por sua vez, acarreta uma erosão devastadora. Esse tipo de problema é observado em uma grande unidade de beneficiamento de níquel em Sudbury, Ontário, Canadá, onde uma extensa área de terra perdeu sua vegetação. Zonas mortas parecidas foram geradas por fundições de cobre no estado do Tennessee e na Europa oriental, inclusive a antiga União Soviética.

O solo e seu cultivo produzem grandes quantidades de emissões atmosféricas. Solos encharcados, sobretudo do tipo usado no cultivo do arroz, geram volumes significativos de metano, um gás estufa. A redução microbiana de nitrato no solo libera óxido nitroso, N_2O, na atmosfera. Contudo, o solo e as rochas também são capazes de remover poluentes atmosféricos. Acredita-se que os microrganismos presentes no solo respondam pelo consumo de parte do monóxido de carbono atmosférico, que alguns fungos e bactérias conseguem metabolizar. Rochas calcárias, como o carbonato de cálcio, $CaCO_3$, conseguem neutralizar o ácido sulfúrico e os gases ácidos presentes na atmosfera.

Conforme discutido na Seção 9.6, as massas de ar atmosférico podem ser aprisionadas e permanecer estagnadas em condições de inversão térmica em que a circulação vertical do ar é limitada pela presença de uma camada relativamente quente de ar sobre uma camada de ar frio no nível do solo. Os efeitos da inversão térmica são agravados pelas condições topográficas, que tendem a limitar a circulação do ar. A Figura 15.13 mostra esse tipo de condição, em que montanhas confinam o movimento do ar na horizontal. Os poluentes atmosféricos são forçados para cima, ao longo da cordilheira, a partir de uma área poluída, até chegar a altitudes significativas que do contrário nunca atingiriam. Devido ao "efeito chaminé", os poluentes aéreos podem chegar às florestas de pinheiros nas montanhas, que são especialmente suscetíveis a danos provocados, por exemplo, pelo ozônio formado no *smog* fotoquímico.

15.19 A poluição da água e a geosfera

A poluição da água é tratada em detalhes em outras partes deste livro. Uma boa parcela dessa poluição é gerada nas interações de águas subterrâneas e superficiais com a geosfera.[7] Esses aspectos são abordados aqui sucintamente.

A relação entre a água e a geosfera tem dois lados. A geosfera pode sofrer prejuízos graves com a poluição da água. Por exemplo, os poluentes da água, como metais ou as PCB, têm a capacidade de contaminar sedimentos. Em contrapartida, em alguns casos a geosfera serve como fonte de poluentes para a água. Exemplos incluem o ácido produzido por sulfetos metálicos expostos na geosfera ou compostos químicos sintéticos descartados de maneira imprópria em aterros e que acabam infiltrados em águas subterrâneas.

As fontes de poluição aquática se dividem em duas categorias principais. A primeira é formada pelas *fontes pontuais*, introduzidas no ambiente em um único ponto, prontamente identificável. Um exemplo de fonte pontual é o ponto de despejo de um esgoto. Na maioria das vezes essas fontes são identificadas como causadas por ativi-

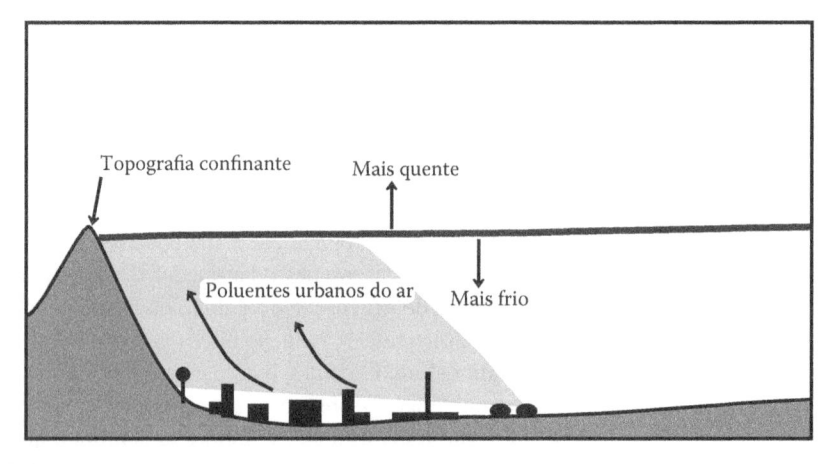

FIGURA 15.13 Características topográficas, como cordilheiras confinantes, podem atuar com as inversões térmicas para agravar os efeitos da poluição atmosférica.

dades humanas. As *fontes difusas* de poluição são aquelas oriundas de áreas maiores. Esse tipo de fonte, representado pela água contaminada por fertilizantes utilizados em áreas agrícolas ou pelo excesso de álcali lixiviado de solos alcalinos, são mais difíceis de identificar e monitorar do que as fontes pontuais. Os poluentes associados à geosfera na maioria das vezes são de fontes difusas.

Um tipo bastante comum e prejudicial de fonte geosférica de poluentes aquáticos são os sedimentos transportados da terra para o fundo de corpos hídricos pela água. A maior parte desses sedimentos se origina em terras agrícolas perturbadas de maneira que as partículas do solo são erodidas para a água. A manifestação mais comum de material sedimentar em água é a turbidez, que afeta as propriedades organolépticas da água com consequências muito sérias. O material sedimentar depositado em reservatórios ou canais consegue entupir essas vias, o que com o tempo os torna inadequados para fins de abastecimento, controle de enchentes, navegação e recreação. Os sedimentos suspensos na água utilizada como recurso hídrico para abastecimento urbano entopem filtros e aumentam os custos do tratamento. Esse material sedimentar tem a capacidade de devastar os hábitats da vida selvagem, reduzindo a disponibilidade de nutrientes e arruinando sítios de reprodução. A turbidez da água é um grave empecilho para a fotossíntese, pois reduz a produtividade primária essencial para suportar as cadeias alimentares nos ecossistemas aquáticos.

15.20 A disposição de resíduos e a geosfera

A geosfera recebe muitos tipos e grandes volumes de resíduos. Sua capacidade de enfrentar com impacto mínimo os problemas gerados pela disposição desses resíduos é uma de suas características principais, e depende dos tipos de resíduos descartados. Uma variedade destes, desde grandes quantidades de lixo urbano considerado inócuo até quantidades bem menores de resíduos radioativos potencialmente letais, é depositada no solo ou em aterros. Essa variedade será tratada brevemente nesta seção.

15.20.1 O lixo urbano

O método preferido hoje para descartar resíduos urbanos sólidos – o lixo doméstico – está fundamentado no uso de *aterros sanitários* (Figura 15.14), formados por pilhas de rejeitos erguidas no solo (ou em uma depressão geológica, como um vale) e que são compactadas e cobertas por solo a intervalos regulares. Essa abordagem permite a cobertura frequente desses resíduos a fim de minimizar o arraste de lixo pelo vento, a contaminação da água e outros efeitos indesejados. Um aterro sanitário cheio pode ser utilizado para outras finalidades, como recreação. Devido à acomodação do material, à produção de gases e a outros fatores, as superfícies desses aterros são muitas vezes inadequadas para a construção de edificações. Os aterros sanitários modernos são preferíveis aos pontos de descarte a céu aberto que, no passado, eram o método mais comum de descarte do lixo urbano.

Embora o lixo urbano seja muito menos perigoso que os resíduos químicos de risco, alguns problemas persistem. Apesar da proibição do descarte de agentes de limpeza, solventes, baterias de chumbo e outros tipos de materiais potencialmente perigosos nos aterros, os itens que representam risco ambiental acabam nesses locais, podendo contaminar o ambiente.

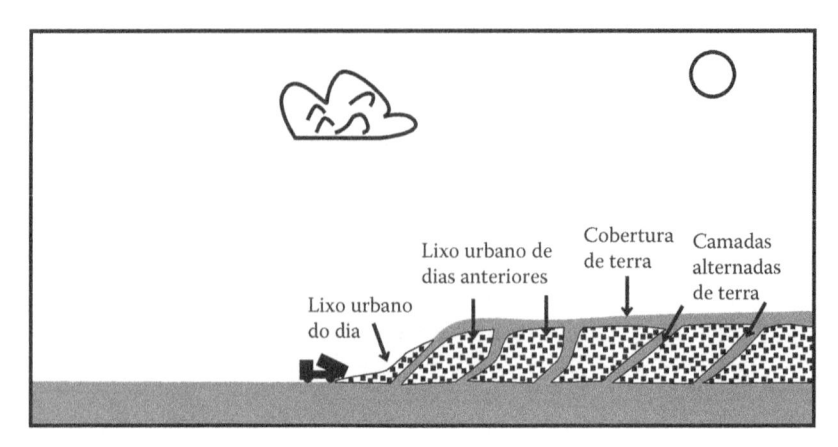

FIGURA 15.14 A estrutura de um aterro sanitário.

Os aterros sanitários produzem emissões gasosas e aquosas. Neles, a biomassa é rápida ao consumir oxigênio com a biodegradação aeróbia pelos microrganismos presentes,

$$\{CH_2O\} \text{ (biomassa)} + O_2 \rightarrow CO_2 + H_2O \qquad (15.8)$$

com a emissão de dióxido de carbono. A degradação de materiais biodegradáveis ocorre ao longo de muitas décadas,

$$2\{CH_2O\} \rightarrow CO_2 + CH_4 \qquad (15.9)$$

com a liberação de metano e dióxido de carbono. Apesar de pouco prática e na maioria das vezes muito cara, a coleta de metano para ser usado como combustível é indicada, e alguns aterros sanitários de grande porte são fontes importantes desse gás. Liberado na atmosfera, o metano é um gás estufa e representa um risco alto de explosão para as estruturas erguidas sobre esses aterros. O sulfeto de hidrogênio, H_2S, um gás tóxico e com odor desagradável, também é gerado pela biodegradação anaeróbia, ainda que em quantidades muito menores que o metano. Em um aterro sanitário projetado de modo adequado, os volumes de sulfeto de hidrogênio liberados são pequenos e o gás tende a oxidar antes de quantidades expressivas atingirem a atmosfera.

A água infiltrada em aterros sanitários dissolve a matéria no lixo descartado e escorre na forma de *chorume*. O chorume contaminado é o principal problema de poluição relativo aos pontos de descarte de resíduos. Por essa razão, é importante diminuir sua produção com o projeto de aterros que minimiza os níveis de infiltração de água. A degradação anaeróbia da biomassa produz ácidos orgânicos que conferem ao chorume a tendência de dissolver solutos solúveis em ácido, como os metais. O chorume pode infiltrar em águas subterrâneas, com graves problemas de contaminação. Essa possibilidade pode ser contornada escolhendo áreas de argila pouco permeável para a construção de aterros ou depositando camadas de argila no aterro antes de ele receber os resíduos. Além disso, é possível impermeabilizar com polímeros o leito do aterro. Em áreas de precipitação pluviométrica intensa, a infiltração no aterro excede sua capacidade de reter água, assim, o chorume vaza. Para impedir a poluição da água a jusante, esse chorume precisa ser controlado e tratado.

Os resíduos químicos perigosos são descartados nos chamados *aterros industriais*, planejados para impedir o escorrimento e a contaminação geosférica por esses compostos tóxicos. Esse tipo de aterro compreende uma variedade de medidas a fim de impedir a contaminação de águas subterrâneas e da geosfera circunvizinha. A base do aterro é composta por argila compactada com alta impermeabilidade ao chorume. Um rolo de plástico impermeável é aberto sobre a camada de argila. A superfície do aterro é coberta com um material projetado para reduzir a infiltração de água, e a superfície é inclinada para minimizar o volume de água que entra no aterro. Sistemas de drenagem sofisticados são instalados para coletar e tratar o chorume.

O problema mais grave com relação ao descarte de resíduos na geosfera diz respeito ao lixo radioativo. A maior parte desse tipo de resíduo é classificada como resíduo de *nível baixo*, como os compostos químicos radioativos de laboratório e fármacos, além de filtros e resinas de troca iônica usados para remover pequenas quantidades de radionuclídeos da água de refrigeração de reatores. Descartados em aterros projetados adequadamente, esses resíduos trazem riscos mínimos.

De maior preocupação são os resíduos radioativos de *nível alto*, sobretudo os produtos de fissão em reatores nucleares e os subprodutos da fabricação de armas atômicas. Muitos desses resíduos hoje são armazenados em solução em tanques, muitos dos quais já ultrapassaram sua vida útil e representam risco de vazamento, em instalações como a unidade nuclear federal em Hanford, Washington, onde plutônio foi gerado em grandes quantidades durante a Segunda Guerra Mundial. Com o tempo, esses resíduos precisam ser dispostos na geosfera, de maneira a não trazer riscos. Inúmeras propostas foram feitas para seu descarte, como a utilização de formações salinas para esse fim, as zonas de subducção no leito dos oceanos e as calotas polares. Os locais mais promissores parecem ser aqueles onde ocorrem formações pouco permeáveis de rochas ígneas. Entre estas estão os basaltos, rochas fortes e vítreas encontradas no platô do Rio Columbia. O granito e os tufos piroclásticos fundidos pelas altas temperaturas das erupções vulcânicas no passado são alternativas para a disposição e o isolamento de resíduos nucleares por dezenas de milhares de anos.

Literatura citada

1. Wenk, H.-R. and A. Bulakh, *Minerals: Their Constitution and Origin*, Cambridge University Press, Cambridge, UK, 2004.
2. Jackson, K., *Plate Tectonics*, Lucent Books, San Diego, CA, 2005.
3. Keller, E. A. and R. H. Blodgett, *Natural Hazards: Earth's Processes as Hazards, Disasters, and Catastrophes*, 2nd ed., Pearson Prentice Hall, Upper Saddle River, NJ, 2008.
4. Keller, E. A., *Introduction to Environmental Geology*, 4th ed., Pearson Prentice Hall, Upper Saddle River, NJ, 2008.
5. Kusky, T., *Earthquakes: Plate Tectonics and Earthquake Hazards*, Facts on File, New York, 2008.
6. Kusky, T., *Volcanoes: Eruptions and Other Volcanic Hazards*, Facts on File, New York, 2008.
7. LaMoreaux, P. E., *Environmental Hydrogeology*, 2nd ed., Taylor & Francis, Boca Raton, FL, 2008.

Leitura complementar

Atkinson, D., *Weathering, Slopes and Landforms*, Hodder & Stoughton, London, 2004.

Bashkin, V. N., *Modern Biogeochemistry: Environmental Risk Assessment*, 2nd ed., Springer, Dordrecht, The Netherlands, 2006.

Bryant, E., *Natural Hazards*, 2nd ed., Cambridge University Press, Cambridge, UK, 2005.

Chamley, H., *Geosciences, Environment and Man*, Elsevier, New York, 2003.

Coch, N. K., *Geohazards: Natural and Human*, Prentice Hall, Upper Saddle River, NJ, 1995.

De Boer, J. Z. and D. T. Sanders, *Volcanoes in Human History: The Far Reaching Effects of Major Eruptions*, Princeton University Press, Princeton, NJ, 2001.

Donnelly, K. J., *Ice Ages of the Past and the Future*, The Rosen Publishing Group, New York, 2003.

Eby, G. N., *Principles of Environmental Geochemistry*, Thomson Brooks/Cole, Pacific Grove, CA, 2004.

Faure, G., *Principles and Applications of Geochemistry: A Comprehensive Textbook for Geology Students*, Prentice Hall, Upper Saddle River, NJ, 1998.

Gates, A. E. and D. Ritchie, *Encyclopedia of Earthquakes and Volcanoes*, 3rd ed., Facts on File, New York, 2007.

Holland, H. D. and K. K. Turekian, *Treatise on Geochemistry*, Elsevier/Pergamon, Amsterdam, 2004.

Hyndman, D. and D. Hyndman, *Natural Hazards and Disasters*, 2nd ed., Thomson Brooks/Cole, Belmont, CA, 2009.

Marti, J. and G. Ernst, Eds, *Volcanoes and the Environment*, Cambridge University Press, Cambridge, UK, 2005.

McCollum, S., *Volcanic Eruptions, Earthquakes, and Tsunamis*, Chelsea House, New York, 2007.

Montgomery, C. W., *Environmental Geology*, 8th ed., McGraw-Hill, Boston, 2008.

Murty, T. S., U. Aswathanarayana, and N. Nirupama, Eds, *The Indian Ocean Tsunami*, Taylor & Francis, London, 2007.

Nash, D. J. and S. J. McLaren, Eds, *Geochemical Sediments and Landscapes*, Blackwell Publishing, Malden, MA, 2007.

Pipkin, B. W., *Geology and the Environment*, 5th ed., Thomson Brooks/Cole, Belmont, CA, 2008.

Sammonds, P. R. and J. M. T. Thompson, Eds, *Advances in Earth Science: From Earthquakes to Global Warming*, Imperial College Press, London, 2007.

Savino, J. and M. D. Jones, *Supervolcano: The Catastrophic Event that Changed the Course of Human History (Could Yellowstone be Next?)*, New Page Books, Franklin Lakes, NJ, 2007.

Skinner, H. C. W. and A. R. Berger, Eds, *Geology and Health: Closing the Gap*, Oxford University Press, New York, 2003.

Stone, G. W., *Raging Forces: Life on a Violent Planet*, National Geographic, Washington, DC, 2007.

Van der Pluijm, Ben A. and S. Marshak, *Earth Structure: An Introduction to Structural Geology and Tectonics*, W.W. Norton, New York, 2004.

Waltham, T., *Foundations of Engineering Geology*, Taylor & Francis, London, 2009.

Perguntas e problemas

1. Entre as afirmativas apresentadas, a alternativa que *não* é uma manifestação da desertificação é (explique): (A) A diminuição nos lençóis freáticos. (B) A salinização de solos férteis e da água. (C) A produção de depósitos de MnO_2 e $Fe_2O_3 \cdot H_2O$ de processos anaeróbios. (D) A redução de águas superficiais. (E) Níveis de erosão do solo muito altos.
2. Dê um exemplo de como cada um dos seguintes fenômenos químicos ou bioquímicos nos solos atua para reduzir a natureza prejudicial de poluentes (explique): (A) Os processos de oxidação-redução. (B) Hidrólise. (C) Reações ácido-base. (D) Precipitação. (E) Sorção, (F) Degradação bioquímica.
3. Por que os silicatos e óxidos predominam entre os minerais na Terra?
4. Descreva as características que os minerais com as fórmulas apresentadas têm em comum: $NaCl$, Na_2SO_4, $CaSO_4 \cdot 2H_2O$, $MgCl_2 \cdot 6H_2O$, $MgSO_4 \cdot 7H_2O$, $KMgClSO_4 \cdot \frac{1}{4} H_2O$, $K_2MgCa_2(SO_4)_4 \cdot 2H_2O$.
5. Explique as relações entre intemperismo, rocha ígnea, rocha sedimentar e solo.
6. Relacione um item na coluna esquerda a um item na coluna direita.

    A. Rochas metamórficas
    B. Rochas sedimentares químicas
    C. Rochas detríticas
    D. Rochas sedimentares orgânicas

    1. Formam-se pela precipitação ou coagulação de produtos dissolvidos ou coloidais do intemperismo
    2. Contêm resíduos de restos de plantas e animais
    3. Formam-se pela ação do calor e da pressão em rochas sedimentares
    4. Formam-se a partir de partículas sólidas erodidas de rochas ígneas devido ao intemperismo

7. Onde se origina a maior parte da água que contém material dissolvido? Por que essa água normalmente tem essa origem?
8. Que papel pode ser desempenhado pelos poluentes aquáticos na produção de material dissolvido e na precipitação de minerais secundários dela?
9. Conforme definido neste capítulo, os íons envolvidos na substituição iônica são idênticos aos cátions intercambiáveis? Se não, por quê?
10. Explique como a água presente em solos inconsolidados pode aumentar o prejuízo causado pelos terremotos.
11. De que maneira os vulcões contribuem para a poluição do ar? Quais são os possíveis efeitos dessa influência no clima?
12. Explique como a retirada de grandes volumes de água pode afetar negativamente os cursos de água, em especial os de pequeno porte.
13. Quais são os três elementos com maior probabilidade de sofrer oxidação como parte do processo de intemperismo químico? Dê exemplos de reações envolvendo cada um.
14. Relacione um item na coluna esquerda a um item na coluna direita.

    A. Águas subterrâneas
    B. Águas vadosas
    C. Águas meteóricas
    D. Águas em capilares

    1. Águas da precipitação na forma de chuva ou neve
    2. Águas presentes em uma zona de saturação
    3. Águas retidas na zona insaturada ou de aeração
    4. Águas retiradas em algum ponto acima do aquífero freático pela tensão superficial de franja

15. Áreas extensas na região central do Estado de Kansas têm grandes depósitos de halita. O que é a halita? O que essa observação revela acerca da história geológica dessa região?
16. Qual é a diferença entre intemperismo e erosão? Sugira maneiras de como a poluição do ar pode contribuir para os dois fenômenos.
17. Uma das maneiras de utilizar o carvão e outros combustíveis fósseis sem contribuir para o aumento nas emissões de dióxido de carbono para o efeito estufa na atmosfera consiste no sequestro do gás pelo bombeamento em estratificações minerais. Usando uma reação química, explique como as formações calcárias (carbonato de cálcio) podem ser empregadas para essa finalidade. Indique os possíveis problemas dessa abordagem na superfície.
18. Depósitos de minerais férricos são encontrados com frequência onde águas subterrâneas ascendem à superfície. Utilize uma reação química para explicar essa observação.

16 O solo e a química ambiental agrícola

16.1 O solo e a agricultura

Devido a seu papel de apoio onde crescem as plantas, o solo é uma parte crucial da geosfera. Assim como a fina camada de ozônio na estratosfera, essencial à proteção dos organismos terrestres contra a radiação solar ultravioleta, a camada de solo na superfície da terra é compacta. Se a Terra fosse do tamanho de um globo usado em aulas de geografia, a espessura média do solo produtivo seria menor do que a espessura de uma célula humana! Considerando sua importância na sustentabilidade e sua natureza frágil, este capítulo é dedicado a uma discussão detalhada sobre o solo e a produção de alimentos com base em sua utilização.

O solo e as práticas agrícolas têm vínculo estreito com o ambiente e a sustentabilidade. Algumas dessas considerações são abordadas mais adiante, com uma discussão sobre a erosão e a conservação do solo. O cultivo da terra e as práticas agrícolas, junto com outras atividades antrópicas, exercem forte influência na atmosfera, hidrosfera e biosfera. Embora o principal tópico deste capítulo seja o solo, a agricultura em geral é discutida brevemente para inseri-lo em perspectiva.

Apesar de a utilização mais evidente do solo ser o cultivo de plantas para a produção de alimentos, ele tem outras funções na manutenção da sustentabilidade. Ele retém água, regula recursos hídricos e atua como meio de filtração e condução de água da precipitação para os aquíferos subterrâneos; tem papel na reciclagem de matérias-primas e nutrientes e é hábitat para uma variedade de organismos, sobretudo os fungos e as bactérias. Outro aspecto é sua interface com a antroposfera, onde representa uma variável importante na engenharia, sendo escavado, transferido e terraplanado para a construção de estradas, barragens e outras obras.

O estudo dos solos é chamado de *pedologia*, ou simplesmente de *ciência do solo*. Para os seres humanos e a maioria dos organismos terrestres, o solo é a parte mais importante da geosfera. Embora seja apenas uma camada fina como um tecido, o solo é o meio onde é produzida a maioria dos alimentos de que os seres vivos necessitam. Um solo de qualidade – e um clima que promova sua produtividade – são os bens mais valiosos que uma sociedade pode ter.

Além de ser substrato para a maior parte dos alimentos produzidos pelo homem, o solo é o receptor de grandes quantidades de poluentes, como o material particulado lançado pelas chaminés de usinas termelétricas de energia. Fertilizantes, pesticidas e outros materiais aplicados no solo muitas vezes contribuem para a poluição da água e do ar. Portanto, o solo é um componente-chave nos ciclos químicos ambientais e parte importante do capital natural da Terra.

O solo pode se tornar fonte de poluentes do ar ou da água por conta própria, sobretudo em cenários de má utilização por práticas agrícolas ineficientes, desmatamento ou desertificação. As partículas finas do solo compõem uma grande parcela da matéria das nuvens amarelas descritas como grandes fenômenos de poluição do ar, no Capítulo 15. Além disso, o solo fértil lavado para o interior de corpos hídricos pela erosão causada pela água pode se depositar na forma de sedimentos prejudiciais.

16.1.1 A agricultura

A *agricultura*, a produção de alimentos com base no cultivo de plantações e no manejo de rebanhos, é fonte de suprimentos para as necessidades humanas mais básicas. Nenhum outro setor de atividade econômica tem tanto impacto no ambiente como ela. A agricultura é absolutamente essencial à manutenção das enormes populações humanas que habitam a Terra. O deslocamento de espécies nativas, a destruição de hábitats selvagens, a erosão, a poluição por pesticidas e outros aspectos fundamentais da agricultura têm grande potencial para causar danos ambientais. A sobrevivência da raça humana na Terra exige práticas agrícolas sustentáveis e que não agridam o ambiente. Por outro lado, o plantio de espécies nativas (ao menos temporariamente) remove da atmosfera o dióxido de carbono responsável pelo efeito estufa e disponibiliza fontes em potencial de recursos energéticos e fibras que podem substituir os materiais e combustíveis derivados do petróleo.

A agricultura é dividida em duas grandes categorias, o *manejo de culturas*, em que a fotossíntese das plantas é a base da produção de alimentos e fibras, e *o manejo de rebanhos*, em que animais são criados para a produção de carne, leite e outros produtos de origem animal. O manejo de culturas produz o alimento consumido diretamente pelos seres humanos, além de ração para rebanhos e fibras vegetais. O manejo de rebanhos envolve a manutenção de animais para a produção de carne, laticínios, ovos, lã e couro. Os peixes de água doce e mesmo camarões de água doce são cultivados em "fazendas de piscicultura". Além disso, a apicultura permite obter o mel produzido pelas abelhas.

A agricultura está fundamentada nas plantas domésticas modificadas pelos agricultores da antiguidade, com base nos ancestrais selvagens dessas espécies vegetais. Talvez não totalmente cientes do que faziam, esses agricultores selecionavam plantas com as características desejáveis para a produção de alimentos. Essa seleção para fins domésticos acarretou uma mudança no âmbito evolutivo, tão profunda que os produtos muitas vezes pouco se pareciam com seus ancestrais selvagens. O melhoramento de plantas com base nos princípios da hereditariedade é um avanço recente, iniciado por volta de 1900. Um dos principais objetivos do melhoramento de plantas é o aumento do rendimento, que também é possível com a seleção para resistência a insetos, estiagens e climas frios. Em alguns casos a meta é elevar o valor nutricional, como o conteúdo de aminoácidos essenciais.

O desenvolvimento de híbridos aumentou muito o rendimento e outras características desejáveis de diversas culturas importantes. Em síntese, os *híbridos* são indivíduos resultantes dos cruzamentos entre duas *linhagens puras* diferentes. Muitas vezes bastante diferentes das linhagens precursoras, os híbridos tendem a apresentar o chamado "vigor híbrido", com rendimento significativamente alto. O maior sucesso em relação a culturas híbridas foi observado com o milho. Essa cultura é uma das espécies mais fáceis de hibridizar, por conta da separação física entre as flores masculinas, que crescem como tufos na parte superior da planta, e as flores femininas, que nascem ao lado das espigas incipientes na lateral da planta. Apesar do sucesso observado no passado com métodos convencionais e das decepções iniciais com a "engenharia genética", a aplicação da tecnologia do DNA recombinante (ver Seção 16.13) poderá sobrepujar todos os avanços feitos até hoje no melhoramento de plantas.

Além das linhagens e variedades de plantas, muitos outros fatores estão envolvidos na produção de culturas. O clima é sem dúvida uma variável, e a escassez de água, crônica em muitas partes do planeta, é atenuada com a irrigação. Nesse sentido, técnicas automatizadas e o controle computacional desempenham um papel importante e menos agressivo ao ambiente, pois minimizam as quantidades de água necessárias para essa finalidade. O uso de fertilizantes químicos vem aumentando de maneira expressiva a produção das colheitas. A utilização criteriosa de pesticidas, sobretudo os herbicidas, além de inseticidas e fungicidas, aumentou os rendimentos e reduziu perdas de modo significativo. Esses herbicidas trouxeram benefícios na redução do grau de cultivo mecânico do solo. De fato, a agricultura baseada no "plantio direto" e "semidireto" (cultivo de conservação) é praticada em larga escala atualmente.

A criação de animais de produção tem efeitos significativos no ambiente. Os efluentes das lagoas de resíduos associados às operações de alimentação concentrada de rebanhos podem acarretar graves problemas relativos à poluição da água. Caprinos e ovinos destruíram as pastagens no Oriente Próximo, na África setentrional, em Portugal e na Espanha. Preocupação especial é causada pelos efeitos no ambiente da criação de gado bovino. Expressivas extensões de florestas foram desmatadas para serem convertidas em áreas de pastagem marginal destinadas à criação de bovinos. A produção de um quilo de carne bovina requer cerca de quatro vezes mais água e quatro vezes mais alimento que a produção de um quilo de frango. Um dos aspectos interessantes do problema é a emissão de metano, o gás estufa, por bactérias anaeróbias presentes no trato digestivo de bovinos e outros ruminantes. O gado bovino vem em terceiro lugar na geração de metano atmosférico, depois das planícies úmidas e dos arrozais. No entanto, devido à ação de bactérias especialistas em seus estômagos, o gado bovino e outros ruminantes são capazes de converter a celulose, do contrário inútil como nutriente, em alimento.

16.1.2 Os pesticidas e a agricultura

Os pesticidas, em especial os inseticidas e herbicidas, fazem parte da produção agrícola moderna. Nos Estados Unidos, os pesticidas agrícolas são regulamentados pela Lei Federal para Inseticidas, Fungicidas e Rodenticidas (FIFRA), promulgada em 1947 e que passou por ampla revisão em 1972, com emendas apresentadas desde então. Os pesticidas são responsáveis pela maior parte da alta produtividade da agricultura atual, mas também são agentes dos principais problemas de poluição associados à agricultura.

Entre os avanços interessantes no uso de herbicidas no final da década de 1990 está a produção de culturas transgênicas resistentes a herbicidas específicos. A Monsanto foi a primeira empresa a adotar essa abordagem, com o desenvolvimento das culturas chamadas "Roundup Ready", resistentes aos efeitos herbicidas do Roundup® (glifosato), carro-chefe dos herbicidas fabricados pela empresa. As plântulas de culturas resistentes a esse herbicida não são prejudicadas quando expostas a ele, ao passo que as ervas daninhas que competem com elas são mortas. Apesar de as vendas do glifosato terem crescido muito com o desenvolvimento de culturas resistentes a ele, sobretudo a soja, esse aumento nas áreas de plantio dessas culturas acabou por reduzir os volumes totais de outros herbicidas, o que em última analise trouxe um benefício real ao ambiente.

A utilização de culturas transgênicas resistentes ao glifosato, cuja fórmula estrutural foi mostrada no Capítulo 7, Figura 7.14, fez desse herbicida um produto importante, o mais produzido no mundo. O composto faz ligações fortes com os coloides no solo e é prontamente degradado pelos microrganismos existentes nele. Porém, as medições de seus teores no solo e na água são dificultadas pela natureza de suas propriedades. A molécula do glifosato é muito polar e solúvel em água, mas não em solventes orgânicos utilizados com frequência para extrair poluentes para análise. Ela forma ligações fortes com íons metálicos e sólidos orgânicos, minerais e argilosos, o que dificulta seu isolamento. Devido à semelhança estrutural do glifosato com aminoácidos de ocorrência natural e outras biomoléculas vegetais, muitos fatores interferem na determinação dos níveis do composto.

16.2 A natureza e a composição do solo

O *solo*, uma mistura variável de minerais, matéria orgânica e resíduos com a capacidade de atuar como base de suporte para a vida vegetal na superfície da Terra, tem importância fundamental na agricultura. É o produto final da ação dos processos físicos, químicos e biológicos do intemperismo sobre rochas, o maior responsável pela formação de minerais argilosos. A porção orgânica do solo é composta por biomassa vegetal em diversos estágios de decomposição. Grandes comunidades de bactérias, fungos e animais, como vermes, são encontrados no solo. Ele apresenta espaços intersticiais preenchidos com ar, e de modo geral sua textura é leve (Figura 16.1).

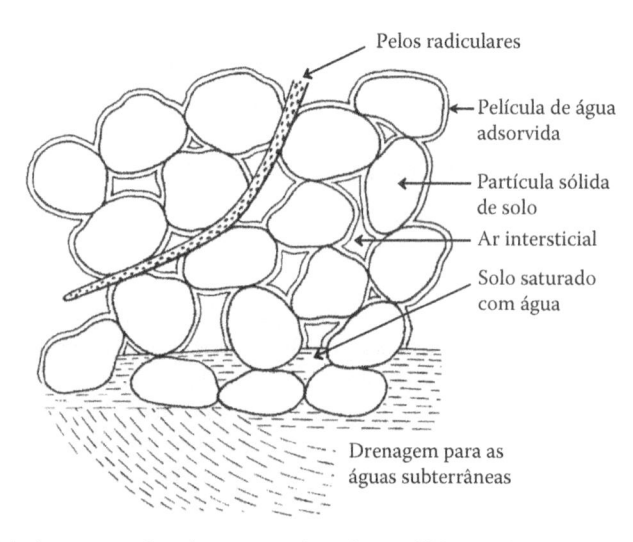

FIGURA 16.1 A estrutura do solo, mostrando as fases sólidas, de água e de ar.

A fração sólida de um solo produtivo típico contém 5% de matéria orgânica e 95% de matéria inorgânica. Alguns solos, como os solos de turfa, podem conter até 95% de matéria orgânica. Em contrapartida, existem solos com apenas 1% de matéria orgânica.

Os solos comuns se constituem em camadas distintas chamadas de *horizontes*, organizadas de acordo com a profundidade (Figura 16.2). Os horizontes se formam como resultado de interações complexas entre processos que ocorrem durante o intemperismo. A água da chuva que percola pelo solo carrega sólidos dissolvidos e coloidais até os horizontes inferiores, onde são depositados. Processos biológicos, como a decomposição bacteriana de biomassa vegetal residual, produzem CO_2 ligeiramente ácido, ácidos orgânicos e compostos complexantes que são arrastados pela água da chuva até esses horizontes profundos, onde interagem com argilas e outros minerais, alterando suas propriedades. A camada superior do solo, de modo geral com algumas polegadas de espessura, é chamada de horizonte A, ou *solo fértil*. É a camada onde a atividade biológica é máxima e que contém a maior parte da matéria orgânica do solo, sendo essencial para a produtividade das plantas. Solos diferentes apresentam horizontes diferentes, e os mais importantes são descritos na Figura 16.2.

Os solos exibem uma ampla gama de características variadas utilizadas para sua classificação de acordo com suas finalidades, como produção agrícola, construção de estradas e descarte de resíduos. Os perfis de solo foram discutidos anteriormente. As rochas de origem, de que se formam os solos, desempenham um papel inquestionável na determinação da composição destes. Resistência, deformabilidade, granulometria, permeabilidade e grau de maturidade estão entre as outras características dos solos.

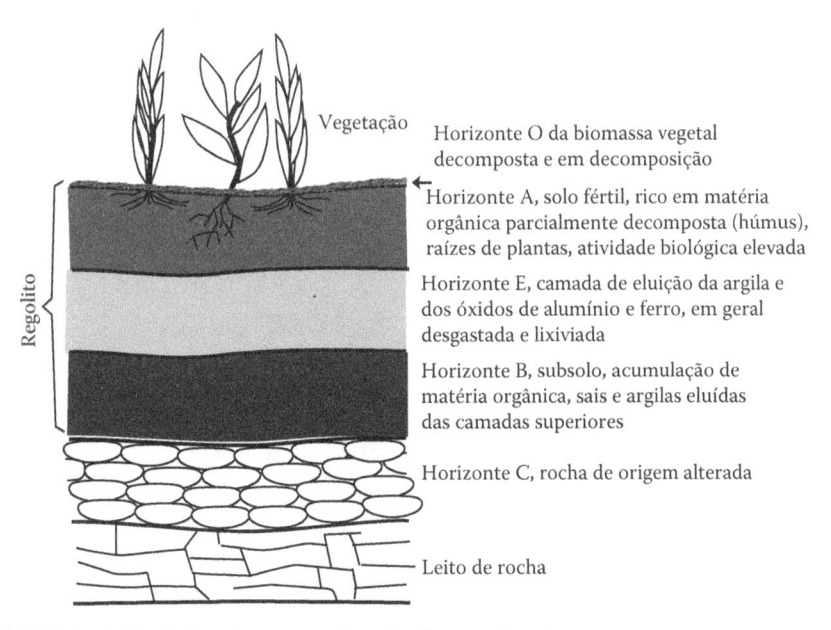

FIGURA 16.2 Perfil de solo, mostrando os horizontes do solo.

16.2.1 A água e o ar no solo

Grandes quantidades de água são necessárias para a produção da maior parte da matéria vegetal. Por exemplo, diversas centenas de quilogramas de água são exigidas para a produção de 1 kg de centeio seco. A água faz parte do sistema trifásico sólido-líquido-gás que compõe o solo, e é o meio de transporte fundamental dos nutrientes essenciais das partículas sólidas do solo para as raízes e as estruturas aéreas da planta (Figura 16.3). A água da planta evapora para a atmosfera a partir de suas folhas, em um processo chamado de *transpiração*.

Na maioria das vezes, devido ao tamanho reduzido das partículas do solo e à presença de pequenos capilares e poros nele, a fase aquosa não é totalmente independente da matéria sólida que o compõe. A disponibilidade de água para as plantas obedece aos gradientes que começam nesses capilares e à força da gravidade. Já a oferta de solutos com papel nutriente na água é função dos gradientes de concentração e de potencial elétrico. A água que ocupa os espaços maiores no solo está mais disponível para as plantas e tem maior facilidade de escoamento. A água presente nos poros menores ou entre as camadas unitárias das partículas de argila se mantém presa com maior intensidade. Os solos ricos em matéria orgânica têm a capacidade de reter volumes consideravelmente maiores de água em comparação a outros solos, mas sua

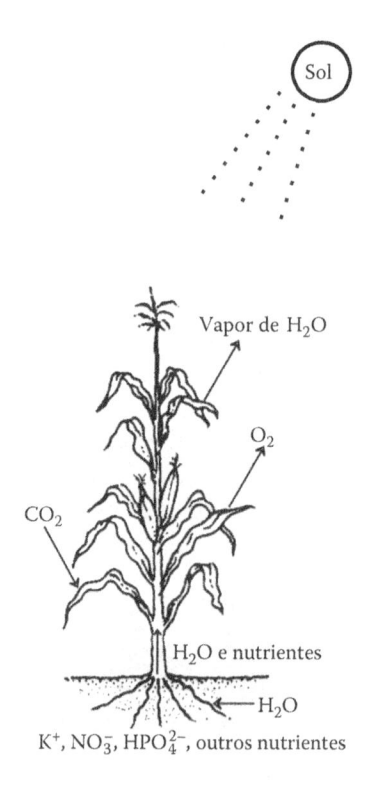

FIGURA 16.3 As plantas transferem água do solo para a atmosfera por transpiração. Os nutrientes também são transportados do solo até as extremidades das plantas de acordo com esse processo. As plantas removem CO_2 da atmosfera e adicionam O_2 por fotossíntese. O oposto ocorre durante a transpiração.

disponibilidade para as plantas é um tanto menor devido à sorção física e química pela matéria orgânica.

Existe uma forte interação entre as argilas e a água no solo. A água é absorvida nas superfícies das partículas argilosas. Por causa dessa alta relação superfície/volume das partículas coloidais das argilas, um volume representativo de água pode ser retido, assim como entre as camadas unitárias das argilas expansivas, como observado nas montmorilonitas. À medida que o solo se encharca (satura com água), suas características físicas, químicas e biológicas passam por alterações drásticas. Nessas condições, o oxigênio no solo é rapidamente consumido na respiração de microrganismos que degradam a matéria orgânica nele. Nesses solos, as ligações que mantêm juntas as partículas coloidais são quebradas, o que causa a ruptura de sua estrutura. Por essa razão, o excesso de água nesses solos é prejudicial para o crescimento das plantas, pois ela ocupa o ar necessário para a respiração das raízes de muitas espécies vegetais. A maior parte das culturas úteis ao ser humano, com a notável exceção do arroz, não consegue crescer em solos encharcados.

Um dos efeitos de natureza química mais marcantes do encharcamento do solo é a redução no pE pela ação de agentes redutores orgânicos atuantes por intermédio de catalisadores bacterianos. Por essa razão, a condição redox do solo tem caráter mais fortemente redutor, e o pE do solo pode cair, do valor correspondente à água em equilíbrio com o ar (+13,6 em pH 7) para 1 ou menos. Um dos resultados mais significativos dessa mudança é a mobilização de ferro e manganês na forma de ferro (II) e manganês (II) solúveis pela redução de seus óxidos superiores insolúveis.

$$MnO_2 + 4H^+ + 2e^- \rightarrow Mn^{2+} + 2H_2O \qquad (16.1)$$

$$Fe_2O_3 + 6H^+ + 2e^- \rightarrow 2Fe^{2+} + 3H_2O \qquad (16.2)$$

Embora o manganês solúvel seja geralmente encontrado no solo como o íon Mn^{2+}, com frequência o ferro (II) solúvel ocorre como quelatos de ferro com compostos orgânicos com carga negativa. A forte quelação do ferro (II) pelos ácidos fúlvicos no solo (Capítulo 3) aparentemente permite a redução dos óxidos de ferro (III) em valores mais positivos de pE do que os esperados em outras condições. Isso causa uma elevação no limite Fe (II) – Fe(OH)$_3$, como mostra a Figura 4.4.

Alguns íons metálicos solúveis, como o Fe^{2+} e o Mn^{2+}, são tóxicos para as plantas quando presentes em níveis elevados. Sua oxidação a óxidos insolúveis pode levar à formação de depósitos de Fe_2O_3 e MnO_2, que entopem drenos cobertos nos campos.

Aproximadamente 35% do volume de um solo comum são compostos por poros preenchidos com ar. Enquanto a atmosfera seca normal ao nível do mar contém 21% de O_2 e 0,04% de CO_2 em volume, essas porcentagens podem ser bastante diferentes no ar contido no solo devido à decomposição da matéria orgânica:

$$\{CH_2O\} + O_2 \rightarrow CO_2 + H_2O \qquad (16.3)$$

Esse processo consome oxigênio e produz CO_2. O resultado é que o teor de oxigênio no ar aprisionado no solo pode ser tão baixo quanto 15%, e o de dióxido de carbono, muitos pontos percentuais mais alto. Logo, a decomposição da matéria orgânica no solo aumenta o patamar de equilíbrio do CO_2 dissolvido em águas residuárias, o que reduz o pH e contribui para o intemperismo dos minerais de carbonatos, em especial do carbonato de cálcio (ver Reação 3.7). Conforme discutido na Seção 16.3, o CO_2 também altera o equilíbrio do processo pelo qual as raízes absorvem íons metálicos do solo.

16.2.2 Os componentes inorgânicos do solo

O intemperismo de rochas e minerais originais, responsável pela geração dos componentes inorgânicos do solo, em última análise resulta na formação de coloides inorgânicos. Esses coloides são repositórios de água e nutrientes vegetais disponibilizados para as plantas conforme a necessidade. Os coloides inorgânicos no solo muitas vezes absorvem substâncias tóxicas presentes nele, desempenhando um papel na destoxificação de substâncias que, de outro modo, prejudicariam a vida vegetal. A abundância e a natureza de material coloidal inorgânico no solo são fatores cruciais na determinação da produtividade dos solos.

A absorção de nutrientes pelas raízes muitas vezes envolve interações complexas com a água nas fases inorgânicas. Por exemplo, um nutriente retido pelo material inorgânico coloidal precisa atravessar a interface mineral/água e em seguida a interface água/raiz. Não é raro esse processo sofrer forte influência da estrutura iônica da matéria inorgânica no solo.

Conforme observado na Seção 15.2, os elementos mais comuns na crosta terrestre são oxigênio, silício, alumínio, ferro, cálcio, sódio, potássio e magnésio. Logo, os minerais formados por esses elementos – em especial o silício e o oxigênio – constituem a maior fração mineral do solo. Entre os constituintes minerais do solo encontram-se o quartzo fino (SiO_2), o ortoclásio ($KAlSi_3O_8$), a albita ($NaAlSi_3O_8$), o epídoto ($4CaO \cdot 3(AlFe)_2O_3 \cdot 6SiO_2 \cdot H_2O$), a goethita ($FeO(OH)$), a magnetita ($Fe_3O_4$), os carbonatos de cálcio e magnésio ($CaCO_3$, $CaCO_3 \cdot MgCO_3$) e os óxidos de manganês e titânio.

16.2.3 A matéria orgânica no solo

Embora componha menos de 5% do solo produtivo, a matéria orgânica determina em grande parte sua produtividade. Ela serve como fonte de nutrientes para os microrganismos, sofre reações químicas, como a troca iônica, e influencia as propriedades físicas do solo. Alguns componentes orgânicos chegam a contribuir para o intemperismo da matéria mineral, processo pelo qual o solo é formado. Por exemplo, o íon oxalato, $C_2O_4^{2-}$, produzido como metabólito dos fungos no solo, ocorre na forma de whewelita e weddelita, dois sais de cálcio. O oxalato na água presente no solo dissolve a matéria mineral, acelerando o processo de intemperismo e aumentando a disponibilidade de espécies iônicas com função nutriente. Esse processo de intemperismo envolve a complexação do ferro ou alumínio presentes nos minerais pelo íon oxalato, de acordo com a reação

$$3H^+ + M(OH)_3(s) + 2CaC_2O_4(s) \rightarrow M(C_2O_4)_2^-(aq) + 2Ca^{2+}(aq) + 3H_2O \quad (16.4)$$

em que M representa o Al ou o Fe. Alguns fungos presentes no solo produzem ácido cítrico e outros ácidos orgânicos quelantes que reagem com minerais silicatos liberando íons potássio e outros íons metálicos com função nutriente retidos por esses minerais.

O ácido 2-cetoglucônico, um oxidante potente,

$$\underset{\text{Ácido 2-cetoglucônico}}{HO-\overset{H}{\underset{H}{C}}-\overset{OH}{\underset{OH}{C}}-\overset{H}{\underset{H}{C}}-\overset{O}{\underset{O}{C}}-C-OH}$$

é produzido por algumas bactérias no solo. Ao solubilizar íons metálicos, ele contribui para o intemperismo de minerais. Além disso, participa da liberação do fosfato de compostos de fosfato insolúveis.

Os compostos com atividade biológica presentes na fração orgânica do solo incluem os polissacarídeos, os aminoaçúcares, os nucleotídeos e o enxofre orgânico, além de compostos fosforados. O húmus, um material solúvel em água e de biodegradação muito lenta, é o principal componente da matéria orgânica. Os compostos orgânicos no solo são resumidos na Tabela 16.1.

A acumulação de matéria orgânica no solo sofre forte influência da temperatura e da oferta de oxigênio. Uma vez que a velocidade da biodegradação diminui proporcionalmente com a temperatura, a matéria orgânica não degrada tão rapidamente em climas frios e tende a se concentrar no solo. Na água e em solos encharcados, a vegetação em decomposição não tem acesso fácil ao oxigênio, assim, a matéria orgânica acumula. O teor de matéria orgânica pode alcançar 90% em áreas onde as plantas crescem e decompõem-se em solos saturados com água.

Uma das características interessantes da matéria orgânica no solo é a presença de hidrocarbonetos aromáticos polinucleares (HAP) naturais. O potencial poluente desses compostos, alguns dos quais são carcinogênicos, é discutido nos Capítulos 10 e 12. Os HAP encontrados no solo incluem o fluoranteno, pireno e criseno. Esses compostos resultam da combustão de fontes naturais (incêndios em pastagens) ou fontes poluidoras. Terpenos e pigmentos vegetais, como o β-caroteno, também ocorrem na matéria orgânica do solo.

TABELA 16.1 As principais classes de compostos orgânicos no solo

Tipo de composto	Composição	Importância
Húmus	Resíduo da decomposição de plantas resistente à degradação, sobretudo C, H e O	Componente orgânico mais abundante, melhora as propriedades físicas do solo, troca nutrientes e é reservatório de N fixado.
Óleos, resinas e ceras	Lipídeos extraíveis por solventes orgânicos	De modo geral representam uma porcentagem pequena da matéria orgânica no solo, podem ter efeitos negativos nas propriedades físicas do solo ao repelir água, talvez sejam fitotóxicos.
Sacarídeos	Celulose, amidos, hemicelulose, gomas	Principal fonte de nutrientes para os microrganismos do solo, ajudam a estabilizar os agregados do solo.
Compostos orgânicos de N	Nitrogênio ligado ao húmus, aminoácidos, aminoaçúcares, outros compostos	Fornecem nitrogênio para a fertilidade do solo.
Compostos de fósforo	Ésteres de fosfato, fosfatos de inositol (ácido fítico), fosfolipídeos	Fontes de fosfato para as plantas.

16.2.4 O húmus no solo

Entre os componentes orgânicos listados na Tabela 16.1, o *húmus* é de longe o mais importante.[1] Composto por uma fração solúvel em base chamada de *ácidos húmicos* e *fúlvicos* (descritos na Seção 3.17) e uma fração insolúvel denominada *humina*, o húmus é o resíduo da biodegradação de material vegetal por bactérias e fungos. A maior parte da biomassa vegetal consiste em celulose relativamente degradável e em lignina, uma substância polimérica resistente à degradação e com teor maior de carbono em comparação com a celulose. Entre os principais componentes químicos da lignina estão os anéis aromáticos ligados por cadeias alquila e os grupos metoxila e hidroxila. Esses grupos estruturais ocorrem no húmus e conferem a ele muitas de suas propriedades características.

O processo de formação do húmus é chamado de *humificação*. O húmus do solo é semelhante ao de seus precursores de lignina, mas apresenta teores maiores de grupos ácidos. Uma parte de cada molécula de uma substância húmica é apolar e hidrofóbica, a outra é polar e hidrofílica. Essas moléculas são chamadas de *moléculas anfifílicas*, e formam micelas (ver Seção 5.4 e Figura 5.4) nas quais as partes apolares constituem o lado interno de pequenas partículas coloidais enquanto os grupos polares funcionais estão localizados no lado externo. As substâncias húmicas anfifílicas provavelmente também formam revestimentos bicamada na superfície de grãos minerais no solo. Durante o processo de humificação, a relação nitrogênio/carbono na matéria orgânica aumenta à medida que o carbono é cedido para a formação de CO_2 durante a biodegradação, e o nitrogênio fixado por bactérias fixadoras de nitrogênio é incorporado no resíduo húmico.

As substâncias húmicas influenciam as propriedades do solo além da proporção em que estão presentes nele; ligam-se fortemente a metais e atuam na retenção de íons metálicos de micronutrientes no solo. Devido a seu caráter ácido-básico, exercem efeito tampão. A capacidade de retenção de água do solo é elevada de maneira significativa pelas substâncias húmicas. Esses materiais também estabilizam os agregados de partículas do solo e aumentam a absorção de compostos orgânicos por ele.

Os materiais húmicos no solo são muito eficientes ao sorverem diversos solutos presentes na água do solo e têm uma afinidade especial com cátions polivalentes pesados. As substâncias húmicas apresentam níveis de urânio 10^4 vezes mais altos que os observados na água com que se encontram em equilíbrio. Logo, a água perde seus cátions (ou seja, é purificada) ao passar por esses solos ricos em húmus. As substâncias húmicas nos solos também têm forte afinidade com compostos orgânicos com baixas solubilidades em água, como o DDT (ou atrazina), um herbicida muito utilizado no combate às ervas daninhas no cultivo de milho (ver fórmula estrutural no Capítulo 7, Figura 7.12).

Em alguns casos, existe uma forte interação entre as porções orgânicas e inorgânicas do solo, o que é válido sobretudo para complexos fortes formados entre as argilas e os compostos do ácido húmico (fúlvico). Em muitos solos, entre 50 e 100% do carbono presente encontra-se complexado com a argila. Esses complexos ajudam a determinar as propriedades físicas do solo, sua fertilidade e estabilização da matéria orgânica contida nele. Um dos possíveis mecanismos de ligação química entre as partículas coloidais de argila e as partículas orgânicas húmicas é do tipo floculação (ver Capítulo 5), em que as moléculas orgânicas aniônicas com grupos funcionais do ácido carboxílico atuam como pontes em combinação com os cátions para ligar as partículas coloidais da argila umas às outras, formando um floco. Essa hipótese é sustentada pela reconhecida capacidade dos cátions NH_4^+, Al^{3+}, Ca^{2+} e Fe^{3+} de estimular a formação de complexos entre a argila e os compostos orgânicos. A síntese, as reações químicas e a biodegradação dos materiais húmicos são afetados pela interação com as argilas. Os ácidos fúlvicos de baixa massa molecular podem se ligar à argila, ocupando espaços nas camadas que a compõem.

16.2.5 A solução de solo

A *solução de solo* é a porção aquosa do solo onde está contida a matéria dissolvida gerada nos processos químicos e físicos que ocorrem nele e nas trocas com a hidrosfera e a biosfera. Esse meio transporta espécies químicas de e para as partículas do solo, e possibilita o contato estreito entre os solutos e as partículas do solo. Além de disponibilizar água para o crescimento das plantas, ela constitui uma via essencial para a troca de nutrientes entre as raízes e o solo sólido.

Um dos principais desafios relativos à solução de solo é a obtenção de amostras. O método mais simples é a coleta de água de drenagem, embora talvez não consiga coletar a solução de solo existente nos capilares e nos filmes de superfície. A utilização de pressão e vácuo, a centrifugação ou o deslocamento por outro líquido também podem ser empregados com essa finalidade.

A maior parte dos solutos no solo está presente na forma de sais dos cátions H^+, Ca^{2+}, Mg^{2+}, K^+ e Na^+ (e níveis menores de Fe^{2+}, Mn^{2+} e Al^{3+}) e dos ânions HCO_3^-, CO_3^{2-}, HSO_4^-, SO_4^{2-}, Cl^- e F^-. Os cátions Fe^{2+}, Mn^{2+} e Al^{3+} de modo geral estão presentes como formas hidrolisadas ou ligados a substâncias húmicas. Alguns ânions se ligam ao H^+ (por exemplo, o HCO_3^- formado pelo CO_3^{2-}). Íons multicarga tendem a formar pares iônicos em solução, como o $CaSO_4(aq)$.

16.3 As reações ácido-base e de troca iônica nos solos

Uma das funções químicas mais importantes no solo é a troca catiônica. Conforme discutido no Capítulo 5, a capacidade de um sedimento ou solo de trocar cátions é expressa como CTC, o número de meq de cátions monovalentes que pode ser trocado por 100g de solo (em peso seco). A CTC deve ser interpretada como uma constante condicionada, pois varia com as condições do solo, como pE e pH. Tanto as porções minerais quanto orgânicas dos solos trocam cátions. Os minerais argilosos trocam cátions por conta da presença de sítios com cargas negativas na matéria mineral, resultantes da substituição de um átomo com número de oxidação menor por um átomo com número de oxidação maior, por exemplo, o magnésio pelo alumínio. Os materiais orgânicos trocam cátions devido à presença do grupo carboxilato e de outros grupos funcionais básicos. De modo geral o húmus tem CTC alta. A CTC da turfa pode variar entre 300 e 400 meq/100 g. Os valores de CTC de solos contendo níveis mais comuns de matéria orgânica ficam ao redor de 10-30 meq/100 g.

A troca de cátions no solo é o mecanismo pelo qual o potássio, cálcio, magnésio e metais em nível traço essenciais são disponibilizados para as plantas. Quando os íons de metais com função nutriente são absorvidos pelas raízes, o íon hidrogênio é trocado pelos íons metálicos. Esse processo, acompanhado do lixiviamento de cálcio, magnésio e de outros íons metálicos do solo pela água contendo ácido carbônico, tende a deixar o solo mais ácido:

$$\{Solo\}Ca^{2+} + 2CO_2 + 2H_2O \rightarrow \{Solo\}(H^+)_2 + Ca^{2+}(raiz) + 2HCO_3^- \quad (16.5)$$

O solo atua como tampão e resiste às mudanças no pH. Essa capacidade tamponante é função do tipo de solo.

A oxidação da pirita, FeS_2, no solo causa a formação de solos de sulfatos ácidos, por vezes chamados de *cat clays*:

$$FeS_2 + \tfrac{7}{2}O_2 + H_2O \rightarrow Fe^{2+} + 2H^+ + 2SO_4^{2-} \quad (16.6)$$

Esses solos *cat clays* podem apresentar pH tão baixo quanto 3,0. Comuns nos Estados norte-americanos de Delaware, Flórida, Nova Jérsei e Carolina do Norte, são formados quando sedimentos marinhos neutros ou básicos contendo FeS_2 se tornam ácidos com a oxidação da pirita pela exposição ao ar. Por exemplo, o solo recuperado de terrenos pantanosos drenados e utilizado para o desenvolvimento de pomares de frutas cítricas adquire uma acidez prejudicial ao crescimento das plantas. Além disso, o H_2S liberado pela reação do FeS_2 com ácido é muito tóxico para as raízes de espécies cítricas.

A capacidade dos solos de formar sulfatos ácidos é avaliada com um teste de peróxido, que consiste na oxidação do FeS_2 no solo com H_2O_2 30%,

$$FeS_2 + \tfrac{15}{2}H_2O_2 \rightarrow Fe^{3+} + H^+ + 2SO_4^{2-} + 7H_2O \quad (16.7)$$

e em seguida com o teste de acidez e sulfato. Níveis apreciáveis de sulfato e um pH acima de 3,0 indicam o potencial de formar solos de sulfatos ácidos. Se o pH estiver acima de 3,0, o teor de FeS_2 presente é pequeno ou então existe $CaCO_3$ o bastante no solo para neutralizar o H_2SO_4 e o Fe^{3+} ácido.

Os rejeitos de mineração contendo pirita (os subprodutos da mineração) também formam solos semelhantes aos solos de sulfatos ácidos de origem marinha.[2] Além de produzir ácido, os resíduos de pirita liberam H_2S fitotóxico.

Entre os agentes fitotóxicos associados a solos ácidos está o alumínio na forma do íon Al^{3+}.[3] Como terceiro elemento em abundância na crosta terrestre e um dos principais componentes das argilas, o alumínio está presente na maioria dos solos. Ele não representa problema em solos neutros ou alcalinos em que o alumínio esteja ligado como formas insolúveis, como o $Al(OH)_3$, mas se torna tóxico para plantas em solos ácidos que liberam o íon solúvel Al^{3+}. A toxicidade do alumínio para as plantas é um problema no cultivo de aproximadamente 8 bilhões de acres de terra em todo o mundo que sofrem de excesso de acidez, incluindo 86 milhões de acres só nos Estados Unidos. Acredita-se que o alumínio seja tóxico para as plantas devido aos efeitos adversos que causa nas extremidades radiculares. A cevada é particularmente suscetível aos efeitos tóxicos do alumínio, enquanto o trigo e o milho toleram o metal com relativa eficiência, pois secretam um ácido orgânico nas extremidades radiculares que complexa o Al^{3+} e o impede de surtir efeitos negativos nas plantas. Hoje a engenharia genética permite desenvolver variedades de plantas alumínio-tolerantes, possibilitando o cultivo de terras que, do contrário, seriam inadequadas por conta da toxicidade do metal.

16.3.1 O ajuste da acidez do solo

As plantas mais comuns crescem melhor em solos com valores de pH próximos à neutralidade. Se o solo se tornar muito ácido para o crescimento vegetal ótimo, a produtividade pode ser recuperada com a operação de calagem, normalmente com a adição de carbonato de cálcio:

$$\{Solo\} (H^+)_2 + CaCO_3 \rightarrow \{Solo\} Ca^{2+} + CO_2 + H_2O \qquad (16.8)$$

Em áreas de baixa precipitação, os solos se tornam muito básicos (alcalinos) devido à presença de sais básicos, como o Na_2CO_3. Os solos alcalinos podem ser tratados com sulfato de alumínio ou ferro, que liberam ácidos por hidrólise:

$$2Fe^{3+} + 3SO_4^{2-} + 6H_2O \rightarrow 2Fe(OH)_3(s) + 6H^+ + 3SO_4^{2-} \qquad (16.9)$$

O enxofre adicionado aos solos é oxidado a ácido sulfúrico por reações intermediadas por bactérias:

$$S + \tfrac{3}{2}O_2 + H_2O \rightarrow 2H^+ + SO_4^{2-} \qquad (16.10)$$

e, devido a essa propriedade, o enxofre é utilizado para acidificar solos alcalinos. As grandes quantidades de enxofre que hoje são removidas de combustíveis fósseis para impedir a poluição do ar pelo dióxido de enxofre são utilizadas no tratamento de solos alcalinos, com mais vantagem.

16.3.2 Os equilíbrios de troca iônica no solo

A competição de diferentes cátions por sítios de troca catiônica em solos com essa capacidade pode ser descrita com uma abordagem semiquantitativa usando constantes de troca. Por exemplo, o solo recuperado de uma área inundada com água do mar tem a maior parte de seus sítios de troca catiônica ocupados pelo Na^+, e a restauração da fertilidade requer a ligação de cátions nutrientes, como o K^+:

$$\{Solo\} Na^+ + K^+ \rightleftarrows \{Solo\} K^+ + Na^+ \qquad (16.11)$$

A constante de troca para essa reação é K_c.

$$K_c = \frac{N_K[Na^+]}{N_{Na}[K^+]} \qquad (16.12)$$

que representa a tendência relativa do solo de reter K^+ e Na^+. Nesta equação, N_K e N_{Na} são frações iônicas equivalentes de potássio e sódio, respectivamente, ligadas ao solo, e $[Na^+]$ e $[K^+]$ são as concentrações desses íons na água do solo vizinho. Por exemplo, um solo com sítios de troca catiônica ocupados por Na^+ teria um valor igual a 1,00 para N_{Na}. Com metade dos sítios de troca ocupados pelo Na^+, N_{Na} é igual a 0,5, e assim por diante. A troca aniônica no solo não está definida com a mesma clareza que a troca catiônica. Em muitos casos, ela não envolve um processo de troca iônica simples. Isso vale para a retenção de espécies de ortofosfato pelo solo. Na outra ponta do espectro, o íon nitrato é retido de maneira pouco significativa pelo solo.

A troca aniônica é mais bem compreendida quando ocorre nas superfícies dos óxidos na porção mineral do solo. Um dos mecanismos da aquisição de carga superficial por óxidos metálicos é mostrado no Capítulo 5, Figura 5.5, usando o MnO_2 como exemplo. Em pH baixo, a superfície de um óxido metálico pode apresentar carga líquida positiva, o que lhe permitiria reter ânions, como o cloreto, por atração eletrostática, mostrada a seguir, onde M representa o metal:

$$\begin{array}{l} O-H^+Cl^- \\ | \\ M-OH_2 \end{array}$$

Em valores mais altos de pH, a superfície do óxido metálico tem uma carga líquida negativa devido à formação do íon OH^-, por conta da perda de H^+ das moléculas da água ligadas à superfície:

$$\begin{array}{l} O \\ \| \\ M-OH^- \end{array}$$

Nesses casos, ânions como o HPO_4^{2-} conseguem deslocar o íon hidróxido, ligando-se diretamente à superfície do óxido:

$$M-OH^- + HPO_4^{2-} \rightarrow M-OPO_3H^{2-} + OH^- \qquad (16.13)$$

16.4 Os macronutrientes no solo

Uma das funções mais importantes do solo como substrato de suporte ao crescimento de plantas é a disponibilização de nutrientes essenciais – os macronutrientes e os micronutrientes. Os macronutrientes são os elementos que ocorrem em níveis expressivos na biomassa e nos fluidos vegetais. Já os micronutrientes (Seção 16.6) são elementos imprescindíveis apenas quando presentes em níveis muito baixos e que são necessários para a atividade enzimática essencial.

Os elementos normalmente reconhecidos como macronutrientes essenciais para as plantas são carbono, hidrogênio, oxigênio, nitrogênio, fósforo, potássio, cálcio, magnésio e enxofre. O carbono, hidrogênio e oxigênio são obtidos da atmosfera. Os outros macronutrientes essenciais precisam ser obtidos do solo. Entre estes, o nitrogênio, fósforo e potássio são os mais suscetíveis à escassez, assim, são acrescidos aos solos na forma de fertilizantes. Devido a sua importância, esses elementos são discutidos individualmente na Seção 16.5.

Solos deficientes em cálcio são pouco comuns. A aplicação de calcário, um processo utilizado para tratar solos ácidos (ver Seção 16.3), disponibiliza teores de cálcio além dos requisitados pelas plantas. No entanto, a absorção de cálcio por espécies vegetais e o lixiviamento pelo ácido carbônico (Reação 16.5) talvez levem a uma deficiência do elemento no solo. Os solos ácidos podem apresentar um teor apreciável de cálcio que, contudo, devido à competição pelo íon hidrogênio, não está disponível para as plantas. O tratamento de solos ácidos para restaurar o pH a valores próximos à neutralidade na maioria das vezes consegue remediar a deficiência de cálcio. Em solos alcalinos, a presença de níveis elevados de sódio, magnésio e potássio por vezes acarreta uma deficiência de cálcio porque esses íons competem com ele pela preferência das plantas.

A maior parte dos 2,1% de magnésio na crosta terrestre está muito fortemente ligada a minerais. O magnésio intercambiável retido pela matéria orgânica com capacidade de troca iônica ou pelas argilas é considerado disponível para as plantas. A disponibilidade de magnésio para as espécies vegetais depende da relação cálcio/magnésio. Se essa relação for muito alta, o magnésio pode não ficar disponível, resultando na deficiência do elemento. Da mesma maneira, níveis excessivos de potássio ou sódio acarretam esse problema.

O enxofre é assimilado pelas plantas na forma do íon sulfato, SO_4^{2-}. Os solos deficientes em enxofre não constituem bons substratos para o crescimento vegetal, porque o elemento é componente de alguns aminoácidos essenciais, além da tiamina e da biotina. O íon sulfato de modo geral se encontra presente no solo na forma de minerais de sulfato insolúveis imobilizados ou sais solúveis prontamente lixiviados do solo e perdidos para os deflúvios. Ao contrário dos cátions nutrientes, como o K^+, teores reduzidos de sulfato são adsorvidos (isto é, ligados por troca iônica) pelo solo, onde resiste ao lixiviamento ao mesmo tempo em que se conserva disponível para ser assimilado pelas plantas.

Solos deficientes em enxofre são observados em diversas regiões do mundo. Embora no passado a maioria dos fertilizantes continha enxofre, seu uso em adubos comerciais diminuiu. Com a utilização continuada de fertilizantes apresentando níveis reduzidos do elemento, ele poderá se tornar um nutriente limitante bastante comum.

Conforme observado na Seção 16.3, a reação do FeS_2 com ácido em solos de sulfatos ácidos tem potencial de liberar H_2S, muito tóxico para as plantas e que mata muitos microrganismos benéficos. O sulfeto de hidrogênio tóxico também é produzido pela redução do íon sulfato em reações mediadas por microrganismos envolvendo a matéria orgânica. A produção do composto em solos inundados pode ser inibida pelo tratamento com compostos oxidantes, entre os quais um dos mais eficientes é o KNO_3.

16.5 O nitrogênio, o fósforo e o potássio no solo

O nitrogênio, o fósforo e o potássio são nutrientes vegetais presentes no solo. De tão importantes para a produtividade agrícola, são frequentemente acrescidos aos solos como fertilizantes. A química ambiental desses elementos é discutida nesta seção, e sua produção como fertilizantes na Seção 16.7.

16.5.1 O nitrogênio

A Figura 16.4 resume os principais sumidouros e rotas do nitrogênio no solo. Na maioria dos solos, mais de 90% do teor de nitrogênio é de origem orgânica. Esse nitrogênio orgânico é o principal produto da biodegradação de plantas e animais mortos. Ele acaba hidrolisado a NH_4^+, que pode ser oxidado a NO_3^- pela ação das bactérias no solo.

O nitrogênio ligado ao húmus do solo tem importância especial na manutenção de sua fertilidade. Diferentemente do potássio ou dos fosfatos, o nitrogênio não é um produto relevante do intemperismo mineral. Os organismos fixadores de nitrogênio não são capazes de fornecer nitrogênio o suficiente para atender ao pico na demanda

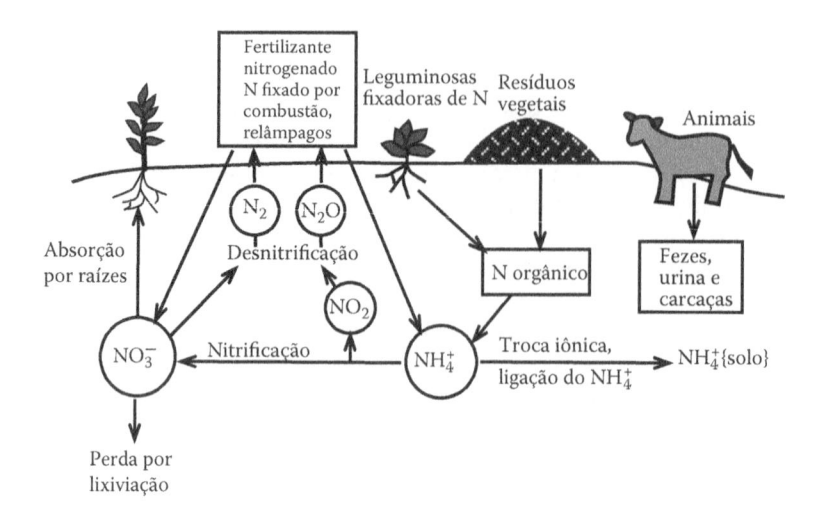

FIGURA 16.4 Os sumidouros e as rotas do nitrogênio no solo.

do elemento. O nitrogênio inorgânico dos fertilizantes e da água da chuva muitas vezes é perdido em grande parte por lixiviamento. No entanto, o húmus atua como reservatório de nitrogênio necessário às plantas. Ele tem a vantagem de que sua taxa de decomposição, e, portanto, sua velocidade de liberação de nitrogênio para as plantas, é muito semelhante à taxa de crescimento vegetal – alta durante períodos quentes e lenta nos meses de inverno.

O nitrogênio é um componente essencial das proteínas e de outros constituintes da matéria viva. As plantas e os cereais cultivados em solos ricos em nitrogênio não apenas têm rendimento maior, como são substancialmente mais ricos em proteína e, portanto, mais nutritivos. O nitrogênio na maioria das vezes está disponível para as plantas na forma do íon nitrato, NO_3^-. Algumas culturas, como o arroz, conseguem utilizar o nitrogênio do amônio. Contudo, há plantas para as quais essa forma de nitrogênio representa um veneno. Quando o nitrogênio é aplicado a solos na forma amônio, as bactérias nitrificantes desempenham uma função essencial, convertendo-o no íon nitrato.

As plantas podem absorver quantidades muito altas de nitrogênio do solo, um fenômeno que ocorre sobretudo em solos superfertilizados em condições de estiagem. As culturas utilizadas para ração animal e contendo níveis muito altos de nitrato podem intoxicar ruminantes como o gado bovino ou ovino. As plantas com níveis excessivos de nitrato representam um perigo para as pessoas quando usadas na silagem, um alimento animal composto por matéria vegetal triturada, como a planta do milho parcialmente maturada, fermentada em uma estrutura chamada silo. Em condições redutoras de fermentação, o nitrato na silagem pode ser reduzido ao gás NO_2 tóxico, com chances de acumular em níveis altos nos silos lacrados. Há muitos relatos de casos de morte de pessoas por exposição ao NO_2 acumulado nesses depósitos.

A fixação do nitrogênio é o processo pelo qual o N_2 atmosférico é convertido em compostos de nitrogênio disponíveis para as plantas. Algumas atividades humanas resultam na fixação do nitrogênio em níveis muito maiores do que os observados sem essa influência. As fontes de nitrogênio sintéticas hoje respondem por entre 30 e 40% de todo o nitrogênio fixado. Essas fontes incluem a fabricação de fertilizantes químicos, o nitrogênio fixado durante a queima de combustíveis, inclusive daqueles contendo o elemento, além do aumento no cultivo de leguminosas fixadoras de nitrogênio (conforme descrito a seguir). Esses índices elevados de fixação do nitrogênio causam preocupação devido ao possível efeito na camada de ozônio atmosférica pelo N_2O liberado durante a desnitrificação do nitrogênio fixado.

Antes da ampla adoção dos fertilizantes nitrogenados, no solo o elemento era disponibilizado sobretudo pelas plantas leguminosas como a soja, a alfafa e o trevo azedo, que hospedam em suas raízes bactérias capazes de fixar o nitrogênio atmosférico. As leguminosas mantêm relações simbióticas (com vantagens mútuas) com as bactérias que lhes fornecem o nitrogênio, e são capazes de adicionar um alto teor do elemento ao solo (até 5 kg por acre ao ano, quantidade comparável aos níveis acrescidos com o uso de fertilizantes sintéticos). A fertilidade do solo com relação ao nitrogênio pode ser mantida pela rotação de culturas, alterando plantas consumidoras de nitrogênio com leguminosas, prática reconhecida pelos agrônomos desde o Império Romano.

As bactérias fixadoras de nitrogênio nas leguminosas existem em estruturas especiais nas raízes, chamadas de nódulos radiculares (ver Figura 16.5). As bactérias em forma de bastonete que fixam nitrogênio são integrantes de um gênero especial chamado de *Rhizobium*. Elas conseguem viver por conta própria, mas são incapazes de fixar o nitrogênio exceto em simbiose com uma espécie vegetal. Embora todas as espécies de *Rhizobium* sejam muito semelhantes, elas são bastante específicas em sua escolha por plantas. Curiosamente, os nódulos das raízes de leguminosas contêm uma modalidade de hemoglobina que, de alguma maneira, deve estar envolvida no processo de fixação do nitrogênio. Estudos indicam que alguns tipos de *Rhizobium* secretam substâncias junto às raízes capazes de promover o crescimento da planta por secreção, fazendo-a liberar substâncias que facilitam a absorção de nutrientes ou que inibem a ação de patógenos.[4]

A poluição de águas superficiais e subterrâneas causada por nitratos se tornou um grande problema em algumas áreas agrícolas (ver Capítulo 7). Embora os fertilizantes tenham sido implicados nesse tipo de poluição, existem evidências de que as fazendas de criação de gado em confinamento sejam uma importante fonte de

FIGURA 16.5 Uma planta de soja, mostrando os nódulos radiculares onde o nitrogênio é fixado.

poluição por esse composto. O crescimento dos rebanhos e a concentração destes em confinamento agrava o problema. Essas concentrações de gado bovino, além do fato de que um touro reprodutor produz cerca de 18 vezes mais dejetos que um ser humano, são responsáveis pelos altos níveis de poluição da água em áreas rurais com populações humanas reduzidas. Os cursos de água e reservatórios nestas regiões muitas vezes estão tão poluídos quanto aqueles em áreas de alta densidade populacional e atividade industrial intensa.

O nitrato encontrado nos poços de fazendas representa uma manifestação muito comum e perniciosa da poluição por nitrogênio promovida pela criação em confinamento, por conta da suscetibilidade dos ruminantes frente à intoxicação por esse composto. Os conteúdos estomacais de animais de produção como bovinos e ovinos constituem um meio redutor (pE baixo) e abrigam bactérias capazes de reduzir o íon nitrato ao íon nitrito, que é tóxico:

$$NO_3^- + 2H^+ + 2e^- \rightarrow NO_2^- + H_2O \qquad (16.14)$$

A origem da maior parte do nitrato produzido por dejetos da criação de gado em confinamento é o nitrogênio de grupos amino presente nesses dejetos. Cerca de metade do nitrogênio secretado pelo gado ocorre na urina. Parte dele é proteináceo, mas parte se encontra na forma de ureia, NH_2CONH_2. Como primeira etapa no processo de degradação, o nitrogênio do grupo amino provavelmente é hidrolisado a amônia ou ao íon amônio:

$$RNH_2 + H_2O \rightarrow R-OH + NH_3 \, (NH_4^+) \qquad (16.15)$$

Esse produto é então oxidado em íon nitrato pelas reações catalizadas por microrganismos:

$$NH_3 + 2O_2 \rightarrow H^+ + NO_3^- + H_2O \qquad (16.16)$$

Em condições específicas, uma quantidade apreciável de nitrogênio originado da degradação dos dejetos da criação em confinamento está presente como íon amônio. Este se liga fortemente ao solo (lembre-se de que, em geral, o solo é um bom trocador de cátions), e uma pequena fração permanece fixada como íon amônio não trocável no retículo cristalino de minerais argilosos. Como o íon nitrato não forma ligação forte com o solo, ele é transportado ao longo de suas formações pela água. Muitos fatores, como o tipo de solo, a umidade e o teor de matéria orgânica, afetam a produção de amônia e do íon nitrato gerados pelos dejetos do confinamento, e uma notável variação é observada nos níveis e nas distribuições desses materiais nas áreas em que esse modelo de manejo de gado é aplicado.

16.5.2 O fósforo

Embora a porcentagem de fósforo na matéria vegetal seja relativamente baixa, ele é um componente essencial para as plantas. O elemento, assim como o nitrogênio, precisa estar presente em uma forma inorgânica simples para ser absorvido pelas plantas. No caso do fósforo, a espécie utilizável é uma forma do íon ortofosfato. Na faixa de pH observada na maioria dos solos, o $H_2PO_4^-$ e o HPO_4^{2-} são as espécies predominantes de ortofosfatos.

O ortofosfato tem maior disponibilidade para as plantas em valores de pH próximos à neutralidade. Acredita-se que em solos de acidez relativa, os íons ortofosfato são precipitados ou sorvidos por espécies de Al (III) e Fe (III). Em solos alcalinos, o ortofosfato pode reagir com o carbonato de cálcio para formar hidroxiapatita, não muito solúvel:

$$3HPO_4^{2-} + 5CaCO_3(s) + 2H_2O \rightarrow Ca_5(PO_4)_3(OH)(s) + 5HCO_3^- + OH^- \quad (16.17)$$

De modo geral, devido a essas reações, a quantidade de fósforo usado como fertilizante lixiviada do solo é pequena, o que é importante do ponto de vista da poluição da água e do uso de fertilizantes de fósforo.

16.5.3 O potássio

As plantas em fase de crescimento utilizam níveis um tanto altos de potássio. O elemento ativa algumas enzimas e desempenha um papel no equilíbrio aquoso das plantas; ele é essencial também na transformação de alguns carboidratos. De modo geral, o rendimento das culturas é consideravelmente reduzido em solos deficientes em potássio. Os fertilizantes nitrogenados adicionados ao solo para aumentar a produtividade exacerbam a diminuição dos níveis de potássio, logo, ele corre o risco de se tornar um nutriente limitante em solos superfertilizados com outros nutrientes.

O potássio é um dos elementos mais abundantes na crosta terrestre, da qual compõe 2,6%. No entanto, a maior parte desse potássio não está disponível para as plantas com facilidade. Por exemplo, alguns minerais silicatos, como a leucita, $K_2O \cdot Al_2O_3 \cdot 4SiO_2$, contêm potássio fortemente ligado. Mas o potássio trocável retido por minerais argilosos tem maior disponibilidade para as plantas.

16.6 Os micronutrientes no solo

Boro, cloro, cobre, ferro, manganês, molibdênio (para a fixação do nitrogênio) e zinco são considerados micronutrientes essenciais para as plantas. Os níveis desses elementos de que as espécies vegetais necessitam são muito baixos. Quando presentes em níveis elevados, tornam-se tóxicos. Existe a probabilidade de que essa lista aumente, com a melhoria das técnicas de cultivo de plantas em ambientes pobres em elementos específicos. A maioria desses elementos atua como constituintes de enzimas essenciais. Especula-se que manganês, ferro, cloro e zinco possam estar envolvidos na fotossíntese. É possível também que sódio, silício, níquel e cobalto sejam nutrientes essenciais para as plantas.

O ferro e o manganês ocorrem em diversos minerais do solo. O sódio e o cloro (na forma cloreto) ocorrem naturalmente e são transportados como material particulado na atmosfera pela maresia (ver Capítulo 10). Outros micronutrientes e elementos-traço são encontrados em minerais primários (não extraídos da terra) no solo. O boro substitui o Si de modo isomórfico em algumas micas e está presente na turmalina, um mineral de fórmula $NaMg_3Al_6B_3Si_6O_{27}(OH,F)_4$. O cobre também substitui outros elementos em feldspatos, anfibolitos, olivinas, piroxenos e micas, pelo mesmo tipo de mecanismo. Ele ocorre em nível traço como sulfetos de cobre presentes em silicatos. O molibdênio está presente como molibdenita (MoS_2). O vanádio faz a substituição isomórfica do Fe ou do Al em seus óxidos, piroxenos, anfibolitos e micas. O zinco ocorre como resultado da substituição isomórfica de Mg, Fe e Mn em óxidos, anfibolitos, olivinas e piroxenos, e como elemento-traço nos sulfetos constituintes de silicatos. Outros elementos-traço que ocorrem na forma de metais específicos, inclusões de sulfetos ou substituição isomórfica de outros elementos em minerais são cromo, cobalto, arsênico, selênio, níquel, chumbo e cádmio.

Os elementos-traço listados podem ser coprecipitados com minerais secundários (ver Seção 15.2) envolvidos na formação do solo. Esses minerais secundários incluem os óxidos de alumínio, ferro e manganês (a precipitação dos óxidos hidratados de ferro e manganês é muito eficiente na remoção de muitos íons de metal-traço em solução), os carbonatos de cálcio e magnésio, as esmectitas, as vermiculitas e as ilitas.

A deficiência em micronutrientes é observada em alguns solos. Há casos em que essa deficiência é o resultado de fatores relativos ao solo, como pH, pE, atividade biológica, CTC e teores de matéria orgânica e argila. Os fatores envolvendo plantas e seus sistemas radiculares causam variações na absorção de micronutrientes. Esses fatores incluem a morfologia dos pelos radiculares e a área superficial, além da associação das raízes com microrganismos. Os íons H^+, OH^-, HCO_3^- também estão envolvidos nas secreções das raízes, junto com os ácidos cítrico, oxálico e outros, e enzimas como as fosfatases. Os principais fatores que influenciam a deficiência em micronutrientes são a perda do solo fértil, o lixiviamento de nutrientes do solo, a calagem de solos ácidos (o Ca^{2+} na cal compete com os íons de metais micronutrientes na absorção radicular), o cultivo intensivo e o uso abusivo de fertilizantes purificados.

Algumas plantas acumulam níveis muito altos de metais-traço específicos.[5] Aquelas que acumulam mais de 1,00 mg g^{-1} em peso seco são chamadas de *hiperacumuladoras*. O níquel e o cobre sofrem hiperacumulação em algumas espécies de plantas. Um exemplo de hiperacumuladora de metais é a *Aeolanthus biformifolius* De Wild, que habita as regiões ricas em cobre na Província de Shaba, no Zaire, e acumula até 1,3% de cobre (peso seco), sendo conhecida como "flor do cobre".

A hiperacumulação de metais por algumas plantas é a base do conceito de *fitorremediação*, capacidade exibida por plantas que crescem em solos contaminados de acumular metais posteriormente removidos com a biomassa vegetal. As plantas utilizadas na biorremediação devem ter raízes profundas e produzir grandes volumes de biomassa que tenha acumulado esses poluentes. Uma das plantas promissoras nesse sentido é a *Thlaspi caerulescens*, uma espécie alpina da família do brócolis e do repolho capaz de crescer em solos com altos níveis de zinco e cádmio, acumulando esses metais em seus brotos e folhas. A fitorremediação de solos contaminados com urânio é facilitada com a adição de citrato no solo para mobilizar o elemento em uma forma que seja absorvida pelas raízes de plantas.

16.7 Os fertilizantes

Os fertilizantes de solos contêm nitrogênio, fósforo e potássio como principais componentes, com magnésio, sulfatos e micronutrientes sendo acrescidos. Os fertilizantes são caracterizados por números, como 6-12-8, que mostram as porcentagens de nitrogênio expressas em N (nesse caso, 6%), fósforo como P_2O_5 (12%) e potássio como K_2O (8%), nessa ordem. O esterco coletado em fazendas corresponde aproximadamente a um fertilizante 0,5-0,24-0,5. Fertilizantes orgânicos, como o esterco, precisam ser biodegradados para liberar as espécies inorgânicas simples (NO_3^-, $H_xPO_4^{x-3}$, K^+) assimiláveis pelas plantas.

A maior parte dos fertilizantes nitrogenados atualmente é fabricada de acordo com o processo Haber, em que o N_2 e o H_2 são combinados sobre um catalisador em temperaturas da ordem de 500°C e pressões de até 1.000 atm:

$$N_2 + 3H_2 \rightarrow 2NH_3 \qquad (16.18)$$

A amônia anidra produzida apresenta um alto teor de nitrogênio (82%). Ela pode ser adicionada diretamente ao solo, com que tem forte afinidade devido a sua solubilidade em água e formação do íon amônio:

$$NH_3(g) \text{ (água)} \rightarrow NH_3(aq), \qquad (16.19)$$

$$NH_3(aq) + H_2O \rightarrow NH_4^+ + OH^- \qquad (16.20)$$

Contudo, esse método requer equipamentos especiais, por conta da toxicidade do gás amônia. A amônia em solução aquosa, uma solução de NH_3 30% em água, pode ser empregada com segurança muito maior sendo por vezes adicionada diretamente à água de irrigação. É preciso observar que o vapor da amônia é tóxico e reativo com algumas substâncias. Descartada ou armazenada de modo inadequado, a amônia se torna um resíduo perigoso.

O nitrato de amônio, NH_4NO_3, é um fertilizante nitrogenado comum obtido pela oxidação da amônia sobre um catalisador de platina, com a conversão do óxido nítrico produzido em ácido nítrico e a reação deste com a amônia. O nitrato de amônio produzido é forçado através de bocais no alto de uma *torre de formação de grânulos* e então solidifica formando pequenas *pellets* enquanto cai pela torre. As partículas são cobertas com um repelente de água. O nitrato de amônio contém 33,5% de nitrogênio. Embora seja conveniente quando aplicado no solo, ele requer cuidados consideráveis na fabricação e estocagem, pois é explosivo. O nitrato de amônio também traz alguns riscos, por exemplo, quando misturado ao óleo combustível para formar um explosivo substituto da dinamite em pedreiras e construções. Essa mistura foi usada na devastadora e covarde explosão do Oklahoma City Federal Building, em 1995.[*]

A ureia,

$$H_2N-\overset{\overset{\displaystyle O}{\|}}{C}-NH_2$$

é mais fácil de fabricar e lidar do que o nitrato de amônio. Atualmente é o fertilizante nitrogenado sólido preferido. A reação global da síntese da ureia é

$$CO_2 + 2NH_3 \rightarrow CO(NH_2)_2 + H_2O \qquad (16.21)$$

e envolve um processo bastante complexo em que o carbamato de amônio, de fórmula química $NH_2CO_2NH_4$, é um intermediário.

---

[*] N. de T.: Também conhecido como Atentado de Oklahoma City. Foi um ataque terrorista cometido por um norte-americano em 19 de abril de 1995 em Oklahoma City, matando 168 pessoas e deixando mais de 500 feridas. Este atentado era considerado, até os Ataques de 11 de Setembro de 2001, o pior ocorrido em solo americano.

Entre os outros compostos utilizados como fertilizantes de nitrogênio estão o nitrato de sódio (encontrado em abundância em depósitos no Chile, ver Seção 15.2), o nitrato de cálcio, o nitrato de potássio e os fosfatos de amônio. O sulfato de amônio, um subproduto dos fornos de coque, era muito utilizado como fertilizante. Os nitratos de metais alcalinos tendem a tornar o solo mais alcalino, ao passo que o sulfato de amônio deixa um resíduo ácido.

Os minerais de fosfato são encontrados em diversos estados dos Estados Unidos, como Idaho, Montana, Utah, Wyoming, Carolina do Norte, Carolina do Sul, Tennessee e Flórida. O principal é a fluoroapatita, $Ca_5(PO_4)_3F$. O fosfato da fluoroapatita não é muito bem disponibilizado às plantas, e o mineral muitas vezes é tratado com ácidos fosfóricos ou sulfúricos para produzir superfosfatos:

$$2Ca_5(PO_4)_3F(s) + 14H_3PO_4 + 10H_2O \rightarrow 2HF(g) + 10Ca(H_2PO_4)_2 \cdot H_2O \quad (16.22)$$

$$2Ca_5(PO_4)_3F(s) + 7H_2SO_4 + 3H_2O \rightarrow 2HF(g) + 3Ca(H_2PO_4)_2 \cdot H_2O + 7CaSO_4 \quad (16.23)$$

Os superfosfatos produzidos são muito mais solúveis que os minerais fosfatados de origem. O HF gerado como subproduto da produção de superfosfatos pode criar problemas relacionados à poluição atmosférica.

Os minerais fosfatados são ricos em elementos-traço necessários para o crescimento vegetal, como boro, cobre, manganês, molibdênio e zinco. Por ironia, grande parte desses elementos se perde quando os minerais fosfatados são processados na fabricação do fertilizante. Os fosfatos de amônio são excelentes fertilizantes, de alta solubilidade. Os fertilizantes à base de polifosfatos de amônio líquidos compostos por sais de pirofosfato e trifosfato de amônio e pequenas quantidades de ânions fosfato poliméricos em solução aquosa também são eficientes. Acredita-se que os pirofosfatos tenham a vantagem de quelar o íon ferro e outros íons metálicos micronutrientes, aumentando a disponibilidade destes para as plantas.

Os componentes dos fertilizantes de potássio incluem sais de potássio, em geral o KCl. Esses sais são encontrados em depósitos no solo ou podem ser extraídos de alguns tipos de águas salobras. Imensos depósitos ocorrem em Saskatchewan, no Canadá. Esses sais são todos muito solúveis em água. Um dos problemas observados com relação aos fertilizantes de potássio é a absorção em excesso do elemento por algumas espécies vegetais, acima do que necessitam para atingir o nível de crescimento ótimo. Em um tipo de cultura em que apenas o grão é aproveitado e o restante da planta permanece no campo, a absorção em excesso não representa um grande problema porque a maior parte do potássio retorna ao solo com a planta morta. Contudo, quando a cultura em questão é o centeio ou alguma forragem, o potássio presente na planta em consequência do consumo em excesso não volta para o solo.

16.7.1 A poluição por fertilizantes

Um dos problemas mais graves surgidos com o aumento na utilização de fertilizantes nos últimos anos é a poluição da água causada pelos deflúvios de terras agrícolas enriquecidas com nitrogênio, fósforo e potássio nessas formulações. Em escala local, lagos e reservatórios se tornaram eutróficos em consequência desses deflúvios. Os nutrientes presentes nos fertilizantes promovem a proliferação de algas. A decomposição dessa biomassa algácea consome oxigênio, reduzindo os teores do gás na água e afetando seriamente os corpos hídricos. Por ser uma fonte difusa de poluição, os deflúvios de fertilizantes representam um problema de controle desafiador.

Uma das manifestações mais espetaculares da poluição por fertilizantes agrícolas é a zona morta do Golfo do México, que se desenvolve e aumenta de tamanho a cada verão na região do Golfo onde deságua o Rio Mississipi. O fenômeno é atribuído aos deflúvios enriquecidos com fertilizantes, sobretudo o nitrogênio, da fértil bacia hidrográfica do Rio Mississipi, que promove o crescimento excessivo de microrganismos fotossintéticos (fitoplâncton) no Golfo. A biomassa desses organismos, junto com os corpos do zooplâncton e seus resíduos de que se alimentam depositam no fundo do Golfo, onde a decomposição microbiana resulta na diminuição do OD (Oxigênio Dissolvido, ou hipoxia), matando peixes e demais formas de vida marinha. Um dos efeitos agravantes dos níveis reduzidos de oxigênio é a produção de sedimentos anóxicos ou de sulfeto de hidrogênio tóxico e odoroso. A formação dessa zona é intensificada pela camada de água doce menos densa do Rio Mississipi que tende a impedir a mistura com a água do mar que a recobre, impedindo a penetração de oxigênio nas camadas do fundo. Em 2002, a zona morta de água eutrófica e pobre em oxigênio atingiu 22.000 km², a maior extensão já registrada para o fenômeno. Devido às graves enchentes na região da bacia hidrográfica do Rio Mississipi que lavaram grandes quantidades de resíduos fertilizantes para o interior do rio, as projeções elaboradas na época davam conta de que a zona morta do Golfo atingiria uma marca recorde em 2008, mas na verdade sua área caiu para 20.700 km² devido ao represamento da água causado pelo furacão Dolly. Existem esforços no sentido de persuadir fazendeiros a utilizar menos fertilizantes e com isso reduzir a área da zona morta. Aplicações mais frequentes de volumes menores de fertilizantes também ajudam a reduzir os deflúvios.

16.8 Os poluentes da criação de rebanhos

Tal como praticada nos dias atuais, a criação de rebanhos gera quantidades expressivas de poluentes ambientais. O estrume que a atividade gera tem DBO muito alta e pode reduzir a presença de oxigênio na água com rapidez, assim que for introduzido em corpos hídricos. A decomposição de dejetos animais gera nitrogênio inorgânico capaz de contaminar a água com nitratos potencialmente tóxicos. O nitrogênio e o fósforo inorgânicos liberados na água pela decomposição de dejetos de rebanhos causa sua eutrofização. O óxido nitroso, N_2O, liberado na atmosfera pela decomposição desses dejetos polui o ar. O metano gerado na degradação anaeróbia desses dejetos é um potente gás estufa.

Uma variedade de compostos organoarsênicos, em especial a roxarsona,

Roxarsona (ácido 3-nitro-4-hidróxi-fenilarsônico)

foi utilizada como suplementação a rações de aves para controlar doenças (coccidiose), aumentar a eficiência da ração, estimular o crescimento e a produção de ovos, além de melhorar a aparência da carne. Roxarsona e os produtos de sua degradação foram encontrados no esterco de galinha, e arsênico foi detectado em solos fertilizados com esse adubo. Embora o roxarsona tenha toxicidade relativamente baixa, os produtos inorgânicos de sua biodegradação são muito tóxicos. Em 2008, a presença de compostos de arsênico na ração para aves foi reduzida de maneira significativa, e alguns produtores deixaram de utilizar esses aditivos.

16.9 Os pesticidas e seus resíduos no solo

As principais preocupações relativas a inseticidas no solo que precisam ser consideradas no processo de licenciamento e regulamentação desses produtos são as seguintes:

- A permanência de pesticidas e produtos de sua degradação com atividade biológica em lavouras plantadas em temporadas posteriores
- Os efeitos biológicos em organismos que vivem em ecossistemas terrestres e aquáticos, como a bioacumulação e o transporte ao longo de cadeias alimentares
- A contaminação de águas subterrâneas
- Os efeitos na fertilidade do solo

Os herbicidas são os compostos químicos que mais influenciam o solo e os organismos que ele suporta, pois, para serem eficientes, precisam entrar em contato direto e persistirem tempo suficiente para serem eficazes.

Uma das características ambientais importantes de compostos químicos como os herbicidas é a formação de *resíduos ligados*, que são compostos precursores ou metabólitos no solo ou nos organismos que vivem nele e que não são extraíveis por processos comuns de extração.[6] Um dos métodos mais usados no estudo de resíduos ligados consiste em introduzir compostos marcados com carbono 14 radioativo e submeter amostras desse solo à extração. É possível medir o carbono radiomarcado nos extratos, no dióxido de carbono produzido pela respiração e no resíduo do solo. No entanto, esse tipo de procedimento não necessariamente reflete a biodisponibilidade de uma substância no solo e suas características relacionadas à biodegradação, bioacumulação e mineralização.

Nos casos em que pesticidas e outros compostos permanecem no solo por períodos longos de tempo, é comprovado que:

- Essas substâncias se tornam mais resistentes aos processos de extração e dessorção.
- Elas ficam significativamente menos biodisponíveis aos organismos.
- Sua toxicidade total diminui.

Essa biodisponibilidade e capacidade de extração são normalmente atribuídas à interação do composto contaminante com a matéria orgânica no solo e são mais evidentes em solos com alto teor de matéria orgânica. As moléculas ficam aprisionadas dentro dos microporos da matéria orgânica e, por essa razão, se tornam menos reativas no ambiente. O aparente aumento na ligação em função do tempo pode ser devido à migração lenta das moléculas para microporos mais distantes e menores, e talvez à formação de ligações covalentes com a matéria orgânica.

A biodisponibilidade de compostos estranhos no solo sempre foi estimada pela extração desses materiais do solo utilizando diversas formulações solventes. Contudo, de modo geral acredita-se que os resultados para a disponibilidade ambiental e biológica de resíduos ligados obtidos com esse método são superestimados. A alternativa consiste em fazer testes envolvendo a mineralização e a absorção bacteriana por minhocas empregando compostos radiomarcados com carbono 14 para acompanhar o destino dos resíduos utilizados. O grau em que as bactérias do solo convertem resíduos ligados ao carbono inorgânico é uma medida de confiabilidade razoável para a biodisponibilidade. A absorção dos resíduos ligados pelas minhocas fornece evidências da biodisponibilidade a organismos multicelulares capazes de ingerir solo.

16.9.1 Os fumigantes do solo

Os fumigantes do solo são substâncias voláteis aplicadas no solo para combater bactérias, fungos, nematódeos, artrópodes e ervas daninhas em campos utilizados no cultivo de batata, tomate, morango, cenoura e pimentão. Devido à utilização desses compostos no cultivo de alimentos e ao potencial de exposição dos trabalhadores que cuidam e colhem essas culturas, a segurança dos fumigantes é tema de preocupações consideráveis. As fórmulas estruturais dos fumigantes de solo mais comuns são mostradas na Figura 16.6. O fumigante mais usado era o brometo de metila, H_3CBr, mas seu uso foi abandonado na maioria dos países industrializados, inclusive nos Estados Unidos, em 2005, exceto para alguns poucos casos restritos, as chamadas "exceções críticas de uso". O metam sódio é o fumigante mais utilizado e considerado o terceiro pesticida mais usado nos Estados Unidos, sobretudo em plantações de batata. No solo, ele se quebra em isotiocianato de metila, seu princípio ativo (mostrado na Figura 16.6). Em 2007, a EPA dos Estados Unidos aprovou o uso limitado do iodeto de metila, H_3CI. O dimetilsulfeto é um fumigante relativamente novo no mercado comumente empregado em conjunto com a cloropicrina.

Embora suponha-se que devido a sua volatilidade os fumigantes do solo não persistam nele nem causem problemas de poluição da água, estudos sobre fumigantes marcados com carbono 14 demonstraram a ocorrência de resíduos ligados a essas substâncias no solo. Os níveis desses resíduos no solo têm forte correlação com a matéria orgânica e acredita-se que se ligam ao ácido fúlvico (ver a discussão sobre substâncias húmicas na Seção 3.17) no solo.[7] Especula-se que os fumigantes do solo atuem como agentes tóxicos contra suas pragas pela alquilação de macromoléculas biológicas como o DNA e as proteínas. Foi sugerido que os resíduos ligados dos fumigantes do solo se formam como resultado da alquilação das moléculas do ácido fúlvico, o que remove e destoxifica os fumigantes com eficiência.

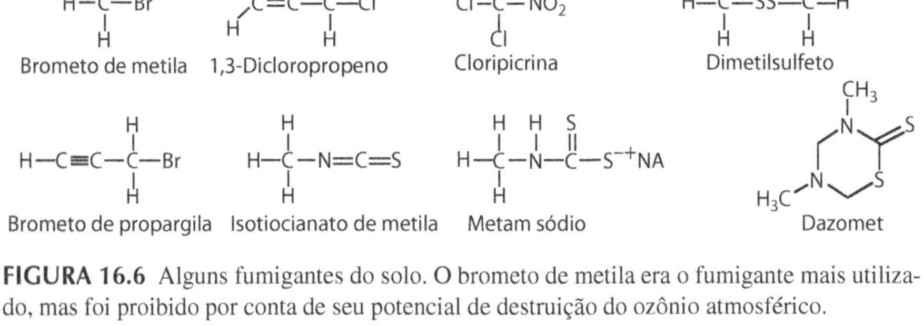

FIGURA 16.6 Alguns fumigantes do solo. O brometo de metila era o fumigante mais utilizado, mas foi proibido por conta de seu potencial de destruição do ozônio atmosférico.

16.10 Os resíduos e os poluentes do solo

O solo recebe grandes quantidades de resíduos. A maior parte do dióxido de enxofre emitido pela queima de combustíveis contendo enxofre acaba na forma de sulfatos no solo. Os óxidos de nitrogênio na atmosfera são convertidos em nitratos na atmosfera, que acabam depositados no solo. O solo sorve NO e NO_2, e esses gases são oxidados a nitrato nele. O monóxido de carbono é convertido em CO_2 e possivelmente em biomassa pelas bactérias e fungos do solo. Níveis elevados de chumbo particulado dos escapes de automóveis são encontrados no solo ao longo de autoestradas movimentadas. Isso também é observado no caso do chumbo particulado emitido por minas e fundições, próximo a locais onde essas atividades são executadas.

O solo é o receptor de muitos resíduos perigosos do chorume de aterros sanitários, lagoas e outras fontes (ver Capítulo 20). Em alguns casos, resíduos orgânicos perigosos degradáveis são dispostos em terras agrícolas como forma de descarte e degradação. O material degradável é misturado ao solo e os processos microbianos que ocorrem nele promovem a degradação. Conforme discutido no Capítulo 8, esgotos e o lodo de esgoto rico em fertilizantes também podem ser aplicados no solo.

Os diversos constituintes do solo têm afinidades distintas com contaminantes orgânicos. A matéria orgânica natural, sobretudo as substâncias húmicas, tem uma afinidade relativamente alta com contaminantes orgânicos e íons de metais. Muitos solos contêm carbono elementar, o *negro de fumo*, material presente nas cinzas geradas pela queima de resíduos de colheitas, como o bagaço da cana-de-açúcar, a palha do trigo e do arroz. Esse material talvez seja um repositório importante de contaminantes orgânicos no solo.

Os compostos orgânicos voláteis (COV), como benzeno, tolueno, xilenos, diclorometano, triclorometano e tricloroetileno, podem contaminar o solo em áreas de atividade industrial e comercial, principalmente em países onde o cumprimento das regulações não é muito rígido. Uma das fontes mais comuns desses poluentes é o vazamento de tanques de armazenamento de combustíveis subterrâneos. Os aterros sanitários construídos antes da imposição de normas rígidas e os solventes descartados de maneira inadequada também representam fontes expressivas de COV.

As mensurações dos níveis de PCB no solo feitas ao longo de diversas décadas dão uma noção interessante da contaminação do solo por compostos químicos poluentes e a consequente perda dessas substâncias pelo solo.[8] As análises de solos do Reino Unido datando do começo da década de 1940 e indo até 1992 mostraram que os níveis de PCB aumentaram abruptamente a partir do final da primeira metade do século XX e atingiram o pico em torno de 1970. Mais tarde, esses níveis caíram com rapidez e hoje se encontram no patamar observado no começo da década de 1940. Essa diminuição foi acompanhada por uma alteração na distribuição desses compostos, em favor de uma maior presença de PCB clorados, atribuída pelos autores dessas análises à volatilização e ao transporte das PCB mais leves por longas distâncias, para longe do solo. Essas tendências são semelhantes aos níveis da produção e utilização de PCB no Reino Unido, do começo da década de 1940 até o presente. Essa descoberta é consistente com a observação de que concentrações um tanto altas de PCB foram relatadas em regiões remotas árticas e subárticas, atribuída à condensação em climas frios das PCB volatilizadas em climas quentes.

Acredita-se que alguns compostos orgânicos com potencial poluente se liguem ao húmus durante o processo de humificação do solo, que imobiliza e destoxifica uma grande parte desses compostos. A ligação de compostos poluentes pelo húmus tem boas chances de ocorrer no caso de substâncias com semelhanças estruturais com as substâncias húmicas, como os compostos fenólicos e anilínicos ilustrados a seguir.

Esses compostos podem formar ligações covalentes com as moléculas de substâncias húmicas, na forma de resíduos ligados.

O solo recebe quantidades enormes de pesticidas como decorrência inevitável da aplicação desses compostos nas culturas. A degradação e o destino final desses resíduos determinam os efeitos ambientais que causarão. Conhecimentos detalhados desses efeitos hoje são necessários para o licenciamento de um novo pesticida (nos Estados Unidos esse licenciamento é feito de acordo com a lei que regula a aplicação de inseticidas, fungicidas e rodenticidas, FIFRA*). Entre os fatores a serem considerados estão a sorção do pesticida no solo, seu lixiviamento na água como via em potencial para a poluição do meio aquático, os efeitos do pesticida nos microrganismos e na vida animal no solo, e a possível geração de produtos de degradação mais tóxicos que ele.

A adsorção pelo solo é um aspecto-chave da degradação do pesticida e desempenha um papel essencial na velocidade e na medida dessa degradação. O grau de adsorção e a velocidade e extensão da degradação são influenciados por diversos outros fatores. Alguns desses, como solubilidade, volatilidade, carga, polaridade, estrutura molecular e tamanho, são propriedades do meio. A adsorção de um pesticida pelos componentes do solo pode ter diversos efeitos. Em algumas circunstâncias, ele retarda a degradação ao isolar o pesticida das enzimas que o degradam, enquanto em outros cenários ocorre o oposto. As reações da degradação puramente química podem ser catalisadas pela adsorção. A perda de pesticidas por volatilização ou lixiviamento é diminuída. A toxicidade de um herbicida para as plantas pode ser reduzida pela sorção no solo. Forças de diversos tipos retêm um pesticida nas partículas do solo. A adsorção física envolve as forças de van der Waals geradas pelas interações dipolo-dipolo entre a molécula do pesticida e as partículas carregadas do solo. A troca iônica é especialmente eficiente na retenção de compostos orgânicos catiônicos, como o inseticida paraquat,

nas partículas aniônicas do solo. Alguns pesticidas neutros se tornam catiônicos por protonação e se ligam na forma protonada positiva. As pontes de hidrogênio também

---

* N. de R. T.: No Brasil, esta atribuição está a cargo do IBAMA (Instituto Brasileiro do Ambiente e dos Recursos Naturais Renováveis), conforme o decreto nº 4.074, de 4 de janeiro de 2002.

são um mecanismo de retenção de pesticidas no solo. Em alguns casos, um pesticida pode atuar como ligante de coordenação com metais na matéria mineral do solo.

Os três modos principais em que os pesticidas são degradados no interior ou na superfície do solo são a *degradação química*, as *reações fotoquímicas* e, o mais importante, a *biodegradação*. Diversas combinações desses processos podem atuar na degradação de um pesticida.

A *degradação química* de pesticidas foi observada em experimentos com solos e argilas esterilizadas para remover toda a atividade microbiana. Muitas reações puramente hidrolíticas de pesticidas são observadas em solos. Por exemplo, as argilas catalisam a hidrólise do *o,o*-dimetil-*o*-2,4,5-triclorofenila tiofosfato (também chamado de trolene, ronnel, etrolene ou triclorometafós), um efeito atribuído aos grupos –OH na superfície do mineral:

$$(CH_3O)_2\overset{S}{\underset{\|}{P}}-O-C_6H_2Cl_3 \xrightarrow[\text{dos minerais}]{H_2O \text{ Superfícies}} HO-C_6H_2Cl_3 + \overset{S}{\underset{\|}{P}}(OH)_3 + 2CH_3OH \qquad (16.24)$$

Foi comprovado que diversos pesticidas sofrem *reações fotoquímicas*, isto é, reações químicas promovidas pela absorção da luz (ver Capítulo 9). Com frequência, essas reações geram isômeros do pesticida. Muitos dos estudos conduzidos aplicaram pesticidas na água ou em filmes finos, mas pouco se sabe acerca das reações fotoquímicas dos pesticidas no solo e nas superfícies das plantas.

16.10.1 A biodegradação e a rizosfera

Embora insetos, minhocas e plantas desempenhem funções na *biodegradação* de pesticidas e outros compostos químicos orgânicos poluentes, os papéis mais importantes estão reservados para os microrganismos. O Capítulo 6 apresenta muitos exemplos de degradação de espécies químicas orgânicas intermediada por microrganismos.

A *rizosfera*, a camada de solo de maior atividade das raízes das plantas, tem importância especial quanto à biodegradação de resíduos. É uma zona de maior teor de biomassa e que sofre forte influência dos sistemas radiculares e dos microrganismos associados às raízes. Seu teor de biomassa microbiana pode ser 10 vezes maior em unidade de volume em comparação com as regiões não rizosféricas do solo. Essa população microbiana varia com as características do solo, das plantas e das raízes, o teor de umidade e a exposição ao oxigênio. Se essa zona estiver exposta a compostos poluentes, microrganismos adaptados a essas substâncias também poderão estar presentes.

As plantas e os microrganismos mantêm uma forte relação sinergística na rizosfera, com vantagens para a planta e que permite a existência de populações muito altas de microrganismos rizosféricos. As células epidérmicas desprendidas pelas raízes durante o processo de crescimento, além dos carboidratos, dos aminoácidos e da mucilagem com função lubrificante que secretam fornecem os nutrientes de que os microrganismos precisam para viver. Os pelos radiculares disponibilizam uma superfície biológica hospitaleira para a colonização por microrganismos.

A biodegradação de diversos compostos orgânicos sintéticos foi comprovada na rizosfera. Obviamente, os estudos nessa área se concentraram nos herbicidas e inseticidas de amplo uso. Entre as espécies orgânicas cuja biodegradação é melhorada na rizosfera estão o herbicida 2,4-D, paration, carbofuran, atrazina, diazinon, hidrocarbonetos alquila e arila aromáticos voláteis, clorocarbonos e surfactantes.

16.11 A perda e a degradação do solo

O solo é um recurso frágil que pode ser perdido por erosão ou se tornar tão degradado que deixa de ser útil como substrato para culturas. Esta seção discute a degradação do solo, e as medidas para impedir e reverter o processo são apresentadas na Seção 16.12.

As propriedades físicas do solo e, portanto, sua suscetibilidade à erosão, sofrem forte influência das práticas de cultivo a que é submetido. A *desertificação* é o processo associado a estiagens e perda de fertilidade pelo qual o solo perde a capacidade de ser o substrato para o crescimento de quantidades significativas de vida vegetal. A desertificação causada pelas atividades humanas é um problema comum em todo o mundo, ocorrendo em locais tão diversificados como a Argentina, o deserto do Saara, o Uzbequistão, o sudoeste dos Estados Unidos, a Síria e Mali. É um problema muito antigo, que data da introdução de herbívoros domesticados em áreas onde a precipitação de chuvas e a cobertura vegetal eram reduzidas. O exemplo mais notável do problema é a desertificação agravada pelo manejo de rebanhos de caprinos na região do Saara. Diversos fatores inter-relacionados estão envolvidos, como erosão, variações climáticas, disponibilidade de água, perda de fertilidade, perda de húmus do solo e deterioração das propriedades químicas do solo.

Um problema semelhante é o *desmatamento*, ou a perda de florestas. O problema é grave em regiões tropicais, onde as florestas contêm a maior parte das espécies vegetais e animais. Além da extinção dessas espécies, o desmatamento causa a deterioração do solo por conta da erosão e perda de nutrientes.

A *erosão do solo* é a perda de solo pela ação conjunta da água e do vento. A água é a principal fonte de erosão. Milhões de toneladas de solo fértil são arrastadas pelo Rio Mississipi e lavadas de sua foz todo ano. Cerca de um terço do solo fértil dos Estados Unidos foi perdido desde a introdução da agricultura no continente. A Figura 16.7 mostra o padrão de erosão do solo no território continental norte-americano em 1977.

A erosão causada pelo vento, como observada nos solos das planícies geralmente secas e altas da região leste do estado do Colorado, também representa uma ameaça. Após o período denominado "Dust Bowl"* da década de 1930, a maior parte dessa extensão de terra foi revertida a pastagens naturais, e a camada superior do solo foi mantida graças aos fortes sistemas radiculares da cobertura de gramíneas. Contudo, a fim de melhorar a produção de trigo e aumentar o valor de venda da terra, a maior parte dessa extensão voltou a ser cultivada mais tarde. Embora as pastagens recém-cultivadas apresentem bom rendimento por um ou dois anos, os nutrientes e a umidade do solo extinguem-se com rapidez, assim, a terra se torna muito vulnerável à erosão.

---

* N. de T.: Período de intensas tempestades de poeira que causaram sérios danos para o ambiente e para a agricultura nas pradarias dos Estados Unidos e do Canadá durante a década 1930. O fenômeno foi causado por uma grave estiagem após décadas de agricultura extensiva sem rotação de culturas, do uso da terra para campos de pouso e da falta de técnicas para impedir a erosão pelo vento.

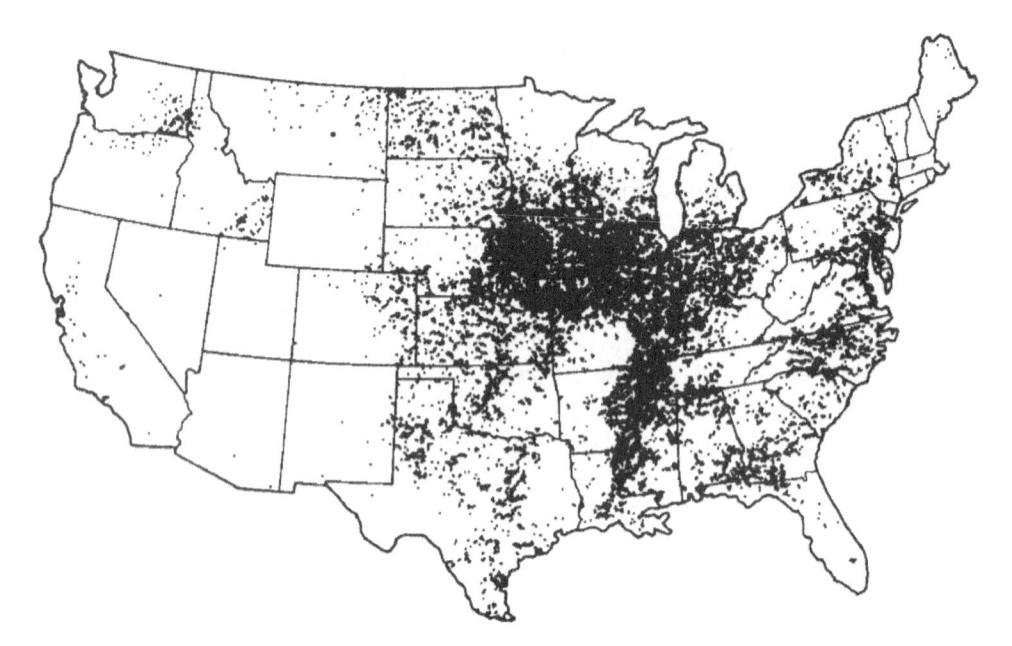

FIGURA 16.7 O padrão de erosão do solo no território continental dos Estados Unidos em 1977. As áreas escuras indicam os locais de maior ocorrência do problema.

16.11.1 A sustentabilidade do solo e os recursos hídricos

Há uma forte correlação entre a conservação do solo e a proteção de recursos hídricos. A maior parte da água doce cai no solo, e suas condições determinam o destino dessa água e quanto dela permanecerá retido em condições adequadas a sua utilização. A área de terra onde entra a água da chuva é chamada de *bacia hidrográfica*. Além de coletar a água, a bacia hidrográfica define a direção e a velocidade do fluxo e o grau de infiltração da água nos aquíferos subterrâneos (ver o ciclo hidrológico na Figura 3.1). Velocidades muito altas de fluxo atrapalham a infiltração, causam enchentes repentinas e a erosão do solo. Medidas adotadas para melhorar a utilidade da terra em uma bacia hidrográfica também auxiliam a evitar a erosão. Algumas delas, discutidas na Seção 16.12, envolvem a modificação do contorno do solo, sobretudo o terraceamento em nível e a construção de hidrovias e açudes. As hidrovias têm margens cultivadas com gramíneas para impedir a erosão, mas culturas que retêm água e árvores plantadas em aleias também cumprem esse papel. O reflorestamento e o controle de práticas de pastagem prejudiciais conservam tanto o solo quanto a água.

Cobrir o solo com pavimentos impermeáveis impede a infiltração da água para os aquíferos e aumenta as taxas de deflúvios. Para amenizar esse problema, a cidade de Chicago deu início a um programa inovador chamado de "Green Alley" (Aleia verde), em que aleias são pavimentadas com concreto poroso que permite a infiltração da água e a subsequente percolação em águas subterrâneas. A ideia é manter os níveis de aquíferos subterrâneos e reduzir a demanda sobre o sistema de coleta de água da chuva. Os microrganismos que se incorporam nesse concreto poroso atuam na degradação da matéria orgânica, como os derivados de petróleo transportados pela água em processo de infiltração.

16.12 Salvando a terra

Uma vez que os alimentos são a necessidade mais primária do ser humano, garantir sua produção é prioridade máxima. O elemento mais básico da sustentabilidade da produção de alimentos é a preservação do solo e de sua capacidade de atuar como substrato de suporte à vida, sobretudo na proteção do solo contra a erosão. A preservação do solo contra a erosão recebe o nome usual de *conservação do solo*. Existem muitas soluções para o problema da erosão. Algumas são práticas agrícolas antigas e bastante conhecidas, como o terraceamento em nível, a aração em nível (Figura 16.8) e a rotação com culturas de cobertura, como o trevo azedo. Para algumas culturas, o cultivo de conservação (cultivo direto) reduz muito a erosão. Essa prática consiste no plantio de uma cultura em meio ao palhiço da cultura do ano anterior, sem aração. As ervas daninhas morrem no sulco destinado à nova cultura utilizando herbicidas antes do plantio. O material vegetal residual na superfície do solo impede a erosão.

Em um vinhedo do vale Napa, na Califórnia, são plantados trevo azedo, aveia, ervilha e mostarda como cobertura de inverno entre as fileiras de videiras. O trevo e a ervilha são leguminosas fixadoras de nitrogênio atmosférico e aumentam a fertilidade do solo. As culturas são colhidas no começo do período de crescimento do verão e os restos são deixados no solo, para impedir o crescimento de ervas daninhas, reduzir a erosão e aumentar a fertilidade. Um dos aspectos interessantes do sistema é a colocação de poleiros nos vinhedos, para atrair falcões e corujas que caçam roedores que vivem nos restos das plantas cortadas.

Uma solução de caráter mais experimental para o problema da erosão do solo é o cultivo de espécies perenes, que desenvolvem sistemas radiculares de grande porte e que reemergem na primavera, após serem cortadas no outono anterior. Por exemplo, foi desenvolvida uma espécie de milho perene com base no cruzamento desta espécie com um parente selvagem distante, o teosinto, nativo da América Central. Infelizmente, a planta resultante não tem rendimentos elevados de grãos. É preciso

FIGURA 16.8 O terraceamento em nível no contorno do relevo e o plantio de culturas nesse contorno são práticas com eficiência comprovada na redução da erosão do solo.

observar que a capacidade de propagação de uma planta anual depende da produção de grandes quantidades de sementes, razão pela qual essa classe de planta é cultivada para a produção de grãos (sementes). Já uma planta perene precisa desenvolver um sistema radicular robusto, com base em massas bulbosas chamadas de rizomas, que armazenam nutrientes para o ano seguinte. No entanto, a aplicação da engenharia genética provavelmente resultará no desenvolvimento de plantas perenes com bons rendimentos na produção de grãos e cujo cultivo reduzirá a erosão do solo de maneira significativa.

16.12.1 O agroflorestamento

As plantas perenes mais conhecidas são as árvores, muito eficientes para conter a erosão do solo. A madeira das árvores é utilizada como combustível, matéria-prima e alimento (a glicose da celulose da madeira, ver a seguir). Existe um enorme potencial não aproveitado para um aumento na produção de biomassa das árvores. No passado, as árvores cresciam naturalmente, com variedades nativas e sem o benefício de práticas agrícolas especiais, como a fertilização. A produtividade da biomassa das árvores pode ser elevada de maneira expressiva com a adoção de variedades melhoradas pela engenharia genética e com métodos de cultivo e fertilização aperfeiçoados.

Uma alternativa promissora na agricultura sustentável é o *agroflorestamento*, em que as plantações são cultivadas em faixas de terra entre fileiras de árvores, como mostra a Figura 16.9. As árvores estabilizam o solo, sobretudo em terrenos em declive. Com a escolha de espécies de árvores capazes de fixar nitrogênio, o sistema atinge a autossustentabilidade com esse nutriente essencial.

O *cultivo em aleias* transversais* (Figura 16.9) utiliza árvores fixadoras de nitrogênio de crescimento rápido para reter o solo em terrenos em declive. Os galhos podados das árvores e ricos em nutrientes atuam como fonte de fertilizante quando espalhados no solo no período entre cultivos, acrescentando matéria orgânica e retendo o solo. As árvores têm valor econômico em potencial, pois são fonte de madeira para a construção, lenha para cozinhar, além de produzirem frutas e sementes. No futuro, árvores geneticamente modificadas poderão representar uma fonte

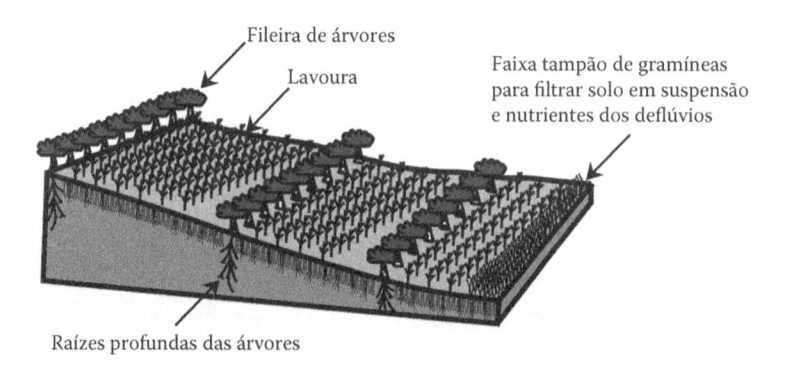

FIGURA 16.9 A divisão de lavouras por aleias de árvores transversais ao terreno em declive pode ser um meio eficiente para praticar o agroflorestamento de modo sustentável.

---

* N. de R. T.: Em inglês, alley cropping.

de matéria-prima para fármacos e compostos químicos especiais de grande valor. No sopé da colina, uma faixa de gramíneas com função tampão atua como filtro, retendo nutrientes e solo suspenso nos deflúvios dos campos de cultivo acima. O solo fértil rico fica retido nessa faixa tampão e pode ser devolvido aos níveis mais altos, para enriquecer a terra.

O emprego mais importante da madeira é, naturalmente, a construção civil. Essa aplicação conservará sua importância frente à elevação nos custos energéticos que, por sua vez, aumenta os custos com materiais de construção como aço, alumínio e cimento. A madeira é composta por 50% de celulose, passível de ser hidrolisada por processos enzimáticos que produzem glicose, um açúcar. A glicose pode ser utilizada diretamente como alimento, fermentada para a obtenção de álcool etílico combustível (usado no chamado *gasohol*, a mistura de álcool à gasolina) ou empregada como fonte de carbono e energia para leveduras produtoras de proteínas. Frente a estes e outros usos em potencial, o futuro das árvores como cultura com vantagens ambientais e boa lucratividade é muito promissor.

16.12.2 A recuperação do solo

Entre outras formas de agressão, o solo pode ser prejudicado pela perda de fertilidade, pela erosão, pelo acúmulo de salinidade e pela contaminação por fitotoxinas, como o zinco presente no lodo de esgotos. Ele tem certo grau de resiliência e consegue se recuperar de modo significativo sempre que as condições que levaram a sua degradação são neutralizadas. No entanto, em muitos casos, medidas mais ativas com o nome genérico de *recuperação do solo* são necessárias para restaurar os índices de produtividade com a aplicação da ecologia da recuperação. As medidas adotadas para a recuperação do solo incluem alterações na sua estrutura física, com o terraceamento e a terraplenagem de áreas não sujeitas à erosão. A matéria orgânica é recuperada com o plantio de culturas cujos resíduos permitam sua reintrodução no solo, formando uma biomassa parcialmente decomposta. É possível adicionar nutrientes e neutralizar contaminantes; por exemplo, o excesso de acidez ou basicidade pode ser neutralizado, e a salinidade pode ser lixiviada do solo. Algumas substâncias são removidas pelas plantas no processo de fitorremediação (ver Seção 16.6). À medida que aumenta a demanda por alimentos e os danos ao solo ficam mais evidentes, a recuperação do solo se torna um esforço primordial.

16.13 A engenharia genética e a agricultura

Os núcleos das células vivas são as estruturas onde se encontram as instruções genéticas para a reprodução celular. Essas instruções estão na forma de um material especial chamado de ácido desoxirribonucleico (DNA). Ao lado das proteínas, o DNA compõe os cromossomos. Na década de 1970, a possibilidade de manipular o DNA por meio da engenharia genética se tornou uma realidade e desde então está na base de uma indústria importante. Essa manipulação de material genético é chamada de tecnologia do DNA recombinante. O termo DNA recombinante deriva do fato de que esse material genético contém DNA de dois organismos diferentes que foram recombinados. Essa tecnologia promete trazer alguns avanços extraordinários para a agricultura e, sem dúvida, desperta a expectativa de promover uma "segunda revolução verde".

A primeira "revolução verde", ocorrida em meados da década de 1960, utilizava técnicas de plantio convencional como a seleção, a hibridização, a polinização cruzada e o retrocruzamento para desenvolver novas linhagens de arroz, trigo e milho que, com a ajuda de fertilizantes químicos, geravam rendimentos excelentes para essas culturas. Por exemplo, a produção de grãos na Índia cresceu 50% com essas técnicas. Contudo, os métodos de melhoramento em nível celular permitem acelerar muito o processo de seleção. Nesse cenário é possível desenvolver plantas resistentes a doenças específicas, cultivá-las em água do mar ou elevar seus índices de produtividade. Existe ainda a possibilidade de criar tipos de plantas inteiramente novas.

Uma das possibilidades instigantes acerca da engenharia genética é o desenvolvimento de plantas diferentes das leguminosas que fixam seu próprio nitrogênio. Por exemplo, se fosse possível desenvolver um milho fixador de nitrogênio, a economia com fertilizantes seria imensa. Além disso, uma vez que o nitrogênio seria fixado em uma forma orgânica pelas estruturas radiculares, não haveria deflúvios poluídos com fertilizantes químicos.

Outra possibilidade animadora trazida pela engenharia genética é o aumento na eficiência da fotossíntese. As plantas utilizam apenas 1% da luz solar que atinge suas folhas, logo, há espaço para consideráveis avanços nesse campo.

Também são úteis as técnicas de culturas celulares, em que bilhões de células crescem em um meio e desenvolvem mutantes que, por exemplo, podem ser resistentes a vírus ou herbicidas específicos, além de apresentar outros atributos desejáveis. Se as células com essas características conseguirem se regenerar em plantas, será possível obter resultados que, do contrário, levariam décadas para se concretizar usando técnicas convencionais de melhoramento.

Os Estados Unidos são o país com a maior área destinada ao plantio de culturas geneticamente modificadas. Em 2008 o país tinha 143 milhões de acres cultivados com milho, soja, algodão, canola, abóbora, mamão papaia e alfafa. Em segundo lugar ficou a Argentina (47 milhões de acres), seguida de Brasil (37 milhões), Canadá (17 milhões) e Índia (15 milhões de acres). A China vinha em sexto, com 9 milhões de acres de culturas geneticamente modificadas, mas na época já planejava um aumento nessa área a fim de alimentar sua imensa população.

As culturas e os rebanhos transgênicos são alvo de forte resistência em alguns países. Essa oposição é especialmente evidente na Europa, onde estão em vigor restrições contra alimentos geneticamente modificados e exigências rígidas quanto à rotulação desses produtos. Entre as principais preocupações acerca desses produtos na Europa está a possibilidade de transferência de genes para culturas não transgênicas, como a polinização cruzada do milho transgênico com outras variedades da espécie. Os genes de culturas transgênicas poderiam se transferir para plantas selvagens que atuariam como ervas daninhas bastante agressivas.

Apesar do enorme potencial da "revolução verde", da engenharia genética e do cultivo mais intensivo da terra para a produção de alimentos e fibras, essas tecnologias não podem ser adotadas para dar suporte ao aumento descontrolado na população mundial. Talvez elas representem apenas um método para postergar o inevitável dia do acerto de contas com as consequências desse crescimento populacional. As mudanças climáticas geradas pelo aquecimento global (ver a Seção 14.2 sobre o efeito estufa), a diminuição da camada de ozônio por CFC (Seção 14.6) ou os desastres naturais, como as erupções vulcânicas ou o impacto de grandes meteoritos, podem resultar – e provavelmente resultarão – em condições propícias à fome em escala global no futuro que nenhuma tecnologia agrícola conseguirá amenizar.

16.14 A química verde e a agricultura sustentável

A prática da química verde pode melhorar a produtividade e a sustentabilidade agrícolas de maneira significativa. Para entender essa possibilidade, é preciso considerar alguns dos problemas que surgiram com os espetaculares progressos na produtividade agrícola por meio da aplicação de tecnologias avançadas nos últimos 100 anos:

- Os pesticidas, herbicidas, fertilizantes e seus produtos acumularam-se em terras e águas agrícolas, causando efeitos adversos para a vida selvagem, o ambiente e também para os seres humanos em potencial.
- Os organismos não alvo sofreram com a aplicação desses compostos, ao passo que insetos e ervas daninhas desenvolveram resistência a esses agentes utilizados para erradicá-los.
- Pessoas mal treinadas ou inadequadamente protegidas em países menos desenvolvidos sofreram os efeitos adversos dos produtos utilizados na agricultura moderna.
- Muitos problemas surgiram com o descarte de pesticidas obsoletos.

A aplicação da química verde na agricultura é promissora no sentido de prevenir ou amenizar problemas como esses.

A agricultura é uma ciência de organismos vivos aplicada às necessidades humanas para a produção de alimentos e fibras. Na tentativa de descobrir abordagens mais sustentáveis e que não agridam o ambiente, é razoável examinar os ecossistemas naturais que evoluíram ao longo dos tempos e que possibilitam a existência de numerosas espécies de plantas e animais. Essas abordagens são fundamentadas na *biomimética*, cujo princípio é a imitação dos sistemas de vida naturais.

Os pesticidas de origem natural, como plantas ou bactérias, são chamados de *biopesticidas*. Na maioria das vezes essas substâncias são menos agressivas ao ambiente do que os pesticidas sintéticos, embora a suposição trivial de que qualquer coisa que tenha origem na natureza seja automaticamente mais segura que os materiais sintéticos deva ser evitada. Algumas substâncias, como a botulina produzida pelas bactérias *botulinus* ou a ricina da semente de mamona, estão entre as mais tóxicas conhecidas. Em casos em que o material genético é introduzido em plantas, existe a possibilidade de que esse material se introduza também em espécies selvagens, como ervas daninhas, com consequências indesejadas. Existem preocupações também sobre as chances de as proteínas nos biopesticidas serem alérgenos. As três principais categorias de biopesticidas são:

- Os pesticidas microbianos, compostos por microrganismos como as células produtoras de substâncias inseticidas como da bactéria *Bacillus thuringiensis*
- Protetores incorporados às plantas, como as plantas geneticamente modificadas para produzir o inseticida gerado pela bactéria *Bacillus thuringiensis*
- Os pesticidas bioquímicos que controlam pragas exercendo efeitos atóxicos, como os feromônios sexuais que confundem os insetos em suas atividades reprodutivas

As vantagens dos biopesticidas incluem uma toxicidade normalmente menor que a dos pesticidas convencionais, a alta especificidade para pragas alvo, a eficiência mesmo em quantidades muito baixas e a decomposição rápida. De modo geral os biopesticidas são mais eficientes quando utilizados em um programa de gestão integrada de controle de pragas.

Uma das abordagens biomiméticas de sucesso consiste no uso de pesticidas produzidos pela via natural e de feromônios no combate a insetos. Os feromônios são substâncias produzidas pelos organismos, sobretudo insetos, em pequenas quantidades que são usadas para a comunicação, em especial relativa à reprodução. Devido à toxicidade baixa que apresentam, à especificidade para tipos de insetos e às minúsculas quantidades necessárias, os feromônios são pouco agressivos ao ambiente. Alguns insetos são capazes de detectar uma única molécula de um feromônio.

Alguns feromônios são compostos relativamente simples. Um exemplo é o metilsalicilato, liberado por algumas plantas infestadas por insetos, como os afídeos. Esse composto é um antiafrodisíaco liberado pelo afídeo macho durante o acasalamento para fazer a fêmea perder sua atratividade junto a outros machos. A liberação dessa substância próximo a culturas infestadas com afídeos interfere na reprodução desses organismos.

Outra abordagem que utiliza feromônios consiste em colocar esses compostos em armadilhas contendo inseticidas. As quantidades de feromônios necessárias são mínimas, apenas cerca de 50 mg por armadilha. Por exemplo, a traça das crucíferas, uma praga do repolho, pode ser controlada com armadilhas contendo iscas com esse feromônio e o inseticida permetrina.

Hoje sabe-se que o controle de pragas com base em feromônios tem eficiência especial contra espécies de traça, um grupo de pragas que afeta diversas culturas. Uma dessas espécies é a mariposa cigana, um grave problema para as árvores de florestas. Outra é a traça das frutas, a praga mais temida nos pomares de maçã do estado de Washington, Estados Unidos.

Um dos principais fatores contra o uso disseminado de feromônios no controle de insetos é o custo. As tecnologias do DNA recombinante hoje estão sendo utilizadas para permitir que microrganismos como as leveduras reproduzam feromônios. Essas tecnologias poderão reduzir os custos de utilização dessas substâncias no controle de pragas de maneira significativa.

Esforços estão sendo feitos para descobrir produtos naturais com propriedades inseticidas. Até hoje, o maior sucesso com inseticidas naturais foi observado com materiais proteináceos produzidos por linhagens de *Bacillus thuringiensis* (Bt).

Composta por uma família de proteínas seletivas para diversas pragas, a Bt destrói a larva de um inseto ao causar a deterioração de seu aparelho digestivo, mas não tem toxicidade apreciável para organismos que não sejam insetos, além de ser quebrada no ambiente. Os genes da produção de Bt foram combinados ao milho e a outras culturas por meio de técnicas de DNA recombinante. Atualmente, grandes frações do milho e do algodão cultivados nos Estados Unidos e em outros países são dessas linhagens geneticamente modificadas.

Outro pesticida de origem natural é o Spinosad, da Dow Agrosciences, produzido pela bactéria *Saccharopolyspora spinosa*. Ele atua como neurotoxina para pragas de insetos de interesse econômico, como as que atacam frutas, vegetais, árvores e algodão. O Spinosad é não volátil, não bioacumula e tem baixa toxicidade para mamíferos. A Rohm and Haas desenvolveu o CONFIRM, uma diacilhidrazina que imita a ecdisona, um hormônio iniciador da muda. O CONFIRM faz as lagartas pararem de se alimentar, morrendo de desidratação e inanição. Outro inseticida que atua de acordo com o mesmo mecanismo é a azadiractina, extraída dos cernes da planta neem.

Desenvolvido como biofungicida de origem natural, o Serenade da AgraQuest foi um dos vencedores do Prêmio Desafio da Química Verde de 2003, oferecido pela presidência dos Estados Unidos. O Serenade é uma mistura de mais de 30 lipopeptídeos como a agrastatina A (Figura 16.10), produzida por uma bactéria isolada de um pomar californiano e chamada de *Bacillus subtilis*, linhagem QST-713. As vantagens desse fungicida incluem a toxicidade negligenciável contra organismos não alvo e a pronta degradabilidade. Os ingredientes ativos da substância podem ser obtidos pela fermentação natural de materiais, um processo inerentemente verde.

A Dow Agrosciences venceu o Prêmio Desafio da Química Verde de 2008 pelo desenvolvimento do Spinetoram, um modificado químico das espinosinas, que são produtos da fermentação aeróbia da bactéria do solo *Saccharopolyspora spinosa*. Vencedor da edição de 1999 do mesmo prêmio, o Spinosad, já descrito, é uma combinação das espirosinas A e D, um inseticida muito eficiente, seguro e que não agride o ambiente para uso em vegetais, mas que não funciona no controle de insetos em

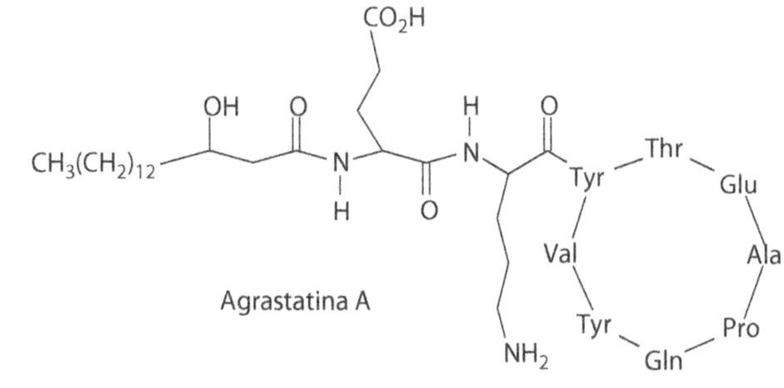

FIGURA 16.10 A agrastatina A, um dos 30 lipopeptídeos presentes no fungicida Serenade. As abreviaturas de três letras na estrutura em anel representam resíduos de aminoácidos na cadeia do peptídeo (ver Figura 22.2).

árvores frutíferas ou que produzem algum tipo de noz. A utilização de modificações relativamente pequenas nas espirosinas existentes permitiu aos desenvolvedores do Spinetoram conceber um material que conserva as propriedades ambientais favoráveis do Spinosad e ao mesmo tempo é eficiente no controle de pragas de insetos em árvores frutíferas e produtoras de nozes. A toxicidade aguda do Spinetoram administrado via oral em mamíferos é cerca de um milésimo da toxicidade do azinfos-metila e um quarenta e quatro avos da do fosmet, os dois inseticidas organofosforados para os quais foi projetado como substituto.

As ervas daninhas representam outra importante classe de pragas agrícolas. Numerosos herbicidas foram desenvolvidos para destruí-las. Provavelmente um dos mais seguros – e um dos mais utilizados – é o Roundup da Monsanto, o glifosato, discutido na Seção 16.1. Um dos problemas com o Roundup e muitos outros herbicidas é que eles podem matar as culturas que deveriam proteger. A soja, o algodão, o milho e outras culturas foram geneticamente modificadas para não serem prejudicadas pelo Roundup, permitindo assim a aplicação direta com a meta de matar ervas daninhas competidoras e reduzir a quantidade de herbicida utilizada de maneira significativa.

As plantas são suscetíveis a uma variedade de doenças virais, bacterianas e fúngicas. Uma abordagem interessante no combate a essas doenças consiste em ativar os mecanismos de defesa natural das plantas. Esse feito foi alcançado com sucesso com a harpina, uma proteína produzida pela bactéria *Erwinia amylovora* causadora da queima da macieira e da pereira. A *Escherichia coli* foi geneticamente modificada para produzir a harpina, vendida com o nome comercial Messenger pela Eden Bioscience e considerada capaz de promover a resistência da planta contra doenças, permitindo que ela se desenvolva melhor.

A química verde pode ser aplicada na produção de fertilizantes. Um dos problemas com a ureia, um fertilizante preferido e fonte de nitrogênio nutriente, é que ela sofre hidrólise pela via biológica,

$$CO(NH_2)_2 + H_2O \rightarrow CO + 2NH_3 \qquad (16.25)$$

levando à perda de até 30% de seu nitrogênio pela evaporação da amônia gerada. Aplicado em quantidades pequenas, a triamida N-(n-butil)tiofosfórico, um inibidor da enzima urease, reduz a hidrólise microbiana da ureia e aumenta a eficiência de sua utilização como fertilizante. Descobriu-se que o poliaspartato térmico, um material polieletrólito formado pela condensação e pelo tratamento com base do ácido aspártico, um aminoácido natural,

$$HO-\underset{\underset{H}{\overset{O}{\|}}}{C}-\underset{\underset{\underset{H}{\overset{|}{N}}}{\overset{H}{|}}}{C}-\underset{\overset{H}{|}}{C}-\underset{\overset{O}{\|}}{C}-OH \quad \text{Ácido aspártico}$$

e contendo grupos carboxilato ($-CO_2^-$) em abundância, é eficiente na estimulação da absorção de fertilizantes pelas plantas, o que permite reduzir a quantidade de fertilizante utilizado. Além disso, esse material tem a vantagem de ser de origem biológica e biodegradável.

16.15 A agricultura e a saúde

O solo, as plantas que crescem nele e os animais que consomem essas plantas constituem um elo importante entre a geosfera e a biosfera, e podem influenciar a saúde dos seres humanos. Uma relação importante é a incorporação nos alimentos de elementos micronutrientes essenciais para a saúde dos seres humanos. Um desses nutrientes é o selênio (que é tóxico em níveis de overdose). Hoje sabe-se perfeitamente que a saúde dos animais sofre efeitos adversos em áreas onde o selênio é deficiente, bem como onde está presente em excesso. A saúde humana pode ser afetada de maneira semelhante.

A prevalência de câncer exibe algumas correlações espantosas com variáveis geográficas. Algumas dessas correlações se devem ao tipo de solo e sua influência no alimento produzido nele. Uma alta prevalência de câncer de estômago é observada em áreas com tipos determinados de solos nos Países Baixos, nos Estados Unidos, na França, no País de Gales e na Escandinávia. Esses solos têm altos teores de matéria orgânica, são ácidos e são encharcados com muita frequência.

Uma das possíveis razões por trás da existência desses "solos causadores de câncer no estômago" é a produção de metabólitos secundários carcinogênicos por plantas e microrganismos. Os metabólitos secundários são compostos bioquímicos sem utilidade aparente ao organismo que os produz. Acredita-se que sejam formados a partir de precursores de metabólitos primários quando estes acumulam níveis excessivos.

O papel do solo na saúde ambiental não está de todo definido, e não foi devidamente estudado. O volume de pesquisa sobre a influência do solo na produção de alimentos que sejam mais nutritivos e com menores teores de substâncias tóxicas naturais é bastante pequeno em comparação com a pesquisa sobre solos com maiores índices de produtividade. Espera-se que os aspectos da saúde ambiental do solo e de seus produtos recebam mais atenção no futuro.

16.15.1 A contaminação de alimentos

Os alimentos estão sujeitos à contaminação devido a práticas agrícolas inadequadas. O tipo mais comum de contaminação é a microbiológica, muitas vezes causada por bactérias transferidas para os alimentos a partir de resíduos humanos ou animais. Em 2006, foram relatados inúmeros casos de síndrome urêmica hemolítica nos Estados Unidos, com muitos óbitos, devido ao consumo de espinafre embalado contaminado com a bactéria *E. coli* O157:H7. Em 2008, a indústria norte-americana do tomate fresco foi fortemente afetada por relatos de contaminação por *Salmonella* que, na verdade, se originou de pimentões importados do México. Descobriu-se que algumas lavouras de pimentões e a água de irrigação utilizada nas lavouras mexicanas estavam contaminadas com *Salmonella*.

A fonte mais comum de contaminação química de alimentos é a aplicação de pesticidas. Embora a aplicação de grandes quantidades de herbicidas e fumigantes do solo seja uma prática comum, os inseticidas têm maior probabilidade de serem encontrados nos alimentos porque, para serem eficientes, eles devem ser aplicados às plantas. O lodo do esgoto aplicado no solo é uma fonte em potencial de contaminação química, sobretudo de zinco e metais fitotóxicos.

16.16 Como proteger o abastecimento de alimentos contra ataques

Como provedor básico dos alimentos de que todos os seres humanos precisam para viver, o sistema agrícola é sem dúvida crucial e precisa de máxima proteção contra ataques. Hoje, nas nações industrializadas como os Estados Unidos, a agricultura está muito especializada e carece da diversidade que poderia protegê-la, por exemplo, contra uma infestação por patógenos aos quais uma gama de variedades de culturas é suscetível. Surtos de doenças como a febre aftosa que afetou os rebanhos britânicos em 2001 servem como lembrete da vulnerabilidade do setor agrícola. Mesmo um único incidente isolado, como a descoberta de uma cabeça de gado com o mal da vaca louca no Estado de Washington, em dezembro de 2003, pode causar grande ansiedade e ter repercussões econômicas graves.

Embora uma agressão química aos sistemas agrícolas seja plausível, é difícil imaginar esse tipo de ataque em uma escala que cause prejuízos expressivos. Não é impossível aspergir uma lavoura com compostos tóxicos antes da colheita que, se entrarem na rede de abastecimento de alimentos, poderiam gerar ansiedade e problemas econômicos. Porém, seria difícil preparar esse tipo de ataque em sigilo e em escala capaz de causar um mal significativo.

A infestação por insetos destruidores de lavouras gera grandes perdas, o que vem sendo observado ao longo da história. Enormes enxames de gafanhotos que devoraram todo o material vegetal encontrado pelo caminho são descritos na Bíblia e ainda hoje devastam áreas agrícolas. No século XIX, o bicudo do algodoeiro quase devastou a cultura do algodão nos Estados Unidos. Algumas das infestações mais prejudiciais de insetos foram causadas por espécies exóticas introduzidas em áreas onde antes não eram encontradas, como ocorreu com espécies de besouro que mataram milhares de árvores nas florestas norte-americanas.

As doenças microbianas representam uma ameaça significativa para a agricultura e podem ser utilizadas como agente de ataque. No que diz respeito às plantas, as principais ameaças microbianas são trazidas pelos fungos. Esses organismos são famosos pela formação de inúmeros esporos muito resistentes que podem se espalhar com velocidade. Os microrganismos representam um risco ainda maior que as espécies de insetos exóticos introduzidas em áreas onde no passado não existiam. Esse tipo de ameaça afeta os rebanhos. O surto de febre aftosa na Inglaterra, que exigiu o sacrifício de dezenas de milhares de animais, foi citado anteriormente. Os animais estão sujeitos a diversas doenças virais e bacterianas. Talvez o mais famoso seja o antraz, que também pode ser disseminado entre os seres humanos.

Talvez a ameaça terrorista mais expressiva ao abastecimento de alimentos seja a potencial contaminação de produtos comestíveis com patógenos. Doenças causadas pela contaminação bacteriana de alimentos ocorrem todos os anos. Em 2008, nos Estados Unidos, as pessoas que consumiram pimentões contaminados com *Salmonela* ficaram doentes, e algumas morreram. O mesmo foi observado com os indivíduos que ingeriram amendoim contaminado com a mesma bactéria devido às condições sanitárias precárias no manuseio do produto, nos anos de 2008 e 2009. Uma rede terrorista poderia contaminar alimentos deliberadamente com esses tipos de patógenos, embora fosse difícil executar tal ataque em escala grande o bastante para debilitar números expressivos de pessoas.

Literatura citada

1. Stehouwer, R., Soil chemistry and the quality of humus, *Bio Cycle*, **45**, 41–46, 2004.
2. Martin, F., I. Garcia, M. Diez, M. Sierra, M. Simon, and C. Dorronsoro, Soil alteration by continued oxidation of pyrite tailings, *Applied Geochemistry*, **23**, 1152–1165, 2008.
3. Poschenrieder, C., B. Gunse, I. Corrales, and J. Barcelo, A glance into aluminum toxicity and resistance in plants, *Science of the Total Environment*, **400**, 356–368, 2008.
4. Hossain, S. A. M., Potential use of *Rhizobium* spp. to improve fitness of non-nitrogen-fixing plants, *Acta Agriculturae Scandinavica, Section B: Soil and Plant Science*, **58**, 352–358, 2008.
5. Memon, A. R. and P. Schroeder, Implications of metal accumulation mechanisms to phytoremediation, *Environmental Science and Pollution Research*, **16**, 162–175, 2009.
6. Gevao, B., K. C. Jones, K. T. Semple, A. Craven, and P. Burauel, Nonextractable pesticide residues in soil, *Environmental Science and Technology*, **37**, 138A–144A, 2003.
7. Xu, J. M., J. Gan, S. K. Papiernik, J. O. Becker, and S. R. Yates, Incorporation of fumigants into soil organic matter, *Environmental Science and Technology*, **37**, 1288–1291, 2003.
8. Alcock, R. E., A. E. Johnston, S. P. McGrath, M. L. Berrow, and K. C. Jones, Long-term changes in the polychlorinated biphenyl content of united kingdom soils, *Environmental Science and Technology*, **27**, 1918–1923, 1993.

Leitura complementar

Altieri, M. A., and C. I. Nicholls, *Biodiversity and Pest Management in Agroecosystems*, 2nd ed., Food Products Press, New York, 2004.

Baker, C. J. and K. E. Saxton, Eds, *No-Tillage Seeding in Conservation Agriculture*, 2nd ed., Cabi Publishing, Wallingford, UK, 2007.

Boardman, J. and J. Poesen, Eds, *Soil Erosion in Europe*, Wiley, Hoboken, NJ, 2006.

Brady, N. C. and R. R. Weil, *The Nature and Properties of Soils*, 15th ed., Pearson Education, Upper Saddle River, NJ, 2007.

Chesworth, W., Ed., *Encyclopedia of Soil Science*, Springer, Dordrecht, The Netherlands, 2008.

Clark, J. M. and H. Ohkawa, Eds, *Environmental Fate and Safety Management of Agrochemicals*, American Chemical Society, Washington, DC, 2005.

Coats, J. R. and H. Yamamoto, Eds, *Environmental Fate and Effects of Pesticides*, American Chemical Society, Washington, DC, 2003.

Conklin, A. R., *Introduction to Soil Chemistry: Analysis and Instrumentation*, Wiley, Hoboken, NJ, 2005.

Coyne, M. S. and J. A. Thompson, *Fundamental Soil Science*, Thomson Delmar Learning, Clifton Park, NY, 2006.

Eash, N. S., *Soil Science Simplified*, 5th ed., Blackwell Publishing, Ames, IA, 2008.

Essington, M. E., *Soil and Water Chemistry: An Integrative Approach*, Taylor & Francis/CRC Press, Boca Raton, FL, 2004.

Farndon, J., *Life in the Soil*, Blackbirch Press, San Diego, CA, 2004.

Ferry, N. and M. R. Angharad, Eds, *Environmental Impact of Genetically Modified Crops*, Gatehouse, Cambridge, MA, 2009.

Francis, C. A., R. P. Poincelot, and G. W. Bird, *Developing and Extending Sustainable Agriculture: A New Social Contract*, Haworth Food and Agricultural Products Press, New York, 2006.

Gan, J., Ed., *Synthetic Pyrethroids: Occurrence and Behavior in Aquatic Environments*, American Chemical Society, Washington, DC, 2008.

Gardiner, D. T. and R. W. Miller, *Soils in Our Environment*, 11th ed., Pearson/Prentice Hall, Upper Saddle River, NJ, 2008.

Gordon, S., Ed., *Critical Perspectives on Genetically Modified Crops and Food*, Rosen Publishing Group, New York, 2006.

Halford, N. G., Ed., *Plant Biotechnology: Current and Future Applications of Genetically Modified Crops*, Hoboken, NJ, 2006.

Horne, P. and J. Page, *Integrated Pest Management for Crops and Pastures*, Landlinks Press, Collingwood, Victoria, Australia, 2008.

Hunter, B. T., *Soil and Your Health: Healthy Soil is Vital to Your Health*, Basic Health Publications, North Bergen, NJ, 2004.

Lal, R., *Soil Degradation in the United States: Extent, Severity, and Trends*, CRC Press/Lewis Publishers, Boca Raton, FL, 2003.

Liang, G. H. and D. Z. Skinner, Eds, *Genetically Modified Crops: Their Development, Uses, and Risks*, Food Products Press, New York, 2004.

Maredia, K. M., D. Dakouo, and D. Mota-Sanchez, Eds, *Integrated Pest Management in the Global Arena*, CABI Publishers, New York, 2003.

Meiners, R. E. and B. Yandle, Eds, *Agricultural Policy and the Environment*, Rowan & Littlefield Publishers, Lanham, MD, 2003.

Morgan, R. P. C., *Soil Erosion and Conservation*, 3rd ed., Blackwell Publishing, Malden, MA, 2005.

Norris, R. F., P. Caswell-Chen, and M. Kogan, *Concepts in Integrated Pest Management*, Prentice Hall, Upper Saddle River, NJ, 2003.

Paul, E. A., *Soil Microbiology, Ecology, and Biochemistry*, 3rd ed., Academic Press, Boston, 2007.

Plaster, E. J., *Soil Science and Management*, 5th ed., Delmar Cengage Learning, Clifton Park, NJ, 2009.

Plimmer, J. R., Ed., *Encyclopedia of Agrochemicals*, Wiley-Interscience, New York, 2003.

Poincelot, R. P., *Sustainable Horticulture: Today and Tomorrow*, Prentice Hall, Upper Saddle River, NJ, 2004.

Reilly, J. M., Ed., *Agriculture: The Potential Consequences of Climate Variability and Change for the United States*, Cambridge University Press, New York, 2002.

Singer, M. J. and D. N. Munns, *Soils: An Introduction*, 6th ed., Pearson Prentice Hall, Upper Saddle River, NJ, 2006.

Sparks, D. L., *Environmental Soil Chemistry*, 2nd ed., Academic Press, Boston, 2003.

Tabatabai, M. A. and D. L. Sparks, Eds, *Chemical Processes in Soils*, Soil Science Society of America, Madison, WI, 2005.

Van Elsas, Jan Dirk, J. K. Jansson, and J. T. Trevors, Eds, *Modern Soil Microbiology*, 2nd ed., Taylor & Francis/CRC Press, Boca Raton, FL, 2007.

Wesseler, J. H. H., *Environmental Costs and Benefits of Transgenic Crops*, Springer, Dordrecht, The Netherlands, 2005.

White, R. E., *Principles and Practice of Soil Science: The Soil as a Natural Resource*, 4th ed., Blackwell Publishing, Malden, MA, 2006.

Wolf, B. and G. Snyder, *Sustainable Soil Science: Using Organic Matter to Improve Crop Production*, Food Products Press, New York, 2003.

Perguntas e problemas

1. Dê dois exemplos de reações envolvendo compostos de manganês e ferro que podem ocorrer em solos encharcados.
2. Quais condições de temperatura e umidade favorecem o acúmulo de matéria orgânica no solo?
3. Os "*cat clays*" são solos contendo níveis elevados de pirita, FeS_2. O peróxido de hidrogênio H_2O_2, é adicionado a esse tipo de solo para produzir sulfato como forma de testar a existência de "*cat clays*". Indique a reação química envolvida nesse teste.
4. Que efeito na acidez do solo resultaria da superfertilização com nitrato de amônio acompanhada da exposição do solo ao ar e da ação de bactérias aeróbias?
5. Quantos mols do íon H^+ são consumidos quando 200 kg de $NaNO_3$ sofrem desnitrificação no solo?
6. Qual é o principal mecanismo pelo qual a matéria orgânica no solo troca cátions?
7. O encharcamento prolongado do solo *não*: (A) Aumenta a produção de NO_3^-. (B) Aumenta a concentração de Mn^{2+}. (C) Aumenta a concentração de Fe^{2+}. (D) Exerce efeitos prejudiciais na maioria das plantas. (E) Aumenta a produção de NH_4^+ a partir do NO_3^-.
8. Entre os fenômenos a seguir, aquele que deixa o solo mais básico é: (A) A remoção de cátions por raízes. (B) O lixiviamento do solo com água saturada de CO_2. (C) A oxidação da pirita presente no solo. (D) A fertilização com $(NH_4)_2SO_4$. (E) A fertilização com KNO_3.
9. Quantas toneladas métricas de esterco equivalem a 100 kg de um adubo 10-5-10?
10. De que modo os agentes quelantes produzidos pelos microrganismos estão envolvidos na formação de solos?
11. Que composto específico é ao mesmo tempo um resíduo animal e um importante fertilizante?
12. O que acontece com a relação nitrogênio/carbono à medida que a matéria orgânica presente no solo é degradada?
13. Para preparar um solo rico a ser usado em vasos, um funcionário de uma floricultura misturou 75% de solo "normal" com 25% de turfa. Estime a CTC em meq/100 g do produto.
14. Explique por que as plantas que crescem em solos excessivamente ácidos ou básicos podem sofrer de deficiência em cálcio.
15. Quais são os dois mecanismos pelos quais os ânions são retidos pela matéria mineral do solo?
16. Quais são os três principais mecanismos pelos quais os pesticidas são degradados na superfície ou no interior do solo?
17. A lama de rejeitos da mineração do chumbo contendo 0,5% do metal foi aplicada a uma taxa de 10 toneladas métricas por acre de solo e revirada para penetrar a uma profundidade de 20 cm. A densidade do solo era 2,0 g cm^{-1}. Em que grau essa aplicação aumentou o teor de chumbo no solo? Uma milha quadrada corresponde a 640 acres e uma milha equivale a 1.609 metros.
18. Relacione um constituinte do solo ou solução de solo na coluna esquerda a uma condição do solo na coluna direita.

    1. Nível elevado de Mn^{2+} na solução de solo
    2. Excesso de H^+
    3. Alta concentração de H^+ e SO_4^{2-}
    4. Elevado teor de matéria orgânica

    A. "*Cat clays*" contendo níveis iniciais elevados de pirita, FeS_2
    B. Solo em que a biodegradação não ocorreu em grau elevado
    C. Solo encharcado
    D. Solo cuja fertilidade pode ser melhorada com a adição de calcário

19. Quais são os processos no solo que atuam na redução dos efeitos nocivos dos poluentes?
20. Em que condições as seguintes reações ocorrem no solo? Cite dois efeitos prejudiciais possíveis por conta dessas reações:

$$MnO_2 + 4H^+ + 2e^- \rightarrow Mn^{2+} + 2H_2O \quad e \quad Fe_2O_3 + 6H^+ + 2e^- \rightarrow 2Fe^{2+} + 3H_2O$$

21. Quais são os quatro efeitos importantes da matéria orgânica no solo?
22. De que modo a água de irrigação tratada com fertilizante contendo potássio e amônia pode perder esses nutrientes ao passar por um solo rico em húmus?

A química verde e a ecologia industrial 17

17.1 Mudando os maus hábitos antigos

A indústria química percorreu um longo trajeto nestes últimos tempos desde a publicação em 1954 do livro *American Chemical Industry – A History*, de W. Haynes, pela Van Nostrand Publishers, que dizia: "Com base na sensatez, por definição qualquer subproduto de uma operação química para o qual não haja utilização lucrativa é um resíduo. A maneira mais conveniente e menos dispendiosa de descartar esse resíduo – isto é, pela chaminé ou rio abaixo – é também a melhor". Por sorte, essa atitude bárbara com os resíduos é há tempos considerada totalmente errada e inaceitável. A química ambiental tem forte envolvimento com os problemas causados pelo despejo inadequado de poluentes da antroposfera nas outras esferas ambientais. Este capítulo aborda sobretudo as maneiras como esses problemas podem ser evitados antes de afetarem o ambiente.

Reconhecendo os efeitos ambientais da indústria química e de empreendimentos semelhantes, muitas leis foram aprovadas e implementadas em todo o mundo a fim de regular processos e produtos químicos. Essas leis enfatizaram o tratamento dos problemas ambientais depois de terem ocorrido, em uma abordagem do tipo "comando e controle". A obediência às leis ambientais ao longo das últimas décadas envolveu gastos de mais de um trilhão de dólares em todo o mundo. Essas leis sem dúvida tiveram efeitos muito positivos na qualidade ambiental, sendo eficientes no auxílio a programas de prevenção da extinção de espécies e na criação de melhorias na saúde e na qualidade de vida dos seres humanos. Contudo, por mais necessária que seja, a abordagem regulatória à melhoria da qualidade ambiental tem algumas deficiências. A implementação e a manutenção eficazes dessa abordagem requerem legiões de reguladores, o que resultou em vastas somas gastas em litígios que poderiam ter sido mais bem utilizadas na melhoria da qualidade ambiental. Na perspectiva das partes reguladas, em especial, algumas regulamentações são mesquinhas, têm baixa relação custo-benefício e, no pior caso, são contraproducentes.

Uma sociedade industrial moderna sempre precisará de regulamentações de diversos tipos para manter a qualidade ambiental e até garantir sua existência por tempo indefinido. Porém, existem alternativas para algumas dessas normas? As opções mais atraentes são as que permitem assegurar a qualidade ambiental com base em meios "naturais", autorreguladores. Nos últimos anos ficou evidente que, ao menos até certo ponto, existem alternativas a uma abordagem puramente reguladora da indústria química e de outros tipos de atividades que influenciam o ambiente e a sustentabilidade.

Uma das alternativas à abordagem reguladora do controle da poluição é disponibilizada em parte pela *ecologia industrial*, que teve sua forma atual delineada em um artigo de Frosch e Gallopoulos, em 1989.[1] A ecologia industrial interpreta os sistemas industriais com base em uma interação mútua proveitosa, que minimiza os impactos no ambiente e na sustentabilidade, prevendo o processamento de materiais e energia com máxima eficiência e mínimo desperdício, em analogia ao modo como os ecossistemas metabolizam a matéria e a energia. Criada em meados da década de 1990, a *química verde* se desenvolveu rápido como disciplina dinâmica e que aborda a prática sustentável da química. A química verde e a ecologia industrial mantêm uma relação estreita e uma não pode ser praticada com eficiência sem a outra. Este capítulo discute a química verde e a ecologia industrial como disciplinas essenciais na manutenção da qualidade do ambiente.

17.2 A química verde

A química verde é definida como *a prática sustentável da química como ciência e tecnologia fundamentada em uma estrutura de boas práticas de ecologia industrial visando à segurança e à não geração de poluentes, com consumo mínimo de materiais e de energia, com geração de pouco ou zero resíduo e minimizando o uso e o manuseio de substâncias perigosas, sem descartá-las no ambiente.*[2] A inclusão da ecologia industrial nesta definição traz consigo numerosas implicações com relação ao consumo mínimo de matérias-primas, à máxima reciclagem de materiais, à minimização da geração de subprodutos sem utilidade e a outros fatores que não agridem o ambiente favoráveis à manutenção da sustentabilidade. A Figura 17.1 ilustra os principais aspectos da química verde.

Um dos aspectos-chave da química verde é a *sustentabilidade*. Em um cenário ideal, a química verde é autossustentável por diversas razões. Uma delas é de ordem econômica, porque, considerando apenas a esfera monetária, em sua manifestação mais evoluída a química verde é menos dispendiosa do que a química tradicional. A química verde é sustentável em termos de materiais por conta da utilização mínima, mas altamente eficiente, de matéria-prima. Além disso, a química verde é sustentável

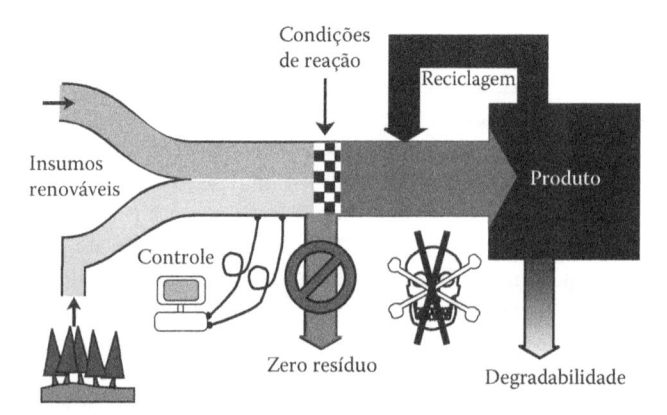

FIGURA 17.1 Ilustração da definição de química verde enfatizando a utilização de insumos renováveis, o controle rigoroso, as condições amenas de reação, a máxima reciclagem de materiais, a mínima geração de resíduos e a degradabilidade dos materiais introduzidos no ambiente.

em relação à geração de resíduos, porque não causa uma acumulação intolerável de subprodutos perigosos.

Ao implementar a química verde, duas abordagens utilizadas nesse processo e muitas vezes complementares são:

- Utilize compostos químicos existentes, mas fabrique-os de acordo com processos de síntese benéficos ao ambiente.
- Substitua compostos químicos fabricados de acordo com processos de síntese benéficos ao ambiente por compostos químicos existentes.

Ambas as abordagens precisam ser utilizadas, e desafiam a inteligência dos químicos e engenheiros químicos no sentido de obter soluções inovadoras para os problemas ambientais gerados pela indústria química.

17.1.2 Os doze princípios da química verde

A química verde se orienta com base nos *Doze Princípios da Química Verde*,[3] cujos aspectos são discutidos neste capítulo.

1. Projetar produtos e compostos químicos para *prevenir a geração de resíduos*. Uma das lições mais comuns na vida diz que é melhor não cometer erros do que ter de consertá-los depois. O fracasso ao seguir essa regra simples acarretou a formação da maioria dos mais problemáticos pontos de descarte de resíduos químicos perigosos que continuam causando problemas em todo o mundo atualmente.
2. Projetar compostos químicos e produtos com vistas à *segurança máxima*, sem que percam a eficiência. A prática da química verde vem tendo progressos significativos no projeto de compostos químicos e de novas abordagens à utilização de compostos de maneira a garantir a conservação e até a melhoria da eficiência, reduzindo a toxicidade.
3. Promover a *minimização de perigos* inerentes à síntese química utilizando e gerando substâncias com toxicidade e perigos ambientais mínimos. As substâncias que devem ser evitadas sempre que possível incluem os compostos químicos tóxicos com riscos à saúde dos trabalhadores, como as substâncias capazes de se transformar em poluentes aéreos ou aquáticos e de prejudicar o ambiente ou os organismos que vivem nele. Nos casos em que as substâncias tóxicas não possam ser evitadas, deve-se utilizar ou produzir o mínimo preciso e apenas no momento necessário. Nesse aspecto a relação entre a química verde e a química ambiental é especialmente forte.
4. Utilizar *insumos renováveis* sempre que possível. As matérias-primas extraídas da terra são finitas, não têm estoques renováveis e uma vez esgotadas não há como reabastecê-las. Nesses casos a reciclagem deve ser praticada ao máximo. Por essa razão, os insumos oriundos de biomassa são as opções preferidas nas aplicações em que têm utilidade comprovada.
5. Utilizar *catalisadores* para a obtenção de condições ótimas de síntese química e a geração mínima de subprodutos. Os reagentes devem ser o mais seletivos possível, em termos da função específica de cada um.
6. Evitar *aditivos (ou coadjuvantes) químicos* utilizados como agentes bloqueadores e com outras finalidades na síntese química, para reduzir a geração de subprodutos. Na síntese de um composto orgânico, muitas vezes é necessário modificar ou proteger os grupos em uma molécula durante o curso da síntese. Isso muitas

vezes resulta na geração de subprodutos não incorporados ao produto final, como observado quando um grupo protetor é ligado em um sítio específico em uma molécula, sendo removidos quando a proteção do grupo deixou de ser necessária. Uma vez que esses processos geram subprodutos que talvez necessitem ser descartados, eles devem ser evitados sempre que possível.

7. Maximizar a *economia de átomos*. Uma das maneiras mais eficientes de impedir a geração de resíduos consiste em garantir que os materiais envolvidos na fabricação de um produto estejam incorporados nele no final do processo, o máximo possível. Portanto, a prática da química verde diz respeito sobretudo à incorporação de todo o insumo utilizado no produto, dentro do possível. O grau em que esse esforço é concretizado é chamado de *economia de átomos*.

8. Utilizar *meios de reação seguros*. A síntese química e muitas operações de fabricação utilizam substâncias secundárias que não participam da composição do produto final. Na síntese química, essas substâncias incluem os solventes em que as reações químicas são executadas. Outro exemplo são os agentes de separação, que permitem separar o produto de outros materiais. Uma vez que esses tipos de materiais podem acabar como resíduos ou (no caso de alguns solventes tóxicos voláteis) representar riscos à saúde, sua utilização deve ser minimizada e, de preferência, evitada.

9. Aumentar a *eficiência energética*. Uma das maneiras de fazer isso consiste em executar reações em condições amenas de temperatura e pressão, o que também aumenta a segurança. O consumo de energia tem custos econômicos e ambientais em praticamente todos os processos de síntese e fabricação. Em sentido amplo, os processos envolvidos na geração de energia, como a extração de combustíveis fósseis bombeados ou retirados do solo, têm enorme potencial de prejudicar o ambiente. Entre as abordagens de sucesso na geração de energia em condições amenas está a aplicação de processos biológicos que, devido às condições de crescimento dos organismos, precisam ocorrer em temperaturas moderadas e na ausência de substâncias tóxicas.

10. Adotar o *projeto voltado para a degradabilidade* de compostos e produtos químicos para fabricar produtos inócuos após a degradação. Isso requer uma criteriosa consideração do destino final dos produtos, à luz da química ambiental de cada um.

11. Utilizar o *monitoramento e o controle em tempo real no processo* para reduzir resíduos e poluição, maximizar a segurança e minimizar o consumo de energia. O controle rigoroso "em tempo real" dos processos químicos é essencial para a operação eficiente e segura, com geração mínima de resíduos. Hoje, a concretização dessa meta é facilitada pela adoção de métodos computadorizados de controle.

12. Minimizar o *potencial de acidentes* com o projeto de processos que utilizam materiais com baixo risco de explosão, incêndio e vazamentos prejudiciais. Esses tipos de acidente representam um perigo importante na indústria química. Além de serem potencialmente perigosos por natureza, esses incidentes tendem a espalhar substâncias tóxicas no ambiente, aumentando a exposição de seres humanos e outros organismos.

A química verde é a química sustentável. Existem diversos aspectos importantes em relação aos quais a química verde é sustentável:

- *Econômicos*: Quando aplicada com alto nível de sofisticação, a química verde de modo geral custa menos em termos estritamente econômicos (sem falar nos custos ambientais) do que a química tradicional.
- *Materiais*: Com o uso eficiente de materiais, a máxima reciclagem e o uso mínimo de matérias-primas novas, a química verde é sustentável quanto aos materiais.
- *Resíduos*: Com a redução dentro do possível ou mesmo a eliminação total de resíduos, a química verde é sustentável com relação a esse aspecto.

17.3 A redução de riscos: perigo e exposição

Um dos principais objetivos da produção e utilização comercial de produtos e, na verdade, de praticamente todas as áreas de atividade humana, é a redução do risco. Muito do projeto e da prática da química verde diz respeito à redução do risco. O risco tem dois aspectos principais – o *perigo* apresentado por um produto ou processo, e a *exposição* de seres humanos ou outros alvos em potencial a esses perigos.

$$\text{Risco} = F\,\{\text{perigo} \times \text{exposição}\} \tag{17.1}$$

Essa relação afirma, com simplicidade, que o risco é função do perigo multiplicado pela exposição. Ela mostra que o risco pode ser reduzido pela diminuição do perigo, da exposição e por várias combinações dessas duas variáveis.

A abordagem do tipo comando e controle para a redução do risco se concentrava na diminuição da exposição. Muitos tipos de controles e medidas de proteção são empregados para limitar a exposição. O exemplo mais comum desse tipo de medida em um laboratório de química em uma universidade é a utilização de óculos de proteção para os olhos. Esse tipo de equipamento não impede que um borrifo de ácido atinja o rosto de um aluno, mas evita que esse ácido entre em contato com o frágil tecido ocular. Escudos de proteção contra explosões não impedem uma explosão, mas conseguem reter os cacos de vidro que podem ferir um químico ou qualquer outra pessoa no ambiente.

A redução da exposição é sem dúvida eficiente na prevenção de ferimentos e prejuízos. No entanto, ela requer vigilância constante e até mesmo chamar a atenção de funcionários, como atesta qualquer instrutor encarregado de garantir que os estudantes em um laboratório usem óculos de proteção o tempo todo. A redução da exposição não protege os desprotegidos, como um visitante que entre com o rosto à mostra em um laboratório de química ignorando os sinais para utilizar a proteção necessária para os olhos. Em escala maior, as medidas de proteção podem ser bastante eficientes para os trabalhadores em uma operação de fabricação de um composto químico, mas inúteis àqueles fora da área ou do ambiente além das paredes da fábrica que não usam proteção. As medidas de proteção têm eficiência máxima contra efeitos agudos, mas não são tão úteis contra a exposição por prazos longos que possam causar respostas tóxicas em um período de muitos anos. Por fim, nenhum equipamento de proteção é infalível e, além disso, é possível que as pessoas não os usem de modo adequado.

Sempre que possível, a redução do perigo é um modo muito mais garantido de diminuir riscos do que a diminuição da exposição. Os fatores humanos que desempenham um papel fundamental no sucesso da limitação da exposição e que exigem um esforço consciente e constante são muito menos cruciais em cenários de redução do perigo. Compare, por exemplo, a utilização de um solvente orgânico volátil, inflamável e um pouco tóxico na limpeza e no desengraxe de peças de metal usinado com o uso de uma solução aquosa de um agente limpante atóxico. Para operar com segurança com o solvente, é necessário o esforço incessante e a vigilância constante para evitar o perigo, como a formação de misturas explosivas com o ar, a presença de pontos de ignição que poderiam causar um incêndio, além da exposição excessiva por inalação ou absorção cutânea passíveis de resultar em uma neuropatia periférica (uma desordem dos nervos) nos trabalhadores. Falhas nesse tipo de medida de proteção podem causar um acidente grave ou lesões sérias. Contudo, a solução de limpeza aquosa não apresenta qualquer desses perigos e alguma falha nas medidas de proteção não causaria problemas, nesse caso.

De modo geral, as medidas tomadas para reduzir riscos com a diminuição da exposição têm um custo econômico que não pode ser compensado com menores custos de produção ou com o aumento no valor do produto. Claro que o fracasso na redução da exposição tem custos econômicos diretos e elevados em casos de indenizações maiores para os trabalhadores. Em contrapartida, a redução do perigo muitas vezes consegue reduzir de maneira substancial os custos de operação. Insumos mais seguros são muitas vezes os menos caros. A eliminação de medidas de controle dispendiosas diminui os custos globais. Mais uma vez, a comparação de um solvente orgânico com uma solução de limpeza à base de água permite observar que a primeira opção provavelmente custa mais que a segunda, que contém concentrações um tanto baixas de detergentes ou outros aditivos. Enquanto o solvente orgânico requer no mínimo uma etapa de purificação para ser reciclado e talvez até uma estratégia cara de descarte como resíduo perigoso, a solução aquosa pode ser purificada com a adoção de processos bastante simples, mesmo o tratamento biológico, e então ser descartada como águas residuárias em uma estação de tratamento de efluentes. No entanto, é preciso lembrar que nem todos os materiais pouco perigosos são baratos, e que podem na verdade ser bem mais caros que as alternativas mais perigosas. Além disso, em alguns casos as opções pouco perigosas simplesmente não existem.

Uma vez que as substâncias perigosas manifestam seu perigo na forma de reações e características químicas, o sistema mais conveniente de classificação para elas teria como base seus atributos químicos. Embora a variabilidade química das substâncias perigosas torne esse tipo de sistema um tanto impreciso, diversas categorias podem ser definidas de acordo com o comportamento químico que exibem, entre as quais:

- *Combustíveis e substâncias inflamáveis*, são fortes redutores que queimam de imediato ou de maneira violenta na presença do oxigênio atmosférico.
- *Oxidantes*, que fornecem oxigênio para a combustão dos redutores.
- *Substâncias reativas*, que têm a capacidade de sofrer reações rápidas e violentas, muitas vezes de maneira imprevisível.
- *Substâncias corrosivas*, normalmente fontes dos íons H^+ ou OH^- e que tendem a reagir de maneira destrutiva com diversos materiais, sobretudo os metais.

Alguns tipos de substâncias podem ser classificados em mais que um desses grupos, o que aumenta os perigos que representam.

Muitas vezes, a maior preocupação relativa a substâncias perigosas diz respeito a sua toxicidade. As substâncias tóxicas não são fáceis de classificar em termos de propriedades químicas, em comparação com as substâncias pertencentes às classificações listadas anteriormente. É mais apropriado classificar as substâncias tóxicas com base em suas propriedades bioquímicas. Um dos métodos utilizados nessas classificações é baseado nas *relações estrutura-atividade*, que relaciona características estruturais conhecidas e grupos funcionais aos prováveis efeitos tóxicos.

Há três tipos de substâncias tóxicas cujos riscos a química verde tem intenção de reduzir. O primeiro tipo é formado pelos *metais potencialmente tóxicos*, como chumbo, mercúrio e cádmio; sendo elementos químicos indestrutíveis, eles exercem uma ampla gama de efeitos biológicos adversos. Outra categoria consiste nos *materiais orgânicos persistentes e não biodegradáveis*, como as PCB. Apesar de muitas vezes não serem extremamente tóxicas, essas substâncias persistem no ambiente e exibem uma tendência à magnificação nas cadeias alimentares, afetando de modo adverso os organismos próximos ou no topo da cadeia. O exemplo clássico dessa classe de compostos é o DDT, que causou problemas reprodutivos em aves como falcões e águias, espécies no topo de suas cadeias alimentares. Uma terceira categoria de substâncias perigosas problemáticas é formada pelos *compostos orgânicos voláteis* (COV). Essas substâncias são especialmente prevalentes em cenários industriais, devido a sua utilização como solventes em reações orgânicas, veículos em tintas e revestimentos, e em agentes de limpeza de peças mecânicas. Nessas duas últimas aplicações, o meio mais conveniente de lidar com esses materiais era permitir que evaporassem, liberando grandes volumes dessas substâncias na atmosfera.

17.3.1 Os riscos de não correr riscos

Existem limites para a redução do risco, além dos quais os esforços nesse sentido se tornam contraproducentes. Tal como nas demais áreas de atividade, há circunstâncias em que não há escolha, a não ser trabalhar com as substâncias perigosas. Algumas coisas inerentemente perigosas se tornam seguras com treinamento rigoroso, atenção constante a perigos em potencial e a compreensão desses perigos e das melhores maneiras de lidar com eles. Consideremos a analogia com um avião de passageiros. Quando ele aterrissa, 100 toneladas de alumínio, aço, combustível inflamável e tecido humano frágil viajando a uma velocidade duas vezes superior aos limites de velocidade para automóveis em autoestradas interestaduais entram em contato repentino com uma pista de concreto inclemente. Esse procedimento é perigoso por natureza! Mas ele é executado centenas de milhares de vezes ao ano em todo o mundo com poucos feridos e mortos, um tributo ao projeto, à construção e à manutenção conduzidos com maestria e às excelentes habilidades e ao treinamento das tripulações dessas aeronaves. Os mesmos princípios que tornam uma aeronave comercial segura também são válidos para o manuseio de compostos químicos perigosos por pessoal devidamente capacitado em condições controladas.

Embora a maior parte deste livro seja dedicada à redução de riscos em sua relação com a química, é preciso sempre ter em mente os riscos de não correr riscos. Se nos tornarmos tímidos em nossos empreendimentos a ponto de nos recusarmos a correr qualquer risco, o progresso científico e econômico estagnará. Se chegarmos ao ponto de que nenhum composto químico poderá ser fabricado se sua síntese envolver o uso de uma substância potencialmente tóxica ou perigosa, o progresso da química como ciência e o desenvolvimento de produtos benéficos, como novos fármacos que salvam vidas ou compostos inovadores para o tratamento da poluição da água, sofrerão um forte revés. Muitos argumentam que a energia nuclear traz consigo riscos significativos como fonte energética e que o desenvolvimento dessa modalidade deveria ser abandonado. Porém, basta pôr na balança os prováveis riscos da energia nuclear e os riscos quase certos na persistência em utilizar combustíveis fósseis produtores de gases estufa causadores do aquecimento global para ficar claro que podemos prosseguir defendendo o desenvolvimento da energia nuclear, com novos reatores equipados com sistemas de segurança mais eficientes. Outro exemplo é o uso de processos térmicos para o tratamento de resíduos perigosos, um tanto arriscados devido ao potencial de emissão de substâncias tóxicas ou de poluentes atmosféricos, mas que continua sendo a melhor maneira de converter muitos tipos de resíduos perigosos em materiais inócuos.

17.4 A prevenção da geração de resíduos e a química verde

Uma das metas básicas da química verde é a redução da geração de resíduos. A prevenção à geração de resíduos é melhor que a obrigação de tratá-los ou limpá-los. Nos primeiros anos da produção química, os custos diretos associados à produção de grandes quantidades de resíduos eram baixos, porque esses resíduos eram simplesmente descartados em cursos de água, no solo ou no ar pelas chaminés. Com a aprovação e a execução de leis ambientais após 1970, os custos relativos ao tratamento de resíduos aumentaram de acordo com um padrão constante. Um dos exemplos de remediação cara de resíduos citados com frequência é a limpeza do Rio Hudson, em Nova York, para a retirada de PCB despejadas no curso de água como subprodutos da produção de equipamentos elétricos. A General Electric concordou em remover as PCB dos sedimentos do rio ao longo de 65 km de seu leito, em uma operação envolvendo a retirada de 2,5 milhões de metros cúbicos de material a um custo hoje estimado na ordem de $700 milhões. A limpeza de poluentes como o amianto, as dioxinas, os resíduos da fabricação de pesticidas, os percloratos e o mercúrio custa várias centenas de milhões de dólares. Nesse sentido, do ponto de vista puramente econômico, uma abordagem de acordo com os princípios da química verde que evite esses dispêndios é muito atraente, além, é claro, dos enormes benefícios ambientais que traz.

Embora os custos dos controles de engenharia, da anuência às regulações, da proteção aos funcionários, do tratamento de águas residuárias e do descarte seguro de resíduos sólidos perigosos sem dúvida sejam proveitosos para a sociedade e o ambiente, essas despesas representam uma boa parte do custo total de um negócio. Hoje as empresas precisam adotar a *contabilidade de custos totais*, que inclui os custos de emissões, descarte de resíduos, limpeza e proteção de pessoal e do ambiente. Nos países industrializados, os custos de obedecer às regulações quanto ao ambiente e à saúde ocupacional são semelhantes aos custos de pesquisa e desenvolvimento na indústria como um todo.

Se apenas os custos econômicos forem considerados, a prevenção da geração de resíduos precisa ter alta prioridade, além de ser ditada por considerações ambientais. Portanto, uma das prioridades na prática da química verde consiste em evitar a geração de resíduos. No passado, isso significava a geração de resíduos da mesma forma, processando-os para reduzir seus riscos ou aproveitar algo de valor que ainda pudessem apresentar. Com a prática adequada da química verde, a prevenção de resíduos significa o projeto e a operação de sistemas integrados que, por natureza, não geram resíduos.

17.5 A química verde e a química sintética

A *química sintética* é o ramo da química envolvido no desenvolvimento de meios para fabricar novos compostos químicos e de métodos mais sofisticados para sintetizar compostos químicos existentes. Um dos aspectos-chave da química verde é o envolvimento dos químicos sintéticos na prática da química ambiental. Esses profissionais, cujo objetivo sempre foi produzir novas substâncias barateando custos e melhorando-as, adotaram a prática da química verde e da química ambiental com relativo atraso. Outras áreas da química envolveram-se na prevenção da poluição e na proteção ambiental há mais tempo. Desde o começo, a química analítica foi a chave para a descoberta e o monitoramento da gravidade dos problemas de poluição. A físico-química desempenha um papel forte na explicação e modelagem de fenômenos químicos ambientais. A aplicação da físico-química nas reações fotoquímicas na atmosfera é especialmente útil para explicar e prevenir efeitos químicos danosos, como o *smog* fotoquímico e a destruição do ozônio na estratosfera. Outros ramos da química foram úteis no estudo de diversos fenômenos químicos no ambiente. Hoje, os químicos sintéticos, aqueles que desenvolvem compostos químicos e cujas atividades coordenam a execução de processos químicos, passaram a se envolver mais a fim de reduzir ao mínimo possível as agressões ao ambiente causadas durante a fabricação, o uso e o descarte final de compostos químicos.

Antes que as questões relativas ao ambiente, à saúde e à segurança ganhassem sua importância atual, os aspectos envolvendo a produção e distribuição de compostos químicos eram simples. Os fatores econômicos incluíam os custos de matéria-prima, as necessidades energéticas e a capacidade de comercialização do produto. Contudo, hoje os custos precisam incluir os gastos com a anuência às regulações, a responsabilidade, o tratamento de resíduos no fim de tubo (*end of pipe*) e os custos com descarte. Ao eliminar ou reduzir em grande parte o uso de matérias-primas, catalisadores e meios de reação tóxicos ou perigosos e ao evitar a geração de intermediários e subprodutos de risco, a química verde elimina ou reduz bastante os custos adicionais associados com as exigências ambientais e de segurança observados na produção química convencional.

Como mostra a Figura 17.2, existem duas abordagens gerais e com frequência complementares à implementação da química verde na síntese química, e ambas desafiam a imaginação de químicos e engenheiros químicos. A primeira consiste em utilizar insumos existentes, mas fabricando-os de acordo com processos menos agressivos ao ambiente. A segunda prevê a adoção de insumos diferentes já fabricados utilizando esses processos. Em alguns casos, a combinação dessas duas abordagens é utilizada.

17.5.1 O rendimento e a economia de átomos

Por convenção, os químicos sintéticos sempre utilizaram o termo *rendimento*, definido como o grau em que uma reação ou síntese química é completada, expresso em porcentagem, como medida do sucesso da síntese. Por exemplo, se uma reação química mostra que é possível produzir 100 g de um composto, mas o processo gera apenas 85 g, então o rendimento é 85%. Uma síntese com alto rendimento pode gerar quantidades significativas de produtos inúteis se a reação o fizer como parte do processo de síntese. Em vez do rendimento, a química verde preconiza a *economia*

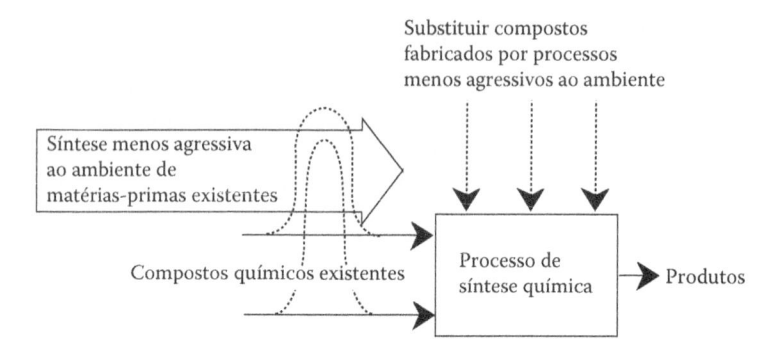

FIGURA 17.2 As duas abordagens gerais à implementação da química verde. As linhas curvas pontilhadas à esquerda representam as abordagens alternativas para os métodos menos agressivos ao ambiente para produzir compostos químicos já em uso na síntese química. A segunda abordagem, onde aplicável, consiste em adotar matérias-primas completamente diferentes e mais seguras para o ambiente.

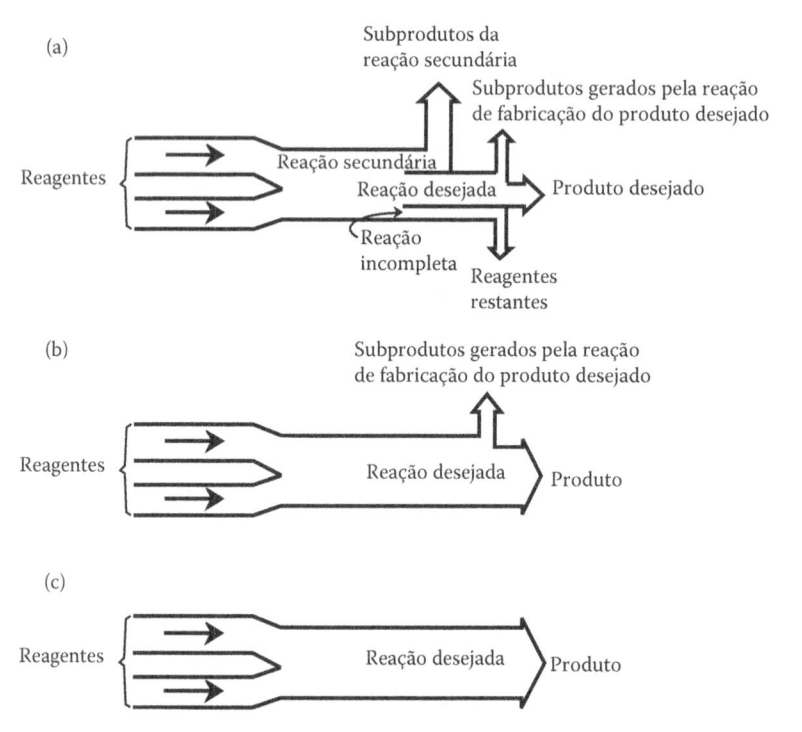

FIGURA 17.3 Ilustração do rendimento percentual e da economia de átomos: (a) Reação típica com rendimento abaixo de 100% e com subprodutos; (b) Reação com rendimento de 100%, mas com subprodutos inerentes à reação; (c) Reação com 100% de economia de átomos, sem reagentes restantes, sem subprodutos.

de átomos, a fração do material reagente que de fato é convertida no produto final. A economia de átomos é expressa pela equação

$$\text{Economia de átomos} = \frac{\text{Massa molar do produto desejado}}{\text{Massa molar total dos materiais gerados}} \quad (17.2)$$

Com 100% de economia de átomos, todo o material que entra no processo de síntese é incorporado no produto. Para utilizar matérias-primas com eficiência, o processo mais desejável deve ter essa característica. A Figura 17.3 ilustra os conceitos de rendimento e economia de átomos.

Outra medida quantitativa da química verde é o fator E, baseado no resíduo produzido em relação à quantidade do produto.[4] A expressão matemática mais simples do fator E é:

$$\text{Fator E} = \text{Massa total do resíduo} / \text{Massa total do produto} \quad (17.3)$$

17.6 Os insumos

Uma das decisões cruciais na implementação de um processo de fabricação de um composto ou produto químico é a seleção do insumo utilizado. Dentro do possível, esse insumo, além de impor o mínimo em termos de demanda nos recursos da terra, deve ser um material relativamente seguro, sem apresentar perigos em sua aquisição e refino. Em alguns casos os processos e reagentes necessários para isolar uma matéria-prima que do contrário seria segura na verdade a tornam perigosa, como observado com o uso de cianeto de alta toxicidade para remover níveis baixos de ouro do minério que o contém. Sempre que possível, um insumo deve ser *renovável*. Por exemplo, os insumos da biomassa que podem ser cultivadas de maneira constante são preferíveis às reservas de petróleo, que se extinguem.

De modo geral, o processo global de obtenção de um produto útil de um insumo, como o petróleo ou materiais biológicos, é dividido em três categorias, mostradas na Figura 17.4. Tanto o petróleo quanto as fontes biológicas de insumos em potencial são relativamente conhecidos. No caso das matérias-primas de petróleo, uma tecnologia de separação foi desenvolvida com alto grau de sofisticação. As tecnologias para a obtenção de matérias-primas a partir de recursos vegetais, como a extração de óleos com solventes ou a separação da celulose da lignina da madeira, também estão em

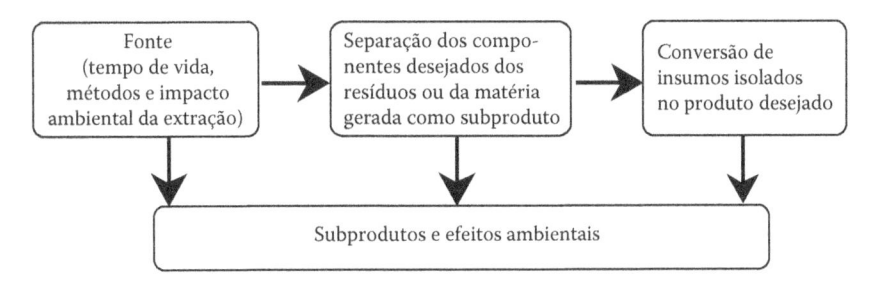

FIGURA 17.4 As três etapas principais da obtenção de insumo e sua conversão em produto útil. Cada etapa tem suas próprias implicações ambientais e pode tirar proveito dos princípios da química verde.

estágio avançado. Devido ao alto grau de desenvolvimento da indústria petroquímica, a ciência da conversão dos insumos do petróleo em produtos desejados tem alto grau de evolução, mas o mesmo não ocorre com os insumos de origem biológica.

17.6.1 Os insumos biológicos

Com alguns bilhões de toneladas de carbono fixadas na forma de biomassa a cada ano, os materiais de origem biológica têm um potencial de utilização enorme. Entre os diversos materiais desse tipo, o mais comum é a madeira. Grandes quantidades de celulose são geradas a cada ano em lavouras de diversas culturas, como o trigo e o milho. Embora uma parte da biomassa gerada na agricultura devesse ser devolvida ao solo para manter sua condição como substrato de cultura para espécies vegetais, há um excesso significativo de biomassa que pode ser utilizado como insumo. Os processos biológicos, sobretudo o crescimento da planta, produzem uma variedade de biopolímeros com possível utilidade como, além da celulose, a hemicelulose, o amido, a lignina, os lipídeos e as proteínas. As plantas também são fontes úteis de moléculas menores, como os monossacarídeos (glicose), os dissacarídeos (sucrose), os aminoácidos, as ceras, as gorduras, os óleos e os terpenos, incluindo aqueles utilizados na produção de borracha natural. O potencial da engenharia genética para produzir plantas com altos rendimentos de compostos químicos utilizáveis como insumos pode levar ao desenvolvimento de novas e atraentes fontes de insumos biológicos.

Insumos de origem biológica tendem a ser mais complexos que aqueles derivados do petróleo. Essa característica permite iniciar com um material em que a maior parte da síntese necessária na geração do produto já foi executada por uma planta viva. Além disso, muitos produtos desejáveis têm teores de oxigênio um tanto altos, e os materiais biológicos tendem a conter oxigênio ligado. Isso permite evitar a operação de conversão de um insumo formado por hidrocarbonetos do petróleo em um composto oxigenado, que muitas vezes requer condições agressivas, agentes oxidantes perigosos e catalisadores potencialmente problemáticos. Contudo, em alguns casos a complexidade das matérias-primas biológicas é uma desvantagem, porque é mais difícil converter uma molécula complexa em outra, bastante diferente, em comparação com a utilização de um insumo mais simples.

Os insumos biológicos são muitas vezes misturas complexas de materiais que necessitam de separação, processamento e purificação. As fábricas que executam esses processos são chamadas *biorrefinarias*.[5] As biorrefinarias devem ser projetadas e operadas de acordo com as melhores práticas da química verde. Essas práticas incluem a utilização de etanol produzido por fermentação ou de dióxido de carbono supercrítico (ver Seção 17.9) como solventes, o uso de biocatalisadores sempre que possível, a adoção de condições de processo menos severas e a alta eficiência na utilização de energia.

Sem dúvida, os insumos biológicos mais importantes para a síntese química são os carboidratos de origem vegetal, como a glicose, a frutose, a sucrose, o amido e a celulose. O amido e a celulose são polímeros de moléculas grandes da glicose, cujas fórmulas estruturais são dadas no Capítulo 22, Figuras 22.4 e 22.5. Os carboidratos, como o amido de milho e a sucrose da cana-de-açúcar, são gerados em grandes quantidades por diversas plantas. Além disso, os resíduos da celulose podem ser hidrolisados para gerar açúcares simples usados na síntese química. Uma das principais vantagens dos carboidratos na síntese química é sua abundância de grupos funcionais hidroxila, como mostra a fórmula estrutural da glicose. Esses grupos funcionais fornecem sítios de ligação para outros grupos e para o início de reações químicas que geram os produtos desejados. A biodegradabilidade natural dos carboidratos confere a esses compostos vantagens ambientais.

O biomaterial produzido por plantas mais abundante é a celulose. Hoje, ela tem diversos usos como insumo que no futuro se tornarão ainda mais numerosos, à medida que a biomassa vegetal suplanta a utilização de insumos de derivados do petróleo cada vez mais escassos.

Além da celulose, outro material abundante na biomassa vegetal é a lignina, um material de ligação complexo que atua na união das fibras da madeira e de outros materiais vegetais. Diferentemente da celulose dos carboidratos, que tem uma estrutura uniforme e é composta por unidades monoméricas de glicose apenas, a lignina tem uma estrutura molecular tridimensional variável, cuja principal característica é a unidade do fenilpropano (um anel benzeno ligado a uma cadeia de três carbonos) ao lado de outros hidrocarbonetos e grupos contendo oxigênio. A massa molecular da lignina pode ultrapassar 15.000. A variação nas características da lignina limita sua utilização como insumo de maneira considerável. Uma das desvantagens com relação ao uso da lignina na química verde é sua resistência a qualquer tipo de processo químico para convertê-la em produtos úteis. Um dos usos mais promissores dos abundantes recursos dessa substância é a produção de compostos fenólicos.

Descritos no Capítulo 22, Seção 22.5, os lipídeos são substâncias extraíveis de materiais biológicos por solventes orgânicos. Os lipídeos e os terpenos produzidos por plantas têm inúmeros usos em potencial como matéria-prima. Com teores elevados de hidrogênio e carbono e presença reduzida de oxigênio, os lipídios consistem em óleos, graxas e ceras com propriedades semelhantes a diversos materiais do petróleo. Alguns lipídios podem ser usados para sintetizar combustíveis líquidos ou até servir como combustíveis diretamente, como o biodiesel. Um dos primeiros motores a diesel que venceu o Grande Prêmio na Exibição de Paris de 1900 rodava a óleo de amendoim, combustível escolhido pelo governo francês, que desejava promover esse material produzido em abundância em algumas de suas colônias africanas.

Os óleos e as gorduras de origem vegetal são insumos muito importantes na indústria química.[6] Esses materiais são fonte de uma variedade de ácidos graxos, como o ácido oleico presente nas novas linhagens de girassol, o ácido linolênico da soja e linhaça, o ácido rinoleico do óleo de mamona, o ácido erúcico da colza e uma variedade de outros óleos encontrados em novas fontes vegetais hoje disponíveis. Quanto à síntese química, os ácidos graxos de fontes naturais oferecem vantagens devido à presença do grupo ácido carboxílico e, no caso de alguns desses ácidos, das ligações duplas C = C reativas na cadeia de carbonos.

17.7 Os reagentes

Os *reagentes* são agentes químicos que atuam nos insumos durante a síntese. Um reagente pode ser parcial ou mesmo integralmente incorporado em um produto, ou atuar na geração de uma mudança química no insumo. A seleção criteriosa de reagentes para a execução dos processos químicos pode ser um fator crucial no sucesso do desenvolvimento de uma operação da química verde. A utilização de um insumo não agressivo não tem muita utilidade se grandes quantidades de reagentes perigosos são necessárias no seu processamento.

Dois fatores importantes que governam a seleção de reagentes é a *seletividade do produto* e o *rendimento do produto*. Uma seletividade de produto elevada significa uma maior conversão do insumo no produto desejado, com mínima geração de subprodutos. Um alto rendimento de produto implica uma alta porcentagem do produto final obtida em relação ao rendimento máximo teórico estequiométrico. Quando elevados, tanto a seletividade quanto o rendimento do produto reduzem as quantidades de materiais necessários ao processo que têm de ser manuseados e separados.

Na seleção de reagentes e insumos seguros, é útil considerar as relações estrutura-atividade. Sabe-se que certas características estruturais ou grupos funcionais tendem a criar tipos específicos de perigos. Por exemplo, a presença de oxigênio e nitrogênio – especialmente de diversos átomos deste – muito próximos, em uma mesma molécula, pode torná-la mais reativa ou mesmo explosiva. A presença do grupo funcional N–N=O indica que o composto é *N–nitroso* (*nitrosamina*), muitos dos quais são carcinogênicos. A capacidade de doar grupos metila a biomoléculas pode tornar uma substância mutagênica ou carcinogênica. A substituição com grupos de hidrocarbonetos de cadeia mais longa pode reduzir esse risco.

Ao avaliar a segurança dos reagentes e escolher alternativas mais seguras, é preciso dedicar atenção especial aos *grupos funcionais* formados por átomos específicos que se reúnem. O potencial carcinogênico do grupo N–N=O já foi citado. Os aldeídos tendem a causar irritação em tecidos animais e são ativos fotoquimicamente, o que contribui para a formação do *smog*, quando esses compostos são liberados na atmosfera. Sempre que possível, o melhor é utilizar compostos alternativos quando um determinado grupo funcional representar algum problema. Além disso, é possível mascarar os grupos funcionais para gerar formas menos perigosas, voltando a desmascará-los na etapa da síntese onde sua funcionalidade for necessária.

A *oxidação* é uma das operações mais comuns na síntese química. A natureza da oxidação muitas vezes requer condições severas e reagentes agressivos, como o permanganato MnO_4^-, compostos de cromo (VI), como o dicromato de potássio $K_2Cr_2O_7$, o caro e tóxico tetraóxido de ósmio ou o ácido *m*-cloroperbenzoico. Portanto, um dos objetivos da química verde é o desenvolvimento de agentes e reações oxidantes menos agressivos.

A *redução* é uma operação comum na síntese química. Tal qual a oxidação, os reagentes utilizados na redução tendem a ser reativos e de difícil manuseio. Entre os reagentes redutores mais comuns estão o hidreto de lítio e alumínio, $LiAlH_4$, inflamável e bastante perigoso, e o hidreto de tributilestanho, capaz de liberar produtos voláteis e tóxicos contendo estanho. Tanto os agentes oxidantes quanto redutores utilizados na síntese química produzem subprodutos que precisam ser descartados com cuidado, a custos significativos.

A *alquilação* consiste na ligação de grupos alquila, como o grupo metila, $-CH_3$, a uma molécula orgânica. A ligação de um grupo alquila a um átomo de nitrogênio em uma amina é empregada como etapa na síntese de uma variedade de corantes, fármacos, pesticidas, reguladores de crescimento de plantas e outros compostos com fins específicos. Nesses casos, a alquilação muitas vezes é executada utilizando haletos de alquila ou sulfatos de alquila na presença de uma base, como mostrado a seguir para a ligação de um grupo metila a um N na anilina:

$$2\,C_6H_5-NH_2 + 2H_3C-O-\underset{\underset{O}{\|}}{S}(=O)-O-CH_3 + 2NaOH \longrightarrow$$
$$\text{Sulfato de dimetila}$$
$$2\,C_6H_5-N(H)(CH_3) + 2Na_2SO_4 + H_2O \quad (17.4)$$

Esse tipo de reação produz quantidades expressivas de sais inorgânicos como subprodutos, como o Na_2SO_4. Além disso, os haletos e sulfatos de alquila causam preocupações com relação à toxidez. Suspeita-se que o sulfato de dimetila seja um carcinógeno para os humanos.

Alguns carbonatos de dialquila tem toxicidade relativamente baixa e são agentes alquilantes muito eficientes que prometem fornecer uma alternativa mais segura aos haletos ou sulfatos de alquila em alguns tipos de reação de alquilação. A possibilidade de o carbonato de dimetila ser usado na metilação (alquilação em que um grupo metila, $-CH_3$, é ligado) foi melhorada com a síntese direta desse composto a partir do metanol e do monóxido de carbono na presença de um sal de cobre:

$$2H_3C-OH + CO + \tfrac{1}{2}O_2 \longrightarrow H_3C-O-\underset{\underset{O}{\|}}{C}-O-CH_3 + H_2O \quad (17.5)$$
$$\text{Carbonato de dimetila}$$

O carbonato de dimetila pode ser empregado na metilação do nitrogênio em compostos amina na temperatura de 180°C em condições de catálise de transferência de fase gás-líquido em fluxo contínuo (que envolve a transferência de espécies iônicas orgânicas reagentes entre a água e uma fase orgânica), como mostrado a seguir para a metilação da anilina:

$$2\,C_6H_5-NH_2 + 2H_3C-O-\underset{\underset{O}{\|}}{C}-O-CH_3 \longrightarrow$$
$$\text{Carbonato de dimetila}$$
$$2\,C_6H_5-N(H)(CH_3) + CH_3OH + CO_2 \quad (17.6)$$

O uso do carbonato de dimetila como agente metilante oferece duas vantagens: até 99% de eficiência na conversão com seletividades de 99% ou mais para o produto monometila. Os subprodutos são o dióxido de carbono e o metanol, que são inócuos e podem ser recirculados no processo para a produção de carbonato de dimetila (Reação 17.5). O carbonato de dimetila é útil, por exemplo, na fabricação de derivados do organonitrogênio monometila necessários na síntese de analgésicos como o ibuprofeno.

17.8 Os reagentes estequiométricos e catalíticos

Nas discussões sobre a química verde, com frequência é feita a distinção entre reações estequiométricas e catalíticas. Em uma *reação estequiométrica*, escrita em uma forma genérica como

$$A + B + C \rightarrow \text{Produtos} + D + E \qquad (17.7)$$

duas ou mais substâncias entram em reação para formar o produto desejado. Se a reação ocorre apenas entre A e B e se todos esses reagentes forem consumidos na geração do produto, a reação tem 100% de economia de átomos. Essa situação ideal raramente é observada na prática, porque (1) ou o elemento A ou o elemento B é um reagente limitante e parte do outro fica sem reagir, (2) apenas parte de ao menos um dos reagentes acaba no produto, e (3) são necessários reagentes adicionais para que a reação proceda.

Sempre que possível, é mais indicado substituir as reações estequiométricas pelas *reações catalíticas* nas quais, em uma situação ideal, um catalisador que não é consumido promove a reação com rapidez, especificidade e 100% de economia de átomos. A distinção entre reações estequiométricas e catalíticas é ilustrada na Figura 17.5, com a síntese do óxido de etileno, muito utilizada na síntese de etileno glicol (agente anticongelamento), solventes à base de ésteres de etileno glicol, poliésteres, etanolaminas e outros compostos. Embora gere rendimentos bastante altos, a via estequiométrica da cloridrina para o óxido de etileno requer como reagente o gás cloro, caro e perigoso, e produz 3,5 kg de cloreto de cálcio como resíduo por quilo de óxido de etileno formado. A via catalítica permite obter um rendimento de quase 80% sem gerar subprodutos, e os reagentes restantes podem ser reciclados no processo de síntese. Em 1975, a via catalítica havia ultrapassado a via de síntese por cloridrina.

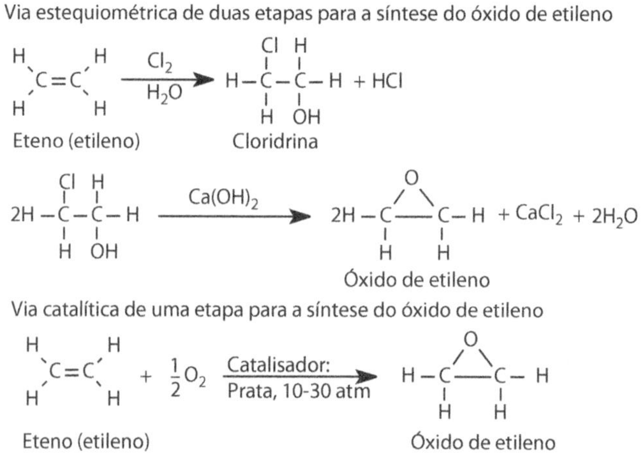

FIGURA 17.5 As rotas estequiométrica e catalítica para a síntese do óxido de etileno.

17.9 Os meios e solventes

Um *meio* é um termo utilizado em referência à matriz sobre a qual ou na qual os processos químicos ocorrem. O tipo e a intensidade da interação entre o meio e os reagentes em um processo químico desempenham um papel importante na determinação do tipo, do grau e da velocidade do processo. Embora os meios possam ser representados também pelos sólidos sobre os quais algumas reações ocorrem, o tipo mais comum de meio são os *solventes líquidos*, em que os reagentes são dissolvidos. Os solventes interagem com os solutos dissolvidos de várias maneiras e graus. Um fenômeno importante é a *solvatação*, em que as moléculas do solvente interagem com as moléculas do soluto. Um exemplo típico de solvatação é a atração das moléculas polares do solvente água por cátions e ânions dissolvidos. Essa capacidade confere à água a condição de solvente extraordinariamente bom para substâncias iônicas – ácidos, bases e sais – utilizadas com frequência em reações químicas. A capacidade da água de formar pontes de hidrogênio é importante porque ela consegue dissolver uma ampla gama de materiais biológicos que formam pontes de hidrogênio.

Além do emprego como meios de reação, os solventes têm outras finalidades, em especial nos processos de separação, purificação e limpeza. A água é o solvente mais abundante e seguro, e deve ser usada sempre que possível. Na verdade, um dos principais objetivos da química verde é converter processos para que utilizem água, dentro do permitido. Contudo, a água não é um solvente indicado para uma ampla gama de substâncias orgânicas de uso industrial. Portanto, o uso de solventes orgânicos à base de hidrocarbonetos e derivados, como hidrocarbonetos clorados, é inevitável em muitos casos. Além de atuar como meio de reação, os solventes orgânicos são utilizados como agentes limpantes e desengraxantes e como extratores na remoção de substâncias orgânicas do solo. Um dos principais usos dos solventes orgânicos é o de *veículo* para a aplicação, o espalhamento ou a impregnação (como ocorre em tecidos) de corantes dissolvidos ou em suspensão e outros agentes na formulação de tintas, revestimentos, corantes e materiais semelhantes.

Devido a sua natureza, os solventes causam mais problemas ambientais e de saúde do que outros participantes nos processos de síntese química. A maioria dos solventes é volátil e tende a escapar para o ambiente de trabalho e a atmosfera. Os solventes à base de hidrocarbonetos são inflamáveis e podem formar misturas explosivas com o ar, além de atuar na formação do *smog* fotoquímico quando liberados na atmosfera (ver Capítulo 13). Diversos efeitos adversos à saúde são atribuídos aos solventes. O tetracloreto de carbono, CCl_4, causa a peroxidação dos lipídios no corpo, processo que resulta em dano irreversível ao fígado. O benzeno causa problemas no sangue e acredita-se que leve à leucemia. Os alcanos voláteis C_5–C_7 prejudicam os nervos e podem resultar em uma condição conhecida como neuropatia periférica. A possibilidade de serem carcinogênicos é sempre um problema no manuseio de solventes no ambiente de trabalho.

Uma das principais variáveis a considerar na seleção e no uso de um solvente quanto à execução das boas práticas da química verde diz respeito aos efeitos toxicológicos e ambientais nos sistemas biológicos. Essa preocupação, obviamente, inclui os efeitos tóxicos para os seres humanos. Propriedades físicas como volatilidade, densidade e solubilidade são importantes na estimativa dos potenciais efeitos ambientais e biológicos. A lipofilicidade, definida como a tendência de dissolver o tecido lipídico, é uma medida da capacidade de um solvente de penetrar na pele e, por essa razão, é um fator importante na caracterização de seus efeitos biológicos. A persistência no ambiente e a biodegradação dos solventes também têm de ser consideradas. Cuidado especial deve ser tomado a fim de evitar o uso ou ao menos impedir a liberação na atmosfera de solventes voláteis capazes de se envolver nas reações de formação do *smog* fotoquímico. No passado, a ampla utilização dos clorofluorcarbonetos (CFC) voláteis como agentes de sopro na produção de plásticos porosos e espumas plásticas acarretou a dissipação generalizada desses compostos destruidores do ozônio na atmosfera (ver Capítulo 14).

A maior parte do progresso observado quanto à concretização das metas da química verde ocorreu com a substituição de solventes potencialmente problemáticos por substâncias menos perigosas. Alguns exemplos pertinentes desse tipo de substituição são mostrados na Tabela 17.1. O melhor solvente a ser utilizado, sempre que possível, é a água, discutida a seguir.

17.9.1 A água, o mais verde dos solventes

Embora não dissolva substâncias orgânicas hidrofóbicas, a água consegue reter essas substâncias em suspensão, na forma de matéria coloidal fina, o que, em alguns casos, permite seu uso em substituição a solventes orgânicos como meio de reações orgânicas, entre outras aplicações. Além de não dissolver substâncias orgânicas, a água sofre a desvantagem de reagir de modo intenso com alguns reagentes, como o $AlCl_3$ (usado nas reações de Friedel-Crafts, reduzindo em grande parte o $LiAlH_4$) e o sódio

TABELA 17.1 Os solventes para os quais alguns substitutos foram desenvolvidos

Solventes	Desvantagens do solvente	Substituto	Características do substituto
Benzeno	Tóxico, causa problemas no sangue e suspeita-se que cause leucemia, é metabolizado em fenol (tóxico)	Tolueno	Muito menos tóxico que o benzeno devido à presença de um substituinte metila oxidável pela via metabólica, produz como metabólito o ácido hipúrico, que é inofensivo
n-Hexano	Neurotóxico, causador de neuropatia periférica manifestada como perda de mobilidade, redução nas sensações em extremidades do corpo	2,5-Dimetil-hexano	Não tem a toxicidade do *n*-hexano, mas seu ponto de ebulição muito mais alto pode ser uma desvantagem
Éteres de glicol	O etileno glicol monometil éter e o etileno glicol monoetil éter têm efeitos adversos na reprodução e no desenvolvimento de animais	1-Metoxi-2-propanol	Menos tóxico que os éteres de glicol, mas é eficiente como solvente
Solventes orgânicos diversos	Inflamabilidade, toxicidade, baixa biodegradabilidade, tendência a contribuir para o *smog* fotoquímico	Dióxido de carbono supercrítico	Solvente bom e de ampla aceitação para solutos orgânicos, prontamente removido por evaporação, não poluente, exceto como gás estufa, se escapar

metálico, utilizado com finalidades específicas. Por outro lado, exatamente pelo fato de a água ser um solvente tão ineficiente com substâncias orgânicas – o *efeito hidrofóbico* – algumas reações orgânicas ocorrem melhor na presença de água como meio do que em solventes orgânicos. A água é um excelente solvente para algumas das moléculas biológicas mais hidrofílicas, como a glicose, que vêm ganhando preferência como reagentes em processos químicos verdes.

Ignorada quase que por completo durante o desenvolvimento da síntese orgânica, a água hoje recebe atenção renovada como meio para reações e processos da química orgânica. Isso se deve em grande parte ao fato de ela ser o solvente verde definitivo, sem contraindicações relativas ao ambiente, à segurança (inflamabilidade) ou à toxicologia. Com o aumento dos custos de produção dos solventes orgânicos, o fato de a água ser, em essência, grátis, só faz aumentar sua atratividade como solvente. Ela é um bom solvente para diversos materiais de origem biológica que hoje são preferidos como matérias-primas da química verde e, conforme colocado anteriormente, sua imiscibilidade com alguns reagentes organofílicos pode na verdade ser uma vantagem. Os produtos orgânicos insolúveis em água são prontamente separados dela, sem a necessidade de destilação, como ocorre com solventes orgânicos. O controle do calor e da temperatura é um aspecto relevante em vários processos químicos. Nesse caso, a água é o melhor solvente, devido a sua altíssima capacidade calorífica (ver Capítulo 3, Tabela 3.1).

17.9.2 O dióxido de carbono na fase densa como solvente

As substâncias que de modo geral são consideradas gases ganham propriedades especiais em condições de forte compressão. O diagrama geral da Figura 17.6 ilustra que, em temperaturas acima de um valor crítico, T_c, e em pressões maiores que a pressão crítica, P_c, as distinções entre líquido e gás desaparecem, e a substância se transforma em um *fluido supercrítico*. O fluido mais estudado é o dióxido de carbono, para o qual T_c é 31,1°C e P_c é 73,8 atm. Os fluidos supercríticos têm muitas propriedades solventes. No entanto, descobriu-se que o dióxido de carbono comprimido abaixo do ponto crítico, onde não é supercrítico, pode existir apenas como uma mistura de líquido e gás que também apresenta propriedades solventes excelentes. O termo *fluido em fase*

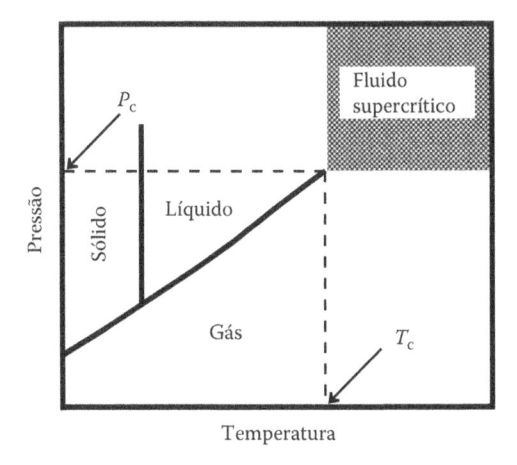

FIGURA 17.6 Diagrama temperatura-pressão mostrando o estado supercrítico.

densa é empregado para descrever uma substância muito comprimida e densa que pode ser um fluido supercrítico, um gás em alto grau de compressão ou uma mistura de gás e líquido.

Os fluidos em fase densa têm muitas propriedades solventes interessantes e foram investigados em seu papel extrator e na sua utilidade em separações cromatográficas (cromatografia supercrítica). Entre as características importantes desses fluidos está sua viscosidade, muito menor que a de líquidos convencionais (a viscosidade do CO_2 é de apenas 1/30 da viscosidade dos líquidos mais usados como solventes). Isso significa que os solutos difundem com mais rapidez em fluidos supercríticos, o que lhes permite reagir com maior velocidade. O amplo intervalo de variação das pressões e temperaturas dos fluidos em fase densa também permite que suas propriedades variem muito.

O dióxido de carbono supercrítico é um excelente solvente para solutos orgânicos, o que avaliza seu uso em substituição a solventes organoclorados na limpeza de peças metálicas e na lavagem a seco. Em algumas aplicações, uma das principais vantagens do dióxido de carbono supercrítico é que ele evapora de imediato dos solutos, quando a pressão é diminuída. Isso despertou o interesse no solvente como veículo em tintas e revestimentos. Para fins de reciclagem, com um aparato adequado o dióxido de carbono pode ser recuperado e recomprimido, atingindo outra vez o estado supercrítico. Essa possibilidade é uma vantagem frente às críticas contra a utilização do dióxido de carbono que, como bem se sabe, é um gás estufa quando liberado na atmosfera. O dióxido de carbono supercrítico tem uma natureza muito organofílica, que pode alcançar patamares excessivos para algumas aplicações com solutos mais polares ou iônicos. A adição de cossolventes polares, como o álcool metílico, consegue vencer essa desvantagem. Outro benefício do dióxido de carbono supercrítico como solvente é sua capacidade de dissolver gases, melhorada pela pressão muito alta em que ele precisa ser mantido. Isso permite que as reações ocorram com eficiência com reagentes gasosos no dióxido de carbono fluido supercrítico que, do contrário, não seriam possíveis.

Os fluidos supercríticos têm algumas desvantagens. A principal é que são necessários aparatos especiais para manter as condições relativamente severas desse estado. No entanto, o baixo custo, a alta abundância a partir de diversas fontes, a natureza atóxica, a não inflamabilidade e o fato de que o dióxido de carbono supercrítico não é classificado como solvente orgânico volátil são vantagens que promovem sua ampla utilização como solvente.

17.9.3 Os solventes expandidos em gás

Algumas das questões relativas ao manuseio e à segurança no uso do dióxido de carbono supercrítico podem ser solucionadas com a adoção de *solventes expandidos em gás*, compostos por gás pressurizado subcrítico (normalmente o dióxido de carbono) em contato com um solvente orgânico. O dióxido de carbono dissolve no líquido orgânico e causa a expansão do volume deste diversas vezes. É possível substituir até 80% do solvente orgânico com essa abordagem. As propriedades do solvente são alteradas de maneira significativa pela presença do dióxido de carbono. Uma das possibilidades interessantes com relação a essa técnica é que o dióxido de carbono, usado em extintores de incêndio, consegue diminuir muito a inflamabilidade de solventes à base de hidrocarbonetos, permitindo que eles substituam os hidrocarbonetos clorados líquidos que apresentam problemas de ordem ambiental e toxicológica.

17.10 As reações de melhoria

Um dos aspectos mais importantes da química verde é a melhoria na velocidade e no grau em que as reações químicas são completadas. As duas principais maneiras de obter essas melhorias são a adição de energia ao sistema da reação ou a redução da energia de ativação requerida para executar a reação.

Os catalisadores são substâncias que permitem que as reações prossigam com mais rapidez (ou que ocorram), e podem facilitar qualquer tipo de reação, como a oxidação, a redução e uma variedade de reações orgânicas. A escolha do catalisador é muito importante na implementação da química verde, porque essas substâncias podem aumentar os perigos dos processos químicos e gerar subprodutos problemáticos, além de contaminantes do produto desejado. Por exemplo, esses problemas ocorrem com catalisadores homogêneos profundamente misturados aos reagentes participantes da síntese química. Os catalisadores mais indicados nos processos da química verde são os de natureza heterogênea, como as peneiras moleculares, passíveis de serem mantidas completamente isoladas dos produtos. Dentro do possível, esses catalisadores devem ser atóxicos.

De modo geral, os catalisadores mais inseridos nos princípios da química verde são as enzimas produzidas por um organismo vivo e que atuam nos processos bioquímicos.[7] Por serem geradas em um organismo, em condições que facilitam a vida, as reações enzimáticas, por natureza, ocorrem em água em condições ambiente de temperatura e pressão. Em sua maioria, essas reações são muito rápidas e específicas, sendo utilizadas há milhares de anos em processos de fermentação, como a conversão da sucrose da cana-de-açúcar em glicose e frutose, com a intermediação da enzima *invertase*, e posterior fermentação desses monossacarídeos em etanol pela enzima *zimase*, produzida pelas leveduras. Recentemente, com o auxílio da tecnologia do DNA recombinante (engenharia genética), foram desenvolvidos processos enzimáticos para executar uma ampla variedade de processos químicos. As enzimas com função catalisadora podem desempenhar reações de oxidação e redução, de hidrólise, a transferência de grupos funcionais de ou para moléculas orgânicas e a adição de grupos em ligações duplas, ou o oposto.

O modo mais básico de introduzir energia em um sistema de reações consiste na adição de calor externo, o que pode ser feito com o mero aquecimento de um reator pelo lado externo, com serpentinas a vapor imersas no reator ou resistências elétricas no interior do sistema de reação. A prática da química verde procura desenvolver métodos mais elegantes para introduzir energia em um sistema de reação como alternativas ao aquecimento externo.

As *micro-ondas* podem ser utilizadas para acrescentar energia às reações, melhorando suas velocidades. As micro-ondas são uma forma de radiação eletromagnética com comprimentos de onda entre 1 cm e 1 m (frequência de 30 GHz a 300 Hz). Para evitar qualquer interferência com as bandas de micro-ondas empregadas na comunicação, os geradores de micro-ondas industriais e domésticos normalmente operam a 2,45 GHz. As micro-ondas são absorvidas por moléculas polares, como as da água, causando sua rápida reorientação em um campo de micro-ondas. O resultado é a incidência direta de uma alta dose de energia nas substâncias expostas às micro-ondas, o que aumenta a energia ofertada ao sistema e eleva a velocidade das reações. A energia das micro-ondas pode ser inserida pela via direta em volumes de reação relativamente pequenos, reduzindo a necessidade de materiais e minimizando resíduos. As micro-ondas melhoram (1) reações em meios aquosos, (2) reações em solventes orgânicos polares, como a dimetilformamida, e (3) reações conduzidas sem meio, como ocorre com misturas de reagentes sólidos.

Sujeitar um meio reacional à energia do ultrassom a frequências entre 20 e 100 kHz introduz pulsos energéticos muito altos nesse meio. Essa abordagem à melhoria de reações recebe o nome comum de *sonoquímica*. Na maioria das vezes o ultrassom é produzido pelo efeito piezoelétrico, no qual cristais de substâncias como o titanato de bário impregnado com cerâmica são submetidos a campos elétricos invertidos com rapidez, o que converte a energia elétrica em energia mecânica na forma de som, com eficiência que pode chegar a 95%. Uma das vantagens da sonoquímica é que ela introduz grandes quantidades de energia em regiões microscópicas, permitindo a ocorrência de reações sem precisar aquecer o meio de reação de modo apreciável.

A passagem de uma corrente elétrica contínua por um meio de reação pode causar tanto a redução quanto a oxidação. A redução, isto é, a adição de elétrons, e^-, pode acontecer no cátodo, com carga relativa negativa, ao passo que a oxidação, ou perda de elétrons, ocorre no anodo com carga relativa positiva. Um exemplo simples de processo eletroquímico utilizado para produzir compostos químicos industriais é visto quando uma corrente contínua flui pelo cloreto de sódio fundido, NaCl, produzindo sódio e cloro elementares. No cátodo, o íon sódio é reduzido:

$$Na^+ + e^- \rightarrow Na(l) \qquad (17.8)$$

e no ânodo ocorre a oxidação do íon cloro a gás cloro elementar:

$$2Cl^- \rightarrow Cl_2(g) + 2e^- \qquad (17.9)$$

que, juntas, dão a reação líquida:

$$2Na^+ + 2Cl^- \rightarrow 2Na(l) + Cl_2(g) \qquad (17.10)$$

Esta reação utiliza energia elétrica com eficiência e ocorre com 100% de economia de átomos.

A oxidação e a redução eletroquímicas são controladas pelos potenciais aplicados, pelo meio em que ocorre e pelos eletrodos usados. Em certo sentido, os processos eletroquímicos utilizam reagentes "livres de matéria". Não existe uma abordagem que se aproxime mais dos princípios da química verde ideal.

As *reações fotoquímicas* utilizam a energia dos fótons da luz ou da radiação ultravioleta. Para uma radiação eletromagnética com frequência ν, a energia de um fóton é dada pela equação $E = h\nu$, onde h é a constante de Planck. Uma vez que um fóton pode ser diretamente absorvido por uma molécula ou grupo funcional nela, a aplicação a um meio de reação da radiação eletromagnética com nível de energia adequado é capaz de introduzir uma grande quantidade de energia em uma espécie de reagente, sem aquecer o meio de maneira significativa. A energia fotoquímica permite que as reações de síntese ocorram com mais eficiência e menos produção de resíduos do que os processos não fotoquímicos.[8,9] Um exemplo é a acilação da benzoquinona com um aldeído para produzir uma acil-hidroquinona, um intermediário usado na fabricação de polímeros especiais:

Capítulo 17 A química verde e a ecologia industrial 573

$$\text{Benzoquinona} + \underset{H}{\overset{O}{\underset{\|}{C}}}{-}R \xrightarrow{h\nu} \text{Uma acil-hidroquinona} \quad (17.11)$$

(R é um grupo hidrocarboneto)

Essa reação ocorre com uma economia de átomos de 100%. Diferentemente do tipo padrão da reação de Friedel-Crafts, que utiliza o efeito catalítico de haletos ácidos do tipo ácido de Lewis, em especial o cloreto de alumínio, $AlCl_3$, o processo fotoquímico não requer substâncias catalíticas potencialmente reativas e sensíveis à umidade e ao ar.

Um reagente não tem de absorver um fóton de maneira direta para sofrer uma reação induzida fotoquimicamente. Em alguns casos, uma espécie com reatividade fotoquímica pode ser acrescida para absorver fótons e então produzir espécies reativas excitadas ou radicais livres que conduzem as outras reações. Um exemplo dessa possibilidade é o peróxido de hidrogênio, que absorve fótons

$$H_2O_2 + h\nu \rightarrow HO\cdot + HO\cdot \quad (17.12)$$

para produzir radicais hidroxila reativos que reagem com muitas outras espécies.

17.11 A ecologia industrial

A Figura 17.7 ilustra o velho modo da produção industrial prevalecente nos primeiros dias da revolução industrial. As matérias-primas e a energia eram retiradas de fontes

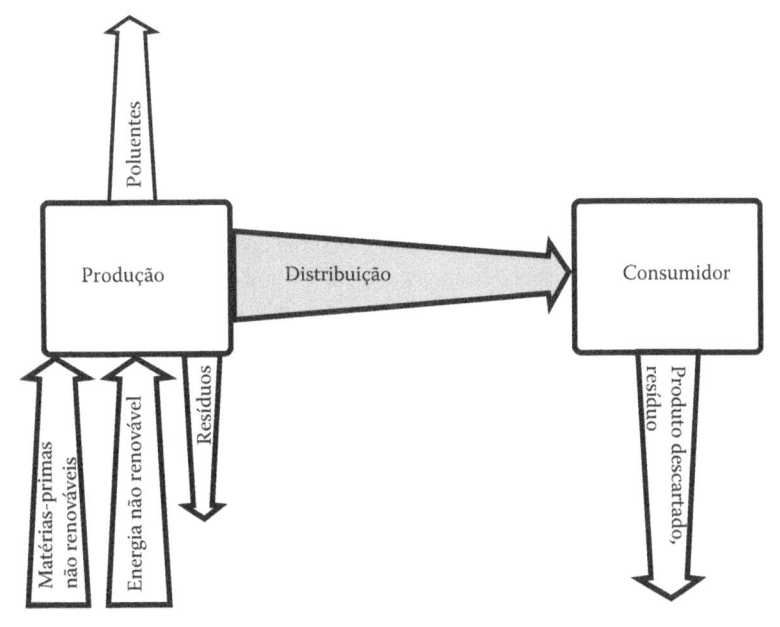

FIGURA 17.7 O velho modo de produção sem consideração ao consumo de energia e recursos não renováveis ou atenção à emissão de poluentes ou ao descarte de resíduos.

renováveis, como a madeira de matas primárias. Os produtos eram fabricados sem qualquer preocupação com a geração de resíduos ou a poluição. Os poluentes do ar e da água eram simplesmente liberados na atmosfera e despejados em cursos de água, e os resíduos sólidos, semissólidos ou líquidos eram largados na geosfera, à revelia de seus efeitos. Após utilizados, os produtos eram simplesmente descartados no ambiente, sem consideração às consequências ambientais desse ato. A noção de sustentabilidade era desconhecida. O resultado dessa abordagem à produção industrial foi a poluição da água e do ar acompanhada da disseminação de depósitos de lixo e do descarte indiscriminado de bens de consumo no solo.

Alguns dos efeitos negativos da produção insensata, sem cuidado com a sustentabilidade, foram discutidos na Seção 17.1. Foi mencionado no começo deste capítulo que uma alternativa viável ao velho modo insustentável de fazer as coisas se concretiza, em parte, na prática da ecologia industrial, reconhecida como disciplina ao redor de 1990. A *ecologia industrial* constitui uma abordagem abrangente à produção, distribuição, utilização e terminação de bens e serviços de maneira a maximizar a utilização mutuamente benéfica de materiais e energia entre empresas, reduzindo a níveis mínimos o consumo de matérias-primas e de energia não renováveis, com a prevenção à produção de resíduos e poluentes.[10] A prática da ecologia industrial envolve a otimização da utilização de materiais, começando com a matéria-prima, passando pela matéria acabada, pelo componente e pelo produto e, por fim, chegando ao destino do produto obsoleto e de seus componentes. Além dos materiais e recursos, a ecologia industrial considera a energia e o capital.

A Figura 17.8 ilustra a prática ideal da ecologia industrial, com o consumo mínimo de matérias-primas e energia, a produção reduzida de resíduos e a máxima circulação de materiais no interior dos sistemas.

A ecologia industrial é análoga à ecologia na natureza, em que os organismos criam intrincadas redes interdependentes pelas quais um tipo de organismo utiliza os resíduos produzidos por outro, no atendimento às próprias necessidades. Isso resulta em aumentos extremos de eficiência na utilização de recursos na natureza, com praticamente zero resíduos. Esses organismos vivem em ecossistemas naturais. Da mesma forma, as empresas que praticam a ecologia industrial operam em ecossistemas industriais.

Há diversas analogias importantes entre a ecologia industrial e a ecologia natural, como a evolução dos organismos e de seus ecossistemas por meio da seleção natural, em que os organismos se adaptam melhor a ambientes específicos ao evoluírem de acordo com processos genéticos. Os sistemas da ecologia industrial também evoluíram por meio de processos de seleção natural. Com o descarte de um produto utilizado e não desejado, alguma outra empresa terá de evoluir a fim de poder utilizar esse produto. Se nessa situação outra empresa mais bem adaptada entrar em cena, é esta que se torna a empresa dominante. Esse tipo de prática é observado desde o nascimento da atividade industrial, séculos antes da ecologia industrial alcançar reconhecimento formal. É preciso lembrar que, diante do conhecimento atual da natureza da ecologia industrial, um conceito semelhante ao de "desígnio inteligente" é perfeitamente aplicável aos ecossistemas industriais. Com base no conhecimento sobre os empreendimentos industriais, suas necessidades e mercados, e utilizando a enorme capacidade computacional hoje à disposição dos planejadores, os sistemas da ecologia industrial podem ser planejados, construídos e operados com funcionalidade e eficiência.

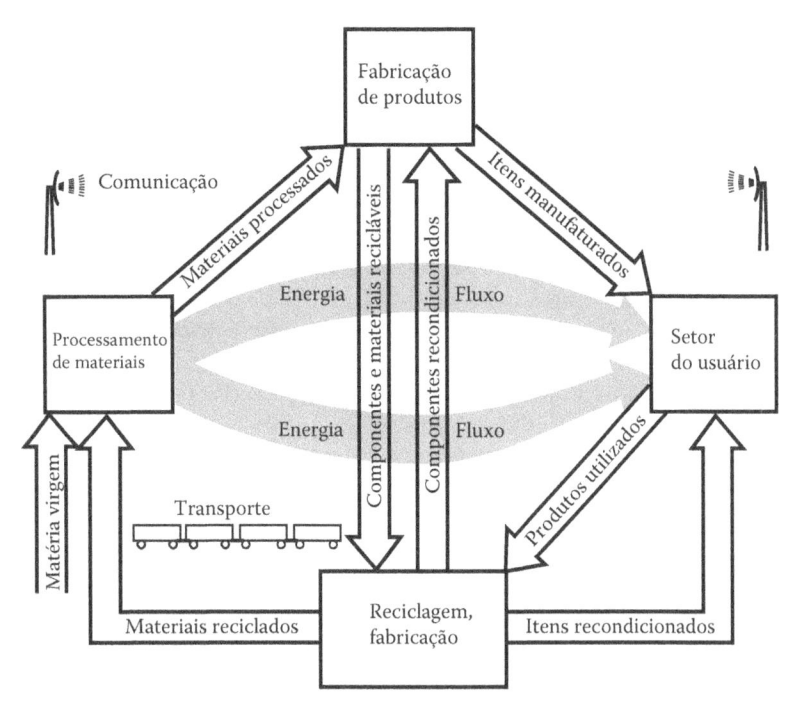

FIGURA 17.8 Os principais componentes de um ecossistema mostrando o fluxo máximo de materiais dentro dele.

Assim como os ecossistemas não são estáticos e passam por sucessão ecológica, por exemplo, pastagens → matagal → florestas, os ecossistemas industriais sofrem uma forma de sucessão ecológica. Os rápidos avanços nas técnicas de produção, as alterações nas fontes de matérias-primas ou energia e os mercados em constante mudança inevitavelmente transformarão o *mix* de empreendimentos em um ecossistema industrial e os modos como eles interagem. Portanto, deve ocorrer uma modalidade de seleção natural no sentido de disponibilizar os sistemas mais eficientes possíveis de ecologia industrial.

17.12 Os cinco principais componentes de um ecossistema industrial

Os ecossistemas industriais incluem todos os aspectos da produção, do processamento e do consumo. Como mostra a Figura 17.8, um ecossistema industrial é composto por uma variedade de componentes, resumidos nas seguintes categorias gerais: (1) O produtor dos materiais primários, (2) uma fonte de energia, (3) um setor de processamento e fabricação, (4) um setor de processamento de resíduos e (5) um setor de consumo. Em um sistema idealizado como esse, operando de acordo com as melhores práticas da ecologia industrial, o fluxo de materiais entre os principais centros é muito alto. Cada componente do sistema evolui de maneira a maximizar a eficiência com que ele utiliza materiais e energia.

É conveniente considerar os *produtores de materiais primários* e os *geradores de energia* juntos porque tanto os materiais quanto a energia são necessários para a operação do ecossistema industrial. O produtor ou os produtores de materiais primários podem ser representados por uma ou mais empresas dedicadas a fornecer os materiais básicos que sustentam o ecossistema industrial. Na maioria dos casos, em qualquer ecossistema industrial realista, uma fração significativa do material processado pelo sistema é composta por materiais virgens. Em muitos casos, e em número cada vez maior, à medida que aumenta a pressão em favor da reciclagem de materiais, quantidades expressivas de materiais são oriundas da reciclagem.

Os processos a que são submetidos os materiais virgens que entram no sistema variam com o tipo de material, mas em geral podem ser divididos em algumas etapas principais. A primeira etapa é a extração, concebida para remover a substância desejada o máximo possível das outras substâncias em meio as quais é encontrada. Esse estágio do processamento de materiais pode produzir grandes quantidades de resíduos que precisam ser descartados, como ocorre com alguns minérios de que o metal extraído compreende apenas uma pequena parte do material minerado. Em outros, como na produção de milho, insumo para diversos produtos que usam o grão, os "resíduos" – nesse exemplo específico, os caules da planta – podem ser deixados no solo para formar húmus e melhorar sua qualidade. É possível adotar uma etapa de concentração em seguida à extração, para purificar o material. Após, o material passa por etapas adicionais de refino, que incluem operações de separação. Feito isso, o material normalmente é submetido a etapas de processamento e preparação adicionais para obtenção do produto final. Ao longo das muitas etapas de extração, concentração, separação, refino, processamento, preparação e acabamento, diversas operações físicas e químicas são utilizadas com a geração de resíduos que precisam de descarte. Materiais reciclados podem fazer parte de diversas etapas do processo, embora na maioria das vezes sejam introduzidos no sistema após a etapa de concentração.

A obtenção e preparação das fontes de energia podem seguir muitas das etapas apresentadas para a extração e preparação de materiais. Por exemplo, os processos envolvidos na extração do urânio de seu minério e de enriquecimento para a obtenção do isótopo radioativo fissionável urânio-235 e as etapas da fundição para a geração das barras de combustível atômico usado na produção de energia da fissão nuclear incluem todos os estágios de processamento descritos anteriormente. Por outro lado, algumas fontes ricas em carvão são simplesmente escavadas de um veio e enviadas para uma usina termelétrica e usadas na produção de energia com o mínimo de processamento, que inclui apenas a separação e a moagem.

Os materiais reciclados acrescidos ao sistema durante a fase de produção de materiais primários e energia são obtidos junto a fontes pré- e pós-consumo. Por exemplo, o papel reciclado pode ser macerado e adicionado durante a etapa de polpação na fabricação de papel; o alumínio reciclado pode ser acrescido na etapa de fundição, durante a produção dos lingotes.

Os materiais acabados obtidos junto a produtores de materiais primários entram na fabricação do produto no *setor de processamento e produção*, que muitas vezes é um sistema bastante complexo. Por exemplo, a montagem de um automóvel requer aço para a carroceria, plástico para diversos componentes, borracha para os pneus, chumbo para a bateria e cobre para os cabos elétricos, além de outros materiais. Por praxe, a primeira etapa da produção e do processamento de materiais é a operação de moldagem. Por exemplo, o laminado de aço usado na fabricação das peças da carroceria do automóvel é cortado, estampado e soldado para dar a configuração prescrita no projeto da carroceria. Nessa etapa são formados rejeitos que precisam de descarte. Os compostos de fibra de carbono/epóxi restantes da formação de peças, como os blocos da turbina de aeronaves a jato, são exemplos desses resíduos. Os componentes acabados da etapa de moldagem entram na fabricação do produto acabado, pronto para o mercado consumidor.

O setor de processamento e produção de materiais representa muitas oportunidades de reciclo. Neste ponto da discussão, é útil definir duas vertentes diferentes de materiais reciclados.

- As *correntes de reciclo no processo* incluem materiais reciclados na própria operação de produção.
- As *correntes de reciclo externas* consistem em materiais reciclados em outros fabricantes ou de produtos pós-consumo.

Os materiais apropriados para o reciclo variam muito. De modo geral, os materiais das correntes de reciclo em processo são os mais adequados porque são os mesmos materiais usados na operação de produção. Os materiais do reciclo externo, sobretudo os de fontes pós-consumo, variam de modo expressivo em termos de características, por conta da falta de controle efetivo sobre esse tipo de material. Logo, os fabricantes normalmente demonstram relutância em utilizar esse tipo de material.

No *setor do consumidor*, os produtos são vendidos ou alugados aos consumidores que os utilizam. A duração e a intensidade do uso variam de produto para produto: toalhas de papel são utilizadas apenas uma vez, ao passo que um carro pode ser usado milhares de vezes ao longo de muitos anos. No entanto, em ambos os casos o fim da vida útil do produto é sempre atingido e, nesse momento, ele é (1) descartado ou (2) reciclado. O sucesso de um sistema de ecologia industrial total pode ser medido em grande parte pelo grau em que o reciclo de materiais prevalece sobre o descarte.

O reciclo é tão utilizado, que um *setor de processamento de resíduos* especialmente voltado para essa função em um sistema econômico é definido. Esse setor é formado por empresas que lidam de maneira específica com a coleta, a separação e o processamento de materiais recicláveis e sua distribuição ao consumidor final. Essa operação pode ser privada ou envolver esforços em parceria com órgãos governamentais. Com frequência ela é motivada por leis e regulações que estipulam multas pelo mero descarte de itens e materiais usados, além de incentivos econômicos e regulatórios para a reciclagem.

17.13 O metabolismo industrial

O *metabolismo industrial* se refere aos processos a que os materiais e componentes são submetidos nos ecossistemas industriais, sendo análogo aos processos metabólicos que ocorrem com alimentos e nutrientes nos sistemas biológicos. Tal como o metabolismo biológico, o metabolismo industrial pode ser discutido em diversos níveis. Um nível do metabolismo industrial em que a química verde, de modo especial, entra em ação é o nível molecular, em que as substâncias são alteradas pela via química para a obtenção de materiais ou a geração de energia. O metabolismo industrial pode ser abordado no contexto das operações unitárias em uma unidade de produção, em nível de fábrica, em nível de ecossistema industrial e até mesmo global.

Uma diferença expressiva entre o metabolismo industrial tal como praticado hoje e os processos do metabolismo biológico diz respeito aos resíduos que esses sistemas geram. Os ecossistemas naturais evoluíram de maneira que resíduos, de acordo com a definição comum do termo, não existem. Por exemplo, as partes das plantas restantes após a biodegradação de materiais vegetais formam o húmus (ver Capítulo 16), que melhora as condições do solo em que crescem. Contudo, os sistemas industriais antropogênicos se desenvolveram com base em métodos que geram grandes quantidades de resíduos, onde um resíduo pode ser definido como o *uso dissipativo de recursos naturais*. Além disso, o uso de materiais pelos seres humanos apresenta uma tendência de diluí-los ou dissipá-los no ambiente. Esses materiais podem acabar assumindo uma forma física ou química que inviabiliza sua recuperação, em função da energia e do esforço necessários. Um ecossistema industrial de sucesso supera essas tendências.

Os organismos que efetuam seus processos metabólicos degradam materiais a fim de extrair energia (catabolismo) e sintetizar novas substâncias (anabolismo). Os ecossistemas industriais desempenham funções análogas. O objetivo do metabolismo industrial em um ecossistema industrial exitoso é a produção de bens desejáveis com níveis mínimos de subprodutos e resíduos, mas isso impõe desafios significativos. Por exemplo, a produção do chumbo usado em baterias de automóvel requer a mineração de grandes quantidades do metal, a extração da fração relativamente pequena do minério contendo o mineral sulfeto de chumbo e o processamento térmico e a redução do mineral extraído para obter o chumbo metálico. Todo esse processo gera grandes quantidades de rejeitos contaminados com chumbo a partir da operação de extração e volumes expressivos de dióxido de enxofre como subproduto, que deve ser recuperado e usado na produção de ácido sulfúrico e não liberado no ambiente. Em comparação, a via da reciclagem retira o chumbo quase puro de baterias recicladas e apenas o funde para produzir chumbo para baterias novas. As vantagens da reciclagem nesse caso são óbvias. Os processos metabólicos industriais que utilizam a reciclagem são indicados porque a abordagem disponibiliza recursos praticamente constantes de materiais no ciclo da reciclagem.

Os organismos vivos possuem sistemas sofisticados de controle. Considerando o metabolismo que ocorre em um ecossistema natural, percebe-se que ele é *autorregulador*. Se os herbívoros que consomem a biomassa vegetal se tornarem abundantes demais, reduzindo o estoque dessa biomassa, esses indivíduos não poderão ser mantidos, as populações morrerão e o recurso nutritivo volta a crescer. Os ecossistemas de sucesso são aqueles em que esse mecanismo de autorregulação opera de modo contínuo, sem variações populacionais. Os sistemas industriais não são equipados com a capacidade nata de operar de uma maneira autorreguladora vantajosa para o ambiente que os envolve, ou para si próprios, no longo prazo. Exemplos desse insucesso na autorregulação de sistemas industriais são comuns, em que as companhias produziram grandes quantidades de bens de valor marginal, com desperdícios, acabando com recursos em um breve espaço de tempo e descartando materiais em áreas adjacentes, poluindo o ambiente nesse processo. Apesar dessas experiências negativas, se inseridos em uma estrutura legal e regulatória concebida para evitar resíduos e excessos, os ecossistemas industriais podem funcionar com base na autorregulação. Essa autorregulação funciona melhor em condições de reciclagem máxima, em que o sistema não depende de recursos finitos de matérias-primas e energia.

17.14 O fluxo de materiais e o reciclo em um ecossistema industrial

Um ecossistema industrial possui diversos pontos onde os materiais são reciclados e diversos pontos onde resíduos são produzidos. O maior potencial de geração de resíduos está nos estágios iniciais do ciclo, onde grandes quantidades de materiais pouco úteis associados à matéria-prima, como rejeitos minerais, talvez exijam descarte. Em muitos casos, pouca coisa de valor – se houver alguma – pode ser obtida desses resíduos e, por isso, o melhor a fazer é devolvê-los à respectiva fonte (normalmente uma mina), se possível. Outra grande fonte potencial de resíduos e que muitas vezes causa a maioria dos problemas é representada pelos resíduos gerados ao final do ciclo de vida de um produto. Com a adoção de um ciclo de ecologia industrial projetado de modo adequado, esses descartados podem ser minimizados e, na situação ideal, eliminados por completo.

De modo geral, a quantidade de resíduo por unidade produzida diminui ao longo do ciclo da ecologia industrial, começando com as matérias-primas virgens e indo até o produto final acabado. Outro aspecto importante é que a quantidade de energia gasta no tratamento de descartados ou no reciclo diminui nos estágios mais avançados do ciclo. Por exemplo, o refugo de ferro gerado na fresagem e estampagem de peças automotivas pode ser reciclado do fabricante para o produtor primário do ferro na forma de rejeito para a produção de aço. Para ser usável, esse tipo de aço precisa ser refundido e passar pelo mesmo processo de fabricação outra vez, com consumo de energia considerável. No entanto, um item pós-consumo, como um bloco de motor, pode ser recondicionado e reciclado para o mercado a um gasto energético relativamente menor.

17.15 O ecossistema industrial Kalundborg

O exemplo de ecossistema industrial citado com mais frequência é o de Kalundborg, na Dinamarca, e seus diversos componentes são mostrados na Figura 17.9. Até certo ponto o sistema Kalundborg evoluiu de maneira espontânea, sem um planejamento específico como ecossistema industrial. Ele se baseou em duas grandes concessionárias de energia (as duas maiores empresas de seus setores no país): a termelétrica ASNAES, com capacidade para gerar 1500 MW, e o complexo de refino de petróleo Statoil, que produz entre 4 e 5 milhões de toneladas de produtos ao ano. A usina elétrica vende vapor de processo à refinaria de petróleo, pelo qual recebe gás de chaminé e água de refrigeração. O enxofre removido do petróleo é enviado para a fábrica de ácido sulfúrico Kemira. O calor liberado como subproduto dos dois geradores de energia é utilizado para aquecer residências e estabelecimentos comerciais do distrito, estufas e as operações em um criadouro de peixes. O vapor da usina termelétrica é aproveitado pelo laboratório Novo Nordisk, que produz enzimas industriais e 40% do suprimento de insulina comercializado no mundo, e tem faturamento anual de $2 bilhões. Essa fábrica gera um lodo biológico que é usado como fertilizante em fazendas da região, nas formas líquida e desidratada. O sulfato de cálcio gerado como subproduto da remoção do enxofre com lavagem em cal na usina termelétrica é usado pela empresa Gyproc na fabricação de painéis de gesso. Essa mesma empresa também usa o gás de queima limpa da refinaria de petróleo como combustível. As cinzas volantes oriundas da combustão do carvão entram na fabricação de cimento e revestimento de leito de estradas. O Lago Tisso serve como fonte de água doce. Entre os demais exemplos de utilização eficiente de materiais em Kalundborg estão o uso de lodo

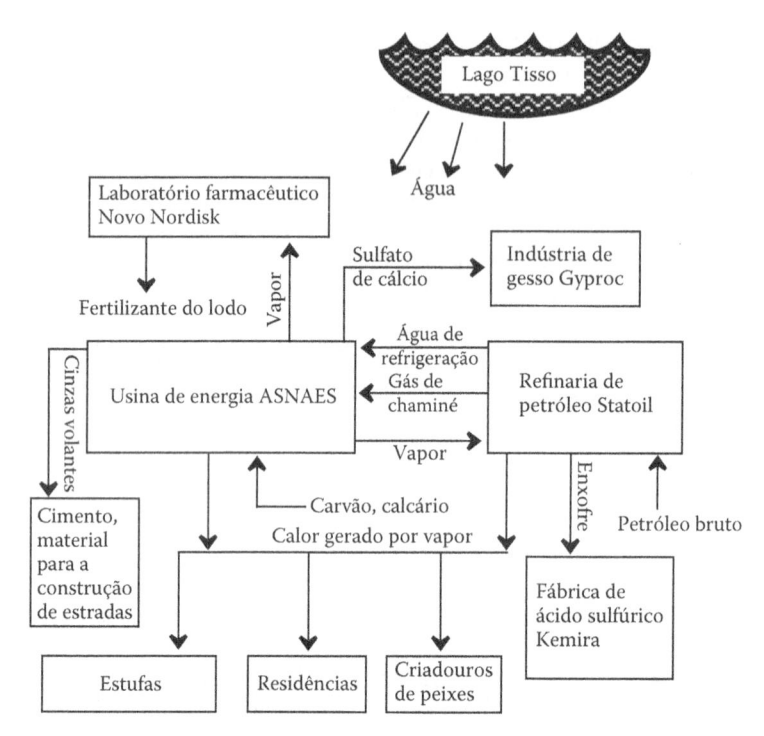

FIGURA 17.9 O ecossistema industrial de Kalundborg, na Dinamarca, frequentemente citado como exemplo de sucesso da prática da ecologia industrial.

da estação de tratamento de água e de resíduos do criadouro de peixes como fertilizante e a mistura do excesso de leveduras da produção de insulina pela Novo Nordisk como suplemento alimentar de suínos.

O desenvolvimento do complexo Kalundborg foi longo, com início na década de 1960, e oferece noções sobre o modo como um ecossistema industrial pode evoluir naturalmente. A primeira das muitas abordagens sinergísticas (com vantagens mútuas) foi a cogeração de vapor utilizável e eletricidade pela usina de energia ASNAES. No princípio o vapor era vendido para a refinaria de petróleo Statoil. Com o tempo, à medida que as vantagens da produção em larga escala e centralizada de vapor ficaram claras, o vapor passou a ser fornecido também às residências, às estufas, ao laboratório farmacêutico e ao criadouro de peixes. A necessidade de produzir energia de modo mais limpo com a simples queima de carvão com alto teor de enxofre resultou em duas outras relações de sinergia. A operação da unidade de lavagem a cal para a remoção do enxofre na chaminé da termelétrica gerava grandes quantidades de sulfato de cálcio, que encontrou mercado na fabricação de painéis de gesso. Descobriu-se também que o gás de queima limpa, subproduto do refino de petróleo, poderia ser usado em substituição parcial ao carvão queimado na termelétrica, reduzindo ainda mais a poluição.

A implementação do ecossistema Kalundborg ocorreu sobretudo devido ao contato pessoal próximo e prolongado entre os gerentes das diversas empresas em uma rede profissional e social relativamente estreita. Todos os contratos se basearam em princípios consagrados dos negócios, e têm caráter bilateral. Cada empresa atua com vistas a seus próprios interesses e não existe um plano principal para o sistema como entidade. As agências reguladoras têm demonstrado disposição de cooperar, mas não são coercitivas na promoção do sistema. As indústrias signatárias dos contratos mantêm ótimas relações, pois as capacidades de uma atendem às necessidades da outra em cada contrato bilateral assinado. As distâncias físicas entre essas empresas são curtas e administráveis, pois não é economicamente interessante transportar *commodities* como vapor ou lodo fertilizante por longas distâncias.

17.16 A consideração dos impactos ambientais no estudo da ecologia industrial

Por natureza, a produção industrial tem impacto no ambiente. Sempre que matérias-primas são extraídas, processadas, utilizadas e, por fim, descartadas, alguns impactos ambientais são inevitáveis. No projeto de um sistema ecológico industrial, são muitos os tipos principais de impacto ambiental que devem ser considerados a fim de minimizá-los e mantê-los dentro de limites aceitáveis. Esses impactos e as medidas tomadas para mitigá-los são o tópico desta seção.

Na maioria dos processos industriais, o impacto ambiental inicial é gerado na extração da matéria-prima. Esse impacto pode ser direto, como na extração de minérios, ou indireto, como na utilização de biomassa de florestas ou lavouras. Nesse sentido, uma decisão básica diz respeito à escolha do tipo de material que será usado. Sempre que possível, deve-se escolher materiais sem risco de escassez no futuro próximo. Por exemplo, a sílica empregada na fabricação de linhas usadas na comunicação por fibra ótica tem suprimento ilimitado, o que a torna uma escolha muito mais adequada do que o cobre extraído de reservas finitas de minérios do elemento.

Os sistemas de ecologia industrial devem ser concebidos para reduzir ou mesmo eliminar por completo as emissões de poluentes atmosféricos. Entre os recentes avanços nessa área está a marcante redução e, em alguns casos, a erradicação, das emissões de solventes na forma de vapor (carbono orgânico volátil, COV), sobretudo de solventes organoclorados. Alguns progressos foram feitos também com a captura de vapores de solventes. Em outras situações o emprego de solventes foi completamente abolido, como os CFC, que deixaram de ser usados como agentes de sopro na fabricação de espuma plástica e limpadores de peças mecânicas por conta de seu potencial de afetar o ozônio estratosférico. Entre as outras emissões de poluentes do ar que deveriam ser eliminadas estão os vapores de hidrocarbonetos, como o metano, CH_4, e os óxidos de nitrogênio ou enxofre.

Os despejos de poluentes aquáticos devem ser eliminados por completo, sempre que possível. Por muitas décadas, sistemas eficientes e eficazes de tratamento de água foram empregados para minimizar a poluição aquática. Contudo, essas são medidas de "fim de tubo", e é muito melhor que os sistemas industriais sejam projetados de maneira a sequer gerar poluentes aquáticos em potencial.

O projeto de sistemas da ecologia industrial deve contemplar a prevenção à geração de resíduos líquidos que talvez tenham de ser enviados a um processador de resíduos. Esses poluentes são de duas categorias amplas: os resíduos baseados em água e os contendo líquidos orgânicos. Nas condições atuais, o principal constituinte dos chamados "resíduos perigosos" é a água. A eliminação da água da corrente de resíduos automaticamente impede a poluição e reduz as quantidades de poluentes que precisam ser descartados. Os solventes presentes nos resíduos orgânicos em sua maioria são formados por compostos com potencial para reciclagem ou combustão. Um ecossistema projetado de modo adequado não permite que esses resíduos sejam gerados nem que deixem a fábrica.

Além dos resíduos líquidos, muitos poluentes sólidos precisam ser considerados em um ecossistema industrial. Os mais problemáticos são os sólidos tóxicos que devem ser descartados em um aterro industrial seguro. Esse problema ganhou um caráter especialmente grave em algumas nações industrializadas onde os espaços para aterros são bastante limitados. De modo geral, os resíduos sólidos não passam de recursos que não foram utilizados de maneira apropriada. Uma maior cooperação entre fornecedores, fabricantes, consumidores, reguladores e recicladores tem o poder de minimizar as quantidades e os riscos dos resíduos sólidos.

Sempre que há gasto de energia, certo grau de impacto ambiental é gerado. Portanto, a eficiência energética deve ter alta prioridade em um ecossistema industrial projetado com critérios adequados. Progressos significativos foram feitos nessa área, nas últimas décadas, tanto pelos custos energéticos elevados quanto pela melhoria ambiental. Dispositivos mais eficientes, como motores de alto rendimento, e abordagens como a cogeração de eletricidade e calor, que tiram o maior proveito possível dos recursos energéticos, estão em alta hoje em dia. Uma das vantagens adicionais do emprego eficiente de energia é a diminuição das emissões de poluentes atmosféricos, inclusive de gases estufa.

17.17 Os ciclos de vida: expandindo e fechando o ciclo dos materiais

Em termos gerais, a visão tradicional da utilização de um produto é representada pelo processo unidirecional de extração → produção → consumo → descarte mostrado na parte superior da Figura 17.10. Os materiais extraídos e refinados são incorporados na produção de itens úteis, via de regra com base em processos que geram grandes quantidades de resíduos como subprodutos. Após utilizados e gastos, esses produtos são descartados. Esse percurso essencialmente unidirecional acarreta uma considerável exploração de recursos, como minérios, acompanhada pela constante acumulação de resíduos. Porém, como mostra a parte inferior da Figura 17.10, esse percurso unidirecional pode se fechar em um ciclo, onde os produtos manufaturados são utilizados, e então reciclados ao final da vida útil. Um dos aspectos desse sistema cíclico é o reconhecimento, por parte dos fabricantes, de sua responsabilidade pelos produtos que geram, a fim de se manter "acompanhando o produto"*. Em uma situação ideal, nesse tipo de sistema um produto e/ou o material utilizado em sua fabricação teriam ciclos de vida infinitos. Alcançado o fim de sua vida útil, ele seria recondicionado ou convertido em outro produto.

A partir da discussão anterior e do restante deste capítulo, é possível concluir que toda a ecologia industrial diz respeito à *ciclagem de materiais*. Essa abordagem foi resumida em uma frase atribuída a Kumar Patel, da University of California, Los Angeles: "A meta é *ir do berço à reencarnação*"**, pois, quando a ecologia industrial

---

* N. de T.: Em inglês, *product stewardship*.
** N. de T.: Jogo de palavras com a expressão idiomática *from the cradle to the grave*, do berço ao túmulo, usada para aludir a todo o período de vida de uma pessoa.

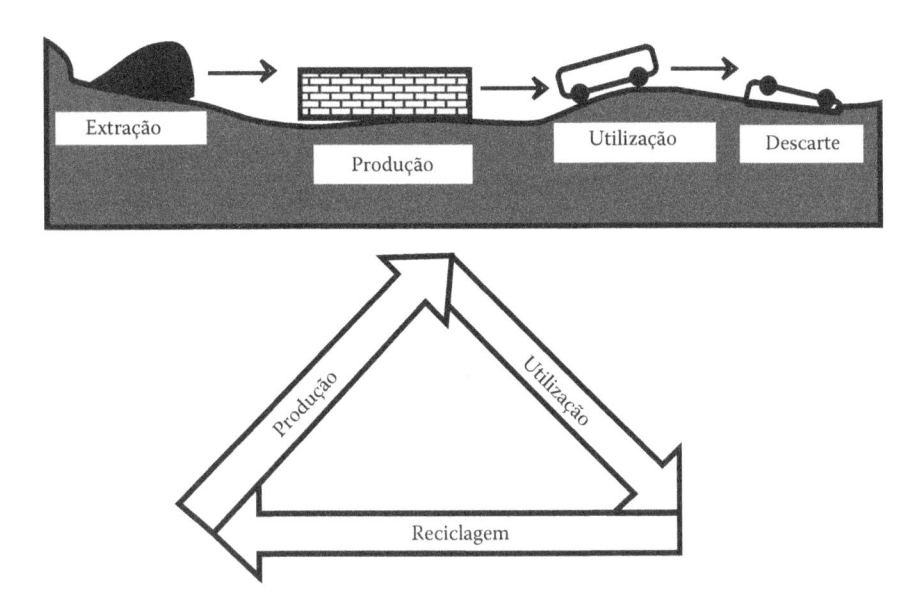

FIGURA 17.10 O caminho unidirecional convencional da utilização de recursos na fabricação de produtos acompanhada pelo descarte de materiais e produtos consome grandes quantidades de materiais e gera grandes volumes de resíduos (parte superior). Em um ecossistema industrial ideal (parte inferior), o ciclo é fechado e os produtos usados são reciclados na fase de produção.

é praticada corretamente, não existe a morte". Para que a ecologia industrial seja eficiente, a ciclagem de materiais deve ocorrer em nível máximo de pureza do material e de estágio de desenvolvimento do produto, conforme apresentado a seguir, em relação à *utilidade incorporada*.

Ao considerar os ciclos de vida, é importante observar que o comércio é dividido em duas categorias amplas: *produtos* e *serviços*. Embora no passado a maior parte da atividade comercial estivesse concentrada na oferta de grandes quantidades de bens e produtos, a demanda expressa por alguns segmentos populacionais foi em grande parte atendida, e as economias mais ricas deslocam suas atividades para um sistema baseado em serviços. A maior fatia das transações comerciais em uma sociedade moderna consiste em uma mistura de serviços e bens de consumo. A tendência de uma economia baseada em serviços oferece duas grandes vantagens relativas à minimização de resíduos. Não resta dúvida de que um serviço puro envolve pouco material. Em segundo lugar, um prestador de serviços está em uma posição muito melhor para controlar materiais, garantindo que sejam reciclados, bem como a geração de resíduos, assegurando o descarte adequado. Um exemplo citado com frequência é o das copiadoras. Elas prestam um tipo de serviço, e uma copiadora usada incessantemente requer manutenção e limpeza frequentes. As peças de uma máquina como essa e os consumíveis, como os cartuchos de *toner*, compõem os materiais que um dia terão de ser descartados ou reciclados. Nesse caso, muitas vezes é razoável para o prestador alugar a máquina aos usuários, assumindo a responsabilidade por sua manutenção e destino final. Mas essa ideia poderia ser levada adiante, incluindo a reciclagem do papel processado pela copiadora, com o prestador assumindo a responsabilidade pelo papel reciclável utilizado nas impressões em seu equipamento.

Em muitos casos, para fins de praticidade, a reciclagem precisa ser praticada em escala maior que aquela de um único produto ou setor industrial. Por exemplo, a reciclagem de plásticos utilizados como vasilhame de refrigerantes para o reengarrafamento de bebidas não é permitida devido aos possíveis problemas de contaminação. Contudo, esses plásticos podem ser usados como insumo para peças automotivas. Muitas vezes, diferentes empresas estão envolvidas na fabricação de autopeças e garrafas de refrigerante.

17.17.1 O acompanhamento do produto

O grau em que os produtos são reciclados é fortemente afetado pela custódia desses produtos. Por exemplo, as pilhas de cádmio ou mercúrio representam problemas de poluição significativos quando são compradas pelo público para serem utilizadas em uma variedade de dispositivos, como calculadoras e câmeras, e então descartadas por diversas vias, inclusive o lixo urbano. No entanto, quando essas pilhas são usadas dentro de uma única organização, é mais fácil garantir que praticamente todas sejam levadas para a reciclagem. Em casos como esse, sistemas de acompanhamento seriam concebidos em que a publicidade e a produção teriam um alto grau de controle sobre o produto. Há diversas maneiras de realizar esse acompanhamento, uma das quais consiste em permitir que o fabricante retenha a propriedade do produto, tal como praticado com frequência com as copiadoras. Outro mecanismo prevê que uma parte significativa do preço de compra seja reembolsada em uma troca por um item novo. Essa abordagem funciona muito bem com as pilhas de cádmio ou mercúrio. O preço de compra normal poderia ser duplicado e então reduzido pela metade com a apresentação de uma pilha usada na troca por uma nova.

17.17.2 A utilidade incorporada

Na Figura 17.11, há uma "pirâmide energia/materiais" que mostra que as quantidades de energia e material envolvidas diminuem dos materiais até o produto final. A implicação desse diagrama é que a reciclagem executada próximo ao topo da cadeia de fluxo de materiais permite um consumo muito menor de energia e, sem dúvida, uma redução também nas quantidades de materiais empregadas, em comparação com a reciclagem na base da pirâmide.

Na reciclagem em etapa inferior, um material ou componente retorna ao sistema em uma etapa próxima às primeiras etapas de sua fabricação. Por exemplo, um bloco de motor de automóvel pode ser fundido para gerar metal com que novos blocos serão produzidos. Com a reciclagem em etapa superior, o item ou material é reciclado na etapa mais próxima possível do final da cadeia. No caso do bloco de motor, ele pode ser limpo, as paredes do pistão retificadas, as superfícies planas reaplainadas, após o que ele é usado como plataforma de montagem de um novo bloco. Nesse exemplo e em muitos outros que poderiam ser citados, a reciclagem em etapa superior usa menos energia e materiais, logo, é mais eficiente.

A maior usabilidade e as menores necessidades energéticas da reciclagem de produtos em etapas mais elevadas do fluxo de material recebem o nome de *utilidade incorporada*. Um dos principais objetivos de um sistema de ecologia industrial e,

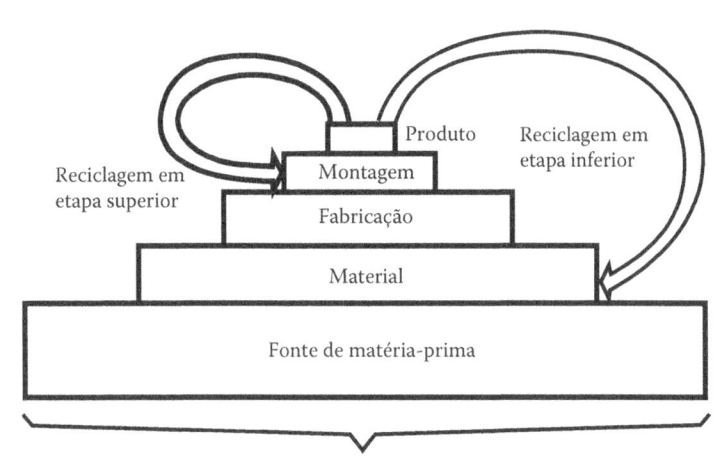

Quantidade de materiais e energia envolvidos

FIGURA 17.11 Uma pirâmide da cadeia de fluxo de energia/materiais. Menos energia e materiais são envolvidos quando a reciclagem é feita junto ao final da cadeia, retendo a utilidade incorporada.

portanto, uma das principais razões para executar as avaliações de ciclo de vida, é reter a utilidade incorporada nos produtos com base em medidas como a reciclagem o mais próximo possível do final do fluxo de material e a substituição apenas dos componentes dos sistemas que se desgastaram ou que se tornaram obsoletos. Um exemplo dessa última situação foi visto na década de 1960, quando os eficientes e altamente confiáveis motores a turboélice foram instalados nas fuselagens de aeronaves ainda em serviço para substituir os então complexos motores a pistão, o que estendeu o tempo de vida dessas aeronaves por uma década ou mais.

17.18 A avaliação do ciclo de vida

Desde o princípio, a ecologia precisa considerar o design de processo e de produto na gestão de materiais, inclusive os destinos finais dos materiais no momento do descarte. O produto e os materiais nele presentes devem ser submetidos a uma completa *avaliação (ou análise) do ciclo de vida*. Uma avaliação do ciclo de vida se aplica a produtos, processos e serviços por todo o ciclo de vida de cada um, desde a extração de matérias-primas – passando por fabricação, distribuição e uso – até o destino final, com a meta de determinar, quantificar e, por fim, minimizar o impacto ambiental que causam. Ela leva em consideração a fabricação, a distribuição, o uso, a reciclagem e o descarte. A avaliação do ciclo de vida é benéfica sobretudo na determinação dos méritos ambientais relativos de produtos e serviços alternativos. Em nível de consumidor, por exemplo, essa avaliação poderia examinar o desempenho de copos de papel em comparação aos copos de isopor. Em escala industrial, uma avaliação do ciclo de vida seria feita entre usinas nucleares e usinas elétricas operadas com combustíveis fósseis.

Uma etapa básica na análise do ciclo de vida é a *análise de inventário*, que fornece informações qualitativas e quantitativas quanto ao consumo de material e energia (no começo do ciclo), além das emissões na atmosfera, hidrosfera, geosfera e atmosfera (durante ou no fim do ciclo). Ela está baseada em diversos ciclos e orçamentos de materiais, e quantifica os materiais e a energia que precisam ser disponibilizados e as vantagens e desvantagens dos produtos. A área afim, a *análise de impactos,* gera dados sobre o tipo e o grau dos impactos ambientais resultantes de um ciclo de vida completo de um produto ou atividade. Uma vez avaliados os impactos ambientais e de recursos, é efetuada uma *análise de melhorias* para determinar as medidas que podem ser tomadas a fim de reduzir impactos no ambiente e nos recursos.

Ao executar uma avaliação do ciclo de vida, os seguintes aspectos têm de ser considerados:

- A seleção dos tipos de material que minimizam resíduos, dependendo das possibilidades de escolha.
- Os tipos de materiais que podem ser reutilizados e reciclados.
- Os componentes que podem ser reciclados.
- Os caminhos alternativos para os processos de fabricação ou para suas partes integrantes.

Embora uma avaliação completa do ciclo de vida seja cara e demorada, ela oferece retornos significativos ao diminuir impactos ambientais, conservar recursos e reduzir custos. Isso é válido especialmente se a análise for feita em um estágio inicial do desenvolvimento de um produto ou serviço. Técnicas computacionais sofisticadas representam um avanço considerável em termos de facilidade e eficácia das avaliações do ciclo de vida. Até pouco tempo atrás essas avaliações ficavam restritas a materiais e produtos simples, como fraldas de pano em comparação a fraldas descartáveis. Um dos principais desafios atuais consiste em expandir esses esforços a produtos e sistemas mais complexos, como os fabricados no setor de aviação e eletrônicos.

17.18.1 O escopo da avaliação do ciclo de vida

Uma etapa crucial no começo da avaliação do ciclo de vida consiste em definir o *escopo* do processo, determinando as condições de contorno (ou limites), o espaço, os materiais, os processos e os produtos a serem considerados. Tomemos como exemplo a produção de peças que são lavadas em um solvente organoclorado de acordo com um processo em que parte do solvente se perde por evaporação na atmosfera, por retenção na superfície das peças, pela destilação e purificação pelas quais ele é recondicionado para ser reutilizado, e pelo descarte de solvente usado e que não pode ser purificado. O escopo da avaliação do ciclo de vida poderia ser bem restrito, limitando-se ao processo como tal. Por exemplo, uma dessas avaliações mensuraria as perdas de solventes, os impactos dessas perdas e os meios de reduzi-las, como a diminuição das emissões na atmosfera com a instalação de filtros de carvão ativado ou a minimização de perdas durante a purificação com a adoção de processos de destilação mais eficientes. Uma avaliação com escopo mais amplo consideraria as alternativas ao uso de um solvente organoclorado. Indo além, uma avaliação ainda mais abrangente questionaria até a necessidade de essas peças serem fabricadas; existem alternativas para elas?

17.19 Os bens de consumo, produtos recicláveis e de serviços (duráveis)

Na ecologia industrial, a maioria dos tratamentos à análise do ciclo de vida faz uma distinção entre *bens de consumo*, que são essencialmente utilizados até não serem mais úteis ao consumidor e então descartados no ambiente durante o ciclo de vida, e os *serviços ou produtos duráveis*, que permanecem em sua forma original após o uso. A gasolina é um bem de consumo, enquanto o carro em que é queimada é um produto durável. No entanto, é importante definir uma terceira categoria de produtos que se "gastam" durante a utilização para a qual foram gerados e que mesmo assim permanecem no ambiente, em grande parte. O óleo lubrificante dos motores de automóveis pertence a essa categoria, pois a maior parte do material original permanece após o uso. Esse tipo de material pode ser chamado de *commodity reciclável*.

17.19.1 As características desejáveis dos bens de consumo

Os bens de consumo incluem detergentes domésticos, sabonetes, cosméticos, fluidos de limpeza de para-brisa, fertilizantes, pesticidas, cartuchos de impressoras e todo e qualquer outro material impossível de recuperar após o uso. As implicações ambientais do uso desse tipo de bens de consumo são muitas e profundas. Por exemplo, no final da década de 1960 e no começo da década de 1970, os surfactantes não biodegradáveis presentes nos detergentes causavam graves problemas quanto às propriedades organolépticas da água nas estações de tratamento e nos pontos de despejo de esgotos, e as bases de detergentes contendo sulfatos promoviam a proliferação excessiva de algas nas águas receptoras, levando à eutrofização (ver Capítulo 7). O chumbo presente como aditivo na gasolina era amplamente dispersado no ambiente durante a queima desse combustível. Esses problemas encontraram solução na adoção de detergentes livres de fosfato com surfactantes biodegradáveis e o uso de gasolina sem chumbo.

Por estarem destinados a se dispersarem no ambiente, os bens de consumo precisam atender a diversos critérios de "não agressão ao ambiente", como, entre outras características, serem:

- *Degradáveis*: O termo normalmente implica serem biodegradáveis, como os constituintes de detergentes domésticos detectados nas estações de tratamento de efluentes e no ambiente. A degradação química também pode ocorrer.
- *Não bioacumuláveis*: Substâncias lipossolúveis e pouco biodegradáveis, como o DDT e os PCB, tendem a acumular em organismos e a se disseminar nas cadeias alimentares. Essa característica deve ser evitada no caso de bens de consumo.
- *Atóxicos*: Dentro do possível, os bens de consumo não podem ser tóxicos nas concentrações a que os organismos poderão estar expostos. Além de não poderem apresentar toxicidade aguda, os bens de consumo não devem ser mutagênicos, carcinogênicos nem teratogênicos (agentes causadores de defeitos de nascença).

17.19.2 As características desejáveis dos produtos recicláveis

O termo *recicláveis* é empregado para descrever materiais que não são utilizados por completo a exemplo de como os detergentes domésticos ou *toners* de copiadoras são consumidos, e que, ao mesmo tempo, não são bens duráveis. Nesse contexto, os recicláveis podem ser entendidos como substâncias e formulações químicas. Os HCFC usados como fluidos refrigerantes estão nessa categoria, assim como o etileno glicol misturado à água nas formulações anticongelamento em radiadores de motores (embora na prática sejam pouco reciclados).

Dentro do possível, os recicláveis devem oferecer perigo mínimo com relação à toxicidade, inflamabilidade e outros riscos. Por exemplo, os solventes à base de hidrocarbonetos voláteis e os à base de organoclorados (hidrocarbonetos clorados) são recicláveis após serem utilizados como agentes desengraxantes de peças ou em outras aplicações que requeiram um bom solvente para substâncias orgânicas. Os solventes à base de hidrocarbonetos têm toxicidades relativamente baixas, mas podem trazer risco quanto à inflamabilidade durante o uso e a recuperação para reciclagem. Os solventes organoclorados são menos inflamáveis, mas têm maior risco de toxicidade. Um exemplo desse tipo de solvente é o tetracloreto de carbono, que é tão não inflamável que no passado era empregado em extintores de incêndio mas que hoje tem aplicações bastante restritas por conta da alta toxicidade.

Uma característica obviamente importante dos recicláveis diz respeito a seu projeto e formulação, pois precisam ser passíveis de serem reciclados. Em alguns casos não existem muitas possibilidades relativas à formulação de materiais com potencial de reciclagem. Por exemplo, o óleo lubrificante de motores precisa atender a certos critérios de desempenho, como a capacidade de lubrificação, a resistência a altas temperaturas e outros atributos, independentemente de seu destino final. Em outros casos as formulações podem ser modificadas de maneira a melhorar a reciclabilidade. Por exemplo, o uso de tinta lavável ou que possa ser removida com alvejantes em jornais melhora a reciclabilidade do papel jornal, o que permite que seja recuperado até alcançar um nível de brilho aceitável.

Para algumas *commodities* o potencial para a reciclagem é enorme, como no caso dos óleos lubrificantes. O volume de óleos lubrificantes de motores a combustão interna vendido nos Estados Unidos a cada ano é da ordem de 2,5 bilhões de litros, um número que dobra se considerados também os lubrificantes para outros tipos de motores. Um aspecto com importância especial na utilização de recicláveis é a coleta. No caso do óleo de motores, as porcentagens coletadas por consumidores que efetuam a troca de óleo em casa são pequenas, o que demonstra sua responsabilidade pela dispersão de grandes volumes de óleo usado no ambiente.

17.19.3 As características desejáveis dos produtos duráveis

Uma vez que, ao menos em princípio, os produtos duráveis são destinados à reciclagem, suas restrições com relação a materiais são relativamente menores que aquelas relativas ao descarte final. Um dos principais obstáculos à reciclagem desse tipo de produto é a carência de canais convenientes pelos quais possam ser inseridos no ciclo da reciclagem. Televisores e máquinas de lavar roupa e fornos têm muitos componentes recicláveis, mas na maioria das vezes acabam em aterros e lixões porque não há meios práticos para passá-los do usuário ao ciclo de reciclagem. Nesses casos fica evidente a necessidade de intervenção governamental no sentido de proporcionar esses canais. Uma solução parcial para o problema de descarte/reciclagem está no aluguel de serviços de preparação ou no pagamento de cauções para itens como pilhas para garantir que sejam retornadas ao reciclador. Os termos "recompra" ou "compra reversa"'* descrevem um processo pelo qual as *commodities* duráveis são retornadas a um local específico, como um estacionamento, onde poderiam ser coletadas para reciclagem. De acordo com esse cenário, a analogia com um supermercado seria uma instalação onde o produto durável é coletado e desmontado para a reciclagem.

Muito pode ser feito com relação ao projeto de bens duráveis a fim de facilitar a reciclagem. Uma das principais características desses produtos deve ser a facilidade de desmontagem para que os componentes recondicionáveis, como fiações de cobre, sejam prontamente removidos e separados para o reaproveitamento.

17.20 O projeto para o ambiente

O *projeto para o ambiente* é um termo usado em referência à abordagem de projeto e engenharia de produtos, processos e instalações focados na minimização de seus impactos ambientais negativos e, onde possível, na maximização dos efeitos ambientais positivos. Nas operações industriais modernas, o projeto para o ambiente faz parte de um esquema mais amplo chamado de "projeto para X", onde "X" representa diversas características, como montagem, manufaturabilidade, confiabilidade e facilidade de manutenção. Durante esse tipo de projeto, muitas características desejáveis do produto precisam ser levadas em conta, como utilização pelo consumidor, propriedades, custos e aparência. O projeto para o ambiente exige que os projetos de produto, o processo pelo qual é fabricado e as instalações envolvidas em sua fabricação estejam em conformidade com as metas ambientais apropriadas e limitações impostas pela necessidade de manter a qualidade ambiental. Precisa considerar também o destino final do produto, sobretudo se pode ser reciclado ao final de sua vida útil média.

17.20.1 Produtos, processos e instalações

Na discussão sobre o projeto para o ambiente, a distinção entre produtos, processos e instalações precisa ser posta em perspectiva. *Produtos* – pneus de automóveis, detergentes domésticos e refrigeradores – são itens vendidos a consumidores. *Processos* são os meios de geração de produtos e serviços. Por exemplo, os pneus são fabricados por um processo em que monômeros de hidrocarbonetos são polimerizados para produzir a borracha que será moldada na forma de um pneu com uma carcaça de reforço formada por fibras sintéticas e uma malha de aço. Uma *instalação* é o local onde processos são conduzidos para gerar produtos ou executar serviços. Nos casos onde os serviços são considerados produtos, a distinção entre produtos e processos é indefinida. Por exemplo, um serviço de tratamento de gramados entrega produtos na forma de fertilizantes, pesticidas e sementes de grama, além de serviços como o corte, a aparação e a aeração do solo.

Embora os *produtos* tendam a receber maior atenção do público na consideração sobre questões ambientais, os *processos* muitas vezes têm impacto maior no ambiente. Um projeto de processo de êxito é mantido em operação por anos, sendo utilizado para fabricar uma ampla variedade de produtos. Enquanto o produto de um processo pode ter impacto ambiental mínimo, o processo pelo qual ele é feito talvez acarrete efeitos ambientais marcantes. Um exemplo dessa situação é a fabricação do papel.

---

* N. de T.: Em inglês, *de-shopping* e *reverse shopping*, nessa ordem.

O impacto ambiental do papel como produto, mesmo quando descartado de modo inadequado, não é muito grande, mas o processo pelo qual é produzido envolve a derrubada de florestas para obter madeira, a utilização de grandes volumes de água, a provável emissão de diversos poluentes atmosféricos, além de outros fatores com profundas implicações para o ambiente.

Dois processos desenvolvem relações simbióticas quando um fornece um produto ou serviço utilizado por outro. Um exemplo dessa relação é visto entre a fabricação de aço e a produção de oxigênio necessário no processo, em que as impurezas de carbono e silício são oxidadas no ferro derretido, no que se define como produção do aço. Os tempos de vida longos e a ampla aplicabilidade dos processos populares ditam a importância extrema do projeto nas questões ambientais.

A natureza de um sistema de ecologia industrial que funcione de forma adequada é tal que os processos estão mais interconectados do que em qualquer outro cenário, porque os subprodutos de alguns desses processos são utilizados por outros. Portanto, os processos empregados nesse tipo de sistema e os inter-relacionamentos entre eles têm importância especial. Uma grande mudança em um processo pode causar um "efeito dominó" nos outros.

17.20.2 Os principais fatores no projeto para o ambiente

Duas decisões essenciais que têm de ser executadas no projeto para o ambiente envolvem materiais e energia. As escolhas de materiais que entram na produção de um automóvel ilustram alguns dos possíveis *trade-offs**. O aço usado como componente das carrocerias requer quantidades relativamente grandes de energia e envolve interferências no ambiente significativas durante a mineração e o beneficiamento do minério de ferro. Por ser um material um tanto pesado, a energia necessária para deslocar veículos construídos em aço é maior. Contudo, o aço tem durabilidade, uma alta taxa de reciclagem e é produzido a partir de fontes abundantes de minério de ferro. O alumínio é muito mais leve que o aço e tem boa durabilidade, sendo uma das *commodities* mais recicladas. Fonte primária rica em alumínio, a bauxita não é tão abundante quanto os minérios de ferro, e a produção primária de alumínio requer grandes quantidades de energia. Os plásticos representam outra fonte de materiais usados na montagem de um automóvel. O peso reduzido desse material diminui o consumo de combustíveis. A obtenção de plásticos com propriedades definidas não é difícil e a moldagem e formação de peças plásticas são processos simples. No entanto, as peças plásticas de um automóvel têm baixa reciclabilidade.

Três características de um produto que devem ser levadas em conta no projeto para o ambiente estão inter-relacionadas: a durabilidade, a capacidade de manutenção e a reciclabilidade. A *durabilidade* refere-se simplesmente ao tempo que um produto resiste antes de parar de funcionar. Alguns produtos são notáveis por sua durabilidade. Os antigos tratores com motores de dois cilindros fabricados pela John Deere nas décadas de 1930 e 1940 fizeram história nos círculos de fazendeiros por conta de sua durabilidade, aumentada pela afeição despertada em seus proprietários que se esforçavam por conservá-los. A *capacidade de manutenção* é uma medida da facilidade e dos custos de executar a manutenção de um produto. Um produto passível de ser

---

* N. de T.: Termo que define uma situação em que existe algum conflito relativo a uma escolha.

consertado tem menores chances de ser descartado quando parar de funcionar, por alguma razão. A *reciclabilidade* envolve o grau e a facilidade com que um produto ou seus componentes podem ser reciclados. Um dos aspectos importantes da reciclabilidade é a facilidade com que um produto pode ser desmontado em constituintes formados por um único material reciclável. Ela leva em conta também se os componentes são feitos de materiais que podem ser reciclados.

17.20.3 Os materiais perigosos no projeto para o ambiente

Uma das principais variáveis no projeto para o ambiente é a redução da dispersão de materiais e poluentes perigosos. Esse esforço envolve a redução ou eliminação de materiais perigosos na fabricação, como a substituição dos CFC usados como agentes de sopro na produção de plásticos e que destroem o ozônio na estratosfera. Se for possível encontrar substitutos adequados, os solventes clorados um tanto tóxicos e persistentes não devem ser utilizados em processos de fabricação como a lavagem de peças. O uso de materiais perigosos no produto – como pilhas contendo cádmio, mercúrio e chumbo tóxicos – precisa ser abolido ou minimizado. Pigmentos contendo cádmio ou chumbo não devem ser utilizados se houver substitutos apropriados. A utilização dos HCFC e dos hidrofluorocarbonetos no lugar dos CFC destruidores do ozônio em produtos como refrigeradores e condicionadores de ar é um exemplo da expressiva redução no uso de materiais perniciosos ao ambiente em processos produtivos. A eliminação das PCB dos transformadores elétricos, compostos muito persistentes, acabou com um grande problema relativo a resíduos perigosos gerados com o uso de um produto muito comum.

17.21 A segurança intrínseca

O uso do nitrogênio na construção da ferrovia Central Pacific na Califórnia na década de 1860 ensina uma lição sobre o manuseio seguro de materiais. No dia 3/4/1866, 70 engradados de nitroglicerina altamente explosivos a bordo do cargueiro a vapor European em sua viagem para a Califórnia explodiram na costa caribenha do Panamá, matando 50 pessoas e causando prejuízos expressivos. Somente duas semanas mais tarde, dois engradados de nitroglicerina, cuja entrega fora impedida por conta das péssimas condições em que se encontravam, explodiram em um escritório da Wells Fargo Company em San Francisco, causando a morte de 15 pessoas e resolvendo o problema sobre o que deveria ser feito com essas mercadorias danificadas. Dois dias após esse incidente, seis trabalhadores da ferrovia Central Pacific morreram no canteiro de obras nas montanhas de Sierra Nevada, em uma explosão causada pela nitroglicerina utilizada em substituição à pólvora, bem menos eficiente para explodir o terreno durante a abertura da ferrovia. Em vista desses acidentes, os legisladores californianos rapidamente aprovaram uma legislação proibindo o transporte de nitroglicerina pelas cidades de San Francisco e Sacramento.

Aparentemente as medidas de segurança tomadas pelas autoridades californianas impediriam o uso da poderosa nitroglicerina na construção da ferrovia Central Pacific, o que acarretaria um grande atraso nas obras. Porém, o químico britânico James Howden venceu a licitação para a produção de nitroglicerina no local de uso para o enorme projeto de construção da Central Pacific. Ele produzia até 50 kg por dia do explosivo, de acordo com a necessidade, sem quaisquer ferimentos causados por uma eventual explosão da substância. Esse é um exemplo do manuseio seguro de um material. A glicerina e os ácidos sulfúrico e nítrico necessários à fabricação do explosivo poderiam ser transportados ao local com relativa segurança e sem risco de explosão. A nitroglicerina, verdadeiramente perigosa, era produzida apenas quando necessário e em nenhum momento houve quantidades da substância disponíveis em um único lugar capazes de causar uma explosão. Por fim, a nitroglicerina era transportada apenas por distâncias curtas, minimizando os riscos de acidentes com esse explosivo notoriamente sensível.

Um processo químico é considerado inerentemente seguro quando medidas permanentes foram integradas a ele para reduzir ou eliminar riscos específicos. Essa segurança intrínseca pode ser realizada com base em cinco abordagens:

1. Utilizar apenas quantidades mínimas de substâncias perigosas. No exemplo da nitroglicerina, quantidades relativamente pequenas do explosivo eram fabricadas por vez.
2. Utilizar uma substância menos perigosa. Em 1867, Alfred Nobel inventou a dinamite, composta por nitroglicerina absorvida em um condutor, por exemplo, serragem, com segurança de manuseio muito maior que a nitroglicerina pura, embora conservasse grande parte de seu poder explosivo.
3. Utilizar condições mais seguras. Em um processo químico, essa iniciativa envolve a execução de reações a temperaturas e pressões mais baixas e na presença de um catalisador de modo que, se um problema ocorrer, os resultados não sejam tão catastróficos.
4. Simplificar. Como regra, processos mais simples são mais seguros. Etapas adicionais aumentam as possibilidades de as coisas saírem errado.
5. Maximizar a operação em estado estacionário com processos contínuos que evitam problemas possíveis durante partidas e paradas.

17.21.1 Mais segurança com menor tamanho

A segurança pode ser aumentada com o uso de "reatores verdes"[11], muitas vezes com a adoção de um recurso simples: a mera diminuição das proporções de uma operação e das quantidades de um material, no que é chamado estratégia de *minimização*. Um exemplo comum de minimização é a substituição de reatores de batelada de grande porte por reatores de fluxo contínuo pequenos (Figura 17.12). Os grandes reatores de batelada são utilizados no aumento da escala de produção, de um processo de batelada conduzido em laboratório para a produção comercial. Um reator desse porte com grandes quantidades de material pode ser bastante problemático se algo der errado, como na ocorrência de uma reação que leve a um descontrole térmico. Esses reatores são utilizados com frequência devido à mistura e ao aquecimento lentos que exigem que os reagentes permaneçam em contato por longos períodos de tempo, mesmo que a reação ocorra com rapidez assim que entram em contato. É melhor utilizar um reator de recirculação pequeno que possibilite uma mistura eficiente e uma transferência rápida de energia, a fim de permitir a redução substancial das quantidades de reagentes no processo de reação (Figura 17.12). Nesses casos as quantidades envolvidas são muito pequenas e, se algo der errado, as quantidades de material que precisam ser manuseadas são muito menores.

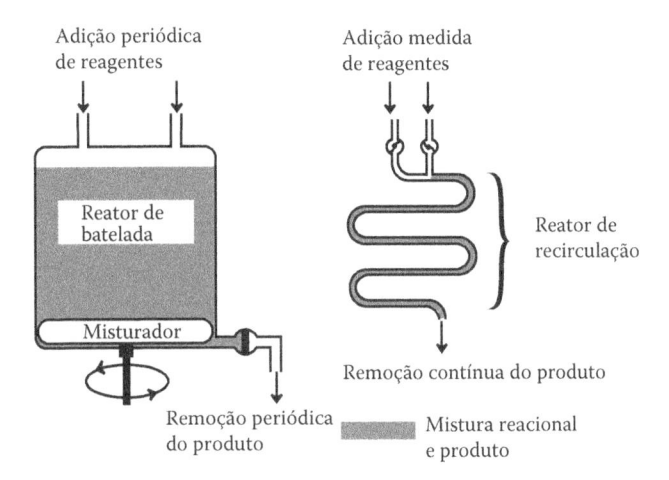

FIGURA 17.12 Reator de batelada (esquerda) e reator de fluxo contínuo (direita) usados na síntese química. Observe o volume muito menor (normalmente por um fator de 1/100) da mistura reacional e produto no reator de fluxo contínuo.

17.22 A ecologia industrial e a engenharia ecológica

A *engenharia ecológica* busca integrar a antroposfera e suas atividades aos ecossistemas naturais com vantagens mútuas, e tem muitos aspectos em comum com a ecologia industrial. A engenharia ecológica combina a ecologia dos sistemas com a engenharia, e desenvolve ecotecnologias por meio do projeto, da construção e do gerenciamento de sistemas da ecologia natural integrados à antroposfera.

Até hoje, o maior sucesso na aplicação da engenharia industrial foi observado com a preparação e operação de terras alagadas (*wetlands*) para o tratamento de água. Essas terras alagadas artificiais não necessariamente apresentam as espécies de organismos e outros aspectos de sistemas similares naturais, e podem até estar localizadas em áreas onde terras alagadas naturais nunca existiram. Elas fornecem os ingredientes essenciais – água, luz do Sol, nutrientes e condições de confinamento – propícios ao desenvolvimento e à proliferação de ecossistemas dependentes das *wetlands*. Entre os outros esforços que envolvem a engenharia ecológica estão a ecologia da restauração de áreas prejudicadas por projetos de engenharia civil, a fitorremediação com plantas vivas para remover poluentes de áreas contaminadas, a recuperação de cursos de água e a bioengenharia de solos, que utiliza ecossistemas e suas plantas para reduzir a erosão do solo e aumentar a produtividade agrícola de maneira sustentável.

O projeto mais ambicioso baseado na engenharia ecológica já conduzido nos Estados Unidos é a recuperação da região conhecida como Everglades, na Flórida. Essa imensa área de terras alagadas foi drenada e prejudicada por projetos de canalização executados pelos engenheiros das forças armadas daquele país. Hoje ocorre um grande esforço para reverter esses danos. O Everglades nunca voltará a ser o que era antes da intervenção humana, mas a finalização do projeto com sucesso permitirá restabelecer o sistema funcional dessa extensão de terras alagadas para benefício de jacarés e outras formas de vida selvagem, além do homem.

Literatura citada

1. Frosch, R. A. and N. E. Gallopoulos, Strategies for manufacturing, *Scientific American*, **261**, 94–102, 1989.
2. Manahan, S. E., *Green Chemistry and the Ten Commandments of Sustainability*, 2nd ed., ChemChar Research, Columbia, MO, 2006.
3. Anastas, P. T. and J. C. Warner, *Green Chemistry: Theory and Practice*, Oxford University Press, New York, 2000.
4. Sheldon, R. A., E factors, green chemistry and catalysis: An odyssey, *Chemical Communications*, **29**, 3352–3365, 2008.
5. Clark, J. H., F. E. I. Deswarte, and T. J. Farmer, The integration of green chemistry into future biorefineries, *Biofuels, Bioproducts and Biorefining*, **3**, 72–90, 2009.
6. Metzger, J. O. and U. Bornscheuer, Lipids as renewable resources: Current state of chemical and biotechnological conversion and diversification, *Applied Microbiology and Biotechnology*, **71**, 13–22, 2006.
7. Ran, N., L. Zhao, Z. Chen, and J. Tao, Recent applications of biocatalysis in developing green chemistry for chemical synthesis at the industrial scale, *Green Chemistry*, **10**, 361–372, 2008.
8. Herrmann, J.-M., C. Duchamp, M. Karkmaz, B. T. Hoai, B. H. Lachheb, H., E. Puzenat, and C. Guillard, Environmental green chemistry as defined by photocatalysis, *Journal of Hazardous Materials*, **146**, 624–629, 2007.
9. Oelgemoller, M., C. Jung, and J. Mattay, Green photochemistry: Production of fine chemicals with sunlight, *Pure and Applied Chemistry*, **79**(11), 1939–1947, 2007.
10. Gallopoulos, N. E., Industrial ecology: An overview, *Progress in Industrial Ecology*, **3**, 10–27, 2006.
11. Doble, M., Green Reactors, *Chemical Engineering Progress*, **104**, 33–42, 2008.

Leitura complementar

Ahluwalia, V. K. and M. Kidwai, *New Trends in Green Chemistry*, Kluwer Academic Publishers, Boston, 2004.
Allen, D. T. and D. R. Shonnard, *Green Engineering: Environmentally Conscious Design of Chemical Processes*, Prentice Hall, Upper Saddle River, NH, 2002.
Anastas, P., Ed., *Handbook of Green Chemistry*, Wiley-VCH, New York, 2010.
Ayres, R. U. and L. W. Ayres, Eds, *A Handbook of Industrial Ecology*, Edward Elgar Publishing, Cheltenham, UK, 2002.
Ayres, R. U. and B. Warr, *The Economic Growth Engine: How Energy and Work Drive Material Prosperity*, Edward Elgar Publishing, Northampton, MA, 2009.
Barr-Kumar, R., *Green Architecture: Strategies for Sustainable Design*, Barr International, Washington, DC, 2003.
Beer, T. and A. Ismail-Zadeh, *Risk Science and Sustainability: Science for Reduction of Risk and Sustainable Development for Society*, Kluwer Academic Publishers, Boston, 2003.
Booth, D. E., *Hooked on Growth: Economic Addictions and the Environment*, Rowman & Littlefield Publishers, Lanham, MD, 2004.
Clark J. and D. MacQuarrie, *Handbook of Green Chemistry and Technology*, Blackwell Science, Malden, MA, 2002.
DeSimone, J. M., W. Tumas, Eds, *Green Chemistry Using Liquid and Supercritical Carbon Dioxide*, Oxford University Press, New York, 2003.

DeSimone, L. D. and F. Popoff, *Eco-efficiency: The Business Link to Sustainable Development*, MIT Press, Cambridge, MA, 1997.

Doble, M. and A. K. Kruthiventi, *Green Chemistry and Processes*, Elsevier, Amsterdam, 2007.

Doxsee, K. M. and J. E. Hutchison, *Green Organic Chemistry: Strategies, Tools, and Laboratory Experiments*, Thomson-Brooks/Cole, Monterey, CA, 2004.

Ehrenfeld, J. R., Industrial ecology: Coming of age, *Environmental Science and Technology*, **36**, 281A–285A, 2002.

El-Haggar, S. M., *Sustainable Industrial Design and Waste Management: Cradle-to-Cradle for Sustainable Development*, Elsevier Academic Press, Amsterdam, 2007.

Graedel, T. E. and B. R. Allenby, *Industrial Ecology*, 2nd ed., Prentice Hall, Upper Saddle River, NJ, 2003.

Graedel, T. E. and J. A. Howard-Grenville, *Greening the Industrial Facility: Perspectives, Approaches, and Tools*, Springer, Berlin, 2005.

Green, K. and S. Randles, Eds, *Industrial Ecology and Spaces of Innovation*, Edward Elgar Publishing, Northampton, MA, 2006.

Gupta, S. M. and A. J. D. Lambert, Eds, *Environment Conscious Manufacturing*, Taylor & Francis/CRC Press, Boca Raton, FL, 2008.

Hendrickson, C. T., L. B. Lave, and H. Scott Matthews, *Environmental Life Cycle Assessment of Goods and Services: An Input-Output Approach*, Resources for the Future, Washington, DC, 2006.

Horvath, I. T. and P. T. Anastas, Innovations and green chemistry, *Chemical Reviews*, **107**, 2169–2173, 2007.

Hunkeler, D., K. Lichtenvort, and G. Rebitzer, Eds, *Environmental Life Cycle Costing*, Taylor & Francis/CRC Press, Boca Raton, FL, 2008.

Islam, M. R., Ed., *Nature Science and Sustainable Technology*, Nova Science Publishers, New York, 2007.

Keeler, M. and B. Burke, *Fundamentals of Integrated Design for Sustainable Building*, Wiley, Hoboken, NJ, 2009.

Kronenberg, J., *Ecological Economics and Industrial Ecology: A Case Study of the Integrated Product Policy of the European Union*, Routledge, New York, 2007.

Kruger, P., *Alternative Energy Resources: The Quest for Sustainable Energy*, Wiley, Hoboken, NJ, 2006.

Kutz, M., Ed., *Environmentally Conscious Transportation*, Wiley, Hoboken, NJ, 2008.

Lankey, R. L. and P. T. Anastas, Eds, *Advancing Sustainability through Green Chemistry and Engineering*, American Chemical Society, Washington, DC, 2002.

Levett, R., *A Better Choice of Choice: Quality of Life, Consumption and Economic Growth*, Fabian Society, London, 2003.

Li, C.-J. and B. M. Trost, Green chemistry for chemical synthesis, *Proceedings of the National Academy of Sciences of the United States of America*, **105**, 13197–13202, 2008.

Lifset, R. and T. E. Graedel, Industrial ecology: Goals and definitions, in *A Handbook of Industrial Ecology*, Robert U. Ayres and L. Ayres, Eds, Edward Elgar Publishing, Cheltenham, UK, 2002.

Lutz, W. and W. Sanderson, Eds, *The End of World Population Growth: Human Capital and Sustainable Development in the 21st Century*, Earthscan, Sterling, VA, 2004.

Madu, C. N., *Handbook of Environmentally Conscious Manufacturing*, Kluwer Academic Publishers, Boston, 2001.

McDonough, W. and M. Braungart, *Cradle to Cradle: Remaking The Way We Make Things*, North Point Press, New York, 2002.

Nelson, W. M., *Green Solvents for Chemistry: Perspectives and Practice*, Oxford University Press, New York, 2003.
Nelson, W. M., Ed., *Agricultural Applications in Green Chemistry*, Oxford University Press, New York, 2004.
OECD, *The Application of Biotechnology to Industrial Sustainability*, OECD, Paris, 2001.
Simpson, R. D., M. A. Toman, and R. U. Ayres, Eds, *Scarcity and Growth Revisited: Natural Resources and the Environment in the New Millennium*, Resources for the Future, Washington, DC, 2005.
Socolow, R., C. Andrews, F. Berkhout, and V. Thomas, Eds, *Industrial Ecology and Global Change*, Cambridge University Press, New York, 1994.
Sonnemann, G., F. Castells, and M. Schuhmacher, *Integrated Life-Cycle and Risk Assessment for Industrial Processes*, CRC Press/Lewis Publishers, Boca Raton, FL, 2003.
Tundo, P., A. Perosa, and F. Zecchini, *Methods and Reagents for Green Chemistry*, Wiley-Interscience, Hoboken, NJ, 2007.
Tundo, P. and V. Esposito, Eds, *Green Chemical Reactions*, Springer, Dordrecht, The Netherlands, 2008.
Udo de Haes, H. A., *Life-cycle Impact Assessment: Striving Towards Best Practice*, Society of Environment Toxicology and Chemistry, Pensacola, FL, 2002.
Van den Bergh, Jeroen C. J. M. and M. A. Janssen, Eds, *Economics of Industrial Ecology: Materials, Structural Change, and Spatial Scales*, MIT Press, Cambridge, MA, 2004.
Viegas, J., Ed., *Critical Perspectives on Planet Earth*, Rosen Publishing Group, New York, 2007.
Von Gleich, A., R. U. Ayres, and S. Gössling-Reisemann, Eds, *Sustainable Metals Management: Securing our Future—Steps Towards a Closed Loop Economy*, Springer, Dordrecht, The Netherlands, 2006.

Perguntas e problemas

1. Apesar de abundante, por que a lignina não é um bom candidato como matéria-prima?
2. Que características estruturais do composto

$$\begin{array}{c} \text{H} \quad\ \text{H} \quad\ \text{H} \\ | \quad\ \ | \quad\ \ | \\ \text{H}-\text{C}-\text{C}-\text{C}-\text{H} \\ | \quad\ \ | \quad\ \ | \\ \text{ONO}_2 \ \text{ONO}_2 \ \text{ONO}_2 \end{array}$$

   o tornam perigoso? Qual é a natureza deste perigo?
3. Qual é o uso em potencial dos carbonatos de dialquila, como o carbonato de diemtila, na síntese química verde?
4. Quais são alguns dos usos de solventes orgânicos além de meios de reação? Quais são algumas das desvantagens do uso desses compostos?
5. Em termos da interação com reagentes, qual é a maior desvantagem da água como solvente? Qual é a maior vantagem da água como solvente para uma variedade de solutos de origem biológica?
6. O que é um fluido em fase densa? Que forma de dióxido de carbono em fase densa é produzida em condições de pressão muito alta e temperatura ligeiramente elevada?
7. Quais são as vantagens do uso do dióxido de carbono fluido supercrítico como solvente? Por que a volatilidade do dióxido de carbono é uma vantagem em alguns casos?
8. Discuta como os elétrons e prótons podem ser considerados catalisadores. Em que aspectos eles são reagentes "sem massa"?

9. Faça uma pesquisa na Internet sobre o processo de Haber para a produção de amônia. Discuta e compare as condições e vantagens e desvantagens desse processo e as alternativas biológicas no contexto da química verde.
10. Faça uma pesquisa na Internet sobre o Prêmio da Química Verde oferecido pela Presidência dos Estados Unidos. Com base nas informações obtidas, liste exemplos da aplicação da química verde em escala industrial.
11. Qual é a relação entre ecologia industrial e química verde? Em que aspectos essas disciplinas se complementam?
12. O que significa "comando e controle"? Quais são as limitações no controle da poluição?
13. Em que sentido a química verde garante a qualidade ambiental por meios "naturais" e "autorreguladores"?
14. Qual é o papel da sustentabilidade na prática da química verde?
15. Qual é a definição de economia de átomos? Em que sentido ela é um aspecto-chave na prática da química verde?
16. Considere o fenômeno da mineralização tal como ocorre em ecossistemas biológicos. Cite e descreva um processo análogo à mineralização que ocorre em ecossistemas industriais.
17. De que maneira os termos metabolismo industrial, ecossistema industrial e desenvolvimento sustentável estão relacionados à ecologia industrial?
18. Com base na definição de simbiose, explique o que é simbiose industrial. Qual é a relação entre simbiose industrial e ecologia industrial?
19. Justifique ou refute a afirmativa de que um ecossistema industrial operacional consome apenas energia.
20. Em que sentido o setor de consumo é a parte mais difícil de um ecossistema industrial?
21. Em que sentido uma "base lunar" ou uma colônia em Marte poderiam gerar avanços na prática da ecologia industrial?
22. Pesquise algumas informações sobre a natureza dos aparelhos eletrônicos fabricados nas décadas de 1940 e 1950. Em que aspecto os dispositivos eletrônicos em estado sólido ilustram a desmaterialização (uso de quantidades menores de material) e a substituição material (adoção de um ou mais materiais prontamente disponíveis no lugar de materiais escassos)?
23. Quais são as principais empresas no ecossistema industrial de Kalundborg? Como essas empresas se comparam às companhias básicas de um ecossistema formado por condados rurais no Estado norte-americano de Iowa?
24. Qual é a relação entre "projeto para reciclagem" e utilidade incorporada?
25. Faça a distinção entre bens de consumo, produtos duráveis (de serviço) e recicláveis.
26. Liste alguns dos critérios de "não agressão ao ambiente" que o sabão atende como *commodity* de consumo.
27. Considere uma universidade como um ecossistema industrial em que o "consumidor" final é a sociedade que utiliza e se beneficia dos alunos formados. Descreva como a universidade se encaixa ou não no modelo de um ecossistema industrial. Existe alguma forma de reciclagem? Você consegue indicar os modos como uma universidade pode se tornar um ecossistema mais eficiente?
28. Suponha a proposta de construção de um enorme sistema de transposição de uma grande quantidade de água (com energia fornecida pelas gigantes fazendas eólicas no Texas) das proximidades da foz do Rio Mississipi para o sul da Califórnia e norte do México. Indique como esse projeto pode constituir um ecossistema industrial e o que ele incluiria, listando suas vantagens e possíveis desvantagens.

29. A água do Rio Mississipi que seria utilizada no projeto proposto na questão anterior contém nutrientes algáceos na forma de fosfatos, nitrogênio inorgânico e potássio que causam proliferação excessiva de plantas (eutrofização) em áreas extensas no Golfo do México, próximo à foz do rio. Essa água também apresenta níveis relativamente altos de compostos orgânicos que elevam a demanda de oxigênio, silte e alguns compostos químicos que, junto com a eutrofização, resultam na formação de uma "zona morta" em certas épocas do ano nessa região do Golfo. Indique como a engenharia ecológica poderia ser aplicada no projeto de transposição proposto a fim de diminuir esses problemas e gerar uma água limpa para o consumidor final.
30. A globalização das economias é uma questão controversa. Indique como ela se relaciona à ecologia industrial auxiliando ou atrapalhando sua prática adequada.

Os recursos e materiais sustentáveis 18

18.1 De onde obter os recursos de que precisamos?

Um dos maiores desafios enfrentados pela humanidade vem da demanda de materiais que o homem necessita (ou ao menos quer) para satisfazer seus desejos por padrões de vida mais elevados. Os efeitos econômicos dessa demanda foram observados de maneira dolorosa no período compreendido entre 2005 e 2008, quando a demanda por materiais como petróleo bruto, alumínio, cobre, chumbo, zinco, fosfato mineral (para fertilizantes) e outras *commodities* elevou muito seus preços. Essa demanda foi alimentada por diversos fatores atuando em todo o mundo, como as economias em expansão da China e da Índia, duas nações muito populosas, e a febre de consumo nos Estados Unidos, com os consumidores demonstrando um excesso de confiança devido ao rápido aumento nos preços da habitação, à subida nas cotações de ações e à oferta de crédito nos cartões de crédito. No começo de 2008, temia-se que a cotação do petróleo ficasse acima dos $150 o barril, que a gasolina ultrapassasse os $5,00 o galão* nos Estados Unidos (ainda barata, em comparação com os preços praticados na Europa) e que os preços de grãos para alimentação humana e também animal continuassem batendo recordes. Os preços dos metais haviam subido tanto que ladrões estavam saqueando residências desocupadas para roubar alumínio e cobre, enquanto outros chegaram ao ponto de cortar os conversores catalíticos dos veículos para retirar seus metais preciosos. Em meados de 2008, uma série de medidas de ajuste foram tomadas quando ficou óbvio que esses aumentos de preço eram insustentáveis; os preços de *commodities*, como o petróleo, caíram de forma drástica e os preços das moradias nos Estados Unidos despencaram vertiginosamente, ao mesmo tempo em que muitos países em boa parte do mundo sofriam a pior desaceleração econômica (uma grande recessão ou uma minidepressão) desde a Grande Depressão da década de 1930.

Esses eventos evidenciaram a importância dos materiais na sociedade contemporânea. A aquisição, a utilização e o descarte de materiais têm consequências ambientais consideráveis. A Terra simplesmente não dá conta de suportar a trajetória atual do consumo de materiais. Essa realidade se verifica sobretudo em nações com populações grandes e em crescimento que aspiram a um padrão de vida desfrutado por países industrializados, como os Estados Unidos, o Canadá e a Austrália. Cálculos que estimaram o número de "Terras" necessárias para atender às demandas humanas, em um cenário onde toda a população do planeta gozasse um padrão de vida idêntico ao dos Estados Unidos, indicam que esse número poderia chegar a 10 planetas idênticos ao nosso. Está óbvio que os materiais são de extrema importância para a sustentabilidade. Este capítulo aborda os materiais e os recursos necessários

---

* N. de R. T.: 1 galão americano = 3,785 L.

para obtê-los. Como recurso, a energia tem importância singular, assim, o Capítulo 19, "A Energia Sustentável: A Chave para Tudo", trata exclusivamente sobre energia.

Os materiais necessários às sociedades contemporâneas podem ser fornecidos por fontes *extrativistas* (não renováveis) ou *renováveis*. Os setores extrativistas retiram recursos minerais insubstituíveis da crosta terrestre. A utilização de recursos minerais tem fortes laços com a tecnologia, a energia e o ambiente. As perturbações em uma normalmente causam perturbações nas outras. Por exemplo, as reduções nos níveis de poluentes presentes nos gases de escape de automóveis para diminuir a poluição do ar exigem o uso de dispositivos catalisadores que contêm metais do grupo da platina, um recurso mineral valioso e insubstituível. A implementação das boas práticas da ecologia industrial e da química verde se tornará uma necessidade para melhorar a qualidade do ambiente, com a redução no consumo de recursos materiais não renováveis.

Em uma discussão sobre fontes não renováveis de minerais e também de energia, é útil a definição de dois termos relacionados às quantidades disponíveis. O primeiro desses termos é *recursos*, definido como a quantidade de material *de fato* disponível. O segundo termo é *reservas*, que se refere a recursos bem identificados e que podem ser utilizados com lucratividade com base nas tecnologias existentes.

18.2 Os minerais na geosfera

Existem muitos tipos de depósitos minerais usados de diversas maneiras. Em sua maioria, estes depósitos são fontes de metais que ocorrem como *batólitos*, compostos por massas de rocha ígnea extrudadas em um estado sólido ou liquefeitas para o interior de uma camada de rocha adjacente. Além dos depósitos formados diretamente pelo magma solidificado, outros depósitos surgem em associação com os primeiros a partir da água em interação com o magma. Soluções aquosas quentes associadas ao magma podem formar ricos depósitos minerais *hidrotérmicos*. Vários metais importantes, inclusive chumbo, zinco e cobre, frequentemente são associados aos depósitos hidrotérmicos.

Alguns depósitos minerais úteis são constituídos como *depósitos sedimentares* junto com a formação de rochas sedimentares. Os *evaporitos* são gerados quando a água do mar evapora, e os mais comuns são a halita (NaCl), os carbonatos de sódio, o cloreto de potássio, a gipsita ($CaSO_4 \cdot 2H_2O$) e os sais de magnésio. Muitos depósitos significativos de ferro compostos por hematita (Fe_2O_3) e magnetita (Fe_3O_4) se formaram como veios sedimentares quando a atmosfera da Terra mudou de redutora para oxidante, à medida que os organismos fotossintéticos produziam oxigênio, precipitando os óxidos gerados pela oxidação do íon Fe^{2+} solúvel.

A deposição de sólidos rochosos suspensos por fluxos de água causa a segregação das rochas de acordo com as diferenças em tamanho e densidade. Esse fenômeno resulta na formação de *aluviões*, depósitos que são enriquecidos com minerais valiosos. O cascalho, a areia e alguns outros minerais, como o ouro, muitas vezes ocorrem em aluviões.

Alguns depósitos minerais são formados pelo enriquecimento de constituintes valiosos quando outras frações sofrem a ação do intemperismo ou são lixiviadas. O exemplo mais comum desse tipo de depósito é a bauxita, Al_2O_3, o mineral que resta após os silicatos e outros constituintes mais solúveis terem sido dissolvidos dos minerais ricos em alumínio pelo intemperismo causado pela água nas condições severas de climas tropicais com níveis pluviométricos muito elevados. Esse tipo de material é chamado de *laterita*.

18.2.1 A avaliação de recursos minerais

Os recursos minerais são cruciais ao bem-estar da civilização atual. De maneira a viabilizar a extração desses recursos, um mineral precisa ser rico em um metal, em um dado ponto da crosta terrestre, em comparação com os níveis de abundância desse metal em outros pontos da crosta. Termo comumente usado em referência a teores de metais, esse depósito rico é chamado de *minério*. O valor de um minério é expresso em termos de um *fator de concentração*:

$$\text{Fator de concentração} = \frac{\text{Concentração do material no minério}}{\text{Concentração média na crosta}} \quad (18.1)$$

Fatores de concentração elevados são sempre desejáveis. Esses fatores diminuem com as concentrações médias na crosta e com o valor da *commodity* extraída. Um fator de concentração igual a 4 é considerado adequado para o ferro, presente em uma porcentagem relativamente alta na crosta terrestre. Os fatores de concentração precisam ser da ordem de algumas centenas ou milhares para metais menos caros que não existem em porcentagens altas na crosta. Porém, no caso de um metal muito caro, como a platina, um fator de concentração um tanto baixo é aceitável frente ao retorno financeiro considerável obtido com sua extração.

A aceitabilidade dos fatores de concentração é uma função sensível do preço de um metal. Oscilações em cotações podem acarretar níveis significativos de CCA (cobre/cromo/arsênico). Se o preço de um metal aumenta em 50%, por exemplo, e essa elevação dá indícios de que será duradoura, a mineração de depósitos que não foram explorados anteriormente torna-se rentável. O oposto também é uma possibilidade, como de fato é o caso quando fontes mais ricas são descobertas ou materiais substitutos são desenvolvidos.

Além das grandes variações nos fatores de concentração de diversos minérios, existem extremos na distribuição geográfica de recursos minerais. Considerando todas as outras nações do mundo, os Estados Unidos talvez estejam na média em termos de recursos minerais, com disponibilidade significativa de cobre, chumbo, ferro, ouro e molibdênio, mas praticamente sem depósitos de alguns metais estratégicos, como cromo, estanho e os metais do grupo da platina. Se levarmos em conta sua área territorial e sua população, a África do Sul é particularmente abençoada com alguns recursos minerais importantes.

18.3 A extração e a mineração

Os minerais são extraídos da crosta terrestre utilizando diversos tipos de procedimentos de mineração, mas outras técnicas podem ser empregadas com a mesma finalidade. As matérias-primas obtidas dessa maneira incluem compostos inorgânicos como as rochas fosfáticas, fontes de metais como o minério de sulfeto de chumbo, a argila usada na produção de refratários, e materiais estruturais como a areia e o cascalho.

A mineração de superfície, que consiste em escavar grandes buracos no solo, também chamada de mineração (ou lavra) a céu aberto, é usada para extrair minerais que ocorrem junto à superfície. Um exemplo comum de mineração de superfície é a exploração de rochas em pedreiras, com vastas áreas escavadas para extrair carvão. Por conta das práticas de mineração adotadas no passado, a mineração de superfície conquistou uma reputação ruim. No entanto, com as modernas técnicas de recuperação, a camada de solo fértil é removida e armazenada. Finalizada a mineração, esse solo é espalhado na área trabalhada, de maneira que a superfície seja suavemente inclinada, permitindo o nível adequado de drenagem. A camada de solo fértil espalhada (muitas vezes de acordo com o sistema de curva de nível, para impedir a erosão) recebe sementes de espécies nativas de gramíneas e outras plantas, sendo também fertilizada e irrigada, se necessário, para promover o crescimento de vegetação. O resultado final desse processo de *recuperação de minas* (ou de áreas degradadas), quando efetuado com cuidado, é uma área coberta de vegetação, pronta para abrigar vida selvagem ou ser usada para recreação, florestamento, pastagens e outras finalidades benéficas. Um projeto desse tipo é um exemplo da aplicação da engenharia ecológica (ver Seção 17.22).

A poluição das águas é um fenômeno frequentemente associado à mineração. Uma das questões mais comuns é a formação da drenagem ácida de minas (H_2SO_4) a partir da ação microbiana sobre a pirita (FeS_2) exposta à atmosfera durante a mineração de diversos tipos de minérios de metais (ver Seção 6.14). Uma variedade de processos foi desenvolvida para o tratamento dessa drenagem ácida de minas, que utilizam bactérias redutoras de sulfato em biorreatores.[1]

A extração de minerais de aluviões formados pela deposição a partir da água tem implicações ambientais óbvias. A mineração desses aluviões pode ser efetuada por dragagem usando uma balsa com sucção de fundo. Outra possibilidade é a mineração hidráulica com grandes correntes de água. Uma abordagem interessante no caso de depósitos mais sólidos envolve o corte do minério com jatos de água potentes e a subsequente sucção das partículas resultantes com um sistema de bombas. Essas técnicas apresentam um grande potencial de poluir ambientes aquáticos e prejudicar cursos de água, o que gera controvérsias ambientais.

Para muitos minerais, a mineração subterrânea é a única maneira prática de extraí-los. Uma mina subterrânea pode ser muito complexa e sofisticada. A estrutura da mina depende da natureza do depósito. Sem dúvida, é preciso perfurar um poço que leve ao leito do minério. Túneis horizontais se estendem depósito adentro, e é necessário prever a colocação de coletores de água e de sistemas de ventilação. Entre os fatores que têm de ser levados em conta no projeto de uma mina subterrânea estão a profundidade, a forma e a orientação do veio do minério, a natureza e a resistência da rocha no entorno, a espessura da sobrecarga e a profundidade abaixo da superfície.

Na maioria da vezes, níveis elevados de processamento são necessários antes de o produto da mineração ser usado ou mesmo transportado do local da mina. Esse processamento, bem como seus subprodutos, podem ter efeitos ambientais importantes. Mesmo a rocha a ser usada como carga no cimento e na construção de estradas precisa ser moída e peneirada, um processo que tem o potencial de emitir partículas poluentes do ar na atmosfera. A moagem também é uma etapa inicial no processamento adicional de minérios. Alguns minerais ocorrem em porcentagens muito baixas na rocha extraída de uma mina e precisam ser concentrados no local, permitindo que apenas o material de interesse seja transportado. Esses processos de concentração, junto com a torrefação, a extração e, em alguns casos, o lixiviamento químico do minério, são chamados pelo nome genérico de *metalurgia extrativa*.

Um dos produtos do refino mineral mais problemáticos para o ambiente é a chamada *pilha de rejeito*. Dependendo da natureza do processamento do mineral empregado, os rejeitos na maioria das vezes são finamente divididos, logo, estão sujeitos a processos de intemperismo químico e biológico. Os metais associados aos minérios de metais podem ser lixiviados dessas pilhas, produzindo deflúvios contaminados com cádmio, chumbo e outros poluentes. Além desse problema, há os processos empregados no refino do minério. Grandes quantidades de soluções de cianeto são usadas em alguns processos para extrair níveis reduzidos de ouro de seu minério, o que representa um risco toxicológico óbvio.

Os problemas ambientais resultantes da exploração de recursos extrativos – como as perturbações do solo, a poluição do ar causada por poeiras e emissões de fundições, além da poluição da água gerada por aquíferos comprometidos – são agravados pelo fato de que a tendência geral em mineração envolve a utilização de minérios menos ricos. Isso está ilustrado na Figura 18.1, que mostra a porcentagem média de cobre em minérios do metal extraídos desde 1900. Em 1900 essa porcentagem era 4%, mas em 1982 era cerca de 0,6% no minério extraído nos Estados Unidos e de 1,4% no minério de outros países. É possível processar minérios de cobre com teores que chegam a apenas 0,1%. A crescente demanda por um metal específico, além da necessidade de utilizar minérios de menor qualidade, exerce um efeito multiplicador pernicioso na quantidade de minério que precisa ser minerada e processada, acarretando consequências ambientais negativas.[2]

A prática adequada da ecologia industrial ajuda a reduzir significativamente os efeitos da mineração e dos subprodutos que gera. Uma das maneiras de alcançar essa meta consiste em eliminar por completo a necessidade de mineração, adotando fontes alternativas de materiais. Por exemplo, cercada de muita especulação e ainda não praticada amplamente, a extração do alumínio da cinza do carvão ilustra esse tipo abordagem; ela minimizaria as quantidades de cinza residual, bem como reduziria a necessidade de minerar os escassos minérios de alumínio.

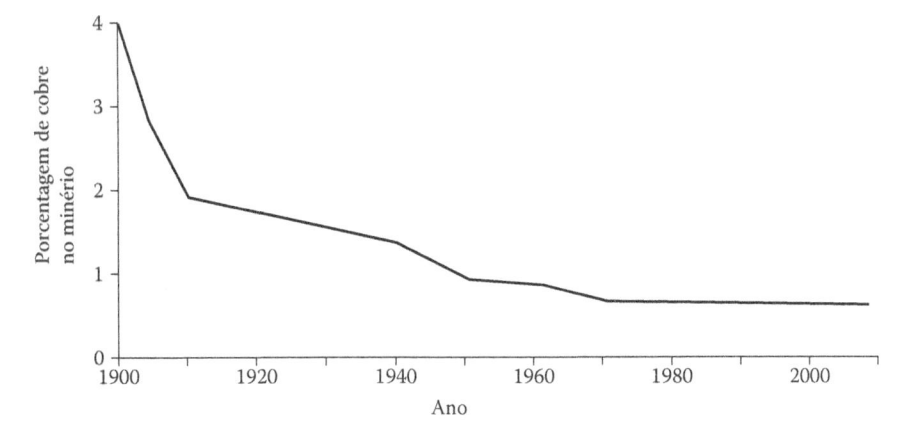

FIGURA 18.1 Porcentagem média de cobre no minério extraído.

18.4 Os metais

Os metais são os elementos mais abundantes no planeta. A maioria deles tem importância crucial como recursos minerais. A disponibilidade e utilização anual de metais variam muito com o tipo de metal. Alguns são abundantes e têm ampla utilização em aplicações estruturais, entre os quais o ferro e o alumínio são os mais importantes. Outros metais, sobretudo os do grupo da platina (platina, paládio, irídio, ródio) são muito valiosos e seu uso é restrito a aplicações específicas, como catalisadores, filamentos ou eletrodos, para as quais as quantidades necessárias são pequenas. Alguns metais são considerados "cruciais" por conta de suas aplicações para as quais não há substitutos e devido à escassez ou mesmo interrupção no abastecimento que sofrem. Entre esses metais estão o cromo, usado na produção de aço inoxidável (sobretudo de peças expostas a temperaturas altas e gases corrosivos), aeronaves a jato, automóveis e equipamentos hospitalares e de mineração. Os metais do grupo da platina são utilizados como catalisadores na indústria química, no refino de petróleo e em dispositivos antipoluição nos escapes de automóveis.

Os metais exibem uma ampla variedade de propriedades e aplicações, sendo obtidos de diversos compostos. Em alguns casos dois ou mais compostos são fontes minerais significativas de um mesmo metal. Normalmente esses compostos são óxidos ou sulfetos. Contudo, outros tipos de compostos e, no caso do ouro e dos metais do grupo da platina, os próprios metais elementares (nativos) servem como minério do metal. A Tabela 18.1 lista os principais metais, suas propriedades, usos e fontes mais comuns.

TABELA 18.1 Recursos de metais mundiais e domésticos (Estados Unidos)

Metais	Propriedades[a]	Principais usos	Minérios, aspectos relativos a recursos[b]
Alumínio	pf 660°C; ge 2,70; maleável, dúctil, bom condutor elétrico	Produtos metálicos como automóveis, aeronaves, equipamentos elétricos, linhas de transmissão elétrica	Bauxita contendo 35-55% Al_2O_3, jazidas pequenas nos Estados Unidos, grandes no restante do mundo
Cobalto	pf 1.495°C; ge 8,71; brilhante, prateado	Produção de ligas duras e termorresistentes, ligas de magnetos permanentes, secantes, pigmentos, vernizes, aditivo para ração animal	Minerais diversos, como a lineíta CO_3S_4, e como subproduto de outros metais; jazidas abundantes nos Estados Unidos e no mundo
Cobre	pf 1.803°C; ge 8,96; dúctil, maleável, excelente condutor elétrico	Condutores elétricos, ligas, compostos químicos, muitos outros usos	Ocorre em pequenas porcentagens como sulfetos, óxidos e carbonatos; algumas jazidas nos Estados Unidos; jazidas grandes o bastante apenas para atender à demanda a preços elevados
Cromo	pf 1.903°C; ge 7,14; duro, prateado	Galvanização, aço inoxidável, ligas resistentes ao desgaste para ferramentas de corte, compostos químicos como cromatos	Cromita, um mineral com teores de óxido contendo Cr, Mg, Fe; quase ausente nos Estados Unidos; maioria das jazidas na África do Sul, em Zimbábue e na Rússia

(continua)

TABELA 18.1 Recursos de metais mundiais e domésticos (Estados Unidos) *(continuação)*

Metais	Propriedades[a]	Principais usos	Minérios, aspectos relativos a recursos[b]
Chumbo	pf 327°C; ge 11,35; prateado	Quinto metal mais utilizado; baterias, compostos químicos; emprego na gasolina, em pigmentos e munições proibido por conta de questões ambientais	Principal fonte é a galena, PbS; jazidas limitadas nos Estados Unidos, grandes o bastante apenas para a demanda; uma grande parcela é obtida de metais reciclados
Estanho	pf 232°C; ge 7,31	Revestimentos, soldas, ligas de mancais, bronze, compostos químicos, biocidas organometálicos	Muitas formas associadas a rochas graníticas e crisólitos; não é produzido nos Estados Unidos; China, Indonésia e Peru são os principais produtores; muito estanho é reciclado
Ferro	pf 1.535°C; ge 7,86; aparência prateada, quando na forma pura (raro)	Metal de maior produção no mundo, normalmente como aço, material muito elástico contendo 0,3 – 1,7% C; entra em muitas ligas especializadas	Ocorre como hematita (Fe_2O_3), goetita ($Fe_2O_3 \cdot H_2O$) e magnetita (Fe_3O_4); jazidas abundantes em todo o mundo e nos Estados Unidos
Manganês	pf 1.244°C; ge 7,3; duro, frágil, branco acinzentado	Aniquilador de enxofre e oxigênio no aço, fabricação de ligas, pilhas secas, aditivo da gasolina, compostos químicos	Encontrado em diversos óxidos em minerais; não é produzido nos Estados Unidos; jazidas grandes o bastante para a demanda em diversos países; a China é o principal produtor
Mercúrio	pf -38°C; pe 357°; ge 13,6	Instrumentos, equipamentos eletrônicos, eletrodos, compostos químicos, emprego restrito por conta da toxicidade	Obtido do cinabrio HgS; não é produzido nos Estados Unidos, exceto pela reciclagem; a China é o maior produtor mundial; uma boa parcela do mercúrio tem origem na reciclagem
Molibdênio	pf 2.620°C; ge 9,01; dúctil, branco prateado	Ligas, pigmentos, catalisadores, compostos químicos, lubrificantes	Molibdenita (MoS_2) e wulfenita ($PbMoO_4$) são os principais minérios; Estados Unidos, Chile e China são os maiores produtores; grandes jazidas em todo o mundo
Níquel	pf 1.455°C	Aço inoxidável, ligas especiais, baterias recarregáveis, moedas, emprego em expansão em catalisadores de alta tecnologia (como para a hidrogenação de óleos vegetais)	Encontrado em minérios associados ao ferro; Rússia, Austrália e Canadá são os principais produtores; jazidas reduzidas

(continua)

TABELA 18.1 Recursos de metais mundiais e domésticos (Estados Unidos) *(continuação)*

Metais	Propriedades[a]	Principais usos	Minérios, aspectos relativos a recursos[b]
Ouro	pf 1.603°C; ge 19,3	Joias, base monetária, eletrônicos, usos industriais em expansão	Presente em diversos minerais em cerca de 10 ppmv nos minérios hoje processados nos Estados Unidos; subproduto do refino de cobre; <10% das jazidas mundiais estão nos Estados Unidos
Prata	pf 961°C; ge 10,5; metal brilhoso	Prataria, joias, mancais, odontologia, soldas, eletrônicos, diminuição no uso em fotografia com a popularidade das câmeras digitais	Encontrado em minerais de sulfeto, subproduto do Cu, Pb e Zn, produzida em diversos países, inclusive os Estados Unidos, em jazidas relativamente reduzidas
Titânio	pf 1.677°C; ge 4,5; prateado	Forte, resistente à corrosão, usado em aeronaves, válvulas, bombas, pigmentos (TiO_2 em pigmentos brancos)	Normalmente como TiO_2, 9° em abundância como elemento; grande produção em todo o mundo, inclusive nos Estados Unidos
Tungstênio	pf 3.380°C; ge 19,3; cinza, termorresistente	Muito forte, alto ponto de fusão, usado em ligas, brocas, turbinas, reatores nucleares e na fabricação de carboneto de tungstênio	Encontrado como tungstenatos, como a scheelita ($CaWO_4$); jazidas abundantes nos Estados Unidos e em todo o mundo
Vanádio	pf 1.917°C; ge 5,87; cinza	Usado na produção de ligas de aço resistentes	Em rochas ígneas, sobretudo como subproduto e outros metais; China, Rússia e África do Sul são os maiores produtores
Zinco	pf 420°C; ge 7,14; branco azulado	Amplo uso em ligas (latão), aço galvanizado, pigmentos, compostos químicos, quarto metal em termos de produção no mundo	Encontrado em diversos minérios produzidos em muitos países, como Estados Unidos, em jazidas relativamente limitadas

[a] Abreviaturas: pe, ponto de ebulição; pf, ponto de fusão; ge, gravidade específica.
[b] Disponibilidade e níveis de uso dependem de preço, tecnologia, descobertas recentes e outros fatores, estando sujeitos a flutuações.

18.5 Os recursos de metais e a ecologia industrial

Os metais vêm de duas fontes: a geosfera, de onde são minerados, e a antroposfera, em que são reciclados. No caso de metais relativamente abundantes, cuja extração de minérios não é dispendiosa, e que não representam grandes problemas quanto ao descarte, como o ferro, a geosfera é a principal fonte. Quanto aos metais cujas jazidas são escassas e que não devem ser descartados no ambiente devido aos problemas com poluição que acarretam, a reciclagem prevalece. O principal exemplo desse tipo de metal é o chumbo. Os atuais estoques de ferro antroposférico nos Estados Unidos estão estimados na ordem de 3.200 milhões de toneladas métricas. Em um cenário desses, um sistema de reciclagem total poderia eliminar por completo a necessidade de extrair minérios de ferro da crosta.[3]

Os aspectos relativos à ecologia industrial são fundamentais na economia e no uso eficiente de recursos minerais. Mais que qualquer outro tipo de recurso, os metais se prestam à reciclagem e à prática da ecologia industrial. Esta seção faz um breve apanhado da ecologia industrial dos metais.

18.5.1 O alumínio

O metal alumínio tem uma ampla gama de utilização, resultante de propriedades como baixa densidade, alta resistência, trabalhabilidade imediata, resistência à corrosão e elevada condutividade elétrica. O alumínio pode ser usado e descartado sem gerar problemas ambientais e é um dos metais mais facilmente reciclados.

Os problemas ambientais em relação ao alumínio são gerados na mineração e no processamento da *bauxita*, o minério de que é extraído e que contém entre 40 e 60% de alumina, Al_2O_3, associada a moléculas de água, resultado da ação do intemperismo da água sobre minerais mais solúveis, sobretudo em regiões de alta precipitação de chuvas nos trópicos (veja as lateritas, na Seção 18.2). A mineração de superfície para extrair bauxita de veios estreitos causa perturbações significativas na geosfera. O processo Bayer, muito empregado para o refino de alumínio, dissolve a alumina, mostrada a seguir na forma de hidróxido $Al(OH)_3$, presente na bauxita usando altas temperaturas e hidróxido de sódio, para obter o aluminato de sódio:

$$Al(OH)_3 + NaOH \rightarrow NaAlO_2 + 2H_2O \qquad (18.2)$$

deixando para trás grandes quantidades de "lama vermelha" cáustica. Esse resíduo, rico em óxidos de ferro, silício e titânio, tem pouquíssimas aplicações, mas apresenta potencial poluente elevado. O hidróxido de alumínio é então processado na forma pura a temperaturas menores e calcinado a cerca de 1.200 °C para produzir Al_2O_3 pura anidra. A alumina anidra obtida é eletrolisada em criolita fundida, Na_3AlF_6, usando eletrodos de carbono para produzir o alumínio metálico. Todas essas etapas consomem muita energia, o que torna a reciclagem do metal muito atraente.

A alternativa interessante que poderia evitar muitos dos problemas ambientais associados à produção de alumínio é o uso de cinzas volantes do carvão como fonte do metal. Produzidas em grandes quantidades como subproduto da geração de energia termelétrica, as cinzas volantes são praticamente de graça. Sua natureza anidra evita gastos com a remoção de água, além de ser um material homogêneo e finamente dividido. O alumínio, ao lado do ferro, manganês e titânio, pode ser extraído das cinzas volantes do carvão utilizando ácido. Se o alumínio for extraído como sal de cloro, $AlCl_3$, é possível eletrolisá-lo na forma de cloreto de acordo com o processo ALCOA. Embora este processo ainda não consiga competir com o processo Bayer, isso poderá se concretizar no futuro.

O *gálio* é um metal que ocorre comumente no minério de alumínio e pode ser produzido como subproduto da fabricação do metal. O gálio combinado com arsênico ou com índio e arsênico é utilizado na produção de semicondutores, inclusive circuitos integrados, dispositivos fotoelétricos e equipamentos a laser. Apesar de importantes, essas aplicações requerem quantidades minúsculas de gálio, em comparação com outros metais mais importantes.

18.5.2 O cromo

O cromo é crucial nas sociedades industrializadas como elemento do aço inoxidável e das superligas usadas em turbinas a jato, usinas nucleares, válvulas resistentes a compostos químicos e outras aplicações em que materiais com resistência química e térmica são necessários.

Conforme a Tabela 18.1, as jazidas de cromo estão distribuídas desigualmente em todo o mundo. A conservação do cromo se baseia no manuseio de acordo com as boas práticas da ecologia industrial. Nesse aspecto, muitas medidas podem ser tomadas. É praticamente impossível reciclar o cromo de objetos cromados, e por esse motivo essa aplicação deve ser evitada dentro do possível, tal como ocorreu com os adornos cromados de automóveis vistos no passado. O cromo (VI) (cromato) é uma forma tóxica do metal e seus usos precisam ser eliminados, sempre que possível. O emprego do elemento no curtimento de couros e em outras aplicações industriais diversas tem de ser restringido a um mínimo. No passado, o cromo era empregado na fabricação do CCA (cobre/cromo/arsênico), um agente de tratamento da madeira usado no combate a cupins e ao apodrecimento, hoje banido por conta da presença de arsênico, um elemento tóxico.

18.5.3 O cobre

O cobre é um metal resistente à corrosão e de baixa toxicidade muito utilizado por conta de sua trabalhabilidade (ductilidade e maleabilidade), condutividade elétrica e capacidade de conduzir calor. Além do emprego em fiações elétricas, onde vem sendo desafiado pelo alumínio, o cobre também é usado na fabricação de tubulações, chapas, gaxetas e outros dispositivos.

Existem ao menos dois problemas ambientais importantes associados à extração e ao refino do cobre. O primeiro diz respeito à forma diluída em que o cobre ocorre hoje em dia (ver Figura 18.1). Nos Estados Unidos, entre 150 e 175 toneladas de material inerte (sem contar o rejeito removido na mineração a céu aberto) precisam ser processadas e descartadas para gerar uma tonelada do metal. O segundo problema é a ocorrência de cobre como sulfeto, o que exige que grandes quantidades de enxofre sejam recuperadas como subproduto durante a produção do metal ou, infelizmente, em países menos desenvolvidos, sejam liberadas na atmosfera na forma de SO_2 poluente.

Uma das vantagens do cobre quanto à reciclagem é que ele é utilizado sobretudo na forma metálica, que representa "energia armazenada", pois não é preciso mais energia para a redução do metal. As taxas de reciclagem de cobre usado parecem baixas em parte porque a maior parcela do metal em uso está retida, por assim dizer, na forma de fiação elétrica no interior de estruturas e em outros locais onde o ciclo de vida do metal é longo. (Essa situação contrasta com a do chumbo, cuja principal fonte

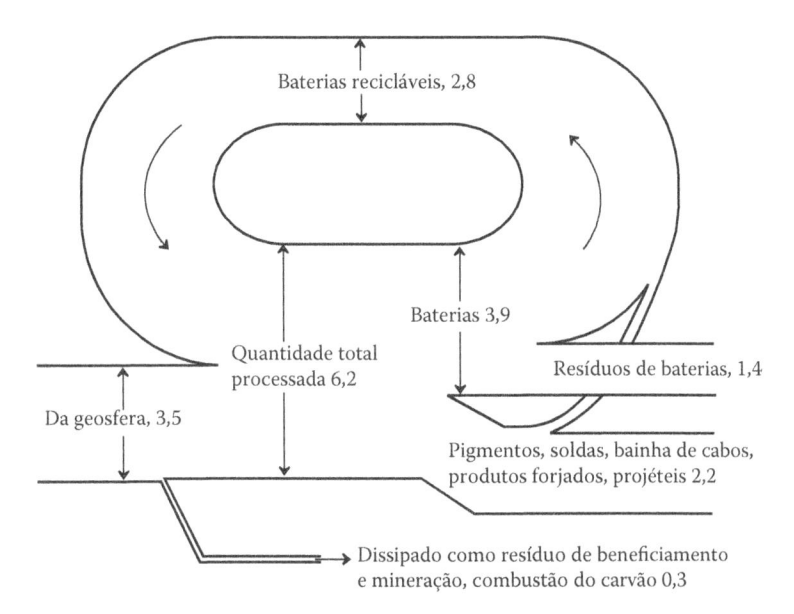

FIGURA 18.2 O fluxo anual do chumbo na antroposfera, em todo o mundo, em milhões de toneladas por ano. O chumbo da geosfera inclui o metal minerado e uma pequena quantidade dissipada na combustão do carvão.

Diagrama (valores em milhões de toneladas por ano):
- Baterias recicláveis, 2,8
- Baterias 3,9
- Quantidade total processada 6,2
- Da geosfera, 3,5
- Resíduos de baterias, 1,4
- Pigmentos, soldas, bainha de cabos, produtos forjados, projéteis 2,2
- Dissipado como resíduo de beneficiamento e mineração, combustão do carvão 0,3

são as baterias que duram entre 2 e 5 anos apenas.) Um dos obstáculos à reciclagem do cobre é a dificuldade de recuperar componentes feitos do metal presentes em circuitos, tubulações e outras aplicações.

18.5.4 O cobalto

O cobalto é um metal "estratégico" com aplicações muito importantes em ligas, especialmente em usos que requeiram termorresistência, como em turbinas a jato. A principal fonte de cobalto é um subproduto do beneficiamento do cobre, embora possa ser obtido também como subproduto do níquel e do chumbo. A porcentagem de cobalto presente nessas fontes e perdido em rejeitos, escória ou outros resíduos chega a 50%, o que indica um expressivo potencial de melhoria na recuperação do metal. Porcentagens relativamente pequenas de cobalto são recicladas na forma de refugos.

18.5.5 O chumbo

A ecologia industrial do chumbo é imprescindível devido ao uso disseminado desse metal e a sua toxicidade. Os fluxos globais de chumbo emitidos pela antroposfera são mostrados na Figura 18.2.

Cerca de um pouco mais da metade do chumbo processado pelo homem vem da geosfera, onde está presente sobretudo como minério. O restante vem da reciclagem. De longe, a principal aplicação do chumbo são as pilhas, cujas quantidades recicladas a cada ano se aproximam das quantidades retiradas da geosfera. Uma pequena fração do chumbo é dissipada como resíduos associados à mineração, ao beneficiamento e ao uso do metal. No passado, além das pilhas, o metal era usado também em pigmentos, soldas, bainhas de cabos, produtos forjados e projéteis, mas essas aplicações hoje são muito pequenas. A reciclagem do metal a partir desses produtos é difícil. Embora a maior parte do chumbo presente nas pilhas seja reciclada,[4] cerca de um terço do metal se perde, o que representa outro campo aberto para melhorias em sua utilização.

18.5.6 O lítio

O *lítio*, de número atômico 3 e massa atômica 6,941, emerge como metal de importância especial com relação à sustentabilidade energética. É o primeiro metal na tabela periódica e o mais leve, com densidade de apenas 0,531 g/cm^3 na forma metálica. Até recentemente, a demanda por lítio era baixa em comparação com outros elementos, sendo usado em vidros, esmaltes, cerâmicas especiais, graxas lubrificantes e como agente terapêutico no tratamento de algumas disfunções mentais. O lítio forma o íon Li$^+$ que, devido a sua baixa massa, é um eficiente transportador de carga em baterias de lítio compactas e potentes que funcionam com base no deslocamento desses íons entre eletrodos em meio a um eletrólito e através de um separador. A capacidade de armazenar grandes quantidades de energia elétrica das baterias recarregáveis pequenas fez delas opções muito populares no setor de eletroportáteis, em especial os *laptops*.

Embora a popularidade das baterias de íon lítio em eletroportáteis tenha elevado a demanda pelo metal, essa ainda é minúscula se comparada à demanda que será criada com o desenvolvimento de baterias de lítio para uso em carros elétricos e sobretudo veículos híbridos, que têm motor elétrico e à combustão interna. Os recursos mundiais de lítio são limitados. Em 2009, essas jazidas eram estimadas em 5,4 milhões de toneladas na Bolívia, 3 milhões no Chile, 1,1 milhão na China e 410 mil toneladas nos Estados Unidos. A extração de sais de lítio do deserto de sal de Uyuni, na Bolívia, tornou-se uma fonte importante de renda para a população local. Atender às projeções de demanda, porém, requererá a mecanização e o aumento das operações. O número limitado de locais com depósitos conhecidos de lítio e as incertezas políticas com relação a esses recursos geraram preocupações acerca da aquisição de suprimentos do metal capazes de atender à demanda estimada. Contudo, é provável que reservas de lítio expressivas e ainda não descobertas existam em outras partes do planeta, principalmente porque no passado essas reservas não eram objeto de interesse econômico, devido à baixa demanda pelo elemento.

18.5.7 O potássio

O *potássio* merece menção especial como metal porque o íon potássio, K$^+$, é um elemento essencial ao crescimento vegetal. O metal é minerado na forma de minerais de potássio e aplicado ao solo como fertilizante. Os minerais de potássio consistem de sais de potássio, normalmente o KCl. Esses sais são encontrados como depósitos no solo ou podem ser obtidos a partir de águas salobras. Depósitos muito grandes são encontrados em Saskatchewan, Canadá. Todos esses sais são usados como fontes de potássio e são bastante solúveis em água.

18.5.8 O zinco

O zinco é relativamente abundante e não tem toxicidade expressiva. Por essa razão, sua ecologia industrial causa menos preocupação que a do chumbo, que é tóxico, ou do cromo, que é escasso. A exemplo de outros metais, a mineração e o beneficiamento do zinco podem representar alguns perigos para o ambiente. O zinco ocorre como ZnS (um mineral chamado de esfalerita), e o enxofre gerado na fundição do zinco precisa ser recuperado na forma de SO_2. Os minerais de zinco muitas vezes contêm frações significativas de chumbo e cobre, além de quantidades expressivas de arsênico e cádmio tóxicos. O minério de zinco que, de modo geral, contém perto de 6% do metal, é concentrado por flotação, em que bolhas de ar fluem por uma pasta fluida de minério de zinco fino em água, e tratada com produtos químicos. Um concentrado em forma de espuma de sulfeto de zinco com teor de 50% do metal é escumado. São removidos até 90% do zinco presente no minério.

O zinco é usado como metal e na composição de ligas, em especial o latão, uma liga de cobre muito reciclada. Quantidades menores de zinco são usadas na produção de compostos com o metal em suas formulações. Um dos principais empregos do zinco é a cobertura anticorrosão usada no aço. Essa aplicação, aperfeiçoada pelo setor automotivo nos últimos anos, consegue prorrogar a vida útil das carrocerias e chassis de modo expressivo. A recuperação do zinco empregado na galvanização é difícil. No entanto, o zinco é um elemento volátil e pode ser recuperado da poeira de filtros industriais gerada em fornalhas de arco elétrico utilizadas no processamento de aço usado.

O principal composto de zinco é o óxido de zinco, ZnO. Usado no passado como pigmento, essa substância hoje é empregada como acelerador e agente de ativação de endurecimento de produtos da borracha, sobretudo pneus. Os outros dois compostos importantes do metal com aplicações comerciais são o cloreto de zinco utilizado em pilhas secas e como desinfetante e agente de vulcanização da borracha, e o óxido de zinco, usado em banhos de galvanoplastia.

Dois aspectos da ecologia industrial do zinco precisam ser tratados. O primeiro é que, apesar de não ser muito tóxico para animais, o metal é fitotóxico (tóxico para plantas), e o solo pode ser "envenenado" pela exposição ao zinco das fundições ou pela aplicação de lodo de esgoto rico no metal. O segundo é que a reciclagem do zinco é complicada por sua dispersão como agente de galvanização em outros metais. No entanto, existem meios de recuperar frações significativas de zinco, como aquele emitido por fornalhas de arco elétrico, conforme mencionado anteriormente.

18.6 Os recursos minerais não metálicos

Muitos minerais, além dos usados na produção de metais, são recursos importantes. A exemplo dos metais, os aspectos ambientais da mineração de muitos desses minerais têm considerável relevância. De modo geral, até a extração de rochas e cascalhos comuns pode acarretar efeitos ambientais de peso.

As *argilas* são minerais secundários formados pela ação do intemperismo sobre minerais primários (ver Capítulo 15, Seção 15.7). As argilas têm uma variedade de usos. Cerca de 70% das argilas com alguma aplicação compreendem uma mistura de diferentes argilas de composição variável e usadas com finalidades distintas, como carga (no papel) e na produção de tijolos, telhas e cimento Portland. Um pouco mais de 10% da argila é usada para a produção de argilas refratárias, capazes de resistir a altas temperaturas sem deformação. Essas argilas entram na produção de diversos produtos refratários, louças, tubulações de esgoto e tijolos. Um pouco menos de 10% da argila usada é o caulim. De fórmula geral $Al_2(OH)_4Si_2O_5$, ele é um mineral branco que pode ir ao fogo sem perder forma nem cor, sendo empregado como carga no papel, na produção de refratários, louças, aparelhos de jantar e como catalisador no craqueamento do petróleo. Cerca de 7% da argila minerada consiste em betonita e terra de fuller, uma argila de composição variável usada na fabricação de lamas de lubrificação de brocas, catalisadores para o petróleo, transportadores de pesticidas, selantes e óleos clarificadores. Quantidades muito pequenas de uma argila de alta plasticidade, chamada de argila de bola, são usadas na produção de refratários, telhas e porcelana branca. A produção de argila nos Estados Unidos é de quase 42 milhões de toneladas métricas ao ano, e os recursos naquele país, assim como em todo o mundo, são abundantes.

Os *compostos de flúor* tem ampla utilização na indústria. Grandes quantidades de fluorita, CaF_2, são necessárias como carga na produção do aço. A criolita natural ou sintética, Na_3AlF_6, é usada como solvente para o óxido de alumínio na preparação eletrolítica do alumínio metálico. O fluoreto de sódio é adicionado à água como adjuvante na prevenção de cáries, uma medida comum chamada de fluoretação da água. As reservas mundiais de fluorita de alta graduação estão na casa de 190 milhões de toneladas métricas, perto de 13% das quais estão nos Estados Unidos. Esse montante é suficiente para várias décadas, com base nas projeções de uso atuais. Uma grande quantidade de flúor subproduto é recuperada no processamento da fluoroapatita, $Ca_5(PO_4)_3F$, usada na obtenção de fósforo.

As *micas* são aluminossilicatos transparentes, duros, flexíveis e elásticos. A muscovita, $K_2O \cdot 3Al_2O_3 \cdot 6SiO_2 \cdot 2H_2O$, é um tipo comum de mica. Micas com graus elevados de pureza são cortadas em lâminas e usadas em equipamentos eletrônicos, capacitores, geradores, transformadores e motores. A mica finamente dividida é muito usada em telhados, tintas, barras de soldagem e muitas outras aplicações. Lâminas de mica são importadas pelos Estados Unidos, e a mica "refugada" e na forma de partículas finas é reciclada no país. Esse mineral não corre risco de escassez.

Pigmentos e *cargas* de diversos tipos são utilizados em grandes quantidades. Os únicos pigmentos naturais ainda empregados são os que contêm ferro. Esses minerais têm sua cor atribuída à presença de limonita, um composto marrom-amarelado amorfo com fórmula $2Fe_2O_3 \cdot 3H_2O$, e de hematita, composta por Fe_2O_3, de cor variando entre preto e cinza. Junto com quantidades variáveis de argila e óxidos de manganês, esses compostos são encontrados em vários tons de marrom. Os pigmentos fabricados incluem o negro de fumo, o dióxido de titânio e os pigmentos de zinco. Cerca de 1,5 milhão de toneladas métricas de negro de fumo, produzidas na combustão parcial do gás natural, são utilizadas nos Estados Unidos a cada ano, principalmente como agente de reforço da borracha usada em pneus.

Mais de 7 milhões de toneladas métricas de minerais são empregadas nos Estados Unidos por ano como carga para papel, borracha, telhados, caixas de baterias e muitos outros produtos. Entre os minerais usados como carga estão o negro de fumo, a diatomita, a barita, a terra de fuller, o caulim (ver a discussão sobre argilas), a mica, o calcário, a pirofilita e a wollastonita ($CaSiO_3$).

Embora a areia e o cascalho sejam as *commodities* minerais mais baratas por tonelada, o valor anual médio em dólar desses minerais é maior que o de todos os outros produtos minerais, com exceção de alguns poucos, devido às grandes quantidades consumidas. Quase 1 bilhão de toneladas de areia e cascalho são empregadas na construção civil nos Estados Unidos a cada ano, sobretudo em estruturas de concreto, pavimentação de estradas e construção de represas. Uma quantidade um pouco maior entra na produção de cimento Portland e como material de preenchimento em edificações. Apesar de a areia comum ser composta principalmente por sílica, SiO_2, cerca de 30 milhões de toneladas de uma sílica um pouco mais pura são consumidas nos Estados Unidos por ano na fabricação de vidro, sílica de alta pureza, semicondutores de silício e abrasivos.

Hoje, os velhos canais de rios e os depósitos de glaciares são usados como fonte de areia e cascalho. Muitos depósitos valiosos de areia e cascalho são cobertos pelas construções e perdidos durante o desenvolvimento. O transporte e a distância entre a fonte e o ponto de uso são variáveis cruciais em relação a esses recursos. Os problemas ambientais envolvidos na desfiguração da terra podem ser graves, embora os corpos hídricos usados para a pesca e outras atividades recreativas muitas vezes sejam resultado de intervenções voltadas para a remoção de areia e cascalho.

18.7 Os fosfatos

Os *minerais fosfáticos* têm importância especial por serem componentes essenciais de fertilizantes aplicados na terra para aumentar a produtividade de culturas. Além disso, o fósforo é utilizado como suplemento na alimentação animal, na síntese de bases de detergentes e nas formulações de compostos químicos e fármacos. Os minerais fosfáticos mais comuns são a hidroxiapatita, $Ca_5(PO_4)_3(OH)$, e a fluoroapatita, $Ca_5(PO_4)_3F$. Os íons de Na, Sr, Th e U são encontrados no lugar do cálcio nos minerais de apatita. Pequenas quantidades de PO_4^{3-} podem ser substituídas por AsO_4^{3-}, mas o arsênico precisa ser removido nas aplicações no setor de alimentos. Cerca de 17% da produção mundial de fosfato vêm de minerais ígneos, sobretudo as fluoroapatitas. Quase três quartos da produção mundial de fosfatos são retirados de depósitos sedimentares, geralmente de origem marinha. Enormes depósitos de fosfato, que respondem por aproximadamente 5% da produção mundial de rocha fosfática, são derivados das fezes de aves marinhas e morcegos. A produção anual de rocha fosfática nos Estados Unidos é de quase 40 milhões de toneladas métricas, a maior parte encontrada na Flórida. Muito do minério fosfático disponível é de baixa qualidade, logo, o processamento gera grandes quantidades de subprodutos.[5]

Os minerais de fosfato de ocorrência natural não são solúveis o bastante para serem usados em fertilizantes de fosfato. Quando direcionados para essa finalidade comercial, esses minerais são tratados com ácidos fosfórico ou sulfúrico para produzir superfosfatos mais solúveis, conforme descrito no Capítulo 16, Seção 16.7. O fluoreto de hidrogênio (HF) produzido como subproduto na fabricação de superfosfato a partir da fluoroapatita pode criar problemas de poluição do ar, e a recuperação de fluoretos é um aspecto importante da ecologia industrial da produção de fosfatos.

Existem ao menos duas razões por trás da importância da ecologia industrial do fósforo. A primeira é que os volumes de fosfato utilizados atualmente levariam ao esgotamento das reservas conhecidas do composto em duas ou três gerações. Embora novas fontes de fósforo continuem sendo descobertas e exploradas, está claro que as jazidas desse mineral essencial estão sofrendo uma redução preocupante diante do consumo pelo homem. A escassez do fósforo, junto com os preços elevados, acarretará uma crise na produção de alimentos. O segundo aspecto significativo da ecologia industrial do fósforo é a poluição de cursos de água pelo fosfato residual, um nutriente para plantas e algas. Essa poluição promove a proliferação excessiva de algas na água, acompanhada da decomposição da biomassa vegetal, do consumo de oxigênio dissolvido e de uma situação indesejável de eutrofização.

O uso exagerado de fosfato, ao lado da poluição pelo composto, sugere que os resíduos gerados, por exemplo, no tratamento de efluentes, devem ser usados no lugar de fertilizantes. Algumas soluções parciais para o problema imposto pela escassez de sulfato são:

- O desenvolvimento e a implementação de métodos de aplicação de fertilizante capazes de maximizar a utilização eficiente do fosfato.
- A engenharia genética de plantas que necessitam de níveis mínimos de fosfato e que utilizam o fósforo com máxima eficiência.
- O desenvolvimento de sistemas que maximizam a utilização de resíduos animais ricos em fósforo.

18.8 O enxofre

O *enxofre* é um não metal importante, cuja principal aplicação é na produção de ácido sulfúrico. Contudo, o elemento é utilizado em uma ampla variedade de produtos industriais e agrícolas. O consumo atual de enxofre alcança 10 milhões de toneladas métricas ao ano nos Estados Unidos. As quatro principais fontes de enxofre são (em ordem decrescente) os depósitos de enxofre elementar, o H_2S recuperado do gás natural ácido, o enxofre extraído do petróleo e a pirita (FeS_2). A obtenção do enxofre do carvão usado como combustível tem grande potencial, embora permaneça em grande parte não aproveitada.

A situação das reservas de enxofre é diferente daquela das jazidas de fósforo em diversos aspectos. Apesar de o enxofre ser um nutriente essencial como o fósforo, a maioria dos solos contém teores altos o bastante de enxofre nutriente, e os principais usos do enxofre estão no setor industrial. As fontes de enxofre são variadas e abundantes. Por essa razão, o abastecimento não representa um problema nem nos Estados Unidos, nem no restante do mundo. A recuperação de enxofre dos combustíveis fósseis como medida de controle da poluição pode até gerar um excesso de oferta do elemento.

Cerca de 90% do enxofre utilizado no mundo é destinado à produção de ácido sulfúrico. Quase dois terços do ácido sulfúrico produzido no mundo são empregados na fabricação de fertilizantes, como discutido na Seção 18.7, onde o fósforo acaba como subproduto, na forma de gesso de fósforo, $CaSO_4 \cdot xH_2O$. Outras aplicações do ácido sulfúrico incluem as baterias de chumbo, a decapagem do aço, o refino de petróleo, a extração do cobre de seu minério e a indústria química em geral.

A ecologia industrial do enxofre precisa enfatizar a redução de resíduos e da poluição pelo elemento, em vez da garantia de oferta. Diferentemente de outros recursos, como observado para a maioria dos metais, as aplicações do enxofre são em grande parte dissipativas. É o caso do enxofre "perdido" em terras agrícolas, produtos de papel, de petróleo e outros sumidouros ambientais. Existem duas preocupações principais acerca do enxofre. Uma é a emissão de enxofre na atmosfera, que ocorre sobretudo na forma de dióxido de enxofre poluente e se manifesta em grande parte pela produção de precipitação ácida e deposição a seco. A segunda grande preocupação é que ele é usado principalmente na forma de ácido sulfúrico, não incorporado em produtos. Essa situação tem o potencial de poluir a água e criar resíduos ácidos. Unidades de purificação de ácido são construídas para remover grandes quantidades de ácido sulfúrico de soluções ácidas residuárias para reciclagem.

18.8.1 A gipsita (ou gesso)

O sulfato de cálcio na forma de $CaSO_4 \cdot 2H_2O$ dihidrato é o mineral *gipsita*, uma das formas comuns em que enxofre resíduo é gerado. Conforme mencionado, quantidades enormes desse material são geradas como subproduto da fabricação de fosfato fertilizante. Outra importante fonte de gipsita ocorre quando cal é usada para remover dióxido de enxofre de gases de chaminé de usinas de energia.

$$Ca(OH)_2 + SO_2 \rightarrow CaSO_3 + H_2O \quad (18.3)$$

para produzir um sulfito de cálcio capaz de ser oxidado a sulfato de cálcio. Cerca de 100 milhões de toneladas métricas de gipsita são mineradas todo ano para uma diversidade de aplicações, como na produção de cimento Portland de placas de gesso e como condicionador de solos para soltar argilas.

O sulfato de cálcio de origem industrial ou natural (gipsita) pode ser calcinado a uma temperatura muito baixa (não mais que 159°C) para produzir $CaSO_4 \cdot \frac{1}{2}H_2O$, um material conhecido como gesso de Paris, no passado muito utilizado na aplicação manual de gesso em paredes. O gesso de Paris misturado à água forma um material plástico que consolida como hidrato sólido:

$$CaSO_4 \cdot \tfrac{1}{2}H_2O + \tfrac{3}{2}H_2O \rightarrow CaSO_4 \cdot 2H_2O \quad (18.4)$$

Moldado em folhas cobertas com papel, esse material forma as placas de gesso usadas comumente em paredes interiores de residências e outras edificações. Ao longo da história, o gesso de Paris foi usado como argamassa e para outras finalidades estruturais, retendo potencial para aplicações semelhantes atualmente.

As grandes quantidades de gipsita mineradas sugerem que o sulfato de cálcio gerado como subproduto, sobretudo aquele produzido com fertilizantes fosfato e do gás de chaminés da dessulfurização, é um bom candidato para a recuperação com base na prática da ecologia industrial. A temperatura baixa necessária para converter o sulfato de cálcio hidratado em $CaSO_4 \cdot \tfrac{1}{2}H_2O$, que pode ser preparado na forma sólida quando misturado à água, sugere que a demanda energética de um setor industrial de aproveitamento de subprodutos da gipsita não seria muito alta. A gipsita de baixa densidade soprada na forma de espuma e usada como carga em compostos de materiais de reforço resistentes tem boas propriedades de isolamento térmico, antichama e estruturais na construção civil.

18.9 A madeira: um importante recurso renovável

Por sorte, um dos principais recursos naturais disponíveis no mundo, a madeira, é renovável. A produção de madeira e produtos derivados é o quinto setor em volume de atividade industrial nos Estados Unidos, um país com um terço de sua área coberta por florestas. Em todo o mundo, a madeira vem em primeiro lugar como matéria--prima da fabricação de outros produtos, como madeira serrada, compensados, aglomerados, celofane, raiom, papel, metanol, plásticos e terebentina.

Do ponto de vista químico, a madeira é uma substância complexa, composta por longas células dotadas de paredes espessas formadas sobretudo por polissacarídeos como a celulose, um polímero da glicose apresentado no Capítulo 22, Figura 22.5. Além da fração sólida composta por celulose e lignina (ver Capítulo 17, Seção 17.6), uma ampla variedade de taninos, pigmentos, açúcares, amido, ciclotóis, gomas, mucilagens, pectinas, galactanos, terpenos, hidrocarbonetos, ácidos, ésteres, gorduras, ácidos graxos, aldeídos, resinas, esteróis e ceras são extraídos da madeira por destilação com água, álcool-benzeno, éter e vapor. Quantidades expressivas de metanol, um composto sintético útil e combustível que era chamado comumente de *álcool da madeira*, são obtidas pela pirrólise da madeira.

Um dos principais usos da madeira é a produção de papel. O uso disseminado de papel é uma das marcas de uma sociedade industrializada. A produção de papel conta com tecnologias muito avançadas. Ele consiste essencialmente de fibras celulósicas compactadas. Para fabricá-lo, antes de tudo a fração de lignina precisa ser removida da madeira, restando apenas a fração celulósica. Os processos de sulfito e alcalino usados nessa separação causam graves problemas de poluição do ar e da água, hoje em dia diminuídos com a aplicação de tecnologias de tratamento avançadas.

As fibras e partículas da madeira podem ser usadas na produção de painéis, laminados de papel (lâminas de papel coladas com resina umas às outras e moldadas em estruturas a altas temperaturas e pressões), aglomerados (formados por partículas de madeira unidas por uma resina fenol-formaldeído ou ureia-formaldeído), e substitutos não tecidos para têxteis compostos por fibras de madeira unidas por adesivos. Os subprodutos químicos da madeira, como a glicose e a celulose, são os principais produtos em potencial gerados pelos 60 milhões de toneladas métricas de resíduos de madeira produzidos nos Estados Unidos a cada ano.

18.10 A prática da ecologia industrial como forma de ampliar recursos

Há um tremendo potencial para a aplicação da ecologia industrial no sentido de diminuir a carga sobre matérias-primas virgens e fontes de energia. Essas abordagens incluem o uso de menos material (a desmaterialização), a substituição de um material escasso e/ou tóxico por um mais abundante e seguro, a extração de materiais úteis de resíduos (mineração de resíduos) e a reciclagem de materiais e produtos. Aplicadas de modo adequado, essas medidas não apenas conservam as matérias-primas em processo de escassez, como também geram riqueza.

O maior potencial para a ampliação de recursos materiais está na reciclagem com base na ecologia industrial. Uma das principais vantagens da reciclagem é a energia economizada com esta prática.

Os materiais variam em termos de sua reciclabilidade. Sem dúvida, os materiais mais facilmente recicláveis são os metais com algum grau de pureza. Esses metais derretem sem dificuldade e podem ser moldados novamente em outros componentes úteis. Entre os materiais com menor reciclabilidade estão os polímeros mistos ou compostos, cujos constituintes individuais não podem ser prontamente separados. A química de alguns polímeros é tal que, uma vez preparados a partir de monômeros, não podem ser separados outra vez e remoldados em alguma forma nova e útil. Essa seção apresenta uma breve discussão sobre os tipos de materiais reciclados ou recicláveis em um sistema funcional de ecologia industrial.

Um dos aspectos importantes da ecologia industrial aplicada à reciclagem de materiais diz respeito aos processos de separação empregados para "desmisturar" materiais para a reciclagem no final do ciclo de vida do produto. Um exemplo é a separação das fibras de carbono do grafite das resinas epóxi usadas para uni-las, formando compostos de fibra de carbono. A indústria química dispõe de muitos exemplos onde a separação é necessária, como a separação de metais tóxicos de soluções ou lodos que pode gerar um produto tóxico em potencial, permitindo que a água e outros materiais atóxicos sejam descartados com segurança ou aproveitados em estratégias de reuso.

18.10.1   Os metais

Os metais puros são reciclados com facilidade, e o maior desafio consiste em separar metais em suas formas puras. Um dos problemas mais difíceis com relação à reciclagem dos metais é a mistura destes, como observado com ligas de metais quando um metal é usado para revestir outro, ou com componentes formados a partir de dois ou mais metais de difícil separação. Um exemplo comum das complicações com a combinação de metais é a contaminação do ferro com cobre de fiações ou outros componentes fabricados com o metal. Quando ocorre como impureza, o cobre produz aço com características mecânicas inferiores. Outro problema pode ser a presença de cádmio tóxico usado como agente de galvanização em peças de aço.

A reciclagem de metais pode tirar vantagem dos avanços da tecnologia de separação de metais que ocorrem juntos em minérios. Exemplos de metais como subprodutos recuperados durante o refino de outros metais são o gálio encontrado com o alumínio, o arsênico em conjunto com o chumbo ou cobre, os metais preciosos irídio, ósmio, paládio, ródio e rutênio extraídos com a platina, e o cádmio, germânio, índio e tório, que ocorrem com o zinco.

18.10.2   Os plásticos e a borracha

Muita atenção vem sendo dispensada à reciclagem de plásticos nos últimos anos. Em comparação com os metais, os plásticos têm reciclabilidade muito menor, porque a operação de reciclagem é tecnicamente difícil, aliado ao fato de estes serem menos valiosos que aqueles. Existem duas grandes classes de plásticos, o que exerce forte influência sobre sua reciclabilidade. Os termoplásticos são aqueles que se tornam fluidos quando aquecidos e voltam a ser sólidos quando esfriam. Como podem ser aquecidos e reformados diversas vezes, os termoplásticos em sua maioria são mais fáceis de reciclar. Os termoplásticos recicláveis incluem os polialcenos (polietileno e polipropileno de baixa e alta densidade), o cloreto de polivinila (PVC) usado em grandes quantidades na produção de tubulações, paredes e outros materiais duráveis, o tereftalato de polietileno e o poliestireno. Os materiais das embalagens plásticas são comumente feitos com termoplásticos, logo, são mais recicláveis. Por sorte, do ponto de vista da reciclagem, os termoplásticos representam a maioria dos plásticos reutilizados.

Os plásticos termofixos são aqueles que formam ligações moleculares cruzadas entre suas unidades poliméricas quando são aquecidos. Essas ligações definem a forma do plástico, que não derrete quando aquecido. Portanto, os plásticos termofixos não podem simplesmente ser reformados, não são fáceis de reciclar e muitas vezes queimá-los para aproveitar seu teor térmico seja talvez sua única utilidade. Uma classe importante de plásticos termofixos são as resinas epóxi, caracterizadas pela presença de um átomo de oxigênio ligado a carbonos adjacentes (1,2-epóxido, ou oxirano). Essas resinas têm amplo emprego em materiais compostos com fibras, vidro ou grafite. Além delas, polímeros fenólicos com ligações cruzadas, alguns tipos de poliésteres e silicones também são plásticos termofixos importantes. Quando a reciclagem desses materiais é uma opção viável, os plásticos termofixos mais indicados são aqueles usados sozinhos na fabricação de componentes completos, capazes de serem reciclados.

Os contaminantes representam um ponto importante a considerar na reciclagem de plásticos. Um tipo corriqueiro de contaminante é a tinta usada para colorir o objeto plástico a ser reciclado. Adesivos e revestimentos de diversos tipos também podem atuar como contaminantes. Eles reduzem a resistência do material reciclado ou se decompõem, gerando gases quando o plástico é aquecido para a condução do processo. O cádmio tóxico usado para promover a polimerização de plásticos, um "elemento sujeira"*, no jargão da reciclagem, pode atrapalhar a reciclagem de plásticos e restringir o uso de produtos reciclados.

Grandes quantidades de plásticos poliéster reciclados de garrafas podem ser utilizadas na fabricação de tapetes. Em 2008, a empresa fabricante de tapetes Mohawk utilizava 14 mil garrafas plásticas de refrigerante por minuto, cerca de um terço do número de garrafas desse tipo disponíveis para a reciclagem nos Estados Unidos, para fabricar o carpete Evestrand. É interessante observar que apenas para produzir o plástico usado na fabricação anual de garrafas plásticas de água, nos Estados Unidos, são necessários aproximadamente 174 milhões de litros de petróleo, em um processo que também gera 1,5 milhão de toneladas métricas de resíduos em igual período. Somente uma em quatro dessas garrafas é reciclada.

Embora a borracha natural tivesse sido reciclada durante a Segunda Guerra Mundial, as borrachas sintéticas desenvolvidas durante o confronto para substituí-las eram muito mais difíceis de reciclar. Em todo o mundo são jogados fora milhões de pneus usados, representando um problema grave em depósitos de lixo. Os pneus são normalmente empregados como combustível. Uma das abordagens que vêm tendo êxito nesse sentido é o congelamento da borracha desses pneus cortada em tiras usando nitrogênio líquido, com a posterior moagem ao ponto de um pó fino. Esse material é usado como aditivo em tintas, revestimentos e selantes, aos quais confere algumas das propriedades da borracha, como a elasticidade e a resistência a impactos, além da proteção contra a radiação ultravioleta e o ozônio. Essa borracha em pó também é adicionada à borracha usada na fabricação de pneus novos.

---

* N. de T.: *Tramp element*.

18.10.3 Os óleos lubrificantes

Os óleos lubrificantes, utilizados em grande quantidade, são candidatos à reciclagem. O meio mais fácil de reciclar o óleo combustível consiste em queimá-lo, e volumes enormes são usados como combustível. Esse tipo de reciclagem é de baixíssimo nível e não será abordado aqui.

Por muitos anos o principal processo de recuperação de óleo lubrificante era baseado no tratamento com ácido sulfúrico e argila, o que gerava grandes quantidades de lodo ácido e argila contaminada com o óleo. Esses subprodutos indesejados injetavam muitos resíduos em aterros químicos. As práticas sofisticadas adotadas hoje para recuperar óleo lubrificante usam solventes, a destilação a vácuo e o hidroacabamento catalítico em sua limpeza, em vez de grandes volumes de argila, produzindo um material utilizável. A primeira etapa desse processo é a desidratação para a remoção de água e a lavagem para eliminar as frações de combustível (gasolina) contaminante. Se for utilizado o tratamento com solventes, o óleo é extraído com um solvente, como o álcool isopropílico, o álcool butílico ou a metil-etil-cetona. Em seguida, o óleo residual é centrifugado para remover impurezas insolúveis no solvente. O solvente é então lavado do óleo. A etapa a seguir é a destilação a vácuo, que remove uma fração leve e útil como combustível e que deixa para trás um resíduo pesado que pode ter a mesma finalidade. O óleo lubrificante pode ser então submetido ao hidroacabamento, a adição química de H_2 sobre um catalisador, para produzir um óleo lubrificante aceitável.

Literatura citada

1. Bless, D., B. Park, S. Nordwick, M. Zaluski, H. Joyce, R. Hiebert, Randy, and C. Clavelot, Operational lessons learned during bioreactor demonstrations for acid rock drainage treatment, *Mine Water and the Environment*, **27**, 241–250, 2008.
2. Rosa, R. N. and R. N. Diogo, Exergy cost of mineral resources, *International Journal of Exergy*, **5**, 532–555, 2008.
3. Mueller, D. B., T. Wang, B. Duval, and T. E. Graedel, Exploring the engine of anthropogenic iron cycles, *Proceedings of the National Academy of Sciences of the United States of America*, **104**, 16111–16116, 2006.
4. Genaidy, A. M., R. Sequeira, T. Tolaymat, J. Kohler, and M. Rinder, An exploratory study of lead recovery in lead-acid battery lifecycle in U.S. market: An evidence-based approach, *Science of the Total Environment*, **407**, 7–22, 2008.
5. Negm, A. A. and A.-Z. M. Abouzeid, Utilization of solid wastes from phosphate processing plants, *Physicochemical Problems of Mineral Processing*, **42**, 5–16, 2008.

Leitura complementar

Aswathanarayana, U., *Mineral Resources Management and the Environment*, Taylor & Francis, London, 2003.

Clark, J. H. and F. Deswarte, Eds, *Introduction to Chemicals from Biomass*, Wiley, New York, 2008.

Dewulf, J. and H. Van Langenhove, Eds, *Renewables-Based Technology: Sustainability Assessment*, Wiley, Hoboken, NJ, 2006.

European Environment Agency, *Sustainable Use and Management of Natural Resources*, European Environment Agency, Copenhagen, 2005.

Grafton, R. Q., *The Economics of the Environment and Natural Resources*, Blackwell Publishing, Malden, MA, 2004.

Grant W. S., J. C. Hendee, and W. F. Sharpe, *Introduction to Forests and Renewable Resources*, 7th ed., McGraw-Hill, Boston, 2003.

Johnsen, O., *Minerals of the World*, Princeton University Press, Princeton, NJ, 2002.

Johnson, K. M., *USGS Mineral Resources Program–Supporting Stewardship of America's Natural Resources*, U.S. Department of the Interior Geological Survey, Reston, VA, 2006.

Journel, A. G. and P. C. Kyriakidis, *Evaluation of Mineral Reserves: A Simulation Approach*, Oxford University Press, Oxford, UK, 2004.

Kozlowski, R., G. Zaikov, and F. Pudel, Eds, *Renewable Resources: Obtaining, Processing, and Applying*, Nova Science Publishers, Hauppauge, NY, 2009.

Kozlowski, R., G. E. Zaikov, and F. Pudel, Eds, *Renewable Resources and Plant Biotechnology*, Nova Science Publishers, New York, 2006.

Lee, K. N., *The Compass and Gyroscope: Integrating Science and Politics for the Environment*, Island Press, Washington, DC, 1993.

Mineral Resources Forum, available at http://www.natural-resources.org/minerals/ (The Mineral Resources Forum website is an information resource dealing with minerals, metals, and sustainable development.)

Rajendran, S., K. Srinivasamoorthy, and S. Aravindan, Eds, *Mineral Exploration: Recent Strategies*, New India Publishing Agency, New Delhi, 2007.

Roonwal, G. S., K. Shahriar, and H. Ranjbar, Eds, *Mineral Resources and Development*, Daya Publishing House, Delhi, India, 2005.

Solid Waste Association of North America, *Successful Approaches to Recycling Urban Wood Waste*, U.S. Department of Agriculture, Forest Service, Forest Products Laboratory, Madison, WI, 2002.

USGS, available at http://minerals.usgs.gov/ (The Mineral Resources Program presented on this website provides and communicates current, impartial information on the occurrence, quality, quantity, and availability of mineral resources.)

Yu, L., *Biodegradable Polymer Blends and Composites from Renewable Resources*, Wiley, Hoboken, NJ, 2009.

Perguntas e problemas

1. Chumbo, zinco e cobre são muitas vezes associados a depósitos hidrotérmicos e com frequência ocorrem na forma de sulfetos metálicos. O que isso sugere a respeito das condições de pE (ver Capítulo 4) em águas termais sob as quais esses depósitos se formaram?
2. A maior jazida de trona do mundo fica na bacia do rio Green, no Estado norte-americano de Wyoming. Pesquise sobre a trona na Internet e indique como esse depósito foi formado.
3. Acredita-se que, antes do surgimento dos organismos vivos, os oceanos continham grandes teores de Fe^{2+} dissolvido. Com base em equações químicas, descreva como esse ferro foi convertido em depósitos de Fe_2O_3, um importante minério de ferro, por processos bioquímicos e químicos. Considere a solubilidade do $Fe(OH)_3$ e o que acontece quando é aquecido.
4. Com recursos disponíveis na Internet, pesquise sobre as reações químicas envolvidas na extração do ouro de minério usando cianeto. Por que as soluções são mantidas em pH relativamente alto? Quais são as implicações ambientais desse processo?
5. Calcule quantas toneladas de rejeitos eram produzidas, aproximadamente, por tonelada de cobre metálico recuperado de minério em 1900, em comparação com os dias de hoje. Quais são as implicações desses números para o ambiente?

6. Apesar de muito raro na natureza, o ouro foi um dos primeiros metais descobertos e utilizados pelo homem. Por quê? Com base no que você aprendeu acerca da química do cobre e do ferro, indique os motivos pelos quais o cobre foi descoberto e usado antes do ferro. Embora o ferro quase nunca ocorra na forma elementar na região da crosta terrestre habitável pelos seres humanos, indique como o ferro elementar foi descoberto. Em que pontos da Terra, distantes entre si e raros, ele pode ser observado na natureza?
7. Qual é a reação química da calcinação do composto de alumínio precipitado da bauxita? Quais são os dois aspectos em que a produção de alumínio a partir de minério consome muita energia? De que maneira a reciclagem do alumínio como metal reduz o consumo de energia na produção de alumínio?
8. Quais são as duas aplicações do chumbo que levaram a sua ampla dispersão no ambiente até o começo da década de 1970?
9. Quais são as medidas ambientais capazes de gerar uma oferta excessiva de enxofre?
10. Quais são os processos químicos de extração da celulose da madeira para a fabricação do papel? Por que esses processos são problemáticos para o ambiente? Pesquise sobre a composição química do algodão e indique por que ele pode ser usado na produção de um papel de alta qualidade, mas caro.
11. Duas das principais abordagens da ecologia industrial adotadas para reduzir quantidades de material e utilizar substâncias mais facilmente obtidas são a desmaterialização e a substituição de materiais. Compare a natureza dos equipamentos de comunicação usados na década de 1950 com os de hoje. Demonstre como a desmaterialização e a substituição de materiais diminuíram o uso de materiais no setor de eletrônicos e comunicações.
12. De acordo com informações disponibilizadas pelo Laboratório de Energia Renovável dos Estados Unidos, as "biorrefinarias industriais foram identificadas como a maneira mais promissora de criar uma nova indústria doméstica biobaseada". O que é uma biorrefinaria? Como ela se compara a uma refinaria de petróleo? Como a ampla utilização de biorrefinarias pode auxiliar a sustentabilidade?
13. Embora as ligas aumentem em muito a utilidade dos materiais, de que maneira a utilização de ligas pode ser prejudicial à reciclagem de metais?
14. Quais são as duas razões pelas quais os plásticos de modo geral apresentam menor reciclabilidade que os metais? Por que os plásticos termofixos são menos recicláveis do que os termoplásticos?
15. Por que as técnicas atuais de reciclagem de óleo lubrificante são muito mais sustentáveis do que aquelas empregadas no passado?

19 Energia sustentável: a chave de tudo

19.1 A questão energética

A tese de que a energia sustentável é "a chave de tudo" é bastante audaciosa. Mas é possível propor um argumento convincente de que a maior parte dos problemas no ambiente físico pode ser solucionada, ao menos até certo ponto, com a oferta adequada de energia barata e passível de ser utilizada sem danos ambientais irreparáveis. Consideremos os seguintes problemas ambientais e de sustentabilidade e que podem ser solucionados ao menos em parte com um suprimento adequado de energia:

- Água: com energia suficiente, a água do mar pode ser dessalinizada e as águas residuárias podem ser recuperadas dentro dos padrões de potabilidade por osmose reversa e outras técnicas que consomem energia.
- Alimentos: com energia suficiente, terras improdutivas às margens de corpos hídricos podem ser recuperadas com a adoção de medidas como nivelamento, terraceamento e remoção de rochas, e a água de irrigação pode ser dessanilazada e bombeada por longas distâncias para o cultivo de alimentos. Estufas podem ser aquecidas mesmo durante os meses de inverno para o cultivo de alimentos especiais de alto valor.
- Resíduos: o descarte de resíduos orgânicos perigosos em aterros, embora muito praticado, não é uma boa ideia. Com energia suficiente, esses resíduos podem ser convertidos de maneira a não serem prejudiciais.
- Transporte: com energia sustentável suficiente, os problemas de transporte podem ser resolvidos com a adoção de tecnologias como a dos trens elétricos.
- Combustíveis: a biomassa, fonte de carbono fixado, pode ser convertida em combustíveis à base de hidrocarbonetos em aplicações para as quais não existam alternativas viáveis (como aeronaves) sem acrescentar quaisquer quantidades líquidas de gases estufa, como o dióxido de carbono, na atmosfera.

Essa lista pode ser estendida a muitas outras áreas e a inúmeras questões ambientais e de sustentabilidade. Sem dúvida, o grande desafio está no fato de os sistemas de utilização de energia desenvolvidos até hoje serem insustentáveis. Um dos desafios mais óbvios relativos à sustentabilidade é que as fontes de energia disponíveis para a humanidade e em que nossos sistemas econômicos se baseiam estão diminuindo. Isso é especialmente verdadeiro no caso do petróleo. O pico na produção de petróleo nos Estados Unidos ocorreu muitos anos atrás, e é provável que o pico na produção mundial seja atingido dentro de alguns poucos anos a contar de 2010. As cotações exorbitantes do petróleo na primeira metade do ano de 2008, acompanhadas por uma queda vertiginosa em virtude do colapso econômico sofrido por muitas nações no final do ano, sublinharam as incertezas econômicas sobre a dependência do petróleo como fonte de energia, sobretudo em nações que não têm reservas naturais do produto. Jazidas naturais de carvão continuam abundantes, mas sua utilização como fonte de energia com base nas tecnologias atuais causará impactos quase garantidos no aquecimento global. Portanto, o grande desafio perante a humanidade nas próximas décadas será desenvolver fontes de energia que atendam às nossas necessidades sem arruinar a Terra e seu clima.

Existem alternativas para o uso de combustíveis fósseis e que são (ou poderão se tornar) seguras para o ambiente e que, consideradas em conjunto, podem ser adequadas no atendimento às necessidades energéticas. Essas medidas incluem a energia eólica, solar, biomassa, geotérmica e nuclear. Alguns outros tipos de energia, como a energia das marés, também podem contribuir para a matriz energética. Os combustíveis fósseis continuarão sendo usados e contribuirão de forma sustentável por décadas se for adotada a captura do gás estufa dióxido de carbono. Naturalmente, a conservação de energia e o aumento considerável na eficiência energética também têm papel importante nessa questão. Este capítulo discute as alternativas para a produção de energia listadas anteriormente, com ênfase na sustentabilidade energética.

19.2 A natureza da energia

A *energia* é a capacidade de gerar trabalho (em essência, mover matéria pelo espaço), ou *calor* na forma do movimento de átomos e moléculas. A *energia cinética* está contida em objetos em movimento. Um exemplo de energia cinética é observado na rotação de um rotor de inércia, um dispositivo capaz de desenvolver rotação rápida, com muita importância no armazenamento e que uniformiza o fluxo de energia gerado por fontes intermitentes de energia solar e eólica. A *energia potencial* é a energia armazenada, como em um reservatório de água de uma usina hidrelétrica que faz girar uma turbina, gerando energia conforme a necessidade.

Uma forma muito importante de energia potencial é a *energia química* armazenada nas ligações químicas nas moléculas e liberada, geralmente na forma de calor, durante uma reação. Por exemplo, durante a queima do metano, CH_4, presente no gás natural,

$$CH_4 + 2O_2 \rightarrow CO_2 + 2H_2O \tag{19.1}$$

a diferença nas energias de ligação entre os produtos CO_2 e H_2O e os reagentes CH_4 e O_2 é liberada sobretudo como calor. Se esse calor for liberado por combustão do metano em uma turbina a gás, parte da energia térmica pode ser convertida em *energia mecânica* manifestada na velocidade de giro da turbina e no gerador de eletricidade conectado a ela. Por sua vez, o gerador converte a energia mecânica em *energia elétrica*.

A unidade padrão de energia é o *joule*, abreviatura J. No total, 4,184 J são necessários para elevar a temperatura de 1 g de água líquida em 1°C. Essa quantidade de calor equivale a uma *caloria* de energia (1 cal = 4,184 J), a unidade de energia utilizada na pesquisa científica no passado. Um joule é uma unidade pequena, e o quilojoule, kJ, igual a 1.000 J, tem ampla utilização na descrição de processos químicos. A "caloria" usada com frequência para expressar o valor energético de alimentos (e seu potencial de gerar gordura) é, na verdade, uma quilocaloria, kcal, igual a 1.000 cal.

A *potência* se refere à energia gerada, transmitida ou usada por unidade de tempo. A unidade de potência é o *watt*, igual ao fluxo de energia de 1 J s^{-1}. Uma lâmpada fluorescente compacta apropriada para iluminar uma escrivaninha pode ter uma potência de 21 W. Uma usina de energia de grande porte gera eletricidade da ordem de 1000 *megawatts* (MW, onde 1 MW equivale a 1 milhão de watts). Em escala mundial, a potência é por regra medida em *gigawatts*, com 1 GW igual a 1 bilhão de watts, ou mesmo *terawatts*, onde 1 TW é 1 trilhão de watts.

A ciência que estuda a energia em suas diversas formas e o trabalho é a *termodinâmica*. Como ciência, a termodinâmica é regida por algumas leis importantes. A *primeira lei da termodinâmica*, também conhecida como *lei da conservação de energia*, afirma que a energia não é criada nem destruída, logo, essa lei deve sempre ser considerada na prática da química verde, que requer o uso mais eficiente possível da energia. A termodinâmica permite calcular a quantidade de energia utilizável. Conforme descrevem as leis da termodinâmica, somente uma quantidade de energia potencial relativamente pequena em um combustível pode ser convertida em energia mecânica ou elétrica, com parte da energia residual da queima dissipada como calor. Com a aplicação da química verde, uma boa parte desse calor pode ser recuperada para aplicações como o aquecimento de residências.

Embora a energia não seja criada nem destruída, a quantidade de energia útil capaz de ser obtida de um sistema pode se dissipar. É viável produzir energia mecânica útil a partir de um motor térmico com o aproveitamento de parte do fluxo de energia de uma seção quente para uma seção fria do sistema (ver Seção 19.4 e a Equação 19.5). A quantidade dessa energia útil é chamada *exergia* e pode ser zero em um sistema que atingiu o equilíbrio.

19.3 As fontes de energia utilizadas na antroposfera

Antes do século XIX, a maior parte da energia utilizada na antroposfera era oriunda da biomassa gerada durante a fotossíntese das plantas. As casas eram aquecidas com madeira. O solo era cultivado, e mercadorias e pessoas eram transportadas por tração animal ou pelos próprios seres humanos, que obtinham energia da biomassa presente nos alimentos que consumiam. O vento insuflava as velas dos navios e movimentava moinhos, ao passo que as quedas da água faziam girar rodas hidráulicas. Essas fontes eram renováveis e sustentáveis, com a energia solar captada pela fotossíntese para a geração de biomassa, o vento resultante das diferenças de temperatura e pressão nas massas de ar aquecidas pelo Sol na atmosfera e a água sendo movimentada pelo ciclo hidrológico governado pelo Sol.

Apesar de pequenas quantidades de carvão obtido prontamente de depósitos sempre terem sido utilizadas para aquecer residências, a exploração dessa fonte de energia cresceu com rapidez após a invenção da maquina a vapor, ao redor de 1800. Durante o século XIX, o carvão se tornou a fonte de energia predominante nos Estados Unidos, na Inglaterra, na Europa e em outros países com jazidas de carvão disponíveis, no que seria uma mudança importante, da biomassa, do vento e da água como fontes de energia renovável para um recurso finito e que tinha de ser escavado do solo. Em 1900, o petróleo tinha conquistado o *status* de fonte significativa de energia, e em 1950 havia ultrapassado o carvão como principal recurso energético nos Estados Unidos. Bem atrás do petróleo, o gás natural havia se tornado uma fonte representativa de energia em 1950. Na mesma época, a energia hidrelétrica atendia à demanda por uma grande parte da energia utilizada na antroposfera, cenário que perdura até os dias de hoje. Em 1975, era a energia nuclear que supria uma boa parcela da energia elétrica, e atualmente conserva uma fatia apreciável dessa responsabilidade. Outras fontes de energia renovável, como a energia geotérmica e, nos últimos anos, a energia solar e eólica, vêm contribuindo cada vez mais para a matriz energética mundial. A biomassa continua com uma parcela significativa na energia total gerada por diversas fontes.

A Figura 19.1 mostra as fontes de energia mundiais e dos Estados Unidos no ano 2000. A predominância dos *combustíveis fósseis* petróleo, gás natural e carvão é indiscutível. As estimativas das quantidades de combustíveis fósseis disponíveis variam. As projeções das quantidades de combustíveis fósseis recuperáveis no mundo antes de 1800 (estimadas na década de 1970) são dadas na Figura 19.2. De longe, o combustível fóssil recuperável mais importante está na forma de carvão e lignita.

Embora as jazidas mundiais de carvão sejam enormes e tenham o potencial de atender às necessidades energéticas por um ou dois séculos no futuro, sua utilização se tornaria intolerável para o ambiente terrestre por conta dos problemas gerados com a mineração e as emissões de dióxido de carbono muito antes de serem exauridas. Supondo que o urânio-235 seja a única fonte de combustível físsil, as reservas totais recuperáveis de combustíveis nucleares são praticamente idênticas às reservas de combustível fóssil. Estas seriam algumas ordens de magnitude mais altas se fosse usado um reator regenerador que convertesse urânio-238 (que, de modo geral, não é físsil) em plutônio-239 físsil. A extração de apenas 2% do deutério presente nos oceanos do planeta permitiria gerar um aporte de energia com a fusão nuclear controlada cerca de um bilhão de vezes maior que a energia disponibilizada pelos combustíveis fósseis! Essa perspectiva é diminuída pelos insucessos no desenvolvimento de um reator a fusão controlada. A energia geotérmica, hoje usada no norte da Califórnia, na Itália, na Islândia e na Nova Zelândia, tem o potencial de fornecer uma expressiva porcentagem da energia consumida em todo o mundo. O mesmo potencial limitado é típico de diversas fontes de energia renovável, como a energia hidrelétrica, das marés e, em especial, a energia eólica. Todas essas modalidades continuarão contribuindo com parcelas importantes de energia em todo o mundo. A energia solar, renovável e não poluente, está perto de se tornar uma forma de energia ideal e certamente tem pela frente um futuro brilhante.

	Estados Unidos					Restante do mundo				
	Outras	Hidrelétrica	Nuclear	Carvão	Gás natural	Petróleo	Outras	Hidrelétrica	Nuclear	Carvão	Gás natural	Petróleo
	<1%	4%	8%	26%	21%	41%	4%	7%	6%	25%	22%	37%

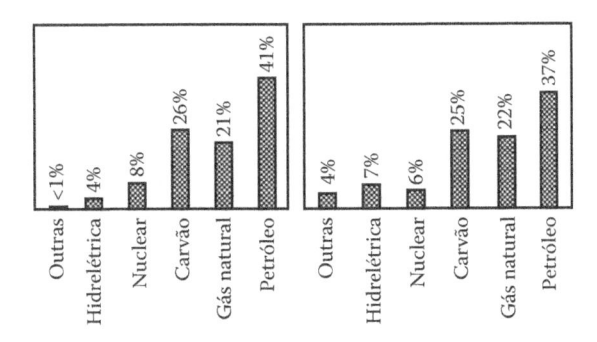

FIGURA 19.1 Fontes de energia dos Estados Unidos (esquerda) e do restante do mundo (direita). As porcentagens do total são arredondadas para o 1% mais próximo.

0,19 × 10¹² barris de óleo de xisto contendo 0,32 × 10¹⁵ kWh de energia

0,30 × 10¹² barris de óleo de areia betuminosa contendo 0,51 × 10¹⁵ kWh de energia

1,0 × 10¹⁶ pés cúbicos de gás natural contendo 2,94 × 10¹⁵ kWh de energia

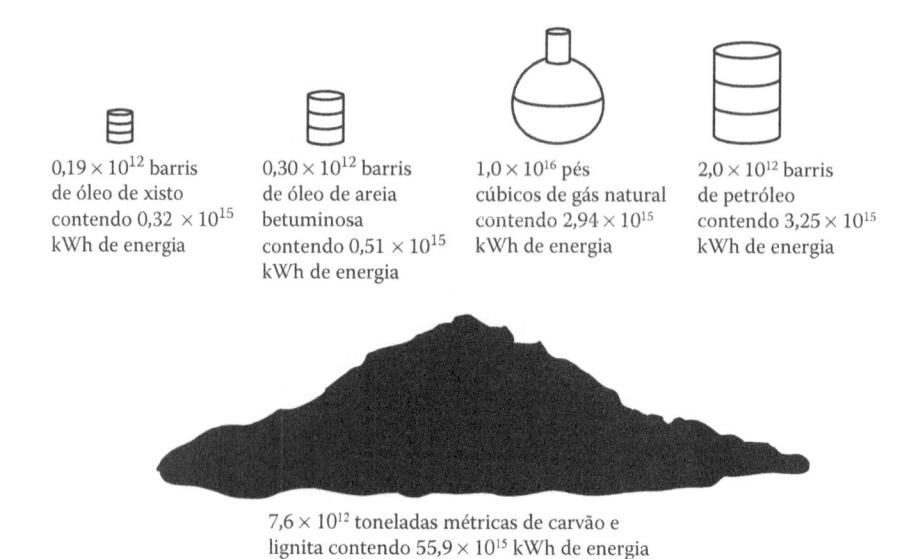

2,0 × 10¹² barris de petróleo contendo 3,25 × 10¹⁵ kWh de energia

7,6 × 10¹² toneladas métricas de carvão e lignita contendo 55,9 × 10¹⁵ kWh de energia

FIGURA 19.2 Quantidades originais de combustíveis fósseis recuperáveis no mundo (expressas em kWh de energia, com base em dados publicados por M.K. Hubbert, "The energy resources of the earth", in *Energy and Power*, W. H. Freeman and Co., San Francisco, 1971).

As parcelas de contribuição dos diferentes combustíveis fósseis para as emissões do gás estufa dióxido de carbono variam com a natureza química do combustível, com contribuições maiores geradas por aqueles com teores menores de hidrogênio. Por exemplo, a reação química da combustão do metano, CH_4.

$$CH_4 + 2O_2 \rightarrow CO_2 + 2H_2O + \text{energia} \qquad (19.2)$$

mostra que duas moléculas de H_2O são geradas por molécula de CO_2. Uma vez que a conversão do hidrogênio quimicamente ligado em H_2O produz uma grande quantidade de calor, uma quantidade um pouco menor de CO_2 é liberada por unidade de calor gerado. Os hidrocarbonetos do petróleo, como aqueles presentes na gasolina ou no óleo diesel, contêm essencialmente apenas dois átomos de H por C. A combustão de uma molécula desse tipo com a conversão de um átomo de C em CO_2 é representada como

$$CH_2 + \tfrac{3}{2} O_2 \rightarrow CO_2 + H_2O + \text{energia} \qquad (19.3)$$

demonstrando que apenas metade do H ligado nos hidrocarbonetos é queimada por molécula de CO_2 produzida e, por essa razão, a quantidade de energia gerada por átomo de C é muito menor que na combustão do gás natural. Com o carvão a situação é ainda pior. O carvão é um hidrocarboneto preto com fórmula bruta aproximada $CH_{0,8}$, o que permite representar a queima de um átomo de carbono no carvão como:

$$CH_{0,8} + 1,2O_2 \rightarrow CO_2 + 0,4H_2O + \text{energia} \qquad (19.4).$$

Um teor muito menor de hidrogênio ligado aos hidrocarbonetos está disponível para queima por átomo de C no carvão, em comparação com o petróleo ou, em especial, o gás natural. Assim, o teor de dióxido de carbono emitido na atmosfera por unidade de energia gerada pelo carvão é maior que o observado para o petróleo e muito maior para o gás natural.

O problema da dependência das sociedades modernas em relação aos combustíveis fósseis insustentáveis está claro; o que resta esclarecer são as possíveis soluções para ele. É preciso desenvolver alternativas (discutidas neste capítulo), mas a transição para essas novas escolhas não será fácil.

19.4 Os equipamentos para uso e conversão de energia

A energia ocorre de diversas formas e sua utilização requer a conversão em outras. Existem muitos dispositivos concebidos para essas finalidades, os mais comuns são mostrados na Figura 19.3. Os tipos de energia disponível, as formas em que é utilizada e os processos em que é convertida em outras formas têm numerosas implicações para a tecnologia verde e a sustentabilidade. Por exemplo, a turbina eólica mostrada na Figura 19.3(1), quando posta em operação, gera e envia energia elétrica para a rede sem interrupções ou problemas para o ambiente (embora algumas pessoas as considerem feias, ao passo que outras as achem pitorescas), enquanto a usina termelétrica ilustrada na figura 19.3(2) necessita de suprimentos de carvão finitos extraídos do solo, que têm de ser queimados com riscos em potencial de gerar poluição atmosférica, o que torna essencial a adoção do controle de emissões e de meios de resfriamento do vapor de saída da turbina. Por sua vez, isso pode causar a poluição térmica de cursos de água.

Um dos aspectos importantes da utilização de energia é sua conversão em formas utilizáveis. Por exemplo, a gasolina queimada pelos motores de automóveis é destilada do petróleo extraído do solo. Nessa combustão, os constituintes do petróleo são separados, as moléculas com as propriedades adequadas para essa finalidade passam por processos químicos para gerar a gasolina que será queimada nos motores a combustão interna, com a conversão de energia química em energia mecânica e a transmissão desta para as rodas do carro, onde ocorre a conversão em energia cinética que faz o carro se mover. É importante dizer que menos da metade da energia presente na gasolina é de fato convertida em energia mecânica para o movimento do carro; a maior parte é perdida como calor pelo sistema de refrigeração do motor.

A Figura 19.4 ilustra as principais formas de energia e as conversões entre estas. Um ponto importante dessa ilustração diz respeito às grandes variações nas eficiências de conversão, que podem ir de alguns pontos percentuais até 100%. Essas discrepâncias sugerem a possibilidade de melhorias em algumas áreas. Uma das eficiências mais notáveis é a conversão de menos de 0,5% da energia luminosa em energia química pela fotossíntese. Apesar da eficiência de conversão tão pequena, a fotossíntese é o processo por trás da geração de combustíveis fósseis, dos quais as sociedades industrializadas hoje retiram a energia de que precisam e também disponibilizam uma importante parcela de energia baseada na geração de resíduos da indústria alimentar e agrícola. A duplicação da eficiência da fotossíntese com o desenvolvimento de plantas geneticamente modificadas representaria um fator essencial na transformação da biomassa em um recurso energético mais atraente. A substituição de lâmpadas incandescentes tão ineficientes por lâmpadas fluorescentes com eficiência entre 5 e 6 vezes maior na conversão de energia elétrica em energia luminosa auxiliará a poupar uma quantidade de energia que será obrigatória nos Estados Unidos, com base em uma lei aprovada em 2007.

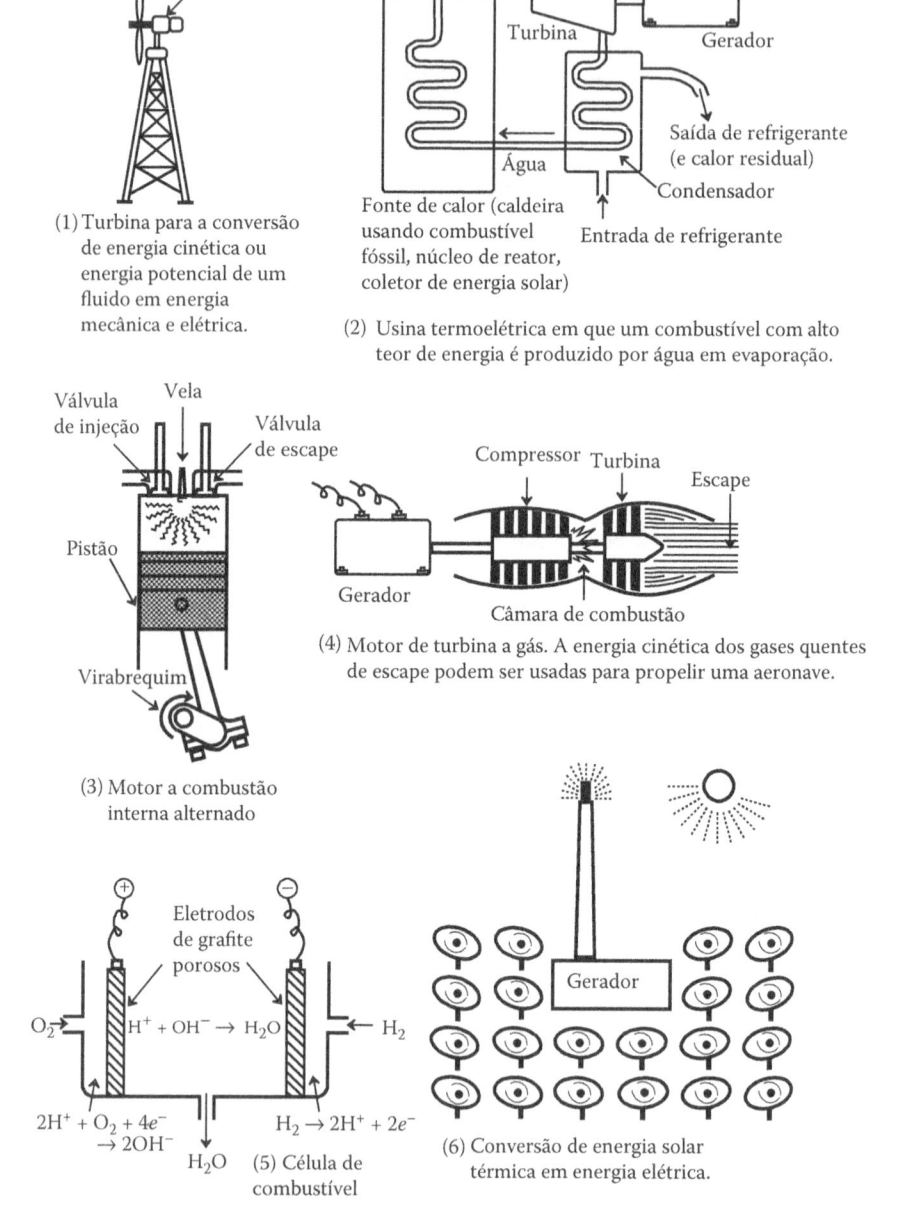

(1) Turbina para a conversão de energia cinética ou energia potencial de um fluido em energia mecânica e elétrica.

(2) Usina termoelétrica em que um combustível com alto teor de energia é produzido por água em evaporação.

(3) Motor a combustão interna alternado

(4) Motor de turbina a gás. A energia cinética dos gases quentes de escape podem ser usadas para propelir uma aeronave.

$2H^+ + O_2 + 4e^- \rightarrow 2OH^-$

$H_2 \rightarrow 2H^+ + 2e^-$

(5) Célula de combustível

(6) Conversão de energia solar térmica em energia elétrica.

FIGURA 19.3 Exemplos de muitos dispositivos para a coleta de energia e conversão em outras formas.

Um tipo de conversão de importância especial conduzida na antroposfera é a conversão do calor, como ocorre durante a combustão química de combustíveis, em energia mecânica usada para movimentar um veículo ou fazer funcionar um gerador

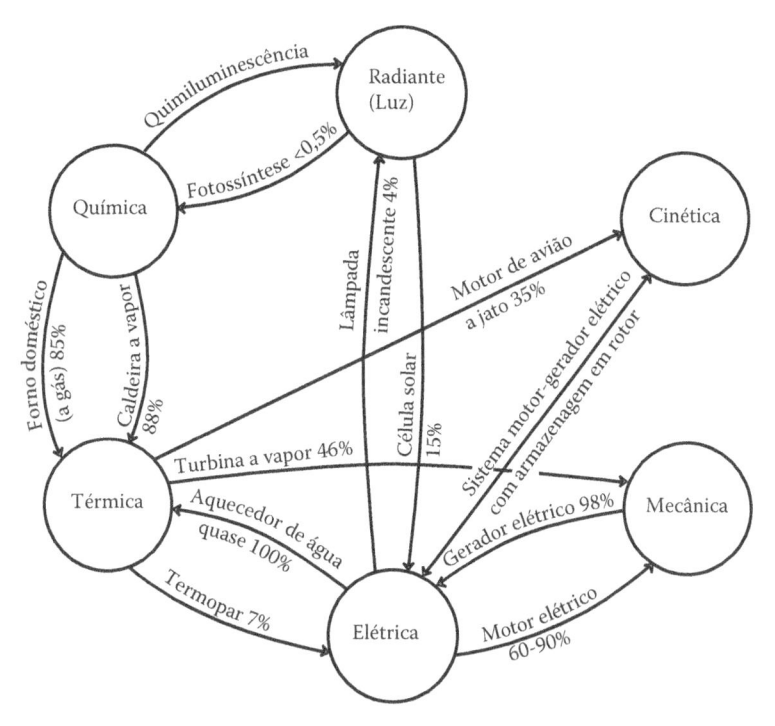

FIGURA 19.4 Os principais tipos de energia e conversões entre eles, com respectivas eficiências.

elétrico. Por exemplo, isso ocorre quando a gasolina injetada em um motor queima, gerando gases quentes que deslocam os pistões conectados a um virabrequim que, por sua vez, converte os movimentos ascendentes e descendentes destes em movimento circular propulsor das rodas do veículo. Também ocorre quando o vapor quente de alta pressão gerado em uma caldeira flui por uma turbina conectada a um gerador elétrico. Um dispositivo, como uma turbina a vapor, em que a energia térmica é convertida em energia mecânica é chamado de motor térmico. Infelizmente, as leis da termodinâmica ditam que a eficiência na conversão do calor em energia térmica é sempre menor que 100%. Essa eficiência é dada pela equação de Carnot,

$$\text{Eficiência (\%)} = \frac{T_1 - T_2}{T_1} \times 100 \tag{19.5}$$

onde T_1 é a temperatura de entrada (por exemplo, do vapor em uma turbina) e T_2 é a temperatura de saída, em graus Kelvin (°C + 273). Considere uma turbina a vapor como a da Figura 19.5. A substituição de T_1 por 875 K e de T_2 por 335 K na equação de Carnot dá uma eficiência teórica máxima de 62%. No entanto, não é possível introduzir todo o vapor na temperatura mais alta. Além disso, ocorrem perdas por atrito, assim, a eficiência de conversão da maioria das turbinas a vapor de hoje em dia fica um pouco abaixo de 50%. Cerca de 80% da energia química liberada pela queima de combustíveis fósseis em uma caldeira é na verdade transferida para a água, gerando vapor; logo, a eficiência líquida da conversão da energia química nos combustíveis fósseis em energia mecânica voltada para a geração de eletricidade fica próxima de 40%. A conversão total da energia química em eletricidade é

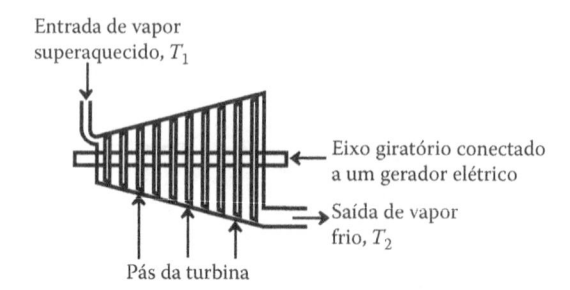

FIGURA 19.5 Em uma turbina a vapor, o vapor superaquecido força as pás presentes em um eixo para gerar energia mecânica. Para a geração de eletricidade, o eixo é acoplado a um gerador elétrico.

essencialmente igual, porque um gerador elétrico converte quase toda a energia de uma turbina em eletricidade. Como os picos de temperatura em um reator nuclear são limitados por questões de segurança, a conversão de energia nuclear em eletricidade é de apenas 30%.

Uma máquina com importância especial na conversão de energia química em energia mecânica é o motor a combustão interna com pistões, mostrado na Figura 19.6. A maioria dos motores a combustão interna funciona com ciclos de quatro tempos. No primeiro, o pistão se desloca para baixo, forçando a entrada de ar ou da mistura ar e combustível no cilindro. A seguir, com as duas válvulas fechadas, o ar ou a mistura ar e combustível são comprimidos à medida que o pistão sobe. Com o pistão junto ao topo do cilindro (um ponto em que o combustível pode ser injetado apenas se o ar for comprimido), ocorre a ignição e o combustível em queima produz uma massa de gás de combustão altamente pressurizado no interior do cilindro, que move o pistão para baixo, no terceiro tempo. A válvula de escape é aberta e o gás é expelido durante o tempo de escape.

A eficiência de um motor a combustão interna aumenta com o pico de temperatura atingido pelo combustível sendo queimado, que, por sua vez, aumenta com o grau

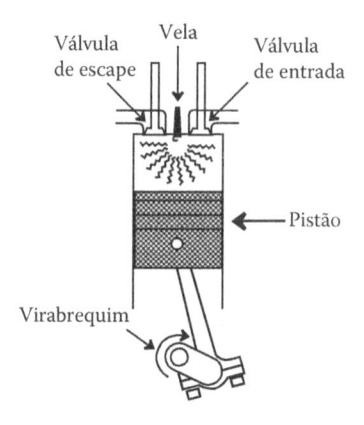

FIGURA 19.6 Um motor com pistão a combustão interna em que uma mistura de queima muito rápida de ar e combustível desloca o pistão para baixo no tempo de expansão. Esse deslocamento é convertido em movimento mecânico de rotação pelo virabrequim.

de compressão durante o tempo de compressão (cerca de 20:1 em um motor a diesel atual). Essa temperatura é mais alta para o motor a diesel em que a compressão é tão intensa que o combustível injetado na câmara de combustão entra em ignição sem a ação da vela. Enquanto um motor a gasolina padrão tem eficiência normalmente ao redor de 25% na conversão da energia química do combustível em energia mecânica, a eficiência de conversão de um motor a diesel chega a 37%, embora alguns modelos possam ultrapassar esse valor.

Apesar de superior em termos de eficiência, o motor a diesel apresenta algumas desvantagens com relação às emissões. A primeira é que a zona de combustão não é homogênea, porque o fluido é injetado no ar com alta taxa de compressão no alto do percurso de compressão, causando a queima incompleta e a produção de partículas de carbono. Os motores a diesel mal regulados são uma fonte importante de poluição por partículas em áreas urbanas. Além disso, devido às temperaturas de combustão muito elevadas e pressões muito altas na ignição, esses motores tendem a produzir níveis elevados de óxidos de nitrogênio com potencial poluente. Os recentes avanços no projeto de motores a diesel, ao lado do controle computadorizado e dos dispositivos de controle de poluentes no escape, reduziram em muito as emissões de motores a diesel.

19.4.1 As células de combustível

As células de combustíveis são dispositivos que convertem a energia liberada por reações eletroquímicas diretamente em energia elétrica, sem passar por processos de combustão ou um gerador de eletricidade. Elas são os principais meios para utilizar combustível hidrogênio, e estão se tornando mais comuns como geradores de eletricidade. Uma célula de combustível tem um ânodo, onde o hidrogênio elementar é oxidado liberando elétrons em um circuito externo, e um cátodo em que o oxigênio elementar é reduzido por elétrons introduzidos pelo circuito, como mostram as semirreações na Figura 19.7. Os íons H^+ gerados no ânodo migram para o catodo através de uma membrana sólida permeável a prótons. A reação líquida é:

$$2H_2 + O_2 \rightarrow 2H_2O + \text{energia elétrica} \tag{19.6}$$

e o único produto das reações da célula combustível é a água.

Embora o hidrogênio elementar seja o melhor combustível para células de combustível, ele pode ser produzido pela quebra química de combustíveis ricos no elemento como o metano, o metanol ou mesmo a gasolina, um processo que também gera dióxido de carbono. As células de combustíveis de óxido sólido tubulares, como as fabricadas pela Siemens Westinghouse, funcionam a temperaturas elevadas, da ordem de 1.000°C, produzindo uma exaustão quente o bastante para mover uma turbina ou mesmo cogerar vapor. Esses sistemas podem alcançar taxas de eficiência total de até 80%.

19.5 A tecnologia verde e a eficiência na conversão da energia

Uma das melhores maneiras de conservar recursos de combustíveis envolve o aumento da eficiência na conversão da energia, como observado na conversão de energia química em energia mecânica com a produção de calor como etapa intermediária. Muitos avanços foram feitos nessa área desde o final do século XIX. Parte do

Corrente elétrica que pode ser usada em motores, iluminação ou outras finalidades.

$H_2 \rightarrow$

$\leftarrow O_2$

Reação no ânodo
$2H_2 \rightarrow 4H^+ + 4e^-$

Reação no cátodo
$O_2 + 4H^+ + 4e^- \rightarrow 2H_2O$

Movimento de H^+ do ânodo para o cátodo através de uma membrana permeável a cátions.
Reação líquida $2H_2 + O_2 \rightarrow 2H_2O$

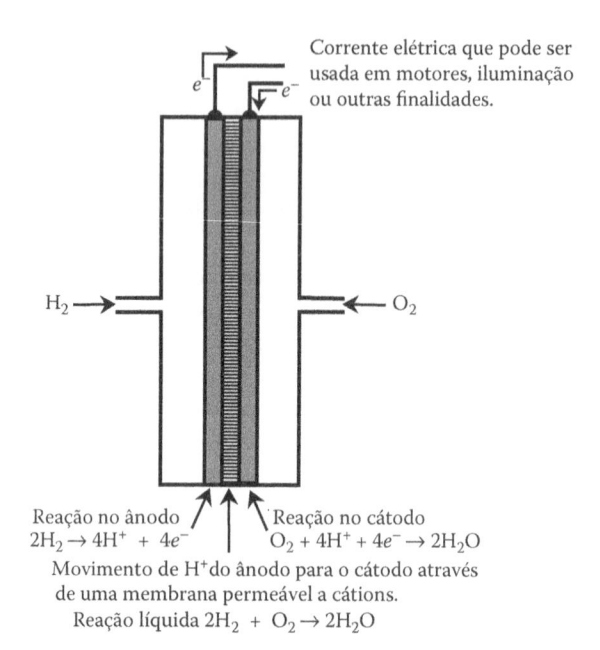

FIGURA 19.7 Diagrama em corte de uma célula de combustível com hidrogênio elementar que pode reagir com oxigênio elementar para gerar eletricidade diretamente a partir da água como único composto químico.

aumento na conversão de energia de um combustível em eletricidade, de quase 4% em 1900 para mais de 40% hoje em dia, foi resultado da adoção de temperaturas mais elevadas na entrada (T_1 na equação de Carnot) nos motores térmicos usados na operação de geradores de eletricidade. A eficiência no uso da energia aumentou mais de quatro vezes quando as pitorescas máquinas a vapor cederam lugar a locomotivas a diesel ou carvão, nas décadas de 1940 e 1950. A adoção de motores a diesel em substituição aos motores a gasolina em caminhões, tratores e equipamentos de construção acarretou ganhos em eficiência energética.

Uma boa parte desse aumento em termos de eficiência na utilização de combustíveis se deve às melhorias em termos de materiais que possibilitaram a adoção de temperaturas de operação mais altas. Além dos metais mais tolerantes a essas temperaturas utilizados na produção de motores, uma forte contribuição nesse aumento de eficiência foi trazida pelos óleos lubrificantes que não são degradados nessas condições. Uma parcela representativa dessa evolução é fruto de uma engenharia aperfeiçoada, que hoje conta com a preciosa ajuda do projeto, da avaliação e da produção computadorizados de motores. Os engenheiros de um século atrás nunca ouviram falar em tecnologia verde – e é provável que não teriam dado atenção ao tópico se o tivessem conhecido. Porém, eles sabiam dos custos dos combustíveis (que, sem levar em conta a desvalorização monetária, com frequência eram muito mais altos que hoje) e acolhiam os índices elevados de eficiência obtidos com base nos custos.

Um dos principais aspectos da conversão mais eficiente de energia química em mecânica em motores é o controle preciso de parâmetros operacionais como tempo de ignição, tempo de válvula e injeção eletrônica do combustível. Nos motores atuais, os principais parâmetros de operação são controlados por computadores que permitem atingir níveis ótimos de eficiência durante o funcionamento do motor.

Como consequência inevitável da termodinâmica descrita pela equação de Carnot, os motores que convertem calor em energia mecânica são incapazes de aproveitar uma boa parcela do calor gerado, que acaba dissipado em um sistema de refrigeração. De modo geral, uma pequena porção desse calor é utilizada nos aquecedores dos automóveis nos dias frios. Em escala maior, como nos sistemas elétricos públicos, esse calor pode ser usado no aquecimento de edificações. Esses níveis de eficiência são discutidos na Seção 19.17, "Os Ciclos de Energia Combinados".

19.6 A conservação de energia e os recursos energéticos renováveis

A discussão sobre a demanda e a produção de energia precisa levar em conta a conservação de energia. Isso não necessariamente implica salas de aula geladas com termostatos regulados a 16°C no alto do inverno, lares sem ar condicionado em um verão escaldante ou a dependência total da bicicleta como meio de transporte, embora essas e outras condições, ainda mais severas, sejam rotina em muitos países. Os Estados Unidos e muitas outras nações industrializadas vêm desperdiçando energia a taxas deploráveis. Por exemplo, o consumo *per capita* de energia nos Estados Unidos é maior que o de outros países com padrões de vida iguais ou mesmo muito melhores. Sem dúvida, existe um bom potencial para a conservação de energia, o que ajudará a amenizar o problema do desperdício.

A utilização eficiente de energia pode na verdade ter uma correlação positiva com padrões econômicos elevados. A Figura 19.8 mostra um gráfico da razão da utilização de energia por unidade do produto interno bruto em nações industrializadas desenvolvidas, e revela uma diminuição constante e favorável da energia consumida em relação ao desempenho econômico. Enquanto no ano 2000 o equivalente a 1,7 barril de petróleo era necessário para gerar $1.000 no produto interno bruto em nações desenvolvidas, o valor correspondente para os países em desenvolvimento, onde é comum a falta de meios para utilizar energia com eficiência, era 5,2 barris, ou três vezes maior. Esses números apontam o enorme potencial para diminuir o consumo

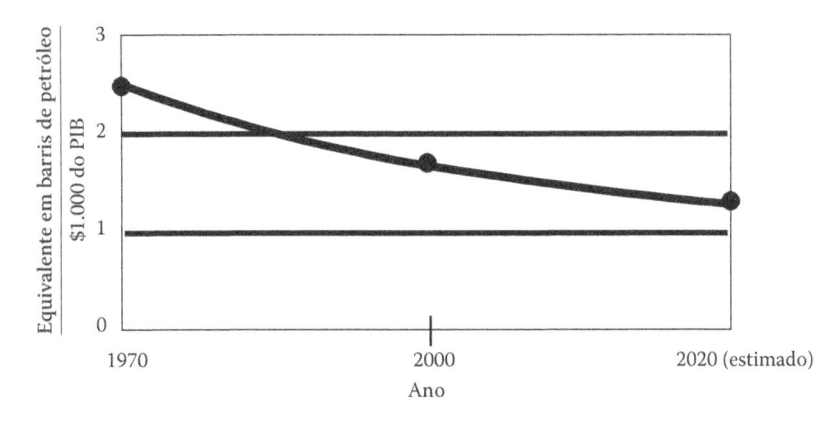

FIGURA 19.8 Gráfico do equivalente em barris de petróleo para gerar $1.000 no produto interno bruto como função do ano, em nações industrializadas.

energético com base no desenvolvimento dessas nações menos industrializadas fundamentado em uma maior consciência energética, e no da conservação em países industrializados, se seus cidadãos se convencerem da importância de abandonar as práticas marcadas pelo desperdício, como o uso de veículos grandes e ineficientes e a construção de moradias excessivamente amplas.

O transporte é o setor da economia com o maior potencial para aumentar as taxas de eficiência energética. O automóvel particular e o avião têm eficiências da ordem de um terço daquela dos ônibus ou trens. O transporte de cargas por caminhão requer quase 3.800 Btu/tonelada por milha, o que é muito comparado com os 670 Btu/tonelada por milha de um trem. O transporte por caminhões é muito ineficiente (além de perigoso, trabalhoso e problemático para o ambiente) comparado ao transporte ferroviário. Mudanças importantes nos meios de transporte atuais nos Estados Unidos não ocorrerão sem dor, mas a conservação de energia requer que sejam implementadas.

A Figura 19.9 mostra a tendência na economia de combustíveis nos automóveis norte-americanos nas últimas décadas. Os ganhos observados por volta de 1990 foram notáveis, mas caíram com a popularidade de veículos menos eficientes. Se as mesmas tendências deste período tivessem se mantido, a frota de automóveis nos Estados Unidos teria uma eficiência média de aproximadamente 17 quilômetros por litro. Esse número é atingido com facilidade sem comprometer seriamente a segurança e o conforto e, como fica óbvio na figura, com níveis de emissões de poluentes muito menores hoje que em 1970. Em 2007, o Congresso dos Estados Unidos aprovou uma legislação que obrigava a adoção de padrões mais altos de economia de combustível para os veículos vendidos no país.

O uso doméstico e comercial de energia apresenta taxas relativamente boas de eficiência, mas ainda há espaço para uma economia energética apreciável. Uma casa totalmente dependente da eletricidade requer quantidades de energia muito maiores (considerando a porcentagem desperdiçada na geração da eletricidade que consome) que uma casa aquecida com a queima de combustíveis fósseis. As espaçosas casas construídas no estilo rancho consomem muito mais energia por pessoa que um apar-

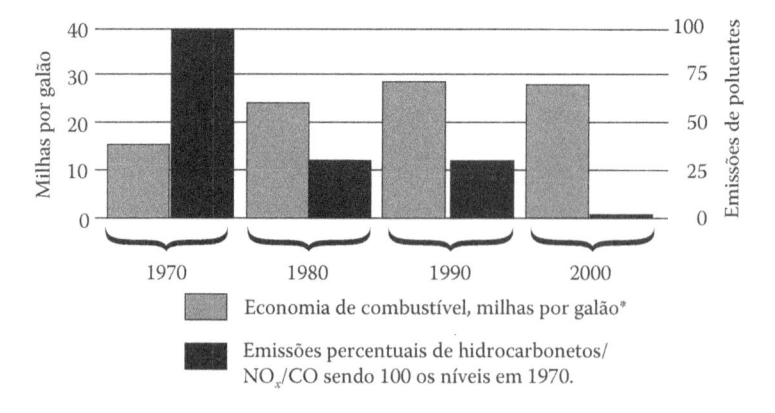

FIGURA 19.9 Economia de combustível e emissões da frota de automóveis nos Estados Unidos ao longo de três décadas. A economia de combustível melhorou de forma marcante, ao passo que as emissões sofreram forte redução.

---

* N. de T.: Para converter milhas por galão em quilômetros por litro, multiplique por 0,43.

tamento, uma casa geminada ou mesmo uma casa de área semelhante construída em formato compacto (como uma caixa quadrada). Melhores técnicas de isolamento térmico, vidraças seladas e outras medidas permitem conservar uma boa parte da energia consumida no âmbito doméstico. As usinas de energia construídas em áreas centrais podem fornecer o calor que geram como subproduto para o aquecimento e a refrigeração de casas e estabelecimentos comerciais e, com medidas adequadas para o controle da poluição, usar o lixo urbano como parte do combustível que consomem, reduzindo as quantidades de resíduos sólidos que precisam de descarte.

Uma das maiores contribuições para a conservação de energia e a eficiência em seu uso observada nos últimos anos é o *veículo híbrido*, que usa um motor a combustão interna para gerar eletricidade enquanto roda e que é armazenada em uma bateria de níquel-hidreto metálico (Figura 19.10). Embora não seja imensamente eficiente em viagens prolongadas nas velocidades típicas de uma autoestrada, esse tipo de veículo gerou melhorias da ordem de 50% em termos de lentidão no trânsito. Para o funcionamento de rotina, o motor a combustão interna fornece toda a potência necessária, além de potência adicional, se necessária, para pôr em operação o gerador que recarrega a bateria (maior que a bateria de um automóvel convencional, mas muito menor que aquela de um carro elétrico). Quando for necessário aumentar a potência de forma repentina, a eletricidade armazenada na bateria põe em operação o motor elétrico para gerar essa potência adicional. O sistema de freios também gera eletricidade armazenada na bateria. Quando o veículo para, o motor a combustível interna também para, economizando combustível.

Uma redução expressiva no consumo de combustíveis é viabilizada pelos veículos híbridos em desenvolvimento, que contêm baterias capazes de serem recarregadas utilizando uma fonte externa de energia, além do motor instalado. Esses veículos podem oportunizar uma autonomia de viagem da ordem de 40 a 50 km (distância que representa a média dos trajetos percorridos) com a recarga feita apenas em uma noite. À medida que a bateria gasta, o motor a combustão interna a recarrega, como ocorre com os híbridos atuais. Em 2009 foram feitos testes em baterias que poderiam ser recarregadas com eficiência por uma fonte externa de eletricidade e também por um motor a combustão interna acoplado a um gerador.

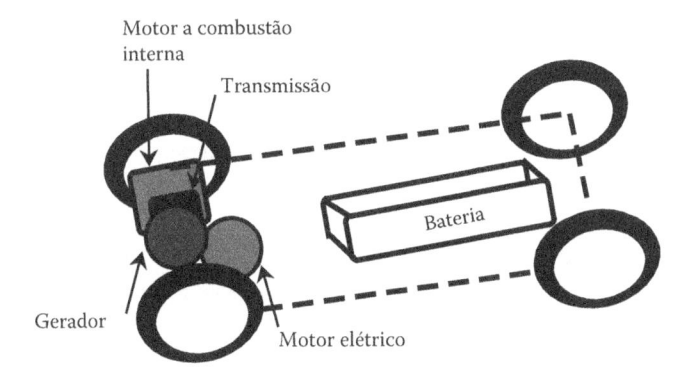

FIGURA 19.10 Os principais componentes de um carro híbrido em que um motor a combustão interna faz funcionar um gerador durante o movimento, que, por sua vez, gera eletricidade para rodar o veículo. A energia elétrica é armazenada em uma bateria e também é gerada pelo sistema de frenagem.

Embora os motores a gasolina sejam empregados em carros híbridos hoje em dia, a melhor economia de combustível pode ser atingida com um motor a diesel mais eficiente, comparado ao motor a combustão interna usado nesses carros. Com a condução do motor a diesel em uma velocidade constante na maior parte do tempo, a geração de poluentes no escape, muito alta no caso na mudança de velocidade dos motores a diesel, seria muito reduzida. Além disso, os motores a diesel ficam em ponto morto com um consumo notavelmente baixo de combustível, o que não obriga o desligamento do motor quando o veículo estiver parado, mantendo o motor quente e reduzindo ainda mais as emissões quando voltar a andar.

À medida que os cientistas se dedicam à tarefa crucial de desenvolver formas alternativas de energia em substituição às reservas de petróleo e de gás natural em queda, a conservação de energia precisa receber a ênfase adequada. Na verdade, o crescimento com uso zero de energia, ao menos em base *per capita*, é uma meta válida e possível. Esse tipo de política surtiria bons resultados na resolução de muitos problemas ambientais. Com genialidade, planejamento e gestão adequados, ela pode ser concretizada ao mesmo tempo em que aumenta o padrão e a qualidade de vida.

Com estreita relação com a conservação de energia, o conceito de *energia renovável* a partir de fontes que não se esgotam é muito importante. O vento gerado pelo aquecimento de massas de ar pelo Sol, a água que cai por conta do ciclo hidrológico alimentado pela energia solar e a biomassa formada pela fotossíntese são fatores que dependem da energia emitida pelo Sol. Durante a maioria de sua existência na Terra, o homem sempre dependeu totalmente de fontes renováveis de energia, e muitos países hoje passaram a priorizá-las.

Políticas esclarecidas de energia sustentável vêm sendo implementadas em alguns países em desenvolvimento. A China promulgou uma nova lei sobre energia renovável no começo de 2006, que encoraja a adoção de alternativas renováveis como a energia eólica, de biomassa e a geração de biometano. Há tempos conhecida pelo modo como utiliza resíduos (até mesmo dejetos humanos, como fertilizante de hortaliças), a China construiu numerosos geradores que convertem lixo em metano em áreas rurais, os quais em 2006 supriam as necessidades energéticas de 17 milhões de famílias. Projetos experimentais de bioenergia que queimam a biomassa dos subprodutos de culturas agrícolas foram conduzidos. Em 2006, a China possuía 80 milhões de quilômetros quadrados de coletores solares para aquecer água, o equivalente à energia gerada por 10 milhões de toneladas de carvão anualmente. No mesmo ano, a capacidade total de energia renovável da China era 7% de seu consumo energético, o equivalente a 160 milhões de toneladas de carvão consumidas em 12 meses.

19.7 O petróleo e o gás natural

O *petróleo* líquido ocorre em formações rochosas com porosidade entre 10 e 30%. Cerca de metade do espaço poroso é ocupada por água. O óleo presente nessas formações precisa fluir por longas distâncias até chegar à extremidade inferior de um poço de aproximadamente 15 cm de diâmetro, de onde é bombeado. A vazão depende da permeabilidade da formação rochosa, da viscosidade do óleo e da pressão em que ele se encontra, entre outros fatores. Devido às limitações nesses fatores, a *recuperação primária* do petróleo retira em média perto de 30% da jazida na formação rochosa, embora por vezes esse percentual não passe de 15%. Uma quantidade maior de petróleo é obtida com a adoção de técnicas de *recuperação secundária*, que envolvem o bombeamento de água na formação onde se encontra a jazida para retirar o petróleo. Juntas, as recuperações primária e secundária de modo geral permitem obter um pouco menos de 50% do petróleo total em uma formação. Por fim, a *recuperação terciária* é empregada para retirar ainda mais petróleo, na maioria das vezes com o auxílio de dióxido de carbono injetado sob pressão. O gás forma uma solução com o petróleo que pode ser movida, facilitando o deslocamento do petróleo até o poço. Outros compostos químicos, como detergentes, também podem ser aplicados como adjuvantes na recuperação terciária. Hoje, perto de 300 bilhões de barris de petróleo norte-americano não podem ser obtidos apenas com a recuperação primária. Uma eficiência de extração da ordem de 60% com as técnicas de recuperação secundária e terciária duplicaria o montante de petróleo disponível. A maior parte desse petróleo viria de campos já abandonados ou praticamente exauridos pelas técnicas de recuperação primária.

O ano de 2008 foi muito interessante em relação à produção e ao consumo mundiais de petróleo. Em julho, as cotações bateram recordes, com o barril atingindo $150,00. Na época, muitos especialistas previram que os preços continuariam subindo, com a gasolina podendo ultrapassar a marca dos $5 o galão em algumas partes dos Estados Unidos. Com a crise econômica mundial ocorrida no outono daquele ano, os preços do petróleo caíram bruscamente, chegando a $40 o barril. Naquele ano também houve a primeira queda no consumo mundial de petróleo desde 1983, com 85,8 milhões de barris diários; nos Estados Unidos, a queda foi de 6,3%, com 19,4 milhões de barris diários.

O *óleo de xisto* é um possível substituto para o petróleo líquido. Ele é o produto da pirrólise do *xisto betuminoso*, um tipo de rocha contendo carbono orgânico na forma de uma estrutura complexa gerada pela via biológica há eras e chamada querogênio. Acredita-se que o xisto betuminoso encontrado em jazidas no Colorado, em Wyoming e em Utah contenha aproximadamente 1,8 trilhão de barris de óleo de xisto. Somente na bacia hidrográfica de Creek Piceance, no Colorado, existem jazidas de xisto de qualidade com mais de 100 bilhões de barris de óleo. Contudo, as implicações ambientais relativas à extração do óleo de xisto por aquecimento do xisto betuminoso incluem a geração de grandes quantidades do gás estufa dióxido de carbono. Além disso, os prováveis problemas relativos à poluição da água com resíduos compostos por sais solúveis em água gerados na pirrólise do xisto indicam que esse recurso jamais será desenvolvido em larga escala.

O *gás natural*, composto quase que inteiramente por metano, é um combustível atraente, que produz poucos poluentes e um teor menor de dióxido de carbono por unidade de energia gerada, quando comparado a qualquer outro combustível fóssil. Além de ser empregado como combustível, o gás natural pode ser convertido a muitos outros hidrocarbonetos, e usado como matéria-prima na síntese de Fischer-Tropsch da gasolina. No começo da década de 2000, a crescente demanda por gás natural levou à diminuição dos estoques nos Estados Unidos. A produção de gás natural a partir de veios de carvão no estado de Wyoming, feita com o bombeamento de água salgada e alcalina dos veios, trouxe problemas para o ambiente. Em 2009 a exploração do gás natural em formações "compactas" de xisto por meio de fraturas abertas na rocha usando água resultou no aumento da oferta do produto nos Estados Unidos e em outros países.

19.8 O carvão

Entre a Guerra de Secessão norte-americana e a Segunda Guerra Mundial, o *carvão* era a fonte dominante de energia por trás da expansão industrial na maioria das nações. No entanto, após a Segunda Guerra, a maior conveniência e o menor custo do petróleo diminuíram o uso do carvão com essa finalidade nos Estados Unidos e em outros países. A produção anual de carvão nos Estados Unidos caiu cerca de um terço, atingindo um valor mínimo de aproximadamente 400 milhões de toneladas em 1958, mas desde então sua produção voltada para a geração de energia elétrica chegou perto de 1 bilhão de toneladas anuais nos Estados Unidos. O carvão é responsável por quase um terço da energia consumida em todo o mundo e perto de 50% da energia elétrica mundial.

O termo geral *carvão* descreve uma ampla gama de combustíveis fósseis sólidos derivados da decomposição parcial de matéria vegetal. O carvão é categorizado com base em uma *classificação do carvão* definida em termos da porcentagem de carbono fixado e de matéria volátil e do poder calorífico. A fórmula empírica média do carvão é $CH_{0,8}$. Normalmente o carvão também contém teores de enxofre, nitrogênio e oxigênio da ordem de 1% ou um pouco maiores. Entre esses elementos, o enxofre ligado à molécula orgânica do carvão ou misturado em sua estrutura como pirita, FeS_2, representa problemas ambientais graves devido à produção do dióxido de enxofre poluente durante a queima. A maior parte do FeS_2 pode ser removida do carvão pela via física, e o dióxido de enxofre é removido com a ajuda de diversos processos de lavagem.

19.8.1 A conversão do carvão

Como mostra a Figura 19.11, o carvão pode ser convertido em combustíveis gasosos, líquidos ou sólidos com baixos teores de enxofre e cinzas como o resíduo da queima (coque) ou o carvão refinado com solvente (CRS). A conversão do carvão é uma ideia antiga. Uma casa que pertenceu a William Murdock[*] na cidade de Redruth, na Cornualha, Inglaterra, tinha iluminação à base de carvão em 1792. O primeiro sistema de iluminação publica com gás de carvão foi instalado na rua londrina Pall Mall, em 1807. Nos Estados Unidos, a indústria do gás de carvão teve início em 1816. As primeiras usinas geradoras de gás de carvão usavam a pirólise (aquecimento na ausência de ar) para produzir um composto rico em hidrocarbonetos bastante útil para a iluminação. Em meados do século XIX, foi desenvolvido o processo água-gás, que lança vapor sobre coque quente para produzir uma mistura formada sobretudo por H_2 e CO. Era preciso acrescentar hidrocarbonetos voláteis a essa água-gás "carburetada" para que sua capacidade de iluminação equivalesse àquela do gás preparado a partir da pirólise do carvão. Na década de 1920, os Estados Unidos contavam com 11 mil gaseificadores de carvão em operação. Com o pico de consumo em 1947, o método água-gás representava 57% de todo o gás fabricado nos Estados Unidos. Esse gás era produzido em gaseificadores de baixa pressão e capacidade que nos padrões atuais seriam considerados ineficientes e inaceitáveis do ponto de vista ambiental (muitos dos locais onde se encontravam esses gaseificadores foram classificados como áreas de resíduos perigosos por conta da presença de alcatrão e outros subprodutos). Sem dúvida, essa não era uma tecnologia verde, devido à alta toxicidade

---

[*] N. de T.: Pioneiro da máquina a vapor. Trabalhou para a empresa de motores Boulton e Watt, e construiu seu veículo movido a vapor em 1784.

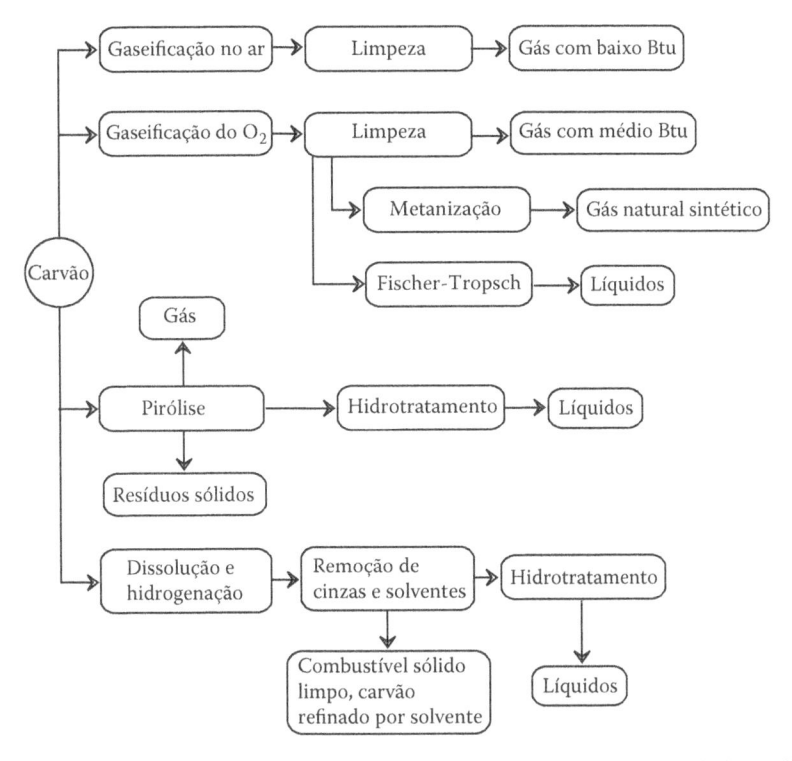

FIGURA 19.11 Os caminhos da conversão do carvão. Btu é a sigla de *British thermal unit*, uma unidade térmica que mede a energia na forma de calor obtida de um combustível. A metanização é a síntese do gás CH_4. A hidrogenação e o hidrotratamento se referem à reação com gás H_2 elementar.

do monóxido de carbono presente no gás produzido. Houve diversos relatos de mortes por asfixia causada pela liberação de CO em residências. Durante a Segunda Guerra, a Alemanha desenvolveu uma indústria de petróleo sintético importante, com base no carvão, que atingiu seu pico de atividade em 1944, com a produção de 100 mil barris. Uma fábrica de petróleo sintético em operação em Sasol, África do Sul, atingiu a capacidade de algumas dezenas de toneladas de carvão diárias na década de 1970, e hoje produz hidrocarbonetos e matérias-primas equivalentes a 150 mil barris de petróleo diários.

Diversas implicações ambientais estão envolvidas na adoção disseminada da conversão do carvão, incluindo a mineração a céu aberto, o consumo de água em regiões áridas, a menor conversão de energia total em comparação com a queima direta de carvão e a maior produção de dióxido de carbono atmosférico. Esses fatores e os aspectos econômicos do processo impedem que a conversão do carvão seja praticada em escala muito ampla. No entanto, a conversão do carvão facilita o sequestro de carbono (ver Seção 19.9), o que talvez promova a utilização mais sustentável do carvão.

19.9 O sequestro de carbono na utilização de combustíveis fósseis

O *sequestro de carbono*, que impede que o dióxido de carbono gerado por combustíveis fósseis entre na atmosfera, promete possibilitar a utilização desses combustíveis sem que aumentem o efeito estufa. Em síntese, os diversos esquemas propostos até hoje preveem a captura do dióxido de carbono de um produto ou curso de resíduos, sequestrando-o em um local onde não possa entrar na atmosfera. Muitas abordagens foram sugeridas ou testadas para essa finalidade, e são muitas as possibilidades para executar o sequestro. O termo "sequestro de carbono" também é utilizado em acepção mais geral, em referência à remoção do dióxido de carbono da atmosfera, sobretudo pela fotossíntese.

Há muitos sumidouros pelos quais o dióxido de carbono pode ser sequestrado. O maior destes, um sumidouro natural, é o oceano. Os oceanos da Terra têm uma capacidade quase inesgotável de receber o dióxido de carbono. No entanto, a redução no pH médio dos oceanos em apenas 0,1 unidade devido ao aumento na concentração do dióxido de carbono poderá trazer efeitos adversos sérios para a vida selvagem nos oceanos e sua produtividade. Existem indícios de que as conchas de alguns animais marinhos estão se tornando mais finas devido aos níveis elevados desse gás na água do mar. Formações salinas profundas também têm uma grande capacidade de sequestrar dióxido de carbono. Jazidas exploradas de petróleo e veios inaproveitáveis de carvão têm capacidades muito menores (mas ainda significativas) de receber o dióxido de carbono.

O sequestro geológico de carbono pode ser realizado com a injeção do gás em formações sedimentares porosas a profundidades abaixo de 1.000 metros. A experiência da indústria do petróleo com o descarte subterrâneo de dióxido de carbono e a injeção do gás em formações com jazidas do óleo para fins de extração lançou as bases da tecnologia necessária para a execução do sequestro geológico do dióxido de carbono. O dióxido de carbono injetado em formações sedimentárias se eleva e é confinado por um leito rochoso pouco permeável. As fraturas nessa rocha, como as observadas em poços de petróleo em desuso, podem permitir o vazamento do dióxido de carbono. Com o tempo, o dióxido de carbono se dissolve na água normalmente salgada presente nos poros da formação sedimentar em que foi injetado. As reações químicas na água e com as camadas geológicas adjacentes podem trazer a estabilidade no longo prazo desse gás. É muito mais eficiente e econômico bombear o dióxido de carbono na água subterrânea salgada, onde se dissolve, em comparação com sua injeção a altas pressões no subsolo.[1]

A primeira aplicação comercial do sequestro do dióxido de carbono está em operação desde 1996, no Mar do Norte, a quase 240 km da costa da Noruega, em uma região conhecida como campo de petróleo e gás Sleipner. O gás natural extraído desse campo tem teor de dióxido de carbono da ordem de 9%, valor este que precisa ser reduzido a 2,5% para atender aos padrões de distribuição comercial do gás. Enquanto todas as outras operações de produção do gás se limitam a liberar esse dióxido de carbono na atmosfera, no campo Sleipner ele é bombeado sob pressão para o interior de uma camada de arenito de 200 m de espessura chamada formação Utsira, cerca de 1.000 m abaixo do leito do oceano. Uma mistura de dióxido de carbono e sulfeto de hidrogênio removida do gás natural ácido, abundante na província de Alberta, no Canadá, é sequestrada para o subsolo.[2]

A captura do dióxido de carbono é facilitada nos processos industriais que produzem o gás em altas concentrações. Um exemplo desse tipo de processo é a fermentação de carboidratos para a produção de etanol combustível ou outras aplicações. Essa fonte fornece a maior parte do dióxido de carbono utilizado com fins comerciais atualmente. A maior fonte antropogênica do gás liberado na atmosfera são as usinas termelétricas movidas a combustíveis fósseis, que representam um desafio expressivo em termos de remoção do dióxido de carbono porque ele se encontra

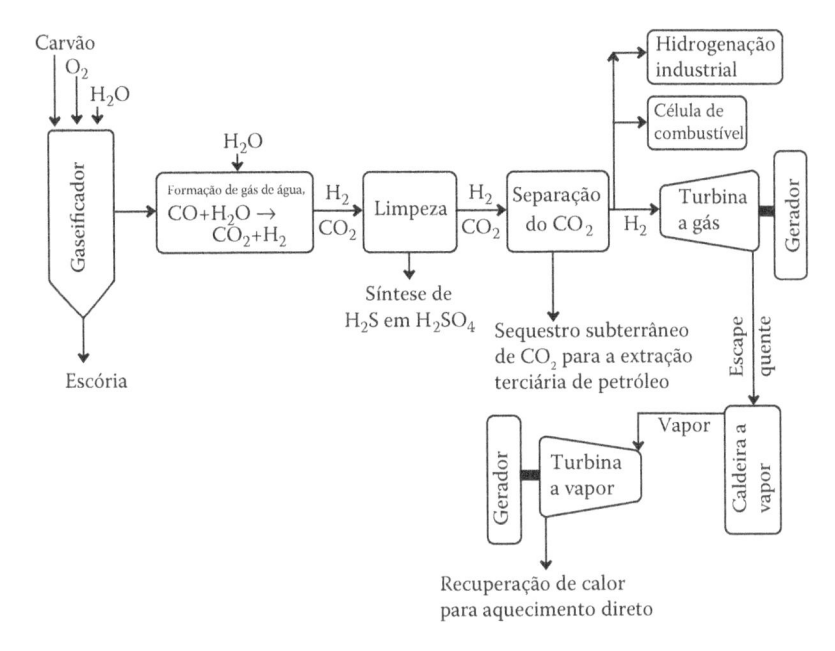

FIGURA 19.12 Uma operação de sequestro de carbono baseada no uso de carvão. A eletricidade é produzida em geradores conectados à turbina a gás e à turbina a vapor. O sulfeto de hidrogênio recuperado é usado na síntese de ácido sulfúrico. O hidrogênio produzido pode ser empregado em células de combustível e na hidrogenação industrial, bem como na movimentação da turbina a gás. O dióxido de carbono sequestrado pode ser usado para extrair petróleo ou ser simplesmente descartado no subsolo. O calor residual é recuperado para o aquecimento de residências e em indústrias.

muito diluído. Uma usina de energia operada a carvão rico em carbono produz uma corrente de escape com entre 13 e 15% de dióxido de carbono, enquanto uma usina que queima metano rico em hidrogênio gera entre 3 e 5% de dióxido de carbono apenas. Uma terceira possibilidade é capturar o dióxido de carbono liberado a partir da gaseificação de combustíveis fósseis, sobretudo o carvão (ver Seção 19.8). Em condições normais, a gaseificação é executada usando oxigênio como oxidante, e o produto inicial consiste em dióxido de carbono e nos gases combustíveis H_2 e CO. O monóxido de carbono no gás de síntese pode reagir com vapor,

$$CO + H_2O \rightarrow H_2 + CO_2 \tag{19.7}$$

para produzir combustível hidrogênio elementar não poluente e dióxido de carbono.

No final de 2007, o Departamento de Energia dos Estados Unidos anunciou um financiamento para a construção da primeira usina de energia com sequestro de dióxido de carbono no país, a FutureGen, operada a carvão, em Mattoon, Illinois. O projeto foi cancelado abruptamente em 2008 sob a alegação de que seus custos seriam muito altos. Porém, o Comitê de Contabilidade Governamental emitiu um relatório em março de 2009 afirmando que os custos haviam sido superestimados em $500 milhões devido a um erro matemático na contabilidade! Os 275 MW gerados pela usina bastam para fornecer eletricidade a 275 mil casas e sequestrar entre 1 e 2 milhões de toneladas de dióxido de carbono ao ano. A Figura 19.12 mostra um desenho esquemático de uma usina de energia com sequestro de carbono nos moldes da FutureGen. Uma turbina movimentada por combustível hidrogênio produzido pela gaseificação do carvão gera eletricidade. O gás de escape quente da turbina gera vapor em uma caldeira e esse vapor gira uma turbina que também está acoplada a um gerador. Essa combinação resulta em uma geração de eletricidade de alta eficiência. A produção de hidrogênio intermediário serve como fonte de energia para células de combustível. Esse hidrogênio pode ser empregado na síntese química ou na produção de combustíveis à base de hidrocarbonetos sintéticos. O sulfeto de hidrogênio originado como subproduto precisa ser removido do hidrogênio gerado e pode ser útil na produção de ácido sulfúrico, um importante composto químico, ou então ser sequestrado junto com o dióxido de carbono. O subproduto dióxido de carbono é sequestrado para o interior de formações minerais a cerca de 2.000 m de profundidade. No caso das usinas de energia localizadas próximo a formações petrolíferas, o dióxido de carbono pode ser bombeado para o interior das jazidas como etapa da recuperação terciária.

19.10 A ecologia industrial para a energia e os compostos químicos

Um excelente exemplo de um sistema de ecologia industrial para a utilização sustentável de combustíveis fósseis é a usina Great Plains Synfuel próximo a Beulah, Dakota do Norte. Esse complexo foi projetado para tirar proveito dos depósitos abundantes de lignina, uma forma de carvão de baixo poder calorífico e alto teor de água, comuns no Estado da Dakota do Norte. Um diagrama esquemático do sistema é mostrado na Figura 19.13. O núcleo da unidade é composto por 14 gaseificadores do tipo Luigi com 13 m de altura e 4 m de diâmetro, com capacidade para processar 16 mil toneladas métricas de lignita diárias a temperaturas de até 1.200°C para produzir uma mistura de gás de síntese de H_2 e CO, além dos subprodutos CO_2 e água e pequenas quantidades de alcatrões, óleos, compostos fenólicos, amônia e H_2S. Alguns hidrocarbonetos úteis, fenóis, cresóis, amônia e compostos de enxofre são extraídos da água, posteriormente utilizada para refrigeração. A mistura gasosa é submetida a uma reação de conversão que aumenta a proporção de H_2 para CO, e essa mistura é reagida para produzir metano (CH_4), enviado para um gasoduto de gás natural. Parte da corrente de gás de síntese é direcionada para uma unidade de produção de amônia, que fabrica esse valioso fertilizante. Uma das principais características dessa unidade é a extração de CO_2 do gás de síntese. O dióxido de carbono é comprimido e enviado, por um gasoduto, ao Canadá, onde é bombeado no subsolo, para o interior de camadas rochosas petrolíferas exploradas para a recuperação secundária de petróleo.

A unidade Great Plains Synfuels é um excelente exemplo de um sistema de ecologia industrial complexo. Ela utiliza um recurso abundante (carvão de lignita) a fim de reduzir suas emissões de gases estufa e outros impactos ambientais importantes de maneira significativa. Em vez de ter de transportar grandes quantidades de lignita por trem a usinas de energia distantes, o teor de energia da lignita é convertido em metano, o combustível fóssil menos agressivo ao ambiente, que é transportado em gasodutos, com impacto ambiental mínimo. Um produto de valor ainda maior, a amônia fertilizante é sintetizada no local usando o hidrogênio elementar produzido a partir da gaseificação da lignita e o nitrogênio elementar isolado do ar durante a operação de liquefação do

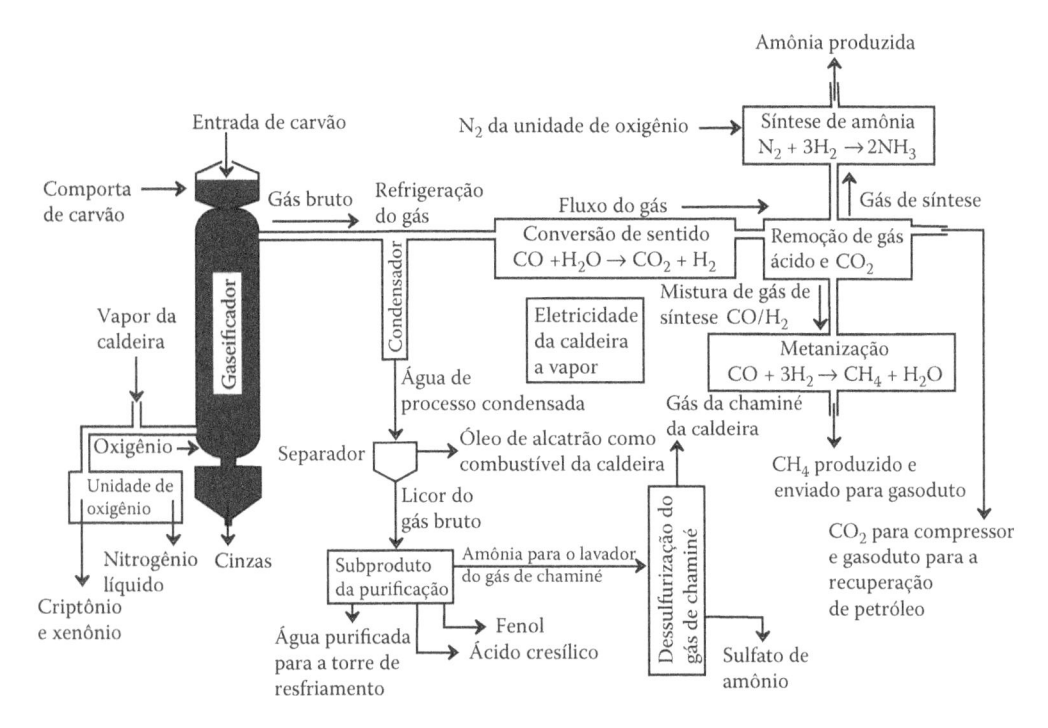

FIGURA 19.13 Desenho esquemático do complexo de gaseificação de carvão de lignita Great Plains.

ar, executada como parte da produção do oxigênio elementar utilizado na gaseificação. O subproduto dióxido de carbono não é liberado na atmosfera, onde poderia agravar o problema do aquecimento global, mas sim bombeado para o interior de campos de petróleo, no subsolo, para aumentar a recuperação de petróleo bruto. O sulfato de amônio, um subproduto de valor comercial e uma fonte útil de nutrientes nitrogênio e enxofre, é recuperado da água liberada durante a gaseificação da lignita. Em uma área propensa à escassez de água, a quantidade relativamente grande do líquido liberada na gaseificação da lignita é utilizada como água de refrigeração e alimentação de caldeiras.

19.11 A energia nuclear

O incrível poder do núcleo do átomo revelado no final da Segunda Guerra Mundial ofereceu também uma chance para o desenvolvimento de energia abundante e barata. Essa promessa na verdade nunca se concretizou, embora hoje a energia nuclear represente uma parcela significativa da energia elétrica em muitos países. Além disso, ela talvez seja a única fonte de energia elétrica capaz de atender à demanda sem degradar o ambiente de maneira inaceitável, sobretudo na geração de gases estufa.

A *fissão nuclear* voltada para a geração de energia é executada em reatores nucleares, em que ocorre a fissão (divisão) dos núcleos de urânio-235 ou plutônio. Cada um desses eventos gera dois átomos radioativos com quase metade da massa do átomo fissionado, uma média de 2,5 nêutrons a menos, e uma enorme quantidade de energia, em comparação com as reações químicas normais. Os nêutrons, a princípio liberados como partículas rápidas e de alta energia, são desacelerados aos níveis de energia térmica em um meio moderador. Para um reator em operação no estado estacionário, um nêutron produzido a cada reação de fissão é usado para induzir a reação de fissão de outro núcleo, gerando uma reação em cadeia (Figura 19.14).

A energia dessas reações nucleares é utilizada para aquecer a água no núcleo do reator, gerando vapor que faz girar uma turbina, como mostra a Figura 19.15. Conforme discutido na Seção 19.4, algumas limitações de temperatura reduzem a eficiência da energia nuclear na conversão de energia térmica em energia mecânica e, portanto, em eletricidade, comparada aos processos de conversão de energia fóssil.

Uma das limitações dos reatores é que apenas 0,71% do urânio natural se encontra como urânio-235 físsil. Essa situação poderia ser melhorada com o desenvolvimento de *reatores regeneradores*, que convertem urânio-238 (com abundância de 99,28% na natureza) em plutônio-239 físsil.

Um dos principais aspectos com relação ao amplo emprego da energia nuclear de fissão é a produção de grandes quantidades de resíduos radioativos, compostos que permanecem letais por milhares de anos. Eles precisam ser armazenados em um local seguro ou descartados de modo permanente, com segurança. Hoje, os elementos combustíveis utilizados são armazenados em água, nos locais dos reatores. De acordo com as regulações em vigor em muitos países, os resíduos deste combustível terão de ser queimados no futuro. Uma das alternativas preferidas por muitos pesquisadores consiste em processar o material combustível usado para remover produtos radioativos do urânio combustível, isolar os produtos da fissão de vida relativamente curta e que decaem naturalmente em algumas centenas de anos, e bombardear os resíduos nucleares com meias-vidas maiores com nêutrons no interior dos reatores. A absorção de nêutrons pelos núcleos dos elementos no combustível usado promove a *transmutação*, em que eles são convertidos em outros elementos ou produtos de fissão com meias-vidas mais curtas, produzindo isótopos estáveis com relativa rapidez. Os elementos nos resíduos radioativos que permitem a transmutação incluem plutônio, amerício, netúnio, cúrio, tecnécio-99 e iodo-129. Plutônio, amerício, netúnio e cúrio são actinídeos pesados ativos, físseis e que acrescentam valor combustível a um reator nuclear.

Outro problema relativo aos reatores de fissão nuclear é sua inevitável desativação. Nesse sentido, existem três opções. Uma é a desmontagem logo após o desligamento, quando os elementos do combustível são removidos, os diversos componentes

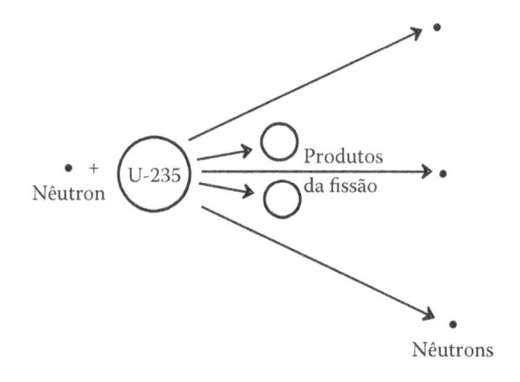

FIGURA 19.14 A fissão de um núcleo de urânio-235.

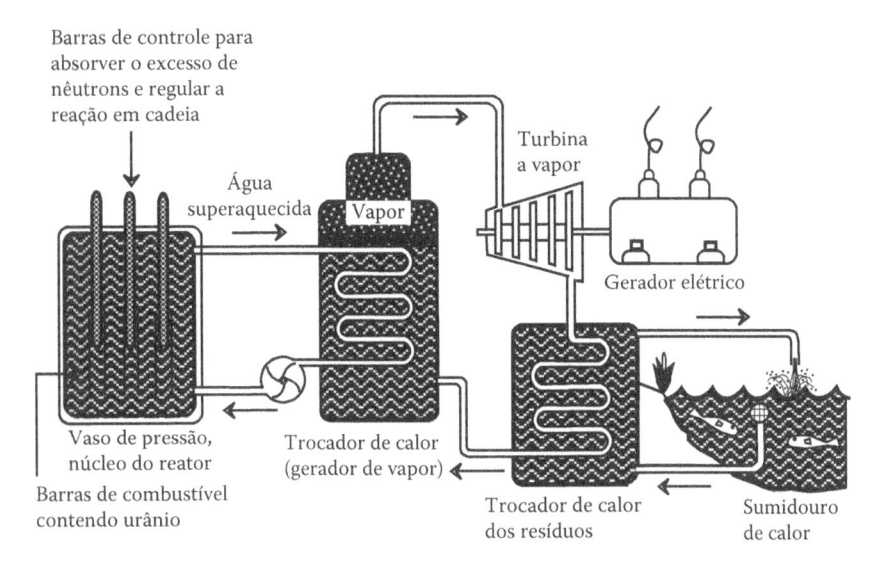

FIGURA 19.15 Uma usina de fissão nuclear típica.

são lavados com fluidos de limpeza e o reator é destruído por controle remoto e enterrado. A segunda é a "armazenagem segura", que envolve deixar o reator parado por entre 30 e 100 anos, o que permite o decaimento radioativo, seguido do desmonte. A terceira alternativa é o encapsulamento, em que o reator é envolvido por uma estrutura de concreto.

O curso da energia nuclear foi alterado drasticamente por dois eventos. O primeiro ocorreu em 28/3/1979, com a perda parcial da água de refrigeração do reator de propriedade da Metropolitan Edison Company localizado em Three Mile Island, no Rio Susquehanna, a 45 km de Harrisburg, Pensilvânia. Conhecido como o incidente TMI, as iniciais do nome do local, seu resultado foi a perda de controle, o superaquecimento e a desintegração parcial do núcleo do reator. Houve liberação de um volume de xenônio e criptônio radioativos, além de água radioativa despejada no rio. Após algum tempo o prédio do reator foi selado. Um acidente muito mais grave ocorreu em abril de 1986 em Chernobyl, na antiga União Soviética, quando um reator nuclear explodiu e incendiou, espalhando material radioativo em uma extensa área e matando muitas pessoas (o número oficial de mortos é 31, mas o número real com certeza é muito maior). Milhares de pessoas foram evacuadas e toda a estrutura do reator teve de ser encapsulada em um invólucro de concreto e placas de aço. Foi observada a contaminação grave de alimentos até na Escandinávia.

Em 2006 haviam se passado 28 anos desde o último pedido para a construção de uma usina nuclear nova nos Estados Unidos, em grande parte por conta dos elevados custos do projeto de novas usinas atômicas. Embora esse fato indique tempos difíceis para a indústria nuclear, qualquer anúncio de que ela será abandonada é prematuro: em 2008, várias usinas nucleares haviam começado a solicitar novas instalações nos Estados Unidos, e um número expressivo dessas usinas estava em construção em todo o mundo. Reatores nucleares projetados adequadamente podem gerar grandes quantidades de eletricidade de modo confiável e seguro, como fazem há décadas nos submarinos e porta-aviões da marinha dos Estados Unidos, e na França, país que obtém cerca de 80% de sua eletricidade com a energia nuclear. O fator mais importante com potencial de promover o renascimento da energia nuclear é a ameaça trazida pelos gases estufa na atmosfera, produzidos em grande quantidade por combustíveis fósseis. A energia nuclear é a única alternativa comprovadamente capaz de fornecer as quantidades de energia necessárias dentro de limites aceitáveis de custo, confiabilidade e efeitos para o ambiente.

Os novos projetos de usinas de energia nuclear utilizam reatores potentes muito mais seguros e aceitáveis para o ambiente do que os reatores construídos com base em tecnologias obsoletas. Os projetos novos já apresentados incorporam na construção do reator características relativas à segurança passiva que entram em operação automaticamente na ocorrência de problemas capazes de ocasionar incidentes como os de TMI e Chernobyl, que tinham reatores hoje considerados antigos. Esses dispositivos – que dependem de fenômenos passivos, como a alimentação do refrigerante pela ação da gravidade, a evaporação da água ou a baixa convecção de fluidos – conferem ao reator as características desejáveis da chamada *estabilidade passiva*. Eles também permitem simplificar os equipamentos de maneira significativa, pois requerem metade do número de bombas, tubulações e trocadores de calor em comparação aos reatores nucleares antigos.

19.11.1 A fusão nuclear

A fusão do núcleo de deutério e de um núcleo de trítio libera muita energia, como mostrado a seguir, onde MeV representa um milhão de elétrons-volt, uma unidade de energia:

$$^2_1H + {}^3_1H \rightarrow {}^4_2He + {}^1_0n + 17,6 \text{ MeV} \text{ (energia liberada por fusão)} \quad (19.8)$$

Essa reação é responsável pelo enorme poder de explosão da "bomba de hidrogênio". Até hoje, a fusão sempre conseguiu frustrar os esforços no sentido de domá-la e aproveitá-la como fonte contínua e prática de energia. Uma vez que os cientistas vêm tentando fazê-la funcionar de modo prático nos últimos 50 anos, sem êxito, a fusão talvez nunca seja dominada. (Após 15 anos da descoberta da fissão nuclear, a reação já era empregada em um reator que abastecia de energia um submarino nuclear.) No entanto, a possibilidade de utilizar as quantidades quase ilimitadas de deutério presente nos oceanos, um isótopo do hidrogênio, para a fusão nuclear ainda desperta nos cientistas a esperança de desenvolver um reator a fusão nuclear prático, e as pesquisas nesse sentido continuam avançando.

A fusão nuclear foi tema de um dos maiores constrangimentos científicos da era moderna, ocorrido em 1989. O incidente veio à tona quando os pesquisadores da Universidade de Utah anunciaram ter realizado a chamada fusão a frio do deutério, durante a eletrólise do composto também conhecido como água pesada. O anúncio causou uma febre de pesquisa, com os cientistas em todo o mundo tentando repetir esses resultados, embora houvesse quem ridicularizasse a ideia. Infelizmente, para aqueles que sonhavam com uma fonte de energia barata e abundante, os céticos estavam certos, e toda a história da fusão a frio permanece como lição acerca do triunfo (temporário) da ânsia tecnológica sobre o bom senso científico.

19.12 A energia geotérmica

O calor subterrâneo que se manifesta como vapor, água quente ou rocha aquecida utilizado para produzir vapor é empregado como fonte de energia há cerca de um século, e pode ser considerado renovável, em grande parte. Essa energia foi dominada pela primeira vez para a geração de eletricidade em Larderello, na Itália, em 1904. Desde então é desenvolvida no Japão, na Rússia, na Nova Zelândia e nas Filipinas, além dos Geysers, no norte da Califórnia.

O vapor seco subterrâneo é relativamente raro, mas é o mais desejado do ponto de vista da geração de energia. Na maioria das vezes, a energia atinge a superfície na forma de água e vapor superaquecidos. Em alguns casos, a água é tão pura que pode ser utilizada para irrigação e rebanhos; em outros, tem altos teores de sais corrosivos e formadores de incrustações. A utilização do calor da água geotérmica contaminada de modo geral requer que ela seja reinjetada na fonte termal após a remoção do calor, para impedir a contaminação de águas superficiais.

A utilização de rochas quentes para obter energia requer a fratura da formação rochosa quente, acompanhada da injeção de água e da retirada de vapor. Essa tecnologia ainda está em estágio experimental, mas promete gerar 10 vezes mais energia que a produção de vapor e água quente de outras fontes.

O afundamento do solo e os efeitos sísmicos, como os miniterremotos que ocorrem quando a água é bombeada a pressões extremas para o interior de formações rochosas que sofrem fraturas em consequência dessa injeção, são fatores ambientais que atrapalham o desenvolvimento da energia geotérmica. Porém, essa fonte de energia é bastante promissora, e seu desenvolvimento avança.

19.13 O Sol: uma fonte ideal de energia renovável

A energia solar é uma fonte ideal de energia ilimitada, amplamente disponível e barata. Ela não aumenta a carga térmica total da terra nem produz compostos químicos poluentes da água e do ar. Em escala global, a utilização de apenas uma pequena parcela de energia solar que incide na terrra poderia atender à demanda total de energia. Por exemplo, nos Estados Unidos, com índices de eficiência de conversão entre 10 e 30%, seriam necessários coletores que, somados, equivaleriam a apenas entre um décimo e um trinta avos da área do estado do Arizona para satisfazer as necessidades energéticas do país. (Não deixa de ser uma enorme área de terra, e existem problemas econômicos e ambientais relacionados à utilização de mesmo uma fração dessa extensão para a coleta de energia solar. Sem dúvida, muitos moradores do estado do Arizona não se alegrariam em ter tamanha área de seu estado coberta por coletores solares, e os grupos de ambientalistas protestariam devido ao sombreamento do hábitat das cascavéis.)

Há vastas áreas de terra disponíveis nos Estados Unidos e em todo o mundo em que incidem níveis excepcionais de energia solar adequada à geração de eletricidade. Os fatores envolvidos na avaliação dessas áreas para esse propósito incluem a proximidade ao Equador, as altitudes relativamente grandes e a ausência de cobertura de nuvens na maior parte do tempo. A área terrestre com condições ótimas nesse sentido é o Deserto do Saara no sudeste do Níger, na África, que recebe em média 6,78 kWh m^{-2}

ao dia, valor próximo da quantidade de energia requerida para aquecer a água de uma residência norte-americana típica.

As células de energia solar (células fotovoltaicas) para a conversão direta da luz do Sol foram desenvolvidas e têm amplo emprego na obtenção de energia em veículos espaciais. No entanto, no estado atual da tecnologia, são um tanto caras na maioria dos países quando a meta é gerar eletricidade em larga escala, embora essa lacuna econômica esteja se fechando. A maioria dos esquemas para a utilização de energia solar depende da coleta de energia térmica seguida da conversão em energia elétrica. O exemplo mais simples dessa abordagem envolve focar a luz do Sol sobre uma caldeira geradora de vapor (ver a Ilustração 6 na Figura 19.3). Os refletores parabólicos podem ser empregados para focar a luz do Sol em tubulações de fluidos transportadores de calor. O uso de coberturas especiais para essas tubulações garante que a maior parte da energia incidente seja absorvida.

O tipo mais eficiente e confiável de máquina térmica a energia solar para gerar eletricidade é o *motor Stirling*, que consegue atingir uma eficiência total de 30% na conversão de energia solar em eletricidade. O motor Stirling utiliza gás hidrogênio como fluido de trabalho em um sistema fechado em que pistões conectados por hastes inseridos em cilindros bombeiam o gás em vaivém no interior do sistema. O gás é aquecido em uma unidade de aquecimento mantida a uma temperatura relativamente alta pela luz do Sol concentrada oriunda de uma série de espelhos refletores. A pressão resultante força um dos pistões para baixo, a cilindrada. O gás é então transferido para um pistão no lado frio da máquina por meio de um gerador formado por um material que captura parte do calor, usado no próximo ciclo, o que aumenta muito sua eficiência. Para um sistema planejado para ser instalado no deserto de Mojave[3], na Califórnia, cada motor Stirling tinha potência de 25 kW, rodando a 1.800 rpm e gerando 480 V de eletricidade a 60 Hz. Uma das principais vantagens desse sistema é seu caráter modular, que permite usar em conjunto inúmeras unidades, gerando centenas de MW de energia em um único local. Em 2008 o sistema Stirling dava sinais de que se tornaria um dos principais competidores no setor de energia solar em áreas como o Deserto de Mojave, na Califórnia, e no Saara africano, regiões que recebem luz solar intensa e constante.

A conversão direta da energia solar em eletricidade é realizada em células voltaicas solares especiais. A maioria dos tipos de células fotovoltaicas depende das propriedades eletrônicas dos átomos de silício contendo níveis baixos de outros elementos. Uma célula fotovoltaica típica é composta por duas camadas de silício, uma camada doadora com dopagem de cerca de 1 ppm de átomos de arsênico, e uma camada receptora, com dopagem de cerca de 1 ppm de boro. É importante lembrar que as estruturas de Lewis, apresentadas no Capítulo 3, usam pontos para representar a valência mais externa dos elétrons dos átomos, aqueles que podem ser cedidos, recebidos ou compartilhados em ligações químicas. O exame das estruturas de Lewis do silício, arsênico e boro

$$\cdot \text{Si} : \quad \cdot \text{As} : \quad \cdot \text{B} :$$

revela que a substituição de um átomo de silício com seus quatro elétrons por um átomo de arsênico com seus cinco elétrons de valência na camada doadora disponibiliza um sítio com um elétron em excesso, ao passo que a substituição de um átomo de silício na camada receptora por um átomo de boro com apenas três elétrons gera uma lacuna deficiente em um elétron. A camada receptora atrai os elétrons na superfície da camada doadora, quando entram em contato. Quando a luz incide sobre esta área, a energia dos fótons de luz pode trazer esses elétrons de volta para a camada doadora, de onde fluem de volta para a camada receptora, por um circuito externo, como mostra a Figura 19.16. Este fluxo de elétrons gera uma corrente elétrica usada no abastecimento de energia.

Em 2008, as células voltaicas solares experimentais baseadas em silício cristalino funcionavam com uma eficiência de 30%, ao passo que as do tipo usado em unidades comercializadas atingiam entre 15 e 20% de eficiência. Em termos de custo, eram desvantajosas, pois geravam energia a um custo perto de 20 a 25 centavos de dólar kWh^{-1}, em comparação com os 4 a 7 centavos de dólar kWh^{-1} das termelétricas e os 6 a 9 centavos para as usinas que usam biomassa. Esses custos eram devidos em parte ao fato de o silício utilizado nessas células precisar ser cortado na forma de pequenos *wafers* de cristais de silício, para facilitar a montagem das células. Avanços significativos em custos e tecnologias são observados com as células fotovoltaicas de filme fino, que utilizam uma liga de silício amorfa. Essas células têm apenas metade da eficiência daquelas fabricadas com o silício cristalino, mas têm custo 75% menor. Uma nova abordagem para o projeto e a construção de dispositivos fotovoltaicos de filme de silício amorfo utiliza três camadas de silício amorfo para absorver, de forma alternada, a luz de comprimento de onda curto ("azul"), intermediário ("verde") e longo ("vermelho"), como mostra a Figura 19.17. Os painéis solares de filme fino construídos de acordo com esse método atingiram eficiências de conversão de energia solar em energia elétrica um pouco acima de 10%, um pouco inferiores às do silício cristalino, mas elevadas em comparação com outros dispositivos de filme amorfo. O custo reduzido

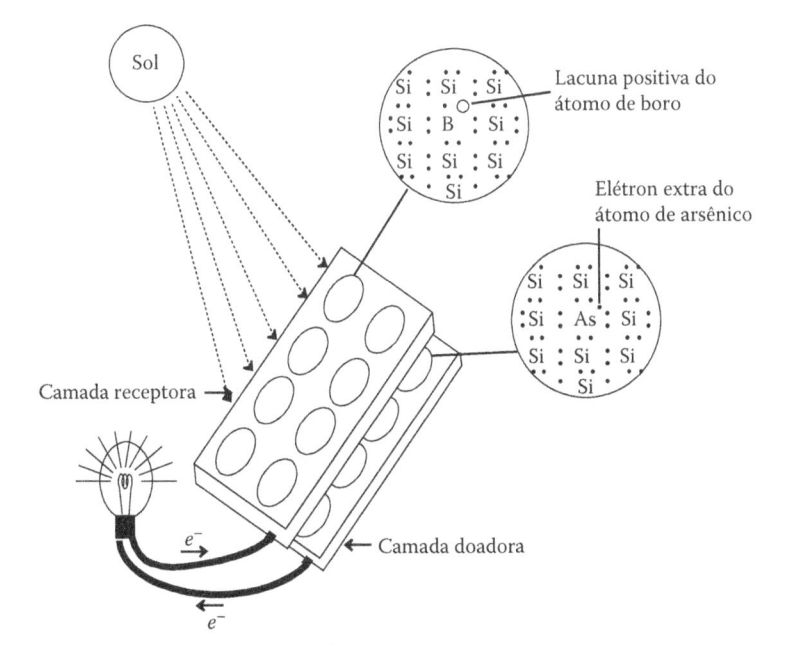

FIGURA 19.16 O funcionamento de uma célula fotovoltaica.

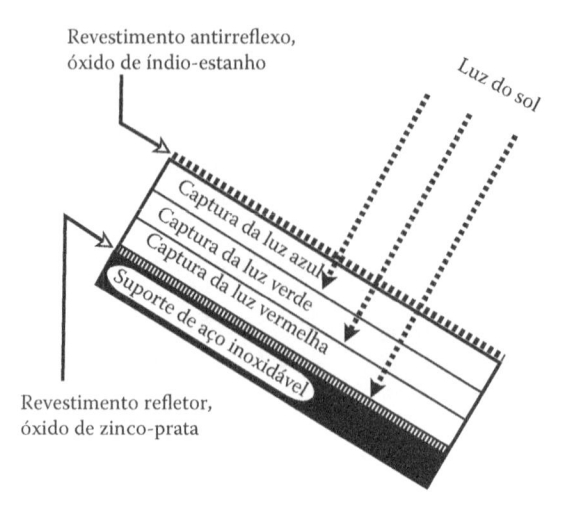

FIGURA 19.17 Uma célula fotovoltaica de filme fino com alta eficiência que utiliza silício amorfo.

e as eficiências de conversão relativamente altas desses painéis solares permitem a produção de eletricidade a um custo apenas duas vezes maior que o da energia elétrica convencional, o que pode representar competitividade em algumas situações.

Foram desenvolvidos sistemas em que as células solares revestindo tubulações são utilizadas para gerar eletricidade. Essa configuração se adapta muito bem a telhados porque captura a luz de todos os ângulos de incidência, inclusive da luz refletida por um telhado branco. Estima-se que a cobertura de todos os telhados nos Estados Unidos com esse tipo de coletor geraria perto de 150 GW de eletricidade, o equivalente a 15% do consumo do país.

Uma das principais desvantagens da energia solar diz respeito a sua natureza intermitente. Contudo, a flexibilidade inerente a uma rede de transmissão de eletricidade permite que ela aceite até 15% de toda a energia que recebe de uma fonte de energia solar sem necessidades especiais em relação ao armazenamento de energia. Usinas hidrelétricas em operação podem ser utilizadas para armazenar energia gerada pelo bombeamento de água em conjunto com a geração de energia elétrica solar. A água consegue armazenar calor ou frio, em forma latente na água (gelo) ou sais eutécticos, ou mesmo em leitos rochosos. É possível armazenar grandes quantidades de calor na água na forma de um fluido supercrítico estocado a altas temperaturas e pressões muito elevadas nas profundezas do solo. A energia mecânica pode ser armazenada utilizando ar comprimido ou rotores de inércia. O uso de energia solar para produzir hidrogênio elementar como meio de estocar, transferir e utilizar energia, conforme discutido na Seção 19.16, provavelmente será adotado com mais frequência no futuro.

Não existem barreiras verdadeiramente intransponíveis contra o desenvolvimento da energia solar, como ocorre com a fusão. Na verdade, a instalação de aquecedores solares de ambiente e de água se popularizou no final da década de 1970, e as pesquisas com energia solar recebiam muito apoio nos Estados Unidos até após 1980, quando virou moda acreditar que as forças do livre mercado haviam solucionado a "crise energética". Hoje, a escassez de energia e as preocupações com os efeitos do aquecimento global devido ao uso de combustíveis fósseis estão aumentando bastante o interesse na energia solar. Com a instalação de mais dispositivos de aquecimento e o provável desenvolvimento da capacidade de gerar energia elétrica barata e direta a partir da energia solar, é possível que no próximo século ela atenda a uma apreciável parcela da demanda energética em áreas expostas à luz solar abundante.

19.14 A energia do ar e da água em movimento

19.14.1 O surpreendente sucesso da energia eólica

A energia eólica baseada em turbinas montadas no alto de torres e acopladas a geradores elétricos surge como fonte de energia renovável a passos um tanto surpreendentes. Embora tenha sido usada por séculos em moinhos de vento para a moagem de grãos e o bombeamento de água, além da geração de energia em pequena escala sobretudo em regiões remotas no começo do século XX, os geradores eólicos de grande porte apareceram durante a década de 1990 como alternativa econômica para a geração de energia elétrica. A energia eólica é completamente renovável e não poluente, e um meio indireto de utilizar a energia solar, pois os ventos se formam pelo movimento de massas de ar aquecidas pelo Sol (Figura 19.18).

A energia solar se tornou o principal fator na geração de energia em todo o mundo, com uma capacidade estimada em quase 90.000 MW (MW é a abreviatura de megawatt. Grandes quantidades de energia são expressas em gigawatt, GW, que equivale a 1.000 MW. Uma usina de 1.000 MW é considerada muito grande e pode gerar energia para abastecer cerca de 250 mil residências norte-americanas médias. As turbinas eólicas modernas típicas geram entre 1,5 e 4 MW cada.) No começo de 2008, os Estados Unidos tinham um pouco mais que 15.500 MW de capacidade de geração de energia eólica instalada em usinas espalhadas por 30 estados. Em meados de 2007,

FIGURA 19.18 Geradores eólicos montados em torres são vistos com frequência crescente no mundo, em áreas onde a ocorrência de ventos constantes permite adotar essa tecnologia de forma prática.

o Texas estava na liderança da geração de energia eólica no país, com uma capacidade instalada de 3.352 MW e obras que aumentariam esse valor em 1.246 MW. Por muito tempo o líder na geração dessa forma de energia, o estado da Califórnia hoje está em segundo lugar, com cerca de 2.400 MW. Em 2008, os cinco outros estados que mais geravam energia eólica eram Iowa (1.375 MW), Minnesota (1.350 MW), Washington (1.290 MW), Colorado (1.065 MW) e Oklahoma (680 MW). Hoje, os Estados Unidos geram energia eólica o bastante para 3,9 milhões de residências, o que permite eliminar até 25 milhões de toneladas em emissões de dióxido de carbono ao ano.

A energia eólica se tornou um dos principais protagonistas na geração de eletricidade em todo o mundo. A capacidade de geração de energia eólica dos países da União Europeia é maior que a soma das capacidades de todos os outros países do mundo. No começo de 2008, os países da União Europeia tinham uma capacidade instalada estimada em 56.000 MW. No mesmo período, os Estados Unidos eram o líder em capacidade geradora de energia eólica, seguidos por Alemanha, Índia, Espanha e China. Devido a seu programa agressivo de desenvolvimento de formas de energia, a China pretendia avançar até o segundo lugar dentro de 2 a 3 anos. Em 2008, a cidade canadense de Calgary tinha em operação um sistema novo de geração de eletricidade eólica que custou $140 milhões e gera energia para três quartos de seus prédios e o transporte ferroviário urbano leve. Esse sistema representa a retirada de 30 mil carros das ruas da cidade.

A energia eólica é especialmente atraente na agricultura. Uma das razões é que as regiões agrícolas muitas vezes têm baixa densidade populacional e não apresentam muitos obstáculos para as instalações. Uma turbina eólica comercial capaz de gerar 1,8 MW é uma máquina formidável, montada em torres com cerca de 80 metros de altura para aproveitar as velocidades maiores e mais consistentes dos ventos, e que podem ter pás com 40 metros de comprimento. No entanto, as pegadas dessas estruturas são relativamente pequenas e não ocupam áreas rurais muito extensas. A eletricidade gerada nas turbinas é transmitida por linhas subterrâneas que eliminam as linhas de transmissão aéreas. Some-se à potencial atratividade da energia eólica em áreas agrícolas o fato de que a eletricidade gerada por essa via pode ser utilizada para eletrolisar água na produção de H_2 e O_2 elementares, uma aplicação que não é atrapalhada pela intermitência dos ventos. A demanda atual de H_2 para a fabricação de NH_3 fertilizante é suprida pela reação do metano (gás natural), um processo relativamente caro. Sua produção utilizando água e energia eólica ajudaria a manter o preço desse fertilizante em níveis razoáveis. Além disso, tanto o H_2 quanto o O_2 elementares podem ser utilizados para converter a biomassa subproduto de culturas agrícolas em combustíveis de carbono, conforme discutido na Seção 19.15.

As regiões setentrionais, como partes do Alasca, o Canadá, os países escandinavos e a Rússia, muitas vezes têm condições de ventos constantes, propícias à geração de energia eólica. A distância em relação a pontos de geração de outras formas de energia torna a eletricidade eólica uma alternativa atraente para muitas dessas regiões. As condições climáticas severas que apresentam são desafios especiais para os geradores eólicos. Um dos problemas pode ser a acumulação de geada, o gelo que condensa diretamente nas estruturas a partir da névoa supergelada no ar. (Em regiões mais quentes, os restos de insetos que colidem contra as pás das turbinas em rotação acumulam-se nelas, a ponto de reduzir sua eficiência aerodinâmica.)

Embora as turbinas eólicas tenham aumentado de tamanho, melhorando a eficiência na produção dessa forma de energia, existe ainda um mercado para turbinas eólicas de pequeno porte para uso em residências ou prédios comerciais. Essas turbinas pequenas foram instaladas em muitas localidades, como o Aeroporto Internacional Logan, em Boston, e o Estaleiro do Brooklin, em Nova York. Embora seu custo seja muito menor que o das grandes turbinas comerciais, o custo da energia que geram é muito maior.

19.14.2 A energia da água em movimento

A água que flui em contato com um dispositivo chamado roda d'água é uma das fontes mais antigas de energia, além do próprio homem e da tração animal. Os moinhos de grãos movidos à energia hidráulica já existiam na Grécia e Roma antigas, e grandes rodas d'água capazes de gerar 50 HP foram construídas na Idade Média. No período colonial da América do Norte, as rodas d'água moviam moinhos de grão e serrarias, além da produção de couro, têxteis e em oficinas. Devido aos problemas com o fluxo baixo de água no verão e a formação de gelo no inverno, essas operações foram abandonadas rapidamente com a chegada da máquina a vapor no século XIX.

Com o desenvolvimento da energia elétrica no final do século XIX, a energia hidráulica renasceu, passando a ser usada para mover geradores elétricos. A primeira usina hidrelétrica com aplicação prática entrou em operação no Rio Fox, próximo a Appleton, Wisconsin, em 1882. O uso da energia hidrelétrica cresceu com rapidez, e em 1980 respondia por cerca de 25% da produção total de energia elétrica e por 5% de toda a energia consumida no planeta. A construção de usinas hidrelétricas é favorecida em terrenos montanhosos com grandes vales banhados por rios, e é gerada de maneira uniforme em todo o mundo. A China tem perto de um décimo do potencial hidrelétrico do planeta. Cerca de 99% da energia elétrica gerada na Noruega é hidrelétrica, e supre aproximadamente 50% do consumo energético do país.

O maior projeto hidrelétrico no mundo é a Usina das Três Gargantas, na China, no enorme rio Yangtze. Localizada onde convergem diversos cânions íngremes, a barragem se estende por 2,3 km no vale do rio e atinge uma altura de 185 metros. Quando cheio, o reservatório formado se estenderá por 630 km, com uma largura média de 1,3 km. Quando a barragem foi finalizada em 2009, ela tinha 26 unidades geradoras, cada uma com capacidade de gerar 700 MW de energia hidrelétrica, totalizando 18,2 GW. Após 2009, outras seis unidades começaram a ser construídas em uma usina subterrânea, elevando a capacidade total de geração para 22,4 GW.

A sustentabilidade e a aceitação ambiental da energia hidrelétrica estão cercadas de controvérsia. Hoje, o represamento de águas tende a deslocar grandes populações humanas (mais de um milhão de pessoas tiveram de sair de suas regiões com o projeto da Usina das Três Gargantas). Alterar o fluxo de um rio afeta sua ecologia aquática. A beleza natural das paisagens ao redor de rios e vales pitorescos é prejudicada por essas represas. Nos Estados Unidos, algumas represas estão sendo desmanchadas para devolver a rios e vales sua condição anterior. No entanto, a energia hidrelétrica previne a liberação de gases estufa das usinas termelétricas operadas a combustíveis fósseis. Além disso, os reservatórios disponibilizam ambientes para a recreação e servem como fonte de peixes e água para o abastecimento de cidades, indústrias e para a agricultura.

19.14.3 A energia hidráulica sem barragens

Uma das abordagens promissoras para a utilização de energia da água em movimento sem a construção de barragens envolve dispositivos *hidrocinéticos* e *conversores da energia das ondas*, que aproveitam a energia cinética da água em movimento em rios, marés e ondas oceânicas. Esses dispositivos seriam instalados em cursos de água naturais, estuários de marés, correntes oceânicas e cursos de água artificiais. Entre estes, um dos mais auspiciosos consiste em uma turbina com pás grandes e bastante espaçadas conectadas diretamente a um gerador instalado em uma corrente de água, como um rio. As turbinas podem ser conectadas a estruturas construídas nos leitos dos cursos de água ou presas aos pilares de pontes. Turbinas bidirecionais foram desenvolvidas para uso em correntes de marés, que fluem em dois sentidos.

19.15 A energia da biomassa

Os combustíveis fósseis foram gerados por processos fotossintéticos. A fotossíntese é uma fonte promissora de compostos combustíveis que podem ser usados na geração de energia, como os combustíveis de transporte[4], e certamente tem a capacidade de produzir toda a matéria-prima orgânica necessária em substituição ao petróleo na indústria petroquímica atual. Ela sofre a desvantagem de ser um meio muito ineficiente de coletar energia solar (uma eficiência de captura de energia da ordem de uma fração de ponto percentual é bastante comum para a maioria das plantas). No entanto, a eficiência de conversão de energia total de diversas plantas, como a cana-de-açúcar, é de cerca de 0,6%. Além disso, algumas plantas, como a *Euphorbia lathyris* (tártago), um arbusto pequeno nativo da Califórnia, produz emulsões de hidrocarbonetos diretamente. A fruta da planta nativa das Filipinas *Pittosporum resiniferum* é queimada como fonte de iluminação devido a seu alto teor de terpenos, sobretudo o α-pireno e o mirceno. A conversão de resíduos de culturas agrícolas em energia pode ser empregada como fonte da maior parte da energia necessária na produção agrícola. De fato, até 80 anos atrás, praticamente toda a energia requerida na agricultura – feno e aveia para cavalos, alimentos cultivados em casa pelos trabalhadores e a madeira usada no aquecimento das casas – vinha de materiais vegetais produzidos na terra. (Um exercício interessante consiste em calcular o número de cavalos necessários para disponibilizar a energia utilizada no transporte na bacia de Los Angeles hoje em dia. É possível observar que um número tão grande de cavalos produziria esterco o bastante para cobrir a área da bacia com esterco a uma altura de diversos pés ao dia.)

A produção mundial anual de biomassa é estimada em 146 bilhões de toneladas métricas, a maior parte oriunda do crescimento descontrolado da massa vegetal. Muitas culturas agrícolas geram perto de 2 toneladas métricas de biomassa seca por acre ao ano, e algumas algas e gramíneas conseguem produzir muito mais. O poder calorífico dessa biomassa é de 5.000 a 8.000 Btu libra^{-1}, cerca de metade do poder calorífico do carvão normal. Contudo, a biomassa praticamente não contém cinzas ou enxofre, problemas típicos do carvão. Outra vantagem da biomassa em termos de sustentabilidade é que todo o carbono presente nela é obtido a partir do dióxido de enxofre na atmosfera. Assim, a combustão da biomassa não adiciona quantidades líquidas de dióxido de carbono à atmosfera. Na verdade, o uso da biomassa na produção de metano, um gás com alto teor de hidrogênio, ou de hidrogênio elementar ao lado do sequestro do dióxido de carbono gerado como subproduto resultariam em uma redução líquida nos teores do gás estufa na atmosfera.

Como sempre foi ao longo da história, a biomassa continua sendo uma fonte importante de fluido de aquecimento. Em algumas partes do mundo ela é o fluido mais usado para o cozimento de alimentos. A busca de madeira para ser usada como combustível é há tempos um importante fator por trás da derrubada de florestas. Cerca de 15% da demanda energética da Finlândia é atendida pela madeira e seus produtos (como o licor negro gerado na produção de papel e polpa), quase um terço dos quais tem origem na madeira sólida. Apesar do charme inerente ao fogo em uma lareira e do odor por vezes agradável da queima da madeira, a poluição do ar gerada por fogões e fornos a lenha representa um problema importante em algumas áreas. Hoje, a madeira fornece perto de 8% da energia consumida no mundo. Essa porcentagem pode aumentar com o desenvolvimento de plantações voltadas para a geração de energia, com as árvores cultivadas apenas devido a seu teor energético.

A biomassa pode ser empregada em substituição aos 100 milhões de toneladas métricas de petróleo e gás natural consumidos a cada ano na fabricação de compostos químicos primários no mundo. Entre as fontes de biomassa aplicáveis na produção de compostos químicos estão as culturas de grãos e açúcar (para a produção de etanol), sementes oleaginosas, resíduos animais, esterco e esgoto (estes dois últimos na produção de metanol). A principal fonte em potencial de compostos químicos é a lignocelulose que compõe a maior parte do material vegetal (ver a seguir).

19.15.1 O etanol combustível

Uma das principais alternativas para a conversão de energia bioquímica gerada pela fotossíntese em formas de energia adequadas para motores a combustão interna está na produção de etanol, C_2H_6O, pela fermentação de açúcares da biomassa. Com o projeto apropriado, esse tipo de motor queima etanol combustível puro ou uma mistura de 85% de etanol e 15% de gasolina chamada E85. Com frequência, o etanol é misturado à gasolina em proporções próximas a 10% para formar o *gasohol*, um combustível que pode ser utilizado nos motores a combustão interna atuais com pouca ou nenhuma regulagem.

O gasohol aumenta a taxa de octanagem e reduz as emissões de monóxido de carbono. Como recurso, por sua origem fotossintética, o álcool é considerado renovável, não um combustível fóssil finito. É mais frequentemente produzido pela via bioquímica, na fermentação de carboidratos. O Brasil, que produz enormes quantidades de açúcar fermentável da cana-de-açúcar, é líder na produção de etanol combustível, com cerca de 16 bilhões de litros produzidos em 2006. No país, todos os combustíveis automotivos contêm ao menos 24% de etanol e parte do combustível consumido no país é etanol puro. Uma fração expressiva da gasolina consumida nos Estados Unidos é suplementada com etanol.

Embora a maior parte do etanol produzido para ser usado como combustível seja oriundo de grãos ou de açúcar, existem preocupações legítimas de que, considerando a energia empregada em sua produção a partir de grãos, não ocorra qualquer ganho energético líquido. Uma fonte de etanol muito mais abundante e potencialmente mais barata é a biomassa subproduto da produção agrícola, como a palha do trigo ou do arroz, ou mesmo a planta do milho. No passado, a palha de arroz da produção comercial do grão nos Estados Unidos era apenas queimada para poupar despesas com sua reintrodução no solo. A palha não pode ser fermentada pela via direta, mas pode ser quebrada em hexose e pentose, açúcares fermentáveis. Essa operação sempre foi conduzida com tratamento ácido, que é caro, apesar de existirem tecnologias de reciclagem da substância. Hoje há um consenso de que a produção de etanol a partir dos subprodutos da biomassa vegetal exigirá a hidrólise enzimática com o uso da enzima celulase, a fim de produzir os açúcares necessários. A empresa canadense Iogen Corporation desenvolveu um método de obtenção de açúcares fermentáveis a partir da palha do trigo e de outros materiais vegetais, e hoje trabalha na concepção de uma versão mais eficiente em relação a custos comerciais.

19.15.2 O combustível biodiesel

O *combustível biodiesel* é uma fonte crescente de hidrocarbonetos combustíveis líquidos renováveis. Diferentemente do etanol, que precisa ser transportado em um caminhão resistente à corrosão ou em um trem, o biodiesel é transportado com facilidade em oleodutos existentes. Rudolf Diesel desenvolveu o motor em Augsburgo, na Alemanha, em 1893. Ele apresentou sua invenção na Feira Mundial de Paris de 1900, recebendo por ela o Grand Prix (primeiro prêmio). É interessante observar que o combustível utilizado nesta e em outras apresentações do motor a diesel era o óleo de amendoim, e os óleos vegetais foram a principal fonte de combustível dos motores a diesel nos primeiros 20 anos de seu uso.

Os óleos vegetais foram substituídos pelos hidrocarbonetos à base de petróleo. Mais recentemente, os combustíveis a diesel derivados dos ácidos graxos nos óleos são sintetizados a partir de óleos vegetais. Os óleos vegetais da soja e de outras fontes biológicas são empregados na fabricação de biodiesel, conforme discutido a seguir.

Os óleos vegetais são ésteres de ácidos graxos e glicerol, um álcool com três carbonos na cadeia e três grupos –OH. Para produzir o biodiesel, os ésteres de glicerol são hidrolisados com uma base (NaOH) na presença de álcool metílico (HOCH$_3$) e os ácidos graxos são convertidos em seus respectivos ésteres metílicos, as moléculas que compõem o biodiesel:

$$\text{Triglicerídio} + 3\,\text{HOCH}_3 \xrightarrow{\text{NaOH}} \text{Glicerol (ou glicerina)} + 3\,\text{H}_3\text{CO-CO-R} + \text{H}_2\text{O} \quad (19.9)$$

(Ésteres metílicos de ácidos graxos no biodiesel)

Nessa reação, R representa um hidrocarboneto de cadeia longa em determinado número de ácidos graxos, como o ácido esteárico, linoleico, oleico, láurico e beênico. Por exemplo, no ácido esteárico, R é uma cadeia linear com 17 átomos de carbono, $C_{17}H_{35}$.

Os principais óleos utilizados na produção do biodiesel são o óleo de colza, girassol, soja, dendê, coco e jatrofa. A colza, há tempos cultivada como ração animal, é a principal fonte de óleo para o biodiesel e é amplamente produzida na Europa, ao passo que o óleo de soja predomina nos Estados Unidos. Ambos os óleos têm a vantagem de propiciar uma ração animal rica em proteínas após a extração do óleo dos grãos.

O óleo de dendê e, em menor grau, o de coco (dos coqueiros) e de jatrofa (da espécie *Jatropha curcas*, utilizada como sebe) são atraentes porque as espécies geradoras são perenes e vingam bem nos trópicos. (No final de 2008, a companhia aérea Air New Zealand pôs em voo um Boeing 747 com uma de suas turbinas abastecida com uma mistura composta por 50% de combustível derivado de jatrofa e 50% gasolina aérea comum; a aeronave tinha outras três turbinas, no caso de falha na experiência.) Em 2009, a explosão no cultivo de palmeiras na Malásia e na Indonésia resultou em altos níveis de desmatamento de florestas tropicais.

Uma possibilidade interessante relativa à produção de biodiesel envolve as algas que apresentam um teor de óleo acima de 50%. Essas algas proliferam intensamente em lagos suplementados com efluentes ricos em nutrientes de estações de tratamento de água. As algas produtoras de óleo também são cultivadas em atmosfera rica em dióxido de carbono disponibilizado pelos gases das chaminés de usinas de energia. A proliferação de algas em águas residuárias tratadas em uma atmosfera rica em dióxido de carbono fornecido pelos gases das chaminés de usinas de energia permite a remoção dos nutrientes nessas águas, reduzindo a eutrofização em águas receptoras, além de eliminar o dióxido de carbono dessas emissões.

A potencial produtividade das algas para a produção de combustível da biomassa é espetacular. Ao passo que o óleo de soja ou de dendê via de regra produzem, respectivamente, 200 e 2.500 L acre^{-1} anuais de biodiesel, as algas têm a capacidade de gerar até 40.000 L acre ano^{-1} do combustível. Além disso, com uma oferta adequada de água, as algas podem ser cultivadas em terras desérticas inadequadas para culturas que utilizam solo normal. Foi desenvolvido um sistema experimental de cultivo de algas em água que circula em tubos transparentes. Algumas algas sobrevivem em água salgada, podendo ter como origem o oceano ou águas subterrâneas salobras.

19.15.3 O potencial não aproveitado dos combustíveis à base de lignocelulose

Nem o etanol da fermentação de grãos ou de açúcar, nem os óleos vegetais usados na produção de biodiesel são os melhores candidatos como combustíveis à base de biomateriais, pois utilizam frações relativamente pequenas das plantas e que são também as partes mais valiosas na produção de alimentos, ração animal e matérias-primas. Uma fonte muito mais abundante de combustíveis encontra-se nas partes das plantas que contêm a *lignocelulose*, um material composto de moléculas poliméricas grandes e que tem fórmula empírica aproximada CH_2O, formador dos membros estruturais das plantas como a madeira de árvores, caules, palhas, sabugos de milho e folhas. Os três principais componentes da lignocelulose e suas fórmulas empíricas aproximadas são o amido/celulose $[C_6(H_2O)_5)]_n$, hemicelulose $[C_5(H_2O)_4)]_n$ e lignina $[C_{10}(H_{12}O)_3)]_n$.

Grandes quantidades de biomassa formada pelos subprodutos de culturas agrícolas são produzidas a cada ano. Com base em uma hipótese conservadora de que a quantidade desse material disponível nos Estados Unidos seja igual à produção de milho em grão do país, perto de 230 milhões de toneladas desse tipo de biomassa estariam disponíveis para serem usadas como combustível a cada ano. Porém, acredita-se que os números reais sejam muito maiores.

A quantidade de biomassa que poderia ser gerada a partir de árvores cultivadas especialmente com essa finalidade é muito alta, estimada em 2.240 milhões de toneladas ao ano apenas nos Estados Unidos. Uma das maiores vantagens desse tipo de biomassa é que ela se origina de plantas perenes passíveis de serem cultivadas em terras erodíveis, a maior parte das quais foram destinadas à produção agrícola por conta de programas governamentais. Uma das plantas notáveis em termos de produção de biomassa é o álamo híbrido, do gênero *Populus*, que inclui o choupo do Canadá e o álamo tremedor. Essas árvores têm a capacidade de crescer mais de 2 metros ao ano e conseguem vingar outra vez a partir do toco restante do corte, pois retêm seus sistemas radiculares que também impedem a erosão do solo.

Entre as gramíneas utilizadas com frequência na produção de biomassa está a espécie *Panicum virgatum*. Nativa da América do Norte, a espécie é resistente a doenças e pragas, requerendo pouco fertilizante, e tolera estiagens e inundações muito bem. Variedades da espécie cultivadas em terras altas crescem até 2 metros de altura a cada estação de crescimento, em solos bem drenados. As variedades de terras baixas atingem a altura de 4 metros e crescem melhor em solos pesados com esse tipo de relevo. Variedades melhoradas da espécie foram desenvolvidas para alimentação animal e geram perto de 8 toneladas/acre de biomassa ao ano. Os rendimentos médios da biomassa gerada por florestas são de apenas metade desse valor.

Outra gramínea de alto rendimento nativa de áreas pantanosas, como os Everglades da Flórida, é o capim-navalha (*Cladium jamaicense*), batizado em alusão às estruturas semelhantes a serras em suas folhas. Adapta-se bem ao cultivo em terras úmidas, onde outras culturas não se desenvolvem, e tem a vantagem de fornecer uma boa cobertura vegetal para a vida selvagem.

Há muitos caminhos pelos quais a biomassa e os biorresíduos (como esgoto e resíduos animais) podem ser convertidos em energia e matérias-primas, entre os quais:

- A queima direta para produzir calor e gerar vapor para a geração de eletricidade
- A fermentação para a produção de etanol (do açúcar) ou de metano
- A pirólise para gerar combustíveis gasosos (sobretudo o metano), líquidos (hidrocarbonetos e espécies de oxigênio) e carbono sólido
- A gaseificação termoquímica para gerar CO, H_2, CH_4, subprodutos líquidos e carbono sólido
- A síntese de Fischer-Tropsch de hidrocarbonetos de CO e H_2 derivados da biomassa
- A hidrogenação de líquidos oxigenados da biomassa para a produção de hidrocarbonetos
- A esterificação de óleos para a produção de ésteres metílicos de biodiesel

A preparação sustentável de biocombustíveis a partir da biomassa torna desejável que nutrientes como o fósforo e o potássio sejam recuperados da biomassa durante o processo.

A biomassa pode ser utilizada diretamente como combustível com um poder calorífico em base seca equivalente à metade do poder calorífico do carvão. Ela tem teores muito baixos de enxofre e cinzas, cujos componentes minerais não contêm elementos tóxicos como o arsênico, presente em alguns carvões. A maneira mais direta de utilizar a biomassa como combustível é a queima direta para a produção de calor. A biomassa pode ser convertida em outros combustíveis de alto valor, como os hidrocarbonetos, por gaseificação. Uma das abordagens para a gaseificação da biomassa começa com a queima de parte dela (representada pela fórmula $\{CH_2O\}$)

com oxigênio molecular puro como oxidante (para evitar a diluição do gás produzido com o N_2 do ar),

$$\{CH_2O\} + O_2 \rightarrow CO_2 + H_2O + calor \qquad (19.10)$$

que gera o calor requerido para o restante do processo de gaseificação. Em condições de deficiência de oxigênio durante a gaseificação, parte da biomassa sofre oxidação parcial a monóxido de carbono combustível, CO:

$$\{CH_2O\} + \tfrac{1}{2} O_2 \rightarrow CO + H_2O + calor \qquad (19.11)$$

Parte da biomassa é pirolisada pelo calor gerado pela Reação 19.10.

$$\{CH_2O\} + calor \rightarrow C + H_2O \qquad (19.12)$$

que gera carbono aquecido e subprodutos gasosos e líquidos combustíveis. O carbono aquecido reage com o vapor,

$$C + H_2O + calor \rightarrow CO + H_2 \qquad (19.13)$$

gerando um *gás de síntese* composto por uma mistura de CO e H_2. A biomassa também pode reagir durante o processo de aquecimento,

$$\{CH_2O\} + calor \rightarrow CO + H_2 \qquad (19.14)$$

gerando gás de síntese. O monóxido de carbono nesse gás de síntese pode ser submetido à reação inversa água-gás,

$$CO + H_2O \rightarrow CO_2 + H_2 \qquad (19.15)$$

que gera H_2 elementar como único produto gasoso. O CO_2 gerado nas Reações 19.10 e 19.15 pode ser separado e sequestrado por bombeamento em formações petrolíferas subterrâneas, por exemplo, na recuperação do óleo, evitando a liberação desse gás estufa na atmosfera.

Além de ser usado como produto final da gaseificação da biomassa diretamente, como combustível para turbinas a gás e outras máquinas térmicas ou para gerar eletricidade em células de combustíveis, o hidrogênio elementar pode ser empregado na síntese da amônia, NH_3, um importante composto químico e fertilizante. Uma mistura de CO e H_2 é reagida sobre um catalisador em uma reação de metanização

$$CO + 3H_2 \rightarrow CH_4 + H_2O \qquad (19.16)$$

para a produção de metano que, se gerado por esse método, é chamado *gás natural sintético* (GNS). Com proporções diferentes dos reagentes hidrogênio e CO e um catalisador diferente, uma mistura de CO e H_2 pode reagir de acordo com a reação de Fischer-Tropsch e gerar uma variedade de hidrocarbonetos, por exemplo, gasolina, combustível de aviação e óleo diesel, como mostra a reação a seguir para a síntese do octano, um dos hidrocarbonetos presentes na gasolina:

$$8CO + 17H_2 \rightarrow C_8H_{18} + 8H_2O \qquad (19.17)$$

Uma reação semelhante também serve para produzir etanol e metanol, CH_3OH, usados como combustível e aditivo da gasolina e na produção de H_2 para células de combustíveis em automóveis.

Uma alternativa interessante para aumentar a quantidade de hidrocarbonetos combustíveis obtida da biomassa consiste em usar H_2 e O_2 produzidos por eletrólise da água com a eletricidade gerada pela energia eólica,

$$2H_2O + \text{energia elétrica} \rightarrow 2H_2(g) + O_2(g) \qquad (19.18)$$

para reagir com a biomassa para a gaseificação. O oxigênio elementar puro pode ser usado para produzir energia da biomassa, como mostra a Reação 19.10, sem diluir o produto gasoso com o nitrogênio elementar N_2, como seria o caso com o oxidante do ar, e permitindo o sequestro do CO_2 produzido. O hidrogênio elementar gerado pela eletrólise da água pode ser reagido diretamente com a biomassa. Em uma situação ideal, a hidrogenação direta da biomassa produziria predominantemente hidrocarbonetos como o metano gerado pela reação:

$$\{CH_2O\} + 2H_2 \rightarrow CH_4 + H_2O \qquad (19.19)$$

Com frequência, a hidrogenação produz uma mistura de diversos líquidos, a maioria contendo oxigênio em compostos como éteres, alcoóis e cetonas. Para uso geral, esses compostos precisam ser tratados com hidrogênio para a remoção de oxigênio, mantendo-se os hidrocarbonetos líquidos. Esse processo é um meio de utilizar a energia gerada originalmente pelo vento na obtenção de combustível hidrocarboneto de alto poder energético, que pode ser usado no transporte e em outras finalidades.

19.15.4 O biogás

Uma fonte significativa de metano de combustão limpa é a fermentação bacteriana anaeróbia (sem oxigênio) de diversos tipos de biomassa. Se representarmos a biomassa como $\{CH_2O\}$, a reação bioquímica é a seguinte:

$$2\{CH_2O\} \rightarrow CH_4 + CO_2 \qquad (19.20)$$

Essa reação é usada há tempos nos digestores anaeróbios em estações de tratamento de esgoto para reduzir a quantidade de matéria orgânica degradável em excesso no lodo. Quando operada de modo adequado, uma estação de tratamento desse tipo produz metano o bastante para atender a suas necessidades energéticas. A criação de rebanhos em larga escala utiliza digestores para gerar metano do esterco e de outros resíduos biológicos associados às operações de alimentação. O metano gerado por fermentação anaeróbia também pode ser obtido com a colocação de tubulações enterradas em montes de lixo urbano, que coletam o gás.

Um exemplo impressionante de sustentabilidade energética "popular" é o amplo uso de geradores de biogás nas regiões rurais da China, cronicamente afetadas pela escassez de combustível. Os chineses construíram milhões de digestores localizados um pouco abaixo da superfície da terra. Neles, todos os tipos de biomassa, inclusive resíduos animais, excremento humano e resíduos de culturas agrícolas, são degradados na ausência de ar, produzindo gás metano combustível. Os digestores normalmente estão localizados próximo a residências e a fontes de resíduos como banheiros e chiqueiros. Cobertas por uma fina camada de solo, essas instalações aproveitam o aquecimento proporcionado pela luz do Sol para acelerar a fermentação. Além de produzir combustível, a fermentação anaeróbia diminui o descarte de resíduos e os problemas causados à saúde por meio da destruição de patógenos nos resíduos, o que muitas vezes ocorre a temperaturas elevadas. Outra vantagem é que o valor fertilizante dos resíduos é conservado, o que permite que eles sejam espalhados pelo solo para fertilizar culturas sem grandes preocupações com a disseminação de patógenos. Os teores de fósforo e nitrogênio nos resíduos dos digestores são muito maiores que na biomassa tratada por compostagem na presença de ar ambiente.

O biogás gerado nessas instalações chinesas é usado sobretudo em cozinhas e lamparinas. Nos digestores maiores, motores a combustão interna foram acoplados para utilizar o gás que produzem. No caso de motores a gasolina, o biogás alimenta os carburadores por meio de uma válvula de alimentação ajustável; nos motores a diesel, ele é injetado no principal da entrada de ar/combustível como complemento ao diesel, usado em quantidades mínimas, na câmara de combustão para dar a partida no motor.

Um dos sistemas de geração de metano mais importantes nos Estados Unidos é supervisionado pela concessionária de energia Central Vermont Public Service, no Estado de Vermont. O sistema utiliza esterco de diversas fazendas de leite da região. A maior fazenda da região é a Pleasant Valley Farm, onde 1.500 vacas leiteiras produzem mais de 20 milhões de litros de leite ao ano. A fermentação anaeróbia do esterco dessas vacas por três semanas gera o metano, um valioso subproduto do manejo desses animais, utilizado para gerar 3,5 milhões de kWh de eletricidade ao ano, o bastante para abastecer 500 residências. A fazenda deixou de gastar perto de $200 ao dia em eletricidade para agora faturar $1.200 ao dia com a venda de energia renovável (dados de 2008). O sistema custou aproximadamente $2 milhões. No final de 2008, a concessionária Central Vermont Public Service contava com cinco fazendas e um total de quase 5 mil vacas em seu programa de energia renovável "Cow Power".

19.16 O hidrogênio como meio de armazenar e utilizar energia

O hidrogênio, H_2, é um combustível químico ideal em alguns aspectos e pode atuar como meio de armazenagem de energia solar. Existem muitas maneiras de gerar hidrogênio elementar.[5] Conforme observado na seção anterior a eletricidade gerada pela energia solar é possível empregar para eletrolisar a água:

$$2H_2O + \text{energia elétrica} \rightarrow 2H_2(g) + O_2(g) \quad (19.21)$$

O hidrogênio combustível produzido, e mesmo o oxigênio elementar gerado como subproduto da eletrólise, podem ser bombeados a alguma distância. O hidrogênio pode ser queimado sem gerar poluição, ou usado em uma célula de combustível (Figura 19.7). Na verdade, esse procedimento possibilita uma "economia do hidrogênio". As desvantagens de utilizar o hidrogênio como combustível incluem o baixo poder calorífico por unidade de volume e a ampla gama de misturas explosivas formadas com o ar. Embora ainda não sejam interessantes do ponto de vista econômico, os processos fotoquímicos são úteis para romper a molécula da água em H_2 e O_2, que podem ser usados como combustível para células de combustível.

Os veículos movidos a células de combustível atualmente são práticos em algumas aplicações. A Honda iniciou a produção do primeiro automóvel comercial movido a célula de combustível em 2008. Uma das maiores barreiras para a adoção ampla desses modelos é a incapacidade de transportar hidrogênio suficiente para cobrir uma distância razoável. Muitas soluções para esse problema estão em fase de desenvolvimento, entre elas o uso potencialmente problemático de hidrogênio líquido muito frio como fonte de combustível. Outra consiste em usar contêineres de altíssima pressão formados por cilindros multicamada envoltos em um composto de carbono e cheios de hidrogênio a pressões de até 10.000 psi (cerca de 670 atm!), que, acredita-se, contenham hidrogênio o bastante para propelir um carro por cerca de 48 km. Outros sistemas preveem o uso de catalisadores para quebrar a molécula de combustíveis líquidos, como o metanol ou a gasolina, gerando com isso o hidrogênio para as células.

Apesar do entusiasmo visto em algumas partes do mundo acerca do combustível hidrogênio e das previsões sobre uma nova economia do hidrogênio, alguns dos argumentos a favor do uso do elemento como combustível são excessivamente otimistas. O ponto mais importante é que, diferentemente dos combustíveis fósseis, o hidrogênio não é uma fonte primária de energia e precisa ser produzido por processos como a eletrólise da água (Reação 19.18), que utilizam outras fontes de energia. A maior parte das 6 milhões de toneladas de hidrogênio elementar usadas nos Estados Unidos a cada ano é produzida a partir do tratamento do metano com vapor da água.

$$CH_4 + H_2O \rightarrow 3H_2 + CO \tag{19.22}$$

O monóxido de carbono produzido pode ser reagido com vapor, conforme discutido na seção anterior,

$$CO + H_2O \rightarrow CO_2 + H_2 \tag{19.23}$$

gerando H_2 adicional. O CO_2 produzido por essa reação pode ser sequestrado da forma discutida na Seção 19.9.

Em princípio, o processo descrito anteriormente e a utilização de hidrogênio elementar em células de combustível geram um combustível útil em aplicações de transporte e que não é poluente. No entanto, o gás metano é mais fácil de armazenar que o hidrogênio elementar, e o motor a combustão atual com equipamento de controle de emissões quase não polui. Por essa razão, a produção intermediária de hidrogênio elementar não se apresenta como uma abordagem muito verde. A produção de hidrogênio elementar por eletrólise da água usando a eletricidade de fontes renováveis, como células fotovoltaicas e energia eólica, praticamente não polui, embora requeira uma comparação entre a eletrólise, um processo um tanto ineficiente, e o valor da energia elétrica que consome.

19.17 Os ciclos combinados de energia*

Os *ciclos combinados de energia* permitem a utilização muito mais eficiente de combustíveis, iniciando com o uso do calor da combustão em uma turbina acoplada a um gerador elétrico, formando vapor em uma caldeira com o gás de escape quente da tur-

---

* N. de T.: O termo *cogeração* também pode ser utilizado para descrever esse sistema, embora pareça ser preferido nos casos em que combustíveis de diferentes fontes são empregados na turbina a combustão.

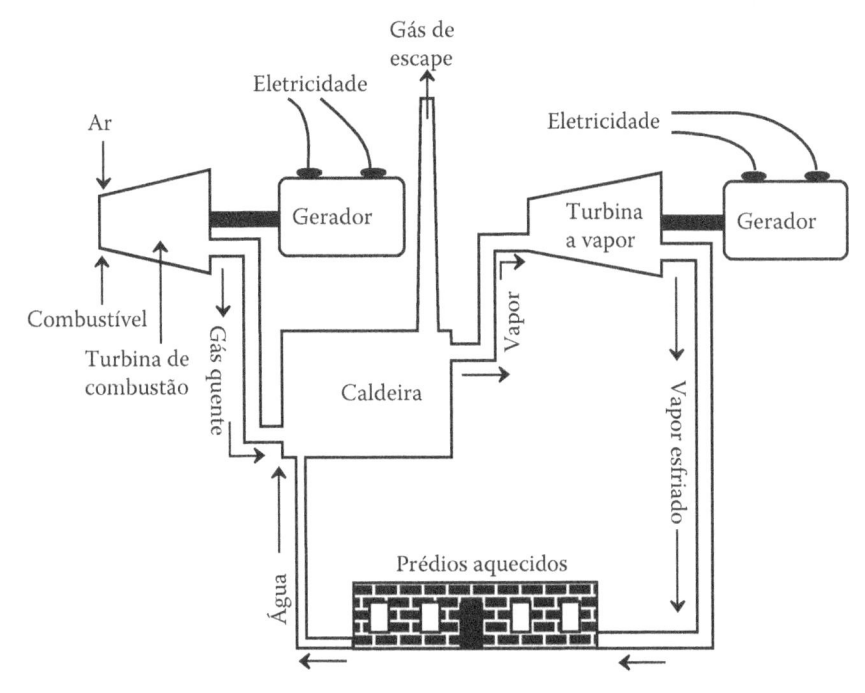

FIGURA 19.19 Um ciclo combinado de energia em que gás ou óleo combustível são queimados em uma turbina a gás conectada a um gerador elétrico. Os gases quentes dessa turbina são injetados em uma caldeira para formar vapor. Este faz girar uma turbina a vapor, também conectada a um gerador. O vapor de escape ainda quente da turbina a vapor é usado como calor de processo ou canalizado a um sistema de aquecimento comercial ou residencial. A água condensada do vapor nesta aplicação final é retornada à usina de energia para gerar mais vapor, poupando água e evitando a necessidade de tratar mais água até os padrões elevados de pureza requeridos por uma caldeira.

bina, usando o vapor para girar uma segunda turbina acoplada a um gerador e por fim usando o vapor e a água quente da turbina a vapor em processos da indústria química ou no aquecimento de prédios comerciais e residências. Um diagrama esquemático desse sistema de ciclo combinado de energia é mostrado na Figura 19.19. A água condensada do vapor usado no aquecimento é pura, sendo reciclada na caldeira e assim minimizando a compensação de água de alimentação nesse equipamento que requer tratamento caro para se tornar apropriada a caldeiras. O uso do vapor de saída de uma turbina para aquecimento, um conceito chamado de *aquecimento distrital*, é praticado com frequência na Europa (e em muitos *campi* universitários nos Estados Unidos). A estratégia economiza grandes quantidades de combustível necessário para essa finalidade. Esse tipo de sistema, conforme descrito anteriormente, está de acordo com as boas práticas da ecologia industrial e deveria ser utilizado sempre que for uma alternativa viável.

19.18 Um sistema de ecologia industrial para a produção de metano

A Figura 19.20 ilustra um ecossistema industrial baseado na produção de metano combustível a partir de biomassa e energia eólica. O metano é o combustível de quei-

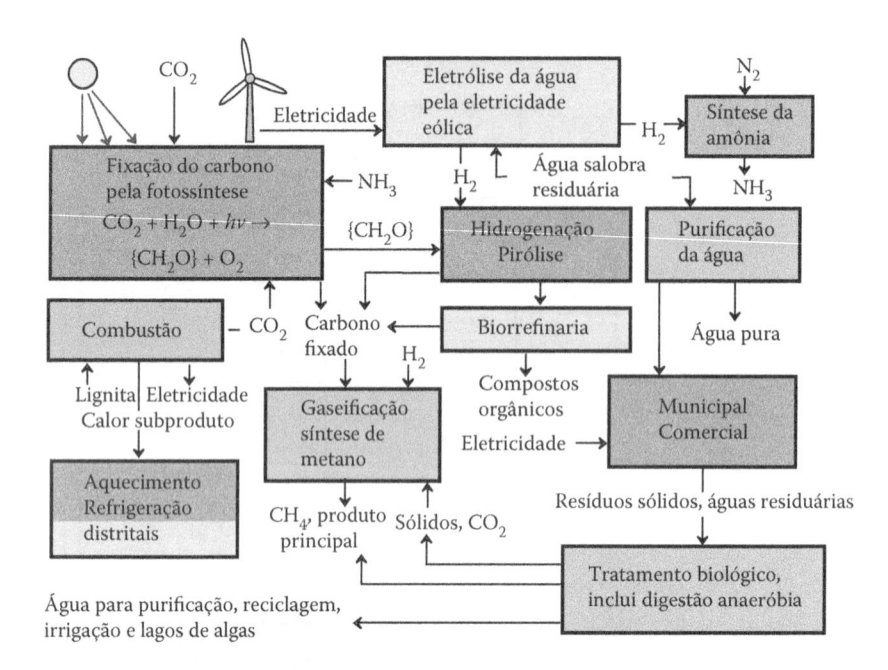

FIGURA 19.20 Um ecossistema industrial baseado na síntese de metano e outros combustíveis a partir da biomassa usando energia elétrica eólica como principal fonte de energia para operar o sistema.

ma limpa ideal em substituição aos combustíveis fósseis usados em quase todas as aplicações, exceção feita à aviação. Com o surgimento da tecnologia dos automóveis híbridos, o metano pode ser usado como combustível para motores, permitindo cobrir grandes distâncias antes de o motor precisar ser reabastecido. Com o aproveitamento de fontes de metano nunca antes exploradas nos Estados Unidos ou no mundo, o gás é relativamente barato e tem boa oferta. Gasodutos são usados para distribuir o combustível. Nos casos em que uma fonte de metano é exaurida, ele pode ser sintetizado a partir da biomassa e do hidrogênio elementar produzido pela eletrólise da água.

Um sistema para a produção renovável de metano é mostrado na Figura 19.20. A biomassa é usada como fonte de carbono fixado que é reagido com hidrogênio elementar formado pela hidrólise da água com base em energia eólica renovável. Outra fonte de metano no sistema é a fermentação anaeróbia de resíduos, como o esgoto. Em vez de descartá-lo em aterros sanitários, o lixo urbano é inicialmente submetido à fermentação anaeróbia para gerar metano. Em seguida, esses resíduos são gaseificados pela via termoquímica para produzir matérias-primas empregadas na síntese química. Os outros aspectos do sistema ficam claros com um exame da figura.

Literatura citada

1. Leonenko, Y. and D. Keith, Reservoir engineering to accelerate the dissolution of CO_2 stored in aquifers, *Environmental Science and Technology*, **42**, 2742–2747, 2008.
2. Bachu, S. and W. D. Gunter, Acid-gas injection in the Alberta Basin, Canada: A CO_2-storage experience, *Geological Society Special Publication*, **233**, 225–234, 2004.

3. For an explanation of the planned system see: http://www.stirlingenergy.com/
4. Larson, E. D., A review of life-cycle analysis studies on liquid biofuel systems for the transport sector, *Energy for Sustainable Development*, **10**, 109–126, 2006.
5. Holladay, J. D., J. Hu, D. L. King, and Y. Wang, An overview of hydrogen production technologies, *Catalysis Today*, **139**, 244–260, 2009.

Leitura complementar

Amos, S., *Energy: A Historical Perspective and 21st Century Forecast*, The American Association of Petroleum Geologists, Tulsa, OK, 2005.

Brebbia, C. A. and V. Popov, Eds, *Energy and Sustainability*, WIT Press, Southampton, UK, 2007.

Brenes, M. D., Ed., *Biomass and Bioenergy: New Research*, Nova Science Publishers, New York, 2006.

Coley, D. A., *Energy and Climate Change: Creating a Sustainable Future*, Wiley, Hoboken, NJ, 2008.

Dickson, M. and M. Fanelli, Eds, *Geothermal Energy: Utilization and Technology*, Earthscan, Sterling, VA, 2005.

Fay, J. A. and D. S. Golomb, *Energy and the Environment*, Oxford University Press, New York, 2002.

Goetzberger, A. and V. U. Hoffmann, *Photovoltaic Solar Energy Generation*, Springer, Berlin, 2005.

Harvey, L. and D. Danny, Ed., *A Handbook on Low-Energy Buildings and District-Energy System: Fundamentals, Techniques and Examples*, Earthscan, Sterling, VA, 2006.

Hau, E., *Windturbines: Fundamentals, Technologies, Application, and Economics*, 2nd ed., Springer, Berlin, 2006.

Herbst, A. M. and G. W. Hopley, *Nuclear Energy Now: Why the Time Has Come for the World's Most Misunderstood Energy Source*, Wiley, Hoboken, NJ, 2007.

Hofman, K. A., Ed., *Energy Efficiency, Recovery and Storage*, Nova Science Publishers, New York, 2007.

Infield, D. and L. Freris, *Renewable Energy in Power Systems*, Wiley, Chichester, UK, 2008.

Jamasb, T., W. J. Nuttall, and M. G. Pollitt, Eds, *Future Electricity Technologies and Systems*, Cambridge University Press, Cambridge, UK, 2006.

Kanninen, B., Ed., *Atomic Energy*, Green Haven Press, San Diego, 2006.

Krauter, S. C. W., *Solar Electric Power Generation—Photovoltaic Energy Systems*, Springer, New York, 2006.

Kruger, P., *Alternative Energy Resources: The Quest for Sustainable Energy*, Wiley, Hoboken, NJ, 2006.

Larminie, J. and A. Dicks, *Fuel Cell Systems Explained*, 2nd ed., Wiley, New York, 2003.

Manwell, J. F., J. G. McGowan, and A. L. Rogers, *Wind Energy Explained: Theory, Design and Application*, Wiley, New York, 2002.

McGowan, T., *Biomass and Alternate Fuel Systems: An Engineering and Economic Guide*, Hoboken, NJ, 2009.

Nag, A., Ed., *Biofuels Refining and Performance*, McGraw-Hill, New York, 2008.

Nakaya, A., *Energy Alternatives*, ReferencePoint Press, San Diego, CA, 2008.

Nutall, W. J., *Nuclear Renaissance: Technologies and Policies for the Future of Nuclear Power*, Bristol, Philadelphia, 2005.

O'Hayre, R., *Fuel Cell Fundamentals*, Wiley, Hoboken, NJ, 2006.

Patel, M. R., *Wind and Solar Power Systems: Design, Analysis, and Operation*, 2nd ed., Taylor & Francis, London, 2006.

Peinke, J., *Wind Energy*, Springer, New York, 2006.

Romm, J. J., *The Hype about Hydrogen: Fact and Fiction in the Race to Save the Climate*, Island Press, Washington, 2004.
Savage, L., Ed., *Geothermal Power*, Greenhaven Press, Detroit, 2007.
Silveira, S., Ed., *Bioenergy, Realizing the Potential*, Elsevier, Amsterdam, 2005.
Soetaert, W. and E. Vandamme, *Biofuels*, Wiley, Hoboken, NJ, 2008.
Srensen, B., *Renewable Energy Conversion, Transmission, and Storage*, Elsevier/Academic Press, Amsterdam, 2007.
Suppes, G. J. and T. S. Storvick, *Sustainable Nuclear Power*, Elsevier/Academic Press, Amsterdam, 2007.
Tabak, J., *Solar and Geothermal Energy*, Facts On File, New York, 2009.
Weiss, C. and W. B. Bonvillian, *Structuring an Energy Technology Revolution*, MIT Press, Cambridge, MA, 2009.
Worldwatch Institute, *Biofuels for Transport: Global Potential and Implications for Energy and Agriculture*, Earthscan, Sterling, VA, 2007.

Perguntas e problemas

1. A cauda de um vagalume brilha, embora não seja quente. Explique o provável tipo de conversão de energia envolvido nesse processo específico de produção de luz.
2. Qual é a unidade padrão de energia? Que unidade ela substitui? Qual é a relação entre essas duas unidades?
3. Que lei afirma que a energia não é gerada nem destruída?
4. Qual é o significado especial da grandeza 1.340 W?
5. Que reação ocorrida na natureza converte energia solar em energia química?
6. Em que aspectos o vento é a forma mais antiga e, ao mesmo tempo, mais nova de energia?
7. Quais são os dois principais problemas relativos à dependência do carvão e do petróleo como fontes de energia?
8. Por que o gás natural contribui menos para o aquecimento global que o petróleo, e muito menos que o carvão?
9. De que maneira o carvão pode ser utilizado como fonte de energia sem produzir o gás estufa dióxido de carbono?
10. Qual é o grande fator limitante na produção de biomassa como fonte de combustível? Em que aspectos esse limite traz esperança em relação ao uso da biomassa com essa finalidade?
11. Que relação descreve o limite em que a energia térmica pode ser convertida em energia mecânica?
12. Por que um veículo equipado com um motor a diesel apresenta uma economia de combustível muito melhor que um veículo de mesmo tamanho equipado com um motor a gasolina?
13. Por que uma usina nuclear é menos eficiente na conversão de energia em eletricidade que uma usina termelétrica?
14. Em vez de uma vela de ignição para o combustível, um motor a diesel tem uma vela específica para esse combustível que funciona apenas durante a partida do motor. Explique o funcionamento dessa vela do motor a diesel.
15. Cite dois exemplos de aumento na eficiência energética observados no século XX.
16. Descreva um ciclo combinado de energia. Como ele pode ser associado ao aquecimento distrital?
17. Quais são as três reações utilizadas na gaseificação da biomassa?
18. Qual é o principal uso proposto para o metanol líquido como combustível no futuro?
19. Descreva uma via direta e uma via indireta pelas quais é possível produzir energia elétrica a partir da energia solar.
20. Qual é a diferença entre as camadas doadora e receptora em uma célula fotovoltaica?

21. Utilizando a Internet como recurso de pesquisa, liste alguns dos meios possíveis para armazenar energia gerada pela radiação solar.
22. Quais são as vantagens das espécies *Pittsosporum reiniferum* e *Euphorbia lathyrus* para a produção de energia da biomassa?
23. O milho produz grandes quantidades de biomassa durante a fase de crescimento. Quais são as duas fontes de biomassa dessa espécie, a que depende do grão e a que não depende dessa parte da planta?
24. O uso da biomassa para a produção de combustível contribui para as emissões do gás estufa dióxido de carbono? Explique.
25. Que processo de fermentação é usado para gerar combustível a partir de resíduos, como os resíduos animais?
26. Quais são os dois problemas em potencial relativos à poluição que acompanham o uso da energia geotérmica para gerar eletricidade?
27. Que fenômeno básico é responsável pela energia nuclear? O que mantém o processo?
28. Qual é o principal problema da energia nuclear? Por que armazenar combustível nuclear usado em um reator por anos antes de mudá-lo de lugar não é uma má ideia?
29. Qual é o significado de estabilidade passiva no projeto de um reator nuclear?
30. Em que estado de desenvolvimento se encontra a fusão termonuclear para a geração de energia?
31. Coloque os processos de conversão de energia em ordem crescente de eficiência: (a) aquecedor de água elétrico, (b) fotossíntese, (c) bateria solar, (d) gerador elétrico, (e) motor de avião a jato.
32. Considerando a equação de Carnot e os meios mais comuns de conversão de energia, qual seria o papel dos materiais aperfeiçoados (ligas metálicas e cerâmicas) no aumento das eficiências de conversão?
33. Considerando o modo como é utilizada atualmente, qual é o princípio ou a base da produção de energia a partir da fissão do urânio? Esse processo é mesmo utilizado na produção de energia? Quais são algumas de suas desvantagens? Qual é sua principal vantagem?
34. Cite duas das possíveis características muito desejáveis da energia da fusão nuclear, se ela se tornasse uma realidade de modo controlado e em grande escala.
35. Justifique a descrição do Sol como "fonte ideal de energia". Quais são as duas grandes desvantagens da energia solar?
36. Quais são algumas das principais implicações do uso da biomassa como fonte de energia? De que maneira seu uso disseminado afetaria o aquecimento global? Como ela afetaria a produção agrícola de alimentos?

20 A natureza, os recursos e a química ambiental de resíduos perigosos

20.1 Introdução

Uma *substância perigosa* é um material que representa algum perigo para os seres vivos, os materiais, as estruturas ou o ambiente devido ao risco de explosões, incêndios, corrosão, toxicidade para organismos ou quaisquer outros efeitos nocivos. Então, o que seria um resíduo perigoso? Uma definição simples de *resíduo perigoso* diz que é uma substância perigosa que tenha sido descartada, abandonada, esquecida, lançada ou designada como resíduo perigoso, ou que possa interagir com outras substâncias e se tornar perigosa. Essa definição é tratada em detalhes na Seção 20.2, mas, em outras palavras, um resíduo perigoso é um material que tenha sido deixado onde não deveria e capaz de causar danos a quem o encontre.

20.1.1 A história das substâncias perigosas

Os seres humanos sempre estiveram expostos a substâncias perigosas, desde os tempos pré-históricos, quando inalavam gases vulcânicos nocivos ou sucumbiam à inalação do monóxido de carbono gerado em fogueiras no interior de cavernas mal ventiladas pelo excesso de proteção contra o frio das glaciações. Na Grécia antiga, os escravos desenvolviam doenças pulmonares ao tecerem fibras de amianto nos tecidos, para torná-los mais resistentes à degradação. Alguns estudos arqueológicos e históricos chegaram à conclusão de que os recipientes feitos de chumbo e usados para armazenar vinho representaram uma das principais causas de intoxicação pelo metal na classe governante e rica da Roma antiga, que desenvolvia comportamentos erráticos, como a fixação em eventos esportivos espetaculares, a inépcia causadora de déficits orçamentários crônicos e inadministráveis, o hábito de especular nas compras de mercadorias superfaturadas, a prática de encontros sexuais ilícitos em ambientes oficiais e as investidas militares excessivamente ambiciosas em terras estrangeiras remotas. Os alquimistas da Idade Média com frequência sofriam de lesões e doenças debilitantes causadas pelos riscos dos compostos químicos e explosivos que manuseavam. Durante o século XVIII, os deflúvios de pilhas de rejeitos da mineração começaram a gerar problemas graves de contaminação na Europa. Com o desenvolvimento da produção de corantes e de outros compostos químicos à base de alcatrão do carvão na Alemanha no século XIX, a poluição e a intoxicação por derivados de alcatrão foi observada. Em cerca de 1900, a quantidade e a variedade de resíduos químicos produzidos a cada ano aumentavam com rapidez, gerando resíduos, como o banho de desoxidação do aço e do ferro, os resíduos de baterias de chumbo, de refinarias de petróleo, de cromo, de rádio e de flúor, estes gerados no beneficiamento do minério de alumínio. Com a chegada da Segunda Guerra Mundial, os resíduos e subprodutos perigosos da produção aumentaram de modo marcante, sobretudo aqueles gerados na produção de solventes clorados, na síntese de pesticidas e na produção de polímeros, plásticos, tintas e conservantes de madeira.

O caso do Canal Love ocorrido nas décadas de 1970 e 1980 trouxe à tona o problema dos resíduos perigosos como questão política importante nos Estados Unidos. Desde 1940, essa localidade em Niagara Falls, estado de Nova York, recebia perto de 20.000 toneladas métricas de resíduos contendo ao menos 80 compostos químicos diferentes. Em 1994, os governos estadual e federal haviam gasto mais de $100 milhões na limpeza do local e na realocação dos residentes.

Outras áreas contendo resíduos perigosos que receberam atenção incluíam uma zona industrial em Woburn, Massachusetts, que havia sido contaminada com resíduos de curtumes, fábricas de adesivos e empresas químicas desde cerca de 1850; as minas ácidas de Stringfellow, próximo à cidade californiana de Riverside; o Vale dos Tambores, no Kentucky; e a praia de Times Beach, no Missouri, uma cidade inteira abandonada devido à contaminação por TCDD (dioxina).

O problema dos resíduos perigosos é de fato uma questão de abrangência internacional. Como resultado do problema do lançamento desses tipos de resíduos praticado em países em desenvolvimento, a Convenção da Basileia sobre o Controle do Movimento entre Fronteiras de Resíduos Perigosos e seu Descarte foi sediada na cidade suíça que lhe deu o nome, em 1989, assinada por mais de 100 países. O tratado define uma longa lista A, composta por resíduos perigosos, uma lista B formada por resíduos não perigosos e uma lista C de materiais ainda não classificados. Um exemplo de material constante na lista C é o fio condutor com capa de PVC, inofensivo, mas que pode liberar dioxinas ou metais quando submetido a tratamento térmico.

As ações que se seguiram à Convenção da Basileia trataram de tipos específicos de resíduos. Um desses tipos é representado pelos poluentes orgânicos persistentes (POP), discutidos na Convenção de Estocolmo sobre o assunto, em 2001. Os POP são compostos ou misturas que incluem pesticidas, produtos industriais e subprodutos da produção que persistem no ambiente devido a sua resistência a processos físicos, químicos e biológicos. Entre os POP alvos de estratégias de eliminação durante a produção estão a aldrina, o clordano, a dieldrina, a endrina, o heptaclor, o hexaclorobenzeno (HCB), o mirex, o toxafeno e as PCB. A produção e utilização de DDT devem ser restritas. Entre os compostos escolhidos para serem minimizados e posteriormente eliminados estão os subprodutos de operações de fabricação como as PCB, as dibenzo-p-dioxinas e os dibenzofuranos.

As economias em processo de desenvolvimento rápido muitas vezes apresentam problemas com resíduos perigosos que aumentam em termos de seriedade. Esse tipo de situação ocorreu durante a década de 1990 e começo da década de 2000 nas economias em franca expansão de países muito populosos, como China e Índia. Em 2005, foi relatado que a China gerava perto de 900 milhões de toneladas métricas de resíduos industriais sólidos a cada ano, das quais 10,6 milhões de toneladas eram classificadas como resíduos perigosos.[1]

20.1.2 A legislação

Os governos de diversas nações aprovaram leis tratando de substâncias e resíduos perigosos. Nos Estados Unidos, essas leis incluem:

- A Lei de Controle de Substâncias Tóxicas (TCSA) de 1976.
- A Lei de Conservação e Recuperação de Recursos (RCRA) de 1976 (que recebeu emendas e foi reeditada na forma da Emenda à Lei de Resíduos Perigosos e Sólidos [HSWA] de 1984).
- A Lei de Resposta, Compensação e Responsabilidade Ambientais Abrangentes (CERCLA) de 1980.

A RCRA incumbiu a EPA dos Estados Unidos da proteção da saúde humana e do ambiente contra a gestão inapropriada do descarte de resíduos perigosos com a publicação e promulgação de regulações relativas ao problema. A RCRA exige que resíduos perigosos e suas características sejam listadas e controladas desde a origem até o descarte ou a destruição. As regulações relativas a empresas que geram e transportam resíduos perigosos requer que elas mantenham registros detalhados, como relatórios sobre as atividades e declarações que garantam o rastreamento adequado de resíduos perigosos nos sistemas de transporte. Contêineres e rótulos aprovados previamente precisam ser utilizados, e os resíduos podem ser entregues para tratamento, armazenagem e descarte apenas em instalações pré-aprovadas. Em 2007, foram registradas cerca de 47 milhões de toneladas de resíduos regulamentados pela RCRA oriundos de 16.349 pontos. Cerca de 3 mil instalações estão envolvidas no tratamento, na estocagem e no descarte de resíduos regulamentados por essa lei.

A legislação contida na CERCLA (Superfund) trata dos lançamentos reais ou prováveis de materiais perigosos com potencial de pôr em perigo pessoas ou o ambiente circundante em locais de descarte abandonados ou não controlados nos Estados Unidos. A lei exige que as partes responsáveis ou o governo limpe esses sítios. Entre as principais finalidades da CERCLA estão:

- A identificação de sítios
- A avaliação do perigo em sítios de descarte
- A avaliação de danos a recursos naturais
- O monitoramento do lançamento de substâncias perigosas a partir desses sítios
- A remoção ou limpeza de resíduos pelas partes responsáveis ou pelo governo

A CERCLA foi prorrogada por cinco anos pela Lei de Repromulgação e Emenda do Superfund (SARA) de 1986, uma legislação com escopo bastante ampliado e fundos adicionais. Sendo maior que a CERCLA, a SARA motiva o desenvolvimento de alternativas para o descarte que favoreçam soluções permanentes em termos de redução de volume, mobilidade e toxicidade de resíduos, com ênfase em saúde pública, pesquisa, treinamento e envolvimento do estado e do cidadão, além de contemplar o estabelecimento de um novo programa para tanques de armazenagem de petróleo subterrâneos com vazamento. Após 1986, algumas iniciativas relativas a resíduos perigosos estavam em vias de ser implementadas.

Em seus primeiros anos, o Superfund era financiado com tributos cobrados de corporações que utilizavam, descartavam ou lucravam com compostos químicos perigosos. Desde 1995, o Congresso dos Estados Unidos se recusa a renovar essas taxas e um superávit de $3,8 bilhões no fundo foi gradualmente sendo utilizado, acabando em 2003. O financiamento oriundo de receitas gerais e as multas cobradas das partes responsáveis pelo descarte inadequado de resíduos mantêm o programa de limpeza Superfund, mas a um ritmo mais lento. Um total de $1,8 bilhão foi gasto em projetos do Superfund nos Estados Unidos em 1999, mas esse número caiu para $1,3 bilhão em 2007. Desde 1980 o programa Superfund colocou cerca de 1.600 sítios de resíduos na lista de Prioridades Nacionais, que define as prioridades em termos de limpeza. Entre esses, um pouco mais de 300 foram completamente limpos e saíram da lista, mas a maior parte das operações de limpeza foi finalizada em mais de 700 dos sítios listados. O trabalho foi completado a uma velocidade de 75 sítios ao ano na década de 1990, mas hoje caiu pela metade.

20.2 A classificação de resíduos e substâncias perigosas

Muitos compostos químicos são perigosos devido a características relativas à reatividade, ao risco de incêndio e à toxicidade, entre outras propriedades. Existem muitos tipos de substâncias perigosas, muitas vezes formadas por misturas de compostos químicos específicos que incluem explosivos, líquidos inflamáveis, sólidos inflamáveis (como o magnésio metálico e o hidreto de sódio), oxidantes (como os peróxidos), materiais corrosivos (como ácidos fortes), agentes etiológicos causadores de doenças e materiais radioativos.

20.2.1 Os resíduos classificados e suas características

Nos Estados Unidos, para fins regulatórios e jurídicos, as substâncias perigosas são classificadas em termos específicos e definidas com base em suas características gerais. Sob a autoridade da RCRA, a EEPA dos Estados Unidos define substâncias perigosas em termos das seguintes características:

- *Inflamabilidade* é a característica de substâncias líquidas cujos vapores podem entrar em ignição na presença de fontes de ignição; não líquidos que podem pegar fogo com fricção ou contato com água e que queimam vigorosa ou persistentemente; gases comprimidos ignígenos; e oxidantes.
- *Corrosividade* é a característica de substâncias com extremos de acidez ou basicidade, ou uma tendência a corroer o aço.
- *Reatividade* é uma característica de substâncias com tendência de sofrer uma alteração química violenta (por exemplo, explosivos, materiais piróforos, substâncias reativas em água ou resíduos contendo cianetos ou sulfetos).
- *Toxicidade* é definida em termos de um procedimento padrão de extração acompanhado de uma análise de substâncias específicas.

Além da classificação de acordo com as características, a EPA designa mais de 450 *resíduos classificados*, substâncias ou classes de substâncias específicas sabidamente perigosas. Essas substâncias recebem um *número de resíduo perigoso* definido pela EPA, formado por uma letra e três algarismos, onde a letra indica que a substância pertence a uma das quatro classes a seguir:

- *Resíduos de origem não específica classe F*: Os lodos do tratamento de águas residuárias da têmpera em operações de tratamento térmico de metais, em que são usados cianetos (F012).

- *Resíduos de origem específica classe K*: Os resíduos pesados da destilação do cloreto de etileno na produção de dicloroetileno (K019).
- *Resíduos perigosos na exposição aguda classe P*: Resíduos fatais a seres humanos em baixas doses ou capazes de causar ou contribuir de forma significativa para uma doença grave irreversível ou reversível incapacitante. São as espécies químicas mais específicas, como o flúor (P056) ou o 3-cloropropanonitrila (P027).
- *Resíduos perigosos diversos classe U*: Predominantemente compostos específicos como o cromato de cálcio (U032) ou o anidrido ftálico (U190).

Em comparação com a RCRA, a CERCLA dá uma definição ampla de substâncias perigosas, que inclui:*

- Qualquer elemento, composto, mistura, solução ou substância cuja liberação pode pôr em perigo substancial a saúde pública, o bem-estar público ou o ambiente.
- Qualquer elemento, composto, mistura, solução ou substância em quantidades detectáveis descrita na CERCLA seção 102.
- Certas substâncias ou poluentes tóxicos listadas na Lei Federal de Controle de Poluentes Aquáticos.
- Qualquer poluente atmosférico perigoso listado na Seção 112 da Lei do Ar Limpo.
- Qualquer substância química ou mistura de perigo imediato sujeita à ação pelo governo dos Estados Unidos de acordo com a Seção 7 da TSCA.
- Com exceção dos resíduos suspensos pelo congresso norte-americano com base na Lei de Descarte de Resíduos Sólidos, qualquer outro resíduo perigoso listado ou com as características descritas no parágrafo 3.001 da RCRA.

20.2.2 Os resíduos perigosos

Três abordagens básicas para a definição de resíduos perigosos são: (1) a descrição qualitativa por origem, tipo e constituintes; (2) a classificação por características baseadas sobretudo em procedimentos de testagem; (3) as concentrações de substâncias perigosas específicas. Os resíduos são classificados de acordo com o tipo geral, como "solventes halogenados utilizados", ou com base na origem industrial, como "licor da etapa da decapagem na produção do aço".

20.2.2.1 Os resíduos perigosos e o controle da poluição do ar e da água

Apesar de paradoxais, as medidas tomadas para reduzir a poluição do ar e da água (Figura 20.1) têm uma tendência a aumentar a produção de resíduos perigosos. A maior parte dos processos de tratamento de água geram lodos ou licores concentrados que requerem a estabilização e o descarte. Os processos de lavagem do ar também geram lodos. Filtros industriais e precipitadores utilizados para controlar a poluição do ar também produzem quantidades significativas de sólidos, alguns dos quais são perigosos.

---

* N. de R. T.: No Brasil, a classificação de resíduos sólidos é norteada pela Norma Brasileira ABNT NBR 10004 (2004), bastante similar ao que foi descrito.

```
Controle da poluição do ar      Controle da poluição da água

    ┌──────────────┐              ┌──────────────┐
    │   Filtro     │─→            │ Precipitação │─→
    │  industrial  │              │    química   │
    └──────────────┘              └──────────────┘

    ┌──────────────┐              ┌──────────────┐
    │  Separadores │─→            │  Evaporação  │─→
    │  ciclônicos  │              │              │
    └──────────────┘              └──────────────┘

    ┌──────────────┐              ┌──────────────┐
    │ Precipitadores│─→           │Osmose reversa│─→
    │ eletrostáticos│              │              │
    └──────────────┘              └──────────────┘

    ┌──────────────┐              ┌──────────────┐
    │   Lavadores  │─→            │ Troca iônica │─→
    │  de líquidos │              │              │
    └──────────────┘              └──────────────┘

    ┌──────────────┐              ┌──────────────┐
    │   Lavadores  │─→            │ Eletrodiálise│─→
    │úmidos ionizantes│           │              │
    └──────────────┘              └──────────────┘
           ↓                              ↓
┌────────────────────────┐    ┌──────────────────────┐
│  Subprodutos como      │    │   Lodos e licores    │
│particulados finos e    │    │    concentrados      │
│     lodo úmido         │    │                      │
└────────────────────────┘    └──────────────────────┘

        Substâncias com resíduos potencialmente perigosos
```

FIGURA 20.1 Contribuidores em potencial para a produção de resíduos perigosos gerados com a adoção de medidas de controle da poluição do ar e da água.

20.3 As fontes de resíduos

As quantidades exatas de resíduos produzidas a cada ano não são conhecidas e dependem das definições adotadas para esses materiais. Em 1988, o número de resíduos regulamentados pela RCRA nos Estados Unidos estava em 290 milhões de toneladas. No entanto, a maior parte desse material era água, e alguns milhões eram compostos por resíduos sólidos. Alguns resíduos com alto teor de água são gerados diretamente por processos que requerem grandes quantidades de água durante seu tratamento, enquanto outros resíduos aquosos são produzidos pela mistura de resíduos perigosos a águas residuárias.

Alguns resíduos que podem exibir certo grau de risco estão de fora das regulamentações da RCRA, como:

- Cinzas volantes e lodo de lavadores produzidos na geração de energia elétrica por concessionárias
- Lodos da perfuração por petróleo e gás
- Salmoura subproduto da perfuração de petróleo
- Poeira de fornos de cimento
- Resíduos e lodos da mineração e do beneficiamento de fosfatos
- Resíduos da mineração de urânio e outros minérios
- Resíduos domésticos

20.3.1 Os tipos de resíduos perigosos

Em termos de quantidade expressa em massa, as classes F e K são as que mais contribuem para a geração de resíduos perigosos, nessa ordem. A classe F compreende os resíduos de fontes não específicas e inclui:

- F001 – solventes halogenados utilizados em operações de desengraxe (tetracloroetileno, tricloroetileno, cloreto de metileno, 1,1,1-tricloroetano, tetracloreto de carbono), fluorocarbonetos clorados e lodos da recuperação desses solventes depois de utilizados.
- F004 – solventes não halogenados utilizados (cresóis, ácido cresílico e nitro benzeno), resíduos da destilação para a recuperação desses resíduos.
- F007 – soluções de decapagem do aço usadas nas operações de eletrogalvanização.
- F010 – lodo dos banhos de têmpera a óleo das operações de tratamento térmico de metais.

Os resíduos perigosos classe K são de fontes específicas de indústrias, como a produção de pigmentos inorgânicos, compostos orgânicos, pesticidas, explosivos, ferro, aço, e metais não ferrosos, além de processos como o refino de petróleo ou a conservação da madeira. Alguns exemplos são:

- K001 – sedimentos de fundo (lodo) do tratamento de águas residuárias dos processos de conservação da madeira que usam creosoto e/ou pentacloro fenol.
- K002 – lodo de tratamento de águas residuárias da produção de amarelo de cromo e pigmentos laranja.
- K020 – resíduos pesados da destilação do cloreto de vinila na produção do monômero cloreto de vinila.
- K043 – resíduos de 2,6-diclorofenol da produção de 2,4-D.
- K047 – água rosa/vermelha das operações de produção do TNT.
- K049 – restos de sólidos das emulsões de óleo da indústria do refino de petróleo.
- K060 – lodo de cal da destilação da amônia de operações de coqueificação.
- K067 – lodos/borras anódicas da eletrólise da produção primária de zinco.

O restante dos resíduos consiste em resíduos reativos, corrosivos, tóxicos, igníferos e resíduos classe P (compostos químicos comerciais descartados, espécies fora de especificação de produção, contêineres e resíduos de vazamentos), resíduos classe U e resíduos não especificados.

20.3.2 Os geradores de resíduos perigosos

Nos Estados Unidos, milhares de empresas geram resíduos perigosos, mas para a maioria delas a quantidade produzida é muito pequena. As empresas geradoras de resíduos não obedecem a um padrão uniforme de distribuição geográfica no território continental norte-americano. Um número relativamente grande dessas empresas está localizado no alto Meio-Oeste industrializado, que inclui os estados de Illinois, Indiana, Ohio, Michigan e Wisconsin.

As indústrias geradoras de resíduos perigosos são divididas em sete categorias principais, cada uma respondendo por entre 10 e 20% dos resíduos produzidos: produção de compostos químicos e substâncias associadas, indústria do petróleo, indús-

Capítulo 20   A natureza, os recursos e a química ambiental de resíduos perigosos   675

tria metalúrgica, produtos relacionados a metais, produção de equipamentos elétricos, "todas as outras modalidades de produção", e empresas geradoras de resíduos que não pertencem ao setor de produção ou não são especificadas. Cerca de 10% dessas geradoras de resíduo produzem mais de 95% de todos os resíduos perigosos nos Estados Unidos. Enquanto, como observado anteriormente, o número de geradoras de resíduos perigosos se distribui com certa uniformidade entre os principais tipos de indústria, entre 70 e 85% das *quantidades* de resíduos perigosos são gerados pelas indústrias química e petrolífera. Do restante, cerca de três quartos vêm da indústria metalúrgica e um quarto dos outros setores produtivos.

Os resíduos domésticos perigosos são contaminantes em potencial do lixo urbano que deveriam ser objeto da coleta seletiva nas cidades. O problema com os resíduos domésticos é agravado pelas milhões de fontes individuais que o geram, além da inconsistência na dedicação dos cidadãos em coletar e separar os resíduos por tipo. Uma variedade de substâncias é observada em resíduos domésticos perigosos, como inseticidas, limpadores, óleos, pilhas e lâmpadas fluorescentes (que contêm pequenas quantidades de mercúrio). Um dos componentes mais comuns desses resíduos são os restos de tinta. Os resíduos domésticos compostos por tinta foram tema de um estudo na Dinamarca, que constatou que a maior parte deles era formada por tintas à base de água.[2] Descobriu-se que o teor de metais nos resíduos da tinta era menor que no resíduo doméstico comum, o que tornaria seguro seu descarte conjunto.

20.4   As substâncias inflamáveis e combustíveis

A maior parte dos compostos químicos capazes de entrar em combustão acidentalmente são líquidos. Eles formam *vapores*, normalmente mais densos que o ar e que, portanto, tendem a se depositar. A tendência de um líquido de entrar em ignição é medida por um teste em que ele é aquecido e periodicamente exposto a uma chama, até a mistura de seu vapor com o ar entrar em ignição na superfície líquida. A temperatura em que essa ignição ocorre, nessas condições, é chamada *ponto de fulgor*.

Com essas definições em mente, é possível dividir os materiais inflamáveis em quatro classes principais. Um *sólido inflamável* é aquele que entra em ignição com a fricção ou o calor remanescente de sua fabricação, ou que pode causar um perigo grave, se pegar fogo. Os materiais explosivos não estão incluídos nesta classificação. Um *líquido inflamável* tem um ponto de fulgor abaixo de 60,5°C (141°F). Um *líquido combustível* tem ponto de fulgor acima de 60,5°C, mas abaixo de 93,3°C (200°F). Enquanto os gases são substâncias que existem na fase gasosa a 0°C e 1 atm, um *gás comprimido inflamável* atende a critérios específicos de limite inferior de inflamabilidade (LII), faixa de inflamabilidade (ver a seguir) e projeção de chama.

O limite de inflamabilidade e a faixa de inflamabilidade são dois conceitos importantes relativos à ignição de vapores. Os valores da razão vapor/ar abaixo dos quais a ignição não ocorre devido ao teor insuficiente de combustível definem o LII. Da mesma forma, os valores da razão vapor/ar acima dos quais a ignição não ocorre por conta de não haver ar suficiente definem o *limite superior de inflamabilidade* (LSI). A diferença entre os limites superior e inferior de inflamabilidade em uma dada temperatura é a *faixa de inflamabilidade*. A Tabela 20.1 apresenta alguns

TABELA 20.1 Valores de inflamabilidade de alguns líquidos orgânicos comuns

Líquido	Ponto de fulgor (°C)[a]	Porcentagem em volume no ar	
		LII[b]	LSI[b]
Dietil éter	−43	1,9	36
Pentano	−40	1,5	7,8
Acetona	−20	2,6	13
Tolueno	4	1,27	7,1
Metanol	12	60	37
Gasolina (2,2,4-tri-metilpentano)	—	1,4	7,6
Naftaleno	157	0,9	5,9

[a] Teste de ponto de fulgor em recipiente fechado.
[b] LII, limite inferior de inflamabilidade; LSI, limite superior de inflamabilidade a 25°C.

exemplos desses valores para compostos líquidos comuns. A porcentagem de substância inflamável para a melhor combustão (mistura mais explosiva) é chamada "ótima". No caso da acetona, a mistura inflamável ótima é de 5,0% de acetona.

Um dos problemas mais desastrosos que podem acontecer com os líquidos inflamáveis é conhecido pela sigla BLEVE (Boiling Liquid Expanding Vapor Explosion), a explosão do vapor de expansão de um líquido sob pressão*. Ela é causada pelo acúmulo rápido de pressão em um vaso contendo um líquido inflamável aquecido por uma fonte externa. A explosão ocorre quando a pressão acumulada é alta o bastante para romper as paredes do vaso.

20.4.1 A combustão de partículas finamente divididas

As partículas finamente divididas de materiais combustíveis têm algumas semelhanças com os vapores quanto à inflamabilidade. Um exemplo é o hidrocarboneto líquido pulverizado ou na forma de névoa, em que o oxigênio tem a chance de se misturar com as partículas do líquido, fazendo-o entrar em ignição a uma temperatura abaixo do ponto de fulgor.

As *explosões de poeiras* podem ocorrer com uma ampla variedade de sólidos moídos finamente. Muitas poeiras de metais, sobretudo de magnésio e suas ligas, além de zircônio, titânio e alumínio, têm a capacidade de queimar em forma de explosão no ar. No caso do alumínio, a reação é:

$$4Al\ (pó) + 3O_2\ (do\ ar) \rightarrow 2Al_2O_3 \quad (20.1)$$

As poeiras de carvão e de grãos causam muitos incêndios e explosões fatais em minas de carvão e elevadores de grãos. As poeiras de polímeros, como o acetato de celulose, o polietileno e o poliestireno, também podem ser explosivas.

---
* N. de T.: O termo "bola de fogo" é um sinônimo comum da BLEVE.

20.4.2 Os oxidantes

As substâncias combustíveis são agentes redutores que reagem com os *oxidantes* (agentes oxidantes ou de oxidação) para produzir calor. O oxigênio diatômico, O_2, presente no ar é o oxidante mais comum. Muitos oxidantes são compostos químicos que contêm oxigênio em suas fórmulas. Os halogênios (grupo 7A da tabela periódica) e muitos de seus compostos são oxidantes. Alguns exemplos de oxidantes são dados na Tabela 20.2.

Um exemplo de reação de um oxidante é a reação do HNO_3 concentrado com cobre metálico, que produz NO_2 tóxico:

$$4HNO_3 + Cu \rightarrow Cu(NO_3)_2 + 2H_2O + 2NO_2. \tag{20.2}$$

20.4.3 A ignição espontânea

As substâncias que entram em combustão espontânea no ar sem uma fonte de ignição são chamadas *pirofóricas*, e incluem diversos elementos – fósforo branco, metais alcalinos (grupo 1A) e as formas pulverizadas de magnésio, cálcio, cobalto, manganês, ferro, zircônio e alumínio. Também estão incluídos alguns compostos organometálicos, como o etil lítio (LiC_2H_5) e o fenil lítio (LiC_6H_5), além de alguns compostos metálicos de carbonila, como a pentacarbonila de ferro. Outra grande classe de compostos pirofóricos é a dos hidretos metálicos e metaloides, como o hidreto de lítio LiH, o pentaborano B_5H_9 e a arsina AsH_3. A umidade do ar muitas vezes é um fator na ignição espontânea. Por exemplo, o hidreto de lítio passa pela seguinte reação com a água na forma de umidade do ar:

$$LiH + H_2O \rightarrow LiOH + H_2 + calor \tag{20.3}$$

O calor gerado a partir dessa reação pode ser suficiente para incendiar o hidreto, assim, ele queima no ar:

$$2LiH + O_2 \rightarrow Li_2O + H_2O \tag{20.4}$$

TABELA 20.2 Exemplos de alguns oxidantes

Nome	Fórmula	Estado da matéria
Nitrato de amônio	NH_4NO_3	Sólido
Perclorato de amônio	NH_4ClO_4	Sólido
Bromo	Br_2	Líquido
Cloro	Cl_2	Gás (armazenado como líquido)
Flúor	F_2	Gás
Peróxido de hidrogênio	H_2O_2	Solução em água
Ácido nítrico	HNO_3	Solução concentrada
Óxido nitroso	N_2O	Gás (armazenado como líquido)
Ozônio	O_3	Gás
Ácido perclórico	$HClO_4$	Solução concentrada
Permanganato de potássio	$KMnO_4$	Sólido
Dicromato de sódio	$Na_2Cr_2O_7$	Sólido

Alguns compostos de caráter organometálico também são pirofóricos, como o dietil etóxi-alumínio:

$$\begin{array}{c} H_5C_2 \\ \diagdown \\ Al-OC_2H_5 \quad \text{Dietil etóxi-alumínio} \\ \diagup \\ H_5C_2 \end{array}$$

Muitas misturas de oxidantes e compostos químicos oxidáveis entram em combustão espontaneamente, sendo chamadas de *misturas hipergólicas*. O ácido nítrico e o fenol formam esse tipo de mistura.

20.4.4 Os produtos tóxicos da combustão

Alguns dos piores perigos dos incêndios se devem aos produtos e subprodutos tóxicos da combustão. O mais óbvio é o monóxido de carbono, CO, capaz de causar doenças graves ou mesmo a morte, porque se combina com a hemoglobina do sangue formando carboxi-hemoglobina, que impede o sangue de transportar o oxigênio para os tecidos do corpo. O SO_2, P_4O_{10} e HCl tóxicos são formados pela combustão de compostos de enxofre, fósforo e organoclorados, respectivamente. Inúmeras substâncias orgânicas nocivas, como os aldeídos, são geradas como subprodutos da combustão. Além de formar o monóxido de carbono, a combustão em condições deficientes em oxigênio gera HAP, compostos com anéis aromáticos combinados, alguns dos quais, como o benzo[*a*]pireno, mostrado a seguir, são pré-carcinógenos que sofrem a atuação das enzimas no corpo humano, gerando metabólitos causadores de câncer.

Benzo[*a*]pireno

20.5 As substâncias reativas

As *substâncias reativas* são aquelas que tendem a sofrer reações rápidas ou violentas em certas condições. Essas substâncias incluem aquelas que reagem de forma violenta ou formam misturas potencialmente explosivas com a água. Um exemplo é o sódio metálico, que reage com a água de forma intensa:

$$2Na + 2H_2O \rightarrow 2NaOH + H_2 + calor \qquad (20.5)$$

Em geral, essa reação gera calor o bastante para incendiar o sódio e o hidrogênio. Os explosivos constituem outra classe de substâncias reativas. Por motivos relativos à regulação, as substâncias também são classificadas como reativas com base na produção de gases ou vapores tóxicos quando reagem com a água, um ácido ou uma base. O sulfeto de hidrogênio ou o cianeto de hidrogênio são as substâncias tóxicas mais comuns lançadas dessa maneira.

O calor e a temperatura são fatores muito importantes na reatividade. Diversas reações requerem energia de ativação para serem iniciadas. As velocidades da maioria das reações tendem a acelerar com o aumento na temperatura, e muitas reações liberam calor. Portanto, uma vez que a reação tenha iniciado em uma mistura reativa sem os meios efetivos de dissipação de calor, a velocidade pode apresentar um aumento exponencial com o tempo, levando a um evento incontrolável. Outros fatores que podem afetar a velocidade da reação são a forma física dos reagentes (por exemplo, o pó fino de um metal que explode ao reagir com o oxigênio, enquanto uma massa única do mesmo metal mal reage com o gás), a velocidade e o grau de mistura dos reagentes, o grau de diluição com meios não reativos (solvente), a presença de um catalisador e a pressão.

Alguns compostos químicos são autorreativos, pois são formados por uma porção redutora e uma porção oxidante. A nitroglicerina, um explosivo forte com fórmula $C_3H_5(ONO_2)_3$, decompõe-se de maneira espontânea em CO_2, H_2O, O_2 e N_2, com a liberação rápida de uma quantidade muito alta de energia. A nitroglicerina pura tem uma instabilidade própria tão alta que basta um leve sopro para ocorrer a detonação. O TNT também é um explosivo com alta reatividade. No entanto, ele tem relativa estabilidade própria, pois requer um dispositivo detonador para explodir.

20.5.1 A estrutura química e a reatividade

Como mostra a Tabela 20.3, algumas estruturas químicas estão associadas a altas reatividades. Para alguns compostos orgânicos, a reatividade alta é resultado da presença de ligações insaturadas no esqueleto de carbono, sobretudo onde ocorrem uma ao lado da outra (alenos, C = C = C) ou separadas por uma ligação simples carbono-carbono (dienos, C = C – C = C). Algumas estruturas orgânicas contendo oxigênio são muito reativas. Exemplos incluem os oxiranos, como o óxido de etileno,

$$\begin{array}{c} O \\ /\backslash \\ H-C-\!\!\!-C-H \\ | | \\ H H \end{array} \text{Óxido de etileno}$$

os hidroperóxidos (ROOH) e os peróxidos (ROOR'), onde R e R' representam as porções hidrocarbonetos, como os grupos metila, $-CH_3$. Muitos compostos orgânicos contendo nitrogênio junto com carbono e hidrogênio são muito reativos. Entre estes estão os triazenos, que contêm um grupo funcional com três átomos de nitrogênio (R – N = N – N), alguns compostos azo (R – N = N – R') e algumas nitrilas em que o nitrogênio está triplamente ligado a um átomo de carbono:

$$R-C\equiv N \quad \text{Nitrila}$$

Grupos funcionais contendo tanto oxigênio como nitrogênio tendem a aumentar a reatividade de um composto orgânico. Exemplos são os nitratos de alquila ($R-ONO_2$), nitritos de alquila (R–O–N=O), compostos nitroso (R–N=O) e nitro compostos ($R-NO_2$).

Muitas classes de compostos inorgânicos são reativas, incluindo alguns compostos halogenados de nitrogênio (o tri-iodeto de nitrogênio, sensível a choques, é um exemplo notável), compostos com ligações metal-nitrogênio (NaN_3), óxidos de halogênio (ClO_2) e compostos com oxiânions de halogênios. Neste último grupo está o perclorato de amônio, NH_4ClO_4, envolvido em uma série de grandes explosões que destruíram 4 milhões de quilos do composto (e aniquilaram uma fábrica de combustíveis para foguetes que produzia 40 milhões de libras por ano), ferindo 300 trabalhadores e causando $75 milhões em danos próximo a Henderson, no Estado norte-americano de Nevada, em 1988. (No final de 1989, uma nova fábrica de perclorato de amônio avaliada em $92 milhões foi construída perto de Cedar City,

TABELA 20.3 Exemplos de compostos reativos e suas estruturas

Orgânicos	
Alenos	C=C=C
Dienos	C=C–C=C
Compostos azo	C–N=N–C
Triazenos	C–N=N–N
Hidroperóxidos	R–OOH
Peróxidos	R–OO–R'
Óxidos	(epóxido: –C–O–C–)
Nitratos de alquila	R–O–NO$_2$
Nitro compostos	R–NO$_2$
Anéis que não são de seis carbonos	(anel de 5)
Anéis heterogêneos	(anel com Y)
Inorgânicos	
Óxido nitroso	N$_2$O
Haletos de nitrogênio	NCl$_3$, NI$_3$
Compostos inter-halogenados	BrCl
Óxidos de halogênios	ClO$_2$
Azidas de halogênios	ClN$_3$
Hipo-haletos	NaClO

em uma região remota do Estado de Utah. Por precaução, as construções da nova unidade foram erguidas a distâncias maiores umas das outras!)

Explosivos como a nitroglicerina ou o TNT são compostos que contêm grupos funcionais oxidantes e redutores em uma mesma molécula. Essas substâncias são geralmente chamadas *compostos redox*. Alguns compostos redox têm mais oxigênio do que o necessário para a reação completa, apresentando um balanço positivo de oxigênio, enquanto outros possuem a quantidade estequiométrica exata de oxigênio necessário (equilíbrio zero, máxima liberação de energia) e outros contam com balanço negativo, precisando de oxigênio ofertado por fontes externas para que a oxidação de todos os componentes seja completa. O TNT tem um balanço negativo de oxigênio significativo; o dicromato de amônio [(NH$_4$)$_2$Cr$_2$O$_7$] tem balanço zero, reagindo estequiometricamente com H$_2$O, N$_2$ e Cr$_2$O$_3$; a nitroglicerina, um composto que representa grande risco de explosão, tem balanço positivo, como mostra a seguinte reação:

$$4C_3H_5N_3O_9 \rightarrow 12CO_2 + 10H_2O + 6N_2 + O_2. \tag{20.6}$$

20.6 As substâncias corrosivas

As *substâncias corrosivas* são consideradas aquelas que dissolvem metais ou promovem a formação de material oxidado na superfície de metais – a ferrugem é o exemplo mais comum – e, de modo mais abrangente, causam a deterioração de materiais, inclusive de tecidos vivos com que entrem em contato. A maior parte dos corrosivos pertence a ao menos uma dessas quatro classes de compostos químicos: (1) ácidos fortes, (2) bases fortes, (3) oxidantes e (4) agentes desidratantes. A Tabela 20.4 lista algumas das principais substâncias corrosivas e seus efeitos.

20.6.1 O ácido sulfúrico

O ácido sulfúrico é um excelente exemplo de substância corrosiva. Além de ser um ácido forte, o ácido sulfúrico concentrado também é um agente desidratante e oxidante. A enorme afinidade do H_2SO_4 com a água é ilustrada pelo calor gerado quando o ácido concentrado é misturado a ela. Se essa mistura for executada de modo incorreto, acrescentando água ao ácido, poderá ocorrer a ebulição em pontos isolados da mistura com respingos que causam ferimentos. O principal efeito destrutivo do ácido sulfúrico na pele é a remoção da água acompanhada da liberação de calor. O ácido sulfúrico decompõe carboidratos removendo água. Em contato com o açúcar, por exemplo, o ácido sulfúrico concentrado reage, resultando em uma massa de material carbonizado. A reação é

$$C_{12}H_{22}O_{11} \xrightarrow{H_2SO_4} 11H_2O\ (H_2SO_4) + 12C + calor \qquad (20.7)$$

Algumas das reações de desidratação do ácido sulfúrico podem ser bastante intensas. Por exemplo, a reação com o ácido perclórico produz Cl_2O_7 instável, com risco de uma violenta explosão. O ácido sulfúrico concentrado produz compostos perigosos ou tóxicos ao contato com muitas outras substâncias, como o monóxido de carbono tóxico (CO) da reação com o ácido oxálico $H_2C_2O_4$, o bromo tóxico e o dióxido de enxofre (Br_2, SO_2) da reação com o brometo de sódio NaBr, e o dióxido de cloro instável (ClO_2) com a reação com o clorato de sódio $NaClO_3$.

TABELA 20.4 Exemplos de algumas substâncias corrosivas

Nome e fórmula	Propriedades e efeitos
Ácido nítrico, HNO_3	Ácido forte, oxidante poderoso, corrói metal, reage com as proteínas nos tecidos vivos formando o ácido xantoproteico, uma substância amarela, causa lesões de lenta recuperação
Ácido clorídrico HCl	Ácido forte, corrói metais, é liberado na forma de vapor, pode causar lesões nos tecidos do aparelho respiratório
Ácido fluorídrico, HF	Corrói metais, dissolve o vidro, causa queimaduras graves em tecidos vivos
Hidróxidos de metais alcalinos, NaOH e KOH	Bases fortes, corroem o zinco, o chumbo e o alumínio, dissolvem tecidos e causam queimaduras graves
Peróxido de hidrogênio, H_2O_2	Oxidante, somente soluções muito diluídas não causam queimaduras
Compostos inter-halogenados, como ClF, BrF_3	Poderosos irritantes corrosivos que acidificam, oxidam e desidratam tecidos
Óxidos de halogênios como OF_2, Cl_2O e Cl_2O_7	Poderosos irritantes corrosivos que acidificam, oxidam e desidratam tecidos
Flúor, cloro e bromo elementares (F_2, Cl_2, Br_2)	Muito corrosivos para as membranas das mucosas e tecidos úmidos, fortes agentes irritantes

O contato com o ácido sulfúrico causa destruição grave de tecidos, com queimaduras sérias que podem ser difíceis de curar. A inalação de vapores ou névoas do ácido sulfúrico prejudicam os tecidos do trato respiratório superior e olhos. A exposição de longo prazo aos vapores e névoas desse ácido causa desgaste dos dentes!

20.7 As substâncias tóxicas

A toxicidade é uma das maiores preocupações no manuseio de substâncias tóxicas, como os efeitos crônicos causados pela exposição por períodos prolongados a níveis baixos de agentes tóxicos ou os efeitos da exposição aguda a uma única dose elevada. As substâncias tóxicas serão aprofundadas nos Capítulos 23 e 24.

20.7.1 O TCLP

Para fins de regulação e remediação, é necessário um teste padrão para medir a probabilidade de substâncias tóxicas serem introduzidas no ambiente, prejudicando os organismos. A EPA dos Estados Unidos especifica um teste chamado *Toxicity Characteristic Leaching Procedure* (TCLP) a fim de determinar a toxicidade de substâncias tóxicas.[3] O teste busca estimar a disponibilidade de substâncias tanto inorgânicas quanto orgânicas para microrganismos em materiais tóxicos presentes na forma de líquidos, sólidos ou misturas multifase, mas não avalia os efeitos tóxicos diretos dos resíduos. Em síntese, o procedimento consiste em lixiviar um material com um solvente projetado para imitar o lixiviado gerado em um aterro sanitário municipal, seguido da análise do lixiviado.

20.8 As formas físicas e a segregação de resíduos

As três principais categorias de resíduos definidas com base em suas formas físicas são *materiais orgânicos*, *resíduos aquosos* e *lodos*. Essas formas determinam em grande parte o curso das ações tomadas a fim de tratar e descartar esses resíduos. O *nível de segregação*, conceito ilustrado na Figura 20.2, é muito importante no tratamento, na armazenagem e no descarte de diferentes tipos de resíduos. O manuseio de um tipo de resíduo que não esteja misturado com outros tipos é relativamente fácil, isto é, aquele com alto nível de segregação. Por exemplo, os solventes à base de hidrocarbonetos usados podem ser empregados como combustíveis em caldeiras. No entanto, se esses solventes estiverem misturados a solventes organoclorados usados, a produção de cloreto de hidrogênio com potencial contaminante durante a combustão talvez impeça o uso desse combustível, sendo necessário o descarte em incineradores especiais para resíduos perigosos. A mistura posterior com lodos inorgânicos acrescenta matéria mineral e água. Essas impurezas complicam os processos de tratamento exigidos para a produção de cinza mineral na incineração ou na redução do poder calorífico do material incinerado devido à presença de água. Entre os tipos de resíduos mais difíceis de manusear estão aqueles com segregação mínima, dos quais "o pior cenário" é o "lodo diluído composto por uma mistura de resíduos orgânicos e inorgânicos", como mostra a Figura 20.2.

Um fator importante quanto à segregação e à mistura de resíduos é a possibilidade de *incompatibilidade de resíduos*. Deve-se evitar a mistura de resíduos que reajam

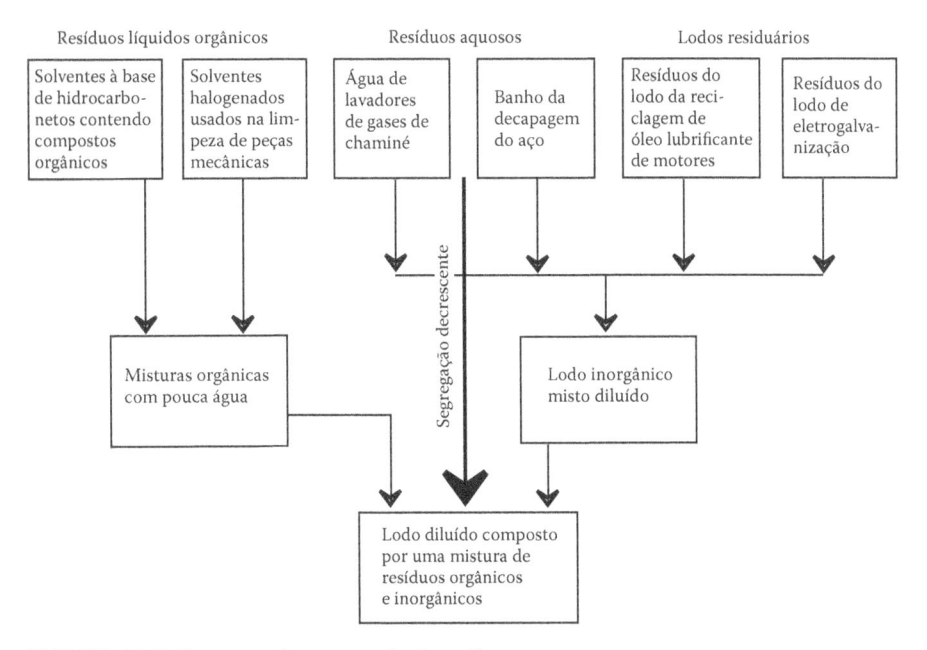

FIGURA 20.2 Ilustração da segregação de resíduos.

juntos de forma adversa ou de um resíduo que possa exacerbar problemas na presença de um outro. Por exemplo, misturar ácido com resíduos de sulfeto metálico pode resultar na liberação de gás H_2S tóxico. Agentes quelantes, como o EDTA, misturados com sais de metais podem tornar os metais móveis como quelantes aniônicos.

A *concentração* de resíduos é um fator importante em sua gestão. O manuseio de um resíduo que tenha sido concentrado ou que preferencialmente nunca tenha sido diluído é muito mais fácil e econômico em comparação a grandes quantidades de resíduos dispersadas na água ou no solo. O manuseio de resíduos perigosos é muito facilitado quando as quantidades iniciais desses resíduos são minimizadas e eles permanecem separados e concentrados, dentro do possível.

20.9 A química ambiental dos resíduos perigosos

As propriedades dos materiais perigosos, sua produção e as características que transformam uma substância perigosa em um resíduo perigoso foram discutidas nas seções anteriores deste capítulo. Os materiais perigosos normalmente causam problemas quando são introduzidos no ambiente e exercem efeitos nocivos em organismos ou em outras partes deste. Assim, este capítulo trata da química ambiental dos materiais perigosos. Nessa discussão, é conveniente considerar cinco aspectos com base na definição de química ambiental:

- Origens
- Transporte
- Reações
- Efeitos
- Destino

Além disso, é importante considerar os reservatórios ambientais definidos e discutidos no Capítulo 1:

- Antroposfera
- Geosfera
- Hidrosfera
- Atmosfera
- Biosfera

Os materiais perigosos quase sempre se originam na antroposfera, são muitas vezes descartados na geosfera e com frequência são transportados pela hidrosfera ou atmosfera. A maior preocupação normalmente diz respeito a seus efeitos na biosfera, sobretudo nos seres humanos. A Figura 20.3 resume algumas dessas relações.

Os resíduos perigosos são introduzidos no ambiente por uma variedade de caminhos. Embora sejam objeto de legislação preventiva muito mais rígida hoje, as substâncias perigosas sempre foram descartadas no ambiente pelos seres humanos. Grandes volumes de águas residuárias contendo uma variedade de substâncias tóxicas são lançados em cursos de água. Gases e material particulado perigosos são lançados na atmosfera por chaminés de usinas de energia, incineradores e uma variedade de processos industriais. Resíduos perigosos são espalhados pelo solo ou dispostos em aterros sanitários de maneira deliberada na geosfera. A evaporação e a erosão causada pelo vento deslocam materiais perigosos dos depósitos de lixo para a atmosfera, ou eles podem ser lixiviados de aterros sanitários para o interior de águas subterrâneas ou superficiais. Tanques de armazenagem ou tubulações subterrâneos permitiram o vazamento de uma diversidade de materiais no solo. Acidentes, incêndios e explosões distribuem materiais perigosos no ambiente. Outra fonte desses materiais é o tratamento ou as instalações de armazenagem de resíduos mal-administradas.

20.10 As propriedades físicas e químicas dos resíduos perigosos

Uma vez considerada a geração de resíduos perigosos na antroposfera, o próximo passo é o estudo de suas propriedades, que determinam o movimento e outros tipos de comportamento desses resíduos; elas são divididas genericamente em propriedades físicas e químicas.

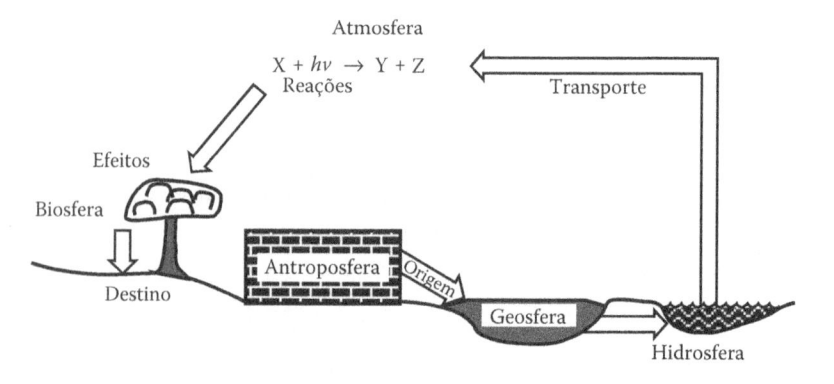

FIGURA 20.3 Esquema das interações entre resíduos perigosos e o ambiente.

O comportamento dos resíduos na atmosfera é determinado em grande parte pela volatilidade desses compostos. Além disso, a solubilidade na água define o grau em que poderão ser removidos por precipitação. A solubilidade em água é a propriedade física mais importante na hidrosfera. O deslocamento de substâncias por meio da ação da água na geosfera depende sobretudo do grau de sorção no solo, nas camadas minerais e nos sedimentos.

A volatilidade de um composto é função de sua pressão de vapor. As pressões de vapor a uma temperatura específica variam em diversas ordens de magnitude. Entre os líquidos orgânicos, o dietil éter tem uma das maiores pressões de vapor, enquanto as PCB têm valores muito baixos. Quando um líquido volátil está presente no solo ou na água, sua solubilidade em água também determina a eficiência de evaporação. Por exemplo, embora a temperatura de ebulição do metanol seja menor que a do benzeno, a solubilidade em água muito menor deste em água significa que ele apresenta uma tendência maior de sair da hidrosfera ou da geosfera e ser introduzido na atmosfera, em comparação com o metanol.

A mobilidade ambiental, os efeitos e o destino de compostos perigosos têm forte relação com suas propriedades químicas. Por exemplo, uma espécie catiônica de metal tóxico, como o íon Pb^{2+}, é intensamente retida pelos sólidos com carga negativa no solo. Se o chumbo for quelado pelo ânion EDTA, representado por Y^{4-}, ele ganha mobilidade considerável na forma de PbY^{2-}, uma forma aniônica. A quelação do cobalto (II) e do cobalto (III) com o ânion NTA (Seção 3.14) aumenta muito a mobilidade do metal nas camadas minerais. O estado de oxidação pode desempenhar um papel muito importante na mobilidade de substâncias perigosas. Os estados reduzidos do ferro e do manganês, Fe^{2+} e Mn^{2+}, são solúveis em água e apresentam mobilidade mediana na hidrosfera e na geosfera. No entanto, em seus estados de oxidação comuns, ferro (III) e Mn(IV), esses elementos estão presentes como $Fe_2O_3 \cdot xH_2O$ e MnO_2 insolúveis, que praticamente não têm tendência a se mover. Além disso, esses óxidos de ferro e manganês sequestram íons de metais como o Pb^{2+} e o Cd^{2+}, impedindo seu movimento na forma solúvel.

As principais propriedades das substâncias tóxicas e a área do meio circundante que determinam o transporte ambiental dessas substâncias são:

- As propriedades físicas das substâncias, como pressão de vapor e solubilidade.
- As propriedades físicas do meio circundante.
- As condições a que os resíduos são submetidos. Temperaturas mais altas e condições propícias à erosão pelo vento permitem que as substâncias voláteis movam-se com facilidade.
- As propriedades químicas e bioquímicas dos resíduos. As substâncias com menor reatividade química e menos biodegradáveis tendem a se deslocar por distâncias maiores antes de serem degradadas.

20.11 O transporte, os efeitos e o destino dos resíduos perigosos

O transporte de resíduos perigosos é função sobretudo das suas propriedades físicas, das propriedades físicas do meio circundante, das condições físicas a que estão submetidos e de fatores químicos. Resíduos muito voláteis têm uma tendência natural maior de serem transportados pela atmosfera, enquanto os mais solúveis são transportados na água. Os resíduos se movimentam com maior velocidade e a maiores distâncias em formações porosas e arenosas, em comparação a solos compactos. Resíduos voláteis têm maior mobilidade em condições quentes e com ventos, ao passo que resíduos solúveis deslocam-se com mais facilidade durante temporadas chuvosas. Os resíduos com maior reatividade química e bioquímica se deslocam por distâncias menores que os resíduos menos reativos, antes de se degradarem.

20.11.1 As propriedades físicas dos resíduos

As principais propriedades físicas dos resíduos que determinam a capacidade de serem transportados são a volatilidade, a solubilidade e o grau em que são sorvidos por sólidos, inclusive solos e sedimentos.

A distribuição de compostos perigosos presentes em resíduos entre a atmosfera e a geosfera ou a hidrosfera é função, em grande parte, de sua volatilidade. De modo geral, na hidrosfera e também com frequência no solo, os compostos perigosos dissolvem na água. Portanto, a tendência da água de reter o composto é um fator importante na determinação de sua mobilidade. Por exemplo, embora o álcool etílico tenha uma pressão de vapor maior e um ponto de ebulição menor (77,8°C) que o tolueno (110,6°C), o vapor deste é liberado com mais facilidade do solo, por conta de sua solubilidade menor em água, em comparação com o etanol, totalmente miscível nela.

20.11.2 Os fatores químicos

Como ilustração dos fatores químicos envolvidos no transporte de resíduos, consideremos as espécies catiônicas inorgânicas formadas por íons metálicos. Essas espécies são divididas em três grupos, com base no quanto são retidas por minerais argilosos. Os elementos com maior tendência a serem retidos pelas argilas incluem cádmio, mercúrio, chumbo e zinco. Os íons potássio, magnésio, ferro, silício e NH_4^+ têm retenção moderada na argila, ao passo que os íons sódio, cloro, cálcio, manganês e boro apresentam baixa retenção. A retenção dos últimos três elementos citados não é exata, pois são lixiviados da argila e, por isso, a retenção negativa (eluição) é observada com frequência. No entanto, é preciso observar que a retenção do ferro e do manganês tem forte dependência do estado de oxidação, pois as formas reduzidas do Mn e do Fe não são retidas intensamente, enquanto as formas oxidadas $Fe_2O_3 \cdot xH_2O$ e MnO_2 são muito insolúveis e permanecem nos solos como sólidos.

20.11.3 Os efeitos dos resíduos perigosos

Os efeitos dos resíduos perigosos no ambiente são divididos entre efeitos nos organismos, efeitos nos materiais e efeitos no ambiente, sendo abordados de maneira breve nesta seção e em maior nível de detalhe mais adiante.

A principal preocupação com relação aos resíduos diz respeito a seus efeitos tóxicos nos animais, nas plantas e nos micróbios. A vasta maioria das substâncias classificadas como resíduos perigosos é venenosa, até certo ponto, embora algumas sejam muito tóxicas. A toxicidade de um resíduo é função de muitos fatores, como sua natureza química, a matriz em que se encontra, as circunstâncias de exposição, a espécie exposta, além do modo, do grau e da duração da exposição. A toxicidade dos resíduos perigosos é discutida nos Capítulos 23 e 24.

Conforme definido na Seção 20.6, muitos resíduos perigosos são *corrosivos* em contato com materiais, muitas vezes devido a extremos de pH ou ao teor de sais dissolvidos. Os resíduos oxidantes podem causar a queima descontrolada de substâncias combustíveis. Resíduos muito reativos podem explodir, causando danos a materiais e estruturas. A contaminação por resíduos, como pesticidas presentes em grãos, pode tornar esses produtos inadequados para uso.

Além dos efeitos tóxicos na biosfera, os resíduos perigosos exercem efeitos nocivos no ar, na água e no solo. Os resíduos lançados na atmosfera deterioram a qualidade do ar, tanto de forma direta quanto pela formação de poluentes secundários. Os compostos residuais perigosos dissolvidos, em suspensão ou que flutuam na superfície da água na forma de filmes a tornam inapropriada para o consumo e a manutenção das formas de vida aquáticas.

O solo exposto a resíduos perigosos pode ser seriamente prejudicado por conta de alterações em suas propriedades físicas e químicas e na capacidade de atuar como substrato de suporte à vida vegetal. Por exemplo, o solo exposto a águas salobras concentradas geradas na produção de petróleo pode se tornar instável como substrato para plantas, o que acaba aumentando sua vulnerabilidade à erosão.

20.11.4 O destino dos resíduos perigosos

O destino das substâncias classificadas como resíduos perigosos é aprofundado a seguir. A exemplo do que ocorre com todos os poluentes ambientais, essas substâncias atingem um estado de estabilidade física e química, embora esse processo possa levar anos para se efetivar. Em alguns casos, o destino de um material residual perigoso é função simples de suas propriedades físicas e do ambiente circundante.

O destino de uma substância residuária perigosa na água é função de sua solubilidade, densidade, biodegradabilidade e reatividade química. Os líquidos densos e imiscíveis em água podem simplesmente atingir o fundo de corpos hídricos ou aquíferos, onde se acumulam como "bolhas" líquidas. As substâncias biodegradáveis são degradadas por bactérias, em um processo em que a oferta de oxigênio é uma variável importante. As substâncias prontamente bioacumuladas são absorvidas por organismos, os materiais catiônicos trocáveis se ligam a sedimentos e os materiais organofílicos podem ser sorvidos pela matéria orgânica presente neles.

O destino de substâncias residuárias perigosas na atmosfera muitas vezes é determinado por reações fotoquímicas. Em última análise, essas substâncias podem ser convertidas em matéria não volátil, insolúvel, e então precipitar da atmosfera para o solo ou as plantas.

20.12 Os resíduos perigosos e a antroposfera

Como esfera do ambiente em que o homem processa substâncias, a antroposfera é onde se encontra a maior parte dos resíduos perigosos. Esses materiais podem ser oriundos de processos de produção, de atividades relacionadas a transporte, da agricultura e de quaisquer outras atividades conduzidas na antroposfera. Os resíduos perigosos podem estar em qualquer estado físico e incluem líquidos, como os solventes halogenados usados no desengraxe de peças mecânicas; lodos semissólidos gerados na separação por gravidade de misturas de óleo/água/sólidos no refino de petróleo; e sólidos, como as poeiras de filtros industriais geradas na produção de pesticidas.

A liberação de resíduos perigosos da antroposfera normalmente ocorre por meio de incidentes como vazamentos de líquidos, lançamento acidental de gases ou vapores, incêndios e explosões. As regulamentações contidas na RCRA concebidas para minimizar esses lançamentos acidentais da antroposfera e lidar com eles quando ocorrem estão contidas no Parágrafo 40 do Código Federal de Regulamentações, Capítulo 265.31. De acordo com essas regulações, as partes responsáveis pela geração de resíduos perigosos são obrigadas a ter equipamentos específicos, pessoal treinado e procedimentos especiais com o objetivo de proteger a saúde humana e facilitar a remediação na ocorrência de um acidente. Meios de comunicação eficientes têm de estar disponíveis para pedidos de ajuda e instruções para situações de emergência precisam ser dadas. Também são exigidos equipamentos de combate a incêndio como extintores e volumes adequados de água. Para lidar com vazamentos, uma instalação industrial precisa ter absorventes para as mãos como vermiculita granular ou absorventes na forma de travesseiros ou emplastros. Agentes neutralizantes para substâncias corrosivas também precisam ser disponibilizados.

Conforme observado, os resíduos perigosos se originam na antroposfera. Porém, uma grande parte desses resíduos se desloca, exerce efeitos diversos e acaba também na antroposfera. Grandes quantidades de substâncias perigosas são transportadas por caminhão, trem, navio e tubulações. Durante esse transporte, acidentes são comuns e variam em termos de volume, desde vazamentos de pequenos tanques até derramamentos de óleo de petroleiros encalhados. Muitos esforços relativos à proteção ambiental podem ser despendidos a fim de aumentar a segurança no transporte de substâncias perigosas pela antroposfera.

Nos Estados Unidos, o transporte de substâncias perigosas é regulado pelo Departamento de Transporte dos Estados Unidos (DOT). Uma das maneiras de efetuar esse controle consiste no sistema de documentação que compreende um *manifesto*, que acompanha o resíduo, como durante o transporte por caminhão, concebido para atingir as seguintes metas:

- Atuar como mecanismo de rastreamento para definir responsabilidades pela geração, transporte, tratamento e descarte de resíduos.
- Fornecer informações quanto a ações apropriadas a serem tomadas durante emergências, como colisões, vazamentos, incêndios ou explosões.
- Atuar como documentação básica para registros e relatórios.*

Muitos dos efeitos adversos das substâncias perigosas ocorrem na antroposfera. Um dos principais exemplos desses efeitos é a corrosão de materiais fortemente ácidos ou básicos, ou que ataquem materiais. Incêndios e explosões de materiais perigosos causam prejuízos graves à infraestrutura antroposférica.

O destino de materiais perigosos muitas vezes é a antroposfera. Um dos principais exemplos de material dispersado na antroposfera é a tinta anticorrosão à base de chumbo utilizada como revestimento para estruturas de aço.

---

* N. de R. T.: No estado de São Paulo, a CETESB exige o CADRI, Certificado de Movimentação de Resíduos de Interesse Ambiental.

Capítulo 20 A natureza, os recursos e a química ambiental de resíduos perigosos

20.13 Os resíduos perigosos na geosfera

As fontes, o transporte, as interações e o destino de resíduos perigosos com potencial contaminante na geosfera envolvem um esquema complexo, com alguns de seus aspectos ilustrados na Figura 20.4. Como mostra a figura, existem muitos vetores que transportam resíduos perigosos para as águas subterrâneas. O lixiviado de um aterro sanitário se desloca como uma pluma de resíduo transportada pela água subterrânea que, em casos graves, entra em um curso de água ou aquífero, onde pode contaminar a água retirada em poços. Esgotos e tubulações deixam vazar substâncias tóxicas na geosfera. A partir das lagoas de resíduos, essas substâncias infiltram em camadas geológicas, contaminando águas subterrâneas. Os resíduos lixiviados de sítios onde foram espalhados no solo como modalidade de descarte ou meio de tratamento têm potencial de contaminar a geosfera e águas subterrâneas. Em alguns casos esses resíduos são bombeados para o interior de poços profundos como forma de descarte.

O deslocamento dos constituintes de resíduos perigosos na geosfera deve-se em grande parte à ação da água em movimento em uma pluma de resíduos, como mostra a Figura 20.4. A velocidade e a intensidade do fluxo de resíduos dependem de muitos fatores. Variáveis hidrológicas como o gradiente de água e a permeabilidade das formações rochosas sólidas pelas quais a pluma de resíduos se move são importantes. A velocidade do fluxo de modo geral é bastante lenta, da ordem de alguns centímetros ao dia. Um aspecto importante do movimento de resíduos pela geosfera é a *atenuação* causada pelas camadas minerais. Ela ocorre porque os compostos nos resíduos são sorvidos pelos sólidos, com base em diversos mecanismos. A medida da atenuação pode ser expressa pelo *coeficiente de distribuição*, K_d,

$$K_d = \frac{C_s}{C_w} \qquad (20.8)$$

onde C_s e C_w são as concentrações de equilíbrio do constituinte nos sólidos e em solução, respectivamente. Essa relação pressupõe um comportamento da substância perto da idealidade. Nesse contexto, ela se divide entre a água e os sólidos (o sorvato). Uma expressão mais empírica é baseada na equação de Freundlich:

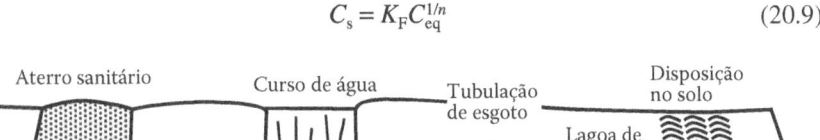

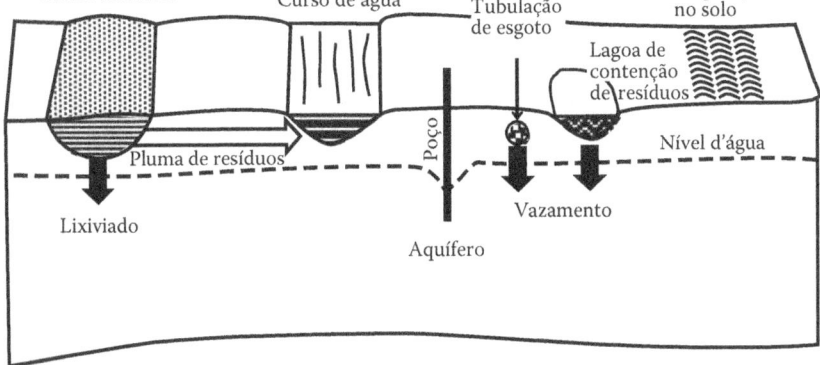

$$C_s = K_F C_{eq}^{1/n} \qquad (20.9)$$

FIGURA 20.4 As fontes e os movimentos de resíduos perigosos na geosfera.

Onde K_F e $1/n$ são constantes empíricas.

Muitas propriedades fundamentais dos sólidos determinam o grau de sorção. Um dos fatores que obviamente o influenciam é a área superficial. A natureza química da superfície também é importante. Entre os fatores químicos relevantes estão a presença de argilas com capacidade de sorção, de óxidos metálicos hidratados e de húmus (de importância especial para a sorção de compostos orgânicos).

Em geral, a sorção de solutos de resíduos perigosos ocorre acima do nível da água subterrânea, na zona insaturada do solo. Essa região tende a apresentar uma área superficial maior, favorecendo os processos de biodegradação aeróbia.

A natureza química do lixiviado tem um papel importante nos processos de sorção de substâncias perigosas na geosfera. Os solventes orgânicos ou detergentes presentes em lixiviados solubilizam materiais orgânicos, impedindo sua retenção pelos sólidos. Os lixiviados ácidos apresentam a tendência de dissolver óxidos metálicos:

$$M(OH)_2(s) + 2H^+ \rightarrow M^{2+} + 2H_2O \qquad (20.10)$$

o que impede a sorção de formas insolúveis de metais. É por essa razão que os lixiviados de aterros sanitários urbanos, que contêm ácidos orgânicos fracos, têm uma propensão especial ao transporte de metais. A solubilização por ácidos tem papel preponderante no deslocamento de alguns íons metais.

Alguns metais tóxicos estão entre os constituintes mais perigosos dos resíduos transportados pela geosfera. Muitos fatores influenciam esse movimento e sua atenuação. A temperatura, o pH e a natureza redutora (como expressa pelo log negativo da atividade de elétrons, pE) do meio solvente são variáveis importantes. A natureza dos sólidos, sobretudo os grupos funcionais orgânicos e inorgânicos na superfície, a CTC e a área superficial desses sólidos são fatores que governam a atenuação de metais tóxicos. Além de serem sorvidos e sofrerem troca iônica com os sólidos geosféricos, os metais tóxicos podem passar por processos de oxidação-redução, precipitar como sólidos ligeiramente solúveis (sobretudo sulfetos) e, em alguns casos, como ocorre com o mercúrio, sofrer reações de metilação pela via microbiana, o que produz espécies organometálicas.

A importância dos agentes quelantes na interação com metais e no aumento de sua mobilidade foi ilustrada pelos efeitos do quelante EDTA na mobilidade de metais tóxicos radioativos, sobretudo o ^{60}Co. O EDTA e outros agentes quelantes, como o ácido dietilenotriamina penta acético (DTPA) e o ácido nitrilotriacético (NTA), foram usados para dissolver metais na descontaminação de instalações radioativas e foram codescartados com materiais radioativos no Oak Ridge National Laboratory (Tennesssee) no período 1951-1965. Níveis inesperadamente altos de mobilidade de metais radioativos foram observados, atribuídos à formação de espécies aniônicas como o $^{60}CoT^-$ (onde T^{3-} é o ânion do agente quelante NTA). Enquanto as espécies metálicas catiônicas não queladas são retidas de forma intensa no solo por reações de precipitação e processos de troca catiônica

$$Co^{2+} + 2OH^- \rightarrow Co(OH)_2(s) \qquad (9.10)$$

$$2Solo\}^-H^+ + Co^{2+} \rightarrow (Solo\}^-)_2Co^{2+} + 2H^+ \qquad (9.11)$$

os processos de ligação aniônica são bastante fracos, assim, as espécies de metais aniônicas queladas não são fortemente ligadas. Agentes quelantes de ocorrência natural no ácido húmico também podem estar envolvidos no movimento de meais radioativos sob a superfície. Hoje existe a crença geral de que agentes quelantes fortes e pouco biodegradáveis, com o EDTA sendo o principal exemplo, facilitam o transporte de radionuclídeos, enquanto oxalatos e citratos não têm essa capacidade, porque formam complexos relativamente fracos e são biodegradados com mais rapidez. A biodegradação de agentes quelantes tende a ser um processo lento abaixo da superfície do solo.

O solo pode ser muito prejudicado por substâncias perigosas presentes nos resíduos. Esses materiais alteram as propriedades físicas e químicas do solo e, com isso, sua capacidade de atuar como substrato para o desenvolvimento de plantas. Alguns dos incidentes mais catastróficos envolvendo danos ao solo pela exposição a materiais perigosos ocorreram com a contaminação por SO_2 emitido por minas e fundições de cobre ou das águas salobras da produção de petróleo. Esses contaminantes impedem o crescimento de plantas e, sem os sistemas radiculares que atuam como agentes de compactação, as camadas superiores do solo rapidamente se perdem para a erosão.

20.14 Os resíduos perigosos na hidrosfera

As substâncias perigosas entram na hidrosfera por meio do chorume gerado nos aterros sanitários, da drenagem de lagoas de contenção, dos vazamentos de tubulações de esgoto ou dos deflúvios do solo. O lançamento deliberado em cursos de água também é observado, um problema de importância particular em países com legislações ambientais lenientes. Isso mostra que existem muitos caminhos para a entrada de materiais perigosos na hidrosfera.

De modo geral, a hidrosfera é um sistema dinâmico, em movimento, que disponibiliza um leque de possibilidades para o deslocamento de resíduos perigosos no ambiente. Assim que entra na hidrosfera, uma espécie perigosa passa por processos pelos quais é degradada, retida ou transformada. Esses incluem processos químicos comuns de precipitação, dissolução, reações ácido-base, hidrólise e reações de oxidação-redução. Ocorre também uma variedade de processos bioquímicos que, na maioria dos casos, reduz riscos, enquanto em outras situações, como na metilação do mercúrio, esses riscos são agravados por esses tipos de resíduos.

As propriedades exclusivas da água exercem forte influência na química ambiental dos resíduos perigosos na hidrosfera. Os sistemas aquáticos estão sujeitos a mudanças constantes. O deslocamento de água se dá pelo fluxo de águas subterrâneas, superficiais e correntes de convecção. Os corpos hídricos se estratificam, com o predomínio de condições redutoras com baixo teor de oxigênio no fundo e a interação constante da hidrosfera com as outras esferas ambientais envolvendo uma troca contínua de materiais. Os organismos aquáticos são responsáveis por mecanismos de bioacumulação com forte influência até mesmo sobre espécies de resíduos pouco biodegradáveis.

A Figura 20.5 mostra os aspectos cruciais relacionados à presença de materiais perigosos em corpos hídricos, com ênfase no papel relevante dos sedimentos. Um tipo interessante de resíduo perigoso que pode acumular em sedimentos é composto pelos líquidos densos e imiscíveis em água que descem ao fundo do corpo hídrico ou de aquíferos, onde permanecem como "bolhas" de líquido. Centenas de toneladas de resíduos contendo PCB acumularam nos sedimentos do Rio Hudson, no Estado de Nova York, Estados Unidos, tornando-se tema de um intenso debate acerca do modo como o problema deveria ser remediado.

[Figura: diagrama de corpo hídrico com legendas]

Compostos orgânicos e inorgânicos perigosos dissolvidos

Geração de biomassa pela fotossíntese

Sedimento agitado pelas ondas em águas rasas

Liberação de espécies perigosas dos sedimentos

Sedimentação de micropartículas de biomassa e matéria mineral

CO_2 CH_4

Sorção de substâncias perigosas no sedimento

Sedimentos profundos não perturbados

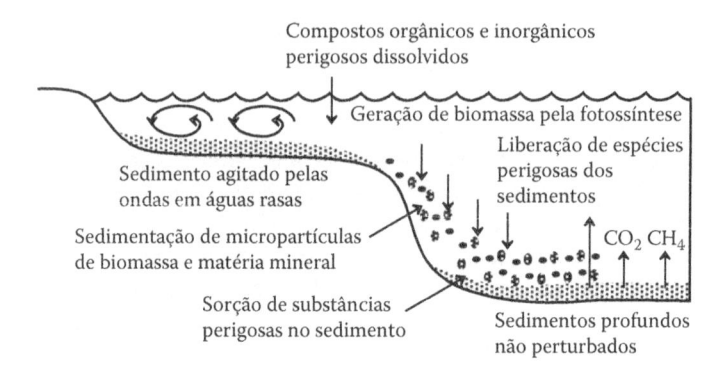

FIGURA 20.5 A apresentação dos resíduos perigosos em águas superficiais na hidrosfera. Os sedimentos profundos não perturbados são anaeróbios e sediam as reações de hidrólise e os processos redutores com potencial de atuar sobre os constituintes perigosos da água sorvidos no sedimento.

As espécies perigosas presentes em resíduos sofrem diversos processos físicos, químicos e bioquímicos na hidrosfera, que exercem forte influência nos efeitos e destinos dessas espécies. Os principais processos sofridos por esses resíduos são:

- As *reações de hidrólise* são aquelas em que uma molécula é clivada com a adição de uma molécula de H_2O. Um exemplo é a reação de hidrólise do ftalato de dibutila, Número de Resíduo Perigoso U069.

[Reação química: ftalato de dibutila + $2H_2O$ → ácido ftálico + $2HOC_4H_9$]

- As *reações de precipitação*, como a formação de sulfeto de chumbo insolúvel a partir do íon solúvel chumbo (II) nas regiões anóxicas de um corpo hídrico:

$$Pb^{2+} + HS^- \rightarrow PbS(s) + H^+$$

Uma parte importante do processo de precipitação muitas vezes é a *agregação* de partículas coloidais, inicialmente formadas como massa coesa. Com frequência os precipitados são espécies um tanto complexas, como o sal básico de carbonato de chumbo, $2PbCO_3 \cdot Pb(OH)_2$. Os metais, ingredientes comuns nas espécies de resíduos perigosos precipitadas na hidrosfera, tendem a formar hidróxidos, carbonatos e sulfatos com os íons OH^-, HCO_3^- e SO_4^{2-} muito comuns na água. Além disso, formam-se sulfetos nas regiões profundas de corpos hídricos, pela ação das bactérias anaeróbias. Os metais frequentemente coprecipitam como um constituinte menos importante de outro composto, ou são sorvidos na superfície de outro sólido.

- As *reações de oxidação-redução* ocorrem com materiais residuais perigosos na hidrosfera, muitas vezes com a intermediação de microrganismos. Um exemplo desse tipo de processo é a oxidação da amônia em íon nitrito tóxico intermediada pelas bactérias Nitrosomonas:

Capítulo 20 A natureza, os recursos e a química ambiental de resíduos perigosos

$$NH_3 + \tfrac{3}{2} O_2 \rightarrow H^+ + NO_2^-(s) + H_2O$$

- Os *processos bioquímicos* envolvem reações de hidrólise e de oxidação-redução. Os ácidos orgânicos e os agentes quelantes, como o citrato, produzidos pela ação bacteriana podem solubilizar íons de metais tóxicos. As bactérias também produzem formas metiladas de metais, sobretudo mercúrio e arsênico.
- As *reações de fotólise* e outros processos químicos. A fotólise de compostos perigosos nos resíduos na hidrosfera é comum nos filmes superficiais expostos à luz do Sol na superfície da água.

Os resíduos perigosos exercem muitos efeitos na hidrosfera. Talvez o mais grave seja a contaminação de águas subterrâneas que, em alguns casos, pode ser praticamente irreversível. Os compostos com caráter de resíduo acumulam em sedimentos nos leitos de rios e lagos.[4] Os compostos perigosos dissolvidos, suspensos ou flutuando na forma de filmes na superfície da água a tornam inapropriada para o consumo e a sustentação de organismos aquáticos.

Muitos fatores determinam o destino das substâncias perigosas na água, como a solubilidade, densidade, biodegradabilidade e reatividade química desses compostos. Conforme discutido há pouco e na Seção 20.16, a biodegradação é um fator importante no destino de substâncias perigosas com caráter de resíduo na hidrosfera. Além da biodegradação, algumas substâncias se concentram nos organismos, por conta dos processos de bioacumulação, podendo acabar depositadas em sedimentos. Os materiais organofílicos podem ser sorvidos pela matéria orgânica nos sedimentos. Os sedimentos trocadores de cátions têm a capacidade de ligar espécies catiônicas, como cátions metálicos e compostos orgânicos formadores de cátions.

20.15 Os resíduos perigosos na atmosfera

Os compostos químicos classificados como resíduos perigosos são introduzidos na atmosfera por evaporação, a partir de sítios contendo esses resíduos, por erosão eólica ou por lançamento direto. Os compostos químicos perigosos por regra não são lançados em quantidades grandes o bastante para gerarem poluentes secundários do ar, como o *smog* fotoquímico, formado pelas reações entre poluentes aéreos na atmosfera. Portanto, as espécies geradas por resíduos perigosos são alvo de preocupação na atmosfera, pois atuam como poluentes primários emitidos em áreas localizadas de um sítio de resíduos perigosos. Exemplos possíveis de compostos químicos com caráter de resíduo perigoso no ar incluem gases ácidos corrosivos, sobretudo o HCl, vapores orgânicos tóxicos, como o cloreto de vinila (U043), e gases inorgânicos tóxicos, como o HCN, liberado pela mistura acidental de resíduos de cianetos com ácidos fortes:

$$H_2SO_4 + 2NaCN \rightarrow Na_2SO_4 + 2HCN(g) \qquad (20.11)$$

Os poluentes aéreos primários como estes são quase sempre motivo de preocupação nos pontos próximos ao sítio em que ocorrem ou para os trabalhadores envolvidos no processo de remediação. Uma das substâncias consideradas responsáveis por casos de envenenamento mortal em sítios de descarte de resíduos perigosos, normalmente em tanques em processo de limpeza ou demolição, é o gás sulfeto de hidrogênio, H_2S, muito tóxico.

Uma característica importante dos resíduos perigosos introduzidos na atmosfera é o *potencial poluente*, que se refere ao grau de ameaça ambiental imposta pela substância atuante como poluente primário, ou seu potencial de causar prejuízos formando poluentes secundários.

Outra característica dos materiais classificados como resíduos perigosos que determina sua ameaça à atmosfera é o *tempo de residência*, expresso como uma meia-vida atmosférica estimada, $t_{1/2}$. Entre os fatores que participam da estimativa das meias-vidas atmosféricas estão a solubilidade em água, os níveis de precipitação e as taxas de mistura.

Muitas vezes os compostos perigosos com caráter de resíduo presentes na atmosfera que têm solubilidade em água significativa são removidos por *dissolução* em água. Essa água pode estar na forma de partículas muito finas de nuvens ou névoas, ou mesmo gotículas de chuva.

Algumas espécies de resíduos perigosos na atmosfera são removidas por *adsorção em partículas de aerossóis*. De modo geral o processo de adsorção é rápido, o que torna o ciclo de vida da espécie igual ao ciclo de vida das partículas do aerossol (normalmente alguns dias). A adsorção em partículas sólidas é o mecanismo de remoção mais comum de constituintes de volatilidade muito baixa, como o benzo[*a*]pireno.

A *deposição seca* é o nome dado ao processo pelo qual as espécies de resíduos perigosos são removidas da atmosfera pela colisão com o solo, a água ou as plantas na superfície da terra. As taxas de deposição seca dependem do tipo de substância, da natureza da superfície com que entram em contato e das condições climáticas.

Inúmeras substâncias classificadas como resíduos perigosos deixam a atmosfera a velocidades muito maiores que as observadas nos processos de dissolução, adsorção em partículas e deposição seca, o que indica a participação de processos químicos. Entre estes, as reações fotoquímicas são as mais importantes, muitas vezes com o envolvimento do radical hidroxila, HO•. Outras espécies atmosféricas reativas que podem atuar na remoção de compostos classificados como resíduos perigosos são o ozônio (O_3), o oxigênio atômico (O), os radicais peroxila (HOO•), os radicais alquil--peroxila (ROO•) e o NO_3. Embora sua concentração na troposfera seja relativamente baixa, o HO• é tão reativo que tende a predominar nos processos químicos que removem espécies perigosas do ar. O radical hidroxila promove *reações de abstração* que removem átomos de H de compostos orgânicos:

$$R\text{—}H + HO^\bullet \rightarrow R^\bullet + H_2O \qquad (20.12)$$

e podem reagir com as espécies contendo ligações insaturadas por adição, como mostra a reação:

$$\underset{H}{\overset{R}{C}}=\underset{H}{\overset{H}{C}} + HO^\bullet \longrightarrow H-\underset{H}{\overset{R}{C}}-\underset{H}{\overset{H}{C}}-OH \qquad (20.13)$$

Os radicais livres produzidos são muito reativos. Eles continuam reagindo, formando espécies oxigenadas, como aldeídos, cetonas e compostos orgânicos desalogenados, que, por fim, levam à formação de partículas ou materiais solúveis em água prontamente capturados na atmosfera.

A fotodissociação de compostos classificados como resíduos perigosos pode ocorrer pela ação da luz de comprimento de onda curto, que incide na troposfera e é absorvida por uma molécula que contenha um grupo absorvedor de luz chamado *cromóforo*:

$$R—X + h\nu \rightarrow R^{\bullet} + X^{\bullet} \qquad (20.14)$$

Entre os fatores envolvidos na avaliação da eficiência da absorção direta de luz para a remoção de espécies da atmosfera estão a intensidade da luz, o rendimento quântico (as reações químicas por quantum absorvido) e a mistura atmosférica. A necessidade de um cromóforo apropriado é um fator limitante para a fotólise direta como mecanismo de remoção da maioria dos compostos, exceto alcenos conjugados, compostos carbonílicos, alguns haletos e alguns compostos de nitrogênio, sobretudo os compostos nitro, que são muito comuns em resíduos perigosos.

20.16 Os resíduos perigosos na biosfera

Os microrganismos, as bactérias, os fungos e, até certo ponto, os protozoários podem metabolizar substâncias classificadas como resíduos perigosos presentes no ambiente. Portanto, a ecotoxicologia dos resíduos perigosos, isto é, seus efeitos tóxicos sobre os microrganismos nos ecossistemas, é muito importante. Em sua maioria, essas substâncias são *antropogênicas* (produzidas por atividades humanas) e classificadas como moléculas *xenobióticas*, estranhas aos organismos vivos. Embora sejam resistentes à degradação por natureza, quase todas as classes de xenobiontes – alcanos não halogenados, alcanos halogenados (triclorometano, diclorometano), compostos de arila não halogenados (benzeno, naftaleno e benzo[*a*]pireno), compostos de arila halogenados (HCB, pentaclorofenol), fenóis (fenol, cresóis), PCB, ésteres de ftalato e pesticidas (clordano, paration) – podem ser parcialmente degradadas por uma variedade de microrganismos.

A *bioacumulação* é a concentração de resíduos nos tecidos de organismos, e um mecanismo importante pelo qual os resíduos são introduzidos nas cadeias alimentares. A *biodegradação* ocorre quando os resíduos são convertidos a moléculas normalmente mais simples por processos biológicos. A conversão completa em espécies inorgânicas simples, como CO_2, NH_3, SO_4^{2-} e $H_2PO_4^-/HPO_4^{2-}$, é chamada de *mineralização*. A geração de um produto menos tóxico pela via bioquímica é chamada de *destoxificação*. A bioconversão do inseticida organofosforado paroxon, muito tóxico, em *p*-nitrofenol, com toxicidade cerca de 200 vezes menor, é um exemplo de destoxificação:

$$H_5C_2-O-\underset{H_5C_2-O}{\overset{\overset{O}{\|}}{P}}-O-\underset{}{\bigcirc}-NO_2 \xrightarrow[\text{Enzimas}]{H_2O,\{O\}} \underset{OH}{\overset{NO_2}{\bigcirc}} + \text{Outros produtos} \qquad (20.15)$$

20.16.1 O metabolismo microbiano na degradação de resíduos

Duas das principais divisões do metabolismo bioquímico que atuam em espécies perigosas classificadas como resíduos são os *processos aeróbios (óxidos)*, que utilizam O_2 molecular como fonte de oxigênio, e os *processos anaeróbios (anóxidos)*, que recorrem a outro oxidante, como o sulfato, SO_4^{2-}, reduzido a H_2S. (Esse processo tem a vantagem de precipitar sulfetos metálicos insolúveis na presença de metais perigosos.) Como o oxigênio molecular não desce a grandes profundidades, os processos anaeróbios predominam nos sedimentos profundos, como mostra a Figura 20.5.

Na maior parte, os compostos antropogênicos são muito mais resistentes à degradação do que os compostos naturais. Devido à natureza dos xenobiontes, são poucos os sistemas enzimáticos nos microrganismos atuantes especificamente nesses compostos, sobretudo quando efetuam seu primeiro ataque contra uma molécula. Portanto, a maioria desses compostos sofre a ação de um processo chamado *cometabolismo*, que ocorre concomitante aos processos metabólicos normais. Um exemplo interessante de cometabolismo é dado pelo fungo da podridão branca, *Phanerochaete chrysosporium*, utilizado no tratamento de organoclorados perigosos como as PCB, o DDT e as clorodioxinas. Esse fungo utiliza madeira morta como fonte de carbono e apresenta um sistema enzimático que quebra a lignina da madeira, um biopolímero resistente à degradação que liga a celulose da madeira. Em condições apropriadas esse sistema enzimático ataca compostos organoclorados e permite sua mineralização.

A suscetibilidade de um xenobionte classificado como resíduo perigoso à biodegradação depende de suas características químicas e físicas. As características físicas importantes incluem solubilidade em água, hidrofobicidade (aversão à água), volatilidade e lipofilicidade (afinidade com lipídios). Nos compostos orgânicos, certos grupos estruturais – cadeias carbônicas ramificadas, ligações de éteres, anéis benzênicos com substituições na posição meta, cloro, aminas, grupos metóxi e grupos nitro – aumentam bastante a resistência à biodegradação.

Os microrganismos variam em termos de sua capacidade de degradar resíduos perigosos. Um microrganismo nunca apresenta a capacidade de mineralizar por completo um composto classificado como resíduo. As bactérias aeróbias abundantes do gênero *Pseudomonas* são particularmente aptas a degradar compostos sintéticos, como bifenila, naftaleno, DDT e muitos outros compostos. Os *actinomicetos*, microrganismos com morfologia semelhante a bactérias e fungos, degradam uma variedade de compostos orgânicos, como os alcanos e a lignocelulose, resistentes à degradação, além de piridinas, fenóis, arilas não cloradas e arilas cloradas.

Os fungos são notáveis sobretudo por sua capacidade de atacar hidrocarbonetos complexos de cadeia longa, e têm mais sucesso do que as bactérias no ataque inicial contra PCB. A capacidade do fungo responsável pela podridão branca, *Phanerochaete chrysosporium*, de degradar compostos resistentes à biodegradação, em especial as espécies organocloradas, já foi mencionada.

20.16.2 A ecotoxicologia dos resíduos perigosos

Do ponto de vista biológico, a maior preocupação relativa a resíduos diz respeito a seus efeitos tóxicos em animais, plantas e micróbios. A vasta maioria das substâncias classificadas como resíduos perigosos apresenta certo grau de toxicidade, com algumas sendo muito venenosas. Os valores de toxicidade variam de forma marcante com a natureza química e física dos resíduos, a matriz em que estão contidos, o tipo e a condição das espécies expostas, e a maneira, o grau e a duração da exposição.

A *ecotoxicologia*, o estudo do modo como os compostos químicos afetam os organismos no ambiente, é uma parte importante da avaliação de risco relativo a resíduos perigosos.[5] A *ecoepidemiologia* compreende uma área mais abrangente e que busca avaliar como a saúde de uma comunidade biológica é afetada no longo prazo pela natureza química e física do ambiente com relação às substâncias químicas estranhas presentes nele. Um aspecto-chave da ecotoxicologia dos resíduos perigosos

Capítulo 20 A natureza, os recursos e a química ambiental de resíduos perigosos

é a determinação da concentração a partir da qual os compostos químicos passam a exercer efeitos significativos sobre os organismos no ambiente. A ecotoxicidade dos produtos com maiores chances de serem liberados no ambiente são avaliadas com base em uma abordagem quantitativa (QSAR*), um exercício sobretudo computacional, e prossegue com testes com ecossistemas em condições agudas, crônicas e com modelos de ecossistemas (um processo de efeitos encadeados) para analisar os prováveis efeitos dos compostos na sobrevivência, no crescimento e na reprodução dos organismos. Os custos e a complexidade dos testes aumentam com os níveis da abordagem encadeada, e testes adicionais talvez não sejam necessários se os testes iniciais na sequência revelarem que as probabilidades de ocorrerem problemas não são grandes. Somente os compostos mais utilizados são submetidos a testes caros de toxicidade crônica ou de modelo de ecossistema.

20.17 As substâncias perigosas e o terrorismo

Uma ampla variedade de substâncias utilizadas no comércio todos os dias ou produzidas especificamente devido a seus efeitos destrutivos ou tóxicos têm um alto potencial de serem usadas em atos terroristas. Algumas dessas substâncias são abordadas nesta seção. As substâncias tóxicas com esse potencial são discutidas em mais detalhes no Capítulo 24.

As substâncias usadas para atacar pessoas podem ser distribuídas por diversos meios, como ar, alimentos, água potável e fármacos, sendo muito eficientes contra grandes concentrações de pessoas, como observado em *shopping centers*, teatros ou meios de transporte. Em parte por serem diluídas com facilidade a níveis inofensivos por ventos e correntes de ar, os agentes químicos não causam tanta preocupação relativa a ataques contra populações dispersas em ambientes externos em comparação com o uso de armas biológicas ou atômicas. As quantidades de agentes químicos necessárias para perpetrar um ataque efetivo variam muito, de alguns poucos gramas de gás dos nervos a centenas de quilos de amônia ou cloro. Por conta do temor contra compostos químicos demonstrado pelo público geral, mesmo um ataque químico relativamente inofensivo espalharia pânico entre as pessoas expostas. É possível imaginar a consternação frente a uma névoa de cloreto de amônio com aparência nefasta, embora inofensiva, produzida pela liberação simultânea de amônia e cloreto de hidrogênio gasosos em uma área populosa.

Os compostos químicos com potencial de serem usados como arma terrorista incluem:

1. Compostos industriais tóxicos e perigosos.
2. Venenos de uso militar.
3. Substâncias orgânicas e oxidantes.
4. Substâncias corrosivas.
5. Substâncias muito reativas, como explosivos.

O uso de quantidades grandes de compostos químicos perigosos é uma característica de todas as sociedades industrializadas modernas. Os possíveis riscos trazidos por

---

* N. de T.: Quantitative Structure-Activity Relationships.

esses compostos são ilustrados pela catástrofe em Bhopal, na Índia, um incidente que matou 3.500 pessoas em 1984, quando isocianato de metila vazou por acidente. O cloro elementar e o fosgênio são muito utilizados e estavam entre os primeiros venenos empregados na Primeira Guerra Mundial. Um exemplo mais recente de envenenamento em grande escala por um composto químico ocorreu no campo de exploração de gás natural Chuandongbei, sudoeste da China, em dezembro de 2003, quando uma perfuradora atingiu um bolsão de gás natural de alta pressão contendo níveis muito altos de sulfeto de hidrogênio tóxico, H_2S. O gás tóxico que escapou do poço matou ao menos 191 pessoas, número que incluiu uma grande proporção da população do vilarejo de Xiaoyang, a comunidade mais próxima ao poço. Cerca de 600 pessoas na cidade de Zhonghe foram tratadas para envenenamento e milhares foram evacuadas. Para impedir a propagação do envenenamento, o gás foi incinerado, criando um enorme incêndio que converteu o sulfeto de hidrogênio em dióxido de enxofre, nocivo mas muito menos tóxico.

Os compostos químicos são muito bem controlados no interior das fábricas, e os incidentes com danos causados por essa fonte de compostos químicos são pouco comuns. Um risco maior é imposto pelo transporte desses compostos por trem, caminhão ou outros meios. Acidentes de transporte de grande porte em que compostos químicos são lançados ocorrem com relativa frequência. Os vagões de trens e caminhões que transportam esses compostos são vulneráveis a ataques terroristas e mesmo sequestros que poderiam resultar na exposição de populações humanas. Nesse sentido, as práticas da ecologia industrial e da química verde oferecem um enorme potencial para reduzir riscos. Em muitos casos, os intermediários químicos perigosos são produzidos no local, conforme a necessidade e com base no sistema de produção *just-in-time**, o que permite eliminar a necessidade de transportar grandes quantidades desses compostos e de armazenar volumes que poderiam representar riscos.

As substâncias que queimam e os oxidantes necessários para a combustão são muito utilizados e precisam ser transportados dos pontos de produção aos pontos de consumo. O potencial de substâncias inflamáveis de causar morte e destruição foi ilustrado de forma trágica no ataque às Torres Gêmeas em Nova York, em setembro de 2001, em que o agente de destruição foi o combustível das aeronaves. As substâncias inflamáveis incluem gases e líquidos voláteis capazes de se espalhar a alguma distância do ponto em que foram gerados por condutos como túneis de metrô e esgotos. As tubulações usadas no transporte de grandes quantidades de substâncias inflamáveis são vulneráveis a ataques terroristas. Misturados ao ar, os vapores inflamáveis podem causar explosões devastadoras.

Os oxidantes conseguem acelerar em muito a queima de materiais inflamáveis. Essa propriedade foi exemplificada no trágico acidente aéreo de uma aeronave da companhia ValueJet, nos Everglades da Flórida, em 1997, em que o clorato de sódio usado nos geradores de oxigênio do avião foi colocado no compartimento de bagagens e atuava como oxidante que acabou queimando os pneus do trem de pouso e outros materiais inflamáveis, causando a queda.

As substâncias corrosivas que atacam materiais e tecidos humanos são usadas em ataques terroristas. O ácido sulfúrico, que tem propriedades desidratantes, pode ser empregado para atacar infraestruturas como, por exemplo, equipamentos de telecomunicação.

---

* N. de T.: Sistema de produção em que os volumes a serem produzidos são definidos a jusante na cadeia produtiva, conforme a necessidade, sem formação de estoques.

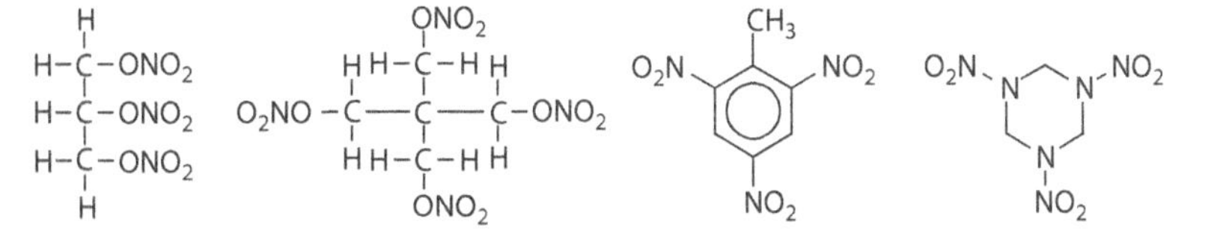

Capítulo 20 A natureza, os recursos e a química ambiental de resíduos perigosos 699

FIGURA 20.6 Explosivos de uso militar comuns.

Os explosivos são as substâncias mais usadas em ataques terroristas. Mesmo a detonação de quantidades pequenas de um explosivo tem poder de derrubar um avião. Quantidades muito grandes foram usadas em alguns dos ataques terroristas mais recentes e importantes, como a bomba detonada no prédio do governo federal em Oklahoma City, em 1995, e a explosão da embaixada norte-americana no Quênia.

Muitos tipos de explosivos podem ser desenvolvidos para finalidades ilegais, e incluem a pólvora, a nitroglicerina (o explosivo constituinte da dinamite), 2,4,6-TNT, 1,3,5-trinitro-1,3,5-triaza ciclohexano (RDX) e o tetranitrato de pentaeritritol (PETN). As fórmulas estruturais de diversos explosivos perigosos são mostradas na Figura 20.6. Os explosivos podem ser fabricados com materiais disponíveis com facilidade, como o nitrato de amônia fertilizante em combinação com óleo combustível, usados no atentado de Oklahoma City.

20.17.1 A detecção de substâncias perigosas

A detecção de explosivos e outras substâncias perigosas é de suma importância no combate a ataques terroristas. Os detectores de metais e os aparelhos de raio X, que sempre foram os meios padronizados para encontrar armas e bombas em passageiros de viagens aéreas e suas bagagens, têm uso limitado na detecção de substâncias perigosas. Espectrômetros de mobilidade iônica e sensores de quimioluminescência são empregados para detectar resíduos de explosivos como RDX, PETN ou TNT. De modo geral, a amostragem é conduzida usando adsorventes (papel de filtro e cotonetes) na bagagem. Mas a limpeza cuidadosa desta reduz as chances de detecção. A ressonância nuclear quadrupolo (RNQ), que produz um sinal dos núcleos dos átomos de ^{14}N, a forma do elemento que responde por 99,6% de todo o nitrogênio na natureza, é uma técnica bastante promissora para a detecção de explosivos. As informações que fornece correlacionam-se com os grupos funcionais nos tipos específicos de combustível, o que permite serem detectados. Outras tecnologias promissoras de detecção de explosivos incluem a difração dos raios X, a varredura por micro-ondas na faixa de milímetros e a RNQ.

A RNQ é um método bastante propício à detecção de explosivos devido a sua especificidade para encontrar o nitrogênio presente em todos os explosivos e sua capacidade de detectar explosivos em contêineres, e mesmo minas terrestres. A técnica produz um sinal dos núcleos do ^{14}N, a forma do elemento que responde por 99,6% de todo o nitrogênio na natureza. Um pulso de radiofrequência é gerado por uma bobina transmissora e excita os spins do ^{14}N a níveis mais altos de energia quântica. A medição da frequência de precessão durante o retorno dos spins a suas posições de equilíbrio dá as identidades e abundâncias dos grupos funcionais contendo nitrogênio. Essas informações são correlacionadas a diferentes tipos de explosivos, o que permite detectá-los.

Um dos meios mais sensíveis de detectar substâncias químicas perigosas com potencial para serem usadas em ataques terroristas é a "detecção olfativa canina". A técnica utiliza cães farejadores que detectam odores de substâncias, mesmo em níveis muito baixos. Esse sistema de detecção se baseia nos quase 220 milhões de receptores olfativos recobertos de muco que o cachorro apresenta (número cerca de 40 vezes maior que o dos receptores dos seres humanos) e que permite que esses animais detectem odores com eficiência muito maior que qualquer equipamento desenvolvido pela tecnologia. (No entanto, por diversas razões, inclusive o desejo de obter recompensas, os cães às vezes demonstram comportamentos temperamentais e imprevisíveis, com frequência atribuídos a instrumentos computacionais modernos e mesmo alguns seres humanos. De acordo com uma autoridade em olfato canino, "Os cães mentem. Nós sabemos disso.")[6]

20.17.2 A remoção de agentes perigosos

Um dos aspectos importantes do enfrentamento dos efeitos dos ataques perpetrados com algumas substâncias perigosas é sua remoção do ar contaminado, por exemplo, ou da descontaminação de superfícies contaminadas. Diversos tipos de filtros podem ser utilizados para remover partículas do ar e também da água. Adsorventes como carvão ativado e peneiras moleculares são usados para sequestrar contaminantes em nível molecular. Líquidos e soluções com capacidade de absorver contaminantes ou mesmo reagir com eles pela via química são empregados em lavadores e leitos de reação com sorventes compactados.

Um dos problemas comuns na descontaminação é que os materiais utilizados para essa finalidade podem ser incompatíveis com o aparato contaminado, como ocorre com equipamentos eletrônicos. Embora a água borrifada como névoa fina em uma atmosfera contaminada com cloro, fluoreto de hidrogênio, sulfeto de hidrogênio e outros materiais solúveis em água seja um agente de remoção eficiente, ela não é plenamente compatível com equipamentos de informática sensíveis. As espumas reativas são mais indicadas em alguns casos.

Os robôs são um meio promissor com relação a medidas antiterror, como a avaliação de sítios de ataque, execução de alguns tipos de busca e resgate, inspeção de contêineres, execução de vigilância rotineira e algumas tarefas trabalhosas ou tediosas envolvendo descontaminação. Nesses aspectos, os robôs são mais úteis como assistentes do que como substitutos de seres humanos. Embora a ideia de ter robôs operando totalmente por conta própria em tarefas complexas como a descontaminação continue sendo um sonho distante, os constantes avanços no controle computadorizado e na inteligência artificial sem dúvida aumentarão a importância dos robôs em estratégias antiterror no futuro.

Literatura citada

1. Duan, H., Q. Huang, Q. Wang, B. Zhou, and J. Li, Hazardous waste generation and management in China: A review, *Journal of Hazardous Materials*, **158**, 221–227, 2008.
2. Fjelsted, L. and T. H. Christensen, Household hazardous waste: Composition of paint waste, *Waste Management and Research*, **25**, 502–509, 2007.
3. Toxicity Characteristic Leaching Procedure, Test Method 1311 in *Test Methods for Evaluating Solid Waste, Physical/Chemical Methods*, EPA Publication SW-846, 3rd ed.,

(November, 1986, last amended 2008), as amended by Updates I, II, IIA, IIB, III, IIIA, IIIB, and IV in pdf format from http://www.epa.gov/SW-846

4. Magdaleno, A., A. Mendelson, A. F. d. Iorio, A. Rendina, and J. Moretton, Genotoxicity of leachates from highly polluted lowland river sediments destined for disposal in landfill, *Waste Management*, **28**, 2134–2139, 2008.

5. Wilke, B.-M., F. Riepert, C. Koch, and T. Kuene, Ecotoxicological characterization of hazardous wastes, *Ecotoxicology and Environmental Safety*, **70**, 283–293, 2008.

6. Derr, M., With Dog Detectives, Mistakes Can Happen, *New York Times*, December 24, 2002, p. D1.

Leitura complementar

ASTM Committee D-18 on Soil and Rock, *ASTM Standards Relating to Environmental Site Characterization*, 2nd ed., ASTM International, West Conshohocken, PA, 2002.

Barth, R. C., P. D. George, and R. H. Hill, *Environmental Health And Safety For Hazardous Waste Sites*, American Industrial Hygiene Association, Fairfax, VA, 2002.

Cabaniss, A. D., Ed., *Handbook on Household Hazardous Waste*, Government Institute/Scarecrow Press, Lanham, MD, 2008.

Carson, P. A. and C. Mumford, *Hazardous Chemicals Handbook*, 2nd ed., Butterworth-Heinemann, Boston, 2002.

Cheremisinoff, N. P., *Handbook of Industrial Toxicology and Hazardous Materials*, Marcel Dekker, New York, 1999.

Cheremisinoff, N. P., *Industrial Solvents Handbook*, 2nd ed., Marcel Dekker, New York, 2003.

Chermisinoff, D., *Fire and Explosion Hazards Handbook of Industrial Chemicals*, Jaico Publishing House, Mumbai, India, 2005.

Davletshina, T. A. and N. P. Cheremisinoff, *Fire and Explosion Hazards Handbook of Industrial Chemicals*, Noyes Publications, Westwood, NJ, 1998.

Gallant, B., *Hazardous Waste Operations and Emergency Response Manual*, Wiley-Interscience, Hoboken, NJ, 2006.

Garrett, T. L., Ed., *The RCRA Practice Manual*, 2nd ed., American Bar Association, Section of Environment, Energy, and Resources, Chicago, 2004.

Hackman, C. L., E. Ellsworth Hackman, III, and M. E. Hackman, *Hazardous Waste Operations and Emergency Response Manual and Desk Reference*, McGraw-Hill, New York, 2002.

Hawley, C., *Hazardous Materials Air Monitoring and Detection Devices*, 2nd ed., Thomson/Delmar Learning, Clifton Park, NY, 2007.

Hawley, C., *Hazardous Materials Handbook: Awareness and Operations Levels*, Delmar Cengage, Clifton Park, NY, 2008.

Hawley, C., *Hazardous Materials Incidents*, 3rd ed., Thomson/Delmar Learning, Clifton Park, NY, 2008.

Hocking Martin B. B., *Handbook of Chemical Technology and Pollution Control*, 3rd ed., Elsevier, Boston, 2006.

LaGrega, Michael D., P. L. Buckingham, and J. C. Evans, *Hazardous Waste Management*, 2nd ed., McGraw-Hill, Boston, MA, 2001.

McGowan, K., *Hazardous Waste*, Lucent books, San Diego, CA, 2001.

Meyer, E., *Chemistry of Hazardous Materials*, Prentice-Hall, Upper Saddle River, NJ, 1998.

Office of Technology Assessment, *Technologies and Management Strategies for Hazardous Waste Control*, University Press of the Pacific, Honolulu, 2005.

Pohanish, R. P., *Sittig's Handbook of Toxic and Hazardous Chemicals and Carcinogens*, 5th ed., Noyes Publications, Westwood, NJ, 2007.

Sara, M. N., *Site Assessment and Remediation Handbook,* 2nd ed., CRC Press/Lewis Publishers, Boca Raton, FL, 2003.
Spencer, A. B. and G. R. Colonna, *NFPA Pocket Guide to Hazardous Materials*, National Fire Protection Association, Quincy, MA, 2003.
Streissguth, T., *Nuclear and Toxic Waste*, Greenhaven Press, San Diego, CA, 2001.
Teets, J. W. and D. Reis, *RCRA: Resource Conservation and Recovery Act*, American Bar Association, Section of Environment, Energy, and Resources, Chicago, 2004.
Urben, P. G., Ed., *Bretherick's Handbook of Reactive Chemical Hazards*, 7th ed., Elsevier, Amsterdam, 2007.
Wang, L. K., *Handbook of Industrial and Hazardous Wastes Treatment*, 2nd ed., Marcel Dekker, New York, 2004.

Perguntas e problemas

1. Relacione um tipo de substância perigosa à esquerda com um exemplo à direita:

   1. Explosivos
   2. Gases comprimidos
   3. Materiais radioativos
   4. Sólidos inflamáveis
   5. Materiais oxidantes
   6. Materiais corrosivos

   a. Oleum, ácido sulfúrico, soda caustica
   b. Fósforo branco
   c. NH_4ClO_4
   d. Hidrogênio, dióxido de enxofre
   e. Nitroglicerina
   f. Plutônio, cobalto-60

2. Entre as alternativas apresentadas, a propriedade que *não* pertence ao grupo das outras propriedades listadas é: (A) Substâncias que são líquidos cujos vapores podem ignificar na presença de fontes de ignição. (B) Não líquidos que podem ignificar com a fricção ou o contato com a água e que queimam com vigor e persistência. (C) Gases comprimidos inflamáveis. (D) Oxidantes. (E) Substâncias que exibem extremos de acidez ou basicidade.
3. Discuta a afirmação de que as medidas tomadas para reduzir a poluição do ar e da água tendem a agravar o problema dos resíduos perigosos.
4. Por que a atenuação de metais pode ser pobre em lixiviados ácidos? Por que a atenuação de espécies aniônicas no solo é menor que a de espécies catiônicas?
5. Discuta a importância do LII e do LSI e da faixa de inflamabilidade na determinação dos riscos de ignição de líquidos orgânicos.
6. O HNO_3 concentrado e os produtos gerados por suas reações podem representar muitos riscos. Quais são eles?
7. Que nome é dado às substâncias que se inflamam espontaneamente no ar, sem uma fonte de injeção?
8. Cite quatro ou cinco produtos perigosos da combustão e explique os riscos que representam.
9. Que tipo de propriedade é conferida a um grupo funcional de um composto orgânico contendo oxigênio e nitrogênio?
10. Relacione uma substância corrosiva na coluna esquerda a uma de suas principais propriedades na coluna direita.

    1. Hidróxidos de metais alcalinos
    2. Peróxido de hidrogênio
    3. Ácido fluorídrico, HF
    4. Ácido nítrico, HNO_3

    A. Oxidante
    B. Bases fortes
    C. Dissolve vidro
    D. Reage com tecidos, formando ácido xantoproteico

11. Coloque os resíduos citados em ordem crescente de segregação: (A) Solventes halogenados diversos misturados com solventes à base de hidrocarbonetos contendo pouca água.

(B) Licor de banho de decapagem de aço. (C) Lodo diluído composto por resíduos orgânicos e inorgânicos diversos. (D) Solventes à base de hidrocarbonetos isentos de materiais halogenados. (E) Lodo inorgânico diluído misturado.

12. As espécies inorgânicas são divididas em três grandes grupos, com base na retenção em argilas. Que elementos são comumente listados nesses grupos? Qual é o embasamento químico para essa divisão? Como os ânions (Cl^-, NO_3^-) podem ser classificados?
13. De que forma uma grande quantidade de resíduos perigosos contendo PCB tem chances de ser encontrada na atmosfera?
14. O TCLP foi inicialmente concebido para imitar um "cenário de má gestão" em que resíduos perigosos foram descartados junto com lixo urbano orgânico biodegradável. Discuta como esse procedimento reflete as condições que podem surgir com as circunstâncias em que resíduos perigosos e lixo urbano em decomposição são descartados conjuntamente.
15. Quais são as principais propriedades dos resíduos que determinam a facilidade de seu transporte?
16. Liste e discuta a importância das principais fontes de resíduos perigosos, isto é, os principais meios pelos quais são introduzidos no ambiente. Quais são os perigos relativos representados por eles? Que parte do ambiente eles têm menos chances de contaminar?
17. Qual é a influência dos solventes orgânicos presentes em lixiviados em termos da atenuação de constituintes orgânicos classificados como resíduos perigosos?
18. Que atributos ou características um composto deve ter para que a fotólise direta seja um fator significativo em sua remoção da atmosfera?
19. Descreva o perigo específico representado pelo codescarte de agentes quelantes fortes e resíduos de radionuclídeos. O que pode ser dito sobre a natureza química desses últimos com relação a esses perigos?
20. Descreva um efeito benéfico da precipitação de $Fe_2O_3 \cdot xH_2O$ ou $MnO_2 \cdot xH_2O$ de resíduos perigosos presentes na água.
21. Por que os poluentes secundários do ar gerados em sítios de descarte de resíduos perigosos não geram grandes preocupações em comparação com poluentes atmosféricos primários? Qual é a distinção entre esses dois poluentes?
22. Relacione os processos físicos, químicos e bioquímicos relativos às transformações e ao destino final de resíduos químicos perigosos na hidrosfera na coluna esquerda às descrições desses processos na coluna direita:

    1. Reações de precipitação   A. A molécula é clivada com a adição de H_2O
    2. Processos bioquímicos   B. Muitas vezes incluem a hidrólise e a oxidação-redução
    3. Oxidação-redução   C. Ocorre em sedimentos e material em suspensão
    4. Reações de hidrólise   D. Normalmente com a intermediação de microrganismos
    5. Sorção   E. Muitas vezes com a agregação de coloides

23. Discuta as diferenças entre biodegradação, biotransformação, detoxificação e mineralização em resíduos perigosos na biosfera.
24. Qual é o papel em potencial do fungo *Phanerochaete chrysosporium* (agente da podridão branca) no tratamento de compostos classificados como resíduos perigosos? Para que tipo de compostos ele pode ser mais útil?
25. Que parte da hidrosfera está mais sujeita à contaminação de longo prazo e praticamente irreversível causada pelo descarte inadequado de resíduos perigosos no ambiente?
26. Várias características físicas e químicas estão envolvidas na determinação da facilidade de biodegradação de um resíduo perigoso, incluindo hidrofobicidade, solubilidade, volatilidade e afinidade com lipídios. Sugira e discuta como cada um desses fatores pode afetar a biodegradabilidade.
27. Cite e discuta alguns dos processos importantes que definem as transformações e o destino final de espécies químicas perigosas na hidrosfera.

21 A ecologia industrial da minimização, da utilização e do tratamento de resíduos

21.1 Introdução

O Capítulo 20 abordou a natureza e a geração de resíduos perigosos. Problemas graves relacionados à geração de resíduos existem não só nos Estados Unidos como em todo o mundo. Desde a década de 1970 muito vem sendo feito a fim de reduzir e eliminar resíduos perigosos. Legislações sobre esses resíduos foram aprovadas, regulamentações foram propostas e refinadas e inúmeros sítios de descarte foram caracterizados e tratados. Muitos dos recursos financeiros gastos com resíduos perigosos foram direcionados a litígios na tentativa de identificar e atribuir responsabilidade às várias partes envolvidas nos problemas. Este capítulo discute como a química ambiental, a ecologia industrial e a química verde podem ser aplicadas na gestão de resíduos perigosos para desenvolver medidas de minimização, reciclagem, tratamento e descarte de resíduos químicos. Em ordem decrescente de importância, a gestão de resíduos busca atender a seguinte hierarquia:

- Não produzir resíduos.
- Se a geração de resíduos é inevitável, gerar quantidades mínimas.
- Reciclar resíduos.
- Se forem gerados e não puderem ser reciclados, os resíduos devem ser tratados, preferencialmente de modo a eliminar o perigo que apresentam.
- Se o perigo não puder ser eliminado, os resíduos devem ser descartados de modo seguro.
- Assim que descartados, os resíduos devem ser monitorados junto com outros efeitos adversos.

A *eficácia* de um sistema de gestão de resíduos é uma medida de quão bem ele reduz as quantidades e os perigos apresentados por eles. Como mostra a Figura 21.1, a melhor opção de gestão envolve medidas que previnem a formação de resíduos. Em seguida, em termos de importância, vêm a recuperação e a reciclagem de seus constituintes, e a destruição e o tratamento com a conversão a formas não perigosas. A opção menos indicada é o descarte de materiais perigosos em aterros.

21.2 A redução e a minimização de resíduos

Nos últimos anos, esforços expressivos foram dedicados à redução das quantidades de resíduos e, portanto, à necessidade de tratá-los. A maior parte desses esforços foi resultado de legislações e regulações restringindo a geração de resíduos, além das

Capítulo 21 A ecologia industrial da minimização, da utilização e do tratamento de resíduos

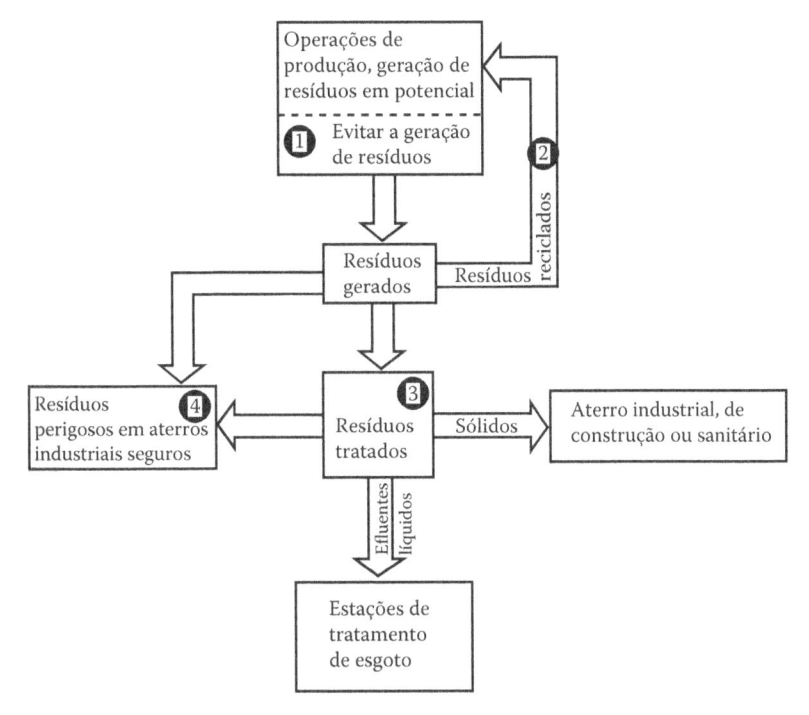

FIGURA 21.1 A ordem de eficiência das opções de tratamento de resíduos. Os círculos escuros indicam o grau de eficiência, do mais (1) ao menos desejável (4).

preocupações acerca de possíveis ações legais e processos judiciais. Em muitos casos – e, idealmente, em todos – minimizar a quantidade de resíduos produzidos simplesmente é um bom negócio. Resíduos são materiais, materiais têm valor e, portanto, todos os materiais deveriam ser empregados com alguma finalidade útil, e não descartados como resíduos, muitas vezes com altos custos envolvidos nessas operações.

A ecologia industrial diz respeito unicamente ao uso eficiente dos materiais. Logo, por definição, um sistema de ecologia industrial também é um sistema de redução e minimização de resíduos.[1] Na redução da quantidade de resíduos é importante adotar a perspectiva mais ampla possível. Isso porque lidar com um problema de resíduos de forma isolada pode simplesmente criar outro problema. Os primeiros esforços no sentido de controlar a poluição do ar e da água no passado resultaram em problemas relativos a resíduos perigosos isolados das operações industriais. Um dos principais aspectos da ecologia industrial é a abordagem que considera os sistemas industriais como entidades únicas, o que transforma esses mesmos sistemas nos melhores meios de lidar com resíduos, com base em estratégias que previnem sua geração.

Muitos problemas com resíduos perigosos podem ser evitados nos primeiros estágios da produção industrial com a *redução de resíduos* (cortes nas quantidades de resíduos, já na origem) e a *minimização de resíduos* (utilização de processos de tratamento que reduzem as quantidades de resíduos que requeiram descarte final).[2]

Os modos como as quantidades de resíduos podem ser diminuídas incluem a redução na fonte, a separação e concentração de resíduos, a recuperação de recursos e a reciclagem. As abordagens mais eficientes para a minimização de resíduos se

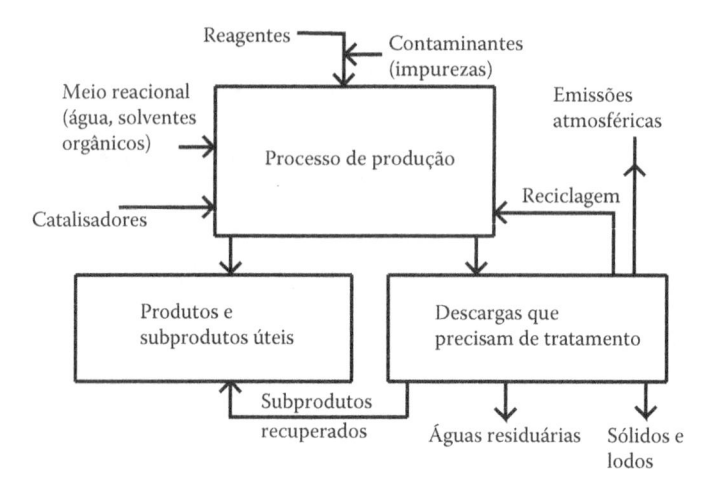

FIGURA 21.2 O processo de produção química considerando a minimização de emissões e resíduos.

concentram no controle cuidadoso dos processos de produção, levando em consideração o lançamento de resíduos e o potencial para a minimização em todas as etapas. Considerar o processo na sua totalidade (conforme delineado para um processo de produção química na Figura 21.2) permite a identificação crucial da fonte de um resíduo, como uma impureza presente na matéria-prima, um catalisador ou um solvente de processo. Uma vez identificada a fonte, fica muito mais fácil adotar medidas para eliminar ou reduzir resíduos. A abordagem mais eficiente prioriza a minimização de resíduos como parte do projeto de uma unidade de produção.

As modificações em processos de produção conseguem reduzir a geração de resíduos de forma substancial. Algumas dessas mudanças são de ordem química. As alterações nas condições de uma reação química minimizam a geração de substâncias classificadas como resíduos perigosos. Em alguns casos, catalisadores potencialmente perigosos, como aqueles formulados a partir de substâncias tóxicas, podem ser substituídos por catalisadores não perigosos ou passíveis de serem reciclados em vez de descartados. Os resíduos podem ser minimizados com a redução de volume, como na desidratação e secagem de lodos.

Muitos tipos de correntes de resíduos são candidatos à minimização. Por exemplo, as correntes de resíduos em instalações do governo federal dos Estados Unidos incluíam solventes usados na limpeza e no desengraxe, óleo lubrificante utilizado em motores a gasolina e diesel, restos de tinta e solventes, formulações anticongelamento e antiebulição para motores, pilhas, tintas, filmes fotográficos usados e lixo hospitalar. As fontes desses resíduos eram tão variadas quanto as próprias correntes que geravam. As oficinas mecânicas são ponto de geração de óleo lubrificante e fluidos refrigerantes usados. Hospitais, clínicas e laboratórios médicos geram lixo hospitalar. Oficinas de manutenção de aeronaves onde aviões e suas peças são limpos e têm camadas de tinta removidas por processos químicos, sendo repintados e galvanizados geram grandes quantidades de efluentes, sobretudo materiais orgânicos. Além dessas instalações, oficinas de manutenção de equipamentos e armamentos, laboratórios fotográficos e de impressão, lojas de tintas e de itens para a produção artística e artesanatos também geram resíduos.

Uma parte crucial do processo de redução e minimização de resíduos é o desenvolvimento de um balanço material, um componente da prática da ecologia industrial. Esse balanço aborda diversos aspectos das correntes de resíduos, como fontes, identificação e quantidades de resíduos e métodos e custos de manuseio, tratamento, reciclagem e descarte. As correntes consideradas prioridade podem então ser submetidas a investigações detalhadas relativas a processos no sentido de obter as informações necessárias para reduzir resíduos.

Hoje, o campo de minimização de resíduos dá sinais encorajadores de progresso. Todas as grandes companhias iniciaram programas de minimização dos resíduos que geram. Na maioria dos casos, mais de 97% dos lodos gerados como resíduo pelo refino de petróleo que no passado eram descartados em aterros hoje são submetidos à coqueificação. A meta é produzir hidrocarbonetos líquidos úteis, além de gases e coque (um material sólido contendo carbono com valor comercial). Êxitos semelhantes foram alcançados com relação a compostos que no passado eram resíduos gerados por diversos setores industriais.

21.3 A reciclagem

Sempre que possível, a reciclagem e o reuso devem ser efetuados *in situ*, o que evita a necessidade de transportar resíduos. Além disso, um processo que gera materiais recicláveis é muitas vezes aquele que tem mais probabilidade de encontrar utilidade para eles. As quatro principais áreas em que algo de valor pode ser obtido a partir de resíduos são:

- A reciclagem direta como matéria-prima para o gerador, tal como ocorre com o retorno de materiais não consumidos por completo em um processo de síntese.
- A transferência de matéria-prima para outro processo. Uma substância que é resíduo em um processo pode servir como matéria-prima em outro, por vezes em um setor completamente diferente.
- A utilização de resíduos no controle da poluição ou no tratamento de resíduos, como o álcali usado para neutralizar resíduos ácidos.
- A recuperação de energia, como na incineração de resíduos perigosos combustíveis.

21.3.1 Exemplos de reciclagem

A reciclagem de impurezas industriais e produtos sem utilidade acontece em larga escala com muitos materiais diferentes. A maioria desses materiais não é perigosa, mas, como ocorre com a maioria das operações industriais de grande porte, a reciclagem pode envolver o uso ou a produção de substâncias perigosas. Alguns dos exemplos mais importantes são:

- Os *metais ferrosos* representados sobretudo pelo ferro e utilizados como insumos em fornalhas de arco elétrico.
- Os *metais não ferrosos*, como alumínio (que vem em segundo lugar, após o ferro, em quantidade reciclada), cobre e suas ligas, zinco, chumbo, cádmio, estanho, prata e mercúrio.

- Os *compostos metálicos*, como sais metálicos.
- As *substâncias inorgânicas*, como compostos alcalinos (o hidróxido de sódio utilizado na remoção de compostos de enxofre dos derivados de petróleo), ácidos (o banho de decapagem do aço, em que as impurezas permitem o reuso), e sais (o sulfato de amônio da coqueificação do carvão e usado como fertilizante).
- O *vidro*, que representa perto de 10% do lixo urbano.
- O *papel*, muito reciclado do lixo urbano.
- Os *plásticos*, compostos por uma variedade de materiais poliméricos moldáveis e que representam importantes constituintes do lixo urbano.
- A *borracha*.
- As *substâncias orgânicas*, sobretudo solventes e óleos, como os óleos hidráulicos e lubrificantes.
- Os *catalisadores* da síntese química ou do refino de petróleo.
- Os materiais com *utilização agrícola*, como a cal ou os lodos contendo fosfatos empregados para tratar e fertilizar solos ácidos.

21.3.2 A utilização e a recuperação de resíduos de óleos

O *óleo residual* gerado com o uso de fluidos lubrificantes e hidráulicos é um dos materiais mais reciclados. A produção anual de óleo residual nos Estados Unidos é da ordem de 4 bilhões de litros. Cerca de metade desse volume é queimada como combustível, e quantidades menores são recicladas ou descartadas como resíduo. A coleta, a reciclagem, o tratamento e o descarte de óleo residual são processos complexos, por esse material se originar de fontes diversificadas, muito dispersas, e conter muitas classes de contaminantes potencialmente perigosos. Esses são divididos em constituintes orgânicos (HAP, hidrocarbonetos clorados) e inorgânicos (alumínio, cromo e ferro gerados pela fadiga de peças metálicas, além do bário e do zinco dos aditivos presentes em óleos, ou o chumbo da gasolina contendo esse elemento).

21.3.2.1 A reciclagem de óleo usado

Os processos utilizados para converter óleo usado em hidrocarboneto líquido empregado como insumo na formulação de lubrificantes são ilustrados na Figura 21.3. O primeiro utiliza a destilação para remover água e os resíduos leves originados na condensação e na contaminação por combustíveis. O segundo passo, o processamento, pode ser uma destilação a vácuo em que os três produtos são o óleo que continuará sendo processado, uma fração de óleo combustível e um resíduo pesado. A etapa de

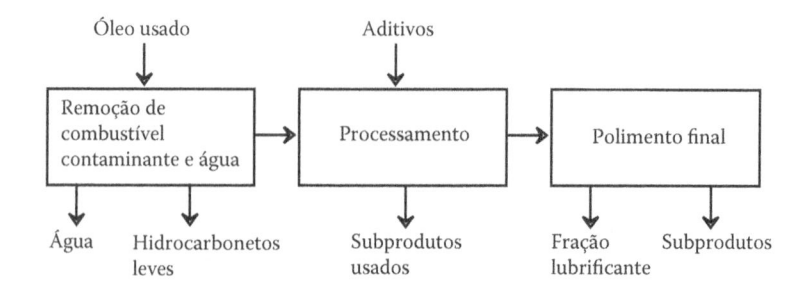

FIGURA 21.3 As principais etapas do reprocessamento de óleo usado.

processamento também pode empregar o tratamento com uma mistura de solventes como os alcoóis de isopropila e de butila, além da metil-etil-cetona, para dissolver o óleo e deixar os contaminantes na forma de lodo. Além disso, a etapa talvez envolva o contato com o ácido sulfúrico para eliminar contaminantes inorgânicos, acompanhado pelo tratamento com argilas para remover o ácido e os contaminantes causadores de odor e cor. A terceira etapa mostrada na Figura 21.3 utiliza uma destilação a vácuo para separar a fração de óleo lubrificante da fração combustível e dos resíduos pesados. É possível que essa fase de tratamento também envolva o hidroacabamento, o tratamento com argilas e a filtração.

21.3.2.2 O óleo residual combustível

Por razões econômicas, o óleo residual que será usado como combustível recebe tratamento mínimo, de natureza física, como a sedimentação, a remoção de água e a filtração. Os metais presentes no óleo residual combustível são muito concentrados em suas cinzas volantes, o que pode representar perigo.

21.3.3 A recuperação e a reciclagem de solventes residuais

A recuperação e a reciclagem de solventes residuais têm algumas semelhanças com a reciclagem de óleo usado, além de serem atividades econômicas importantes. Entre os muitos solventes listados como resíduos perigosos e passíveis de recuperação estão o diclorometano, o tetracloroetileno, o tricloroetileno, o 1,1,1-tricloroetano, o benzeno, os alcanos líquidos, o 2-nitropropano, o metil-isobutil-cetona e a ciclohexanona. Por razões econômicas e de controle de poluição, muitos processos industriais que utilizam solventes são aparelhados para reciclar esses compostos. O esquema básico de recuperação e reuso de solventes é mostrado na Figura 21.4.

Devido ao impacto em termos de consumo de material e efeitos ambientais, os solventes têm alta prioridade na prática da química verde. Diversas operações são empregadas na recuperação e purificação de solventes. Os sólidos presentes são removidos por deposição, filtração ou centrifugação. Agentes secantes podem ser usados para remover água dos solventes, e várias técnicas de adsorção e tratamentos químicos normalmente são necessários para retirar impurezas específicas desses compostos. A destilação fracionada, que muitas vezes precisa ser efetuada em di-

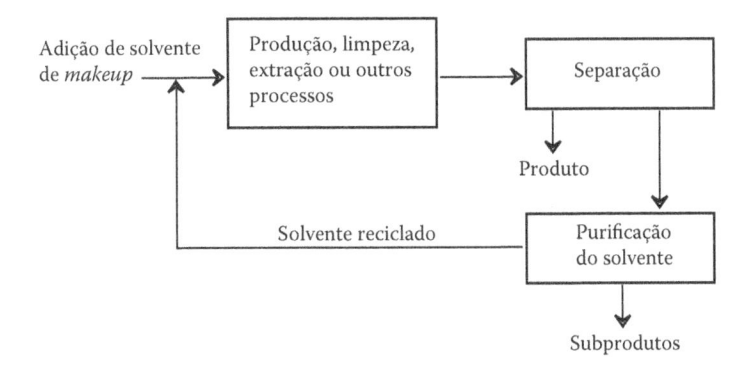

FIGURA 21.4 Processo geral de reciclagem de solventes.

versas etapas, é a principal operação na purificação e reciclagem de solventes, sendo usada para separar solventes de impurezas, água e outros solventes.

21.3.4 A recuperação da água de águas residuárias

Muitas vezes é desejável recuperar a água de águas residuárias, especialmente em regiões onde a água é escassa. Mesmo onde é abundante, a reciclagem da água é interessante a fim de minimizar os volumes de água lançados no ambiente.

Um pouco mais que a metade da água usada nos Estados Unidos é consumida na agricultura, sobretudo para irrigação. As usinas termelétricas consomem cerca de um quarto da água usada no país, enquanto outras finalidades, como a produção e o uso doméstico, respondem pelo restante.

Os três principais consumidores de água na indústria são a produção de compostos químicos e processos afins, papel e semelhantes, e metais primários. Esses setores utilizam água para refrigeração, processamento e em caldeiras. O potencial que apresentam para o reuso da água é alto, e estima-se que o volume total de água que consomem caia no futuro, com a popularização da reciclagem.

O grau de tratamento necessário para o reuso de águas residuárias depende da aplicação. A água usada em operações de têmpera e de lavagem em geral é a que requer menos tratamento, e as águas residuárias de outros processos podem ser empregadas para essas finalidades sem tratamentos especiais. Na outra ponta do espectro estão a água de alimentação de caldeiras, a água para consumo humano, a água usada diretamente na recarga de aquíferos e aquela com que as pessoas entram em contato direto (esportes a vela, esqui aquático e atividades semelhantes), que precisam ser de qualidade muito alta.

Os processos de tratamento aplicados em águas residuárias para reuso e reciclagem dependem das características da água residuária e dos usos pretendidos. Os sólidos presentes nela são removidos por sedimentação e filtração. A DBO é reduzida com tratamento biológico, como filtros biológicos e tratamento de lodo ativado. Para empregos capazes de gerar a proliferação indesejada de algas, os nutrientes presentes nessa água precisam ser retirados. O nutriente de remoção mais fácil é o fosfato, que pode ser precipitado com cal. O nitrogênio é removido por processos de desnitrificação.

Dois dos principais problemas na reciclagem de águas industriais são os metais e as espécies orgânicas tóxicas dissolvidas. Os metais são removidos por troca iônica ou precipitação com bases ou sulfetos. As espécies orgânicas são removidas por filtração com carvão ativado. Algumas espécies orgânicas são degradadas pela via biológica por bactérias presentes no tratamento biológico de águas residuárias.

Uma das principais fontes de águas residuárias potencialmente perigosas é a separação do óleo da água na lavagem de peças e materiais mecânicos. Devido ao uso de surfactantes e solventes na água de lavagem, a água separada tende a apresentar óleo emulsionado, que não é separado por completo em um separador água-óleo (SAO). Além disso, o lodo acumulado no fundo do separador pode conter compostos perigosos, como metais e alguns constituintes orgânicos. Várias medidas, que incluem a incorporação de boas práticas da ecologia industrial, podem ser adotadas a fim de eliminar esses problemas. Uma dessas medidas consiste em eliminar o uso de surfactantes e solventes que tendem a contaminar a água, com a adoção de surfactantes e solventes passíveis de serem tratados. Outra ação útil é o tratamento da água para remover constituintes nocivos e a posterior reciclagem. Essa medida não apenas poupa água e reduz os custos relativos ao descarte, como também permite a reciclagem de surfactantes e outros aditivos.

A melhor qualidade da água é atingida com a adoção de processos que removem solutos, onde o único produto restante é a H_2O pura. Uma combinação de tratamento com carvão ativado para remover compostos orgânicos, troca catiônica para retirar cátions dissolvidos e troca aniônica para eliminar ânions em solução tem o potencial de gerar água de alta qualidade a partir de águas residuárias. A osmose reversa (ver Capítulo 8) também alcança esse objetivo. Contudo, esses processos geram carvão ativado usado, resinas trocadoras de íons que requerem regeneração e salmouras concentradas (da osmose reversa) que têm de ser descartadas, pois podem acabar como resíduos perigosos.

21.4 Os métodos físicos de tratamento de resíduos

Esta seção trata dos métodos físicos de tratamento de resíduos, e a seção seguinte, dos métodos que recorrem a processos químicos. É preciso lembrar que a maior parte das medidas de tratamento de resíduos contemplam aspectos físicos e químicos. A tecnologia de tratamento adequada para resíduos perigosos depende obviamente da natureza desses resíduos, que podem variar em termos de forma física, densidade, composição química, solubilidade em água e em solventes orgânicos, volatilidade e outras características.

Como mostra a Figura 21.5, o tratamento de resíduos ocorre em três níveis principais – *primário*, *secundário* e *terciário* – um tanto semelhante ao tratamento

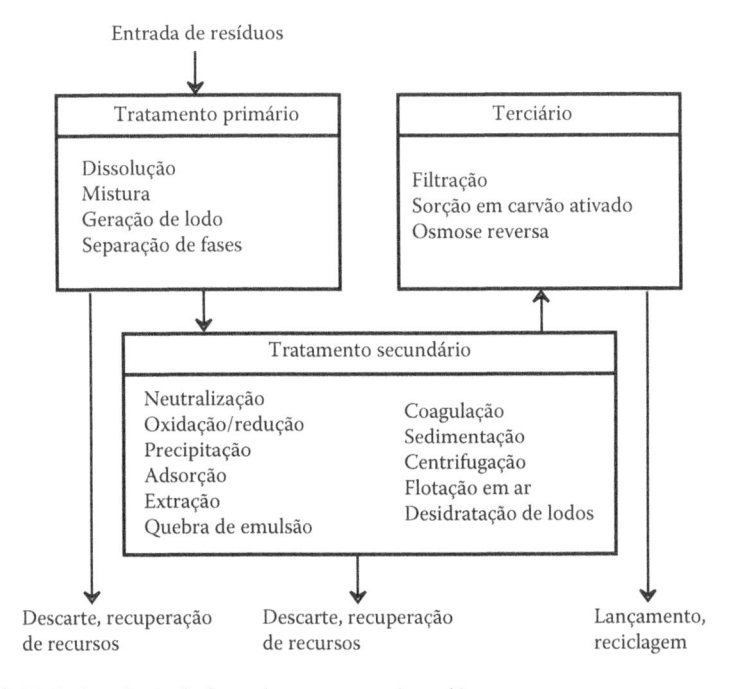

FIGURA 21.5 As principais fases do tratamento de resíduos.

de águas residuárias (ver Capítulo 8). O tratamento primário consiste na preparação para as outras etapas, embora possa resultar na remoção de subprodutos e na redução da quantidade e do risco dos resíduos. O tratamento secundário destoxifica, destrói e remove constituintes perigosos. O tratamento terciário, ou polimento, normalmente se refere ao tratamento da água isenta de resíduos, antes de seu despejo. O termo polimento também pode ser usado em alusão ao tratamento de outros produtos, quando a meta é promover o descarte ou a reciclagem destes com segurança.

21.4.1 Os métodos de tratamento físico

O conhecimento do comportamento físico dos resíduos foi usado para desenvolver diversas operações unitárias para o tratamento com base em propriedades físicas. Essas operações incluem:

- Separação de fases
  Filtração
  Sedimentação
  Flotação
- Transferência de fases
  Extração
  Sorção
- Transição de fases
  Destilação
  Evaporação
  Precipitação física
- Separação por membrana
  Osmose reversa
  Hiper e ultrafiltração

21.4.1.1 A separação de fases

Os meios mais simples de tratamento físico envolvem a separação de componentes de uma mistura que já estão em duas fases diferentes. A *sedimentação* e a *decantação* são realizadas com facilidade usando equipamentos simples. Em muitos casos, a separação precisa ser auxiliada por meios mecânicos, em especial a *filtração* ou a *centrifugação*. A *flotação* é usada para trazer à superfície de uma suspensão a matéria orgânica suspensa ou partículas finamente divididas. No processo chamado *flotação por ar dissolvido* (FAD), ar comprimido é dissolvido no meio de suspensão e sai da solução quando a pressão é liberada na forma de bolhas de ar minúsculas presas às partículas suspensas, o que faz as partículas subirem à superfície.

Uma etapa importante e muitas vezes difícil do tratamento de resíduos é a *quebra da emulsão*, em que *emulsões* do tamanho de partículas agregam e sedimentam de uma suspensão. Agitação, calor, ácidos e a adição de *coagulantes* compostos por polieletrólitos orgânicos ou substâncias inorgânicas, como sais de alumínio, podem ser usados para agregar e sedimentar essas partículas.

21.4.1.2 A transição de fases

A segunda grande classe de processos de separação física é a *transição de fases*, em que um material deixa uma fase física e entra em outra. O melhor exemplo de transição de fases é a *destilação*, usada no tratamento e na reciclagem de solventes, óleo usado, resíduos fenólicos aquosos, xileno contaminado com parafina de laboratórios de histologia e misturas de etil benzeno e estireno. A destilação gera a *borra de destilação* (resíduos), muitas vezes perigosa e poluente. Esses resíduos são formados por sólidos não evaporados, alcatrões semissólidos e lodos de destilação. Exemplos específicos incluem a borra da destilação usada na produção de acetaldeído a partir do etileno (registro de resíduo perigoso K009) e da recuperação do tolueno na produção do dissulfoton (K036). O descarte em aterro sanitário desses e outros compostos encontrados na borra de destilação, prática muito comum no passado, hoje é muito restrito.

A *evaporação* é comumente empregada para remover água de um resíduo aquoso, com o objetivo de concentrá-lo. Um exemplo especial de evaporação é a *evaporação em filme fino*, em que os constituintes voláteis são removidos por aquecimento de uma camada fina de líquido ou lodo residual espalhado em uma superfície aquecida.

A *secagem* é a remoção de um solvente ou de água de um sólido ou semissólido (lodo), ou a remoção de um solvente de um líquido ou suspensão. É uma operação muito importante, porque a água com frequência é o principal componente de um resíduo, como o lodo gerado da quebra de uma emulsão. Na *secagem por congelamento*, o solvente, geralmente a água, é sublimado de um material congelado. A secagem de resíduos sólidos e lodos perigosos tem por meta a redução de volume, a remoção de solventes ou água que podem interferir nos processos subsequentes de tratamento, e a eliminação de constituintes voláteis perigosos. A desidratação pode ser melhorada com o uso de um adjuvante de filtração, como a terra de diatomáceas, durante a etapa de filtração.

O *arraste* é um meio de separação de componentes de diferentes volatilidades em uma mistura líquida que consiste na separação dos componentes mais voláteis por uma fase gasosa ou corrente de ar (arraste por vapor). A fase gasosa é introduzida na solução ou suspensão aquosa contendo o resíduo em uma torre de arraste equipada com bandejas ou acondicionada com algum material de enchimento. A meta é gerar um máximo de turbulência e contato entre as fases líquida e gasosa. Os dois principais produtos são o vapor condensado e um resíduo de arraste. Dois componentes que podem ser removidos da água por arraste por ar são o benzeno e o diclorometano. O arraste por ar também é usado para remover amônia da água tratada com uma base que converte o íon amônio em amônia volátil.

A *precipitação física* é usada nesta seção para descrever os processos em que um sólido forma um soluto em solução como resultado de uma troca física nesta, em comparação com a precipitação química (ver Seção 21.5), em que uma reação química em solução produz um material insolúvel. A precipitação física é promovida pelo esfriamento da solução, pela evaporação ou pela alteração da composição de um solvente. O tipo mais comum de precipitação física por alteração com solvente ocorre quando um solvente orgânico miscível em água é adicionado a uma solução aquosa para reduzir a solubilidade de um sal, em comparação com sua concentração inicial em água.

21.4.1.3 A transferência de fases

A *transferência de fases* consiste na transferência de uma fase para outra de um soluto presente em uma mistura. Um tipo importante de transferência de fase é a *extração por solvente*, em que uma substância é transferida de uma solução em um solvente (geralmente água) para outro (muitas vezes um solvente orgânico), sem alteração química. Os solventes podem ser usados para *lixiviar* substâncias de sólidos ou lodos. A extração por solvente e os principais termos aplicados a ela são resumidos na Figura 21.6. Os mesmos termos e princípios gerais são válidos para a lixiviação. Uma das aplicações mais importantes da extração por solventes no tratamento de resíduos é a remoção de fenol da água gerada como subproduto na coqueificação do carvão, no refino de petróleo e nas sínteses químicas que envolvem o fenol.

Uma das abordagens mais promissoras à extração por solventes e à lixiviação de resíduos perigosos é o uso de *fluidos supercríticos*, principalmente o CO_2, como solventes de extração. Um fluido supercrítico é aquele que tem características de líquido e gás e que está acima de sua pressão e temperatura críticas (31,1°C e 73,8 atm, respectivamente, para o CO_2). Após uma substância ter sido extraída de um resíduo por um fluido supercrítico sob pressão elevada, esta pode ser reduzida, resultando na separação da substância extraída. O fluido pode então ser comprimido outra vez e recirculado no sistema de extração. Algumas possibilidades para o tratamento de resíduos perigosos por extração com CO_2 supercrítico incluem a remoção de contaminantes orgânicos de águas residuárias, a extração de pesticidas organoalogenados do solo, a extração de óleo de emulsões utilizadas no processamento de alumínio e aço, e a regeneração de carvão ativado usado. Os óleos usados contaminados com PCB, metais e água podem ser purificados com etano supercrítico.

A transferência de uma substância de uma solução a uma fase sólida é chamada *sorção*. O sorvente mais importante é o *carvão ativado*, que, em alguns casos, é empregado no tratamento completo de resíduos perigosos e no pré-tratamento de correntes de resíduos em processo, como a osmose reversa, a fim de melhorar a eficiência do tratamento e reduzir a ocorrência de formações gelatinosas. Os efluentes de outros processos de tratamento, como o tratamento biológico de solutos em água,

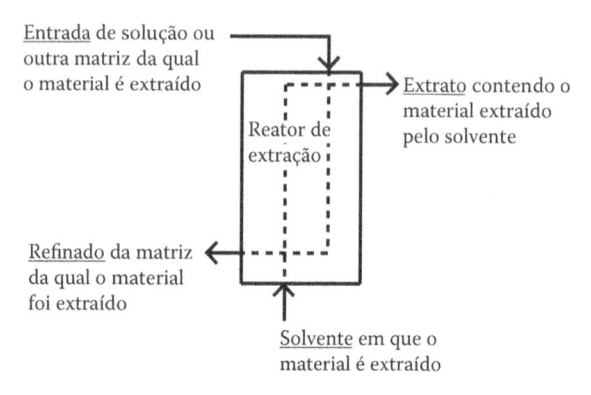

FIGURA 21.6 Diagrama do processo de extração/lixiviação por solvente. Os termos importantes estão sublinhados.

podem ser melhorados com carvão ativado. A sorção em carvão ativado é mais eficiente na remoção de materiais perigosos da água que são pouco solúveis e que têm massas molares elevadas, como xileno, naftaleno (U165), hidrocarbonetos clorados, fenol (U188) e anilina. O carvão ativado não funciona bem com compostos orgânicos muito solúveis em água ou muito polares.

Além do carvão ativado, outros sólidos usados na sorção de contaminantes de resíduos líquidos incluem as resinas sintéticas compostas por polímeros orgânicos e substâncias minerais (a argila é empregada para remover impurezas de óleos lubrificantes usados em alguns processos de reciclagem desse resíduo).

21.4.1.4 A separação molecular

Uma terceira classe importante de separação física é a *separação molecular*, com frequência baseada em *processos de membrana* em que contaminantes dissolvidos ou solventes passam por uma membrana de filtração com base no tamanho das moléculas, sob pressão. Os produtos são uma fase solvente relativamente pura (na maioria das vezes a água) e um concentrado rico de impurezas do soluto. Os processos de membrana mais comuns são discutidos na Seção 8.6 e resumidos na Tabela 8.1. A ultrafiltração e a hiperfiltração têm utilidade especial na concentração de óleos e graxas em suspensão e de sólidos finos em água, além de soluções de moléculas grandes e complexos iônicos de metais.

21.5 O tratamento químico: uma visão geral

A aplicabilidade de um tratamento químico em resíduos depende das propriedades químicas de seus constituintes, sobretudo o comportamento ácido-base, oxidação-redução, precipitação e complexação, reatividade, inflamabilidade/combustibilidade, corrosividade e compatibilidade com outros resíduos. As principais operações unitárias para o tratamento químico de resíduos são:

- A neutralização ácido/base
- A extração química ou lixiviação
- A troca iônica
- Precipitação química
- Oxidação
- Redução

Alguns dos meios mais sofisticados de tratamento de resíduos foram desenvolvidos tendo em vista o descarte de pesticidas.

21.5.1 A neutralização ácido-base

Ácidos e bases usados são tratados por *neutralização*:

$$H^+ + OH^- \rightarrow H_2O \tag{21.1}$$

Embora em princípio seja simples, a neutralização apresenta alguns problemas práticos, como a liberação de contaminantes voláteis, a mobilização de substâncias solúveis, o excesso de calor gerado pela reação e a corrosão de equipamentos. A adição do agente neutralizante em excesso ou em falta pode gerar um produto ácido ou básico. A cal, $Ca(OH)_2$, é muito usada como base no tratamento de resíduos ácidos. Devido à sua baixa solubilidade, as soluções contendo cal em excesso não atingem valores de pH muito altos. O ácido sulfúrico, H_2SO_4, é um ácido relativamente barato e pode ser empregado no tratamento de resíduos alcalinos. No entanto, a adição em excesso do composto pode gerar produtos muito ácidos. Para algumas aplicações, o ácido acético, CH_3COOH, é preferível. Conforme observado, o ácido acético é um ácido fraco e em excesso não causa grandes problemas, além de ser um produto natural e biodegradável.

Com frequência a neutralização, ou ajuste de pH, é necessária antes da aplicação de outros processos de tratamento de resíduos. Os processos que provavelmente exijam a neutralização incluem a oxidação/redução, a sorção por carvão ativado, a oxidação com ar úmido, o arraste e a troca iônica. De modo geral os microrganismos precisam de um pH na faixa 6-9, assim, talvez seja necessário efetuar a neutralização antes do tratamento biológico.

21.5.1.1 A recuperação de ácidos

Em vez de neutralizar um ácido, em alguns casos, é possível recuperar o composto para tirar proveito de seu valor econômico. A recuperação de ácidos está de acordo com as boas práticas da química verde. Um exemplo de recuperação de ácidos é o uso de trioctil fosfato para recuperar ácido acético e ácido nítrico de uma mistura destes compostos e do H_3PO_4 gerado em alguns processos, como a impressão na produção de cristais líquidos.

21.5.2 A precipitação química

A *precipitação química* é usada no tratamento de resíduos perigosos, principalmente para remover íons de metais da água, como mostra a reação de precipitação química do cádmio:

$$Cd^{2+}(aq) + HS^-(aq) \rightarrow CdS(s) + H^+(aq) \qquad (21.2)$$

21.5.2.1 A precipitação de metais

Os meios mais usados na precipitação química de íons metálicos é a formação de hidróxidos, como o hidróxido de cromo (III):

$$Cr^{3+} + 3OH^- \rightarrow Cr(OH)_3 \tag{21.3}$$

A fonte do íon hidróxido é uma base (álcali) como a cal [$Ca(OH)_2$], o hidróxido de sódio (NaOH) ou o carbonato de sódio (Na_2CO_3). A maior parte dos metais tende a produzir precipitados salinos básicos, como o sulfato de cobre (II), $CuSO_4 \cdot 3Cu(OH)_2$, formado como sólido quando o hidróxido é adicionado a uma solução contendo íons Cu^{2+} e SO_4^{2-}. As solubilidades de muitos hidróxidos de metais chegam a valores mínimos, muitas vezes na faixa de pH 9-11, e então aumentam com o pH devido à formação de complexos hidroxo solúveis, como mostra a reação:

$$Zn(OH)_2(s) + 2OH^-(aq) \rightarrow Zn(OH)_4^{2-}(aq) \tag{21.4}$$

O método de precipitação química mais utilizado é a precipitação de metais na forma de hidróxidos e sais básicos usando cal. O carbonato de sódio pode ser usado para precipitar hidróxidos [$Fe(OH)_3 \cdot xH_2O$], carbonatos ($CdCO_3$) ou sais de carbonato básicos [$2PbCO_3 \cdot Pb(OH)_2$]. O ânion carbonato gera hidróxido com a reação de hidrólise com a água:

$$CO_3^{2-} + H_2O \rightarrow HCO_3^- + OH^- \tag{21.5}$$

Sozinho, o carbonato não gera um pH tão alto quanto os hidróxidos de metais alcalinos, que talvez tenham de ser usados para precipitar os metais que formam hidróxidos somente em valores de pH elevados.

A solubilidade de alguns sulfetos de metais é muito baixa, assim, a precipitação por H_2S ou outros sulfetos (ver Reação 21.2) pode ser um meio eficiente de tratamento. O sulfeto de hidrogênio é um gás tóxico, considerado um resíduo perigoso (U135). O sulfeto de ferro (II) (sulfeto ferroso) é uma fonte segura de íon sulfeto na produção de precipitados de sulfeto com outros metais que são menos solúveis que o FeS. No entanto, o H_2S tóxico é produzido quando resíduos contendo sulfetos metálicos entram em contato com algum ácido:

$$MS + 2H^+ \rightarrow M^{2+} + H_2S \tag{21.6}$$

Alguns metais podem ser precipitados em solução na forma elementar com a ação de um agente redutor, como o borohidreto de sódio:

$$4Cu^{2+} + NaBH_4 + 2H_2O \rightarrow 4Cu + NaBO_2 + 8H^+ \tag{21.7}$$

ou com metais mais ativos, em um processo chamado *cimentação*:

$$Cd^{2+} + Zn \rightarrow Cd + Zn^{2+} \tag{21.8}$$

Independentemente do método usado para precipitar um metal, a forma do metal na solução do resíduo é um aspecto a ser considerado. Os metais quelados são especialmente difíceis de remover.

21.5.2.2 A coprecipitação de metais

Em alguns casos é possível tirar proveito do fenômeno da coprecipitação para remover metais de resíduos. Um bom exemplo dessa aplicação é a coprecipitação do chumbo das águas residuárias da indústria de baterias com hidróxido de ferro (III). A elevação de pH dessas águas residuárias, que apresentam ácido sulfúrico e o íon Pb^{2+}, precipita diversas espécies do metal, como $PbSO_4$, $Pb(OH)_2$ e $Pb(OH)_2 \cdot 2PbCO_3$. Na presença de ferro (III), forma-se o $Fe(OH)_3$ gelatinoso, que coprecipita com o chumbo, aumentando a taxa de remoção do metal e fazendo o nível de chumbo remanescente ficar abaixo de 0,2 ppmv.

21.5.3 A oxidação-redução

Como mostram as reações na Tabela 21.1, a *oxidação* e a *redução* são usadas no tratamento e na remoção de uma variedade de resíduos orgânicos e inorgânicos. Alguns resíduos oxidantes podem ser usados para tratar resíduos oxidáveis na água, bem como cianetos. O ozônio, O_3, é um oxidante forte capaz de ser gerado no local do tratamento com o uso de uma descarga elétrica no ar seco ou no oxigênio. O ozônio empregado como gás oxidante em níveis de 1-2% por peso em ar e 2-5% por peso em oxigênio serve para tratar uma variedade de contaminantes, efluentes e resíduos oxidáveis, além de resíduos como águas residuárias e lodos com componentes oxidáveis. Ele também é aplicado para oxidar parcialmente solutos orgânicos em água, facilitando o tratamento biológico.

A *oxidação de Fenton* também é adotada para oxidar substâncias orgânicas em água, muitas vezes como uma etapa de finalização do tratamento, antes do lançamento do efluente tratado. O processo de Fenton prevê a adição de sais de ferro (II), como o $FeSO_4$, além da acidificação, da adição de peróxido de hidrogênio e da neutralização de ácidos. O peróxido de hidrogênio reage com o ferro (II),

$$Fe(II) + H_2O_2 \rightarrow Fe(III) + OH^- + HO^\bullet \qquad (4.77)$$

gerando o radical hidroxila muito reativo, $HO^\bullet$, que oxida até mesmo materiais orgânicos refratários. Uma das desvantagens da reação de Fenton é o lodo contendo ferro gerado quando a mistura de reação ácida é neutralizada.

TABELA 21.1 As reações de oxidação-redução utilizadas no tratamento de resíduos

Substância no resíduo	Reação com oxidante ou redutor
Oxidação de compostos orgânicos	
Matéria orgânica $\{CH_2O\}$	$\{CH_2O\} + 2\{O\} \rightarrow CO_2 + H_2O$
Aldeído	$CH_3CHO + \{O\} \rightarrow CH_3COOH$ (ácido)
Oxidação de compostos inorgânicos	
Cianeto	$2CN^- + 5OCl^- + H_2O \rightarrow N_2 + 2HCO_3^- + 5Cl^-$
Ferro (II)	$4Fe^{2+} + O_2 + 10H_2O \rightarrow 4Fe(OH)_3 + 8H^+$
Dióxido de enxofre	$2SO_2 + O_2 + 2H_2O \rightarrow 2H_2SO_4$
Redução de compostos inorgânicos	
Cromato	$2CrO_4^{2-} + 3SO_2 + 4H^+ \rightarrow Cr_2(SO_4)_3 + 2H_2O$
Permanganato	$MnO_4^- + 3Fe^{2+} + 7H_2O \rightarrow MnO_2(s) + 3Fe(OH)_3(s) + 5H^+$

21.5.4 A eletrólise

Como mostra a Figura 21.7, a *eletrólise* é um processo em que uma espécie em solução (normalmente um íon metálico) é reduzida por elétrons no *cátodo* e outra substância cede elétrons no *ânodo*, sendo oxidada nele. Nas aplicações relativas ao tratamento de resíduos perigosos, a eletrólise é usada sobretudo na recuperação de cádmio, cobre, ouro, chumbo, prata e zinco. A recuperação de metais por eletrólise é dificultada pela presença do íon cianeto, que estabiliza metais em solução na forma de ciano-complexos, como o $Ni(CN)_4^{2-}$.

A remoção eletrolítica de contaminantes em solução pode ser obtida por eletrodeposição direta, sobretudo de metais reduzidos, e como resultado das reações secundárias de agentes precipitantes gerados pela via eletrolítica. Um exemplo desses dois caminhos é a remoção eletrolítica do cádmio e do níquel de águas residuárias contaminadas com baterias níquel/cádmio fabricadas usando eletrodos de fibra de carbono. No cátodo, o cádmio é removido diretamente pela redução do metal:

$$Cd^{2+} + 2e^- \rightarrow Cd \qquad (21.9)$$

Em potenciais catódicos um tanto elevados, forma-se hidróxido pela redução eletrolítica da água:

$$2H_2O + 2e^- \rightarrow 2OH^- + H_2 \qquad (21.10)$$

ou pela redução do oxigênio molecular, se estiver presente:

$$2H_2O + O_2 + 4e^- \rightarrow 4OH^- \qquad (21.11)$$

Se o pH na superfície do cátodo se elevar o bastante, o cádmio pode ser precipitado e removido na forma de $Cd(OH)_2$ coloidal. A eletrodeposição direta de níquel é muito lenta para ser considerada significativa, mas o metal precipita como $Ni(OH)_2$ sólido em valores de pH acima de 7,5 a partir do OH^- gerado no cátodo.

O cianeto, muitas vezes presente como ingrediente de banhos de galvanização efetuados com metais como o cádmio e o níquel, pode ser removido por oxidação

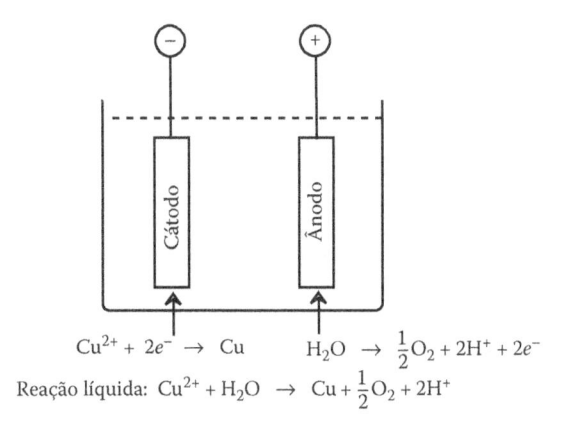

FIGURA 21.7 A eletrólise de uma solução de cobre.

com cloro elementar gerado pela via eletrolítica no ânodo. O cloro é produzido pela oxidação anódica do íon cloreto adicionado:

$$2Cl^- \rightarrow Cl_2 + 2e^- \qquad (21.12)$$

O cloro gerado pela via eletrolítica então destrói o cianeto com base em uma série de reações para as quais a reação global é:

$$2CN^- + 5Cl_2 + 8OH^- \rightarrow 10Cl^- + N_2 + 2CO_2 + 4H_2O \qquad (21.13)$$

21.5.5 A hidrólise

Uma das maneiras de descartar compostos químicos reativos em água consiste em permitir que reajam com ela em condições controladas, em um processo chamado *hidrólise*. Os compostos químicos inorgânicos que podem ser tratados por hidrólise incluem metais que reagem com a água, carbetos metálicos, hidretos, amidas, alquil óxidos e haletos, além de oxi-haletos não metálicos e sulfetos. Exemplos de tratamento dessas classes de compostos inorgânicos são dados na Tabela 21.2.

Os compostos orgânicos também podem ser tratados por hidrólise. Por exemplo, o anidrido acético tóxico é hidrolisado a ácido acético, relativamente seguro:

$$\underset{\substack{\text{Anidrido acético} \\ \text{(um ácido anidro)}}}{\text{H}_3\text{C}-\text{CO}-\text{O}-\text{CO}-\text{CH}_3} + H_2O \rightarrow 2\,H_3C-COOH \qquad (21.14)$$

21.5.6 A extração química ou lixiviação

A *extração química* ou *lixiviação* no tratamento de resíduos é a remoção de constituintes perigosos com base na reação com um extrator em solução. Os sais de metais pouco solúveis são extraídos pela reação dos ânions salinos com H⁺, conforme a seguir:

$$PbCO_3 + H^+ \rightarrow Pb^{2+} + HCO_3^- \qquad (21.15)$$

Os ácidos também dissolvem compostos orgânicos básicos, como as aminas e anilinas. A extração com ácidos deve ser evitada se cianetos ou sulfetos estiverem

TABELA 21.2 Os compostos químicos inorgânicos que podem ser tratados por hidrólise

Classe de composto	Reação com oxidante ou redutor
Metais ativos (cálcio)	$Ca + 2H_2O \rightarrow H_2 + Ca(OH)_2$
Hidretos (hidreto de sódio alumínio)	$NaAlH_4 + 4H_2O \rightarrow 4H_2 + NaOH + Al(OH)_3$
Carbetos (carbeto de cálcio)	$CaC_2 + 2H_2O \rightarrow Ca(OH)_2 + C_2H_2$
Amidas (amida sódica)	$NaNH_2 + H_2O \rightarrow NaOH + NH_3$
Haletos (tetracloreto de silício)	$SiCl_4 + 2H_2O \rightarrow SiO_2 + 4HCl$
Alcóxidos (etóxido de sódio)	$NaOC_2H_5 + H_2O \rightarrow NaOH + C_2H_5OH$

presentes, a fim de impedir a formação de cianeto de hidrogênio ou sulfeto de hidrogênio, que são tóxicos. Os ácidos fracos atóxicos na maioria das vezes são os mais seguros, e incluem o ácido acético, CH_3COOH, e o sal ácido, NaH_2PO_4.

Os agentes quelantes, como o EDTA dissolvido (HY^{3-}), dissolvem sais metálicos insolúveis formando espécies solúveis com íons metálicos:

$$FeS + HY^{3-} \rightarrow FeY^{2-} + HS^- \qquad (21.16)$$

Os íons de metais no solo contaminado com resíduos perigosos podem estar presentes na forma coprecipitada com óxidos de ferro (III) ou de manganês (IV) insolúveis, Fe_2O_3 e MnO_2, respectivamente. Esses óxidos são dissolvidos com agentes redutores, como as soluções de ditionato/citrato de sódio ou hidroxilamina, resultando na produção de Fe^{2+} e Mn^{2+} solúveis e na liberação de íons de metais, como o Cd^{2+} ou o Ni^{2+}, removidos com a água.

21.5.7 A troca iônica

A *troca iônica* é um meio de remover cátions e ânions em solução utilizando uma resina sólida, que pode ser regenerada com um tratamento com ácidos, bases ou sais. O principal uso da troca iônica é o tratamento de resíduos perigosos, na remoção de níveis reduzidos de íons metálicos nas águas residuárias:

$$2H^{+-}\{\text{Resina trocadora}\} + Cd^{2+} \rightarrow Cd^{2+-}\{\text{Resina trocadora}\}_2 + 2H^+ \qquad (21.17)$$

A troca iônica é aplicada na indústria de eletrogalvanização para purificar a água de enxágue e as soluções de banhos já usadas. Os trocadores catiônicos servem para remover cátions metálicos dessas soluções, como o Cu^{2+}. Os trocadores iônicos removem complexos cianometálicos aniônicos (por exemplo, o $Ni(CN)_4^{2-}$) e espécies de cromo (IV), como o CrO_4^{2-}. Os radionuclídeos podem ser removidos do lixo nuclear e de resíduos misturados com o uso dessas resinas.

21.6 O tratamento verde de resíduos por fotólise e sonólise

A fotólise e a sonólise são discutidas conjuntamente devido às semelhanças relativas a seus mecanismos de atuação. Processos potencialmente úteis no tratamento de resíduos com base nos princípios da química verde, elas podem ser executadas sem a adição de reagentes ou com quantidades mínimas de compostos de baixo risco, além de serem meios de introduzir um nível elevado de energia no sistema de tratamento (ver Seção 17.10). A fotólise se baseia na ação de fótons de radiação ultravioleta ou mesmo raios X e gama, enquanto a sonólise recorre a "fônons" de ultrassom de alta frequência. Ambos os métodos geram espécies intermediárias quimicamente reativas que quebram as moléculas dos resíduos.

As *reações fotolíticas* foram discutidas no Capítulo 9. A *fotólise* serve para destruir vários tipos de resíduos perigosos. Nessas aplicações, o processo é útil na quebra de reações químicas de compostos orgânicos refratários. A TCDD (ver Seção 7.11), um dos resíduos refratários mais problemáticos, é tratada pela radiação ultravioleta na presença de doadores de átomos de hidrogênio {H}, resultando em reações como:

[estrutura química: dibenzo-p-dioxina com Cl] + hν {H} → [estrutura química: dibenzo-p-dioxina parcialmente declorada] (21.18)

À medida que a fotólise prossegue, as ligações H-C são quebradas, assim como as ligações C-O, gerando um polímero orgânico inofensivo.

Uma reação inicial de fotólise pode resultar na geração de intermediários reativos que participam de *reações em cadeia* que causam a destruição de um composto. Sem dúvida, o intermediário reativo mais importante é o radical HO•. O dióxido de titânio sólido, TiO_2, é usado como fotocatalisador, gerando reações em cadeia que envolvem radicais ativos. Quando a superfície do TiO_2 é irradiada com radiação ultravioleta, "lacunas" (h) são geradas em sítios onde elétrons excitados (e^-) são produzidos:

$$TiO_2 + h\nu \rightarrow TiO_2(h + e^-) \qquad (21.19)$$

Os elétrons podem reagir com o O_2 dissolvido para gerar O_2^- reativo:

$$TiO_2(e^-) + O_2 \rightarrow O_2^- \qquad (21.20)$$

As lacunas superficiais podem aceitar elétrons do íon hidroxila dissolvido para produzir radicais hidroxila reativos na superfície de TiO_2:

$$TiO_2(h) + OH^- \rightarrow HO\bullet \qquad (21.21)$$

Os radicais hidroxila então iniciam reações que levam à destruição de resíduos, ou os sítios $TiO_2(h)$ podem iniciar reações diretamente com as moléculas dos resíduos ao abstraírem elétrons destas.

No exemplo citado, o TiO_2 sólido atua como *sensibilizador*, que absorve a radiação e gera espécies reativas que destroem os resíduos. Outros sensibilizadores podem ser acrescentados à solução, gerando o radical hidroxila, que também atua no tratamento de resíduos. A adição de um agente oxidante, como o persulfato de potássio, $K_2S_2O_8$, melhora a destruição dessas moléculas ao oxidar produtos fotolíticos ativos. Um dos processos mais comuns envolvendo a geração do radical hidroxila ativo é a *reação de Fenton*, que utiliza ferro (II) e peróxido de hidrogênio (ver Reação 4.77). A luz incidente na água contendo ferro pode gerar tanto o ferro (II) quanto o H_2O_2, e tem uso em potencial no tratamento de resíduos.

Além da TCDD, outras substâncias classificadas como resíduos perigosos comprovadamente destruídas por fotólise incluem os herbicidas como a atrazina, 2,4-D, ácido 2-(2,4-diclorofenoxi) propiônico, 2,4-diclorofenol, 2,4,6-triclorofenol, TNT e PCB.

A *sonólise* em água com ultrassom (com frequência de 660 kHz, na maioria dos casos) gera o radical hidroxila reativo de acordo com a reação:

$$HOH \xrightarrow{\text{Ultrassom}} HO\bullet + H\bullet \qquad (21.22)$$

O radical hidroxila reage com os resíduos, causando sua destruição. A solução de resíduos pode ser saturada com gás O_2 para facilitar a oxidação. É possível executar a sonólise em combinação com a fotólise para aumentar a eficiência da destruição dos resíduos.

21.7 Os métodos de tratamento térmico

O tratamento térmico de resíduos perigosos alcança a maioria dos objetivos do tratamento de resíduos – redução de volumes, remoção de matéria orgânica volátil, combustível ou móvel, além da destruição de materiais tóxicos e patogênicos. O método de tratamento térmico mais usado é a *incineração*, que emprega altas temperaturas, uma atmosfera oxidante e muitas vezes condições de combustão turbulentas para destruir resíduos. Os outros métodos que recorrem a altas temperaturas para destruir ou neutralizar resíduos perigosos são discutidos brevemente no final desta seção.

21.7.1 A incineração

A incineração de resíduos perigosos é definida nesta seção como um processo que envolve a exposição dos materiais do resíduo a condições oxidantes e altas temperaturas, normalmente acima de 900ºC. Na maioria das vezes, o calor exigido para a incineração é gerado a partir da oxidação de carbono e hidrogênio ligados organicamente contidos nos resíduos ou no combustível utilizado:

$$C(\text{orgânico}) + O_2 \rightarrow CO_2 + \text{calor} \tag{21.23}$$

$$4H(\text{orgânico}) + O_2 \rightarrow 2H_2O + \text{calor} \tag{21.24}$$

Essas reações destroem a matéria orgânica e geram o calor exigido para as reações endotérmicas, como a quebra das ligações C-Cl nos compostos organoclorados.

21.7.1.1 Os resíduos incineráveis

Em princípio, os resíduos incineráveis são materiais orgânicos que queimam com um poder calorífico de ao menos 5.000 Btu h^{-1} e preferivelmente acima de 8.000 Btu h^{-1}. Esses valores de poder calorífico são atingidos com rapidez no caso de resíduos com teores elevados das substâncias orgânicas mais comuns observadas em resíduos incinerados, como metanol, acetonitrila, tolueno, etanol, acetato de amila, acetona, xileno, metil-etil-cetona, ácido adípico e acetato de etila. No entanto, em alguns casos é desejável incinerar resíduos que não queimam por conta própria e que requerem *combustível complementar*, como metano e líquidos derivados de petróleo. Exemplos desses resíduos são os resíduos organoclorados não inflamáveis, alguns resíduos aquosos, ou o solo em que a eliminação de um contaminante especialmente problemático por incineração compense os custos e o esforço despendidos na operação. A matéria inorgânica, a água e os teores de heteroelementos orgânicos de resíduos líquidos são importantes na determinação de sua incinerabilidade.

21.7.2 Os resíduos perigosos usados como combustíveis

Em sua maioria, os resíduos industriais, inclusive os resíduos perigosos, são queimados como *combustíveis perigosos* para a obtenção de energia em fornalhas e caldeiras industriais e em incineradores para resíduos não perigosos, como os incineradores de lodo de esgoto. Nesse processo, chamado *coincineração* ou *coprocessamento*, a quantidade de resíduos combustíveis utilizada é maior que aquela queimada apenas para a destruição de resíduos. Além da obtenção de calor de resíduos combustíveis, o processo é vantajoso como uma estratégia de descarte no próprio local da geração de resíduos, em comparação com um incinerador de resíduos perigosos especialmente para essa função. Uma das maiores aplicações da coincineração é o uso de resíduos líquidos perigosos contendo solventes organoclorados e outros poluentes como combustível na produção de cimento Portland (ver a seguir).

21.7.3 Os sistemas de incineração

Os quatro principais componentes dos sistemas de incineração de resíduos são mostrados na Figura 21.8. A *preparação de resíduos* para resíduos líquidos provavelmente requer uma etapa de filtração, a sedimentação (para remover material sólido e água), a mistura (para obter a mistura incinerável ótima), ou o aquecimento (para reduzir a viscosidade). Os sólidos requerem trituração e peneiramento. Um dos processos comuns de alimentação de resíduos líquidos nesses sistemas é a atomização. Vários dispositivos mecânicos, como socadores e trados, são usados para introduzir sólidos em um incinerador.

Os tipos mais comuns de *câmaras de combustão* são a câmara de injeção líquida, o forno fixo, o forno rotativo e o leito fluidizado, e são discutidos nesta seção.

Muitas vezes a parte mais complexa de um sistema de incineração de resíduos perigosos é o *sistema de controle de poluição atmosférica*, que envolve diversas operações. As operações mais comuns nesses sistemas são o resfriamento do gás de combustão, a recuperação de calor, o esfriamento brusco, a remoção de material par-

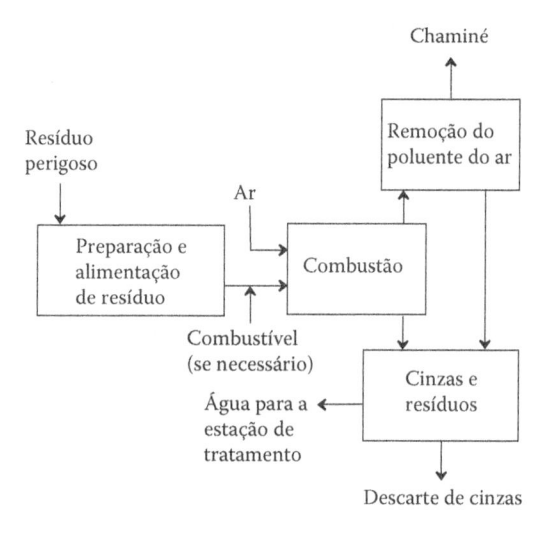

FIGURA 21.8 Os principais componentes de um sistema de incineração de resíduos perigosos.

ticulado, a remoção de gás ácido e o tratamento e manuseio de subprodutos sólidos, lodos e líquidos.

As cinzas quentes muitas vezes são esfriadas em água. Antes do descarte, talvez seja preciso desidratar e estabilizar essas cinzas quimicamente. Um dos principais aspectos quanto aos incineradores de resíduos perigosos e aos tipos de resíduos incinerados é o problema do descarte representado por essas cinzas, sobretudo com relação à potencial lixiviação de metais.

21.7.4 Os tipos de incineradores

Os incineradores de resíduos perigosos são divididos nos seguintes tipos, com base no estilo da câmara de combustão:

- *Forno rotativo* é aquele em que a câmara de combustão primária é formada por um cilindro rotativo revestido com materiais refratários. Utiliza um ponto de queima adicional após a saída do forno para completar a destruição dos resíduos. Nos Estados Unidos, esse tipo de forno responde por cerca de 40% da capacidade incineradora de resíduos perigosos.
- *Incineradores de injeção líquida* são aqueles em que resíduos líquidos que aceitam serem bombeados são injetados na câmara de combustão na forma de gotículas. Nos Estados Unidos, também responde por 40% dos resíduos perigosos queimados.
- *Incineradores de câmaras fixas* têm uma ou mais soleiras, onde ocorre a combustão de resíduos líquidos ou sólidos.
- *Incineradores de leito fluidizado* são aqueles em que os resíduos são transportados em um sólido granular (como calcário) mantido em um estado suspenso (semifluido) pela injeção de ar para remover o gás ácido poluente e as cinzas produzidos.
- *Incineradores de projeto avançado*, como os *incineradores por plasma*, que usam um plasma muito quente de um gás ionizado injetado por meio de um arco elétrico; os *reatores elétricos*, que usam uma resistência elétrica disposta nas paredes do equipamento e aquecida a 2.200°C para aquecer ou pirolisar resíduos por transferência de calor radiotivo; os *sistemas a infravermelho*, que geram radiação infravermelha intensa ao passar eletricidade por uma resistência elétrica de carbeto de silício; a *combustão em sal fundido*, que usa um leito de carbonato de sódio fundido a cerca de 900°C para destruir resíduos e reter poluentes gasosos; e os *processos de vidro fundido*, que usam um tanque de vidro fundido para transferir calor para o resíduo e reter os produtos na forma de vidro pouco lixiviável.

21.7.5 As condições de combustão

A chave para uma incineração eficiente dos resíduos perigosos está nas condições de combustão, que exigem: (1) oxigênio livre o bastante na zona de combustão para garantir a queima dos resíduos, (2) a turbulência necessária para a mistura completa do resíduo, do oxidante e (nos casos em que o resíduo não apresenta um teor de matéria combustível alto o suficiente para queimar sozinho) do combustível adicional, (3) temperaturas de combustão altas, acima de 900°C, para garantir que compostos resistentes ao calor reajam e (4) tempo de residência longo o bastante (ao menos 2 s) para permitir que as reações ocorram.

21.7.6 A eficácia da incineração

Os padrões ditados pela EPA para a incineração de resíduos perigosos são baseados na eficácia de destruição dos *principais compostos orgânicos perigosos* (PCOP). As medidas desses compostos antes e após a incineração dão a Eficiência de Destruição e Remoção (EDR), de acordo com a fórmula

$$\text{EDR} = \frac{W_{entrada} - W_{saida}}{W_{entrada}} \times 100 \qquad (21.25)$$

onde $W_{entrada}$ e W_{saida} são os fluxos de massa de entrada e de saída dos PCOP (na chaminé a jusante do ponto de controle de emissões), respectivamente. As regulações definidas pela EPA dos Estados Unidos exigem a destruição de 99,99% de todos os PCOP e de 99,9999% (os chamados "seis noves") da 2,3,7,8-tetraclorodibenzeno-*p*-dioxina, mais conhecida como TCDD ou "dioxina".

21.7.7 A oxidação com ar úmido

Os compostos orgânicos e as espécies inorgânicas oxidáveis podem ser oxidados pelo oxigênio em solução aquosa. Na maioria das vezes a fonte de oxigênio é o ar. Condições extremas de temperatura e pressão são necessárias, com a temperatura variando entre 175 e 327°C, e a pressão, entre 300 e 3.000 psig (2.070-20.700 kPa). As pressões altas permitem a dissolução de uma concentração elevada de oxigênio na água e as temperaturas elevadas possibilitam que a reação ocorra.

A oxidação com ar úmido é aplicada na destruição de cianetos presentes nos banhos de eletrodeposição. A reação de oxidação do cianeto de sódio é:

$$2Na^+ + 2CN^- + O_2 + 4H_2O \rightarrow 2Na^+ + 2HCO_3^- + 2NH_3 \qquad (21.26)$$

Os resíduos orgânicos podem ser oxidados em água supercrítica, aproveitando a capacidade dos fluidos supercríticos de dissolver compostos orgânicos (ver Seção 21.4). Os resíduos são postos em contato com a água e a mistura tem sua temperatura e pressão elevadas aos valores da água supercrítica. Feito isso, oxigênio suficiente é bombeado para oxidar os resíduos. O processo produz apenas pequenas quantidades de CO e nenhum SO_2 nem NO_x. Ele pode ser usado para degradar PCB, dioxinas, inseticidas organoclorados, benzeno, ureia e muitos outros materiais.

21.7.8 A oxidação química assistida por UV

O peróxido de hidrogênio (H_2O_2) pode ser usado como oxidante em solução com a ajuda da radiação ultravioleta ($h\nu$). Para a oxidação de espécies orgânicas representadas pela fórmula geral {CH_2O}, a reação global é:

$$2H_2O_2 + \{CH_2O\} + h\nu \rightarrow CO_2 + 3H_2O \qquad (21.27)$$

A radiação ultravioleta quebra as ligações químicas e forma espécies oxidantes reativas, como o HO•.

21.7.9 A destruição de resíduos perigosos na produção de cimento

Um dos meios mais eficientes de destruir resíduos perigosos consiste em utilizá-los como combustível adicional na produção de cimento Portland. Considerando essa aplicação, a produção de cimento é um excelente exemplo de prática da ecologia industrial, ao destruir um resíduo e utilizá-lo como combustível.[3] O cimento Portland é fabricado com o aquecimento de calcário, argila e areia a temperaturas muito elevadas, para promover a fusão da mistura mineral, após o que ela é triturada até obter um pó fino, o cimento propriamente dito. Quando um forno de produção de cimento é alimentado com uma suplementação de resíduos perigosos usada como combustível, as temperaturas muito altas, as condições fortemente oxidantes e os tempos de residência um tanto longos propiciam as condições ideais para a destruição de resíduos orgânicos. Além disso, os sólidos básicos na carga queimada no processo atuam como sequestradores de gases ácidos, como o HCl gerado na combustão de compostos orgânicos clorados. A coleta de sólidos do gás do forno usado na produção de cimento impede o lançamento de materiais com potencial poluente na forma de cinzas.

21.8 A biodegradação de resíduos

A *biodegradação* de resíduos é um termo que descreve a conversão de resíduos em moléculas inorgânicas simples com base em processos biológicos enzimáticos (mineralização) e, até certo ponto, em materiais biológicos. Muitas vezes os produtos da biodegradação são formas moleculares que tendem a ocorrer na natureza e que estão em equilíbrio termodinâmico mais estável com o ambiente que as cerca, em comparação com os materiais de onde se originam essas formas. A *destoxificação* diz respeito à conversão de uma substância tóxica em uma espécie menos tóxica. As bactérias e os fungos dotados de sistemas enzimáticos necessários para a biodegradação de resíduos são quase sempre aqueles que vivem em colônias nativas de um sítio de descarte de lixo perigoso, ambiente em que desenvolveram a capacidade de degradar tipos específicos de moléculas. O tratamento biológico propicia diversas vantagens expressivas e têm potencial considerável de degradação de resíduos perigosos, mesmo *in situ*.

Sob o nome de *biorremediação*, o uso de processos microbianos para destruir resíduos perigosos é tema de intensas investigações há anos.[4] Persistem dúvidas acerca de sua eficácia em muitas aplicações. Porém, é preciso lembrar que existem muitos fatores capazes de levar ao fracasso da biodegradação como processo de tratamento. Muitas vezes as condições físicas são tais que a mistura de resíduos, nutrientes e espécies receptoras de elétrons (como o oxigênio) é lenta demais para permitir a biodegradação a índices úteis. Temperaturas baixas podem reduzir a velocidade das reações, prejudicando sua eficiência. Compostos tóxicos, como os metais, têm a capacidade de inibir a atividade biológica, e alguns metabólitos produzidos pelos microrganismos podem ser tóxicos a eles próprios.

21.8.1 A biodegradabilidade

A *biodegradabilidade* de um composto é influenciada por suas características físicas, como solubilidade em água e pressão de vapor, e por suas propriedades químicas, como massa molar, estrutura molecular e presença de grupos funcionais, alguns dos quais propiciam uma "alavanca bioquímica" para a iniciação da biodegradação. Com os microrganismos apropriados e nas condições adequadas, até mesmo substâncias como o fenol, consideradas biocidas à maioria dos microrganismos, conseguem ser biodegradadas.

As substâncias *recalcitrantes* ou *biorrefratárias* são aquelas que resistem à biodegradação e tendem a persistir e acumular no ambiente. Esses materiais não são necessariamente tóxicos aos seres vivos, mas resistem ao ataque metabólico que perpetram. No entanto, mesmo alguns compostos considerados biorrefratários podem ser degradados por microrganismos que se adaptaram e desenvolveram a capacidade de biodegradá-los. Por exemplo, o DDT é degradado por *Pseudomonas* aclimatadas de maneira apropriada. O pré-tratamento químico, em especial por oxidação parcial, consegue tornar muitos resíduos recalcitrantes mais biodegradáveis.

As propriedades dos resíduos perigosos e seus meios podem ser alteradas a fim de aumentar a biodegradabilidade. Essas alterações incluem o ajuste das condições de temperatura e pH ótimos (com frequência na faixa 6-9), agitação, nível de oxigênio e carga de material, além da adição de nutrientes. Outro aspecto é que a remoção de substâncias orgânicas e inorgânicas tóxicas, como íons de metais, pode auxiliar na biodegradação.

21.8.2 O tratamento aeróbio

Os processos do *tratamento aeróbico de resíduos* utilizam bactérias e fungos aeróbios que exigem oxigênio molecular, O_2. Muitos desses processos são favorecidos pelos microrganismos, em parte devido à grande quantidade de energia gerada quando o oxigênio molecular reage com a matéria orgânica. O tratamento aeróbio de resíduos está bem adaptado ao uso do processo de lodo ativado. Ele pode ser aplicado a resíduos perigosos, como resíduos de processos químicos e chorumes de aterros sanitários. Alguns sistemas utilizam carvão ativado em pó como aditivo para absorver resíduos orgânicos que não são biodegradados por microrganismos no sistema.

Solos contaminados podem ser misturados com água e tratados em um biorreator para eliminar contaminantes biodegradados no solo. Em princípio, é possível tratar solos contaminados pela via biológica, bombeando água contendo oxigênio dissolvido e enriquecida com nutrientes no solo, em um sistema com recirculação.

21.8.3 O tratamento anaeróbio

O *tratamento de resíduos anaeróbio*, em que os microrganismos degradam resíduos na ausência de oxigênio, pode ser utilizado com diversos tipos de resíduos perigosos. Comparado ao processo de lodo ativado aerado, a digestão anaeróbia requer menos energia, gera menos subproduto do lodo e produz sulfeto de hidrogênio (H_2S, que precipita íons de metais) e gás metano (CH_4, que pode ser usado como fonte de energia).

O processo global da digestão anaeróbia é um processo de fermentação em que a matéria orgânica é ao mesmo tempo oxidada e reduzida. A reação simplificada da fermentação anaeróbia de uma substância orgânica hipotética, "$\{CH_2O\}$", é:

$$2\{CH_2O\} \rightarrow CO_2 + CH_4 \quad (21.28)$$

Na prática, os processos microbianos envolvidos são bastante complexos. A maior parte dos resíduos para os quais a digestão anaeróbia é um modo adequado de tratamento é de compostos oxigenados, como o acetaldeído ou a metil-etil-cetona.

21.8.4 A desalogenação redutiva

A *desalogenação redutiva* é um mecanismo pelo qual átomos de halogênios são removidos de compostos organoalogenados por bactérias anaeróbias. É um meio importante de destoxificar haletos de alquila (sobretudo solventes), haletos de arila e pesticidas organoclorados, todos considerados resíduos perigosos importantes e que foram descartados em grandes quantidades em alguns depósitos de lixo no passado. A desalogenação redutiva é o principal meio de biodegradação de alguns dos compostos halogenados classificados como resíduos, entre os quais o tetracloroeteno, o HCB, o pentaclorofenol, além dos congêneres das PCB mais clorados (ver o conceito de desalorrespiração na Seção 6.13).

Os dois processos genéricos de desalogenação redutiva são a *hidrogenólise*, exemplificada na Reação 21.29,

$$C_6H_5Cl + 2H \longrightarrow C_6H_6 + HCl \tag{21.29}$$

e a *redução vicinal*:

$$\underset{\substack{H\ H\ H}}{H-\underset{|}{C}-\underset{|}{C}-\underset{|}{C}-Cl} \xrightarrow[2Cl^-]{2e^-} \underset{\substack{H\ H}}{H-\underset{|}{C}-C=C}\underset{H}{\overset{H}{\diagup}} \tag{21.30}$$

A redução vicinal remove dois átomos de halogênios adjacentes e funciona apenas em haletos de alquila, não em haletos de arila. Ambos os processos geram haleto inorgânico inócuo (Cl^-).

21.9 A fitorremediação

A *fitorremediação* utiliza diversos tipos de plantas, inclusive árvores, para tratar solos e águas contaminados com compostos orgânicos, metais e radionuclídeos. Embora a fitorremediação muitas vezes seja vista como o uso de plantas para a remoção de poluentes do solo, ela também contempla o cultivo de espécies vegetais em solos contaminados, com frequência em condições que normalmente não promoveriam o crescimento dessas espécies. A cobertura vegetal – a fitoestabilização – reduz de forma significativa a perda de poluentes da água ou a erosão causada pelo vento, permitindo que o solo atue como meio da biodegradação de poluentes. A biodegradação de poluentes melhorada por microrganismos na rizosfera, espaço em que se desenvolvem as raízes das plantas, é discutida na Seção 16.10.

Um dos mecanismos pelos quais as plantas atuam na descontaminação de solos consiste na absorção de poluentes pelas raízes e no subsequente transporte até as demais estruturas vegetais. Posteriormente, a biomassa pode ser incinerada ou processada para remover esses contaminantes. O uso de plantas para "minerar" metais valiosos, como o níquel, foi sugerido como opção viável. Além da simples absorção de poluentes, as plantas em fase de crescimento têm sistemas enzimáticos ativos, com enzimas como nitroredutase, dioxigenase e lacase, capazes de degradar poluentes orgânicos. As plantas que absorvem poluentes orgânicos voláteis, como benzeno, tolueno, etil benzeno e MTBE têm uma tendência inapropriada de liberar esses materiais na atmosfera.

Variedades arbóreas de crescimento rápido e raízes profundas são as preferidas para a fitorremediação. Salgueiros e álamos, inclusive as variedades híbridas que crescem a velocidades espetaculares, são os mais indicados. Culturas domésticas, como alfafa, trevo azedo, milho, centeio, sorgo e soja, são usadas em solos contaminados com hidrocarbonetos do petróleo. As plantas do tabaco cultivadas para fins de fitorremediação são usadas em solos contaminados com cádmio, cobre e zinco.

21.10 O tratamento no solo e a compostagem

21.10.1 O tratamento no solo

O solo pode ser visto como um filtro natural para resíduos, pois tem propriedades físicas, químicas e biológicas que promovem a destoxificação, a biodegradação, a decomposição química e a fixação física e química. Portanto, o *tratamento de resíduos no solo* pode ser efetuado com a mistura de resíduos com solo, em condições apropriadas. Em muitos casos a recuperação do solo contaminado para restaurar sua produtividade é uma atividade importante.

O solo é um meio natural para diversos seres vivos que exercem algum efeito na biodegradação de resíduos perigosos. Desses organismos, os mais importantes são as bactérias, incluindo as dos gêneros *Agrobacterium, Arthrobacter, Bacillus, Flavobacterium* e *Pseudomonas*. Os actinomicetos e fungos são organismos com papéis importantes na decomposição da matéria vegetal, além de estarem envolvidos na biodegradação de resíduos.

Os microrganismos úteis no tratamento de resíduos no solo normalmente estão presentes em contagens altas o bastante para gerar o inóculo necessário a sua proliferação. O crescimento desses microrganismos nativos do solo é estimulado com a adição de nutrientes e um receptor de elétrons que atue como oxidante (no caso da degradação aeróbia) acompanhada por mistura. Os nutrientes mais comuns adicionados ao solo são o nitrogênio e o fósforo. O oxigênio pode ser adicionado por bombeamento de ar ou tratamento com peróxido de hidrogênio, H_2O_2. Em alguns casos, como o tratamento de hidrocarbonetos sobre ou próximo à superfície do solo, a simples aragem da terra fornece o oxigênio e a mistura necessários ao crescimento bacteriano ótimo.

Os resíduos indicados para o tratamento no solo são as substâncias orgânicas biodegradáveis. Porém, em solos contaminados com resíduos perigosos, culturas bacterianas eficientes na degradação de compostos normalmente recalcitrantes podem se desenvolver em um longo período de aclimatação. A principal aplicação do tratamento no solo é o tratamento de resíduos do refino de petróleo*, sendo aplicável

---

* N. de R. T.: Neste caso, o chamado *landfarming*, ou disposição destes resíduos no solo, prática muito usada pelas petroquímicas nos anos 1980-1990, foi proibido no Brasil.

também no tratamento de combustíveis e no vazamento de tanques de armazenagem subterrâneos, bem como em substâncias químicas orgânicas biodegradáveis, como alguns compostos organoalogenados. No entanto, o tratamento no solo não é adequado para resíduos contendo ácidos, bases, compostos inorgânicos tóxicos, sais, metais e compostos orgânicos muito solúveis, voláteis ou inflamáveis.

21.10.2 A compostagem

A *compostagem* de resíduos perigosos é a biodegradação de materiais sólidos ou solidificados em um meio diferente do solo. Materiais em estado bruto, como restos de plantas, papel, lixo urbano ou serragem, podem ser adicionados para reter água e permitir que o ar penetre na massa de resíduo. O sucesso da compostagem de resíduos perigosos depende de diversos fatores, como os apresentados na discussão sobre o tratamento no solo. O primeiro desses fatores é a seleção de um microrganismo adequado, chamado *inóculo*. Na compostagem efetuada com sucesso, um bom inóculo é mantido com a recirculação do composto pronto em cada nova carga de resíduo adicionada. Entre os demais parâmetros a serem controlados estão a oferta de oxigênio, o teor de umidade (que deve ser mantido a um valor mínimo de 40%), pH (normalmente próximo à neutralidade) e temperatura. O processo de compostagem gera calor, assim, se a massa da pilha de composto for grande o bastante, ela pode se autoaquecer na maioria das condições naturais observadas. Alguns resíduos são deficientes em nutrientes como o nitrogênio, que precisa ser disponibilizado com o uso de produtos comerciais ou outros resíduos.

21.11 A preparação de resíduos para o descarte

Imobilização, estabilização, fixação e solidificação são termos usados para descrever técnicas que às vezes se sobrepõem e pelas quais resíduos perigosos são dispostos em uma forma adequada para descarte de longo prazo, ou disposição final. Esses aspectos da gestão de resíduos perigosos são tratados nesta seção.

21.11.1 A imobilização

A *imobilização* inclui os processos físicos e químicos que reduzem a área superficial de resíduos a fim de minimizar a geração de chorume. Ela isola os resíduos do ambiente que os cerca, sobretudo águas subterrâneas, para reduzir ao mínimo a tendência de migração. Esse isolamento é executado fisicamente, reduzindo a solubilidade e a área superficial dos resíduos. De modo geral a imobilização melhora o manuseio e as características físicas dos resíduos.

21.11.2 A estabilização

A *estabilização* diz respeito à conversão de um resíduo de sua forma original em um material mais estável química e fisicamente, menos inclinado a causar problemas durante o manuseio e descarte e menos predisposto à mobilidade pós-descarte. A estabilização inclui a solidificação (ver a seguir) e reações químicas que geram produtos menos voláteis, solúveis e reativos, e é uma etapa necessária no descarte de resíduos no solo. A *fixação* é um processo de estabilização que liga um resíduo perigoso em uma forma menos móvel e tóxica.

21.11.3 A solidificação

A *solidificação* envolve reações químicas com um agente de solidificação, o isolamento mecânico em uma matriz de ligação protetora ou uma combinação de processos químicos e físicos. Ela pode ser conduzida por evaporação da água presente em resíduos aquosos ou lodos, sorção em materiais sólidos, reação com cimento, reação com silicatos, encapsulamento, ou incorporação em polímeros ou termoplásticos.

Em muitos processos de solidificação, como a reação com cimento Portland, a água é um ingrediente importante da matriz sólida hidratada. Portanto, o sólido não pode ser aquecido em excesso nem exposto a condições de umidade muito baixa, o que acarretaria a diminuição da integridade estrutural por conta da perda de água. Contudo, em alguns casos o aquecimento de um resíduo solidificado é uma parte essencial do procedimento global de solidificação. Por exemplo, ao ser aquecida, uma matriz de hidróxido de ferro pode ser convertida em óxido de ferro altamente insolúvel e refratário. O calor converte constituintes orgânicos de resíduos solidificados em carbono inerte, e faz parte do processo de vitrificação (ver a seguir).

21.11.3.1 A sorção no material de uma matriz sólida

Resíduos líquidos perigosos, emulsões, lodos e líquidos livres em contato com lodos podem ser solidificados e estabilizados com a fixação em *sorventes* sólidos, como carvão ativado (para compostos orgânicos), cinzas volantes, poeira de fornos, argilas, vermiculita e diversos materiais patenteados. A sorção converte líquidos e semissólidos em sólidos secos, melhora o manuseio de resíduos e reduz a solubilidade de seus constituintes. Pode ser usada para melhorar a compatibilidade de resíduos com substâncias como o cimento Portland, para sua solidificação e cura. Sorventes específicos também podem ser empregados para estabilizar pH e pE (uma medida da tendência de um meio de ser oxidante ou redutor, ver Capítulo 4).

A ação de sorventes inclui a retenção mecânica simples de resíduos, a sorção física e reações químicas. É importante que o sorvente seja compatível com o resíduo. Uma substância com forte afinidade com a água deve ser empregada em resíduos contendo água em excesso, enquanto aquela que tem afinidade com materiais orgânicos deve ser usada em resíduos com excesso desses materiais.

21.11.3.2 Os termoplásticos e os polímeros orgânicos

Resíduos perigosos podem ser misturados a líquidos *termoplásticos* aquecidos, sendo solidificados na matriz termoplástica esfriada, rígida mas deformável. O material termoplástico mais usado para essa finalidade é o asfalto. Outros termoplásticos, como a parafina e o polietileno, também são adotados para imobilizar resíduos perigosos.

Entre os resíduos que podem ser imobilizados com termoplásticos estão aqueles contendo metais, como os resíduos da eletrogalvanização. Esses plásticos repelem a água e reduzem a tendência de lixiviação de resíduos em contato com águas subterrâneas. Comparado ao cimento, os termoplásticos adicionam menos material ao resíduo.

Uma técnica semelhante à descrita utiliza *polímeros orgânicos* gerados em contato com resíduos sólidos. Esses polímeros são incorporados aos resíduos em uma matriz. Entre os tipos de polímeros usados para esse fim estão o polibutadieno e os polímeros de ureia-formaldeído e de vinil éster-estireno. Esse procedimento é mais complexo que o uso de termoplásticos mas, em casos propícios, gera um produto em que o resíduo é retido mais firmemente.

21.11.3.3 A vitrificação

A *vitrificação* consiste na incorporação de resíduos em um material vítreo. Nessa aplicação, o vidro é considerado um termoplástico inorgânico com alto ponto de fusão. É possível usar vidro fundido ou vidro sintetizado em contato com o resíduo, por mistura e aquecimento na presença de constituintes precursores desse material, como dióxido de silício (SiO_2), carbonato de sódio (Na_2CO_3) e óxido de cálcio (CaO). Outros constituintes incluem o óxido de boro, B_2O_3, que gera um vidro de borossilicato especialmente resistente às alterações de temperatura e ao ataque químico. Em alguns casos o vidro é usado junto com processos de destruição térmica de resíduos, atuando na imobilização de resíduos perigosos nas cinzas. Alguns resíduos são prejudiciais à qualidade do vidro (por exemplo, o óxido de alumínio pode impedir a fusão do vidro).

A vitrificação é um tanto complexa e cara, devido ao consumo de energia para fundir o vidro. Apesar dessas desvantagens, é a técnica de imobilização preferida para alguns resíduos específicos, tendo sido indicada para a solidificação de resíduos radionucleares porque o vidro é quimicamente inerte e resistente à lixiviação. Contudo, níveis elevados de radioatividade podem levar à deterioração do material, reduzindo sua resistência à lixiviação.

21.11.3.4 A solidificação com cimento

O cimento Portland é muito usado na solidificação de resíduos perigosos, como aqueles contendo metais e contaminantes orgânicos. Nessa aplicação, o cimento Portland fornece uma matriz sólida para o isolamento de resíduos, além de ligar quimicamente a água em resíduos lodosos e reagir pela via química com resíduos (por exemplo, o cálcio e as bases presentes no cimento Portland reagem com resíduos inorgânicos de arsênico, reduzindo sua solubilidade). No entanto, a maior parte dos resíduos é retida pela via física na matriz rígida formada pelo cimento, e está sujeita à lixiviação.

Como matriz de solidificação, o cimento Portland é mais indicado para lodos inorgânicos contendo íons de metais que formam hidróxidos e carbonatos insolúveis no meio propiciado pelo cimento. O sucesso da solidificação com o cimento Portland depende sobretudo das chances de o resíduo afetar a resistência e a estabilidade do concreto formado. Diversas substâncias – matéria orgânica, como petróleo ou carvão, alguns siltes e argilas, sais sódicos de arsênio, boro, fósforo, iodo e sulfeto, além de sais de cobre, chumbo, magnésio, estanho e zinco – são incompatíveis com o cimento Portland porque interferem na secagem e cura, gerando um produto menos resistente e promovendo a deterioração da matriz com o tempo. No entanto, é possível desenvolver uma forma de descarte bastante eficiente ao absorver os resíduos orgânicos em um material sólido que, por sua vez, se consolida no cimento.

21.11.3.5 A solidificação com materiais à base de silicatos

Os *silicatos* insolúveis em água (também conhecidos como pozolanas) que contêm silício oxianiônico, como o SiO_3^{2-}, são usados na solidificação de resíduos. Há numerosas substâncias desse tipo, algumas das quais também são resíduos, como cinzas volantes, poeira de gases de chaminé, argilas, silicatos de cálcio e escória moída de altos-fornos. Silicatos solúveis, como o silicato de sódio, também podem ser usados. A solidificação com silicatos normalmente requer um agente de secagem, que pode ser o cimento Portland, a gipsita ($CaSO_4$ hidratado), a cal ou compostos de alumínio, magnésio ou ferro. O produto pode variar de um material granulado a um sólido semelhante ao concreto. Em alguns casos o produto é melhorado com o uso de aditivos, como emulsificantes, surfactantes, ativadores, cloreto de cálcio, argilas, carbono, zeólitas e diversos materiais patenteados.

Há relatos de sucesso na solidificação de resíduos inorgânicos e orgânicos (inclusive de lodos oleosos) com silicatos. As vantagens e desvantagens da solidificação com silicatos são semelhantes às do cimento Portland, discutidas anteriormente. Uma observação válida sobretudo para as cinzas volantes diz respeito à presença de substâncias perigosas lixiviáveis em alguns materiais à base de silicatos que podem incluir o arsênico e o selênio.

21.11.3.6 O encapsulamento

Como sugere o nome, o *encapsulamento* é usado para recobrir resíduos com um material impermeável, para que não entrem em contato com o ambiente que os circunda. Por exemplo, o resíduo de um sal solúvel em água encapsulado em asfalto não se dissolve, desde que a camada de asfalto se mantenha intacta. Um meio comum de encapsulamento emprega termoplásticos, asfalto e ceras aquecidos e fundidos que solidificam quando esfriados. Uma abordagem mais sofisticada para o processo consiste em formar resinas poliméricas a partir de substâncias monoméricas na presença do resíduo.

21.11.4 A fixação química

A *fixação química* é um processo que liga o resíduo de uma substância perigosa em uma forma menos móvel e menos tóxica por meio de uma reação química que altera a composição do resíduo. A fixação química e a fixação física com frequência ocorrem ao mesmo tempo, e às vezes a distinção entre esses dois processos é um pouco difícil. Silicatos inorgânicos poliméricos contendo algum tipo de cálcio e com frequência alumínio são os materiais inorgânicos mais usados como matriz de fixação. Muitos tipos de metais são ligados quimicamente nessa matriz, além de permanecerem retidos nela pela via física. Do mesmo modo, alguns resíduos orgânicos são ligados por reação com os constituintes da matriz.

21.12 A disposição final de resíduos

Independentemente das técnicas de destruição, tratamento e imobilização utilizadas, em todo resíduo perigoso sempre restará algum material que precisa ser descartado em algum lugar. Esta seção faz uma breve explanação sobre a disposição final de cinzas, sais, líquidos, líquidos solidificados e outros resíduos que têm de ser descartados em um local onde o potencial de causarem efeitos prejudiciais seja minimizado.

21.12.1 A disposição no solo

Em alguns aspectos importantes, o descarte na superfície do solo, em especial em uma pilha projetada para impedir a erosão e a infiltração de água, é a melhor maneira de armazenar resíduos sólidos. Talvez a principal vantagem desse método é que ele evita a infiltração por águas subterrâneas, o que pode levar à lixiviação e à contaminação desses recursos hídricos, um fenômeno comum no descarte em poços e aterros. Em uma instalação de disposição no solo projetada de modo adequado, o chorume produzido drena com rapidez pela ação da gravidade para o interior do sistema de coleta de chorume, onde é detectado e tratado.

O descarte no solo pode ser efetuado em uma pilha de armazenagem, formada em uma camada de argila compacta coberta com folhas de material impermeável disposta um pouco acima da superfície original do solo e moldada de maneira a permitir o escoamento e a coleta do chorume. As inclinações nas bordas da pilha de armazenagem devem ser grandes o bastante para permitir uma boa drenagem da precipitação, mas leves o suficiente para deter a erosão.

21.12.2 O aterro industrial

Ao longo da história, o *aterro industrial* foi o modo mais comum de descarte de resíduos sólidos perigosos e também de alguns líquidos, embora sofra limitações severas em muitas nações por conta de regulações novas e dos altos custos da terra. Um aterro industrial envolve o descarte executado ao menos em parte em células escavadas na terra, pedreiras ou depressões naturais no relevo. Muitas vezes o descarte ultrapassa o nível do solo, para usar o espaço com mais eficiência e propiciar a drenagem da precipitação.

A maior preocupação ambiental com relação aos aterros industriais usados para o descarte de resíduos perigosos é a geração de chorume com a infiltração de água superficial e de águas subterrâneas e a consequente contaminação de recursos hídricos superficiais. Os aterros industriais modernos para resíduos perigosos são dotados de sistemas sofisticados de contenção, coleta e controle desse chorume.

Um aterro industrial moderno tem diversos componentes. Ele deve ser construído em um meio compacto e de baixa permeabilidade, de preferência uma argila, que é coberto por um revestimento tipo membrana flexível composto por material impermeável à água. Esse revestimento é coberto com um material granular, em que é construído um sistema secundário de drenagem. Sobre esse material é disposta outra camada de filme flexível, em que ficará o sistema primário de drenagem para a remoção do chorume. Esse sistema é coberto com uma camada filtrante granular, sobre a qual os resíduos são dispostos. No aterro, os resíduos de diferentes tipos são separados por células formadas por argila ou solo cobertos pelo mesmo filme impermeável. Quando o aterro estiver cheio, o resíduo é coberto para impedir a infiltração de água e então selado com uma camada de solo compacto. Além da coleta do chorume, é preciso prever a instalação de um sistema de coleta de gases liberados, sobretudo quando materiais biodegradáveis produtores de metano são descartados no aterro.

O filme flexível feito de borracha (como o polietileno clorossulfonado) ou plástico (como o polietileno clorado, polietileno de alta densidade e PVC) é um componente-chave nos aterros industriais de última geração, e controla o escoamento para o exterior e a infiltração para o interior do aterro. Sem dúvida, esses filmes têm de obedecer a padrões rígidos para serem usados para esse fim. Além de ser impermeável, o material desses filmes deve ser resistente à biodegradação, ao ataque químico e ao esforço mecânico.

A *cobertura* é feita para isolar os resíduos e impedir a infiltração de volumes excessivos de água superficial e a liberação de resíduos no solo de cobertura e na atmosfera. Existem diversos tipos de coberturas, e muitas vezes elas são do tipo multicamada. Entre os problemas possíveis com as coberturas estão a acomodação, a erosão, a formação de poças, os danos causados por roedores e a invasão por raízes de espécies vegetais.

21.12.3 Lagoas de contenção

Muitos resíduos perigosos, líquidos, lamas e lodos são dispostos em *lagoas de contenção*, que servem para o tratamento e muitas vezes projetada para serem preenchidas como se fossem um eventual aterro industrial. A maior parte dos resíduos perigosos e uma parcela significativa de resíduos sólidos são colocadas em lagoas em algum estágio do tratamento, da armazenagem ou do descarte.

Uma lagoa de contenção pode ser composta por um "poço" escavado, uma estrutura cercada por diques ou uma combinação das duas modalidades. A construção é semelhante à de um aterro industrial, pois o fundo e os lados precisam ser impermeáveis a líquidos, além de prever a instalação de um sistema de coleta de chorume. Os desafios dos pontos de vista químico e mecânico diante dos materiais de revestimento na lagunagem são sérios. Por essa razão, a escolha adequada do local em termos de características geológicas e a construção prevendo chão e paredes com solo de baixa permeabilidade e argila são variáveis importantes para evitar a ocorrência de poluição gerada por essas instalações.

21.12.4 O descarte de líquidos em poços profundos

O descarte de líquidos em *poços profundos* consiste na injeção desses líquidos sob pressão em camadas geológicas isoladas por rochas impermeáveis, sem contato com aquíferos subterrâneos. As primeiras experiências com esse método foram feitas no setor de exploração de petróleo, onde é necessário descartar grandes quantidades de água salgada residuária coproduzida com o petróleo bruto. Com o tempo o método foi aplicado na indústria química para o descarte de salmouras, ácidos, soluções de metais, líquidos orgânicos e outros líquidos.

Diversos fatores precisam ser considerados no descarte em poços profundos. Os resíduos são injetados em uma região de temperatura e pressão elevadas, o que pode desencadear reações químicas envolvendo os constituintes dos resíduos e as camadas minerais. Óleos, sólidos e gases presentes nos resíduos líquidos acarretam problemas como entupimento. A corrosão é séria, e os microrganismos podem exercer alguns efeitos. A maioria desses problemas talvez seja atenuada com o pré-tratamento adequado de resíduos.

A principal variável envolvendo o descarte em poços profundos é a potencial contaminação de águas subterrâneas. Embora a injeção seja feita em aquíferos de água salgada permeáveis em tese isolados de aquíferos de água para consumo humano, a contaminação é uma possibilidade. As prováveis vias de contaminação incluem fraturas, falhas e outros poços. O poço de descarte, por conta própria, pode atuar como via de contaminação se não tiver sido construído e revestido (com tubulação) de modo adequado, ou se estiver danificado.

21.13 O chorume e a emissão de gases

21.13.1 O chorume

A produção de chorume contaminado é uma possibilidade na maioria dos sítios de descarte.[5] Portanto, os aterros industriais destinados a resíduos perigosos requerem sistemas de coleta e tratamento de chorume, discutidos na Seção 21.12. Porém, muitos outros locais também precisam desses sistemas.

Os processos químicos e bioquímicos têm o potencial de causar problemas nos sistemas de coleta de chorume, como o entupimento por óxidos hidratados insolúveis de manganês (IV) e ferro (III), que ocorre com a exposição ao ar, conforme descrito para poços de água na Seção 15.8.

O chorume é composto pela água contaminada com resíduos à medida que passa por um sítio de descarte. Ele contém compostos solúveis desses resíduos, que não são retidos no solo e não sofrem degradação química nem bioquímica. Entre os constituintes perigosos do chorume estão os produtos da transformação química ou bioquímica desses resíduos.

A melhor abordagem para a gestão do chorume é a prevenção de sua formação, limitando a infiltração de água no sítio de descarte. As taxas de produção de chorume podem ser bastante baixas em sítios selecionados, projetados e construídos visando à minimização de sua geração. Uma cobertura com manutenção adequada e baixa permeabilidade sobre o aterro contribui para tal.

21.13.2 O tratamento do chorume de resíduos perigosos

A primeira etapa no tratamento do chorume é sua caracterização total, sobretudo com base em uma análise dos possíveis constituintes do resíduo e de seus produtos químicos e metabólicos. A biodegradabilidade dos constituintes do chorume também precisa ser determinada. As opções disponíveis para o tratamento do chorume gerado por resíduos perigosos geralmente envolvem processos físicos, químicos e bioquímicos usados para tratar águas residuárias, conforme discutido nas seções precedentes deste capítulo e no Capítulo 8.

21.13.3 As emissões de gases

Na presença de resíduos biodegradáveis em aterros industriais, os gases metano e dióxido de carbono são produzidos pela degradação anaeróbia (ver Reação 21.28). Os gases também podem ser gerados por processos químicos em resíduos que não tenham passado por um pré-tratamento adequado, como ocorre com a hidrólise do carbeto de cálcio para produzir acetileno:

$$CaC_2 + 2H_2O \rightarrow C_2H_2 + Ca(OH)_2 \qquad (21.31)$$

O sulfeto de hidrogênio H_2S, odorífero e tóxico, pode ser gerado na reação química de sulfetos com ácidos ou na redução pela via bioquímica de sulfato por bactérias anaeróbias (*Desulfovibrio*) na presença de matéria orgânica biodegradável:

$$SO_4^{2-} + 2\{CH_2O\} + 2H^+ \xrightarrow[\text{anaeróbias}]{\text{Bactérias}} H_2S + 2CO_2 + 2H_2O \qquad (21.32)$$

Esses gases podem ser tóxicos, combustíveis ou explosivos. Além disso, os gases que penetram no interior dos resíduos perigosos descartados em aterros podem arrastar vapores de resíduos, como aqueles formados por compostos de arila voláteis e hidrocarbonetos halogenados de massa molecular baixa. Entre estes, os mais perigosos são benzeno, 1,2-dibromoetano, 1,2-dicloroetano, tetracloreto de carbono, clorofórmio, diclorometano, tetracloroetano, 1,1,1-tricloroetano, tricloroetileno e cloreto de vinila. Devido aos riscos representados por estas e outras espécies voláteis, é importante minimizar a produção de gases e, se forem gerados em quantidades significativas, eles precisam ser liberados ou tratados por sorção em carvão ativado, ou incinerados.

21.14 O tratamento *in situ*

O tratamento *in situ* diz respeito aos processos de tratamento aplicáveis a resíduos no próprio sítio de descarte por meio do uso direto de processos de tratamento e reagentes. Sempre que possível, o tratamento *in situ* é a forma indicada de remediação de resíduos.

21.14.1 A imobilização *in situ*

A imobilização *in situ* é usada para converter resíduos a formas insolúveis que não lixiviem do sítio de descarte. Contaminantes contendo metais como chumbo, cádmio, zinco e mercúrio são imobilizados por precipitação química e na forma de sulfetos por tratamento com H_2S gasoso ou Na_2S alcalino em solução. As desvantagens desse método incluem a alta toxicidade do H_2S e o potencial contaminante do sulfeto solúvel. Embora se espere que os sulfetos metálicos precipitados permaneçam como sólidos nas condições anaeróbias de um aterro industrial, a exposição não intencional ao ar pode resultar na oxidação do sulfeto e na remobilização dos metais como sais sulfato solúveis.

É possível utilizar reações de oxidação e redução para imobilizar metais *in situ*. A oxidação do Fe^{2+} e Mn^{2+} solúveis em seus óxidos hidratados insolúveis, $Fe_2O_3 \cdot xH_2O$ e $MnO_2 \cdot xH_2O$, respectivamente, talvez precipite esses íons metálicos e coprecipite íons de metais. No entanto, as condições redutoras abaixo da superfície do aterro podem resultar na posterior reformação de espécies solúveis reduzidas. A redução é usada *in situ* para converter cromato tóxico solúvel em compostos de cromo (III) insolúveis.

A quelação pode converter íons metálicos em formas menos móveis, embora com a maior parte dos agentes a quelação tenha o efeito oposto. A fração da humina das substâncias húmicas do solo imobiliza íons metálicos.

21.14.2 A extração por vapor

Muitos resíduos importantes têm pressões de vapor relativamente altas e podem ser removidos pela extração por vapor. Essa técnica funciona para resíduos no solo acima do nível da água subterrânea, isto é, na zona vadosa. Um conceito simples, a extração por vapor envolve o bombeamento de ar em poços de injeção no solo e a retirada deste, acompanhado de componentes voláteis que ele arrasta pelo caminho, ascendendo pelos poços. As substâncias vaporizadas do solo são removidas por carvão ativado e por outros meios. Em alguns casos o ar é bombeado por um motor (que pode ser usado para movimentar as bombas de ar) e os vapores orgânicos são destruídos em suas câmaras de combustão. O bombeamento do ar tem certa eficiência, em comparação com o bombeamento de água subterrânea, por conta dos fluxos de ar pelo solo, muito maiores que os de água. A extração por vapor é mais indicada para a remoção de COV, como clorometanos, cloroetanos, cloroetilenos (como ticloroetileno), benzeno, tolueno e xileno.

21.14.3 A solidificação *in situ*

A solidificação *in situ* é utilizada como medida de remediação de sítios de resíduos perigosos. Uma das abordagens consiste em injetar silicatos solúveis e, em seguida, reagentes que os solidifiquem. Por exemplo, a injeção de silicato de sódio solúvel acompanhada da injeção de cloreto de cálcio ou cal forma silicato de cálcio sólido.

21.14.4 A destoxificação *in situ*

Quando apenas um ou um número limitado de constituintes perigosos está presente no sítio de descarte, talvez seja mais prático considerar a destoxificação *in situ*. Essa abordagem é mais vantajosa no tratamento de contaminantes orgânicos, como pesticidas (ésteres organofosforados e carbamatos), amidas e ésteres. Entre os processos químicos e bioquímicos capazes de destoxificar esses materiais estão a oxidação química e enzimática, a redução e a hidrólise. Os oxidantes químicos utilizados com essa finalidade incluem peróxido de hidrogênio, ozônio e hipocloritos.

Os extratos coletados de culturas microbianas e purificados foram considerados para a destoxificação *in situ*. Uma enzima livre de células que foi usada para a destoxificação de inseticidas organofosforados é a paration hidrolase. O ambiente hostil característico de um aterro industrial para compostos químicos, que inclui a presença de íons de metais com função de inibidores enzimáticos, interfere negativamente nas abordagens bioquímicas do tratamento *in situ*. Além disso, a maioria dos sítios de descarte contém uma mistura de constituintes perigosos cuja destoxificação talvez requeira diversas enzimas diferentes.

21.14.5 O tratamento em leito permeável

Algumas plumas presentes em águas subterrâneas e contaminadas por resíduos dissolvidos podem ser tratadas com *barreiras reativas permeáveis de subsuperfície*, compostas por um leito de material permeável disposto em uma trincheira pela qual a água subterrânea escoa. Quando cal é usada nesse leito, ácidos são neutralizados e ocorre a precipitação de alguns hidróxidos ou carbonatos metálicos. Resinas trocadoras de íons sintéticas podem ser usadas em um leito permeável para reter metais e até algumas espécies aniônicas, embora a competição com as espécies iônicas que ocorrem naturalmente em águas subterrâneas possa complicar sua utilização. O emprego de carvão ativado nesses leitos permite remover compostos orgânicos, sobretudo menos solúveis e de massa molecular maior.

O uso de *ferro zero-valente* [ferro(0)] propicia algumas vantagens como meio para leitos permeáveis.[6] Esse material atua como agente redutor e tem a capacidade de desalogenar compostos organoclorados, resistentes à biodegradação. Além de águas subterrâneas contaminadas com compostos organoclorados, as barreiras permeáveis contendo ferro zero-valente são usadas para tratar águas subterrâneas contaminadas com compostos inorgânicos, metais, resíduos de munição, radionuclídeos e muitos outros poluentes.

O tratamento com leito permeável requer quantidades relativamente grandes de reagentes, uma desvantagem quando se cogita usar carvão ativado e resinas trocadoras de íons. Nesse tipo de aplicação, é improvável que esses materiais sejam regenerados e recuperados, tal como ocorre quando são empregados em colunas para tratar águas residuárias. Além disso, os íons absorvidos pelos trocadores iônicos e as espécies orgânicas retidas pelo carvão ativado podem ser liberados posteriormente, causando mais problemas. Por fim, um leito permeável que tenha sido de fato eficiente na coleta de resíduos pode, por conta própria, ser considerado um resíduo perigoso e requerer tratamento e descarte especiais.

21.14.6 Os processos térmicos *in situ*

O aquecimento de resíduos *in situ* serve para remover ou destruir alguns tipos de substâncias perigosas. A injeção de vapor, a radiofrequência e o aquecimento por micro-ondas foram sugeridos para essa finalidade. Os resíduos voláteis trazidos à superfície pelo aquecimento podem ser coletados e mantidos na forma de líquidos condensados com carvão ativado.

Uma das abordagens para a imobilização de resíduos *in situ* é a vitrificação em alta temperatura com aquecimento elétrico. Nesse processo, uma corrente elétrica flui entre dois eletrodos separados por uma camada de grafite condutor. A corrente aquece o grafite e ele "derrete" para o interior do solo, formando uma crosta vitrificada no percurso. As espécies voláteis envolvidas são coletadas e, se a operação tiver sucesso, uma crosta não lixiviável se forma no local. É fácil imaginar os problemas possíveis com essa técnica, como as dificuldades em fundir o grafite de forma homogênea, as questões relativas a infiltrações em águas subterrâneas e o consumo elevado de energia elétrica.

21.14.7 Lavagem de solos em batelada e em coluna

A extração com água contendo diferentes aditivos é usada para limpar solos contaminados com resíduos perigosos. Quando o solo é mantido no local e a água permeia por ele, o processo é chamado *lavagem em coluna*. Quando o solo é removido e então posto em contato com o líquido, o processo é chamado *lavagem em batelada*. Neste livro, o termo "lavagem" é aplicado a ambos os processos.

A composição do fluido usado para a lavagem do solo depende dos contaminantes que devem ser removidos. O meio de lavagem é composto por água pura ou pode conter ácidos (para lixiviar metais ou neutralizar contaminantes alcalinos do solo), bases (para neutralizar ácidos contaminantes), agentes quelantes (para solubilizar metais), surfactantes (para melhorar a remoção de contaminantes orgânicos do solo e melhorar a eficiência da água na emulsificação de espécies orgânicas insolúveis) ou agentes redutores (para reduzir espécies oxidadas). Os contaminantes do solo podem dissolver, formar emulsões ou reagir pela via química. Sais de metais, hidrocarbonetos aromáticos leves (como o tolueno e xilenos), organoalogenados leves (como o tricloroetileno ou o tetracloroetileno) e aldeídos e cetonas de massa molar média também são removidos do solo por esses processos de lavagem.

Literatura citada

1. Wang, L. K. and D. Aulenbach, Implementation of industrial ecology for industrial hazardous waste management, *Hazardous Industrial Waste Treatment*, L. K. Wang, Ed., Taylor & Francis/CRC Press, Boca Raton, FL, 2007, pp. 1–13.
2. Hernandez, E. A. and V. Uddameri, Hazardous waste assessment, management, and minimization, *Water Environment Research*, **80**, 1648–1653, 2008.
3. Reijnders, L., The cement industry as a scavenger in industrial ecology and the management of hazardous substances, *Journal of Industrial Ecology*, **11**, 15–25, 2007.
4. Ong, S. K., Y. S. Rao, B. Alok, C. Pascale, R. D. Tyagi, and I. Lo, Eds, *Natural Processes and Systems for Hazardous Waste Treatment*, Society of Civil Engineers, Reston, VA, 2008.
5. Dhage, S. S., S. A. Patkie, and S. S. Tipnis, Pollution hazards of leachates from solid waste dump sites, *Pollution Research*, **24**, 135–142, 2005.
6. Noubactep, C., M. Guenther, D. Peter, S. Martin, and B. J. Merkel, Testing the suitability of zerovalent iron materials for reactive walls, *Environmental Chemistry*, **2**, 71–76, 2005.

Leitura complementar

ASTM Committee D-18 on Soil and Rock, *ASTM Standards Relating to Environmental Site Characterization*, 2nd ed., ASTM International, West Conshohocken, PA, 2002.

Barth, R. C., P. D. George, and R. H. Hill, *Environmental Health and Safety for Hazardous Waste Sites*, American Industrial Hygiene Association, Fairfax, VA, 2002.

Blackman, W. C., *Basic Hazardous Waste Management*, CRC Press/Lewis Publishers, Boca Raton, FL, 2001.

Cabaniss, A. D., Ed., *Handbook on Household Hazardous Waste*, Government Institute/Scarecrow Press, Lanham, MD, 2008.

Carson, P. A. and C. Mumford, *Hazardous Chemicals Handbook*, 2nd ed., Butterworth-Heinemann, Boston, 2002.

Chermisinoff, N. P. and T. A. Dalvetshina, *Fire and Explosion Hazards Handbook of Industrial Chemicals*, Jaico Publishing House, Mumbai, India, 2005.

Cheremisinoff, N. P., *Industrial Solvents Handbook*, 2nd ed., Marcel Dekker, New York, 2003.

Gallant, B., *Hazardous Waste Operations and Emergency Response Manual*, Wiley-Interscience, Hoboken, NJ, 2006.

Garrett, T. L., Ed., *The RCRA Practice Manual*, 2nd ed., American Bar Association, Section of Environment, Energy, and Resources, Chicago, 2004.

Hackman, C. L., E. E. Hackman, III, and M. E. Hackman, *Hazardous Waste Operations and Emergency Response Manual and Desk Reference*, McGraw-Hill, New York, 2002.

Hawley, C., *Hazardous Materials Air Monitoring and Detection Devices*, 2nd ed., Thomson/Delmar Learning, Clifton Park, NY, 2007.

Hawley, C., *Hazardous Materials Handbook: Awareness and Operations Levels*, Delmar Cengage, Clifton Park, NY, 2008.

Hawley, C., *Hazardous Materials Incidents*, 3rd ed., Thomson/Delmar Learning, Clifton Park, NY, 2008.

Hocking M. B. B., *Handbook of Chemical Technology and Pollution Control*, 3rd ed., Elsevier, Boston, 2006.

LaGrega, M. D., P. L. Buckingham, and J. C. Evans, *Hazardous Waste Management*, 2nd ed., McGraw-Hill, Boston, MA, 2001.

McGowan, K., *Hazardous Waste*, Lucent books, San Diego, CA, 2001.

Meyer, E., *Chemistry of Hazardous Materials*, Prentice-Hall, Upper Saddle River, NJ, 1998.

Nemerow, N. L., Ed., *Industrial Waste Treatment*, Elsevier/Butterworth-Heinemann, Amsterdam, 2007.

Nemerow, N. L. and F. J. Agardy, *Strategies of Industrial and Hazardous Waste Management*, Van Nostrand Reinhold, New York, 1998.

Network Environmental Systems Staff, *Hazardous Waste Compliance Manual*, 2nd ed., Network Environmental Systems, Folsom, CA, 2004.

Office of Technology Assessment, *Technologies and Management Strategies for Hazardous Waste Control*, University Press of the Pacific, Honolulu, 2005.

Pohanish, R. P., *Sittig's Handbook of Toxic and Hazardous Chemicals and Carcinogens*, 5th ed., Noyes Publications, Westwood, NJ, 2007.

Sara, M. N., *Site Assessment and Remediation Handbook*, 2nd ed., CRC Press/Lewis Publishers, Boca Raton, FL, 2003.

Sheha, R. R. and H. H. Someda, Eds, *Hazardous Waste: Classifications and Treatment Technologies*, Nova Science Publishers, New York, 2008.

Spencer, A. B. and G. R. Colonna, *NFPA Pocket Guide to Hazardous Materials*, National Fire Protection Association, Quincy, MA, 2003.

Tang, W. Z., *Physicochemical Treatment of Hazardous Wastes*, CRC Press, Boca Raton, FL, 2003.

Tedder, D. W. and F. G. Pohland, Eds, *Emerging Technologies in Hazardous Waste Management 8*, Kluwer Academic, New York, 2000.

Teets, J. W. and D. Reis, *RCRA: Resource Conservation and Recovery Act*, American Bar Association, Section of Environment, Energy, and Resources, Chicago, 2004.

Urben, P. G., Ed., *Bretherick's Handbook of Reactive Chemical Hazards*, 7th ed., Elsevier, Amsterdam, 2007.

Wang, L. K., N. K. Shammas, and Y.-T. Hung, Eds, *Advances in Hazardous Industrial Waste Treatment*, CRC/Taylor & Francis, Boca Raton, FL, 2008.

Wang, L. K., *Handbook of Industrial and Hazardous Wastes Treatment*, 2nd ed., Marcel Dekker, New York, 2004.

Woodside, G., *Hazardous Materials and Hazardous Waste Management*, Wiley, New York, 1999.

Capítulo 21 A ecologia industrial da minimização, da utilização e do tratamento de resíduos

Perguntas e problemas

1. Coloque as alternativas a seguir em ordem decrescente de preferência para o tratamento de resíduos e explique: (A) Reduzir o volume de resíduos gerados com medidas como a incineração. (B) Descartar resíduos em aterros industriais adequadamente protegidos de lixiviação ou liberação por outras vias. (C) Tratar resíduos o máximo possível para que se tornem não lixiviáveis e inócuos. (D) Reduzir a geração de resíduos na origem. (E) Reciclar o máximo possível os resíduos gerados.
2. Relacione um processo ou setor de reciclagem na coluna esquerda com o tipo de material que ele pode reciclar na coluna direita.

    A. Reciclagem como matéria-prima para um gerador
    B. Utilização de controle de poluição ou tratamento de resíduos
    C. Geração de energia
    D. Materiais de uso na agricultura
    E. Substâncias orgânicas

    1. Resíduos de álcalis
    2. Óleos hidráulicos e lubrificantes
    3. Materiais incineráveis
    4. Insumos não totalmente utilizados
    5. Cal residual ou lodos contendo fosfatos

3. Que material é reciclado usando hidroacabamento, tratamento com argila e filtração?
4. Que operação é "a mais importante na purificação e reciclagem de solventes" usada para separar solventes de impurezas, água e outros solventes?
5. A flotação por ar dissolvido é aplicada no tratamento secundário de resíduos. Qual é o princípio dessa técnica? Para que tipos de resíduos perigosos ela é mais indicada?
6. Relacione um processo na coluna esquerda com sua "fase no tratamento de águas residuárias" na coluna direita.

    A. Sorção com carvão ativado
    B. Precipitação
    C. Osmose reversa
    D. Quebra de emulsão
    E. Formação de lodo

    1. Tratamento primário
    2. Tratamento secundário
    3. Polimento

7. A destilação é empregada no tratamento e na reciclagem de uma variedade de resíduos, inclusive solventes, óleo usado, resíduos fenólicos aquosos e misturas de etil benzeno e estireno. Qual é o maior problema com o uso da destilação no tratamento de resíduos?
8. A tecnologia que usa fluidos supercríticos tem muito potencial para o tratamento de resíduos perigosos. Quais são os princípios envolvidos no uso de fluidos supercríticos no tratamento de resíduos? Por que essa técnica é especialmente vantajosa? Que substância é mais usada como fluido supercrítico nessa aplicação? Para que tipos de resíduos os fluidos supercríticos são os mais úteis?
9. Quais são as vantagens do ácido acético em comparação com o ácido sulfúrico, por exemplo, como agente neutralizante de resíduos alcalinos?
10. Entre os compostos listados, aquele com *menor* probabilidade de ser produzido ou usado como reagente para a remoção de metais por precipitação em solução é (explique): (A) Na_2CO_3 (B) CdS, (C) $Cr(OH)_3$, (D) KNO_3, (E) $Ca(OH)_2$.

11. Tanto o NaBH$_4$ quanto o Zn são usados para remover metais em solução. Como essas substâncias removem metais? Que formas de metais são produzidas?
12. Entre as finalidades apresentadas, o tratamento térmico de resíduos *não* é útil para (explique): (A) Redução de volume, (B) Destruição de metais, (C) Remoção de matéria orgânica volátil, combustível e móvel, (D) Destruição de materiais patogênicos, (E) Destruição de substâncias tóxicas.
13. Entre os resíduos líquidos apresentados, o mais difícil de incinerar é (explique o motivo dessa dificuldade): (A) Metanol, (B) Tetracloroetileno, (C) Acetonitrila, (D) Tolueno, (E) Etanol, (F) Acetona.
14. Cite as vantagens do processo usado para destruir mais resíduos perigosos por meios térmicos do que pela queima apenas, na destruição de resíduos perigosos.
15. Qual é a principal vantagem dos incineradores com leito fluidizado do ponto de vista do controle da geração de subprodutos poluentes?
16. Explique a melhor maneira de obter microrganismos para uso no tratamento de resíduos perigosos por biodegradação.
17. Quais são os princípios da compostagem? Como ela é usada para tratar resíduos perigosos?
18. Como o cimento Portland é usado no tratamento de resíduos perigosos para descarte? Quais são as vantagens dessa aplicação?
19. Quais são as vantagens do descarte na superfície de resíduos perigosos em comparação com o descarte de resíduos em aterros?
20. Descreva e explique a melhor abordagem de gestão do chorume de sítios de resíduos perigosos.
21. Um incinerador é operado sobretudo para destruir clorofenóis como PCOP alimentados junto com outros constituintes menos perigosos a uma taxa média de 10 kg h^{-1}. O gás de escape lançado pela chaminé do incinerador a uma vazão de 10 m^3 min^{-1} contém 1 µg m^{-3} de clorofenóis. Qual é a EDR do incinerador para o PCOP?
22. A fitorremediação pode ser descrita como um processo de biorremediação? Ela é um processo de biodegradação? Se não for, como ela pode ser usada para tratar resíduos perigosos?

A bioquímica ambiental 22

22.1 A bioquímica

Os efeitos de poluentes e compostos químicos potencialmente perigosos nos organismos vivos têm importância especial na química ambiental. Esses efeitos são tratados no tópico "Química Toxicológica" no Capítulo 23, e os efeitos gerados por substâncias específicas, no Capítulo 24. Este capítulo apresenta um panorama da bioquímica necessário para compreender a química toxicológica.

A maioria das pessoas já teve a experiência de observar ao menos uma célula ao microscópio. Pode ter sido uma ameba, vivaz e circulando como uma bola de gelatina na lâmina, ou uma célula de uma bactéria, corada com algum corante para facilitar sua visualização. Ou pode ter sido uma linda célula de alga, com sua clorofila verde brilhante. Até a mais simples dessas células é capaz de executar milhares de reações químicas. Esses processos da vida pertencem à *bioquímica* ramo da química que trata das propriedades químicas, da composição e dos processos intermediados pela via biológica envolvendo substâncias complexas em sistemas vivos.[1]

Os fenômenos bioquímicos que ocorrem nos organismos vivos são muito sofisticados. No corpo humano, os processos metabólicos quebram uma variedade de nutrientes em compostos químicos mais simples, gerando energia e as matérias-primas necessárias à formação dos constituintes do corpo, como músculos, sangue e tecido cerebral. Por mais impressionante que pareça, consideremos uma mera célula de proporções microscópicas de uma cianobactéria fotossintetizante de apenas um micrômetro de tamanho, que requer apenas alguns compostos químicos inorgânicos e a luz do sol para existir. Essa célula usa energia solar para converter o carbono do CO_2, o hidrogênio e o oxigênio da H_2O, o nitrogênio do NO_3^-, o enxofre do SO_4^{2-} e o fósforo de fosfatos inorgânicos em proteínas, ácidos nucleicos, carboidratos e outros materiais de que precisa para viver e se reproduzir. Uma célula com esse grau de simplicidade realiza o que seria impossível para seres humanos, mesmo em uma imensa fábrica de compostos químicos a um custo da ordem de bilhões de dólares.

Em última análise, a maior parte dos poluentes ambientais e substâncias perigosas são motivo de preocupação por conta dos efeitos que têm sobre os seres vivos. O estudo dos efeitos adversos das substâncias nos processos da vida requer alguns conhecimentos elementares de bioquímica. A bioquímica é discutida neste capítulo com ênfase em aspectos relativos às substâncias perigosas e tóxicas ao ambiente, incluindo as membranas celulares, o DNA e as enzimas.

Os processos bioquímicos não apenas sofrem forte influência das espécies químicas presentes no ambiente como também determinam em grande parte a natureza dessas espécies, sua degradação e até as sínteses que executam, sobretudo nos ambientes aquáticos e no solo. O estudo desses fenômenos constitui a base da *bioquímica ambiental*.[2]

22.1.1 As biomoléculas

As biomoléculas que compõem a matéria nos seres vivos muitas vezes são polímeros com massas moleculares da ordem de um milhão ou mais. Conforme discutido mais adiante neste capítulo, essas biomoléculas são divididas em carboidratos, proteínas, lipídeos e ácidos nucleicos. As proteínas e os ácidos nucleicos são compostos por macromoléculas, os lipídeos se constituem em moléculas menores e os carboidratos variam de pequenas moléculas de açúcares a macromoléculas de massa molar alta, como as que formam a celulose.

O comportamento de uma substância em um sistema biológico depende, em grande parte, do caráter hidrofílico (que atrai moléculas de água) ou hidrofóbico (que repele a água) da substância. Algumas substâncias tóxicas importantes são hidrofóbicas, uma característica que permite que atravessem a parede celular com rapidez. Parte do processo de destoxificação executado pelos seres vivos consiste em converter essas moléculas hidrofóbicas em moléculas hidrofílicas, solúveis em água e, portanto, eliminadas do organismo com mais facilidade.

22.2 A bioquímica e a célula

O foco da bioquímica e dos aspectos bioquímicos de compostos tóxicos é a *célula*, a unidade básica na construção de sistemas vivos em que a maior parte dos processos da vida são executados. As bactérias, as leveduras e algumas algas são organismos unicelulares. No entanto, a maior parte dos seres vivos é composta por muitas células. Em um organismo com maior nível de complexidade, as células têm diferentes funções. No corpo humano, as células hepáticas, musculares, cerebrais e epiteliais diferem muito entre si e executam funções distintas. As células se dividem em duas categorias principais, em termos da presença de um núcleo: as células *eucariotas* têm um núcleo, ao passo que as *procariotas* não. As células procariotas são aquelas que formam predominantemente os organismos unicelulares, como as bactérias. As células eucariotas ocorrem em organismos multicelulares como plantas e animais – as chamadas formas de vida superiores.

22.2.1 As principais características das células

A Figura 22.1 mostra as principais estruturas de uma *célula eucariota*, a estrutura básica em que ocorrem os processos bioquímicos nos organismos multicelulares. Essas estruturas são:

- A *membrana celular*, que reveste a célula e regula o fluxo para o interior e exterior da célula de íons, nutrientes, substâncias lipossolúveis (solúveis em gorduras), produtos metabólicos, compostos tóxicos e seus metabólitos. Essa função depende de sua *permeabilidade* a diferentes substâncias. A membrana celular protege os conteúdos da célula de influências externas negativas. As membranas celulares são compostas em parte por fosfolipídeos dispostos com suas cabeças

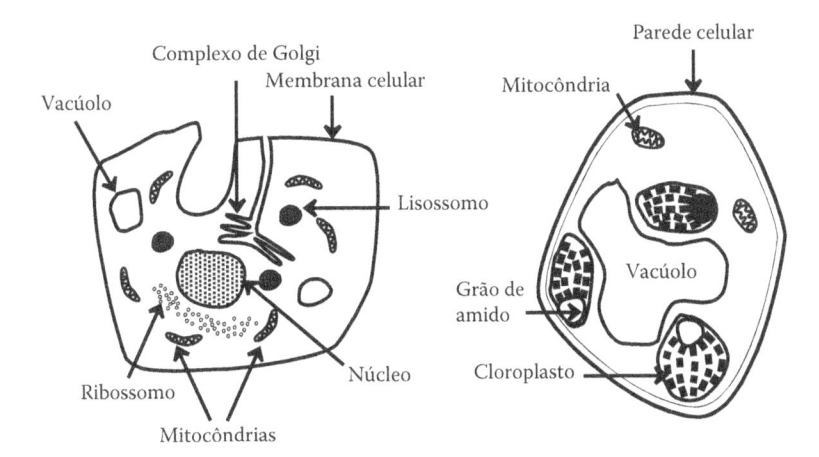

FIGURA 22.1 Alguns dos principais componentes de uma célula eucariota animal (esquerda) e vegetal (direita).

hidrofílicas (com afinidade com a água) nas superfícies da membrana celular, e suas caudas hidrofóbicas (que repelem a água) no interior da membrana. As membranas celulares contêm corpos de proteínas envolvidos no transporte de algumas substâncias através delas. Uma das razões por trás da importância dessa estrutura na toxicologia e na bioquímica ambiental é o papel regulador que executa, controlando a passagem de compostos tóxicos e seus produtos para o interior e o exterior da célula. Além disso, quando a membrana é danificada por substâncias tóxicas, a célula talvez não funcione do modo previsto e o organismo pode ser prejudicado.

- O *núcleo*, que atua como um "centro de controle" da célula. Ele contém o material genético de que a célula precisa para se reproduzir. A principal substância no núcleo da célula é o *ácido desoxirribonucleico*, o DNA. Os *cromossomos* no núcleo da célula são compostos por combinações de DNA e proteínas. Os cromossomos armazenam bibliotecas de informações genéticas. As células humanas têm 46 cromossomos. Quando o DNA no núcleo sofre dano causado por substâncias estranhas, diversos efeitos tóxicos, como mutações, câncer, defeitos congênitos e déficit imunológico podem ser observados.

- O *citoplasma*, que preenche o interior da célula, onde se encontra o núcleo. O citoplasma se divide em uma substância de enchimento proteinácea e solúvel em água chamada *citosol*, em que corpos chamados de *organelas* ocorrem em suspensão, como as mitocôndrias. Nos organismos fotossintetizantes esses órgãos são chamados de cloroplastos.

- As *mitocôndrias*, as "usinas de energia" que intermediam a conversão e a utilização de energia pela célula. As mitocôndrias são os locais onde os nutrientes – carboidratos, proteínas e gorduras – são quebrados, gerando dióxido de carbono, água e energia, que, por sua vez, é usada pela célula. O melhor exemplo desse processo é a oxidação do açúcar glicose, $C_6H_{12}O_6$:

$$C_6H_{12}O_6 + 6O_2 \rightarrow 6CO_2 + 6H_2O + \text{energia}$$

Esse tipo de processo é chamado de *respiração celular*.

- Os *ribossomos*, que participam da síntese proteica.
- O *retículo endoplasmático*, envolvido no metabolismo de agentes tóxicos pelos processos enzimáticos.
- O *lisossomo,* um tipo de organela que contém substâncias potentes capazes de digerir nutrientes líquidos. Esses materiais entram na célula por uma invaginação na parede celular, que com o tempo é envolvida por material celular. Esse material cercado é chamado de *vacúolo digestivo*. O vacúolo se mescla com um lisossomo e as substâncias presentes neste efetuam a digestão dos nutrientes. O processo digestivo consiste sobretudo em *reações de hidrólise* em que moléculas nutrientes complexas e grandes são quebradas em unidades menores com a adição de água.
- Os *complexos de Golgi*, que ocorrem em alguns tipos de células. São órgãos achatados formados por materiais que atuam na retenção e liberação de substâncias produzidas pela célula.
- As *paredes celulares* de células vegetais. São estruturas resistentes que conferem rigidez e força, compostas sobretudo por celulose, discutida mais adiante neste capítulo.
- Os *vacúolos* no interior das células vegetais que muitas vezes contêm materiais dissolvidos em água.
- Os *cloroplastos*, presentes em células vegetais envolvidas na fotossíntese (processo químico que usa energia do sol para converter dióxido de carbono e água em matéria orgânica). A fotossíntese ocorre no interior desses corpos. Os nutrientes produzidos pela fotossíntese são armazenados nos cloroplastos na forma de *grãos de amido*.

22.3 As proteínas

As *proteínas* são compostos orgânicos de nitrogênio, unidades básicas dos sistemas vivos. O citoplasma, a massa de textura gelatinosa que preenche o interior das células, é formado sobretudo por proteínas. As enzimas, que atuam como catalisadores das reações da vida, são proteínas, e serão discutidas mais adiante neste capítulo. As proteínas são constituídas por *aminoácidos* que formam longas cadeias. Os aminoácidos são compostos orgânicos que contêm o grupo ácido carboxílico, $-CO_2H$, e o grupo amino, $-NH_2$, sendo uma espécie de híbrido de ácidos carboxílicos e aminas. As proteínas são polímeros ou *macromoléculas* de aminoácidos contendo de aproximadamente 40 a alguns milhares de grupos de aminoácidos unidos por ligações peptídicas. Polímeros de aminoácidos menores, contendo apenas entre 10 e 40 aminoácidos por molécula, são chamados de *polipeptídeos*. Uma porção do aminoácido restante após a eliminação de H_2O durante a polimerização é chamada de *resíduo*. A sequência de aminoácidos desses resíduos é designada por uma série de abreviações de três letras.

Todos os aminoácidos naturais têm o grupo químico:

$$R-\underset{\underset{H}{|}}{\overset{\overset{H}{|}}{C}}-\overset{\overset{H}{\underset{N}{\diagdown}}\overset{H}{\diagup}}{\underset{\underset{}{}}{C}}\overset{O}{\underset{}{\diagup}}-OH$$

Nesta estrutura, o grupo $-NH_2$ está sempre ligado ao carbono ao lado do grupo $-CO_2H$. Este sítio é chamado de posição "alfa", assim, os aminoácidos naturais são chamados de α-aminoácidos. Outros grupos, designados pela letra "R", estão ligados à estrutura básica do α-aminoácido. Os grupos R podem ser simples átomos de H na estrutura da glicina,

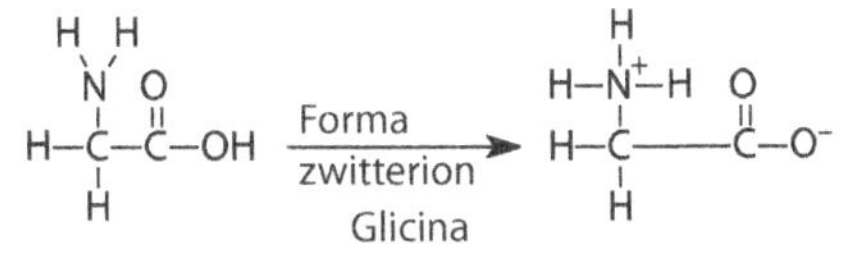

Forma zwitterion
Glicina

ou podem ser estruturas complicadas como

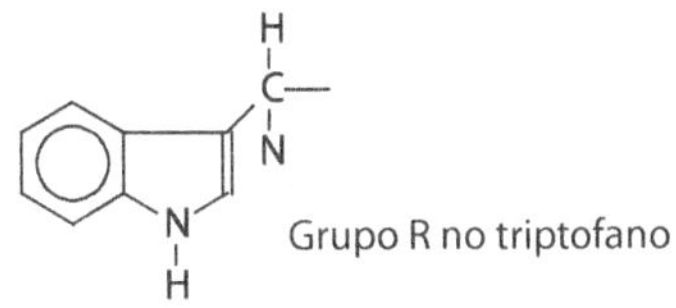

Grupo R no triptofano

encontrado no triptofano. Há 20 aminoácidos comuns nas proteínas e alguns exemplos são mostrados na Figura 22.2. Os aminoácidos são exibidos com grupos $-NH_2$ e $-CO_2H$ sem carga. Na verdade, esses grupos funcionais existem na forma *zwitterion* carregados, como a glicina, mostrada anteriormente.

Os aminoácidos componentes das proteínas são unidos por uma ligação específica, chamada de *ligação peptídica*. A formação de ligações peptídicas é um processo de condensação que envolve a perda de água. Considere a condensação da alanina, leucina e tirosina, como mostra a Figura 22.3. Quando esses três aminoácidos se ligam, duas moléculas de água são eliminadas. O produto é um tripeptídeo, uma vez que são três os aminoácidos envolvidos. Os aminoácidos das proteínas ligam-se de modo semelhante ao desse tripeptídeo, mas o número de aminoácidos monoméricos envolvidos é muito maior.

Existem diversos tipos importantes de proteína, com funções variadas, apresentados na Tabela 22.1.

22.3.1 A estrutura das proteínas

A ordem dos aminoácidos nas moléculas das proteínas e as estruturas tridimensionais resultantes das ligações que formam fornecem uma enorme variedade de combinações para a *estrutura proteica*. É essa variedade que torna a vida tão diversificada. As proteínas têm estruturas primárias, secundárias, terciárias e quaternárias. As estruturas das moléculas das proteínas determinam seu comportamento em aspectos cru-

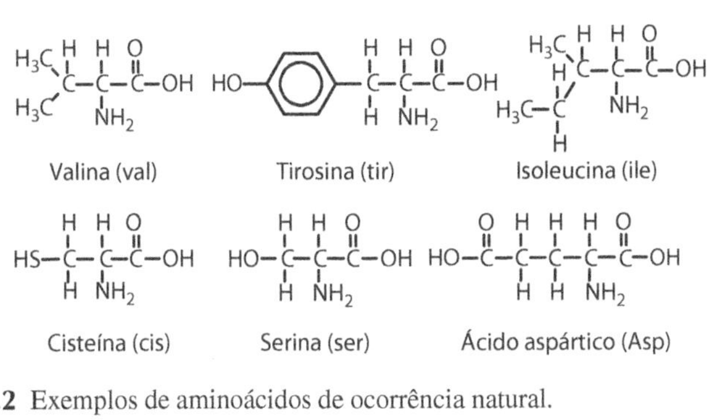

Valina (val)   Tirosina (tir)   Isoleucina (ile)

Cisteína (cis)   Serina (ser)   Ácido aspártico (Asp)

FIGURA 22.2 Exemplos de aminoácidos de ocorrência natural.

$$H_2N-\underset{\underset{Alanina}{CH_3}}{\overset{H}{\underset{|}{C}}}-\overset{O}{\overset{\|}{C}}-OH \;+\; H_2N-\underset{\underset{\underset{Leucina}{H_3C-\underset{H}{\overset{|}{C}}-CH_3}}{H-\overset{|}{C}-H}}{\overset{H}{\underset{|}{C}}}-\overset{O}{\overset{\|}{C}}-OH \;+\; H_2N-\underset{\underset{\underset{Tirosina}{}}{H-\overset{|}{C}-H}}{\overset{H}{\underset{|}{C}}}-\overset{O}{\overset{\|}{C}}-OH$$

(anel aromático com OH – Tirosina)

↓

Tripeptídeo resultante: H₂N—CH(CH₃)—CO—NH—CH(CH₂CH(CH₃)₂)—CO—NH—CH(CH₂-C₆H₄-OH)—CO—OH (ligações peptídicas em linhas pontilhadas)

FIGURA 22.3 Condensação da alanina, leucina e tirosina formando um tripeptídeo composto por três aminoácidos ligados por ligações peptídicas (linhas pontilhadas).

ciais, como os processos de reconhecimento de substâncias estranhas ao organismo pelo sistema imunológico. As enzimas proteináceas dependem de suas estruturas para realizar suas funções específicas.

A ordem dos aminoácidos nas moléculas das proteínas determina sua *estrutura primária*. As *estruturas proteicas secundárias* resultam da dobra das cadeias de polipeptídeos para gerar o máximo de pontes de hidrogênio entre elas:

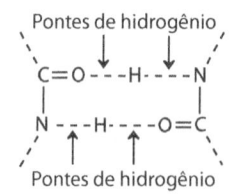

Pontes de hidrogênio
C=O ---H--- N
N ---H--- O=C
Pontes de hidrogênio

Ilustração das pontes de hidrogênio entre átomos de O e N em ligações peptídicas, que formam as estruturas secundárias das proteínas

A natureza dos grupos R nos aminoácidos determina a estrutura secundária das proteínas. Grupos R pequenos permitem que moléculas de proteínas se liguem por meio de pontes de hidrogênio em cadeia paralela. Com grupos R mais volumosos, as moléculas tendem a formar uma espiral, conhecida como α-*hélice*.

As estruturas *terciárias* são compostas com a torção de α-hélices, que adquirem formas específicas. São produzidas e conservadas pelas interações entre cadeias laterais de aminoácidos nos resíduos de aminoácidos que formam as macromoléculas das proteínas. A estrutura proteica terciária é muito importante nos processos pelos quais as enzimas identificam proteínas específicas e outras moléculas sobre as quais atuam. Também está envolvida na ação de anticorpos no sangue, que reconhecem proteínas estranhas com base em suas formas, reagindo frente a elas. É isso que ocorre, essencialmente, na imunidade contra uma doença, quando os anticorpos no sangue reconhecem proteínas específicas de vírus ou bactérias, rejeitando-as.

Duas ou mais moléculas de proteínas compostas por cadeias de polipeptídeos diferentes podem se atrair mutuamente, formando uma *estrutura quaternária*.

Algumas proteínas são *fibrosas*, e ocorrem na pele, no cabelo, na lã, nas penas, na seda e nos tendões. Suas moléculas são longas, têm aspecto trançado e são dispostas em feixes paralelos. São muito resistentes e não dissolvem em água.

TABELA 22.1 Os principais tipos de proteínas

Tipo de proteína	Exemplo	Função e características
Nutriente	Caseína (proteína do leite)	Fonte de nutrientes. As pessoas precisam consumir uma quantidade adequada de proteínas nutrientes com o correto equilíbrio de aminoácidos para ter uma nutrição adequada.
Armazenamento	Ferritina	Armazenamento de ferro em tecidos animais.
Estrutural	Colágeno (tendões), queratina (cabelo)	Componentes estruturais e protetores do organismo.
Contráteis	Actina, miosina	Proteínas fibrosas fortes que contraem o tecido muscular, causando o movimento.
Transporte	Hemoglobina	Transporte de espécies orgânicas e inorgânicas pela membrana celular, no sangue e entre órgãos.
Defesa	—	Anticorpos produzidos pelo sistema imunológico contra agentes estranhos, como vírus.
Reguladora	Insulina, hormônio do crescimento humano	Reguladoras de processos bioquímicos, como o metabolismo do açúcar ou o crescimento, ligando-se a sítios no interior da célula ou membranas celulares.
Enzimas	Acetilcolinesterase	Catalisadoras das reações bioquímicas (ver Seção 22.6).

Além das proteínas fibrosas, outro tipo importante de proteína é a *proteína globular*. Essas proteínas têm a forma de bolas ou blocos, e são relativamente solúveis em água. Um exemplo de proteína globular típica é a hemoglobina, responsável pelo transporte de oxigênio nos glóbulos vermelhos do sangue. A maior parte das enzimas pertence a essa classe de proteína.

22.3.2 A desnaturação das proteínas

As estruturas proteicas secundárias, terciárias e quaternárias são alteradas com facilidade por um processo chamado de *desnaturação*. Essas alterações podem ser bastante danosas. Aquecimento, exposição a ácidos ou bases e mesmo uma ação física violenta pode acarretar a desnaturação. A albumina presente na clara do ovo é desnaturada pelo calor, formando uma massa semissólida. Um efeito semelhante é obtido com a ação física intensa de uma batedeira na preparação de claras em neve. Venenos contendo metais como chumbo e cádmio alteram as estruturas das proteínas ao se ligarem a grupos funcionais na superfície da proteína.

22.4 Os carboidratos

Os *carboidratos* têm fórmula bruta CH_2O, e incluem uma ampla gama de substâncias compostas de açúcares simples, como a glicose:

Molécula da glicose

Os *polissacarídeos* de massa molar alta, como o amido e o glicogênio ("amido animal") são biopolímeros de açúcares simples.

Quando a fotossíntese ocorre na célula de uma planta, a energia da luz solar é convertida em energia química em um carboidrato. Esse carboidrato pode ser transferido a alguma outra parte da planta, para ser usado como fonte de energia, ser convertido em carboidrato insolúvel em água e armazenado até sua energia ser necessária, ou ser convertido em material da parede celular e se tornar parte da estrutura da planta. Se esta for ingerida por um animal, o carboidrato é usado como fonte de energia por ele.

Os carboidratos mais simples são os *monossacarídeos*, também chamados de *açúcares simples*. Por terem seis átomos de carbono, os açúcares simples são por vezes chamados de hexoses. A glicose (fórmula mostrada anteriormente) é o açúcar simples mais comum nos processos celulares. Outros açúcares simples com fórmula bruta idêntica e estruturas um pouco diferentes são a frutose, a manose e a galactose. Esses precisam ser convertidos em glicose antes de serem utilizados pela célula. Devido à sua utilidade como fonte de energia nos processos do organismo, a glicose é encontrada no sangue com níveis normais entre 65 e 110 mg 100 mL^{-1}.* Níveis maiores que esses sinalizam o diabetes.

Unidades de dois monossacarídeos são responsáveis por alguns açúcares muito importantes chamados de *dissacarídeos*. Quando duas moléculas de monossacarídeos unem-se para formar um dissacarídeo,

$$C_6H_{12}O_6 + C_6H_{12}O_6 \rightarrow C_{12}H_{22}O_{11} + H_2O \tag{22.1}$$

uma molécula de água é perdida. Lembre que as proteínas são também formadas por moléculas de aminoácidos menores por reações de condensação envolvendo a perda de moléculas de água. Os dissacarídeos incluem a sucrose (ou sacarose da cana-de-açúcar), a lactose (o açúcar do leite) e a maltose (um produto da quebra do amido).

Os *polissacarídeos* são formados por muitas unidades de açúcares simples unidas. Um dos principais polissacarídeos é o *amido*, produzido como forma de energia pelas plantas. Os animais produzem um material semelhante, chamado de *glicogênio*. A fórmula química do amido é $(C_6H_{10}O_5)_n$, onde n é um número que pode chegar a algumas centenas, ou seja, a molécula bastante volumosa do amido é composta por muitas unidades de $C_6H_{10}O_5$ unidas. Por exemplo, se n for igual a 100, existem 6 vezes 100 átomos de carbono, 10 vezes 100 átomos de hidrogênio e 5 vezes 100 átomos de oxigênio na molécula. A fórmula bruta deste composto seria $C_{600}H_{1000}O_{500}$. Os átomos na molécula de amido na verdade ocorrem como anéis unidos, como mostra a estrutura na Figura 22.4. O amido está presente em muitos alimentos, como o pão e cereais, sendo prontamente digerido por animais, inclusive o homem.

A *celulose* é um polissacarídeo também formado por unidades de $C_6H_{10}O_5$. As moléculas da celulose são enormes, com massas moleculares da ordem de 400.000. A estrutura de sua molécula (Figura 22.5) é semelhante à do amido. A celulose é produzida por plantas e forma o material estrutural das paredes de suas células. A madeira é com-

---

* N. de R. T.: Em 2004, este valor foi alterado para 100 mg/dL pela Associação Americana de Diabetes.

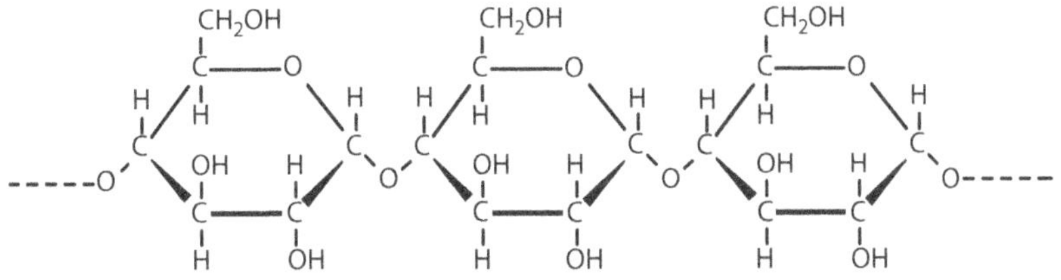

FIGURA 22.4 Parte de uma molécula de amido mostrando as unidades de $C_6H_{10}O_5$ condensadas.

posta por cerca de 60% de celulose, e o algodão contém mais de 90% deste material. As fibras da celulose são extraídas da madeira e comprimidas na produção de papel.

Os seres humanos e outros animais não digerem a celulose, porque não têm uma enzima necessária para hidrolisar as ligações do oxigênio entre as moléculas de glicose. Os ruminantes (bovinos, ovinos, caprinos e alces) apresentam bactérias em seus estômagos que quebram a celulose em produtos passíveis de serem usados pelo animal. Alguns processos químicos foram desenvolvidos para converter a celulose em açúcares simples pela reação

$$\underset{\text{Celulose}}{(C_6H_{10}O_5)_n} + nH_2O \rightarrow \underset{\text{Glicose}}{nC_6H_{12}O_6} \tag{22.2}$$

onde n pode estar entre 2.000 e 3.000. Esses processos envolvem a quebra das ligações entre as unidades de $C_6H_{10}O_5$ com a adição de uma molécula de H_2O a cada ligação, o que é uma reação de hidrólise. Grandes quantidades de celulose da madeira, da cana-de-açúcar e de produtos agrícolas viram resíduos todos os anos. A hidrólise da celulose permite que esses produtos sejam convertidos em açúcares, que podem ser oferecidos como alimento a animais.

Os grupos de carboidratos são ligados a moléculas de proteínas em uma classe especial de materiais chamados de *glicoproteínas*. O colágeno é uma glicoproteína essencial, responsável pela integridade estrutural das partes do corpo, e um dos principais constituintes da pele, dos ossos, dos tendões e das cartilagens.

22.5 Os lipídeos

Os *lipídeos* são substâncias extraídas da matéria vegetal ou animal por solventes orgânicos, como clorofórmio, dietil éter ou tolueno (Figura 22.6). Enquanto os carboidratos e as proteínas são caracterizados pelos monômeros (monossacarídeos e aminoácidos) que os formam, os lipídeos são definidos pela organofilicidade, uma característica física. Os lipídeos mais comuns são as gorduras e os óleos compostos por *triglicerídeos* formados a partir do glicerol, $CH_2(OH)CH(OH)CH_2OH$, e um ácido graxo de cadeia

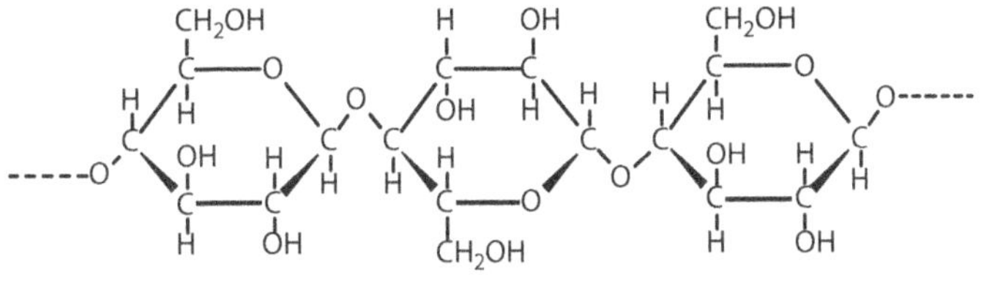

FIGURA 22.5 Parte da estrutura da celulose.

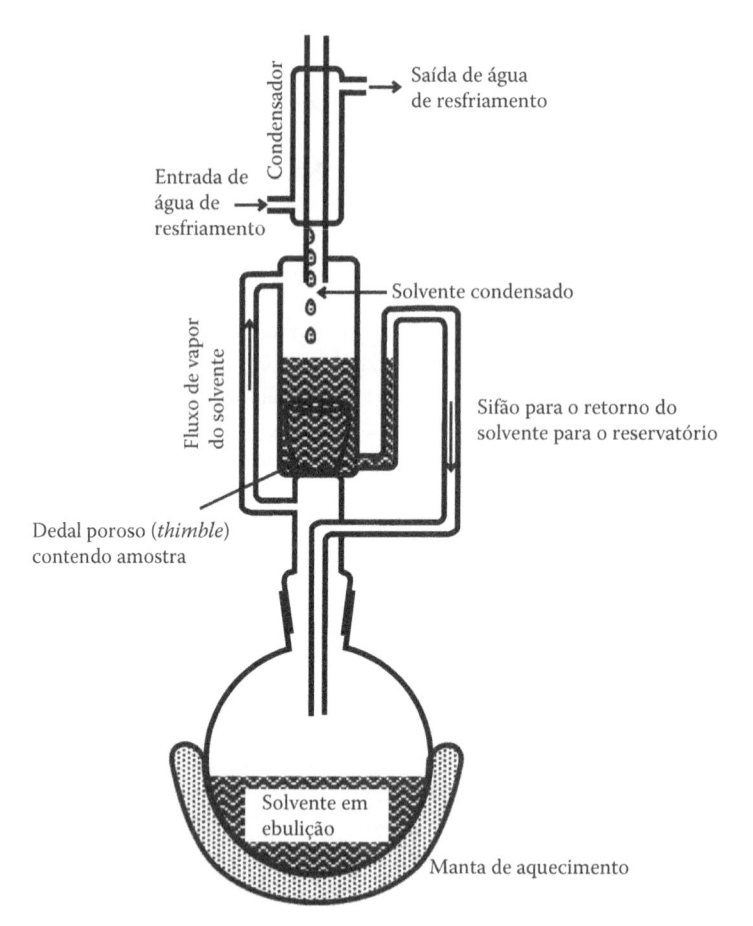

FIGURA 22.6 Os lipídios são extraídos de alguns materiais biológicos com um extrator Soxhlet (acima). O solvente é vaporizado em um frasco de destilação pela manta de aquecimento, ascende por um dos tubos externos até o condensador e é esfriado para condensar. O condensado goteja no dedal poroso contendo a amostra. A ação do sifão periodicamente drena o solvente de volta para o frasco de destilação. O lipídio extraído é coletado como solução no solvente no frasco.

longa, como o ácido esteárico, $CH_3(CH_2)_{16}COOH$, de acordo com a Figura 22.7. Diversos outros materiais biológicos, inclusive as ceras, o colesterol e algumas vitaminas e hormônios, são classificados como lipídeos. Alimentos comuns, como a manteiga e os óleos usados em saladas, são lipídeos. Os ácidos graxos de cadeia longa, como o ácido esteárico, também são organossolúveis e classificados como lipídeos.

Os lipídeos têm importância toxicológica por diversas razões. Algumas substâncias tóxicas interferem no metabolismo dos lipídeos, levando à sua acumulação prejudicial. Muitos compostos orgânicos tóxicos são pouco solúveis em água, mas são lipossolúveis. Logo, massas de lipídeos nos organismos dissolvem e armazenam esses compostos tóxicos.

Uma classe importante de lipídeos é a dos *fosfoglicerídeos* (glicerofosfatídeos), que são considerados triglicerídeos em que um dos ácidos ligados ao glicerol é o ácido ortofosfórico. Esses lipídeos têm importância especial porque são constituintes

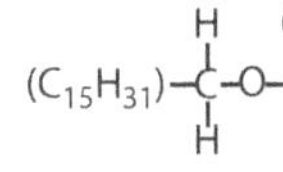

$(C_{15}H_{31})-\underset{H}{\overset{H}{C}}-O-\overset{O}{\overset{\|}{C}}-(C_{15}H_{31})$
Palmitato de cetila

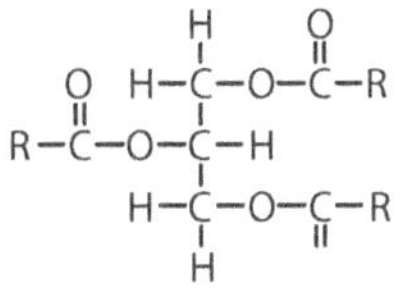

$$\begin{array}{c} H \quad O \\ O \quad H-\overset{|}{C}-O-\overset{\|}{C}-R \\ R-\overset{\|}{C}-O-\overset{|}{C}-H \\ H-\overset{|}{C}-O-\overset{\|}{C}-R \\ H \end{array}$$

FIGURA 22.7 A fórmula geral dos triglicerídeos, que compõem gorduras e óleos. O grupo R é uma cadeia de hidrocarboneto, como $-(CH_2)_{16}CH_3$, e é oriundo de um ácido graxo.

essenciais das membranas celulares. Estas são estruturas bicamada, em que as extremidades compostas pelo fosfato hidrofílico das moléculas estão na camada externa, e as caudas hidrofóbicas, na camada interna.

As ceras também são ésteres de ácidos graxos. Porém, o álcool em uma cera não é o glicerol, e sim um álcool de camada muito longa. Por exemplo, um dos principais compostos na cera de abelha é o palmitato de miricila, em que a porção álcool do éster tem uma cadeia muito longa de hidrocarboneto:

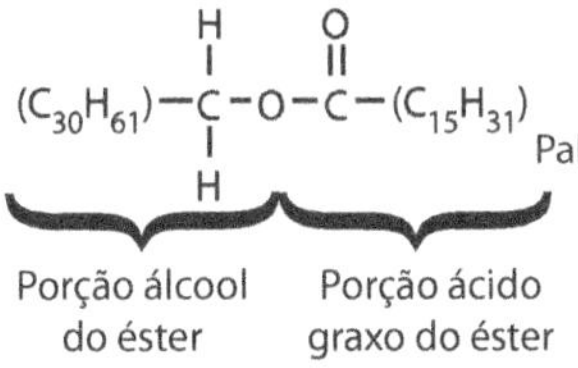

$(C_{30}H_{61})-\underset{H}{\overset{H}{C}}-O-\overset{O}{\overset{\|}{C}}-(C_{15}H_{31})$ Palmitato de micirila

Porção álcool do éster | Porção ácido graxo do éster

As ceras são produzidas por plantas e animais, principalmente com função de revestimento de proteção, e encontradas em muitos produtos comuns. Um exemplo é a lanolina, a "graxa" presente na lã de ovelha. Quando misturada com óleos e água, ela forma uma emulsão coloidal estável composta por gotículas de óleo muito pequenas suspensas na água. Por essa razão a lanolina é usada em cremes para as mãos e unguentos de uso farmacêutico. A cera de carnaúba reveste as folhas de algumas palmeiras brasileiras. A cera de espermacetes é composta sobretudo de cetil-palmitato (ver a seguir) extraído da gordura do cachalote, sendo muito útil em alguns cosméticos e preparações de uso farmacêutico.

Os esteroides são lipídeos encontrados em sistemas vivos e invariavelmente contêm o sistema de anéis mostrado para o colesterol na Figura 22.8. Ocorrem nos sais biliares, produzidos pelo fígado e secretados nos intestinos. Os produtos de sua quebra contribuem para a cor característica das fezes. Os sais biliares atuam nas gorduras no intestino, suspendendo pequenas gotículas na forma de emulsões coloidais, permitindo que as gorduras sejam quebradas pela via química e digeridas.

Alguns esteroides são *hormônios*. Os hormônios atuam como "mensageiros" de uma parte do corpo para outra. Nesse sentido, iniciam e interrompem diversas funções no organismo. Os hormônios sexuais masculinos e femininos (estrógenos) são exemplos de hormônios esteroides. São secretados por glândulas chamadas de *glândulas endócrinas*. A localização de algumas glândulas endócrinas importantes é mostrada na Figura 22.9.

$$H_3C-\overset{H}{\underset{H_3C}{C}}-CH_2-CH_2-CH_2-\overset{CH_3}{\underset{CH_3}{C}}-H$$

O colesterol, um esteroide típico

FIGURA 22.8 Os esteroides são caracterizados por uma estrutura em anéis, como a mostrada para o colesterol.

22.6 As enzimas

Os catalisadores são substâncias que aceleram uma reação química, sem serem consumidos por ela. Os catalisadores mais sofisticados são encontrados nos seres vivos, e facilitam reações que sem sua presença não ocorreriam, ou que ocorreriam com muita dificuldade fora de um ser vivo. Esses catalisadores são chamados de *enzimas*. Além de acelerarem as reações em 10 a 100 milhões de vezes, as enzimas são muito seletivas nas reações que promovem.

As enzimas são substâncias proteináceas com estruturas muito específicas e que interagem com substâncias definidas ou classes de substâncias chamadas de *substratos*. Elas atuam como catalisadores que permitem as reações bioquímicas, após as quais são regeneradas, como que intactas, para participarem de outras reações. A especificidade muito alta com que as enzimas interagem com os substratos resulta de sua ação "fechadura e chave", baseada nas formas exclusivas das enzimas, conforme a Figura 22.10. A ilustração mostra que uma enzima "reconhece" um determinado substrato com base em sua estrutura molecular e se liga a ele para produzir um *complexo enzima-substrato*. Esse complexo então se quebra, formando um ou mais produtos diferentes, a partir do substrato original, regenerando a enzima inalterada que se torna disponível para catalisar reações adicionais. O processo básico da reação de uma enzima é, portanto,

$$\text{enzima} + \text{substrato} \rightleftarrows \text{complexo enzima-substrato} \rightleftarrows \text{enzima} + \text{produto} \quad (22.3)$$

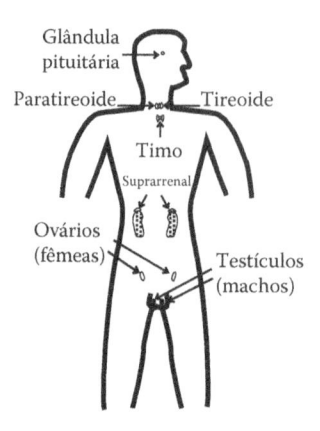

FIGURA 22.9 Localizações das glândulas endócrinas importantes.

Essa reação têm diversos aspectos importantes que precisam ser observados. Conforme a Figura 22.10, uma enzima atua sobre um substrato em especial para formar o complexo enzima-substrato porque suas estruturas encaixam-se uma à outra. Logo, algo acontece à molécula do substrato. Por exemplo, ela pode ser partida em dois, em um ponto específico. Com isso o complexo enzima-substrato se desfaz, gerando enzima e produtos. A enzima permanece inalterada na reação e agora está livre para reagir outra vez. Observe que as setas na representação da reação enzimática são duplas, isto é, a reação é *reversível*. Um complexo enzima-substrato pode voltar a ser enzima e substrato com facilidade. Os produtos de uma reação enzimática reagem com a enzima, formando o complexo enzima-substrato novamente. Este, por sua vez, pode se romper em enzima e substrato. Portanto, a mesma enzima pode fazer uma reação ocorrer em um ou em outro sentido.

Algumas enzimas não têm atividade por conta própria. Para isso, precisam antes ligarem-se a *coenzimas*. As coenzimas de modo geral não são materiais proteináceos. Algumas das vitaminas importantes são coenzimas.

As enzimas recebem seus nomes com base em sua atividade. Por exemplo, a enzima liberada pelo estômago, que parte proteínas como etapa do processo digestivo, é chamada de *proteinase gástrica*. A parte "gástrica" do nome faz referência à origem da enzima, o estômago. O termo "proteinase" significa que ela quebra moléculas de proteína. Essa enzima é mais conhecida por seu nome comum, pepsina. Da mesma forma, a enzima produzida pelo pâncreas e que quebra gorduras (lipídeos) é chamada de *lípase pancreática*. Seu nome comum é esteapsina. Em geral, a lípase promove a dissociação dos triglicerídeos, formando glicerol e ácidos graxos.

As enzimas mencionadas são *enzimas hidrolíticas*, que promovem a quebra de compostos biológicos de alta massa molecular e adicionam água. Esse é um dos tipos mais importantes de reações envolvidas na digestão. As três principais classes

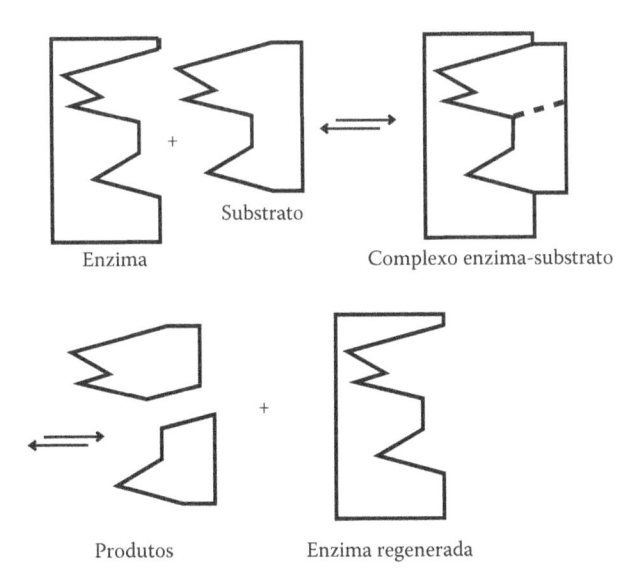

FIGURA 22.10 Representação do modo "fechadura e chave" da ação enzimática, que permite a alta especificidade das reações catalisadas por enzimas.

de alimentos geradores de energia consumidos por animais são os carboidratos, as proteínas e as gorduras. Lembre que os carboidratos mais complexos ingeridos pelos seres humanos são predominantemente os dissacarídeos (sucrose, ou açúcar comum) e polissacarídeos (amido). Esses são formados pela união de unidades de açúcares simples, $C_6H_{12}O_6$, com a eliminação de uma molécula de H_2O na ligação onde se unem. As proteínas são formadas pela condensação de aminoácidos, também com a eliminação de uma molécula de água em cada ligação. As gorduras são ésteres produzidos quando glicerol e ácidos graxos se unem. Uma molécula de água é perdida para cada uma dessas ligações, quando uma proteína, gordura ou carboidrato é sintetizado. Para que essas substâncias sejam usadas como nutriente, o processo inverso precisa ocorrer, com a quebra da molécula grande e complexa da proteína, gordura ou carboidrato em substâncias simples e solúveis capazes de atravessar a membrana celular e participar dos processos químicos no interior da célula. O processo inverso é completado com a ação das enzimas hidrolíticas.

Os compostos biológicos com cadeias longas de átomos de carbono são quebrados em moléculas de cadeias mais curtas, com a ruptura das ligações carbono-carbono. Na maioria das vezes esse processo ocorre com a eliminação de CO_2 dos ácidos carboxílicos. Por exemplo, a enzima *piruvato descarboxilase* atua sobre o ácido pirúvico,

$$\underset{\text{Ácido pirúvico}}{\text{H}-\overset{\text{H}}{\underset{\text{H}}{\text{C}}}-\overset{\text{O}}{\text{C}}-\overset{\text{O}}{\text{C}}-\text{OH}} \xrightarrow{\text{Piruvato descarboxilase}} \underset{\text{Acetaldeído}}{\text{H}-\overset{\text{H}}{\underset{\text{H}}{\text{C}}}-\overset{\text{O}}{\text{C}}-\text{H}} + CO_2 \qquad (22.4)$$

para liberar CO_2 e produzir um composto com um carbono a menos. É com essa quebra da ligação carbono-carbono que os compostos de cadeia longa acabam degradados em CO_2 no organismo, ou que os hidrocarbonetos de cadeia longa sofrem biodegradação pela ação de microrganismos no solo e nos ambientes aquáticos.

A oxidação e a redução são as principais reações de troca de energia nos sistemas vivos. A respiração celular é uma reação de oxidação em que um carboidrato, $C_6H_{12}O_6$, é quebrado em dióxido de carbono e água, com a liberação de energia:

$$C_6H_{12}O_6 + 6O_2 \rightarrow 6CO_2 + 6H_2O + \text{energia} \qquad (22.5)$$

Na verdade, essa reação global ocorre em sistemas vivos com base em uma série complicada de etapas individuais, com algumas delas envolvendo a oxidação. As enzimas que promovem a oxidação na presença de O_2 livre são chamadas de *oxidases*. De modo geral, as reações de oxidação-redução biológicas são catalisadas por *enzimas oxidorredutases*.

Além dos tipos de enzimas discutidos, existem muitas outras enzimas com funções distintas nos sistemas vivos, como as *isomerases*, que formam isômeros de compostos específicos. Por exemplo, entre os diversos tipos de açúcares simples com fórmula $C_6H_{12}O_6$, apenas a glicose pode ser utilizada diretamente nos processos biológicos. Os outros isômeros são convertidos em glicose pela ação das isomerases. As *transferases* são enzimas que deslocam grupos químicos entre moléculas; as *liases* removem grupos químicos sem hidrólise e participam da formação de ligações C = C ou da adição de espécies a essas ligações; e as *ligases* atuam em conjunto com o trifosfato de adenosina (ATP), uma molécula de alta energia que desempenha um papel essencial nos processos metabólicos de geração de energia e oxidação da glicose, ligando moléculas com a formação de ligações como as do tipo carbono-carbono ou carbono-enxofre.

A atividade enzimática é afetada por diversos fatores. As enzimas requerem certa concentração do íon hidrogênio (pH) para terem atividade ótima. Por exemplo, a proteinase gástrica necessita do meio ácido no estômago para atuar bem. Quando ela passa para o intestino, muito menos ácido, sua atividade cessa. Isso impede danos às paredes intestinais, que ocorreriam se a enzima tentasse digeri-las. A temperatura é um fator crítico. Como era de se esperar, as enzimas no corpo humano têm seu pico de atividade a 37°C (98,6°F), a temperatura normal do corpo humano. O aquecimento dessas enzimas a cerca de 60°C leva à sua destruição. Algumas bactérias que proliferam em fontes termais possuem enzimas com atividade ótima a temperaturas maiores que a da água em ebulição. Já as bactérias adaptadas ao frio têm enzimas que atuam em temperaturas próximas do ponto de congelamento da água.

Uma das maiores preocupações quanto aos efeitos do meio nas enzimas é a influência de substâncias tóxicas. Entre os principais mecanismos de toxicidade está a alteração ou a destruição de enzimas por agentes tóxicos como cianetos, metais ou compostos orgânicos como o inseticida paration. Uma enzima que tenha sido destruída obviamente não pode desempenhar sua função, enquanto aquela que tenha sofrido alguma alteração talvez perca sua atividade ou atue de forma inadequada. Os efeitos negativos dos compostos tóxicos sobre as enzimas são discutidos no Capítulo 23.

22.7 Os ácidos nucleicos

As fórmulas estruturais dos constituintes monoméricos dos ácidos nucleicos são dadas na Figura 22.11. Esses constituintes são as bases pirimidina ou purina, que apresentam nitrogênio em sua estrutura, além de dois açúcares e fosfato. As moléculas de DNA são compostas pelas bases adenina, guanina, citosina e tiamina, que também contêm nitrogênio, ao lado do ácido fosfórico (H_3PO_4) e do açúcar simples 2-desoxi--β-D-ribofuranose (comumente chamado de desoxirribose). As moléculas de RNA são compostas pelas bases adenina, guanina, citosina e uracila, todas contendo nitrogênio, além do ácido fosfórico (H_3PO_4) e do açúcar simples β-D-ribofuranose (ribose).

A formação de polímeros de ácidos nucleicos a partir de seus constituintes monoméricos pode ser visualizada em duas etapas:

- Monossacarídeo (açúcar simples) + base nitrogenada cíclica = *nucleosídeo*.
- Nucleosídeo + fosfato = *nucleotídeo éster de fosfato*.

Nucleotídeo formado pela ligação de um grupo fosfato à desoxicitidina.

- O nucleotídeo polimerizado gera um *ácido nucleico*, como mostra a estrutura a seguir. Nele, as cargas negativas dos fosfatos são neutralizadas por cátions metálicos (como o Mg^{2+}) ou proteínas com carga positiva (histonas).

Segmento do polímero do DNA mostrando a ligação de dois nucleotídeos.

As moléculas de DNA são enormes, com massas moleculares maiores que 1 bilhão. As moléculas de RNA também são bastante volumosas. A estrutura do DNA tem a forma de uma dupla hélice, muito famosa (Figura 22.12), e foi descoberta em 1953 pelo cientista norte-americano James D. Watson, e por seu colega britânico, Francis Crick. Os dois receberam o Prêmio Nobel por esse marco na história da ciência em 1962. O modelo mostra o DNA como uma estrutura em forma de dupla hélice alfa formada por duas fitas poliméricas contrapostas e unidas por pontes de hidrogênio entre os grupos pirimidina e purina, em posições opostas. O resultado é que o DNA tem uma estrutura primária e uma estrutura secundária. A primeira se deve à sequência de nucleotídeos em cada uma das fitas do DNA, enquanto a segunda resulta da interação entre as duas fitas α-hélice. Na estrutura secundária do DNA, apenas a citosina pode estar oposta à guanina e apenas a adenina pode estar oposta à tiamina, e vice-versa. A estrutura do DNA é basicamente idêntica à de uma espiral formada por duas fitas entrelaçadas, como mostra a Figura 22.12. As duas fitas do DNA são *complementares*, isto é, uma porção de uma se encaixa à porção correspondente da outra fita, como uma chave em um cadeado. Se as duas fitas forem separadas, cada uma reproduz uma fita complementar nova, resultando em duas cópias da matriz dupla hélice original. É isso que ocorre durante a reprodução celular.

A molécula do DNA é como uma mensagem cifrada. Essa "mensagem", as informações genéticas contidas e transportadas pelos ácidos nucleicos, depende da sequência de bases que os compõem. É como uma mensagem de telégrafo, composta por pontos, traços e espaços entre eles. O principal aspecto da estrutura do DNA que permite o armazenamento e a replicação dessas informações é a famosa dupla hélice do DNA, citada anteriormente.

As porções da dupla hélice do DNA podem se desenrolar, e uma das fitas do DNA pode então gerar uma fita de RNA. Essa substância então sai do núcleo da célula para o citoplasma, onde controlará a síntese de uma nova proteína. Desta maneira, o DNA regula a função da célula e atua no controle dos processos da vida.

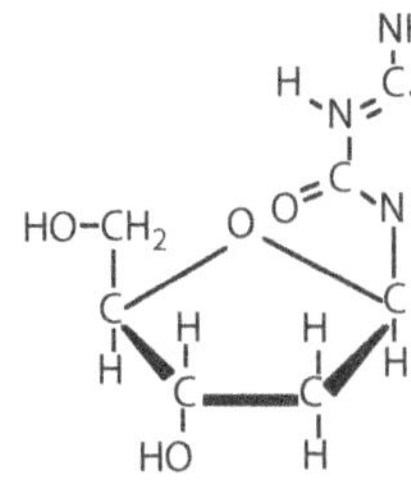

A desoxicitidina formada pela dimerização da citosina e desoxirribose com eliminação de uma molécula de H_2O

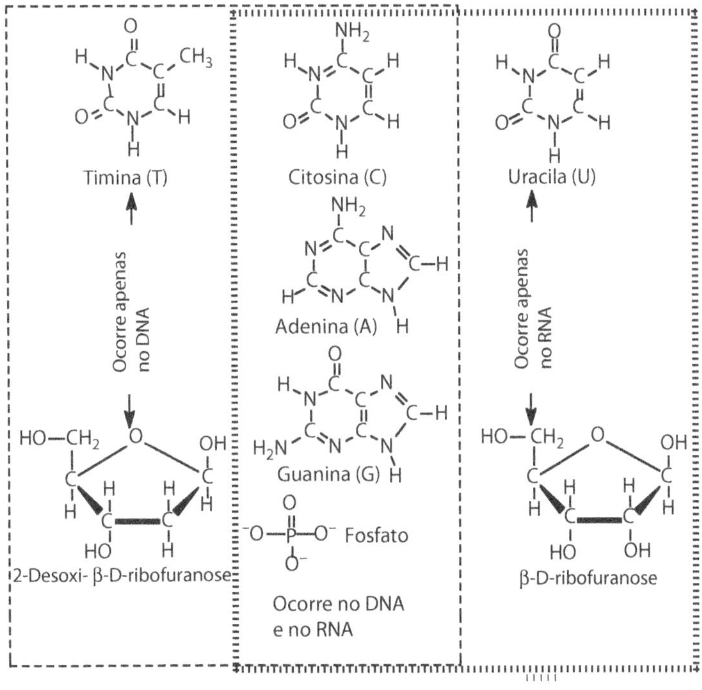

FIGURA 22.11 Os constituintes do DNA (- – -) e do RNA ('''').

22.7.1 Os ácidos nucleicos na síntese das proteínas

Sempre que uma nova célula é formada, o DNA em seu núcleo precisa ser reproduzido fielmente a partir da célula-mãe. Os processos biológicos têm dependência total da síntese exata das proteínas regulada pelo DNA da célula. O DNA em uma única célula precisa direcionar a síntese de 3.000 ou mais proteínas diferentes. As instruções para a síntese de uma proteína específica estão contidas em um segmento de DNA chamado *gene*. O processo de transmissão da informação do DNA a uma proteína recém-formada envolve as seguintes etapas:

- O DNA sofre a *replicação*. Esse processo envolve a separação de um segmento da dupla hélice em fitas individuais que então replicam de maneira que a guanina se mantenha oposta à citosina (e vice-versa), e a adenosina esteja oposta à timina (e vice-versa). Este processo prossegue, até uma cópia integral da molécula do DNA ter sido formada.

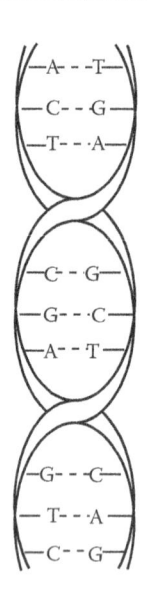

FIGURA 22.12 Representação da estrutura em dupla hélice do DNA, mostrando os pares de base permitidos unidos por pontes de hidrogênio entre o polímero estrutural fosfato/açúcar nas duas fitas do DNA. As letras representam adenina (A), citosina (C), guanina (G) e timina (T). A linha pontilhada representa as pontes de hidrogênio.

- O DNA recém-duplicado produz o *RNA mensageiro* (mRNA), um complemento da fita do DNA, por um processo chamado de *transcrição*.
- Uma nova proteína é sintetizada usando o mRNA como molde para determinar a ordem dos aminoácidos, no processo chamado de *tradução*.

22.7.2 O DNA modificado

As moléculas do DNA podem ser modificadas pela adição ou deleção não proposital de nucleotídeos ou pela substituição de um nucleotídeo por outro. O resultado é uma *mutação*, transmissível à progênie. As mutações podem ser induzidas por substâncias químicas. Do ponto de vista toxicológico, as mutações são uma das principais questões devido aos efeitos deletérios de muitas delas e porque as substâncias que as causam também provocam câncer. O mau funcionamento do DNA pode gerar defeitos congênitos, e a falha ao controlar a reprodução celular resulta no câncer. A radiação dos raios X e a radioatividade também quebra o DNA e pode gerar mutações.

22.8 O DNA recombinante e a engenharia genética

Conforme observado, os segmentos de DNA contêm informações sobre as sínteses específicas de determinadas proteínas. Nas duas últimas décadas, a transferência dessas informações entre organismos por meio da *tecnologia do DNA recombinante* tornou-se uma realidade. Com essa tecnologia nasceu um novo setor de atividade, a *engenharia genética*. Com muita frequência, os organismos recipientes são as bactérias, que podem ser reproduzidas (clonadas) em grandes números a partir de uma célula que tenha adquirido as qualidades desejadas. Portanto, para sintetizar uma substância, como a insulina ou o hormônio do crescimento humano, as informações genéticas necessárias são transferidas de uma fonte humana para células bacterianas que, por sua vez, passam a produzir a substância como parte de seus processos metabólicos.

A primeira etapa na manipulação genética do DNA recombinante é a lise, ou "abertura", de uma célula que apresente o material genético necessário. Em seguida, esse material genético é retirado da célula. Por meio da atividade enzimática, os genes de interesse são retirados da cadeia do DNA do organismo parental. Esses são então processados* em pequenas moléculas de DNA. Essas moléculas, chamadas de *vetores*, penetram na célula hospedeira, incorporando-se a seu material genético. A célula hospedeira modificada é então reproduzida muitas vezes, realizando a biossíntese desejada.

As preocupações iniciais acerca do potencial da engenharia genética de gerar "organismos monstruosos" ou doenças novas e terríveis foram em grande parte aliviadas, embora essa tecnologia continue requerendo cautela. No escopo do ambiente, a engenharia genética traz esperança para o desenvolvimento de bactérias modificadas capazes de destruir resíduos problemáticos e produzir substitutos para os pesticidas sintéticos que agridem o ambiente.

Há inúmeras possibilidades de combinação da biologia com a química para produzir compostos químicos e fabricar produtos de vários tipos. Um exemplo é a produção de ácido polilático usando ácido lático gerado pela via enzimática a partir do milho e polimerizado com processos químicos padronizados. O desenvolvimento de enzimas para vários processos de conversão química é objeto de muita atenção. Outra área importante que utiliza organismos transgênicos é o melhoramento de plantas produtoras de inseticidas naturais, sobretudo o inseticida gerado com *Bacillus thuringiensis*.

22.9 Os processos metabólicos

Os processos bioquímicos que envolvem a alteração de biomoléculas são classificados na categoria *metabolismo*. Os processos metabólicos são divididos em duas grandes categorias, *anabolismo* (síntese) e *catabolismo* (degradação de substâncias). Um organismo utiliza processos metabólicos para gerar energia ou modificar os constituintes de biomoléculas.

22.9.1 Os processos geradores de energia

Os organismos obtêm energia por três processos principais, listados a seguir:

- A *respiração*, em que compostos orgânicos são catabolizados usando oxigênio molecular (*respiração aeróbica*) ou na ausência desse elemento (*respiração anaeróbia*). A respiração aeróbica usa o *ciclo de Krebs* para obter energia com base na reação:

$$C_6H_{12}O_6 + 6O_2 \rightarrow 6CO_2 + 6H_2O + \text{energia}$$

---

* N. de T.: Em inglês *splicing*. Processo que ocorre durante a maturação do mRNA eucariótico, pelo qual ocorrem a remoção de íntrons e a união de éxons, fragmentos de material genético; o mesmo que processamento.

Cerca de metade da energia liberada é convertida em energia química de curto prazo, particularmente por meio da síntese do nucleotídeo ATP. Para o armazenamento de energia por longos períodos, o glicogênio ou os polissacarídeos dos amidos são sintetizados. No caso de períodos ainda mais prolongados, lipídeos (gorduras) são sintetizados e armazenados no organismo.

- A *fermentação*, que difere da respiração por não ter uma cadeia de transporte de elétrons. As leveduras produzem etanol a partir de açúcares por fermentação:

$$C_6H_{12}O_6 \rightarrow 2CO_2 + 2C_2H_5OH$$

- A *fotossíntese*, em que a luz capturada pelos cloroplastos de plantas e algas é usada para sintetizar açúcares a partir de dióxido de carbono e água:

$$6CO_2 + 6H_2O + h\nu \rightarrow C_6H_{12}O_6 + 6O_2$$

As plantas nem sempre conseguem obter a energia de que precisam somente da luz do sol. Na ausência de luz, elas precisam usar os nutrientes que armazenam. As células de espécies vegetais, como as das espécies animais, contêm mitocôndrias em que nutrientes são armazenados e convertidos em energia pela respiração celular.

As células das plantas, que usam a luz do sol como fonte de energia e CO_2 como fonte de carbono, são chamadas de *autotróficas*. Já as células dos animais dependem de material orgânico produzido por plantas como fonte de nutrientes, e são chamadas de células *heterotróficas*. Elas atuam como "intermediários" nas reações químicas entre o oxigênio e o material nutriente utilizando a energia da reação para executar seus processos biológicos.

22.10 O metabolismo dos xenobiontes

Quando agentes tóxicos ou seus precursores metabólicos (*pró-tóxicos*) são introduzidos em um organismo, eles passam por diversos processos, que podem torná-los mais tóxicos ou então destoxificá-los. O Capítulo 23 discute os processos metabólicos que os compostos tóxicos sofrem e os mecanismos pelos quais podem causar danos ao organismo. Ênfase é dada aos *compostos xenobióticos* (aqueles que normalmente são estranhos aos seres vivos), a aspectos químicos e também a processos que geram produtos capazes de serem eliminados pelo organismo. De importância especial é o *metabolismo xenobiótico intermediário*, que resulta na formação de espécies transitórias, diferentes dos compostos ingeridos e do produto final excretado. Essas espécies exercem efeitos toxicológicos significativos. Os xenobiontes de modo geral são objeto da atividade enzimática atuante sobre substâncias nativas do organismo – o *substrato endógeno*. Por exemplo, a enzima mono-oxigenase, que contém flavina, atua na cisteamina endógena, convertendo-a em cistamina, mas também atua na oxidação de xenobiontes de nitrogênio e enxofre.

A *biotransformação* diz respeito às alterações em compostos xenobióticos como resultado da ação enzimática. As reações que não são intermediadas por enzimas também são importantes em alguns casos. Exemplos de transformações não enzimáticas são as reações em que os xenobiontes ligam-se a espécies bioquímicas endógenas sem um catalisador enzimático, sofrem hidrólise em um meio composto por fluidos corporais ou sofrem oxidação/redução. No entanto, as reações metabólicas de Fase I e Fase II dos xenobiontes discutidas aqui e no Capítulo 23 são enzimáticas.

A probabilidade de uma espécie xenobiótica sofrer metabolismo enzimático no organismo depende da natureza dessa substância. Os compostos com alta polaridade, como os ácidos carboxílicos relativamente ionizáveis, têm menos chances de entrar no sistema do organismo e, quando isso ocorre, via de regra são secretados com rapidez. Portanto, esses compostos não são disponibilizados, ou são disponibilizados por um curto período de tempo, para serem metabolizados por enzimas. Os compostos voláteis, como o diclorometano ou o dietil éter, são expelidos com tamanha velocidade pelos pulmões que o metabolismo enzimático tem poucas chances de ocorrer. Isso aumenta as chances de os *compostos lipofílicos apolares*, relativamente menos solúveis em fluidos biológicos aquosos e com maior afinidade com espécies de lipídeos, serem candidatos a reações metabólicas intermediadas por enzimas. Entre estes, os mais resistentes ao ataque enzimático (por exemplo, as PCB) tendem a bioacumular em tecidos adiposos.

As espécies xenobióticas podem ser metabolizadas em muitos tecidos e órgãos do corpo. Como parte da defesa contra a entrada de espécies xenobióticas, os sítios mais importantes do metabolismo xenobiótico estão associados à entrada no organismo, como a pele e os pulmões. A parede intestinal através da qual os xenobióticas entram no organismo a partir do trato gastrointestinal são também local de metabolismo significativo de xenobiontes. O fígado tem importância especial, porque os materiais introduzidos na circulação sistêmica a partir do trato gastrointestinal precisam antes passar por esse órgão.

22.10.1 As reações de Fase I e Fase II

Os processos que a maioria dos xenobiontes sofre no organismo são divididos em duas categorias: as reações de Fase I e as reações de Fase II. A *reação de Fase I* introduz grupos funcionais polares e reativos em moléculas tóxicas lipofílicas (com afinidade com gorduras). Em suas formas originais, essas moléculas tóxicas tendem a atravessar as membranas celulares, que contêm lipídeos, e podem se ligar a lipoproteínas, com as quais são transportadas pelo organismo. Devido ao grupo funcional presente, o produto da reação de Fase I de modo geral é mais solúvel em água que seu xenobionte precursor, e, o mais importante, possui uma "alça química" a que o material substrato no corpo pode se ligar, permitindo a eliminação do composto tóxico pelo organismo. A ligação desse substrato é a *reação de Fase II*, e produz um *conjugado*, mais facilmente secretado pelo organismo.

Em geral, as alterações na estrutura e propriedades de um composto que resultam das reações de Fase I são um tanto amenas. Na maioria dos casos os processos de Fase II geram espécies muito diferentes de seus precursores. É preciso enfatizar que nem todos os xenobiontes sofrem ambas as reações de Fase I e Fase II. Alguns sofrem apenas as reações de Fase I e são excretados do corpo, diretamente. Há também aqueles que já possuem um grupo funcional apropriado capaz de formar um conjugado e, portanto, sofrer uma reação de Fase II sem passar por uma reação de Fase I prévia. As reações de Fase I e de Fase II são discutidas em termos de suas relações com a química toxicológica nos Capítulos 23 e 24.

Literatura citada

1. Voet, D., J. G. Voet, and C. W. Pratt, *Fundamentals of Biochemistry*, Wiley, New York, 2008.
2. Stanley E. M., *Toxicological Chemistry and Biochemistry*, 3rd ed., CRC Press/Lewis Publishers, Boca Raton, FL, 2002.

Leitura complementar

Berg, J. M., J. L. Tymoczko, and L. Stryer, *Biochemistry*, 6th ed., W.H. Freeman, New York, 2007.
Bettelheim, F. A., W. H. Brown, and J. March, *Introduction to General, Organic & Biochemistry*, 8th ed., Thomson-Brooks/Cole, Belmont, CA, 2007.
Bowsher, C., M. Steer, and A. Tobin, *Plant Biochemistry*, Garland Science, New York, 2008.
Campbell, M. K. and S. O. Farrell, *Biochemistry*, 5th ed., Thomson-Brooks/Cole, Belmont, CA, 2006.
Champe, P. C., R. A. Harvey, and D. R. Ferrier, *Biochemistry*, 4th ed., Lippincott Williams & Wilkins, Baltimore, 2008.
Chesworth, J. M., T. Stuchbury, and J. R. Scaife, *An Introduction to Agricultural Biochemistry*, Chapman and Hall, London, 1998.
Elliott, W. H. and D. C. Elliott, *Biochemistry and Molecular Biology*, 4th ed., Oxford University Press, New York, 2009.
Garrett, R. H. and C. M. Grisham, *Biochemistry*, 4th ed., Thomson-Brooks/Cole, Belmont, CA, 2009.
Horton, H. R., *Principles of Biochemistry*, 4th ed., Prentice Hall, Upper Saddle River, NJ, 2006.
Kuchel, P. W., K.E. Cullen, and G. B. Ralston, *Schaum's Easy Outline of Biochemistry*, Mc-Graw-Hill, Boston, 2002.
McKee, T. and J. R. McKee, *Biochemistry: The Molecular Basis of Life*, 4th ed., Oxford University Press, New York, 2009.
Moore, J., T. and R. Langley, *Biochemistry for Dummies*, Wiley Publishing, Inc., Indianapolis, IN, 2008.
Swanson, T. A., S. I. Kim, and M. J. Glucksman, *Biochemistry and Molecular Biology*, 4th ed., Lippincott Williams & Wilkins, Philadelphia, 2007.
Tymoczko, J. L., J. M. Berg, and L. Stryer, *Biochemistry: A Short Course*, W.H. Freeman and Co., New York, 2009.
Voet, D. and J. G. Voet, *Fundamentals of Biochemistry: Life at the Molecular Level*, 3rd ed., Wiley, Hoboken, NJ, 2008.

Perguntas e problemas

1. Qual é a importância dos lipídeos na toxicologia? Qual é sua relação com poluentes e agentes tóxicos hidrofóbicos?
2. Qual é a função da enzima hidrolase?
3. Relacione uma estrutura celular na coluna esquerda com sua função na coluna direita.

1. Mitocôndrias	a. Metabolismo de compostos tóxicos
2. Retículo endoplasmático	b. Forma o interior da célula
3. Membrana celular	c. Ácido desoxirribonucleico
4. Citoplasma	d. Intermedia a conversão e a utilização de energia
5. Núcleo da célula	e. Reveste a célula e regula os fluxos interno e externo de materiais

4. A fórmula bruta dos açúcares simples é $C_6H_{12}O_6$. A fórmula bruta dos carboidratos superiores é $C_6H_{10}O_5$. Claro que muitas dessas unidades são necessárias para formar uma molécula de amido ou de celulose. Se os carboidratos superiores são formados com a união de moléculas de açúcares simples, por que existe uma diferença nas proporções de átomos de C, H e O nos carboidratos superiores, em comparação com os açúcares simples?
5. Por que a madeira contém um teor elevado de celulose?
6. Que fórmula química teria um trissacarídeo formado pela união de três moléculas de açúcar simples?
7. A fórmula geral da celulose pode ser representada por $(C_6H_{10}O_5)_x$. Se a massa molar de uma molécula de celulose é 400.000, qual é o valor estimado de x?
8. Durante um mês uma fábrica de açúcares simples, $C_6H_{12}O_6$, com processo de produção baseado na hidrólise da celulose, processa 500.000 kg de celulose. A porcentagem de celulose que sofre a reação de hidrólise é 40%. Quantos quilos de água são consumidos na hidrólise da celulose mensalmente nesta fábrica?
9. Qual é a estrutura do maior grupo de átomos comuns a todas as moléculas de aminoácidos?
10. A glicina e a fenilalanina podem se unir para formar dois dipeptídeos diferentes. Quais são as estruturas desses dois compostos formados?
11. Uma das maneiras em que duas cadeias paralelas de proteínas se unem, ou cruzam, é a ligação –S-S-. Que aminoácido tem maior probabilidade de estar envolvido nessa ligação? Explique sua escolha.
12. Os fungos, que decompõem madeira, palha e outros materiais vegetais, apresentam substâncias chamadas de "isoenzimas". Os fungos não têm dentes e não conseguem quebrar o material vegetal por meio da força física. Sabendo disso, em sua opinião o que é uma isoenzima? Explique como você acha que ela funciona no processo de decomposição de algo tão duro quanto a madeira por fungos.
13. Muitos ácidos graxos de peso molecular baixo liberam um odor desagradável. Quais são as possíveis razões para o mau cheiro da manteiga rançosa? Que composto químico produzido causa esse mau cheiro? Que tipo de reação química está envolvida em sua produção?
14. O álcool de cadeia longa com 10 carbonos é chamado de decanol. Qual seria a fórmula do decil estearato? A que classe de composto ele pertenceria?
15. Escreva uma equação para a reação química entre o hidróxido de sódio e o estearato de cetila. Quais são seus produtos?
16. Que glândula endócrina é encontrada apenas em fêmeas? Que glândula endócrina é encontrada apenas em machos?
17. A ação dos sais biliares é um pouco semelhante à dos sabões. Que função esses sais desempenham no intestino? Consulte o Capítulo 5 para revisar a ação dos sabões e explique como os sais biliares atuam à semelhança dos sabões.
18. Se a estrutura de uma enzima é ilustrada por esta figura,

    como a estrutura de seu substrato seria representada?
19. Examine as estruturas da ribose e da desoxirribose. Explique a origem do termo "desoxi" no nome da desoxirribose.
20. De que modo uma enzima e seu substrato são como duas fitas de DNA opostas?
21. Watson e Crick são conhecidos por qual descoberta?
22. Por que uma enzima desnaturada perde sua atividade?

23 A química toxicológica

23.1 Introdução à toxicologia e à química toxicológica

Em última análise, os poluentes e as substâncias perigosas são motivo de preocupação devido aos efeitos tóxicos que causam. Os aspectos gerais desses efeitos são abordados neste capítulo, na seção sobre a química toxicológica. A química toxicológica de classes específicas de substâncias é tratada neste capítulo. Para entender a química toxicológica, é essencial ter algumas noções de bioquímica, a ciência que estuda os processos e materiais químicos em sistemas vivos, que foi resumida no Capítulo 22.

23.1.1 A toxicologia

Um *veneno*, ou *agente tóxico*, é uma substância prejudicial a organismos vivos por conta dos efeitos que exerce em tecidos, órgãos ou processos biológicos. Os efeitos finais mais comuns das substâncias tóxicas são a destruição das células, a mutação do DNA (que resulta no câncer) e a interrupção dos mecanismos sinalizadores pelos quais o desenvolvimento e as funções das células são controlados. A maior parte dos compostos tóxicos é estranha aos organismos das pessoas afetadas (ver a discussão sobre xenobiontes na Seção 23.5) e normalmente tem alguma afinidade com lipídeos. Portanto, esses compostos tóxicos apresentam uma tendência de atravessar as membranas de lipídeos das células, acumulando-se e atingindo níveis tóxicos. Em muitos casos esses compostos tóxicos sofrem metabolismo, produzindo alguma espécie ativa que causa o envenenamento.

A *toxicologia* é a ciência dos venenos. Uma substância é venenosa dependendo do tipo de organismo exposto, da quantidade da substância e da via de exposição. No caso da exposição de seres humanos, a intensidade dos danos causados está relacionada à forma da exposição: tópica, por inalação ou por ingestão.

Os compostos tóxicos a que as pessoas estão expostas no ambiente ou no trabalho se apresentam em diferentes formas físicas. Essa diferença é ilustrada pelos agentes tóxicos inalados. Os *gases* são substâncias como o monóxido de carbono no ar que em condições ambientais de temperatura e pressão estão no estado gasoso. Os *vapores* são materiais no estado gasoso que evaporaram ou sublimaram a partir de líquidos ou sólidos. As *poeiras* são partículas sólidas inaláveis produzidas na moagem de sólidos, ao passo que os *fumos* são partículas sólidas geradas na condensação de vapores, muitas vezes metais ou óxidos metálicos. As *névoas* são gotículas de líquidos.

Com frequência uma substância tóxica está em solução ou misturada a outras substâncias. Uma substância a que um agente tóxico esteja associado (o solvente em que é dissolvida ou o meio sólido onde está dispersa) é chamada de *matriz*. A matriz pode exercer uma forte influência na toxicidade do agente tóxico.

Há muitas variáveis relacionadas aos modos de exposição dos organismos a substâncias tóxicas. Uma das mais importantes é a *dose*, discutida na Seção 23.2. Outro fator importante é a *concentração do agente tóxico*, que varia do estado de pureza (100%) até um estado de alta diluição de um veneno muito potente. Tanto a *duração* da exposição por evento quanto a *frequência* da exposição são aspectos importantes. A *taxa* de exposição e o período total ao longo do qual o organismo é exposto são duas variáveis situacionais importantes. O *local* e a *rota* de exposição também influenciam a toxicidade.

É possível classificar a exposição em aguda ou crônica, e local e sistêmica, o que cria quatro categorias genéricas. A exposição *local aguda* ocorre em um local específico durante um período que varia de alguns segundos a poucas horas, podendo afetar o local exposto, especialmente a pele, os olhos ou as mucosas. As mesmas partes do organismo podem ser afetadas por uma exposição *local crônica*, para a qual o intervalo de tempo talvez chegue a diversos anos. A exposição *sistêmica aguda* compreende uma exposição breve ou a uma única dose, ocorrendo com compostos tóxicos capazes de entrar no organismo por inalação ou ingestão e afetando órgãos distante do ponto de entrada, como o fígado. A exposição *sistêmica crônica* difere desta última pelo fato de ocorrer por um período prolongado.

Na discussão sobre locais de exposição a compostos tóxicos é importante considerar as principais vias e locais, a distribuição e a eliminação destes compostos pelo corpo, como mostra a Figura 23.1. As principais rotas de exposição acidental ou intencional a agentes tóxicos para humanos e outros animais são a pele (via percutânea e tópica), os pulmões (inalação, respiração, via pulmonar) e a boca (via oral). As vias retal, vaginal e parenteral (intravenosa ou intramuscular, meios comuns de administração de fármacos ou substâncias tóxicas em indivíduos testados) são as menos importantes. Entre estas, a via tópica é a mais difícil de quantificar. Ela tem importância especial no caso das crianças, que entram em contato com sujeira contaminada, pesticidas, compostos de uso doméstico e outros poluentes ambientais. Além disso, a pele das crianças é relativamente mais permeável a substâncias tóxicas, o que aumenta os riscos da exposição tópica.

O modo como uma substância tóxica é introduzida no complexo sistema de um organismo depende muito das propriedades físicas e químicas da substância. O sistema respiratório é aquele onde gases tóxicos ou partículas sólidas ou líquidas muito finas e inaláveis têm a maior probabilidade de serem introduzidos no organismo. Além da via respiratória, uma substância sólida normalmente entra no corpo pela via oral. A absorção pela pele é a via mais provável no caso de líquidos, solutos em solução e semissólidos, como lodos.

As barreiras de defesa que um agente tóxico pode encontrar variam com a rota de exposição. As substâncias tóxicas ingeridas são absorvidas pelo epitélio intestinal, dotado de sistemas de destoxificação que auxiliam a reduzir os efeitos desses compostos. O mercúrio elementar, que é tóxico, é absorvido pelos alvéolos pulmonares com rapidez muito maior do que pela pele ou pelo trato gastrointestinal. A maior parte dos testes de exposição em animais é conduzida pela via digestiva ou gavagem (introdução direta no estômago por um tubo). A exposição pela via respiratória muitas vezes é o método preferido com indivíduos que exibam alguma resistência comportamental quando da exposição a compostos químicos nocivos que requer algum grau de complacência clínica. A injeção intravenosa é o método de escolha na exposição deliberada, quando é necessário conhecer a concentração e o efeito da

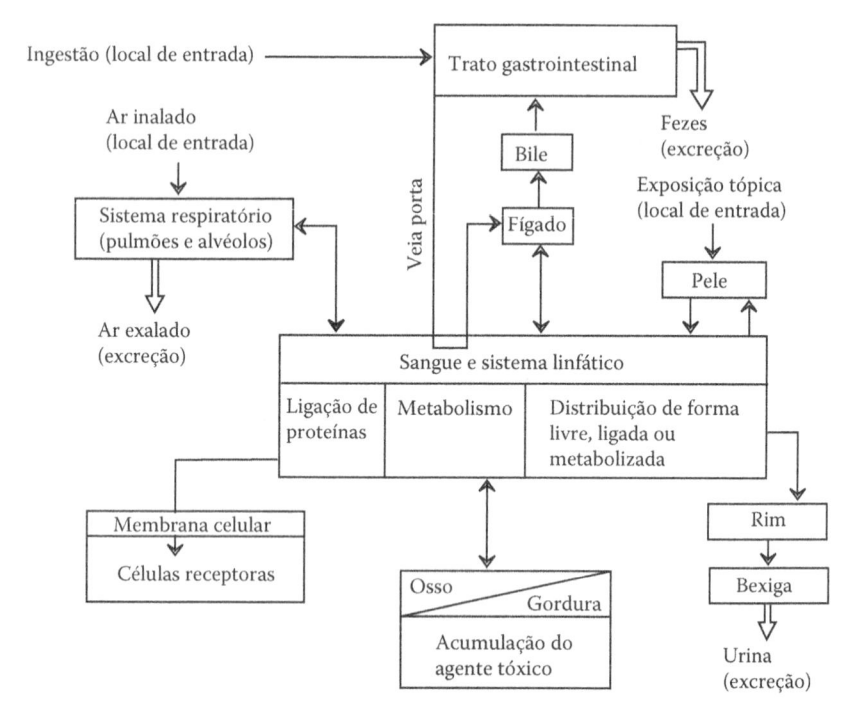

FIGURA 23.1 Os principais locais de exposição, metabolismo, acumulação, rotas de distribuição e eliminação de substâncias tóxicas no organismo.

substância xenobiótica no sangue. Contudo, as vias usadas experimentalmente que muito provavelmente não têm relevância na ocorrência de exposições acidentais são capazes de levar a resultados discrepantes quando permitem que o agente tóxico burle os mecanismos de defesa natural do organismo.

Um exemplo interessante da importância da via de exposição a agentes tóxicos é o câncer causado pelo contato da pele com o alcatrão de carvão. A principal barreira para a absorção tópica de compostos tóxicos é o *stratum corneum*, ou camada córnea. A permeabilidade da pele é inversamente proporcional à espessura dessa camada, que varia em termos de ponto no corpo, em ordem crescente, com os órgãos sola dos pés e palmas das mãos, costas, pernas e braços, zona genital (perineal). Os relatos da grande incidência de câncer de testículo em limpadores de chaminés em Londres descritos por Sir Percival Pott, ministro da saúde da Grã-Bretanha durante o reinado de Jorge III, dão prova da suscetibilidade da zona genital à absorção de substâncias tóxicas. Foi observado que o agente causal do câncer era o alcatrão do carvão condensado nas chaminés. Esse material era absorvido com mais facilidade pela pele da zona genital do que em outros locais do corpo, o que acarretou uma alta prevalência de câncer de testículo. (As condições dos limpadores de chaminés eram agravadas pela falta de cuidados básicos com a higiene pessoal, como banhos e trocas regulares da roupa íntima.)

Os organismos servem como indicadores de diversos tipos de poluentes. Quando empregados com essa finalidade, eles são chamados de *bioindicadores*. Por exemplo, as plantas maiores, fungos, liquens e musgos são importantes bioindicadores da presença de metais tóxicos no ambiente.

23.1.2 O sinergismo, a potencialização e o antagonismo

Os efeitos biológicos de duas ou mais substâncias consideradas em conjunto podem ser diferentes em tipo e grau, em comparação com seus efeitos isolados. Essas diferenças se manifestam, por exemplo, quando uma substância afeta o modo como a outra passa por alguma das várias etapas da fase cinética, como discutido na Seção 23.7 e ilustrado na Figura 23.9. A interação entre substâncias afeta seus valores de toxicidade. Ambas as substâncias podem atuar em uma mesma função fisiológica, ou então duas substâncias podem competir pela ligação a um mesmo receptor (molécula ou outra entidade objeto da atuação de um agente tóxico). Quando as duas substâncias têm a mesma função fisiológica, seus efeitos podem ser *aditivos* ou *sinérgicos* (o efeito total é maior que a soma dos efeitos de cada um em separado). A *potencialização* ocorre quando uma substância inativa aumenta a ação da substância ativa, enquanto o *antagonismo* é observado quando uma substância ativa diminui o efeito de outra substância ativa.

23.2 As relações dose-resposta

Os compostos tóxicos têm efeitos muito variados nos organismos. Em termos quantitativos, essas variações dizem respeito aos níveis mínimos em que o início do efeito é observado, à sensibilidade do organismo a pequenas elevações na concentração do agente tóxico e aos níveis em que o efeito final (sobretudo a morte) é verificado na maioria dos organismos expostos. Algumas substâncias essenciais, como os minerais nutrientes, têm faixas de concentração ótimas, acima e abaixo das quais os efeitos são observados (ver Seção 23.5 e Figura 23.4).

Fatores como os citados são aspectos importantes da *relação dose-resposta*, um dos conceitos-chave da toxicologia. A *dose* é a quantidade, na maioria das vezes descrita em termos de massa corporal, de um agente tóxico a que um organismo está exposto. A *resposta* é o efeito da exposição de um organismo a esse agente tóxico. Para definir uma relação dose-resposta, é necessário especificar uma resposta, como a morte do organismo, bem como as condições em que a resposta é obtida, como a duração da administração da dose. Consideremos uma resposta específica de uma população formada por um único tipo de organismo. Com doses relativamente baixas, nenhum dos organismos exibe a resposta (por exemplo, todos permanecem vivos), enquanto com doses elevadas todos os organismos a demonstram (todos morrem). Entre esses dois extremos está a faixa de concentração em que alguns organismos respondem de acordo com a resposta específica, mas outros não, o que permite definir uma curva dose-resposta. As relações dose-resposta variam para os diferentes tipos e linhagens de organismos, tipos de tecidos e populações de células.

A Figura 23.2 mostra uma curva dose-resposta genérica. Esse gráfico pode ser obtido com a administração de diferentes doses de um veneno, em regime uniforme, a uma população também uniforme de organismos-teste. Feito isso, os resultados expressos como porcentagem cumulativa de mortes em função do logaritmo da dose são usados para construir a curva. A dose correspondente ao ponto médio da curva em forma de "S" (ponto de inflexão) é a estimativa estatística da dose que mataria 50% dos indivíduos, representada por LD_{50}. As doses estimadas em que 5% (LD_5) e 95% (LD_{95}) dos organismos-teste morrem são obtidas a partir da curva, lendo as doses para as ocorrências de 5% e 95% das mortes, nessa ordem. Uma diferença relativamente

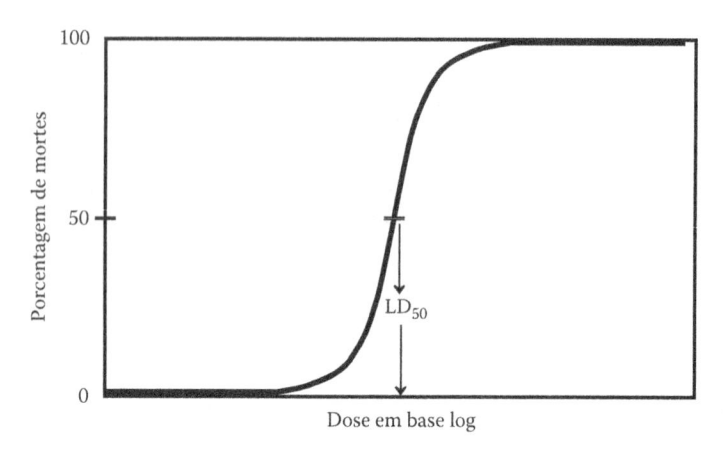

FIGURA 23.2 Ilustração de uma curva dose-resposta em que a resposta é a morte do organismo. A porcentagem cumulativa de mortes de organismos é mostrada no eixo Y.

pequena entre LD_5 e LD_{95} fica evidente com uma curva mais íngreme, e vice-versa. Do ponto de vista estatístico, 68% de todos os valores em uma curva de dose-resposta ficam dentro de um intervalo de desvio-padrão de ± 1 em relação à média em LD_{50}, dentro da faixa entre LD_{16} e LD_{84}.

23.3 As toxicidades relativas

A Tabela 23.1 mostra os *índices de toxicidade* padrão usados para descrever as toxicidades estimadas de diversas substâncias para os seres humanos. Em termos de doses fatais para um ser humano adulto de estatura média, um mero "gosto" de uma substância supertóxica é fatal (algumas gotas apenas, ou menos). Uma colher de chá de uma substância muito tóxica pode ter o mesmo efeito. No entanto, é possível que um litro de uma substância ligeiramente tóxica seja necessário para matar um ser humano.

Quando existe uma diferença muito grande entre os valores de LD_{50} para duas substâncias diferentes, aquela com valor menor é chamada de *mais potente*. Essa comparação pressupõe que as curvas dose-resposta dessas duas substâncias tenham inclinações semelhantes.

23.3.1 Os efeitos não letais

A toxicidade foi descrita sobretudo em termos de efeito final – a morte de organismos, chamada de letalidade, uma consequência irreversível da exposição. Em muitos ou talvez na maioria dos casos os efeitos reversíveis resultantes da exposição a doses subletais de uma substância são mais importantes. Isso vale especialmente para fármacos, em que a morte por exposição a um agente terapêutico registrado é rara, mas outros efeitos, tanto negativos quanto positivos, são observados com frequência. Por sua natureza, os fármacos alteram processos biológicos, assim, o potencial de terem efeitos negativos é quase sempre uma realidade. A principal variável a considerar na definição de uma dose consiste em encontrar um valor capaz de exercer o efeito terapêutico adequado sem paraefeitos negativos. A curva-dose resposta para um fármaco mostra valores que vão de concentrações inócuas, passando por eficazes, prejudiciais e até letais. Uma curva com inclinação

TABELA 23.1 Escala de toxicidade para diversas substâncias[a]

Substância	LD$_{50}$ aproximada	Classificação da toxicidade
	~10^5	1. Praticamente atóxico
DEHP[b]	—	> $1,5 \times 10^4$ mg kg^{-1}
Etanol	~10^4	2. Ligeiramente tóxico, 5×10^3
Cloreto de sódio	—	a $1,5 \times 10^4$ mg kg^{-1}
Malation	~10^3	
Clordano	—	3. Moderadamente tóxico,
Heptaclor	~10^2	500 a 5.000 mg kg^{-1}
	—	4. Muito tóxico, 50
Paration	~10	a 500 mg kg^{-1}
	—	
TEPP[c]	~1	5. Extremamente tóxico,
		5 a 50 mg kg^{-1}
Tetrodotoxina[d]	~10^{-1}	
	—	
	~10^{-2}	
	—	6. Supertóxico,
TCDD[e]	~10^{-3}	< 5 mg kg^{-1}
	—	
	~10^{-4}	
	—	
Toxina botulínica	~10^{-5}	

[a] As doses são expressas em miligramas de agente tóxico por quilograma de peso corporal. As classificações de toxicidade na coluna direita são dadas como número variando de 1 (praticamente atóxico) a 6 (supertóxico), acompanhadas das doses letais estimadas para seres humanos, em mg kg^{-1}. Os valores estimados de LD$_{50}$ para as substâncias na coluna esquerda foram mensurados usando animais-teste, normalmente ratos, para doses administradas via oral.
[b] Bis(2-etil-hexil)ftalato.
[c] Tetraetilpirofosfato.
[d] Toxina do baiacu.
[e] TCDD, comumente chamada de "dioxina".

suave denota uma ampla gama de concentrações em que a substância é eficaz, com uma larga margem de segurança (ver Figura 23.3). Isso é válido para outras substâncias, como os pesticidas, para os quais há uma diferença ampla entre a dose letal a uma espécie-alvo e aquela que mataria uma espécie que não deve ser afetada pelo composto em questão.

23.4 A reversibilidade e a sensibilidade

As doses subletais da maioria das substâncias tóxicas são eliminadas pelo organismo. Se não for observado um efeito prolongado da exposição, diz-se que ele é *reversível*. Contudo, se o efeito for permanente ele é chamado de *irreversível*. Os efeitos irreversíveis da exposição persistem após a substância ter sido eliminada do organismo. A Figura 23.3 ilustra esses dois tipos de efeitos. Para diversos compostos químicos e indivíduos, os efeitos tóxicos podem variar entre totalmente reversíveis e totalmente irreversíveis.

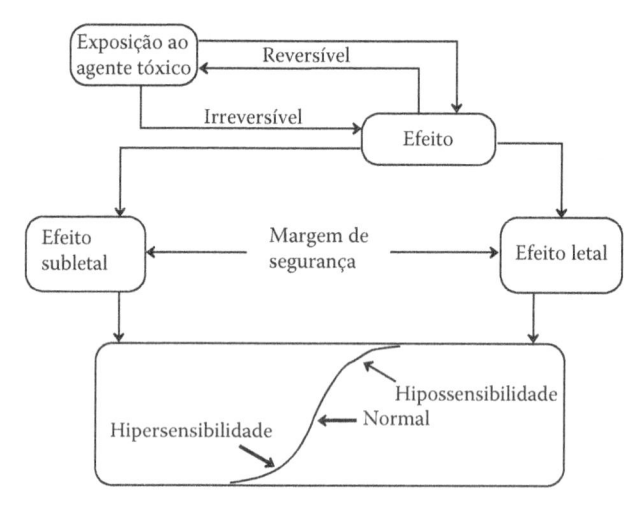

FIGURA 23.3 Efeitos e repostas de substâncias tóxicas.

23.4.1 A hipersensibilidade e a hipossensibilidade

A curva dose-resposta da Figura 23.2 mostra que alguns indivíduos são muito sensíveis a um determinado veneno (por exemplo, aqueles que morrem quando expostos a uma dose correspondente à LD_5), enquanto outros são muito resistentes à mesma substância (por exemplo, aqueles que sobrevivem a uma dose correspondente à LD_{95}). Esses dois tipos de resposta ilustram a *hipersensibilidade* e a *hipossensibilidade*, respectivamente. Os indivíduos na faixa entre esses dois limites são chamados de *normais*. Essas variações em resposta estão por trás da complexidade da toxicologia, pois não há dose específica que garanta uma resposta particular, mesmo em uma população homogênea.

Em alguns casos a hipersensibilidade é induzida. Após uma ou mais doses de um composto químico, um indivíduo pode desenvolver uma reação extrema a ele. Isso ocorre com a penicilina, quando as pessoas desenvolvem uma reação alérgica tão forte que a exposição ao antibiótico pode ser fatal se não forem tomadas as medidas necessárias.

23.5 Os xenobiontes e as substâncias endógenas

Os *xenobiontes* são substâncias estranhas a um sistema vivo, enquanto as que ocorrem de forma natural nele são chamadas de *endógenas*. Os xenobiontes prejudiciais ao organismo são muitas vezes metabolizados por ele. De modo geral, os níveis de substâncias endógenas precisam estar dentro de um intervalo específico de concentração para que os processos metabólicos ocorram normalmente. Níveis abaixo de um valor normal levam a uma resposta deficiente ou mesmo à morte, mas os mesmos efeitos também podem ser verificados com doses acima do normal. Esse tipo de resposta é ilustrado na Figura 23.4.

Exemplos de substâncias endógenas incluem diversos hormônios, glicose (açúcar do sangue) e alguns íons metálicos essenciais, como Ca^{2+}, K^+ e Na^+. O nível plasmá-

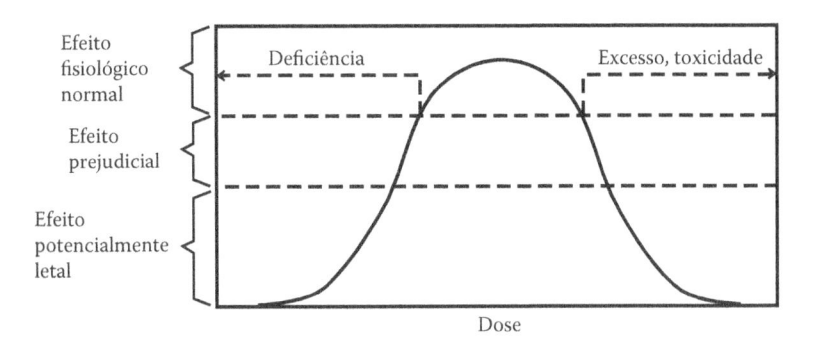

FIGURA 23.4 O efeito biológico de uma substância endógena em um organismo, mostrando o nível ótimo, a deficiência e o excesso.

tico ótimo de cálcio para o ser humano está em uma faixa muito estreita, entre 9 e 9,5 miligramas por decilitro (mg dL^{-1}). Abaixo desses valores, uma resposta deficiente conhecida pelo nome de hipocalcemia é observada, que se manifesta como câimbras musculares. Com níveis séricos acima de 10,5 mg dL^{-1}, ocorre a hipercalcemia, cujo principal efeito é o mau funcionamento dos rins.

23.6 A química toxicológica

23.6.1 A definição de química toxicológica

A *química toxicológica* é a ciência que estuda a natureza química e as reações de substâncias tóxicas, inclusive suas origens, usos e aspectos químicos da exposição, destinos e descarte.[1] Ela trata das relações entre as propriedades químicas e as estruturas moleculares, em termos de seus efeitos tóxicos. A Figura 23.5 ilustra os termos discutidos e as relações entre eles.

A maior parte do que se conhece acerca dos xenobiontes nos sistemas vivos se fundamenta em pesquisas intensivas sobre os efeitos dos fármacos nos seres vivos. A *farmacodinâmica* trata dos efeitos de um fármaco em um organismo, inclusive da relação dose-resposta, dos sítios e mecanismos de ação do fármaco, de seus efeitos terapêuticos e de seus efeitos colaterais. Por sua vez, a ação do organismo sobre um fármaco é estudada pela *farmacocinética*, que inclui aspectos como absorção, distribuição, metabolismo, retenção e excreção.

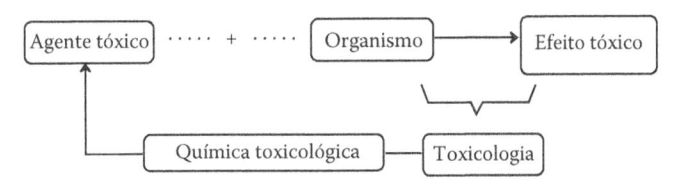

FIGURA 23.5 A toxicologia é a ciência dos venenos. A química toxicológica relaciona a toxicologia à natureza química dos compostos tóxicos.

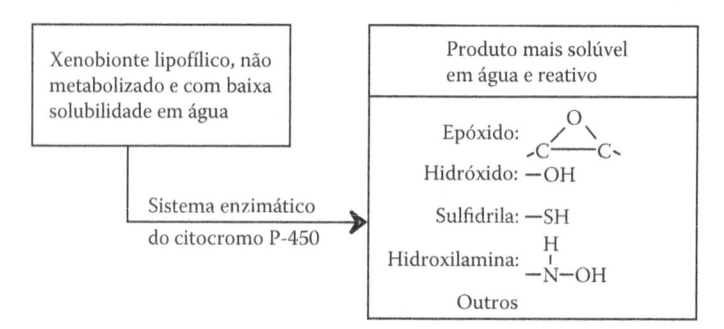

FIGURA 23.6 Ilustração das reações de Fase I.

23.6.2 Os agentes tóxicos no organismo

Os organismos metabolizam os xenobiontes pelas reações de Fase I e de Fase II, catalisadas por enzimas e descritas brevemente aqui. A teoria das substâncias que passam por essas reações é tratada pela ciência chamada de *relações quantitativas estrutura--atividade* (QSAR*), que relaciona a natureza química das substâncias a suas reações bioquímicas.

23.6.2.1 As reações de Fase I

Os xenobiontes lipofílicos no organismo tendem a sofrer *reações de Fase I*, que aumentam sua solubilidade em água e sua reatividade por conta da ligação de grupos funcionais polares, como o –OH (Figura 23.6). A maior parte dos processos de Fase I é composta por reações "oxidase microssômica de função mista", catalisadas pelo sistema enzimático citocromo P450, associado ao *retículo endoplasmático* da célula e que ocorre em maior abundância no fígado de vertebrados.[2] Um exemplo de reação de Fase I envolvendo um xenobionte é a formação do epóxido de cloropreno, um composto usado na fabricação de borrachas sintéticas resistentes a solventes:

(23.1)

23.6.2.2 As reações de Fase II

A *reação de Fase II* ocorre quando uma substância endógena se liga, devido a uma ação enzimática, a um grupo funcional polar que muitas vezes – mas não sempre – é resultado da reação de Fase I com um xenobionte. As reações de Fase II são chama-

---

* N. de T.: Em inglês, quantitative structure-activity relationships.

Capítulo 23 A química toxicológica

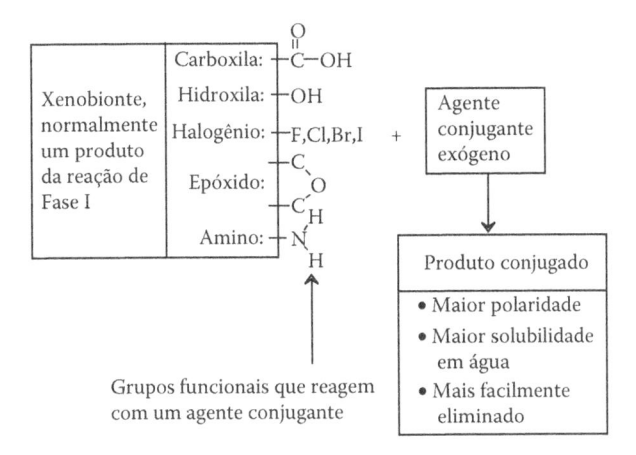

FIGURA 23.7 Ilustração das reações de Fase II.

das de *reações de conjugação*, em que enzimas ligam os *agentes conjugantes* a xenobiontes, a seus produtos da reação de Fase I e a compostos não xenobiontes (Figura 23.7). O *produto conjugado* dessa reação normalmente é menos tóxico que o xenobionte de origem, menos lipossolúvel, mais solúvel em água e eliminado com mais facilidade pelo organismo. Os principais agentes conjugantes e as enzimas que catalisam suas reações de Fase II são a glucoronida (enzima UDP glucoronil-transferase), a glutationa (glutationa-transferase), o sulfato (sulfo-transferase) e o acetil (acetilação por enzimas acetil-transferase). Os produtos da conjugação mais abundantes são os glucoronídeos. Um conjugado da glucoronida é mostrado na Figura 23.8, onde –X–R representa um xenobionte conjugado a uma glucoronida, e R é uma porção orgânica. Por exemplo, se o xenobionte conjugado é o fenol, HXR é HOC_6H_5, X indica o átomo de O e R representa o grupo fenila, C_6H_5.

23.7 A fase cinética e a fase dinâmica

23.7.1 A fase cinética

As principais vias e sítios de absorção, metabolismo, ligação e excreção de substâncias tóxicas no organismo são mostrados na Figura 23.1. Os compostos tóxicos no organismo são metabolizados, transportados e excretados, exercem efeitos bioquímicos adversos e causam manifestações de envenenamento. É conveniente dividir esses processos em duas fases principais: a fase cinética e a fase dinâmica.

FIGURA 23.8 O conjugado glucoronídeo com um xenobionte, HX-R.

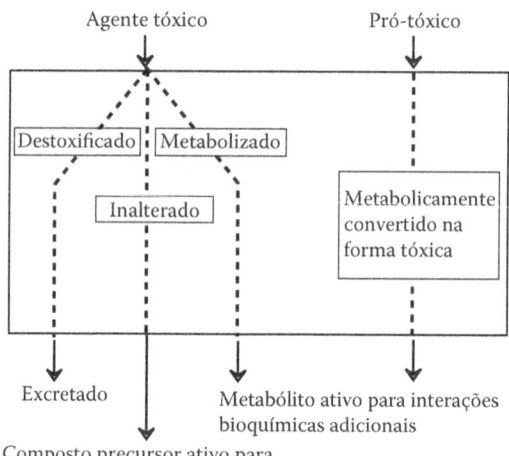

```
                    Agente tóxico              Pró-tóxico
                         │                         │
                         ▼                         ▼
    ┌────────────────────────────────────┬──────────────────────┐
    │  ┌─────────────┐ ┌─────────────┐   │                      │
    │  │Destoxificado│ │ Metabolizado│   │   ┌──────────────┐   │
    │  └─────────────┘ └─────────────┘   │   │Metabolicamente│  │
    │         ┌─────────────┐            │   │convertido na │   │
    │         │  Inalterado │            │   │ forma tóxica │   │
    │         └─────────────┘            │   └──────────────┘   │
    └────────────────────────────────────┴──────────────────────┘
          │              │                          │
          ▼              ▼                          ▼
      Excretado                    Metabólito ativo para interações
                     │                 bioquímicas adicionais
                     ▼
         Composto precursor ativo para
         interações bioquímicas adicionais
```

FIGURA 23.9 Os processos envolvendo agentes tóxicos e pró-tóxicos na fase cinética.

Na *fase cinética*, um agente tóxico ou seu precursor metabólico (*pró-tóxico*) pode sofrer absorção, metabolismo, armazenamento temporário, distribuição e excreção, como mostrado na Figura 23.9. Um agente tóxico que é absorvido pode passar pela fase cinética sem alterações (na forma de um *composto precursor ativo*), ser metabolizado em um *metabólito destoxificado* que é excretado, ou convertido em um *metabólito ativo* tóxico. Esses processos ocorrem por meio de reações de Fase I e Fase II, discutidas anteriormente.

23.7.2 A fase dinâmica

Na *fase dinâmica* (Figura 23.10), um agente tóxico ou metabólito tóxico interage com as células, os tecidos ou os órgãos do organismo, causando uma resposta tóxica. As três principais subdivisões da fase dinâmica são:

- *Reação primária* com um receptor ou órgão-alvo
- *Resposta bioquímica*
- *Efeitos observáveis*

23.7.2.1 A reação primária na fase dinâmica

Um agente tóxico ou um metabólito ativo reage com um receptor. O processo que gera uma resposta tóxica é iniciado quando essa reação ocorre. Um exemplo típico é visto quando o epóxido de benzeno, o produto inicial da reação de Fase I do benzeno (ver Figura 24.1), forma um aduto com uma unidade de ácido nucleico no DNA receptor, acarretando uma alteração do DNA. (Muitas espécies que causam uma resposta tóxica são intermediários reativos, como o epóxido de benzeno, que têm um ciclo de vida curto e uma forte tendência a sofrer reações que despertam uma resposta tóxica, enquanto estiverem presentes.) A formação do aduto de DNA com o epóxido de benzeno é uma *reação irreversível* entre um agente tóxico e um receptor. Uma *reação reversível* que gera uma resposta tóxica é ilustrada pela ligação entre o

Agente tóxico ou metabólito

```
┌─────────────────────────────────────────────────────────┐
│ Reação  primária                                        │
│                       ↓                                 │
│ Agente tóxico + Receptor → Receptor modificado          │
└─────────────────────────────────────────────────────────┘
                            │
┌─────────────────────────────────────────────────────────┐
│              Efeito  bioquímico                         │
│ Inibição enzimática      ↓                              │
│ Ruptura da membrana celular                             │
│ Biossíntese proteica ineficiente                        │
│ Interrupção do metabolismo de lipídeos                  │
│ Interrupção do metabolismo de carboidratos              │
│ Inibição da respiração (utilização do O$^2$)            │
└─────────────────────────────────────────────────────────┘
                            │
┌─────────────────────────────────────────────────────────┐
│         Resposta comportamental ou fisiológica          │
│                       ↓                                 │
│ Alteração dos sinais vitais (temperatura, pulso,        │
│   frequência respiratória, pressão arterial)            │
│ Sistema nervoso central: alucinações,                   │
│   convulsões, coma, ataxia, paralisia                   │
│ Teratogênese                                            │
│ Mutagênese                                              │
│ Carcinogênese                                           │
│ Efeitos no sistema imunológico                          │
└─────────────────────────────────────────────────────────┘
```

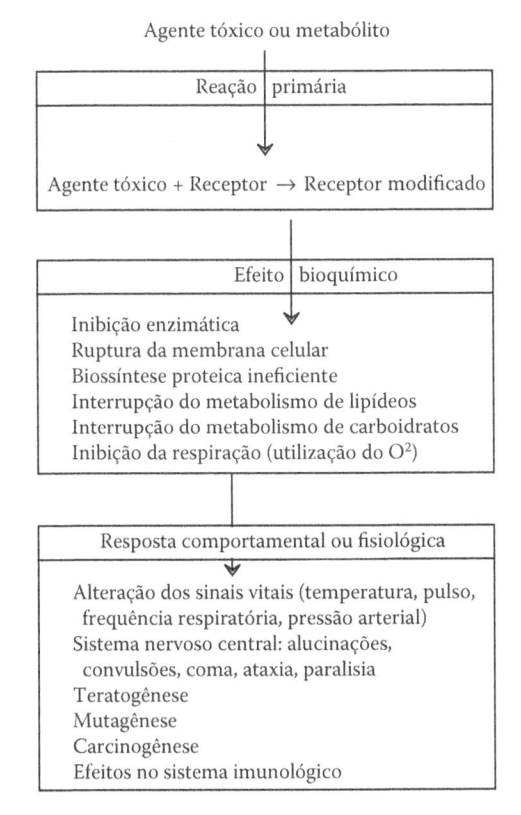

FIGURA 23.10 A Fase dinâmica da ação tóxica.

monóxido de carbono e a hemoglobina (Hb) do sangue, responsável pelo transporte de oxigênio no organismo.

$$O_2Hb + CO \rightleftarrows COHb + O_2 \qquad (23.2)$$

23.7.2.2 Os efeitos bioquímicos da fase dinâmica

A ligação de um agente tóxico a um receptor pode desencadear algum tipo de efeito bioquímico. Os principais são:

- Prejuízo à função enzimática pela ligação a enzimas, coenzimas, ativadores metálicos das enzimas ou seus substratos.
- Alterações na membrana celular ou nos transportadores presentes nas membranas.
- Interferência no metabolismo de carboidratos.
- Interferência no metabolismo de lipídeos, gerando excesso de acumulação lipídica ("gordura no fígado").
- Interferência na respiração, o processo global pelo qual elétrons são transferidos para o oxigênio molecular na oxidação de substratos geradores de energia.
- Interrupção ou interferência na biossíntese proteica por sua ação no DNA.
- Interferência nos processos reguladores intermediados por hormônios ou enzimas.

23.7.2.3 As respostas aos agentes tóxicos

Entre as manifestações mais imediatas e prontamente observáveis do envenenamento estão as alterações nos *sinais vitais* como *temperatura, pulso, frequência respiratória* e *pressão arterial*. O envenenamento por algumas substâncias pode causar uma coloração anormal na pele (icterícia, ou coloração amarelada da pele causada pelo envenenamento com CCl_4) ou pele muito úmida ou seca. Os níveis tóxicos de alguns materiais ou seus metabólitos fazem o corpo emitir *odores* atípicos, como o odor ácido semelhante a amêndoas causado pelo HCN em pessoas contaminadas com cianetos. Os sintomas de envenenamento observados nos olhos incluem a *miose* (contração prolongada ou excessiva da pupila), a *midríase* (dilatação excessiva da pupila), a *conjuntivite* (inflamação da membrana mucosa que cobre a parte frontal do globo ocular e o revestimento interno das pálpebras) e o *nistagmo* (movimento involuntário dos globos oculares). Alguns venenos aumentam a umidade na boca, enquanto outros a deixam mais seca. Os efeitos no trato gastrointestinal são dor, vômitos, paralisia do íleo (anormalidades nos movimentos peristálticos nos intestinos) e ocorrem como resultado do envenenamento por diversas substâncias tóxicas.

O envenenamento do sistema nervoso central pode se manifestar como *convulsões, paralisia, alucinações,* e *ataxia* (falta de coordenação dos movimentos voluntários do corpo), além de comportamento anormal, como agitação, hiperatividade, desorientação e delírio. O envenenamento grave por algumas substâncias, como os organofosforados e carbamatos, causa o *coma*, termo usado para descrever um nível reduzido de consciência.

Entre as respostas mais crônicas à exposição a compostos crônicos, as mutações, o câncer, os defeitos congênitos e os efeitos no sistema imunológico ocupam lugar de destaque. Outros efeitos observáveis, alguns dos quais podem ocorrer logo após a exposição, incluem doenças gastrointestinais, cardiovasculares e hepáticas, mau funcionamento dos rins, sintomas neurológicos (sistema nervoso central e periférico) e anormalidades cutâneas (vermelhidão, dermatite).

Muitas vezes os efeitos da exposição a agentes tóxicos são de natureza subclínica. Os mais comuns são alguns tipos de danos ao sistema imunológico, aberrações cromossômicas, modificação da atividade das enzimas hepáticas e desaceleração dos impulsos nervosos.

23.8 A teratogênese, mutagênese, carcinogênese e os efeitos no sistema imunológico e reprodutivo

23.8.1 A teratogênese

Os *teratógenos* são espécies químicas capazes de gerar defeitos congênitos, normalmente decorridos de danos causados às células embrionárias ou fetais. Contudo, as mutações nas células germinativas (células dos óvulos ou espermatozoides) também podem causar esses defeitos, como a Síndrome de Down.

Diversos mecanismos biológicos são responsáveis pela teratogênese: a inibição enzimática por xenobiontes, a privação de substratos essenciais no feto (como vitaminas), a interferência nos estoques de energia e alterações na permeabilidade da membrana placentária.

Os fetos expostos a substâncias tóxicas *in utero* são os mais vulneráveis aos efeitos dos xenobiontes. Esses compostos tóxicos conseguem atravessar a barreira placentária e entrar na corrente sanguínea do feto, cujos sistemas de destoxificação enzimática não são tão eficientes quanto os do recém-nascido, e cujos órgãos não estão desenvolvidos o bastante. Tudo isso deixa o feto mais exposto a danos em seu desenvolvimento. O resultado dessas exposições pode se manifestar como defeitos congênitos, atraso no desenvolvimento intrauterino e surgimento de problemas posteriores, como diabetes e doença coronariana.[3]

23.8.2 A mutagênese

Os *mutágenos* alteram o DNA, gerando características herdáveis. Embora as mutações sejam um processo natural que ocorre mesmo na ausência de xenobiontes, a maioria delas é prejudicial. Os mecanismos da mutagenicidade são semelhantes aos da carcinogenicidade, e os mutágenos também causam defeitos congênitos. Portanto, as substâncias perigosas mutagênicas são muito importantes do ponto de vista toxicológico.

23.8.2.1 A bioquímica da mutagênese

Para entender a bioquímica da mutagênese, é importante lembrar o Capítulo 22, onde foi discutido que o DNA apresenta as bases nitrogenadas adenina, guanina, citosina e timina. A ordem em que essas bases ocorrem no DNA determina a natureza e estrutura do recém-produzido RNA, uma substância gerada como etapa da síntese de novas proteínas e enzimas nas células. A troca, adição ou deleção de qualquer uma das bases nitrogenadas no DNA altera a natureza do RNA gerado e tem potencial de mudar os processos biológicos vitais, como a síntese de uma enzima importante. Esse fenômeno, causado por xenobiontes, é uma mutação repassada à progênie, normalmente com resultados negativos.

Há muitas maneiras pelas quais um xenobionte pode causar mutações. Uma discussão detalhada desse assunto vai além do escopo deste livro. Contudo, a maior parte das mutações causadas por xenobiontes resulta de alterações químicas no DNA, como as discutidas nos exemplos a seguir.

O ácido nitroso, HNO_2, é um exemplo de mutágeno usado com frequência para causar mutações em bactérias. Para entender a atividade mutagênica do ácido nitroso, é preciso observar que três das bases nitrogenadas – adenina, guanina e citosina – contêm o grupo amino, $-NH_2$. A ação do ácido nitroso consiste em substituir os grupos amino por um grupo hidroxila. Quando isso ocorre, o DNA pode não funcionar da maneira planejada, causando a mutação.

A *alquilação*, a ligação de um grupo alquila pequeno, como o $-CH_3$ ou $-C_2H_5$, a um átomo de N nas bases nitrogenadas do DNA é um dos mecanismos mais comuns que levam a uma mutação. A metilação do nitrogênio 7 na guanina que forma a N--metilguanina é mostrada na Figura 23.11. A O-alquilação também pode ocorrer, com a ligação de uma metila ou outro grupo alquila ao átomo de oxigênio na guanina.

Várias substâncias mutagênicas atuam como agentes alquilantes, e as mais importantes são mostradas na Figura 23.12.

A alquilação ocorre devido à geração de espécies eletrofílicas com carga positiva que se ligam aos átomos de nitrogênio ou oxigênio ricos em elétrons nas bases hidro-

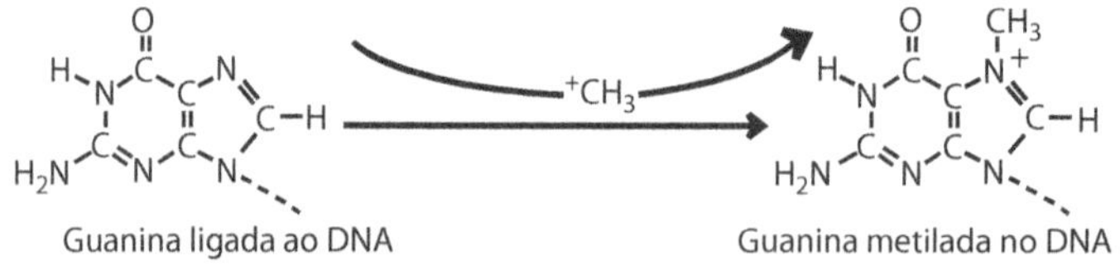

FIGURA 23.11 A alquilação da guanina no DNA.

genadas do DNA. A geração dessas espécies normalmente é intermediada por processos bioquímicos e químicos. Por exemplo, a dimetilnitrosamina (fórmula estrutural mostrada na Figura 23.12) é ativada por oxidação por meio da nicotinamida adenina dinucleotídeo-P (NADPH) celular, produzindo o intermediário altamente reativo:

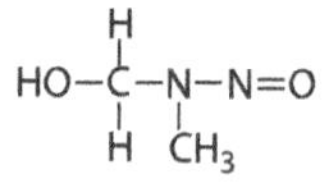

Esse produto passa por diversas transições não enzimáticas, perdendo formaldeído e gerando um carbocátion metila, $^+CH_3$, que pode metilar as bases nitrogenadas do DNA.

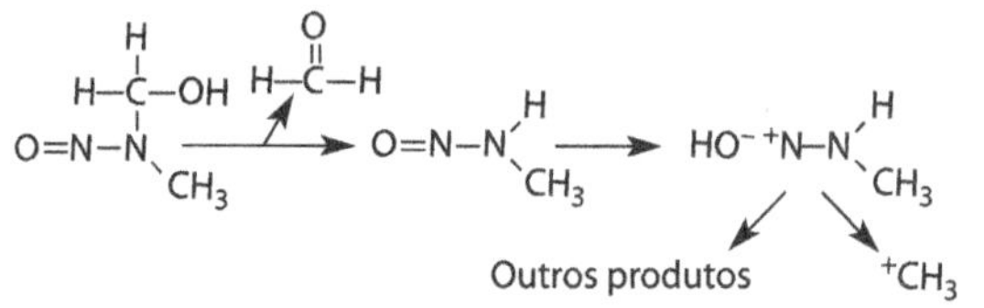

$$(23.3)$$

Um dos agentes mutagênicos mais notáveis é o tris(2,3-dibromopropil)fosfato, comumente chamado de "tris", no passado usado como retardador de chama em pijamas infantis. Descobriu-se que o tris era mutagênico em cobaias animais e que os metabólitos dele ocorriam em crianças que usavam esses pijamas. Essa descoberta sugeriu que o tris era absorvido pela pele, assim, seu uso foi descontinuado.

23.8.3 A carcinogênese

O câncer é uma condição caracterizada pela reprodução e pelo crescimento descontrolados das próprias células do organismo, as células somáticas. Os *agentes carcinogênicos* são categorizados em:

- Agentes químicos, como as nitrosaminas e os HAP.
- Agentes biológicos, como os hepadnavírus e os retrovírus.

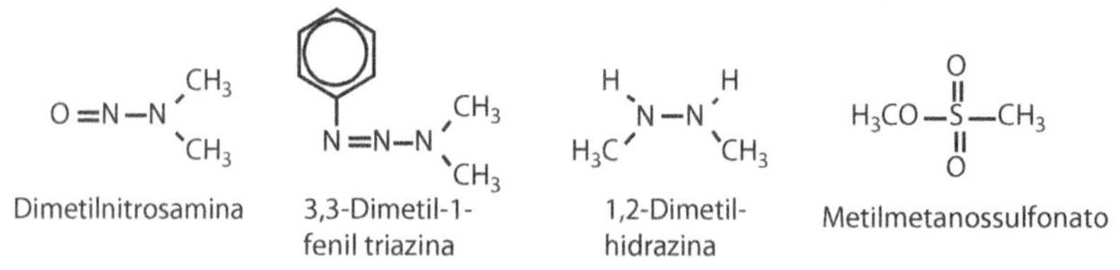

FIGURA 23.12 Alguns agentes alquilantes simples capazes de gerar mutações.

- Radiação ionizante, como os raios X.
- Fatores genéticos, como o melhoramento seletivo.

Em alguns casos o câncer é o resultado da ação de compostos químicos sintéticos e naturais. O papel dos xenobiontes no surgimento do câncer é chamado de *carcinogênese química*. Muitas vezes considerada a principal faceta da toxicologia, certamente ela é a que recebe mais atenção.

A carcinogênese química tem uma longa história. Conforme observado no começo deste capítulo, em 1775 Sir Percival Pott, ministro da saúde do Rei Jorge III da Inglaterra, observou que os limpadores de chaminé em Londres tinham uma incidência muito alta de câncer de testículo, doença que relacionou à exposição à fuligem e ao alcatrão gerados na queima de carvão betuminoso. Por volta de 1900, o médico alemão Ludwig Rehn relatou uma alta prevalência de câncer de bexiga nos trabalhadores da indústria de corantes expostos a esses compostos extraídos do alcatrão do carvão. A 2-naftilamina

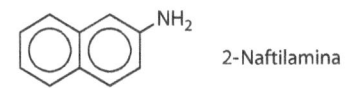

2-Naftilamina

foi apontada como a grande responsável por essa prevalência. Outros exemplos históricos de carcinogênese incluem os achados sobre o câncer causado pelos extratos do tabaco (1915), pela exposição oral ao elemento rádio presente na cobertura de mostradores de relógios de pulso luminosos (1929), pela fumaça do tabaco (1939) e pelo amianto (1960).

Uma questão importante e que permanece sem resposta com relação aos carcinógenos é a existência de limites acima dos quais a carcinogênese ocorre e abaixo dos quais nada acontece.[4] Testes com carcinógenos feitos em roedores normalmente são executados com doses entre 1.000 e 10.000 vezes maiores que as doses a que os seres humanos normalmente estão expostos. Isso permite fazer uma extrapolação linear das probabilidades de as substâncias causarem o câncer em seres humanos com as doses reduzidas a que os seres humanos estão expostos, pressupondo que não haja um limite inferior em que o carcinógeno não exerça qualquer efeito. Algumas autoridades no assunto acreditam que essas extrapolações não são realistas e que superestimam o risco de câncer, em parte porque não consideram os mecanismos que os seres humanos possuem para combater as agressões tóxicas e carcinogênicas que levam à doença, por exemplo, a destoxificação e o reparo do DNA livre de erro.

23.8.3.1 A bioquímica da carcinogênese

Grandes somas em dinheiro e muito tempo vêm sendo despendidos nesse assunto nos últimos anos, aumentando os conhecimentos sobre as bases bioquímicas da carcinogênese química. Os processos globais da indução do câncer são bastante complexos, com muitas etapas. Contudo, de modo geral reconhece-se que existam duas etapas principais na carcinogênese: o *estágio de iniciação* e o *estágio de promoção*. Essas etapas são subdivididas, como mostra a Figura 23.13.

A *iniciação* da carcinogênese pode ocorrer com a reação entre *espécies DNA-reativas* e o DNA, ou pela ação de um *carcinógeno epigenético* que não reage com o DNA mas que é carcinogênico por conta de algum outro mecanismo. A maior parte das substâncias DNA-reativas são *carcinógenos genotóxicos*, porque também são mutágenos. Essas substâncias reagem de forma irreversível com o DNA; são eletrofílicas ou, na maioria das vezes, ativadas pela via metabólica, formando espécies eletrofílicas, como ocorre com o $^+CH_3$ eletrofílico gerado a partir da dimetilnitrosamina, discutida anteriormente no tópico sobre mutagênese. A maior parte das substâncias causadoras de câncer requer a ativação metabólica para gerar espécies eletrofílicas capazes de formar adutos com o DNA e assim causar a mutação genética. As substâncias ativadas são chamadas de *pró-carcinógenos*. As espécies metabólicas de fato responsáveis pela carcinogênese são chamadas de *carcinógenos finais*. Algumas espécies que são metabólitos intermediários entre os pró-carcinógenos e os carcinógenos finais são chamadas de *carcinógenos proximais*. Os carcinógenos que não requerem ativação bioquímica são classificados como *carcinógenos primários* ou *diretos*. Alguns pró-carcinógenos e carcinógenos primários são mostrados na Figura 23.14.

A maior parte das substâncias classificadas como carcinógenos epigenéticos são *promotores* que atuam após a iniciação. As manifestações da promoção incluem números elevados de células tumorais e desenvolvimento acelerado do tumor (período de latência menor). Os promotores não iniciam o câncer, não são eletrofílicos e não se ligam ao DNA. Um exemplo clássico de promotor é o acetato de decanoil-forbol, ou acetato de forbol-miristato, extraído do óleo de cróton.

23.8.3.2 Os agentes alquilantes na carcinogênese

Os carcinógenos normalmente têm a capacidade de formar ligações covalentes com macromoléculas biológicas. Ligações covalentes como essas podem se formar com proteínas, peptídeos, RNA e DNA. Embora a maior parte das ligações ocorra com outros tipos de moléculas, normalmente mais abundantes, os adutos de DNA são os mais importantes na iniciação do câncer. Entre as espécies que se ligam ao DNA na carcinogênese, as principais são os agentes alquilantes que ligam grupos alquila – metila (CH_3) ou etila (C_2H_5) – ao DNA. Um tipo semelhante de

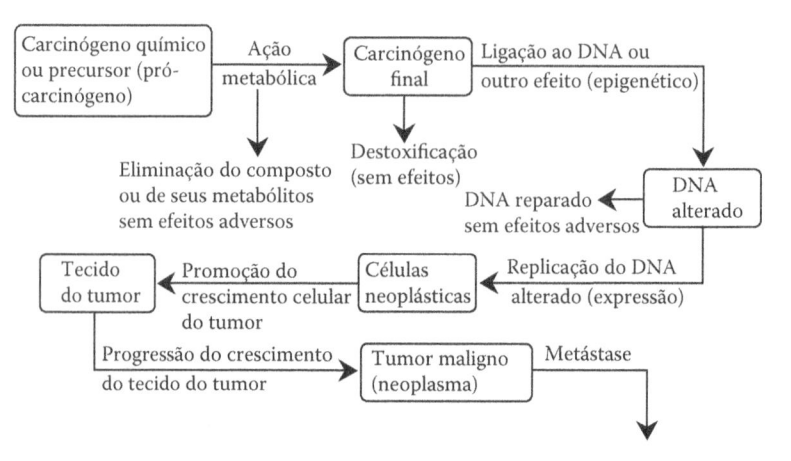

FIGURA 23.13 Esquema do processo pelo qual um carcinógeno ou pró-carcinógeno pode causar o câncer.

Carcinógenos naturais que requerem bioativação

Griseofulvina (produzida por *Penicillium griseofulvum*)   Safrol (do sassafrás)   N-metil-N-formilhidrazina (do cogumelo comestível morel falso)

Carcinógenos sintéticos que necessitam de bioativação

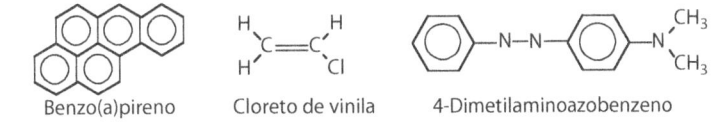

Benzo(a)pireno   Cloreto de vinila   4-Dimetilaminoazobenzeno

Carcinógenos primários que não requerem bioativação

Bis(clorometil)-éter   Etileno imina   β-Propioacetona

FIGURA 23.14 Algumas das principais classes de carcinógenos naturais e sintéticos, alguns dos quais necessitam de bioativação, outros que atuam diretamente.

composto, os *agentes arilantes* atuam na ligação de porções arila, como o grupo fenila,

Grupo fenila

ao DNA. Como mostram os exemplos na Figura 23.15, os grupos alquila e arila se ligam aos átomos de N e O nas bases nitrogenadas que compõem o DNA. Essa alteração no DNA pode desencadear a iniciação da sequência de eventos que resulta no crescimento e na replicação de células neoplásticas (cancerosas). As espécies reativas que doam grupos alquila na alquilação são de modo geral formadas por ativação metabólica pela atividade enzimática. Esse processo foi demonstrado para a conversão da dimetilnitrosamina em um intermediário metabólico metilante na discussão sobre mutagênese nesta seção.

23.8.4 Os testes para carcinógenos

O número de compostos comprovadamente carcinogênicos para os seres humanos é muito pequeno. Um exemplo bem documentado é o cloreto de vinila, $CH_2=CHCl$, conhecido por causar uma forma rara de câncer do fígado (angiosarcoma) em indivíduos que limpavam autoclaves nas fábricas de PVC. Em alguns casos sabe-se que os compostos químicos são carcinogênicos com base em estudos epidemiológicos com humanos expostos. Animais são usados para testar a carcinogenicidade e os resultados desses estudos são extrapolados para seres humanos, porém com grande grau de incerteza.

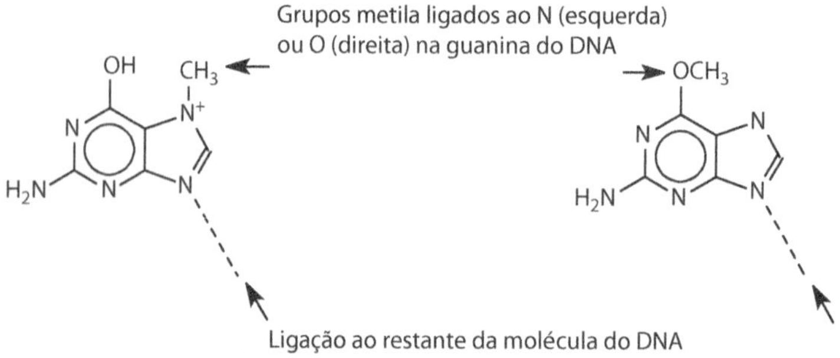

FIGURA 23.15 As formas alquiladas (metiladas) da base nitrogenada guanina.

23.8.4.1 O teste de Bruce Ames

A mutagenicidade usada para inferir a carcinogenicidade é a base do teste de *Bruce Ames*, que registra a reversão da bactéria *Salmonela* histidina-dependente para uma forma que sintetiza sua própria histidina. O teste utiliza as enzimas presentes no tecido hepático homogeneizado para converter possíveis pró-carcinógenos em carcinógenos finais. Nele, as salmonelas são inoculadas em um meio que não contém histidina. As bactérias que sofrem mutação em uma forma capaz de sintetizar a histidina estabelecem colônias visíveis, avaliadas para detectar a mutagenicidade.

De acordo com Bruce Ames, o pioneiro que desenvolveu o teste batizado com seu nome, os testes em animais para a detecção de carcinógenos com base em doses muito grandes de compostos químicos tendem a gerar resultados que não permitem uma extrapolação precisa na avaliação do risco de câncer com doses pequenas. Isso ocorre porque as doses enormes de compostos químicos usadas matam números muito elevados de células, que o organismo tenta substituir gerando novas. As células em processo acelerado de divisão estão mais propensas a gerar mutações, que resultam em câncer simplesmente em consequência da proliferação rápida, não da genotoxicidade.

23.8.5 A resposta do sistema imunológico

O *sistema imunológico* atua como sistema de defesa natural do organismo para protegê-lo da ação de xenobiontes, agentes infecciosos (como vírus e bactérias), além de células neoplásticas, que dão origem ao tecido canceroso. Os efeitos adversos no sistema imunológico cada vez mais são vistos como consequências importantes da exposição a substâncias perigosas. Os compostos tóxicos podem causar a *imunossupressão*, a diminuição dos mecanismos de defesa natural do organismo. Os xenobiontes também fazem o organismo perder sua capacidade de controlar a proliferação celular, uma condição que resulta em leucemia ou linfoma.

Outra importante resposta tóxica do sistema imunológico é a *alergia* ou *hipersensibilidade*. Esse tipo de condição resulta quando o sistema imune tem uma reação exagerada e autodestrutiva frente à presença de um agente estranho ou de seus metabólitos. Entre os xenobiontes capazes de causar essas reações estão berílio, cromo, níquel, formaldeído, alguns tipos de pesticidas, resinas e plastificantes.

23.8.6 A interferência endócrina

Alguns poluentes são preocupantes por conta de seu potencial de interromper as atividades essenciais das glândulas que regulam o metabolismo e as funções reprodutivas dos organismos.[5] Por viverem na água, peixes, sapos e répteis como os jacarés são especialmente suscetíveis a essas substâncias presentes na forma de poluentes aquáticos. Os peixes expostos exibem disfunção reprodutiva, alterações em características sexuais e níveis séricos anormais de esteroides. As substâncias que exercem atividade semelhante à dos hormônios em organismos-teste são chamadas de *agentes hormonalmente ativos*. As substâncias que simulam o estrogênio, o hormônio sexual feminino, que resistem ao tratamento da água e entram em cursos de água receptora desses efluentes tratados, são preocupantes. Exemplos desses compostos são mostrados na Figura 23.16. Entre eles está o estrogênio, um hormônio sexual endógeno; o 17α-etinilestradiol, um ingrediente de contraceptivos orais; e compostos químicos de origem industrial e doméstica, como os dois últimos exemplos na figura. As substâncias estrogênicas sintetizadas são chamadas de *xenoestrógenos* e incluem antioxidantes, o bisfenol A, dioxinas, PCB, fitoestrógenos (de plantas), alguns pesticidas (clordecona, dieldrina, DDT e seus metabólitos, metoxicloro, toxafeno), conservantes e ésteres ftálicos (butilbenzil ftalato).

23.9 Os riscos à saúde

Nos últimos anos, na toxicologia a atenção se desviou das doenças reconhecidas de imediato e de modo geral graves e agudas desenvolvidas dentro de um curto intervalo de tempo em consequência da exposição intensa a compostos tóxicos, para as doenças latentes, crônicas e muitas vezes menos graves causadas pela exposição de longo prazo a níveis reduzidos de compostos tóxicos. Embora o impacto total desse último tipo de efeito à saúde seja expressivo, sua avaliação é muito difícil por conta de fatores como as incertezas que cercam a exposição, a baixa ocorrência da doença em níveis acima dos padrões e os longos períodos de latência.

23.9.1 A avaliação do potencial de exposição

Uma etapa crítica na avaliação da exposição a substâncias tóxicas, como as observadas em sítios de descarte de resíduos perigosos, é a avaliação das populações potencialmente expostas. A abordagem mais direta para essa análise é a determinação de compostos químicos ou de seus metabólitos nos organismos. Quanto às espécies inorgânicas, essa avaliação é mais rápida com metais, radionuclídeos e alguns minerais, como o amianto. Também é possível avaliar os sintomas associados à exposição a determinados compostos químicos. Esses efeitos podem ser detectados de imediato, como vermelhidão na pele, ou ser efeitos subclínicos, como o dano cromossômico.

23.9.2 As evidências epidemiológicas

Os *estudos epidemiológicos* relativos a poluentes ambientais tóxicos, como aqueles de resíduos perigosos, buscam correlacionar as observações de doenças específicas com a possível exposição a esses resíduos. Existem duas grandes abordagens para esses estudos. Uma consiste em procurar as doenças que podem ser causadas por

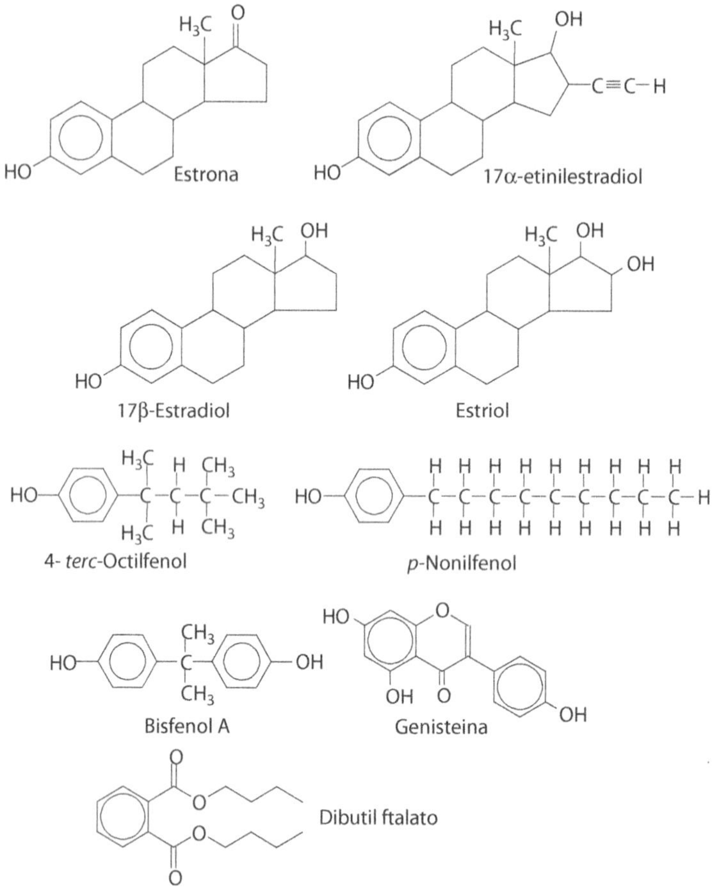

FIGURA 23.16 Os interferentes endócrinos que podem ser descartados no ambiente e afetar os organismos. A estrona (um estrógeno natural), o 17α–etinilestradiol (um constituinte dos contraceptivos orais), o 17β-estradiol e o estriol são esteroides estrógenos. Tanto o 4-*terc*-octilfenol quanto o *p*-nonilfenol são produtos da quebra de surfactantes não iônicos; o bisfenol A é um ingrediente das resinas epóxi e de outros polímeros; a genisteína é sintetizada por árvores para aumentar a resistência dessas plantas a doenças e é encontrada nos despejos de empresas de celulose; e o dibutil ftalato é um agente plastificante usado na indústria do plástico.

determinados agentes, em áreas onde a exposição a esses agentes presentes em resíduos perigosos é uma possibilidade. A segunda prevê a busca por *clusters* compostos por números anormalmente grandes de casos de uma doença específica em uma área geográfica delimitada. Posteriormente, são feitos esforços para localizar as fontes da exposição a esses resíduos perigosos que podem ser responsáveis por essas doenças. Os tipos mais comuns de doenças observados nos *clusters* são abortos espontâneos, defeitos congênitos e tipos específicos de câncer.

Os estudos epidemiológicos são complicados devido ao período de latência entre a exposição e a manifestação inicial da doença, à falta de especificidade na correlação entre exposição a um dado resíduo e a ocorrência de uma doença, e ao nível padrão de uma doença na ausência da exposição a um resíduo perigoso com potencial de causá-la.

23.9.3 A estimativa dos riscos para a saúde

Um aspecto importante da estimativa dos riscos dos efeitos adversos à saúde por conta da exposição a compostos tóxicos envolve a extrapolação de dados experimentais. Na maioria das vezes o resultado final necessário é uma estimativa de baixa ocorrência de uma doença em humanos após um período considerável de latência, resultado da exposição a níveis reduzidos do agente tóxico por um longo período de tempo. Os dados são quase sempre obtidos com animais expostos a níveis elevados da substância por um período relativamente curto. A extrapolação é então calculada com base em projeções lineares ou curvilíneas para avaliar o risco para populações humanas. Certamente esse tipo de abordagem sofre com incertezas bastante expressivas.

23.9.4 A avaliação do risco

A consideração de aspectos toxicológicos é muito importante na estimativa dos riscos em potencial dos poluentes e resíduos perigosos de compostos químicos. A toxicologia estabelece uma interface com a área dos resíduos perigosos na *avaliação dos riscos à saúde*, que oferece orientações para a gestão do risco e a limpeza ou regulações necessárias em um sítio de descarte de resíduos perigosos com base no conhecimento acerca do local e das propriedades químicas e toxicológicas dos resíduos nele descartados. A avaliação do risco inclui fatores relativos às características do sítio, as substâncias presentes, inclusive espécies indicadoras, receptores em potencial, possíveis vias de exposição e análise de incertezas. Ela é dividida em quatro componentes principais:

- Identificação do risco
- Avaliação da exposição
- Avaliação da dose-resposta
- Caracterização do risco

Literatura citada

1. Manahan, S. E., *Toxicological Chemistry and Biochemistry*, 3rd ed., Lewis Publishers/CRC Press, Boca Raton, FL, 2002.
2. Myasoedova, K. N, New findings in studies of cytochromes P450, *Biochemistry* (Moscow), **73**, 965–969 (2008).
3. Barr, D. B., A. Bishop, and L. L. Needham, Concentrations of xenobiotic chemicals in the maternal-fetal unit, *Reproductive Toxicology*, **23**, 260–266 (2007).
4. Nohmi, T., N. Toyoda-Hokaiwado, M. Yamada, K. Masumura, M. Honma, and S. Fukushima, Meeting report on the international symposium on genotoxic and carcinogenic thresholds, *Genes and Environment*, **30**, 101–107 (2008).
5. Norris, D. O. and J. A. Carr, *Endocrine Disruption: Biological Basis for Health Effects in Wildelife and Humans*, Oxford University Press, New York, 2006.

Leitura complementar

Baselt, R. C., *Disposition of Toxic Drugs and Chemicals in Man*, 6th ed., Biomedical Publications, Foster City, CA, 2002.

Benigni, R., Ed., *Quantitative Structure-Activity Relationship (QSAR) Models of Mutagens and Carcinogens*, CRC Press, Boca Raton, FL, 2003.

Bingham, E., B. Cohrssen, and C. H. Powell, *Patty's Toxicology*, 5th ed., Wiley, New York, 2001.

Boelsterli, U. A., *Mechanistic Toxicology: The Molecular Basis of How Chemicals Disrupt Biological Targets*, 2nd ed., CRC Press, Boca Raton, FL, 2007.

Dart, R. C., *Medical Toxicology*, 3rd ed., Lippincott, Williams & Wilkins, Philadelphia, 2003.

Fenton, J., *Toxicology: A Case-Oriented Approach*, CRC Press, Boca Raton, FL, 2002.

Greenberg, M. I., R. J. Hamilton, S. D. Phillips, and G. McCluskey, Eds, *Occupational, Industrial, and Environmental Toxicology*, 2nd ed., Mosby, St. Louis, 2003.

Hoffman, D. J., B. A. Rattner, G. A. Burton, Jr., and J. Cairns, Jr., *Handbook of Ecotoxicology*, 2nd ed., Lewis Publishers/CRC Press, Boca Raton, FL, 2002.

Ioannides, C., Ed., *Cytochromes P450: Role in the Metabolism and Toxicity of Drugs and Other Xenobiotics*, RSC Publications, Cambridge, UK, 2008.

Joshi, B. D., P. C. Joshi, and N. Joshi, Eds, *Environmental Pollution and Toxicology*, A.P.H. Publishing Corporation, New Delhi, India, 2008.

Klaassen, C. D., Ed., *Casarett and Doull's Toxicology: The Basic Science of Poisons*, 7th ed., McGraw-Hill Medical, New York, 2008.

Landis, W. G. and M.-H. Yu, *Introduction to Environmental Toxicology: Impacts of Chemicals upon Ecological Systems*, 3rd ed., CRC Press/Lewis Publishers, Boca Raton, FL, 2004.

Leikin, J. B. and F. P. Paloucek, *Poisoning and Toxicology Handbook*, 4th ed., Taylor & Francis/CRC Press, Boca Raton, FL, 2008.

Leonard, B., Ed., *Report on Carcinogens: Carcinogen Profiles*, 10th ed., Collingdale, PA, 2002.

Lippmann, M., Ed., *Environmental Toxicants: Human Exposures and their Health Effects*, 3rd ed., Wiley, New York, 2009.

Newman, M. C. and W. H. Clements, *Ecotoxicology: A Comprehensive Treatment*, Taylor & Francis/CRC Press, Boca Raton, FL, 2008.

Nichol, J., *Bites and Stings. The World of Venomous Animals*, Facts on File, New York, 1989.

Parvez, S. H., Ed., *Molecular Responses to Xenobiotics*, Elsevier, Amsterdam, 2001.

Pohanish, R. P. and M. Sittig, *Sittig's Handbook of Toxic and Hazardous Chemicals and Carcinogens*, Knovel Corporation, Norwich, NY, 2002.

Public Health Service, National Toxicology Program, *11th Report on Carcinogens*, U.S. Department of Health and Human Services, Washington, DC, 2008, available at http://ntp.niehs.nih.gov/ntp/roc/toc11.html

Romano, J. A., B. J. Lukey, and H. Salem, Eds, *Chemical Warfare Agents: Chemistry, Pharmacology, Toxicology, and Therapeutics*, 2nd ed., Taylor & Francis/CRC Press, Boca Raton, FL, 2008.

Rosenstock, L., *Textbook of Clinical Occupational and Environmental Medicine*, Saunders Health Sciences Division, Philadelphia, 2004.

Saferstein, R., *Forensic Science: From the Crime Scene to the Crime Lab*, Pearson Prentice Hall, Upper Saddle River, NJ, 2009.

Santos, E. B., Ed., *Ecotoxicology Research Developments*, Nova Science Publishers, New York, 2009.

Smart, R. C. and E. Hodgson, Eds, *Molecular and Biochemical Toxicology*, 4th ed., Wiley, Hoboken, NJ, 2008.

Stine, K. E. and T. M. Brown, *Principles of Toxicology*, 2nd ed., Taylor & Francis/CRC Press, Boca Raton, FL, 2006.

Timbrell, J. A., *Principles of Biochemical Toxicology*, 4th ed., Informa Healthcare, New York, 2009.

Ullmann's Industrial Toxicology, Wiley-VCH, New York, 2005.

Walker, C. H., *Principles of Ecotoxicology*, 3rd ed., Taylor & Francis/CRC Press, Boca Raton, FL, 2006.

Ware, G., *Reviews of Environmental Contamination and Toxicology*, Springer, New York, 2007 (published annually).

Wexler, P., Ed., *Encyclopedia of Toxicology*, 2nd ed., Elsevier, New York, 2005.
Williamson, J. A., P. J. Fenner, J. W. Burnett, and J. F. Rifkin, Eds, *Venomous and Poisonous Marine Animals: A Medical and Biological Handbook*, University of New South Wales Press, Sydney, Australia, 1996.
Wilson, S. H. and W. A. Suk, *Biomarkers of Environmentally Associated Disease*, Taylor & Francis/CRC Press Boca Raton, FL, 2002.
Zelikoff, J. and P. L. Thomas, Eds, *Immunotoxicology of Environmental and Occupational Metals*, Taylor & Francis, London, 1998.

Perguntas e problemas

1. Como os agentes conjugantes e as reações de Fase II estão envolvidos com alguns agentes tóxicos?
2. Qual é a importância toxicológica das proteínas, em especial com relação a suas estruturas?
3. Qual é a importância toxicológica dos lipídeos? Como eles se relacionam com os poluentes e compostos tóxicos hidrofóbicos?
4. O que são reações de Fase I? Que sistema enzimático as realiza? Onde este sistema está localizado na célula?
5. Cite e descreva a ciência que estuda a natureza química e as reações das substâncias tóxicas, inclusive as origens, usos e aspectos químicos da exposição, destinos e descarte.
6. O que é a curva dose-resposta?
7. Qual é o significado da classificação 6 de toxicidade?
8. Quais são as três principais subdivisões da *fase dinâmica* da toxicidade e o que acontece em cada uma?
9. Caracterize o efeito tóxico do monóxido de carbono no corpo. Esse efeito é reversível ou irreversível? Ele atua sobre algum sistema enzimático?
10. Entre as alternativas apresentadas, assinale a que *não* é um efeito bioquímico de uma substância tóxica (explique): (A) Prejuízo à atividade enzimática com a ligação à enzima. (B) Alteração na membrana celular ou nos transportadores nas membranas. (C) Alteração nos sinais vitais. (D) Interferência no metabolismo de lipídeos. (E) Interferência na respiração.
11. Quais são as diferenças entre a teratogênese, a mutagênese, a carcinogênese e os efeitos no sistema imunológico? Quais são as semelhanças?
12. Quanto aos compostos tóxicos no ambiente, compare a importância dos efeitos agudos e crônicos, discutindo as dificuldades e incertezas envolvidas no estudo de cada um.
13. Que fatores complicam os estudos epidemiológicos dos compostos tóxicos?
14. Os agentes alquilantes não (explique): (A) São formados por ativação metabólica. (B) São grupos de ligação com o DNA, como o CH_3. (C) Incluem algumas espécies que causam câncer. (D) Alteram o DNA. (E) São notáveis por serem doadores de pares de elétrons ou nucleófilos.
15. Entre as afirmativas apresentadas, a alternativa *falsa*, se houver uma, com relação às reações de Fase I é (explique): (A) Elas tendem a introduzir grupos funcionais reativos e polares em moléculas lipofílicas (com afinidade com gorduras) de compostos tóxicos. (B) O produto de uma reação de Fase I é normalmente mais solúvel em água que seu xenobionte precursor. (C) O produto de uma reação de Fase I possui uma "alça química" à qual um substrato no organismo se liga, permitindo a eliminação do composto químico pelo organismo. (D) As reações de Fase I de modo geral são reações de conjugação pelas quais um agente endógeno conjugante é ligado. (E) As reações de Fase I são catalisadas por enzimas.

24 A química toxicológica das substâncias químicas

24.1 Introdução

A *química toxicológica*, definida e discutida no Capítulo 23, está focada na relação entre a natureza dos agentes tóxicos e os efeitos toxicológicos que exercem. Este capítulo discute essa relação para alguns dos principais poluentes e substâncias tóxicas. A primeira seção aborda os aspectos toxicológicos dos elementos (sobretudo os metais), cuja presença em um composto significa, muitas vezes, que este é tóxico, bem como a toxicidade de algumas formas elementares de uso comum, como os halogênios não combinados quimicamente. A seção a seguir apresenta a química toxicológica dos compostos inorgânicos, muitos dos quais são produzidos via processos industriais, e faz uma breve explanação sobre os compostos organometálicos. A seção que a segue estuda a toxicologia dos compostos orgânicos. As propriedades toxicológicas dos hidrocarbonetos e compostos orgânicos oxigenados são discutidas junto com outras substâncias orgânicas com grupos funcionais distintos, como os alcoóis e as cetonas. Essa seção também trata da toxicidade dos compostos orgânicos de nitrogênio, haletos, enxofre e fósforo, alguns dos quais são usados como pesticidas ou venenos para fins bélicos. Por fim, os produtos naturais tóxicos são discutidos.

24.1.1 Os Perfis Toxicológicos da ATSDR

Uma fonte de informações bastante útil sobre a química toxicológica de diversos tipos de substâncias tóxicas é chamada de Perfis Toxicológicos, publicada pela Agência para Substâncias Tóxicas e Registro de Doenças (ATSDR), órgão do Departamento de Saúde e Serviços Humanos dos Estados Unidos. Uma documentação detalhada sobre essas substâncias, listadas na Tabela 24.1, pode ser consultada no *site* disponibilizado na tabela.

24.2 Os elementos tóxicos e as formas elementares

24.2.1 O ozônio

O *ozônio* (O_3, ver Capítulos 9, 13 e 14) tem vários efeitos tóxicos. A presença de 1 ppmv de ozônio no ar gera um odor característico. A inalação desse ar causa irritação grave e dor de cabeça. O ozônio irrita os olhos, o trato respiratório superior e os pulmões. A inalação do ozônio às vezes causa edema respiratório letal. Um edema é a acumulação anormal de fluido nos espaços entre tecidos. Além disso, danos cromossômicos também foram observados em indivíduos expostos à substância.

TABELA 24.1 Os materiais listados pela ATSDR[a]

Acetato de vinila	Cloreto de vinila	Diclorvos
Acetona	Clorfenvinfos	Dietil ftalato
Ácido sulfúrico	Clorodibenzofuranos (CDF), dibenzofuranos	Difenil hidrazina
Acrilonitrila		di-isocianato de hexametileno (HDI)
Acroleína	Cloroetano	
Agentes tóxicos dos nervos (GA, GB, GD, VX)	Clorofenóis	di-n-butil ftalato
	Clorofórmio	Dinitrocresóis
Agentes vesicantes (Lewisita)	Clorometano	Dinitrofenóis, 2,4- e 2,6-dinitrotolueno (HCCPD)
Aldrina/dieldrina	Clorpirifos	
Alumínio	Cobalto	di-n-octilftalato (DNOP)
Amerício	Cobre	Dioxinas (CDD)
Amianto	Combustíveis de aviação	Dissulfeto de carbono
Amônia	Combustível de motor com ciclo Otto II	Dissulfoton
Anilina		Dióxido de enxofre
Antimônio	Creosoto	Endossulfano
Arsênico	Cresóis	Endrina
Atrazina	Cromo	Epóxido de heptacloro
Bário	Crotonaldeído	Estanho
Benzeno	Cádmio	Estireno
Benzidina	Césio	Estrôncio
2,3-Benzofurano	DDT, DDE, DDD	Éteres de difenilas polibromadas (PBDE)
Berílio	DEHP, (di(2-etil-hexil) ftalato	
Bifenilas polibromadas (PBB)	di-1,3-dinitrobenzeno e 1,3,5-trinitrobenzeno	Etil benzeno
Bifenilas policloradas (PCB)		Etileno glicol
Bis(2-cloroetil) éter	Diazinona	Etion
Bis(clorometil) éter	Dibenzo-p-dioxinas	Fenol
Boro	Dibenzo-p-dioxinas cloradas (CDD)	Fibras vítreas sintéticas
Bromodiclorometano		Fluoretos, fluoreto de hidrogênio e flúor
Bromofórmio e dibromoclorometano	Diborano	
	1,2-Dibromo-3-cloropropano	Fosfina
Bromometano	1,2-Dibromometano	Fosgênio
1,3-Butadieno	Diclorobenzenos	Fosgênio oxima
2-Butanona	Diclorobenzidina	Fósforo
2-Butoxietanol	1,1-Dicloroetano	Gasolina automotiva
Chumbo	1,1-Dicloroeteno	Heptacloro
Cianeto	1,2-Dicloroetano	Hexacloro butadieno
Clofenvinfos	1,2-Dicloroeteno	Hexacloro ciclopentatieno
Clordano	1,2-Dicloropropano	Hexacloroetano
Cloreto de metila	1,3-Dicloropropeno	Hexafluoreto de selênio

(continua)

TABELA 24.1 Os materiais listados pela ATSDR[a] *(continuação)*

Hidrocarbonetos aromáticos policíclicos (HAP)	Naftaleno, 1-metil naftaleno, 2-metil naftaleno	Selênio
Hidrocarbonetos totais do petróleo	Níquel	Solvente de Stoddard
		Sulfeto de hidrogênio
Hidróxido de sódio	Nitrobenzeno Nitrofenóis	Tálio
Hioclorito de cálcio ou de sódio	Nitrosodifenilamina	Tetracloreto de carbono
Iodo	n-Nitrosodi-n-propiliamina	1,1,2,2-Tetracloroetano
Isocianato de metila	n-Nitrosodimetilamina	Tetracloroetileno
Isoforona	Óleo de cárter usado	Titânio
Malation	Óleos combustíveis	Tolueno
Manganês	Óxido de etileno	Tório
Mercúrio	Óxidos de nitrogênio	Toxafeno
Metil-t-butil éter (MTBE)	Pentaclorofenol	Tricloroetano
Metileno dianilina	Percloratos	Tricloroetileno (TCE)
4,4'-Metilenobis (2-cloroanilina)	Peróxido de hidrogênio	Tricloropropano
	Piretroides	Trinitrotolueno (TNT)
Metilfosfonato de di-isopropila (DIMP)	Piridina	Trióxido de enxofre
	Plutônio	Tungstênio
Metil mercaptano	Prata	2,4,6-TNT
Metil paration	Propileno glicol	Urânio
Metoxicloro	Querosene (óleos combustíveis)	Vanádio
Mirex e clordecona	Radiação ionizante	Xileno
	Rádio	Zinco
	RDX	

[a] Agência para Substâncias Tóxicas e Registro de Doenças dos Estados Unidos: http://www.atsdr.cdc.gov/toxfaq.html#bookmark05.

O ozônio gera radicais livres nos tecidos. Essas espécies reativas causam a peroxidação de lipídeos, a oxidação de grupos sulfidrila (–SH) e outros processos oxidativos destrutivos. Entre os compostos que protegem os organismos contra os efeitos do ozônio estão os sequestradores de radicais livres, os antioxidantes e os compostos com grupos sulfidrila.

24.2.2 O fósforo branco

O fósforo branco elementar pode entrar no organismo por inalação, pelo contato com a pele ou pela via oral. É um veneno sistêmico, isto é, ele circula pelo corpo, atingindo pontos distantes de onde entrou. O fósforo branco causa anemia, disfunção gastrointestinal, fragilidade óssea e danos oculares. A exposição a ele também causa a *osteonecrose maxilar*, doença em que os ossos maxilares sofrem deterioração e se fraturam.

24.2.3 Os halogênios elementares

O *flúor* elementar (F_2) é um gás amarelo pálido e altamente reativo com forte ação oxidante. É um irritante tóxico e ataca a pele, os tecidos oculares e as mucosas do nariz e aparelho respiratório. O gás *cloro* (Cl_2) reage com a água para produzir uma solução com forte ação oxidante. A reação é responsável por alguns dos danos causados ao tegumento úmido no aparelho respiratório, quando esse tecido é exposto ao cloro. A exposição a 10-20 ppmv de gás cloro no ar gera uma rápida irritação no aparelho respiratório, além de um desconforto que indica a presença do composto. Mesmo uma breve exposição a 1.000 ppmv de Cl_2 pode ser fatal.

O *bromo* (Br_2) é um líquido vermelho escuro volátil e tóxico quando inalado ou ingerido. Como o cloro e o flúor, exerce forte ação irritante nas mucosas do aparelho respiratório e dos olhos, podendo também levar a edema respiratório. O risco toxicológico do bromo é um tanto pequeno, porque seu odor irritante facilita a não exposição.

O *iodo* elementar sólido (I_2) irrita os pulmões a exemplo do Cl_2 ou Br_2. Contudo, a pressão de vapor relativamente baixa do iodo é um fator limitante na exposição aos vapores do elemento.

24.2.4 Os metais

Inúmeros metais (Seção 7.3) são tóxicos em suas formas quimicamente combinadas, embora alguns desses elementos, sobretudo o mercúrio, sejam também tóxicos em suas formas elementares. As propriedades tóxicas de alguns dos metais e semimetais mais perigosos são discutidas nesta seção.

Embora não esteja incluído no grupo dos chamados "metais pesados", o *berílio* (massa atômica 9,01) é um dos elementos mais perigosos. Seu efeito tóxico mais grave é a beriliose, uma condição manifestada por fibrose cística e pneumotite, que podem se desenvolver após um período de latência de 5 a 20 anos. O berílio é um agente hipersensibilizante e a exposição a ele causa granulomas e ulcerações na derme. O elemento foi usado no programa de desenvolvimento de armamentos nucleares dos Estados Unidos, e acredita-se que entre 500 e 1.000 casos de envenenamento tenham ocorrido ou ocorrerão no futuro, em consequência da exposição dos trabalhadores do setor. Em julho de 1999 o Departamento de Energia dos Estados Unidos reconheceu a existência desses casos de intoxicação por berílio e propôs uma legislação que previa indenizações às vítimas. Essa iniciativa resultou no Programa de Indenizações por Doenças Ocupacionais dos Trabalhadores do Setor de Energia, iniciado no ano 2000, em que os trabalhadores qualificados e portadores de doenças causadas pelo berílio poderiam receber uma boa quantia em dinheiro ($150 mil) como indenização pelos problemas e assistência médica para as doenças.[1]

O *cádmio* exerce efeitos adversos em muitas enzimas importantes, podendo causar a osteomalacia, uma doença óssea dolorosa, além de dano renal. A inalação de poeiras e vapores de óxido de cádmio provoca pneumotite, caracterizada por edema respiratório e necrose do epitélio pulmonar (morte do tegumento dos pulmões).

O *chumbo*, distribuído amplamente na forma de chumbo metálico, compostos inorgânicos e organometálicos, exerce diversos efeitos tóxicos, como a inibição da síntese da hemoglobina, além de efeitos negativos no sistema nervoso central e periférico e nos rins. Seus efeitos toxicológicos foram objeto de muitos estudos.

O *arsênico* é um semimetal que forma uma variedade de agentes tóxicos. O óxido do arsênico 3^+, As_2O_3, é absorvido pelos pulmões e intestinos. Do ponto de vista bioquímico, o elemento atua na coagulação das proteínas, forma complexos com coenzimas e inibe a produção de trifosfato de adenosina (ATP) nos processos metabólicos essenciais envolvendo a utilização de energia. O arsênico foi o agente tóxico em uma das maiores catástrofes ambientais do século passado, resultado da ingestão de água de poço contaminada com o elemento em Bangladesh, discutida no Capítulo 7, Seção 7.4.

Uma nota de interesse histórico sobre o envenenamento com arsênico relata o caso dos *comedores de arsênico*, contrabandistas que atravessavam os Alpes do sul da Áustria no começo do século XX. Por carregarem em suas costas cargas volumosas de mercadorias pelas montanhas, conseguiam burlar as aduanas e os pesados impostos cobrados pelos governos locais. Para isso, começaram a consumir trióxido de arsênico, cerca de 10 mg duas vezes por semana, aumentando a dose ingerida gradualmente, acima de 450 mg por semana, valor 10 vezes maior que a menor dose fatal para indivíduos não habituados ao composto. Essa estratégia permitia que os organismos desses contrabandistas substituíssem o metabolismo aeróbio do açúcar pelo metabolismo anaeróbio do ciclo do ácido lático, para suprir suas necessidades energéticas. Com isso conseguiam carregar as pesadas cargas de mercadorias contrabandeadas nas grandes altitudes alpinas! O leitor pode exercitar sua imaginação pensando em quantos candidatos a comedores de arsênico pereceram na tentativa de habituar seus organismos a esse veneno mortal.

O vapor do *mercúrio* elementar é introduzido no organismo por inalação e pode ser transportado pela corrente sanguínea até o cérebro, onde atravessa a barreira hematoencefálica. O elemento interrompe os processos metabólicos no cérebro, causando tremores e sintomas psicopatológicos, como timidez, insônia, depressão e irritabilidade. O mercúrio iônico bivalente, Hg^{2+}, causa dano renal. Os compostos de mercúrio organometálico também são tóxicos. Um exemplo notável é o dimetilmercúrio, $Hg(CH_3)_2$, que matou a maioria dos pesquisadores pioneiros de sua síntese.

24.3 Os compostos inorgânicos tóxicos

24.3.1 Os cianetos

Tanto o *cianeto de hidrogênio* (HCN) quanto os *sais de cianeto* (que contêm o íon CN^-) são venenos de ação rápida. Uma dose entre 60 e 90 mg é suficiente para matar um ser humano. Do ponto de vista metabólico, os cianetos se ligam ao ferro (III) na enzima ferricitocromo-oxidase, que contém ferro em sua estrutura (ver discussão sobre as enzimas, Seção 22.6), impedindo sua redução a ferro (II) no processo de fosforilação oxidativa, pelo qual o organismo utiliza O_2. Isso impossibilita a utilização de oxigênio pelas células, interrompendo os processos metabólicos.

24.3.2 O monóxido de carbono

O *monóxido de carbono*, CO, é causa comum de intoxicações acidentais. Quando presente no ar na concentração de 10 ppmv, o gás causa prejuízo à capacidade de percepção e julgamento, enquanto concentrações de 100 ppmv geram tontura, dores de cabeça e cansaço. Perda de consciência ocorre com exposição a 250 ppmv, e a inalação de 1.000 ppmv de CO causa morte rápida. Especula-se que a exposição crônica por períodos prolongados a níveis reduzidos do gás cause doenças respiratórias e cardíacas.

Após entrar na corrente sanguínea pelos pulmões, o monóxido de carbono reage com a hemoglobina (Hb), convertendo a oxi-hemoglobina (O_2Hb) em carboxi-hemoglobina (COHb):

$$O_2Hb + CO \rightleftarrows COHb + O_2 \tag{24.1}$$

Nesse caso, a hemoglobina é o receptor (Seção 23.7) que sofre a ação do monóxido de carbono tóxico. A carboxi-hemoglobina é muito mais estável que a oxi-hemoglobina, assim, sua formação impede a hemoglobina de transportar oxigênio aos tecidos vivos. A expressão da constante de equilíbrio para a reação descrita anteriormente é:

$$\frac{[COHb]}{[O_2Hb]} = M \times \frac{P_{CO}}{P_{CO_2}}. \tag{24.2}$$

onde [COHb] e [O_2Hb] são as concentrações de equilíbrio da carboxi-hemoglobina e oxi-hemoglobina, respectivamente, no sangue, P representa as pressões parciais de CO e O_2 no ar, e M é a constante de Haldane, cujos valores entre 210-220 são muito usados para a hemoglobina de humanos adultos.

24.3.3 Os óxidos de nitrogênio

Os dois óxidos de nitrogênio mais comuns são o NO e o NO_2, sendo este último o mais tóxico dos dois. O dióxido de nitrogênio causa irritação séria nas regiões internas do pulmão, com a formação de edema respiratório. Nos casos graves de exposição pode ocorrer a *bronquiolite fibrosa obliterante*, aproximadamente três semanas após a exposição ao NO_2. A inalação de ar contendo entre 200 e 700 ppmv de NO_2, mesmo por breves períodos, pode causar a morte. Do ponto de vista bioquímico, o NO_2 interrompe o funcionamento do sistema enzimático desidrogenase lática, entre outros sistemas, talvez por atuar de modo semelhante ao ozônio, um oxidante mais forte citado na Seção 24.2. Os radicais livres, sobretudo o HO•, formam-se no organismo pela ação do dióxido de nitrogênio. Além disso, especula-se que o gás cause a *peroxidação de lipídeos*, em que as ligações duplas C = C nas gorduras insaturadas presentes no organismo sofrem ataque de radicais livres e passam por reações em cadeia na presença de O_2, o que acarreta sua destruição por oxidação.

O *óxido nitroso*, N_2O, é usado como gás oxidante e anestésico geral na odontologia. No passado era conhecido como "gás do riso". No final do século XIX foi usado como "gás recreativo" por alguns de nossos antepassados, que não eram exemplos de sobriedade em suas festas. O óxido nítrico tem efeito depressor do sistema nervoso central e também pode atuar como asfixiante.

24.3.4 Os haletos de hidrogênio

Os haletos de hidrogênio (fórmula geral HX, em que X é F, Cl, Br ou I) são gases relativamente tóxicos. Entre estes gases, os mais usados são o HCl e o HF. Suas toxicidades são discutidas nesta seção.

24.3.4.1 O fluoreto de hidrogênio

O *fluoreto de hidrogênio* (HF, ponto de fusão −83,1°C, ponto de ebulição 19,5°C) se apresenta como líquido ou gás claro, incolor, ou como solução aquosa 30-60% de *ácido fluorídrico*. Nesta seção, essas duas formas são representadas pela fórmula HF. As duas provocam irritação grave em qualquer parte do organismo com que entrem em contato, causando ulcerações nas áreas afetadas do trato respiratório superior. As lesões devido ao contato com HF são de difícil tratamento e tendem a evoluir para gangrena.

O íon flúor, F^-, é tóxico na forma de sais solúveis, como o NaF, e causa *fluorose*, uma condição caracterizada por anormalidades ósseas e dentes manchados e fragilizados. Os rebanhos são especialmente suscetíveis à intoxicação com partículas de flúor que caem nas pastagens. Os animais afetados com mais gravidade passam a claudicar e podem até morrer. A poluição industrial é uma fonte comum de níveis tóxicos de flúor. No entanto, cerca de 1 ppmv de flúor usado no abastecimento de água previne o surgimento de cáries.

24.3.4.2 O cloreto de hidrogênio

O *cloreto de hidrogênio* gasoso e sua solução aquosa, chamada *ácido clorídrico*, representados pela fórmula HCl, são muito menos tóxicos que o HF. O ácido clorídrico é um fluido fisiológico natural presente como solução diluída nos estômagos de humanos e outros animais. Contudo, a inalação de HCl vapor pode causar espasmos da laringe e edema respiratório, ou mesmo a morte, quando em níveis elevados. A alta afinidade do HCl vapor com a água desidrata os olhos e o tecido do trato respiratório.

24.3.5 Os compostos inter-halogenados e os óxidos de halogênios

Os compostos inter-halogenados, como ClF, BrCl e BrF_3, são oxidantes potentes e muito reativos. Eles reagem com a água para formar soluções de ácidos hidro-halogenados (HF, HCl) e oxigênio nascente {O}. Por serem reativos demais para entrar em sistemas biológicos em seu estado químico original, os compostos inter-halogenados de modo geral são irritantes corrosivos e potentes que acidificam, oxidam e desidratam tecidos, a exemplo das formas elementares dos elementos químicos que os compõem. Devido a esses efeitos, a pele, os olhos e as mucosas da boca, da garganta e do sistema respiratório são especialmente suscetíveis ao ataque por esses compostos.

Os principais óxidos de halogênios, como monóxido de flúor (OF_2), monóxido de cloro (Cl_2O), dióxido de cloro (ClO_2), heptóxido de cloro (Cl_2O_7) e monóxido de bromo (Br_2O), tendem a ser instáveis, muito reativos e tóxicos, com riscos semelhantes aos dos compostos inter-halogenados descritos anteriormente. O dióxido de cloro, o óxido de halogênio mais comum, é utilizado para o controle de odores e no branqueamento da polpa da madeira. Como substituto para o cloro na desinfecção da água, produz menos subprodutos químicos indesejáveis, sobretudo trihalometanos.

Os oxiácidos mais importantes e seus sais formados por halogênios são o ácido hipocloroso, HClO, e os hipocloritos, como o NaClO, usados em operações de branqueamento e desinfecção. Os hipocloritos irritam os olhos, a pele e os tecidos das mucosas, pois reagem formando oxigênio ativo (nascente, {O}) e ácido, como mostra a reação:

$$HClO \rightarrow H^+ + Cl^- + \{O\} \qquad (24.3)$$

24.3.6 Os compostos inorgânicos de silício

A *sílica* (SiO_2, ou quartzo) ocorre em uma variedade de tipos de rochas, como areia, arenito e terra diatomáceas. A *silicose*, resultado da exposição humana a poeiras de sílica de materiais de construção, jatos de areia e outras fontes, é causa comum de doenças ocupacionais. Por ser um tipo de fibrose pulmonar que provoca nódulos nos pulmões e aumenta a suscetibilidade das vítimas à pneumonia e outras doenças respiratórias, a silicose é uma das doenças mais incapacitantes resultantes da exposição a substâncias perigosas. Pode levar à morte devido à falta de oxigênio ou à insuficiência cardíaca, em casos graves.

O silano, SiH_4, e o dissilano, H_3SiSiH_3, são exemplos de *silanos* inorgânicos, que apresentam ligações H-Si. Existem inúmeros silanos orgânicos ("organometálicos") em que porções alquila entram em uma posição ocupada por um H, substituindo-o. Há poucas informações sobre a toxicidade dos silanos.

O tetracloreto de silício, $SiCl_4$, é o único composto com importância industrial do grupo dos *tetra-haletos de silício*, um grupo de compostos com fórmula geral SiX_4, onde X é um halogênio. Os dois *halohidretos de silício* com produção comercial, de fórmula geral $H_{4-x}SiX_x$, são o diclorossilano (SiH_2Cl_2) e o triclorossilano ($SiHCl_3$). Estes compostos são usados como intermediários na síntese de compostos de organossilício e na produção de silício de alta pureza para semicondutores. O tetracloreto de silício e o triclorossilano, líquidos fumegantes que reagem com a água para liberar HCl vapor, têm odores sufocantes e irritam os olhos e os tecidos nasais e pulmonares.

24.3.7 O amianto

Amianto é o nome dado a um grupo de minerais silicatos fibrosos, em geral do grupo mineral serpentina, cuja fórmula química aproximada é $Mg_3(Si_2O_5)(OH)_4$. O amianto tem amplo uso em materiais estruturais, em lonas de freio, no isolamento térmico e na produção de tubos. A inalação de amianto pode causar a asbestose (uma doença semelhante à pneumonia), o mesotelioma (tumor do mesotélio que reveste a cavidade torácica adjacente aos pulmões) e o carcinoma broncogênico (câncer originado nas vias de passagem de ar nos pulmões). Por essa razão o uso do amianto é muito restrito, e programas abrangentes de remoção do material presente em edificações foram implementados.

24.3.8 Os compostos inorgânicos de fósforo

A *fosfina* (PH_3), um gás incolor que sofre autoignição a 100°C, é um risco em potencial em processos industriais e em laboratório. Os sintomas do envenenamento com risco de morte por exposição ao gás fosfina incluem irritação do trato respiratório, depressão do sistema nervoso central, fadiga, vômitos e respiração difícil e dolorosa.

O *decaóxido de tetrafósforo*, P_4O_{10}, é produzido na forma de um pó branco e leve a partir da combustão de fósforo elementar e reage com a água presente no ar, formando ácido ortofosfórico. Devido à formação de ácido por essa reação e à sua ação desidratante, o P_4O_{10} é um agente corrosivo e irritante da derme, dos olhos e das mucosas.

Entre os *haletos fosforosos*, com fórmulas gerais PX_3 e PX_5, o mais importante é o pentacloreto de fósforo, usado como catalisador na síntese inorgânica, agente de cloração e matéria-prima na fabricação de oxicloreto de fósforo ($POCl_3$). Por reagir de forma violenta com a água para produzir os haletos de hidrogênio correspondentes e ácidos oxofosfóricos,

$$PCl_5 + 4H_2O \rightarrow H_3PO_4 + 5HCl \quad (24.4)$$

os haletos de fósforo exercem forte ação irritante nos olhos, na derme e nas mucosas.

O principal *oxi-haleto de fósforo* com uso comercial é o oxicloreto de fósforo ($POCl_3$), um líquido fumegante ligeiramente amarelo. Por reagir com a água formando vapores tóxicos de ácido clorídrico e ácido fosforoso (H_3PO_3), o oxi-haleto de fósforo é muito irritante para olhos, derme e mucosas.

24.3.9 Os compostos inorgânicos de enxofre

Um gás incolor com odor ruim, de ovos podres, o *sulfeto de hidrogênio* é muito tóxico. Em alguns casos a inalação do H_2S mata com mais rapidez do que o cianeto de hidrogênio (a morte rápida por asfixia causada pela paralisia do sistema respiratório é resultado da exposição ao ar contendo mais de 1.000 ppmv de H_2S). Doses menores causam sintomas como dor de cabeça, tontura e excitação devido aos danos ao sistema nervoso central. Uma fraqueza generalizada é um dos inúmeros efeitos do envenenamento com H_2S.

O *dióxido de enxofre*, SO_2, dissolve na água, formando ácido sulfuroso, H_2SO_3, íon hidrogenosulfito, HSO_3^- e o íon sulfito, SO_3^{2-}. Por sua solubilidade em água, o dióxido de enxofre é removido, em grande parte, no trato respiratório superior. Causa irritação nos olhos, na pele, nas membranas e no trato respiratório. Algumas pessoas são hipersensíveis a sulfito de sódio (Na_2SO_3), usado como conservador de alimentos. Por conta dos riscos a indivíduos hipersensíveis, essas aplicações foram severamente restringidas nos Estados Unidos no começo da década de 1990.

O *ácido sulfúrico* (H_2SO_4), o composto químico sintético mais produzido, é um veneno muito corrosivo e desidratante quando em sua forma líquida concentrada. Ele tem penetração rápida na pele, atingindo o tecido subcutâneo e causando a necrose deste, com efeitos que lembram queimaduras graves. Os vapores e as névoas do ácido sulfúrico irritam a pele e os tecidos do aparelho respiratório. Além disso, a exposição ao composto no ambiente industrial causou perda de dentes.

A Tabela 24.2 lista os haletos, óxidos e oxi-haletos de enxofre mais importantes, e seus respectivos efeitos tóxicos.

24.3.10 O perclorato

O ânion perclorato, ClO_4^-, é quimicamente não reativo e por muito tempo foi considerado insignificante do ponto de vista toxicológico. Porém, hoje sabe-se que ele inibe a ação do iodo, I^-, necessário ao funcionamento adequado da glândula tireoide. Em termos fisiológicos, o ClO_4^- compete com o I^- e diminui a absorção do iodo pela tireoide, a ponto de ter sido usado no tratamento do hipertiroidismo. A redução na

TABELA 24.2 Os compostos inorgânicos de enxofre

Nome do composto	Fórmula	Propriedades
Enxofre		
Monofluoreto	S_2F_2	Gás incolor, PF $-104°C$, PE $99°C$, toxicidade semelhante à do HF.
Tetrafluoreto	SF_4	Gás, PE $-40°C$, PF $-124°C$, poderoso irritante.
Hexafluoreto	SF_6	Gás incolor, PF $-51°C$, toxicidade bastante baixa quando puro, mas pode ser contaminado com fluoretos menores tóxicos.
Monocloreto	S_2Cl_2	Líquido laranja oleoso e fumegante, PF $-80°C$, PE $138°C$, forte irritante para olhos, pele e pulmões.
Tetracloreto	S	Líquido/gás amarronzado/amarelo, PF $-30°C$, decompõe-se acima de $0°C$, irritante.
Trióxido	SO_3	Anidrido sólido de ácido sulfúrico, reage com a umidade ou a água para produzir ácido sulfúrico.
Cloreto de sulfurila	SO_2Cl_2	Líquido incolor, PF $-54°C$, PE $69°C$, usado na síntese orgânica, irritante tóxico e corrosivo.
Cloreto de tionila	$SOCl_2$	Líquido fumegante incolor a laranja, PF $-105°C$, PE $79°C$, irritante tóxico e corrosivo.
Oxissulfeto de carbono	COS	Líquido volátil, subproduto do gás natural ou do refino de petróleo, narcótico tóxico.
Dissulfeto de carbono	CS_2	Líquido incolor, composto químico industrial, narcótico e anestésico do sistema nervoso central.

absorção do I^- causada pela competição com o ClO_4^- inibe a produção dos hormônios da tireoide. Esse aspecto causa preocupação especial devido ao papel desses hormônios no desenvolvimento do cérebro antes e após o nascimento. Os transportadores de iodo inibidos pelo perclorato foram objeto de estudos com sapos.[2] Suspeita-se que a água contaminada com ClO_4^- pode alterar as razões sexuais e inibir a metamorfose, a passagem do estágio de girino para sapo adulto, em anfíbios.

24.3.11 Os compostos organometálicos

Conforme discutido em outras partes deste livro, uma variedade de compostos organometálicos é encontrada no ambiente. As propriedades toxicológicas de alguns compostos organometálicos – organometálicos de uso farmacêutico, fungicidas organomercúricos e aditivos antidetonantes na gasolina –, muito usados no passado, são bem conhecidas. É importante considerar a toxicidade em potencial de compostos organometálicos recentes empregados em semicondutores como catalisadores e na síntese química.

Os compostos organometálicos muitas vezes se comportam no corpo de modo totalmente diferente das formas inorgânicas dos metais que eles contêm. Isso se deve em grande parte porque, em comparação com as formas inorgânicas, os organometálicos apresentam uma natureza orgânica, além de uma maior lipossolubilidade.

24.3.11.1 Os compostos organochumbo

O tetraetilchumbo, $Pb(C_2H_5)_4$, talvez seja o organometálico tóxico mais notável, um óleo incolor muito usado como aditivo da gasolina no passado para aumentar a octanagem do combustível. O tetraetilchumbo tem uma forte afinidade com lipídeos e entra no corpo pelas três vias comuns: inalação, ingestão e absorção dérmica. Por agir de modo diferente dos compostos inorgânicos no corpo, ele afeta o sistema nervoso central, com manifestações de fadiga, fraqueza, inquietude, ataxia, surtos psicóticos e convulsões. A recuperação após o envenenamento grave com chumbo tende a ser lenta. Nos casos de envenenamento fatal com tetraetilchumbo, a morte ocorreu em cerca de apenas um ou dois dias após a exposição.

24.3.11.2 Os compostos organoestanho

Os compostos organometálicos mais usados no comércio são os de estanho – o cloreto de tributil estanho, o tributil estanho e a tributilina (TBT). Esses compostos têm ação bactericida, fungicida e inseticida. Sua importância no ambiente é especial, devido a suas inúmeras aplicações como biocidas industriais, hoje muito limitadas por conta dos efeitos ambientais e toxicológicos que exercem. Os compostos organoestanho são absorvidos de imediato pela pele, por vezes causando vermelhidão. Provavelmente se ligam a grupos enxofre nas proteínas, e parecem interferir na função das mitocôndrias.

24.3.11.3 As carbonilas

As carbonilas metálicas, consideradas muito perigosas por conta de seus níveis de toxicidade, incluem a tetracarbonila de níquel [$Ni(CO)_4$], a carbonila de cobalto e a pentacarbonila de ferro. Algumas das carbonilas perigosas são voláteis e prontamente absorvidas pelo organismo pelo trato respiratório ou pela pele. As carbonilas têm efeito direto nos tecidos e são decompostas em monóxido de carbono e produtos contendo o respectivo metal, o que aumenta o risco de toxicidade.

24.3.11.4 Os produtos de reação dos compostos organometálicos

A combustão do dietil zinco é um exemplo de produção de substância tóxica a partir da queima de um composto organometálico:

$$Zn(C_2H_5)_2 + 7O_2 \rightarrow ZnO(s) + 5H_2O(g) + 4CO_2(g) \qquad (24.5)$$

O óxido de zinco é usado como agente terapêutico e aditivo para alimentos. Contudo, a inalação das partículas de seu vapor geradas na combustão de compostos organometálicos causa a *febre de vapor de metal* do zinco, uma doença marcada por desconforto, temperatura elevada e calafrios.

24.4 A toxicologia dos compostos orgânicos

24.4.1 Os alcanos

Metano, etano, propano, *n*-butano e isobutano (ambos com fórmula C_4H_{10}) gasosos são considerados *asfixiantes simples*, quando formam misturas com o ar contendo oxigênio em níveis insuficientes para permitir a respiração. O problema ocupacional de fundo toxicológico mais comum associado ao uso de hidrocarbonetos líquidos em ambientes de trabalho é a dermatite, causada pela dissolução das massas lipídicas da pele e caracterizada por inflamação, secura e descamação da pele. A inalação de *n*-alcanos líquidos voláteis com entre 5 e 8 carbonos e de alcanos de cadeia ramificada pode causar a depressão do sistema nervoso central manifestada como tontura e perda de coordenação motora. A exposição a *n*-hexano e ciclohexano leva à perda de mielina (uma substância adiposa constituinte de uma bainha que envolve algumas fibras nervosas) e à degeneração dos axônios (a parte do neurônio responsável pela transmissão dos impulsos nervosos). Essa exposição foi relatada como causa de desordens múltiplas do sistema nervoso (*polineuropatia*), que incluem fraqueza muscular e função sensorial prejudicada de mãos e pés. No organismo, o *n*-hexano é metabolizado em 2,5-hexanodiona, um produto da oxidação de Fase I observado na urina de indivíduos expostos e usado como biomonitor da exposição ao composto.

2,5-hexanodiona

24.4.2 Os alcenos e alcinos

O etileno, um gás incolor muito usado e com odor adocicado, atua como asfixiante e anestésico simples em animais, além de ser fitotóxico (tóxico para plantas). As propriedades toxicológicas do propileno (C_3H_6) são muito semelhantes às do etileno. O 1,3-butadieno, um gás incolor e inodoro, causa irritação nos olhos e nas mucosas do aparelho respiratório. Em níveis elevados leva à perda de consciência e mesmo à morte. Causa câncer em animais e é classificado como provável carcinógeno humano. O acetileno, H−C≡C−H, é um gás incolor com odor de alho. Tem ação asfixiante e narcótica, causando dor de cabeça, tontura e perturbação gástrica. Alguns desses efeitos podem ser devidos à presença de impurezas no composto comercial.

24.4.3 O benzeno e os hidrocarbonetos aromáticos

O benzeno inalado tem rápida absorção no sangue, de onde é absorvido por tecidos adiposos em grande proporção. Quando presente no organismo em sua forma não metabolizada, essa absorção é reversível e o benzeno é excretado do organismo pelos pulmões. Como mostra a Figura 24.1, o benzeno é convertido em fenol por uma reação de oxidação de Fase I (ver Seção 23.6) no fígado. O epóxido de benzeno, um intermediário de vida curta nessa reação, é provavelmente responsável por grande

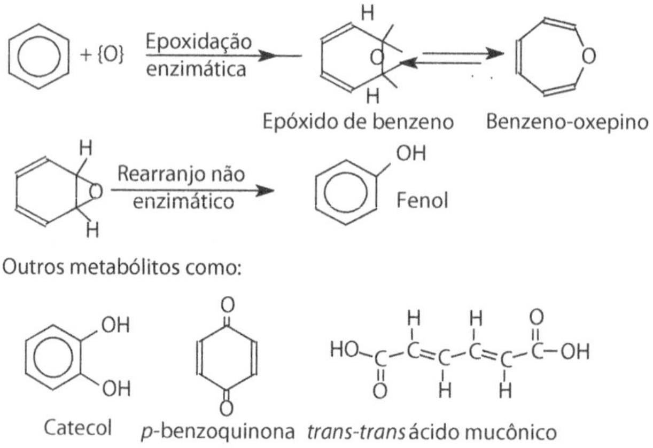

FIGURA 24.1 A conversão do benzeno em fenol no organismo.

parte da singular toxicidade do benzeno, que envolve danos à medula óssea. Além do fenol, diversos outros derivados oxigenados do benzeno são produzidos quando ele é metabolizado, como o ácido *trans, trans*-mucônico, gerado pela quebra do anel benzeno.

O benzeno tem ação irritante na derme e a exposição tópica progressiva pode causar vermelhidão (eritema), sensação de queimação, acumulação de fluido (edema) e formação de bolhas. A inalação do ar contendo cerca de 7 g m^{-3} de benzeno causa envenenamento agudo no espaço de uma hora, por conta de um efeito narcótico no sistema nervoso central manifestado de forma progressiva como excitação, depressão, insuficiência respiratória e morte. A inalação do ar contendo mais que 60 g m^{-3} de benzeno pode ser fatal em poucos minutos.

A exposição a níveis de benzeno reduzidos no longo prazo causa sintomas inespecíficos, como fadiga, dor de cabeça e perda de apetite. O envenenamento crônico é responsável por anormalidades sanguíneas, como redução na contagem de leucócitos, aumento atípico de linfócitos (corpúsculos incolores produzidos nos nódulos linfáticos), anemia e queda na contagem de plaquetas, necessárias para a coagulação (trombocitopenia), além de danos à medula óssea. Acredita-se que também possam ocorrer pré-leucemia, leucemia ou câncer.

24.4.3.1 O tolueno

O tolueno, um líquido incolor com ponto de ebulição 101,4°C, é classificado como moderadamente tóxico por inalação ou ingestão. Com baixa toxicidade na exposição tópica, é tolerado sem efeitos nocivos observáveis pelo organismo quando presente no ar ambiente em concentrações de até 200 ppmv. A exposição a 500 ppmv pode causar dores de cabeça, náusea, lassidão e prejuízo à coordenação motora, sem efeitos psicológicos detectáveis. A exposição a níveis muito altos de tolueno exerce efeito narcótico, que pode evoluir para coma. Por apresentar uma cadeia lateral alifática passível de oxidação pela via enzimática, com produtos prontamente excretados pelo organismo (ver o esquema de reações metabólicas na Figura 24.2), o tolueno tem toxicidade muito menor que o benzeno.

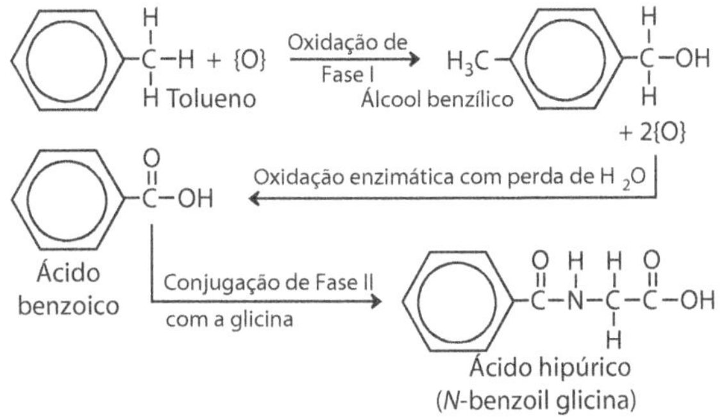

FIGURA 24.2 A oxidação metabólica do tolueno com a conjugação com o ácido hipúrico, excretado com a urina.

24.4.3.2 O naftaleno

A exemplo do benzeno, o *naftaleno* sofre oxidação de Fase I, que insere um grupo epóxido no anel aromático. Esse processo é acompanhado de reações de conjugação de Fase II, com a formação de produtos eliminados pela urina.

A exposição ao naftaleno pode levar à anemia e a reduções marcantes nas contagens de glóbulos vermelhos, hemoglobina e hematócrito em indivíduos com suscetibilidade genética a essas condições. O naftaleno causa irritação na pele ou dermatite severa em pessoas propensas. Dores de cabeça, confusão mental e vômitos são resultados da inalação ou ingestão do composto. A morte por insuficiência renal ocorre nos casos de envenenamento grave.

24.4.3.3 Os hidrocarbonetos aromáticos policíclicos

O benzo[*a*]pireno (ver Seção 10.4) é o HAP mais estudado. Sabe-se que alguns metabólitos dos HAP, sobretudo o 7,8-diol-9,10-epóxido de benzo[*a*]pireno mostrado na Figura 24.3, causam câncer. Este metabólito tem dois estereoisômeros, ambos mutagênos potentes e considerados agentes causadores de câncer; eles atuam formando adutos de DNA.

24.4.4 Os compostos orgânicos oxigenados

24.4.4.1 Os óxidos

Os *óxidos* de hidrocarbonetos, como o óxido de etileno e de propileno,

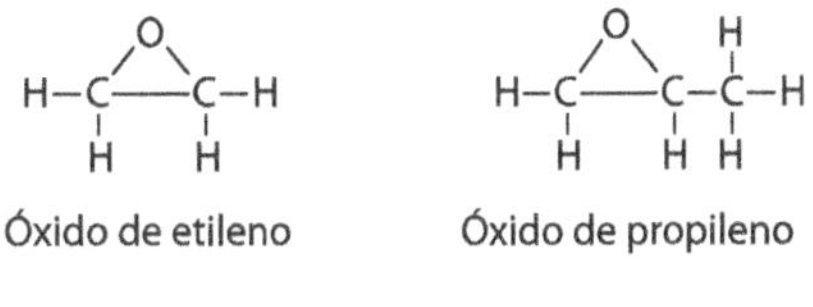

que são caracterizados por um grupo funcional *epóxido* unindo o oxigênio entre dois C adjacentes, são muito utilizados e tóxicos. O óxido de etileno, um gás incolor, adocicado, inflamável e explosivo usado como intermediário químico, esterilizante e fumigante, é muito tóxico. Além disso, foi comprovado que é mutagênico e carcinogênico em

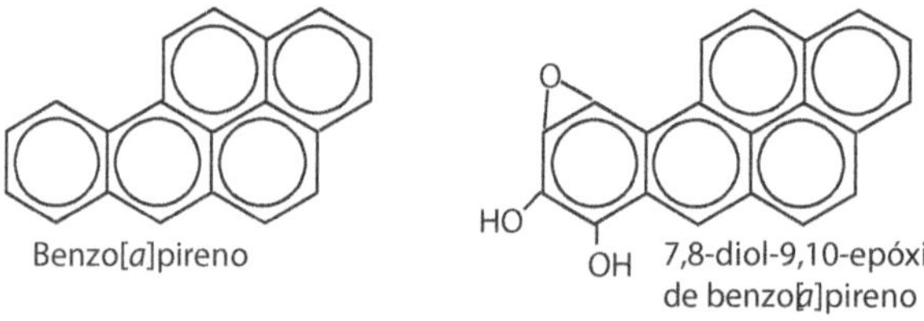

Benzo[*a*]pireno   7,8-diol-9,10-epóxido de benzo[*a*]pireno

FIGURA 24.3 O benzo[*a*]pireno e seu metabólito carcinogênico.

estudos com animais. A inalação de níveis relativamente baixos desse gás causa irritação no trato respiratório, dor de cabeça, sonolência e dispneia, enquanto a exposição a níveis elevados causa cianose, edema pulmonar, dano renal, dano nervoso periférico e mesmo a morte. O óxido de propileno é um líquido incolor, reativo e volátil (PE 34ºC), com aplicações semelhantes às do óxido de etileno, mas efeitos não são tão graves. A toxicidade do epóxido de 1,2,3,4-butadieno, o produto da oxidação do 1,3-butadieno, é notável por ele ser um carcinógeno com ação direta (primário).

24.4.4.2 Os alcoóis

A exposição humana aos três alcoóis inferiores mostrados na Figura 24.4 é comum, porque são muito usados na indústria e em produtos de consumo.

O metanol, que já causou muitas mortes quando ingerido por acidente ou consumido como substituto de bebidas à base de etanol, é oxidado pela via metabólica em formaldeído e ácido fórmico. Além de causar acidose, esses produtos afetam o sistema nervoso central e o nervo ótico. A exposição aguda a doses letais a princípio causa uma sensação ligeiramente inebriante que, após entre 10 e 20 h, evolui para perda de consciência, depressão cardíaca e morte. Exposições subletais podem levar à cegueira por conta da deterioração do nervo ótico e das células dos gânglios retinianos. A inalação dos vapores de metanol pode ser causa de exposição crônica de nível baixo.

De modo geral, o etanol é ingerido pelo trato gastrointestinal, mas pode ser também absorvido na forma de vapor pelos alvéolos pulmonares. O etanol é oxidado pela via metabólica com mais rapidez que o metanol, primeiro em acetaldeído (discutido mais adiante nesta seção) e então em CO_2. O etanol tem muitos efeitos agudos resultantes da depressão do sistema nervoso central. Esses variam desde comportamento desinibido e redução dos tempos de reação com a presença de 0,05% de etanol no sangue, a embriaguez, estupor e, com mais de 0,5%, a morte. O etanol também exerce uma variedade de efeitos crônicos, entre os quais o alcoolismo e a cirrose hepática.

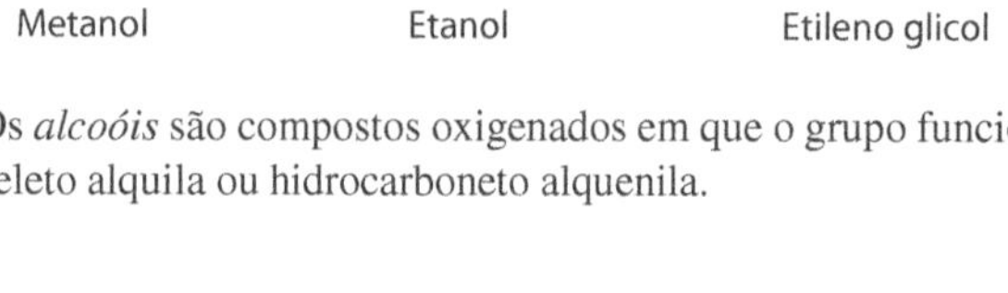

Metanol   Etanol   Etileno glicol

FIGURA 24.4 Os *alcoóis* são compostos oxigenados em que o grupo funcional hidroxila está ligado a um esqueleto alquila ou hidrocarboneto alquenila.

Apesar de ser muito empregado em sistemas de refrigeração automotiva, a exposição ao etileno glicol é pequena, devido a sua pressão de vapor reduzida. Contudo, a inalação de gotículas desse álcool pode ser muito perigosa. No organismo, o etileno glicol a princípio estimula o sistema nervoso central, mas depois o deprime. O ácido glicólico, com fórmula química $HOCH_2CO_2H$, formado como metabólito intermediário no metabolismo do etileno glicol, pode causar acidemia, ao passo que o ácido oxálico produzido pelas etapas subsequentes da oxidação desse álcool pode precipitar nos rins na forma de oxalato de cálcio, CaC_2O_4, causando obstrução das vias renais.

Entre os alcoóis superiores, o 1-butanol causa irritação, mas sua toxicidade é limitada por sua pressão de vapor baixa. O álcool de alila (alquenila) insaturado, $CH_2=CHCH_2OH$, tem um odor penetrante e causa forte irritação nos olhos, na boca e nos pulmões.

24.4.5 Os fenóis

A Figura 24.5 mostra alguns dos compostos fenólicos mais importantes, análogos arila dos alcoóis que têm propriedades muito diferentes daquelas dos alcoóis alifáticos e olefínicos. Os grupos nitro ($-NO_2$) e os átomos de halogênios (em especial o Cl) ligados a anéis aromáticos têm forte efeito no comportamento químico e toxicológico dos compostos fenólicos.

Apesar de ter sido o primeiro antisséptico usado em lesões e em cirurgias, o fenol é um veneno do protoplasma que causa danos a todos os tipos de células, além de ser suspeito de ter causado "um assombroso número de casos de envenenamento" desde que passou a ser usado de modo geral.[3] Os efeitos tóxicos agudos do fenol são verificados sobretudo no sistema nervoso central, e a morte pode ocorrer prematuramente uma hora e meia após a exposição. O envenenamento agudo por fenol causa perturbações gastrointestinais graves, mau funcionamento dos rins, insuficiência do sistema circulatório, edema pulmonar e convulsões. Doses fatais de fenol podem ser absorvidas pela pele. Os principais órgãos afetados pela exposição crônica ao fenol são baço, pâncreas e rins. Os efeitos tóxicos de outros fenóis são semelhantes aos do fenol.

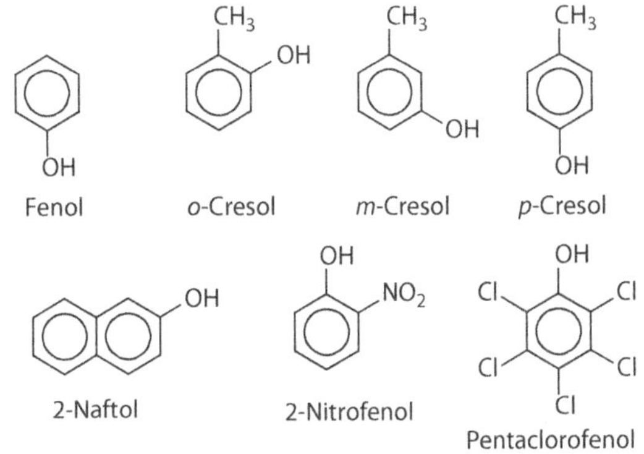

FIGURA 24.5 Alguns fenóis e compostos fenólicos.

24.4.5.1 Os aldeídos e as cetonas

Alguns dos compostos carbonílicos mais comuns (aldeídos e cetonas) são mostrados na Figura 24.6. Por serem de amplo uso, esses compostos têm relevância toxicológica.

O *formaldeído* tem importância singular utilização e por sua toxicidade. Em sua forma pura, ele é um gás incolor com odor penetrante e sufocante. Com muita frequência é encontrado como *formalina*, uma solução aquosa contendo entre 37 e 50% da substância, além de um pouco de metanol. O vapor de formaldeído molecular é a forma mais comum na exposição por inalação do composto, enquanto a formalina é a apresentação mais comum nas outras vias de exposição. A exposição prolongada e contínua ao formaldeído pode causar hipersensibilidade. O formaldeído reage intensamente com grupos funcionais de muitas moléculas, o que explica o fato de causar forte irritação nos tegumentos das mucosas dos tratos respiratório e digestivo. Foi comprovado que atua como carcinógeno do pulmão em animais. Sua toxicidade se deve sobretudo ao produto de sua oxidação, o ácido fórmico (ver Seção 24.4.5.2).

Os formaldeídos inferiores são relativamente solúveis em água e causam forte irritação, e atacam tecidos úmidos expostos, sobretudo os olhos e as membranas mucosas do trato respiratório superior. (Algumas das características irritantes do *smog* fotoquímico, Capítulo 13, são devidas à presença de aldeídos.) Contudo, os aldeídos menos solúveis conseguem penetrar mais fundo no aparelho respiratório, afetando os pulmões. O acetaldeído, um líquido incolor, é menos tóxico que a acroleína e atua como agente irritante, além de narcótico sistêmico no sistema nervoso central. O vapor de acroleína, com forte efeito irritante e lacrimejante, tem um odor sufocante e sua inalação pode causar danos graves às membranas do aparelho respiratório. O tecido exposto à acroleína pode sofrer necrose grave, e o contato direto da substância com os olhos é particularmente perigoso.

As cetonas mostradas na Figura 24.6 são menos tóxicas que os aldeídos. A acetona, com odor agradável, pode atuar como narcótico; ela causa dermatite ao dissolver as gorduras na pele. A metil-etil cetona não tem muitos efeitos tóxicos relatados, mas acredita-se que tenha causado desordens neuropáticas em trabalhadores da indústria calçadista.

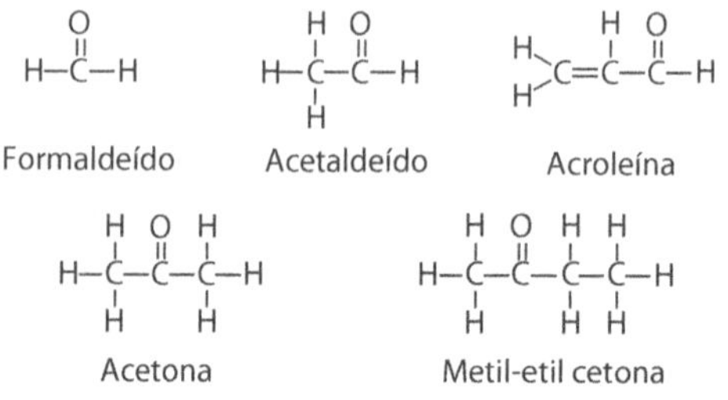

FIGURA 24.6 Alguns aldeídos e cetonas de importância comercial e toxicológica.

24.4.5.2 Os ácidos carboxílicos

O ácido fórmico, HCO_2H, é um tanto forte e corrosivo para tecidos vivos. Na Europa são vendidas formulações contendo cerca de 75% de ácido fórmico para a remoção de incrustações. Há relatos de lesões na boca e nos tecidos do esôfago em crianças que consumiram esses produtos. Embora o vinagre, que contém entre 4 e 6% de ácido acético, seja usado no preparo de muitos alimentos, o ácido acético puro (ácido acético glacial) é muito corrosivo para os tecidos com que entra em contato. A ingestão do ácido acrílico ou seu contato com a pele causa danos graves a esses tecidos.

24.4.5.3 Os éteres

Os éteres comuns têm toxicidades baixas, devido à baixa reatividade do grupo funcional C – O – C, cujas ligações carbono-oxigênio são muito fortes. De modo geral, a exposição ao dietil éter, bastante volátil, ocorre por inalação. A maior parte do composto que entra no organismo (perto de 80%) é eliminada (sem ser metabolizada) como vapor pelos pulmões. O éter dietílico deprime o sistema nervoso central, assim, é muito usado como anestésico em cirurgias. Doses reduzidas de éter dietílico causam tontura, intoxicação e estupor, enquanto a exposição a doses mais altas leva à perda de consciência e mesmo à morte.

24.4.5.4 Os anidridos ácidos

O *anidrido acético*, de odor forte a intensamente lacrimejante,

$$H-\underset{H}{\overset{H}{C}}-\underset{}{\overset{O}{C}}-O-\underset{}{\overset{O}{C}}-\underset{H}{\overset{H}{C}}-H \quad \text{Anidrido acético}$$

é um veneno sistêmico muito corrosivo para a pele, os olhos e o trato respiratório superior, que causa bolhas e queimaduras de lenta recuperação. No ar, seus níveis não devem ultrapassar 0,04 mg/m^3, e efeitos adversos para os olhos são verificados com concentrações da ordem de 0,4 mg/m^3.

24.4.5.5 Os ésteres

Muitos ésteres (Figura 24.7) são voláteis, logo, o sistema respiratório é a principal via de exposição a esses compostos. Por conta de suas propriedades solventes geralmente boas, os ésteres penetram nos tecidos e tendem a dissolver a gordura corporal. Por exemplo, o acetato de vinila atua como agente desengordurante da pele. Por hidrolisarem na água, as toxicidades dos ésteres tendem a ser semelhantes às toxicidades de seus ácidos e alcoóis de origem. Muitos ésteres voláteis são asfixiantes e narcóticos. Enquanto diversos ésteres de ocorrência natural têm toxicidades insignificantes quando presentes em doses reduzidas, o acetato de alila e alguns dos outros ésteres sintéticos têm toxicidade relativa.

Em relação aos prováveis efeitos desses compostos à saúde, o di-(2-etil-hexil) ftalato (DEHP) é sem dúvida aquele que mais causa preocupações. Isso ocorre devido a seu uso como agente plastificante, em níveis da ordem de 30%, a fim de

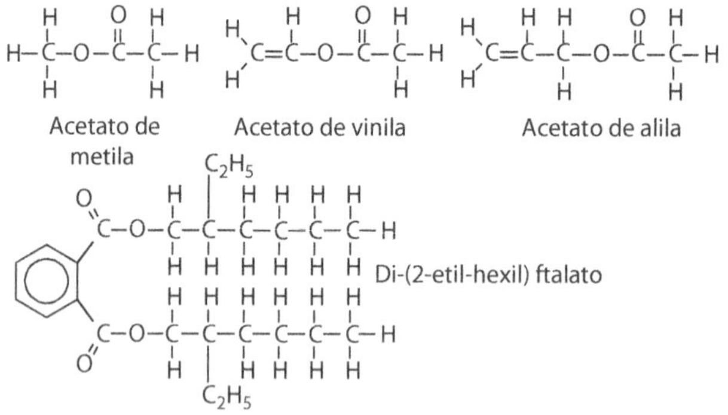

FIGURA 24.7 Alguns ésteres.

conferir plasticidade ao PVC. Como resultado da ampla aplicação do PVC contendo DEHP, este tornou-se um contaminante comum da água, de sedimentos, alimentos e amostras biológicas. Sua aplicação na medicina, como nas bolsas usadas como recipiente para soluções intravenosas, é motivo de preocupação. Embora os efeitos tóxicos agudos do DEHP sejam reduzidos, a exposição direta ampla de seres humanos causa alarme.

24.4.6 Os compostos organonitrogenados

Os compostos organonitrogenados formam um grande grupo de substâncias com níveis distintos de toxicidade. Alguns exemplos de organonitrogenados discutidos nesta seção são dados na Figura 24.8.

24.4.6.1 As aminas alifáticas

As aminas inferiores, como as metilaminas, são absorvidas pelo organismo com rapidez e facilidade por todas as vias de exposição comuns. Elas são básicas e reagem com água nos tecidos,

$$R_3N + H_2O \rightarrow R_3NH^+ + OH^- \tag{24.6}$$

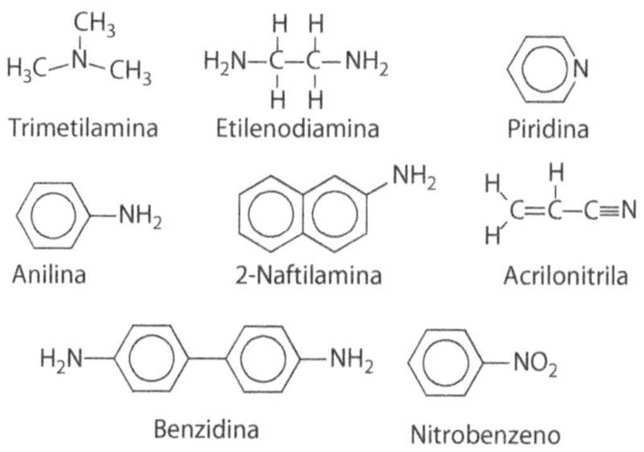

FIGURA 24.8 Alguns compostos organonitrogenados toxicologicamente importantes.

o que eleva o pH do tecido a níveis prejudiciais, atuando como venenos corrosivos (em especial para o tecido ocular sensível), além de causar necrose no ponto de contato. Entre os efeitos sistêmicos das aminas estão a necrose do fígado e dos rins, hemorragia e edema pulmonares e sensibilização do sistema imunológico. As aminas inferiores estão entre as substâncias mais tóxicas usadas rotineiramente e em larga escala.

A etilenodiamina é a mais comum das *poliaminas de alquila*, compostos em que dois ou mais grupos amino estão ligados a alcanos. Sua classificação de toxicidade é apenas 3, mas é um forte agente sensibilizador da pele e pode causar danos oculares.

24.4.6.2 As aminas aromáticas carbocíclicas

A *anilina* é um composto químico muito usado na indústria e uma das *aminas aromáticas carboxílicas* mais simples, a classe de compostos em que ao menos um grupo substituinte é um anel aromático ligado diretamente ao grupo amino. Esta classe de aminas conta com inúmeros compostos com diversas aplicações industriais. Ficou comprovado que algumas das aminas aromáticas carbocíclicas causam câncer de bexiga, uretra e pelve em seres humanos, além de serem carcinógenos para pulmões, fígado e próstata. Um líquido incolor tóxico de consistência oleosa e odor distinto, a anilina entra com facilidade no organismo por inalação, ingestão ou contato com a pele. Do ponto de vista metabólico, a anilina converte o ferro (II) da hemoglobina em ferro (III), o que causa uma condição chamada *meta-hemoglobinemia*, caracterizada por cianose e uma coloração entre marrom e preto do sangue. Nela, a hemoglobina perde a capacidade de transportar oxigênio no corpo. Essa condição não é reversível com terapia com oxigênio.

Tanto a *1-naftilamina* (a-naftilamina) quanto a *2-naftilamina* (b-naftilamina) são conhecidos carcinógenos da bexiga em seres humanos. Além de ser um carcinógeno para seres humanos, a *benzidina*, 4,4'-diaminobifenila, é muito tóxica e exerce efeitos sistêmicos, entre os quais a hemólise do sangue, a depressão da medula óssea e danos renais e hepáticos, e entrando no organismo por via oral, inalação nos pulmões e sorção na derme.

24.4.6.3 A piridina

A *piridina*, um líquido incolor com odor "terrível", forte e penetrante, é uma amina aromática em que um átomo de N faz parte de um anel de seis membros. Esse composto, de ampla aplicação industrial, é moderadamente tóxico, com índice de toxicidade da ordem de 3. Os sintomas do envenenamento com piridina incluem anorexia, náusea, fadiga e, em situações de intoxicação crônica, depressão mental. Em alguns casos raros a exposição ao composto foi fatal.

24.4.6.4 A acrilamida: a batata frita tóxica?

Em 2002, pesquisadores suecos relataram ter descoberto teores potencialmente prejudiciais de acrilamida em alimentos fritos e assados, mas não cozidos. Sabe-se que a acrilamida é uma neurotoxina, um carcinógeno para ratos e talvez também para humanos. Está comprovado que a acrilamida se forma quando a glicose e o aminoácido asparagina são aquecidos juntos, a temperaturas acima de 120°C. A sequência de reação a seguir, conhecida como reação de Maillard, resulta na formação de acrilamida a partir de uma mistura dos compostos citados:

$$\text{Glicose} + \text{Asparagina} \xrightarrow{-H_2O,\ -CO_2} \cdots \xrightarrow{\text{Várias etapas}} \text{Acrilamida} \quad (24.7)$$

24.4.6.5 As nitrilas

As *nitrilas* contêm o grupo funcional $-C\equiv N$. A *acetonitrila*, um líquido incolor com fórmula CH_3CN, é muito usada na indústria química. Com toxicidade da ordem de 3 a 4, a acetonitrila é considerada relativamente segura, embora tenha causado a morte de algumas pessoas, talvez pela liberação metabólica de cianeto. A *acrilonitrila*, um líquido incolor com odor que lembra o cheiro da semente de pêssego, tem alta reatividade porque contém grupos nitrila e também $C=C$. Ingerida, absorvida pela pele ou inalada como vapor, a acrilonitrila é metabolizada, liberando o HCN, um composto letal a que se assemelha em termos toxicológicos.

24.4.6.6 Os compostos nitro

O mais simples entre os *compostos nitro*, o *nitrometano*, com fórmula H_3CNO_2, é um líquido oleoso que causa anorexia, diarreia, náusea e vômitos, além de danos aos rins e fígado. O *nitrobenzeno*, um líquido oleoso amarelo pálido e com odor de amêndoas estragadas ou graxa de sapato, entra no organismo por todas as vias. Tem ação tóxica muito semelhante à da anilina, convertendo a hemoglobina em meta-hemoglobina, que não tem a capacidade de transportar oxigênio até os tecidos do corpo. O sinal de envenenamento com nitrobenzeno é a cianose.

24.4.6.7 As nitrosaminas

Os compostos *n-nitroso* (*nitrosaminas*) contêm o grupo funcional $N - N = O$ e são encontrados em uma variedade de materiais aos quais os seres humanos estão expostos, inclusive a cerveja, o uísque e os óleos de corte usados em operações de usinagem. A exposição a uma única dose elevada ou a doses crônicas relativamente baixas de nitrosaminas pode causar câncer. A dimetilnitrosamina, que no passado era muito usada como solvente industrial e que causava dano hepático e icterícia em trabalhadores expostos, também é carcinogênica, de acordo com estudos iniciados já na década de 1950.

Dimetilnitrosamina (N-nitrosodimetil amina)

24.4.6.8 Os isocianatos e o isocianato de metila

Os compostos com fórmula geral R–N=C=O, os *isocianatos*, são muito usados na indústria devido à alta reatividade química e metabólica de seu grupo funcional característico. O *isocianato de metila*, $H_3C–N=C=O$, foi o agente tóxico envolvido no envenenamento industrial catastrófico ocorrido em Bhopal, na Índia, em 2/12/84, o pior acidente industrial na história. No incidente, várias toneladas de isocianato de metila vazaram de uma fábrica matando 2 mil pessoas e afetando outras 100 mil. Os pulmões das vítimas foram o órgão atacado. Os sobreviventes sofreram com falta de ar e fraqueza por muito tempo devido ao dano respiratório, além de inúmeros efeitos tóxicos, como náusea e dores no corpo.

24.4.6.9 Os pesticidas organonitrogenados

Os *carbamatos* com ação pesticida são caracterizados pelo esqueleto de ácido carbâmico sinalizado pelo quadrado tracejado na fórmula estrutural mostrada na Figura 24.9. Muito usado em gramados e jardins, o inseticida *carbaril* tem baixa toxicidade para mamíferos. O *carbofurano*, muito solúvel em água, é um inseticida sistêmico absorvido pelas raízes e folhas de espécies vegetais. Os insetos que se alimentam dessas folhas são envenenados pelo composto. Os efeitos nocivos da exposição de animais aos carbamatos se devem à inibição direta da acetilcolinesterase, sem a necessidade de biotransformação. Este efeito é relativamente reversível, por conta da hidrólise metabólica do éster de carbamato.

Com a reputação de ter sido "responsável pela morte de centenas de pessoas"[4], o herbicida *paraquat* tem toxicidade classe 5. A exposição por inalação de spray, contato com a pele e ingestão do composto é perigosa e pode mesmo ser fatal. O paraquat é um veneno sistêmico que afeta a atividade enzimática, com efeitos devastadores para diversos órgãos. A inalação de aerossóis de paraquat causa a fibrose pulmonar em animais, embora os pulmões também sintam os efeitos nocivos do composto por rotas de exposição não respiratórias. A exposição aguda pode causar variações nos níveis de catecolamina, glicose e insulina. Os sintomas iniciais mais notáveis do envenenamento com esse composto são vômitos, seguidos de dispneia, cianose e sinais de dano renal, hepático e cardíaco dentro de alguns dias. A fibrose pulmonar, muitas vezes acompanhada de edema e hemorragia, é observada em casos fatais.

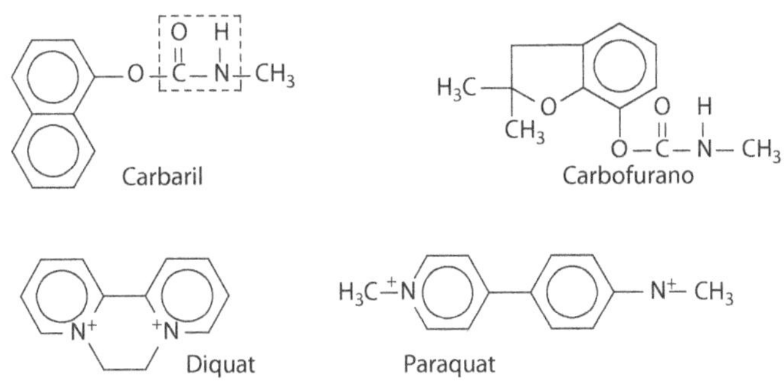

FIGURA 24.9 Alguns pesticidas organonitrogenados.

Sem dúvida, o herbicida organonitrogenado mais comum é a *atrazina*, cuja fórmula estrutural é mostrada na Figura 7.12.[5] Este composto é muitas vezes encontrado em reservatórios de água para consumo humano, sobretudo em regiões agrícolas.

24.4.7 Os compostos organoalogenados

Por sua persistência e tendência de acumular em tecidos adiposos, a ecotoxicologia dos compostos organoalogenados tem importância especial. A ocorrência desses compostos no ambiente diminuiu, devido às restrições na produção por conta de questões ambientais. Um dos aspectos interessantes desses compostos é sua ocorrência no leite materno, que pode ser analisado para detectar a exposição a essa classe de substâncias.[6]

24.4.7.1 Os haletos de alquila

A toxicidade dos haletos de alquila, como o tetracloreto de carbono, CCl_4, varia muito com o composto em questão. A maioria desses compostos deprime o sistema nervoso central, e alguns exibem efeitos tóxicos específicos.

No passado, o tetracloreto de carbono estava disponível no comércio como um produto usado para remover manchas de graxa de roupas. Ele também era vendido em recipientes de vidro esféricos, do tamanho de uma bola de beisebol, que podiam ser arremessados nas chamas em incêndios em cozinhas para extingui-las. Nos muitos anos em que era comercializado, o tetracloreto de carbono acumulou tristes registros de seus efeitos tóxicos, o que levou a vigilância sanitária dos Estados Unidos, a *Food and Drug Administration* (FDA), a proibir o uso doméstico do composto em 1970. Ele é um veneno sistêmico que afeta o sistema nervoso central quando inalado, e o trato gastrointestinal, o fígado e os rins quando ingerido. O mecanismo bioquímico da toxicidade do tetracloreto de carbono envolve radicais livres, como:

Elétrons desemparelhados

que reagem com as biomoléculas, como proteínas e DNA. A reação mais prejudicial ocorre no fígado, a *peroxidação de lipídeos*, ou o ataque de radicais livres contra as moléculas de lipídeos insaturadas acompanhado da oxidação dessas gorduras com base em um mecanismo de radical livre.

24.4.7.2 Os haletos de alquenila

Os *organoalogenados de alquenila* ou *olefínicos* mais importantes são os compostos clorados leves, como o cloreto de vinila e o tetracloroetileno:

Cloreto de vinila   Tetracloroetileno

Por serem muito utilizados e descartados no ambiente, os inúmeros efeitos da exposição aguda e crônica aos haletos de alquenila são motivo de muitas preocupações.

O sistema nervoso central, o sistema respiratório, o fígado e os sistemas circulatório e linfático são afetados pela exposição ao cloreto de vinila, muito comum, devido ao emprego desse composto na produção de cloreto de polivinila. O mais importante é que o cloreto de vinila é carcinogênico, e causa um angiosarcoma raro no fígado. Essa forma letal de câncer foi observada em trabalhadores com exposição crônica ao cloreto de vinila durante a limpeza de autoclaves nas fábricas de policloreto de vinila. Acredita-se que o 1,1-dicloroetileno, outro organoalogenado de alquenila, seja um carcinógeno humano, com base em estudos com modelos animais e em sua semelhança estrutural com o cloreto de vinila. A toxicidade dos dois isômeros do 1,2-dicloroetileno são relativamente baixas. Esses compostos atuam de modos diferentes: o isômero *cis* tem ação irritante e narcótica, enquanto o isômero *trans* afeta tanto o sistema nervoso central quanto o trato gastrointestinal, causando fraqueza, tremores, cãimbras e náusea. Suspeito de ser um carcinógeno humano, o tricloroetileno foi relatado como causa de carcinoma de fígado em animais, e sabe-se que afeta muitos órgãos no corpo. A exemplo de outros solventes organoalogenados, o tricloroetileno causa dermatite de contato devido à dissolução dos lipídeos da derme, além de afetar o sistema nervoso central, o aparelho respiratório, fígado, rins e coração. Entre os sintomas da exposição ao composto estão visão perturbada, dores de cabeça, náusea, arritmia cardíaca e sensação de queimação e formigamento nos nervos (parestesia).

O tetracloroetileno causa danos hepáticos, renais e ao sistema nervoso central, e suspeita-se que seja um carcinógeno humano. É oxidado pela via metabólica em óxido de tetracloroetileno,

$$\underset{Cl}{\overset{Cl}{>}}C=C\underset{Cl}{\overset{Cl}{<}} \xrightarrow[P450]{\{O\}} Cl-\underset{Cl}{\overset{O}{C}}-\underset{Cl}{C}-Cl \qquad (24.8)$$

Óxido de tetracloroetileno

o provável intermediário reativo responsável por sua toxicidade. O óxido de tetracloroetileno intermediário é metabolizado também em ácido tricloroacético, Cl_3CO_2H, e outros produtos.

24.4.7.3 Os haletos de arila

Os indivíduos expostos ao monoclorobenzeno (um composto com ação irritante) por inalação ou contato com a pele apresentam sintomas no sistema respiratório, fígado, rim, pele e olhos. A ingestão do composto tem efeitos semelhantes aos da anilina tóxica, como falta de coordenação motora, palidez, cianose e, em alguns casos, desmaios.

Os diclorobenzenos têm ação irritante e afetam os mesmos órgãos que o monoclorobenzeno. Alguns testes com animais indicaram que o 1,2-diclorobenzeno é um carcinógeno em potencial. O *para*-diclorobenzeno (1,4-diclorobenzeno), um composto usado em desodorizadores de ambientes e antitraças, causa rinorreia profusa (secreção nasal líquida), náusea, icterícia, cirrose hepática e perda de peso associadas à anorexia; não se sabe se ele é carcinógeno. Seu principal metabólito encontrado na urina é o 2,5-diclorofenol, eliminado sobretudo como glucoroníedo ou sulfato.

Devido ao amplo uso na produção de equipamentos elétricos, fluidos hidráulicos e muitas outras aplicações no passado, as PCB (ver Seção 7.12) ganharam o *status* de poluentes ambientais disseminados e muito persistentes, com a forte tendência de sofrer bioacumulação no tecido adiposo. Os análogos das bifenilas polibromadas (PBB) tiveram uso e distribuição muito menores. Contudo, as PBB estiveram envolvidas em um grande incidente que causou prejuízos catastróficos para o setor agrícola do Estado de Michigan, Estados Unidos, quando a ração animal contaminada com uma PBB retardadora de chama provocou o envenenamento dos rebanhos em 1973.

Hoje, as principais preocupações relativas aos compostos bromados estão nos retardadores de chama bromados, sobretudo os éteres de pentabromo, octabromo e decabromodifenil (ver):

Decabromodifenil éter

Esses compostos são poluentes muito persistentes e, embora sua toxicidade para humanos não esteja estabelecida por completo, a exposição ambiental a eles é motivo de certo alarme. Infelizmente, não existem substitutos eficientes para esses compostos como retardantes de chama. Os padrões mais restritos para o uso de compostos polibromados em vigor na União Europeia preocupam os fabricantes de equipamentos eletro-eletrônicos, que precisam obedecer a normas rígidas de resistência a chamas diante da eliminação gradual dos polibromados como retardantes de chama.

24.4.8 Os pesticidas organoalogenados

Com uma ampla gama de efeitos tóxicos de diferentes tipos e graus, muitos inseticidas organoalogenados (ver Seção 7.11) afetam o sistema nervoso central, causando tremores, movimentos oculares irregulares, alterações de humor e perda de memória. Esses sintomas são característicos do envenenamento agudo com DDT. No entanto, a toxicidade aguda do composto para seres humanos é muito baixa e, quando foi usado no controle da febre tifoide e da malária durante a Segunda Guerra Mundial, era aplicado diretamente nas pessoas. Os inseticidas à base de ciclodieno clorado – aldrina, dieldrina, endrina, clordano, heptacloro, endossulfan e isodrina – atuam no cérebro, liberando ésteres de betaína e causando dores de cabeça, tontura, náusea, vômitos, contrações musculares e convulsões. Há relatos de câncer de fígado em modelos animais causado por dieldrina, clordano e heptacloro. Além disso, alguns inseticidas à base de ciclodieno clorado são teratogênicos ou fetotóxicos. Devido a esses efeitos, aldrina, dieldrina, heptacloro e clordano foram proibidos nos Estados Unidos.

Os principais herbicidas *clorofenóxi* são o ácido 2,4-diclorofenoxiacético (2,4-D), o ácido 2,4,5-triclorofenoxiacético (2,4,5-T, ou Agente Laranja, que hoje está proibido) e o Silvex. Foi provado que doses altas do ácido 2,4-diclorofenoxiacético causam dano nervoso (neuropatia periférica), convulsões e dano cerebral. Com toxicidade um pouco menor que a do 2,4-D, o Silvex em grande parte é secretado inalterado na urina. Os efeitos tóxicos do 2,4,5-T (usado como herbicida bélico chamado Agente Laranja) resultaram da presença de TCDD (comumente chamada "dioxina", discutida a seguir), um subproduto de sua produção. As autópsias nas carcaças de ovelhas intoxicadas com esse herbicida demonstraram nefrite, hepatite e enterite.

24.4.8.1 TCDD

As *dibenzodioxinas policloradas* são compostos com estrutura idêntica à da TCDD,

TCDD (2,3,7,8-tetracloro-dibenzo-p-dioxina)

mas têm diferentes números e posições dos átomos de cloro em sua estrutura anelar. Extremamente tóxica para alguns animais, a toxicidade da TCDD para os seres humanos não está bem estabelecida. Sabe-se que causa uma condição cutânea chamada cloracne. A TCDD, gerada como subproduto de alguns produtos de uso comercial (ver a discussão anterior sobre a 2,4,5-T), é um contaminante identificado nas emissões de incinerações municipais e um poluente ambiental muito comum, por conta do descarte inapropriado de resíduos. Este composto foi lançado em muitos acidentes industriais. No maior desses incidentes, dezenas de milhares de pessoas foram expostas a uma nuvem de emissões químicas que se espalhou por uma área de aproximadamente 8 km^2 ao redor da unidade de produção da Givaudan-La Roche Icmesa, próximo a Seveso, Itália, em 1976. Felizmente, do ponto de vista toxicológico, não foram relatadas anormalidades nem grandes malformações em um estudo com milhares de crianças nascidas na área no período de seis anos após o vazamento.

24.4.8.2 Os fenóis clorados

Os fenóis clorados mais utilizados são o *pentaclorofenol* (Capítulo 7) e os isômeros do triclorofenol empregados como conservante da madeira. Embora a exposição a esses compostos tenha sido correlacionada a problemas no fígado e dermatites, as dibenzodioxinas policloradas com potencial contaminante podem ter sido a causa dos efeitos observados.

24.4.9 Os compostos organossulfurados

Apesar da alta toxicidade do H_2S, nem todos os compostos organossulfurados são particularmente tóxicos. Os riscos que representam são muitas vezes reduzidos por apresentarem odor forte e repulsivo, que indicam sua presença no ambiente.

Mesmo a inalação de quantidades muito reduzidas dos *tióis* de alquila, como o metanotiol, H_3CSH, pode causar náusea e dores de cabeça. Níveis elevados aumentam a frequência cardíaca e geram extremidades frias e cianose. Em casos extremos, ocorrem perda de consciência, coma e até a morte. Como o H_2S, os tióis de alquila são precursores de venenos a citocromo oxidase.

O *ácido metilsulfúrico*, um líquido oleoso e solúvel em água, tem forte efeito irritante na pele, nos olhos e nas mucosas. Incolor e inodoro, o *dimetilsulfato* é muito tóxico e atua como carcinógeno primário que não requer bioativação para causar câncer. A pele ou as mucosas expostas ao dimetilsulfato desenvolvem problemas como conjuntivite e inflamação nos tecidos nasais e mucosas do trato respiratório após um período inicial de latência durante o qual alguns sintomas são observados. Dano hepático e renal, edema respiratório, embaçamento da córnea e morte dentro de 3 a 4 dias podem ocorrer nos casos de exposição grave.

$$H_3C-O-\underset{\underset{O}{\|}}{\overset{\overset{O}{\|}}{S}}-OH$$

Ácido metilsulfúrico

$$H_3C-O-\underset{\underset{O}{\|}}{\overset{\overset{O}{\|}}{S}}-OCH_3$$

Dimetilsulfato

24.4.9.1 As mostardas sulfuradas

Um exemplo típico das *mostardas sulfuradas* mortais, compostos usados como veneno militar ou "gases venenosos", é o óleo de mostarda [bis(2-cloroetil)sulfeto]:

$$Cl-\underset{\underset{H}{|}}{\overset{\overset{H}{|}}{C}}-\underset{\underset{H}{|}}{\overset{\overset{H}{|}}{C}}-S-\underset{\underset{H}{|}}{\overset{\overset{H}{|}}{C}}-\underset{\underset{H}{|}}{\overset{\overset{H}{|}}{C}}-Cl \quad \text{Óleo de mostarda}$$

Mutágeno em modelos animais e carcinógeno primário, o óleo de mostarda produz vapores que penetram fundo nos tecidos, causando destruição e danos nas profundidades que alcançam a partir do ponto de contato. Esse processo é muito rápido, assim, os esforços para a remoção desse agente tóxico da área exposta deixam de ser eficientes após 30 minutos. O veneno de uso militar chamado "gás das bolhas" causa inflamações graves na pele, com lesões que muitas vezes infeccionam. No pulmão, essas lesões levam à morte.

24.4.10 Os compostos organofosforados

Os compostos organofosforados têm diversos graus de toxicidade. Alguns, como os "gases dos nervos" usados como venenos industriais, são mortais mesmo em quantidades diminutas. As toxicidades das principais classes de compostos organofosforados são discutidas nesta seção.

24.4.10.1 Os ésteres organofosfatos

Alguns ésteres organofosfatados são mostrados na Figura 24.10. O *trimetil fosfato* tem toxicidade moderada quando ingerido ou absorvido pela pele, enquanto o também moderadamente tóxico *trietil fosfato*, $(C_2H_5O)_3PO$, prejudica nervos e inibe a acetilcolinesterase. Acredita-se que o *tri-o-cresil fosfato* (TOCP), de toxicidade muito alta, seja metabolizado em produtos que também inibem essa enzima. A exposição ao TCOP causa a degeneração dos neurônios no sistema nervoso central e periférico, com sintomas iniciais que incluem náusea, vômito e diarreia seguidos por dores abdominais fortes. Cerca de 1 a 3 semanas após o fim dos sintomas ocorre a paralisia periférica, manifestada como rigidez nas mãos e nos pés. A recuperação é lenta, podendo ser total ou deixar paralisia parcial ou permanente, enquanto os efeitos tóxicos do pirofosfato de tetraetila (TEPP) ou do paraoxon são mais rápidos. As pessoas intoxicadas com paration exibem pruridos na pele e desconforto respiratório. Nos casos fatais ocorre insuficiência respiratória devido à paralisia do sistema nervoso central.

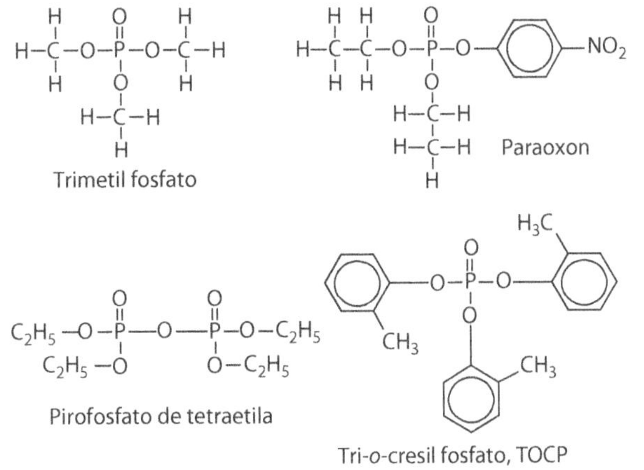

FIGURA 24.10 Alguns ésteres organofosforados.

Utilizado como inseticida substituto da nicotina por um breve período na Alemanha, o TEPP tem forte atividade inibidora da acetilcolinesterase. Com toxicidade classe 6 (supertóxico), o TEPP é letal para seres humanos e outros mamíferos.

24.4.10.2 Os inseticidas à base de ésteres de fosforotionato e fosforoditioato

Pelo fato de os ésteres contendo o grupo P = S (tiono) serem resistentes à hidrólise não enzimática e não apresentarem a mesma eficiência dos compostos P = O na inibição da acetilcolinesterase, sua relação toxicidade inseto:mamífero é maior que a de seus análogos não sulfurosos. Portanto, os ésteres de *fosforotionato* e *fosforoditioato* (Figura 24.11) são muito usados como inseticidas. A atividade inseticida desses compostos requer a conversão metabólica do P = S em P = O (dessulfurização oxidativa). Do ponto de vista ambiental, os inseticidas organofosforados são superiores a muitos dos inseticidas organoclorados, porque são biodegradados com mais facilidade e não bioacumulam.

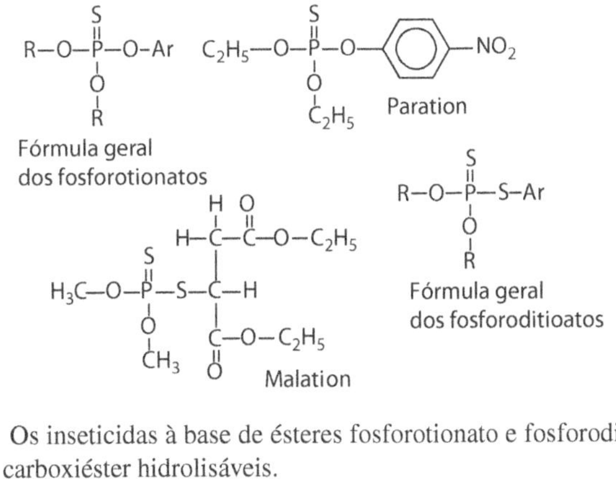

FIGURA 24.11 Os inseticidas à base de ésteres fosforotionato e fosforoditioato. O malation contém ligações carboxiéster hidrolisáveis.

O primeiro inseticida à base de ésteres fosforotionato/fosforoditioato a ter sucesso comercial foi o *paration*, *o,o*-dietil-*o*-*p*-nitrofenilfosforotionato, licenciado pela primeira vez em 1944. Este inseticida, inibidor da acetilcolinesterase, tem toxicidade classe 6 (supertóxico). Desde que começou a ser usado, centenas de pessoas morreram devido a seus efeitos, inclusive 17 das 79 expostas à farinha contaminada na Jamaica, em 1976. Bastam 120 mg de paration para matar um ser humano adulto, e sabe-se que uma dose de 2 mg foi fatal para uma criança. A maior parte dos envenenamentos acidentais ocorre por absorção na pele. O metilparation (um composto muito parecido, com grupos metila no lugar dos grupos etila) é considerado extremamente tóxico e deixou de ser utilizado. Para que o paration exerça seu efeito tóxico, ele precisa ser convertido em paraoxon (Figura 24.10) pela via metabólica, um potente inibidor da acetilcolinesterase. Devido ao tempo necessário para essa conversão, os sintomas aparecem somente algumas horas após a exposição.

O *malation* é o mais conhecido entre os inseticidas fosforoditioatos. Ele tem relação toxicidade inseto:mamífero alta, em comparação com outros inseticidas, por conta de duas ligações carboxiéster hidrolisáveis por enzimas carboxilase (presentes nos mamíferos, mas não nos insetos). Por exemplo, embora o malation seja um inseticida muito eficiente, sua LD_{50} para ratos machos é cerca de 100 vezes maior que a do paration.

24.4.10.3 Os venenos organofosforados de uso militar

Potentes inibidores da enzima acetilcolinesterase, os venenos de uso militar organofosforados, conhecidos como "gases dos nervos", incluem os gases *Sarin* e *VX*, cujas fórmulas são mostradas a seguir. (A possibilidade de que venenos de uso militar como esses sejam empregados em guerras foi uma grande preocupação em 1991, durante a Guerra do Golfo que, felizmente, terminou sem que esses compostos fossem postos em uso. A existência do gás dos nervos foi uma das justificativas para a invasão do Iraque em 2003, embora essa "arma de destruição em massa" nunca tenha sido encontrada.) Um veneno sistêmico para o sistema nervoso central e prontamente absorvido pela pele na forma líquida, o Sarin é letal em doses tão baixas quanto 0,01 mg kg^{-1}. Uma simples gota pode matar uma pessoa.

24.5 Os agentes tóxicos naturais

A natureza produz uma ampla gama de substâncias tóxicas. Esses produtos tóxicos naturais são ingeridos em diversas formas, e mesmo os alimentos podem ser fonte de mutágenos suspeitos de causar câncer. Uma das substâncias mais tóxicas de que se tem conhecimento é a toxina botulínica, produzida pela bactéria anaeróbia

Clostridium botulinum. (Apesar de sua toxicidade extrema, a toxina botulínica tem diversas aplicações na medicina, sobretudo no relaxamento muscular. Além disso, é o ingrediente ativo do Botox, usado no tratamento de rugas.) Diversos organismos apresentam arsenais de guerra química. As serpentes venenosas produzem venenos de diversos tipos para matar os animais de que se alimentam e como meio de defesa.

Muitos tipos de envenenamento são causados pela ingestão de produtos naturais. Uma das formas mais graves de envenenamento é a intoxicação paralisante pela ingestão de crustáceos, que acumulam toxinas geradas por dinoflagelados unicelulares. Essas toxinas bloqueiam a transmissão neuronal e podem ser fatais.

As *micotoxinas* são metabólitos secundários tóxicos de fungos, com uma ampla variedade de estruturas e efeitos. A exposição de seres humanos e animais às micotoxinas de modo geral resulta da ingestão de alimentos em que culturas de fungos se desenvolveram. Entre os muitos tipos de bolores produtores de micotoxinas estão o *Aspergillus flavus, Fusarium, Trichoderma, Aspergillus* e *Penicillium*. Talvez as micotoxinas mais conhecidas sejam as *aflotoxinas*, como a aflotoxina B_1, produzida por *Aspergillus*:

Aflotoxina B_1

Os fungos produtores de micotoxinas se desenvolvem em uma variedade de produtos alimentícios, como milho, cereais, arroz, maçã, amendoim e leite. Outras micotoxinas incluem os alcaloides do esporão do centeio, ocratoxinas, fumonisinas, tricotecenos, toxinas tremogênicas, satratoxinas, zearalenone e vomitoxina.

Literatura citada

1. NIOSH website: http://www.cdc.gov/niosh/ocas/ocaseeoi.html
2. Carra, D. L., J. A. Carrb, R. E. Willisa, and T. A. Pressley, "A perchlorate sensitive iodide transporter in frogs," *General and Comparative Endocrinology*, **156**, 9–14, 2008.
3. Gosselin, R. E., R. P. Smith, and H. C. Hodge, Eds, "Phenol," in *Clinical Toxicology of Commercial Products*, 5th ed., Williams and Wilkins, Baltimore/London, pp. III-344–III-348, 1984.
4. Gosselin, R. E., R. P. Smith, and H. C. Hodge, Eds, *Clinical Toxicology of Commercial Products*, 5th ed., Williams and Wilkins, Baltimore/London, pp. III-328–III-336, 1984.
5. Benotti, M. J., R. A. Trenholm, B. J. Vanderford, J. D. Holady, B. D. Stanford, and S. A. Snyder, Shane "Pharmaceuticals and endocrine disrupting compounds in U.S. drinking water," *Environmental Science and Technology*, **43**, 597–603, 2009.
6. Zietz, B. P., M. Hoopmann, M. Funcke, R. Huppmann, R. Suchenwirth, and E. Gierden, "Long-term biomonitoring of polychlorinated biphenyls and organochlorine pesticides in human milk from mothers living in Northern Germany," *International Journal of Hygiene and Environmental Health*, **211**, 624–638, 2008.

Leitura complementar

Baselt, R. C., *Disposition of Toxic Drugs and Chemicals in Man*, 6th ed., Biomedical Publications, Foster City, CA, 2002.

Benigni, R., Ed., *Quantitative Structure–Activity Relationship (QSAR) Models of Mutagens and Carcinogens*, CRC Press, Boca Raton, FL, 2003.

Bingham, E., B. Cohrssen, and C. H. Powell, *Patty's Toxicology*, 5th ed., Wiley, New York, 2001.

Carey, J., Ed., *Ecotoxicological Risk Assessment of the Chlorinated Organic Chemicals*, SETAC Press, Pensacola, FL, 1998.

Cooper, A. R., L. Overholt, H. Tillquist, and D. Jamison, *Cooper's Toxic Exposures Desk Reference with CD-ROM*, CRC Press/Lewis Publishers, Boca Raton, FL, 1997.

Dart, R. C., *Medical Toxicology*, 3rd ed., Lippincott, Williams & Wilkins, Philadelphia, 2003.

Ellenhorn, M. J. and S. S. Ellenhorn, *Ellenhorn's Medical Toxicology: Diagnosis and Treatment of Human Poisoning*, 2nd ed., Williams & Wilkins, Baltimore, MD, 1997.

Fenton, J., *Toxicology: A Case-Oriented Approach*, CRC Press, Boca Raton, FL, 2002.

Greenberg, M. I., R. J. Hamilton, and S. D. Phillips, Eds, *Occupational, Industrial, and Environmental Toxicology*, Mosby, St. Louis, 1997.

Hall, S. K., J. Chakraborty, and R. J. Ruch, Eds, *Chemical Exposure and Toxic Responses*, CRC Press/Lewis Publishers, Boca Raton, FL, 1997.

Hodgson, E. and R. C. Smart, Eds, *Introduction to Biochemical Toxicology*, 3rd ed., Wiley-Interscience, New York, 2001.

Jameson, C. W., Ed., *Report on Carcinogens: Carcinogen Profiles*, 11th ed., National Toxicology Program, Research Triangle Park, NC, 2005.

Johnson, B. L., *Impact of Hazardous Waste on Human Health: Hazard, Health Effects, Equity and Communication Issues*, Ann Arbor Press, Chelsea, MI, 1999.

Joshi, B. D., P. C. Joshi, and N. Joshi, Eds, *Environmental Pollution and Toxicology*, A.P.H. Publishing Corporation, New Delhi, India, 2008.

Klaassen, C. D., Ed., *Casarett and Doull's Toxicology: The Basic Science of Poisons*, 7th ed., McGraw-Hill Medical, New York, 2008.

Leikin, J. B. and F. P. Paloucek, *Poisoning and Toxicology Handbook*, 4th ed., Taylor & Francis/CRC Press, Boca Raton, FL, 2008.

Lippmann, M., Ed., *Environmental Toxicants: Human Exposures and their Health Effects*, 3rd ed., Wiley, New York, 2009.

Nichol, J., *Bites and Stings. The World of Venomous Animals*, Facts on File, New York, 1989.

Patnaik, P., *A Comprehensive Guide to the Hazardous Properties of Chemical Substances*, 2nd ed., Wiley, New York, 1999.

Pohanish, R. P. and M. Sittig, *Sittig's Handbook of Toxic and Hazardous Chemicals and Carcinogens*, Knovel Corporation, Norwich, NY, 2002.

Public Health Service, National Toxicology Program, *11th Report on Carcinogens*, U.S. Department of Health and Human Services, Washington, DC, 2008, available from the following website: http://ntp.niehs.nih.gov/ntp/roc/toc11.html

Romano, J. A., B. J. Lukey, and H. Salem, Eds, *Chemical Warfare Agents: Chemistry, Pharmacology, Toxicology, and Therapeutics*, 2nd ed., Taylor & Francis/CRC Press, Boca Raton, FL, 2008.

Rosenstock, L., *Textbook of Clinical Occupational and Environmental Medicine*, Saunders Health Sciences Division, Philadelphia, 2004.

Smart, R. C. and E. Hodgson, Eds, *Molecular and Biochemical Toxicology*, 4th ed., Wiley, Hoboken, NJ, 2008.

Ullmann's Industrial Toxicology, Wiley-VCH, New York, 2005.

Ware, G., *Reviews of Environmental Contamination and Toxicology*, Vol. 190, Springer, New York, 2007.

Wexler, P., Ed., *Encyclopedia of Toxicology*, 2nd ed., Elsevier, New York, 2005.

Williamson, J. A., P. J. Fenner, J. W. Burnett, and J. F. Rifkin, Eds, *Venomous and Poisonous Marine Animals: A Medical and Biological Handbook*, University of New South Wales Press, Sydney, Australia, 1996.

Wilson, S. H. and W. A. Suk, *Biomarkers of Environmentally Associated Disease*, Taylor & Francis/CRC Press, Boca Raton, FL, 2002.

Zelikoff, J. and P. L. Thomas, Eds, *Immunotoxicology of Environmental and Occupational Metals*, Taylor & Francis, London, 1998.

Perguntas e problemas

1. Cite e comente dois elementos invariavelmente tóxicos em suas formas elementares. Para outro elemento, cite e comente duas formas elementares, uma muito tóxica e outra essencial para o organismo. Em que circunstância até mesmo a forma tóxica desse elemento é "essencial à vida"?
2. Que substância tóxica se liga ao ferro (III) na enzima ferricitocromo oxidase, impedindo a redução a ferro (II) no processo de fosforilação oxidativa pelo qual o organismo usa o O_2?
3. O que são compostos interalogênios e a que formas elementares eles se assemelham em termos de efeitos tóxicos?
4. Cite e descreva as três doenças causadas pela inalação do amianto.
5. Por que razão o tetraetil chumbo pode ser chamado de "composto organometálico tóxico mais notável"?
6. Qual é o efeito tóxico mais comum atribuído aos alcanos de massa molar baixa?
7. Não existem informações sobre as toxicidades de muitas substâncias para os seres humanos devido à escassez de dados sobre exposição. (Poucas pessoas atuam como voluntárias em estudos sobre os efeitos de agentes tóxicos na saúde.) Contudo, existem muitas informações sobre a exposição ao fenol e seus efeitos adversos. Explique.
8. Comente sobre a toxicidade do seguinte composto:

$$H_3C-\overset{\overset{O}{\|}}{\underset{\underset{H_3C-\overset{H}{\underset{|}{C}}-CH_3}{|}}{P}}-F$$

9. O que são desordens neuropáticas? Por que os solventes orgânicos são muitas vezes a causa dessas desordens?
10. Qual é o principal efeito metabólico da anilina? Que nome tem esse efeito? Como ele se manifesta?
11. Que compostos orgânicos são caracterizados pelo grupo funcional N–N=O? Que efeitos eles têm para a saúde?
12. Que grupo funcional caracteriza os carbamatos? Qual é a finalidade comum desses compostos? Quais são as principais vantagens dessa aplicação?
13. O que é a peroxidação de lipídeos? Que substância tóxica comum causa o processo?
14. Do ponto de vista bioquímico, que atividade os ésteres organofosfatos como o paration têm que os qualifica como "venenos dos nervos"?
15. Embora o benzeno e o tolueno tenham muitas semelhanças químicas, seus metabolismos e efeitos tóxicos são bastante diferentes. Explique.

16. Relacione um composto na figura a seguir a uma descrição dada e explique suas escolhas: (A) Subproduto da produção de herbicidas, (B) Produzido por fungos, (C) Carcinógeno, (D) Embora seja potencialmente tóxico como poluente, não existem bons substitutos para suas aplicações.

17. Considere quatro substâncias mencionadas neste capítulo, "A, B, C e D", que são tóxicas porque interferem no transporte ou na utilização de oxigênio pelo corpo. A substância A não afeta a hemoglobina, mas pode causar asfixia; B e C impedem a hemoglobina de transportar o oxigênio. A substância D impede o organismo de utilizar o oxigênio nos processos metabólicos. Em função de D ter uma afinidade com um íon metálico em um estado de oxidação particular, C pode atuar como antídoto para a intoxicação com D. Apresente as possíveis identidades dessas quatro espécies e explique suas escolhas.

18. Relacione uma substância tóxica na coluna esquerda a seu efeito ou característica na coluna direita, explicando suas escolhas:

    A. Metanol   1. Inibe a acetilcolina esterase
    B. Paration   2. Carcinógeno
    C. Ésteres de ftalato   3. Afeta o nervo ótico e causa cegueira
    D. Dimetilnitrosamina   4. Muito utilizado

A análise química de águas e águas residuárias 25

25.1 Os aspectos gerais da análise química ambiental

A compreensão que os cientistas têm do ambiente depende de seus conhecimentos sobre as identidades e quantidades de poluentes e outras espécies na água, no ar, no solo e nos sistemas biológicos. Portanto, técnicas consagradas e sofisticadas de análise química – e empregadas de modo adequado – são essenciais na prática da química ambiental. Vivemos um momento muito empolgante na evolução da química analítica, caracterizado pelo desenvolvimento de técnicas de análise novas e aperfeiçoadas que permitem detectar níveis muito menores de espécies químicas, gerando um vasto conjunto de dados. Porém, esses avanços trazem consigo alguns desafios. Frente aos limites de detecção mais baixos de alguns instrumentos, hoje é possível detectar quantidades de poluentes que no passado passariam indetectáveis. O desafio está nas questões de difícil solução quanto à definição de limites permitidos máximos para muitos poluentes, resultado dessa maior sensibilidade de detecção. Além disso, a maior quantidade de dados gerados por instrumentos automatizados em muitos casos sobrepuja a capacidade humana de assimilar e entender essas informações.

Alguns problemas desafiadores persistem em relação ao desenvolvimento e à utilização de técnicas de análise química ambiental. Entre essas questões, uma das mais relevantes consiste em saber quais espécies devem ser mensuradas, ou mesmo averiguar a real necessidade de uma análise ser conduzida. A qualidade e a escolha das análises é um aspecto muito mais importante do que o número de análises executado. De fato, as possibilidades abertas pela química analítica moderna permitem argumentar convincentemente que um excesso de amostras ambientais vem sendo analisado, em um cenário onde protocolos analíticos mais bem calculados e em menor número gerariam informações mais úteis.

Além da discussão sobre a análise da água, este capítulo trata de alguns aspectos da análise química ambiental e das principais técnicas empregadas para determinar uma ampla gama de analitos (as espécies mensuradas). Muitas técnicas são igualmente usadas nas análises de água, ar, solo e amostras biológicas, e serão discutidas nos capítulos seguintes.

25.1.1 O erro e o controle de qualidade

Um dos aspectos cruciais da análise química é a validade e a qualidade dos dados que produz. Toda e qualquer mensuração está sujeita a erro que, por sua vez, pode ser *sistemático* (de mesma magnitude e direção), ou *aleatório* (que varia em magnitude e direção). Os erros sistemáticos fazem os valores variarem de maneira consistente em relação aos valores reais. Essa variação é chamada de tendência (*bias*, em inglês). O quanto um valor mensurado se aproxima do valor real de uma mensuração analítica é chamado de *precisão* da medida, e reflete tanto os erros sistemáticos quanto os erros aleatórios. Para o analista, é essencial determinar os componentes desses erros na análise de amostras coletadas no ambiente, por exemplo, as amostras de água. A identificação e o controle de erros sistemáticos e aleatórios pertencem à categoria de *controle de qualidade* (CQ). Uma discussão detalhada sobre esses procedimentos essenciais vai além do escopo deste livro, mas o leitor pode consultar obras sobre os métodos padronizados de análise da água.[1]

Para que resultados laboratoriais sejam significativos, o laboratório precisa adotar um *plano de garantia de qualidade* que especifique as medidas tomadas a fim de gerar dados de conhecida qualidade. Um dos aspectos importantes desse plano é o uso de padrões de qualidade laboratoriais baseados em amostras contendo níveis muito precisos de analitos em uma matriz controlada de forma criteriosa. Nos Estados Unidos, esses materiais certificados usados como padrão de referência são disponibilizados pelo Instituto Nacional de Padrões e Tecnologia (NSIT, *National Institute of Standards and Technology*) para muitas classes de amostras.

Muitos analitos de importância ambiental ocorrem em níveis muito reduzidos, o que desafia a capacidade do método de detectá-los e quantificá-los com precisão. (De modo geral, os fármacos e seus metabólitos estão presentes em um nível que varia de nanograma a menos de um picrograma por litro em águas residuárias). Logo, o *limite de detecção* de um método analítico é muito importante. A definição do limite de detecção é há tempos um tema controverso na análise química. Todo método analítico sofre com algum grau de ruído externo. O limite de detecção é a expressão da menor concentração do analito passível de mensuração acima do nível de ruído, com grau definido de confiabilidade, em um procedimento analítico. Dois tipos de erros podem ser descritos na detecção de um analito. O erro Tipo I surge quando o procedimento detecta um analito que na verdade não está presente. Já o erro Tipo II ocorre quando o procedimento declara como ausente um analito de fato presente.

Os limites de detecção são divididos em diversas subcategorias. O *limite de detecção do instrumento* (LDI) representa a concentração do analito capaz de gerar um sinal três vezes maior que o desvio-padrão do ruído. O *limite inferior de detecção* (LID) é a quantidade de analito capaz de gerar um sinal mensurável em 99% do tempo e equivale a aproximadamente duas vezes o LDI. O *limite de detecção do método* (LDM) é medido como o LID, exceto pelo fato de que o analito é submetido a todo o processo analítico, inclusive etapas como extração e limpeza da amostra, sendo quase quatro vezes maior que o LID. Por fim, o *limite prático de quantificação* (LPQ), cerca de 20 vezes maior que o LID, é o menor nível atingível na análise laboratorial rotineira.

25.1.2 Os métodos de análise de águas

Existem métodos de análises publicados para inúmeros constituintes e contaminantes. Não é possível abordá-los de maneira abrangente em um único capítulo. Para saber mais sobre procedimentos analíticos, o leitor pode consultar a literatura específica. A obra mais completa sobre o assunto é o clássico *Standard Methods for the Examination of Water and Wastewater*.[2] Nos Estados Unidos a EPA publica métodos de análise de águas listados em um índice de métodos[3] disponibilizado pelo Serviço Nacional de Informações Técnicas.[4] Outra fonte útil de métodos está disponível em CD ROM pela Genium Publishing Corp.[5] Assuntos atuais sobre análise de águas são comentados rotineiramente no periódico *Analytical Chemistry*.[6]

25.2 Os métodos clássicos

Antes da chegada dos instrumentos sofisticados, os parâmetros de qualidade da água mais importantes e algumas das análises de poluentes atmosféricos eram executados de acordo com *métodos clássicos*, que requerem apenas compostos químicos, balanças para pesar massas, buretas, balões volumétricos e pipetas para medir volumes, além de outros equipamentos laboratoriais simples. Os dois principais métodos clássicos são a *análise volumétrica*, que mede volumes de reagentes, e a *análise gravimétrica*, que mensura massas. Alguns desses métodos continuam em uso, e muitos foram adaptados para procedimentos instrumentais e automatizados.

Os métodos clássicos mais comuns na análise de poluentes compreendem as *titulações*, muito empregadas na análise de águas. Alguns dos procedimentos usados comumente são discutidos nesta seção.

A *acidez* (ver Seção 3.7) é determinada pela simples titulação do íon hidrogênio com uma base. A titulação ao ponto final do alaranjado de metila (pH 4,5) dá a "acidez livre" gerada pelos ácidos fortes (HCl e H_2SO_4). Claro que o dióxido de carbono não aparece nessa categoria. A titulação ao ponto final da fenolftaleína (pH 8,3) representa a acidez total e responde por todos os ácidos mais fracos que o HCO_3^-.

A *alcalinidade* pode ser determinada por titulação com H_2SO_4 até pH 8,3, para neutralizar bases tão ou mais fortes que o íon carbonato,

$$CO_3^{2-} + H^+ \rightarrow HCO_3^- \qquad (25.1)$$

ou por titulação até pH 4,5, neutralizando bases mais fracas que o CO_3^{2-}, mas tão ou mais fortes que o HCO_3^-:

$$HCO_3^- + H^+ \rightarrow H_2O + CO_2(g) \qquad (25.2)$$

A titulação até o valor menor de pH dá a alcalinidade total.

Os íons cálcio e magnésio, responsáveis pela dureza da água, são facilmente titulados em pH 10 com uma solução de EDTA, um agente quelante discutido nas Seções 3.10 e 3.13. A reação de titulação é

$$Ca^{2+}(ou\ Mg^{2+}) + H_2Y^{2-} \rightarrow CaY^{2-}(ou\ MgY^{2-}) + 2H^+ \qquad (25.3)$$

em que H_2Y^{2-} é o agente quelante EDTA parcialmente ionizado. O negro de eriocromo T é o indicador usado, e forma um complexo vermelho-vinho com o íon magnésio.

Várias titulações de reações de oxidação-redução podem ser usadas na análise química ambiental. O oxigênio presente na água é determinado pela titulação de Winkler. A primeira reação do método Winkler é a oxidação do manganês (II) em manganês (IV) pelo analito oxigênio em meio básico. Esta reação é seguida da acidificação do MnO_2 hidratado de cor marrom na presença do íon I$^-$, que libera I_2 livre, e da titulação do iodo liberado com tiossulfato padrão e usando amido como indicador do ponto final:

$$Mn^{2+} + 2OH^- + \tfrac{1}{2}O_2 \rightarrow MnO_2(s) + H_2O \qquad (25.4)$$

$$MnO_2(s) + 2I^- + 4H^+ \rightarrow Mn^{2+} + I_2 + 2H_2O \qquad (25.5)$$

$$I_2 + 2S_2O_3^{2-} \rightarrow S_4O_6^{2-} + 2I^- \qquad (25.6)$$

O cálculo da quantidade de tiossulfato consumida permite chegar à quantidade de oxigênio dissolvido (OD) presente. A demanda bioquímica de oxigênio (DBO) (ver Seção 7.9) é determinada "semeando" a amostra diluída com microorganismos, em seguida saturando-a com ar e incubando-a por cinco dias. Posteriormente é feita a determinação do oxigênio remanescente. Os resultados são expressos em mg L^{-1} de O_2. Uma DBO igual a 80 mg L^{-1}, por exemplo, significa que a biodegradação da matéria orgânica em um litro de amostra consome 80 mg de oxigênio.

25.3 Os métodos espectrofotométricos

25.3.1 A espectrofotometria de absorção

A espectrofotometria de absorção de espécies absorvedoras de luz presentes em solução, por muito tempo chamada de colorimetria, quando a luz visível é absorvida, continua em uso na análise de alguns poluentes aquáticos e atmosféricos. Basicamente, a espectrofotometria de absorção consiste na mensuração da transmitância percentual (%T) de luz monocromática que atravessa uma solução absorvedora de luz, em comparação com a intensidade de luz que passa por um padrão em branco idêntico ao meio amostral mas sem o constituinte sendo analisado (100%).

A absorbância (A) é definida como

$$A = \log\frac{100}{\%T} \tag{25.7}$$

A relação entre A e a concentração (C) da substância absorvente é dada pela lei de Beer:

$$A = abC \tag{25.8}$$

onde a é o coeficiente de absorção da substância, um parâmetro dependente de seu comprimento de onda característico, b é a distância percorrida pela luz ao atravessar a solução e C é a concentração da substância absorvente no meio. Uma relação linear entre A e C ao longo do percurso indica que a substância obedece à lei de Beer. Em muitos casos as análises podem ser executadas mesmo quando a lei de Beer não é obedecida, sob a condição de que uma curva de calibração adequada seja construída. De modo geral uma etapa de desenvolvimento da cor é necessária, em que a substância sendo analisada reage para formar uma espécie colorida. Algumas vezes essa espécie colorida é extraída em um solvente não aquoso para melhorar a intensidade da cor e aumentar a concentração da solução.

Diversos métodos espectrofotométricos são usados na determinação de poluentes aquáticos e atmosféricos, e alguns deles são listados na Tabela 25.1

25.3.2 A absorção atômica e as análises de emissão

As análises de absorção atômica são muito usadas na determinação de metais em amostras ambientais. A técnica se baseia na absorção de luz monocromática por uma nuvem de átomos do metal a ser analisado. A luz monocromática é gerada por uma fonte composta pelos mesmos átomos sendo analisados. A fonte produz radiação eletromagnética intensa e de comprimento de onda idêntico ao da luz absorvida pelos átomos, resultando em um alto nível de seletividade. Os componentes

TABELA 25.1 Os métodos de análise espectrofotométrica (colorimétrica)

Analito	Reagente e método
Arsênico	Reação da arsina, AsH_3, com o dietil-tiocarbamato em piridina, formando um complexo vermelho.
Boro	Reação com a cúrcuma, formando a rosocianina, de cor vermelha.
Bromo	Reação do hipobromito com vermelho de fenol, formando o indicador do tipo azul de bromofenol.
Cianeto	Formação de corante azul com a reação do cloreto de cianogênio, CNCl, com o reagente piridina-pirazolona, medido a 620 nm.
Cloro	Geração de cor com a ortotolidina.
Fenóis	Reação com 4-aminoantipiridina em pH 10 na presença de ferrocianeto de potássio, formando um corante antipirina extraído com piridina e medido a 460 nm.
Flúor	Descoloração de um precipitado coloidal corante de zircônio ("lago") pela formação de fluoreto de zircônio incolor e corante livre.
Fosfato	Reação com o íon molibdato, formando um fosfomolibdato, seletivamente reduzido ao azul de molibdênio, de coloração intensa.
Nitrato e nitrito	O nitrato é reduzido a nitrito, que é diazotado com sulfanilamida e misturado ao dihidrocloreto de N-(1-naftil)-etilenodiamina, formando um corante azo de coloração forte medido a 540 nm.
Nitrogênio, pelo método Kjeldahl	Digestão de ácido sulfúrico em NH_4^+ seguida de tratamento com fenol alcalino e hipoclorito de sódio para formar indofenol-fenato azul medido a 630 nm.
Selênio	Reação com a diaminobenzidina, formando uma espécie colorida que absorve a 420 nm.
Sílica	Formação de ácido molibdossilícico com molibdato, acompanhada da redução a um azul de heteropoli composto medido a 650 ou 815 nm.
Sulfeto	Formação de azul de metileno.
Surfactantes	Reação com azul de metileno, formando sal azul.
Tanino e lignina	Coloração azul gerada pelos ácidos tungstofosfórico e molibdofosfórico.

básicos de um espectrômetro de absorção atômica são mostrados na Figura 25.1. O elemento principal é a lâmpada de cátodo oco em que os átomos do metal analito são energizados, tornando-se eletronicamente excitados e passando a emitir radiação em raias de comprimento de onda características do metal. Essa radiação é colimada por um elemento ótico apropriado através de uma chama, em que a amostra é aspirada. Na chama, a maioria dos componentes metálicos é decomposta e o metal é reduzido a seu estado elementar, formando uma nuvem de átomos. Estes átomos absorvem uma fração da radiação na chama. A fração absorvida aumenta com a concentração do elemento em estudo na amostra, de acordo com a relação da lei de Beer (Equação 25.8). O feixe de luz atenuada passa então por um monocromador para eliminar a luz externa, oriunda da chama, e em seguida passa por um detector.

Outros tipos de atomizadores podem ser usados, além da chama. O mais comum é o forno de grafite, um dispositivo de atomização eletrotérmica composto por um cilindro oco de grafite disposto de maneira que a luz passe através dele. Uma pequena amostra, de até 100 μL, é inserida em um orifício na parte superior do tubo na posição horizontal. Uma corrente elétrica é passada pelo tubo, para aquecê-lo – a princípio de forma gradual, para secar a amostra, e então com rapidez, para vaporizar e excitar o metal analito. A absorção dos átomos do metal na seção oca do tubo é mensurada e registrada na forma

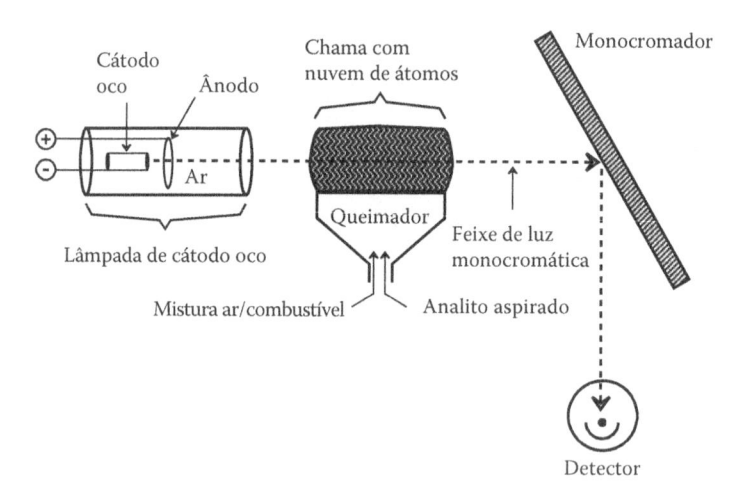

FIGURA 25.1 Os componentes básicos de um espectrofotômetro de absorção atômica de chama.

de picos. A Figura 25.2 mostra o diagrama de um forno de grafite com um registro de saída típico. A maior vantagem desse forno é a possibilidade de ter limites de detecção mil vezes menores que os limites propiciados por dispositivos de chama convencionais.

Uma técnica especial para a análise por absorção atômica, sem chama, envolve a redução do mercúrio ao estado elementar na temperatura ambiente usando cloreto de estanho (II) em solução, seguida da introdução do mercúrio em uma célula de absorção com ar. O mercúrio pode ser medido por absorção a 253,7 nm com precisão da ordem de nanograma (10^{-9} g).

25.3.3 As técnicas de emissão atômica

É possível determinar os níveis de metais na água, no material particulado na atmosfera e nas amostras de material biológico com eficiência ao medir as linhas do espectro emitido quando esses materiais são aquecidos a temperaturas elevadas. Uma técnica de emissão atômica especialmente útil é a espectrometria de emissão atômica por plasma

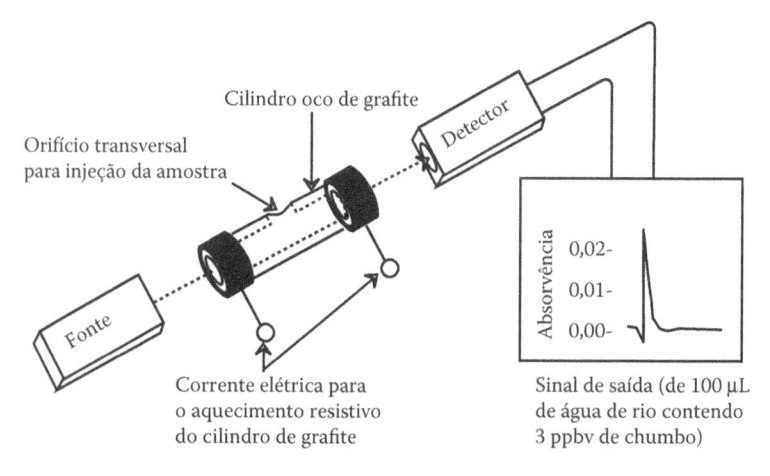

FIGURA 25.2 Forno de grafite usado na análise por absorção atômica e registro típico de sinal.

indutivamente acoplado (ICP-AES, *Inductively Coupled Plasma – Atomic Emission Spectrometry*). Nela, a "chama" em que os átomos do analito são excitados na emissão por plasma consiste em um plasma incandescente (gás ionizado) de argônio aquecido por indução usando energia de radiofrequência de 4-50 MHz e 2-5 kW (Figura 25.3). A energia é transferida a uma corrente de argônio por meio de uma bobina por indução, que produz temperaturas de até 10.000 K. Os átomos da amostra são submetidos a temperaturas em torno de 7.000 K, duas vezes maior que a temperatura das chamas convencionais mais quentes (por exemplo, a queima do óxido nítrico com acetileno atinge 3.200 K). Uma vez que a emissão da luz aumenta como função exponencial da temperatura, é possível obter limites de detecção menores. Além disso, a técnica possibilita a análise das emissões de alguns dos semimetais de maior importância ambiental, como arsênico, boro e selênio. As interferências de reações químicas e interações no plasma são mínimas, em comparação com os métodos que usam chamas. A capacidade de analisar até 30 elementos ao mesmo tempo é a principal vantagem da técnica, considerada uma análise multielementar verdadeira. A atomização por plasma em conjunto com a mensuração por espectrometria de massa dos elementos analitos (ICP/MS, *Inductively Coupled Plasma Mass Spectrometry*) evoluiu e hoje representa um meio poderoso de análise de múltiplos elementos que também pode ser usada para alguns semimetais.

25.4 Os métodos eletroquímicos de análise

Os métodos de análise potenciométrica, voltamétrica e amperométrica da água utilizam sensores eletroquímicos. A potenciometria está fundamentada no princípio de que a relação entre o potencial de um eletrodo de trabalho e aquele do eletrodo de

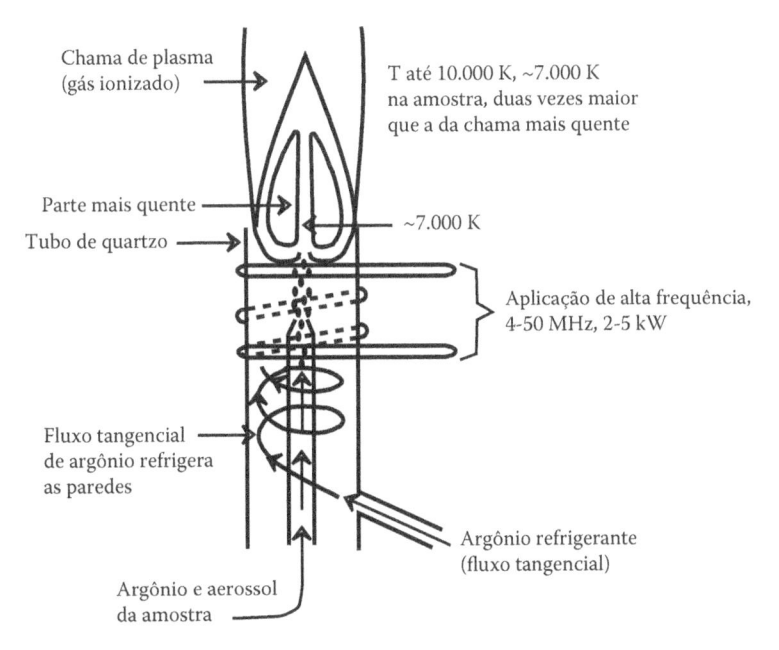

FIGURA 25.3 Diagrama esquemático mostrando a técnica de espectrometria de emissão atômica por plasma indutivamente acoplado.

referência é função do logaritmo da atividade de um íon em solução. Para um eletrodo de trabalho que responda de modo seletivo a um íon específico, essa relação é dada pela equação de Nernst,

$$E = E^0 + \frac{2{,}303RT}{zF} \log(a_z) \qquad (25.9)$$

onde E é o potencial medido, E^0 é o potencial padrão do eletrodo, R é a constante dos gases, T é a temperatura absoluta, z é o número de elétrons envolvidos no processo redox, F é a constante de Faraday e a é a atividade do íon sendo medido. A dada temperatura, a grandeza representada pela expressão $2{,}303RT/F$ é uma constante (a 25°C, é apenas 0,0592 V (59,2 mV) quando $z = 1$). Com uma força iônica constante, a atividade, a, é diretamente proporcional à concentração, e a equação de Nernst para os eletrodos que respondem ao Cd^{2+} e ao F^- pode ser escrita como

$$E \text{ (em mV)} = E^0 + \frac{59{,}2}{2} \log[Cd^{2+}] \qquad (25.10)$$

$$E = E^0 - 59{,}2 \log[F^-] \qquad (25.11)$$

Os eletrodos que respondem de maneira mais ou menos seletiva a diversos íons são chamados de *eletrodos íon-seletivos*. De modo geral, o componente que desenvolve o potencial é uma membrana de algum tipo que permita a troca seletiva do íon em estudo. O eletrodo de vidro que mensura a atividade do íon hidrogênio e o pH é o tipo mais antigo e usado de eletrodo íon-seletivo. O potencial se desenvolve em uma membrana de vidro que troca íons hidrogênio de maneira seletiva, em preferência a outros cátions, gerando uma resposta Nernstiana para a atividade do íon hidrogênio, a_{H^+}:

$$E = E^0 + 59{,}2 \log(a_{H^+}), \quad E = E^0 - 59{,}2 \text{ pH} \qquad (25.12)$$

Os potenciômetros utilizados com eletrodos de vidro são calibrados diretamente em unidades de pH com base em soluções tampão padrão.

Além dos eletrodos de vidro, um eletrodo íon-seletivo muito popular é o eletrodo de flúor. Ele comporta-se bem, com poucas interferências, e tem um limite de detecção baixo e uma ampla faixa de resposta linear. Assim como todos os outros eletrodos íon-seletivos, a saída é um sinal de potencial proporcional ao logaritmo da concentração. Devido à resposta logarítmica do potencial de concentração, pequenos erros em E geram erros relativamente altos nos valores de concentração.

As técnicas voltamétricas, que medem a corrente resultante do potencial aplicado a um microeletrodo, encontram aplicações na análise de águas. Uma dessas técnicas é a polarografia de pulso diferencial, em que o potencial é aplicado ao microeletrodo na forma de pequenos pulsos sobrepostos em um potencial crescente linear. A corrente é lida próximo do fim do pulso de voltagem e comparada à corrente medida um pouco antes da aplicação do pulso. A técnica tem a vantagem de minimizar a corrente capacitativa gerada pela aplicação da carga na superfície do microeletrodo, o que por vezes mascara a corrente devido à redução ou à oxidação da espécie sendo analisada. A voltametria de redissolução anódica envolve a deposição de metais na superfície de um eletrodo por um período de alguns minutos, seguida da redissolução muito rápida desses metais usando uma varredura de potencial na direção anódica. A eletrodeposição concentra os metais na superfície do eletrodo, com o consequente aumento na sensibilidade. Uma técnica ainda melhor consiste em redissolver os metais usando um sinal de pulso diferencial. Um voltamograma obtido com redissolução anódica com pulso diferencial para o cobre, chumbo, cádmio e zinco presentes na água de torneira é mostrado na Figura 25.4.

25.5 A cromatografia

Descrita pela primeira vez na literatura no começo da década de 1950, a cromatografia gasosa (CG) vem desempenhando um papel essencial na análise de materiais orgânicos. A CG é uma técnica tanto qualitativa quanto quantitativa. Para algumas aplicações analíticas com relevância ambiental, ela tem sensibilidade notável e é muito seletiva. A CG se baseia no princípio de que os componentes de uma mistura de materiais voláteis transportada por um gás de arraste em uma coluna contendo uma fase sólida adsorvente (ou, na maioria dos casos, uma fase líquida absorvente revestindo um material sólido) se dividem entre o gás de arraste e o sólido ou líquido. O período necessário para que os componentes voláteis atravessem a coluna é proporcional a seus respectivos graus de retenção pela fase não gasosa. Uma vez que os componentes são retidos em graus diferentes, eles surgirão ao final da coluna em momentos distintos. Se um detector adequado for usado, o tempo em que cada componente emerge da coluna e sua quantidade são medidos. Uma curva da resposta do detector é gerada, com picos de diferentes amplitudes, dependendo da quantidade do material que os produz. Isso permite a análise quantitativa e qualitativa (dentro de limites) das substâncias de interesse.

O funcionamento básico da cromatografia gasosa é mostrado na Figura 25.5. O gás de arraste normalmente é argônio, hélio, hidrogênio ou nitrogênio. A amostra é injetada de uma só vez na corrente de gás de arraste, em um ponto um pouco além da entrada da coluna. Se a amostra for líquida, a câmara de injeção é aquecida para vaporizar o líquido com rapidez. A coluna de separação é composta por um tubo de metal ou vidro recheado com um sólido inerte de alta área superficial recoberto por uma fase líquida, ou então um sólido ativo, que possibilita a separação. Colunas capilares são empregadas na maioria das vezes, formadas por tubos muito longos e de diâmetro muito pequeno, que são recobertos pela fase líquida.

O principal componente que determina a sensibilidade da cromatografia gasosa e, para alguns compostos, também a seletividade, é o detector. Um exemplo desse dispositivo é um detector de condutividade térmica, que responde a alterações na condutividade dos gases que passam por ele. O detector de captura de elétrons, de utilidade especial na cromatografia de hidrocarbonetos halogenados e compostos de fós-

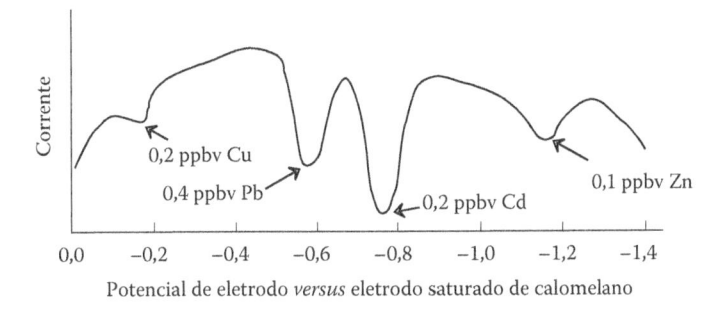

FIGURA 25.4 Voltamograma de redissolução anódica com pulso diferencial para a água de torneira em um eletrodo de filme de mercúrio sobre grafite.

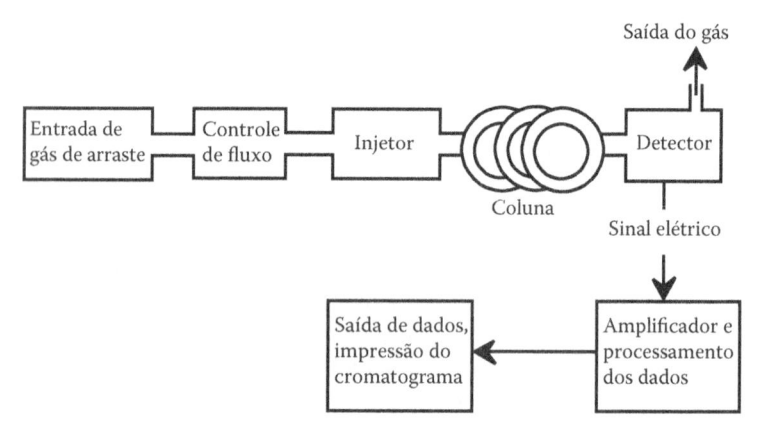

FIGURA 25.5 Diagrama esquemático dos principais elementos da CG.

foro, funciona com base na captura de elétrons emitidos por uma fonte de partículas beta. O detector de ionização em chama é muito sensível na detecção de compostos orgânicos, e baseia-se no fenômeno pelo qual os compostos orgânicos formam fragmentos muito condutivos, como o C^+, em uma chama. A aplicação de um gradiente de potencial ao longo da chama gera uma corrente pequena, medida com facilidade. O espectrômetro de massa, descrito na Seção 25.6, pode ser usado como detector na CG. Um instrumento que combine a CG e a EM representa uma ferramenta bastante poderosa na análise de compostos orgânicos.

As análises cromatográficas exigem que um composto tenha uma pressão de vapor mínima, em milímetros, na maior temperatura em que seja estável. Em muitos casos os compostos orgânicos que não podem ser analisados diretamente são antes convertidos em derivados mais fáceis de examinar por essa técnica. São poucos os casos que permitem a análise de compostos orgânicos em água com a injeção direta na coluna; de modo geral, são necessárias concentrações elevadas do composto de interesse. Duas técnicas empregadas com frequência na remoção de compostos voláteis da água e posterior concentração são a extração com solventes e o arraste de compostos voláteis com gás, como o hélio, concentrando os gases arrastados em uma coluna curta e aquecendo-os para que passem pela coluna.

25.5.1 A cromatografia líquida de alta eficiência

Uma fase líquida móvel usada com partículas muito pequenas como recheio da coluna permite a separação cromatográfica de materiais em fase líquida com alta resolução. Pressões muito altas, da ordem de alguns milhares de psi, são necessárias para obter uma vazão razoável nesses sistemas de cromatografia. A análise com esse tipo de equipamento é chamada de *cromatografia líquida de alta eficiência* (CLAE)[*] e ela tem uma grande vantagem: os materiais analisados não precisam ser convertidos na fase gasosa, uma etapa que, em muitos casos, requer a preparação de um derivado volátil ou resulta na decomposição da amostra. O método funciona basicamente como a cromatografia gasosa, mostrada na Figura 25.5, exceto pelo fato de o gás de

---

[*] N. de T.: Em inglês, *HPLC*, ou *High Performance Liquid Chromatrography*.

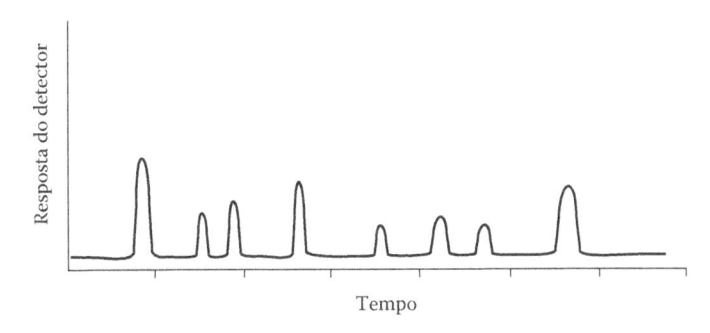

FIGURA 25.6 Cromatograma hipotético gerado por CLAE.

arraste e o regulador serem substituídos por um reservatório de solvente e uma bomba de alta pressão. Um exemplo de cromatograma de CLAE é mostrado na Figura 25.6. Detectores por índice de refração e radiação ultravioleta são usados para a detecção de picos gerados pela coluna cromatográfica. A detecção por fluorescência pode ser bastante sensível para algumas classes de compostos.

A detecção espectrométrica da massa dos produtos de saída da CLAE levou ao desenvolvimento da análise por CL/EM. Essa ferramenta poderosa possibilita medir contaminantes de alta polaridade da água sem precisar formar derivados voláteis de analitos separados por CG, e pode ser empregada para medir analitos em nível de nanograma por litro. A CL tem utilidade especial na determinação de uma variedade de contaminantes emergentes, como fármacos e seus metabólitos, hormônios e espécies de interferentes endócrinos.

25.5.2 A análise cromatográfica de poluentes aquáticos

Nos Estados Unidos, a EPA desenvolveu diversos métodos cromatográficos padronizados para a determinação de poluentes aquáticos. Alguns desses métodos utilizam a técnica *purge and trap**, em que o gás é borbulhado na coluna com água para arrastar os compostos orgânicos voláteis, que são então sorvidos na superfície de sólidos. Outros métodos usam a extração com solventes para isolar e concentrar os compostos orgânicos. Esses métodos são resumidos na Tabela 25.2.

25.5.3 A cromatografia iônica

A determinação cromatográfica líquida de íons, sobretudo ânions, por *cromatografia iônica*, permitiu a mensuração de espécies que no passado causavam muitos problemas para o químico ambiental. O desenvolvimento desta técnica foi facilitado pelo surgimento de técnicas especiais baseadas no uso de supressores para detectar analitos iônicos no efluente cromatográfico. A cromatografia iônica foi desenvolvida para a determinação da maioria dos ânions mais comuns, incluindo arsenato, arsenito, borato, carbonato, clorato, clorito, cianeto, os haletos, hipoclorito, hipofosfito, nitrato, nitrito, fosfato, fosfito, pirofosfato, selenato, selenito, sulfato, sulfito, trimetafosfato e tripolifosfato. Cátions metálicos comuns também podem ser determinados por cromatografia iônica.

---

* N. de T.: Também conhecido como método de *headspace* dinâmico. A tradução livre de *purge* é "purga", e de *trap*, "armadilha". O método *headspace* é definido em detalhes no Capítulo 26.

TABELA 25.2 Métodos cromatográficos para compostos orgânicos em água, definidos pela EPA

Classe de compostos	Número do método			Exemplos de analitos
	CG	CG/EM	CLAE	
Halocarbonetos purgáveis	601			Tetracloreto de carbono
Aromáticos purgáveis	602			Tolueno
Acroleína e acrilonitrila	603			Acroleína
Fenóis	604			Fenol e clorofenóis
Benzidinas			605	Benzidina
Ésteres de ftalato	606			Bis(2-etil-hexil-ftalato)
Nitrosaminas	607			N-nitroso-N-dimetilamina
Pesticidas organoclorados e PCBs	608			Heptacloro, PCB1016
Nitroaromáticos e isoforona	609			Nitrobenzeno
HAP	610		610	Benzo[a]pireno
Haloéteres	611			Bis(2-cloroetil) éter
Hidrocarbonetos clorados	612			1,3-Diclorobenzeno
2,3,7,8-TCDD		613		2,3,7,8-TCDD
Pesticidas organofosforados	614			Malation
Herbicidas clorados	615			Dinoseb
Pesticidas triazinínicos	619			Atrazina
Orgânicos purgáveis		624		Etilbenzeno
Bases, neutros e ácidos		625		Mais de 70 compostos orgânicos
Pesticidas aromáticos dinitro		646		Basalina (flucloralina)
Compostos orgânicos voláteis		1624		Cloreto de vinila

25.6 A espectrometria de massas

A espectrometria de massas (EM) tem utilidade especial na identificação de poluentes orgânicos específicos. A técnica depende da geração de íons por uma descarga elétrica ou processo químico, seguida da separação com base na relação carga:massa e mensuração dos íons produzidos. Os resultados são expressos na forma de um espectro de massa, como mostrado na Figura 25.7. Um espectro de massa é característico de um composto e serve para identificá-lo. Foram criados bancos de dados informatizados para espectros de massa, salvos em computadores conectados com os espectrômetros. A capacidade de identificação de um espectro de massa depende da pureza do composto que o gera. A separação prévia por CG com amostragem constante dos produtos da coluna usando um espectrômetro de massa, comumente chamada de CG-EM, é muito eficiente como metodologia de análise de poluentes orgânicos.

25.7 A análise de amostras de água

As seções anteriores deste capítulo trataram dos principais tipos de técnicas usados nas análises de água. Esta seção discute vários aspectos da análise de amostras de água.

25.7.1 As propriedades físicas da água

As propriedades físicas da água determinadas com frequência são cor, resíduo (sólidos), odor, temperatura, condutância específica e turbidez. Esses termos são em sua maioria autoexplicativos e não serão discutidos em detalhes. Todas essas propriedades influenciam ou representam a química da água. Por exemplo, os sólidos são formados por substâncias químicas em suspensão ou dissolvidas na água. Em termos de apresentação física são classificados em sólidos totais, filtráveis, não filtráveis ou voláteis. A condutância específica é uma medida do grau em que a água conduz corrente alternada e reflete a concentração total de um material iônico dissolvido. Por necessidade, algumas propriedades precisam ser mensuradas na própria massa de água, não em amostras (ver discussão sobre amostragem de água a seguir).

25.7.2 A amostragem de águas

Uma descrição detalhada dos procedimentos de amostragem de águas vai além do escopo deste livro. É preciso enfatizar, porém, que a aquisição de dados representativos exige a adoção de procedimentos adequados de amostragem e armazenamento. Esses procedimentos podem ser bastante diferentes para as muitas espécies químicas encontradas na água. De modo geral, amostras individuais precisam ser coletadas para análises químicas e biológicas, porque a amostragem e o armazenamento dessas amostras diferem de maneira significativa em termos de objetivo analítico. Por regra, quanto menor o intervalo de tempo entre a coleta e a análise das amostras, mais precisa esta será. De fato algumas técnicas analíticas devem ser executadas em campo, alguns minutos após a coleta. Outras, como a medição da temperatura, precisam ser feitas no corpo hídrico propriamente dito. Passados alguns minutos da coleta, o pH pode variar, gases dissolvidos (oxigênio, dióxido de carbono, sulfeto de hidrogênio

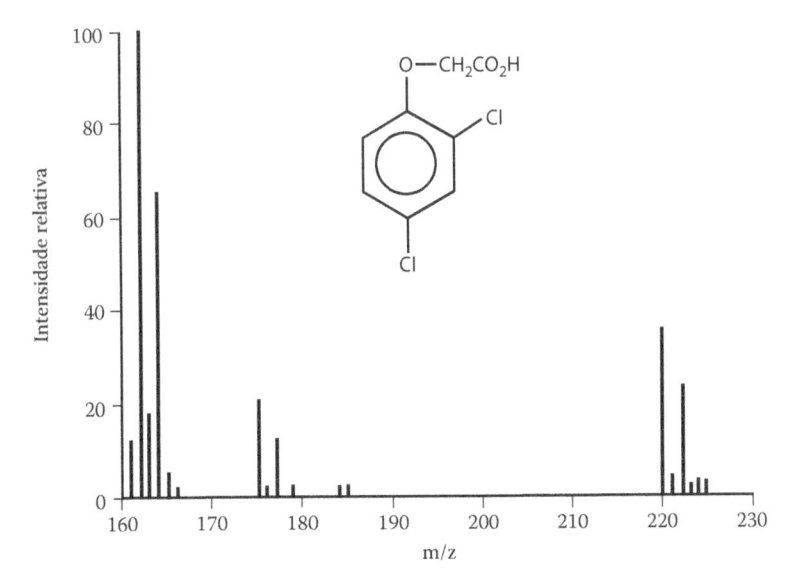

FIGURA 25.7 Espectro parcial de massa do herbicida ácido 2,4-diclorofenóxi acético, um poluente aquático comum.

e cloro) podem se perder, e outros gases (oxigênio e dióxido de carbono) podem ser absorvidos pela amostra a partir da atmosfera. Portanto, as análises de temperatura, pH e gases dissolvidos devem sempre ser executadas em campo. Além disso, a precipitação do carbonato de cálcio ocorre por conta de mudanças na relação entre pH, alcalinidade e teor de carbonato de cálcio após a coleta. Assim, a análise de uma amostra algum tempo após a coleta produz valores de cálcio e dureza total sistematicamente menores do que os reais.

As reações de oxidação-redução podem causar erros significativos nas análises. Por exemplo, o ferro (II) e o manganês (II) são oxidados a compostos ferro (III) e manganês (IV) insolúveis quando uma amostra de água anóxica é exposta ao oxigênio da atmosfera. A atividade microbiana diminui os valores de fenol ou da demanda bioquímica de oxigênio (DBO), altera o equilíbrio amônia-nitrato-nitrito, ou as proporções relativas de sulfato e sulfito. O iodo e o cianeto são muitas vezes oxidados. O cromo (VI) em solução pode ser reduzido a cromo (III) insolúvel; sódio, silicato e boro são desprendidos das paredes de vidro dos recipientes.

As amostras são divididas em duas grandes classes. As amostras pontuais ou discretas de curta duração (*grab samples**) são coletadas em um único local e a uma só vez, portanto, são bastante específicas com relação ao tempo e à localização. As *amostras compostas* são coletadas ao longo de um período prolongado de tempo e podem incluir diferentes locais de coleta. Em princípio, as médias de resultados de muitas amostras pontuais geram as mesmas informações fornecidas por uma amostra composta. Uma amostra composta tem a vantagem de proporcionar um panorama com base em uma única análise apenas. Por outro lado, ela talvez não consiga contemplar extremos de concentração e variações importantes que ocorrem no tempo e no espaço.

27.7.2.1 Os extratores

A facilidade e a eficiência de diversos tipos de dispositivos de fase sólida para a amostragem de águas são fatores que popularizam seu uso nas análises de águas. Diversas categorias desses dispositivos estão disponíveis em tamanhos e configurações físicas variadas. Um desses dispositivos é o extrator de fase sólida (EFS), que contém um sólido extrator em uma coluna. O carvão ativado foi empregado com essa finalidade durante décadas, mas alguns materiais sintéticos, como aqueles contendo cadeias de hidrocarbonetos longos (C18) ligadas a sólidos, também são bastante úteis. Um procedimento típico utiliza uma coluna de extração com polímero divinilestireno para remover pesticidas da água. Os analitos pesticidas são eluídos do EFS com acetato de etila e então medidos por CG.

Os dispositivos de microextração em fase sólida (SPME, *soldi-phase microextraction*) são um segundo tipo de EFS. Esses utilizam tubos com diâmetros muito pequenos em que os analitos são ligados diretamente às paredes do extrator e então eluídos no próprio cromatógrafo. O uso desses dispositivos na determinação de halo-éteres em água foi descrito na literatura.

Um terceiro tipo de dispositivo simples, conveniente e disponível para uma variedade de classes de substâncias é constituído de discos de compostos que se ligam aos

---

* N. de T.: O termo *amostras de mão* aparentemente também é usado.

analitos e os removem da água, quando esta é filtrada neles. Por exemplo, os discos de extração em fase sólida podem ser usados para remover e concentrar radionuclídeos da água, como ^{99}Tc, ^{137}Cs, ^{90}Sr e ^{238}Pu. Entre os materiais orgânicos amostrados na água utilizando esses discos estão os ácidos haloacéticos e herbicidas neutros e ácidos.

A *extração líquido-líquido* de analitos solúveis em compostos orgânicos é utilizada há muito tempo para extrair esses materiais da água e isolá-los em um solvente capaz de ser reduzido a um pequeno volume, em que esses analitos são concentrados ainda mais usando um evaporador Kuderna-Danish ou um fluxo de nitrogênio. Entre os possíveis problemas da extração líquido-líquido estão o consumo um tanto elevado de solvente (o que cria um problema de descarte) e a formação de emulsões. A extração por membrana pode ser uma alternativa para a análise de analitos voláteis e semivoláteis. Esse procedimento envolve a passagem da amostra de água sobre um lado de uma membrana, através da qual os analitos migram para outro solvente, no outro lado. Mesmo a água pode ser usada como solvente coletor. No caso de compostos orgânicos ionizáveis, o pH no lado da amostra pode ser ajustado de maneira que a espécie de analito seja neutra, o que permite que ela migre por uma membrana organofílica e seja coletada em uma solução aquosa. Esta, por sua vez, tem seu pH ajustado para que o analito seja ionizado e não possa retornar pela membrana. Existe um procedimento para determinar compostos semivoláteis em água em que o solvente extrator atravessa o interior de fibras ocas e coleta analitos da amostra de água que passa pela superfície externa das fibras. A pressurização do solvente permite passar uma fração significativa dele através da membrana para a água, o que concentra os analitos solúveis em compostos orgânicos na fase solvente.

25.7.3 A conservação de amostras de água

Não é possível proteger uma amostra de água por completo contra alterações em sua composição. Contudo, vários aditivos e técnicas de tratamento são empregados para minimizar sua deterioração. Esses métodos são resumidos na Tabela 25.3.

O método mais elementar de conservação de amostras é a refrigeração a 4°C. Na maioria dos casos o congelamento deve ser evitado, porque as mudanças físicas, como formação de precipitados e perda de gases, podem ter consequências negativas para a composição da amostra. A acidificação é um método aplicado com frequência em amostras metálicas para impedir que precipitem, além de desacelerar a atividade microbiana. No caso dos metais, as amostras devem ser filtradas antes da adição de ácido para permitir a determinação de metais dissolvidos. Os tempos de estocagem de amostras variam entre zero, para parâmetros como temperatura ou OD medidos por sonda, e seis meses, para metais. Diferentes tipos de amostras, como aquelas para as quais devem ser analisadas a acidez, a alcalinidade e diversas formas de nitrogênio ou fósforo, não podem ser armazenadas por mais de 24 horas. Os procedimentos detalhados de conservação de amostras de água são discutidos na literatura de referência sobre análise de água, listada no final deste capítulo.

25.7.4 O carbono orgânico total em água

A importância da mensuração do carbono orgânico dissolvido em água (Capítulo 7) está no fato de ele exercer uma demanda de oxigênio nos meios aquáticos, muitas vezes na forma de substâncias tóxicas, além de ser um indicador geral de poluição

TABELA 25.3 Preservantes e métodos de preservação de amostras de água

Preservantes ou métodos usados	Efeitos na amostra	Tipo de amostra para o qual o método é indicado
Ácido nítrico	Mantém metais em solução	Amostras contendo metais
Ácido sulfúrico	Bactericida Formação de sulfatos com bases voláteis	Amostras biodegradáveis contendo carbono orgânico, óleos ou graxas Amostras contendo aminas ou amônia
Hidróxido de sódio	Formação de sais de sódio a partir de ácidos ou cianetos voláteis	Amostras contendo ácidos orgânicos voláteis
Composto químico	Fixa um constituinte de reação específica	Amostras que devem ser analisadas para OD usando o método Winkler

aquática. A medida do carbono orgânico total (COT) em água é feita utilizando métodos que, em sua maioria, oxidam por completo todo o material orgânico dissolvido, formando dióxido de carbono. A quantidade de dióxido de carbono liberada é tomada como medida do COT.

O COT pode ser determinado com base em uma técnica que usa um agente oxidante dissolvido, muitas vezes o persulfato de potássio, $K_2S_2O_8$, que oxida o carbono orgânico a CO_2 sob radiação ultravioleta. Ácido fosfórico é adicionado à amostra, que é purgada com nitrogênio, para afastar o CO_2 inorgânico. Após a purga, a amostra é bombeada a uma câmara contendo uma lâmpada que emite radiação ultravioleta a 184,9 nm. Essa radiação produz uma espécie de radical livre, como o radical hidroxila, $HO^\bullet$ (ver Capítulos 9, 12 e 13). Essas espécies ativas promovem a oxidação rápida de compostos orgânicos dissolvidos, como mostra a reação genérica a seguir:

$$\text{Orgânicos} + HO^\bullet \rightarrow CO_2 + H_2O \qquad (25.13)$$

Após a finalização da oxidação, o CO_2 é retirado do sistema e mensurado com um detector cromatográfico de gás ou por absorção em água ultrapura. Feito isso, a condutividade é medida. A Figura 25.8 mostra um analisador de COT.

25.7.5 A mensuração da radioatividade na água

Os materiais radioativos com potencial contaminante para a água são oriundos de diversas fontes (ver Seção 7.13). A contaminação da água com radiação é via de regra detectada com medições de atividade β e α bruta, um procedimento mais simples que a detecção de isótopos diferentes. A mensuração é feita com uma amostra formada pela evaporação de água em um filme muito fino em um pequeno recipiente metálico, que é então colocada no interior de um contador proporcional interno. Essa preparação é necessária porque as partículas β conseguem penetrar apenas nas janelas de detector muito finas, enquanto as partículas α não têm poder de penetração. A análise do espectro γ permite obter informações mais detalhadas sobre radionuclídeos que emitem raios γ. Essa técnica utiliza detectores de estado sólido para resolver os picos bastante próximos da radiação γ no espectro da amostra. Usada com a análise de dados da espectrometria multicanal, a técnica permite determinar diversos radionuclídeos em uma mesma amostra, sem separação química. Além disso, não requer grande esforço de preparação amostral.

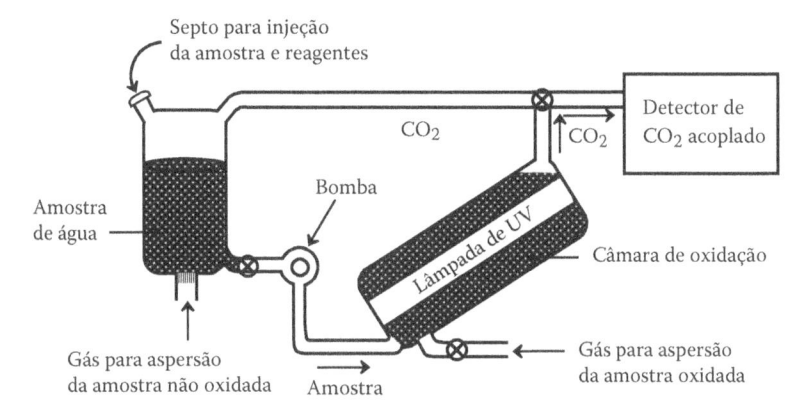

FIGURA 25.8 Analisador de COT com base na oxidação da amostra promovida por radiação ultravioleta.

25.7.6 As toxinas biológicas

As substâncias tóxicas produzidas por microrganismos são motivo de preocupação quando presentes na água. As cianobactérias fotossintetizantes e alguns tipos de algas que proliferam na água produzem substâncias tóxicas potencialmente problemáticas. Um método de CLAE/EM para a análise dessas toxinas foi descrito na literatura especializada.[7]

25.7.7 Resumo dos procedimentos de análise da água

Os principais parâmetros químicos determinados com frequência na água são apresentados na Tabela 25.4. Além destes, muitos outros solutos, sobretudo alguns poluentes orgânicos específicos, podem ser determinados em conexão com os riscos à saúde ou incidentes de poluição caracterizados.

25.8 As análises automatizadas de água

Com frequência, muitas análises de água precisam ser efetuadas para que os resultados sejam significativos e por razões econômicas. Essa necessidade promoveu o desenvolvimento de diversos procedimentos automatizados de análise, em que as amostras são introduzidas em um amostrador, as análises são efetuadas e os resultados são produzidos sem qualquer manipulação de reagentes ou aparelhos. Existem métodos e aparelhos desenvolvidos e comercializados para vários analitos, como alcalinidade, sulfato, amônia, nitrato/nitrito e metais. As técnicas colorimétricas são populares nesse tipo de equipamento analítico automatizado, empregando colorímetros simples e rústicos na mensuração da absorbância. A Figura 25.9 mostra um sistema analítico automatizado para a determinação da alcalinidade. Os reagentes e as amostras líquidas são transportados através do analisador por uma bomba peristáltica, composta basicamente de roletes que se movem ao longo de uma tubulação flexível. O uso de diferentes diâmetros de tubulações permite controlar as vazões dos reagentes. Bolhas de ar são introduzidas no fluxo de líquido para ajudar a misturar e para separar as amostras. A mistura de diversos reagentes é efetuada em bobinas de mistura. Uma vez

TABELA 25.4 Parâmetros químicos normalmente determinados na água

Espécie química	Importância na água	Métodos de análise
Acidez	Indicador de poluição industrial ou drenagem ácida de minas	Titulação
Alcalinidade	Tratamento de água, tampão, proliferação de algas	Titulação
Alumínio	Tratamento de água, tampão	AA[a], ICP[b]
Amônia	Proliferação de algas, poluente	Espectrofotometria
Arsênico	Poluente tóxico	Espectrofotometria, AA, ICP
Bário	Poluente tóxico	AA, ICP
Berílio	Poluente tóxico	AA, ICP, fluorimetria
(bioquímica)	Qualidade da água e poluição	Titulação microbiológica
Boro	Tóxico para plantas	Espectrofotometria, ICP
Bromo	Intrusão da água do mar, resíduos industriais	Espectrofotometria, potenciometria, cromatografia iônica
Cádmio	Poluente tóxico	AA, ICP
Cálcio	Dureza, produção primária, tratamento	AA, ICP, titulação
Carbono orgânico	Indicador de poluição orgânica	Medida da oxidação CO_2
Chumbo	Poluente tóxico	AA, ICP, voltametria
Cianeto	Poluente tóxico	Espectrofotometria, potenciometria, cromatografia iônica
Cloreto	Contaminação com água salgada	Titulação, eletroquímica, cromatografia iônica
Cloro	Tratamento de água	Espectrofotometria
Cobre	Crescimento de plantas	AA, ICP
Contaminantes orgânicos	Indicador de poluição orgânica	Absorção de carvão ativado
Cromo	Poluente tóxico (Cr hexavalente)	AA, ICP, colorimetria
Demanda de oxigênio		
Dióxido de carbono	Ação bacteriana, corrosão	Titulação, cálculo
Dureza	Qualidade da água, tratamento da água	AA, titulação
Estrôncio	Qualidade da água	AA, ICP, fotometria de chama
Fenóis	Poluição da água	Destilação-colorimetria
Ferro	Qualidade da água, tratamento da água	AA, ICP, colorimetria
Flúor	Tratamento de água, tóxico em níveis elevados	Espectrofotometria, potenciometria, cromatografia iônica
Fosfato	Proliferação, poluição	Espectrofotometria
Fósforo	Qualidade da água e poluição (hidrolisável)	Espectrofotometria

(continua)

TABELA 25.4 Parâmetros químicos normalmente determinados na água *(continuação)*

Espécie química	Importância na água	Métodos de análise
Iodeto	Intrusão da água do mar, resíduo industrial	Efeito catalítico, potenciometria, cromatografia iônica
Lítio	Pode indicar poluição	AA, ICP, fotometria de chama
Magnésio	Dureza	AA, ICP
Manganês	Qualidade da água (manchas)	AA, ICP
Mercúrio	Poluente tóxico	Absorção atômica sem chama
Metano	Atividade bacteriana anaeróbia	Indicador de gás combustível
Nitrato	Proliferação de algas, toxicidade	Espectrofotometria, cromatografia iônica
Nitrito	Poluente tóxico	Espectrofotometria, cromatografia iônica
Nitrogênio (albuminoide)	Material proteináceo	Espectrofotometria
(orgânico)	Indicador de poluição orgânica	Espectrofotometria
Óleo e graxa	Poluição industrial	Gravimetria
Oxigênio	Qualidade da água	Titulação, eletroquímica
Ozônio	Tratamento da água	Titulação
Pesticidas	Poluição da água	CG
pH	Qualidade da água e poluição	Potenciometria
Potássio	Proliferação, poluição	AA, ICP, fotometria de chama
Prata	Poluente da água	AA, ICP
(química)	Qualidade da água e poluição	Oxidação química-titulação
Selênio	Poluente tóxico	Espectrometria, ICP, ativação de nêutrons
Sílica	Qualidade da água	Espectrometria, ICP
Sódio	Qualidade da água, intrusão da água do mar	AA, ICP, fotometria de chama
Sulfato	Qualidade da água, poluição da água	Cromatografia iônica
Sulfeto	Qualidade da água, poluição da água	Espectrometria, titulação, cromatografia
Sulfito	Poluição da água, sequestrador de oxigênio	Titulação, cromatografia iônica
Surfactantes	Poluição da água	Espectrofotometria
Tanino, lignina	Qualidade da água, poluição da água	Espectrofotometria
Vanádio	Qualidade da água, poluição da água	ICP
Zinco	Qualidade da água, poluição da água	AA, ICP

[a] AA: Absorção atômica
[b] ICP: Espectrometria de emissão atômica por plasma indutivamente acoplado, em que os átomos atomizados no plasma são detectados por emissão atômica ou EM.

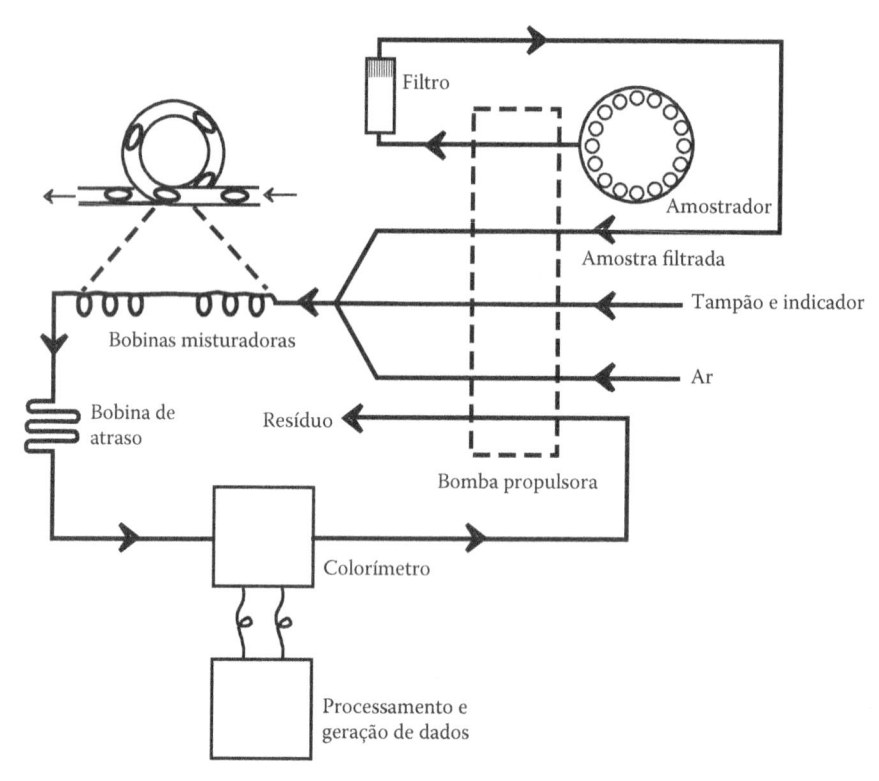

FIGURA 25.9 Sistema automatizado de análise para a determinação da alcalinidade total em água. A adição de uma amostra de água a uma solução de alaranjado de metila tamponado em pH 3,1 reduz a cor da mistura na proporção da alcalinidade na amostra.

que muitas reações com produtos coloridos não são rápidas, uma serpentina de atraso é usada para que a cor seja revelada antes de a amostra chegar ao colorímetro. As bolhas são removidas do fluxo líquido por um desborbulhador, antes da introdução da amostra na célula de fluxo para a execução da análise colorimétrica.

25.9 A especiação

A *especiação* diz respeito à determinação de espécies específicas de elementos, não à mera análise destes. É aplicada sobretudo com metais e semimetais, fáceis de mensurar na forma elementar, porém muito difíceis de determinar como composto específico. Por exemplo, mensurar o teor total de estanho na água é um processo simples em comparação com a determinação de espécies organoestânicas, cuja análise é muito mais difícil (e importante), pois estas podem atuar como poluentes. O arsênico é outro exemplo notório de espécie elementar relevante na água. O arsênico inorgânico pode estar presente como As(III) ou As(V), o primeiro normalmente mais tóxico que o segundo. Os compostos organoarsênicos podem ser gerados pela via microbiana e incluem o monometilarsenato e o dimetilarsinato. Os compostos organoarsênicos são usados como aditivos na ração animal e introduzidos em corpos hídricos pelos deflúvios das operações pecuárias; a roxasona está entre esses compostos.

Os meios utilizados com mais frequência na mensuração de espécies elementares é a separação por cromatografia seguida da mensuração dos níveis dos elementos no produto de saída da coluna. Para o arsênico, a separação por cromatografia de troca iônica e a determinação do arsênico por emissão atômica por plasma indutivamente acoplado e espectrometria de massa produz bons resultados.

25.10 Os contaminantes emergentes na análise da água

Os *contaminantes emergentes* na análise de água são espécies que foram reconhecidas como contaminantes importantes recentemente e cujos efeitos de longo prazo não são muito conhecidos. Cerca de 3 mil substâncias são usadas hoje como ingredientes em fármacos, incluindo antibióticos, analgésicos, antidiabéticos, contraceptivos, antidepressivos, drogas para impotência e β-bloqueadores. Níveis muito reduzidos dessas substâncias e seus metabólitos são introduzidos na água. As principais classes de contaminantes emergentes são:

- Fármacos e seus metabólitos
- Interferentes endócrinos
- Compostos polibromados
- Toxinas microbianas
- Produtos de higiene pessoal
- Desinfetantes
- Compostos organometálicos
- Nanomateriais

Algumas substâncias específicas consideradas contaminantes emergentes nos últimos anos incluem as benzotriazolas (agentes complexantes usados como anticorrosivos), os ácidos naftalênicos (interferentes endócrinos remanescentes da extração de óleo bruto de areias betuminosas, especialmente em Alberta, no Canadá), o etilenodibrometo (no passado adicionado à gasolina com chumbo e que permanece um problema em algumas águas subterrâneas) e o dioxano (muito produzido como estabilizador de solvente).

Os contaminantes emergentes presentes em manaciais de água para consumo humano de modo geral indicam a contaminação por águas residuárias não tratadas por completo. Os fármacos e seus metabólitos têm o potencial de causar problemas de saúde diretamente. Os interferentes endócrinos afetam a saúde e o desenvolvimento sexual dos organismos aquáticos. Os compostos organometálicos mais preocupantes são os organoestânicos, com aplicações industriais e usados como biocidas. As toxinas microbianas incluem as substâncias produzidas por bactérias e algas fotossintetizantes em reservatórios, como as microcistinas (peptídeos cíclicos produzidos pelas cianobactérias).

Uma variedade de métodos analíticos foi desenvolvida para determinar as concentrações dos contaminantes emergentes na água. Nesse sentido, são especialmente úteis os métodos cromatográficos usados com a espectrometria de massa ou a espectrometria de massa em *tandem* (dois espectrômetros de massa em *tandem*). Entre os contaminantes emergentes que podem ser determinados por extração de água em fase sólida medidos por cromatografia líquida/espectrometria de massa em *tandem* (CL/EM/EM) com ionização por eletroaspersão estão meprobamato, etinilestradiol, progesterona, cafeína, testosterona, androestenodiona, acetaminofeno, eritromicina,

TCEP, hidrocodona, oxibenzona, DEET, carbamazepina, diazepam, dilatina, sulfametoxazola, trimetoprima, atrazina, triclosano, pentoxifilina, diclofenaco, ibuprofeno, naproxeno, gemfibrizola, fluoxetina e iopromida. Por incluir fármacos, esteroides, produtos de higiene pessoal e pesticidas, esta lista dá uma ideia da variedade de contaminantes considerados emergentes.

25.11 Os contaminantes quirais

As *moléculas quirais* são aquelas em que quatro grupos diferentes são dispostos nas três dimensões em torno do átomo, geralmente de carbono, que constitui um centro quiral, como observado para a alanina (ver a seguir). Devido a este centro quiral, a molécula não consegue se sobrepor diretamente em sua imagem refletida. Duas moléculas quirais de um mesmo composto são chamadas de *enantiômeros*, e têm pontos de fusão, pontos de ebulição e solubilidades idênticos, bem como outras propriedades químicas semelhantes. Porém, de modo geral os enantiômeros diferem muito em termos de propriedades bioquímicas, por conta do encaixe exato obrigatório entre os sítios enzimáticos ativos e as moléculas do substrato em que as enzimas atuam. Portanto, os isômeros quirais talvez exibam comportamentos ambientais e toxicológicos totalmente diferentes. Por exemplo, um enantiômero de um herbicida pode ser biodegradado de imediato, enquanto o outro é resistente. As diferenças bioquímicas entre enantiômeros de pesticidas podem ser significativas. Por exemplo, um enantiômero de um herbicida mata ervas daninhas com muita eficiência, ao passo que o outro não apresenta efeito. Um exemplo é o enantiômero R do herbicida mecoprope (Figura 7.14), hoje comercializado como herbicida em vez da mistura racêmica com o enantiômero S.

Os dois enantiômeros do aminoácido alanina

Apesar de importante, a capacidade de determinar enantiômeros específicos de contaminantes na água é recente. Na maioria dos casos, os compostos são separados por CL e medidos por EM. Isso requer um meio de separação que seja seletivo para determinados enantiômeros. As ciclodextrinas são usadas com mais frequência para essa finalidade.

Literatura citada

1. "Data Quality," Section 1030 in Eaton, A. D., L. S. Clesceri, E. W. Rice, A. E. Greenberg, and M. A. H. Franson, Eds, *Standard Methods for the Examination of Water and Wastewater*, 21st ed., American Public Health Association, Washington, DC, pp. 1-13–1-22, 2005.
2. Eaton, A. D., L. S. Clesceri, E. W. Rice, A. E. Greenberg, and M. A. H. Franson, Eds, *Standard Methods for the Examination of Water and Wastewater*, 21st ed., American Public Health Association, Washington, DC, 2005.
3. *Index to EPA Test Methods*, April 2003 revised, http://www.epa.gov/ne/info/testmethods/

4. *Methods and Guidance for the Analysis of Water*, Version 2.0 on CD ROM including EPA Series, 500, 600, and 1600 Methods, National Technical Information Service (NTIS), U.S. Department of Commerce, Springfield, VA, 2003.
5. *Understanding Environmental Methods*, Version 5.0 on CD ROM, Genium Publishing Corp., Amsterdam, NY, 2009.
6. Richardson, S. D., "Water analysis: Emerging contaminants and current issues," *Analytical Chemistry*, **79**, 4295–4324, 2007.
7. Hedmana, C. J., W. R. Kricka, D. A. Karner Perkinsa, E. A. Harrahyb, and W. C. Sonzognia, "New measurements of cyanobacterial toxins in natural waters using high performance liquid chromatography coupled to tandem mass spectrometry," *Journal of Environmental Quality*, **37**, 1817–1824, 2008.

Leitura complementar

AWWA Staff, *Simplified Procedures for Water Examination*, 5th ed., American Water Works Association, Denver, CO, 2002.

AWWA Staff, *Basic Laboratory Procedures for Wastewater Examination*, 4th ed., Water Environment Federation, Alexandria, VA, 2002.

Crompton, T. R., *Determination of Anions in Natural and Treated Waters*, Taylor & Francis, New York, 2002.

Crompton, T. R., *Chromatography of Natural and Treated Waters*, Taylor & Francis, New York, 2005.

Crompton, T. R., *Determination of Metals in Natural and Treated Waters*, Taylor & Francis, New York, 2002.

Dieken, F. P., *Methods Manual for Chemical Analysis of Water and Wastes*, Alberta Environmental Centre, Vergeville, Alberta, Canada, 1996.

Eaton, A. D., L. S. Clesceri, E. W. Rice, A. E. Greenberg, and M. A. H. Franson, Eds, *Standard Methods for the Examination of Water and Wastewater*, 21st ed., American Public Health Association, Washington, DC, 2005.

Kolle, W., W*asseranalysen*, Wiley, New York, 2002.

Lewinsky, A. A., Ed., *Hazardous Materials and Wastewater: Treatment, Removal and Analysis*, Nova Science Publishers, New York, 2007.

Meyers, R. A., Ed., *The Encyclopedia of Environmental Analysis and Remediation*, Wiley, New York, 1998.

Nollet, L. M. L., Ed., *Handbook of Water Analysis*, 2nd ed., Taylor & Francis/CRC Press, Boca Raton, FL, 2007.

Patnaik, P., *Handbook of Environmental Analysis: Chemical Pollutants in Air, Water, Soil, and Solid Wastes*, CRC Press/Lewis Publishers, Boca Raton, FL, 1997.

Quevauviller, P. and C. Thompson, *Analytical Methods for Drinking Water: Advances in Sampling and Analysis*, Wiley, Hoboken, NJ, 2006.

Rump, H. H., *Laboratory Manual for the Examination of Water*, 3rd ed., Wiley, New York, 2001.

Tomar, M., *Laboratory Manual for the Quality Assessment of Water and Wastewater*, CRC Press/Lewis Publishers, Boca Raton, FL, 1999.

www.epa.gov/safewater/methods/methods.html links to U.S. EPA and non-EPA methods of analysis for drinking water.

www.epa.gov/safewater/methods/sourcalt.html links to methods developed by U.S. EPA's Office of Ground Water and Drinking Water.

www.epa.gov/nerlcwww links to methods for the determination of microorganism in water.

www.epa.gov/nerlcwww/ordmeth.htm links to drinking water and marine water methods recently developed by U.S. EPA's Office of Research and Development.

www.epa.gov/safewater/dwinfo local drinking water.

Perguntas e problemas

1. Um poluente aquático solúvel forma íons em solução e absorve luz a 535 nm. Quais são as duas propriedades físicas da água influenciadas pela presença deste poluente?
2. Uma amostra foi coletada do fundo de um lago profundo e estagnado. Após algum tempo, a amostra liberou bolhas, o pH elevou-se e um precipitado branco se formou. Com base nessas observações, o que pode ser dito sobre os teores de CO_2 e de dureza nessa água?
3. Para qual dos analitos listados o ácido nítrico pode ser usado como preservante da amostra de água: H_2S, CO_2, metais, bactérias coliformes ou cianeto?
4. Em que composto o oxigênio é fixado na reação de Winkler na análise de O_2?
5. Entre as técnicas analíticas citadas, que técnicas para a análise de água são mais eficientes na distinção entre o íon $Ag(H_2O)_6^+$ hidratado e o íon $Ag(NH_3)_2^+$ complexo por mensuração direta do íon não complexado: (a) Análise de ativação de nêutrons, (B) Absorção atômica, (C) Espectroscopia de emissão atômica por plasma indutivamente acoplado, (D) Potenciometria, (E) Emissão por chama.
6. Uma amostra de água foi submetida a um procedimento colorimétrico para analisar o teor de nitrato, em que foi observada transmitância de 55,0%. Uma amostra contendo 1,00 ppmv de nitrato foi submetida ao mesmo procedimento e gerou 24,6% de transmitância. Qual foi a concentração de nitrato na primeira amostra?
7. Qual é a concentração molar de HCl em uma amostra contendo HCl como único contaminante e com pH 3,80?
8. Uma amostra de 200 mL de água exigiu 25,12 mL de H_2SO_4 padrão 0,0400 mol L^{-1} para a titulação até o ponto final do alaranjado de metila, pH 4,5. Qual foi a alcalinidade total da amostra original?
9. A análise de uma amostra contendo chumbo pelo método de absorção atômica em forno de grafite revelou um pico em 0,075 unidades de absorbância em uma amostra de 50 µL. O chumbo foi adicionado à amostra para gerar uma concentração final de 6,0 µL. A injeção de 50 µL da amostra "turbinada" gerou um pico em 0,115 unidades. Qual foi a concentração de chumbo na amostra original?
10. Em uma solução padrão de flúor $2,63 \times 10^{-4}$ mol L^{-1}, um eletrodo de flúor leu $-0,100$ V contra um eletrodo de referência, e $-0,118$ V na análise de uma amostra de flúor processada de modo adequado. Qual foi a concentração de flúor na amostra?
11. A atividade do iodo-131 ($t_{1/2}$ = 8 dias) em uma amostra de água 24 dias após a coleta foi 520 pCi L^{-1}. Qual foi a atividade no dia da coleta?
12. A irradiação com nêutrons em 2,00 mL de uma solução padrão contendo 1,00 mgL de um metal desconhecido "X" por exatos 30 s gerou uma atividade de 1.257 contagens por minuto, medidas exatos 33,5 min após a irradiação, para um radionuclídeo produzido por "X" e cuja meia-vida é 33,5 min. A irradiação de uma amostra de água desconhecida, de acordo com as mesmas condições (2,00 mL, 30,0 s e mesmo fluxo de nêutrons), gerou 1.813 contagens por minuto, mensuradas 67,0 min após a irradiação. Qual foi a concentração de "X" na amostra desconhecida?
13. Por que o quelato magnésio-EDTA é adicionado a uma amostra livre de magnésio antes da titulação de Ca^{2+} com EDTA?
14. Para que tipo de amostra o detector de ionização por chama é o mais indicado?
15. O manganês de uma solução padrão foi oxidado a MnO_4^- e diluído até uma concentração final de 1,00 mg L^{-1} de Mn em solução. Essa solução teve uma absorbância de 0,316. Uma amostra de 10,00 mL de água residuária foi tratada para desenvolver a cor do MnO_4 e diluída a 250,0 mL. A amostra diluída teve uma absorbância de 0,296. Qual foi a concentração de Mn na amostra original de água residuária?

A análise de resíduos e sólidos 26

26.1 Introdução

A análise de diversos tipos de resíduos perigosos a fim de detectar uma variedade de substâncias potencialmente danosas é um dos aspectos mais importantes da gestão dessa classe de resíduos.[1] Essas análises são conduzidas por diversas razões, como o rastreamento das fontes de resíduos, a avaliação dos riscos que esses resíduos representam para o ambiente circundante e para as equipes encarregadas dos processos de remediação, bem como a determinação dos métodos mais apropriados de tratamento. Este capítulo apresenta uma breve discussão de alguns dos principais aspectos a considerar na análise de resíduos. Aqui, resíduos são definidos em termos abrangentes, incluindo todos os tipos de sólidos, semissólidos, lodos, líquidos, solos contaminados, sedimentos e outros materiais que são classificados como resíduos propriamente ditos ou são contaminados por eles.*

Em sua maioria, as substâncias determinadas como parte da análise de resíduos, os *analitos*, são mensuradas por técnicas usadas na análise dos mesmos analitos em água (ver os métodos descritos no Capítulo 25) e, em menor grau, também aqueles presentes no ar. Contudo, as técnicas de preparação que precisam ser empregadas na análise de resíduos são muitas vezes mais complicadas que aquelas usadas nas análises dos mesmos analitos em água. Isso ocorre porque as matrizes em que os analitos de resíduos se encontram são mais complexas, o que dificulta a recuperação de todos os analitos dos resíduos, além de introduzir substâncias que interferem nas análises. Por essa razão, os limites inferiores em que essas substâncias podem ser medidas nos resíduos (o limite prático de quantificação, ver Seção 25.1) são muito mais altos que para a água.

A análise de um resíduo compreende várias etapas. Comparados à água, os resíduos são muitas vezes bastante heterogêneos, o que dificulta a coleta de amostras representativas, a primeira etapa desse processo. Enquanto as amostras de água podem ser introduzidas em um instrumento analítico com pouca preparação, o processamento de resíduos perigosos para obter uma amostra capaz de ser inserida em um aparelho é, com frequência, relativamente complicado. Dependendo do caso, esse processamento envolve a diluição de amostras oleosas com um solvente orgânico, a extração de analitos orgânicos com um solvente também orgânico, a extração com fluidos supercríticos ou subcríticos aquecidos, a liberação e coleta de analitos orgânicos voláteis ou a digestão de sólidos com ácidos e oxidantes fortes para extrair metais na análise por espectrometria atômica. Com frequência os produtos desses processos são submetidos a procedimentos de preparo de amostra um tanto intricados para remover contaminantes que talvez interfiram na análise ou danifiquem o instrumento analítico.

---

* N. de R. T.: No Brasil, a classificação de resíduos segue a NBR 10004 de 1987 e revisada em 2004.

Ao longo dos anos, a EPA dos Estados Unidos desenvolveu métodos especializados para a caracterização de resíduos. Esses métodos estão listados na publicação chamada *Test Methods for Evaluating Solid Waste, Physical/Chemical Methods*, atualizada periodicamente para acompanhar o progresso científico.[2] Devido à natureza difícil e exigente de muitos dos procedimentos nesse trabalho e aos riscos associados ao uso de reagentes como ácidos e oxidantes fortes na digestão de amostras e de solventes na extração de analitos orgânicos, qualquer pessoa que esteja pretendendo analisar materiais perigosos deve utilizar esse recurso e observar os procedimentos com cuidado, prestando atenção especial às precauções que têm de ser tomadas. O "SW-846", como é mais conhecido, está disponível em CD-ROM, como parte de um resumo abrangente de métodos analíticos para o ambiente.[3] A ASTM International, no passado chamada *American Society for Testing and Materials*, publica trabalhos detalhados sobre a análise de amostras ambientais, inclusive resíduos sólidos.[4]

26.2 A digestão de amostras para a análise de elementos

Para analisar uma amostra de resíduo sólido por espectroscopia de absorção atômica com atomização por chama, espectroscopia de absorção usando forno de grafite, espectroscopia com plasma de argônio indutivamente acoplado, ou espectroscopia de massa com plasma indutivamente acoplado (EM), a amostra precisa antes ser digerida para obter os metais objetos de análise em solução. A digestão dissolve apenas as frações de metais que podem ser solubilizados em condições relativamente extremas, portanto, permite medir os metais disponíveis. É preciso observar que os procedimentos de digestão de amostras via de regra utilizam reagentes muito corrosivos e perigosos, como ácidos e oxidantes fortes. Logo, a digestão deve ser conduzida apenas por pessoal treinado de acordo com critérios rígidos usando apenas equipamentos adequados para a finalidade, como coifas e equipamentos de proteção individual apropriados.

O Método 3050, desenvolvido pela EPA, é um procedimento de digestão ácida para sedimentos, lodos e solos. Uma amostra de até 2 g é tratada com uma mistura de ácido nítrico e peróxido de hidrogênio. Após, a amostra é refluxada com HNO_3 ou HCl concentrados e então refluxada com HCl diluído e filtrada; o filtrado obtido contém os metais a serem analisados.

O aquecimento com micro-ondas pode ser usado para auxiliar a digestão de amostras. O procedimento para a digestão de líquidos aquosos prevê a mistura de uma amostra de 45 mL com 5 mL de ácido nítrico concentrado. Essa mistura é colocada em um digestor de fluorocarbono (Teflon) e aquecida por 20 minutos. Terminada a digestão, a amostra é esfriada, os sólidos são separados por filtração ou centrifugação e o líquido remanescente é analisado por uma técnica de espectrometria atômica adequada.

O Método 3052 é um procedimento que usa micro-ondas na digestão ácida de matrizes silicosas e orgânicas, empregado em uma variedade de amostras, inclusive tecidos biológicos, óleos, solos contaminados com óleos, sedimentos, lodos e solos. Este método não é apropriado para a análise de metais lixiviáveis, mas é usado na análise de metais totais. Uma amostra de até 0,5 g é digerida com aquecimento por micro-ondas por 15 minutos em uma mistura ácida adequada mantida em um recipiente de polímero de fluorocarbono. Com frequência os reagentes empregados são uma mistura de 9 mL de ácido nítrico concentrado e 3 mL de ácido fluorídrico, embora outras misturas que empregam reagentes como HCl concentrado e peróxido de hidrogênio possam ser usadas. A amostra é aquecida em um forno de micro-ondas a 18ºC e mantida nesta temperatura por ao menos 9,5 minutos. Posteriormente, os sólidos residuais são filtrados e a análise de metais é feita no filtrado.

Muitos tipos de amostras de resíduos perigosos contêm metais dissolvidos ou suspensos em derivados de petróleo, como óleos, lodos de óleos, alcatrões, ceras, tintas, lodos de tinta e outros materiais contendo hidrocarbonetos. O Método 3031 pode ser usado para dissolver esses metais – inclusive antimônio, arsênico, bário, berílio, cádmio, cromo, cobalto, cobre, chumbo, molibdênio, níquel, selênio, prata, tálio, vanádio e zinco – em formas adequadas à análise por espectrometria atômica. O procedimento envolve a mistura de 0,5 g da amostra com 0,5 g de $KMnO_4$ finamente moído e 1,0 mL de H_2SO_4 concentrado, que causa uma forte reação exotérmica durante a oxidação da matriz. Após a reação ter desacelerado, 2 mL de HNO_3 concentrado e 2 mL de HCl concentrado são acrescentados, a amostra é filtrada em papel filtro, este é digerido com HCl concentrado e a amostra é diluída e analisada para determinar seu teor de metais.

26.3 O isolamento de analitos para a análise orgânica

A determinação de analitos orgânicos exige que eles sejam isolados da matriz amostral. Uma vez que esses analitos são de modo geral solúveis em solventes orgânicos, eles são frequentemente extraídos das amostras usando um solvente apropriado. Embora a extração seja eficiente com analitos não voláteis e semivoláteis, ela não é adequada para COV, que são vaporizados de imediato durante o processamento das amostras. Na maioria das vezes os materiais voláteis são isolados usando técnicas que tiram proveito das pressões de vapor altas dessas substâncias.

26.3.1 A extração com solventes

O Método 3500 é um procedimento de extração de compostos não voláteis e semivoláteis de uma amostra líquida ou sólida. A amostra é extraída com um solvente apropriado, seca e concentrada por evaporação do solvente em um aparato de Kuderna-Danish antes de prosseguir com o processamento.

Muitos métodos mais complicados que o Método 3500 foram concebidos para extrair analitos não voláteis e semivoláteis de amostras de resíduos. O Método 3540 utiliza uma extração com um extrator Soxhlet. Este dispositivo, ilustrado no Capítulo 22, Figura 22.6, para a extração de lipídeos de tecido biológico, propicia a recirculação do solvente recém-redestilado em amostras de solos, lodos e resíduos. A amostra é inicialmente misturada com Na_2SO_4 anidro, para secá-la. Em seguida, é colocada no interior de um dedal de extração no aparato Soxhlet, que redestila um volume relativamente pequeno de solvente de extração sobre a amostra. Após a extração, a amostra pode ser seca, concentrada e tratada com outro solvente antes da análise.

O método 3545 usa um fluido de extração pressurizado a 100ºC e uma pressão de até 2.000 psi para remover espécies de analitos organofílicos de amostras sólidas como solos, argilas, sedimentos, lodos e resíduos sólidos. Usada para a extração de compostos orgânicos semivoláteis, pesticidas organofosforados, organoclorados, herbicidas clorados e PCB, a técnica requer menos solvente e leva menos tempo que a extração Soxhlet descrita. Antes da extração, entre 10 e 30 g da amostra finamente dividida são secos para impedir que a água remanescente nela interfira no processo. A amostra deve ser seca com ar seco, Na_2SO_4 anidrido ou terra diatomácea. Via de regra o tempo de extração é 5 minutos.

O Método 3550 usa sonicação com ultrassom para acelerar a extração de compostos orgânicos não voláteis e semivoláteis de sólidos como solos, lodos e resíduos. O procedimento exige que a amostra finamente dividida e misturada com solvente seja submetida a ultrassom por um breve período. É possível submeter amostras pouco concentradas a múltiplas extrações, com volumes adicionais de solvente novo.

26.3.2 A extração com fluido supercrítico

Embora a necessidade de utilizar equipamento especial de alta pressão seja um fator limitante a seu uso, a extração com dióxido de carbono supercrítico mantido a temperaturas e pressões acima do ponto crítico, em que as fases líquida e vapor não existem em separado, é um método muito eficiente de extrair analitos orgânicos de amostras de resíduos sólidos. Um exemplo típico dessa técnica é a extração de bisfenol A estrogênico do lodo do esgoto.

O Método 3561 é usado para extrair HAP como acenaftaleno, benzo(a)pireno, fluoreno e pireno de amostras sólidas com dióxido de carbono supercrítico. O procedimento é um tanto complexo e se divide em três etapas. A primeira extrai os componentes mais voláteis com dióxido de carbono supercrítico em densidade e temperatura menores. Um número menor de HAP é removido na segunda etapa usando dióxido de carbono supercrítico e metanol como modificador. Uma terceira etapa usa dióxido de carbono para purgar o modificador do sistema.

26.3.3 A extração com líquido pressurizado e a extração com água subcrítica

A extração com líquido pressurizado e a extração com água subcrítica propiciam algumas vantagens da extração com líquido supercrítico, mas em condições de modo geral menos severas. Comparadas à extração com solventes, essas duas técnicas são mais rápidas e consomem menos solvente.

A *extração com líquido pressurizado*, também chamada *extração acelerada por solvente*, utiliza volumes menores (60 mL ou menos) de solventes orgânicos aquecidos entre 50 e 200°C sob pressão suficiente para que o estado líquido seja mantido. Isso permite a extração de amostras sólidas dentro de 30 minutos. Dibenzo-*p*-dioxinas e benzo-*p*-furanos foram extraídos de amostras sólidas em 15 minutos usando uma mistura 1/1 de *n*-hexano e acetona a 130°C.[4] A degradação dos compostos foi mínima.

A *extração com água subcrítica*, ou *extração com água quente sob pressão*, usa água aquecida entre 100 e 374°C e pressurizada para mantê-la no estado líquido. A constante dielétrica da água nessas condições é função da temperatura, que pode ser ajustada para alterar as características da extração e transformá-la em um fluido extrator eficiente para a análise de compostos organofílicos. Mais especificamente, à medida que aumenta a temperatura da água líquida subcrítica, sua constante dielétrica e sua polaridade diminuem, o que confere a ela uma condição de fluido extrator mais semelhante a um composto orgânico. Por ser mais polar que os solventes orgânicos, a água também é mais eficiente que estes na extração de analitos polares. Devido a estas características e ao caráter menos agressivo ao ambiente, a extração com água quente vem sendo mais utilizada na análise de resíduos sólidos e lodos.

Uma das aplicações mais comuns da extração com água subcrítica é a extração de retardantes de chama bromados de amostras de sedimentos. Esta técnica é considerada mais eficiente que a extração convencional com solventes pelo método Soxhlet.

26.4 A limpeza da amostra

O processamento da maioria das amostras de resíduo, solo e sedimento resulta na extração de substâncias estranhas que geram picos de concentração inesperados, prejudicando a resolução dos picos e a eficiência da coluna, além de danificar colunas e detectores caros. Para obter resultados significativos com amostras de resíduos sólidos que muitas vezes são complexas, procedimentos adequados de extração e processamento anteriores à análise são essenciais. A *limpeza da amostra* diz respeito a uma variedade de medidas para remover esses constituintes dos extratos da amostra, como a destilação, partição com solventes imiscíveis, cromatografia de adsorção, cromatografia de permeação em gel ou destruição química por ácidos, álcalis ou agentes oxidantes. É possível usar duas ou mais dessas técnicas em conjunto. A técnica de limpeza de amostra mais usada é a cromatografia de permeação em gel, empregada para separar substâncias com massas moleculares elevadas dos analitos de interesse. O tratamento por cromatografia em coluna de adsorção com alumina, Florisil ou sílica gel serve para isolar materiais dentro de uma faixa estreita de polaridade. A partição ácido-base atua na determinação de materiais, como os herbicidas à base de clorofenóxi e fenóis, para separar compostos orgânicos ácidos, básicos e neutros. A Tabela 26.1 mostra os usos das principais técnicas de limpeza de amostras.

A limpeza em coluna de alumina utiliza óxido de alumínio granulado de alta porosidade. Disponível em faixas de pH ácido, neutro e básico, esse sólido é usado para

TABELA 26.1 As técnicas de limpeza de amostra e suas aplicações

Número	Tipo	Aplicações
3610	Coluna de alumina	Ésteres de ftalato, nitrosaminas
3611	Limpeza em coluna de alumina e separação de resíduos de petróleo	HAP, resíduos de petróleo
3620	Coluna de Florisil	Ésteres de ftalato, nitrosaminas, pesticidas organoclorados, PCB, hidrocarbonetos clorados, pesticidas organofosforados
3630	Sílica gel	HAP
3630(b)	Sílica gel	Fenóis
3640	Cromatografia por permeação em gel	Fenóis, ésteres de ftalato, nitrosaminas, pesticidas organoclorados, PCB, nitroaromáticos, cetonas cíclicas, HAP, hidrocarbonetos clorados, pesticidas organofosforados, poluentes semivoláteis prioritários
3650	Partição líquido-líquido, ácido-base	Fenóis, poluentes semivoláteis prioritários
3660	Limpeza de enxofre	Pesticidas organoclorados, PCB, poluentes semivoláteis prioritários

rechear uma coluna coberta com uma substância absorvedora de água, sobre a qual a amostra é diluída com um solvente adequado, que deixa interferentes na coluna. Após a diluição, a amostra é concentrada, trocada com outro solvente se for necessário e então analisada. O Florisil é um silicato ácido de magnésio, uma marca registrada da Floridin Co. Em procedimentos de limpeza de amostra é utilizado de modo semelhante à alumina. A sílica gel é um óxido de silício amorfo fracamente ácido, e pode ser ativada por aquecimento entre 150 e 160°C por algumas horas e usada na separação de hidrocarbonetos. A sílica gel desativada contendo entre 10 e 20% de água atua como adsorvente de compostos com grupos funcionais iônicos e não iônicos, como corantes, cátions de metais alcalinos, terpenoides e plastificantes. Em uma coluna, é usada conforme descrito para a alumina. A cromatografia de permeação em gel separa solutos em termos de tamanho por arraste sobre um gel hidrofóbico por solventes orgânicos. O gel escolhido deve separar a faixa de tamanho correta de analitos e interferentes. O gel é pré-inchado antes de preencher a coluna e lavado de forma intensa com solvente antes de a amostra ser introduzida para o processo de separação.

26.5 A separação de amostras de COV

Muitos COV são encontrados em sítios de descarte de resíduos em uma variedade de amostras de resíduos sólidos e lodo. Esses compostos incluem benzeno, bromometano, clorofórmio, 1,4-diclorobenzeno, diclorometano, estireno, tolueno, cloreto de vinila e os isômeros do xileno. São empregados diversos métodos para isolar e concentrar COV presentes em matrizes líquidas, sólidas e lodosas.

O Método 5021, "compostos orgânicos voláteis em solos e outras matrizes sólidas usando a análise de equilíbrio com *headspace*", é usado para isolar COV de amostras de solo, sedimentos ou resíduos sólidos para a determinação por cromatografia gasosa (CG) ou CG/EM. O procedimento utiliza um frasco especial de vidro, com *headspace*, com capacidade para 2 g de amostra, no mínimo. Uma solução modificadora da matriz e preservante, além de padrões internos e compostos *surrogate*[*] são adicionados à amostra e misturados por rotação do frasco. A amostra é aquecida a 85°C por aproximadamente 1 h antes da injeção no cromatógrafo a gás. Na injeção, o gás hélio é bombeado sob pressão no interior do frasco e uma amostra do gás no *headspace* sobre a amostra sólida é forçada para o interior do cromatógrafo a gás para quantificação.

O método 5030 é um procedimento de purga a retenção (*purge and trap*) usado para coletar compostos pouco hidrossolúveis com pontos de ebulição abaixo de 200°C, que inclui uma ampla variedade de compostos de ocorrência comum em resíduos perigosos, para análise por cromatografia gasosa. As amostras em água são borbulhadas com gás hélio e os analitos voláteis são absorvidos na coluna sorvente. Amostras sólidas são dissolvidas em metanol e este é adicionado à água na etapa de purga. Com esta etapa finalizada, a coluna sorvente é aquecida e refluxada com gás de arraste, que carrega os compostos da amostra para o interior do cromatógrafo, onde são executadas as análises qualitativa e quantitativa dos COV presentes na amostra.

---

[*] N. de R. T.: Um composto é dito *surrogate* quando apresenta propriedades e estrutura similares aos analitos pesquisados, mas não está presente na amostra, e é adicionado à ela com o intuito de conhecer o desempenho global do método de análise.

O método 5035 usa um sistema fechado de extração por *purge and trap* para determinar COV em amostras de solo, sedimentos e resíduos. Para a determinação de níveis muito baixos de COV em solos, um frasco selado contendo a amostra é usado. Ele permanece selado durante todas as operações de processamento da amostra. Uma amostra de aproximadamente 5 g é pesada em um frasco específico para a finalidade equipado com uma barra para agitação e uma solução preservadora de bissulfito de sódio. Este frasco é selado e transportado para o laboratório no menor intervalo de tempo possível. Para a análise, água, *surrogates* e padrões internos são injetados no frasco, sem que este seja aberto. Seus conteúdos são purgados com gás hélio em um *trap* ("armadilha") de amostragem apropriado e então injetados no cromatógrafo a gás para a mensuração.

O método 5031 é usado para isolar compostos voláteis, não purgáveis e solúveis em água com base em uma destilação azeotrópica. É adequado para os analitos acetona, acetonitrila, acrilonitrila, álcool de alila, 1-butanol, *t*-butil álcool, crotonaldeído, 1,4-dioxano, etanol, acetato de etila, óxido de etileno, álcool isobutílico, metanol, metil--etil cetona, metil-isobutil cetona, *n*-nitroso-di-*n*-butil amina, paraldeído, 2-pentanona, 2-picolina, 1-propanol, 2-propanol, propionitrila, piridina e *o*-toluidina. A técnica tira proveito da formação de uma mistura líquida azeotrópica de água e analitos que ferve a uma temperatura constante e libera vapores de composição homogênea. Para a separação da espécie de analito em questão, o pH de uma amostra de 1 L é ajustado em 7,0 com um tampão. Deste volume retira-se uma alíquota de condensado rico no analito. Os compostos orgânicos são mensurados na solução azeotrópica destilada da amostra.

O Método 5032 emprega uma destilação a vácuo para isolar analitos orgânicos voláteis de matrizes de resíduos líquidos, sólidos e oleosos, além de tecidos animais. Entre os compostos que essa técnica permite isolar para análise estão acetona, benzeno, bissulfeto de carbono, clorofórmio, etanol, estireno, tetracloroeteno, cloreto de vinila e os isômeros *o*-, *m*- e *p*-xileno. Esses compostos têm solubilidade mínima em água e entram em ebulição em temperaturas abaixo de 180ºC. A amostra em água é destilada no vácuo e a água é condensada em um condensador resfriado. Os constituintes voláteis do analito não condensados com o vapor da água são arrastados para um dedo frio mantido a −196ºC com nitrogênio líquido, onde são coletados. Posteriormente, o material retido criogenicamente é evaporado a uma temperatura maior e arrastado para o cromatógrafo, onde é analisado.

O Método 3585, a diluição de resíduos para a determinação de compostos orgânicos voláteis, é utilizado para converter uma amostra não aquosa de resíduo de compostos orgânicos voláteis na forma adequada para injeção em um cromatógrafo a gás. É aplicável a amostras contendo analitos em níveis de 1 mg kg^{-1} ou maiores. O procedimento requer a inserção de 1 g da amostra em fase oleosa em um frasco. A amostra é diluída com *n*-hexadecano ou outro solvente apropriado ao volume final de 10 mL, o frasco é fechado e agitado para diluí-la. Como a amostra diluída normalmente contém materiais remanescentes da amostra original que podem inutilizar o cromatógrafo, a amostra é injetada por meio de um *liner* de injeção direta substituível contendo lã de vidro Pyrex.

26.6 A varredura de resíduos para bioensaios e imunoensaios

Alguns métodos biológicos importantes são aplicados para caracterizar resíduos e sobretudo avaliar os perigos que representam para a biosfera.[5] Os testes de toxicidade aguda que abordam um período relativamente curto do ciclo de vida dos organismos são úteis na pesquisa de materiais que representem riscos imediatos. Os efeitos duradouros são avaliados com testes de toxicidade crônica que medem parâmetros de fertilização, crescimento e reprodução. Esses testes via de regra são conduzidos ao longo de todo o ciclo de vida do organismo ou por um período abreviado de 30 dias, um "teste de estágio inicial". Nos Estados Unidos, a EPA desenvolveu um teste de toxicidade crônica de 7 dias aplicável nos primeiros estágios do ciclo de vida dos organismos, um período no qual eles são mais sensíveis a compostos tóxicos.

O *imunoensaio* surgiu como uma técnica útil na varredura de amostras na pesquisa de poluentes de tipos específicos.[6] Uma variedade de técnicas de imunoensaios foi desenvolvida, entre as quais algumas técnicas de aplicação comercial que permitem analisar inúmeras amostras em períodos de tempo curtos. Todas essas metodologias utilizam anticorpos produzidos pelo organismo e que se ligam especificamente a analitos ou a classes destes. Essa ligação é combinada com processos químicos que permitem a detecção por meio de espécies sinalizadoras (reagente repórter) como enzimas, cromóforos, fluoróforos e compostos luminosos. O reagente repórter se liga ao anticorpo. Quando um analito se liga ao anticorpo para deslocar o reagente, a concentração do reagente deslocado é proporcional ao nível do analito que o desloca do anticorpo. A detecção do reagente repórter permite quantificar o analito.

As técnicas de imunoensaio se dividem em dois tipos principais: heterogêneas e homogêneas. As técnicas heterogêneas exigem uma etapa de separação (lavagem), enquanto as técnicas homogêneas não necessitam desta etapa. Na maioria dos casos em que são usados procedimentos heterogêneos, o anticorpo é imobilizado em um suporte sólido na superfície interna de um tubo de ensaio descartável. A amostra é posta em contato com o anticorpo que desloca o reagente repórter, que é removido por lavagem. A quantidade de reagente deslocado, muitas vezes medida por espectroscopia, é proporcional à quantidade de analito adicionada. Alguns imunoensaios enzimáticos utilizam moléculas de reagentes repórteres ligados a enzimas. Hoje, existem *kits* para imunoensaios, como o ensaio imunoabsorvente ligado a enzima (ELISA, *enzyme-linked immunosorbent assay*), usados para detectar diversas espécies orgânicas em resíduos perigosos.

Algumas técnicas de imunoensaios foram aprovadas para a determinação de diversos analitos encontrados com frequência em resíduos perigosos, entre os quais (o número do método desenvolvido pela EPA é dado entre parênteses): pentaclorofenol (4010), 2,4-D (4015), PCB (4020), hidrocarbonetos do petróleo (4030), HAP (4035), toxafeno (4040), clordano (4041), DDT (4042), TNT no solo (4050) e hexahidro-1,3,5-trinitro-1,3,5-triazina (RDX) no solo (4051). O ELISA é usado no monitoramento de pentaclorofenol, BTEX (benzeno, tolueno, etilbenzeno e *o*-, *m*- e *p*-xileno) em efluentes industriais.

26.7 A determinação de agentes quelantes

Os agentes quelantes fortes presentes nos resíduos desempenham um papel importante na mobilidade de metais e radionuclídeos metálicos em sítios de descarte de resíduos, por conta de seu potencial de contaminar águas subterrâneas. Portanto, a determinação de agentes quelantes, como o EDTA e o ácido N-(2-hidroxietil) etilenodiamino tetra--acético (HEDTA), é um procedimento importante na análise de resíduos. A maior parte dos agentes quelantes presentes em sítios de descarte e que causam preocupação são compostos polares e não voláteis, o que impede sua determinação por métodos de cromatografia gasosa direta. Um dos métodos mais apropriados para a determinação desses compostos usa a derivatização para gerar espécies voláteis melhor adaptadas para a análise cromatográfica gasosa. Um dos métodos descritos para a determinação de agentes quelantes em resíduos perigosos de substâncias radioativas usa a derivatização seguida da cromatografia gasosa/espectroscopia de massa (CG/EM).[7] O método foi descrito em um estudo com resíduos contidos em um tanque de armazenagem de parede dupla em vias de vazamento no Complexo Nuclear de Hanford, do Departamento Norte-americano de Energia. O tratamento com BF_3 e metanol produziu derivados voláteis analisados por CG/EM. Além do EDTA e do HEDTA, o estudo demonstrou a presença de quelantes NTA e citratos, e que o quelante diacetato nitrosoimino foi produzido como subproduto do processo analítico.

26.8 Toxicidade característica ao procedimento de lixiviação

A TCLP (*toxicity characteristic leaching procedure*) é um método específico para a determinação do potencial tóxico de diversos tipos de resíduos.[8] O teste foi desenvolvido para estimar a disponibilidade aos organismos de espécies inorgânicas e orgânicas presentes em materiais perigosos líquidos, sólidos ou em misturas multifásicas. O método está baseado na produção de um lixiviado, o extrato TCLP, que é analisado para os compostos tóxicos específicos listados na Tabela 26.2.

O procedimento para conduzir o ensaio TCLP é bastante complexo. Ele não precisa ser executado se uma análise total da amostra revelar que nenhum dos poluentes especificados no procedimento excede os respectivos níveis permitidos. Por outro lado, se a análise das frações líquidas da amostra revelar que qualquer espécie regulamentada excede os níveis permitidos, mesmo após as diluições necessárias no TCLP, o que qualifica a amostra como perigosa, o procedimento também não precisa ser efetuado.

Durante o TCLP, se o resíduo for um líquido contendo menos que 0,5% de sólidos, ele é filtrado em um filtro de fibra de vidro de 0,6-0,8 μm de porosidade. O filtrado obtido é chamado extrato TCLP. Com níveis de sólidos acima de 0,5%, qualquer líquido presente é filtrado para uma análise em separado e o sólido passa por extração para obter um extrato TCLP (após a filtração, se as partículas excederem certos limites de tamanho). A escolha do fluido de extração é feita com base no pH da solução aquosa produzida pela mistura de 5 g de sólidos e 96,5 mL de água. Se o pH ficar abaixo de 5,0, um tampão de ácido acético/acetato de sódio com pH 4,96 é usado na extração. Nos outros casos, o fluido de extração usado é uma solução de ácido acético diluído com pH 2,88 ± 0,05. As extrações são conduzidas em um recipiente selado e mantido em rotação contínua por 18 h. A porção líquida é separada e analisada para determinar as substâncias mostradas na Tabela 26.2. Se os valores obtidos estiverem acima dos limites permitidos, o resíduo é designado como "tóxico".

TABELA 26.2 Os contaminantes determinados por TCLP

Número de resíduo perigoso EPA	Contaminante	Nível permitido (mg L^{-1})	Número de resíduo perigoso EPA	Contaminante	Nível permitido (mg L^{-1})
Metais (metaloides)					
D004	Arsênico	5,0	D032	Hexaclorobenzeno	0,13[b]
D005	Bário	100,0	D033	Hexlaclorobutadieno	0,5
D006	Cádmio	1,0	D034	Hexacloroetano	3,0
D007	Cromo	5,0	D035	Metil-etil cetona	200,0
D008	Chumbo	5,0	D036	Nitrobenzeno	2,0[b]
D009	Mercúrio	0,2	D037	Pentaclorofenol	100,0
D010	Selênio	1,0	D038	Piridina	5,0[b]
D011	Prata	5,0	D039	Tetracloroetileno	0,7
Orgânicos			D040	Tricloroetileno	0,5
D018	Benzeno	0,5	D041	2,4,5-Triclorofenol	400,0
D019	Tetracloreto de carbono	0,5	D042	2,4,6-Triclorofenol	2,0
D021	Clorobenzeno	100,0	D043	Cloreto de vinila	0,2
D022	Clorofórmio	6,0	**Pesticidas**		
D023	o-Cresol	200,0[a]	D012	Endrin	0,02
D024	m-Cresol	200,0[a]	D013	Lindano	0,4
D025	p-Cresol	200,0[a]	D014	Metoxiclor	10,0
D026	Cresol	200,0[a]	D015	Toxafeno	0,5
D027	1,4-Diclorobenzeno	7,5	D016	2,4-D	10,0
D028	1,2-Dicloroetano	0,5	D017	2,4,5-TP (Silvex)	1,0
D029	1,1-Dicloroetileno	0,7	D020	Clordano	0,03
D030	2,4-Dinitrotolueno	0,13[b]	D031	Heptaclor (e seu epóxido)	0,008

[a] Se não for possível diferenciar as concentrações de o-, m- e p-cresol, a concentração de cresol (D026) total é utilizada. O nível permitido de cresol é 200 mg L^{-1}.
[b] O limite de quantificação é maior que o nível permitido calculado. Portanto, o limite de quantificação é considerado o limite permitido.

Literatura citada

1. Taricksa, J. R., Y. T. Hung, and K. H. Li, On-site monitoring and analysis of industrial pollutants, Chapter 4 in, *Hazardous Industrial Waste Treatment*, Lawrence K. Wang, Yung-Tse Hung, Howard H. Lo, and Constantine Yapijakis, Eds. pp. 133–136, Taylor & Francis/CRC Press, Boca Raton, FL, 2007.

2. *Test Methods for Evaluating Solid Waste, Physical/Chemical Methods*, EPA Publication SW-846, 3rd ed., (1986), as amended by Updates I (1992), II (1993, 1994, 1995) and III (1996), U.S. Government Printing Office, Washington, DC.
3. *Understanding Environmental Methods*, Version 5.0 on CD ROM, Genium Publishing Corporation, Amsterdam, NY, 2007.
4. *ASTM Book of Standards Volume 11.04: Water and Environmental Technology: Environmental Assessment; Hazardous Substances and Oil Spill Responses; Waste Management*, ASTM International, West Conshohocken, PA, 2008.
5. Selivanovskaya, S. Y. and V. Z. Latypova, Bioassay of industrial waste pollutants, Chapter 2 in, *Hazardous Industrial Waste Treatment*, L. K. Wang, Y.-T. Hung, H. H. Lo, and C. Yapijakis, Eds, pp. 15–62, Taylor & Francis/CRC Press, Boca Raton, FL, 2007.
6. Castillo, M., A. Oubiña, and D. Barcelo, Evaluation of ELISA kits followed by liquid chromato graphyatmospheric pressure chemical ionization-mass spectrometry for the determination of organic pollutants in industrial effluents, *Environmental Science and Technology*, **32**, 2180–2184, 1998.
7. Grant, K. E., G. M. Mong, R. B. Lucke, and J. A. Campbell, Quantitative determination of chelators and their degradation products in mixed hazardous wastes from tank 241-SY-101 using derivatization GC/MS, *Journal of Radioanalytical and Nuclear Chemistry*, **221**, 383–402, 1996.
8. Toxicity Characteristic Leaching Procedure, *Test Method 1311 in Test Methods for Evaluating Solid Waste, Physical/Chemical Methods*, EPA Publication SW-846, 4th ed., U.S. Government Printing Office, Washington, DC, 2008.

Leitura complementar

Dieken, F. P., Methods Manual for Chemical Analysis of Water and Wastes, Alberta Environmental Centre, Vergeville, Alberta, Canada, 1996.
Franchetti, M. J., Solid Waste Analysis and Minimization, McGraw-Hill, New York, 2009.
Gavasci, R., F. Lombardi, A. Polettini, and P. Sirini, Leaching tests on solidified products, Journal of Solid Waste Technology Management, 25, 14–20, 1998.
Margesin, R. and F. Schinner, Eds, Manual for Soil Analysis: Monitoring and Assessing Soil Bioremediation, Springer, Berlin, 2005.
Morales-Munoz, S., J. L. Luque-Garcia, and M. D. Luque De Castro, Approaches for accelerating sample preparation in environmental analysis, Critical Reviews in Environmental Science and Technology, 33, 391–421, 2003.
Pansu, M. and J. Gautheyrou, Handbook of Soil Analysis: Mineralogical, Organic and Inorganic Methods, Springer, Berlin, 2006.
Patnaik, P., Ed., Handbook of Environmental Analysis: Chemical Pollutants in Air, Water, Soil, and Solid Wastes, CRC Press, Boca Raton, FL, 1997.
Que H. S. S., Hazardous Waste Analysis, Government Institutes, Rockville, MD, 1999.
Rayment, G. E., R. Sadler, N. Craig, B. Noller, and B. Chiswell, Chemical Analysis of Contaminated Land, CRC Press, Boca Raton, FL, 2003.
Reeve, Introduction to Environmental Analysis, Wiley, New York, 2002.
Ulery, A. L. and L. R. Drees, Eds, Methods of Soil Analysis. Part 5, Mineralogical Methods, Soil Science Society of America, Madison, WI, 2008.
Williford, C. W., Jr. and R. M. Bricka, Extraction of TNT from aggregate soil fractions, Journal of Hazardous Materials, 66, 1–13, 1999.

Perguntas e problemas

Para elaborar as respostas das seguintes questões, você pode usar os recursos da Internet para buscar constantes e fatores de conversão, entre outras informações necessárias.

1. Explique os usos das micro-ondas na análise de resíduos perigosos. Como o ultrassom é usado na análise de resíduos perigosos?
2. A digestão de uma amostra sempre permite uma análise de metais totais? Por que talvez não seja vantajoso mensurar metais totais em uma amostra?
3. Qual é a diferença entre o aparelho Kuderna-Danish e o aparelho Soxhelt?
4. De que modo o Na_2SO_4 anidro é usado na análise de compostos orgânicos?
5. De que modo o processo *purge and trap* difere da destilação azeotrópica? Para que tipos de compostos os dois processos são empregados?
6. Qual é a finalidade da limpeza da amostra? Por que a limpeza é aplicada com mais frequência na determinação de contaminantes orgânicos do que de metais?
7. Qual é a finalidade de um *trap* criogênico na análise de compostos orgânicos? Que vantagem ele oferece em comparação aos adsorventes sólidos usados na análise *purge and trap* convencional?
8. O que benzeno, bromometano, clorofórmio, 1,4-diclorobenzeno, diclorometano, estireno, tolueno, cloreto de vinila e *o*-xileno têm em comum?
9. Qual é o princípio dos imunoensaios? Que característica define a especificidade da técnica para compostos ou classes pequenas de compostos? Por que esse tipo de ensaio pode ser útil como técnica de monitoramento de resíduos perigosos? O que é o ELISA?
10. Em que sentido o TCLP é uma medida de compostos tóxicos disponíveis?
11. Em que circunstâncias não é necessário executar o TCLP na avaliação do risco de toxicidade de um material perigoso?
12. Que técnica de limpeza de amostra tem maior gama de aplicações? Quais são os três outros tipos de materiais usados na limpeza de amostras em colunas?
13. Examine as condições em que a água é um fluido supercrítico. Quais são as vantagens de usar água subcrítica como extrator, nos casos em que é eficiente para essa finalidade?
14. O TCLP não necessariamente remove todos os analitos presentes em uma amostra. Isso significa que o teste tem validade limitada? Explique por que ele pode ser útil.

A análise da atmosfera e dos poluentes do ar 27

27.1 O monitoramento da atmosfera

Bons métodos analíticos, sobretudo aqueles aplicáveis a análises automatizadas e ao monitoramento contínuo, são essenciais no estudo e na diminuição da poluição do ar. A atmosfera é um sistema especialmente difícil de ser analisado, pois os níveis das substâncias de interesse em uma análise são muito baixos. Além disso, é preciso considerar os obstáculos relacionados às variações nos níveis desses poluentes com o tempo e a localização, as diferenças em temperatura e umidade, e as dificuldades para encontrar os sítios de coleta de amostra adequados, em especial aqueles a grandes altitudes da superfície terrestre. Embora as técnicas de análise de poluentes aéreos sejam objeto de constantes avanços, persiste a necessidade de uma metodologia analítica nova e de melhorias na metodologia existente.

A maior parte dos primeiros dados coletados sobre os níveis de poluentes do ar era inconfiável, por conta dos métodos de amostragem e análise inadequados empregados no passado. Um método de análise de poluentes atmosféricos não necessariamente precisa gerar um valor real para ser útil. O método que produz um valor relativo é proveitoso para estabelecer as tendências dos níveis de poluentes e determinar os efeitos destes e a localização das fontes de poluição. Esses métodos podem continuar em uso enquanto outros estão sendo desenvolvidos.

A análise atmosférica é um campo dinâmico, beneficiado pelos avanços na instrumentação e no desenvolvimento de técnicas analíticas. Os métodos padrão de análise química da atmosfera são discutidos na literatura específica.[1,2]

27.1.1 Os poluentes medidos no ar

Os poluentes do ar medidos com mais frequência são divididos em diferentes categorias. Nos Estados Unidos, uma dessas categorias inclui substâncias para as quais os padrões relativos ao ambiente (atmosfera circundante) foram definidos pela EPA. Essas substâncias são o dióxido de enxofre, monóxido de carbono, dióxido de nitrogênio, hidrocarbonetos excluindo o metano e material particulado. Os padrões são categorizados como primários e secundários. Os *padrões primários* definem o nível da qualidade do ar necessário para manter a saúde pública. Os *padrões secundários* são projetados como forma de proteção contra efeitos adversos conhecidos ou previstos causados pelos poluentes aéreos, sobretudo em materiais, vegetação e animais. Outro grupo que deve ser mensurado que consiste nos poluentes aéreos que representam um risco comprovado para a saúde humana, como amianto, berílio e mercúrio. Além dessas, há ainda a categoria que inclui os poluentes aéreos regulamentados em novas instalações de algumas fontes estacionárias, como plantas de limpeza de carvão, descaroçadoras de algodão, fábricas de cal e indústrias de papel. Alguns poluentes dessa categoria são emissões visíveis, névoa de (H_2SO_4), material particulado, óxidos de nitrogênio e de enxofre. Com frequência essas substâncias precisam ser monitoradas na chaminé, para garantir que os padrões de emissões sejam observados. Uma quarta categoria é composta por emissões de fontes móveis (automóveis) – hidrocarbonetos, CO e NO_x. Um quinto grupo é representado por elementos e compostos diversos, como alguns metais, fluoreto, cloro, fósforo, HAP, PCB, compostos odoríferos, compostos orgânicos reativos e radionuclídeos. A maior parte do restante deste capítulo é dedicada a uma discussão sobre os métodos analíticos utilizados para a maioria das espécies citadas.

As unidades em que os poluentes aéreos e os parâmetros de qualidade do ar são expressos são μ/m^3 para gases e vapores (ou ppm em volume, como alternativa); $\mu g/m^3$ para massa de material particulado; número por metro cúbico para contagem de material particulado; km para visibilidade; porcentagem de luz transmitida para transmissão de luz instantânea; m^3/min para emissão e vazão de amostragem; mm Hg para pressão; e °C para temperatura. Os volumes de ar devem ser convertidos para as condições de 10°C e 760 mm Hg (1 atm), supondo o comportamento de gás ideal.

27.2 A amostragem

As técnicas ideais de análise são aquelas que funcionam com sucesso sem amostragem, como o monitoramento por absorção de ressonância a laser de longo percurso. Contudo, para muitas análises são necessários diversos tipos de amostragem. Em alguns sistemas de monitoramento muito sofisticados, as amostras são coletadas e analisadas automaticamente, e os resultados são transmitidos a uma estação receptora central. Porém, com frequência as amostras são coletadas de modo discreto (não contínuo) para análise posterior.

A qualidade do resultado da análise de uma amostra depende da qualidade do método empregado para obtê-la. Diversos fatores influenciam a obtenção de uma boa amostra. O tamanho da amostra necessário (volume total de ar amostrado) é inversamente proporcional à concentração de poluente e à sensibilidade do método analítico usado. Muitas vezes é necessário coletar uma amostra de 10 metros cúbicos, ou mais. A velocidade de coleta depende do equipamento usado e de modo geral varia de 0,003 a 3,0 m^3 min^{-1}. A duração da coleta influencia o resultado final obtido, como mostra a Figura 27.1. A concentração real do poluente é representada pela linha contínua. A concentração de uma amostra coletada ao longo de um período de 8 h é mostrada na linha tracejada, enquanto as amostras coletadas a intervalos de 1 h são representadas pela linha pontilhada. A parte final deste capítulo apresenta uma discussão breve sobre técnicas de amostragem para alguns analitos específicos.

Os métodos de amostragem de partículas atmosféricas são discutidos na Seção 27.9. Os principais métodos de amostragem de partículas são a sedimentação simples, a filtração e a impactação de um jato de ar em uma superfície que coleta partículas.

As técnicas de amostragem de vapores e gases variam desde a coleta de um único poluente aos métodos projetados para coletar todos os contaminantes. O método mais básico de amostragem é a *amostragem de ar total*, em que um volume de ar é coleta-

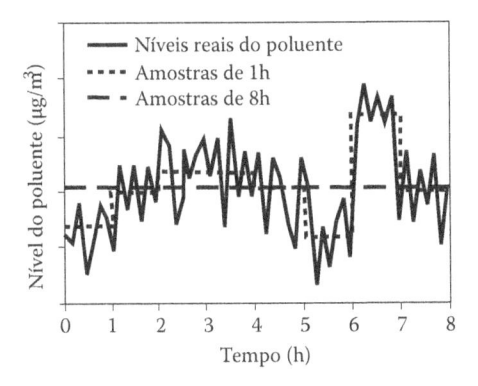

FIGURA 27.1 Efeito da duração da amostragem nos valores observados de poluentes aéreos.

do em uma bolsa, ou um recipiente de aço ou vidro. Um dos problemas possíveis com essa técnica é a perda do analito por adsorção nas paredes do recipiente. Em síntese, todos os poluentes podem ser removidos de uma amostra de ar pela via criogênica, congelando ou liquefazendo o ar em coletores mantidos a temperaturas baixas. Os analitos podem ser coletados em sorventes sólidos sobre os quais o ar é filtrado ou por borbulhamento em líquidos. Os métodos de coleta podem ser *dinâmicos*, em que o ar é bombeado através do meio amostral, ou *passivos*, no qual o meio amostral, como uma bolsa semipermeável preenchida com um material sorvente, é exposto ao ar por algum tempo (ver a seguir).

Também usada na análise de água, a *microextração em fase sólida* combina amostragem e pré-concentração em que os COV são coletados do ar por bombeamento sobre uma pequena quantidade de fibras que retêm um meio de extração. O analito pode então ser retirado do dispositivo de extração diretamente para um cromatógrafo a gás para a análise.

Os *denuders*, ou tubos de difusão, estão entre os dispositivos de amostragem mais úteis para alguns tipos de poluentes aéreos. Os *denuders* resolvem um dos grandes problemas da amostragem, ao permitir a coleta de poluentes em fase gasosa sem risco de contaminação por partículas. Sem eles, como ocorre com os ácidos, não é possível distinguir as quantidades relativas de analitos na fase gasosa dos presentes nas partículas.

Nos *denuders* de difusão, uma corrente laminar de ar flui por um tubo, cujas paredes são cobertas por um meio de coleta sorvente ou reativo para os analitos em questão. Os coeficientes de difusão de pequenas partículas são da ordem de 10^{-4} menores que os dos gases, assim, as partículas passam pelo tubo e os gases se difundem nas paredes, sendo então coletados. Os *denuders* ocos são compostos por tubos com paredes revestidas. O *denuder anular* é um dispositivo mais eficiente, composto por tubos concêntricos separados por um espaço de 1 a 2 mm. Os *termodenuders* usam calor para deslocar os analitos coletados pelo dispositivo, sendo aproveitados na análise semicontínua com a utilização de um ciclo coleta/análise que compreende a coleta e a dessorção térmica em alternância. Os *lavadores por difusão* são *denuders* cujas paredes são formadas por membranas que permitem a passagem do gás da amostra para ele seja coletado em um líquido específico para a finalidade.

Um *denuder* anular revestido com ácido cítrico serve para coletar amônia gasosa no ar. O HCl, HNO_2 e SO_2 podem ser coletados nas paredes de um *denuder* revestido com carbonato de sódio.

Os dispositivos de amostragem *passiva* do ar são usados na análise semiquantitativa dos contaminantes atmosféricos. Alguns poluentes orgânicos persistentes, como as PCB, são coletadas do ar ambiente por dispositivos compostos por tubos de uma membrana permeável revestida com o lipídeo trioleína e suspensos em contato direto com o ar. Esses coletores de amostra são mantidos nessa posição por dias ou semanas, e produzem um valor global para a presença de contaminantes.

Em princípio semelhantes aos dispositivos de amostragem passivos, os *meios de amostragem similares (surrogate)* são compostos por materiais em contato natural com o ar por períodos prolongados. As agulhas das coníferas e as cascas de árvores são usadas como meios similares de coleta. Um interessante meio de coleta é a manteiga produzida com o leite de vaca. Esse meio é especialmente útil para a detecção de poluentes orgânicos persistentes e lipofílicos, como as PCB. Esses materiais depositam-se do ar na forragem consumida pelos animais, concentrando-se na gordura do leite e, portanto, na manteiga.

As *reações de quimiossorção*, em que os analitos reagem quimicamente com substâncias em uma superfície sólida, são usadas como forma de amostragem de poluentes aéreos. Um desses processos se baseia na passagem de ar em um volume de 2,4-dinitrofenil hidrazina contido em um cartucho, permitindo a coleta dos compostos carbonílicos (aldeídos e cetonas) presentes na atmosfera e muito importantes como poluentes. O adsorvente reage com carbonilas, formando hidrazona, como mostra a reação do acetaldeído a seguir. As hidrazonas produzidas são eluídas com acetonitrila, mensuradas por cromatografia líquida de alta eficiência e detectadas espectrofotometricamente.

$$\text{2,4-Dinitrofenil hidrazina} + \text{acetaldeído} \longrightarrow \text{Etanal-2,4-dinitrofenil hidrazona} + H_2O \tag{27.1}$$

27.3 Os métodos de análises

Diferentes técnicas analíticas são usadas na análise de poluentes aéreos. Algumas delas, cujas aplicações não se restringem à análise da atmosfera, foram discutidas nos Capítulos 25 e 26. As técnicas usadas principalmente com essa finalidade são tratadas no restante deste capítulo. Um resumo das principais técnicas instrumentais empregadas no monitoramento da poluição atmosférica é dado na Tabela 27.1.

Nos Estados Unidos, a EPA especifica métodos analíticos de referência para a determinação dos níveis de alguns poluentes atmosféricos de acordo com os padrões primários e secundários norte-americanos de qualidade do ar. Esses métodos são publicados anualmente no *Code of Federal Regulations*.[3] Estas metodologias não são as mais atuais, e algumas são bastante ultrapassadas e difíceis de executar. No entanto, para fins reguladores e legais, as medidas que geram são confiáveis e válidas.

TABELA 27.1 As principais técnicas instrumentais usadas na análise de poluentes aéreos

Poluente	Método	Potenciais interferentes
SO_2(S total)	Fotometria de chama (FPD)	H_2S, CO
SO_2	CG (FPD)	H_2S, CO
SO_2	Espectrofotometria (pararosanilina, química por via úmida)	H_2S, HCl, NH_3, NO_2, O_3
SO_2	Eletroquímica	H_2S, HCl, NH_3, NO, NO_2, O_3, C_2H_4
SO_2	Condutividade	HCl, NH_3, NO_2
SO_2	Espectrofotometria em fase gasosa	NO, NO_2, O_3
O_3	Quimiluminescência	H_2S
O_3	Eletroquímica	NH_3, NO_2, SO_2
O_3	Espectrofotometria (reação de iodeto de potássio, química por via úmida)	NH_3, NO_2, NO, SO_2
O_3	Espectrofotometria em fase gasosa	NO_2, NO, SO_2
CO	Infravermelho	CO_2 (níveis elevados)
CO	CG (com detector por ionização de chama)	–
CO	Eletroquímica	NO, C_2H_4
CO	Combustão catalítica – detecção térmica	NH_3
CO	Fluorescência no infravermelho	–
NO_2	Quimiluminescência	NH_3, NO, NO_2, SO_2
NO_2	Espectrofotometria (reação de corante azo, química por via úmida)	NO, SO_2, NO_2, O_3
NO_2	Eletroquímica	HCl, NH_3, NO, NO_2, SO_2, O_3, CO
NO_2	Espectrofotometria em fase gasosa	NH_3, NO, NO_2, SO_2, CO
NO_2	Condutividade	HCl, NH_3, NO, NO_2, SO_2

27.4 A determinação do dióxido de enxofre

O método de referência para a análise do dióxido de enxofre é a espectrofotometria usando a pararosanilina desenvolvido por West e Gaeke.[4] Empregado na análise de SO_2 na faixa de 0,005 – 5 ppmv de SO_2 no ar ambiente, o método utiliza uma solução de coleta de tetracloromercurato de potássio 0,04 molL^{-1} para coletar dióxido de enxofre, com base na reação:

$$HgCl_4^{2-} + SO_2 + H_2O \rightarrow HgCl_2SO_3^{2-} + 2H^+ + 2Cl^- \quad (27.2)$$

Na maioria dos casos, a amostragem envolve o borbulhamento de 30 L de ar em 10 mL de solução de lavagem com uma eficiência de coleta da ordem de 95%. O complexo $HgCl_2SO_3^{2-}$ estabiliza o dióxido de enxofre oxidado de imediato contra os agentes oxidantes como o ozônio e os óxidos de nitrogênio. Para a análise, o dióxido de enxofre presente na solução lavadora reage com o formaldeído:

$$HCHO + SO_2 + H_2O \rightarrow HOCH_2SO_3H \quad (27.3)$$

O aduto formado reage com hidrocloreto de pararosanilina orgânico que é transparente, gerando uma coloração vermelho-violeta. Embora o NO_2 presente em níveis acima

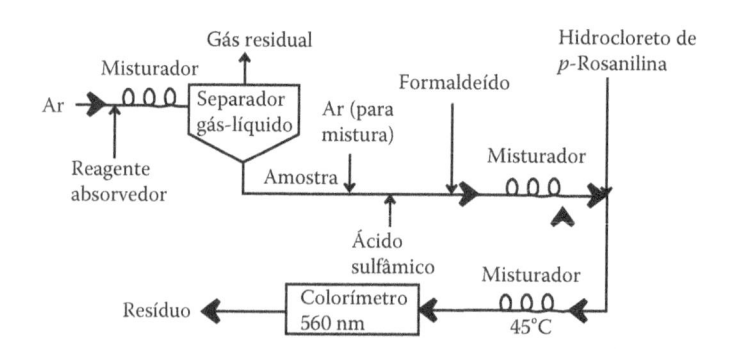

FIGURA 27.2 Diagrama de bloco de um sistema automatizado para a determinação do dióxido de enxofre pelo método da pararosanilina.

de 2 ppmv atue como interferente, essa interferência pode ser eliminada pela redução do NO_2 a gás N_2 com ácido sulfâmico, H_2NSO_3H. O nível de SO_2 medido por espectrofotometria é corrigido para as condições ambiente padrão de 25°C e pressão de 101 kPa. O limite inferior de detecção do SO_2 em 10 mL de solução de coleta é 0,75 µg. Isso representa uma concentração de 25 µg SO_2 m^{-3} (0,01 ppmv) em uma amostra de ar de 30 L (amostragem de curta duração) e 13 µg SO_2 m^{-3} (0,005 ppmv) em uma amostra de ar de 288 L (amostragem de longa duração).

Quando executado manualmente, o método de West-Gaeke para a análise de dióxido de enxofre é trabalhoso e complicado. No entanto, o método foi refinado e pode ser executado em uma forma automatizada com equipamento de monitoramento contínuo. Um diagrama de bloco desse tipo de analisador é mostrado na Figura 27.2.

A *condutimetria* (*amperometria*) era usada como base para um analisador comercial contínuo de dióxido de enxofre já em 1929. De modo geral, o dióxido de enxofre é coletado em uma solução de peróxido de hidrogênio, que oxida o SO_2 em H_2SO_4, e a condutância elétrica elevada do ácido sulfúrico é mensurada. O dióxido de enxofre pode ser determinado por cromatografia iônica por borbulhamento de SO_2 em uma solução de peróxido de hidrogênio, gerando SO_4^{2-}, seguida pela análise do sulfato por cromatografia iônica, um método que separa íons em uma coluna cromatográfica e os detecta medindo sua condutividade, com muita sensibilidade. A fotometria de chama, por vezes usada com a CG, é empregada na detecção do dióxido de enxofre e de outros compostos de enxofre gasosos. O gás é queimado em uma chama de hidrogênio e a emissão de enxofre é medida a 394 nm.

Vários métodos de espectrofotometria direta são usados para medir os teores de dióxido de enxofre, como a absorção por infravermelho não dispersivo, a análise por infravermelho por transformada de Fourier (FTIR), a absorção no ultravioleta, a fluorescência de ressonância molecular e a espectrofotometria da segunda derivada. Os princípios desses métodos são os mesmos para todos os gases analisados.

27.5 Os óxidos de nitrogênio

Vários métodos são usados na determinação de óxidos de nitrogênio. Conforme a Tabela 27.1, esses métodos incluem técnicas eletroquímicas, mensuração direta de óxidos nítricos por espectrofotometria em fase gasosa e técnicas químicas por via úmida com

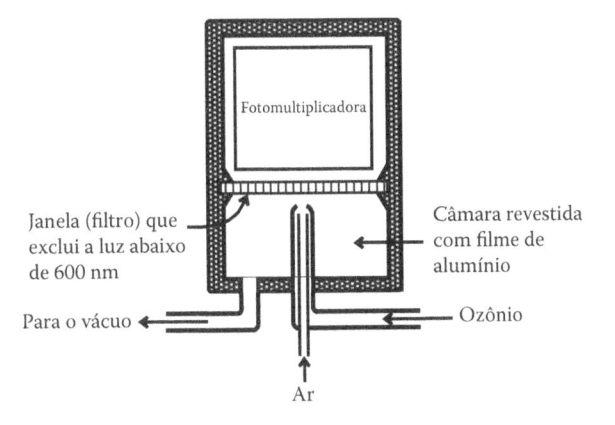

FIGURA 27.3 Detector de NO_x por quimiluminescência.

base na formação de corantes azo. Porém, a quimiluminescência em fase gasosa é o método preferido para a análise de NO_x.[5] O fenômeno geral da quimiluminescência foi definido na Seção 9.8: ele resulta da emissão de luz por espécies excitadas eletronicamente formadas por uma reação química. No caso do NO, o ozônio é utilizado para promover a reação, gerando dióxido de nitrogênio eletronicamente excitado:

$$NO + O_3 \rightarrow NO_2^* + O_2 \qquad (27.4)$$

A espécie perde energia e retorna ao estado fundamental ao emitir luz na faixa de 600-3.000 nm. A luz emitida é medida em uma fotomultiplicadora. Sua intensidade é proporcional à concentração de NO. A Figura 27.3 mostra um diagrama esquemático do dispositivo usado na técnica.

Uma vez que o sistema do detector de quimiluminescência depende da reação do O_3 com o NO, é necessário converter o NO_2 em NO na amostra antes da análise. Isso é feito passando a amostra de ar sobre um conversor térmico, que efetua a conversão desejada. A análise dessa amostra gera o teor de NO_x, como soma de NO e NO_2. A análise por quimiluminescência de uma amostra que não tenha passado por um conversor térmico gera o teor de NO. A diferença entre esses dois resultados é o teor de NO_2.

Além do NO e do NO_2, outros compostos de nitrogênio produzem quimiluminescência ao reagirem com o O_3, e estes podem interferir na análise se seus níveis na amostra forem muito altos. O material particulado também pode ter efeito interferente, mas que é amenizado com o emprego de um filtro de membrana na entrada de ar.

Esta técnica de análise é representativa dos métodos quimiluminescentes em geral. A quimiluminescência é uma técnica indicada para a análise de poluentes atmosféricos porque evita a química úmida, é simples em princípio e se presta muito bem ao monitoramento contínuo e aos métodos instrumentais. Outro método baseado na quimiluminescência usado na análise do ozônio é descrito na próxima seção.

27.6 A análise de oxidantes

Os oxidantes atmosféricos mais analisados incluem ozônio, peróxido de hidrogênio, peróxidos orgânicos e cloro. O método manual clássico de análise de oxidantes se baseia na oxidação do íon I⁻ seguida da mensuração espectrofotométrica do produto. A amostra é coletada em KI 1% tamponado em pH 6,8. Os oxidantes reagem com o íon iodeto, como mostra a reação do ozônio:

$$O_3 + 2H^+ + 3I^- \rightarrow I_3^- + O_2 + H_2O \tag{27.5}$$

A absorbância do I_3^- produzido é medida por espectrofotometria a 352 nm. De modo geral o nível de oxidante é expresso como ozônio. Porém, é preciso observar que nem todos os oxidantes – o nitrato de peroxiacetila, por exemplo – reagem com a mesma eficiência que o O_3. A oxidação do I⁻ pode ser usada para determinar oxidantes em uma faixa de concentração de alguns centésimos de ppmv a cerca de 10 ppmv. O dióxido de nitrogênio gera uma resposta limitada com esse método, e agentes redutores são fonte de forte interferência.

O método de análise de oxidantes preferido atualmente utiliza a quimiluminescência.[6] A reação quimiluminescente ocorre entre o ozônio e o etileno. A radiação quimiluminescente dessa reação é emitida em uma faixa de 300 a 6.000 nm, com máximo em 435 nm. O método permite medir concentrações de ozônio entre 0,003 e 30 ppmv. O ozônio necessário para calibrar o instrumento é gerado pela via fotoquímica a partir da absorção da radiação ultravioleta pelo oxigênio.

27.7 A análise do monóxido de carbono

O monóxido de carbono pode ser mensurado na atmosfera pela absorção de radiação infravermelha a 4,7 μm. A absorbância da radiação solar nesse comprimento de onda através da atmosfera é usada para calcular a abundância total da coluna vertical da atmosfera e a concentração de monóxido de carbono nela. O monóxido de carbono é analisado na atmosfera usando a espectrometria no infravermelho não dispersivo.[7] Essa técnica é influenciada pelo fato de que o monóxido de carbono absorve intensamente a radiação infravermelha em certos comprimentos de onda. Portanto, quando essa radiação passa por uma célula longa (na maioria das vezes 100 cm) contendo níveis traço de monóxido de carbono, um nível maior de energia infravermelha radiante é absorvido.

Um espectrômetro de infravermelho não dispersivo difere dos espectrômetros de infravermelho comuns pelo fato de a radiação infravermelha emitida pela fonte não ser dispersa com base no comprimento de onda via prisma ou rede de difração. O espectrômetro de infravermelho não dispersivo é construído de maneira a ser específico para dado composto ou tipo de composto. Para isso, o material de estudo é usado como parte do detector ou colocado em uma célula filtrante no percurso ótico. Um diagrama de um espectrômetro de infravermelho não dispersivo específico para o CO é mostrado na Figura 27.4. A radiação de uma fonte de infravermelho é "cortada" por um dispositivo rotativo para que passe por uma célula de amostra e por uma célula de referência, em alternância. Nesse instrumento, os dois feixes de luz incidem em um detector cheio de gás CO e dividido em dois compartimentos por um diafragma flexível. As quantidades relativas da radiação infravermelha absorvida pelo CO nas duas seções do detector dependem do nível do gás na amostra. A diferença na quantidade de radiação infravermelha absorvida nos dois compartimentos gera ligeiras diferenças no aquecimento, com o diafragma inchando um pouco para o interior de um

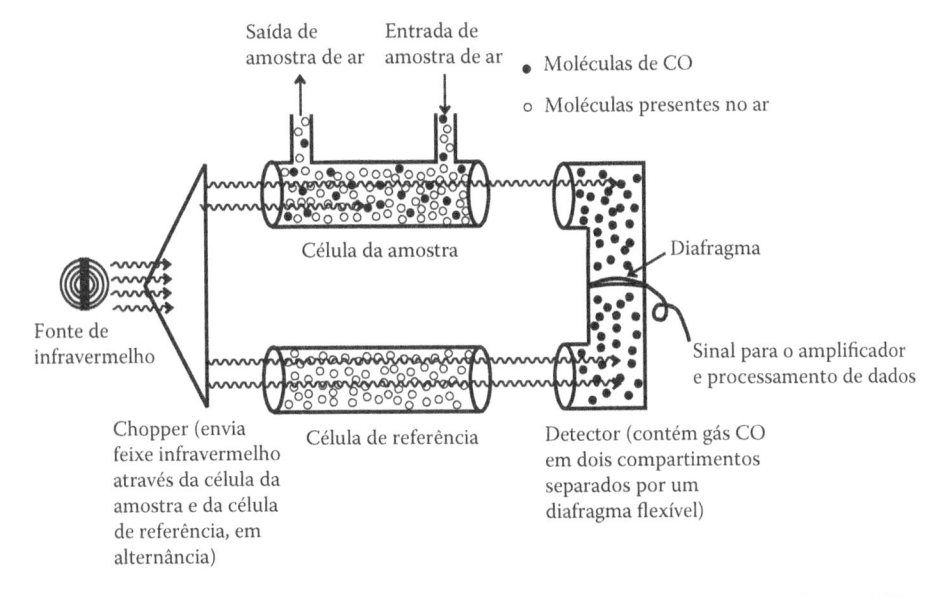

FIGURA 27.4 Espectrômetro infravermelho não dispersivo para a determinação de monóxido de carbono na atmosfera.

deles. Qualquer movimento do diafragma, por menor que seja, pode ser detectado e registrado. Esse dispositivo permite mensurar teores de CO entre 0 e 150 ppmv, com precisão relativa de ±5% na faixa de concentração ótima.

A CG por ionização em chama também é usada na análise de monóxido de carbono. Esse sistema de detecção, descrito no Capítulo 25, Seção 25.5, é seletivo para hidrocarbonetos, e é preciso converter o CO na amostra em metano por reação com hidrogênio sobre um catalisador de níquel a 360°C:

$$CO + 3H_2 \rightarrow CH_4 + H_2O \tag{27.6}$$

Uma das principais vantagens dessa abordagem é que ela permite empregar a mesma instrumentação básica usada na mensuração de hidrocarbonetos.

O monóxido de carbono também pode ser analisado com a mensuração do calor produzido pela oxidação catalítica do CO_2 sobre um catalisador composto por uma mistura de MnO_2 e CuO. As diferenças em temperatura entre uma célula em que ocorre a oxidação e uma célula de referência por que passa parte da amostra são medidas por termistores. Um catalisador de óxido de vanádio é usado na oxidação de hidrocarbonetos, o que permite que eles sejam analisados com o CO.

27.8 A determinação de hidrocarbonetos e compostos orgânicos

O monitoramento de hidrocarbonetos em amostras atmosféricas tira proveito da altíssima sensibilidade do detector por ionização em chama de hidrogênio para medir essa classe de composto. Quantidades conhecidas de ar são passadas em um detector de ionização em chama 4 ou 12 vezes por hora, dando uma medida do teor total de hidrocarbonetos. Uma porção individual de cada amostra passa por uma coluna de arraste para remover água, dióxido de carbono e hidrocarbonetos excluindo o metano. O metano e o monóxido de carbono, que não são retidos pela coluna de arraste, são separados em uma coluna cromatográfica, passados em um tubo de redução catalítica e então em um detector de ionização em chama. Por ser o primeiro a eluir, o metano não é modificado no tubo de redução e é detectado inalterado pelo detector. O monóxido de carbono é reduzido a metano, como mostra a Reação 27.6 na seção anterior, e então detectado como metano pelo detector. As concentrações de hidrocarbonetos excluindo o metano são obtidas subtraindo as concentrações de metano das concentrações totais de hidrocarbonetos.

O método descrito anteriormente permite determinar os hidrocarbonetos totais na faixa $0 - 13$ mg m^{-3}, o que corresponde a 0-10 ppmv. O metano pode ser mensurado em uma faixa entre $0 - 6,5$ mg m^{-3} ($0 - 10$ ppmv).

27.8.1 A determinação de compostos orgânicos específicos na atmosfera

O método para a análise de hidrocarbonetos recém-descrito gera os valores de hidrocarbonetos e metanos totais. Em alguns casos é importante dispor de um método para a determinação de compostos orgânicos individuais devido a suas toxicidades, à capacidade de formar o *smog* fotoquímico, à aplicação como indicadores deste fenômeno e ao fato de representarem um meio de rastrear a origem da poluição. Inúmeras técnicas foram publicadas para a determinação de compostos orgânicos na atmosfera. Por exemplo, amostras de ar total podem ser coletadas em sacos de Tedlar, concentradas pela via criogênica a -180ºC e então dessorvidas e mensuradas com uma coluna de CG capilar de alta resolução.

Nos Estados Unidos, a EPA publicou diversos procedimentos para a caracterização das identidades e concentrações de compostos orgânicos com possível ação poluente e classificados como compostos tóxicos do ar.[8] Esses compostos incluem os COV, como benzeno, cloreto de vinila e clorofórmio, além de pesticidas organoclorados e PCB, aldeídos e cetonas, fosgênio, compostos N-nitroso, fenóis, dioxina, hidrocarbonetos não metânicos e HAP. Os métodos de amostragem de muitos analitos incluem a coleta em frascos metálicos ou sacos, a adsorção em diversos sólidos sorventes, coleta em líquidos e coleta e reações em soluções reagentes. A CG é a principal técnica de análise, e a detecção é feita por EM, ionização em chama e captura de elétrons. A cromatografia líquida de alta eficiência também é usada na determinação de alguns analitos.

27.9 A análise do material particulado

Na maioria dos casos as partículas são removidas do ar ou do gás (como o gás de chaminé) antes da análise. As duas principais abordagens para o isolamento de partículas são a filtração e a remoção por métodos que desviam a corrente de gás abruptamente, o que permite coletar as partículas em uma superfície.

27.9.1 A filtração

Um dos métodos mais usados para a determinação da quantidade total de material particulado suspensa na atmosfera consiste na passagem de ar por filtros que removem

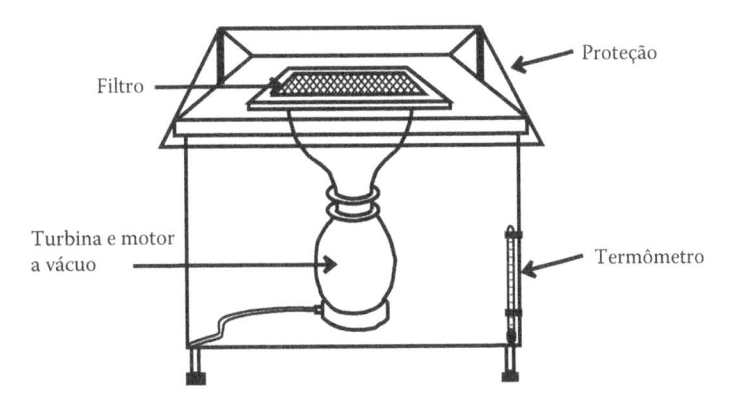

FIGURA 27.5 Amostrador Hi-Vol para a coleta de material paticulado na atmosfera.

as partículas.[9] Um *amostrador Hi-Vol* para partículas é, em síntese, um aspirador de pó melhorado, que suga ar por um filtro. De modo geral as amostras são colocadas em um abrigo que as protege da precipitação e da influência de partículas maiores que 0,1 mm de diâmetro, o que favorece a coleta de partículas com até 25–30 μm de diâmetro. Esses dispositivos são eficientes na coleta de partículas presentes em um volume de ar muito grande, normalmente 2.000 m^3 por um período de 24 h (Figura 27.5).

Os filtros usados em um amostrador Hi-Vol são via de regra construídos em fibra de vidro e têm uma eficiência de coleta de pelo menos 99% das partículas com 0,3 μm de diâmetro. As partículas com diâmetros acima de 100 μm permanecem na superfície do filtro, enquanto as partículas de até 0,1 μm são retidas na fibra de vidro do filtro. A eficiência de coleta é alcançada com o uso de fibras de diâmetro muito pequeno (< 1 μm) no filtro.

A técnica descrita tem melhor aplicação na determinação dos níveis de material particulado. Antes de a amostra ser passada por ele, o filtro é mantido a 15 – 35°C e 50% de umidade relativa por 24 h e então é pesado. Após o período de 24 h de amostragem, o filtro é removido e equilibrado por 24 h nas mesmas condições usadas antes de sua instalação no amostrador. O filtro é então pesado e a quantidade de material particulado por unidade de volume de ar é calculada.

A faixa de tamanho de material particulado medida é de aproximadamente 2 – 750 μm/m^3, onde o volume é expresso a 25°C e 1 atm (760 mm Hg, 101 kPa). O limite inferior é dado pelas limitações na medida da massa, e o limite superior, pelo fluxo quando o filtro entope.

A separação de partículas por tamanho é realizada por filtração através de filtros de malhas sucessivamente menores em uma *unidade de filtros sequenciais*. Outra abordagem usa o *impactador virtual*, uma combinação de filtro a ar e um impactador (apresentado a seguir). No impactador virtual, o fluxo de gás amostrado perfaz um desvio abrupto em seu fluxo. As partículas com diâmetro maior que 2,5 μm não conseguem efetuar a curva e são coletadas em um filtro. Em seguida, o restante do fluxo do gás é filtrado para remover partículas menores. Uma abordagem semelhante é a base para um método de referência para a coleta de material particulado com diâmetro menor ou igual a 10 μm, ou MP$_{10}$ (dimensão nominal).[10] Conforme discutido no Capítulo 10, o material particulado pequeno causa preocupações especiais por sua respirabilidade, entre outras propriedades. Essa condição levou à definição de outra categoria de material particulado, $MP_{2,5}$, composta por partículas com diâmetro aerodinâmico menor ou igual a 2,5 µm (nominal). Para determinar $MP_{2,5}$, o ar ambiente é injetado em um separador de partícula por tamanho. As partículas $MP_{2,5}$ são coletadas em um filtro de politetrafluoroetileno (PTFE) por um período de 24 h, após o que são pesadas.[11] O limite inferior de detecção do método é cerca de 2 µg m^{-3}.

Os resultados obtidos com a análise do material particulado coletado por filtros devem ser tratados com cautela. Diversas reações podem ocorrer no interior do filtro e durante o processo de remoção da amostra deste equipamento. Essas reações eventualmente causam graves problemas na interpretação dos dados. Por exemplo, o material particulado volátil pode se desprender do filtro. Além disso, devido às reações químicas no equipamento, o material analisado talvez não represente por completo o material coletado. *Alterações no material particulado* podem ocorrer a partir da oxidação dos gases ácidos nas fibras de vidro alcalinas. Isso representa um grande problema com o dióxido de enxofre retido e oxidado a sulfato, sobretudo em filtros alcalinos. Este artefato eleva o valor da concentração de particulados nas amostras de ar.

27.9.2 A coleta em impactadores

Em um *impactador*, a vazão de gás a uma velocidade relativamente alta perfaz um desvio pronunciado em sua direção, o que deposita as partículas presentes na amostra na superfície impactada pelo fluxo. Um impactador pode ser seco ou úmido, dependendo se a superfície de coleta for seca ou não. A retenção das partículas é facilitada no primeiro caso. A segregação por tamanho é realizada com um impactador porque as partículas maiores sofrem o impacto com a superfície com mais facilidade, ao passo que as partículas menores continuam seu percurso no fluxo de gás. Um impactador em cascata realiza a separação por tamanho dirigindo o fluxo de gás para uma série de placas de coleta através de uma série de orifícios de diâmetro decrescente, o que aumenta a vazão de forma gradual. As partículas se quebram em pedaços menores com o impacto do lançamento. Portanto, em alguns casos esses dispositivos que forçam as partículas sobre a superfície na verdade geram níveis erroneamente maiores de partículas com diâmetros menores.

Uma das maiores dificuldades na análise de partículas é a falta de um material de filtragem adequado. Diferentes materiais usados nos filtros se prestam muito bem a aplicações específicas, mas nenhum deles é satisfatório para todas as aplicações. Os filtros de fibras de poliestireno são muito bons na análise de elementos, devido aos baixos níveis basais de materiais inorgânicos. Contudo, não são muito úteis na análise de materiais orgânicos. Os filtros de fibra de vidro apresentam boas propriedades relativas à sua pesagem, portanto, são muito úteis na determinação das concentrações de particulados totais. No entanto, metais, silicatos, sulfatos e outras espécies são lixiviadas com facilidade das fibras de vidro, o que introduz o erro na análise de poluentes inorgânicos.

27.9.3 A análise de partículas

Diversas técnicas de análise de compostos químicos podem ser usadas para caracterizar poluentes atmosféricos particulados.[12] Essas técnicas incluem a absorção atômica, as metodologias de plasma indutivamente acoplado, a fluorescência de raio X, a análise por ativação de nêutrons e os eletrodos íon-seletivos para a análise de flúor.

A microscopia química é uma técnica muito útil para a caracterização de partículas atmosféricas. Tanto a microscopia direta quanto a microscopia eletrônica podem ser usadas. A morfologia e a forma das partículas revelam ao microscopista experiente muitas informações sobre os materiais inspecionados. A reflexão, a refração, os testes microquímicos e outras técnicas são empregados para caracterizar os materiais analisados. A microscopia ajuda a determinar os níveis de tipos específicos e o tamanho das partículas.

27.9.4 A fluorescência de raios X

A fluorescência de raio X é mais uma técnica de análise multielementar aplicada a uma variedade de amostras ambientais. Especialmente útil na caracterização de material particulado atmosférico, ela também é aplicada em amostras de água e solos. A técnica se baseia na mensuração de raios X emitidos quando os elétrons retornam às vacâncias nas camadas internas criadas pelo bombardeio com raios X, radiação gama ou prótons de alta energia. Os raios X emitidos têm a energia característica de um determinado átomo. O comprimento de onda (energia) da radiação emitida permite uma análise qualitativa dos elementos, já a intensidade da radiação de um dado elemento permite uma análise quantitativa. Um diagrama esquemático de um espectrofotômetro de raio X de comprimento de onda dispersivo é mostrado na Figura 27.6. Uma fonte de excitação, de modo geral um tubo de raio X que emite raios X "brancos" (um *continuum*) produz um feixe primário de radiação energética que excita os raios X fluorescentes na amostra. Uma fonte radioativa que emite raios gama ou prótons de um acelerador também pode ser usada para essa finalidade. A montagem da amostra na forma de uma camada fina permite obter os melhores resultados, isto é, os filtros de ar contendo material fino particulado formam as amostras ideais. Os raios X fluorescentes passam por um colimador para selecionar um feixe paralelo secundário que é dispersado com base no comprimento de onda por difração usando um monocromador de cristal. Os raios X monocromáticos no feixe secundário são contados por um detector que gira por um arco de circunferência a uma velocidade duas vezes maior do que a do arco do cristal, o que permite varrer o espectro da radiação emitida.

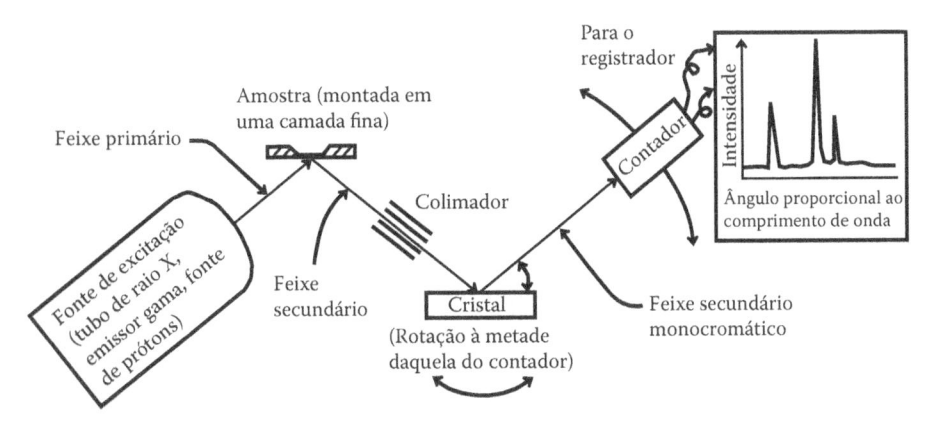

FIGURA 27.6 Espectrômetro de fluorescência de raio X de comprimento de onda dispersivo.

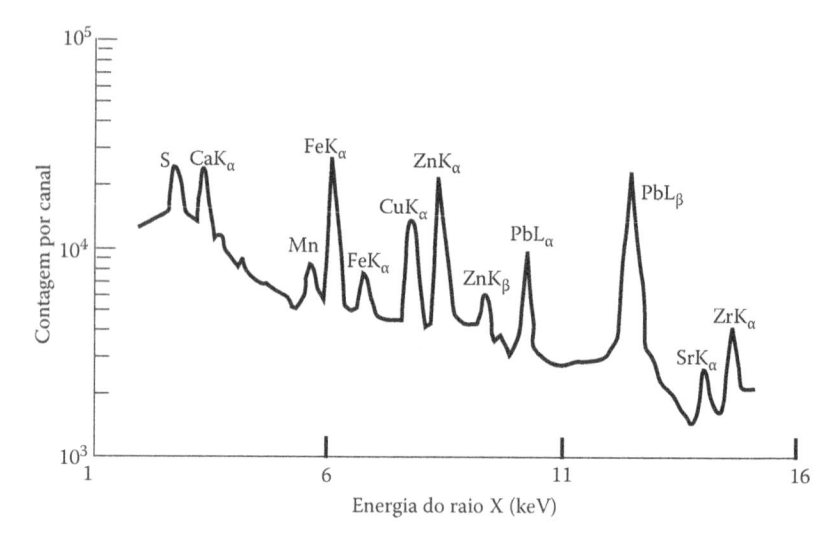

FIGURA 27.7 Espectro de fluorescência de raio X de energia dispersiva para uma amostra de particulado atmosférico.

Os detectores seletivos de energia do semicondutor de Si(Li) permitem medir os raios X fluorescentes de diferentes níveis de energia sem a necessidade de dispersão de comprimento de onda. Em vez disso, as energias de diversas linhas incidentes sobre um detector ao mesmo tempo são diferenciadas eletronicamente. Um espectro de fluorescência de raio X de comprimento de onda dispersivo para uma amostra de particulado atmosférico é mostrado na Figura 27.7. Uma vantagem importante da análise multielementar por fluorescência de raio X é que as sensibilidades e os limites de detecção não variam muito para os elementos da tabela periódica, como ocorre com a análise de ativação de nêutrons ou a absorção atômica. A emissão de raios X excitados por prótons tem sensibilidade bastante alta.

27.9.5 A determinação do chumbo no material particulado

Em função de sua toxicidade, ampla aplicação industrial e uso (agora proibido) como aditivo na gasolina, o chumbo é um dos contaminantes mais importantes no material particulado atmosférico. Nos Estados Unidos, a EPA especifica um método para a determinação de chumbo no material particulado atmosférico.[13] O chumbo é extraído dos particulados com o uso de ácido nítrico aquecido ou com uma mistura de ácido

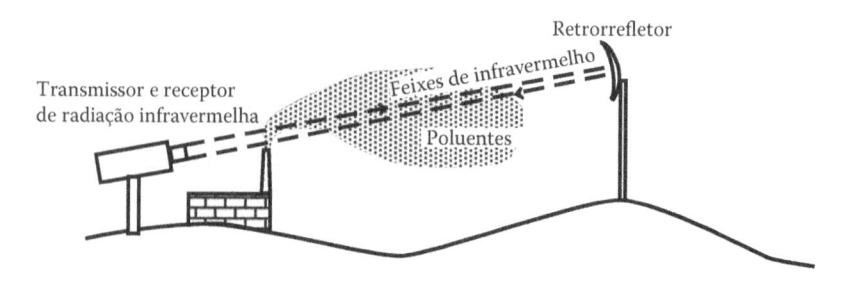

FIGURA 27.8 O sistema FTIR de monitoramento remoto de poluentes aéreos.

nítrico e ácido clorídrico. A extração é facilitada por sonicação. Após, o chumbo é medido por espectroscopia de absorção atômica com atomização por chama. O limite inferior de detecção normalmente é 0,07 µg Pb m^{-3} em uma amostra de ar de 2.400 m^3.

27.10 A análise espectrofotométrica direta de poluentes atmosféricos

Com base nesta discussão, fica óbvio que as técnicas de mensuração que dependem do uso de reagentes químicos, sobretudo líquidos, são trabalhosas e complicadas. A aplicação dessas técnicas no monitoramento da poluição atmosférica com êxito é um elogio à genialidade dos engenheiros de instrumentação. As técnicas de espectrofotometria direta são o método mais indicado, quando estão disponíveis e apresentam a capacidade de gerar resultados precisos nas análises de níveis reduzidos de poluentes. Uma dessas técnicas, a espectrofotometria não dispersiva de infravermelho, foi descrita na Seção 27.7 para a análise do monóxido de carbono. Os três outros métodos espectrométricos são a espectroscopia FTIR, o laser sintonizável de diodo e a espectroscopia de absorção ótica diferencial. Essas técnicas são aplicadas na monitoração pontual do ar, em que uma amostra é monitorada em uma localização específica, muitas vezes com o uso de uma célula de caminho longo. O monitoramento na chaminé é usado para medir o teor de efluentes. Outra possibilidade consiste na coleta de dados de longo caminho óptico (às vezes usando a luz solar como fonte de radiação), que gera concentrações em unidades de concentração por comprimento (ppmv-m). O comprimento do caminho permite calcular a concentração. Essa abordagem é útil na mensuração de concentrações em plumas de chaminés.

Quando presentes em níveis reduzidos, a análise espectrométrica dos poluentes encontrados no ar requer caminhos muito longos (algumas vezes de até muitos quilômetros). Esse problema é resolvido colocando a fonte de radiação a certa distância do detector, com o uso de um retrorrefletor distante que reflete a radiação de volta para algum ponto próximo à fonte, ou com células que refletem um feixe diversas vezes, perfazendo um caminho longo da radiação.

Um sistema típico de FTIR de caminho aberto para o monitoramento remoto de poluentes atmosféricos usa uma única unidade (telescópio) que funciona como transmissor e também como receptor de radiação infravermelha (Figura 27.8). A radiação é gerada por um emissor de carbeto de silício (modulado por um interferômetro de Michaelson) e transmitida a um retrorrefletor, que a reflete de volta para o telescópio, onde sua intensidade é medida. O sinal de infravermelho modulado, chamado interferograma, é processado com um algoritmo matemático, a transformada de Fourier, gerando um espectro das substâncias absorventes. Esse espectro é comparado matematicamente aos espectros da espécie absorvente, o que permite calcular sua concentração.

Os espectrômetros dispersivos de absorção são, em essência, espectrômetros padrão equipados com um monocromador para a seleção do comprimento de onda a ser medido. Eles servem para medir os poluentes aéreos determinando a absorção em uma parte específica do espectro do material em estudo. Claro que outros gases ou materiais particulados que absorvem ou espalham luz no comprimento de onda escolhido atuam como interferentes. Esses instrumentos são, de modo geral, aplicados no monitoramento na chaminé. Sua sensibilidade aumenta com a adoção de percursos longos ou com a pressurização da célula.

A espectroscopia derivada de segunda ordem é uma técnica útil na análise de gases-traço. Em síntese, a técnica faz uso de uma pequena variação do comprimento de onda em torno de um valor nominal, o que permite obter a derivada de segunda ordem da intensidade da luz em função do comprimento de onda. Na espectrofotometria convencional, uma diminuição na intensidade da luz em seu percurso através de uma amostra indica a presença de ao menos uma – ou mesmo várias – substâncias absorventes nesse comprimento de onda. Por sua vez, a espectroscopia derivada de segunda ordem indica a presença de linhas ou bandas de absorção específicas em sobreposição a um ruído relativamente alto de absorção, o que permite obter níveis muito maiores de especificidade. Os espectros obtidos por espectrometria de derivada de segunda ordem na região do ultravioleta são bem estruturados e bastante característicos dos compostos observados.

A técnica chamada de *LIDAR*, sigla de *light detection and ranging*, ou alcance e detecção da luz (análoga à detecção por radar, rádio e telemetria), vem conquistando espaço no monitoramento da atmosfera. Os sistemas LIDAR enviam pulsos curtos de luz ou radiação infravermelha para a atmosfera e coletam a radiação espalhada de volta pelas moléculas ou partículas presentes nela. A análise computadorizada dos sinais obtidos permite medir as espécies poluentes.

A *LIDAR por absorção diferencial* usa lasers de dois comprimentos de onda diferentes, um absorvido pelas moléculas do analito, o outro não. A diferença de intensidade dos dois sinais de retorno indica uma medida da concentração do analito.

As velocidades das espécies estudadas podem ser medidas com o *LIDAR Doppler*. As moléculas que se movem na direção do detector exibem comprimentos de onda relativamente menores no sinal de retorno (deslocamento para o azul), enquanto as que se afastam dele emitem comprimentos de onda um pouco maiores (deslocamento para o vermelho). Esta técnica é muito útil na análise do controle de partículas e, uma vez que estas são transportadas basicamente na velocidade do vento, propicia um meio de medir essa velocidade.

Literatura citada

1. *ASTM Book of Standards Volume 11.07: Atmospheric Analysis*, ASTM International, West Conshohocken, PA, 2008.
2. Garcia-Jares, C., J. Regueiro, R. Barro, T. Dagnac, and M. Llompart, Analysis of industrial contaminants in indoor air. Part 2. Emergent contaminants and pesticides. Departamento de Quimica Analitica, Nutricion y Bromatologia, Instituto de Investigacion y Analisis Alimentarios, Universidad de Santiago de Compostela, Santiago de Compostela, Spain. *Journal of Chromatography, A*, **1216** (3), 567–597, 2009.
3. 40 *Code of Federal Regulations*, Part 50, Office of the Federal Register, National Archives and Records Administration, Washington, DC, July 1, annually.
4. Reference Method for the Determination of Sulfur Dioxide in the Atmosphere (Pararosaniline Method), 40 *Code of Federal Regulations*, Part 50, Appendix A, 2009.
5. Measurement Principle and Calibration Procedure for the Measurement of Nitrogen Dioxide in the Atmosphere (Gas-Phase Chemiluminescence), 40 *Code of Federal Regulations*, Part 50, Appendix F, 2009.

6. Measurement Principle and Calibration Procedure for the Measurement of Ozone in the Atmosphere, 40 *Code of Federal Regulations*, Part 50, Appendix D, 2009.
7. Measurement Principle and Calibration Procedure for the Measurement of Carbon Monoxide in the Atmosphere (Nondispersive Infrared Photometry), 40 *Code of Federal Regulations*, Part 50, Appendix C, 2009.
8. U.S. Environmental Protection Agency, *Air Toxic Methods*, available at http://www.epa.gov/ttnamti1/airtox.html, updated annually.
9. Reference Method for the Determination of Suspended Particulate Matter in the Atmosphere (High-Volume Method), 40 *Code of Federal Regulations*, Part 50, Appendix B, 2009.
10 Reference Method for the Determination of Particulate Matter as PM_{10} in the Atmosphere (High-Volume Method), 40 *Code of Federal Regulations*, Part 50, Appendix J, 2009.
11 Reference Method for the Determination of Fine Particulate Matter as $PM_{2.5}$ in the Atmosphere, 40 *Code of Federal Regulations*, Part 50, Appendix L, 2009.
12. Murphy, D. M., Atmospheric science: Something in the air (a review of techniques for the analysis of particles in the air), *Science*, **307**, 1888–1890, 2005.
13. Reference Method for the Determination of Lead in Suspended Particulate Matter Collected from Ambient Air, 40 *Code of Federal Regulations*, Part 50, Appendix G, 2009.

Leitura complementar

Guzzi, R., Ed., *Exploring the Atmosphere by Remote Sensing Techniques*, Springer-Verlag, Berlin, 2003.

Hoffman, T., Ed., *Atmospheric Analytical Chemistry*, Springer, Berlin, 2006.

Keith L. H. and M. M. Walker, Eds, *Handbook of Air Toxics: Sampling, Analysis, and Properties*, CRC Press/Lewis Publishers, Boca Raton, FL, 1995.

Matson, P. A. and R. C. Harriss, Eds, *Biogenic Trace Gases: Measuring Emissions from Soil and Water*, Blackwell Science, Cambridge, MA, 1995.

Meier, A., *Determination of Atmospheric Trace Gas Amounts and Corresponding Natural Isotopic Ratios by Means of Ground-Based FTIR Spectroscopy in the High Arctic*, Alfred-Wegener-Institut für Polar und Meeresforschung, Bremen, Germany, 1997.

Michulec, M., W. Wardencki, M. Partyka, and J. Namiesnik, Analytical techniques used in monitoring of atmospheric air pollutants, *Critical Reviews in Analytical Chemistry*, **35**, 117–133, 2005.

Optical Society of America, *Laser Applications to Chemical and Environmental Analysis*, Optical Society of America, Washington, DC, 1998.

Parlar, H., Ed., *Essential Air Monitoring Methods from the MAK-Collection for Occupational Health and Safety*, Wiley-VCH, Weinheim, Germany, 2006.

Spurny, K. R., Ed., *Analytical Chemistry of Aerosols*, CRC Press/Lewis Publishers, Boca Raton, FL, 1999.

Willeke, K. and P. A. Baron, Eds, *Aerosol Measurement: Principles, Techniques, and Applications*, Van Nostrand Reinhold, New York, 1993.

Winegar, E. D. and L. H. Keith, Eds, *Sampling and Analysis of Airborne Pollutants*, CRC Press/Lewis Publishers, Boca Raton, FL, 1993.

Perguntas e problemas

1. Que dispositivo é usado para tornar um analisador por infravermelho não dispersivo seletivo para o composto a ser analisado?
2. Discuta como a EM poderia ser mais útil na análise de poluentes aéreos.
3. Que característica é necessária na célula de absorção usada para a mensuração espectrofotométrica direta de poluentes gasosos na atmosfera e de que modo essa característica pode ser obtida em uma célula com dimensões adequadas?
4. Se 0,250 g de material particulado representa a quantidade mínima de material necessário na pesagem de um filtro amostrador Hi-Vol, por que período de tempo esse dispositivo precisa operar a uma vazão de 2,00 m^3 min^{-1} para coletar uma amostra suficientemente grande em uma atmosfera contendo 5 μg m^{-3} de material particulado?
5. Suspeita-se que a atmosfera em torno de uma fábrica de produtos químicos contenha numerosos metais na forma de material particulado. Após revisar o Capítulo 10, apresente alguns métodos úteis na análise quantitativa e qualitativa dos metais presentes no material particulado.
6. Suponha que o sinal de um analisador de NO por quimiluminescência seja proporcional à concentração do gás. Para uma mesma vazão de ar, um instrumento gerou um sinal de 135 μamp para uma amostra de ar passada sobre um conversor de sinal, e um sinal de 49 μamp quando o conversor não foi exposto à corrente. Uma amostra padrão simples contendo 0,233 ppmv NO gerou um sinal de 80 μamp. Qual foi o nível de NO$_2$ presente na amostra de ar atmosférico?
7. Pesquisando na Internet, investigue a função dos tubos de permeação na geração de padrões para a análise atmosférica. Um tubo de permeação contendo NO$_2$ perdeu 208 mg do gás em 124 minutos a 20°C. Que vazão de ar deve ser usada com o tubo para preparar uma amostra atmosférica padrão contendo exatos 1,00 ppm de NO$_2$ em volume?*
8. Que solução pode ser usada no "impactador a úmido" projetado para coletar amostras para a determinação de metais na atmosfera?
9. Uma atmosfera contém 0,10 ppm em volume de SO$_2$ a 25°C e 1,00 atm. Que volume de ar deve ser amostrado para coletar 1,00 mg de SO$_2$ em solução de tetracloromercurato?
10. Suponha que 20% da superfície de um filtro de membrana usado para coletar material particulado sejam representados por orifícios de diâmetro uniforme igual a 0,45 μm. Quantas dessas aberturas estão presentes na superfície de um filtro com 5,0 cm de diâmetro?
11. Foi comprovado que alguns métodos de análise da poluição atmosférica não davam "valores reais". Em que aspectos esses métodos podem ser úteis no presente?
12. De que modo a cromatografia iônica pode ser usada na análise de gases não iônicos?
13. Um total de 40 L de ar saturado com vapor da água na pressão atmosférica e 25°C foi borbulhado com 500 mL de uma solução oxidante, gerando a conversão de todo o dióxido de enxofre no ar em sulfato. A concentração de sulfato foi determinada por cromatografia iônica, em 2×10^{-3} mol L^{-1}. Calcule a concentração em volume de SO$_2$ na atmosfera em base seca.
14. Quando o número de análises é elevado, um aspecto importante a considerar é até que ponto um procedimento analítico é "verde". Compare as análises de dióxido de enxofre, dióxido de nitrogênio, ozônio e monóxido de carbono descritas nas referências deste capítulo, bem como na Internet, quanto a seu aspecto "verde".

---

* N. de R. T.: A vazão volumétrica é medida em volume/tempo. O fluxo volumétrico é medido em vazão/área. Assim, o termo "fluxo" é usado frequentemente de forma indevida.

A análise de materiais biológicos e xenobióticos 28

28.1 Introdução

Conforme definido no Capítulo 23, Seção 23.5, uma espécie xenobiótica é uma substância estranha a sistemas vivos. Exemplos comuns incluem metais como o chumbo, que não têm qualquer função biológica, além de compostos orgânicos sintéticos. A exposição de organismos a materiais xenobióticos é um fator muito importante na química ambiental e toxicológica. Portanto, a determinação da exposição com o uso de diversas técnicas é um dos aspectos mais cruciais da química ambiental.

Este capítulo aborda a determinação de xenobiontes em materiais biológicos. Embora essas substâncias sejam medidas em diversos tecidos, sua maior preocupação diz respeito à sua presença em tecidos humanos e em outras amostras de origem humana. Portanto, os métodos descritos neste capítulo são válidos sobretudo para seres humanos expostos. Em essência, eles são idênticos aos métodos usados em outros animais e, na verdade, muitos foram desenvolvidos com base em metodologias existentes para animais. É importante enfatizar que técnicas diferentes daquelas usadas na análise de amostras animais podem ser necessárias na análise de amostras de plantas ou micróbios.

A mensuração de xenobiontes e seus metabólitos em amostras de sangue, urina e expiração, entre outras amostras de origem biológica, para determinar a exposição a substâncias tóxicas é chamada de *biomonitoramento*. A comparação dos níveis de analitos mensurados com o grau e o tipo de exposição a substâncias estranhas é um aspecto crucial na química toxicológica. É uma área em que avanços rápidos ocorrem constantemente, e uma referência completa sobre os métodos padronizados de análise laboratorial utilizados por toxicologistas clínicos de acordo com padrões estipulados pela International Standards Organization (ISO) foi publicada em 2009.[1] Vários livros sobre biomonitoramento, como as obras de Angerer, Draper, Baselt e Kneip e coautores estão listados no final deste capítulo na seção Leitura Complementar.

As duas principais abordagens ao monitoramento de compostos químicos no ambiente de trabalho são a coleta de amostras xenobióticas no ar ambiente com amostradores e o biomonitoramento. Embora as análises sejam difíceis, o biomonitoramento é um indicador muito mais eficiente da exposição, pois a mede em todas as vias – oral, cutânea e respiratória –, oferecendo uma ideia global do contato. Além disso, o biomonitoramento ajuda na determinação da eficiência das ações tomadas no sentido de prevenir a exposição, como o uso de trajes de proteção e medidas de higiene.

28.2 Os indicadores da exposição a xenobiontes

Os *marcadores biológicos* ou *biomarcadores* são ferramentas no monitoramento da exposição e dos efeitos das substâncias xenobióticas, bem como da recuperação de organismos expostos a elas. Os biomarcadores (1) fornecem confirmação da exposição, (2) permitem avaliar seus efeitos negativos e (3) dão prova da resposta de um indivíduo à exposição. Os efeitos hepáticos são especialmente úteis como biomarcadores, devido ao papel-chave do fígado no metabolismo de xenobiontes e à sua resposta a praticamente todos os agentes tóxicos. Em sua função de metabolizar substâncias tóxicas, o fígado muitas vezes sofre danos variados, como morte celular, lesões, anormalidades lipídicas (gordura hepática), prejuízo ao fluxo da bile e desordens vasculares. As proteínas que indicam a ocorrência desses danos e que estão presentes no sangue (soro e plasma) e na urina têm destaque entre os indicadores de dano hepático por compostos tóxicos.

As duas variáveis fundamentais na determinação da exposição a xenobiontes são o tipo de amostra e o tipo de analito. Essas duas variáveis sofrem a influência do que ocorre a um material xenobiótico quando ele é introduzido em um organismo. Para alguns tipos de exposição, o ponto de entrada é que compõe a amostra, por exemplo, a exposição a fibras de amianto no ar, que se manifesta como lesões nos pulmões. Comumente o analito pode aparecer a certa distância do local da exposição, como ocorre com o chumbo detectado nos ossos e que originalmente foi absorvido pela via respiratória. Em outros casos, o xenobionte original não está sequer presente no analito. Um exemplo dessa situação é visto na metaemoglobina do sangue, que resulta da exposição à anilina absorvida pela pele.

Os dois tipos principais de amostras analisadas para a exposição a xenobiontes são o sangue e a urina. Ambos são analisados para a ocorrência de *xenobiontes sistêmicos*, aqueles que são transportados no corpo e metabolizados em diversos tecidos. Os xenobiontes e seus metabólitos e adutos são absorvidos pelo organismo e transportados na corrente sanguínea. Portanto, o sangue tem importância especial como matriz amostral no biomonitoramento. Nessa função, o sangue é um tipo de amostra de difícil processamento. Além disso, muitas pessoas não concordam em ter seu sangue retirado para análise. Após a coleta, o sangue é tratado com um anticoagulante, normalmente um sal de EDTA, e processado para análise como sangue total. Ele também pode ser coagulado e então centrifugado para remover sólidos, de que resta uma fase líquida chamada de soro sanguíneo.

Lembre-se do Capítulo 22 que, como resultado das reações de Fase I e de Fase II, os xenobiontes tendem a ser convertidos em metabólitos solúveis em água e de maior polaridade. Esses metabólitos são eliminados na urina, o que a torna uma boa amostra na busca de evidências de exposição a substâncias xenobióticas. Como matriz amostral, a urina tem a vantagem de ser mais simples que o sangue, e as pessoas a disponibilizam com mais facilidade para análise. Outros tipos de amostras que podem ser analisados são a expiração (para xenobiontes e metabólitos voláteis), cabelo ou unhas (para elementos-traço, como o selênio), o tecido adiposo (gorduras) e o leite (obviamente limitado aos casos de estudos com lactantes). Diversos tipos de tecidos de órgãos são analisados em cadáveres, o que ajuda na determinação da morte por envenenamento.

A escolha do analito de fato mensurado varia com o xenobionte a que o indivíduo foi exposto. Portanto, é conveniente dividir a análise de xenobiontes com base no tipo de espécie química determinada. O analito mais direto é, como se poderia esperar, o próprio xenobionte. Isso vale para os xenobiontes elementares, sobretudo metais, quase sempre determinados na forma elementar. Em alguns casos, os xenobiontes orgânicos também podem ser determinados como composto de origem. No entanto, os xenobiontes orgânicos são muitas vezes metabolizados a outros produtos por reações de Fase I e de Fase II. Por regra, o produto da reação de Fase I é mensurado, com frequência após ter sido hidrolisado do conjugado da Fase II, usando procedimentos enzimáticos ou de hidrólise ácida. Por exemplo, o ácido *trans,trans*-mucônico pode ser mensurado como prova da exposição a seu composto precursor, o benzeno. Em outros casos, o produto de uma reação de Fase II é mensurado. Por exemplo, o ácido hipúrico é determinado como prova da exposição ao tolueno. Alguns xenobiontes ou seus metabólitos formam adutos com materiais endógenos no organismo que, por sua vez, são medidos como evidência da exposição. Um exemplo simples desse tipo de análise é a determinação do aduto formado entre o monóxido de carbono e a hemoglobina, a carboxiemoglobina. Exemplos mais complexos são os adutos formados pelos produtos carcinogênicos das reações de Fase I entre os HAP com o DNA ou a hemoglobina. Outra classe de analitos é formada por substâncias endógenas produzidas na exposição a um xenobionte. A metaemoglobina formada como resultado da exposição ao nitrobenzeno, à anilina e a compostos relacionados é um exemplo de substância que não contém qualquer material xenobiótico original, mas que é gerada como resultado da exposição a uma substância tóxica. Existem ainda as substâncias que causam alterações mensuráveis na atividade enzimática. O exemplo mais comum é a inibição da enzima acetilcolinesterase pelos inseticidas organofosforados e carbamatos.

28.3 A determinação de metais

28.3.1 A análise direta de metais

Alguns metais com importância biológica são determinados diretamente nos fluidos corporais, sobretudo a urina, por absorção atômica. Nos casos mais simples, a urina é diluída em água ou em ácido e uma parte da mistura é analisada pela via direta usando a absorção atômica com forno de grafite, tirando proveito da sensibilidade alta desta técnica para alguns metais. Os metais que podem ser determinados diretamente na urina usando essa abordagem incluem cromo, cobre, chumbo, lítio e zinco. A técnica de absorção atômica com forno de grafite permite determinar níveis muito baixos de metais, e a correção Zeeman de ruído com um forno de grafite possibilita medir metais em amostras que contêm material biológico o suficiente para causar "fumaça" durante o processo de atomização, o que diminui a necessidade de calcinar as amostras.

Uma variedade de metais é determinada no sangue e no soro diluído com reagentes apropriados, como a amônia, o surfactante Triton-X-100 e EDTA, usando a atomização com plasma indutivamente acoplado junto com a detecção por espectroscopia de massa. O procedimento permite conduzir análises com limites adequados de detecção na determinação de cádmio, cobalto, chumbo, cobre, rubídio e zinco.

28.3.2 Os metais presentes na abertura por via úmida do sangue e da urina

Vários metais importantes do ponto de vista toxicológico são determinados prontamente na abertura por via úmida do sangue ou da urina usando técnicas de espectroscopia atômica. O procedimento de calcinação varia, mas sempre envolve o aquecimento da amostra com ácido e oxidante forte até a secagem e a redissolução do resíduo em ácido. Um procedimento típico desse método é a digestão do sangue ou da urina na análise de cálcio, que prevê a mistura da amostra com um volume semelhante de ácido nítrico concentrado, o aquecimento para a redução do volume, a adição de peróxido de hidrogênio 30% como agente oxidante, o aquecimento ao ponto de secagem e a dissolução em ácido nítrico antes da mensuração por absorção ou emissão atômica. As misturas de ácidos nítrico, sulfúrico e perclórico são eficientes, embora sejam meios um tanto perigosos para a digestão de sangue, urina ou tecidos. A calcinação por via úmida seguida da análise por absorção atômica pode ser usada na determinação dos teores de cádmio, cromo, cobre, chumbo, manganês e zinco, entre outros metais, no sangue ou na urina. Embora a absorção atômica, sobretudo quando conduzida em forno de grafite, o que aumenta a sensibilidade da técnica, seja há tempos o método preferido para a determinação de metais em amostras biológicas, a capacidade de analisar múltiplos elementos e outras vantagens da espectroscopia atômica por plasma indutivamente acoplado promoveu o uso desta técnica na determinação de metais no sangue e na urina.

28.3.3 A extração de metais para a análise por absorção atômica

Diversos procedimentos para a determinação de metais em amostras biológicas requerem a extração do metal com um agente quelante orgânico para remover interferentes e concentrar o metal, o que permite sua detecção em níveis baixos. Amostras de urina ou sangue podem ser inicialmente submetidas a abertura por via úmida para possibilitar a extração do metal. O berílio presente em uma amostra de sangue ou urina digerida com ácido é extraído com acetil acetona em metil isobutil cetona antes da análise por absorção atômica. Quase todos os metais comuns podem ser determinados com essa abordagem usando extratores adequados.

A disponibilidade de extratores quelantes fortes para diversos metais levou ao desenvolvimento de procedimentos em que o metal é extraído de amostras de sangue ou urina com tratamento mínimo. Posteriormente, o metal é quantificado por absorção atômica. Os metais para os quais esses tipos de metodologia de extração são úteis incluem cobalto, chumbo e tálio extraídos com solventes orgânicos (como o quelato de ditiocarbamato), e o níquel extraído em metil isobutil cetona como quelato formado com ditiocarbamato de pirrolidina amônio.

Vários metais ou metaloides são convertidos em uma forma volátil, normalmente hidretos, para análise. Arsênico, antimônio e selênio podem ser reduzidos a AsH_3, SbH_3, e H_2Se, nesta ordem, e determinados por absorção atômica ou outros meios. O mercúrio é reduzido a metal volátil, liberado em solução e mensurado por absorção atômica de vapor frio.

28.4 A determinação de não metais e compostos inorgânicos

Diversos não metais e espécies não metálicas são determinadas em amostras biológicas. Um exemplo importante dessas espécies é o fluoreto, que ocorre em fluidos biológicos como íon fluoreto, F^-. Em alguns casos de exposição ocupacional ou por alimentos e água para consumo humano, níveis excessivos de fluoreto no corpo podem causar risco à saúde. O fluoreto é determinado com facilidade usando métodos potenciométricos com um eletrodo seletivo ao íon fluoreto. A amostra é diluída com um tampão apropriado e o potencial do eletrodo de fluoreto é medido com muita precisão em comparação com um eletrodo de referência. A concentração do íon é calculada com o auxílio de uma curva analítica. Valores ainda mais exatos são obtidos com a adição de um padrão, em que o potencial do sistema de eletrodos em um volume amostral conhecido é medido, após o que uma quantidade de fluoreto padrão é adicionada e a mudança no potencial é usada para calcular a concentração de fluoreto desconhecida.

Outro não metal para o qual um método de determinação da exposição biológica é útil é o fósforo branco, a forma mais comum do elemento, que também é relativamente tóxica. Infelizmente, não existe um método químico adequado para a determinação da exposição ao fósforo branco capaz de distinguir entre essa exposição e os níveis basais um tanto altos das formas orgânicas e inorgânicas do fósforo presentes em tecidos e fluidos.

O cianeto tóxico é isolado por tratamento ácido em um dispositivo especial chamado de célula de microdifusão de Conway, seguido da coleta em meio básico do gás HCN que é um ácido fraco. O cianeto liberado pode ser medido espectrofotometricamente pela formação de uma espécie colorida.

O monóxido de carbono é determinado com facilidade no sangue com base na carboxi-hemoglobina corada, que ele forma em reação com a hemoglobina. O procedimento consiste na mensuração das absorbâncias nos comprimentos de onda 414, 421 e 428 nm em uma amostra de sangue, uma amostra borbulhada com oxigênio para converter a hemoglobina em oxi-hemoglobina, e uma amostra borbulhada com monóxido de carbono para convertê-la em carboxi-hemoglobina. Cálculos adequados permitem obter a porcentagem de conversão em carboxi-hemoglobina.

28.5 A determinação dos compostos orgânicos parentais

Diversos compostos orgânicos podem ser mensurados na forma de composto não metabolizado presente no sangue, na urina e na expiração. Em alguns casos a amostra pode ser injetada junto com seu teor em água diretamente em um cromatógrafo a gás. A injeção direta é usada na determinação de acetona, *n*-butanol, dimetil-formamida, ciclopropano, halotano, metoxiflurano, dietil éter, isopropanol, metanol, metil *n*-butil cetona, cloreto de metila, metil-etil-cetona, tolueno, tricloroetano e tricloroetileno.

Na determinação de compostos voláteis no sangue ou na urina, uma abordagem direta envolve a liberação do analito em uma temperatura elevada, o que permite que o composto volátil acumule no *headspace* ou espaço livre formado no frasco que contém a amostra. Em seguida, o gás presente no *headspace* é injetado em um cromatógrafo a gás. É possível adicionar um reagente, como o ácido perclórico, para desproteinizar a amostra de sangue ou urina e com isso facilitar a liberação do xenobionte. Entre os compostos determinados com essa abordagem estão acetaldeído, diclorometano, clorofórmio, tetracloreto de carbono, benzeno, tricloroetileno, tolueno, ciclohexano e óxido de etileno. O uso de mais de um detector na determinação cromatográfica a gás dos analitos presentes no *headspace* melhora a versatilidade desta técnica e permite a determinação de uma variedade de compostos orgânicos voláteis de importância fisiológica.

Nas técnicas *purge and trap* (purga e trapeamento) os analitos voláteis são liberados de amostras de sangue ou urina e coletados em uma *trap* (ou coletor) para análise cromatográfica posterior. Essas técnicas, que empregam a separação por cromatografia gasosa e a detecção por espectrometria de massa, são aplicadas na determinação de numerosos compostos orgânicos voláteis no sangue.

28.6 A mensuração dos produtos das reações de Fase I e de Fase II

28.6.1 Os produtos das reações de Fase I

A indicação de exposição mais precisa a alguns compostos orgânicos consiste em determinar seus produtos de reação de Fase I. Isso porque muitos compostos são metabolizados no organismo e não se apresentam como composto de origem. Além disso, as frações de compostos orgânicos voláteis que não são metabolizadas são eliminadas de imediato com o ar expirado pelos pulmões, assim, podem passar despercebidas. Nos casos em que uma fração significativa do xenobionte sofreu reação de Fase II, o produto de Fase I pode ser regenerado por hidrólise ácida.

Um dos compostos cujo metabólito de Fase I é normalmente determinado é o benzeno, cujas reações no corpo são (ver Capítulo 24, Seção 24.4):

$$\text{(28.1)}$$

Portanto, a exposição ao benzeno é determinada com a análise do teor de fenol na urina. Embora um método colorimétrico bastante sensível envolvendo a *p*-nitroanilina diazotada seja usado há bastante tempo, hoje a cromatografia gasosa é a metodologia preferida. A amostra de urina é tratada com ácido perclórico para hidrolisar os conjugados fenólicos e com isso o fenol é extraído em éter de di-isopropila para a cromatografia. Dois outros metabólitos do benzeno, o ácido *trans,trans*-mucônico e o ácido S-fenilmercaptúrico, hoje são determinados com mais frequência como biomarcadores específicos da exposição ao benzeno.

Ácido *trans,trans*-mucônico

O inseticida carbaril sofre a reação metabólica mostrada na Reação 28.2. Portanto, a análise do 1-naftol na urina indica exposição ao carbaril. O 1-naftol conjugado em uma reação de Fase II é liberado por hidrólise ácida e então determinado por espectrofotometria ou cromatografia.

$$\text{Carbaril} \xrightarrow{\text{Processos enzimáticos}} \text{1-Naftol} + \text{Outros produtos} \quad (28.2)$$

Além dos exemplos discutidos, diversos outros xenobióticos são determinados com base em seus produtos de reação de Fase I. Esses compostos e seus metabólitos são listados na Tabela 28.1. Esses métodos são usados na determinação de metabólitos na urina. Normalmente a urina é acidificada para liberar os metabólitos de Fase I dos conjugados de Fase II que porventura tenham formado e, exceto onde a injeção direta da amostra é empregada, o analito é coletado como vapor ou extraído em um solvente orgânico. Em alguns casos, o analito é reagido com um reagente que produz um derivado volátil e que é separado com facilidade e detectado por cromatografia gasosa.

28.6.2 Os produtos das reações de Fase II

Os ácidos hipúricos, produtos do metabolismo do tolueno, de xilenos, do ácido benzoico, do etilbenzeno e de outros compostos semelhantes, podem ser determinados como biomarcadores de exposição. A formação do ácido hipúrico a partir do tolueno aparece no Capítulo 23, Figura 23.2, e a formação do ácido 4-metil hipúrico a partir do p-xileno é demonstrada a seguir:

$$(28.3)$$

Os outros metabólitos formados de precursores solventes arílicos incluem o ácido mandélico e o ácido fenil gloxílico.

É possível detectar a exposição ao tolueno com a extração de ácido hipúrico da urina acidificada em dietil éter/isopropanol e a medição direta do ácido extraído pela absorbância na região do ultravioleta a 230 nm. O ácido metil hipúrico também pode ser determinado na urina como evidência da exposição a xilenos. No entanto, quando a análise é concebida para detectar xilenos, etilbenzeno e compostos semelhantes, vários metabólitos relacionados ao ácido hipúrico podem ser formados e, nesse caso,

TABELA 28.1 A determinação dos produtos das reações de Fase I de xenobióticos

Composto de origem	Metabólito	Método de análise
Ciclohexano	Ciclohexanol	Extração de urina acidificada e hidrolisada com diclorometano seguida de cromatografia gasosa
Diazinona	Fosfatos orgânicos	Determinação colorimétrica de fosfatos
p-Diclorobenzeno	2,5-Diclorofenol	Extração com benzeno e análise por cromatografia gasosa
Dimetilformamida	Metilformamida	Cromatografia gasosa com introdução direta da amostra
Dioxano	Ácido β-hidroxietoxi-acético	Formação de éster de metila volátil e cromatografia gasosa
Etilbenzeno	Ácido mandélico e ácidos de arila relacionados	Extração de ácidos e formação de derivados voláteis analisados por cromatografia gasosa
Etileno glicol Monoetil éter	Ácido metoxiacético	Extração com diclorometano com conversão em um derivado de metila volátil e análise por cromatografia gasosa
Formaldeído	Ácido fórmico	Cromatografia gasosa de derivados do ácido fórmico volátil
Hexano	2,5-Hexanodiona	Cromatografia gasosa após extração com diclorometano
n-Heptano	2-Heptanona, valerolactona e 2,5-Heptanediona	Determinação na urina com CG/EM
Isopropanol	Acetona	Cromatografia gasosa seguida de extração com metil etil cetona
Malation	Fosfatos orgânicos	Determinação colorimétrica de fosfatos
Metanol	Ácido fórmico	Cromatografia gasosa de derivados voláteis do ácido fórmico
Brometo de metila	Íon brometo	Formação de compostos organobromados voláteis e análise por cromatografia gasosa
Nitrobenzeno	p-Nitrofenol	Cromatografia gasosa do derivado volátil
Paration	p-Nitrofenol	Cromatografia gasosa do derivado volátil
HAP	1-Hidroxipireno	CLAE da urina
Estireno	Ácido mandélico	Extração de ácidos e formação de derivados voláteis com análise por cromatografia gasosa
Tetracloroetileno	Ácido tricloroacético	Extração em piridina e determinação por colorimetria
Tricloroetano	Ácido tricloroacético	Extração em piridina e determinação por colorimetria
Tricloroetileno	Ácido tricloroacético	Extração em piridina e determinação por colorimetria

a espectrofotometria na região do ultravioleta não tem especificidade. Para melhorar a especificidade, os diversos ácidos produzidos a partir desses compostos podem ser extraídos da urina acidificada em acetato de etila, derivatizados para produzir espécies voláteis e quantificados por cromatografia gasosa.

Uma das desvantagens de mensurar a exposição ao tolueno com base na determinação do ácido hipúrico é a produção deste metabólito a partir de fontes naturais além do tolueno, e a determinação do ácido tolulilmecaptúrico hoje é o método preferido como biomarcador da exposição ao tolueno. Um aspecto secundário interessante é que os hábitos alimentares podem gerar incertezas na determinação de metabólitos de xenobiontes. A determinação da exposição de trabalhadores ao 3-cloropropeno pela produção de ácido alilmercaptúrico é um exemplo dessa desvantagem. Esse metabólito também é produzido pelo alho, e o consumo do vegetal por trabalhadores pode ser um fator de confundimento. Os níveis de tiocianato monitorado como evidência da exposição a cianetos são elevados pelo consumo de mandioca cozida!

28.6.3 Os mercapturatos

Hoje está comprovado que os mercapturatos são produtos de reações de Fase II muito úteis na determinação da exposição a xenobiontes, sobretudo devido à sensibilidade da determinação dessas substâncias por separação por CLAE e à detecção por fluorescência de seus derivados de *o*-ftalodialdeídos. Além do tolueno mencionado, os xenobióticos para os quais os mercapturatos podem ser monitorados incluem estireno (cuja estrutura é semelhante à do tolueno), acrilonitrila, cloreto de alila, atrazina, butadieno e epiclorohidrina.

A formação de mercapturatos ou derivados do ácido mercaptúrico pelo metabolismo de xenobiontes é o resultado da conjugação de Fase II pela glutationa. A *glutationa*, comumente abreviada GSH, é um agente conjugante essencial no organismo. A GSH é um tripeptídeo, isto é, um composto formado pela união de três aminoácidos. Esses aminoácidos e suas respectivas abreviaturas são o ácido glutâmico (Glu), a cisteína (Cis) e a glicina (Gli). A fórmula da GSH é representada na Figura 28.1, que enfatiza especificamente o SH, por conta de seu papel essencial na formação da ligação covalente com um xenobionte. O conjugado GSH pode ser excretado diretamente, embora esse processo seja raro. Na maioria das vezes o conjugado da GSH passa por reações bioquímicas adicionais que produzem ácidos mercaptúricos (compostos com uma N-acetilcisteína) ou outras espécies. Os ácidos mercaptúricos específicos podem ser monitorados como biomarcadores da exposição ao xenobionte responsável por sua formação. O processo global da formação de ácidos mercaptúricos para um xenobionte hipotético, HX-R (ver discussão anterior) é ilustrado na Figura 28.1.

Uma das aplicações interessantes da análise de mercapturatos na ingestão de compostos específicos é a determinação do ácido S-alilmercaptúrico (fórmula estrutural mostrada a seguir) na urina como biomarcador da ingestão de alho por razões de saúde. O precursor deste composto é a γ-glutamil-S-alil-L-cisteína, componente natural do alho.

Ácido S-alilmercaptúrico

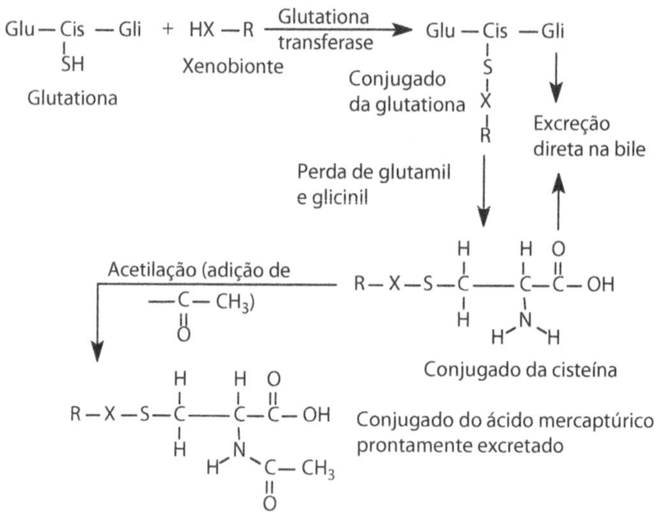

FIGURA 28.1 Conjugado da GSH de um xenobionte (HX-R) seguido da formação de intermediários conjugados da GSH e da cisteína (que podem ser excretados na bile) e acetilação, formando um conjugado do ácido mercaptúrico prontamente excretado.

28.7 A determinação de adutos

Em muitos casos a determinação de adutos é um meio útil e sofisticado de medir a exposição a xenobiontes. Os adutos, como sugere o nome, são substâncias produzidas quando um xenobionte se une a espécies químicas endógenas. A mensuração do monóxido de carbono a partir de seu aduto com a hemoglobina foi discutida na Seção 28.4. De modo geral, os adutos são produzidos quando uma molécula xenobiótica simples se liga a uma macromolécula biológica natural do corpo. O fato de a formação de um aduto ser uma modalidade de atividade tóxica, como a metilação do DNA durante a carcinogênese (Capítulo 23, Seção 23.8), ressalta a importância do aduto como ferramenta de biomonitoramento.

Os adutos da hemoglobina são talvez o meio mais útil de biomonitoramento por formação de aduto. A hemoglobina é constituinte do sangue, que é o tipo de amostra que possibilita os maiores níveis de precisão no biomonitoramento. Os adutos da albumina do plasma sanguíneo também são biomonitores úteis, tendo sido aplicados na determinação da exposição ao diisocianato de tolueno, benzo(a)pireno, estireno, óxido de estireno e aflatoxina B1.

Foi comprovado que o aduto do DNA com o óxido de estireno é um bom indicador da exposição ao óxido de estireno carcinogênico. Outro exemplo de como os adutos de DNA podem ser usados como evidência de exposição a xenobiontes é 4-(metilnitrosamino)-1-(3-piridil)-1 butanona, que é ativado por processos metabólicos e se liga à deoxiguanosina no DNA para gerar o aduto da guanina, o carcinógeno específico do tabaco O^6-[1-oxo-1-(3-piridil) bu-4-il]-dGuo, como mostra a Figura 28.2. A medição desse aduto por cromatografia líquida/espectrometria de massa usando ionização por *electrospray* (CL/EM-IES) ou espectrometria de massa em *tandem* (CL/EM/EM-IES) gera evidências de exposição ao carcinógeno.

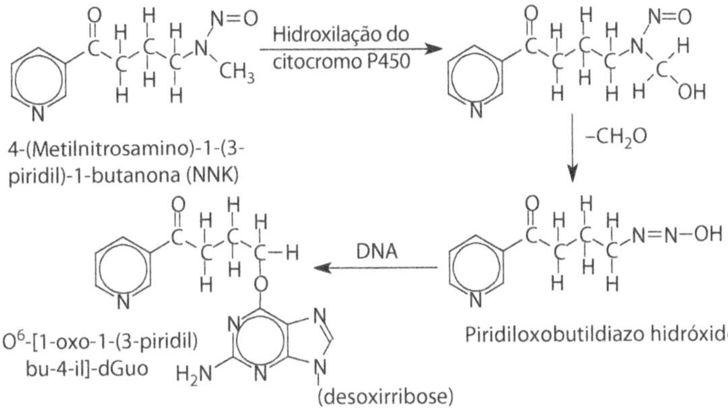

FIGURA 28.2 Formação de um aduto de DNA a partir da 4-(Metilnitrosamino)-1(3-piridil)--1butanona, um carcinógeno específico do tabaco.

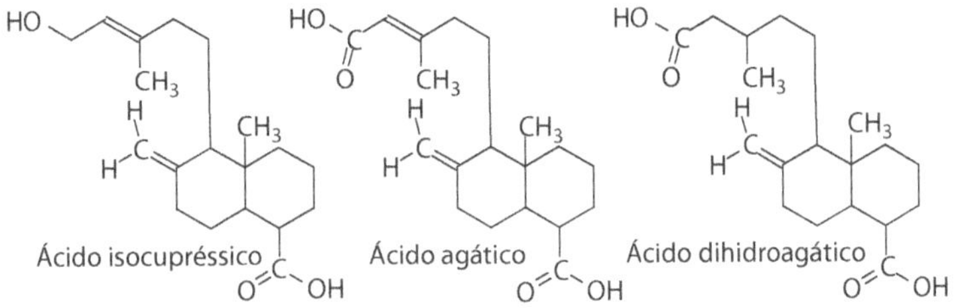

FIGURA 28.3 O ácido isocupréssico, agente causal de abortos em vacas, e dois de seus metabólitos.

Uma das desvantagens do biomonitoramento com base na formação de adutos diz respeito à relativa complexidade dos métodos, além dos custos e dos equipamentos especializados exigidos. A liberação da hemoglobina requer a lise dos glóbulos vermelhos do sangue, talvez seja preciso efetuar uma derivatização e técnicas instrumentais sofisticadas são necessárias para determinar o analito final. Apesar dessas complexidades, a mensuração dos adutos da hemoglobina vem ocupando mais espaço como método de escolha para muitos xenobiontes, como a acrilamida, a acrilonitrila, o 1,3-butadieno, a 3,3'-diclorobenzidina, o óxido de etileno e o anidrido hexahidroftálico.

28.8 A promessa dos métodos imunológicos

Conforme discutido no Capítulo 26, Seção 26.6, os imunoensaios oferecem vantagens especiais em termos de especificidade, seletividade e custos. Embora usem *kits* simples na análise de amostras de sangue para determinar glicose e confirmar gravidez, as metodologias dos imunoensaios estão restritas no biomonitoramento de xenobióticos em parte devido às interferências em sistemas biológicos complexos. No entanto, em função das vantagens inerentes que possuem, é possível prever que no futuro os imunoensaios ocuparão um espaço mais importante no biomonitoramento de xenobiontes. Como exemplo dessa aplicação, os imunoensaios são usados na detecção de PCB no plasma sanguíneo. Foram desenvolvidos imunoensaios que determinam a presença de toxinas de cianobactérias (saxitoxinas, microcistinas e modularinas) em amostras biológicas.

Foram registrados abortos de bezerros em vacas que ingeriram partes de espécies de coníferas como o *Pinus contorta*, o pinheiro branco da Califórnia, o junípero comum e o cipreste de Monterey amarelo. Como evidência da exposição a este agente tóxico, um imunoensaio foi desenvolvido para detectar o agente abortivo e seus metabólitos principais, os ácidos agático, dihidroagático e tetrahidroagático (Figura 28.3).[2] O método serve para determinar esses compostos no soro sanguíneo e na urina do gado.

Além da determinação de xenobiontes e seus metabólitos por imunoensaios, as técnicas imunológicas podem ser usadas na separação de analitos de amostras biológicas complexas com o emprego de anticorpos imobilizados. Essa abordagem foi utilizada no isolamento do aflotoxicol na urina e permitiu sua detecção em conjunto com as aflotoxinas B1, B2, G1, G2, M1 e Q1 por cromatografia líquida de alta eficiência e detecção por derivatização/fluorescência pós-coluna.[3] Um anticorpo monoclônico reativo com ácido S-fenilmercaptúrico, um importante produto da reação de Fase II do benzeno que resulta da conjugação com GSH, foi gerado com auxílio de um conjugado de hapteno com proteína. O anticorpo imobilizado é usado em uma coluna para enriquecer o ácido S-fenilmercaptúrico presente na urina de trabalhadores expostos ao benzeno.[4] No futuro, os imunoensaios terão mais aplicações importantes.

Literatura citada

1. Külpmann, Ed., *Wolf Rüdiger, Clinical Toxicological Analysis: Procedures, Results, Interpretation*, Wiley, New York, 2009.
2. Lee, S. T., D. R. Gardner, M. Garrosian, K. E. Panter, A. N. Serrequi, T. K. Schoch, and B. L. Stegelmeier, Development of enzyme-linked immunosorbent assays for isocupressic acid and serum metabolites of isocupressic acid, *Journal of Agricultural and Food Chemistry*, **51**, 3228–3233, 2003.
3. Kussak, A., B. Andersson, K. Andersson, and C.-A. Nilsson, Determination of aflatoxicol in human urine by immunoaffinity column clean-up and liquid chromatography, *Chemosphere*, **36**, 1841–1848, 1998.
4. Ball, L., A. S. Wright, N. J. Van Sittert, and P. Aston, Immunoenrichment of urinary s-phenylmercapturic acid, *Biomarkers*, **2**, 29–33, 1997.

Leitura complementar

Angerer, J. K. and K.-H. Schaller, *Analyses of Hazardous Substances in Biological Materials*, Vol. 1, VCH, Weinheim, Germany, 1985.

Angerer, J. K. and K.-H. Schaller, *Analyses of Hazardous Substances in Biological Materials*, Vol. 2, VCH, Weinheim, Germany, 1988.

Angerer, J. K. and K.-H. Schaller, *Analyses of Hazardous Substances in Biological Materials*, Vol. 3, VCH, Weinheim, Germany, 1991.

Angerer, J. K. and K.-H. Schaller, *Analyses of Hazardous Substances in Biological Materials*, Vol. 4, VCH, Weinheim, Germany, 1994.

Angerer, J. K. and K.-H. Schaller, *Analyses of Hazardous Substances in Biological Materials*, Vol. 5, Wiley, New York, 1996.

Angerer, J. K. and K.-H. Schaller, *Analyses of Hazardous Substances in Biological Materials*, Vol. 6, Wiley, New York, 1999.

Angerer, J. K. and K.-H. Schaller, *Analyses of Hazardous Substances in Biological Materials*, Vol. 7, Wiley, New York, 2001.

Angerer, J. K. and K.-H. Schaller, *Analyses of Hazardous Substances in Biological Materials*, Vol. 8, Wiley, New York, 2003.

Angerer, J. K. and M. Muller, Eds, *Analyses of Hazardous Substances in Biological Materials*, Vol. 9, *Markers of Susceptibility*, Wiley, New York, 2004.

Baselt, R. C., *Disposition of Toxic Drugs and Chemicals in Man,* 7th ed., Biomedical Publications, Foster City, CA, 2004.

Committee on National Monitoring of Human Tissues, Board on Environmental Studies and Toxicology, Commission on Life Sciences, *Monitoring Human Tissues for Toxic Substances*, National Academy Press, Washington, DC, 1991.

Conti, M. E., Ed., *Biological Monitoring: Theory and Applications: Bioindicators and Biomarkers for Environmental Quality and Human Exposure Assessment*, WIT, Southampton, UK, 2008.

Hee, S. Q., *Biological Monitoring: An Introduction*, Van Nostrand Reinhold, New York, 1993.

Kneip, T. J. and J. V. Crable, *Methods for Biological Monitoring*, American Public Health Association, Washington, DC, 1988.

Lauwerys, R. R. and P. Hoet, Industrial Chemical Exposure: Guidelines for Biological *Monitoring*, 3rd ed., Taylor & Francis/CRC Press, Boca Raton, FL, 2001.

Mendelsohn, M. L., J. P. Peeters, and M. J. Normandy, Eds, *Biomarkers and Occupational Health: Progress and Perspectives*, Joseph Henry Press, Washington, DC, 1995.

Richardson, M., Ed., *Environmental Xenobiotics*, Taylor & Francis, London, 1996.

Saleh, M. A., J. N. Blancato, and C. H. Nauman, *Biomarkers of Human Exposure to Pesticides*, American Chemical Society, Washington, DC, 1994.

Travis, C. C., Ed., *Use of Biomarkers in Assessing Health and Environmental Impacts of Chemical Pollutants*, Plenum Press, New York, 1993.

Whitacre, D., Ed., *Reviews of Environmental Contamination and Toxicology*, Springer, New York, 2009.

Williams, W. P., *Human Exposure to Pollutants: Report on the Pilot Phase of the Human Exposure Assessment Locations Programme*, United Nations Environment Programme, New York, 1992.

World Health Organization, *Biological Monitoring of Chemical Exposure in the Workplace*, World Health Organization, Geneva, Switzerland, 1996.

Perguntas e problemas

1. O monitoramento no ambiente de trabalho é comumente executado usando amostradores de vapor portados pelos trabalhadores. De que modo essa abordagem difere do biomonitoramento? Em que aspectos o biomonitoramento é melhor?
2. Por que o sangue é o melhor tipo de amostra para o biomonitoramento? Quais são suas desvantagens em termos de amostragem e processamento de amostras? Quais são as desvantagens do sangue como matriz amostral para análise? Quais são as vantagens da urina? Discuta por que a urina pode ser o tipo de amostra que apresenta o maior nível de metabólitos e o menor nível de compostos de origem.

3. Diferencie os tipos de analitos mensurados no biomonitoramento: composto de origem, produto da reação de Fase I, produto da reação de Fase II, adutos.
4. O que é calcinação por via úmida? Para que tipos de analito o método é executado? Que tipos de reagentes são usados e quais são as precauções exigidas na condução do método?
5. Que espécies são comumente mensuradas por potenciometria no biomonitoramento?
6. Compare os produtos metabólicos de Fase I e de Fase II no biomonitoramento. De que modo os metabólitos de Fase I são convertidos em metabólitos de Fase II para análise?
7. Qual é a biomolécula que com mais frequência está envolvida na formação de adutos no biomonitoramento? Quais são os problemas encontrados na determinação de adutos como ferramenta de biomonitoramento?
8. Quais são os dois usos gerais da imunologia no biomonitoramento? Qual é a desvantagem das técnicas imunológicas? Discuta a probabilidade de as técnicas imunológicas serem mais utilizadas no futuro como ferramenta de biomonitoramento.
9. A determinação dos adutos de DNA é o meio preferido para medir a exposição a carcinógenos. Com base no que se conhece sobre o mecanismo da carcinogenicidade, por que esse método tem essa preferência? Quais são as possíveis limitações ao mensurar os adutos de DNA como evidência da exposição a carcinógenos?
10. Qual é o mecanismo de formação dos conjugados de ácido mercaptúrico? Que papel especial eles desempenham no biomonitoramento? Que vantagem propiciam em termos de mensuração?
11. Para que tipos de xenobiontes o ácido tricloroacético é determinado? Apresente as vias metabólicas pelas quais esses compostos podem formar o ácido tricloroacético.
12. Relacione um xenobionte na coluna da esquerda a um analito mensurado em seu biomonitoramento na coluna da direita:

    1. Metanol   a. Ácido mandélico
    2. Malation   b. Uma dicetona
    3. Estireno   c. Fosfatos orgânicos
    4. Nitrobenzeno   d. Ácido fórmico
    5. n-Heptano   e. p-Nitrofenol

13. Com base nos exemplos dados na Seção 28.8, os métodos imunológicos para a análise de xenobiontes são favorecidos para moléculas relativamente complexas de origem biológica. Apresente as razões para essa especulação. Quais seriam as maiores vantagens e desvantagens desses métodos imunológicos?
14. A resposta de um eletrodo sensível ao íon fluoreto atende à equação nerstiana

$$E = E_a - 59{,}2 \log[F^-]$$

onde E é o potencial mensurado do eletrodo *versus* um eletrodo de referência em milivolts (mV), E_a é uma constante para um dado sistema de eletrodos, e $[F^-]$ é a concentração do íon fluoreto em mol L^{-1}. Um operador inseriu um eletrodo de fluoreto e um eletrodo de referência em 100 mL de uma amostra de urina e definiu o valor de E como zero. A adição de 100 mL de uma solução padrão do íon fluoreto $1{,}00 \times 10^{-4}$ mol L^{-1} alterou a leitura de E para -15,0 mV. Qual foi a concentração de F$^-$ na amostra?

Índice

A

Ablação do gelo das geleiras, 496-497
Abrandamento de água, 247-248
Abrandamento de água com carbonato de cálcio e soda, 247-248
ABS. *Ver* Alquilbenzeno sulfonato
Absorbância, 827-828
Absorção, 19-20
Absorção atômica
   análise, 828-829
   espectrofotômetro, 829-830
Absorção de íons, 129-131
Ação enzimática, 757-758
Acetaldeído na atmosfera, 381-382
Acetileno, toxicidade, 803-804
Acidente nuclear de Chernobyl, 645-646
Acidente nuclear de Three Mile Island, 645-646
Acidez
   como poluente da água, 197-199
   na água, 67-68
   no solo, 518-519
Ácido etilenodiaminodissuccínico, 79-80
Ácido fórmico, toxicidade, 808-809
Ácido fúlvico, 90-91
   molécula, 91-92
   no solo, 516-517
Ácido hidrofluórico, toxicidade, 797-798
Ácido hipocloroso, 261-262
Ácido hipúrico, 804-805
Ácido hipúrico como indicador da exposição ao tolueno, 887-888
Ácido húmico, 90-91
   no solo, 516-517
Ácido metilsulfúrico, toxicidade, 817-818
Ácido mineral livre, 67-68
Ácido naftênico, 223-224
Ácido nítrico, formação na atmosfera, 356-357
Ácido nitrilotriacético (NTA), 83-84
Ácido oxálico, produto metabólico do etileno glicol, 805-807
Ácido pinônico, 372-373
Ácido sulfúrico, perigos, 681-682
Ácido sulfúrico, toxicidade, 799-800
Ácido *trans, trans*-mucônico, como indicador da exposição ao benzeno, 884-885
Ácidos carboxílicos, toxicidade, 808-809
Ácidos carboxílicos atmosféricos, 384-385
Ácidos na atmosfera, 307-308
Ácidos nucleicos, 758-760, 762
Acompanhamento do produto, 584-585
Acrilamida, toxicidade, 811-812
Acrilonitrila na atmosfera, 386-387
Acroleína na atmosfera, 381-382
Açúcares simples, 750-752
Acumulação de oxigênio na atmosfera, 307-308
Adaptação ao aquecimento global, 438-440
Adsorção, 19-20
Adutos de DNA na análise de xenobiontes, 888-889
Adutos de hemoglobina na análise de xenobiontes, 888-889
Advecação, 17-19
Aerossóis, 318-319
   do smog, 421-422
Aerossóis orgânicos secundários (AOS), 372-373
Aerossol de condensação, 319-320
Aerossol de dispersão, 319-322
Aerossol urbano, 452-454
Aflatoxina B_1, 821-822
Afogamento, de motor a combustão, 403-404
Afundamento na formação de sedimentos, 121-122
Agente conjugante endógeno, 776-777
Agente tóxico, 768-769
   exposição, 768-769
Agentes alquilantes, 781-784
Agentes arilantes, 783-784
Agentes carcinogênicos, 781-782
Agentes conjugantes, 776-777
Agentes de ponte, 131-133
Agentes quelantes, 77-78
   análise, 855-856
   e resíduos perigosos, 689-690
   no solo, 514-515
Agregação de partículas, 131-133
Agricultura, 507-508
Agricultura e saúde, 544-545
Agricultura sustentável, 541-542
Agroflorestamento, 538-539
Agropecuária, poluentes gerados pela, 529-530
Água como solvente verde, 567-569
Água dura, 247-248
Água intersticial, 141-142
Água intersticial em sedimentos, 121-122
Água meteórica, 480-481
Água na atmosfera, 289, 291, 311-312
Água na forma de material particulado, 333-335
Água no solo, 512-513
Água quimicamente agressiva, 248-249, 477-478
Água quimicamente estabilizada, 248-249
Água recarbonatada, 248-249
Água superficial, 61-63

894 Índice

Água vadosa, 480-481
Água verde, 266-268
Águas subterrâneas, 480-481
  na geosfera, 479
Ajuste da acidez no solo, 518-519
Albedo, 287-289, 464-465
Alcalinidade, 70-71
Alcalinidade, como poluente da água, 197-199
Alcanos, toxicidade, 802-803
Alcanos na atmosfera, 375-376
Alcenos, toxicidade, 803-804
Alcenos na atmosfera, 375-376
Alcoóis, toxicidade, 805-807
Alcoóis na atmosfera, 382-383
Álcool das folhas na atmosfera, 383-384
Aldeídos, toxicidade, 808-809
Aldeídos na atmosfera, 380-381
Alergia, 786-787
Algas, 151-152
Algas para a produção de biodiesel, 656-657
Alimentos contaminados com Salmonella, 546-547
Alquil sulfonato linear (LAS), 204-205
Alquilação na mutagênese, 781-782
Alquilbenzeno sulfonato (ABS), 203-204
Alquilfenóis polietoxilados em sedimentos, 140-141
Alquinos na atmosfera, 376-377
Alúmen, 242-244
Alúvio, 475-476
Aluviões, 600-601
Amianto, 327-328
  na água, 196-197
  toxicidade, 799-800
Amidas na atmosfera, 386-387
Amido, 752-753
Aminas alifáticas, toxicidade, 809-810
Aminas aromáticas, toxicidade, 811-812
Aminas na atmosfera, 386-387
Aminoácidos, 747-748
Amônia, como base na atmosfera, 309-310
Amônia como poluente da água, 195-196
Amônia na atmosfera, 361-362
Amostrador Hi-Vol, 871-872
Amostragem de água, 836-837
Amostragem de ar total, 862-863
Amostragem dinâmica, 862-863
Amostragem passiva, 862-863
Amostras compostas para a análise de água, 837-839
Amostras pontuais de curta duração, 837-839
Amperometria, 866-867
Anabolismo, 763-764
Analisador COT, 840-841
Análise com *headspace*, 854-855
Análise de ácido isocupréssico, 889-890
Análise de adutos na determinação da exposição a xenobiontes, 887-888
Análise de água automatizada, 841, 843-844
Análise de cianetos em amostras biológicas, 883-884
Análise de compostos orgânicos no ar, 869-870

Análise de emissão atômica, 830-831
Análise de estoques, 585-586
Análise de fluoretos em amostras biológicas, 883-884
Análise de materiais biológicos, 879-880
Análise de material particulado, 869-870, 872-873
Análise de oxidantes, 867-868
Análise de oxigênio (titulação de Winkler), 827-828
Análise de poluentes do ar
  por espectrometria direta, 874-875
  técnicas, 864-865
Análise de resíduos, 849-850
Análise de sólidos, 849-850
Análise de toxinas biológicas, 840-841
Análise de xenobiontes, 879-880
Análise do ar, 861-862
Análise gravimétrica, 826-827
Análise LIDAR de poluentes atmosféricos, 876-877
Análise por fluorescência com raios X, 872-873
Análise potenciométrica, 830-831
Análise química ambiental, 825-826
Análise volumétrica, 826-827
Anfifílicos, 516-517
Anidrido acético, toxicidade, 808-809
Anilina, toxicidade, 811-812
Anilina na atmosfera, 386-387
Ânion estearato, 201-202
Ano sem verão, 455-456
Antagonismo na exposição a agentes tóxicos, 770-771
Anticlinal, 471-472
Antropoceno, 36-37
Antroposfera, 6-7, 35-36
AOS. *Ver* Aerossóis orgânicos secundários
Aquecimento global, 429-430
Aquecimento por micro-ondas na digestão de amostras, 850-851
Aquífero, 481-482
Aquífero de Ogallala, 59-61
Ar, 8
Argila de caolinita, 131-133
Argila nontronita, 131-133
Argilas, 130-131, 466-467, 475-476
Arraste no tratamento de resíduos, 712-713
Arraste pelo vento, 143-144
Arsênico, toxicidade, 795-797
Arsênico como poluente da água, 191-192
Asbestose, 799-800
Asfixiantes simples, 802-803
Aspectos ambientais da geosfera, 482-483
Astenosfera, 470-471
Asteroides, 458-459
Atenuação de resíduos por camadas minerais, 688-689
Aterro sanitário, 500-501
  de resíduos, 734-736
  emissões, 501-502
  lixiviado, 501-502
  tipos, 705
Aterros seguros, 501-502
Atividade de elétrons, 99-100, 102-103

Atividade de radionuclídeos, 224-226
Atmosfera, 8, 278-279
Atmosfera/troca de água, 143-144
Atomização por plasma com análise de espectroscopia de massa (ICP/MS), 830-831
ATP. *Ver* Trifosfato de adenosina
Automação, 45-46
Automóveis híbridos, 406-407
Autótrofos, 150-151
Avaliação da exposição, 787-788
Avaliação do risco de agentes tóxicos, 788-789
Avaliação dos ciclos de vida, 585-586

B

Bacia hidrográfica, 490-492, 535-536
Bacillus thuringiensis, 541-542
  inseticida, 763-764
Bactérias, 154-155
Bactérias aeróbias, 155-156
Bactérias anaeróbias, 155-156
Bactérias autotróficas, 154-155
Bactérias heterotróficas, 154-155
Bactérias marinhas, 155-156
Bactérias mesofílicas, 160-161
Bactérias móveis, 156-157
Bactérias pirrófitas, 151-152
Bactérias *Prochlorococcus*, 155-156
Bactérias produtoras de metano, 163-164
Bactérias psicrófilas, 160-161
Bactérias *Rhizobium*, 169-170, 523-524
Bactérias termofílicas, 160-161
BAF. *Ver* Fator de bioacumulação
Balanço de material e resíduos, 706-707
Balanço de radiação da Terra, 287-289
Bangladesh, contaminação com arsênico, 191-192
Bases na atmosfera, 307-310
Bases para detergente, 204-205
Batólitos, 600-601
BCF. *Ver* Fator de bioconcentração
Beneficiamento, 497-499
Bens de consumo, 586-587
Bens de serviço, 586-587
  características desejáveis, 588-589
Bens duráveis, 586-587
Benzeno, toxicidade, 803-804
Benzeno na atmosfera, 377-378
Benzidina, na atmosfera, 386-387
Benzo(a)pireno, 324-325
Benzo(a)pireno, toxicidade, 804-805
Benzotriazola, 223-224
Berílio, 329-330
Berílio, toxicidade, 794-795
Berma, 492-493
Bhopal, 21-22
Bhopal, Índia, acidente industrial, 695-697, 812-813
Bifenilas polibromadas (PBB), toxicidade, 814-815
Bifenilas policloradas, toxicidade, 814-815
Bioacumulação, 51-52, 594-595

Biocida, composto de mercúrio, 190-191
Biodegradabilidade, 727-728
Biodegradação, 594-595
  de matéria orgânica, 164-166
  de pesticidas, 521-522
  de resíduos, 727-728
Biodiesel, 655-656
Biodisponibilidade de contaminantes do sedimento, 140-141
Bioensaio, 855-856
Biofiltros, 360-361
Biogás, 660-661
Bioma no ecossistema, 11-12
Biomarcadores
  de exposição, 879-880
  de poluição da água, 186-187
Biomimética, 541-542
Biomoléculas, 745-746
Biomonitores, 770-771
Biopesticidas, 541-542
Bioquímica, 745-746
Bioquímica ambiental, 745-746
Bioquímica da carcinogênese, 783-784
Biorreator de membrana, 241-242
Biorremediação, 727-728
Biosfera, 10-11
Biota, 61-63
Biotransformação, 764-765
Borohidreto de sódio, 717-718
Borracha e ozônio, 421-422
β-oxidação, 166-167
Brometo de metila fumigante, 530-531
Bromo, toxicidade, 794-795
Bronchiolitis fibrosa obliterans, 357-358, 797-798
Buraco na camada de ozônio na Antártida, 446-448
Butadieno, toxicidade, 803-804

C

Cádmio, toxicidade, 795-797
Cádmio como poluente aquático, 187-189
Calcinação úmida na análise de xenobiontes, 881-882
Cálcio na água, 73-76
Cálculo da solubilidade de gases, 126-127
Calor de solução, CS, 126-127
Calor de vaporização da água, 60-61
Calor latente, 287-289
Calor sensível, 287-289
Caloria, 623-624
Camada de ozônio, 307-308, 443-445
Camada limite planetária, 401-402
Camadas unitárias em argilas, 131-133
Câmaras de combustão, 723-724
Canal de Love, 668-669
Canalização, 490-492
Câncer de bexiga causado por produtos do alcatrão de hulha, 782-783
Câncer de testículo pela exposição ao alcatrão da hulha, 770-771, 782-783
Caolinita, 475-476

Capacidade calorífica da água, 60-61
Capacidade de manutenção, 590-592
Capacidade de troca de cátions (CTC), 131-133
    do solo, 517-518
Capacidade oxidativa, 108
Capim-navalha, como combustível, 657-659
Captura de partículas, 319-320
Características de minerais, 465-466
Características dos resíduos perigosos, 670-671
Caráter irreversível da exposição a compostos tóxicos, 773-775
Carbamatos, toxicidade, 812-813
Carbaril, toxicidade, 812-813
Carbofuran, 212-213
Carbofuran, toxicidade, 812-813
Carboidratos, 750-752
Carbonato de cálcio, 76-77
Carbonato metálico, reação com o NTA, 86-87
Carbonilas, toxicidade, 802-803
Carbono, transformações mediadas por bactérias, 163-164
Carbono elementar, em sedimentos, 123-124
Carbono nas partículas atmosféricas, 327-328
Carbono negro
    em sedimentos, 123-124
    no solo, 531-532
Carbono orgânico total (COT), 199-201
    analisador, 840-841
    análise de água, 839-840
Carbono quaternário, 166-167
Carboxiemoglobina, 797-798
Carcinogênese, 782-783
Carcinógenos, testes, 785-786
Carcinógenos de ação direta, 783-784
Carcinógenos epigenéticos, 783-784
Carcinógenos finais, 783-784
Carcinógenos genotóxicos, 783-784
Carcinógenos proximais, 783-784
Carcinoma broncogênico, 799-800
Carga de leito, 474-475
Carga dissolvida em cursos de água, 474-475
Carga superficial de coloides, 128-129
Cargas (para produtos), 612-613
Cargas suspensas em cursos de água, 474-475
Carvão, 637-638
Carvão ativado, 252-253, 714-715
    adsorção, 242-243
    regeneração, 253-254
Cat clays, 517-518
Catabolismo, 763-764
Catalisador de três vias, 405-406
Catalisadores, 569-571
Catalisadores verdes, 50-51
Cátion de metal hidratado, 73-74
    como ácido, 73-74
Cátions intercambiáveis, 131-133
    em argilas, 476-477
Célula bacteriana procarionte, 156-157, 746-747
Célula eletroquímica, 101-102
Célula eucariota, 746-747
Célula viva, 13-14

Células combustíveis, 630-631
Células de Hadley, 294-295
Células fotovoltaicas, 649-650
Células fotovoltaicas para minimizar o aquecimento global, 437-438
Celulase, 152-154
Celulose, 752-753
    como matéria-prima, 562-563
Cetonas na atmosfera, 380-381
CFC. *Ver* Clorofluorcarbonetos
Chernobyl, 21-22, 329-330
Chlorella, 151-152
Chlorophyta, 151-152
Chrysophyta, 151-152
Chumbo
    como poluente aquático, 187-189
    determinação no ar, 873-874
    em sedimentos, 144-145
    jazidas, 608-610
    na atmosfera, 328-329
    reação de carbonato com NTA, 86-87
    solubilização por NTA, 84
    toxicidade, 795-797
Chuva ácida, 361-362, 440-441
    efeitos, 443-444
Cianeto como poluente da água, 195-196
Cianetos, toxicidade, 795-797
Cianobactérias, 155-156
Ciclização de materiais, 582-583
Ciclo das rochas, 469-470
Ciclo do carbono, 30-31
Ciclo do enxofre, 33-35, 346-347
Ciclo do fósforo, 33-35
Ciclo do nitrogênio, 32-33, 169-170, 521-522
Ciclo do oxigênio, 33-35, 310-311
Ciclo hidrológico, 56-57
Ciclos biogeoquímicos, 30-31
Ciclos combinados de energia, 661-662
Ciclos da matéria, 29-30
Ciclos de vida na ecologia industrial, 581-582
Ciclos endogênicos, 30-31
Ciclos exogênicos, 30-31
Ciência atmosférica, 282-284
Ciência verde
    e aquecimento global, 434-435
    e tecnologia, 5-7
Cilindrospermopsina, toxina, 205-206
Cimentação, 252-253, 717-718
Cimento para a solidificação de resíduos, 733-734
Cinética química, 300-301
Cinturão de Van Allen, 303-304
Cinzas volantes, 327-328
Citoplasma, 156-157, 747-748
CL/EM. *Ver* Cromatografia líquida com detecção por espectrometria de massa
Classe K de resíduos, 671-672, 674-675
Clima, 289, 291, 295-297
Clima global, 293-294
Cloração no ponto de quebra, 262-263

Cloreto de hidrogênio, na atmosfera, 362-363
Cloreto de vinila, 177-178
  na atmosfera, 388-389
  toxicidade, 814-815
Cloro, toxicidade, 794-795
Cloro disponível combinado, 262-263
Cloro livre disponível, 262-263
Cloro na atmosfera, 362-363
Cloro na desinfecção da água, 261-262
Clorobenzeno, 388-389
Clorobenzenos, toxicidade, 814-815
Clorofluorcarbonetos (CFC), 389-390
  agentes da destruição do ozônio, 445-446
  substitutos, 448-450
Clorometano na atmosfera, 388-389
Cloroplastos, 747-748
Coagulação, 242-244
Coagulação de coloides, 131-133
Coagulação-filtração, 244-246
Cobalto-60, 79-80
Cobertura de sítios de descarte de resíduos, 734-736
Cobre em minérios, 603-604
Coeficiente de distribuição de resíduos, 689-690
Coeficiente de partição solo-água, 20-21
Colesterol, 756-757
Coleta de amostras de ar, 862-863
Coletores centrífugos secos, 337-338
Coletores de poeira industriais, 337-338
Coloides
  de associação, 127-128
  hidrofílicos, 127-128
  hidrofóbicos, 127-128
  no solo, 513-514
Coloides da argila, 130-131
Coloides de dióxido de manganês, 130-131
Coluna de convecção, 291-293
Combustão em leito fluidizado, 350-351
Combustíveis à base de lignocelulose, 656-657
Combustível à base de biorresíduos, 657-659
Combustível E85, 406-407
Combustível fóssil, 624-625
Combustível metano da fermentação da biomassa, 660-661
Comedores de arsênico, 795-797
Cometabolismo, 175-176, 695-697
Comissão Bruntland, 4-5
Commodity reciclável, 586-587
Complexação, 77-78
Complexo, 77-78
Complexo de Golgi, 747-748
Complexo enzima-substrato, 756-757
Complexos metálicos, 77-78
Componentes do ecossistema industrial, 575-576
Componentes dos automóveis híbridos, 634-635
Componentes inorgânicos do solo, 513-514
Composição atmosférica, 279-281
Composição de partículas inorgânicas, 325-326
Compostagem de resíduos, 731-732
Composto de coordenação, 77-78
Composto organometálico, 77-78

Compostos biorrefratários, 727-728
Compostos bromados
  como poluentes aquáticos, 223-224
  de ocorrência natural, 205-206
Compostos carbonila, 380-381
  no *smog*, 416-417
Compostos clorados, de ocorrência natural, 205-206
Compostos de bipiridilo, 213-214
Compostos de enxofre
  inorgânicos, toxicidade, 799-800
  transformações intermediadas por micróbios, 175-176
Compostos de fósforo, transformações intermediadas por micróbios, 173-174
Compostos de silício, toxicidade, 798-799
Compostos fotolisáveis, 418
Compostos hidrofílicos, 20-21
Compostos inorgânicos, toxicidade, 795-797
Compostos Inter-halogênios, toxicidade, 798-799
Compostos lipofílicos, 764-765
Compostos nitro, na atmosfera, 386-387
Compostos N-nitroso (nitrosaminas), toxicidade, 812-813
Compostos orgânicos
  em sedimentos, 139-140
  na atmosfera, 370-371
  na matéria em suspensão, 139-140
  no solo, 514-515
  toxicidade, 802-803
Compostos orgânicos, na atmosfera, 299-300
Compostos orgânicos biogênicos, 371-372
Compostos orgânicos contendo oxigênio, toxicidade, 805-807
Compostos orgânicos dissolvidos, remoção da água, 252-253
Compostos orgânicos perfluorados, 221-222
Compostos orgânicos semivoláteis, 20-21
Compostos orgânicos voláteis (COV), 20-21
  análise, 854-855
Compostos organoalogenados, toxicidade, 813-814
Compostos organoestanho, 193-195
Compostos organoestanho, toxicidade, 802-803
Compostos organofosforados, toxicidade, 818-819
Compostos organometálicos, toxicidade, 801-802
Compostos organonitrogenados, na atmosfera, 386-387
Compostos organonitrogenados, toxicidade, 809-810
Compostos organossulfurados, na atmosfera, 393-394
Compostos organossulfurados, toxicidade, 817-818
Compostos recalcitrantes, 727-728
Compostos redox, 680
Compra reversa, 588-589
Compressão de dupla camada, 131-133
Comprimento de onda da radiação eletromagnética, 13-14
Comunicações na antroposfera, 44-45
Concentração de substrato, 159-160
Concentração micelar crítica, 128-129
Condução de energia atmosférica, 287-289
Condutimetria, 866-867
Cone de depressão de poços, 481-482
Conjugado da glucuronida, 776-777
Conservação, 537-538
  da água, 270-271
  de energia, lei, 623-624

Conservação de amostras de água, 839-840
Conservação de energia, 633-634
Constante de Planck, 278-279
Constante dos gases, R, 126-127
Constante solar, 286-287
Constantes da lei de Henry, 126-127
Constantes de equilíbrio e pE, 108
Constantes de formação, 80-81
Constantes de formação globais, 80-81
Constantes de velocidade, 300-301
Constituintes do esgoto, 200-201
Contaminação de alimentos, 545-546
Contaminação do Rio Hudson com PCB, 218-219
Contaminante, 15-16
Contraíons, 127-128
Controle de qualidade (CQ) em análises, 825-826
Controles de emissão de partículas, 337-338
Convecção, 17-19
    na atmosfera, 287-289
Conversão da energia de ondas, 654-655
Conversão de carvão água-gás, 638-639
Conversão do carvão, 637-638
Conversões de energia, 627-629
Conversores catalíticos, 405-406
Coprecipitação de metais, 717-718
Corrente de retorno, 143-144
Correntes de ar, 291-293
Correntes de convecção, 291-293
Correntes de jato, 294-295
Correntes de reciclagem no processo, 576-577
Correntes de reciclo no processo, 576-577
Corrosão, 115-116, 180-181
Corrosividade, 671-672
COT. *Ver* Carbono orgânico total
COV. *Ver* Compostos orgânicos voláteis
Crick, Francis, 760, 762
Criolita, 611-612
Cromatografia, 832-833
Cromatografia iônica, 835-836
Cromatografia líquida com detecção por espectrometria de massa (CL/EM), 834-835
Cromatografia líquida de alta eficiência (HPLC), 834-835
Cromatógrafo a gás, 833-834
Cromatograma, 834-835
Cromóforo, 594-595
Crosta terrestre, 465-466
Crutzen, Paul, 445-446
CTC. *Ver* Capacidade de troca de cátions
Cultivo em aleias transversais, 538-539
Culturas geneticamente modificadas, 539-540
Cumeno na atmosfera, 377-378
Curie, 226-227
Curso de água, 490-492
Curva de crescimento de bactérias, 158-159
Curva de depressão do oxigênio, 200-201
Curva dose-resposta, 771-772

D

Dano do *smog* às folhas, 421-422
Danos causados pelo *smog* fotoquímico, 452-454
DBO. *Ver* Demanda bioquímica de oxigênio
DDT, 177-178, 209-210
DDT, toxicidade, 816-817
Decomposistores, 63-64
Decóxido de tetrafósforo, toxicidade, 799-800
Deflação, movimento de areia ou solo, 495-496
Degradabilidade, 586-587
Degradação de pesticidas no solo, 533-534
Degradação química de pesticidas, 533-534
DEHP. *Ver* Di-(2-etil hexil) ftalato
Demanda bioquímica de oxigênio (DBO), 63-64, 199-201
Densidade do fluxo de sedimentação, 144-145
Denuders (tubos de difusão), 863-864
Deposição ácida, 440-441
Deposição seca, 440-441, 693-694
Depósitos de argila, 611-612
Depósitos de óxido de ferro, 427
Depósitos hidrotérmicos, 600-601
Depósitos sedimentares, 600-601
Deriva continental, 470-471
Desalogenação, 175-176, 728-729
Desalogenação bacteriana, 167-168
Desalogenação redutora, 728-729
Desalorespiração, 177-178
Desalquilação bacteriana, 168-169
Descarte de resíduos, 731-732, 734-736
Descarte de resíduos em poços profundos, 736-737
Descarte de resíduos na geosfera, 500-501
Descarte de resíduos no solo, 734-736
Desertificação, 464-465, 534-535
Desestratificação, 61-63
Desidratação do lodo, 260-261
Desinfecção da água, 261-262
Desinfecção da água com ozônio, 264-265
Desinfecção da água com radiação ultravioleta, 265-266
Desinfecção da água por percarbonato, 265-266
Desinfecção de água com ferrato, 265-266
Deslizamentos de terra, 489-490
Desmatamento, 450-451, 534-535
Desnaturação de proteínas, 750-752
Desnitrificação, 32-33, 172-173, 258-259
Dessalinização da água, 266-268
Destilação da água, 255-256
Destilação dos poluentes orgânicos persistentes (POP) em nível global, 370-371
Destilação e dessalinização da água, 266-268
Destino e transporte ambientais, 15-16
Destino e transporte químicos, 15-16
    na atmosfera, 312-313
Destruição do ozônio, estratosférico, 443-445
Desulfovibrio, 174-175
Detecção de substâncias perigosas, 698-699
Detecção olfativa canina, 699-701
Detector por captura de elétrons, 833-834

Detector por ionização de chama, 833-834
Detector quimiluminescente, 867-868
Detectores seletivos de energia para raios X, 873-874
Detergentes, 203-204
Determinação da acidez, 826-827
Determinação da alcalinidade 827-828
Determinação da dureza, 827-828
Determinação de contaminantes emergentes na água, 844-845
Determinação de contaminantes quirais na água, 845-846
Determinação do composto precursor em amostras biológicas, 883-884
Detoxificação *in situ*, 738-740
Di-(2-etil hexil) ftalato (DEHP), toxicidade, 809-810
Diagrama de distribuição de espécies para o dióxido de carbono, 69-70
Diagrama pE-pH, 111
Diagrama pE-pH para o ferro na água, 111
Diâmetro mediano em massa 320-322
Diâmetro reduzido de sedimentação, 320-322
Diâmetros de Stokes, 320-322
Dibenzofuranos policlorados (PCDF), 392-393
Dibenzo-p-dioxinas policloradas (PCDD), 392-393
Diclorodifluorometano, 388-389
Diclorometano na atmosfera, 388-389
Diesel, Rudolf, 655-656
Difusão de partículas, 319-320
Digestão de amostras, 850-851
Digestão em líquido pressurizado, 851-852
Digestor anaeróbio, 238-239
Dímeros do íon alumínio na água, 242-244
Dimetil carbonato, agente metilante, 565-566
Dimetilformamida, na atmosfera, 386-387
Dimetilmecúrio, como poluente aquático, 191-192
Dimetilsulfato, toxicidade, 817-818
Dimetilsulfeto, 346-347, 393-394
Dimetilsulfeto na atmosfera, 324-325, 364-365
Dinoflagellata, 205-206
Dióxido de carbono
    como ácido na atmosfera, 307-308
    como poluente aquático, 195-196
    da queima de combustíveis fósseis, 625-626
    e aquecimento global, 429-430
    emissões por país, 431-433
    na água, 67-68
    na fase densa, 568-570
    nos oceanos, 433-434
    supercrítico, 568-570
Dióxido de cloro na desinfecção da água, 262-263
Dióxido de enxofre
    análise, 864-865
    como ácido na atmosfera, 307-308
    efeitos da presença na atmosfera, 349-350
    esquema de analisador, 866-867
    na atmosfera, 346-347
    oxidação no *smog*, 420-421
    reações atmosféricas, 346-347
    remoção, 350-351
    toxicidade, 799-800

Dióxido de nitrogênio, NO_2, na atmosfera, 300-301, 352-353
Dióxido de titânio, como fotocatalisador, 722-723
Dióxido de titânio na oxidação-redução, 115-116
Dioxina, 216-217
Diquat, 213-214
Diques, 490-492
Direito ambiental, 23-24
Dispositivos de energia, 627-629
Dispositivos de microextração em fase sólida, amostragem, 837-839, 863-864
Disrupção endócrina, 786-787
Disruptores de estrogênio, 220-221
Disruptores endócrinos, 787-788
Dissacarídeos, 752-753
Dissulfeto de carbono na atmosfera, 364-365
Distribuição de espécies de NTA com o pH, 85-86
Distribuição entre fases, 19-20
DNA, 758-759
DNA modificado, 760-762
DNA recombinante, 760-762
Dolomita, 467-468
Domo térmico sobre cidades, 298-299
Donora, Pensilvânia, evento de poluição atmosférica, 349-350
Dose de substância tóxica, 768-769
Dose-resposta, 770-771
Doze princípios da química verde, 552-553
DRE. *Ver* Eficiência de destruição e remoção
Drenagem ácida de minas, 55, 177-178
Dresden, Alemanha, bombardeio sistemático, 456-458
Duna, 495-496
Dupla camada de elétrons, 127-128
Dupla hélice, estrutura do DNA, 760, 762
Durabilidade, 589-590
Dureza causada por bicarbonato, 247-248
Dureza da água, 75-76
Dureza temporária da água, 75-76, 474-475
Dust Bowl, período, 535-536

E

ECI. *Ver* Estado de cátion intercambiável
Ecoepidemiologia de resíduos perigosos, 695-697
Ecologia, 11-12
Ecologia industrial, 48-49, 572-574
    e ecologia natural, 573-574
    na gestão de resíduos, 705
    para ampliação de recursos, 616-617
Economia de átomos, 50-51, 547-548
Ecossistema, 11-12
Ecossistema industrial, 48-49, 575-576
Ecossistema industrial de Kalundborg, 579-580
Ecotoxicologia, 11-12
    de resíduos perigosos, 695-697
Edema, 792
Edema pulmonar, 792
Edificações na antroposfera, 42-44
EDTA, 79-82
    e resíduos de cobalto-71-72, 689-690
    no tratamento de água, 251-252
    titulação, 827-828

Efeito Coriolis, 294-295
Efeito da temperatura no crescimento bacteriano, 159-160
Efeito estufa, 287-289
Efeito hidrofóbico, 567-569
Efeito Tyndall, 127-128
Efeitos da mineração na geosfera, 497-499
Efeitos da radiação ultravioleta, 445-446
Efeitos da urbanização no microclima, 298-299
Efeitos das partículas, 332-333
Efeitos diretos dos poluentes do ar, 370-371
Efeitos do aquecimento global, 434-435
Efeitos do gelo na geosfera, 495-496
Efeitos do *smog*, 420-421
Efeitos não letais de compostos tóxicos, 771-772
Efeitos topográficos, 291-293
    na poluição do ar, 500-501
Eficiência de destruição e remoção (EDR), 726-727
Eficiência de incineração, 726-727
Eficiência na conversão de energia, 631-633
El Niño, 296-298, 307-308
Elementos, tóxicos, 792
Elementos transurânicos na água, 228-229
Elementos-traço na água, 186-187
Eletrodeposição de metais, 252-253
Eletrodiálise da água, 255-256
Eletrodo de fluoreto, 832-833
Eletrodo de vidro para medir pH, 832-833
Eletrodos íon-seletivos, 832-833
Eletrólise no tratamento de água, 719
Elétrons da banda de condução, 115-116
Emissões de gases de resíduos descartados, 737-738
Emissões de metano pela geosfera, 499-500
Encapsulamento de resíduos, 733-734
Encharcamento, 512-513
Energia, 622-623
Energia, natureza da, 623-624
Energia cinética, 623-624
Energia da biomassa, 654-655
Energia do hidrogênio, 661-662
Energia eólica, 650-651
Energia geotérmica, 646-647
Energia hidráulica, 652-653
Energia hidrelétrica, 652-653
Energia hidrocinética, 654-655
Energia livre, 106-107
Energia mecânica, 623-624
Energia nuclear, 643-644
Energia potencial, 623-624
Energia renovável, 635-637
    fontes, 633-634
Energia solar, 647-648
Energia sustentável, 622-623
Engenharia, 38-39
Engenharia ambiental, 38-39
Engenharia civil, 38-39
Engenharia ecológica, 593-594
Engenharia elétrica, 38-39
Engenharia eletrônica, 38-39
Engenharia genética, 760-762
    na agricultura, 539-540

Engenharia mecânica, 38-39
Engenharia verde, 5-7, 21-22, 39-41
Enxofre
    elementar, 467-468
    fontes, 613-615
    mostarda, toxicidade, 817-818
    no solo, 521-522
Enzima oxidase, 758-759
Enzimas, 756-757
Enzimas hidrolases, 167-168
Enzimas hidrolisantes, 757-758
Enzimas liases, 758-759
Enzimas ligases, 758-759
Enzimas oxidorredutases, 758-759
Enzimas redutases, 167-168
Epicentro de terremotos, 472-473
Epilímnio, 61-63
Epoxidação bacteriana, 166-167
Equação da eficiência energética, 627-629
Equação de Carnot, 627-629
Equação de Clausius–Clapeyron, 126-127
Equação de Freundlich, 139-140
Equação de Nernst, 103-104
    e equilíbrio químico, 105-106
Equilíbrio da troca iônica no solo, 518-519
Era dos combustíveis fósseis, 2-3
Era glacial, 296-298, 431-433
Erosão do solo, padrões nos Estados Unidos, 535-536
Erro aleatório em análises, 825-826
Erro de análise, 825-826
Erro sistemático em análises, 825-826
Ervas daninhas, 544-545
Escala de altitude, 282-284
Escala Richter, 485-486
Escopo da avaliação do ciclo de vida, 585-586
Esfera de coordenação, 80-81
Esgoto, 200-201
Especiação, 841, 843-844
    de metais, 77-78
Espécies fotoquimicamente ativas, na atmosfera, 299-300
Espécies inorgânicas como poluentes aquáticos, 193-195
Espécies orgânicas oxidadas, na atmosfera, 299-300
Espectrometria de emissão atômica por plasma acoplado indutivamente (ICP/AES), 830-831
Espectrômetro de infravermelho não dispersivo, 868-869
Espectroscopia de massa, 835-836
Espectroscopia derivada de segunda ordem, para análise do ar, 876-877
Espectroscopia por FTIR para análise do ar, 874-875
Estabilidade de coloides, 128-129
Estabilidade passiva de reatores nucleares, 646-647
Estabilização de resíduos, 731-732
Estações de tratamento de água públicas (ETA), 235-237
Estado de cátion intercambiável (ECI), 136-137
Estado de oxidação, 100-101
Estado estacionário, 17-19
Estado excitado, 278-279
Estado excitado singleto, 300-301
Estado excitado tripleto, 300-301
Estágio de iniciação da carcinogênese, 783-784

Estágio de inundação, 490-492
Estágios do intemperismo, 469-470
Ésteres, na atmosfera, 373-374
Ésteres, toxicidades, 808-809
Ésteres organofosfatos, toxicidade, 818-819
Estireno, na atmosfera, 377-378
Estratégia *tie-in*, 460-462
Estratificação de lagos, 61-63
Estratosfera, 285-286
Estrôncio-90 na água, 226-227
Estrutura da argila, 476-477
Estrutura das proteínas, 749-751
Estrutura dos anfifílicos, 203-204
Estrutura em camadas da argila, 131-133
Estrutura primária de proteínas, 749-751
Estrutura proteica secundária, 749-751
Estruturas primárias geológicas, 470-471
Estruturas proteicas quaternárias, 750-752
Estruturas proteicas terciárias, 750-752
Estruturas secundárias geológicas, 470-471
Estuários, 61-63, 493-494
ETA. *Ver* Estações de tratamento de água públicas
Etanol, toxicidade, 805-807
Etanol combustível, 406-407, 655-656
Éteres, na atmosfera, 382-383
Éteres, toxicidade, 808-809
Etilbenzeno, na atmosfera, 377-378
Etileno, toxicidade, 803-804
Etileno glicol, toxicidade, 805-807
Etileno produzido por plantas, 371-372
Etilenodiamina, toxicidade, 811-812
Euglenófitas, 151-152
Eutrofização, 196-197
Evaporação em filme fino, 712-713
Evaporitos, 466-467, 600-601
Evento de poluição do ar do vale do rio Meuse, 349-350
Evento de poluição em Londres, 350-351
Evidências epidemiológicas da exposição a agentes tóxicos, 787-788
Evolução da atmosfera, 307
Explosivos, 680
    militares, 698-699
Explosões de poeiras, 676-677
Exposição, 50-51
Exposição aguda a agentes tóxicos, 768-769
Exposição crônica a agentes tóxicos, 768-769
Exposição local a agentes tóxicos, 768-769
Exposição sistêmica a compostos tóxicos, 769-770
Extração, 711-712
Extração com água subcrítica, 851-852
Extração de amostras com solventes, 850-851
Extração de metais de amostras biológicas, 881-882
Extração de minerais, 601-602
Extração de resíduos com vapor, 738-740
Extração líquida de amostras de água, 837-839
Extração química, 719-720
Extrator Soxhlet, 753-754
Extratores de amostras de água, 837-839

F

Fabricação, 44-45
Fabricação de cimento no tratamento de resíduos, 726-727
Face de deslizamento, 495-496
Fadiga, 471-472
Faixa de inflamabilidade, 675-676
Falhas em cascata, 41-42
Fase cinética, 777-778
Fase de declínio, 158-159
Fase dinâmica, 777-778
Fase estacionária, 158-159
Fator de bioacumulação (BAF), 200-201
Fator de bioconcentração (BCF), 200-201
Fator de concentração, 600-601
Fator E, 561-562
Feldspato, 475-476
Fenóis, toxicidade, 807-808
Fenóis clorados, toxicidade, 817-818
Fenóis na atmosfera, 382-383
Fenóis policlorados (PCB), 216-217
Fenol na atmosfera, 383-384
Fermentação, 763-764
Feromônios, 541-542
Ferro, transformações microbianas, 177-178
Ferro no solo, 513-514
Ferro zero-valente, 738-740
Ferrobacillus, 177-178
Fertilizantes, 526-527
Fertilizantes fosfatos, 527-528
FIFRA (Lei Federal Para Inseticidas, Fungicidas e Rodenticidas), 509-510
Filtração, 711-712
    amostragem de partículas atmosféricas, 869-870
Filtro biológico, 237-238
Filtro de areia rápido, 244-246
Filtros de tecido, 337-338
Fissão do urânio, 643-644
Fissão nuclear, 643-644
Fitorremediação, 729-730
Fitotoxicidade da chuva ácida, 443-444
Fitotoxicidade do íon alumínio, 518-519
Fitotóxico, 518-519
Fixação do nitrogênio, 169-170, 522-523
Fixação química de resíduos, 733-734
Floculação
    de bactérias, 133-134
    de coloides, 131-133
Flotação, 711-712
Flotação com ar dissolvido, 244-246, 712-713
Fluido supercrítico, 50-51, 568-570, 714-715
    extração, 851-852
Flúor
    compostos na atmosfera, 361-362
    jazidas, 611-612
    na atmosfera, 361-362
    toxicidade, 794-795
Fluorapatita, 527-528
Fluorescência, 302-303

Fluoreto, toxicidade, 797-798
Fluoreto de hidrogênio, toxicidade, 797-798
Fluoreto de hidrogênio na atmosfera, 362-363
Fluorose, 797-798
Fluxo de materiais em ecossistemas industriais, 579-580
Fluxo piroclástico, 486-487
Fluxo solar, 286-287
Fluxos secundários de lodo, 260-261
Fonte de poluentes, 15-16
Fontes de resíduos, 673
Fontes extrativas de materiais, 599-600
Fontes não pontuais de poluição, 500-501
Fontes pontuais de poluição, 500-501
Fontes renováveis de materiais, 599-600
Forçante radioativa, 433-434
Forças de Van der Waals, 139-140
Forma da geosfera, 469-470
Formação de adutos, 534-535
Formação de sedimentos, 121-122
Formação do *smog*
    emissões, 402-403
    esquema generalizado, 412-413
    mecanismos, 411-412
    reações, 407-408
Formaldeído, toxicidade, 807-808
Formaldeído na atmosfera, 380-381
Formalina, 807-808
Forno de grafite, absorção atômica, 829-830
Fosfina, toxicidade, 799-800
Fosfoglicerídeos, 754-755
Fosfonatos, 88-89
Fosforescência, 300-301
Fósforo branco, toxicidade, 794-795
Fósforo não ocluído, 138-139
Fósforo no solo, 523-524
Fósforo ocluído, 138-139
Fósforo orgânico em sedimentos, 138-139
Fotoautótrofos, 150-151
Fotodissociação do dióxido de nitrogênio, 310-311, 356-357
Fotoheterótrofos, 150-151
Fotoionização, 302-303
Fotólise no tratamento de resíduos, 721-722
Fótons, 278-279
Fotoquímica, 278-279
Fotossíntese, 10-11, 763-764
Fototróficos, 150-151
Fracionamento dos poluentes orgânicos persistentes (POP), 370-371
Fragmentação de glaciares, 496-497
Fraturas de compressão, 471-472
Fraturas por tensão, 471-472
Frente fria, 295-297
Frente quente, 295-297
Frentes, clima, 291-293
Freons na destruição do ozônio, 445-446
Frequência da radiação eletromagnética, 13-14
Fronteiras convergentes, 470-471
Fronteiras de falha de transformação, 470-471
Fronteiras divergentes, 470-471
Ftalatos, toxicidade, 809-810

Fumaça, 319-320
Fumigantes, solo, 530-531
Fundos de destilação, 712-713
Fungicidas, 212-213
Fungos, 152-154
Fusão a frio, 646-647
Fusão nuclear, 646-647
FutureGen, usina termelétrica, 641-642

G

Gallionella, 177-178
Gallionella, bactérias, 154-155
Gallionella, célula, 177-178
Gás inflamável comprimido, 675-676
Gás natural, 637-638
Gás natural sintético, 659-660
Gaseificação da biomassa, 657-659
Gases estufa, 433-434
Gases na água, 64-65
Gases-traço na atmosfera, 280-281
Gasohol, 655-656
Gelbstoffe, 91-92
Geoide, 469-470
Geologia, 9-10
Geomorfologia, 469-470
Geoquímica, 476-477
Geoquímica ambiental, 476-477
Geosfera, 9-10, 464-465
Geração de radicais hidroxila, 408-409
Geradores de energia, 575-576
Gestão de resíduos, 705
Gipsita da lavagem de gás de chaminé, 351-352
Glaciares, 496-497
Glândulas endócrinas, 754-755
Glicogênio, 752-753
Glicoproteínas, 753-754
Glicose como matéria-prima, 562-563
Glifosato (herbicida), 207-209, 509-510
Glucuronida, 776-777
Glutationa, 888-889
Grupo quinona hidroquinona, 113-114
Grupos funcionais, 563-564

H

Habitações na antroposfera, 42-44
Hábitat, 11-12
Haletos de alquenila, toxicidade, 814-815
Haletos de alquila, toxicidade, 813-814
Haletos de arila (aromáticos), toxicidade, 814-815
Haletos de fósforo, toxicidade, 799-800
Haletos de hidrogênio, toxicidade, 797-798
Halogênios, toxicidade, 794-795
Halons, 389-390
HAP. *Ver* Hidrocarbonetos aromáticos policíclicos
HCFC. *Ver* Hidroclorofluorcarbonetos
Herbicida Roundup (glifosato), 207-209, 509-510
Herbicidas, 213-214
Herbicidas clorofenóxi, 214-215
Herbicidas clorofenóxi, toxicidade, 816-817

Herbicidas de triazina, 214-215
Hertz, 13-14
Heterotróficos, 150-151
Hexafluoreto de enxofre na atmosfera, 362-363
HFC. *Ver* Hidrofluorocarbonetos
Híbridos, plantas, 508-509
Hidratação de coloides, 128-129
Hidrocarbonetos, poluentes, 373-374
Hidrocarbonetos aromáticos (arila) na atmosfera, 377-378
Hidrocarbonetos aromáticos, toxicidade, 803-804
Hidrocarbonetos aromáticos policíclicos (HAP), 324-325, 331-332
  na atmosfera, 378-379
  no solo, 514-515
  toxicidade, 804-805
Hidroclorofluorcarbonetos (HCFC), 391-392, 448-450
Hidrofluorocarbonetos (HFC), 391-392, 448-450
Hidrogenólise, 728-729
Hidrólise, 167-168
  de resíduos, 719-720
Hidrólise do Malation, 167-168, 210-211
Hidrologia, 56-57
Hidroperóxidos, 409-410
Hidrosfera, 6-7
Hidroxiapatita, 257-258, 527-528
Hidroxilação, 167-168
Hiperacumuladores, 526-527
Hipersensibilidade, 773-775, 786-787
Hipolímnio, 61-63
Hipossensibilidade, 773-775
Hipótese Gaia, 46-47, 427
História natural, 5-7
Holoceno, 428-429
Horizontes do solo, 511-512
Hormônios, 754-755
HPLC. *Ver* Cromatografia líquida de alta eficiência
Humina, 90-91
  no solo, 516-517
hv, 10-11, 278-279

I

ICP/AES. *Ver* Espectrometria de emissão atômica por plasma acoplado indutivamente
ICP/MS. *Ver* Atomização plasma com análise de espectroscopia de massa
Ignição espontânea, 677-678
Ignitabilidade, 670-671
Ilita, 475-476
Ilustração do ciclo tectônico, 471-472
Imobilização de resíduos, 731-732
Imobilização de resíduos *in situ*, 737-738
Impactador para amostragem de ar, 872-873
Impactos ambientais na ecologia industrial, 579-581
Imunoensaio, 855-856
Imunossupressão, 786-787
Incidente com sulfeto de hidrogênio em Poza Rica, 364-365
Incineração, 723-724
Incinerador com forno rotativo, 724-725
Incineradores com câmara de injeção líquida, 724-725
Incineradores em leito fluidizado, 724-725

Incineradores fixos, 724-725
Incompatibilidade de resíduos, 682-683
Infraestrutura, 39-41
Inóculo na compostagem de resíduos, 731-732
Inseticida carbaril, 212-213
Inseticida Rotenone, 207-209
Inseticidas à base de ésteres de fosforoditioato, toxicidade, 818-819
Inseticidas à base de ésteres de fosforotionato, toxicidade, 818-819
Inseticidas organoclorados, 209-210
Inseticidas organofosfatos, 210-211
Insolação, 286-287
Intemperismo, 477-478
Intemperismo, aspectos biológicos, 479
Intemperismo de minerais, 467-468
Intemperismo químico, 477-478
Intensificação de processos, 50-51
Interações de fase, 143-144
Interações de fase na química aquática, 120-121
Intercâmbio de fósforo com sedimentos, 138-139
Interconectividade, 41-42
Inundação, 490-492
Inverno nuclear, 455-456
Inversões na atmosfera, 295-297
Inversões térmicas, 295-297, 499-500
Iodo, toxicidade, 794-795
Íon bicarbonato, 67-68
Íon carbonato, 67-68
Íon complexo, 77-78
Íon nitrito, como poluente aquático, 195-196
Íon perclorato, como poluente da água, 195-196
Íon sulfito, como poluente aquático, 195-196
Íon superóxido, 115-116
Ionosfera, 303-304
Íons na atmosfera, 300-301, 303-304
Isocianato de metila, 23-24
Isocianato de metila, toxicidade, 812-813
Isocianatos, toxicidade, 812-813
Isopreno, 372-373, 407-408

J

Jazidas de alumínio, 607-608
Jazidas de cobalto, 608-610
Jazidas de cobre, 608-610
Jazidas de cromo, 607-608
Jazidas de gipsita, 613-615
Jazidas de lítio, 608-610
Jazidas de metais, 604-605
  e ecologia industrial, 605-606
Jazidas de não metais, 611-612
Jazidas de potássio, 609-610
Jazidas de zinco, 611-612
Jazidas minerais, 600-601
Joule, J, 623-624
Jovem Dryas, período, 458-459

K

Kepone, 216-217

L

Lacunas na banda de valência, 115-116
Lagos e reservatórios no destino e transporte químicos, 143-144
Lagunagem de resíduos líquidos, 736-737
LAS. *Ver* Alquil sulfonato linear
Laterita, 600-601
Lava, 472-473, 486-487
Lavadores para a remoção de partículas, 338-339
Lavra em tiras, 497-499
Leguminosas, 522-523
Lei de Conservação e Recuperação de Recursos (RCRA), 669-670
Lei de Controle de Substâncias Tóxicas (TSCA), 669-670
Lei de Henry, 64-65, 124-125
Lei de Resposta, Compensação e Responsabilidade Ambientais Abrangentes (CERCLA), 669-670
Lei de Stokes, 319-320
Lei Federal Para Inseticidas, Fungicidas e Rodenticidas (FIFRA), 509-510
Ligação peptídica, 747-748
Ligante, 77-78
Ligante monodentado, 77-78
Limite de detecção, 826-827
Limite inferior de detecção, 826-827
Limite inferior de inflamabilidade (LII), 675-676
Limite superior de inflamabilidade (LSI), 675-676
Limnologia, 56-57
Limoneno, 372-373
Limpeza de amostra com Florisil, 853-854
Limpeza de amostra de alumina, 853-854
Limpeza de amostras, 853-854
Limpeza de amostras com sílica gel, 853-854
Linalool, 372-373
Lipídeos, 753-754
Liquefação em terremotos, 472-473
Líquido combustível, 675-676
Líquido inflamável, 675-676
Lisossomo, 747-748
Lista de pesticidas poluentes da água, 208
Lista de poluentes aquáticos, 187-188
Litificação, 467-468
Litosfera, 465-466
Lixiviado, 736-737
Lixiviamento no tratamento de resíduos, 719-720
Lixo urbano, 500-501
Lodo, esgoto, 201-202, 244-246
Lodo de alúmen, 260-261
Lodo do tratamento de águas residuárias, 260-261
Lodos químicos, 260-261
Luminescência, 302-303

M

Macronutrientes, solo, 519-520
Madeira, como recurso renovável, 615-616
Magma, 467-468
   na lava, 472-473
Malation, toxicidade, 819-820
Malhas de flóculos, 131-133
Manejo de culturas, 508-509
Manejo de rebanhos, 508-509
Manganês no solo, 513-514
Manifesto no transporte de resíduos perigosos, 688-689
Mar de Salton, 199-201
Marcadores de poluição aquática, 186-187
Maré vermelha, 205-206
Massas de ar, 289, 291
Matéria orgânica no solo, 513-514
Materiais orgânicos sedimentares, 122-123
Materiais sedimentares carbonáceos, 122-123
Material coloidal, 120-121
Material orgânico particulado, 394-395
Material particulado, na atmosfera, 281-282
Matéria-prima de lignina, 562-563
Matérias-primas, 561-562
Matérias-primas biológicas, 561-562
Matérias-primas renováveis, 51-52, 561-562
Meandros, em cursos de água, 490-492
Mecanismos de *feedback*, 431-433
Mecanismos inerciais de remoção de partículas, 337-338
Medida do produto de reação de Fase I em amostras biológicas, 884-885
Medidas de "fim de tubo", 9-10, 46-47
Medidas de compensação para o aquecimento global, 316-317
Meia-vida de radionuclídeos, 226-227
Meios de reações, 566-567
Membrana celular, 156-157, 746-747
Membrana citoplasmática, 156-157
Mensuração da radioatividade na água, 840-841
Mercapturatos, indicadores de exposição a xenobiontes, 887-888
Mercúrio, como poluente aquático, 190-191
Mercúrio, na atmosfera, 328-329
Mercúrio, toxicidade, 795-797
Mesosfera, 285-286
Mesotelioma, 799-800
Metabolismo, 763-764
Metabolismo bacteriano, 158-159
Metabolismo de xenobiontes, 764-765
Metabolismo industrial, 48-49, 577-578
Metacroleína, 407-408
Metais, 187-188
   a ecologia industrial como forma de ampliar recursos, 616-617
   análise em amostras biológicas, 881-882
   jazidas, 603-604
   na atmosfera, 328-329
   precipitação, 716-717
   remoção da água, 251-252
   toxicidade, 794-795
Metais-traço na matéria em suspensão, 136-137
Metalímnio, 61-63
Metalurgia extrativa, 601-602
Metano como gás estufa, 433-434
Metano emitido por um sistema de ecologia industrial, 663-664
Metano na atmosfera, 280-281, 371-372
Metanol, na atmosfera, 382-383

Metanol, toxicidade, 805-807
Metanotiol, 393-394
Meteorologia, 287-289
Methanomonas, 164-166
Metil clorofórmio, 388-389
Metilamina na atmosfera, 386-387
Metilmercúrio, como poluente aquático, 191-192
Metil-terc-butil éter (MTBE), 221-222, 383-384
Método *surrogate* de amostragem, 863-864
Método West-Gaeke, 864-865
Método Winkler para análise de oxigênio, 827-828
Métodos clássicos de análise, 826-827
Métodos cromatográficos de análise da água, 835-836
Métodos de análise de água, 826-827
Métodos eletroquímicos de análise, 830-831
Métodos espectrofotométricos
    de análise, 827-828
    de análise de água, 828-829
Métodos imunológicos, 888-889
Métodos voltamétricos de análise, 832-833
Mica hidratada, 131-133
Micas, 612-613
Micelas, 127-128
Micelas coloidais de sabão, 128-129
Micologia, 152-154
Micotoxinas, 821-822
Microclima, 296-298
Microfiltração, 246-247
Micronutrientes no solo, 525-526
Micro-ondas para melhorar reações, 571-572
Microrganismos patogênicos no lodo, 261-262
Mineração de minerais, 601-602
Mineração de superfície, 497-499
Minerais, tipos, 466-467
Minerais fosfatos, 527-528, 612-613
Minerais fosfatos em sedimentos, 138-139
Minerais na geosfera, 600-601
Minerais secundários (argilas), 130-131
Minerais secundários, 466-467
Mineral, 465-466
Mineralização, 594-595
Minimização de resíduos, 705
Minimização do aquecimento global, 436-437
Minimização na ecologia industrial, 592-593
Mitocôndrias, 747-748
Modelos químicos aquáticos, 64-65
Mol de elétron, 106-107
Molécula da glicose, 750-752
Molécula eletronicamente excitada, 300-301
Moléculas de água polares, 60-61
Moléculas de RNA, 759, 761
Molina, Mario, 445-446
Monções, 295-297
Monitoramento atmosférico, 861-862
Monossacarídeos, 750-752
Monóxido de carbono
    análise, 868-869
    análise no sangue, 883-884
    atmosférico, 344-345

    controles de emissões, 344-345
    toxicidade, 795-797
    utilização por bactérias, 164-166
Montmorilonita, 131-133, 475-476
Morenas glacias, 496-497
Motor a combustão interna, 403-404
Motor a diesel, 630-631
Motor de pistão a combustão interna, 630-631
Motor Stirling, 647-648
Movimento browniano, 320-322
Movimento da superfície da terra, 488-489
$MP_{2,5}$, 332-333
MTBE (metil-terc-butil éter), 383-384, 406-407
Mudança climática, 427
Mutação, 760-762
Mutagênese, 780-781
Mutágenos, 780-781

N

Naftaleno, toxicidade, 804-805
Naftil aminas, na atmosfera, 386-387
Naftil aminas, toxicidade, 811-812
Nanofiltração, 246-247, 257-258
Nanomateriais como poluentes aquáticos, 218-219
Neblina, 319-320
Neutralização, 715-716
Neutralização ácido-base, 715-716
Névoa, 319-320
Névoa ácida, 454-455
Nichos em ecossistemas, 11-12
Nicotina como inseticida, 207-209
Nitrato de amônio, 526-527
Nitrato de cloro, 447-448
Nitrato de peroxiacila (PAN), 386-388, 409-410
Nitrato de peroxibenzoila, 409-410
Nitrato de peroxipropionila, 386-388
Nitratos de peroxiacila, 409-410, 416-417
Nitrificação, 170-171, 239-240, 258-259
Nitrilas, 678-679
Nitrilas, toxicidade, 812-813
Nitrilas na atmosfera, 386-387
Nitrobenzeno na atmosfera, 386-387
Nitrogênio, conversões intermediadas por micróbios, 168-169
Nitrogênio no solo, 521-522
Nitroglicerina, 590-592, 678-679
Nitrosamina (compostos N-nitroso), toxicidade, 812-813
Nitrosaminas (compostos N-nitroso), 386-388
Níveis de dióxido de carbono na atmosfera, 430-431
Níveis do mar, ameaça de elevação, 493-494
NO_x, reações atmosféricas, 355-356
NTA. *Ver* Ácido nitrilotriacético
NTA no tratamento de água, 251-252
Núcleo da célula, 747-748
Nucleoide, 156-157
Núcleos de Aitken, 372-373
Núcleos de condensação, 289, 291
Nucleosídeo, 759, 761
Nucleotídeo, 759, 761

Nuée ardente, 486-487
Número de coordenação, 80-81
Número de oxidação, 100-101
Número de resíduo perigoso, 671-672
Nutrientes algáceos, 196-197
Nutrientes vegetais, tabela, 196-197
Nuvem de gases evaporativos do cárter, 402-403
Nuvens, 289, 291
Nuvens marrons na atmosfera, 450-451

O

Oceanografia, 56-57
OD. *Ver* Oxigênio dissolvido
Óleo
    lubrificante, reciclagem, 619-620
    resíduo
        combustível, 708-709
        etapas de reprocessamento, 708-709
        reciclagem, 708-709
Óleo de palmeira na produção de biodiesel, 656-657
Óleo de xisto betuminoso, 637-638
Óleo mostarda, 817-818
Óleo utilizado, 707-709
    reciclagem, 708-709
Ondas de oceano aberto, 493-494
Ondas sísmicas, 472-473
Organismos autotróficos, 61-63
Organismos heterotróficos, 63-64
Organoalogenados, ação microbiana nos, 175-176
Organoalogenados marinhos, 392-393
Organoalogenados na atmosfera, 388-389
Organochumbo, toxicidade, 801-802
Orvalho, 298-299
Osmose reversa, 252-253, 256-257
Osteonecrose maxilar, 794-795
Oxalato no solo, 514-515
Oxidação bacteriana, 161-162, 166-167
Oxidação com ar úmido, 726-727
Oxidação de cianetos, 719
Oxidação de Fenton, 717-718
Oxidação na síntese química, 563-564
Oxidação úmida de resíduos, 726-727
Oxidação úmida melhorada com UV, 726-727
Oxidação–redução, 98
    no tratamento de resíduos, 717-718
    reações de resíduos perigosos, 692-693
Oxidante fotoquímico primário, 409-410
Oxidantes, 676-677
Oxidantes, perigos, 556-557
Oxidantes na atmosfera, 299-300
Oxidantes orgânicos na atmosfera, 411-412
Óxido de etileno, 678-679
Óxido de etileno, toxicidade, 805-807
Óxido de etileno na atmosfera, 384-385
Óxido de ferro (III) e sequestro de metais, 136-137
Óxido de propileno na atmosfera, 384-385
Óxido de zinco, toxicidade, 802-803
Óxido nítrico da combustão de motores, 354-355
Óxido nítrico na atmosfera, 352-353

Óxido nitroso na atmosfera, 352-353
Óxidos de halogênio, toxicidade, 798-799
Óxidos de nitrogênio
    análise, 866-867
    controle, 359
    efeitos para a saúde, 357-358
    na atmosfera, 352-353
    toxicidade, 797-798
Óxidos inorgânicos na atmosfera, 299-300
Óxidos orgânicos, toxicidade, 805-807
Oxigênio, fonte biológica, 427
Oxigênio atômico na formação do smog, 413-414
Oxigênio dissolvido (DO), 234-235
Oxigênio na água, 64-65, 199-201
Oxigênio na corrosão, 116-117
Oxi-haletos de fósforo, toxicidade, 799-800
Oxi-hemoglobina, 797-798
Ozonetos, 408-409
Ozônio, toxicidade, 792

P

Padrões de quilometragem, 437-438
Padrões primários, poluentes do ar, 861-862
Padrões secundários, poluentes aéreos, 861-862
PAN (nitrato de peroxiacila), 386-388, 409-410
Panicum virgatum, para produção de combustível, 657-659
Paraquat, 213-214
Paraquat, toxicidade, 812-813
Paraquat no solo, 533-534
Paration, toxicidade, 818-819
Paredes celulares, 747-748
Pares hipergólicos, 677-678
Partícula alfa, 224-226
Particulados, 318-319
Partículas coloidais na água, 126-127
Partículas de ácido sulfúrico, 323-324
Partículas de óxido de vanádio, 323-324
Partículas e aquecimento global, 433-434
Partículas emitidas pelo motor a diesel, 332-333
Partículas inorgânicas, 323-324
Partículas na atmosfera, 281-282, 318-319
Partículas orgânicas, 324-325
    composição, 331-332
Partículas radioativas, 329-330
Partículas respiráveis, 333-335
PBB (bifenilas polibromadas), toxicidade, 814-815
PCB (bifenilas policloradas), toxicidade, 814-815
PCB (fenóis policlorados), 216-217
PCB no sedimento do Rio Hudson, 557-558
PCB no solo, 531-532
PCDD (dibenzo-*p*-dioxinas policloradas), 392-393
PCDF (dibenzofuranos policlorados), 392-393
pE, 99-100, 102-103
pE, limites na água, 109
pE^0, valores para semirreações, 109
Pedologia, 509-510
Pentaclorofenol, toxicidade, 817-818
Perclorato, toxicidade, 801-802
Perfil de compostos PBT, 51-52

Perfis Toxicológicos da ATSDR, 792
Perfluorocarbonos, 221-222, 392-393
Perigos, 50-51
Permafrost, 489-490
Permeado, 244-246
Peroxidação de lipídeos, 813-814
Peróxido de hidrogênio na atmosfera, 303-305
Peróxidos orgânicos, 409-410
Persistência, 51-52
Pesticidas carbamatos, 212-213
Pesticidas e solo, 529-530
Pesticidas na água, 207-209
Pesticidas organoalogenados, toxicidade, 816-817
Pesticidas organonitrogenados, toxicidade, 812-813
Petróleo, 635-637
Petróleo sintético, 638-639
Picocurie, 226-227
Pigmentos, 612-613
Pineno, 372-373, 407-408
Pirâmide de materiais, 584-585
Piretrinas, 207-209
Piretroides, 208
Piridina, toxicidade, 811-812
Piridina na atmosfera, 386-387
Pirimicarb, 212-213
Pirita, 179-180
Pirita no solo, 517-518
Pirofosfato, 78-79
Pirossíntese, 324-325
Pirrol, 386-388
Placas tectônicas, 470-471
Plâncton, 63-64, 152-154
Planície inundável, 490-492
Plano de garantia da qualidade em análises, 826-827
Plantas perenes na conservação do solo, 537-538
Plantas verdes, poluentes, 406-407
Poços de água, 481-482
Poeira amarela, na atmosfera, 451-452
Polieletrólitos, 133-134
Polifosfatos, 88-89
Polipeptídeos, 747-748
Polissacarídeos, 750-752
Polução, da água, 186-187
Poluente, 15-16
Poluentes aéreos legislados, 394-395
Poluentes aquáticos com ação bactericida, 220-221
Poluentes aquáticos emergentes, 218-219
Poluentes aquáticos organometálicos, 192-193
Poluentes atmosféricos perigosos, 394-395
    materiais no projeto para o ambiente, 590-592
    substância, 668-669
Poluentes do ar comumente medidos, 861-862
Poluentes do ar e a geosfera, 499-500
Poluentes legislados, 332-333
Poluentes no solo, 531-532
Poluentes orgânicos, na água, 200-201
Poluentes orgânicos aéreos, 370-371
Poluentes orgânicos biorrefratários, 220-221
Poluentes orgânicos persistentes (POP), 221-222, 370-371

Poluentes primários, 281-282
Poluentes secundários, 281-282, 370-371
Poluição, 15-16
Poluição causada por fertilizantes, 527-528
Poluição da água e geosfera, 499-500
Poluição da Baía de Minimata por mercúrio, 191-192
Poluição por nitratos na agricultura, 523-524
Pontes de hidrogênio, 59-61
Ponto de carga zero, 129-131,133-134
Ponto de fulgor, 675-676
Ponto de orvalho, 289, 291
POP. Ver Poluentes orgânicos persistentes
Populações em ecossistemas, 11-12
Porções, 380-381
Potássio no solo, 525-526
Potencial de eletrodo, 102-103
Potencial de eletrodo padrão, 102-103
Potencial de redução padrão, 102-103
Potencial poluente, 693-694
Potencialização na exposição a compostos tóxicos, 770-771
Pozolanas, 733-734
Pré-carcinógenos, 783-784
Precipitação
    ácida, 440-441
    distribuição, 441-442
    física, 712-713
    química, 716-717
Precipitador eletrostático, 339-340
Precipitantes à base de fosfatos, 258-259
Prêmio Desafio Verde Presidencial, 448-450
Preparação de resíduos, 723-724
Pressão atmosférica, 291-293
Pressão parcial da água, 126-127
Prevenção à geração de resíduos, 557-558
Primeira lei da termodinâmica, 623-624
Principais constituintes orgânicos perigosos, 726-727
Procedimento de lixiviação da característica de toxicidade (TCLP), 681-682, 857-858
Processo de lodo ativado, 237-238
Processo Haber, 526-527
Processos aeróbios (óxicos), 594-595
Processos anaeróbios (anóxicos), 594-595
Processos bioquímicos em resíduos perigosos, 692-693
Processos de filtração por membrana, 244-246, 715-716
Processos de remoção de água por membrana, 246-247
Processos e resíduos da produção química, 706-707
Processos envolvendo partículas, 320-322
Processos fotoquímicos, 300-301
Processos fotoquímicos na oxidação-redução, 115-116
Processos geológicos de superfície, 471-472, 474-475
Processos internos geológicos, 471-472
Processos metabólicos, 763-764
Processos na ecologia industrial, 589-590
Processos óxicos (aeróbios), 594-595
Processos químicos aquáticos (ilustração), 64-65
Processos químicos de formação de partículas, 321-323
Processos químicos de intemperismo, 477-478
Processos redox, 93-94
Processos sem solventes, 50-51

Produção de etanol no Brasil, 655-656
Produto de conjugação, 765-766, 776-777
Produto de solubilidade, 123-124
Produtores, 61-63, 149-150
Produtores de materiais em ecossistemas industriais, 575-576
Produtos de combustão, tóxicos, 677-678
Produtos de fissão, 223-224
Produtos de reação de Fase I comumente medidos, 885-886
Produtos de reação de Fase II medidos na análise de xenobiontes, 885-886
Produtos inorgânicos do *smog*, 419-420
Produtos na ecologia industrial, 589-590
Produtos naturais, toxicidade, 819-820
Programa Green Alley, Chicago, 535-536
Projeto de célula fotovoltaica, 650-651
Projeto para o ambiente, 588-589
  principais fatores, 589-590
Promotores na carcinogênese, 783-784
Propagação em cadeia, 413-414
Propriedades da água, 60-61
Propriedades físicas mensuradas na água, 836-837
Proteção de alimentos contra ataques, 545-546
Proteção do abastecimento de água, 273-274
Proteínas, 747-748
  tipos, 749-751
Proteínas fibrosas, 750-752
Proteínas globulares, 750-752
Protocolo de Montreal, 458-459
Pró-tóxico, 777-778
Protozoários, 152-154
Protozoários *Foramifera*, 152-154
Pulso fotossintético dos níveis de dióxido de carbono, 430-431
Purge and trap, 854-855
Purificação da água natural, 265-266
Purificação de águas residuárias e sistema de reutilização, 269-270

Q

Qanats, 482-483
QSAR. *Ver* Quantitative structure activity relationships
Quantitative structure activity relationships (QSAR), 695-697, 775-776
Quantum, 302-303
Quebra de anel, 166-167
Quedas de rochas, 489-490
Quelação, 77-78
Química ambiental, 5-7, 28
Química aquática, 63-64
Química atmosférica, 298-299
Química sintética, 49-50, 558-559
  e química verde, 558-559
Química sustentável, 49-50
Química toxicológica, 5-7, 768-769, 775-776
Química verde, 5-7, 21-22, 49-50
  definição, 552-553
  e agricultura, 541-542
  e redução do ozônio na estratosfera, 447-448

Quimiluminescência, 300-301
  análise, 866-867
Quimioautotróficos, 150-151
Quimioeterotróficos, 150-151
Quimiossorção, 863-864
Quimiotróficos, 149-150

R

Radiação de energia na atmosfera, 287-289
Radiação eletromagnética, 13-14
Radiação ionizante, 224-226
Radicais alcoxila, 375-376, 415-416
Radicais de hidrogênio ímpar, 408-409
Radicais livres, 115-116, 279-281, 299-300
Radicais livres na atmosfera, 300-301, 303-305
Radical alquila, 375-376, 415-416
Radical alquilperoxila, 375-376
Radical hidroperoxila, 307, 414-415
  na atmosfera, 303-305
Radical hidroxila, 115-116, 299-300, 334-335
  na atmosfera, 303-305
Radical metila, 307
Radical metilperoxila, 307
Radical metoxila, 380-381
Radical nitrato, 352-353, 418
Radical peroxila, 376-377, 408-409, 415-416
Rádio, como poluente aquático, 226-227
Radionuclídeos na água, 223-224
Radônio, 329-330
Raios gama, 224-226
Ramificação em cadeia, 413-414
Rastejo (movimento de terra), 489-490
RCRA. *Ver* Lei de Conservação e Recuperação de Recursos
Reação catalítica, 566-567
Reação de Claus, 352-353
Reação de fermentação, 164-166
Reação de Fischer–Tropsch, 659-660
Reação de terminação da cadeia, 303-305
Reação do benzeno com o radical hidroxila, 378-379
Reação do NO_3 com alquenos, 376-377
Reação do ozônio com alquenos, 376-377, 414-415
Reação em cadeia, 722-723
Reação estequiométrica, 565-566
Reação primária em fase dinâmica, 777-778
Reações, melhoria, 569-571
Reações ácido-base no solo, 517-518
Reações celulares, 104-105
Reações de abstração, 408-409, 693-694
Reações de adição, 408-409, 414-415
Reações de conjugação, 776-777
Reações de Fase II, 764-765, 776-777
Reações de fotólise de resíduos perigosos, 692-693
Reações de hidrólise de resíduos perigosos, 692-693
Reações de precipitação de resíduos perigosos, 692-693
Reações de precipitação na formação de sedimentos, 121-122
Reações do nitrogênio na atmosfera, 310-311
Reações do oxigênio na atmosfera, 309-310
Reações dos hidrocarbonetos aromáticos com o radical hidroxila, 415-416

Reações fotoquímicas do metano, 407-408
Reações fotoquímicas dos aldeídos, 415-416
Reações fotoquímicas na química verde, 572-574
Reações nas superfícies das partículas, 336-337
Reações químicas com partículas, 334-335
Reações redox, 98
Reações reversíveis, 100-101, 108
Reagentes, 563-564
Reatividade, 671-672
Reatividade de contaminantes, 17-19
Reatividade de hidrocarbonetos, 419-420
Reatividade e estrutura química, 678-679
Reator de recirculação, 592-593
Reator em batelada, 592-593
Reatores biológicos rotativos, 237-238
Reatores regeneradores, 643-644
Rebaixamento da água em poços, 481-482
Receptor de poluentes, 15-16
Reciclabilidade, 590-592
Reciclagem, exemplos, 707-709
Reciclagem da borracha, 617-618
Reciclagem de água, 268-269
Reciclagem de materiais em ecossistemas industriais, 579-580
Reciclagem de plásticos, 617-618
Reciclagem de resíduos, 706-707
Recicláveis, características desejáveis, 586-587
Recuperação ácida, 715-716
Recuperação de água de águas residuárias, 710-711
Recuperação de minas, 601-602
Recuperação dos Everglades, 593-594
Recuperação primária de óleo, 635-637
Recuperação secundária de óleo, 635-637
Recursos, 600-601
Recursos, expansão por meio da ecologia industrial, 616-617
Recursos energéticos, 624-625
Redução bacteriana, 161-162, 167-168
Redução da exposição, 554-555
Redução de nitratos, 172-173
Redução de perigos, 554-555
Redução de resíduos, 705
Redução de riscos, 50-51, 554-555
Redução de sulfatos, intermediada por bactérias, 174-175
Redução na síntese química, 563-564
Redutores, 63-64, 149-150
Rejeitos de mineração, 497-499, 603-604
Relação ar/combustível, 405-406
Relação de balanço de massa, 17-19
Relações estrutura-atividade, 556-557
Remediação, 48-49
Remoção de cálcio da água, 246-247
Remoção de cobre por eletrólise, 719
Remoção de compostos inorgânicos da água, 255-256
Remoção de fósforo da água, 257-258
Remoção de herbicidas presentes na água, 253-254
Remoção de magnésio da água, 246-247
Remoção de manganês da água, 251-252
Remoção de materiais insolúveis de resíduos, 235-237

Remoção de nitrogênio da água, 258-259
Remoção de sólidos da água, 242-244
Remoção do ferro da água, 251-252
Remoção eletrostática de partículas, 339-340
Rendimento de processos químicos, 558-559
Reologia, 471-472
Reservas, 600-601
Reserve Mining Company, 196-197
Resíduo ligado
  em sedimentos, 140-141
  em substâncias húmicas, 140-141
  no solo, 530-531
Resíduo perigoso, 668-669, 671-672
  combustível, 723-724
  do controle de poluição, 673
  e a antroposfera, 687-688
  efeitos, 686-687
  fatores químicos, 686-687
  geradores, 674-675
  na atmosfera, 693-694
  na biosfera, 594-595
  na geosfera, 688-689
  na hidrosfera, 691-692
  propriedades, 684-685
  propriedades físicas, 686-687
  química ambiental, 683-684
  transporte, 684-685
Resíduos classe F, 671-672, 674-675
Resíduos classe P, 671-672, 674-675
Resíduos classificados, 671-672
Resíduos de pesticidas no solo, 529-530
Resíduos incineráveis, 723-724
Resíduos isentos, 673
Resíduos no solo, 531-532
Resíduos radioativos de alto nível, 503-504
Resíduos radioativos de baixo nível, 503-504
Respiração, 763-764
  celular, 747-748
Resposta bioquímica na fase dinâmica, 778-779
Resposta do sistema imunológico a compostos tóxicos, 786-787
Resumo dos procedimentos de análise de água, 842-844
Retardantes de chama bromados, toxicidade, 816-817
Retículo endoplasmático, 747-748, 775-776
Retido, 244-246
Reutilização da água, 268-269
Reversibilidade na exposição a agentes tóxicos, 773-775
Revolução verde, 539-540
Ribossomos, 747-748
Rios no destino e transporte químicos, 143-144
Riscos, 557-558
Riscos antropogênicos, geosfera, 482-483
Riscos para a saúde, 788-789
Rizosfera, 534-535
RNA mensageiro, 760-762
Robótica, 45-46
Rocha metamórfica, 467-468
Rochas detríticas, 467-468
Rochas sedimentares, 467-468

Rochas sedimentares com atividade química, 467-468
Rochas sedimentares orgânicas, 467-468
Rodas d'água, 652-653
Rotas da exposição a agentes tóxicos, 769-770
Rowland, F. Sherwood, 445-446

S

Sabões, 201-202
Sais de amônio na atmosfera, 361-362
Salinidade, como poluente aquático, 199-201
Sarin, toxicidade, 819-820
Sasol, África do Sul, unidade de conversão de carvão, 638-639
Sedimentação de partículas, 319-320, 337-338
Sedimentação de resíduos, 712-713
Sedimentação primária de águas residuárias, 237-238
Sedimentos, 120-121, 467-468
Sedimentos, troca de solutos, 135-136
Sedimentos anóxicos, 138-139
Sedimentos de atividade biológica, 122-123
Sedimentos do Lago Zurique, 122-123
Sedimentos geológicos, 474-475
Segregação de resíduos, 682-683
Segurança intrínseca, 590-592
Selênio, transformações intermediadas por micróbios, 179-180
Semicélula, 101-102
Semimetais, 187-188
Semimetais como poluentes aquáticos, 191-192
Semirreação, 98, 104-105
Separação de materiais sedimentares, 475-476
Separação de resíduos por fase, 712-713
Separação molecular, 715-716
Sequestro de carbono, 436-437, 639-642
Sesquiterpenos, 372-373
Setor de bens de consumo nos ecossistemas industriais, 576-577
Setor de processamento de materiais, 576-577
Setor de processamento de resíduos em ecossistemas industriais, 577-578
Sílica, toxicidade, 798-799
Silicatos na solidificação de resíduos, 733-734
Silicose, 798-799
Siloxano, como poluente da água, 218-219
Sinais vitais, 780-781
Sinclinal, 471-472
Sistema de incineração para resíduos perigosos, 724-725
Sistemas de descarte, no controle do dióxido de carbono, 352-353
Sistemas de incineração, 723-724
Sistemas de lavagem de gases de chaminé, 352-353
Sistemas de recuperação, controle de dióxido de enxofre, 352-353
Smog, 401-402
Smog fotoquímico, 401-402
Smog oxidante, 401-402
Smog redutor, 401-402
Smog sulfuroso, 401-402
Sobrecarga, 497-499
Sobre-elevação, 493-494

Sol, fonte de energia, 2-3, 647-648
Solidificação de resíduos, 731-732
Solidificação *in situ*, 738-740
Sólido inflamável, 675-676
Solo, 507-508
  ciência, 507-508
  conservação, 537-538
  degradação, 534-535
  horizontes, 511-512
  lavagem em batelada, 740-741
  lavagem em coluna, 740-741
  perda, 534-535
  recuperação, 538-539
  solução, 516-517
  tratamento de resíduos, 266-268
Solubilidade do oxigênio, 126-127
Solubilidade intrínseca, 123-124
Solubilidades, 123-124
Solubilidades de gases, 124-125
Solubilidades dos sólidos, 123-124
Solvatação, 566-567
Solventes, resíduos, reciclagem, 708-709
Solventes, resíduos, recuperação, 708-709
Solventes em reações, 566-567
Solventes expandidos em gás, 569-571
Sonicação, 851-852
Sonólise no tratamento de água, 721-722
Sonoquímica, 571-572
Sorção, 19-20, 711-712
Sorção por sólidos, 134-135
Sorção superficial por sólidos, 134-135
Sorventes para resíduos, 732-733
Sphaerobacillus, 177-178
Stratum corneum, 769-770
Sublimados vulcânicos, 467-468
Subprodutos da desinfecção, 252-253
Substâncias combustíveis, 675-676
  riscos, 556-557
Substâncias corrosivas, 680
  risco, 556-557
Substâncias endógenas, 773-775
Substâncias estrógenas, 220-221
Substâncias húmicas, 90-91
  como redutores, 113-114
  na água, 252-253
Substâncias inflamáveis, 675-676
Substâncias reativas, 677-678
Substâncias tóxicas, 681-682
Substituição iônica, 129-131
  em argilas, 476-477
Substitutos para solventes, 568-570
Sulfato de alumínio, 242-244
Sulfato de ferro (II) no tratamento de água, 244-246
Sulfato de ferro (III) no tratamento de água, 242-244
Sulfeto de carbonila, atmosférico, 365-366
Sulfeto de ferro (II) em sedimentos, 122-123
Sulfeto de hidrogênio, 716-717
  como poluente aquático, 195-196
  de resíduos, 737-738

na atmosfera, 364-365
oxidação bacteriana, 174-175
toxicidade, 799-800
Sulfetos ácido-voláteis, 138-139
Sumidouro de poluentes, 15-16
Sumidouros, 489-490
Superfosfatos, 527-528
Superfund, 670-671
Sustentabilidade, 4-5, 552-553
Synfuel, Great Plains, usina, 641-642

T

Talude, 489-490
Tamanho de partículas, 319-320
Taxa de lapso adiabático, 284-286
Taxação do carbono, 438-440
TCDD. Ver (2,3,7,8-tetracloro-dibenzo-p-dioxina), 216-217, 392-393
TCLP. Ver Procedimento de lixiviação da característica de toxicidade
Tecnologia, 6-7, 9-10, 37-38
Tecnologia verde
 e aquecimento global, 434-435
 e conversão de energia, 631-633
Telemática, 44-45
Tempestades ciclônicas, 295-297
Tempo de geração, 158-159
Tempo de residência de resíduos na atmosfera, 693-694
Tempo de residência hidráulica, 143-144
Tendências na temperatura global, 429-430
Tensão, 471-472
Teoria quântica, 13-14
Teratogênese, 780-781
Teratógenos, 780-781
Terceiro corpo, 279-281, 299-300, 407-408
Terminação da cadeia, 413-414, 534-535
Termoclina, 61-63
Termodinâmica, 623-624
Termoplásticos, 732-733
Termosfera, 285-286
Terpenos, 371-372
Terras úmidas, 61-63
Terremotos, 472-473, 483-485
Terrorismo, 21-22
Terrorismo e substâncias perigosas, 695-697
Teste de Bruce Ames, 786-787
Tetracloreto de carbono, toxicidade, 813-814
Tetracloreto de silício, toxicidade, 798-799
Tetracloreto de silício na atmosfera, 364-365
2,3,7,8-tetracloro-dibenzo-p-dioxina (TCDD), 216-217
2,3,7,8-tetracloro-dibenzo-p-dioxina, toxicidade, 773-774, 816-817
Tetracloroetileno, toxicidade, 814-815
Tetraetil chumbo, 329-330
Tetraetil chumbo, toxicidade, 801-802
Tetraetil pirofosfato, toxicidade, 818-819
Tetrafluoreto de silício na atmosfera, 362-363
Tetrodotoxina, 773-774
Thiobacillus ferrooxidans, 179-180

Thiobacillus thiooxidans, 174-175
THM. Ver Trialometanos
Times Beach, 216-217, 669-670
Tioéteres, 393-394
Tiofeno, 393-394
Tióis, toxicidade, 817-818
Tipos de incinerador, 724-725
Tipos e conversão de energia, 629-630
Titulação, 826-827
Tolitriazóis, 223-224
Tolueno, metabolismo, 804-805
Tolueno, toxicidade, 804-805
Tolueno na atmosfera, 377-378
Toxicidade, 51-52, 671-672
Toxicidade, classificação, 771-772
Toxicidade, escala, 773-774
Toxicologia, 11-12, 768-769
Toxina botulínica, 821-822
Toxina do botulinus, 773-774
Toxinas das cianobactérias, 205-206
Toxinas microbianas, 205-206
Transcrição, DNA, 760-762
Transferases, enzimas, 758-759
Transferência entre fases, 714-715
Transição de fase, 712-713
Transmitância percentual, 827-828
Transpiração, 511-512
Transporte difusivo, 17-19
Transporte facilitado por coloides, 127-128
Transporte Fickiano de difusão, 17-19
Transporte físico de contaminantes, 17-19
Transporte na antroposfera, 44-45
Tratado de Kyoto, 437-438
Tratamento aeróbio de resíduos, 728-729
Tratamento anaeróbio de resíduos, 728-729
Tratamento de água, 233-234
Tratamento de água com cal, 251-252
Tratamento de água por quelação, 251-252
Tratamento de água por sequestro, 251-252
Tratamento de águas industriais, 234-235
Tratamento de águas municipais, 233-234
Tratamento de águas residuárias industriais, 242-243
Tratamento de esgoto, 235-237
Tratamento de resíduos
 in situ, 737-738
 na produção de cimento, 726-727
 por métodos físicos, 711-712
Tratamento de solos com cal, 519-520
Tratamento em leito permeável, 738-740
Tratamento externo da água, 234-235
Tratamento físico de resíduos, 711-712
Tratamento físico-químico de águas residuárias, 241-242
Tratamento interno de água, 234-235
Tratamento no solo, 729-730
Tratamento primário de água, 235-237
Tratamento químico de resíduos, 715-716
Tratamento secundário de águas residuárias, 237-238
Tratamento terciário de águas residuárias, 241-242
Tratamento térmico de resíduos, 722-723

Tratamento térmico *in situ*, 740-741
Trialometanos
   na água, 91-92, 219-220
   produção na água, 252-253
Tributil estanho, 193-195
Tricloroetileno, 388-389
Triclosan, 219-220
Trifosfato de adenosina (ATP), 758-759
Triglicerídeos, 753-754
Tri-*o*-cresil fosfato, toxicidade, 818-819
Troca aniônica no solo, 519-520
Troca iônica, 252-253, 255-256
   no solo, 517-518
   no tratamento da água, 248-249
   no tratamento de resíduos, 721-722
Trocador de ânions, 248-250
Trocador de cátions, 248-250
Tropopausa, 285-286
   na retenção da água da Terra, 311-312
Troposfera, 284-286
Tsunamis, 485-486
Tubérculos na corrosão, 180-181
Turbina a vapor, 629-630
Turbinas eólicas, 650-651

U

Ultrafiltração, 246-247
Umidade, 289, 291
Umidade relativa, 289, 291
Umidificação, 516-517
Unidade de gaseificação da lignita, 642-643
Unidades Dobson, 443-445
Urânio-235, combustível, 643-644
Ureia, 527-528
Usina de energia a fissão nuclear, 645-646
Usina Great Plains Synfuel, 641-642
Usina hidrelétrica das Três Gargantas, 652-653
Uso exploratório de recursos naturais, 577-578
Utilidade incorporada, 584-585
Utilização da água, 58-59
Utilização de hidrocarbonetos por bactérias, 164-166

V

Vacúolos, célula, 747-748
Válvula de ventilação positiva do cárter (VCP), 402-403
Veículos híbridos, 633-634
Velocidade da luz, 13-14
Venenos, 768-769
Venenos de uso militar à base de organofosforados, toxicidade, 819-820
Vento, 291-293
Ventos convectivos, 291-293
Vida aquática, 61-63
Vitrificação, 732-733
Volume de controle, 17-19
Vulcão El Chichón, 323-324
Vulcão Krakatoa, 488-489
Vulcão Pinatubo, 323-324
Vulcão Pinatubo e clima, 455-456
Vulcão Tambora e clima, 455-456
Vulcões, 472-473, 486-487
Vulcões de lama, 488-489
Vulnerabilidade da interconectividade, 41-42
VX, toxicidade, 819-820

W

Watson, James D., 760, 762
Watt, 623-624

X

Xenobiontes, 594-595, 773-775
Xenobiontes sistêmicos, 880-881
Xenoestrógenos, 204-205, 786-787
Xileno na atmosfera, 377-378
Xisto betuminoso, 637-638

Z

Zeólitas, 248-249
Zona de subdução, 470-471
Zona morta do Golfo do México, 529-530
Zwitterion, 748-749